Peter W. Atkins, Charles A. Trapp,
Marshall P. Cady und Carmen Giunta

Arbeitsbuch Physikalische Chemie

Lösungen zu den Aufgaben

Übersetzt von Carsten Heinisch

4., vollständig überarbeitete Auflage

BICENTENNIAL 1807 WILEY 2007 BICENTENNIAL

WILEY-VCH Verlag GmbH & Co. KGaA

Die Originalausgabe *Student's Solutions Manual to Accompany Atkins' Physical Chemistry 8/e* wurde 2006 in Englisch publiziert. Die deutsche Übersetzung erfolgt mit Genehmigung von Oxford University Press.
Student's Solutions Manual to Accompany Atkins' Physical Chemistry 8/e was originally published in English in 2006. This translation is published by arrangement with Oxford University Press.

Autoren:

Prof. Dr. Peter W. Atkins
Lincoln College
Oxford University
Oxford OX1 3DR
Great Britain

Prof. Dr. Charles A. Trapp
Department of Chemistry
University of Louisville
2320 South Brook Street
Louisville, KY 40292
USA

Prof. Dr. Marshall P. Cady
Department of Chemistry
Indiana University Southeast
4201 Grant Line Road
New Albany, IN 47150-6405
USA

Prof. Dr. Carmen Giunta
Department of Chemistry
Le Moyne College
1419 Salt Springs Road
Syracuse, NY 13214-1399
USA

4., vollständig überarbeitete Auflage 2007

Bibliografische Information der Deutschen Nationalbibliothek
Die Deutsche Nationalbibliothek verzeichnet diese Publikation in der Deutschen Nationalbibliografie; detaillierte bibliografische Daten sind im Internet über http://dnb.d-nb.de abrufbar.

Printed in the Federal Republic of Germany

Printed on acid-free paper

Satz Da-TeX Gerd Blumenstein, www.da-tex.de
Druck betz-druck GmbH, Darmstadt
Bindung Litges & Dopf Buchbinderei GmbH, Heppenheim
Umschlaggestaltung Adam-Design, Weinheim
Wiley Bicentennial Logo Richard J. Pacifico

ISBN 978-3-527-31828-5

Vorwort

Dieses Arbeitsbuch enthält die detaillierten Lösungen zu allen mit „a“ bezeichneten leichten Aufgaben, die am Ende eines jeden Kapitels aufgeführt sind, sowie die Lösungen der Diskussionsfragen und Schwereren Aufgaben mit ungerader Nummer. Die Lösungen zu Aufgaben, die aus vorangegangenen Auflagen übernommen wurden, sind überarbeitet und gegebenenfalls verändert oder berichtigt worden.

Die Lösungen zu den Aufgaben in dieser Auflage greifen verstärkt auf Mathematiksoftware und Programme zur Molekülmodellierung zurück, die heute auch für Studenten der Physikalischen Chemie zugänglich sind. Dies gilt besonders für viele der neuen Aufgaben, die den Einsatz solcher Programme zur Lösung erfordern. Dennoch sind fast alle Aufgaben auch mit einem modernen wissenschaftlichen Taschenrechner zu lösen. Bei quantenchemischen Rechnungen und Molekülmodellierungen haben wir in den meisten Fällen die Lösung mit dem Programm PC Spartan Pro angegeben, das heute am weitesten verbreitet ist.

Im Allgemeinen haben wir uns bei den Antworten am Schluss der Aufgaben streng an die Regeln für die Angabe signifikanter Stellen gehalten. Zwischenantworten werden jedoch häufig mit mehr signifikaten Stellen angegeben, als durch die Daten zu rechtfertigen wäre. Diese überzähligen Stellen sind mit einem Überstrich gekennzeichnet.

Wir haben die Lösungen sorgfältig auf eventuelle Fehler überprüft; die meisten von ihnen sollten getilgt sein. Wir sind allen Lesern zu Dank verpflichtet, die uns mögliche verbliebene Fehler zur Kenntnis bringen.

Wir danken unseren Lektoren herzlich für ihre Geduld, mit der sie dieses komplexe, detaillierte Projekt zum Abschluss gebracht haben.

P. W. Atkins
C. A. Trapp
M. P. Cady
C. Giunta

Anmerkung des Verlags: Wenn in diesem Arbeitsbuch auf nummerierte Tabellen und Gleichungen verwiesen wird, beziehen sich diese Verweise immer auf das Lehrbuch *Peter Atkins, Julio de Paula: Physikalische Chemie, 4. Auflage,* ISBN 978-3-527-31546-8.

Arbeitsbuch Physikalische Chemie. 4. Auflage. P. W. Atkins, C. A. Trapp, M. P. Cady und C. Giunta

ISBN: 978-3-527-31828-5

Inhaltsverzeichnis

Arbeitsbuch Physikalische Chemie. 4. Auflage. P. W. Atkins, C. A. Trapp, M. P. Cady und C. Giunta

ISBN: 978-3-527-31828-5

Teil 1
Gleichgewicht

Arbeitsbuch Physikalische Chemie. 4. Auflage. P. W. Atkins, C. A. Trapp, M. P. Cady und C. Giunta

ISBN: 978-3-527-31828-5

1 | Die Eigenschaften der Gase

Diskussionsfragen

1.1 Eine Zustandsgleichung verknüpft die verschiedenen Variablen miteinander, die den Zustand eines Systems definieren. Boyle, Charles und Avogadro konnten nach entsprechenden Experimenten Gleichungen für Gase bei niedrigen Drücken (ideale Gase) herleiten. Boyle bestimmte, wie sich das Volumen mit dem Druck verändert ($V \propto 1/p$), Charles untersuchte den Zusammenhang von Volumen und der Temperatur ($V \propto T$), und Avogadro gab an, wie sich das Volumen mit der Menge des Gases ändert ($V \propto n$). Fasst man diese Proportionalitäten in einer einzigen Gleichung zusammen, ergibt sich

$$V \propto \frac{nT}{p}.$$

Führt man eine Proportionalitätskonstante R ein, so ergibt sich die Zustandsgleichung des idealen Gases

$$V = \frac{RnT}{p} \quad \text{oder} \quad pV = nRT.$$

1.3 Betrachten Sie drei Temperaturbereiche:

(1) $T < T_B$. Bei sehr niedrigen Drücken findet man bei allen Gasen einen Kompressionsfaktor $Z \approx 1$. Bei hohen Drücken haben alle Gase $Z > 1$; dies bedeutet, dass das molare Volumen größer ist als bei einem idealen Gas, und daraus leitet man ab, dass die abstoßenden Kräfte zwischen den Molekülen vorherrschen. Bei mittleren Drücken zeigen die meisten Gase $Z < 1$, was darauf hindeutet, dass anziehende Kräfte vorherrschen, die das molare Volumen unter den Wert für das ideale Gas reduzieren.

(2) $T \approx T_B$. Hier gilt $Z \approx 1$ bei niedrigen Drücken; bei mittleren Drücken ist Z etwas größer als 1, nur bei hohen Drücken ist Z erheblich größer als 1. Die anziehenden und abstoßenden Kräfte sind bei niedrigen bis mittleren Drücken etwa ausgeglichen, die abstoßenden Kräfte dominieren aber bei hohen Drücken, wenn die Moleküle sehr dicht beieinander sind.

(3) $T > T_B$. Hier ist $Z > 1$ bei allen Drücken, weil die Stoßfrequenz zwischen den Molekülen mit der Temperatur zunimmt.

Arbeitsbuch Physikalische Chemie. 4. Auflage. P. W. Atkins, C. A. Trapp, M. P. Cady und C. Giunta

ISBN: 978-3-527-31828-5

1.5 Die van-der-Waals'sche Gleichung „korrigiert“ die Zustandsgleichung des idealen Gases, indem sie sowohl anziehende als auch abstoßende Wechselwirkungen zwischen den Molekülen eines realen Gases berücksichtigt. (Für eine ausführlichere Erklärung vgl. *Begründung* 1-1.)

Die Berthelot'sche Gleichung berücksichtigt das Molekülvolumen ähnlich wie die van-der-Waals'sche Gleichung, allerdings ist der Term, der die molekulare Anziehung beschreibt, etwas modifiziert, um den Einfluss der Temperatur mit aufzunehmen: Experimentell ergibt sich, dass der Koeffizient a aus der van-der-Waals'schen Gleichung mit steigender Temperatur abnimmt. Auch die Theorie (Kapitel 18) besagt, dass die intermolekularen Anziehungskräfte mit der Temperatur zurückgehen. Diese Änderung der anziehenden Wechselwirkung mit der Temperatur lässt sich in der Gleichung berücksichtigen, indem man das van-der-Waals'sche a durch a/T ersetzt.

Leichte Aufgaben

A1.1a (a) Nach der Zustandsgleichung des idealen Gases (Gl. (1-8)) gilt $pV = nRT$.

Auflösen nach dem Druck ergibt $p = \dfrac{nRT}{V}$.

Die Stoffmenge an Xenon ist $n = \dfrac{131\ \text{g}}{131\ \text{g mol}^{-1}} = 1.00\,\text{mol}$.

$$p = \frac{(1.00\ \text{mol}) \times (0.0821\ \text{dm}^3\ \text{atm K}^{-1}\ \text{mol}^{-1}) \times (298.15\ \text{K})}{1.0\ \text{dm}^3} = \boxed{24\ \text{atm}}\ .$$

Also hätte die Probe als ideales Gas einen Druck von 24 atm statt von 20 atm.

(b) Die van-der-Waals'sche Gleichung (1-21.a) für den Druck des Gases lautet

$$p = \frac{nRT}{V - nb} - \frac{an^2}{V^2}.$$

Der Tabelle 1-6 entnehmen wir für Xenon: $a = 4.137\ \text{dm}^6\ \text{atm mol}^{-2}$ und $b = 5.16 \times 10^{-2}\ \text{dm}^3\ \text{mol}^{-1}$.

Einsetzen dieser Konstanten ergibt folgende Terme in der Gleichung für den Druck p:

$$\frac{nRT}{V - nb} = \frac{(1.00\ \text{mol}) \times (0.08206\ \text{dm}^3\ \text{atm K}^{-1}\ \text{mol}^{-1}) \times (298.15\ \text{K})}{1.0\ \text{dm}^3 - \{(1.00\ \text{mol}) \times (5.16 \times 10^{-2}\ \text{dm}^3\ \text{mol}^{-1})\}} = 25.\overline{8}\ \text{atm},$$

$$\frac{an^2}{V^2} = \frac{(4.137\ \text{dm}^6\ \text{atm mol}^{-2}) \times (1.00\ \text{mol})^2}{(1.0\ \text{dm}^3)^2} = 4.1\overline{37}\ \text{atm}.$$

Also ist $p = 25.\overline{8}\ \text{atm} - 4.1\overline{37}\ \text{atm} = \boxed{22\ \text{atm}}$.

A1.2a Wir können das Boyle'sche Gesetz (Gl. (1-5)) in der Form $p_E V_E = p_A V_A$ nach dem Anfangs- oder dem Enddruck auflösen:

$$p_A = \frac{V_E}{V_A} \times p_E,$$

$$V_E = 4.65\,\text{dm}^3, \quad V_A = 4.65\,\text{dm}^3 + 2.20\,\text{dm}^3 = 6.85\,\text{dm}^3, \qquad p_E = 5.04\,\text{bar}.$$

Daraus folgt

(a) $$p_A = \left(\frac{4.65\,\text{dm}^3}{6.85\,\text{dm}^3}\right) \times (5.04\,\text{bar}) = 3.42\,\text{bar}\,.$$

(b) Wegen 1 atm = 1.013 bar folgt $p_A = (3.42\,\text{bar}) \times \left(\frac{1\,\text{atm}}{1.013\,\text{bar}}\right) = 3.38\,\text{atm}$.

A1.3a Die Zustandsgleichung des idealen Gases $pV = nRT$ (Gl. (1-8)) lässt sich auf die Form bringen: $\frac{p}{T} = \frac{nR}{V} = \text{const.}$; das zweite Gleichheitszeichen gilt, wenn Stoffmenge n und Volumen V konstant sind. Daraus folgt $\frac{p_E}{T_E} = \frac{p_A}{T_A}$. Auflösen nach p_E ergibt $p_E = \frac{T_E}{T_A} \times p_A$.

Der Reifendruck ist $p_A = 3$ bar, die Temperaturen sind $T_A = 268$ K bzw. −5 °C und $T_E = 308$ K bzw. 35 °C. Dann ergibt sich

$$p_E = \left(\frac{308\,\text{K}}{268\,\text{K}}\right) \times (3\,\text{bar}) = 3.4\bar{5}\,\text{bar}.$$

Komplikationen ergeben sich aus den Faktoren, die die Konstanz von V oder n aufheben, beispielsweise durch eine Änderung des Reifenvolumens oder durch eine Veränderung der Gummielastizität. Außerdem kann Gas durch ein Leck oder durch Diffusion verloren gehen und so den Reifendruck verringern.

A1.4a Wir verwenden die Zustandsgleichung des idealen Gases (Gl. (1-8)) in der Form $p = \frac{nRT}{V}$; gegeben sind T und V, also muss n berechnet werden.

$$n = \frac{0.255\,\text{g}}{20.18\,\text{g mol}^{-1}} = 1.26 \times 10^{-2}\,\text{mol}, \qquad T = 122\,\text{K}, \qquad V = 3.00\,\text{dm}^3.$$

Nach Einsetzen ergibt sich

$$p = \frac{(1.26 \times 10^{-2}\,\text{mol}) \times (0.08206\,\text{dm}^3\,\text{atm K}^{-1}\,\text{mol}^{-1}) \times (122\,\text{K})}{3.00\,\text{dm}^3}$$

$$= 4.20 \times 10^{-2}\,\text{atm}\,.$$

A1.5a Das Boyle'sche Gesetz lautet $p_\mathrm{E} V_\mathrm{E} = p_\mathrm{A} V_\mathrm{A}$. Wir lösen nach V_E auf: $V_\mathrm{E} = \dfrac{p_\mathrm{A}}{p_\mathrm{E}} \times V_\mathrm{A}$.

$$p_\mathrm{A} = 1.0\,\mathrm{atm},$$
$$p_\mathrm{E} = p_\mathrm{ex} + \rho g h = p_\mathrm{i} + \rho g h = 1.0\,\mathrm{atm} + \rho g h \quad \text{(nach Gl. (1-3))},$$
$$\rho g h = (1.025 \times 10^3\,\mathrm{kg\,m^{-3}}) \times (9.81\,\mathrm{m\,s^{-2}}) \times (50\,\mathrm{m}) = 5.0\overline{3} \times 10^5\,\mathrm{Pa}.$$

Damit ist

$$p_\mathrm{E} = (1.0\overline{1} \times 10^5\,\mathrm{Pa}) + (5.0\overline{3} \times 10^5\,\mathrm{Pa}) = 6.0\overline{4} \times 10^5\,\mathrm{Pa},$$
$$V_\mathrm{E} = \frac{1.0\overline{1} \times 10^5\,\mathrm{Pa}}{6.0\overline{4} \times 10^5\,\mathrm{Pa}} \times 3.0\,\mathrm{m^3} = 0.50\,\mathrm{m^3}.$$

A1.6a Nach Gl. (1-3) ist der Druck in der Apparatur gegeben durch

$$p = p_\mathrm{atm} + \rho g h.$$
$$p_\mathrm{atm} = 770\,\mathrm{Torr} \times \left(\frac{1\,\mathrm{atm}}{760\,\mathrm{Torr}}\right) \times \left(\frac{1.013 \times 10^{-5}\,\mathrm{Pa}}{760\,\mathrm{Torr}}\right) = 1.026 \times 10^{-5}\,\mathrm{Pa}$$
$$\rho g h = 0.99707\,\mathrm{g\,cm^{-3}} \times \left(\frac{1\,\mathrm{kg}}{10^3\,\mathrm{g}}\right) \times \left(\frac{10^6\,\mathrm{cm^3}}{\mathrm{m^3}}\right) \times 9.806\,\mathrm{m\,s^{-2}} = 977\,\mathrm{Pa}$$
$$p = 1.026 \times 10^5\,\mathrm{Pa} + 977\,\mathrm{Pa} = 1.036 \times 10^5\,\mathrm{Pa} = 104\,\mathrm{kPa}.$$

A1.7a Der Gasdruck ergibt sich als als die Kraft pro Flächeneinheit, die eine Wassersäule der Höhe 206.402 cm aufgrund ihres Gewichts auf das Gas ausübt. Das Manometer soll eine überall gleiche Querschnittsfläche A haben.

Die Kraft ist $F = mg$; dabei ist m die Masse der Wassersäule, g ist die Fallbeschleunigung. Wie in Beispiel 1-1 haben wir $m = \rho \times V = \rho \times h \times A$ mit $h = 206.402\,\mathrm{cm}$ und der Querschnittsfläche A. Es folgt

$$p = \frac{F}{A} = \frac{\rho h A g}{A} = \rho h g.$$

$$p = (0.99707\,\mathrm{g\,cm^{-3}}) \times \left(\frac{1\,\mathrm{kg}}{10^3\,\mathrm{g}}\right) \times \left(\frac{10^6\,\mathrm{cm^3}}{1\,\mathrm{m^3}}\right)$$
$$\times (206.402\,\mathrm{cm}) \times \left(\frac{1\,\mathrm{m}}{10^2\,\mathrm{cm}}\right) \times (9.8067\,\mathrm{m\,s^{-2}})$$
$$= 2.0182 \times 10^4\,\mathrm{Pa}.$$

$$V = (20.000\,\mathrm{dm^3}) \times \left(\frac{1\,\mathrm{m^3}}{10^3\,\mathrm{dm^3}}\right) = 2.0000 \times 10^{-2}\,\mathrm{m^3}.$$
$$n = \frac{m}{M} = \frac{0.25132\,\mathrm{g}}{4.00260\,\mathrm{g\,mol^{-1}}} = 0.062789\,\mathrm{mol}.$$

Wenn wir die Zustandsgleichung des idealen Gases (Gl. (1-8)) umstellen, erhalten wir die Form $R = \frac{pV}{nT}$:

$$R = \frac{(2.0182 \times 10^4\,\mathrm{Pa}) \times (2.0000 \times 10^{-2}\,\mathrm{m}^3)}{(0.062789\,\mathrm{mol}) \times (773.15\,\mathrm{K})} = 8.3147\,\mathrm{JK^{-1}mol^{-1}}\,.$$

Der Literaturwert ist $R = 8.3145\,\mathrm{J\,K^{-1}\,mol^{-1}}$.

Die Gasvolumina sollten eigentlich auf den Druck $p = 0$ extrapoliert werden, um den bestmöglichen Wert von R zu erhalten. Bei den gegebenen Bedingungen verhält sich das Helium jedoch nahezu wie ein ideales Gas, sodass der für R ermittelte Wert recht nahe beim Literaturwert liegt.

A1.8a Wegen $p < 1$ atm dürfen wir den Schwefeldampf näherungsweise als ideales Gas ansehen. Daher gilt wie in Aufgabe A1.7(b)

$$pV = nRT = \frac{m}{M} RT.$$

Nach Umordnung finden wir

$$M = \rho \left(\frac{RT}{p}\right) = (3.71\,\mathrm{kg\,m^{-3}}) \times \frac{(8.314\,\mathrm{Pa\,m^3\,K^{-1}\,mol^{-1}}) \times (773\,\mathrm{K})}{9.32 \times 10^4\,\mathrm{Pa}}$$
$$= 0.256\,\mathrm{kg\,mol^{-1}} = 256\,\mathrm{g\,mol^{-1}}\,.$$

Diese molare Masse muss ein ganzzahliges Vielfaches der molaren Masse von atomarem Schwefel sein. Daher finden wir für die Anzahl der Schwefelatome $\frac{256\,\mathrm{g\,mol^{-1}}}{32.0\,\mathrm{g\,mol^{-1}}} = 8$. Die chemische Formel für den Schwefeldampf ist also S_8.

A1.9a Der Partialdruck des Wasserdampfs in dem Raum ist

$$p_{H_2O} = (0.60) \times (26.74\,\mathrm{Torr}) = 16\,\mathrm{Torr}.$$

Wir nehmen an, dass die Zustandsgleichung des idealen Gases (Gl. (1-8)) gilt mit $n = \frac{m}{M}$ und $pV = \frac{m}{M} RT$. Dann ist

$$m = \frac{pVM}{RT}$$
$$= \frac{(16\,\mathrm{Torr}) \times \left(\frac{1\,\mathrm{atm}}{760\,\mathrm{Torr}}\right) \times (400\,\mathrm{m}^3) \times \left(\frac{10^3\,\mathrm{dm}^3}{\mathrm{m}^3}\right) \times (18.02\,\mathrm{g\,mol^{-1}})}{(0.0821\,\mathrm{dm^3\,atm\,K^{-1}\,mol^{-1}}) \times (300\,\mathrm{K})}$$
$$= 6.2 \times 10^3\,\mathrm{g} = 6.2\,\mathrm{kg}\,.$$

A1.10a (a) Der Einfachheit halber nehmen wir an, das Volumen des Behälters betrage 1 dm^3. Dann ist die gesamte Masse

$$m_G = n_{N_2} M_{N_2} + n_{O_2} M_{O_2} = 1.146\,\mathrm{g}. \tag{1.1}$$

Wenn wir die Luft als ideales Gas ansehen, ist $p_G V = n_G RT$; darin ist n_G die Gesamtmasse des Gases.

$$n_G = \frac{P_G V}{RT} = \frac{(0.987\,\mathrm{bar}) \times \left(\dfrac{1\,\mathrm{atm}}{1.013\,\mathrm{bar}}\right) \times (1\,\mathrm{dm}^3)}{(0.08206\,\mathrm{dm}^3\,\mathrm{atm\,K^{-1}\,mol^{-1}}) \times (300\,\mathrm{K})} = 0.0395\overline{5}\,\mathrm{mol},$$

$$n_G = n_{N_2} + n_{O_2} = 0.0395\overline{5}\,\mathrm{mol}. \tag{1.2}$$

Die Gleichungen (1.1) und (1.2) für die Gas-Stoffmengen müssen gleichzeitig erfüllt sein. Setzen wir n_{O_2} aus Gl. (1.2) in Gl. (1.1) ein, erhalten wir

$$(n_{N_2}) \times (28.0136\,\mathrm{g\,mol^{-1}}) + (0.0395\overline{5}\,\mathrm{mol} - n_{N_2}) \times (31.9988\,\mathrm{g\,mol^{-1}}) = 1.14\overline{6}\,\mathrm{g}.$$

$$(1.2655 - 1.14\overline{60})\,\mathrm{g} = (3.98\overline{52}\,\mathrm{g\,mol^{-1}}) \times (n_{N_2}).$$

$$n_{N_2} = 0.0299\overline{9}\,\mathrm{mol}.$$

$$n_{O_2} = n_G - n_{N_2} = (0.0395\overline{5} - 0.0299\overline{9})\,\mathrm{mol} = 9.5\overline{6} \times 10^{-3}\,\mathrm{mol}.$$

Die Stoffmengenanteile (Molenbrüche) sind

$$x_{N_2} = \frac{0.0299\overline{9}\,\mathrm{mol}}{0.0395\overline{5}\,\mathrm{mol}} = 0.758\overline{3}, \quad x_{O_2} = \frac{9.56 \times 10^{-3}\,\mathrm{mol}}{0.0395\overline{5}\,\mathrm{mol}} = 0.241\overline{7}.$$

Die Partialdrücke sind $p_{N_2} = (0.758\overline{3}) \times (0.987\,\mathrm{bar}) = 0.748\,\mathrm{bar}$,

$$p_{O_2} = (0.241\overline{7}) \times (0.987\,\mathrm{bar}) = 0.239\,\mathrm{bar}.$$

Wir prüfen die Summe nach: $(0.748 + 0.239)\,\mathrm{bar} = 0.987\,\mathrm{bar}$.

(b) Dieser Teil ist am einfachsten zu lösen, wenn man sich klar macht, dass n_G, p_G und m_G als experimentell bestimmte Größen dieselben Werte haben wie in Teil (a). Allerdings sind die zu lösenden Gleichungen für die Stoffmengen, die Molenbrüche und die Partialdrücke gegenüber Teil (a) etwas modifiziert:

$$m_G = n_{N_2} M_{N_2} + n_{O_2} M_{O_2} + n_{Ar} M_{Ar} = 1.146\,\mathrm{g},$$

$$n_G = n_{N_2} + n_{O_2} + n_{Ar} = 0.0395\overline{5}\,\mathrm{mol}.$$

Wegen $x_{Ar} = 0.0100$ gilt $n_{Ar} = 0.000395\overline{5}\,\mathrm{mol}$.
Damit finden wir

$$n_{N_2} = 0.0308\overline{4}, \quad x_{N_2} = 0.779\overline{8},$$

$$n_{O_2} = 0.00831\overline{4}, \quad x_{O_2} = 0.210\overline{2}.$$

Die Partialdrücke sind

$$p_{N_2} = x_{N_2} p_G = 0.779\overline{8} \times 0.987\,\mathrm{bar} = 0.770\,\mathrm{bar},$$

$$p_{O_2} = x_{O_2} p_G = 0.210\overline{2} \times 0.987\,\mathrm{bar} = 0.207\,\mathrm{bar},$$

$$p_{Ar} = x_{Ar} p_G = 0.0100 \times 0.987\,\mathrm{bar} = 0.00987\,\mathrm{bar}.$$

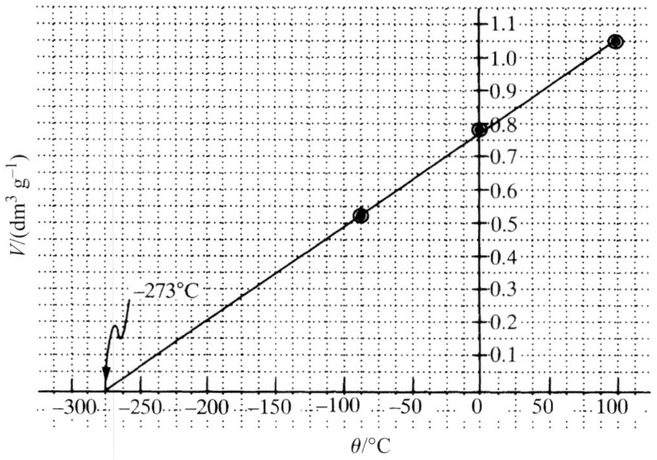

Abb. 1-1

A1.11a Wir verwenden die Gleichung $M = \rho\frac{RT}{p}$, die uns bereits aus den Aufgaben A1.7(b) und A1.8(a) bekannt ist. Einsetzen der Werte ergibt

$$M = \frac{(1.23\,\mathrm{kg\,m^{-3}}) \times (8.314\,\mathrm{dm^3\,kPa\,K^{-1}\,mol^{-1}}) \times (330\,\mathrm{K})}{20\,\mathrm{kPa}} \times \left(\frac{10^3\,\mathrm{g}}{\mathrm{kg}}\right) \times \left(\frac{10^{-3}\,\mathrm{m^3}}{\mathrm{dm^3}}\right)$$

$$= 169\,\mathrm{g\,mol^{-1}}\,.$$

A1.12a Die Aufgabe ist am einfachsten zu lösen, wenn man eine Probe mit der Masse 1.000 g annimmt und dann das Volumen bei jeder Temperatur berechnet. Anschließend trägt man das Volumen gegen die Celsius-Temperatur auf und extrapoliert auf $V = 0$.

Es ergibt sich folgende Tabelle:

θ/℃	$\rho/(\mathrm{g\,dm^{-3}})$	$V/(\mathrm{dm^3 g^{-1}})$
−85	1.877	0.5328
0	1.294	0.7728
100	0.946	$1.05\overline{7}$

Abb. 1-1 zeigt den Zusammenhang von V und θ. Die Extrapolation ergibt für den absoluten Nullpunkt einen Wert nahe −273 ℃. Alternativ könnte man eine Gleichung für V als lineare Funktion von θ verwenden (das ist das Gesetz von Charles) und nach dem Wert für den absoluten Nullpunkt auflösen: $V = V_0 \times (1 + \alpha\theta)$.

Beim absoluten Nullpunkt ist $V = 0$ und $\theta_0 = -\frac{1}{\alpha}$. Der Wert von α lässt sich folgendermaßen aus einem der anderen Datenpunkte (außer bei $\theta = 0$) bestimmen:

Aus $V = V_0 \times (1 + \alpha\theta)$ ergibt sich

$$\alpha = \frac{\left(\frac{V}{V_0} - 1\right)}{\theta} = \frac{\left(\frac{1.05\overline{7}}{0.7728}\right) - 1}{100\,°\mathrm{C}} = 0.003678(°\mathrm{C})^{-1}$$

$$-\frac{1}{\alpha} = -\frac{1}{0.003678(°\mathrm{C})^{-1}} = -272\,°\mathrm{C}\,.$$

Dieser Wert liegt nahe bei dem Wert, den man mit der grafischen Extrapolation erhält.

A1.13a (a) Nach Gl. (1-8) ist $p = \frac{nRT}{V}$.

$n = 1.0\,\mathrm{mol}, \quad T = 273.15\,\mathrm{K}$ (i) bzw. $1000\,\mathrm{K}$ (ii).

$V = 22.414\,\mathrm{dm}^3$ (i) bzw. $100\,\mathrm{cm}^3$ (ii).

(i) $$p = \frac{(1.0\,\mathrm{mol}) \times (8.206 \times 10^{-2}\,\mathrm{dm}^3\,\mathrm{atm\,K}^{-1}\,\mathrm{mol}^{-1}) \times (273.15\,\mathrm{K})}{22.414\,\mathrm{dm}^3} = 1.0\,\mathrm{atm}\,.$$

(ii) $$p = \frac{(1.0\,\mathrm{mol}) \times (8.206 \times 10^{-2}\,\mathrm{dm}^3\,\mathrm{atm\,K}^{-1}\,\mathrm{mol}^{-1}) \times (1000\,\mathrm{K})}{0.100\,\mathrm{dm}^3}$$

$$= 8.2 \times 10^2\,\mathrm{atm}\,.$$

(b) Nach Gl. (1-21a) ist $p = \frac{nRT}{V - nb} - \frac{an^2}{V^2}$.

Der Tabelle 1-6 entnehmen wir die Werte $a = 5.507\,\mathrm{dm}^6\,\mathrm{atm\,mol}^{-2}$ und $b = 6.51 \times 10^{-2}\,\mathrm{dm}^3\,\mathrm{mol}^{-1}$. Damit ergibt sich

(i)

$$\frac{nRT}{V - nb} = \frac{(1.0\,\mathrm{mol}) \times (8.206 \times 10^{-2}\,\mathrm{dm}^3\,\mathrm{atm\,K}^{-1}\,\mathrm{mol}^{-1}) \times (273.15\,\mathrm{K})}{[22.414 - (1.0) \times (6.51 \times 10^{-2})]\,\mathrm{dm}^3}$$

$$= 1.0\overline{03}\,\mathrm{atm},$$

$$\frac{an^2}{V^2} = \frac{(5.507\,\mathrm{dm}^6\,\mathrm{atm\,mol}^{-2}) \times (1.0\,\mathrm{mol})^2}{(22.414\,\mathrm{dm}^3)^2} = 1.1\overline{1} \times 10^{-2}\,\mathrm{atm}.$$

Es folgt $p = 1.0\overline{03}\,\mathrm{atm} - 1.1\overline{1} \times 10^{-2}\,\mathrm{atm} = 0.992\,\mathrm{atm} = 1.0\,\mathrm{atm}$.

(ii)

$$\frac{nRT}{V - nb} = \frac{(1.0\,\mathrm{mol}) \times (8.206 \times 10^{-2}\,\mathrm{dm}^3\,\mathrm{atm\,K}^{-1}\,\mathrm{mol}^{-1}) \times (1000\,\mathrm{K})}{(0.100 - 0.0651)\,\mathrm{dm}^3},$$

$$= 2.2\overline{7} \times 10^3\,\mathrm{atm},$$

$$\frac{an^2}{V^2} = \frac{(5.507\,\mathrm{dm}^6\,\mathrm{atm\,mol}^{-2}) \times (1.0\,\mathrm{mol})^2}{(0.100\,\mathrm{dm}^3)^2} = 5.5\overline{1} \times 10^2\,\mathrm{atm},$$

Es folgt $p = 2.2\overline{7} \times 10^3$ atm $- 5.5\overline{1} \times 10^2$ atm $=$ 1.7×10^3 atm .

Anmerkung: Es ist aufschlussreich, die prozentuale Abweichung vom Verhalten des idealen Gases für die Fälle (i) und (ii) zu untersuchen:

(i) $\dfrac{0.9\overline{92} - 1.0\overline{00}}{1.000} \times 100\% = \overline{0.8}\%$.

(ii) $\dfrac{(17 \times 10^2) - (8.2 \times 10^2)}{8.2 \times 10^2} \times 100\% = 10\overline{7}\%$.

Anmerkung: Abweichungen vom Verhalten des idealen Gases lassen sich im Bereich um $p \approx 1$ atm nur mit sehr empfindlichen Apparaturen feststellen.

A1.14a Wir verwenden folgende Umrechnungsrelationen:

$$1\ \text{atm} = 1.013 \times 10^5\ \text{Pa} \quad 1\ \text{Pa} = 1\ \text{kg}\,\text{m}^{-1}\,\text{s}^{-2} \quad 1\ \text{dm}^6 = 10^{-6}\ \text{m}^6 \quad 1\ \text{dm}^3 = 10^{-3}\ \text{m}^3.$$

Damit lässt sich $a = 0.751$ atm dm^{6}mol^{-2} folgendermaßen ausdrücken:

$$a = 7.61 \times 10^{-2}\ \text{kg}\,\text{m}^5\,\text{s}^{-2}\,\text{mol}^{-2}.$$

Aus $b = 0.0226$ dm^{3}mol^{-1} wird $b = 2.26 \times 10^{-5}$ m^3 mol^{-1} .

A1.15a Wir verwenden die in Gl. (1-17) angegebene Definition von Z mit $Z = \dfrac{pV_\text{m}}{RT} = \dfrac{V_\text{m}}{V_\text{m}^\circ}$.

Die Größe V_m ist das tatsächliche Molvolumen, V_m° ist das Molvolumen des idealen Gases mit $V_\text{m}^\circ = \dfrac{RT}{p}$. Weil V_m um 12 % kleiner ist als das Molvolumen des idealen Gases (es gilt also $V_\text{m} = 0.88 V_\text{m}^\circ$), folgt

(a) $Z = \dfrac{0.88 V_\text{m}^\circ}{V_\text{m}^\circ} = 0.88$.

(b) $$V_\text{m} = \frac{ZRT}{p} = \frac{(0.88) \times (8.206 \times 10^{-2}\ \text{dm}^3\,\text{atm}\,\text{K}^{-1}\,\text{mol}^{-1}) \times (250\ \text{K})}{15\ \text{atm}}$$
$$= 1.2\ \text{dm}^3\,\text{mol}^{-1}.$$

Wegen $V_\text{m} < V_\text{m}^\circ$ müssen die anziehenden Kräfte vorherrschen.

A1.16a Zunächst wird die Menge des Gases aus seiner Masse bestimmt; dann kann man mithilfe der van-der-Waals'schen Gleichung den Druck bei der herrschenden Temperatur berechnen. Die Anfangsbedingungen (300 K und 100 atm) sind für die Berechnung nicht notwendig, sie sind sozusagen überflüssige Informationen.

$$n = \frac{92.4\,\mathrm{kg}}{28.02 \times 10^{-3}\,\mathrm{kg\,mol^{-1}}} = 3.30 \times 10^3\,\mathrm{mol}$$

$$V = 1.000\,\mathrm{m^3} = 1.000 \times 10^3\,\mathrm{dm^3}$$

Mit Gl. (1-21a) finden wir

$$\begin{aligned} p &= \frac{nRT}{V - nb} - \frac{an^2}{V^2} \\ &= \frac{(3.30 \times 10^3\,\mathrm{mol}) \times (0.08206\,\mathrm{dm^3 atm\,K^{-1}\,mol^{-1}}) \times (500\,\mathrm{K})}{(1.000 \times 10^3\,\mathrm{dm^3}) - (3.30 \times 10^3\,\mathrm{mol}) \times (0.0387\,\mathrm{dm^3\,mol^{-1}})} \\ &\qquad - \frac{(1.352\,\mathrm{dm^6\,atm\,mol^{-2}}) \times (3.30 \times 10^3\,\mathrm{mol})^2}{(1.000 \times 10^3\,\mathrm{dm^3})^2} \\ &= (155 - 14.8)\,\mathrm{atm} = 140\,\mathrm{atm}\,. \end{aligned}$$

A1.17a (a) Wir gehen von Gl. (1-8) aus:

$$p = \frac{nRT}{V} = \frac{(10.0\,\mathrm{mol}) \times (0.08206\,\mathrm{dm^3\,atm\,K^{-1}\,mol^{-1}}) \times (300\,\mathrm{K})}{4.860\,\mathrm{dm^3}} = 50.7\,\mathrm{atm}\,.$$

(b) Mit Gl. (1-21a) haben wir:

$$\begin{aligned} p &= \frac{nRT}{V - nb} - a\left(\frac{n}{V}\right)^2 \\ &= \frac{(10.0\,\mathrm{mol}) \times (0.08206\,\mathrm{dm^3\,atm\,K^{-1}\,mol^{-1}}) \times (300\,\mathrm{K})}{(4.860\,\mathrm{dm^3}) - (10.0\,\mathrm{mol}) \times (0.0651\,\mathrm{dm^3\,mol^{-1}})} \\ &\quad - (5.507\,\mathrm{dm^6 atm\,mol^{-2}}) \times \left(\frac{10.0\,\mathrm{mol}}{4.860\,\mathrm{dm^3}}\right)^2 \\ &= 58.4\overline{9} - 23.3\overline{2} = 35.2\,\mathrm{atm}\,. \end{aligned}$$

Der Kompressionsfaktor wird gemäß seiner Definition in Gl. (1-17) berechnet, indem man $V_\mathrm{m} = \frac{V}{n}$ einsetzt.

Um die Berechnung von Z zu vervollständigen, benötigt man einen Wert für den Druck p. In Gl. (1-17) war implizit vorausgesetzt worden, dass p der Druck ist, wie er experimentell tatsächlich ermittelt wurde. Dieser Druck ist aber weder gleich dem Druck des idealen Gases noch gleich dem Druck, wie er sich aus der van-der-Waals'schen Gleichung ergibt. Nimmt man aber an, dass aus der van-der-Waals'schen Gleichung ein Druck resultiert, der etwa gleich dem gemessenen Druck ist, dann kann man den Kompressionsfaktor folgendermaßen berechnen:

$$Z = \frac{pV}{nRT} = \frac{(35.2\,\mathrm{atm}) \times (4.860\,\mathrm{dm^3})}{(10.0\,\mathrm{mol}) \times (0.08206\,\mathrm{dm^3\,atm\,K^{-1}\,mol^{-1}}) \times (300\,\mathrm{K})} = 0.695\,.$$

Anmerkung: Wenn man den Druck des idealen Gases einsetzt, folgt $Z = 1$, der Wert für das ideale Gas.

A1.18a $n = n(H_2) + n(N_2) = 2.0\,\text{mol} + 1.0\,\text{mol} = 3.0\,\text{mol}$, nach Gl. (1-14) gilt $x_J = \dfrac{n_J}{n}$.

(a) $x(H_2) = \dfrac{2.0\,\text{mol}}{3.0\,\text{mol}} = 0.67$, $\quad x(N_2) = \dfrac{1.0\,\text{mol}}{3.0\,\text{mol}} = 0.33$.

(b) Wir nehmen an, dass das ideale Gasgesetz für jede der Einzelkomponenten sowie für die Mischung als Ganzes gilt. Dann gilt $p_J = n_J \dfrac{RT}{V}$ und damit

$$\frac{RT}{V} = \frac{(8.206 \times 10^{-2}\,\text{dm}^3\,\text{atm}\,\text{K}^{-1}\,\text{mol}^{-1}) \times (273.15\,\text{K})}{22.4\,\text{dm}^3} = 1.00\,\text{atm}\,\text{mol}^{-1}.$$

$$p(H_2) = (2.0\,\text{mol}) \times (1.00\,\text{atm}\,\text{mol}^{-1}) = 2.0\,\text{atm}.$$

$$p(N_2) = (1.0\,\text{mol}) \times (1.00\,\text{atm}\,\text{mol}^{-1}) = 1.0\,\text{atm}.$$

(c) Nach Gl. (1-15) gilt $p = p(H_2) + p(N_2) = 2.0\,\text{atm} + 1.0\,\text{atm} = 3.0\,\text{atm}$.

Frage: Gilt das Dalton'sche Gesetz auch für eine Mischung von Gasen, die der van-der-Waals'schen Gleichung gehorchen?

A1.19a Man löst Gl. (1-22) nach b bzw. nach a auf und erhält $b = \dfrac{V_{\text{krit}}}{3}$ bzw. $a = 27b^2 p_{\text{krit}} = 3V_{\text{krit}}^2 p_{\text{krit}}$.

Einsetzen der kritischen Konstanten ergibt

$$b = \frac{1}{3} \times (98.7\,\text{cm}^3\,\text{mol}^{-1}) = 32.9\,\text{cm}^3\,\text{mol}^{-1},$$

$$a = 3 \times (98.7 \times 10^{-3}\,\text{dm}^3\,\text{mol}^{-1})^2 \times (45.6\,\text{atm}) = 1.33\,\text{dm}^6\,\text{atm}\,\text{mol}^{-2}.$$

Beachten Sie, dass man dazu die kritische Temperatur T_{krit} nicht kennen muss.

Da b näherungsweise dem Volumen entspricht, das ein Mol der Teilchen einnimmt, erhält man für das Volumen der Teilchen

$$v_{\text{mol}} \approx \frac{b}{N_A} = \frac{32.9 \times 10^{-6}\,\text{m}^3\,\text{mol}^{-1}}{6.022 \times 10^{23}\,\text{mol}^{-1}} = 5.46 \times 10^{-29}\,\text{m}^3.$$

Mit $v_{\text{mol}} = \dfrac{4}{3}\pi r^3$ folgt $r \approx \left(\dfrac{3}{4\pi} \times (5.46 \times 10^{-29}\,\text{m}^3)\right)^{1/3} = 0.24\,\text{nm}$.

A1.20a Die Boyle-Temperatur T_B ist die Temperatur, bei der für den zweiten Virialkoeffizienten B gilt: $B = 0$. Um T_B durch a and b ausdrücken zu können, muss man die van-der-Waals'sche Gleichung als Virialgleichung formulieren. Wir gehen von der Gleichung in der Form von Gl. (1-21b) aus:

$$p = \frac{RT}{V_m - b} - \frac{a}{V_m^2}.$$

Klammert man $\frac{RT}{V_m}$ aus, so ergibt sich $p = \frac{RT}{V_m}\left\{\frac{1}{1 - b/V_m} - \frac{a}{RTV_m}\right\}$.

So lange $b/V_m < 1$ ist, kann man für den ersten Term in dem Klammerausdruck die Reihenentwicklung $(1-x)^{-1} = 1 + x + x^2 + \cdots$ ansetzen. Damit folgt

$$p = \frac{RT}{V_m}\left\{1 + \left(b - \frac{a}{RT}\right) \times \left(\frac{1}{V_m}\right) + \cdots\right\}.$$

In dieser Form der Gleichung identifizieren wir den zweiten Virialkoeffizienten als $B = b - \frac{a}{RT}$.

Da bei der Boyle-Temperatur $B = 0$ ist, folgt $T_B = \frac{a}{bR} = \frac{27T_{krit}}{8}$.

(a) Der Tabelle 1.6 entnehmen wir die Werte $a = 6.260\,\mathrm{dm^6\,atm\,mol^{-2}}$ und $b = 5.42 \times 10^{-2}\,\mathrm{dm^3\,mol^{-1}}$. Damit gilt

$$T_B = \frac{6.260\,\mathrm{dm^6\,atm\,mol^{-2}}}{(5.42 \times 10^{-2}\,\mathrm{dm^3\,mol^{-1}}) \times (8.206 \times 10^{-2}\,\mathrm{dm^3\,atm\,K^{-1}\,mol^{-1}})}$$
$$= 1.41 \times 10^3\,\mathrm{K}.$$

(b) Wie in Aufgabe A1.19(a) ist $v_{mol} \approx \frac{b}{N_A} = \frac{5.42 \times 10^{-5}\,\mathrm{m^3\,mol^{-1}}}{6.022 \times 10^{23}\,\mathrm{mol^{-1}}} = 9.00 \times 10^{-29}\,\mathrm{m^3}$ und damit

$$r \approx \left(\frac{3}{4\pi} \times (9.00 \times 10^{-29}\,\mathrm{m^3})\right)^{1/3} = 0.59\,\mathrm{nm}.$$

A1.21a Wir berechnen die reduzierte Temperatur und den reduzierten Wasserstoffdruck nach Gl. (1.24):

$$T_r = \frac{T}{T_{krit}} \quad \text{und} \quad p_r = \frac{p}{p_{krit}}.$$

$$T_r = \frac{298\,\mathrm{K}}{33.23\,\mathrm{K}} = 8.96\overline{8} \quad \text{nach Tabelle 1-5 ist } T_{krit} = 33.23\,\mathrm{K},$$

$$p_r = \frac{1.0\,\mathrm{atm}}{12.8\,\mathrm{atm}} = 0.078\overline{1} \quad \text{nach Tabelle 1-5 ist } p_{krit} = 12.8\,\mathrm{atm}.$$

Also sind die genannten Gase für $T = 8.96\overline{8} \times T_{krit}$ und bei $p = 0.078\overline{1} \times p_{krit}$ in korrespondierenden Zuständen.

(a) Nach Tabelle 1-5 finden wir für Ammoniak $T_{\text{krit}} = 405.5\,\text{K}$ und $p_{\text{krit}} = 111.3\,\text{atm}$. Es folgt

$$T = (8.96\bar{8}) \times (405.5\,\text{K}) = 3.64 \times 10^3\ \text{K}\,,$$

$$p = (0.078\bar{1}) \times (111.3\,\text{atm}) = 8.7\ \text{atm}\,.$$

(b) Nach Tabelle 1-5 finden wir für Xenon $T_{\text{krit}} = 289.75\,\text{K}$ und $p_{\text{krit}} = 58.0\,\text{atm}$. Es folgt

$$T = (8.96\bar{8}) \times (289.75\,\text{K}) = 2.60 \times 10^3\ \text{K}\,,$$

$$p = 0.078\bar{1}) \times (58.0\,\text{atm}) = 4.5\ \text{atm}\,.$$

(c) Nach Tabelle 1-5 finden wir für Helium $T_{\text{krit}} = 5.21\ \text{K}$ und $p_{\text{krit}} = 2.26\,\text{atm}$. Es folgt

$$T = (8.96\bar{8}) \times (5.21\ \text{K}) = 46.7\ \text{K}\,,$$

$$p = (0.078\bar{1}) \times (2.26\,\text{atm}) = 0.18\ \text{atm}\,.$$

A1.22a Wir lösen die van-der-Waals'sche Gleichung (1-21b) nach b auf und erhalten

$$b = V_{\text{m}} - \frac{RT}{\left(p + \dfrac{a}{V_{\text{m}}^2}\right)}.$$

Einsetzen der Werte ergibt

$$b = 5.00 \times 10^{-4}\,\text{m}^3\,\text{mol}^{-1} - \frac{(8.314\,\text{J}\,\text{K}^{-1}\,\text{mol}^{-1}) \times (273\,\text{K})}{\left\{(3.0 \times 10^6\,\text{Pa}) + \left(\dfrac{0.50\,\text{m}^6\,\text{Pa}\,\text{mol}^{-2}}{(5.00 \times 10^{-4}\,\text{m}^3\,\text{mol}^{-1})^2}\right)\right\}}$$

$$= 0.46 \times 10^{-4}\text{m}^3\text{mol}^{-1}.$$

Mit Gl. (1-17) ist

$$Z = \frac{pV_{\text{m}}}{RT} = \frac{(3.0 \times 10^6\,\text{Pa}) \times (5.00 \times 10^{-4}\,\text{m}^3)}{(8.314\,\text{J}\,\text{K}^{-1}\,\text{mol}^{-1}) \times (273\,\text{K})} = 0.66.$$

Anmerkung: Die Definition von Z benutzt die tatsächlichen Wert von Druck, Volumen und Temperatur; sie hängt nicht von der verwendeten Zustandsgleichung ab, die diese Werte verknüpft.

Schwerere Aufgaben

Rechenaufgaben

1.1 Da die Neptunier das Verhalten idealer Gase kennen, dürfen wir annehmen, dass sie bei beiden Temperaturen schreiben: $pV = nRT$. Wir nehmen außerdem an, dass sie ihre absolute Einheit so wählen, dass sie genauso groß ist wie das °N (so wie wir die Gleichsetzung 1K = 1 °C verwenden). Damit ist

$$pV(T_1) = 28.0\,\text{dm}^3\,\text{atm} = nRT_1 = nR \times (T_1 + 0\,°\text{N}),$$

$$pV(T_2) = 40.0\,\text{dm}^3\,\text{atm} = nRT_2 = nR \times (T_1 + 100\,°\text{N}),$$

$$\text{oder } T_1 = \frac{28.0\,\text{dm}^3\,\text{atm}}{nR}, \qquad T_1 + 100\,°\text{N} = \frac{40.0\,\text{dm}^3\,\text{atm}}{nR}.$$

Wir dividieren: $\dfrac{T_1 + 100\,°\text{N}}{T_1} = \dfrac{40.0\,\text{dm}^3\,\text{atm}}{28.0\,\text{dm}^3\,\text{atm}} = 1.42\overline{9}.$

Damit ist $T_1 + 100\,°\text{N} = 1.42\overline{9}T_1$, $T_1 = 233$ absolute Einheiten.
Daher gilt – in Analogie zu dem Zusammenhang zwischen unserer Kelvin- und Celsius-Skala – der Zusammenhang $T = \theta -$ absoluter Nullpunkt(°N), und der absolute Temperaturnullpunkt liegt bei null(°N) = $-233\,°\text{N}$.

Anmerkung: Um die Kommunikation mit Studenten von der Erde zu erleichtern, haben wir die neptunischen Einheiten des Produkts pV in die auf unserem Planeten üblichen Einheiten umgerechnet, also auf dm^3 atm. Wir sehen aber an der Lösung, dass nur das Verhältnis der Produkte pV erforderlich ist, und das ist auf jedem Planeten dasselbe.

Frage: Auf dem Neptun sollen die Volumeneinheit Lagon (L), die Druckeinheit Poseidon (P), die Stoffmengeneinheit Nereidon und die Temperatureinheit Titanon (T) gebräuchlich sein. Wie lautet in diesen Einheiten die allgemeine Gaskonstante R?

1.3 Der Wert des absoluten Temperaturnullpunkts lässt sich mithilfe von α ausdrücken, wenn man die Forderung berücksichtigt, dass das Volumen eines idealen Gases am absoluten Nullpunkt null wird. Also ist

$$0 = V_0[1 + \alpha\theta_0)].$$

Daraus folgt $\theta_0 = -\dfrac{1}{\alpha}$.

Im Grenzfall des Drucks null verhalten sich alle Gase ideal. Daher erhält man den besten Wert von α (und damit auch von θ_0) durch Extrapolation von α auf den Druck null (vgl. Abb. 1-2). Mit dem extrapolierten Wert $\alpha = 3.6637 \times 10^{-3}\ °\text{C}^{-1}$ folgt

$$\theta_0 = -\frac{1}{3.6637 \times 10^{-3}\ °\text{C}^{-1}} = -272.95\,°\text{C}.$$

Das liegt recht nahe beim Literaturwert −273.15 °C.

1.5 Für konstantes n und V ist auch $\dfrac{p}{T} = \dfrac{nR}{V}$ konstant. Also gilt insbesondere $\dfrac{p}{T} = \dfrac{p_3}{T_3}$, wenn wir mit p den gemessenen Druck bei der Temperatur T und mit p_3 bzw. T_3 die entsprechenden Werte am Tripelpunkt bezeichnen. Umstellen ergibt $p = \left(\dfrac{p_3}{T_3}\right) T$.

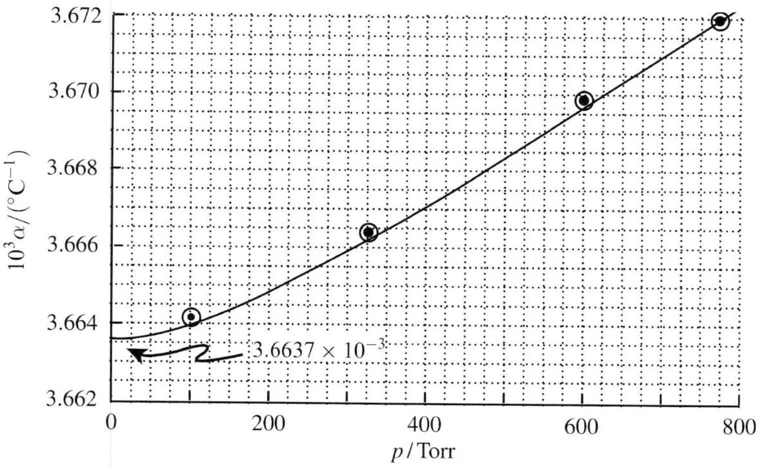

Abb. 1-2

Der Quotient $\frac{p_3}{T_3}$ ist konstant und beträgt $= \frac{6.69\,\text{kPa}}{273.16\,\text{K}} = 0.0245\,\text{kPa K}^{-1}$. Daher ist die Druckänderung Δp proportional zur Temperaturänderung ΔT. Es folgt

$$\Delta p = (0.0245\ \text{kPa K}^{-1}) \times (\Delta T).$$

(a) $\Delta p = (0.0245\ \text{kPa K}^{-1}) \times (1.00\ \text{K}) = 0.0245\ \text{kPa}$.

(b) Umstellen ergibt $p = \left(\frac{T}{T_3}\right) p_3 = \left(\frac{373.16\,\text{K}}{273.16\,\text{K}}\right) \times (6.69\,\text{kPa}) = 9.14\ \text{kPa}$.

(c) Der Quotient $\frac{p}{T}$ hat für konstantes n und V stets den konstanten Wert von $0.0245\ \text{kPa K}^{-1}$. Somit folgt:

$$\Delta p = p_{374.15\,\text{K}} - p_{373.15\,\text{K}} = (0.0245\,\text{kPa K}^{-1}) \times (1.00\,\text{K}) = 0.0245\ \text{kPa}.$$

1.7 (a) $V_m = \frac{RT}{p} = \frac{\left(8.206 \times 10^{-2}\ \text{dm}^3\ \text{atm K}^{-1}\ \text{mol}^{-1}\right) \times (350\ \text{K})}{2.30\,\text{atm}} = 12.5\ \text{dm}^3\ \text{mol}^{-1}$.

(b) Nach Gl. (1-21b) gilt $p = \frac{RT}{V_m - b} - \frac{a}{V_m^2}$. Nach Umstellungen erhalten wir daraus

$$V_m = \frac{RT}{\left(p + \frac{a}{V_m^2}\right)} + b$$

Die Werte für a und b sind der Tabelle 1-6 zu entnehmen. Es folgt

$$V_m \approx \frac{\left(8.206 \times 10^{-2}\ \text{dm}^3\ \text{atm K}^{-1}\ \text{mol}^{-1}\right) \times (350\ \text{K})}{(2.30\ \text{atm}) + \left(\left(6.260\,\text{dm}^6\ \text{atm mol}^{-2}\right)\Big/\left(12.5\,\text{dm}^3\ \text{mol}^{-1}\right)^2\right)}$$
$$+ (5.42 \times 10^{-2}\ \text{dm}^3\ \text{mol}^{-1})$$
$$\approx \frac{28.7\overline{2}\,\text{dm}^3\ \text{mol}^{-1}}{2.34} + \left(5.42 \times 10^{-2}\ \text{dm}^3\ \text{mol}^{-1}\right) \approx 12.3\,\text{dm}^3\ \text{mol}^{-1}.$$

Einsetzen von 12.3 $dm^3\,mol^{-1}$ in den Nenner des ersten Ausdrucks liefert wiederum $V_m = 12.3\ dm^3\,mol^{-1}$, sodass die Iteration hier beendet werden kann.

1.9 Nach den Gleichungen (1-18) und (1-19) lässt sich der Kompressionsfaktor eines Gases als Virialentwicklung in p oder in $\left(\frac{1}{V_m}\right)$ ausdrücken. Die Virialform der van-der-Waals'schen Gleichung wurde in Aufgabe 1.20(a) hergeleitet. Sie lautet

$$p = \frac{RT}{V_m}\left\{1 + \left(b - \frac{a}{RT}\right) \times \left(\frac{1}{V_m}\right) + \cdots\right\}$$

Umstellen ergibt $Z = \frac{pV_m}{RT} = 1 + \left(b - \frac{a}{RT}\right) \times \left(\frac{1}{V_m}\right) + \cdots$

Unter der Annahme, dass für das zweite und alle folgenden Glieder der Entwicklung der Ausdruck V_m nach der Zustandsgleichung des idealen Gases eingesetzt werden darf, lässt sich Z als Funktion von p leicht berechnen:

$$Z = 1 + \left(\frac{1}{RT}\right) \times \left(b - \frac{a}{RT}\right) p + \cdots$$

(a) Für $T_{krit} = 126.3\ K$ ist

$$V_m = \left(\frac{RT}{p}\right) \times Z = \frac{RT}{p} + \left(b - \frac{a}{RT}\right) + \cdots$$

$$= \frac{(0.08206\ dm^3\,atm\,K^{-1}\,mol^{-1}) \times (126.3\ K)}{10.0\ atm} + \left\{(0.0387\ dm^3\,mol^{-1}) - \left(\frac{1.352\ dm^6\,atm\,mol^{-2}}{(0.08206\ dm^3\,atm\,K^{-1}mol^{-1}) \times (126.3\ K)}\right)\right\}$$

$$= (1.036 - 0.092)\ dm^3\,mol^{-1} = 0.944\ dm^3\,mol^{-1}\,.$$

$$Z = \left(\frac{p}{RT}\right) \times (V_m) = \frac{(10.0\ atm) \times (0.944\ dm^3\,mol^{-1})}{(0.08206\ dm^3\,atm\,K^{-1}\,mol^{-1}) \times (126.3\ K)} = 0.911.$$

(b) Die Boyle-Temperatur entspricht der Temperatur, bei der der zweite Virialkoeffizient null ist. In erster Näherung (d. h. für die erste Potenz von p) ist dann $Z = 1$. Das Gas verhält sich also nahezu ideal. Nehmen wir aber an, dass N_2 ein van-der-Waals-Gas ist, so ist der zweite Virialkoeffizient null, wenn gilt

$$\left(b - \frac{a}{RT_B}\right) = 0 \quad \text{bzw.} \quad T_B = \frac{a}{bR}.$$

$$T_B = \frac{1.352\ dm^6\,atm\,mol^{-2}}{(0.0387\ dm^3\,mol^{-1}) \times (0.08206\ dm^3\,atm\,K^{-1}\,mol^{-1})} = 426\ K.$$

Der experimentelle Wert beträgt nach Tabelle 1-5 327.2 K. Setzt man diesen Wert in den obigen Ausdruck für Z ein, so ergibt sich nicht der Wert $Z = 1$. Diese Diskrepanz lässt sich auf zwei Weisen erklären:

1. Terme höherer Ordnung (höherer Potenz in p) sollten bei der Entwicklung von Z nicht vernachlässigt werden.
2. Stickstoff ist nur näherungsweise ein van-der-Waals-Gas.

Mit $Z = 1$ erhalten wir aus $V_m = \dfrac{RT}{p}$ mit $T_B = 327.2\,\text{K}$ folgenden Ausdruck für V_m:

$$\begin{aligned} V_m &= \frac{(0.08206\,\text{dm}^3\,\text{atm K}^{-1}\text{mol}^{-1}) \times 327.2\,\text{K}}{10.0\,\text{atm}} \\ &= 2.69\,\text{dm}^3\,\text{mol}^{-1}\,. \end{aligned}$$

Dies ist der ideale Wert für V_m. Setzen wir den experimentell bestimmten Wert von T_B in die Reihenentwicklung von V_m ein, so ergibt sich

$$\begin{aligned} V_m &= \frac{0.08206\,\text{dm}^3\,\text{atm K}^{-1}\text{mol}^{-1} \times 327.2\,\text{K}}{10.0\,\text{atm}} \\ &\quad + \left\{0.0387\,\text{dm}^3\text{mol}^{-1} - \left(\frac{1.352\,\text{dm}^6\text{atm mol}^{-2}}{0.08206\,\text{dm}^3\,\text{atm K}^{-1}\text{mol}^{-1} \times 327.2\,\text{K}}\right)\right\} \\ &= (2.68\overline{5} - 0.012)\,\text{dm}^3\text{mol}^{-1} = 2.67\,\text{dm}^3\,\text{mol}^{-1} \end{aligned}$$

und $Z = \dfrac{V_m}{V_m^\circ} = \dfrac{2.67\,\text{dm}^3\,\text{mol}^{-1}}{2.69\,\text{dm}^3\,\text{mol}^{-1}} = 0.992 \approx 1.$

(c) Die in Kapitel 2 eingeführte Joule-Thomson-Inversiontemperatur ist die Temperatur, bei der die Joule-Thomson-Temperatur null ist. Für Stickstoff beträgt sie $T_I = 621\,\text{K}$ (vgl. Tabelle 2-9). Mit dem Ausdruck für V_m aus Teil (a) finden wir

$$\begin{aligned} V_m &= \frac{0.08206\,\text{dm}^3\text{atm K}^{-1}\text{mol}^{-1} \times 621\,\text{K}}{10.0\,\text{atm}} \\ &\quad + \left\{0.0387\,\text{dm}^3\,\text{mol}^{-1} - \left(\frac{1.352\,\text{dm}^6\text{atm mol}^{-2}}{0.08206\,\text{dm}^3\,\text{atm K}^{-1}\text{mol}^{-1} \times 621\,\text{K}}\right)\right\} \\ &= (5.09\overline{6} + 0.012)\,\text{dm}^3\,\text{mol}^{-1} = 5.11\,\text{dm}^3\,\text{mol}^{-1} \end{aligned}$$

und

$$Z = \frac{5.11\,\text{dm}^3\text{mol}^{-1}}{5.10\,\text{dm}^3\,\text{mol}^{-1}} = 1.002 \approx 1.$$

Mit den Werten für T_B und T_I aus den Tabellen 1-4 und 2-9 und unter der Annahme, dass N_2 ein van-der-Waals-Gas ist, ist der berechnete Wert von Z für T_I am dichtesten an 1; allerdings ist der Unterschied zum Wert bei T_B kleiner als die Genauigkeit dieser Methode.

1.11 (a) $$V_\mathrm{m} = \frac{\text{molare Masse}}{\text{Dichte}} = \frac{M}{\rho} = \frac{18.02\,\mathrm{g\,mol^{-1}}}{1.332\times10^2\,\mathrm{g\,dm^{-3}}} = 0.1353\,\mathrm{dm^3\,mol^{-1}}\,.$$

(b) Mit Gl. (1-17b) erhalten wir

$$Z = \frac{pV_\mathrm{m}}{RT} = \frac{(327.6\,\mathrm{atm})\times(0.1353\,\mathrm{dm^3\,mol^{-1}})}{(0.08206\,\mathrm{dm^3\,atm\,K^{-1}\,mol^{-1}})\times(776.4\,\mathrm{K})} = 0.6957\,.$$

(c) In der Aufgabe 1.9 sind zwei Entwicklungen für Z angegeben, die auf der van-der-Waals'schen Gleichung beruhen. Dies sind

$$\begin{aligned} Z &= 1 + \left(b - \frac{a}{RT}\right)\times\left(\frac{1}{V_\mathrm{m}}\right) + \cdots \\ &= 1 + \left\{(0.0305\,\mathrm{dm^3\,mol^{-1}}) - \left(\frac{5.464\,\mathrm{dm^6\,atm\,mol^{-2}}}{(0.08206\,\mathrm{dm^3\,atm\,K^{-1}\,mol^{-1}})\times(776.4\,\mathrm{K})}\right)\right\} \\ &\quad\times\frac{1}{0.1353\,\mathrm{dm^3\,mol^{-1}}} = 1 - 0.4084 = 0.5916 \approx 0.59. \end{aligned}$$

$$\begin{aligned} Z &= 1 + \left(\frac{1}{RT}\right)\times\left(b - \frac{a}{RT}\right)\times(p) + \cdots \\ &= 1 + \frac{1}{(0.08206\,\mathrm{dm^3\,atm\,K^{-1}\,mol^{-1}})\times(776.4\,\mathrm{K})} \\ &\quad\times\left\{(0.0305\,\mathrm{dm^3\,mol^{-1}}) - \left(\frac{5.464\,\mathrm{dm^6\,atm\,mol^{-2}}}{(0.08206\,\mathrm{dm^3\,atm\,K^{-1}\,mol^{-1}})\times(776.4\,\mathrm{K})}\right)\right\} \\ &\quad\times 327.6\,\mathrm{atm} \\ &= 1 - 0.2842 \approx 0.72\,. \end{aligned}$$

Die Entwicklung in p liefert einen Wert, der nahe beim experimentellen Wert liegt. Die Entwicklung in $1/V_\mathrm{m}$ ist nicht so brauchbar. Wenn man aber auch höhere Terme berücksichtigt, erhält man in beiden Fällen ähnliche Ergebnisse.

1.13 Es ist $V_\mathrm{krit} = 2b$ und $T_\mathrm{krit} = \dfrac{a}{4bR}$ (vgl. Tabelle 1-7).

Mit V_krit und T_krit aus Tabelle 1-5 ist daher $b = \frac{1}{2}V_\mathrm{c} = \frac{1}{2}\times(118.8\,\mathrm{cm^3\,mol^{-1}}) =$ $59.4\,\mathrm{cm^3\,mol^{-1}}$ und

$$\begin{aligned} a &= 4bRT_\mathrm{krit} = 2RT_\mathrm{c}V_\mathrm{krit} \\ &= (2)\times(8.206\times10^{-2}\,\mathrm{dm^3\,atm\,K^{-1}\,mol^{-1}})\times(289.75\,\mathrm{K}) \\ &\quad\times(118.8\times10^{-3}\,\mathrm{dm^3\,mol^{-1}}) \\ &= 5.649\,\mathrm{dm^6\,atm\,mol^{-2}}\,. \end{aligned}$$

Es folgt

$$p = \frac{RT}{V_\mathrm{m} - b}\mathrm{e}^{-a/RTV_\mathrm{m}} = \frac{nRT}{V - nb}\mathrm{e}^{-na/RTV}$$

$$= \frac{(1.0\,\mathrm{mol}) \times (8.206 \times 10^{-2}\,\mathrm{dm^3\,atm\,K^{-1}\,mol^{-1}}) \times (298\,\mathrm{K})}{(1.0\,\mathrm{dm^3}) - (1.0\,\mathrm{mol}) \times (59.4 \times 10^{-3}\,\mathrm{dm^3\,mol^{-1}})}$$

$$\times \exp\left(\frac{-(1.0\,\mathrm{mol}) \times (5.649\,\mathrm{dm^6\,atm\,mol^{-2}})}{(8.206 \times 10^{-2}\,\mathrm{dm^3\,atm\,K^{-1}\,mol^{-1}}) \times (298\,\mathrm{K}) \times (1.0\,\mathrm{dm^6\,atm\,mol^{-1}})}\right)$$

$$= 26.\bar{0}\,\mathrm{atm} \times \mathrm{e}^{-0.23\bar{1}} = \boxed{21\,\mathrm{atm}}\,.$$

Theoretische Aufgaben

1.15 Die Reihenentwicklung wurde bereits in den Lösungen von Aufgabe A1.20 und 1.14 vorgestellt. Das Ergebnis ist

$$p = \frac{RT}{V_\mathrm{m}}\left(1 + \left[b - \frac{a}{RT}\right]\frac{1}{V_\mathrm{m}} + \frac{b^2}{V_\mathrm{m}^2} + \cdots\right).$$

Wir vergleichen dies mit dem in Gl. (1-19) gegebenen Ausdruck

$$p = \frac{RT}{V_\mathrm{m}}\left(1 + \frac{B}{V_\mathrm{m}} + \frac{C}{V_{\mathrm{m}^2}} + \cdots\right).$$

Wir erhalten $\boxed{B = b - \frac{a}{RT}}$ und $\boxed{C = b^2}$.

Wegen $C = 1200\,\mathrm{cm^6\,mol^{-2}}$ ist $b = C^{1/2} = \boxed{34.6\,\mathrm{cm^3\,mol^{-1}}}$

$$a = RT(b - B)$$

$$= (8.206 \times 10^{-2}) \times (273\,\mathrm{dm^3\,atm\,mol^{-1}}) \times (34.6 + 21.7)\,\mathrm{cm^3\,mol^{-1}}$$

$$= (22.4\bar{0}\,\mathrm{dm^3\,atm\,mol^{-1}}) \times (56.3 \times 10^{-3}\,\mathrm{dm^3\,mol^{-1}}) = \boxed{1.26\,\mathrm{dm^6\,atm\,mol^{-2}}}\,.$$

1.17 Am kritischen Punkt hat die Auftragung von Druck gegen Molvolumen eine Wendepunkt mit waagerechter Tangente. Ein kritischer Punkt liegt vor, wenn es ein Wertetripel p, V und T gibt, das gleichzeitig die folgenden Bedingungen erfüllt:

$$p = \frac{RT}{V_\mathrm{m}} - \frac{B}{V_\mathrm{m}^2} + \frac{C}{V_\mathrm{m}^3}.$$

$$\left.\begin{aligned}\left(\frac{\partial p}{\partial V_\mathrm{m}}\right)_T &= -\frac{RT}{V_\mathrm{m}^2} + \frac{2B}{V_\mathrm{m}^3} - \frac{3C}{V_\mathrm{m}^4} = 0\\ \left(\frac{\partial^2 p}{\partial V_\mathrm{m}^2}\right)_T &= \frac{2RT}{V_\mathrm{m}^3} - \frac{6B}{V_\mathrm{m}^4} + \frac{12C}{V_\mathrm{m}^5} = 0\end{aligned}\right\}\ \text{am kritischen Punkt.}$$

Das bedeutet
$$\left.\begin{aligned} -RT_{\text{krit}}V_{\text{krit}}^2 + 2BV_{\text{krit}} - 3C &= 0 \\ RT_{\text{krit}}V_{\text{krit}}^2 - 3BV_{\text{krit}} + 6C &= 0 \end{aligned}\right\}.$$

Auflösen ergibt $V_{\text{krit}} = \dfrac{3C}{B}$ und $T_{\text{krit}} = \dfrac{B^2}{3RC}$.

Wir berechnen nun mithilfe der Zustandsgleichung p_{krit} und dann Z_{krit}:

$$p_{\text{c}} = \frac{RT_{\text{krit}}}{V_{\text{krit}}} - \frac{B}{V_{\text{krit}}^2} + \frac{C}{V_{\text{krit}}^3} = \left(\frac{RB^2}{3RC}\right) \times \left(\frac{B}{3C}\right) - B\left(\frac{B}{3C}\right)^2 + C\left(\frac{B}{3C}\right)^3$$
$$= \frac{B^3}{27C^2}.$$
$$Z_{\text{krit}} = \frac{p_{\text{krit}}V_{\text{krit}}}{RT_{\text{krit}}} = \left(\frac{B^3}{27C^2}\right) \times \left(\frac{3C}{B}\right) \times \left(\frac{1}{R}\right) \times \left(\frac{3RC}{B^2}\right) = \frac{1}{3}.$$

1.19 Für ein reales Gas können wir gemäß Gl. (1-18) die Virialentwicklung in p ansetzen:

$$p = \frac{nRT}{V}(1 + B'p + \cdots) = \rho\frac{RT}{M}(1 + B'p + \cdots)$$

Umstellen ergibt $\dfrac{p}{\rho} = \dfrac{RT}{M} + \dfrac{RT\,B'}{M}p + \cdots$.

Die Grenzsteigung einer Auftragung von $\dfrac{p}{\rho}$ gegen p ist $\dfrac{B'RT}{M}$. Aus Abb. 1-3 erhalten wir dafür

$$\frac{B'RT}{M} = \frac{(5.84 - 5.44) \times 10^4\ \text{m}^2\,\text{s}^{-2}}{(10.132 - 1.223) \times 10^4\ \text{Pa}} = 4.4 \times 10^{-2}\ \text{kg}^{-1}\,\text{m}^3.$$

Aus Abb. 1-3 ergibt sich $\dfrac{RT}{M} = 5.40 \times 10^4\ \text{m}^2\,\text{s}^{-2}$ und damit

$$B' = \frac{4.4 \times 10^{-2}\ \text{kg}^{-1}\,\text{m}^3}{5.40 \times 10^4\ \text{m}^2\,\text{s}^{-2}} = 0.81 \times 10^{-6}\ \text{Pa}^{-1},$$
$$B' = (0.81 \times 10^{-6}\ \text{Pa}^{-1}) \times (1.0133 \times 10^5\ \text{Pa atm}^{-1}) = 0.082\ \text{atm}^{-1}.$$

Nach Aufgabe 1.18 ist $B = RTB'$ und daher

$$B = (8.206 \times 10^{-2}\ \text{dm}^3\,\text{atm}\,\text{K}^{-1}\,\text{mol}^{-1}) \times (298\ \text{K}) \times (0.082\ \text{atm}^{-1})$$
$$= 2.0\ \text{dm}^3\,\text{mol}^{-1}.$$

1.21 Oberhalb der kritischen Temperatur lässt sich das Gas nicht durch eine Erhöhung des Drucks allein verflüssigen. Unterhalb der kritischen Temperatur können zwei Phasen (Gas

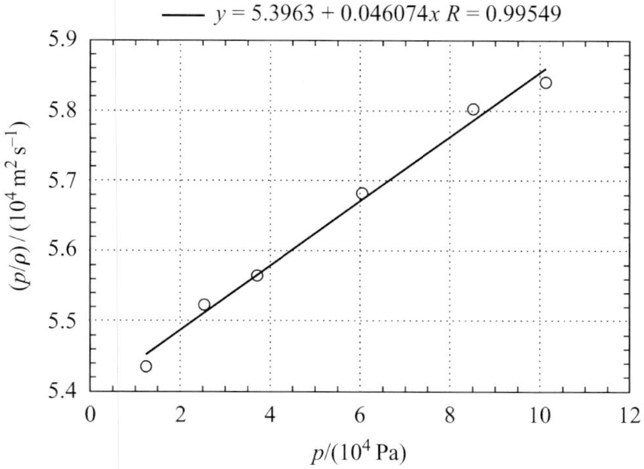

Abb. 1-3

und Flüssigkeit) im Gleichgewicht miteinander vorliegen. Im Zweiphasengebiet gibt es bei gleichen Temperatur- und Druckbedingungen keinen eindeutigen Wert des Molvolumens. Jede Zustandsgleichung, die diese Situation wenigstens annähernd beschreiben soll, muss also bei bestimmten Wertepaaren p und T mehr als eine reelle Lösung für das Molvolumen haben, darf aber für Temperaturen oberhalb T_{krit} nur eine reelle Lösung haben. Geeignete Zustandsgleichungen müssen also einen ungeraden Grad in V_m aufweisen.

Für ein Gas A können wir beispielsweise schreiben $V_m^2 - (RT/p)V_m - (RTb/p) = 0$. Dies ist aber eine quadratische Gleichung, die niemals nur einen einzigen reellen Zweig aufweist. Sie kann also das kritische Verhalten nicht beschreiben. Möglicherweise ist sie – wenn auch nur sehr grob – für eine Situation mit zwei Phasen geeignet, da es bestimmte Bedingungen gibt, bei denen eine quadratische Gleichung zwei reelle positive Lösungen hat. Sie eignet sich sich aber auf keinen Fall dazu, den Prozess der Verflüssigung angemessen zu beschreiben.

Die Zustandsgleichung für das Gas B ist eine Gleichung ersten Grades in V_m und kann daher keinesfalls kritisches Verhalten, den Prozess der Verflüssigung oder die Existenz eines Zweiphasengebiets beschreiben.

Eine Gleichung dritten Grades (also eine kubische Gleichung) hat den niedrigsten Grad, bei dem der Übergang von mehr als einer reellen Lösung zu genau einer reellen Lösung auftreten kann. Die van-der-Waals'sche Gleichung ist eine Gleichung dritten Grades in V_m.

1.23 Die zwei Massen führen unter identischen Bedingungen zu demselben Gasvolumen; daher enthalten sie dieselbe Anzahl an Molekülen (das ist das Avogadro-Prinzip) und dieselbe Stoffmenge von n Molen. Daher lassen sich die Massen in folgender Form ausdrücken:

$$nM_N = 2.2990\,\mathrm{g}$$

für „chemischen Stickstoff" und

$$n_{Ar}M_{Ar} + n_N M_N = n[x_{Ar}M_{Ar} + (1 - x_{Ar})M_N] = 2.3102\,\mathrm{g}$$

für „atmosphärischen Stickstoff". Teilt man die beiden Ausdrücke durcheinander, so erhält man

$$\frac{x_{\mathrm{Ar}} M_{\mathrm{Ar}}}{M_{\mathrm{N}}} + (1 - x_{\mathrm{Ar}}) = \frac{2.3102}{2.2990} \quad \text{und damit} \quad x_{\mathrm{Ar}} \left(\frac{M_{\mathrm{Ar}}}{M_{\mathrm{N}}} - 1 \right) = \frac{2.3102}{2.2990} - 1$$

$$\text{und } x_{\mathrm{Ar}} = \frac{(2.3102/2.2990) - 1}{(M_{\mathrm{Ar}}/M_{\mathrm{N}}) - 1} = \frac{(2.3102/2.2990) - 1}{(39.95\,\mathrm{g\,mol^{-1}})/(28.013\,\mathrm{g\,mol^{-1}} - 1)} = 0.011\,.$$

Anmerkung: Dieser Wert für den Molenbruch von Argon in Luft liegt ziemlich nahe bei dem aktuellen Literaturwert.

Anwendungsaufgaben

1.25 Bei einem angenommenen Ausstoß von 300 t (also 300×10^3 kg) täglich kommen wir auf

$$n(\mathrm{SO_2}) = \frac{300 \times 10^3\,\mathrm{kg}}{64 \times 10^{-3}\,\mathrm{kg\,mol^{-1}}} = 4.7 \times 10^6\,\mathrm{mol}.$$

$$V = \frac{nRT}{p} = \frac{(4.7 \times 10^6\,\mathrm{mol}) \times (0.082\,\mathrm{dm^3 atm\,K^{-1} mol^{-1}}) \times 1073\,\mathrm{K}}{1.0\,\mathrm{atm}}$$

$$= 4.1 \times 10^8\,\mathrm{dm^3}.$$

1.27 Der Druck am unteren Ende der Säule H ist $p = \rho g H$ (vgl. Beispiel 1-1). Der Druck in einer beliebigen Höhe h der „Atmosphärensäule" der Höhe H hängt aber nur von der darüber befindlichen Luft ab. Daher gilt

$$p = \rho g(H - h) \quad \text{und} \quad \mathrm{d}p = -\rho g\,\mathrm{d}h.$$

Wegen $\rho = \frac{pM}{RT}$ (vgl. Aufgabe 1-2) ist $\mathrm{d}p = -\frac{pMg\mathrm{d}h}{RT}$ und daher $\frac{\mathrm{d}p}{p} = -\frac{Mg\,\mathrm{d}h}{RT}$.

Integration ergibt $p = p_0 \mathrm{e}^{-Mgh/RT}$.

Für Luft ist $M \approx 29\,\mathrm{g\,mol^{-1}}$; bei 298 K ist demnach (mit $1\,\mathrm{J} = 1\,\mathrm{kg\,m^2\,s^{-2}}$)

$$\frac{Mg}{RT} \approx \frac{(29 \times 10^{-3}\,\mathrm{kg\,mol^{-1}}) \times (9.81\,\mathrm{m\,s^{-2}})}{2.48 \times 10^3\,\mathrm{J\,mol^{-1}}} = 1.1\bar{5} \times 10^{-4}\mathrm{m^{-1}}\,.$$

(a) $h = 15$ cm.

$$p = p_0 \times \mathrm{e}^{(-0.15\,\mathrm{m}) \times (1.1\bar{5} \times 10^{-4}\,\mathrm{m^{-1}})} = 0.99\overline{998}\,p_0; \quad \frac{p - p_0}{p_0} = 0.00\,.$$

(b) $h = 11\,\mathrm{km} = 1.1 \times 10^4$ m.

$$p = p_0 \times \mathrm{e}^{(-1.1 \times 10^{-4}) \times (1.1\bar{5} \times 10^{-4}\mathrm{m^{-1}})} = 0.28\,p_0; \quad \frac{p - p_0}{p_0} = -0.72\,.$$

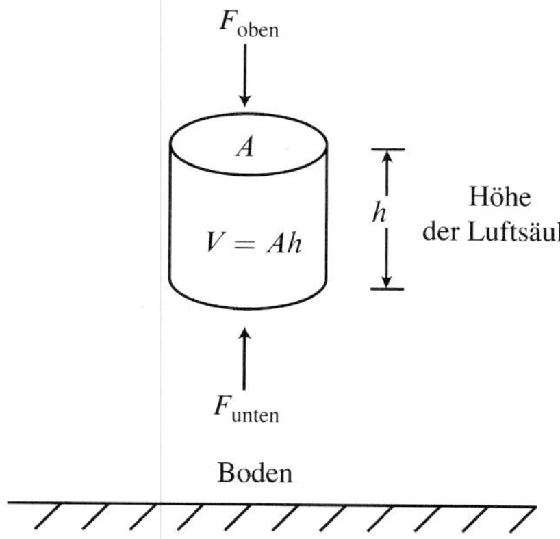

Abb. 1-4

1.29 Bitte schauen Sie auf Abb. 1-4. Die Auftriebskraft auf den Zylinder ist

$$\begin{aligned} F_{\text{Auftrieb}} &= F_{\text{unten}} - F_{\text{oben}} \\ &= A(p_{\text{unten}} - p_{\text{oben}}) \end{aligned}$$

gemäß der barometrischen Höhenformel mit

$$p_{\text{oben}} = p_{\text{unten}} \mathrm{e}^{-Mgh/RT}.$$

Dabei ist M die molare Masse der Umgebung (also der Luft). Solange die Höhe h nur gering ist, lässt sich der Exponentialausdruck in eine Taylor-Reihe um $h = 0(\mathrm{e}^{-x} = 1 - x + \frac{1}{2!}x^2 + \cdots)$ entwickeln. Wir berücksichtigen nur die Terme erster Ordnung und erhalten

$$p_{\text{oben}} = p_{\text{unten}} \left(1 - \frac{Mgh}{RT}\right).$$

Mit $n = \dfrac{p_{\text{unten}} V}{RT}$ erhält man für die Auftriebskraft

$$\begin{aligned} F_{\text{Auftrieb}} &= A p_{\text{unten}} \left(1 - 1 + \frac{Mgh}{RT}\right) = Ah \left(\frac{p_{\text{unten}} M}{RT}\right) g \\ &= \left(\frac{p_{\text{unten}} VM}{RT}\right) g = nMg. \end{aligned}$$

n ist die Anzahl der Moleküle der Umgebung (der Luft), die durch den Ballon verdrängt werden, $nM = m$ ist die Masse der verdrängten Luft. Damit ergibt sich $F_{\text{Auftrieb}} = mg$. Die Resultierende F_{res} ist die Differenz zwischen der Auftriebskraft und der Gewichtskraft des Ballons. Damit ergibt sich

$$F_{\text{res}} = mg - m_{\text{Ballon}} g = (m - m_{\text{Ballon}}) g$$

Dies ist das Archimedische Prinzip.

2 | Der Erste Hauptsatz der Thermodynamik

Diskussionsfragen

2.1 Arbeit ist in der Mechanik genau definiert: Sie entsteht aus der Anwendung einer Kraft über einen gewissen Weg. Die technische Definition der Arbeit beruht auf der Überlegung, dass sowohl Kraft als auch die Verschiebung (d. h. der Weg) vektorielle Größen sind. Bei der Berechnung der Arbeit betrachtet man nur die Komponente in Richtung der Verschiebung; damit ergibt sich die Arbeit als Skalarprodukt zweier Vektoren, in Vektorschreibweise $w = -\vec{f} \cdot \vec{d} = -fd\cos\theta$, wobei θ der Winkel zwischen Kraft und Verschiebung ist. Das negative Vorzeichen wird eingefügt, um der thermodynamischen Standarddefinition Genüge zu tun.

Wärme ist mit einem nicht-adiabatischen Prozess verbunden. Sie ergibt sich als die Differenz zwischen der adiabatischen Arbeit und der nicht-adiabatischen Arbeit, die mit derselben Zustandsänderung des System verbunden ist. Dies ist die formale (und beste) Definition von Wärme und beruht auf der Definition von Arbeit. Eine weniger präzise Definition von Wärme ist die folgende Aussage: Wärme ist die Form von Energie, die zwischen Körpern aufgrund ihrer unterschiedlicher Temperatur ausgetauscht wird, wenn sie sich in thermischem Kontakt befinden.

Auf molekularer Ebene ist Arbeit der Energieübertrag, der aus der geordneten Bewegung der Atome und Moleküle in einem System resultiert; Wärme ist der Energieübertrag, der sich aus ungeordneter Bewegung ergibt. (Vgl. die ausführlichere Diskussion in der *Mikroskopischen Interpretation* 2-1.)

2.3 Der Unterschied resultiert aus der Definition $H = U + PV$; daher ist $\Delta H = \Delta U + \Delta(PV)$. Da $\Delta(PV)$ im Allgemeinen nicht null ist (außer für isotherme Prozesse in einem idealen Gas), verschwindet die Differenz zwischen ΔH und ΔU nicht. Wie in den Abschnitten 2.1.4 und 2.1.5 gezeigt, kann man ΔH als die Wärme interpretieren, die mit einem Prozess bei konstantem Druck verbunden ist, ΔU ist dann die Wärme bei konstantem Volumen.

2.5 In dem Experiment von Joule ist die Änderung der inneren Energie eines Gases bei niedrigen Drücken (also eines idealen Gases) null. Daher kann man bei der Berechnung von Energieänderungen für Prozesse in einem idealen Gas alle Effekte vernachlässigen, die mit einer Volumenänderung zusammenhängen. Dies vereinfacht die Berechnungen ganz erheblich, weil der erste Term von Gl. (2-40) entfällt und man nur mit $\mathrm{d}U = C_V\,\mathrm{d}T$

Arbeitsbuch Physikalische Chemie. 4. Auflage. P. W. Atkins, C. A. Trapp, M. P. Cady und C. Giunta

ISBN: 978-3-527-31828-5

rechnen muss. Mit einer empfindlicheren Apparatur hätte Joule jedoch eine kleine Temperaturänderung wegen der Expansion des „realen“ Gases nachgewiesen. Joules Ergebnis gilt also exakt nur im Grenzfall des Drucks null, bei dem man alle Gase als ideal ansehen kann.

Die Lösung von Aufgabe A2.33 zeigt, dass sich der Joule-Thomson-Koeffizient mithilfe der Parameter ausdrücken lässt, die die anziehenden und abstoßenden Wechselwirkungen in einem realen Gas beschreiben. Herrschen die anziehenden Kräfte vor, dann verringert eine Expansion des Gases seine Energie und damit seine Temperatur. Diese Temperaturverringerung lässt sich fortführen, bis die Temperatur des Gases unter den Kondensationspunkt fällt. Dies ist auch das Prinzip der Gasverflüssigung mit der Linde-Kältemaschine, die den Joule-Thomson-Effekt ausnützt. Eine ausführlichere Diskussion findet sich in Abschnitt 2.3.3.

2.7 Die vertikale Achse eines Thermogramms gibt C_p wieder, die horizontalen Achsen repräsentieren die Wärmekapazität beim einfachen Erhitzen ohne Strukturänderungen oder ähnliche Übergänge. Bei dem Beispiel in Abb. 2-16 erfährt die Probe eine Strukturänderung zwischen T_1 und T_2; es gibt also keinen Grund anzunehmen, das C_p nach dem Übergang wieder den Wert von vor dem Übergang annimmt. So wie Diamant und Graphit aufgrund ihres unterschiedlichen Aufbaus unterschiedliche Wärmekapazitäten haben, können auch die Strukturänderungen, die während der Aufnahme eines Thermogramms auftreten, die Wärmekapazität verringern.

Leichte Aufgaben

Vorbemerkung: Wenn nicht anders angegeben, soll für jedes Gas die Zustandsgleichung des idealen Gases gelten. Alle thermochemischen Daten werden, sofern nicht anders angegeben, auf 298,15 K bezogen.

A2.1a Die physikalische Arbeit ist nach Gl. (2-6) definiert als $\mathrm{d}w = -F\,\mathrm{d}z$.

In einem Gravitationsfeld ist die Kraft gleich der Gewichtskraft des Körpers und beträgt $F = mg$.

Sofern g über die gesamte Strecke konstant ist, entlang der sich der Körper bewegt, kann man $\mathrm{d}w$ einfach integrieren, um die Gesamtarbeit zu erhalten. Mit $h = z_\mathrm{E} - z_\mathrm{A}$ ergibt sich

$$w = -\int_{z_\mathrm{A}}^{z_\mathrm{E}} F\mathrm{d}z = -\int_{z_\mathrm{A}}^{z_\mathrm{E}} mg\mathrm{d}z = -mg(z_\mathrm{E} - z_\mathrm{A}) = -mgh.$$

Auf der Erde: $w = -(65\,\mathrm{kg}) \times (9.81\,\mathrm{m\,s^{-2}}) \times (4.0\,\mathrm{m}) = -2.6 \times 10^3\,\mathrm{J} = 2.6 \times 10^3\,\mathrm{J}$.

Auf dem Mond: $w = -(65\,\mathrm{kg}) \times (1.60\,\mathrm{m\,s^{-2}}) \times (4.0\,\mathrm{m}) = -4.2 \times 10^2\,\mathrm{J} = 4.2 \times 10^2\,\mathrm{J}$.

A2.2a Die Expansion vollzieht sich gegen einen konstanten äußeren Druck. Nach Gl. (2-8) gilt daher $w = -p_{ex}\Delta V$.

$$p_{ex} = (1.0\ \text{atm}) \times (1.013 \times 10^5\ \text{Pa atm}^{-1}) = 1.0\bar{1} \times 10^5\ \text{Pa}.$$

Die Volumenänderung ergibt sich als Querschnittsfläche mal der linearen Verschiebung:

$$\Delta V = (100\,\text{cm}^2) \times (10\,\text{cm}) \times \left(\frac{1\ \text{m}}{100\,\text{cm}}\right)^3 = 1.0 \times 10^{-3}\ \text{m}^3,$$

Mit $1\ \text{Pa m}^3 = 1\ \text{J}$ ergibt sich also $w = -(1.0\bar{1} \times 10^5\ \text{Pa}) \times (1.0 \times 10^{-3}\ \text{m}^3) = -1.0 \times 10^2\ \text{J}$.

A2.3a In allen drei Fällen ist $\Delta U = 0$, weil die innere Energie eines idealen Gases nur von der Temperatur abhängt (eine ausführlichere Diskussion finden Sie in der *Mikroskopischen Interpretation 2-2* und in Abschnitt 2.3.2b). Aus der Definition der Enthalpie folgt $H = U + pV$ und damit $\Delta H = \Delta U + \Delta(pV) = \Delta U + \Delta(nRT)$; die letzte Gleichung gilt für ein ideales Gas. Damit ist für alle Vorgänge in einem idealen Gas auch $\Delta H = 0$, wenn die Temperatur konstant bleibt.

(a) $\Delta U = \Delta H = 0$. Nach Gl. (2-11) ist

$$\begin{aligned} w &= -nRT\ \ln\left(\frac{V_E}{V_A}\right) \\ &= -(1.00\,\text{mol}) \times (8.314\,\text{J K}^{-1}\ \text{mol}^{-1}) \times (273\ \text{K}) \times \ln\left(\frac{44.8\ \text{dm}^3}{22.4\ \text{dm}^3}\right) \\ &= -1.57 \times 10^3\ \text{J} = -1.57\ \text{kJ}. \end{aligned}$$

Nach dem ersten Hauptsatz ist

$$q = \Delta U - w = 0 + 1.57\,\text{kJ} = +1.57\ \text{kJ}.$$

(b) $\Delta U = \Delta H = 0$. Nach Gl. (2-8) ist

$$w = -p_{ex}\Delta V, \qquad \text{außerdem ist}$$

$$\Delta V = (44.8 - 22.4)\ \text{dm}^3 = 22.4\ \text{dm}^3.$$

p_{ex} lässt sich aus dem idealen Gasgesetz $pV = nRT$ berechnen:

$$\begin{aligned} p_{ex} = p_E &= \frac{nRT}{V_E} \\ &= \frac{(1.00\,\text{mol}) \times (0.08206\,\text{dm}^3\ \text{atm K}^{-1}\ \text{mol}^{-1}) \times (273\ \text{K})}{44.8\ \text{dm}^3} \\ &= 0.500\,\text{atm}. \end{aligned}$$

Wir haben also

$$\begin{aligned} w &= -(0.500\,\text{atm}) \times \left(\frac{1.013 \times 10^5\ \text{Pa}}{1\ \text{atm}}\right) \times (22.4\ \text{dm}^3) \times \left(\frac{1\ \text{m}^3}{10^3\ \text{dm}^3}\right) \\ &= -1.13 \times 10^3\ \text{Pa m}^3 = -1.13 \times 10^3\ \text{J} = -1.13\ \text{kJ}. \\ q &= \Delta U - w = 0 + 1.13\,\text{kJ} = +1.13\ \text{kJ}. \end{aligned}$$

(c) $\Delta U = \Delta H = 0$ Eine freie Expansion vollzieht sich ohne Kraftaufwand, also ist $w = 0$ und
$q = \Delta U - w = 0 - 0 = 0$.

Anmerkung: Eine isotherme freie Expansion eines idealen Gases ist auch adiabatisch.

A2.4a Bei konstantem Volumen gilt für ein ideales Gas

$$\frac{p}{T} = \frac{nR}{V} = \text{const.}; \quad \text{also ist} \quad \frac{p_1}{T_1} = \frac{p_2}{T_2}.$$

$$p_2 = \left(\frac{T_2}{T_1}\right) \times p_1 = \left(\frac{400\,\text{K}}{300\,\text{K}}\right) \times (1.00\,\text{atm}) = 1.33\,\text{atm}.$$

Nach Gl. (2-17b) ist

$$\begin{aligned} \Delta U &= nC_{V,\text{m}}\Delta T = (n) \times \left(\frac{3}{2}R\right) \times (400\,\text{K} - 300\,\text{K}) \\ &= (1.00\,\text{mol}) \times \left(\frac{3}{2}\right) \times (8.314\,\text{J}\,\text{K}^{-1}\,\text{mol}^{-1}) \times (100\,\text{K}) \\ &= 1.25 \times 10^3\,\text{J} = +1.25\,\text{kJ}. \end{aligned}$$

Ferner ist $w = 0$ wegen des konstanten Volumens. Damit folgt nach dem Ersten Hauptsatz

$$q = \Delta U - w = 1.25\,\text{kJ} - 0 = +1.25\,\text{kJ}.$$

A2.5a (a) Nach Gl. (2-8) ist $w = -p_{\text{ex}}\Delta V$ und damit:

$$p_{\text{ex}} = (200\,\text{Torr}) \times (133.3\,\text{Pa Torr}^{-1}) = 2.66\bar{6} \times 10^4\,\text{Pa}.$$

$$\Delta V = 3.3\,\text{dm}^3 = 3.3 \times 10^{-3}\,\text{m}^3.$$

Also ist $w = (-2.66\bar{6} \times 10^4\,\text{Pa}) \times (3.3 \times 10^{-3}\,\text{m}^3) = -88\,\text{J}$.

(b) Nach Gl. (2-11) ist $w = -nRT \ln\left(\frac{V_\text{E}}{V_\text{A}}\right)$ und damit:

$$n = \frac{4.50\,\text{g}}{16.04\,\text{g}\,\text{mol}^{-1}} = 0.280\bar{5}\,\text{mol},$$

$$RT = 2.577\,\text{kJ}\,\text{mol}^{-1}, \; V_\text{A} = 12.7\,\text{dm}^3, \; V_\text{E} = 16.0\,\text{dm}^3.$$

$$w = -(0.280\bar{5}\,\text{mol}) \times (2.577\,\text{kJ}\,\text{mol}^{-1}) \times \ln\left(\frac{16.0\,\text{dm}^3}{12.7\,\text{dm}^3}\right) = -167\,\text{J}.$$

A2.6a $\Delta H = \Delta_{\text{Kond}} H = -\Delta_{\text{Verd}} H = -(1\,\text{mol}) \times (40.656\,\text{kJ mol}^{-1}) = -40.656\,\text{kJ}$.

Da die Kondensation isotherm und reversibel abläuft, bleibt der äußere Druck konstant bei 1.00 atm. Also ist

$$q = q_p = \Delta H = -40.656\,\text{kJ}.$$

Nach Gl. (2-8) ist

$$w = -p_{\text{ex}} \Delta V$$

Weil das Volumen der Flüssigkeit klein ist gegen das Volumen des Dampfes ($V_{\text{Fl}} \ll V_{\text{Da}}$), gilt $\Delta V = V_{\text{Fl}} - V_{\text{Da}} \approx -V_{\text{Da}}$.

Wir nehmen an, dass sich der Wasserdampf wie ein ideales Gas verhält. Dann ist $V_{\text{Da}} = \dfrac{nRT}{p}$. Außerdem ist $p = p_{\text{ex}}$, da die Kondensation reversibel ausgeführt wird. Es folgt

$$\begin{aligned} w &\approx nRT = (1.00\,\text{mol}) \times (8.314\,\text{J K}^{-1}\,\text{mol}^{-1}) \times (373\,\text{K}) = +3.10 \times 10^3\,\text{J} \\ &= +3.10\,\text{kJ}. \end{aligned}$$

Nach Gl. (2-21) gilt $\Delta U = \Delta H - \Delta n_{\text{g}} RT$ mit $\Delta n_{\text{g}} = -1.00\,\text{mol}$. Dann ist

$$\begin{aligned} \Delta U &= (-40.656\,\text{kJ}) + (1.00\,\text{mol}) \times (8.314\,\text{J K}^{-1}\,\text{mol}^{-1}) \times (373.15\,\text{K}) \\ &= -37.55\,\text{kJ}. \end{aligned}$$

A2.7a Es ist $M(\text{Mg}) = 24.31\,\text{g mol}^{-1}$. Folgende chemische Reaktion läuft ab:

$$\text{Mg(s)} + 2\text{HCl(aq)} \rightarrow \text{H}_2\text{(g)} + \text{MgCl}_2\text{(aq)}.$$

Durch die Expansion des bei der Reaktion gebildeten Wasserstoffgases gegen die Atmosphäre wird Arbeit verrichtet. Nach Gl. (2-8) gilt

$$w = -p_{\text{ex}} \Delta V \qquad \text{mit} \quad V_{\text{A}} \approx 0,\ V_{\text{E}} = \frac{nRT}{p_{\text{E}}},\ p_{\text{E}} = p_{\text{ex}}.$$

Es gilt also $w = -p_{\text{ex}}(V_{\text{E}} - V_{\text{A}}) \approx -p_{\text{ex}} V_{\text{E}} = -p_{\text{ex}} \times \dfrac{nRT}{p_{\text{ex}}} = -nRT$,

$$n = \frac{15\text{g}}{24.31\,\text{g mol}^{-1}} = 0.61\overline{7}\,\text{mol}, \qquad RT = 2.479\,\text{kJ mol}^{-1}.$$

Damit ist $w = (-0.61\overline{7}\,\text{mol}) \times (2.479\,\text{kJ mol}^{-1}) = -1.5\,\text{kJ}$

A2.8a (a) Weil der Druck konstant ist, gilt $q = \Delta H$.

$$\Delta H = \int_{T_A}^{T_E} dH, \quad dH = nC_{p,m}dT.$$

$$d(H/J) = \{20.17 + 0.3665(T/K)\}d(T/K).$$

$$\Delta(H/J) = \int_{T_A}^{T_E} d(H/J) = \int_{298}^{473} \{20.17 + 0.3665(T/K)\}d(T/K)$$

$$= (20.17) \times (473 - 298) + \left(\frac{0.3665}{2}\right) \times \left[\frac{T}{K}\right]^2 \Bigg|_{298}^{473}$$

$$= (3.53\overline{0} \times 10^3) + (2.47\overline{25} \times 10^4) = 2.83 \times 10^4.$$

$$q = \Delta H = 2.83 \times 10^4\ J = +28.3\ kJ.$$

Nach Gl. (2-8) ist $w = -p_{ex}\Delta V$. Ferner ist $p_{ex} = p$. Wir berücksichtigen, dass der Druck konstant ist, und setzen die Zustandsgleichung des idealen Gases an:

$$w = -p\Delta V = -\Delta(pV) = -\Delta(nRT) = -nR\Delta T$$

$$= (-1.00\ mol) \times (8.314\ J\ K^{-1}\ mol^{-1}) \times (473\ K - 298\ K)$$

$$= -1.45 \times 10^3\ J = -1.45\ kJ.$$

$$\Delta U = q + w = (28.3\ kJ) - (1.45\ kJ) = +26.8\ kJ.$$

(b) Die Energie und die Enthalpie eines idealen Gases hängen nur von der Temperatur ab (vgl. *Mikroskopische Interpretation* 2-2 und Aufgabe A2.3). Daher spielt es keine Rolle, ob sich die Temperatur bei konstantem Volumen oder konstantem Druck ändert. Die Größen ΔH und ΔU sind jeweils gleich.

$$\Delta H = +28.3\ kJ, \quad \Delta U = 26.8\ kJ.$$

Bei konstantem Volumen gilt $w = 0$.

$$q = \Delta U - w = +26.8\ kJ.$$

A2.9a Bei einer reversiblen adiabatischen Expansion gilt nach Gl. (2-28a)

$$T_E = T_A \left(\frac{V_A}{V_E}\right)^{1/c}$$

mit $c = \dfrac{C_{V,m}}{R} = \dfrac{C_{p,m} - R}{R} = \dfrac{(20.786 - 8.3145)\ J\ K^{-1}\ mol^{-1}}{8.3145\ J\ K^{-1}\ mol^{-1}} = 1.500.$

Damit ist die Endtemperatur

$$T_E = (273.15\ K) \times \left(\frac{1.0\ dm^3}{3.0\ dm^3}\right)^{1/1.500} = 131\ K.$$

A2.10a Bei einer reversiblen adiabatischen Zustandsänderung wird nach Gl. (2-27) die Arbeit

$$w = C_V \Delta T = n(C_{p,\mathrm{m}} - R) \times (T_\mathrm{E} - T_\mathrm{A})$$

geleistet; für die Temperaturen gilt nach Gl. (2-28a)

$$T_\mathrm{E} = T_\mathrm{A} \left(\frac{V_\mathrm{A}}{V_\mathrm{E}} \right)^{1/c} \qquad \text{mit} \quad c = \frac{C_{V,\mathrm{m}}}{R} = \frac{C_{p,\mathrm{m}} - R}{R} = 3.463.$$

Also gilt

$$T_\mathrm{E} = [(27.0 + 273.15)\,\mathrm{K}] \times \left(\frac{500 \times 10^{-3}\,\mathrm{dm}^3}{3.00\,\mathrm{dm}^3} \right)^{1/3.463}$$
$$= 179\,\mathrm{K}$$

und

$$w = \left(\frac{2.45\mathrm{g}}{44.0\,\mathrm{g\,mol}^{-1}} \right) \times [(37.11 - 8.3145)\,\mathrm{J\,K^{-1}mol^{-1}}] \times (179 - 300)\,\mathrm{K}$$
$$= -194\,\mathrm{J}\,.$$

A2.11a Für eine reversible adiabatische Expansion gilt nach Gl. (2-29)

$$p_\mathrm{E} V_\mathrm{E}^\gamma = p_\mathrm{A} V_\mathrm{A}^\gamma$$

und damit

$$p_\mathrm{E} = p_\mathrm{A} \left(\frac{V_\mathrm{A}}{V_\mathrm{f}} \right)^\gamma = (57.4\,\mathrm{kPa}) \times \left(\frac{1.0\,\mathrm{dm}^3}{2.0\,\mathrm{dm}^3} \right)^{1.4}$$
$$= 22\,\mathrm{kPa}.$$

A2.12a Nach Gl. (2-24) gilt für die Wärmekapazität

$$C_p = \frac{q_p}{\Delta T} = \frac{229\,\mathrm{J}}{2.55\,\mathrm{K}} = 89.8\,\mathrm{J\,K}^{-1}$$

und damit

$$C_{p,\mathrm{m}} = (89.8\,\mathrm{J\,K}^{-1})/(3.0\,\mathrm{mol}) = 30\,\mathrm{J\,K^{-1}\,mol^{-1}}.$$

Für ein ideales Gas gilt nach Gl. (2-26) $C_{p,\mathrm{m}} - C_{V,\mathrm{m}} = R$. Wir finden also

$$C_{V,\mathrm{m}} = C_{p,\mathrm{m}} - R = (30 - 8.3)\,\mathrm{J\,K^{-1}\,mol^{-1}} = 22\,\mathrm{J\,K^{-1}mol^{-1}}.$$

A2.13a Mit Gl. (2-24) haben wir

$$q_p = C_p \Delta T = nC_{p,\mathrm{m}} \Delta T = (3.0\,\mathrm{mol}) \times (29.4\,\mathrm{J\,K^{-1}\,mol^{-1}}) \times (25\,\mathrm{K}) = +2.2\,\mathrm{kJ}.$$

Wegen Gl. (2-23b) gilt

$$\Delta H = q_p = +2.2\,\mathrm{kJ}.$$

Wegen $H \equiv U + pV$ folgt dann für ein ideales Gas

$$\begin{aligned}\Delta U &= \Delta H - \Delta(pV) = \Delta H - \Delta(nRT) = \Delta H - nR\Delta T \\ &= (2.2\,\mathrm{kJ}) - (3.0\,\mathrm{mol}) \times (8.314\,\mathrm{J\,K^{-1}\,mol^{-1}}) \times (25\,\mathrm{K}) = (2.2\,\mathrm{kJ}) - (0.62\,\mathrm{kJ}) \\ &= +1.6\,\mathrm{kJ}.\end{aligned}$$

A2.14a In einem adiabatischen Prozess ist $q = 0$. Die Arbeit gegen einen konstanten äußeren Druck ist

$$w = -p_{\mathrm{ex}} \Delta V = (-600\,\mathrm{Torr}) \times \left(\frac{1.013 \times 10^5\,\mathrm{Pa}}{760\,\mathrm{Torr}}\right) \times (40 \times 10^{-3}\,\mathrm{m^3}) = -3.2\,\mathrm{kJ}.$$

$$\Delta U = q + w = -3.2\,\mathrm{kJ}.$$

Es gibt nach Gl. (2-27) auch einen Zusammenhang zwischen der adiabatischen Arbeit und ΔT:

$$w = C_V \Delta T = n(C_{p,\mathrm{m}} - R)\Delta T,$$

also

$$\Delta T = \frac{w}{n(C_{p,\mathrm{m}} - R)}$$

und damit

$$\Delta T = \frac{-3.2 \times 10^3\,\mathrm{J}}{(4.0\,\mathrm{mol}) \times (29.355 - 8.3145)\,\mathrm{J\,K^{-1}\,mol^{-1}}} = -38\,\mathrm{K}.$$

$$\begin{aligned}\Delta H &= \Delta U + \Delta(pV) = \Delta U + nR\Delta T \\ &= (-3.2\,\mathrm{kJ}) + (4.0\,\mathrm{mol}) \times (8.3145\,\mathrm{J\,K^{-1}\,mol^{-1}}) \times (-38\,\mathrm{K}) = -4.5\,\mathrm{kJ}.\end{aligned}$$

Frage: Berechnen Sie den Enddruck des Gases.

A2.15a In einem adiabatischen Prozess hängen Anfangs- und Enddruck gemäß Gl. (2-29) zusammen:

$$p_{\mathrm{E}} V_{\mathrm{E}}^{\gamma} = p_{\mathrm{A}} V_{\mathrm{A}}^{\gamma}$$

mit

$$\gamma = \frac{C_p}{C_V} = \frac{C_V + nR}{C_V} = \frac{20.8\,\mathrm{J\,K^{-1}} + (1.0\,\mathrm{mol})(8.31\,\mathrm{J\,K^{-1}\,mol^{-1}})}{20.8\,\mathrm{J\,K^{-1}}} = 1.40\,.$$

Aus der Zustandsgleichung des idealen Gases leitet man V_A her:

$$V_A = \frac{nRT_A}{p_A} = \frac{(1.0\ \text{mol})(8.31\ \text{J K}^{-1}\ \text{mol}^{-1})(310\text{K})}{3.25\ \text{atm}} \times \frac{1\ \text{atm}}{1.013 \times 10^5\ \text{Pa}}$$

$$V_A = 7.8\bar{3} \times 10^{-3}\ \text{m}^3.$$

Damit haben wir

$$V_A = V_A \left(\frac{p_A}{p_E}\right)^{1/\gamma} = (7.8\bar{3} \times 10^{-3}\ \text{m}^3)\left(\frac{3.25\ \text{atm}}{2.50\ \text{atm}}\right)^{1/1.40} = 0.011\bar{3}\ \text{m}^3.$$

Berechnen Sie nun die Endtemperatur aus der Zustandsgleichung des idealen Gases:

$$T_E = \frac{p_E V_E}{nR} = \frac{(2.50\ \text{atm}) \times (0.011\bar{3}\ \text{m}^3)}{(1.0\ \text{mol})(8.31\ \text{J K}^{-1}\ \text{mol}^{-1})} \times \frac{1.013 \times 10^5\ \text{Pa}}{1\ \text{atm}}$$

$$T_E = 34\bar{4}\ \text{K}.$$

Die adiabatische Arbeit ist nach Gl. (2-27):

$$w = C_V \Delta T = (20.8\ \text{J K}^{-1})(34\bar{4} - 310)\ \text{K} = 7.\bar{1} \times 10^2\ \text{J}.$$

A2.16a Bei konstantem Druck ist

$$q = \Delta H = n\Delta_v H^{\ominus} T_E = (0.50\ \text{mol}) \times (26.0\ \text{kJ mol}^{-1}) = 13.0\ \text{kJ}.$$

Beim Berechnen der Arbeit berücksichtigen wir $V(\text{g}) \gg V(\text{l})$ und erhalten

$$\begin{aligned} w &= -p\Delta V \approx -pV_v = -nRT \\ &= -(0.50\text{mol}) \times (8.3145\ \text{J K}^{-1}\ \text{mol}^{-1}) \times (250\ \text{K}), \\ w &= -1.0 \times 10^3\ \text{J} = -1.0\ \text{kJ}. \\ \Delta U &= w + q = 13.0 - 1.0\ \text{kJ} = 12.0\ \text{kJ}. \end{aligned}$$

Anmerkung: Weil der Dampf hier als ideales Gas behandelt wird, ist die Angabe des äußeren Drucks nicht notwendig; ein bestimmter Wert, wie er hier in der Aufgabenstellung angegeben war, ändert die Antwort nicht.

A2.17a Die Reaktion ist

$$C_6H_5C_2H_5(\text{l}) + \tfrac{21}{2}O_2(\text{g}) \rightarrow 8CO_2(\text{g}) + 5H_2O(1)$$

$$\begin{aligned} \Delta_c H^{\ominus} &= 8\Delta_B H^{\ominus}(CO_2,\ \text{g}) + 5\Delta_B H^{\ominus}(H_2O,\ \text{l}) - \Delta_B H^{\ominus}(C_6H_5C_2H_5,\ \text{l}) \\ &= [(8) \times (-393.51) + (5) \times (-285.83) - (-12.5)]\ \text{kJ mol}^{-1} \\ &= -4564.7\ \text{kJ mol}^{-1}. \end{aligned}$$

A2.18a Zunächst wird $\Delta_B H^\ominus[(CH_2)_3, g]$ berechnet; mit dem Ergebnis bestimmt man dann $\Delta_R H^\ominus$ für die Isomerisierung.

$$(CH_2)_3(g) + \frac{9}{2}O_2(g) \rightarrow 3\,CO_2(g) + 3H_2O(l), \quad \Delta_C H^\ominus = -2091\,\text{kJ mol}^{-1}.$$

$$\begin{aligned}\Delta_B H^\ominus[(CH_2)_3, g] &= -\Delta_C H^\ominus + 3\Delta_B H^\ominus(CO_2, g) + 3\Delta_B H^\ominus(H_2O, g)\\ &= [+2091 + (3) \times (-393.51) + (3) \times (-285.83)]\,\text{kJ mol}^{-1}\\ &= +53\,\text{kJ mol}^{-1}.\end{aligned}$$

Zu berechnen ist $\Delta_R H^\ominus$ für die Reaktion $CH_2)_3(g) \rightarrow C_3H_6(g)$.

$$\begin{aligned}\Delta_R H^\ominus &= \Delta_B H^\ominus(C_3H_6, g) - \Delta_B H^\ominus[(CH_2)_3, g]\\ &= (20.42 - 53)\,\text{kJ mol}^{-1} = -33\,\text{kJ mol}^{-1}.\end{aligned}$$

A2.19a Für Naphthalin haben wir die Reaktionsgleichung $C_{10}H_8(s) + 12O_2(g) \rightarrow 10\,CO_2(g) + 4\,H_2O(l)$.

Mit einem Bombenkalorimeter erhält man $q_V = n\Delta_C U^\ominus$ und nicht $q_p = n\Delta_C H^\ominus$. Also verwenden wir Gl. (2-21) und bekommen

$$\Delta_C U^\ominus = \Delta_C H^\ominus - \Delta n_g RT, \quad \Delta n_g = -2\,\text{mol}.$$

Mit den Werten aus Tabelle 2-5 erhalten wir $\Delta_C H^\ominus = -5157\,\text{kJ mol}^{-1}$. Wir verwenden $T \approx 298$ K und erhalten

$$\begin{aligned}\Delta_C U^\ominus &= (-5157\,\text{kJ mol}^{-1}) - (-2) \times (8.3 \times 10^{-3}\,\text{kJ K}^{-1}\,\text{mol}^{-1}) \times (298\,\text{K})\\ &= -5152\,\text{kJ mol}^{-1}.\end{aligned}$$

$$|q| = |q_V| = |n\Delta_C U^\ominus| = \left(\frac{120 \times 10^{-3}\,\text{g}}{128.18\,\text{g mol}^{-1}}\right) \times (5152\,\text{kJ mol}^{-1}) = 4.82\bar{3}\,\text{kJ}$$

$$C = \frac{|q|}{\Delta T} = \frac{4.82\bar{3}\,\text{kJ}}{3.05\,\text{K}} = 1.58\,\text{kJ k}^{-1}.$$

Für Phenol lautet die Reaktionsgleichung

$$C_6H_5OH(s) + \tfrac{15}{2}O_2(g) \rightarrow 6CO_2(g) + 3H_2O(l).$$

Die Werte entnimmt man Tabelle 2-5:

$$\Delta_C H^\ominus = -3054\,\text{kJ mol}^{-1}.$$

$$\begin{aligned}\Delta_C U^\ominus &= \Delta_C H^\ominus - \Delta n_g RT, \quad \Delta n_g = -\frac{3}{2}\\ &= (-3054\,\text{kJ mol}^{-1}) + (\tfrac{3}{2}) \times (8.314 \times 10^{-3}\,\text{kJ K}^{-1}\,\text{mol}^{-1}) \times (298\,\text{K})\\ &= -3050\,\text{kJ mol}^{-1}.\end{aligned}$$

$$|q| = \frac{10 \times 10^{-3}\,\text{g}}{94.12\,\text{g mol}^{-1}} \times (3050\,\text{kJ mol}^{-1}) = 0.324\bar{1}\,\text{kJ}.$$

$$\Delta T = \frac{|q|}{C} = \frac{0.324\bar{1}\,\text{kJ}}{1.58\,\text{kJ K}^{-1}} = +0.205\,\text{K}.$$

Anmerkung: Hier weichen $\Delta_C U^{\ominus}$ und $\Delta_C H^{\ominus}$ um etwa 0.1 % voneinander ab. Rechnet man also nur auf drei signifikante Stellen genau, spielt es es keine Rolle, ob man $\Delta_C H^{\ominus}$ oder $\Delta_C U^{\ominus}$ verwendet. Für sehr genaue Werte muss man aber zwischen Enthalpie und innerer Energie unterscheiden.

A2.20a Wir untersuchen die Reaktion $AgCl(s) \rightarrow Ag^+(aq) + Cl^-(aq)$. Dann ist

$$\begin{aligned}\Delta_{sol} H^{\ominus} &= \Delta_B H^{\ominus}(Ag^+, aq) + \Delta_B H^{\ominus}(Cl^-, aq) - \Delta_B H^{\ominus}(AgCl, s)\\ &= [(105.58) + (167.16) - (-127.07)]\,\text{kJ mol}^{-1} = +65.49\ \text{kJ mol}^{-1}.\end{aligned}$$

A2.21a Wir untersuchen die Reaktion

$$NH_3SO_2(s) \rightarrow NH_3(g) + SO_2(g)$$

mit $\Delta_R H^{\ominus} = +40\,\text{kJ mol}^{-1}$:

$$\Delta_R H^{\ominus} = \Delta_B H^{\ominus}(NH_3,\ g) + \Delta_B H^{\ominus}(SO_2,\ g) - \Delta_B H^{\ominus}(NH_3SO_2,\ s).$$

Auflösen nach $\Delta_B H^{\ominus}(NH_3SO_2, s)$ ergibt:

$$\begin{aligned}\Delta_B H^{\ominus}(NH_3SO_2,\ s) &= \Delta_B H^{\ominus}(NH_3,\ g) + \Delta_B H^{\ominus}(SO_2,\ g) - \Delta_R H^{\ominus}\\ &= (-46.11 - 296.83 - 40)\,\text{kJ mol}^{-1} = -383\ \text{kJ mol}^{-1}.\end{aligned}$$

A2.22a (a) Für Reaktion(3) = (−2) × Reaktion(1) + Reaktion(2) gilt $\Delta n_g = -1$.

Die Reaktionsenthalpien der Reaktionen werden nach dem Satz von Hess ebenso wie die Reaktionsgleichungen kombiniert:

$$\begin{aligned}\Delta_R H^{\ominus}(3) &= (-2) \times \Delta_R H^{\ominus}(1) + \Delta_R H^{\ominus}(2)\\ &= [(-2) \times (-184.62) + (-483.64)]\,\text{kJ mol}^{-1}\\ &= -114.40\ \text{kJ mol}^{-1}.\end{aligned}$$

Nach Gl. (2-21) folgt

$$\begin{aligned}\Delta_R U^{\ominus} &= \Delta_R H^{\ominus} - \Delta n_g RT = (-114.40\,\text{kJ mol}^{-1}) - (-1) \times (2.48\,\text{kJ mol}^{-1})\\ &= -111.92\ \text{kJ mol}^{-1}.\end{aligned}$$

(b) Die Größe $\Delta_B H^{\ominus}$ bezieht sich auf die Bildung eines Mols der Verbindung. Also ist

$$\Delta_B H^{\ominus}(J) = \frac{\Delta_R H^{\ominus}(J)}{\nu_J}.$$

$$\Delta_B H^{\ominus}(HCl,\ g) = \frac{-184.62}{2}\,\text{kJ mol}^{-1} = -92.31\ \text{kJ mol}^{-1}.$$

$$\Delta_B H^{\ominus}(H_2O,\ g) = \frac{-483.64}{2}\,\text{kJ mol}^{-1} = -241.82\ \text{kJ mol}^{-1}.$$

A2.23a Nach Gl. (2-21) folgt mit $\Delta n_g = +2$

$$\Delta_R H^\ominus = \Delta_R U^\ominus + \Delta n_g RT$$
$$= (-1373\,\text{kJ mol}^{-1}) + 2 \times (2.48\,\text{kJ mol}^{-1}) = -1368\ \text{kJ mol}^{-1}.$$

Anmerkung: Wie schon in mehreren vergleichbaren Aufgaben gezeigt, ist die Verwendung von $\Delta_R H^\ominus$ als Näherung für $\Delta_R U^\ominus$ oft gerechtfertigt.

A2.24a Die Strategie besteht darin, die Reaktionen so zusammenzustellen, dass ihre Kombination der gewünschten Bildungsreaktion entspricht. Dann kann man die Enthalpien der Reaktionen in gleicher Weise wie die Reaktionen selbst kombinieren, sodass sich die Bildungsenthalpie ergibt.

(a)

	$\Delta_R H^\ominus/(\text{kJ mol}^{-1})$
$K(s) + \frac{1}{2}Cl_2(g) \rightarrow KCl(s)$	-436.75
$KCl(s) + \frac{3}{2}O_2(g) \rightarrow KClO_3(s)$	$\frac{1}{2} \times (89.4)$
$K(s) + \frac{1}{2}Cl_2(g) + \frac{3}{2}O_2(g) \rightarrow KClO_3(s)$	-392.1

Also ist $\Delta_B H^\ominus(KClO_3,\ s) = -392.1\ \text{kJ mol}^{-1}$.

(b)

	$\Delta_R H^\ominus/(\text{kJ mol}^{-1})$
$Na(s) + \frac{1}{2}O_2(g) + \frac{1}{2}H_2(g) \rightarrow NaOH(s)$	-425.61
$NaOH(s) + CO_2(g) \rightarrow NaHCO_3(s)$	-127.5
$C(s) + O_2(g) \rightarrow CO_2(g)$	-393.51
$Na(s)+C(s)+\frac{1}{2}H_2(g)+\frac{3}{2}O_2(g) \rightarrow NaHCO_3(s)$	-946.6

Also ist $\Delta_B H^\ominus(NaHCO_3, s) = -946.6\ \text{kJ mol}^{-1}$.

A2.25a Wenn man die Wärmekapazitäten aller an einer chemischen Reaktion beteiligten Substanzen im betrachteten Temperaturbereich als konstant annehmen kann, dann folgt aus dem Kirchoff'schen Gesetz (Gl. (2-36)) durch Integration

$$\Delta_R H^\ominus(T_2) = \Delta_R H^\ominus(T_1) + \Delta_R C_p^\ominus(T_2 - T_1) \qquad \text{(vgl. Beispiel 2-6).}$$

$$\Delta_R C_p^\ominus = \sum_{\text{Produkte}} \nu C_{p,\text{m}}^\ominus - \sum_{\text{Reaktanten}} \nu C_{p,\text{m}}^\ominus \qquad \text{(laut Gl. (2-37))}$$

$$\Delta_R C_p^\ominus = C_p^\ominus(N_2O_4,\ g) - 2\,C_p^\ominus(NO_2,\ g)$$
$$= (77.28) - (2) \times (37.20\,\text{J K}^{-1}\,\text{mol}^{-1})$$
$$= +2.88\,\text{J K}^{-1}\,\text{mol}^{-1},$$

$$\Delta_R H^\ominus(373\,\text{K}) = \Delta_R H^\ominus(298\,\text{K}) + \Delta_R C_p^\ominus \Delta T$$
$$= (-57.20\,\text{kJ mol}^{-1}) + (2.88\,\text{J K}^{-1}) \times (75\,\text{K})$$
$$= [(-57.20) + (0.22)]\,\text{kJ mol}^{-1}$$
$$= -56.98\ \text{kJ mol}^{-1}.$$

A2.26a (a) Nach Gl. (2-34) ist

$$\Delta_R H^{\ominus} = \sum_{\text{Produkte}} \nu \Delta_B H^{\ominus} - \sum_{\text{Reaktanten}} \nu \Delta_B H^{\ominus}.$$

$$\Delta_R H^{\ominus}(298\,\text{K}) = [(-110.53) - (-241.82)]\,\text{kJ mol}^{-1} = +131.29\,\text{kJ mol}^{-1}.$$

Nach Gl. (2-21) gilt ferner

$$\begin{aligned}\Delta_R U^{\ominus}(298\,\text{K}) &= \Delta_R H^{\ominus}(298\,\text{K}) - \Delta n_g RT \\ &= (131.29\,\text{kJ mol}^{-1}) - (1) \times (2.48\,\text{kJ mol}^{-1}) = +128.81\,\text{kJ mol}^{-1}.\end{aligned}$$

(b) Wie in Beispiel 2-6 finden wir

$$\Delta_R U^{\ominus}(378\,\text{K}) = \Delta_R H^{\ominus}(298\,\text{K}) - (T_2 - T_1)\Delta_R C_p^{\ominus}.$$

$$\begin{aligned}\Delta_R C_p^{\ominus} &= C_{p,\text{m}}^{\ominus}(\text{CO, g}) + C_{p,\text{m}}^{\ominus}(\text{H}_2\text{ ,g}) - C_{p,\text{m}}^{\ominus}(\text{C, Gr}) - C_{p,\text{m}}^{\ominus}(\text{H}_2\text{O, g}) \\ &= (29.14 + 28.82 - 8.53 - 33.58) \times 10^{-3}\,\text{kJ K}^{-1}\,\text{mol}^{-1} \\ &= 15.85 \times 10^{-3}\,\text{kJ K}^{-1}\,\text{mol}^{-1}.\end{aligned}$$

$$\begin{aligned}\Delta_R H^{\ominus}(378\,\text{K}) &= (131.29\,\text{kJ mol}^{-1}) + (15.85 \times 10^{-3}\,\text{kJ K}^{-1}\,\text{mol}^{-1}) \times (80\,\text{K}) \\ &= (131.29 + 1.27)\,\text{kJ mol}^{-1} = +132.56\,\text{kJ mol}^{-1}.\end{aligned}$$

$$\begin{aligned}\Delta_R U^{\ominus}(378\,\text{K}) &= \Delta_r H^{\ominus}(378\,\text{K}) - (1) \times (8.31 \times 10^{-3}\,\text{kJ K}^{-1}\,\text{mol}^{-1}) \times (378\,\text{K}) \\ &= (132.56 - 3.14)\,\text{kJ mol}^{-1} = +129.42\,\text{kJ mol}^{-1}.\end{aligned}$$

Anmerkung: Die Differenz zwischen $\Delta_R H^{\ominus}$ und $\Delta_R U^{\ominus}$ ist bei beiden Temperaturen nur gering; daher ist die Näherung mit konstantem $\Delta_R C_p^{\ominus}$ gerechtfertigt.

A2.27a $CuSO_4$ und $ZnSO_4$ sind starke Elektrolyten. Daher haben wir die resultierende Ionengleichung

$$\text{Zn(s)} + \text{Cu}^{2+}\text{(aq)} \rightarrow \text{Zn}^{2+}\text{(aq)} + \text{Cu(s)}.$$

$$\begin{aligned}\Delta_R H^{\ominus} &= \Delta_B H^{\ominus}(\text{Zn}^{2+}) + \Delta_B H^{\ominus}(\text{Cu}) - \Delta_B H^{\ominus}(\text{Zn}) - \Delta_B H^{\ominus}(\text{Cu}^{2+}) \\ &= [(-153.89) + (0) - (0) - (64.77)]\,\text{kJ mol}^{-1} = -218.66\,\text{kJ mol}^{-1}.\end{aligned}$$

Anmerkung: SO_4^{2-} ist an der Reaktion unbeteiligt und kann daher in der obigen Berechnung außer Acht gelassen werden.

A2.28a Da die Enthalpie eine Zustandsfunktion ist, ist $\Delta_R H^{\ominus}$ für die Reaktion

$$\text{Mg}^{2+}\text{(g)} + 2\text{Cl(g)} + 2\text{e}^- \rightarrow \text{MgCl}_2\text{(aq)}$$

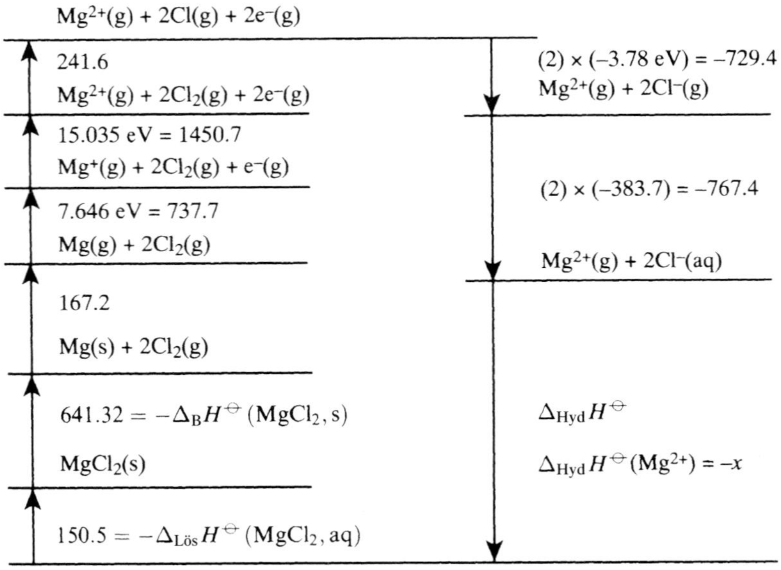

Abb. 2-1

unabhängig vom Reaktionsweg. Somit ist die Enthalpieänderung für den Weg auf der linken Seite des Diagramms in Abb. 2-1 gleich der Enthalpieänderung für den Weg auf der rechten Seite. Alle Werte sind in kJ mol^{-1} angegeben.

Der dargestellte Zyklus wird auf der linken Seite des Diagramms aufwärts und auf der rechten Seite abwärts durchlaufen. Die Summe aller Werte ergibt dabei null. Also ist

$$-(-150.5)-(-641.32)+(167.2)+(241.6)+(737.7+1450.7)$$
$$+2\times(-364.\overline{7})+2\times(-383.7)+\Delta_{\mathrm{Hyd}}H^{\ominus}(\mathrm{Mg}^{2+})=0$$

Auflösen ergibt $\Delta_{\mathrm{Hyd}}H^{\ominus}(\mathrm{Mg}^{2+}) = -1892\ \mathrm{kJ\ mol^{-1}}$.

A2.29a Der Joule-Thomson-Koeffizient μ ist das Verhältnis von Temperaturänderung zu Druckänderung bei einer isenthalpischen Expansion (Ausdehnung bei konstanter Enthalpie). Mit Gl. (2-51) finden wir

$$\mu=\left(\frac{\partial T}{\partial p}\right)_H=\lim_{\Delta p\to 0}\left(\frac{\Delta T}{\Delta p}\right)_H\approx\frac{\Delta T}{\Delta p},$$
$$\mu=\frac{-22\ \mathrm{K}}{-31\ \mathrm{atm}}=0.71\ \mathrm{K\ atm^{-1}}.$$

Das Näherungszeichen gilt, weil μ über den gesamten Temperaturbereich als konstant angenommen werden kann.

A2.30a Die Innere Energie ist eine Funktion von Temperatur und Volumen. Auch für die molare Innere Energie gilt somit $U_{\mathrm{m}} = U_{\mathrm{m}}(T, V_{\mathrm{m}})$ und damit (wegen $\pi_T = a/V_{\mathrm{m}}^2 = (\partial U_{\mathrm{m}}/\partial V)_T$)

$$\mathrm{d}U_{\mathrm{m}}=\left(\frac{\partial U_{\mathrm{m}}}{\partial T}\right)_{V_{\mathrm{m}}}\mathrm{d}T+\left(\frac{\partial U_{\mathrm{m}}}{\partial V_{\mathrm{m}}}\right)_T\mathrm{d}V_{\mathrm{m}}.$$

Bei einer isothermen Expansion ist $\mathrm{d}T = 0$; also gilt

$$\mathrm{d}U_\mathrm{m} = \left(\frac{\partial U_\mathrm{m}}{\partial V_\mathrm{m}}\right)_T \mathrm{d}V_\mathrm{m} = \pi_T\,\mathrm{d}V_\mathrm{m} = \frac{a}{V_\mathrm{m}^2}\,\mathrm{d}V_\mathrm{m},$$

$$\Delta U_\mathrm{m} = \int_{V_{\mathrm{m},1}}^{V_{\mathrm{m},2}} \mathrm{d}U_\mathrm{m} = \int_{V_{\mathrm{m},2}}^{V_{\mathrm{m},1}} \frac{a}{V_\mathrm{m}^2}\,\mathrm{d}V_\mathrm{m} = a\int_{1.00\,\mathrm{dm^3\,mol^{-1}}}^{24.8\,\mathrm{dm^3\,mol^{-1}}} \frac{\mathrm{d}V_\mathrm{m}}{V_\mathrm{m}^2}$$

$$= -\frac{a}{V_\mathrm{m}}\bigg|_{1.00\,\mathrm{dm^3\,mol^{-1}}}^{24.8\,\mathrm{dm^3\,mol^{-1}}}$$

$$= -\frac{a}{24.8\ \mathrm{dm^3\,mol^{-1}}} + \frac{a}{1.00\ \mathrm{dm^3\,mol^{-1}}} = \frac{23.8a}{24.8\ \mathrm{dm^3\,mol^{-1}}}$$

$$= 0.959\overline{7}\,a\,\mathrm{mol\,dm^{-3}}.$$

Nach Tabelle 1-6 ist $a = 1.352\ \mathrm{dm^6\,atm\,mol^{-1}}$ und damit

$$\Delta U_\mathrm{m} = (0.959\overline{7}\,\mathrm{mol\,dm^{-3}}) \times (1.352\,\mathrm{dm^6\,atm\,mol^{-2}})$$

$$= (1.30\,\mathrm{dm^3 atm\ mol^{-1}}) \times \left(\frac{1\mathrm{m}}{10\,\mathrm{dm}}\right)^3 \times \left(\frac{1.013\times10^5\ \mathrm{Pa}}{\mathrm{atm}}\right)$$

$$= +131\ \mathrm{J\ mol^{-1}}.$$

Für die Expansionsarbeit bei einem van-der-Waals-Gas gilt

$$w = -\int p\,\mathrm{d}V_\mathrm{m} \quad \text{mit } p = \frac{RT}{V_\mathrm{m}-b} - \frac{a}{V_\mathrm{m}^2}$$

und damit

$$w = -\int\left(\frac{RT}{V_\mathrm{m}-b}\right)\mathrm{d}V_\mathrm{m} + \int\frac{a}{V_\mathrm{m}^2}\,\mathrm{d}V_\mathrm{m} = -q + \Delta U_\mathrm{m}.$$

Daher haben wir

$$q = \int_{1.00\,\mathrm{dm^3\ mol^{-1}}}^{24.8\,\mathrm{dm^3\ mol^{-1}}} \left(\frac{RT}{V_\mathrm{m}-b}\right)\mathrm{d}V_\mathrm{m} = RT\ln(V_\mathrm{m}-b)\bigg|_{1.00\,\mathrm{dm^3\ mol^{-1}}}^{24.8\,\mathrm{dm^3\ mol^{-1}}}$$

$$= (8.314\,\mathrm{J\,K^{-1}\ mol^{-1}}) \times (298\ \mathrm{K}) \times \ln\left(\frac{24.8 - 3.9\times10^{-2}}{1.00 - 3.9\times10^{-2}}\right)$$

$$= +8.05\times10^3\ \mathrm{J\ mol^{-1}}.$$

und $w = -q + \Delta U_\mathrm{m} = -(8.05\times10^3\ \mathrm{J\,mol^{-1}}) + (131\ \mathrm{J\,mol^{-1}}) = -7.92\times10^3\ \mathrm{J\ mol^{-1}}$.

A2.31a Nach Gl. (2-43) ist der Wärmeausdehnungskoeffizent gegeben durch

$$\alpha = \left(\frac{1}{V}\right)\left(\frac{\partial V}{\partial T}\right)_p, \quad \text{hier also} \quad \alpha_{320} = \left(\frac{1}{V_{320}}\right)\left(\frac{\partial V}{\partial T}\right)_{p,\ 320}.$$

Man erhält dann

$$\left(\frac{\partial V}{\partial T}\right)_p = V_{300}(3.9 \times 10^{-4}/\mathrm{K} + 2.96 \times 10^{-6} T/\mathrm{K}^2),$$

$$\left(\frac{\partial V}{\partial T}\right)_{p,\,320} = V_{300}(3.9 \times 10^{-4}/\mathrm{K} + 2.96 \times 10^{-6} \times 320/\mathrm{K})$$

$$= 1.34 \times 10^{-3}\ \mathrm{K}^{-1} V_{300}.$$

$$V_{320} = V_{300}\{(0.75) + (3.9 \times 10^{-4}) \times (320) + (1.48 \times 10^{-6}) \times (320)^2\}$$

$$= (V_{300}) \times (1.02\overline{6}).$$

und $\alpha_{320} = \left(\frac{1}{V_{320}}\right)\left(\frac{\partial V}{\partial T}\right)_{p,\,320} = \left(\frac{1}{1.02\overline{6}V_{300}}\right) \times (1.34 \times 10^{-3}\ \mathrm{K}^{-1}\ V_{300})$, also

$$\alpha_{320} = \frac{1.34 \times 10^{-3}\ \mathrm{K}^{-1}}{1.02\overline{6}} = 1.31 \times 10^{-3}\ \mathrm{K}^{-1}.$$

Anmerkung: Man muss die Dichte bei 300 K nicht kennen, um diese Aufgabe zu lösen, man braucht den Wert aber, um die Volumina bei den beiden Temperaturen explizit angeben zu können.

A2.32a Die isotherme Kompressibilität ist nach Gl. (2-44)

$$\kappa_T = -\left(\frac{1}{V}\right)\left(\frac{\partial V}{\partial p}\right)_T, \text{ es gilt also } \left(\frac{\partial V}{\partial p}\right)_T = -\kappa_T V.$$

Bei konstanter Temperatur gilt

$$\mathrm{d}V = \left(\frac{\partial V}{\partial p}\right)_T \mathrm{d}p, \text{ also } \mathrm{d}V = \kappa_T V\,\mathrm{d}p \text{ oder } \frac{\mathrm{d}V}{V} = -\kappa_T\,\mathrm{d}p.$$

Durch die Substitutionen $V = \frac{m}{\rho}$ und $\mathrm{d}V = -\frac{m}{\rho^2}\,\mathrm{d}\rho$ erhält man $\frac{\mathrm{d}V}{V} = -\frac{\mathrm{d}\rho}{\rho} = -\kappa_T \mathrm{d}p$.

Damit ist $\frac{\delta\rho}{\rho} \approx \kappa_T \delta p$.

Für $\frac{\delta\rho}{\rho} = 0.08 \times 10^{-2} = 8 \times 10^{-4}$ ist also

$$\delta p \approx \frac{8 \times 10^{-4}}{\kappa_T} = \frac{8 \times 10^{-4}}{7.35 \times 10^{-7}\ \mathrm{atm}^{-1}} = 1.\overline{1} \times 10^3\ \mathrm{atm}.$$

A2.33a Der isotherme Joule-Thomson-Koeffizient ist

$$\left(\frac{\partial H_\mathrm{m}}{\partial p}\right)_T = -\mu C_{p,\mathrm{m}} = (-0.25\,\mathrm{K\,atm^{-1}}) \times (29\,\mathrm{J\,K^{-1}\,mol^{-1}})$$
$$= -7.2\,\mathrm{J\,atm^{-1}\,mol^{-1}}.$$

Da μ und C_p konstant sind, folgt aus $\mathrm{d}H = n\left(\frac{\partial H_\mathrm{m}}{\partial p}\right)_T \mathrm{d}p = -n\mu C_{p,\mathrm{m}}\,\mathrm{d}p$

$$\Delta H = \int_{p_1}^{p_2} (-n\mu C_{p,\mathrm{m}})\mathrm{d}p = -n\mu C_{p,\mathrm{m}}(p_2 - p_1) \text{ und damit}$$

$$\Delta H = -(15\,\mathrm{mol}) \times (+7.2\,\mathrm{J\,atm^{-1}\,mol^{-1}}) \times (-75\,\mathrm{atm}) = +8.1\,\mathrm{kJ}$$

Die zuzuführende Wärmemenge ist also $q = +\Delta H = +8.1\,\mathrm{kJ}$.

Schwerere Aufgaben

Wenn nicht anders angegeben, soll für jedes Gas die Zustandsgleichung des idealen Gases gelten. Bis auf zwei signifikante Dezimalstellen ist 1.0 atm = 1.0 bar. Wenn nicht anders angegeben, gelten alle thermochemischen Daten für 298 K.

Rechenaufgaben

2.1 Wir erhalten die Temperaturen sehr einfach aus der Zustandsgleichung des idealen Gases: $T = \frac{pV}{nR}$.

$$T_1 = \frac{(1.00\,\mathrm{atm}) \times (22.4\,\mathrm{dm^3})}{(1.00\,\mathrm{mol}) \times (0.0821\,\mathrm{dm^3\,atm\,mol^{-1}\,K^{-1}})} = 273\,\mathrm{K}.$$

Entsprechend erhält man $T_2 = 546\,\mathrm{K}$ und $T_3 = 273\,\mathrm{K}$.

In der folgenden Darstellung des Lösungswegs nehmen wir alle Zustandsänderungen des Kreisprozesses als reversibel an.

Schritt $1 \to 2$

$$w = -p_\mathrm{ex}\Delta V = -p\Delta V = -nR\Delta T \quad [\text{wegen } \Delta(pV) = \Delta(nRT)],$$

$$w = -(1.00\,\mathrm{mol}) \times (8.314\,\mathrm{J\,K^{-1}\,mol^{-1}}) \times (546 - 273)\,\mathrm{K} = -2.27 \times 10^3\,\mathrm{J}.$$

$$\Delta U = nC_{V,\mathrm{m}}\Delta T = (1.00\,\mathrm{mol}) \times \frac{3}{2} \times (8.314\,\mathrm{J\,K^{-1}\,mol^{-1}}) \times (273\,\mathrm{K})$$
$$= +3.40 \times 10^3\,\mathrm{J}.$$

$$q = \Delta U - w = +3.40 \times 10^3\,\mathrm{J} - (-2.27 \times 10^3\,\mathrm{J}) = +5.67 \times 10^3\,\mathrm{J}.$$

$$\Delta H = q_p = +5.67 \times 10^3\,\mathrm{J}.$$

Wäre dieser Schritt nicht reversibel, wären w, q und ΔH unbestimmt.

Schritt 2 → 3

$w = 0$ (konstantes Volumen)

$$q_V = \Delta U = nC_{V,\mathrm{m}}\Delta T = (1.00\,\mathrm{mol}) \times \left(\frac{3}{2}\right) \times (8.314\,\mathrm{J\,K^{-1}\,mol^{-1}}) \times (-273\,\mathrm{K})$$
$$= -3.40 \times 10^3\,\mathrm{J}.$$

Wegen $H \equiv U + pV$ folgt

$$\Delta H = \Delta U + \Delta(pV) = \Delta U + \Delta(nRT) = \Delta U + nR\Delta T$$
$$= (-3.40 \times 10^3\,\mathrm{J}) + (1.00\,\mathrm{mol}) \times (8.314\,\mathrm{J\,K^{-1}\,mol^{-1}}) \times (-273\,\mathrm{K})$$
$$= -5.67 \times 10^3\,\mathrm{J}.$$

Schritt 3 → 1

Bei einem idealen Gas ist für isotherme Prozesse $\Delta U = 0$ und $\Delta H = 0$. Für die reversible Kompression gilt also

$$-q = w = -nRT\,\ln\frac{V_1}{V_3}$$
$$= (-1.00\,\mathrm{mol}) \times (8.314\,\mathrm{J\,K^{-1}\,mol^{-1}}) \times (273\,\mathrm{K}) \times \ln\left(\frac{22.4\,\mathrm{dm^3}}{44.8\,\mathrm{dm^3}}\right)$$
$$= +1.57 \times 10^3\,\mathrm{J},\quad q = -1.57 \times 10^3\,\mathrm{J}.$$

Wäre dieser Schritt nicht reversibel, dann hätten q und w je nach der Prozessführung unterschiedliche Werte.

Wir stellen nun den gesamten Kreisprozess zusammen:

Zustand	p/atm	$V/\mathrm{dm^3}$	T/K
1	1.00	22.44	273
2	1.00	44.8	546
3	0.50	44.8	273

Für die einzelnen reversiblen Schritte ergeben sich folgende thermodynamische Größen:

Schritt	Prozess	q/kJ	w/kJ	$\Delta U/\mathrm{kJ}$	$\Delta H/\mathrm{kJ}$
$1 \rightarrow 2$	p konstant $= p_{\mathrm{ex}}$	+5.67	−2.27	+3.40	+5.67
$2 \rightarrow 3$	V konstant	−3.40	0	−3.40	−5.67
$3 \rightarrow 1$	isotherm, reversibel	−1.57	+1.57	0	0
Kreisprozess		+0.70	−0.70	0	0

Anmerkung: Alle Werte lassen sich eindeutig ermitteln. Das Ergebnis des gesamten Kreisprozesses ist, dass eine Wärmemenge von 700 J in Arbeit umgewandelt wurde.

2.3 Das Volumen bleibt konstant, also ist $w = 0$.

Weil bei konstantem Volumen $\Delta U = q$ ist, folgt $\Delta U = +2.35\ \mathrm{kJ}$. Wegen $\Delta V = 0$ ist

$$\Delta H = \Delta U + \Delta(pV) = \Delta U + V\Delta p.$$

Nach der van-der-Waals'schen Gleichung (vgl. Tabelle 1-6)

$$p = \frac{RT}{V_{\mathrm{m}} - b} - \frac{a}{V_{\mathrm{m}}^2} \quad \text{folgt} \quad \Delta p = \frac{R\Delta T}{V_{\mathrm{m}} - b}$$

(wegen $\Delta V_{\mathrm{m}} = 0$ bei konstantem Volumen).

Also ist $\Delta H = \Delta U + \dfrac{RV\Delta T}{V_{\mathrm{m}} - b}$.

Mit den angegebenen Wert erhalten wir

$$V_{\mathrm{m}} = \frac{15.0\ \mathrm{dm}^3}{2.0\ \mathrm{mol}} = 7.5\ \mathrm{dm}^3\ \mathrm{mol}^{-1}, \quad \Delta T = (341 - 300)\ \mathrm{K} = 41\ \mathrm{K}.$$

$$V_{\mathrm{m}} - b = (7.5 - 4.3 \times 10^{-2})\ \mathrm{dm}^3\ \mathrm{mol}^{-1} = 7.4\bar{6}\ \mathrm{dm}^3\ \mathrm{mol}^{-1}.$$

$$\frac{RV\Delta T}{V_{\mathrm{m}} - b} = \frac{(8.314\ \mathrm{J\ K^{-1}\ mol^{-1}}) \times (15.0\ \mathrm{dm}^3) \times (41\ \mathrm{K})}{7.4\bar{6}\ \mathrm{dm}^3\ \mathrm{mol}^{-1}} = 0.68\ \mathrm{kJ}.$$

Also ist $\Delta H = (2.35\ \mathrm{kJ}) + (0.68\ \mathrm{kJ}) = +3.03\ \mathrm{kJ}$.

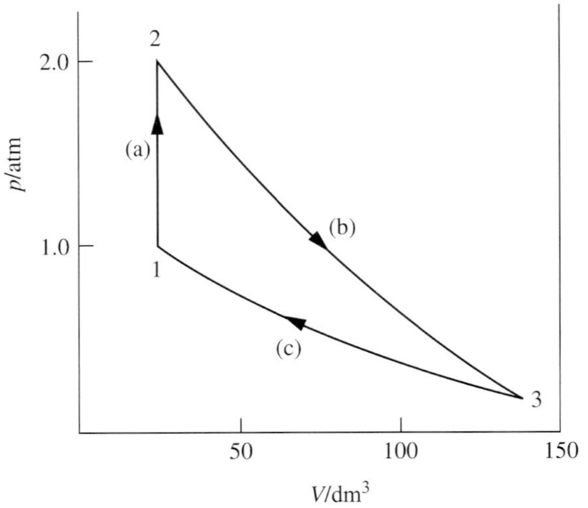

Abb. 2-2

2.5 Abbildung 2-2 zeigt den vollständigen Kreisprozess. Die Ausgangstemperatur beträgt 298 K.

(a) Wegen des konstanten Volumens ist $w = 0$. Dann können wir zunächst ΔU berechnen, da ΔT bekannt ist ($\Delta T = 298\,\text{K}$) und bestimmen danach q aus dem Ersten Hauptsatz. Nach Gl. 2-16b ist

$$\Delta U = nC_{V,\text{m}}\Delta T; \quad C_{V,\text{m}} = C_{p,\text{m}} - R = \frac{7}{2}R - R = \frac{5}{2}R,$$

$$\Delta U = (1.00\,\text{mol}) \times \left(\frac{5}{2}\right) \times (8.314\,\text{J K}^{-1}\,\text{mol}^{-1}) \times (298\,\text{K}) = 6.19 \times 10^3\,\text{J} = +6.19\,\text{kJ}.$$

$$q = q_V = \Delta U - w = 6.19\,\text{kJ} - 0 = +6.19\,\text{kJ}.$$

$$\Delta H = \Delta U + \Delta(pV) = \Delta U + \Delta(nRT) = \Delta U + nR\Delta T$$
$$= (6.19\,\text{kJ}) + (1.00\,\text{mol}) \times (8.31 \times 10^{-3}\,\text{kJ mol}^{-1}) \times (298\,\text{K}) = +8.67\,\text{kJ}.$$

(b) $q = 0$ (adiabatischer Prozess).

Es gilt $\Delta T(\text{b}) = -\Delta T(\text{a})$. Da die Energie und die Enthalpie eines idealen Gases nur von der Temperatur abhängen, gilt

$\Delta U(\text{b}) = -\Delta U(\text{a}) = -6.19\,\text{kJ}$.

Entsprechend folgt $\Delta H(\text{b}) = -\Delta H(\text{a}) = -8.67\,\text{kJ}$.

Aus dem Ersten Hauptsatz (mit $q = 0$) berechnet man dann $w = \Delta U = -6.19\,\text{kJ}$.

(c) Für einen isothermen Prozess bei einem idealen Gas ist $\Delta U = \Delta H = 0$. Nach dem Ersten Hauptsatz mit $\Delta U = 0$ folgt $q = -w$. Nach Gl. (2-11) ist dann

$$w = -nRT_1 \ln \frac{V_1}{V_3}.$$

$$V_2 = V_1 = \frac{nRT_1}{p_1} = \frac{(1.00\,\text{mol}) \times (0.08206\,\text{dm}^3\,\text{atm K}^{-1}\,\text{mol}^{-1}) \times (298\,\text{K})}{1.00\,\text{atm}}$$
$$= 24.4\bar{5}\,\text{dm}^3.$$

Nach Gl. (2-28b) ist $V_2 T_2^c = V_3 T_3^c$. Mit $c = \dfrac{C_{V,\mathrm{m}}}{R} = \dfrac{5}{2}$ folgt

$$V_3 = V_2 \left(\frac{T_2}{T_3}\right)^c$$

und damit

$$V_3 = (24.4\bar{5}\,\mathrm{dm}^3) \times \left(\frac{(2) \times (298\,\mathrm{K})}{298\,\mathrm{K}}\right)^{5/2} = 138.\bar{3}\,\mathrm{dm}^3.$$

$$w = (-1.00\,\mathrm{mol}) \times (8.314\,\mathrm{J\,K^{-1}\,mol^{-1}}) \times (298\,\mathrm{K}) \times \ln\left(\frac{22.4\bar{5}\,\mathrm{dm}^3}{138.3\,\mathrm{dm}^3}\right)$$

$$= 4.29 \times 10^3\,\mathrm{J} = +4.29\,\mathrm{kJ}.$$

$$q = -4.29\,\mathrm{kJ}.$$

2.7 Die Bildungsreaktion ist

$$2\mathrm{C(s)} + 3\mathrm{H_2(g)} \rightarrow 2\mathrm{C_6H_6(g)}, \qquad \Delta_\mathrm{B} H^\ominus(298\,\mathrm{K}) = -84.68\,\mathrm{kJ\,mol^{-1}}.$$

Wir bestimmen $\Delta_\mathrm{B} H^\ominus(350\,\mathrm{K})$ mithilfe des Kirchhoff'schen Gesetzes (Gl. (2-36)) mit $T_2 = 350\,\mathrm{K}$ und $T_1 = 298\,\mathrm{K}$:

$$\Delta_\mathrm{B} H^\ominus(T_2) = \Delta_\mathrm{B} H^\ominus(T_1) + \int_{T_1}^{T_2} \Delta_\mathrm{R} C_p \,\mathrm{d}T.$$

Dabei ist $\Delta_\mathrm{R} C_p = \sum_\mathrm{J} \nu_\mathrm{J} C_{p,\mathrm{m}}(\mathrm{J}) = C_{p,\mathrm{m}}(\mathrm{C_6H_6}) - 2C_{p,\mathrm{m}}(\mathrm{C}) - 3C_{p,\mathrm{m}}(\mathrm{H_2})$.

Mit den Werten aus Tabelle 2-2 folgt

$$C_{p,\mathrm{m}}(\mathrm{C_6H_6})/(\mathrm{J\,K^{-1}\,mol^{-1}}) = 14.73 + \left(\frac{0.1272}{\mathrm{K}}\right) T,$$

$$C_{p,\mathrm{m}}(\mathrm{C,\ s})/(\mathrm{J\,K^{-1}\,mol^{-1}}) = 16.86 + \left(\frac{4.77 \times 10^{-3}}{\mathrm{K}}\right) T - \left(\frac{8.54 \times 10^5\,\mathrm{K}^2}{T^2}\right),$$

$$C_{p,\mathrm{m}}(\mathrm{H_2,\ g})/(\mathrm{J\,K^{-1}\,mol^{-1}}) = 27.28 + \left(\frac{3.26 \times 10^{-3}}{\mathrm{K}}\right) T - \left(\frac{0.50 \times 10^5\,\mathrm{K}^2}{T^2}\right),$$

$$\Delta_\mathrm{R} C_p/(\mathrm{J\,K^{-1}\,mol^{-1}}) = -100.83 + \left(\frac{0.1079\,T}{\mathrm{K}}\right) - \left(\frac{1.56 \times 10^6\,\mathrm{K}^2}{T^2}\right).$$

$$\int_{T_1}^{T_2} \frac{\Delta_R C_p \, dT}{\text{J K}^{-1}\,\text{mol}^{-1}} = -100.83 \times (T_2 - T_1) + \left(\frac{1}{2}\right)\left(0.1079\,\text{K}^{-1}\right)(T_2^2 - T_1^2)$$

$$- (1.56 \times 10^6\,\text{K}^2)\left(\frac{1}{T_2} - \frac{1}{T_1}\right)$$

$$= -100.83 \times (52\,\text{K}) + \left(\frac{1}{2}\right)(0.1079)(350^2 - 298^2)\,\text{K}$$

$$- (1.56 \times 10^6)\left(\frac{1}{350} - \frac{1}{298}\right)\,\text{K}$$

$$= -2.65 \times 10^3\,\text{K}.$$

Wir multiplizieren mit den Einheiten J $K^{-1}mol^{-1}$ und erhalten

$$\int_{T_1}^{T_2} \Delta_R C_p \mathrm{dT} = -(2.65 \times 10^3\,\text{K}) \times (\text{J K}^{-1}\text{mol}^{-1}) = -2.65 \times 10^3\,\text{J mol}^{-1}$$

$$= -2.65\,\text{kJ mol}^{-1}$$

und damit

$$\Delta_B H^{\ominus}(350\,\text{K}) = \Delta_B H^{\ominus}(298\,\text{K}) - 2.65\,\text{kJ mol}^{-1}$$

$$= -84.68\,\text{kJ mol}^{-1} - 2.65\,\text{kJ mol}^{-1} = -87.33\,\text{kJ mol}^{-1}.$$

2.9 $Cr(C_6H_6)_2(s) \rightarrow Cr(s) + 2C_6H_6(g)$, mit $\Delta n_g = +2$ mol.

Nach Gl. (2-21) ist

$$\Delta_R H^{\ominus} = \Delta_R U^{\ominus} + 2RT$$

$$= (8.0\,\text{kJ mol}^{-1}) + (2) \times (8.314\,\text{J K}^{-1}\,\text{mol}^{-1}) \times (583\,\text{K})$$

$$= +17.7\,\text{kJ mol}^{-1}.$$

Drückt man dies mithilfe der Bildungsenthalpien aus, so ist

$$\Delta_R H^{\ominus} = (2) \times \Delta_B H^{\ominus}(\text{Benzol, 583 K}) - \Delta_B H^{\ominus}(\text{Metallocen, 583 K})$$

$$\Delta_R H^{\ominus}(\text{Metallocen, 583 K}) = 2\Delta_B H^{\ominus}(\text{Benzol, 583 K}) - 17.7\,\text{kJ mol}^{-1}.$$

Die Siedetemperatur von Benzol ist $T_S = 353$ K. Die Bildungsenthalpie von gasförmigem Benzol bei 583 K ist mit ihrem Wert bei 298 K folgendermaßen verknüpft:

$$\Delta_B H^{\ominus}(\text{Benzol, 583 K}) = \Delta_B H^{\ominus}(\text{Benzol, 298 K})$$

$$+ (T_S - 298\,\text{K})C_{p,m}(\text{l}) + \Delta_{Da} H^{\ominus} + (583\,\text{K} - T_S)C_{p,m}(\text{g})$$

$$- 6 \times (583\,\text{K} - 298\,\text{K})C_{p,m}(\text{Gr})$$

$$- 3 \times (583\,\text{K} - 298\,\text{K})C_{p,m}(\text{H}_2,\ \text{g}).$$

Wir nehmen an, dass die Wärmekapazitäten von Graphit und Wasserstoff im betrachteten Temperaturbereich annähernd konstant sind. Wir verwenden die Werte aus Tabelle 2-7.

$$\begin{aligned}\Delta_B H^{\ominus}(\text{Benzol, 583 K}) &= (49.0\ \text{kJ mol}^{-1}) + (353-298)\ \text{K} \times (136.1\ \text{J K}^{-1}\ \text{mol}^{-1}) \\ &\quad + (30.8\ \text{kJ mol}^{-1}) + (583-353)\ \text{K} \times (81.67\ \text{J K}^{-1}\ \text{mol}^{-1}) \\ &\quad - (6) \times (583-298)\ \text{K} \times (8.53\ \text{J K}^{-1}\ \text{mol}^{-1}) \\ &\quad - (3) \times (583-298)\ \text{K} \times (28.82\ \text{J K}^{-1}\ \text{mol}^{-1}) \\ &= \{(49.0) + (7.49) + (18.78) + (30.8) \\ &\quad - (14.59) - (24.64)\}\ \text{kJ mol}^{-1} \\ &= +66.8\ \text{kJ mol}^{-1}.\end{aligned}$$

Also gilt für das Metallocen:

$$\Delta_B H^{\ominus}(583\ \text{K}) = (2 \times 66.8 - 17.7)\ \text{kJ mol}^{-1} = +116.0\ \text{kJ mol}^{-1}.$$

2.11 (a) und (b). Die Tabelle enthält Werte für die Bildungsenthalpie (semiempirisch berechnet nach PM3 mit dem PC-Programm Spartan Pro) sowie die Verbrennungsenthalpie (basierend auf den PC-Werten und experimentellen Werten für die Bildungsenthalpie von $H_2O(l)$ und $CO_2(g)$, d. h. -285.83 bzw. -393.51 kJ mol^{-1}), ferner experimentell bestimmte Werte für die Verbrennungsenthalpie (übernommen aus Tabelle 2-5) und den bei der Verbrennungsenthalpie gemachten relativen Fehler.

Verbindung	$\Delta_B H^{\ominus}$/kJ mol^{-1}	$\Delta_C H^{\ominus}$/kJ mol^{-1} ber.	$\Delta_C H^{\ominus}$/kJ mol^{-1} expt.	proz. Fehler
$CH_4(g)$	−54.45	−910.72	−890	2.33
$C_2H_6(g)$	−75.88	−1568.63	−1560	0.55
$C_3H_8(g)$	−98.84	−2225.01	−2220	0.23
$C_4H_{10}(g)$	−121.60	−2881.59	−2878	0.12
$C_5H_{12}(g)$	−142.11	−3540.42	−3537	0.10

Die Verbrennungsreaktionen lassen sich folgendermaßen ausdrücken:

$$C_nH_{2n+2}(g) + \left(\frac{3n+1}{2}\right) O_2(g) \rightarrow n\ CO_2(g) + (n+1)\ H_2O(1).$$

Die Verbrennungsenthalpie schreibt man dann mithilfe der Reaktionsenthalpien als

$$\Delta_C H^{\ominus} = n\Delta_B H^{\ominus}(CO_2) + (n+1)\Delta_B H^{\ominus}(H_2O) - \Delta_B H^{\ominus}(C_nH_{2n+2})$$

(dabei haben wir $\Delta_B H^{\ominus}(O_2) = 0$ weggelassen). Der prozentuale Fehler ist definiert als:

$$\text{proz. Fehler} = \frac{\Delta_C H^{\ominus}(\text{ber.}) - \Delta_C H^{\ominus}(\text{expt.})}{\Delta_C H^{\ominus}(\text{expt.})} \times 100\%.$$

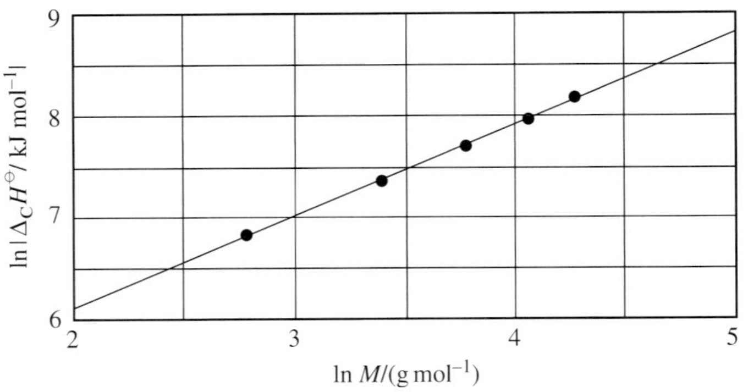

Abb. 2-3

Die Übereinstimmung ist recht gut.

(c) Wenn die Verbrennungsenthalpie und die molare Masse über

$$\Delta_C H^{\ominus} = k[M/(\text{g mol}^{-1})]^n$$

zusammenhängen, kann man auf beiden Seiten den natürlichen Logarithmus bilden und erhält dann:

$$\ln\left|\Delta_C H^{\ominus}\right| = \ln|k| + n \ln M/(\text{g mol}^{-1}).$$

Wenn man also $\ln\left|\Delta_C H^{\ominus}\right|$ gegen $\ln[M/(\text{g mol}^{-1})]$ aufträgt, sollte sich eine Gerade mit der Steigung n und dem y-Achsenabschnitt $\ln|k|$ ergeben. Stellen Sie die folgende Tabelle auf:

Verbindung	$M/(\text{g mol}^{-1})$	$\Delta_C H/\text{kJ mol}^{-1}$	$\ln M/(\text{g mol}^{-1})$	$\ln\lvert\Delta_C H^{\ominus}/\text{kJ mol}^{-1}\rvert$
$CH_4(g)$	16.04	–910.72	2.775	6.814
$C_2H_6(g)$	30.07	–1568.63	3.404	7.358
$C_3H_8(g)$	44.10	–2225.01	3.786	7.708
$C_4H_{10}(g)$	58.12	–2881.59	4.063	7.966
$C_5H_{12}(g)$	72.15	–3540.42	4.279	8.172

Der zugehörige Graph ist in Abb. 2-3 zu sehen.

Mit der Methode der kleinsten Quadrate erhält man:

$$\ln|\Delta_C H^{\ominus}/\text{kJ mol}^{-1}| = 4.30 + 0.903 \ln M/(\text{g mol}^{-1}) \quad R^2 = 1.00$$

Durch diese Verbindungen werden also die Ausgangsbeziehungen gestützt. Die Parameter sind

$$n = 0.903 \quad \text{und} \quad k = -e^{4.30}\ \text{kJ mol}^{-1} = -73.7\ \text{kJ mol}^{-1}.$$

Die Übereinstimmung dieser theoretischen Werte von k und n mit den in Aufgabe 2.10 bestimmten experimentellen Werten ist recht gut.

2.13 Das Fulleren C_{60} bildet sich nach der Reaktion

$$C_{60}(s) + 60\,O_2(g) \rightarrow 60\,CO_2(g).$$

Weil die Reaktion die Anzahl der Mole des Gases nicht ändert, gilt mit Gl. (2-21) $\Delta_C H = \Delta_C U$. Damit folgt

$$\Delta_C H^\ominus = (-36.0334\,\text{kJ g}^{-1}) \times (60 \times 12.011\,\text{g mol}^{-1}) = 25968\,\text{kJ mol}^{-1}.$$

Stellen Sie nun den Zusammenhang zwischen der Verbrennungs- und den Bildungsenthalpien her und lösen Sie nach der von C_{60} auf:

$$\Delta_C H^\ominus = 60\Delta_B H^\ominus(CO_2) - 60\Delta_B H^\ominus(O_2) - \Delta_B H^\ominus(C_{60}),$$

$$\begin{aligned}\Delta_B H^\ominus(C_{60}) &= 60\Delta_B H^\ominus(CO_2) - 60\Delta_B H^\ominus(O_2) - \Delta_C H^\ominus \\ &= [60(-393.51) - 60(0) - (-25968)]\,\text{kJ mol}^{-1} = 2357\,\text{kJ mol}^{-1}.\end{aligned}$$

2.15 (a)

$$\begin{aligned}\Delta_R H^\ominus &= \Delta_B H^\ominus(SiH_2) + \Delta_B H^\ominus(H_2) - \Delta_B H^\ominus(SiH_4) \\ &= (274 + 0 - 34.3)\,\text{kJ mol}^{-1} = 240\,\text{kJ mol}^{-1}.\end{aligned}$$

(b)

$$\begin{aligned}\Delta_R H^\ominus &= \Delta_B H^\ominus(SiH_2) + \Delta_B H^\ominus(SiH_4) - \Delta_B H^\ominus(Si_2H_6) \\ &= (274 + 34.3 - 80.3)\,\text{kJ mol}^{-1} = 228\,\text{kJ mol}^{-1}.\end{aligned}$$

2.17 Die Temperaturen und die Volumina bei einer reversiblen adiabatischen Expansion hängen gemäß Gl. (2-28a) zusammen:

$$T_E = T_A\left(\frac{V_E}{V_A}\right)^{1/c} \quad \text{mit } c = \frac{C_{V,m}}{R}.$$

Nach Gl. (2-29) hängen die Drücke und die Volumina folgendermaßen zusammen:

$$p_E = p_A\left(\frac{V_E}{V_A}\right)^{\gamma} \quad \text{mit } \gamma = \frac{C_{p,m}}{C_{V,m}}.$$

Wir suchen $C_{p,m}$ und den Zusammenhang zu c und γ.

$$c\gamma = \left(\frac{C_{V,m}}{R}\right) \times \left(\frac{C_{p,m}}{C_{V,m}}\right) = \frac{C_{p,m}}{R}.$$

Löst man beide Gleichungen nach dem Verhältnis der Volumina auf, so ergibt sich

$$\left(\frac{p_E}{p_A}\right)^{1/\gamma} = \frac{V_E}{V_A} = \left(\frac{T_E}{T_A}\right)^{c} \quad \text{und damit} \quad \frac{p_E}{p_A} = \left(\frac{T_E}{T_A}\right)^{c\gamma}.$$

Also gilt

$$C_{p,\mathrm{m}} = R\frac{\ln\left(\dfrac{p_\mathrm{E}}{p_\mathrm{A}}\right)}{\ln\left(\dfrac{T_\mathrm{E}}{T_\mathrm{A}}\right)} = (8.314\ \mathrm{J\ K^{-1}\ mol^{-1}}) \times \left(\frac{\ln\left(\dfrac{202.94\ \mathrm{kPa}}{81.840\ \mathrm{kPa}}\right)}{\ln\left(\dfrac{298.15\ \mathrm{K}}{248.44\ \mathrm{K}}\right)}\right)$$

$$= 41.40\ \mathrm{J\ K^{-1}\ mol^{-1}}.$$

2.19

$$H_\mathrm{m} = H_\mathrm{m}(T, p).$$

$$\mathrm{d}H_\mathrm{m} = \left(\frac{\partial H_\mathrm{m}}{\partial T}\right)_p \mathrm{d}T + \left(\frac{\partial H_\mathrm{m}}{\partial p}\right)_T \mathrm{d}p.$$

Da sich die Temperatur nicht ändert ($\mathrm{d}T = 0$), gilt

$$\mathrm{d}H_\mathrm{m} = \left(\frac{\partial H_\mathrm{m}}{\partial p}\right)_T \mathrm{d}p \quad \text{mit} \quad \left(\frac{\partial H_\mathrm{m}}{\partial p}\right)_T = -\mu C_{p,\mathrm{m}} = -\left(\frac{2a}{RT} - b\right)$$

(das letzte Gleichheitszeichen gilt wegen Gl. (2-53)). Damit haben wir

$$\Delta H_\mathrm{m} = \int_{p_\mathrm{A}}^{p_\mathrm{E}} \mathrm{d}H_\mathrm{m} = -\int_{p_\mathrm{A}}^{p_\mathrm{E}} \left(\frac{2a}{RT} - b\right)\mathrm{d}p = -\left(\frac{2a}{RT} - b\right)(p_\mathrm{E} - p_\mathrm{A})$$

$$= -\frac{(2) \times (1.352\ \mathrm{dm^6\ atm\ mol^{-2}})}{(0.08206\ \mathrm{dm^3\ atm\ K^{-1}\ mol^{-1}}) \times (300\ \mathrm{K})} - (0.0387\ \mathrm{dm^3\ mol^{-1}})$$
$$\times (1.00\ \mathrm{atm} - 500\ \mathrm{atm})$$

$$= (35.5\ \mathrm{atm}) \times \left(\frac{1\ \mathrm{m}}{10\ \mathrm{dm}}\right)^3 \times \left(\frac{1.013 \times 10^5\ \mathrm{Pa}}{1\ \mathrm{atm}}\right) = 3.60 \times 10^3\ \mathrm{J} = +3.60\ \mathrm{kJ}.$$

Anmerkung: Der Wert von $C_{p,m}$ wird für die Berechnung nicht explizit benötigt.

Theoretische Aufgaben

2.21 (a) Ausgehend von der Definition des totalen Differenzials $\mathrm{d}z = \left(\frac{\partial z}{\partial x}\right)_y \mathrm{d}x + \left(\frac{\partial z}{\partial y}\right)_x \mathrm{d}y$ haben wir

$$\left(\frac{\partial z}{\partial x}\right)_y = (2x - 2y + 2), \quad \left(\frac{\partial z}{\partial y}\right)_x = (4y - 2x - 4),$$

$$\mathrm{d}z = (2x - 2y + 2)\,\mathrm{d}x + (4y - 2x - 4)\,\mathrm{d}y.$$

(b) $\frac{\partial}{\partial y}\left(\frac{\partial z}{\partial x}\right) = \frac{\partial}{\partial y}(2x - 2y + 2) = -2, \quad \frac{\partial}{\partial x}\left(\frac{\partial z}{\partial y}\right) = \frac{\partial}{\partial x}(4y - 2x - 4) = -2.$

(c) $\left(\frac{\partial z}{\partial x}\right)_y = \left(y + \frac{1}{x}\right), \quad \left(\frac{\partial z}{\partial y}\right)_x = (x - 1),$

$$\mathrm{d}z = \left(y + \frac{1}{x}\right)\mathrm{d}x + (x - 1)\,\mathrm{d}y.$$

Ein Differenzial ist exakt, wenn es folgende Bedingung erfüllt:

$$\frac{\partial}{\partial x}\left(\frac{\partial z}{\partial y}\right) = \frac{\partial}{\partial y}\left(\frac{\partial z}{\partial x}\right),$$

$$\frac{\partial}{\partial y}\left(\frac{\partial z}{\partial x}\right) = \frac{\partial}{\partial y}\left(y + \frac{1}{x}\right) = 1, \quad \frac{\partial}{\partial x}\left(\frac{\partial z}{\partial y}\right) = \frac{\partial}{\partial x}(x - 1) = 1.$$

Anmerkung: Das totale Differenzial einer Funktion ist notwendigerweise auch exakt.

2.23 $U = U(T, V)$ also gilt $\mathrm{d}U = \left(\frac{\partial U}{\partial T}\right)_V \mathrm{d}T + \left(\frac{\partial U}{\partial V}\right)_T \mathrm{d}V = C_V \mathrm{d}T + \left(\frac{\partial U}{\partial V}\right)_T \mathrm{d}V.$

Bei konstantem U ist $\mathrm{d}U = 0$. Damit folgt

$$C_V \mathrm{d}T = -\left(\frac{\partial U}{\partial V}\right)_T \mathrm{d}V \quad \text{oder} \quad C_V = -\left(\frac{\partial U}{\partial V}\right)_T \left(\frac{\mathrm{d}V}{\mathrm{d}T}\right)_U = -\left(\frac{\partial U}{\partial V}\right)_T \left(\frac{\partial V}{\partial T}\right)_U.$$

Dieser Zusammenhang ist im Wesentlichen die Euler'sche Kettenregel (vgl. *Zusatzinformation* 2-2).

$$H = H(T, p) \quad \text{also gilt} \quad \mathrm{d}H = \left(\frac{\partial H}{\partial T}\right)_p \mathrm{d}T + \left(\frac{\partial H}{\partial p}\right)_T \mathrm{d}p = C_p \mathrm{d}T + \left(\frac{\partial H}{\partial p}\right)_T \mathrm{d}p.$$

Nach der Euler'schen Kettenregel ist

$$\left(\frac{\partial H}{\partial p}\right)_T \left(\frac{\partial p}{\partial T}\right)_H \left(\frac{\mathrm{d}T}{\mathrm{d}H}\right)_p = -1.$$

Mithilfe der Kehrwertbildung (vgl. *Zusatzinformation* 2-2) haben wir

$$\left(\frac{\partial H}{\partial p}\right)_T = -\left(\frac{\partial T}{\partial p}\right)_H \left(\frac{\mathrm{d}H}{\mathrm{d}T}\right)_p = -\mu C_p.$$

2.25 (a) $H = U + pV$, also $\left(\frac{\partial H}{\partial U}\right)_p = 1 + p\left(\frac{\partial V}{\partial U}\right)_p = 1 + \frac{p}{(\partial U/\partial V)_p}.$

(b) $\left(\frac{\partial H}{\partial U}\right)_p = \frac{(\partial H/\partial V)_p}{(\partial U/\partial V)_p} = \frac{\left(\frac{\partial (U + pV)}{\partial V}\right)_p}{(\partial U/\partial V)_p} = \frac{(\partial U/\partial V)_p + p}{(\partial U/\partial V)_p}$

und damit $\left(\frac{\partial H}{\partial U}\right)_p = 1 + \frac{p}{(\partial U/\partial V)_p} = 1 + p\left(\frac{\partial V}{\partial U}\right)_p.$

2.27 $$w = -\int_{V_1}^{V_2} p\,\mathrm{d}V.$$

Setzen wir $\dfrac{V}{n} = V_\mathrm{m}$ in die Virialgleichung für p ein, so erhalten wir

$$p = nRT\left(\frac{1}{V} + \frac{nB}{V^2} + \frac{n^2C}{V^3} + \cdots\right).$$

Also gilt $w = -nRT \displaystyle\int_{V_1}^{V_2} \left(\frac{1}{V} + \frac{nB}{V^2} + \frac{n^2C}{V^3} + \cdots\right)\mathrm{d}V$ und

$$w = -nRT\ln\frac{V_2}{V_1} + n^2RTB\left(\frac{1}{V_2} - \frac{1}{V_1}\right) + \frac{1}{2}n^3RTC\left(\frac{1}{V_2^2} - \frac{1}{V_2^2}\right) + \cdots.$$

Für $n = 1$ mol ist $nRT = (1.0\ \mathrm{mol}) \times (8.314\ \mathrm{J\ K^{-1}\ mol^{-1}}) \times (273\ \mathrm{K}) = 2.2\overline{7}\ \mathrm{kJ}$.

Nach Tabelle 1-4 gilt $B = -21.7\ \mathrm{cm^3\ mol^{-1}}$ und $C = 1200\ \mathrm{cm^6\ mol^{-2}}$. Damit folgt

$$n^2BRT = (1.0\ \mathrm{mol}) \times (-21.7\ \mathrm{cm^3\ mol^{-1}}) \times (2.2\overline{7}\ \mathrm{kJ}) = -49.\overline{3}\ \mathrm{kJ\ cm^3},$$

$$\frac{1}{2}n^3CRT = \frac{1}{2}(1.0\ \mathrm{mol})^2 \times (1200\ \mathrm{cm^6\ mol^{-2}}) \times (2.2\overline{7}\ \mathrm{kJ}) = +1362\ \mathrm{kJ\ cm^6}.$$

Wir erhalten daher

(a) $$w = -2.2\overline{7}\ \mathrm{kJ}\ln 2 - (49.\overline{3}\ \mathrm{kJ}) \times \left(\frac{1}{1000} - \frac{1}{500}\right) + (13\overline{62}\ \mathrm{kJ}) \times \left(\frac{1}{1000^2} - \frac{1}{500^2}\right)$$

$$= (-1.5\overline{7}) + (0.049) - (4.1 \times 10^{-3})\ \mathrm{kJ} = -1.5\overline{2}\ \mathrm{kJ} = \mathbf{-1.5\ kJ}.$$

(b) Ein ideales Gas entspricht dem ersten Term in der Reihenentwicklung von p. Damit folgt

$$w = -1.5\overline{7}\ \mathrm{kJ} = \mathbf{-1.6\ kJ}.$$

2.29 Nach Gl. (2-51) und (2-53) haben wir

$$\mu = \left(\frac{\partial T}{\partial p}\right)_H = -\frac{1}{C_p}\left(\frac{\partial H}{\partial p}\right)_T$$

und – wie in Aufgabe 2.34 gezeigt –

$$\mu = \frac{1}{C_p}\left\{T\left(\frac{\partial V}{\partial T}\right)_p - V\right\}.$$

Es gilt aber auch $V = \dfrac{nRT}{p} + nb$ bzw. $\left(\dfrac{\partial V}{\partial T}\right)_p = \dfrac{nR}{p}$.

Daher gilt

$$\mu = \frac{1}{C_p}\left\{\frac{nRT}{p} - V\right\} = \frac{1}{C_p}\left\{\frac{nRT}{p} - \frac{nRT}{p} - nb\right\} = \frac{-nb}{C_p}.$$

Wegen $b > 0$ und $C_p > 0$ gilt für dieses Gas $\mu < 0$ bzw. $\left(\dfrac{\partial T}{\partial p}\right)_H < 0$. Demnach muss, wenn der Druck bei einer Joule-Thomson-Expansion fällt, die Temperatur **steigen**.

2.31 Die van-der-Waals'sche Zustandsgleichung ist (vgl. Tabelle 1-7)

$$p = \frac{nRT}{V - nb} - \frac{n^2 a}{V^2}.$$

Daher ist $T = \left(\frac{p}{nR}\right) \times (V - nb) + \left(\frac{na}{RV^2}\right) \times (V - nb)$ und

$$\left(\frac{\partial T}{\partial p}\right)_V = \frac{V - nb}{nR} = \frac{V_\mathrm{m} - b}{R} = \frac{1}{\left(\frac{\partial p}{\partial T}\right)_V}.$$

Zum Beweis der Euler'schen Kettenregel müssen wir zeigen, dass

$$\left(\frac{\partial T}{\partial p}\right)_V \left(\frac{\partial p}{\partial V}\right)_T \left(\frac{\partial V}{\partial T}\right)_p = -1.$$

Dazu brauchen wir neben $\left(\frac{\partial T}{\partial p}\right)_V$ auch $\left(\frac{\partial p}{\partial V}\right)_T$ und $\left(\frac{\partial V}{\partial T}\right)_p = \frac{1}{\left(\frac{\partial T}{\partial V}\right)_p}$.

Der Ausdruck

$$\left(\frac{\partial p}{\partial V}\right)_T = \frac{-nRT}{(V - nb)^2} + \frac{2n^2 a}{V^3}$$

lässt sich aus den folgenden Zusammenhängen herleiten:

$$\left(\frac{\partial T}{\partial V}\right)_p = \left(\frac{p}{nR}\right) + \left(\frac{na}{RV^2}\right) - \left(\frac{2na}{RV^3}\right) \times (V - nb),$$

$$\left(\frac{\partial T}{\partial V}\right)_p = \left(\frac{T}{V - nb}\right) - \left(\frac{2na}{RV^3}\right) \times (V - nb).$$

Damit ist

$$\left(\frac{\partial T}{\partial p}\right)_V \left(\frac{\partial p}{\partial V}\right)_T \left(\frac{\partial V}{\partial T}\right)_p = \frac{\left(\frac{\partial T}{\partial p}\right)_V \left(\frac{\partial p}{\partial V}\right)_T}{\left(\frac{\partial T}{\partial V}\right)_p}$$

$$= \frac{\left(\frac{V - nb}{nR}\right) \times \left(\frac{-nRT}{(V - nb)^2} + \frac{2n^2 a}{V^3}\right)}{\left(\frac{T}{V - nb}\right) - \left(\frac{2na}{RV^3}\right) \times (V - nb)}$$

$$= \frac{\left(\frac{-T}{V - nb}\right) + \left(\frac{2na}{RV^3}\right) \times (V - nb)}{\left(\frac{T}{V - nb}\right) - \left(\frac{2na}{RV^3}\right) \times (V - nb)}$$

$$= -1.$$

2.33 Die Ausgangsgleichung lässt sich mithilfe der in *Zusatzinformation* 2-2 angegebenen Kehrwertbildung umformen:

$$\mu C_p = T\left(\frac{\partial V}{\partial T}\right)_p - V = \frac{T}{\left(\dfrac{\partial T}{\partial V}\right)_p} - V.$$

Nach Aufgabe 2.31 gilt außerdem

$$\left(\frac{\partial T}{\partial V}\right)_p = \frac{T}{V-nb} - \frac{2na}{RV^3}(V-nb).$$

Einsetzen dieses Ausdrucks und Umordnung der Terme führt zu

$$\mu C_p = \frac{(2na)\times(V-nb)^2 - nbRTV^2}{RTV^3 - 2na(V-nb)^2}\times V.$$

Wir führen nun die Abkürzung $\zeta = \dfrac{RTV^3}{2na(V-nb)^2}$ ein, um das Aussehen des Ausdrucks zu vereinfachen. Dann haben wir

$$\mu C_p = \left(\frac{1-\dfrac{nb\zeta}{V}}{\zeta-1}\right)V = \left(\frac{1-\dfrac{b\zeta}{V_m}}{\zeta-1}\right)V.$$

Für Xenon haben wir die Werte:

$$V_m = 24.6\,\mathrm{dm^3\,mol^{-1}}, \quad T = 298\,\mathrm{K},$$
$$a = 4.137\,\mathrm{dm^6\,atm\,mol^{-2}}, \quad b = 5.16\times10^{-2}\,\mathrm{dm^3\,mol^{-1}}.$$

Damit ergibt sich

$$\frac{nb}{V} = \frac{b}{V_m} = \frac{5.16\times10^{-1}\,\mathrm{dm^3\,mol^{-1}}}{24.6\,\mathrm{dm^3\,mol^{-1}}} = 2.09\times10^{-3},$$

$$\zeta = \frac{(8.206\times10^{-2}\,\mathrm{dm^3\,atm\,K^{-1}\,mol^{-1}})\times(298\,\mathrm{K})\times(24.6\,\mathrm{dm^3\,mol^{-1}})^3}{(2)\times(4.137\,\mathrm{dm^6\,atm\,mol^{-2}})\times(24.6\,\mathrm{dm^3\,mol^{-1}} - 5.16\times10^{-2}\,\mathrm{dm^3\,mol^{-1}})^2}$$
$$= 73.0.$$

Demnach ist

$$\mu C_p = \frac{1-(73.0)\times(2.09\times10^{-3})}{72.0}\times(24.6\,\mathrm{dm^3\,mol^{-1}}) = 0.290\,\mathrm{dm^3\,mol^{-1}}.$$

Mit dem der Tabelle 2-7 entnommenen Wert $C_p = 20.79\,\mathrm{J\,K^{-1}\,mol^{-1}}$ ergibt sich

$$\mu = \frac{0.290\,\mathrm{dm^3\,mol^{-1}}}{20.79\,\mathrm{J\,K^{-1}\,mol^{-1}}} = \frac{0.290\times10^{-3}\,\mathrm{m^3\,mol^{-1}}}{20.79\,\mathrm{J\,K^{-1}\,mol^{-1}}}$$
$$= 1.39\bar{3}\times10^{-5}\,\mathrm{K\,m^3\,J^{-1}} = 1.39\bar{3}\times10^{-5}\,\mathrm{K\,Pa^{-1}}$$
$$= (1.39\bar{3}\times10^{-5})\times(1.013\times10^5\,\mathrm{K\,atm^{-1}}) = 1.41\,\mathrm{K\,atm^{-1}}.$$

Das Vorzeichen von μ ändert sich bei der Inversionstemperatur $T = T_{\mathrm{I}}$ und wenn der Zähler $1 - \frac{nb\zeta}{V}$ sein Vorzeichen ändert ($\zeta - 1$ ist positiv). Es folgt

$$\frac{b\zeta}{V_{\mathrm{m}}} = 1 \text{ bei } T = T_{\mathrm{I}} \quad \text{oder} \quad \frac{RTbV^3}{2na(V - nb)^2 V_{\mathrm{m}}} = 1$$

und damit $T_{\mathrm{I}} = \frac{2a(V_{\mathrm{m}} - b)^2}{RbV_{\mathrm{m}}^2}$.

Für die Inversionstemperatur gilt also $T_{\mathrm{I}} = \left(\frac{2a}{Rb}\right) \times \left(1 - \frac{b}{V_{\mathrm{m}}}\right)^2 = \frac{27}{4} T_{\mathrm{c}} \left(1 - \frac{b}{V_{\mathrm{m}}}\right)^2$.

Für Xenon haben wir

$$\frac{2a}{Rb} = \frac{(2) \times (4.137\,\mathrm{dm^6\,atm\,mol^{-2}})}{(8.206 \times 10^{-2}\,\mathrm{dm^3\,atm\,K^{-1}\,mol^{-1}}) \times (5.16 \times 10^{-2}\,\mathrm{dm^3\,mol^{-1}})} = 1954\,\mathrm{K}.$$

Damit ist $T_{\mathrm{I}} = (1954\,\mathrm{K}) \times \left(1 - \frac{5.16 \times 10^{-2}}{24.6}\right)^2 = 1946\,\mathrm{K}$.

Frage: Ein Näherungsausdruck für den Joule-Thomson-Koeffizienten μ eines van-der-Waals-Gases wurde bereits in Aufgabe 2.30 hergeleitet. Verwenden Sie ihn, um damit die Inversionstemperatur auszudrücken. Berechnen Sie T_{I} für Xenon und vergleichen Sie mit dem obigen Ergebnis.

2.35 Nach Gl. (2-49) und (2-57) ist

$$C_{p,\mathrm{m}} - C_{V,\mathrm{m}} = \frac{\alpha^2 TV}{n\kappa_T} = \frac{\alpha TV}{n}\left(\frac{\partial p}{\partial T}\right)_V.$$

Wie in Aufgabe 2.31 gezeigt, gilt $\left(\frac{\partial p}{\partial T}\right)_V = \frac{nR}{V - nb}$ und demnach

$$\alpha V = \left(\frac{\partial V}{\partial T}\right)_p = \frac{1}{\left(\frac{\partial T}{\partial V}\right)_p}.$$

Einsetzen ergibt

$$C_{p,\mathrm{m}} - C_{V,\mathrm{m}} = \frac{T\left(\frac{\partial p}{\partial T}\right)_V}{n\left(\frac{\partial T}{\partial V}\right)_p}.$$

Wie in Aufgabe 2.31 gezeigt, ist $\left(\frac{\partial T}{\partial V}\right)_p = \frac{T}{V - nb} - \frac{2na}{RV^3}(V - nb)$.

Wir setzen nun $\lambda = \dfrac{1}{1 - \dfrac{2na}{(RTV^3)} \times (V - nb)^2}$ bzw. $\dfrac{1}{\lambda} = 1 - \dfrac{2a(V_m - b)^3}{RTV_m^3}$ und erhalten damit

$$C_{p,m} - C_{V,m} = \frac{\dfrac{RT}{(V-nb)}}{\dfrac{T}{(V-nb)} - \dfrac{2na}{RV^3} \times (V-nb)} = \lambda R.$$

Wir führen nun die reduzierten Variablen ein, für die gilt $T_{krit} = \dfrac{8a}{27Rb}$ und $V_{krit} = 3b$. Nach Umstellen erhalten wir

$$\frac{1}{\lambda} = 1 - \frac{(3V_r - 1)^2}{4T_r V_r^3}.$$

Für Xenon ist $V_{krit} = 118.1\ \mathrm{cm^3\ mol^{-1}}$ und $T_{krit} = 289.8$ K. Man kann den Wert von V_m für das ideale Gas verwenden, weil ein Fehler, der durch diese Näherung eingeführt wird, nur im Korrekturterm für $1/\lambda$ auftritt.

Also ist $V_m \approx 2.45\ \mathrm{dm^3}$, V_{krit} =118.8 $\mathrm{cm^3\ mol^{-1}}$, $T_{krit} = 289.8$ K, $V_r = 20.6$ und $T_r = 1.03$. Damit folgt

$$\frac{1}{\lambda} = 1 - \frac{(61.8 - 1)^2}{(4) \times (1.03) \times (20.6)^3} = 0.90 \quad \text{und somit} \quad \lambda \approx 1.1.$$

Schließlich ist

$$C_{p,m} - C_{V,m} \approx 1.1\ R = 9.2\ \mathrm{J\ K^{-1}\ mol^{-1}}.$$

2.37 (a) Wie aus Gl. (2-53) und Aufgabe 2.34 bekannt, gilt für μ

$$\mu = -\frac{1}{C_p}\left(\frac{\partial H}{\partial p}\right)_T = \frac{1}{C_p}\left\{T\left(\frac{\partial V_m}{\partial T}\right)_p - V_m\right\}.$$

Mit

$$V_m = \frac{RT}{p} + aT^2 \quad \text{ist} \quad \left(\frac{\partial V_m}{\partial T}\right)_p = \frac{R}{p} + 2aT.$$

Damit folgt

$$\mu = \frac{1}{C_p}\left\{\frac{RT}{p} + 2aT^2 - \frac{RT}{p} - aT^2\right\} = \frac{aT^2}{C_p}.$$

(b) Für die Wärmekapazitäten haben wir den Zusammenhang

$$C_V = C_p - \alpha T V_\mathrm{m} \left(\frac{\partial p}{\partial T}\right)_V = C_p - T \left(\frac{\partial V_\mathrm{m}}{\partial T}\right)_p \left(\frac{\partial p}{\partial T}\right)_V .$$

Da sich aber der Druck in der Form $p = \dfrac{RT}{V_\mathrm{m} - aT^2}$ schreiben lässt, gilt

$$\left(\frac{\partial p}{\partial T}\right)_V = \frac{R}{V_\mathrm{m} - aT^2} - \frac{RT(-2aT)}{(V_\mathrm{m} - aT^2)^2}$$

$$= \frac{R}{(RT/p)} + \frac{2aRT^2}{(RT/p)^2} = \frac{p}{T} + \frac{2ap^2}{R}.$$

Es folgt

$$C_V = C_p - T\left(\frac{R}{p} + 2aT\right) \times \left(\frac{p}{T} + \frac{2ap^2}{R}\right)$$

$$= C_p - \frac{RT}{p}\left(1 + \frac{2apT}{R}\right) \times \left(1 + \frac{2apT}{R}\right) \times \left(\frac{p}{T}\right),$$

$$C_V = C_p - R\left(1 + \frac{2apT}{R}\right)^2 .$$

Anwendungsaufgaben

2.39 Nach den Angaben in *Anwendung 2-2* dürfte die spezifische Enthalpie von verdaulichen Kohlenhydraten bei etwa $17\,\mathrm{kJ\,g^{-1}}$ liegen. Demnach ergibt die Portion Nudeln

$$q = (40\,\mathrm{g}) \times (17\,\mathrm{kJ\,g^{-1}}) = 680\,\mathrm{kJ}.$$

Die Umrechnung auf Kalorien (kcal) ergibt:

$$q = (680\,\mathrm{kJ}) \times \frac{1\,\mathrm{kcal}}{4.184\,\mathrm{kJ}} = 16\bar{2}\,\mathrm{kcal}.$$

Bei einem täglichen Energiebedarf von 2200 kcal deckt diese Portion Nudeln einen Anteil von

$$\frac{16\bar{2}\,\mathrm{kcal}}{2200\,\mathrm{kcal}} \times 100\% = 7.4\%.$$

2.41 (a) $q = n\Delta_C H^{\ominus} = \dfrac{1.5\,\text{g}}{342.3\,\text{g}\,\text{mol}^{-1}} \times (-5645\,\text{kJ}\,\text{mol}^{-1}) = -25\,\text{kJ}.$

(b) Die verfügbare Gesamtenergie ist $\approx 25\,\text{kJ} \times 0.25 = 6.2\,\text{kJ}$.

Wegen $w = mgh$ und $m \approx 65\,\text{kg}$ ist

$$h \approx \frac{6.2 \times 10^3\,\text{J}}{65\,\text{kg} \times 9.81\,\text{m}\,\text{s}^{-2}} = 9.7\,\text{m}.$$

(c) Die freigesetzte Wärmemenge ist

$$q = -\Delta_R H = -n\Delta_C H^{\ominus} = -\left(\frac{2.5\,\text{g}}{180\,\text{g}\,\text{mol}^{-1}}\right) \times (-2808\,\text{kJ}\,\text{mol}^{-1}) = 39\,\text{kJ}.$$

(d) Wenn ein Viertel dieser Energie als Arbeit nutzbar wäre, könnte eine Person von 65 kg bis in eine Höhe h klettern, die man folgendermaßen berechnet:

$$\frac{1}{4}q = w = mgh \quad \text{also} \quad h = \frac{q}{4mg} = \frac{39 \times 10^3\,\text{J}}{4(65\,\text{kJ}) \times (9.8\,\text{m}\,\text{s}^{-2})} = 15\,\text{m}.$$

2.43 Nehmen sie zunächst ein Thermogramm der reinen Probe auf. Wählen Sie den Temperaturbereich so, dass in P ein Phasenübergang auftritt (das kann man anhand eines Peaks im Thermogramm feststellen). Die Fläche unter dem Thermogramm entspricht der Enthalpieänderung, die mit der Strukturänderung der verwendeten Menge von P einhergeht. Nehmen Sie an einer identischen Menge der vermutlich verunreinigten Probe ein Thermogramm im selben Temperaturbereich auf. Unter der plausiblen Annahme, dass die Verunreinigungen in P im betrachteten Temperaturbereich keine Strukturänderung erfahren, kann man den Peak in der ersten Probe nur P zuordnen (die Annahme ist plausibel, wenn die Verunreinigungen Monomere sind und der betrachtete Temperaturbereich hinreichend schmal gewählt ist). Das Verhältnis der Flächen unter den beiden Kurven ist ein Maß für die Reinheit der zu untersuchenden Probe.

2.45 Der Expansionskoeffizient ist

$$\alpha = \frac{1}{V}\left(\frac{\partial V}{\partial T}\right)_p \approx \frac{\Delta V}{V\Delta T}, \quad \text{also} \quad \Delta V \approx \alpha V \Delta T.$$

Die Volumenänderung ist gleich der Höhenänderung (Anstieg des Meeresspiegels, Δh) mal der Fläche der Meere (wobei vorausgesetzt wird, dass diese Fläche konstant bleibt). Wir verwenden den Expansionskoeffizienten α von reinem Wasser, obwohl Meerwasser eine kompliziert zusammengesetzte Lösung ist. Bei einem Temperaturanstieg von 2 °C nimmt das Volumen der Meere um

$$\Delta V = (2.1 \times 10^{-4}\,\text{K}^{-1}) \times (1.37 \times 10^9\,\text{km}^3) \times (2.0\,\text{K}) = 5.8 \times 10^5\,\text{km}^3$$

zu. Der Anstieg des Meeresspiegels beträgt also $\Delta h = \dfrac{\Delta V}{A} = 1.6 \times 10^{-3}\,\text{km} = 1.6\,\text{m}$.

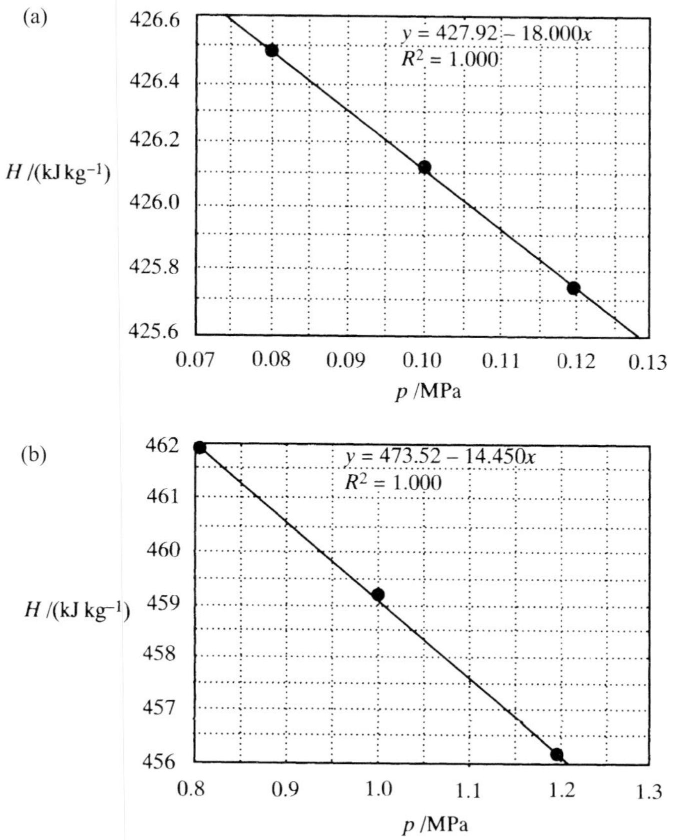

Abb. 2-4

Da der Anstieg des Meeresspiegels direkt proportional zur Temperaturzunahme ist, führt eine Temperaturerhöhung um $\Delta T = 1\,°\mathrm{C}$ zu $\Delta h =$ 0.80 m und $\Delta T = 3.5\,°\mathrm{C}$ zu $\Delta h =$ 2.8 m.

Anmerkung: Detailliertere klimatische Modelle sagen einen etwas geringeren Anstieg voraus, der aber in derselben Größenordnung liegt.

2.47 Wir berechnen μ aus

$$\mu = -\frac{1}{C_p}\left(\frac{\partial H}{\partial p}\right)_T$$

und schätzen $\left(\frac{\partial H}{\partial p}\right)_T$ aus den Werten für Enthalpie und Druck ab. Zwar sind die gegebenen Werte auf die Masse bezogen und nicht auf ein Mol; weil aber die Massen herausfallen werden, müssen wir nicht auf molare Werte von Enthalpie und Druck umrechnen. Wir tragen die Werte für beide Temperaturen in einem Diagramm auf (Abb. 2-4).

(a) 300 K.

Die Regressionsanalyse ergibt eine Steigung von $-18.0\,\mathrm{J\,g^{-1}\,MPa^{-1}} \approx \left(\frac{\partial H}{\partial p}\right)_T$, also $\mu = -\dfrac{-18.0\,\mathrm{kJ\,kg^{-1}\,MPa^{-1}}}{0.7649\,\mathrm{kJ\,kg^{-1}\,K^{-1}}} = 23.5\,\mathrm{K\,MPa^{-1}}$.

(b) 350 K.

Die Regressionsanalyse ergibt eine Steigung von $-14.5\,\mathrm{J\,g^{-1}\,MPa^{-1}} \approx \left(\dfrac{\partial H}{\partial p}\right)_T$,

also $\mu = -\dfrac{-14.5\,\mathrm{kJ\,kg^{-1}\,MPa^{-1}}}{1.0392\,\mathrm{kJ\,kg^{-1}\,K^{-1}}} = 14.0\,\mathrm{K\,MPa^{-1}}$.

3 Der Zweite Hauptsatz der Thermodynamik

Diskussionsfragen

3.1 Bitte machen Sie sich folgendes klar: Der Zweite Hauptsatz der Thermodynamik besagt nur, dass die Gesamtentropie von System (d. h. den Molekülen, die sich in Zellen zusammenfinden) und dessen Umgebung (also dem Medium um das System herum) in einem natürlich ablaufenden Prozess zunehmen muss. Der Satz besagt aber nicht, dass die Entropie in einem Teil des Universums zunehmen muss, der mit seiner Umgebung in Wechselwirkung steht. In diesem Fall wachsen die Zellen, indem sie chemische Energie aus ihrer Umgebung (dem Medium) entnehmen; bei diesem Prozess überwiegt die Zunahme der Entropie in dem Medium die Abnahme der Entropie im System. Damit ist der Zweite Hauptsatz nicht verletzt.

3.3 Alle diese Ausdrücke ergeben sich aus einer Kombination des Ersten Hauptsatzes der Thermodynamik mit der Clausius'schen Ungleichung in der Form $T\mathrm{d}S \geq \mathrm{d}q$, wie wir es zu Beginn von *Illustration* 3.2 geschrieben hatten. Dies lässt sich in die folgende Form bringen:

$$-\mathrm{d}U - p_{\mathrm{ex}}\mathrm{d}V + \mathrm{d}w_{\mathrm{zus}} + T\mathrm{d}S \geq 0$$

Dabei haben wir die Arbeit aufgeteilt in einen Anteil für die Druck-Volumen-Arbeit sowie einen Anteil für zusätzliche Arbeit. Sofern Energie und Volumen konstant sind und keine zusätzliche Arbeit geleistet wird (d. h. unter der Bedingung, dass ein isoliertes System vorliegt), lässt sich dieser Ausdruck vereinfachen zu

$$\mathrm{d}S \geq 0.$$

Dies ist gleichwertig zu $\Delta S_{\mathrm{ges}} = S_{\mathrm{Universum}} \geq 0$ (das Universum ist ein isoliertes System).

Sofern Entropie und Volumen konstant sind und keine zusätzliche Arbeit geleistet wird, lässt sich der Anfangsausdruck vereinfachen zu

$$\mathrm{d}U \leq 0.$$

Bleiben Temperatur und Volumen konstant und wird keine zusätzliche Arbeit geleistet, vereinfacht sich der Ausdruck zu

$$\mathrm{d}A \leq 0.$$

Dabei ist A definiert als $U - TS$.

Arbeitsbuch Physikalische Chemie. 4. Auflage. P. W. Atkins, C. A. Trapp, M. P. Cady und C. Giunta

ISBN: 978-3-527-31828-5

Sind Temperatur und Druck konstant und wird keine zusätzliche Arbeit geleistet, vereinfacht sich der Ausdruck zu

$$\mathrm{d}G \leq 0.$$

Dabei ist G definiert als $U + pV - TS = H - TS$.

In allen Fällen gibt das Ungleichheitszeichen die Bedingungen für *spontane Änderungen* an; das Gleichheitszeichen gilt jeweils für den Gleichgewichtsfall unter den genannten Bedingungen.

3.5 Die Maxwell'schen Gleichungen geben den Zusammenhang zwischen partiellen Ableitungen an, die jeweils mithilfe von Zustandsfunktionen des Systems angegeben werden. Man kann die partiellen Ableitungen als eine Art Kurzanweisung für ein Experiment auffassen. Beispielsweise gibt der Ausdruck $(\partial S/\partial V)_T$ an, wie sich die Entropie des Systems ändert, wenn das Volumen unter isothermen Bedingungen geändert wird. Da aber die Entropie nicht direkt messbar ist (es gibt keine „Entropie-Meter"), muss man die Ableitung (und also auch das entsprechende Experiment) so verändern, dass darin nur direkt messbare Eigenschaften vorkommen. Dies leistet die folgende Maxwell'sche Gleichung:

$$\left(\frac{\partial S}{\partial V}\right)_T = \left(\frac{\partial p}{\partial T}\right)_V .$$

Druck, Temperatur und Volumen sind leicht messbare Größen.

3.7 Der Zusammenhang $(\partial G/\partial p)_T = V$ zeigt, dass die Freie Enthalpie bei konstanter Temperatur T mit wachsendem p proportional zum Volumen zunimmt. Dies leuchtet ein, wenn man die Definition von G betrachtet: $G = U + pV - TS$. Daher kann man erwarten, dass G mit p proportional zu V zunimmt, wenn T konstant bleibt.

Leichte Aufgaben

Vorbemerkung: Wenn nicht anders angegeben, soll für jedes Gas die Zustandsgleichung des idealen Gases gelten. Alle thermochemischen Daten werden, sofern nicht anders angegeben, auf 298,15 K bezogen.

A3.1a Nehmen Sie an, dass der Block so groß ist, dass sich seine Temperatur bei der Wärmezufuhr nicht wesentlich ändert. Dann ist nach Gl. (3-2) bei konstanter Temperatur

$$\Delta S = \int_{\mathrm{A}}^{\mathrm{E}} \frac{\mathrm{d}q_{\mathrm{rev}}}{T} = \frac{1}{T}\int_{\mathrm{A}}^{\mathrm{E}} \mathrm{d}q_{\mathrm{rev}} = \frac{q_{\mathrm{rev}}}{T}.$$

(a) $\Delta S = \dfrac{25 \times 10^3\,\text{J}}{273.15\,\text{K}} = 92\,\text{J K}^{-1}$

(b) $\Delta S = \dfrac{25 \times 10^3\,\text{J}}{373.15\,\text{K}} = 67\,\text{J K}^{-1}$.

A3.2a Wenn wir in Gl. (3-19) die molare Wärmekapazität $C_{p,\text{m}}$ durch $C_{V,\text{m}}$ ersetzen, erhalten wir

$$S_\text{m}(T_\text{E}) = S_\text{m}(T_\text{A}) + \int_{T_\text{A}}^{T_\text{E}} \frac{C_{V,\text{m}}}{T}\,\text{d}T.$$

Unter der Annahme, dass sich Neon wie ein ideales Gas verhält, können wir $C_{V,\text{m}}$ als konstant annehmen. Es ist dann gegeben durch $C_{V,\text{m}} = C_{p,\text{m}} - R$. Mit dem Wert für $C_{p,\text{m}} = 20.786\,\text{J K}^{-1}\,\text{mol}^{-1}$ aus Tabelle 2-7 erhalten wir

$$C_{V,\text{m}} = (20.786 - 8.314)\,\text{J K}^{-1}\text{mol}^{-1} = 12.472\,\text{J K}^{-1}\,\text{mol}^{-1}.$$

Integrieren liefert

$$\begin{aligned}
S_\text{m}(500\,\text{K}) &= S_\text{m}(298\,\text{K}) + C_{V,\text{m}} \ln \frac{T_\text{B}}{T_\text{A}} \\
&= (146.22\,\text{J K}^{-1}\,\text{mol}^{-1}) + (12.472\,\text{J K}^{-1}\,\text{mol}^{-1}) \ln\left(\frac{500\,\text{K}}{298\,\text{K}}\right) \\
&= (146.22 + 6.45)\,\text{J K}^{-1}\,\text{mol}^{-1} = 152.67\,\text{J k}^{-1}\,\text{mol}^{-1}.
\end{aligned}$$

A3.3a Da die Entropie eine Zustandsfunktion ist, können wir ΔS berechnen, indem wir die Zustandsänderung auf einem möglichst bequemen Weg durchführen; in diesem Fall ist das ein Erhitzen bei konstantem Druck mit anschließender Kompression bei konstanter Temperatur. Wir verwenden Gl. (3-19) (bei p_A) und Gl. (3-13) (bei T_E).

$$\Delta S = nC_{p,\text{m}} \ln\left(\frac{T_\text{E}}{T_\text{A}}\right) + nR \ln\left(\frac{V_\text{E}}{V_\text{A}}\right).$$

Nach dem Boyle'schen Gesetz sind Druck und Volumen einander umgekehrt proportional: $\dfrac{V_\text{E}}{V_\text{A}} = \dfrac{p_\text{A}}{p_\text{E}}$. Also ist

$$\begin{aligned}
\Delta S &= nC_{p,\text{m}} \ln\left(\frac{T_\text{E}}{T_\text{A}}\right) - nR \ln\left(\frac{p_\text{E}}{p_\text{A}}\right) \\
&= (3.00\,\text{mol}) \times \frac{5}{2} \times (8.314\,\text{J K}^{-1}\,\text{mol}^{-1}) \times \ln\left(\frac{398\,\text{K}}{298\,\text{K}}\right) \\
&\quad - (3.00\,\text{mol}) \times (8.314\,\text{J K}^{-1}\,\text{mol}^{-1}) \times \ln\left(\frac{5.00\,\text{atm}}{1.00\,\text{atm}}\right) \\
&= (18.0\bar{4} - 40.1\bar{4})\,\text{J K}^{-1} = -22.1\,\text{J K}^{-1}.
\end{aligned}$$

Obwohl ΔS (System) negativ ist, kann der Prozess spontan ablaufen, wenn ΔS (ges) positiv ist.

A3.4a Für einen adiabatischen, reversiblen Prozess ist $q = q_{\text{rev}} = 0$.

$$\Delta S = \int_{\text{A}}^{\text{E}} \frac{dq_{\text{rev}}}{T} = 0.$$

Nach Gl. (2-16b) ist

$$\Delta U = nC_{V,\text{m}}\Delta T = (3.00\,\text{mol}) \times (27.5\,\text{J K}^{-1}\,\text{mol}^{-1}) \times (50\,\text{K}) = 4.1 \times 10^3\,\text{J}$$
$$= +4.1\,\text{kJ}.$$
$$w = \Delta U \quad (\text{Erster Hauptsatz, mit } q = 0).$$
$$\Delta H = nC_{p,\text{m}}\Delta T \quad (\text{Gl. (2-23b)})$$

Mit Gl. (2-26) folgt

$$C_{p,\text{m}} = C_{V,\text{m}} + R = (27.5 + 8.3)\,\text{J K}^{-1}\,\text{mol}^{-1} = 35.8\,\text{J K}^{-1}\,\text{mol}^{-1}.$$
$$\Delta H = (3.00\,\text{mol}) \times (35.8\,\text{J K}^{-1}\,\text{mol}^{-1}) \times (50\,\text{K}) = 5.4 \times 10^3\,\text{J} = +5.4\,\text{kJ}.$$

Anmerkung: Man benötigt weder Anfangs- noch Endwerte von Druck und Volumen, um diese Aufgabe zu lösen.

A3.5a Der Behälter ist isoliert, demnach ist der Wärmefluss null und daher $\Delta H = 0$; weil die Massen beider Blöcke gleich sind, muss die Endtemperatur gleich dem Mittelwert beider Temperaturen sein, also 50 °C. Die spezifischen Wärmekapazitäten sind mit den molaren Wärmekapazitäten verknüpft durch

$$C_{\text{s}} = \frac{C_{\text{m}}}{M} \quad \text{mit } C_{p,\text{m}} \approx C_{V,\text{m}} = C_{\text{m}}.$$

Mit $nM = m$ folgt $nC_{\text{m}} = mC_{\text{s}}$. Für die jeweiligen Enthalpien gilt also

$$\Delta H(\text{einzeln}) = mC_{\text{s}}\Delta T = 1.00 \times 10^4\,\text{g} \times 0.385\,\text{J K}^{-1}\,\text{g}^{-1} \times (\pm 50\,\text{K})$$
$$= \pm 1.9 \times 10^2\,\text{kJ}.$$

Diese beiden Enthalpien addieren sich zu null: $\Delta H(\text{ges}) = 0$. Mit Gl. (3-19) erhalten wir

$$\Delta S = mC_{\text{s}} \ln\left(\frac{T_{\text{E}}}{T_{\text{A}}}\right).$$

$$\Delta S_1 = (10.0 \times 10^3\,\text{g}) \times (0.385\,\text{J K}^{-1}\,\text{g}^{-1}) \times \ln\left(\frac{323\,\text{K}}{273\,\text{K}}\right) = -5.541 \times 10^2\,\text{J K}^{-1},$$

$$\Delta S_2 = (10.0 \times 10^3\,\text{g}) \times (0.385\,\text{J K}^{-1}\,\text{g}^{-1}) \times \ln\left(\frac{323\,\text{K}}{273\,\text{K}}\right) = 6.475 \times 10^2\,\text{J K}^{-1},$$

$$\Delta S(\text{ges}) = \Delta S_1 + \Delta S_2 = +93.4\,\text{J K}^{-1}.$$

Anmerkung: Der positive Wert von $\Delta S(\text{ges})$ entspricht einem spontan ablaufenden Prozess.

A3.6a (a) $q = 0$ (adiabatischer Prozess).

(b) Wir verwenden Gl. (2-8):

$$w = -p_{\text{ex}}\Delta V = -(1.01 \times 10^5\ \text{Pa}) \times (20\,\text{cm}) \times (10\ \text{cm}^2) \times \left(\frac{10^{-6}\ \text{m}^3}{\text{cm}^3}\right) = -20\ \text{J}.$$

(c) $\Delta U = q + w = 0 - 20\,\text{J} = -20\ \text{J}$.

(d) Mit Gl. (2-16b) erhalten wir

$$\Delta U = nC_{V,\text{m}}\Delta T, \qquad \Delta T = \frac{-20\,\text{J}}{(2.0\,\text{mol}) \times (28.8\,\text{J K}^{-1}\,\text{mol}^{-1})} = -0.34\overline{7}\ \text{K}.$$

(e) Die Entropie ist eine Zustandsfunktion, sie lässt sich also auf einem beliebigen Weg berechnen. Obwohl die angegebene Zustandsänderung adiabatisch ist, verwenden wir den bequemeren Prozess mit einer isochoren Kühlung (Volumen konstant), gefolgt von einer isothermen Expansion. Die Entropieänderung ergibt sich als Summe der Entropieänderungen der beiden Einzelschritte:

$$\Delta S = \Delta S_1 + \Delta S_2 = nC_{V,\text{m}} \ln\left(\frac{T_\text{E}}{T_\text{A}}\right) + nR\ln\left(\frac{V_\text{E}}{V_\text{A}}\right) \quad \text{(Gln. (3.19) und (3.13))}.$$

$$T_\text{E} = T_\text{A} - 0.34\overline{7}\,\text{K} = (298.15\,\text{K}) - (0.34\overline{7}\,\text{K}) = 297.80\overline{3}\,\text{K}.$$

$$V_\text{A} = \frac{nRT}{p_\text{A}} = \frac{(2.0\,\text{mol}) \times (0.08206\,\text{dm}^3\,\text{atm K}^{-1}\,\text{mol}^{-1}) \times (298.15\,\text{K})}{10\,\text{atm}} = 4.8\overline{93}\,\text{dm}^3.$$

$$V_\text{E} = V_\text{A} + \Delta V = (4.8\overline{93} + 0.20)\,\text{dm}^3 = 5.0\overline{93}\,\text{dm}^3.$$

Einsetzen dieser Werte in den obigen Ausdruck für ΔS ergibt

$$\begin{aligned}\Delta S &= (2.0\,\text{mol}) \times (28.8\,\text{J K}^{-1}\,\text{mol}^{-1}) \times \ln\left(\frac{297.80\overline{3}\,\text{K}}{298.15\,\text{K}}\right)\\ &\quad + (2.0\,\text{mol}) \times (8.314\,\text{J K}^{-1}\,\text{mol}^{-1}) \ln\left(\frac{5.0\overline{93}\,\text{dm}^3}{4.893\,\text{dm}^3}\right)\\ &= (-0.067\overline{1} + 0.66\overline{6})\,\text{J K}^{-1} = +0.60\ \text{J K}^{-1}.\end{aligned}$$

A3.7a (a) $$\Delta_\text{V} S = \frac{\Delta_\text{V} H}{T_\text{S}} = \frac{29.4 \times 10^3\,\text{J mol}^{-1}}{334.88\,\text{K}} = +87.8\ \text{J K}^{-1}\ \text{mol}^{-1}.$$

(b) Wenn die Verdampfung reversibel verläuft, ist $\Delta S(\text{ges}) = 0$ und daher $\Delta S(\text{Umg}) = -87.8\ \text{J K}^{-1}\ \text{mol}^{-1}$.

A3.8a Nach Gl. (3-21) ist jeweils

$$\Delta_\text{R} S^\ominus = \sum_{\text{Produkte}} \nu S_\text{m}^\ominus - \sum_{\text{Reaktanten}} \nu S_\text{m}^\ominus.$$

Die jeweiligen Werte von $S_m^\ominus$ sind den Tabellen 2-5 und 2-7 zu entnehmen.

(a)

$$\begin{aligned}\Delta_R S^\ominus &= 2S_m^\ominus(CH_3COOH, l) - 2S_m^\ominus(CH_3CHO, g) - S_m^\ominus(O_2, g)\\ &= [(2\times 159.8) - (2\times 250.3) - 205.14]\,J\,K^{-1}\,mol^{-1} = -386.1\,J\,K^{-1}\,mol^{-1}.\end{aligned}$$

(b)

$$\begin{aligned}\Delta_R S^\ominus &= 2S_m^\ominus(AgBr, s) + S_m^\ominus(Cl_2, g) - 2S_m^\ominus(AgCl, s) - S_m^\ominus(Br_2, l)\\ &= [(2\times 107.1) + (223.07) - (2\times 96.2) - (152.23)]\,J\,K^{-1}\,mol^{-1}\\ &= +92.6\,J\,K^{-1}\,mol^{-1}.\end{aligned}$$

(c)

$$\begin{aligned}\Delta_R S^\ominus &= S_m^\ominus(HgCl_2, s) - S_m^\ominus(Hg, l) - S_m^\ominus(Cl_2, g)\\ &= [146.0 - 76.02 - 223.07]\,J\,K^{-1}\,mol^{-1} = -153.1\,J\,K^{-1}\,mol^{-1}.\end{aligned}$$

A3.9a Wir verwenden jeweils Gl. (3-39)

$$\Delta_R G^\ominus = \Delta_R H^\ominus - T\Delta_R S^\ominus$$

und Gl. (2-32)

$$\Delta_R H^\ominus = \sum_{\text{Produkte}} \nu\Delta_B H^\ominus - \sum_{\text{Reaktanten}} \nu\Delta_B H^\ominus.$$

(a)

$$\begin{aligned}\Delta_R H^\ominus &= 2\Delta_B H^\ominus(CH_3COOH, l) - 2\Delta_B H^\ominus(CH_3CHO, g)\\ &= [2\times(-484.5) - 2\times(-166.19)]\,kJ\,mol^{-1} = -636.6\bar{2}\,kJ\,mol^{-1}.\\ \Delta_R G^\ominus &= -636.6\bar{2}\,kJ\,mol^{-1} - (298.15\,K)\times(-386.1\,J\,K^{-1}\,mol^{-1}) = -521.5\,kJ\,mol^{-1}.\end{aligned}$$

(b)

$$\begin{aligned}\Delta_R H^\ominus &= 2\Delta_B H^\ominus(AgBr, s) - 2\Delta_B H^\ominus(AgCl, s)\\ &= [2\times(-100.37) - 2\times(-127.07)]\,kJ\,mol^{-1} = +53.40\,kJ\,mol^{-1}.\\ \Delta_R G^\ominus &= +53.40\,kJ\,mol^{-1} - (298.15\,K)\times(+92.6)\,J\,K^{-1}\,mol^{-1} = +25.8\,kJ\,mol^{-1}.\end{aligned}$$

(c)

$$\begin{aligned}\Delta_R H^\ominus &= \Delta_B H^\ominus(HgCl_2, s) = -224.3\,kJ\,mol^{-1}.\\ \Delta_R G^\ominus &= -224.3\,kJ\,mol^{-1} - (298.15\,K)\times(-153.1\,J\,K^{-1}\,mol^{-1}) = -178.7\,kJ\,mol^{-1}.\end{aligned}$$

A3.10a Wir verwenden jeweils die Beziehung nach Gl. (3-40)

$$\Delta_R G^\ominus = \sum_{\text{Produkte}} \nu \Delta_B G^\ominus - \sum_{\text{Reaktanten}} \nu \Delta_B G^\ominus$$

und entnehmen die Werte für $\Delta_B G^\ominus(\mathrm{J})$ den Tabellen 2-5 und 2-7.

(a)

$$\begin{aligned}\Delta_R G^\ominus &= 2\Delta_B G^\ominus(\mathrm{CH_3COOH, l}) - 2\Delta_B G^\ominus(\mathrm{CH_3CHO, g})\\ &= [2 \times (-389.9) - 2 \times (-128.86)]\,\mathrm{kJ\,mol^{-1}} = -522.1\ \mathrm{kJ\,mol^{-1}}.\end{aligned}$$

(b)

$$\begin{aligned}\Delta_R G^\ominus &= 2\Delta_B G^\ominus(\mathrm{AgBr, s}) - 2\Delta_B G^\ominus(\mathrm{AgCl, s})\\ &= [2 \times (-96.90) - 2 \times (-109.79)]\,\mathrm{kJ\,mol^{-1}}\\ &= +25.78\ \mathrm{kJ\,mol^{-1}}.\end{aligned}$$

(c)

$$\Delta_R G^\ominus = \Delta_B G^\ominus(\mathrm{HgCl_2, s}) = -178.6\ \mathrm{kJ\,mol^{-1}}.$$

Anmerkung: Diese Werte von $\Delta_R G^\ominus$ stimmen jeweils gut mit den in Aufgabe A3.9(a) berechneten Werten überein.

A3.11a

$$\begin{aligned}\Delta_R G^\ominus &= \Delta_R H^\ominus - T\Delta_R S^\ominus \quad \text{(Gl. (3-39))}\\ \Delta_R H^\ominus &= \sum_{\text{Produkte}} \nu \Delta_B H^\ominus - \sum_{\text{Reaktanten}} \nu \Delta_B H^\ominus \quad \text{(Gl. (2-32))}\\ \Delta_R S^\ominus &= \sum_{\text{Produkte}} \nu S_m^\ominus - \sum_{\text{Reaktanten}} \nu S_m^\ominus \quad \text{(Gl. (3-21))}\end{aligned}$$

Es folgt

$$\begin{aligned}\Delta_R H^\ominus &= 2\Delta_B H^\ominus(\mathrm{H_2O, l}) - 4\Delta_B H^\ominus(\mathrm{HCl, g})\\ &= \{2 \times (-285.83) - 4 \times (-92.31)\}\,\mathrm{kJ\,mol^{-1}}\\ &= -202.42\,\mathrm{kJ\,mol^{-1}}.\\ \Delta_R S &= 2S_m^\ominus(\mathrm{Cl_2, g}) + 2S_m^\ominus(\mathrm{H_2O, l}) - 4S_m^\ominus(\mathrm{HCl, g}) - S_m^\ominus(\mathrm{O_2, g})\\ &= [(2 \times 69.91) + (2 \times 223.07) - (4 \times 186.91) - (205.14)]\,\mathrm{J\,K^{-1}\,mol^{-1}}\\ &= -366.82\,\mathrm{J\,K^{-1}\,mol^{-1}} = -0.36682\,\mathrm{kJ\,K^{-1}\,mol^{-1}}.\\ \Delta_R G^\ominus &= -202.42\,\mathrm{kJ\,mol^{-1}} - (298.15\,\mathrm{K}) \times (-0.36682\,\mathrm{kJ\,K^{-1}\,mol^{-1}})\\ &= -93.05\ \mathrm{kJ\,mol^{-1}}.\end{aligned}$$

Frage: Wiederholen Sie diese Rechnungen mit den Werten für $\Delta_B G$ aus Tabelle 2-7. Tritt eine Abweichung gegenüber dem hier ermittelten Wert auf, und wie groß ist sie?

A3.12a Die Gleichung für die (hypothetische) Bildungsreaktion von festem Phenol lautet

$$6C(s) + 3H_2(g) + \frac{1}{2}O_2(g) \rightarrow C_6H_5OH(s),$$

die Freie Standardbildungsenthalpie ergibt sich nach Gl. (3-39) gemäß

$$\Delta_B G^{\ominus} = \Delta_B H^{\ominus} - T\Delta_B S^{\ominus}.$$

Wir ermitteln $\Delta_B H^{\ominus}$ aus dem Wert von $\Delta_C H^{\ominus}$ für Phenol und den entsprechenden Werten aus Tabelle 2-5 und 2-7:

$$C_6H_5OH(s) + 7O_2(g) \rightarrow 6CO_2(g) + 3H_2O(l),$$
$$\Delta_C H^{\ominus} = 6\Delta_B H^{\ominus}(CO_2, g) + 3\Delta_B H^{\ominus}(H_2O, l) - \Delta_B H^{\ominus}(C_6H_5OH, s),$$
$$\Delta_B H^{\ominus}(C_6H_5OH, s) = 6\Delta_B H^{\ominus}(CO_2, g) + 3\Delta_B H^{\ominus}(H_2O, l) - \Delta_C H^{\ominus}$$
$$= [6 \times (-393.51) + 3 \times (-285.83) - (-3054)]\,\text{kJ mol}^{-1}$$
$$= -164.\overline{55}\,\text{kJ mol}^{-1}.$$

$$\Delta_R S^{\ominus} = \sum_{\text{Produkte}} \nu S_m^{\ominus} - \sum_{\text{Reaktanten}} \nu S_m^{\ominus} \quad (\text{Gl. (3-21)}).$$

$$\Delta_B S^{\ominus} = S_m^{\ominus}(C_6H_5OH, s) - 6S_m^{\ominus}(C, s) - 3S_m^{\ominus}(H_2, g) - \frac{1}{2}S_m^{\ominus}(O_2, g)$$
$$= \left[144.0 - (6 \times 5.740) - (3 \times 130.68) - \left(\frac{1}{2} \times 205.14\right)\right]\,\text{J K}^{-1}\,\text{mol}^{-1}$$
$$= -385.0\overline{5}\,\text{J K}^{-1}\,\text{mol}^{-1}.$$

Damit ist

$$\Delta_R G^{\ominus} = -164.5\overline{5}\,\text{kJ mol}^{-1} - (298.15\,\text{K}) \times (-385.0\overline{5}\,\text{J K}^{-1}\,\text{mol}^{-1})$$
$$= -50\,\text{kJ mol}^{-1}.$$

A3.13a (a) Wir verwenden Gl. (3-13) und erhalten

$$\Delta S(\text{Gas}) = nR\ln\frac{V_E V_A}{=}\left(\frac{14\,\text{g}}{28.02\,\text{g mol}^{-1}}\right) \times (8.314\,\text{J K}^{-1}\,\text{mol}^{-1}) \times (\ln 2)$$
$$= +2.9\,\text{J K}^{-1}.$$

$\Delta S(\text{Umg}) = -2.9\,\text{J K}^{-1}$ (es wird insgesamt keine Entropie erzeugt).

ΔS (ges) = 0 (reversibler Prozess).

(b) ΔS (Gas) = $+2.9\,\text{J K}^{-1}$ (S ist eine Zustandsfunktion).

ΔS (Umg) = 0 (in der Umgebung ändert sich nichts).

ΔS (ges) = $+2.9\,\text{J K}^{-1}$.

(c) ΔS (Gas) = 0 (es ist $q_{\text{rev}} = 0$).

ΔS (Umg) = 0 (es wird keine Wärme an die Umgebung abgegeben).

ΔS (ges) = 0.

A3.14a Die Reaktionsgleichung ist

$$CH_4(g) + 2O_2(g) \rightarrow CO_2(g) + 2H_2O(l).$$

Dann folgt mit Gl. (3-40)

$$\Delta_R G^{\ominus} = \sum_{\text{Produkte}} \nu \Delta_B G^{\ominus} - \sum_{\text{Reaktanten}} \nu \Delta_B G^{\ominus}$$

$$\begin{aligned}\Delta_R G^{\ominus} &= \Delta_B G^{\ominus}(CO_2, g) + 2\Delta_B G^{\ominus}(H_2O, l) - \Delta_B G^{\ominus}(CH_4, g)\\ &= \{-394.36 + (2 \times -237.13) - (-50.72)\}\,\text{kJ mol}^{-1} = -817.90\,\text{kJ mol}^{-1}.\end{aligned}$$

Damit ist die maximale Nichtvolumenarbiet $817.90\,\text{kJ mol}^{-1}$, da $|w_{\text{zus}}| = |\Delta G|$.

A3.15a Mit Gl. (3-10) gilt für den Wirkungsgrad

$$\varepsilon_{\text{rev}} = 1 - \frac{T_k}{T_w}.$$

(a) $\varepsilon = 1 - \frac{333\,\text{K}}{373\,\text{K}} = 0.11$ (11 % Wirkungsgrad für die alte Dampfmaschine).

(b) $\varepsilon = 1 - \frac{353\,\text{K}}{573\,\text{K}} = 0.38$ (38 % Wirkungsgrad für die moderne Dampfturbine).

A3.16a Mit Gl. (3-56) und dem Boyle'schen Gesetz kommen wir auf

$$\Delta G = nRT \ln\left(\frac{p_E}{p_A}\right) = nRT \ln\left(\frac{V_A}{V_E}\right).$$

Dann folgt

$$\Delta G = (3.0 \times 10^{-3}\,\text{mol}) \times (8.314\,\text{J K}^{-1}\,\text{mol}^{-1}) \times (300\,\text{K}) \times \ln\left(\frac{36}{60}\right) = -3.8\,\text{J}.$$

A3.17a Nach Gl. (3-50) ist

$$\left(\frac{\partial G}{\partial T}\right)_p = -S \quad \text{und daher} \quad \left(\frac{\partial G_E}{\partial T}\right)_p = -S_E \quad \text{und} \quad \left(\frac{\partial G_A}{\partial T}\right)_p = -S_A.$$

$$\begin{aligned}\Delta S = S_E - S_A &= -\left(\frac{\partial G_E}{\partial T}\right)_p + \left(\frac{\partial G_A}{\partial T}\right)_p = -\left(\frac{\partial (G_E - G_A)}{\partial T}\right)_p\\ &= -\left(\frac{\partial \Delta G}{\partial T}\right)_p = -\frac{\partial}{\partial T}\left(-85.40\,\text{J} + 36.5\,\text{J} \times \frac{T}{\text{K}}\right)\\ &= -36.5\,\text{J K}^{-1}.\end{aligned}$$

A3.18a Nach Gl. (3-49) ist $\mathrm{d}G = -S\,\mathrm{d}T + V\,\mathrm{d}p$; bei konstantem T ist also $\mathrm{d}G = V\,\mathrm{d}p$. Daher gilt

$$\Delta G = \int_{p_\mathrm{A}}^{p_\mathrm{E}} V\,\mathrm{d}p.$$

Die Volumenänderung einer kondensierten Phase bei einer isothermen Kompression berechnet man mithilfe der isothermen Kompressibilität gemäß Gl. (2-44):

$$\kappa_T = \frac{1}{V}\left(\frac{\partial V}{\partial p}\right)_T = 76.8 \times 10^{-6}\,\mathrm{atm}^{-1}$$

Der Zahlenwert stammt aus Tabelle 2-8. Da die isotherme Kompressibilität hier – wie es für kondensierte Phasen typisch ist – nur einen sehr geringen Wert hat, können wir auch bei hohem Druck nur eine geringe Volumenänderung erwarten. Daher sind folgende Näherungen zulässig, mit denen wir einen einfachen Ausdruck für das Volumen als Funktion des Drucks ableiten können:

$$\kappa_T \approx \frac{1}{V}\left(\frac{V - V_\mathrm{A}}{p - p_\mathrm{A}}\right) \approx \frac{1}{V_\mathrm{A}}\left(\frac{V - V_\mathrm{A}}{p}\right) \quad \text{also} \quad V = V_\mathrm{A}(1 - \kappa_T\,p).$$

Dabei ist V_A das Volumen bei 1 atm, also die Masse der Probe, geteilt durch die Dichte, m/ρ.

$$\begin{aligned}
\Delta G &= \int_{1\,\mathrm{atm}}^{3000\,\mathrm{atm}} \frac{m}{\rho}(1 - \kappa_T\,p)\,\mathrm{d}p \\
&= \frac{m}{\rho}\left(\int_{1\,\mathrm{atm}}^{3000\,\mathrm{atm}} \mathrm{d}p - \kappa_T \int_{1\,\mathrm{atm}}^{3000\,\mathrm{atm}} p\,\mathrm{d}p\right) \\
&= \frac{m}{\rho}\left(p\Big|_{1\,\mathrm{atm}}^{3000\,\mathrm{atm}} - \kappa_T\,p^2\Big|_{1\,\mathrm{atm}}^{3000\,\mathrm{atm}}\right) \\
&= \frac{35\mathrm{g}}{0.789\,\mathrm{g\,cm^{-3}}}\left(2999\,\mathrm{atm} - (76.8 \times 10^{-6}\mathrm{atm}^{-1}) \times (9.00 \times 10^{6}\mathrm{atm}^2)\right) \\
&= 44.\bar{4}\,\mathrm{cm}^3 \times \left(\frac{1\,\mathrm{m}}{100\,\mathrm{cm}}\right)^3 \times 2308\,\mathrm{atm} \times (1.013 \times 10^5\,\mathrm{Pa\,atm}^{-1}) \\
&= 1.0\bar{4} \times 10^4\,\mathrm{J} = \boxed{10\,\mathrm{kJ}}.
\end{aligned}$$

A3.19a Die molare Freie Enthalpie (das chemische Potenzial) ist nach Gl. (3-56) gegeben durch

$$\begin{aligned}
\Delta G_\mathrm{m} &= G_\mathrm{m,E} - G_\mathrm{m,A} \\
&= RT\ln\left(\frac{p_\mathrm{E}}{p_\mathrm{A}}\right) = (8.314\,\mathrm{J\,K^{-1}\,mol^{-1}}) \times (313\,\mathrm{K}) \times \ln\left(\frac{29.5}{1.8}\right) \\
&= \boxed{+7.3\,\mathrm{kJ\,mol^{-1}}}
\end{aligned}$$

A3.20a Für ein ideales Gas gilt nach Gl. (3-56) mit $G_\mathrm{m} = G_\mathrm{m}^\circ$

$$G_\mathrm{m}^\circ = G_\mathrm{m}^\ominus + RT\ln\left(\frac{p}{p^\ominus}\right).$$

Für ein reales Gas gilt aber nach Gl. (3-58)

$$G_m = G_m^{\ominus} + RT \ln\left(\frac{f}{p^{\ominus}}\right).$$

Subtrahiert man die beiden Gleichungen voneinander, so erhält man mit $f/p = \phi$:

$$\begin{aligned} G_m - G_m^{\circ} &= RT \ln \frac{f}{p} \\ &= RT \ln \phi = (8.314\,\mathrm{J\,K^{-1}\,mol^{-1}}) \times (200\,\mathrm{K}) \times (\ln 0.72) \\ &= -0.55\,\mathrm{kJ\,mol^{-1}}. \end{aligned}$$

A3.21a Nach Gl. (3-55) ist

$$\Delta G = nV_m \Delta p = V \Delta p.$$

$$\begin{aligned} \Delta G &= (1.0\,\mathrm{dm^3}) \times \left(\frac{1\,\mathrm{m^3}}{10^3\,\mathrm{dm^3}}\right) \times (99\,\mathrm{atm}) \times (1.013 \times 10^5\,\mathrm{Pa}) = 10\,\mathrm{kPa\,m^3} \\ &= +10\,\mathrm{kJ}. \end{aligned}$$

A3.22a Nach Gl. (3-56) ist

$$\begin{aligned} \Delta G_m &= RT \ln \frac{p_E}{p_A} = (8.314\,\mathrm{J\,K^{-1}\,mol^{-1}}) \times (298\,\mathrm{K}) \times \ln\left(\frac{100.0}{1.0}\right) \\ &= +11\,\mathrm{kJ\,mol^{-1}}. \end{aligned}$$

Schwerere Aufgaben

Rechenaufgaben

3.1 (a) Weil die Entropie eine Zustandsfunktion ist, können wir $\Delta_{\mathrm{Trans}} S(\mathrm{l} \rightarrow \mathrm{s}, -5\,°\mathrm{C})$ indirekt aus dem folgenden Kreisprozess erhalten:

$$\begin{array}{ccc} \mathrm{H_2O(l, 0\,°C)} & \xrightarrow{\Delta_{\mathrm{Trans}} S(\mathrm{l}\rightarrow\mathrm{s}, 0\,°\mathrm{C})} & \mathrm{H_2O(s, 0\,°C)} \\ \Delta S_l \uparrow & & \downarrow \Delta S_s \\ \mathrm{H_2O(l, -5\,°C)} & \xrightarrow{\Delta_{\mathrm{Trans}} S(\mathrm{l}\rightarrow\mathrm{s}, -5\,°\mathrm{C})} & \mathrm{H_2O(s, -5\,°C)}. \end{array}$$

Es folgt

$$\Delta_{\text{Trans}} S(\text{l} \rightarrow \text{s},\ -5\,^\circ\text{C}) = \Delta S_\text{l} + \Delta_{\text{Trans}} S(\text{l} \rightarrow \text{s},\ 0\,^\circ\text{C}) + \Delta S_\text{s}.$$

Mit $T_\text{E} = 0\,^\circ\text{C}$ und $T = -5\,^\circ\text{C}$ erhält man aus Gl. (3-19)

$$\Delta S_\text{l} = C_{p,\text{m}}(\text{l}) \ln \frac{T_\text{E}}{T} \qquad \text{und} \qquad \Delta S_\text{s} = C_{p,\text{m}}(\text{s}) \ln \frac{T}{T_\text{E}}$$

$$\Delta S_\text{l} + \Delta S_\text{s} = -\Delta C_p \ln \frac{T}{T_\text{f}} \quad \text{mit } \Delta C_p = C_{p,\text{m}}(\text{l}) - C_{p,\text{m}}(\text{s}) = +37.3\,\text{J K}^{-1}\text{mol}^{-1}.$$

Mit Gl. (3-16) folgt

$$\Delta_{\text{Trans}} S(\text{l} \rightarrow \text{s},\ T_\text{E}) = \frac{-\Delta_{\text{Sm}} H}{T_\text{E}}.$$

Damit gilt

$$\Delta_{\text{Trans}} S(\text{l} \rightarrow \text{s},\ T) = \frac{-\Delta_{\text{Sm}} H}{T_\text{E}} - \Delta C_p \ln \frac{T}{T_\text{E}}$$

$$\Delta_{\text{Trans}} S(\text{l} \rightarrow \text{s},\ 5\,^\circ\text{C}) = \frac{-6.01 \times 10^3 \text{J mol}^{-1}}{273\text{K}} - (37.3\,\text{J K}^{-1}\text{mol}^{-1}) \times \ln \frac{268}{273}$$

$$= -21.3\,\text{J K}^{-1}\,\text{mol}^{-1}.$$

$$\Delta S(\text{Umg}) = \frac{\Delta_{\text{Sm}} H(T)}{T}.$$

$$\Delta_{\text{Sm}} H(T) = -\Delta H_\text{l} + \Delta_{\text{Sm}} H(T_\text{E}) - \Delta H_\text{s}.$$

$$\Delta H_\text{l} + \Delta H_\text{s} = C_{p,\text{m}}(\text{l})(T_\text{E} - T) + C_{p,\text{m}}(\text{s})(T - T_\text{E}) = \Delta C_\text{p}(T_\text{E} - T).$$

$$\Delta_{\text{Sm}} H(T) = \Delta_{\text{Sm}} H(T_\text{E}) - \Delta C_p (T_\text{E} - T).$$

Mit $\Delta S(\text{Umg}) = \dfrac{\Delta_{\text{Sm}} H(T)}{T} = \dfrac{\Delta_{\text{Sm}} H(T_\text{E})}{T} + \Delta C_p \dfrac{(T - T_\text{E})}{T}$ folgt schließlich

$$\Delta S(\text{Umg}) = \frac{6.01\,\text{kJ mol}^{-1}}{268\,\text{K}} + (37.3\,\text{J K}^{-1}\text{mol}^{-1}) \times \left(\frac{268 - 273}{268}\right)$$

$$= +21.7\,\text{J K}^{-1}\,\text{mol}^{-1}.$$

$$\Delta S(\text{ges}) = \Delta S(\text{Umg}) + \Delta S = (21.7 - 21.3)\,\text{J K}^{-1}\text{mol}^{-1} = +0.4\,\text{J K}^{-1}\,\text{mol}^{-1}.$$

Wegen $\Delta S(\text{ges}) > 0$ verläuft der Übergang $\text{l} \rightarrow \text{s}$ bei $-5\,^\circ\text{C}$ spontan.

(b) Auf ähnliche Weise können wir einen vergleichbaren Kreisprozess beim Übergang von der Flüssigkeit zum Dampf bei 95 °C betrachten. Hier vollzieht sich jedoch der Übergang vom flüssigen Zustand (mit der niedrigeren Temperatur) zum gasförmigen Zustand (mit der höheren Temperatur); die Richtung ist also dem Übergang in

Teil (a) entgegengesetzt. Wir können also analoge Gleichungen mit umgekehrten Vorzeichen erwarten. Mit $\Delta C_p = -41.9\,\mathrm{J\,K^{-1}mol^{-1}}$ erhalten wir

$$\Delta_{\mathrm{Trans}}S(\mathrm{l} \rightarrow \mathrm{g}, T) = \Delta_{\mathrm{Trans}}S(\mathrm{l} \rightarrow \mathrm{g}, T_\mathrm{S}) + \Delta C_p \ln \frac{T}{T_\mathrm{S}}$$

$$= \frac{\Delta_\mathrm{V} H}{T_\mathrm{S}} + \Delta C_p \ln \frac{T}{T_\mathrm{S}}.$$

$$\Delta_{\mathrm{Trans}}S(\mathrm{l} \rightarrow \mathrm{g}, T) = \frac{40.7\,\mathrm{kJ\,mol^{-1}}}{373\,\mathrm{K}} - (41.9\,\mathrm{J\ K^{-1}\,mol^{-1}}) \times \ln\left(\frac{368}{373}\right)$$

$$= +109.7\,\mathrm{J\,K^{-1}\,mol^{-1}}.$$

$$\Delta S(\mathrm{Umg}) = \frac{-\Delta_\mathrm{V} H(T)}{T} = -\frac{\Delta_\mathrm{V} H(T_\mathrm{S})}{T} - \frac{\Delta C_p (T - T_\mathrm{S})}{T}$$

$$= \left(\frac{-40.7\,\mathrm{kJ\,mol^{-1}}}{368\,\mathrm{K}}\right) - (-41.9\,\mathrm{J\,K^{-1}\,mol^{-1}}) \times \left(\frac{368 - 373}{368}\right)$$

$$= -111.2\,\mathrm{J\,K^{-1}\,mol^{-1}}.$$

$$\Delta S_{\mathrm{ges}} = (109.7 - 111.2)\,\mathrm{J\,K^{-1}\,mol^{-1}} = -1.5\,\mathrm{J\,K^{-1}\,mol^{-1}}.$$

Wegen $\Delta S_{\mathrm{ges}} < 0$ verläuft der umgekehrte Übergang g → l bei 95 °C spontan ab.

3.3 (a) Bezeichnen wir mit θ die Endtemperatur von Wasser und Kupfer, so gilt wegen $q(\mathrm{ges}) = q(\mathrm{H_2O}) + q(\mathrm{Cu}) = 0$, also $-q(\mathrm{H_2O}) = q(\mathrm{Cu})$:

$$q(\mathrm{H_2O}) = n(-\Delta_\mathrm{V} H) + nC_{p,\mathrm{m}}(\mathrm{H_2O, l}) \times (\theta - 100\,°\mathrm{C}).$$

Damit ist

$$q(\mathrm{Cu}) = mC_\mathrm{s}(\theta - 0) = mC_\mathrm{s}\theta, \quad C_\mathrm{s} = 0.385\,\mathrm{J\,K^{-1}g^{-1}}.$$

Die Gleichsetzung $-q(\mathrm{H_2O}) = q(\mathrm{Cu})$ erlaubt uns, nach θ aufzulösen:

$$n(\Delta_\mathrm{V} H) - nC_{p,\mathrm{m}}(\mathrm{H_2O, l}) \times (\theta - 100\,°\mathrm{C}) = mC_\mathrm{s}\theta$$

$$\theta = \frac{n\{\Delta_\mathrm{V} H + C_{p,\mathrm{m}}(\mathrm{H_2O, l}) \times 100\,°\mathrm{C}\}}{mC_\mathrm{s} + nC_{p,\mathrm{m}}(\mathrm{H_2O, l})}$$

$$= \frac{(1.00\,\mathrm{mol}) \times (40.656 \times 10^3\,\mathrm{J\,mol^{-1}} + 75.3\,\mathrm{J\,°C^{-1}mol^{-1}} \times 100\,°\mathrm{C})}{2.00 \times 10^3\,\mathrm{g} \times 0.385\,\mathrm{J\,°C^{-1}g^{-1}} + 1.00\,\mathrm{mol} \times 75.3\,\mathrm{J\,°C^{-1}mol^{-1}}}$$

$$= 57.0\,°\mathrm{C} = 330.2\,\mathrm{K}.$$

Demnach ist

$$q(\mathrm{Cu}) = (2.00 \times 10^3\,\mathrm{g}) \times (0.385\,\mathrm{J\,K^{-1}\,g^{-1}}) \times (57.0\,\mathrm{K}) = 4.39 \times 10^4\,\mathrm{J} = 43.9\,\mathrm{kJ}.$$

$$q(\mathrm{H_2O}) = -43.9\,\mathrm{kJ}.$$

Wegen $\Delta S(\text{ges}) = \Delta S(\text{H}_2\text{O}) + \Delta S(\text{Cu})$ folgt mit Gl. (3-16) und Gl. (3-19)

$$\Delta S(\text{H}_2\text{O}) = \frac{-n\Delta_\text{V} H}{T_\text{S}} + nC_{p,\text{m}} \ln\left(\frac{T_\text{E}}{T_\text{A}}\right)$$

$$= -\frac{(1.00\,\text{mol}) \times (40.656 \times 10^3\,\text{J mol}^{-1})}{373.2\,\text{K}}$$

$$+ (1.00\,\text{mol}) \times (75.3\,\text{J K}^{-1}\,\text{mol}^{-1}) \times \ln\left(\frac{330.2\,\text{K}}{373.2\,\text{K}}\right)$$

$$= -108.\overline{9}\,\text{J K}^{-1} - 9.22\,\text{J K}^{-1} = -118.\overline{1}\,\text{J K}^{-1}.$$

$$\Delta S(\text{Cu}) = mC_\text{s} \ln\frac{T_\text{E}}{T_\text{A}} = (2.00 \times 10^3\,\text{g}) \times (0.385\,\text{J K}^{-1}\,\text{g}^{-1}) \times \ln\left(\frac{330.2\,\text{K}}{273.2\,\text{K}}\right)$$

$$= 145.\overline{9}\,\text{J K}^{-1}.$$

$$\Delta S(\text{ges}) = -118.\overline{1}\,\text{J K}^{-1} + 145.\overline{9}\,\text{J K}^{-1} = 28\,\text{J K}^{-1}.$$

Dieser Prozess läuft spontan ab, denn es ist $\Delta S(\text{Umg}) = 0$ und daher $\Delta S(\text{Univ}) = \Delta S(\text{ges}) > 0$.

(b) Das Volumen des Behälters lässt sich mit der Zustandsgleichung des idealen Gases berechnen:

$$V = \frac{nRT}{p} = \frac{(1.00\,\text{mol}) \times (0.08206\,\text{dm}^3\,\text{atm K}^{-1}\,\text{mol}^{-1}) \times (373.2\,\text{K})}{1.00\,\text{atm}} = 30.6\,\text{dm}^3.$$

Bei 57 °C beträgt der Dampfdruck des Wassers 130 Torr (solche Werte findet man beispielsweise im *Handbook of Chemistry and Physics*). Daher ist die im Gleichgewicht vorliegende Menge an Wasserdampf:

$$n = \frac{pV}{RT} = \frac{(130\,\text{Torr}) \times \left(\frac{1\,\text{atm}}{760\,\text{Torr}}\right) \times (30.6\,\text{dm}^3)}{(0.08206\,\text{dm}^3\,\text{atm K}^{-1}\,\text{mol}^{-1}) \times (330.2\,\text{K})} = 0.193\,\text{mol}.$$

Dies ist ein merklicher Anteil der ursprünglichen Wassermenge und kann nicht vernachlässigt werden. Daher muss man die Rechnung wiederholen; dabei ist dann zu berücksichtigen, dass nur ein Teil (n_l) des Wassers kondensiert, während der Rest ($1.00\,\text{mol} - n_\text{l}$) gasförmig bleibt. Der Wärmefluss, an dem das Wasser beteiligt ist, ist dann

$$q(\text{H}_2\text{O}) = -n_1\Delta_\text{V} H + n_1 C_{p,\text{m}}(\text{H}_2\text{O, l})\Delta T(\text{H}_2\text{O})$$
$$+ (1.00\,\text{mol} - n_1)C_{p,\text{m}}(\text{H}_2\text{O, g})\Delta T(\text{H}_2\text{O}).$$

n_l hängt über die Beziehung $n_1 = 1.00\,\text{mol} - \frac{pV}{RT}$ von der Gleichgewichtstemperatur des Wassers ab; dabei ist p der Dampfdruck des Wassers. In der Gleichung $-q(\text{H}_2\text{O}) = q(\text{Cu})$ liegen zwei Unbekannte vor, nämlich p und T. Man kann dieses Problem auf zwei Arten lösen: (1) p wird als Funktion von T ausgedrückt, und zwar mithilfe der Clapeyron'schen Gleichung, die in Kapitel 4 behandelt wird; oder man setzt (2) sukzessive Näherungen an. Diesen Weg werden wir einschlagen und führen nun die Rechnung erneut durch; dabei erhalten wir:

$$\theta = \frac{n_\text{l}\Delta_\text{V} H + n_\text{l} C_{p,\text{m}}(\text{H}_2\text{O, l}) \times 100\,°\text{C} + (1.00 - n_\text{l})C_{p,\text{m}}(\text{H}_2\text{O, g}) \times 100\,°\text{C}}{mC_\text{s} + nC_{p,\text{m}}(\text{H}_2\text{O, l}) + (1.00 - n_\text{l})C_{p,\text{m}}(\text{H}_2\text{O, g})}.$$

Mit dem Wert $C_{p,\mathrm{m}}(\mathrm{H_2O, g}) = 33.6\,\mathrm{J\,mol^{-1}\,K^{-1}}$ aus Tabelle 2-7 kommen wir auf

$$n_1 = (1.00\,\mathrm{mol}) - (0.193\,\mathrm{mol}) = 0.80\overline{7}\,\mathrm{mol}$$

und damit auf $\theta = 47.2\,°\mathrm{C}$. Bei dieser Temperatur beträgt der Wasserdampfdruck 80.41 Torr. Dies entspricht

$$n_1 = (1.00\,\mathrm{mol}) - (0.123\,\mathrm{mol}) = 0.87\overline{7}\,\mathrm{mol}.$$

Dies führt zu einer Endtemperatur $\theta = 50.8\,°\mathrm{C}$. Sukzessive Näherungen führen schließlich zu einem stabilen Wert von $\theta = 49.9\,°\mathrm{C} = 323.1\,\mathrm{K}$ für die Endtemperatur. (Bei dieser Temperatur beträgt der Dampfdruck 0.123 bar.) Mit diesem Wert können wir nun die übertragene Wärmemenge und die verschiedenen Entropien wie in Teil (a) berechnen:

$$q(\mathrm{Cu}) = (2.00 \times 10^3\,\mathrm{g}) \times (0.385\,\mathrm{J\,K^{-1}\,g^{-1}}) \times (49.9\,\mathrm{K}) = 38.4\,\mathrm{kJ} = -q(\mathrm{H_2O}).$$

$$\Delta S(\mathrm{H_2O}) = \frac{-n\Delta_\mathrm{V}H}{T_\mathrm{S}} + nC_{p,\mathrm{m}} \ln\left(\frac{T_\mathrm{E}}{T_\mathrm{A}}\right) = -119.\overline{8}\,\mathrm{J\,K^{-1}}.$$

$$\Delta S(\mathrm{Cu}) = mC_\mathrm{s} \ln \frac{T_\mathrm{E}}{T_\mathrm{A}} = 129.\overline{2}\,\mathrm{J\,K^{-1}}.$$

$$\Delta S(\mathrm{ges}) = -119.\overline{8}\,\mathrm{J\,K^{-1}} + 129.\overline{2}\,\mathrm{J\,K^{-1}} = 9\,\mathrm{J\,K^{-1}}.$$

3.5 Die einzelnen Schritte des Kreisprozesses lassen sich in folgender Tabelle zusammenfassen:

	Schritt 1	Schritt 2	Schritt 3	Schritt 4	Kreisprozess
q	+11.5 kJ	0	−5.74 kJ	0	−5.8 kJ
w	−11.5 kJ	−3.74 kJ	+5.74 kJ	+3.74 kJ	−5.8 kJ
ΔU	0	−3.74 kJ	0	+3.74 kJ	0
ΔH	0	−6.23 kJ	0	+6.23 kJ	0
ΔS	+19.1 J K⁻¹	0	−19.1 J K⁻¹	0	0
ΔS(ges)	0	0	0	0	0
ΔG	−11.5 kJ	?	+11.5 kJ	?	0

Schritt 1

$$\Delta U = \Delta H = 0 \quad \text{(isotherm).}$$

$$w = -nRT \ln\left(\frac{V_\mathrm{E}}{V_\mathrm{A}}\right) = nRT \ln\left(\frac{p_\mathrm{E}}{p_\mathrm{A}}\right) \quad \text{(Gl. (2-11) und Boyle'sches Gesetz)}$$

$$= (1.00\,\mathrm{mol}) \times (8.314\,\mathrm{J\,K^{-1}\,mol^{-1}}) \times (600\,\mathrm{K}) \times \ln\left(\frac{1.00\,\mathrm{atm}}{10.0\,\mathrm{atm}}\right) = -11.5\,\mathrm{kJ}.$$

$$q = -w = 11.5\ \text{kJ}\,.$$

Nach Gl. (3-15) ist

$$\Delta S = nR\ln\left(\frac{V_\text{E}}{V_\text{A}}\right) = -nR\ln\left(\frac{p_\text{E}}{p_\text{A}}\right) \quad \text{(Boyle'sches Gesetz)}$$

$$= -(1.00\ \text{mol}) \times (8.314\ \text{J K}^{-1}\ \text{mol}^{-1}) \times \ln\left(\frac{1.00\ \text{atm}}{10.0\ \text{atm}}\right) = +19.1\ \text{J K}^{-1}\,.$$

Da der Prozess reversibel verläuft, ist

$$\Delta S(\text{Umg}) = -\Delta S(\text{System}) = -19.1\ \text{J K}^{-1}\,.$$

$$\Delta S(\text{ges}) = \Delta S(\text{System}) + \Delta S(\text{Umg}) = 0\,.$$

$$\Delta G = \Delta H - T\Delta S = 0 - (600\text{K}) \times (19.1\ \text{J K}^{-1}) = -11.5\ \text{kJ}\,.$$

Schritt 2

$$q = 0 \quad \text{(adiabatisch)}\,.$$

Für ΔU verwenden wir Gl. (2-16) und erhalten

$$\Delta U = nC_{V,\text{m}}\Delta T = (1.00\ \text{mol}) \times \left(\frac{3}{2}\right) \times (8.314\ \text{J K}^{-1}\ \text{mol}^{-1}) \times (300\ \text{K} - 600\ \text{K})$$

$$= -3.74\ \text{kJ}\,.$$

$$w = \Delta U = -3.74\ \text{kJ}\,.$$

$$\Delta H = \Delta U + \Delta(pV) = \Delta U + nR\Delta T$$

$$= (-3.74\ \text{kJ}) + (1.00\ \text{mol}) \times (8.314\ \text{J K}^{-1}\ \text{mol}^{-1}) \times (-300\ \text{K})$$

$$= -6.23\ \text{kJ}\,.$$

$$\Delta S = \Delta S(\text{Umg}) = 0 \quad \text{(reversibler adiabatischer Prozess)}.$$

$$\Delta S(\text{ges}) = 0\,.$$

$$\Delta G = \Delta(H - TS) = \Delta H - S\Delta T \quad \text{(keine Änderung der Entropie)}.$$

Man weiß zwar, dass sich die Entropie nicht ändert, allerdings ist der Wert der Entropie selbst nicht bekannt; daher ist ΔG unbestimmbar.

Schritt 3

Wir können die Größen hier wie in *Schritt 1* berechnen, es geht aber auch einfacher:

$$\Delta U = \Delta H = 0 \quad \text{(isotherm)}.$$

Mit Gl. (3-10) und (3-9) erhalten wir

$$\varepsilon_{\text{rev}} = 1 - \frac{T_k}{T_w} = 1 - \frac{300\ \text{K}}{600\ \text{K}} = 0.500 = 1 + \frac{q_k}{q_w}.$$

$$q_k = -0.500\, q_w = -(0.500) \times (11.5\ \text{kJ}) = -5.74\ \text{kJ}.$$

$$q_k = -5.74\ \text{kJ}, \qquad w = -q_k = 5.74\ \text{kJ}.$$

Da der Prozess isotherm verläuft, ist

$$\Delta S = \frac{q_{\text{rev}}}{T} = \frac{-5.74 \times 10^3\ \text{J}}{300\ \text{K}} = -19.1\ \text{J K}^{-1}.$$

$$\Delta S(\text{Umg}) = -\Delta S(\text{System}) = +19.1\ \text{J K}^{-1}.$$

$$\Delta S(\text{ges}) = 0.$$

$$\Delta G = \Delta H - T\Delta S = 0 - (300\ \text{K}) \times (-19.1\ \text{J K}^{-1}) = +11.5\ \text{kJ}.$$

Schritt 4

ΔU und ΔH haben gegenüber *Schritt 2* ihr Vorzeichen geändert (Anfangs- und Endtemperatur sind vertauscht).

$$\Delta U = +3.74\ \text{kJ}, \qquad \Delta H = +6.23\ \text{kJ}, \qquad q = 0 \quad \text{(adiabatisch)}.$$

$$w = \Delta U = +3.74\ \text{kJ}.$$

$$\Delta S = \Delta S(\text{Umg}) = 0 \quad \text{(adiabatischer Prozess)}.$$

$$\Delta S(\text{ges}) = 0.$$

Wieder gilt $\Delta G = \Delta(H - TS) = \Delta H - S\Delta T$, weil sich die Entropie nicht ändert, aber da man S nicht kennt, ist ΔG unbestimmbar.

Kompletter Kreisprozess

$$\Delta U = \Delta H = \Delta S = \Delta G = 0$$

(jede Änderung einer Zustandsfunktion ist in einem Kreisprozess null).

$$\Delta S(\text{Umg}) = 0 \quad \text{(alle Prozesse sind reversibel)}.$$

$$\Delta S(\text{ges}) = 0.$$

$$q(\text{Zyklus}) = (11.5 - 5.74)\ \text{kJ} = 5.8\ \text{kJ}, \quad w(\text{Zyklus}) = -q(\text{Zyklus}) = -5.8\ \text{kJ}.$$

3.7 $S_m^{\ominus}(T) = S_m^{\ominus}(298\text{ K}) + \Delta S.$

$$\Delta S = \int_{T_1}^{T_2} C_{p,m}\frac{dT}{T} = \int_{T_1}^{T_2} \left(\frac{a}{T} + b + \frac{c}{T^3}\right) dT$$

$$= a \ln \frac{T_2}{T_1} + b(T_2 - T_1) - \frac{1}{2}c\left(\frac{1}{T_2^2} - \frac{1}{T_1^2}\right).$$

(a)

$$S_m^{\ominus}(373\text{ K}) = (192.45\text{ J K}^{-1}\text{mol}^{-1}) + (29.75\text{ J K}^{-1}\text{ mol}^{-1}) \times \ln\left(\frac{373}{298}\right)$$
$$+ (25.10 \times 10^{-3}\text{ J K}^{-2}\text{ mol}^{-1}) \times (75.0\text{ K})$$
$$+ \left(\frac{1}{2}\right) \times (1.55 \times 10^5\text{ J K}^{-1}\text{mol}^{-1}) \times \left(\frac{1}{(373.15)^2} - \frac{1}{(298.15)^2}\right)$$
$$= 200.7\text{ J K}^{-1}\text{ mol}^{-1}.$$

(b)

$$S_m^{\ominus}(773\text{ K}) = (192.45\text{ J K}^{-1}\text{mol}^{-1}) + (29.75\text{ J K}^{-1}\text{mol}^{-1}) \times \ln\left(\frac{773}{298}\right)$$
$$+ (25.10 \times 10^{-3}\text{ J K}^{-2}\text{ mol}^{-1}) \times (475\text{K})$$
$$+ \left(\frac{1}{2}\right) \times (1.55 \times 10^5\text{ J K}^{-1}\text{mol}^{-1}) \times \left(\frac{1}{773^2} - \frac{1}{298^2}\right)$$
$$= 232.0\text{ J K}^{-1}\text{ mol}^{-1}.$$

3.9 Mit der Endtemperatur $T_E = \frac{1}{2}(T_w + T_k)$ folgt aus Gl. (3-19):

$$\Delta S = nC_{p,m} \ln \frac{T_E}{T_w} + nC_{p,m} \ln \frac{T_E}{T_k}.$$

Hier ist $T_E = \frac{1}{2}(500\text{ K} + 250\text{ K}) = 375\text{ K}$. Damit erhalten wir

$$\Delta S = nC_{p,m} \ln \frac{T_E^2}{T_w T_k} = nC_{p,m} \ln \frac{(T_w + T_k)^2}{4T_w T_k}$$
$$= \left(\frac{500\text{ g}}{63.54\text{ g cm}^{-3}}\right) \times (24.4\text{ J K}^{-1}\text{ mol}^{-1}) \times \ln\left(\frac{375^2}{500 \times 250}\right)$$
$$= +22.6\text{ J K}^{-1}.$$

3.11 Gemäß Gl. (3-18) ist

$$S_m(T) = S_m(0) + \int_0^T \frac{C_{p,m}dT}{T}.$$

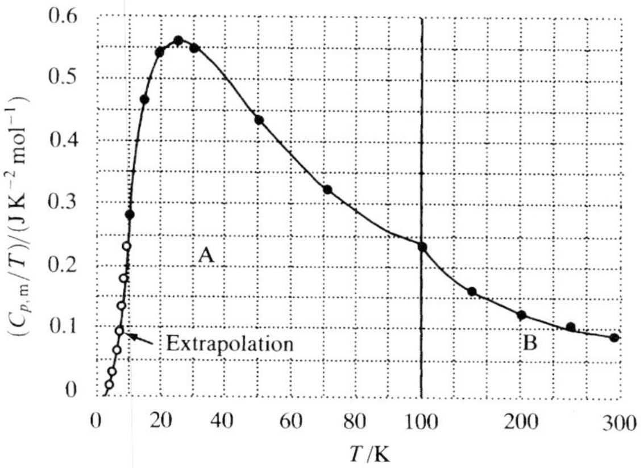

Abb. 3-1

Anhand der gegebenen Werte stellen wir die folgende Tabelle auf:

T / K	10	15	20	25	30	50
$\frac{C_{p,m}}{T}/(\mathrm{J\,K^{-2}\,mol^{-1}})$	0.28	0.47	0.540	0.564	0.550	0.428
T / K	70	100	150	200	250	298
$\frac{C_{p,m}}{T}/(\mathrm{J\,K^{-2}\,mol^{-1}})$	0.333	0.245	0.169	0.129	0.105	0.089

Wir tragen $C_{p,m}/T$ gegen T auf (Abb. 3-1). Dabei verwenden wir zwei verschiedene Maßstäbe für die Temperaturachse. Im Bereich zwischen 0 und 10 K nutzen wir die Beziehung $C_{p,m} = aT^3$; die Extrapolation wird an den Punkt bei $T = 10$ K angepasst; dort ist $C_{p,m} = 2.8\,\mathrm{J\,K^{-1}mol^{-1}}$. Damit folgt $a = 2.8\times10^{-3}\,\mathrm{J\,K^{-4}\,mol^{-1}}$. Die Fläche A unter der Kurve lässt sich einfach durch Auszählen der Quadrate ermitteln. Dies ergibt $A = 38.28\,\mathrm{J\,K^{-1}mol^{-1}}$.

Die Fläche bis hinauf zur Temperatur 0 °C ist $B_0 = 25.60\,\mathrm{J\,K^{-1}mol^{-1}}$; die Fläche bis hinauf zu 25 °C ist $B_{25} = 27.80\,\mathrm{J\,K^{-1}\,mol^{-1}}$. Damit folgt

(a) $S_m(273\,\mathrm{K}) = S_m(0) + 63.88\,\mathrm{J\,K^{-1}\,mol^{-1}}$,

(b) $S_m(298\,\mathrm{K}) = S_m(0) + 66.08\,\mathrm{J\,K^{-1}\,mol^{-1}}$.

3.13 Gemäß Gl. (3-18) ist

$$S_m(T) = S_m(0) + \int_0^T \frac{C_{p,m}\,dT}{T}.$$

Die Integration führen wir grafisch durch. Dazu müssen wir $C_{p,m}/T$ gegen T auftragen und dann die Fläche unterhalb der Kurve bestimmen. Zur Vorbereitung stellen wir anhand der in der Aufgabenstellung gegebenen Werte folgende Tabelle zusammen (die Werte in den beiden letzten Spalten kommen aus der Flächenbestimmung, wie sie im Folgenden beschrieben wird).

T/K	$\dfrac{C_{p,\mathrm{m}}}{\mathrm{J\,K^{-1}\,mol^{-1}}}$	$\dfrac{C_{p,\mathrm{m}}/T}{\mathrm{J\,K^{-2}\,mol^{-1}}}$	$\dfrac{S_\mathrm{m}^\ominus - S_\mathrm{m}^\ominus(0)}{\mathrm{J\,K^{-1}\,mol^{-1}}}$	$\dfrac{H_\mathrm{m}^\ominus - H_\mathrm{m}^\ominus(0)}{\mathrm{kJ\,mol^{-1}}}$
0.00	0.00	0.00	0.00	0.00
10.00	2.09	0.21	0.80	0.01
20.00	14.43	0.72	5.61	0.09
30.00	36.44	1.21	15.60	0.34
40.00	62.55	1.56	29.83	0.85
50.00	87.03	1.74	46.56	1.61
60.00	111.00	1.85	64.62	2.62
70.00	131.40	1.88	83.29	3.84
80.00	149.40	1.87	102.07	5.26
90.00	165.30	1.84	120.60	6.84
100.00	179.60	1.80	138.72	8.57
110.00	192.80	1.75	156.42	10.44
150.00	237.60	1.58	222.91	19.09
160.00	247.30	1.55	238.54	21.52
170.00	256.50	1.51	253.79	24.05
180.00	265.10	1.47	268.68	26.66
190.00	273.00	1.44	283.21	29.35
200.00	280.30	1.40	297.38	32.13

In der Auftragung von $C_{p,\mathrm{m}}/T$ gegen T (Abb. 3-2(a)) extrapolieren wir auf $T = 0$; dazu wird die Beziehung $C_{p,\mathrm{m}} = aT^3$ verwendet und an den Punkt bei $T = 10$ K angepasst. Wir erhalten $a = 2.09\,\mathrm{mJ\,K^{-4}\,mol^{-1}}$. Nun bestimmen wir die Fläche unterhalb der Kurve für jeden Wert von T und tragen dann S_m gegen T auf (Abb. 3-2(b)).

Die molare Enthalpie wird auf ähnliche Weise aus einer Auftragung von $C_{p,\mathrm{m}}$ gegen T ermittelt (Abb. 3-3), indem man die Fläche unter der Kurve bestimmt.

$$H_\mathrm{m}^\ominus(200\,\mathrm{K}) - H_\mathrm{m}^\ominus(0) = \int_0^{200\,\mathrm{K}} C_{p,\mathrm{m}}\mathrm{d}T = 32.1\,\mathrm{kJ\,mol^{-1}}.$$

3.15 Die Entropie bei 200 K wird bestimmt nach der Formel

$$S_\mathrm{m}^\ominus(200\mathrm{K}) = S_\mathrm{m}^\ominus(100\,\mathrm{K}) + \int_{100\,\mathrm{K}}^{200\,\mathrm{K}} \frac{C_{p,\mathrm{m}}\,\mathrm{d}T}{T}.$$

Der Integrand muss an jedem der Datenpunkte ausgewertet werden; die so transformierten Werte sind in der Tabelle unten aufgeführt. Für die numerische Integration verwendet man ein Standardverfahren wie die Trapezregel (dabei schätzt man das Integral über ein Intervall mit dem Mittelwert des Integranden mal der Intervalllänge ab). Programme, mit

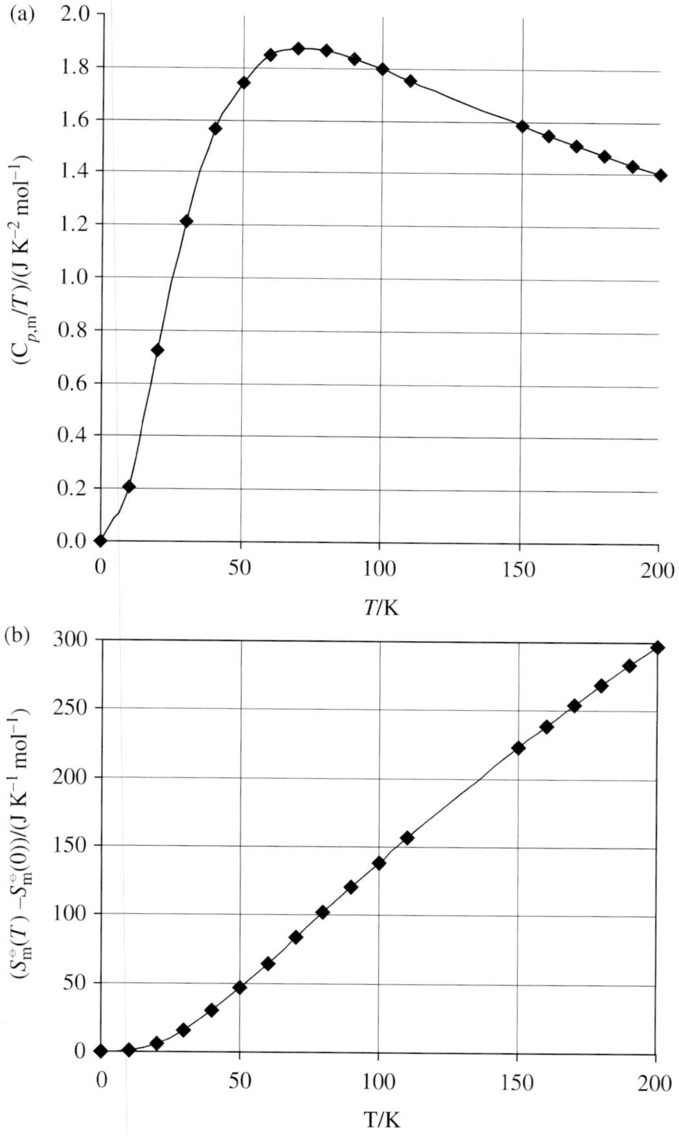
(a)
2.0
1.8
1.6
1.4
1.2
1.0
0.8
0.6
0.4
0.2
0.0
$(C_{p,m}/T)/(J\ K^{-2}\ mol^{-1})$
0
50
100
150
200
T/K
(b)
300
250
200
150
100
50
0
$(S_m^{\ominus}(T) - S_m^{\ominus}(0))/(J\ K^{-1}\ mol^{-1})$
0
50
100
150
200
T/K

Abb. 3-2

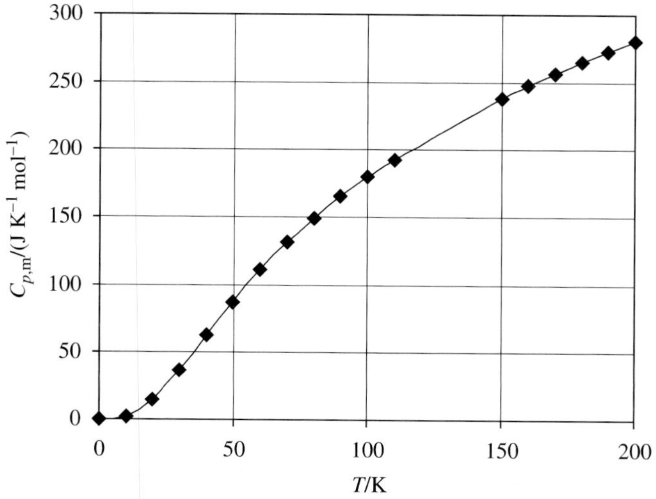
300
250
200
150
100
50
0
$C_{p,m}/(J\ K^{-1}\ mol^{-1})$
0
50
100
150
200
T/K

Abb. 3-3

denen sich eine solche Integration durchführen lässt, sind heute auch für PCs erhältlich. Auch viele grafische Taschenrechner können diese Berechnung durchführen.

T/K	100	120	140	150	160	180	200
$C_{p,\mathrm{m}}/(\mathrm{J\,K^{-1}\,mol^{-1}})$	23.00	23.74	24.25	24.44	24.61	24.89	25.11
$\frac{C_{p,\mathrm{m}}}{T}/(\mathrm{J\,K^{-2}\,mol^{-1}})$	0.230	0.1978	0.1732	0.1629	0.1538	0.1383	0.1256

Eine Integration mithilfe der Trapezregel ergibt

$$S_\mathrm{m}^\ominus(200\,\mathrm{K}) = (29.79 + 16.81)\,\mathrm{J\,K^{-1}mol^{-1}} = 46.60\,\mathrm{J\,K^{-1}\,mol^{-1}}.$$

Nimmt man $C_{p,\mathrm{m}}$ als konstant an, so ergibt sich

$$\begin{aligned}S_\mathrm{m}^\ominus(200\,\mathrm{K}) &= S_\mathrm{m}^\ominus(100\,\mathrm{K}) + C_{p,\mathrm{m}}\ln(200\,\mathrm{K}/100\,\mathrm{K})\\ &= [29.79 + 24.44\ln(200\,\mathrm{K}/100\,\mathrm{K})]\,\mathrm{J\,K^{-1}mol^{-1}} = 46.60\,\mathrm{J\,K^{-1}\,mol^{-1}}.\end{aligned}$$

Der Unterschied ist gering und macht sich in der zweiten Nachkommastelle noch nicht bemerkbar.

3.17 Die Gibbs-Helmholtz-Gleichung (3-52) lässt sich in eine analoge Beziehung umformen, die ΔG und ΔH enthält, denn es gilt

$$\left(\frac{\partial \Delta G}{\partial T}\right)_p = \left(\frac{\partial G_\mathrm{E}}{\partial T}\right)_p - \left(\frac{\partial G_\mathrm{A}}{\partial T}\right)_p$$

und $\Delta H = H_\mathrm{E} - H_\mathrm{A}$.

Es gilt also $\left(\frac{\partial}{\partial T}\frac{\Delta_\mathrm{R} G^\ominus}{T}\right)_p = -\frac{\Delta_\mathrm{R} H^\ominus}{T^2}$. Bei konstantem Druck ist somit

$$\mathrm{d}\left(\frac{\Delta_\mathrm{R} G^\ominus}{T}\right) = \left(\frac{\partial}{\partial T}\frac{\Delta_\mathrm{R} G^\ominus}{T}\right)_p \mathrm{d}T = -\frac{\Delta_\mathrm{R} H^\ominus}{T^2}\,\mathrm{d}T.$$

Nimmt man $\Delta_\mathrm{R} H^\ominus$ als konstant an, gilt die Näherung

$$\begin{aligned}\Delta\left(\frac{\Delta_\mathrm{R} G^\ominus}{T}\right) &= -\int_{T_\mathrm{C}}^{T}\frac{\Delta_\mathrm{R} H^\ominus\,\mathrm{d}T}{T^2}\\ &\approx -\Delta_\mathrm{R} H^\ominus\int_{T_\mathrm{C}}^{T}\frac{\mathrm{d}T}{T^2} = \Delta_\mathrm{R} H^\ominus\left(\frac{1}{T} - \frac{1}{T_\mathrm{C}}\right).\end{aligned}$$

Damit folgt $\frac{\Delta_\mathrm{R} G^\ominus(T)}{T} - \frac{\Delta_\mathrm{R} G^\ominus(T_\mathrm{C})}{T_\mathrm{C}} \approx \Delta_\mathrm{R} H^\ominus\left(\frac{1}{T} - \frac{1}{T_\mathrm{C}}\right)$.

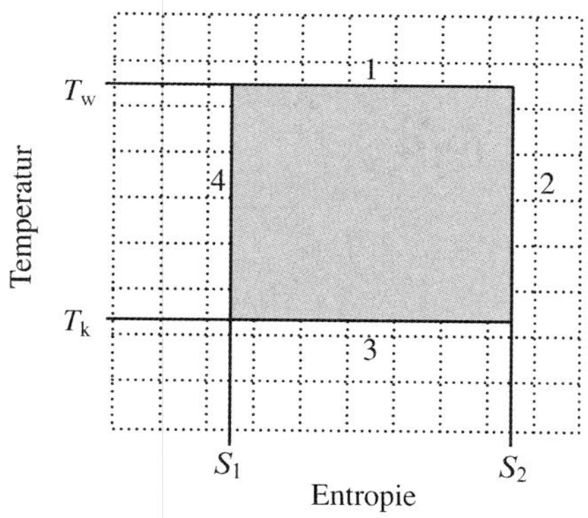

Abb. 3-4

Mit $\tau = \dfrac{T}{T_C}$ ergibt sich

$$\begin{aligned}\Delta_R G^\ominus(T) &= \frac{T}{T_C}\Delta_R G^\ominus(T_C) + \left(1 - \frac{T}{T_C}\right)\Delta_R H^\ominus(T_C)\\ &= \tau\Delta_R G^\ominus(T_C) + (1-\tau)\Delta_R H^\ominus(T_C).\end{aligned}$$

Für die Reaktion

$$N_2(g) + 3H_2(g) \rightarrow 2NH_3(g)$$

erhalten wir

$$\Delta_R G^\ominus = 2\Delta_B G^\ominus(NH_3, g).$$

(a) Bei 500 K ist $\tau = \dfrac{500}{298} = 1.67\overline{8}$, also finden wir

$$\begin{aligned}\Delta_R G^\ominus(500\,\text{K}) &= \{(1.67\overline{8}) \times 2 \times (-16.45) + (1 - 1.67\overline{8}) \times 2 \times (-46.11)\}\,\text{kJ mol}^{-1}\\ &= -7\,\text{kJ mol}^{-1}.\end{aligned}$$

(b) Bei 1000 K ist $\tau = \dfrac{1000}{298} = 3.35\overline{6}$, also finden wir

$$\begin{aligned}\Delta_R G^\ominus(1000\,\text{K}) &= \{(3.35\overline{6}) \times 2 \times (-16.45) + (1 - 3.35\overline{6}) \times 2 \times (-46.11)\}\,\text{kJ mol}^{-1}\\ &= +107\,\text{kJ mol}^{-1}.\end{aligned}$$

Theoretische Aufgaben

3.19 Die Isothermen entsprechen $T = \text{const.}$, die reversibel durchlaufenen Adiabaten entsprechen $S = \text{const.}$ Folglich können wir den Kreisprozess in einem Diagramm wie in Abb. 3-4 darstellen.

Die hier gezeigten Wege entsprechen den vier Zuständen des Carnot-Kreisprozesses, wie sie im Lehrbuch durch Gl. (3-6) beschrieben sind. Die Fläche innerhalb des Rechtecks ist

$$\oint T\,\mathrm{d}S = (T_\mathrm{w} - T_\mathrm{k}) \times (S_2 - S_1) = (T_\mathrm{w} - T_\mathrm{k})\Delta S = (T_\mathrm{w} - T_\mathrm{k})n\,R\ln\frac{V_\mathrm{B}}{V_\mathrm{A}}.$$

Von V_A nach V_B wird isotherm expandiert (Schritt 1). Dabei ist (vgl. Abb. 3-6 im Lehrbuch)

$$w(\text{Zyklus}) = \varepsilon q_\mathrm{w} = \left(\frac{T_\mathrm{w} - T_\mathrm{k}}{T_\mathrm{w}}\right) n\,RT_\mathrm{w}\ln\frac{V_\mathrm{B}}{V_\mathrm{A}} = n\,R(T_\mathrm{w} - T_\mathrm{k})\ln\frac{V_\mathrm{B}}{V_\mathrm{A}}.$$

Daher ist die Fläche gleich der Nettoarbeit, die im Kreisprozess verrichtet wird.

3.21 Die thermodynamische Temperaturskala definiert eine Temperatur T^a (das hochgestellte a soll diese absolute Temperatur von der Temperatur des idealen Gases unterscheiden) mithilfe der reversiblen Wärmeströme einer Wärmekraftmaschine, die mit der Temperatur T^a und einer beliebig gewählten anderen Temperatur T_h^a arbeitet (Gl. (3-11)):

$$T^\mathrm{a} = (1 - \varepsilon_\mathrm{rev})T_\mathrm{w}^\mathrm{a}.$$

Darin wird der Wirkungsgrad der Wärmekraftmaschine nach Gl. (3-8) und Gl. (3-9) durch die Arbeit und die Wärmeströme angegeben:

$$\varepsilon = \frac{|w|}{q_\mathrm{w}} = 1 + \frac{q_\mathrm{c}}{q_\mathrm{h}}.$$

Nach der Aufgabenstellung soll gezeigt werden, dass die thermodynamische Temperatur und die Temperatur des idealen Gases sich höchstens um einen konstanten Faktor unterscheiden. Es ist also zu zeigen, dass

$$\frac{T_\mathrm{k}^\mathrm{a}}{T_\mathrm{w}^\mathrm{a}} = \frac{T_\mathrm{k}^\mathrm{g}}{T_\mathrm{w}^\mathrm{g}}.$$

Dabei kennzeichnet das hochgestellte g die Temperatur auf der Skala, die durch die Zustandsgleichung des idealen Gases definiert wird. Die Indizes k und w (kalt und warm) bezeichnen die beiden Reservoirs, zwischen denen die Wärmemaschine arbeitet und deren Temperatur man mit einer der beiden Temperaturskalen angeben kann. *Begründung* 3-1 verknüpft das Verhältnis von zwei Temperaturen auf der Temperaturskala des idealen Gases mit den reversiblen isothermen Wärmeströmen in einem Carnot-Kreisprozess, der zwischen diesen Temperaturen arbeitet. Wegen Gl. (3-7) und *Begründung* 3-1 ist dann

$$\frac{q_\mathrm{w}}{q_\mathrm{k}} = -\frac{T_\mathrm{w}^\mathrm{g}}{T_\mathrm{k}^\mathrm{g}} \quad \text{und damit} \quad \frac{T_\mathrm{k}^\mathrm{g}}{T_\mathrm{w}^\mathrm{g}} = -\frac{q_\mathrm{k}}{q_\mathrm{w}}.$$

Das entsprechende Verhältnis der thermodynamischen Temperaturen ist:

$$\frac{T_\mathrm{k}^\mathrm{a}}{T_\mathrm{w}^\mathrm{a}} = 1 - \varepsilon_\mathrm{rev} = 1 - \left(1 - \frac{|w|}{q_\mathrm{w}}\right)_\mathrm{rev} = -\left(\frac{q_\mathrm{k}}{q_\mathrm{w}}\right)_\mathrm{rev}.$$

Wie in Abschnitt 3.2.1 gezeigt, ist der Wirkungsgrad für jede reversibel arbeitende Wärmekraftmaschine gleich; dies gilt auch für eine Maschine mit einem idealen Gas als Arbeitsmedium. Daher ist das Verhältnis der Wärmeströme in die beiden Reservoirs gleich.

Das Verhältnis $\frac{q_k}{q_w}$ ist also in den Ausdrücken für die Temperatur auf der Skala des idealen Gases und auf der thermodynamischen Skala dasselbe. Damit sind aber die beiden Verhältnisse auch untereinander gleich. Der konstante Faktor wird 1, wenn man T_w und T_w^a jeweils denselben Wert zuweist, beispielsweise 273.16 am Tripelpunkt des Wassers.

3.23 Laut Tabelle 3-5 ist

$$\left(\frac{\partial S}{\partial V}\right)_T = \left(\frac{\partial p}{\partial T}\right)_V .$$

(a) Für ein van-der-Waals-Gas gilt:

$$p = \frac{nRT}{V - nb} - \frac{n^2 a}{V^2} = \frac{RT}{V_m - b} - \frac{a}{V_m^2}.$$

Damit ist $\left(\frac{\partial S}{\partial V}\right)_T = \left(\frac{\partial p}{\partial T}\right)_V = \frac{R}{V_m - b}$.

(b) Für ein Dieterici-Gas ist

$$p = \frac{RT e^{-a/RTV_m}}{V_m - b},$$

$$\left(\frac{\partial S}{\partial V}\right)_T = \left(\frac{\partial p}{\partial T}\right)_V = \frac{R\left(1 + \frac{a}{RV_m T}\right) e^{-a/RV_m T}}{V_m - b}.$$

Bei isothermer Expansion ist $\Delta S = \int_{V_A}^{V_E} dS = \int_{V_A}^{V_E} \left(\frac{\partial S}{\partial V}\right)_T dV$,

sodass wir einfach die Ausdrücke für $\left(\frac{\partial S}{\partial V}\right)_T$ bei den drei Gasen vergleichen können.

Für ein ideales Gas gilt

$$p = \frac{nRT}{V} = \frac{RT}{V_m} \quad \text{und damit} \quad \left(\frac{\partial S}{\partial V}\right)_T = \left(\frac{\partial p}{\partial T}\right)_V = \frac{R}{V_m}.$$

$\left(\frac{\partial S}{\partial V}\right)_T$ ist für ein van-der-Waals-Gas größer als für ein ideales Gas, weil beim van-der-Waals-Gas der Nenner kleiner ist. Wenn wir das van-der-Waals-Gas mit dem Dieterici-Gas vergleichen, nehmen wir an, dass beide denselben Parameter b haben. (Diese Annahme ist plausibel, denn b gibt in beiden Zustandsgleichungen das ausgeschlossene Volumen an.) Dann folgt

$$\left(\frac{\partial S}{\partial V}\right)_{T,\mathrm{Die}} = \frac{R\left(1 + \frac{a}{RV_m T}\right) e^{-a/RV_m T}}{V_m - b} = \left(\frac{\partial S}{\partial V}\right)_{T,\mathrm{vdW}} \left(1 + \frac{a}{RV_m T}\right) e^{-a/RV_m T}.$$

Beachten Sie, dass der zusätzliche Faktor bei $\left(\frac{\partial S}{\partial V}\right)_{T,\text{Die}}$ die Form $(1+x)\mathrm{e}^{-x}$ mit $x > 0$ aufweist. Dieser Faktor ist immer kleiner als 1. Dies leuchtet unmittelbar für große x ein, weil dann der Exponentialfaktor dominiert. Doch $(1+x)\mathrm{e}^{-x} < 1$ gilt selbst für kleine x, wie man leicht sieht, wenn man den Exponentialfaktor in eine Potenzreihe entwickelt: $(1+x)(1-x+x^2/2+\cdots) = 1-x^2/2+\cdots$ Damit ist $\left(\frac{\partial S}{\partial V}\right)_{T,\text{Die}} < \left(\frac{\partial S}{\partial V}\right)_{T,\text{vdW}}$. Wir können für isotherme Expansionen zusammenfassen:

$$\Delta S_{\text{vdW}} > \Delta S_{\text{Die}} \quad \text{und} \quad \Delta S_{\text{vdW}} > \Delta S_{\text{ideal}}.$$

Der Vergleich zwischen einem idealen Gas und einem Dieterici-Gas hängt von den speziellen Werten der Konstanten a und b sowie von den physikalischen Nebenbedingungen ab.

3.25 Aus der Definition $H \equiv U + pV$ folgt mit Gl. (3-43)

$$\mathrm{d}H = \mathrm{d}U + p\,\mathrm{d}V + V\,\mathrm{d}p = T\,\mathrm{d}S - p\,\mathrm{d}V + p\,\mathrm{d}V + V\,\mathrm{d}p = T\,\mathrm{d}S + V\,\mathrm{d}p.$$

Weil H eine Zustandsfunktion ist, ist $\mathrm{d}H$ exakt. Es folgt

$$\left(\frac{\partial H}{\partial S}\right)_p = T \quad \text{und} \quad \left(\frac{\partial V}{\partial S}\right)_p = \left(\frac{\partial T}{\partial p}\right)_S.$$

Entsprechend folgt mit $A \equiv U - TS$ und Gl. (3-43)

$$\mathrm{d}A = \mathrm{d}U - T\,\mathrm{d}S - S\mathrm{d}T = T\,\mathrm{d}S - p\,\mathrm{d}V - T\,\mathrm{d}S - S\mathrm{d}T = -p\,\mathrm{d}V - S\,\mathrm{d}T.$$

Weil $\mathrm{d}A$ exakt ist, folgt:

$$\left(\frac{\partial S}{\partial V}\right)_T = \left(\frac{\partial p}{\partial T}\right)_V.$$

3.27

$$\left(\frac{\partial S}{\partial V}\right)_T = \left(\frac{\partial p}{\partial T}\right)_V \quad \text{(Maxwell'sche Gleichung);}$$

$$\left(\frac{\partial p}{\partial T}\right)_V = \left\{\frac{\partial}{\partial T}\left(\frac{nRT}{V}\right)\right\}_V = \frac{nR}{V}.$$

Bei konstanter Temperatur ist $\mathrm{d}S = \left(\frac{\partial S}{\partial V}\right)_T \mathrm{d}V = nR\,\frac{\mathrm{d}V}{V} = nR\,\mathrm{d}\ln V$ und damit

$$S = \int \mathrm{d}S = \int nR\,\mathrm{d}\ln V \qquad S = nR\ln V + \text{const.} \quad \text{bzw.} \quad S \propto R\ln V.$$

3.29 Nach Gl. (3-48) gilt

$$\pi_T = T\left(\frac{\partial p}{\partial T}\right)_V - p.$$

Der Druck lässt sich mit den beiden ersten Termen der Virialentwicklung (vgl Gl. (1-19)) in folgender Form ausdrücken:

$$p = \frac{RT}{V_\mathrm{m}} + \frac{BRT}{V_\mathrm{m}^2}.$$

Dann gilt

$$\left(\frac{\partial p}{\partial T}\right)_V = \frac{R}{V_\mathrm{m}} + \frac{BR}{V_\mathrm{m}^2} + \frac{RT}{V_\mathrm{m}^2}\left(\frac{\partial B}{\partial T}\right)_V = \frac{p}{T} + \frac{RT}{V_\mathrm{m}^2}\left(\frac{\partial B}{\partial T}\right)_V$$

und damit $\pi_T = \frac{RT^2}{V_\mathrm{m}^2}\left(\frac{\partial B}{\partial T}\right)_V \approx \frac{RT^2 \Delta B}{V_\mathrm{m}^2 \Delta T}$.

Da π_T nur eine (normalerweise) kleine Abweichung vom Verhalten des idealen Gases angibt, gilt näherungsweise $V_\mathrm{m} \approx \frac{RT}{p}$ und damit

$$\pi_T \approx \frac{p^2}{R} \times \frac{\Delta B}{\Delta T}.$$

Mit den gegebenen Daten berechnet man $\Delta B = \{(-15.6) - (-28.0)\}\ \mathrm{cm^3 mol^{-1}} = +12.4\ \mathrm{cm^3 mol^{-1}}$ und erhält

(a) für 1 atm

$$\pi_T = \frac{(1.0\,\mathrm{atm})^2 \times \left(12.4 \times 10^{-3}\,\mathrm{dm^3\,mol^{-1}}\right)}{\left(8.206 \times 10^{-2}\,\mathrm{dm^3\,atm\,K^{-1}\,mol^{-1}}\right) \times (50\,\mathrm{K})} = 3.0 \times 10^{-3}\ \mathrm{atm}.$$

(b) Da $\pi_T \propto p^2$, gilt für $p = 10.0\,\mathrm{atm}$

$$\pi_T = 0.30\,\mathrm{atm}.$$

Anmerkung: In (a) beträgt π_T gerade 0.3 % von p, in (b) sind es 3 %. Damit ist bei diesen Drücken die Näherung für V_m vertretbar. Bei 100 atm wäre sie es nicht mehr.

Frage: Wie könnte man Ihrer Meinung nach einen zuverlässigen Schätzwert von π_T für Argon bei 100 atm erhalten?

3.31 Wir gehen wieder von Gl. (3-48) mit $\pi_T = T\left(\frac{\partial p}{\partial T}\right)_V - p$ aus. Zur Berechnung von p verwenden wir Daten aus Tabelle 1-7 :

$$p = \frac{nRT}{V - nb} \times \mathrm{e}^{-an/RTV}.$$

$$T\left(\frac{\partial p}{\partial T}\right)_V = \frac{nRT}{V-nb} \times \mathrm{e}^{-an/RTV} + \frac{na}{RTV} \times \frac{nRT}{V-nb} \times \mathrm{e}^{-an/RTV} = p + \frac{nap}{RTV}.$$

Damit ist $\pi_T = \dfrac{nap}{RTV}$.

Bei Zustandsänderungen gilt $\pi_T \to 0$ für $p \to 0$, für $V \to \infty$, für $a \to 0$ und für $T \to \infty$. Es gilt stets $\pi_T > 0$ (wegen $a > 0$). Diese Aussage ist verträglich damit, dass a die anziehenden Beiträge der Zustandsgleichung repräsentiert, denn aus $\pi_T > 0$ folgt $\left(\dfrac{\partial U}{\partial V}\right)_T > 0$. Die Innere Energie steigt, wenn das Gas expandiert (wodurch die mittleren anziehenden Wechselwirkungen zurückgehen).

3.33 Wenn $S = S(T, p)$ gilt, dann ist

$$\mathrm{d}S = \left(\frac{\partial S}{\partial T}\right)_p \mathrm{d}T + \left(\frac{\partial S}{\partial p}\right)_T \mathrm{d}p,$$

$$T\mathrm{d}S = T\left(\frac{\partial S}{\partial T}\right)_p \mathrm{d}T + T\left(\frac{\partial S}{\partial p}\right)_T \mathrm{d}p.$$

Mit dem in Aufgabe 3.25 hergeleiteten Zusammenhang $\left(\dfrac{\partial H}{\partial S}\right)_p = T$ ergibt sich

$$\left(\frac{\partial S}{\partial T}\right)_p = \left(\frac{\partial S}{\partial H}\right)_p \left(\frac{\partial H}{\partial T}\right)_p = \frac{1}{T} \times C_p,$$

$$\left(\frac{\partial S}{\partial p}\right)_T = -\left(\frac{\partial V}{\partial T}\right)_p \quad \text{(Maxwell-Gleichung).}$$

Wir erhalten $T\mathrm{d}S = C_p\mathrm{d}T - T\left(\dfrac{\partial V}{\partial T}\right)_p \mathrm{d}p = C_p\mathrm{d}T - \alpha TV\mathrm{d}p$.

Bei einer reversiblen, isothermen Kompression ist $T\mathrm{d}S = \mathrm{d}q_{\mathrm{rev}}$ und $\mathrm{d}T = 0$; damit ist

$$\mathrm{d}q_{\mathrm{rev}} = -\alpha TV\mathrm{d}p$$

und unter der Annahme, dass α und V konstant sind

$$q_{\mathrm{rev}} = \int_{p_\mathrm{A}}^{p_\mathrm{E}} -\alpha TV\,\mathrm{d}p = -\alpha TV\,\Delta p.$$

Für Quecksilber findet man

$$q_{\mathrm{rev}} = \left(-1.82 \times 10^{-4}\,\mathrm{K}^{-1}\right) \times (273\,\mathrm{K}) \times (1.00 \times 10^{-4}\,\mathrm{m}^{-3}) \times (1.0 \times 10^{8}\,\mathrm{Pa})$$
$$= -0.50\,\mathrm{kJ}.$$

3.35 Nach Gl. (3-60) ist

$$\ln \phi = \int_0^p \left(\frac{Z-1}{p}\right) \mathrm{d}p$$

$$Z = 1 + \frac{B}{V_\mathrm{m}} + \frac{C}{V_\mathrm{m}^2} = 1 + B'p + C'p^2 + \cdots$$

Hierbei ist $B' = \frac{B}{RT}$, $C' = \frac{C - B^2}{R^2T^2}$ (vgl. Aufgabe 1.18).

$$\frac{Z-1}{p} = B' + C'p + \cdots .$$

Es folgt

$$\ln \phi = \int_0^p B' \,\mathrm{d}p + \int_0^p C'p \,\mathrm{d}p + \cdots = B'p + \frac{1}{2}C'p^2 + \cdots$$

$$= \frac{Bp}{RT} + \frac{(C-B^2)p^2}{2R^2T^2} + \cdots .$$

Für Argon erhalten wir

$$\frac{Bp}{RT} = \frac{(-21.13 \times 10^{-3}\ \mathrm{dm^3\ mol^{-1}}) \times (1.00\ \mathrm{atm})}{(8.206 \times 10^{-2}\ \mathrm{dm^3\ atm\ K^{-1}\ mol^{-1}}) \times (273\ \mathrm{K})} = -9.43 \times 10^{-4}.$$

$$\frac{(C-B^2)p^2}{2R^2T^2} = \frac{\{(1.054 \times 10^{-3}\ \mathrm{dm^6\ mol^{-2}}) - (-21.13 \times 10^{-3}\ \mathrm{dm^3\ mol^{-1}})^2\} \times (1.00\ \mathrm{atm})^2}{(2) \times \{(8.206 \times 10^{-2}\ \mathrm{dm^3\ atm\ K^{-1}\ mol^{-1}}) \times (273\ \mathrm{K})\}^2}$$

$$= 6.05 \times 10^{-7}.$$

Damit ist $\ln \phi = (-9.43 \times 10^{-4}) + (6.05 \times 10^{-7}) = -9.42 \times 10^{-4}$ und $\phi = 0.9991$.

Schließlich erhalten wir $f = (1.00\ \mathrm{atm}) \times (0.9991) = 0.99\overline{9}1\ \mathrm{atm}$.

Anwendungsaufgaben

3.37 Nach Gl. (3-38) ist $w_{\mathrm{add,\,max}} = \Delta_\mathrm{R} G$. Es gilt also mit $\tau = \frac{T}{T_\mathrm{C}}$ (vgl. Aufgabe 3.17)

$$\Delta_\mathrm{R} G^\ominus(37\,^\circ\mathrm{C}) = \tau\, \Delta_\mathrm{R} G^\ominus(T_\mathrm{C}) + (1-\tau)\Delta_\mathrm{R} H^\ominus(T_\mathrm{C})$$

$$= \left(\frac{310\ \mathrm{K}}{298.15\ \mathrm{K}}\right) \times (-6333\ \mathrm{kJ\ mol^{-1}})$$

$$+ \left(1 - \frac{310\ \mathrm{K}}{298.15\ \mathrm{K}}\right) \times (-5797\ \mathrm{kJ\ mol^{-1}})$$

$$= -6354\ \mathrm{kJ\ mol^{-1}}.$$

Der Unterschied beträgt

$$\Delta_\mathrm{R} G^\ominus(37\,^\circ\mathrm{C}) - \Delta_\mathrm{R} G^\ominus(T_\mathrm{C}) = \{-6354 - (-6333)\}\ \mathrm{kJ\ mol^{-1}} = -21\ \mathrm{kJ\ mol^{-1}}.$$

Zusätzliche 21 kJ mol^{-1} an Nichtvolumenarbeit können dann bei der höheren Temperatur verrichtet werden.

Anmerkung: Wie in Aufgabe 3.16 gezeigt, führt eine Erhöhung der Temperatur nicht unbedingt zu einer höheren maximalen Nichtvolumenarbeit. Der bestimmende Faktor ist das Verhältnis von $\Delta_R G^{\ominus}$ und $\Delta_R H^{\ominus}$

3.39 Wenn die relative Luftfeuchtigkeit konstant bleiben soll, ist die relative Zunahme von Wasserdampf in der Atmosphäre genauso groß wie die relative Zunahme des Gleichgewichtsdampfdrucks von Wasser. Mit einer Untersuchung der molaren Freien Energie können wir diese Zunahme abschätzen. Im Gleichgewicht haben Dampf und Flüssigkeit dieselbe molare Freie Energie (gekennzeichnet mit dem Index Da bzw. Fl). Dann gilt bei den heutigen Temperaturen

$$G_{\mathrm{m,Fl}}(T_0) = G_{\mathrm{m,Da}}(T_0) \quad \text{und somit} \quad G^{\ominus}_{\mathrm{m,Fl}}(T_0) = G^{\ominus}_{\mathrm{m,Da}}(T_0) + RT_0 \ln p_0 .$$

Der Index 0 bezeichnet hier das heutige Gleichgewicht, p ist der Druck, geteilt durch den Standarddruck. Die Freie Enthalpie ändert sich folgendermaßen mit der Temperatur:

$$(\partial G/\partial T) = -S \quad \text{so} \quad G^{\ominus}_{\mathrm{m,Fl}}(T_1) = G^{\ominus}_{\mathrm{m,Fl}}(T_0) - (\Delta T) S^{\ominus}_{\mathrm{Fl}}$$

und entsprechend für den Dampf. Damit ist bei höherer Temperatur

$$G^{\ominus}_{\mathrm{m,Fl}}(T_0) - (\Delta T) S^{\ominus}_{\mathrm{Fl}} = G^{\ominus}_{\mathrm{m,Da}}(T_0) - (\Delta T) S^{\ominus}_{\mathrm{Da}} + R(T_0 + \Delta T) \ln p .$$

Lösen wir diese Ausdrücke nach $G^{\ominus}_{\mathrm{m,Fl}}(T_0) - G^{\ominus}_{\mathrm{m,Da}}(T_0)$ auf und setzen sie gleich, erhalten wir

$$(\Delta T)(S^{\ominus}_{\mathrm{Fl}} - S^{\ominus}_{\mathrm{Da}}) + R(T_0 + \Delta T) \ln p = RT_0 \ln p_0 .$$

Wir bringen p auf eine Seite und erhalten

$$\ln p = \frac{(\Delta T)(S^{\ominus}_{\mathrm{Da}} - S^{\ominus}_{\mathrm{Fl}})}{R(T_0 + \Delta T)} + \frac{T_0 \ln p_0}{T_0 + \Delta T},$$

$$p = \exp\left(\frac{(\Delta T)(S^{\ominus}_{\mathrm{Da}} - S^{\ominus}_{\mathrm{Fl}})}{R(T_0 + \Delta T)}\right) p_0^{(T_0/(T_0+\Delta T))} .$$

Damit haben wir einen Wasserdampfpartialdruck (in bar)

$$p = \exp\left(\frac{(2.0\ \mathrm{K}) \times (188.83 - 69.91)\ \mathrm{J\ mol^{-1}\ K^{-1}}}{(8.3145\ \mathrm{J\ mol^{-1}\ K^{-1}}) \times (290 + 2.0)\ \mathrm{K}}\right) \times (0.0189)^{(290\mathrm{K}/(290+2.0)\mathrm{K})}$$

$$p = 0.0214,$$

was einer Zunahme von 13 % entspricht. Entsprechend würde dann auch der Wasserdampfgehalt in der Atmosphäre zunehmen.

3.41 Die Änderung der Freien Energie ist gleich der maximalen Arbeit, die mit der Dehnung des Polymers verbunden ist. Dann ist

$$\mathrm{d}w_{\mathrm{max}} = \mathrm{d}A = -f\,\mathrm{d}l .$$

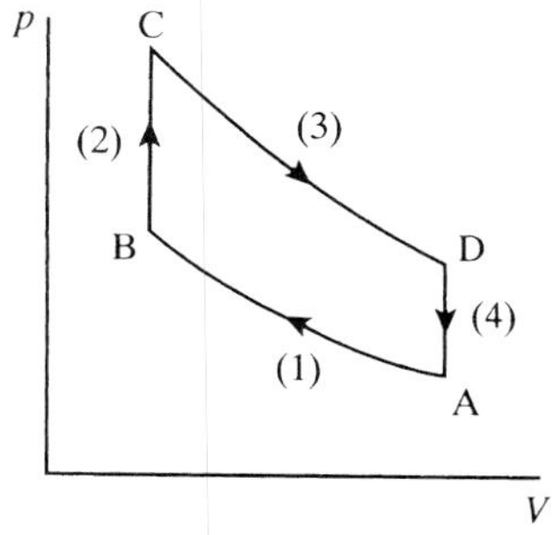

Abb. 3-5

Für die Dehnung bei konstanter Temperatur T gilt

$$f = -\left(\frac{\partial A}{\partial l}\right)_T = -\left(\frac{\partial U}{\partial l}\right)_T + T\left(\frac{\partial S}{\partial l}\right)_T.$$

Unter der Voraussetzung $(\partial U/\partial l)_T = 0$ (wie es etwa für Kautschuk gilt) ist

$$\begin{aligned} f &= T\left(\frac{\partial S}{\partial l}\right)_T = T\left(\frac{\partial}{\partial l}\right)_T \left\{-\frac{3k_B l^2}{2Na^2} + C\right\} \\ &= T\left\{-\frac{3k_B l}{Na^2}\right\} = -\left(\frac{3k_B T}{Na^2}\right) l. \end{aligned}$$

Diese Spannung genügt dem Hooke'schen Gesetz in der Form $f = -k_H l$ mit $k_H = 3k_B T/Na^2$.

3.43 Der Otto-Kreisprozess ist in Abb. 3-5 dargestellt. Wir nehmen ein Mol Luft an.

Nach Gl. (3-8) beträgt der Wirkungsgrad

$$\varepsilon = \frac{|w|_{\text{Zyklus}}}{|q_2|}.$$

Die Arbeit lässt sich wegen $q_1 = q_3 = 0$ mithilfe von Gl. (2-27) berechnen:

$$w_{\text{Zyklus}} = w_1 + w_3 = \Delta U_1 + \Delta U_3 = C_V(T_B - T_A) + C_V(T_D - T_C).$$

$$q_2 = \Delta U_2 = C_V(T_C - T_B).$$

$$\varepsilon = \frac{|T_B - T_A + T_D - T_C|}{|T_C - T_B|} = 1 - \left(\frac{T_D - T_A}{T_C - T_B}\right).$$

Es gilt wegen Gl. (2-28a) $\dfrac{T_A}{T_B} = \left(\dfrac{V_B}{V_A}\right)^{1/c}$ und $\dfrac{T_D}{T_C} = \left(\dfrac{V_C}{V_D}\right)^{1/c}$.

Wegen $V_B = V_C$ und $V_A = V_D$ folgt $\dfrac{T_A}{T_B} = \dfrac{T_D}{T_C}$ und damit $T_D = \dfrac{T_A T_C}{T_B}$.

Es folgt $\varepsilon = 1 - \dfrac{\dfrac{T_A T_C}{T_B} - T_A}{T_C - T_B} = 1 - \dfrac{T_A}{T_B}$ oder $\varepsilon = 1 - \left(\dfrac{V_B}{V_A}\right)^{1/c}$.

Mit $C_{p,\mathrm{m}} = \frac{7}{2}R$ haben wir nach Gl. (2-26) $C_{V,\mathrm{m}} = \frac{5}{2}R$ und $c = \frac{2}{5}$. Mit $\frac{V_\mathrm{A}}{V_\mathrm{B}} = 10$ folgt dann

$$\varepsilon = 1 - \left(\frac{1}{10}\right)^{2/5} = 0.47.$$

$$\Delta S_1 = \Delta S_3 = \Delta_{\mathrm{Umg},1} = \Delta S_{\mathrm{Umg},3} = 0 \quad \text{(adiabatische reversible Einzelschritte).}$$

$$\Delta S_2 = C_{V,\mathrm{m}} \ln\left(\frac{T_\mathrm{C}}{T_\mathrm{B}}\right).$$

Bei konstantem Volumen ist $\left(\frac{T_\mathrm{C}}{T_\mathrm{B}}\right) = \left(\frac{p_\mathrm{C}}{p_\mathrm{B}}\right) = 5.0$ und damit

$$\Delta S_2 = \left(\frac{5}{2}\right) \times (8.314\,\mathrm{J\,K^{-1}\,mol^{-1}}) \times (\ln 5.0) = +33\,\mathrm{J\,K^{-1}}.$$

$$\Delta S_{\mathrm{Umg},2} = -\Delta S_2 = -33\,\mathrm{J\,K^{-1}}.$$

$$\Delta S_4 = -\Delta S_2 = -33\,\mathrm{J\,K^{-1}} \quad \left[\text{wegen } \frac{T_\mathrm{C}}{T_\mathrm{D}} = \frac{T_\mathrm{B}}{T_\mathrm{A}}\right].$$

$$\Delta S_{\mathrm{Umg},4} = -\Delta S_4 = +33\,\mathrm{J\,K^{-1}}.$$

3.45 Im Fall (a) wandelt das Elektroheizgerät 1.00 kJ elektrischer Energie in Wärme um und gibt so 1.00 kJ an Energie in Form von Wärme an den Raum ab. (Der Zweite Hauptsatz liefert hier keine einschränkende Aussage über die komplette Umwandlung von Arbeit in Hitze – die Einschränkungen gelten nur für den Umkehrprozess.) Im Fall (b) wird die Wärme $|q_h|$ an den Raum abgegeben:

$$|q_w| = |q_k| + |w| \quad \text{mit} \quad \frac{|q_\mathrm{k}|}{|w|} = c = \frac{T_\mathrm{k}}{T_\mathrm{w} - T_\mathrm{k}} \quad \text{(vgl. } \textit{Anwendung } \text{13.1)}$$

und damit $|q_\mathrm{k}| = \frac{|w| T_\mathrm{k}}{T_\mathrm{w} - T_\mathrm{k}} = \frac{1.00\,\mathrm{kJ} \times 260\ \mathrm{K}}{(295 - 260)\mathrm{K}} = 7.4\,\mathrm{kJ}.$

Dabei wird die Wärmemenge $|q_w| = |q_k| + |w| = 7.4\,\mathrm{kJ} + 1.00\,\mathrm{kJ} = 8.4\,\mathrm{kJ}$ in den Raum abgegeben. Der größte Teil der thermischen Energie, den die Wärmepumpe in den Raum transportiert, kommt von außen. Das ist zwar – insbesondere an einem kalten Wintertag – nur schwer zu glauben, aber die absolute Temperatur ist draußen auch bei Frost nur unwesentlich geringer als drinnen. Die Energie, die in die Wärmepumpe gesteckt wird, wird somit nicht einfach in Wärme umgewandelt, sondern als „Hebel“ genutzt, um zusätzlich Wärme von außen ins Hausinnere zu transportieren.

4 Physikalische Umwandlungen reiner Stoffe

Diskussionsfragen

4.1 Betrachten Sie zwei Phasen eines Systems, die mit α und β bezeichnet werden. Die Phase mit dem unter gegebenen Bedingungen geringeren chemischen Potenzial ist die stabilere Phase. Betrachten Sie zunächst die Änderung von μ mit der Temperatur bei einem gleich bleibenden Druck. Wir haben

$$\left(\frac{\partial \mu_\alpha}{\partial T}\right)_p = -S_\alpha \quad \text{und} \quad \left(\frac{\partial \mu_\beta}{\partial T}\right)_p = -S_\beta .$$

Daher wird, wenn der Betrag von S_β größer wird als der von S_α, die β-Phase stabiler sein als die α-Phase, wenn sich die Temperatur erhöht, weil das chemische Potenzial dort mit steigender Temperatur schneller abfällt als in der α-Phase. Wir finden außerdem

$$\left(\frac{\partial \mu_\alpha}{\partial P}\right)_T = V_{\mathrm{m},\alpha} \quad \text{und} \quad \left(\frac{\partial \mu_\beta}{\partial P}\right)_T = V_{\mathrm{m},\beta} .$$

Wenn also $V_{\mathrm{m},\alpha}$ größer ist als $V_{\mathrm{m},\beta}$, dann wird die sich die β-Phase bei steigendem Druck als stabiler erweisen als die α-Phase, weil das chemische Potenzial der β-Phase mit steigendem Druck nicht so schnell wächst wie das der α-Phase. (Vgl. Beispiel 4-1.)

4.3 Betrachten Sie Abb. 4-1 und Abb. 4-5 im Lehrbuch. Starten Sie bei Punkt A und folgen Sie der Kurve $p(T)$ im Uhrzeigersinn in Richtung auf Punkt B. Dabei tritt eine gasförmige Phase innerhalb des Behälters nur bei bestimmten Drücken und Temperaturen, die durch $p(T)$ beschrieben werden, auf. Beim Erreichen von Punkt B auf der Dampfdruckkurve erscheint eine Flüssigkeit am Boden des Behälters, und man erkannt eine Phasengrenze (einen Meniskus) zwischen der flüssigen und der darüber befindlichen, weniger dichten Gasphase. An diesem Punkt stehen die flüssige und die Gasphase im Gleichgewicht. Wenn wir uns nun weiter im Uhrzeigersinn von der Dampfdruckkurve entfernen, verschwindet der Meniskus, und das System wird zur Gänze flüssig. Wir bewegen uns nun wieder auf der Kurve $p(T)$ zu Punkt C bei der kritischen Temperatur; dabei treten in der isotropen Flüssigkeit keine abrupten Änderungen auf. Bevor der Punkt C erreicht wird, kann man zur Dampfdruckkurve und einem Flüssigkeit-Gas-Gleichgewicht zurückkehren, indem man den den Druck isotherm reduziert. Bewegen wir uns weiter auf der Kurve $p(T)$ auf A zu, lässt sich keine Phasengrenze beobachten, selbst wenn wir annehmen müssen, dass das Wasser wieder in die Gasphase übergegangen ist. Wenn der Druck bei einem beliebigen Punkt nach C isotherm reduziert wird, ist es unmöglich, das Flüssigkeit-Gas-Gleichgewicht wieder zu erreichen.

Arbeitsbuch Physikalische Chemie. 4. Auflage. P. W. Atkins, C. A. Trapp, M. P. Cady und C. Giunta

ISBN: 978-3-527-31828-5

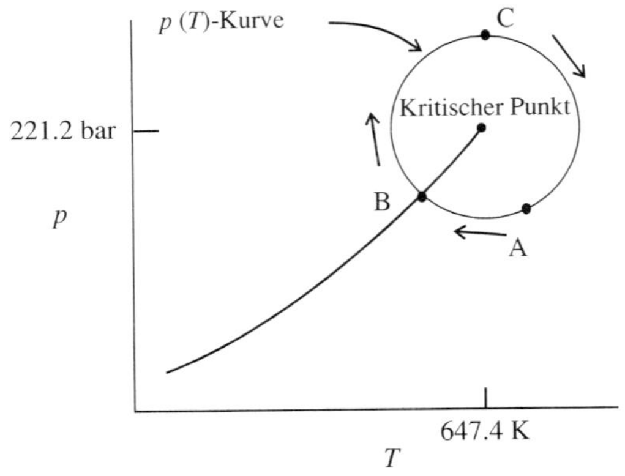

Abb. 4-1 Dampfdruckkurve von Wasser

Liegt der auszuwertende Pfad $p(T)$ sehr nahe am kritischen Punkt, sieht das Wasser milchig-trüb (opak) aus. Bei nahezu kritischen Bedingungen sind die Dichte und der Brechungsindex von flüssiger und gasförmiger Phase nahezu gleich. Außerdem verursachen die molekularen Fluktuationen räumliche Variationen der Dichte und des Brechungsindex auf einer Skala, die groß genug ist, das sichtbare Licht stark zu streuen. Dieses Phänomen nennt man die kritische Opaleszenz.

4.5 Ein Extraktor mit überkritischen Fluiden besteht aus einer Pumpe, mit der das Lösungsmittel (z. B. CO_2) unter Druck gesetzt wird, einem Ofen mit Extraktionsgefäß und einem Sammelgefäß. Die Extraktionen werden dynamisch oder statisch durchgeführt. Im dynamischen Betrieb fließt das überkritische Fluid kontinuierlich durch die Probe im Extraktionsgefäß. Die von dem Fluid extrahierten Analyten werden durch eine druckerhaltende Drossel in ein Sammelgefäß geleitet. Im statischen Betrieb zirkuliert dann das überkritische Fluid wiederholt durch das Extraktionsgefäß, bis es nach einer gewissen Zeit wieder in das Sammelgefäß geleitet wird. Überkritisches Kohlendioxid verflüchtigt sich, wenn der Druck beim Übergang in das Sammelgefäß abfällt.

Vorzüge	Nachteile	Momentane Anwendung
Die Auflösungskraft der SCF kann durch die Wahl von T und p eingestellt werden.	Es ist Hochdruck erforderlich, und die dazu nötigen Apparaturen sind teuer.	Extraktion von Koffein, Fettsäuren, Gewürzen, Aromastoffen, natürlichen Rohstoffen.
SCFs sind preiswert und nicht giftig. Sie reduzieren die Umweltbelastung.	Die Kosten können eine Anwendung im großen Maßstab verhindern.	Extraktion toxischer Salze (mit einem passenden Chelatbildner) und organischer Verunreinigungen aus Wasser
Thermisch instabile Analyte können bei niedrigen Temperaturen extrahiert werden.	Um die Polarität des Lösungsmittel zu erhöhen, können Modifikationsmittel wie Methanol (1–10 %) erforderlich sein.	Extraktion von Herbiziden aus dem Boden
Die Flüchtigkeit von $scCO_2$ macht die Isolierung des Analyts einfach.	$scCO_2$ ist für ganze Zellen in biologischen Anwendungen toxisch (CO_2 selbst ist für die Umgebung nicht schädlich).	Oxidation von toxischen, sonst nicht zu behandelnden organischen Abfällen mit scH_2O bei der Wasseraufbereitung
SCFs haben hohe Diffusionsraten, eine niedrige Viskosität und geringe Oberflächenspannung.		Synthetische Chemie, Polymersynthese und Kristallisation, Textilverarbeitung
O_2 und H_2 sind mit $scCO_2$ vollständig mischbar. So reduzieren sich Probleme mit Mehrphasenreaktionen.		Heterogene Katalyse für „grüne" chemische Prozesse

4.7 Phasenübergänge erster Ordnung zeigen Sprungstellen in der ersten Ableitung der Freien Enthalpie bezüglich der Temperatur. Man erkennt sie anhand von begrenzten Sprüngen in den Graphen von H, U, S und V gegen die Temperatur und anhand von unbegrenzten Sprüngen in C_p. Phasenübergänge zweiter Ordnung zeigen Sprungstellen in der zweiten Ableitung der Freien Enthalpie bezüglich der Temperatur, die ersten Ableitungen sind dort aber stetig. Man erkennt sie anhand von Knicken in den Graphen von H, U, S und V gegen die Temperatur, am leichtesten aber anhand der bestimmten Sprungstelle in einem Graphen von C_p gegen die Temperatur. Ein λ-Übergang zeigt Merkmale von Phasenübergängen sowohl von erster als auch von zweiter Ordnung und ist daher nach dem Ehrenfest'schen Schema nur schwer zu klassifizieren. Nach dem Graph von C_p gegen T erinnert er an einen Phasenübergang erster Ordnung, bezüglich anderer Eigenschaften gleicht er aber eher einem Phasenübergang höherer Ordnung.

Auf molekularem Niveau sind die Phasenübergänge erster Ordnung mit diskontinuierlichen Änderungen in der Wechselwirkungsenergie zwischen den Atomen oder Molekülen verbunden, aus denen das System besteht und die ein bestimmtes Volumen einnehmen. Eine Art von Übergängen zweiter Ordnung kann nur in einem Wechsel der Atomanordnung von einer Kristallstruktur (also einer symmetrischen Struktur) zu einer anderen Anordnung bestehen, wobei aber eine geordnete Anordnung erhalten bleibt. Bei einer Art eines 8-Übergangs – dem so genannten Ordnungs-Unordnungs-Übergang – tritt in der atomaren Anordnung ein Zufallselement auf (vgl. dazu Abb. 4-18 und 4-19 im Lehrbuch).

Leichte Aufgaben

A4.1a Wir nehmen den Dampf als ideales Gas an; außerdem soll $\Delta_V H$ unabhängig von der Temperatur sein. Dann können wir gemäß Gl. (4-12) schreiben

$$p = p^* e^{-\chi}, \quad \chi = \left(\frac{\Delta_V H}{R}\right) \times \left(\frac{1}{T} - \frac{1}{T^*}\right), \quad \ln \frac{p^*}{p} = \chi.$$

$$\frac{1}{T} = \frac{1}{T^*} + \frac{R}{\Delta_V H} \ln \frac{p^*}{p}$$

$$= \frac{1}{297.25\,\text{K}} + \left(\frac{8.314\,\text{J K}^{-1}\,\text{mol}^{-1}}{28.7 \times 10^3\,\text{J mol}^{-1}}\right) \ln \frac{53.3\,\text{kPa}}{70.0\,\text{kPa}} = 3.28\bar{5} \times 10^{-3}\,\text{K}^{-1}.$$

Also ist $T = 304\,\text{K} = 31\,°\text{C}$.

A4.2a Nach Gl. (4-6) gilt $\dfrac{dp}{dT} = \dfrac{\Delta_{\text{Trans}} S}{\Delta_{\text{Trans}} V}$ und damit

$$\Delta_{\text{Sm}} S = \Delta V_m \times \left(\frac{dp}{dT}\right) \approx \Delta V_m \times \frac{\Delta p}{\Delta T}.$$

Dabei sind $\Delta_{\text{Sm}} S$ und ΔV_m als temperaturunabhängig angenommen.

$$\Delta_{\text{Sm}} S = [(163.3 - 161.0) \times 10^{-6}\,\text{m}^3\,\text{mol}^{-1}] \times \left(\frac{(100-1) \times (1.013 \times 10^5\,\text{Pa})}{(351.26 - 350.75)\,\text{K}}\right)$$

$$= +45.2\bar{3}\,\text{J K}^{-1}\,\text{mol}^{-1}.$$

$$\Delta_{\text{Sm}} H = T_m \Delta S = (350.75\,\text{K}) \times (45.23\,\text{J K}^{-1}\,\text{mol}^{-1}) = +16\,\text{kJ mol}^{-1}.$$

A4.3a Der Ausdruck für $\ln p$ ist das unbestimmte Integral aus Gl. (4-11):

$$\int d\ln p = \int \frac{\Delta_V H}{RT^2}\, dT; \quad \ln p = \text{const.} - \frac{\Delta_V H}{RT}.$$

Damit ist

$$\Delta_V H = (2501.8\,\text{K}) \times R = (2501.8\,\text{K}) \times (8.314\,\text{J K}^{-1}\,\text{mol}^{-1}) = +20.80\,\text{kJ mol}^{-1}.$$

A4.4a (a) Wie in Aufgabe A4.3a verwenden wir die unbestimmte Integralform von Gl. (4-11):

$$\ln p = \text{const.} - \frac{\Delta_V H}{RT} \quad \text{oder} \quad \log p = \text{const.} - \frac{\Delta_V H}{2.303RT}.$$

Damit ist

$$\Delta_V H = (2.303) \times (1780\,\text{K}) \times R = (2.303) \times (1780\,\text{K}) \times (8.314\,\text{J K}^{-1}\,\text{mol}^{-1})$$
$$= +34.08\,\text{kJ mol}^{-1}.$$

(b) Der Siedepunkt entspricht $p = 1.000\,\text{atm} = 760\,\text{Torr}$. Also haben wir

$$\log 760 = 7.960 - \frac{1780\,\text{K}}{T_S}, \quad T_S = 350.5\,\text{K}.$$

A4.5a Mit $V_m = M/\rho$ ist nach Gl. (4-6) (vgl. Aufgabe A4.2a):

$$\Delta T \approx \frac{\Delta_{Sm} V}{\Delta_{Sm} S} \times \Delta p \approx \frac{T_{Sm}\Delta_{Sm} V}{\Delta_{Sm} H} \times \Delta p = \frac{T_{Sm}\Delta p M}{\Delta_{Sm} H} = \Delta\left(\frac{1}{\rho}\right)$$
$$\approx \left(\frac{(278.6\,\text{K}) \times (999) \times (1.013 \times 10^5\,\text{Pa}) \times (78.12 \times 10^{-3}\,\text{kg mol}^{-1})}{10.59 \times 10^3\,\text{J mol}^{-1}}\right)$$
$$\times \left(\frac{1}{879\,\text{kg m}^{-3}} - \frac{1}{891\,\text{kg m}^{-3}}\right)$$
$$\approx 3.18\,\text{K}.$$

Bei 1000 atm ist daher $T_{Sm} \approx (278.6 + 3.18)\,\text{K} = 281.8\,\text{K} = 8.7\,°\text{C}$.

A4.6a Die Geschwindigkeit der Verdunstung lässt sich mithilfe der zeitlichen Änderung der Wassermasse ausdrücken, also:

$$\frac{dm}{dt} = \frac{dn}{dt} \times M_{H_2O} \quad \text{mit} \quad n = \frac{q}{\Delta_V H}.$$

Dann haben wir

$$\frac{dn}{dt} = \frac{(dq/dt)}{\Delta_V H} = \frac{(1.2 \times 10^3\,\text{W m}^{-2}) \times (50\,\text{m}^2)}{44.0 \times 10^3\,\text{J mol}^{-1}} = 1.4\,\text{mol s}^{-1}.$$
$$\frac{dm}{dt} = (1.4\,\text{mol s}^{-1}) \times (18.02\,\text{g mol}^{-1}) = 25\,\text{g s}^{-1}.$$

A4.7a Wir nehmen an, dass die Zustandsgleichung des idealen Gases gilt.

$$n = \frac{pV}{RT}, \quad n = \frac{m}{M}, \quad V = 75\,\text{m}^3, \quad m = \frac{pVM}{RT}.$$

(a) $$m = \frac{(3.2\,\text{kPa}) \times (75\,\text{m}^3) \times (18.02 \times 10^{-3}\,\text{kg mol}^{-1})}{(8.314 \times 10^{-3}\,\text{kPa K}^{-1}\,\text{mol}^{-1}) \times (298.15\,\text{K})} = 1.7\,\text{kg}\,.$$

(b) $$m = \frac{(13.1\,\text{kPa}) \times (75\,\text{m}^3) \times (78.11 \times 10^{-3}\,\text{kg mol}^{-1})}{(8.314 \times 10^{-3}\,\text{kPa K}^{-1}\,\text{mol}^{-1}) \times (298.15\,\text{K})} = 31\,\text{kg}\,.$$

(c) $$m = \frac{(0.23\,\text{Pa}) \times (75\,\text{m}^3) \times (200.59\,\text{g mol}^{-1})}{(8.314\,\text{Pa m}^3\,\text{K}^{-1}\,\text{mol}^{-1}) \times (298.15\,\text{K})} = 1.4\,\text{g}\,.$$

Frage: Wenn wir annehmen, dass der eingeatmete Quecksilberdampf im Körper bleibt, wie lange dauert es dann, bis eine Gesamtmenge von 1.4 g erreicht ist? Treffen Sie geeignete Annahmen über Volumen und Frequenz der Atemzüge.

A4.8a Aus der Clausius-Clapeyron'schen Gleichung (Gl. (4-11)) erhält man durch Integrieren die Form von Gl. (4-12). Diese Gleichung kann man folgendermaßen schreiben:

$$\ln\left(\frac{p_2}{p_1}\right) = \frac{\Delta_V H}{R} \times \left(\frac{1}{T_1} - \frac{1}{T_2}\right).$$

(a)

$$\ln\left(\frac{40\,\text{kPa}}{10\,\text{kPa}}\right) = \left(\frac{\Delta_V H}{8.314\,\text{J K}^{-1}\,\text{mol}^{-1}}\right) \times \left(\frac{1}{359.0\,\text{K}} - \frac{1}{392.5\,\text{K}}\right),$$

$$1.40\overline{5} = \Delta_V H \times (2.8\overline{6} \times 10^{-5}\,\text{J}^{-1}\,\text{mol}),$$

$$\Delta_V H = 49.\overline{1}\,\text{kJ mol}^{-1}.$$

(b) Der normale Siedepunkt entspricht einem Dampfdruck von 760 Torr. Mit den Daten für 119.3 °C erhalten wir

$$\ln\left(\frac{101.3\,\text{kPa}}{5.3\,\text{kPa}}\right) = \left(\frac{49.\overline{1} \times 10^3\,\text{J mol}^{-1}}{8.314\,\text{J K}^{-1}\,\text{mol}^{-1}}\right) \times \left(\frac{1}{392.5\,\text{K}} - \frac{1}{T_S}\right),$$

$$2.95\overline{0} = 15.\overline{04} - \frac{59\overline{05}\,\text{K}}{T_S}; \quad T_S = 48\overline{8}\,\text{K} = 21\overline{5}\,°\text{C}.$$

Der Literaturwert ist 218 °C.

(c)

$$\Delta_V S(T_S) = \frac{\Delta_V H(T_S)}{T_S} \approx \frac{49.1 \times 10^3\,\text{J mol}^{-1}}{488\,\text{K}} = 101\,\text{J K}^{-1}\,\text{mol}^{-1}.$$

A4.9a Wie in Aufgabe A4.5a finden wir

$$\Delta T = T_{\mathrm{Sm}}(50\,\mathrm{bar}) - T_{\mathrm{Sm}}(1\,\mathrm{bar}) \approx \frac{T_{\mathrm{Sm}}\Delta p M}{\Delta_{\mathrm{Sm}} H}\Delta\left(\frac{1}{\rho}\right).$$

$$\Delta_{\mathrm{Sm}} H = 6.01\,\mathrm{kJ\,mol^{-1}} \quad \text{(vgl. Tabelle 2-3)}$$

$$\Delta T = \left(\frac{(273.15\,\mathrm{K}) \times (49 \times 10^5\,\mathrm{Pa}) \times (18 \times 10^{-3}\,\mathrm{kg\,mol^{-1}})}{6.01 \times 10^3\,\mathrm{J\,mol^{-1}}}\right)$$

$$\times \left(\frac{1}{1.00 \times 10^3\,\mathrm{kg\,m^{-3}}} - \frac{1}{9.2 \times 10^2\,\mathrm{kg\,m^3}}\right) = -0.35\,\mathrm{K}.$$

$$T_{\mathrm{Sm}}(50\,\mathrm{bar}) = (273.15\,\mathrm{K}) - (0.35\,\mathrm{K}) = 272.80\,\mathrm{K}.$$

A4.10a Die Verdampfungsenthalpie setzt sich folgendermaßen zusammen (Zahlenwerte aus Tabelle 2-3):

$$\Delta_{\mathrm{V}} H = \Delta_{\mathrm{V}} U + \Delta_{\mathrm{V}}(pV) = 40.656\,\mathrm{kJ\,mol^{-1}}$$

$$\Delta_{\mathrm{V}}(pV) = p\Delta_{\mathrm{V}} V = p(V_{\mathrm{Gas}} - V_{\mathrm{Fl}}) \approx pV_{\mathrm{Gas}}$$

$$= RT \quad \text{(pro Mol eines idealen Gases)}$$

$$= (8.314\,\mathrm{J\,K^{-1}mol^{-1}}) \times (373.2\,\mathrm{K}) = 3.102 \times 10^3\,\mathrm{kJ\,mol^{-1}}$$

Der Anteil ist $\dfrac{\Delta_{\mathrm{V}}(pV)}{\Delta_{\mathrm{V}} H} = \dfrac{3.102 \times 10^3\,\mathrm{kJ\,mol^{-1}}}{40.656\,\mathrm{kJ\,mol^{-1}}} = 0.07630 \approx 7.6\,\%.$

Schwerere Aufgaben

Rechenaufgaben

4.1 Am Tripelpunkt (Temperatur T_3) sind die Dampfdrücke von Flüssigkeit und Festkörper gleich. Damit folgt

$$10.5916 - \frac{1871.2\,\mathrm{K}}{T_3} = 8.3186 - \frac{1425.7\,\mathrm{K}}{T_3}; \quad T_3 = 196.0\,\mathrm{K}.$$

$$\log(p_3/\mathrm{Torr}) = \frac{-1871.2\,\mathrm{K}}{196.0\,\mathrm{K}} + 10.5916 = 1.044\overline{7}; \quad p_3 = 11.1\,\mathrm{Torr}.$$

4.3 (a) Mit der Clapeyron'schen Gleichung (Gl. (4-6)) ergibt sich

$$\frac{\mathrm{d}p}{\mathrm{d}T} = \frac{\Delta_{\mathrm{V}} S}{\Delta_{\mathrm{V}} V} = \frac{\Delta_{\mathrm{V}} H}{T_{\mathrm{S}}\Delta_{\mathrm{V}} V}$$

$$= \frac{14.4 \times 10^3\,\mathrm{J\,mol^{-1}}}{(180\,\mathrm{K}) \times \left(14.5 \times 10^{-3} - 1.15 \times 10^{-4}\right)\,\mathrm{m^3\,mol^{-1}}} = +5.56\,\mathrm{kPa\,K^{-1}}.$$

(b) Mit $\mathrm{d}\ln p = \mathrm{d}p/p$ erhalten wir nach Gl. (4-11)

$$\frac{\mathrm{d}p}{\mathrm{d}T} = \frac{\Delta_\mathrm{V} H}{RT^2} \times p$$
$$= \frac{\left(14.4 \times 10^3\ \mathrm{J\ mol^{-1}}\right) \times \left(1.013 \times 10^5\ \mathrm{Pa}\right)}{\left(8.314\ \mathrm{J\ K^{-1}\ mol^{-1}}\right) \times (180\ \mathrm{K})^2} = +5.42\ \mathrm{kPa\ K^{-1}}.$$

Der relative Fehler beträgt 2.5 %.

4.5 (a) Nach Gl. (4-13) ist

$$\left(\frac{\partial \mu(\mathrm{l})}{\partial p}\right)_T - \left(\frac{\partial \mu(\mathrm{s})}{\partial p}\right)_T = V_\mathrm{m}(\mathrm{l}) - V_\mathrm{m}(\mathrm{s}) = M\Delta\left(\frac{1}{\rho}\right)$$
$$= \left(18.02\ \mathrm{g\ mol^{-1}}\right) \times \left(\frac{1}{1.000\ \mathrm{g\ cm^{-3}}} - \frac{1}{0.917\ \mathrm{g\ cm^{-3}}}\right)$$
$$= -1.63\ \mathrm{cm^3\ mol^{-1}}.$$

(b)

$$\left(\frac{\partial \mu(\mathrm{g})}{\partial p}\right)_T - \left(\frac{\partial \mu(\mathrm{l})}{\partial p}\right)_T = V_\mathrm{m}(\mathrm{g}) - V_\mathrm{m}(\mathrm{l})$$
$$= \left(18.02\ \mathrm{g\ mol^{-1}}\right)$$
$$\times \left(\frac{1}{0.598\ \mathrm{g\ dm^{-3}}} - \frac{1}{0.958 \times 10^3\ \mathrm{g\ dm^{-3}}}\right)$$
$$= +30.1\ \mathrm{dm^3\ mol^{-1}}.$$

Bei $1.\bar{0}$ atm und 100 ℃ ist $\mu(\mathrm{l}) = \mu(\mathrm{g})$; Bei 1.2 atm und 100 ℃ ist daher (vgl. Aufgabe 4.4)

$$\mu(\mathrm{g}) - \mu(\mathrm{l}) \approx \Delta V_\mathrm{V} \Delta p$$
$$= \left(30.1 \times 10^{-3}\ \mathrm{m^3\ mol^{-1}}\right) \times (0.2) \times \left(1.013 \times 10^5\ \mathrm{Pa}\right) \approx +0.6\ \mathrm{kJ\ mol^{-1}}.$$

Wegen $\mu(\mathrm{g}) > \mu(\mathrm{l})$ besteht eine thermodynamische Tendenz zum Kondensieren des Gases zur Flüssigkeit.

4.7 Die Stoffmenge (d. h. die Anzahl der Mole) verdampften Wassers ist $n_\mathrm{g} = \dfrac{p_{\mathrm{H_2O}} V}{RT}$.

Die vom Wasser abgegebene Wärmemenge ist $q = n\Delta_\mathrm{V} H$.

Die Temperaturänderung des Wassers ist $\Delta T = \frac{-q}{nC_{p,m}}$. Dabei ist n die Stoffmenge des flüssigen Wassers. Es folgt

$$\Delta T = \frac{-p_{H_2O} V \Delta_V H}{RTnC_{p,m}}$$

$$= \frac{-(3.17\,\text{kPa}) \times \left(50.0\,\text{dm}^3\right) \times \left(44.0 \times 10^3\,\text{J mol}^{-1}\right)}{\left(8.314\,\text{kPa dm}^3\,\text{K}^{-1}\,\text{mol}^{-1}\right) \times (298.15\,\text{K}) \times \left(75.5\,\text{J K}^{-1}\,\text{mol}^{-1}\right) \times \left(\frac{250\,\text{g}}{18.02\,\text{g mol}^{-1}}\right)}$$

$$= -2.7\text{K}.$$

Damit liegt die Endtemperatur bei etwa 22 ℃.

4.9 (a) Gehen Sie genauso vor wie in Aufgabe 4.8, allerdings ist hier $T_S = 227.5$ ℃, wie aus den Werten hervorgeht. Beginnen Sie mit der Clausius-Clapeyron'schen Gleichung (Gl. (4-11))

$$\frac{d \ln p}{dp} = \frac{\Delta_V H}{RT^2}.$$

Die unbestimmte Integration ergibt $\ln p = \text{const.} - \frac{\Delta_V H}{RT}$. Bei der Auftragung von $\ln p$ gegen $\frac{1}{T}$ ist $\frac{\Delta_V H}{RT}$ die Steigung der Geraden.

(b) Stellen Sie folgende Tabelle auf:

θ/℃	57.4	100.4	133.0	157.3	203.5	227.5
T/K	330.6	373.6	406.2	430.5	476.7	500.7
1000 K/T	3.02	2.68	2.46	2.32	2.10	2.00
ln p/Torr	0.00	2.30	3.69	4.61	5.99	6.63

Die Punkte sind in Abb. 4-2 aufgetragen. Die Steigung beträgt -6.4×10^3 K, und es ist

$$\frac{-\Delta_V H}{R} = -6.4 \times 10^3\ \text{K},$$

und damit $\Delta_V H = +53\ \text{kJ mol}^{-1}$.

4.11 (a) Das Phasendiagramm ist in Abb. 4-3 gezeigt.

(b) Der Standardschmelzpunkt ist die Temperatur, bei der die feste und die flüssige Phase bei einem Druck von 1 bar im Gleichgewicht sind. Diese Temperatur lässt

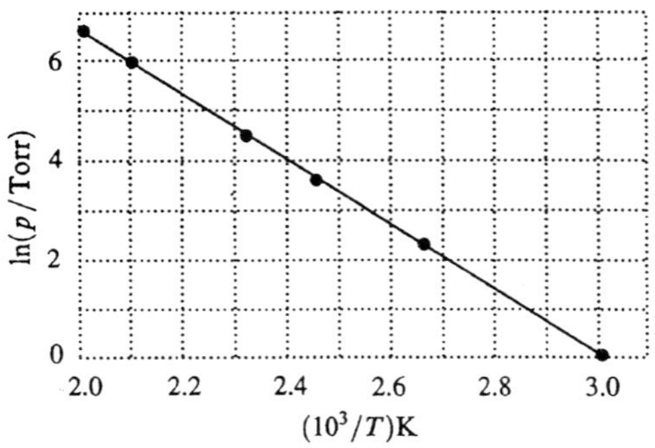

Abb. 4-2

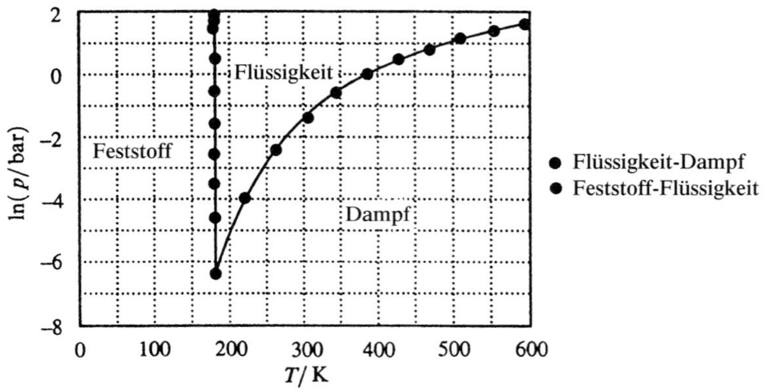

Abb. 4-3

sich finden, indem man die Gleichung für die Phasengrenzlinie für die Koexistenz von flüssiger und fester Phase nach der Temperatur auflöst:

$$1 = p_3/\text{bar} + 1000(5.60 + 11.727x)x.$$

Man erhält dann eine quadratische Gleichung

$$11727x^2 + 5600x + \left(4.362 \times 10^{-7} - 1\right) = 0$$

mit der Lösung

$$x = \frac{-5600 \pm \left\{(5600)^2 - 4\,(11\,727) \times (-1)\right\}^{1/2}}{2\,(11\,727)}$$
$$= \frac{-1 \pm \{1 + (4(11\,727)/5600^2)\}^{1/2}}{2\,((11\,727)/5600)}.$$

Der Wurzelausdruck ist umgeformt, um klarzumachen, dass er der Form $\{1 + a\}^{1/2}$ mit $a \ll 1$ genügt; daher ist der Zähler näherungsweise $-1 + \left(1 + \frac{1}{2}a\right) = \frac{1}{2}a$; der komplette Ausdruck lässt sich dann auf

$$x \approx 1/5600 = 1.79 \times 10^{-4}$$

reduzieren. Damit ist der Schmelzpunkt

$$T = (1 + x)\,T_3 = (1.000179) \times (178.15\ \mathrm{K}) = 178.18\ \mathrm{K}.$$

(c) Der Standardsiedepunkt ist die Temperatur, bei der die flüssige und gasförmige Phase bei einem Druck von 1 bar im Gleichgewicht sind. Diese Temperatur lässt sich finden, indem man die Gleichung für die Phasengrenzlinie für die Koexistenz von flüssiger und gasförmiger Phase nach der Temperatur auflöst. Diese Gleichung ist zu kompliziert, um sie analytisch zu behandeln, man kann sie jedoch relativ einfach mit einem Tabellenkalkulationsprogramm numerisch lösen. Die berechnete Antwort ist $T = 383.6\ \mathrm{K}$.

(d) Die Steigung der Phasengrenzlinie Flüssigkeit–Dampf ist gegeben durch

$$\frac{\mathrm{d}p}{\mathrm{d}T} = \frac{\Delta_V H^\ominus}{T\Delta_V V^\ominus} \quad \text{und damit}$$

$$\Delta_V H^\ominus = T\Delta_V V^\ominus \frac{\mathrm{d}p}{\mathrm{d}T}.$$

Man erhält die Steigung, indem man die Gleichung der Phasengrenzlinie differenziert.

$$\frac{\mathrm{d}p}{\mathrm{d}T} = p\frac{\mathrm{d}\ln \mathrm{p}}{\mathrm{d}T} = p\frac{\mathrm{d}\ln \mathrm{p}}{\mathrm{d}y}\frac{\mathrm{d}y}{\mathrm{d}T},$$

$$\frac{\mathrm{d}p}{\mathrm{d}T} = \left(\frac{10.413}{y^2} - 15.996 + 2(14.015)y - 3(5.0120)y^2 - (1.70) \times (4.7224) \times (1-y)^{0.70}\right) \times \left(\frac{p}{T_c}\right).$$

Am Siedepunkt ist $y = 0.6458$, also gilt

$$\frac{\mathrm{d}p}{\mathrm{d}T} = 2.851 \times 10^{-2}\ \mathrm{bar\ K^{-1}} = 2.851\ \mathrm{kPa\ K^{-1}}$$

$$\text{und}\quad \Delta_V H^\ominus = (383.6\ \mathrm{K}) \times \left(\frac{(30.3 - 0.12)\ \mathrm{dm^3\ mol^{-1}}}{1000\ \mathrm{dm^3\ m^{-3}}}\right) \times \left(2.851\ \mathrm{kPa\ K^{-1}}\right) = 33.0\ \mathrm{kJ\ mol^{-1}}.$$

Theoretische Aufgaben

4.13 $$\left(\frac{\partial \Delta G}{\partial p}\right)_T = \left(\frac{\partial G_\beta}{\partial p}\right)_T - \left(\frac{\partial G_\alpha}{\partial p}\right)_T = V_\beta - V_\alpha.$$

Daher ist ΔG für $V_\beta = V_\alpha$ unabhängig vom Druck. Im Allgemeinen ist aber $V_\beta \neq V_\alpha$, sodass ΔG nicht null ist; der Betrag ist aber klein, da auch $V_\beta - V_\alpha$ klein ist.

4.15 Die Anzahl der Mole des durch die Flüssigkeit perlenden Gases ist $\frac{pV}{RT}$. Darin ist P der Anfangsdruck des Gases und der entweichenden Gasmischung.

Die Anzahl der Mole des abgeführten Dampfes ist $\frac{m}{M}$.

Der Stoffmengenanteil des Dampfes in der Gasmischung ist $\frac{m/M}{(m/M)+(pV/RT)}$.

Der Partialdruck des Dampfes ist $p = \frac{m/M}{(m/M)+(pV/RT)} \times p = \frac{p\,(mRT/PVM)}{(mRT/PVM)+1} = \frac{mPA}{mA+1}$ mit $A = \frac{RT}{PVM}$.

Für Geraniol ist $M = 154.2 \text{ g mol}^{-1}$. Mit $T = 383$ K, $V = 5.00 \text{ dm}^3$, $p = 1.00$ atm und $m = 0.32$ g folgt

$$A = \frac{\left(8.206 \times 10^{-2} \text{ dm}^3 \text{ atm K}^{-1} \text{ mol}^{-1}\right) \times (383 \text{ K})}{(1.00 \text{ atm}) \times \left(5.00 \text{ dm}^3\right) \times \left(154.2 \times 10^{-3} \text{ kg mol}^{-1}\right)} = 40.7\overline{6} \text{ kg}^{-1}.$$

Damit gilt für den gesuchten Dampfdruck

$$p = \frac{(0.32 \times 10^{-3} \text{ kg}) \times (760 \text{ Torr}) \times \left(40.76 \text{ kg}^{-1}\right)}{(0.32 \times 10^{-3} \text{ kg}) \times \left(40.76 \text{ kg}^{-1}\right) + 1} = \boxed{9.8 \text{ Torr}}.$$

4.17 In jeder Phase sind die Steigungen nach Gl. (4-1)egeben durch

$$\left(\frac{\partial \mu}{\partial T}\right)_p = -S_\text{m}.$$

Trägt man μ gegen T auf, so ergibt sich für die Krümmungen der Graphen (vgl. Aufgabe 3.26)

$$\left(\frac{\partial^2 \mu}{\partial T^2}\right)_p = -\left(\frac{\partial S_\text{m}}{\partial T}\right)_p = \boxed{-\frac{1}{T} \times C_{p,\text{m}}}.$$

Weil $C_{p,\text{m}}$ stets positiv ist, müssen die Krümmungen in allen Aggregatzuständen negativ sein. Oft (aber nicht immer) ist $C_{p,\text{m}}$ für den flüssigen Zustand am größten; die Stärke der Krümmung wird aber durch den Quotienten $C_{p,\text{m}}/T$ bestimmt. Daher kann es auf die Frage nach dem Zustand mit der größten Krümmung des Graphen keine genaue Antwort geben. Sie hängt von der untersuchten Substanz ab.

4.19

$$S_m = S_m(T, p), \qquad dS_m = \left(\frac{\partial S_m}{\partial T}\right)_p dT + \left(\frac{\partial S_m}{\partial p}\right)_T dp.$$

$$\left(\frac{\partial S_m}{\partial T}\right)_p = \frac{C_p}{T} \quad \text{[(vgl. Aufgabe 3.26)]},$$

$$\left(\frac{\partial S_m}{\partial p}\right)_T = -\left(\frac{\partial V_m}{\partial T}\right)_p \quad \text{[(Maxwell'sche Relation)]}.$$

$$dq_{rev} = T\, dS_m = C_p\, dT - T\left(\frac{\partial V_m}{\partial T}\right)_p dp.$$

$$C_S = \left(\frac{\partial q}{\partial T}\right)_S = C_p - TV_m\alpha\left(\frac{\partial p}{\partial T}\right)_S$$

$$= C_p - \alpha V_m \times \frac{\Delta_{Trans} H}{\Delta_{Trans} V} \quad \text{[vgl. Gl. (4.7)]}.$$

Anwendungsaufgaben

4.21 (a) Von der Dieterici-Gleichung heißt es, sie habe in der Nähe des kritischen Punkts eine gute Genauigkeit. Sie versagt jedoch völlig bei hohen Dichten, wo sich V_m langsam dem Wert des Dieterici-Koeffizienten b nähert. Wir werden diese Gleichung benutzen, um eine praktikable Formel für die Berechnungen abzuleiten (vgl. Tabelle 1-7):

$$p_r = \frac{e^2 T_r e^{-2/T_r V_r}}{2V_r - 1}.$$

Setzen wir die Zustandsableitungen $(\partial p_r/\partial T_r)_{V_r} = (2 + T_r V_r) p_r / T_r^2 V_r$ in die reduzierte Form von Gl. (3-48) ein, so erhalten wir mit $U_r = U/p_{krit} V_{krit}$

$$\left(\frac{\partial U_r}{\partial V_r}\right)_{T_r} = T_r\left(\frac{\partial p_r}{\partial T_r}\right)_{V_r} - p_r = \frac{2p_r}{T_r V_r}.$$

Die Integration entlang der Isotherme T_r von einem unendlichen Volumen bis zu V_r erzeugt dann die praktisch verwendbare Gleichung.

$$\Delta U_r(T_r, V_r) = -\int_{T_r=\text{const.}}^{\infty} \frac{2p_r(T_r, V_r)}{T_r V_r} dV_r.$$

Die Integration wird mithilfe von mathematischer Software durchgeführt.

(b) Vgl. Abb. 4-4a.

(c) Für den Löslichkeitsparameter gilt $\delta(T_r, V_r) = \sqrt{-p_{krit}\Delta U_r / V_r}$ mit $p_{krit} = 72.9$ atm.

Die Auflösungskraft von Kohlendioxid sollte vergleichbar mit der von Tetrachlorkohlenstoff sein (d. h. $8 \le \delta \le 9$), wenn der reduzierte Druck im passenden Bereich liegt, d. h. 0.85 bis 0.90 für $T_r = 1$. Vgl. Abb. 4-4b.

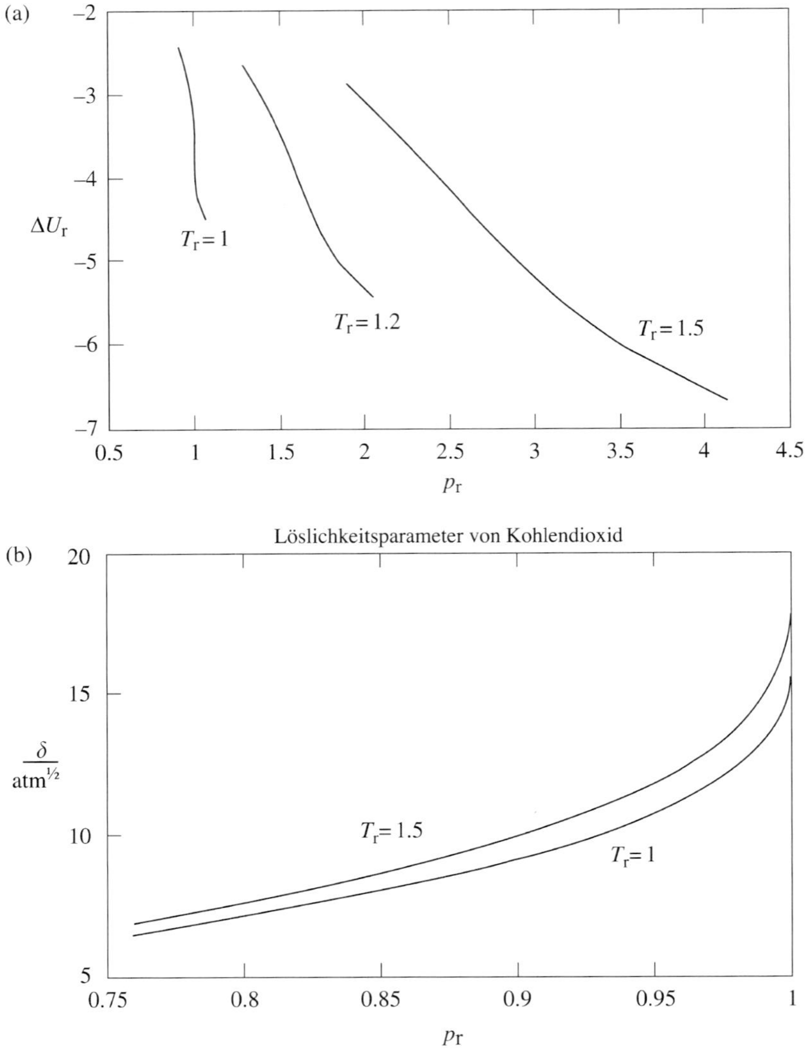

Abb. 4-4

4.23 Die Freie Standardreaktionsenthalpie für die Umwandlungsreaktion

$$\text{C (Graphit)} \rightleftharpoons \text{C (Diamant)}$$

liegt für $T_c = 25\,°\text{C}$ bei $\Delta_R G^\ominus = 2.8678\,\text{kJ mol}^{-1}$.

Wir wollen den Druck berechnen, für den $\Delta_r G = 0$ gilt; oberhalb dieses Drucks läuft die Reaktion spontan ab. Gleichung (3-50) gibt die Änderungsgeschwindigkeit von $\Delta_R G$ bei Änderung von p bei konstanter Temperatur T an.

$$\left(\frac{\partial \Delta_R G}{\partial p}\right)_T = \Delta_R V = (V_D - V_G)M \qquad (1)$$

Hierbei ist M die molare Masse des Kohlenstoffs; V_D und V_G sind die spezifischen Volumina von Diamant bzw. Graphit.

$\Delta_R G(T_c, p)$ lässt sich in eine Taylor-Reihe um den Druck $p^{\ominus} = 100\,\text{kPa}$ bei T_c entwickeln.

$$\Delta_R G(T_c, p) = \Delta_R G^{\ominus}(T_c, p^{\ominus}) + \left(\frac{\partial \Delta_R G(T_c, p^{\ominus})}{\partial p}\right)_T (p - p^{\ominus}) \tag{2}$$

$$+ \frac{1}{2}\left(\frac{\partial^2 \Delta_r G^{\ominus}(T, p^{\ominus})}{\partial p^2}\right)_T (p - p^{\ominus})^2 + \theta (p - p^{\ominus})^3 .$$

Wir vernachlässigen die Terme dritter und höherer Ordnung. Die Ableitung des Terms erster Ordnung lässt sich mit Gl. (1) berechnen. Mit dieser Gleichung erhält man auch einen Ausdruck für die Ableitung des Terms zweiter Ordnung.

Durch Kombination von Gl. (2-52) mit Gl. (2-22) erhält man

$$\left(\frac{\partial^2 \Delta_R G}{\partial p^2}\right)_T = \left\{\left(\frac{\partial V_D}{\partial p}\right)_T - \left(\frac{\partial V_G}{\partial p}\right)_T\right\} M = \{V_G \kappa_T(\text{G}) - V_D \kappa_T(\text{D})\} M. \tag{3}$$

Wir berechnen die Ableitung von Gl. (1) und (2) bei T_c und $p^{\ominus}$ und erhalten

$$\left(\frac{\partial \Delta_R G(T_c, p^{\ominus})}{\partial p}\right)_T = (0.284 - 0.444) \times \left(\frac{\text{cm}^3}{\text{g}}\right) \times \left(\frac{12.01\,\text{g}}{\text{mol}}\right)$$

$$= -1.92\,\text{cm}^3\,\text{mol}^{-1} \tag{4}$$

und

$$\left(\frac{\partial^2 \Delta_R G(T_c, p^{\ominus})}{\partial p^2}\right)_T = \{0.444(3.04 \times 10^{-8}) - 0.284(0.187 \times 10^{-8})\}$$

$$\times \left(\frac{\text{cm}^3\,\text{kPa}^{-1}}{\text{g}}\right) \times \left(\frac{12.01\,\text{g}}{\text{mol}}\right)$$

$$= 1.56 \times 10^{-7}\,\text{cm}^3\,(\text{kPa})^{-1}\,\text{mol}^{-1}. \tag{5}$$

Für die weitere Rechnung ist es bequemer, den Wert von $\Delta_R G^{\ominus}$ in den Einheiten $\text{cm}^3\,\text{kPa}\,\text{mol}^{-1}$ auszudrücken.

$$\Delta_R G^{\ominus} = 2.8678\,\text{kJ mol}^{-1} \left\{\frac{8.315 \times 10^{-2}\,\text{dm}^3\,\text{bar K}^{-1}\text{mol}^{-1}}{8.315\text{J K}^{-1}\text{mol}^{-1}} \times \left(\frac{10^3\,\text{cm}^3}{\text{dm}^3}\right) \times \left(\frac{10^5\,\text{Pa}}{\text{bar}}\right)\right\} \tag{6}$$

Mit dem Wert $\Delta_r G^{\ominus} = 2.8678 \times 10^6\,\text{cm}^3\,\text{kPa}\,\text{mol}^{-1}$ und mit $\chi = p - p^{\ominus}$ ergeben die Gleichungen (2) und (3) bis (6)

$$2.8678 \times 10^6\,\text{cm}^3\,\text{kPa}\,\text{mol}^{-1} - (1.92\,\text{cm}^3\text{mol}^{-1})\chi + (7.80 \times 10^{-8}\,\text{cm}^3\,\text{kPa}^{-1}\,\text{mol}^{-1})\chi^2 = 0 \tag{4.1}$$

für $\Delta_R G(T_c, p) = 0$. Eine reale Wurzel dieser Gleichung ist

$$\chi = 1.60 \times 10^6\,\text{kPa} = p - p^{\ominus} \quad \text{oder}$$

$$p = 1.60 \times 10^6\,\text{kPa} - 10^2\,\text{kPa}$$

$$= 1.60 \times 10^6\,\text{kPa} = 1.60 \times 10^4\,\text{bar}.$$

Oberhalb dieses Drucks läuft die Reaktion spontan ab. Die andere reale Wurzel liegt wesentlich höher: 2.3×10^7 kPa.

Frage: Wie würden Sie die zweite reale Wurzel interpretieren?

5 | Die Eigenschaften einfacher Mischungen

Diskussionsfragen

5.1 Im Gleichgewicht müssen die chemischen Potentenziale aller Komponenten sowohl in der flüssigen als auch in der Dampfphase gleich sein. Dies ist begründet mit der Forderung, dass für Systeme im Gleichgewicht $\Delta G = 0$ gilt, wenn Temperatur und Druck gleich bleiben und keine zusätzliche Arbeit geleistet wird (vgl. Abschnitt 3.2.1 und die Antwort zu Diskussionsfrage 3.3). Hier ist $\Delta G = \mu_i(\mathrm{V}) - \mu_i(\mathrm{l})$ für alle Komponenten i der Lösung; daher müssen die chemischen Potenziale in der flüssigen und in der Dampfphase gleich sein.

5.3 Alle kolligativen Eigenschaften sind eine Funktion der Konzentration der gelösten Stoffe, woraus man schließen kann, dass sich die Konzentration durch eine Messung dieser Eigenschaften bestimmen lässt (vgl. Gleichungen (5-33), (5-34), (5-36), (5-37) und (5-40)). Kennt man die Masse des gelösten Stoffs in der Lösung, kann man seine molare Masse berechnen. Beispielsweise hängen der Molenbruch der gelösten Stoffe und die zugehörige Masse folgendermaßen zusammen:

$$x_\mathrm{B} = \frac{m_\mathrm{B}/M_\mathrm{B}}{m_\mathrm{B}/M_\mathrm{B} + m_\mathrm{A}/M_\mathrm{A}}.$$

Die einzige Unbekannte in diesem Ausdruck ist M_B, nach der man leicht auflösen kann. In Beispiel 5-4 ist ausgeführt, wie sich die molare Masse aus dem osmotischen Druck bestimmen lässt.

5.5 Eine reguläre Lösung hat eine Exzessentropie von null, die Exzessenthalphie dagegen ist nicht null und hängt von der Zusammensetzung ab, beispielsweise so wie in Gl. (5-30) beschrieben. Wir können uns eine reguläre Lösung als eine Lösung vorstellen, in der die verschiedenen Moleküle der Lösung wie in einer idealen Lösung zufällig verteilt sind, allerdings verschiedene Wechselwirkungsenergien miteinander aufweisen.

Leichte Aufgaben

A5.1a Wir schreiben A für Aceton und C für Chloroform. Das Gesamtvolumen der Lösung ist

$$V = n_\mathrm{A} V_\mathrm{A} + n_\mathrm{C} V_\mathrm{C}.$$

Arbeitsbuch Physikalische Chemie. 4. Auflage. P. W. Atkins, C. A. Trapp, M. P. Cady und C. Giunta

ISBN: 978-3-527-31828-5

Gegeben sind V_A und V_c. Also müssen wir n_A und n_C in 1.000 kg einer Lösung mit dem angegebenen Stoffmengenanteil bestimmen. Die Gesamtmasse der Probe beträgt

$$m = n_A M_A + n_C M_C \quad \text{(a)}.$$

Außerdem gilt

$$x_A = \frac{n_A}{n_A + n_C} \quad \text{und damit} \quad (x_A - 1)n_A + x_A n_C = 0.$$

Daraus folgt

$$-x_C n_A + x_A n_C = 0 \quad \text{(b)}.$$

Wir lösen (a) und (b) auf und erhalten

$$n_A = \left(\frac{x_A}{x_C}\right) \times n_C, \quad n_C = \frac{m x_C}{x_A M_A + x_C M_C}.$$

Wegen $x_C = 0.4693$ und $x_A = 1 - x_C = 0.5307$ folgt

$$n_C = \frac{(0.4693) \times (1000\,\text{g})}{[(0.5307) \times (58.08) + (0.4693) \times (119.37)]\,\text{g mol}^{-1}} = 5.404\,\text{mol},$$

$$n_A = \left(\frac{0.5307}{0.4693}\right) \times (5.404)\,\text{mol} = 6.111\,\text{mol}.$$

Das Gesamtvolumen $V = n_A V_A + n_B V_B$ ist also

$$V = (6.111\,\text{mol}) \times (74.166\,\text{cm}^3\,\text{mol}^{-1}) + (5.404\,\text{mol}) \times (80.235\,\text{cm}^3\,\text{mol}^{-1})$$
$$= 886.8\,\text{cm}^3.$$

A5.2a Wir schreiben A für Wasser und B für Ethanol. Das Gesamtvolumen der Lösung ist

$$V = n_A V_A + n_B V_B.$$

Gegeben ist V_A, und wir müssen n_A und n_B bestimmen, damit wir nach V_B auflösen können.

Angenommen, es liegen $100\,\text{cm}^3$ Lösung vor. Dann ist die Masse der Lösung

$$m = d \times V = (0.914\,\text{g cm}^{-3}) \times (100\,\text{cm}^3) = 91.4\,\text{g}.$$

Davon sind 45.7 g Wasser und 45.7 g Ethanol. Für die Volumina gilt dann

$$100\,\text{cm}^3 = \left(\frac{45.7\,\text{g}}{18.02\,\text{g mol}^{-1}}\right) \times (17.4\,\text{cm}^3\,\text{mol}^{-1}) + \left(\frac{45.7\text{g}}{46.07\,\text{g mol}^{-1}}\right) \times V_B$$
$$= 44.1\overline{3}\,\text{cm}^3 + 0.99\overline{20}\,\text{mol} \times V_B,$$

$$V_B = \frac{55.8\overline{7}\,\text{cm}^3}{0.9920\,\text{mol}} = 56.3\,\text{cm}^3\,\text{mol}^{-1}.$$

A5.3a Wir prüfen, ob $\frac{p_B}{x_B}$ gleich einer Konstanten (nämlich K_B) ist:

x	0.005	0.012	0.019
p/x	6.4×10^3	6.4×10^3	6.4×10^3 kPa

Demnach ist $K_B \approx 6.4 \times 10^3$ kPa.

A5.4a In Aufgabe A5.3a hatten wir die Henry'sche Konstante für Konzentrationen bestimmt, die als Stoffmengenanteile angeben waren. Sind die Konzentrationen dagegen als Molalitäten gegeben, müssen wir in Stoffmengenanteile umrechnen:

$$m(\text{GeCl}_4) = 1000\,\text{g}$$

$$n(\text{GeCl}_4) = \frac{1000\,\text{g}}{214.39\,\text{g mol}^{-1}} = 4.664\,\text{mol}, \quad n(\text{HCl}) = 0.10\,\text{mol}.$$

Also ist $x = \frac{0.10\,\text{mol}}{(0.10\,\text{mol}) + (4.664\,\text{mol})} = 0.021\bar{0}$.

Mit $K_B = 6.4 \times 10^3$ kPa (vgl. Aufgabe A5.3a) folgt $p = (0.021\bar{0} \times 6.4 \times 10^3\,\text{kPa}) = 1.3 \times 10^2\,\text{kPa}$.

A5.5a Wir nehmen an, dass das Lösungsmittel Benzol sich ideal verhält und dem Raoult'schen Gesetz folgt.

Wir schreiben B für Benzol und A für den gelösten Stoff. Dann ist

$$p_B = x_B p_B^* \quad \text{und} \quad x_B = \frac{n_B}{n_A + n_B}.$$

Wir erhalten $p_B = \frac{n_B p_B^*}{n_A + n_B}$, was sich auflösen lässt zu

$$n_A = \frac{n_B(p_B^* - p_B)}{p_B}.$$

Die Masse des vorhandenen A ist m_A. Dann gilt wegen $n_A = \frac{m_A}{M_A}$

$$M_A = \frac{m_A p_B}{n_B(p_B^* - p_B)} = \frac{m_A M_B p_B}{m_B(p_B^* - p_B)}.$$

Mit den gegebenen Werten erhalten wir

$$M_A = \frac{(19.0\,\text{g}) \times (78.11\,\text{g mol}^{-1}) \times (51.5\,\text{kPa})}{(500\,\text{g}) \times (53.3 - 51.5)\,\text{kPa}} = 82\,\text{g mol}^{-1}$$

A5.6a Wir schreiben B für die unbekannte Verbindung und haben dann $M_B = \frac{\text{Masse von B}}{n_B}$. Mit der Molalität m_B von B gilt dann

$$n_B = \text{Masse von } CCl_4 \times n_B .$$

Mit der kryoskopischen Konstante K_K aus Gl. (5-37) erhalten wir

$$n_B = \frac{\Delta T}{K_K} \quad \text{und damit}$$

$$M_B = \frac{\text{Masse von B} \times K_K}{\text{Masse von } CCl_4 \times \Delta T} .$$

Mit dem Wert $K_K = 30\,\text{K}/(\text{mol}\,\text{kg}^{-1})$ aus Tabelle 5-2 folgt

$$M_B = \frac{(100\,\text{g}) \times (30\,\text{K}\,\text{kg}\,\text{mol}^{-1})}{(0.750\,\text{kg}) \times (10.5\,\text{K})} = 381\,\text{g}\,\text{mol}^{-1} .$$

A5.7a Nach Gl. (5-37) haben wir $\Delta T = K_K m_B$ und damit

$$m_B = \frac{n_B}{\text{Masse des Wassers}} \approx \frac{n_B}{V\rho} \quad [\text{verdünnte Lösung}].$$

Die Dichte der Lösung ist etwa gleich derjenigen des Wassers: $\rho \approx 10^3\,\text{kg}\,\text{m}^{-3}$.

Nach Gl. (5-40) ist $n_B \approx \frac{\Pi V}{RT}$, $\quad \Delta T \approx K_K \times \frac{\Pi}{RT\rho}$.

Mit $K_K = 1.86\,\text{K}/(\text{mol}\,\text{kg}^{-1})$ (vgl. Tabelle 5-2) erhalten wir

$$\Delta T \approx \frac{(1.86\,\text{K}\,\text{kg}\,\text{mol}^{-1}) \times (120 \times 10^3\,\text{Pa})}{(8.314\,\text{J}\,\text{K}^{-1}\,\text{mol}^{-1}) \times (300\,\text{K}) \times (10^3\,\text{kg}\,\text{m}^{-3})} = 0.089\,\text{K}.$$

Die Lösung wird also bei etwa $-0.09\,°\text{C}$ erstarren.

Anmerkung: Osmotische Drücke sind prinzipiell hoch. Selbst verdünnte Lösungen mit geringer Gefrierpunktserniedrigung zeigen hohe osmotische Drücke.

A5.8a Wir bezeichnen die beiden Gase mit A und B. Nach Gl. (5-18) ist dann

$$\Delta_M G = nRT\{x_A \ln x_A + x_B \ln x_B, \quad x_A = x_B = 0.5, \quad n = \frac{pV}{RT} .$$

Es folgt

$$\Delta_M G = (pV) \times \left(\frac{1}{2}\ln\frac{1}{2} + \frac{1}{2}\ln\frac{1}{2}\right) = -pV \ln 2$$

$$= (-1.0) \times (1.013 \times 10^5\,\text{Pa}) \times (5.0 \times 10^{-3}\,\text{m}^3) \times (\ln 2)$$

$$= -3.5 \times 10^2\,\text{J} = -0.35\,\text{kJ} .$$

Mit Gl. (5-19) erhalten wir

$$\Delta_M S = -nR\{x_A \ln x_A + x_B \ln x_B\} = \frac{-\Delta_M G}{T} = \frac{-0.35\,\text{kJ}}{298\,\text{K}} = +1.2\ \text{J K}^{-1}\,.$$

A5.9a Nach Gl. (5.19) gilt $\Delta_M S = -nR \sum_j x_j \ln x_j$.

Für molare Mengen ist daher

$$\begin{aligned}\Delta_M S &= -R \sum_j x_j \ln x_j \\ &= -R[(0.782 \ln 0.782) + (0.209 \ln 0.209) + (0.009 \ln 0.009) \\ &\qquad + (0.0003 \ln 0.0003)] \\ &= 0.564R = +4.7\ \text{J K}^{-1}\ \text{mol}^{-1}\,.\end{aligned}$$

A5.10a Hexan und Heptan bilden miteinander nahezu ideale Mischungen. Daher ist Gl. (5-19) anwendbar:

$$\Delta_M S = -nR(x_A \ln x_A + x_B \ln x_B).$$

Dies müssen wir nach x_A ableiten und prüfen, für welche Werte von x_A die Ableitung null ist. Wegen $x_B = 1 - x_A$ haben wir folgende Gleichung abzuleiten:

$$\Delta_M S = -nR\{x_A \ln x_A + (1 - x_A)\ln(1 - x_A)\}.$$

Wegen $\frac{d \ln x}{dx} = \frac{1}{x}$ folgt

$$\frac{d\Delta_M S}{dx_A} = -nR\{\ln x_A + 1 - \ln(1 - x_A) - 1\} = -nR \ln \frac{x_A}{1 - x_A}.$$

Dies ist null für $x_A = \frac{1}{2}$. Die Mischungsentrhopie ist also maximal, wenn die Stoffmengenanteile beider Komponenten gleich groß sind.

(a) $$\frac{n(\text{Hex})}{n(\text{Hep})} = 1 = \frac{\left(\frac{m(\text{Hex})}{M(\text{Hex})}\right)}{\left(\frac{m(\text{Hep})}{M(\text{Hep})}\right)}.$$

(b) $$\frac{m(\text{Hex})}{m(\text{Hep})} = \frac{M(\text{Hex})}{M(\text{Hep})} = \frac{86.17\,\text{g mol}^{-1}}{100.20\,\text{g mol}^{-1}} = 0.8600.$$

A5.11a Drücken wir die Konzentrationen in Molalitäten aus, lässt sich das Henry'sche Gesetz (Gl. (5-26)) auf die Form $p_B = b_B K$ bringen. Lösen wir nach der Löslichkeit b auf, so erhalten wir $b_B = \frac{p_B}{K}$.

(a) $p_B = 0.10 \text{ atm} = 10.1 \text{ kPa}$.

$$b = \frac{10.1 \text{ kPa}}{3.01 \times 10^3 \text{ kPa kg mol}^{-1}} = 3.4 \text{ mmol kg}^{-1}.$$

(b) $p_B = 1.00 \text{ atm} = 101.3 \text{ kPa}$.

$$b = \frac{101.3 \text{ kPa}}{3.01 \times 10^3 \text{ kPa kg mol}^{-1}} = 34 \text{ mmol kg}^{-1}.$$

A5.12a Wie in Aufgabe A5.11 haben wir

$$b_B = \frac{p_B}{K} = \frac{5.0 \times 101.3 \text{ kPa}}{3.01 \times 10^3 \text{ kPa kg mol}^{-1}} = 0.17 \text{ mol kg}^{-1}.$$

Also ist die Molalität der Lösung etwa 0.17 mol kg^{-1}. Weil in verdünnten wässrigen Lösungen Molalitäten und molare Konzentrationen etwa gleich sind, beträgt die molare Konzentration ungefähr 0.17 mol dm^{-3}.

A5.13a Die Löslichkeit (in Gramm) von Anthracen pro Kilogramm Benzol erhält man aus dem Stoffmengenanteil mithilfe von Gl. (5-39); darin bezeichnet B den gelösten Stoff (Anthracen):

$$\begin{aligned} \ln x_B &= \frac{\Delta_{\text{Sm}} H}{R} \times \left(\frac{1}{T^*} - \frac{1}{T}\right) \\ &= \left(\frac{28.8 \times 10^3 \text{ J mol}^{-1}}{8.314 \text{ J K}^{-1} \text{ mol}^{-1}}\right) \times \left(\frac{1}{490.15 \text{ K}} - \frac{1}{298.15 \text{ K}}\right) = -4.55. \end{aligned}$$

Damit ist $x_B = e^{-4.55} = 0.0106$.

Wegen $x_B \ll 1$ ist $\quad x(\text{Anthracen}) \approx \frac{n(\text{Anthracen})}{n(\text{Benzol})}$.

In 1 kg Benzol ist daher

$$\begin{aligned} n(\text{Anthracen}) &\approx x(\text{Anthracen}) \times \left(\frac{1000 \text{ g}}{78.11 \text{ g mol}^{-1}}\right) \approx (0.0106) \times (12.80 \text{ mol}) \\ &= 0.136 \text{ mol}. \end{aligned}$$

Die Molalität der Lösung ist daher $0.136 \text{ mol kg}^{-1}$. Wegen $M = 178 \text{ g mol}^{-1}$ entsprechen die 0.136 mol einer Menge von 24 g Anthracen in 1 kg Benzol.

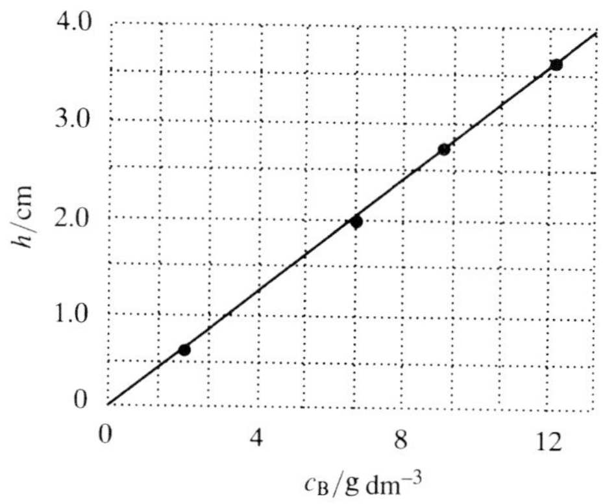

Abb. 5-1

A5.14a Den besten Wert für die molare Masse erhalten wir aus den Daten, die sich bei der Extrapolation auf die Konzentration null ergeben, da man unter diesen Bedingungen Gl. (5-40) anwenden kann.

$$\Pi V = n_B RT \quad \text{und daher} \quad \Pi = \frac{mRT}{MV} = \frac{cRT}{M} \quad \text{mit} \quad c = \frac{m}{V}.$$

Der hydrostatische Druck ist $\Pi = \rho g h$, es folgt also

$$h = \left(\frac{RT}{\rho g M}\right) c.$$

Bei einer Auftragung von h gegen c gibt die Steigung also den Quotienten $\frac{RT}{\rho g M}$ an (vgl. Abb. 5.1).

Die Steigung der Geraden ist $0.29\,\text{cm}/(\text{g dm}^{-3})$. Es folgt

$$\frac{RT}{\rho g M} = \frac{0.29\,\text{cm}}{\text{g dm}^{-3}} = 0.29\,\text{cm dm}^3\,\text{g}^{-1} = 0.29 \times 10^{-2}\,\text{m}^4\,\text{kg}^{-1}$$

und damit

$$\begin{aligned} M &= \frac{RT}{(\rho g) \times (0.29 \times 10^{-2}\,\text{m}^4\,\text{kg}^{-1})} \\ &= \frac{(8.314\,\text{J K}^{-1}\,\text{mol}^{-1}) \times (298.15\,\text{K})}{(1.004 \times 10^3\,\text{kg m}^{-3}) \times (9.81\,\text{m s}^{-2}) \times (0.29 \times 10^{-2}\,\text{m}^4\,\text{kg}^{-1})} \\ &= 87\,\text{kg mol}^{-1}. \end{aligned}$$

A5.15a Für A erhalten wir mit dem Raoult'schen Gesetz und nach Gl. (5-43) mit der Konzentration als Stoffmengenanteil

$$a_A = \frac{p_A}{p_A^*} = \frac{250\,\text{Torr}}{300\,\text{Torr}} = 0.833\,; \qquad \gamma_A = \frac{a_A}{x_A} = \frac{0.833}{0.90} = 0.93\,.$$

Für B erhalten wir mit dem Henry'schen Gesetz und nach Gl. (5-50) mit der Konzentration als Stoffmengenanteil

$$a_B = \frac{p_B}{K_B} = \frac{25\,\text{Torr}}{200\,\text{Torr}} = 0.125; \qquad \gamma_B = \frac{a_B}{x_B} = \frac{0.125}{0.10} = 1.25.$$

Für B erhalten wir mit dem Henry'schen Gesetz und mit der Konzentration als Molalität analog zu Gl. (5-50)

$$a_B = \frac{p_B}{K'_B}.$$

Hier ist K'_B eine modifizierte Henry'sche Konstante, die bei sehr niedrigen Molalität dem Druck von B entspricht. Für den Dampfdruck gilt

$$p_B = \frac{b_B}{b^\ominus} \times K'_B.$$

Dies ist analog zu $p_B = x_B K_B$. Ferner hängen x_B und b_B über $b_B = \dfrac{x_B}{M_A x_A}$ zusammen, und K'_B und K_B sind über die Beziehung $K'_B = x_A M_A b^\ominus K_B$ miteinander verknüpft.

Wir brauchen auch M_A.

$$M_A = \frac{x_B}{x_A b_B} = \frac{0.10}{(0.90) \times (2.22\,\text{mol}\,\text{kg}^{-1})} = 0.050\,\text{kg}\,\text{mol}^{-1}.$$

Damit ist $K'_B = (0.90) \times (0.050\,\text{kg}\,\text{mol}^{-1}) \times (1\,\text{mol}\,\text{kg}^{-1}) \times (200\,\text{Torr}) = 9.0\,\text{Torr}$ und somit

$$a_B = \frac{25\,\text{Torr}}{9.0\,\text{Torr}} = 2.8, \quad \gamma_B = \frac{a_B}{\left(\frac{b_B}{b^\ominus}\right)} = \frac{2.8}{2.22} = 1.25.$$

Anmerkung: Beide Methoden für den „gelösten Stoff" B ergeben verschiedene Werte für die Aktivitäten. Dies ist nachvollziehbar, weil die chemischen Potenziale $\mu^\dagger$ und $\mu^\ominus$ in den Referenzzuständen verschieden sind.

Frage: Wie groß sind Aktivität und Aktivitätskoeffizient von B nach dem Raoult'schen Gesetz?

A5.16a In einer idealen verdünnten Lösung gehorcht das Lösungsmittel (CCl_4) dem Raoult'schen Gesetz, der gelöste Stoff (Br_2) unterliegt dem Henry'schen Gesetz. Also ist

$$p(CCl_4) = x(CCl_4)p^*(CCl_4) = (0.950) \times (33.85\,\text{Torr}) = 32.2\,\text{Torr} \quad \text{(Gl. (5.24))}$$
$$p(Br_2) = x(Br_2)K(Br_2) = (0.050) \times (122.36\,\text{Torr}) = 6.1\,\text{Torr} \quad \text{(Gl. (5.26))}$$
$$p(\text{ges}) = (32.2 + 6.1)\text{Torr} = 38.3\,\text{Torr}.$$

Die Zusammensetzung des Dampfs, der im Gleichgewicht mit der Flüssigkeit steht, ist

$$y(\mathrm{CCl_4}) = \frac{p(\mathrm{CCl_4})}{p(\mathrm{ges})} = \frac{32.2\ \mathrm{Torr}}{38.3\ \mathrm{Torr}} = 0.841,$$

$$y(\mathrm{Br_2}) = \frac{p(\mathrm{Br_2})}{p(\mathrm{ges})} = \frac{6.1\ \mathrm{Torr}}{38.3\ \mathrm{Torr}} = 0.16.$$

A5.17a Wir schreiben A für Aceton und M für Methanol. Nach dem Dalton'schen Gesetz ist dann

$$y_\mathrm{A} = \frac{p_\mathrm{A}}{p_\mathrm{A} + p_\mathrm{M}} = \frac{p_\mathrm{A}}{101.3\ \mathrm{kPa}} = 0.516.$$

$$p_\mathrm{A} = 52.3\ \mathrm{kPa}, \quad p_\mathrm{M} = 49.0\ \mathrm{kPa}.$$

Mit Gl. (5-43) folgt

$$p_\mathrm{A} = \frac{p_\mathrm{A}}{p_\mathrm{A}^*}\,[5.43] = \frac{52.3\ \mathrm{kPa}}{105\ \mathrm{kPa}} = 0.499, \qquad a_\mathrm{M} = \frac{p_\mathrm{M}}{p_\mathrm{M}^*} = \frac{49.0\ \mathrm{kPa}}{73.5\ \mathrm{kPa}} = 0.668.$$

$$\gamma_\mathrm{A} = \frac{a_\mathrm{A}}{x_\mathrm{A}} = \frac{0.499}{0.400} = 1.25, \qquad \gamma_\mathrm{M} = \frac{a_\mathrm{M}}{x_\mathrm{M}} = \frac{0.668}{0.600} = 1.11.$$

A5.18a Nach Gl. (5-70) gilt $I = \frac{1}{2}\sum (b_i/b^\ominus) z_i^2$. Für ein Salz der Zusammensetzung M_pX_q haben wir $(b_+/b^\ominus) = p(b/b^\ominus)$ bzw. $(b_-/b^\ominus) = q(b/b^\ominus)$ und damit

$$I = \frac{1}{2}(pz_+^2 + qz_-^2)\left(\frac{b}{b^\ominus}\right).$$

$$I(\mathrm{KCl}) = \frac{1}{2}(1 \times 1 + 1 \times 1)\left(\frac{b}{b^\ominus}\right) = \left(\frac{b}{b^\ominus}\right).$$

$$I(\mathrm{CuSO_4}) = \frac{1}{2}(1 \times 2^2 + 1 \times 2^2)\left(\frac{b}{b^\ominus}\right) = 4\left(\frac{b}{b^\ominus}\right).$$

$$\begin{aligned} I &= I(\mathrm{KCL}) + I(\mathrm{CuSO_4}) = \left(\frac{b}{b^\ominus}\right)(\mathrm{KCL}) + 4\left(\frac{\mathrm{b}}{\mathrm{b}^\ominus}\right)(\mathrm{CuSO_4}) \\ &= (0.10) + (4) \times (0.20) \\ &= 0.90. \end{aligned}$$

Anmerkung: Beachten Sie, dass die Ionenstärke einer Lösung mit mehr als einem Elektrolyten berechnet werden kann, indem man wie in dieser Aufgabe die Ionenstärken der einzelnen Elektrolyten summiert, so als lägen sie in separaten Lösungen vor. Alternativ lässt sich das Produkt $\frac{1}{2}\left(\frac{b_\mathrm{i}}{b^\ominus}\right) z_\mathrm{i}^2$ für jedes einzelne Ion summieren, vgl. dazu die Definition von I in Gl. (5-71).

A5.19a $I = I(\mathrm{KNO_3}) = \left(\frac{b}{b^{\ominus}}\right)(\mathrm{KNO_3}) = 0.150.$

Also müssen die Ionenstärken der zugefügten Salze 0.100 mol kg^{-1} betragen.

(a) $I(\mathrm{Ca(NO_3)_2}) = \frac{1}{2}(2^2 + 2)\left(\frac{b}{b^{\ominus}}\right) = 3\left(\frac{b}{b^{\ominus}}\right).$

Daher muss für die Lösung gelten: $\frac{1}{3}\times 0.100\ \mathrm{mol\,kg^{-1}} = 0.0333\ \mathrm{mol\,kg^{-1}}$ an $\mathrm{Ca(NO_3)_2}$.
Die zu 500 g der Lösung hinzuzufügende Masse an $\mathrm{Ca(NO_3)_2}$ ist also
$(0.500\ \mathrm{kg}) \times (0.0333\ \mathrm{mol\,kg^{-1}}) \times (164\ \mathrm{g\,mol^{-1}}) = 2.73\ \mathrm{g}.$

(b) $I(\mathrm{NaCl}) = \left(\frac{b}{b^{\ominus}}\right).$

Mit $b = 0.100\ \mathrm{mol\,kg^{-1}}$ ist daher

$(0.500\ \mathrm{kg}) \times (0.100\ \mathrm{mol\,kg^{-1}}) \times (58.4\ \mathrm{g\,mol^{-1}}) = 2.92\ \mathrm{g}.$

(Dabei vernachlässigen wir, dass die Masse der Lösung sich geringfügig von der Masse des Lösungsmittels unterscheidet.)

A5.20a Die Konzentrationen sind so gering, dass sich das Debye-Hückel-Grenzgesetz anwenden lässt und einen genügend genauen Wert für den mittleren Aktivitätskoeffizenten der Ionen liefert. Nach Gl. (5-79) ist daher

$$\log \gamma_{\pm} = -|z_+ z_-| A I^{1/2}.$$

Mit Gl. (5-71) gilt dann

$$I = \frac{1}{2}\sum_i z_i^2 \left(\frac{b_i}{b^{\ominus}}\right) = \frac{1}{2}[(4 \times 0.010) + (1 \times 0.020) + (1 \times 0.030) + (1 \times 0.30)]$$
$$= 0.060.$$

$$\log \gamma_{\pm} = -2 \times 1 \times 0.509 \times (0.060)^{1/2} = -0.24\overline{94}; \quad \gamma_{\pm} = 0.56\overline{3} = 0.56.$$

A5.21a Nach Gl. (5-72) ist $\log \gamma_{\pm} = -\dfrac{A|z_+ z_-| I^{1/2}}{1 + B I^{1/2}}.$

Auflösen nach B ergibt

$$B = -\left(\frac{1}{I^{1/2}} + \frac{A|z_+ z_-|}{\log \gamma_{\pm}}\right).$$

Für HBr ist $I = \left(\frac{b}{b^\ominus}\right)$ und $|z_+z_+| = 1$. Damit folgt

$$B = -\left(\frac{b}{(b/b^\ominus)^{1/2}} + \frac{0.509}{\log \gamma_\pm}\right).$$

Es lässt sich also folgende Tabelle aufstellen:

$(b/b^\ominus)$	5.0×10^{-3}	10.0×10^{-3}	120.0×10^{-3}
$\gamma_\pm$	0.930	0.907	0.879
B	2.01	2.01	2.02

Die Konstanz von B zeigt an, dass der mittlere ionische Aktivitätskoeffzient von HBr dem erweiterten Debye-Hückel-Gesetz sehr gut gehorcht.

Schwerere Aufgaben

Rechenaufgaben

5.1 Nach dem Dalton'schen Gesetz ist $p_A = y_A p$ und $p_B = y_B p$. Wir stellen folgende Tabelle auf:

p_A/kPa	0	1.399	3.566	5.044	6.996	7.940	9.211	10.105	11.287	12.295
x_A	0	0.0898	0.2476	0.3577	0.5194	0.6036	0.7188	0.8019	0.9105	1
y_A	0	0.0410	0.1154	0.1762	0.2772	0.3393	0.4450	0.5435	0.7284	1
p_B/kPa	0	4.209	8.487	11.487	15.462	18.243	23.582	27.334	32.722	36.066
x_B	0	0.0895	0.1981	0.2812	0.3964	0.4806	0.6423	0.7524	0.9102	1
y_B	0	0.2716	0.4565	0.5550	0.6607	0.7228	0.8238	0.8846	0.9590	1

Diese Werte sind in Abb. 5-2 aufgetragen.

Wir dürfen annehmen, dass bei den geringsten Konzentrationen von A und B das Henry-Gesetz gilt. Dann sind die Henry'schen Konstanten gegeben durch

$$K_A = \frac{p_A}{x_A} = 15.58 \text{ kPa} \quad \text{am Punkt bei } x_A = 0.0898.$$

$$K_B = \frac{p_B}{x_B} = 47.03 \text{ kPa} \quad \text{am Punkt bei } x_B = 0.0895.$$

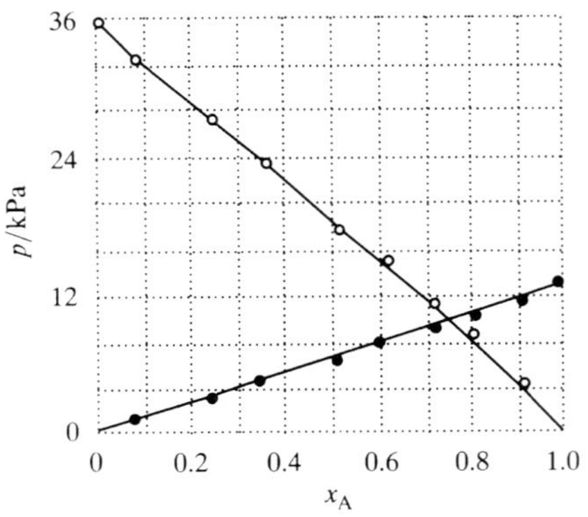

Abb. 5-2

5.3 Analog zu dem Vorgehen in Aufgabe 5.2 erhalten wir (mit $b \equiv b/(\text{mol kg}^{-1})$)

$$V_{\text{Salz}} = \left(\frac{\partial V}{\partial b}\right)_{H_2O} \text{mol}^{-1} = 69.38(b - 0.070)\text{cm}^3\ \text{mol}^{-1}.$$

Mit $b = 0.050$ mol kg^{-1} ist dann $V_{\text{Salz}} = -1.4\ \text{cm}^3\ \text{mol}^{-1}$.

Das gesamte Volumen bei dieser Molalität ist

$$V = (1001.21) + (34.69) \times (0.02)^2\ \text{cm}^3 = 1001.22\,\text{cm}^3.$$

Wie in Aufgabe 5.2 erhalten wir

$$V(H_2O) = \frac{(1001.22\ \text{cm}^3) - (0.050\,\text{mol}) \times (-1.4\,\text{cm}^3\text{mol}^{-1})}{55.49\,\text{mol}} = 18.04\,\text{cm}^2\ \text{mol}^{-1}.$$

Frage: Wie kann man ein negatives partielles Molvolumen interpretieren?

5.5 Wir schreiben E für Ethanol und W für Wasser. Nach Gl. (5-3) erhalten wir

$$V = n_E V_E + n_W V_W.$$

Für eine Mischung mit je 50 Massenprozenten (also mit $m_E = m_W$) ist

$$n_E M_E = n_W M_W \quad \text{bzw.} \quad n_W = \frac{n_E M_E}{M_W}.$$

Es folgt $V = n_E V_E + \dfrac{n_E M_E V_W}{M_W}$.

Auflösen ergibt $n_E = \dfrac{V}{V_E + \dfrac{M_E V_W}{M_W}}$ bzw. $n_W = \dfrac{M_E V}{V_E M_W + M_E V_W}$.

Ferner ist $x_E = \dfrac{n_E}{n_E + n_W} = \dfrac{1}{1 + \dfrac{M_E}{M_W}}$.

Es ist $M_E = 46.07\ \mathrm{g\,mol^{-1}}$ und $M_W = 18.02\ \mathrm{g\,mol^{-1}}$. Damit ist $\dfrac{M_E}{M_W} = 2.557$.

Es folgt $x_E = 0.2811, \quad x_W = 1 - x_E = 0.7189$.

Gemäß Abb. 5-1 im Lehrbuch ist bei dieser Zusammensetzung

$$V_E = 56.0\,\mathrm{cm^3 mol^{-1}} \qquad \text{und} \qquad V_W = 17.5\,\mathrm{cm^3\ mol^{-1}}.$$

Es folgt

$$n_E = \frac{100\,\mathrm{cm^3}}{(56.0\,\mathrm{cm^3\ mol^{-1}}) + (2.557) \times (17.5\,\mathrm{cm^3\ mol^{-1}})} = 0.993\,\mathrm{mol}$$
$$n_W = (2.557) \times (0.993\,\mathrm{mol}) = 2.54\,\mathrm{mol}.$$

Es lässt sich leicht nachprüfen, dass diese Mengen einer Mischung von 50 Massenprozenten beider Komponenten entsprechen:

$$m_E = n_E M_E = (0.993\,\mathrm{mol}) \times (46.07\,\mathrm{g\,mol^{-1}}) = 45.7\,\mathrm{g\ Ethanol},$$
$$m_W = n_W M_W = (2.54\,\mathrm{mol}) \times (18.02\,\mathrm{g\,mol^{-1}}) = 45.7\,\mathrm{g\ Wasser}.$$

Wir entnehmen einer Tabelle (z. B. Tabelle 1-1 im Lehrbuch) die Werte für die Dichte von Ethanol und Wasser bei 20 °C: $\rho_E = 0.789\,\mathrm{g\,cm^{-3}}$, $\rho_W = 0.997\,\mathrm{g\,cm^{-3}}$. Es folgt

$$V_E = \frac{m_E}{\rho_E} = \frac{45.7\,\mathrm{g}}{0.789\,\mathrm{g\,cm^{-3}}} = 57.9\,\mathrm{cm^3}\ \mathrm{Ethanol},$$
$$V_W = \frac{m_W}{\rho_W} = \frac{45.7\,\mathrm{g}}{0.997\,\mathrm{g\,cm^{-3}}} = 45.8\,\mathrm{cm^3}\ \mathrm{Wasser}.$$

Die Volumenänderung bei Zugabe einer geringen Menge an Ethanol ist näherungsweise

$$\Delta V = \int \mathrm{d}V \approx \int V_E\,\mathrm{d}n_E \approx V_E \Delta n_E.$$

Dabei haben wir angenommen, dass V_E und V_W in diesem kleinen Bereich von n_E jeweils konstant sind. Damit folgt

$$\Delta V \approx (56.0\,\mathrm{cm^3 mol^{-1}}) \times \left(\frac{(1.00\,\mathrm{cm^3}) \times (0.789\,\mathrm{g\,cm^{-3}})}{(46.07\,\mathrm{g\,mol^{-1}})} \right) = +0.96\,\mathrm{cm^3}.$$

5.7 $$b_B = \frac{\Delta T}{K_f} = \frac{0.0703\,\mathrm{K}}{1.86\,\mathrm{K/(mol\,kg^{-1})}} = 0.0378\,\mathrm{mol\,kg^{-1}}.$$

Die Molalität der Lösung an $Th(NO_3)_4$ beträgt nominell $0.0096\,\mathrm{mol\,kg^{-1}}$. Also trägt jede Formeleinheit $0.0378/0.0096 \approx$ 4 Ionen bei. Genauere Berechnungen, wie sie in der Originalarbeit beschrieben sind, ergeben einen Wert zwischen etwa 5 und 6.

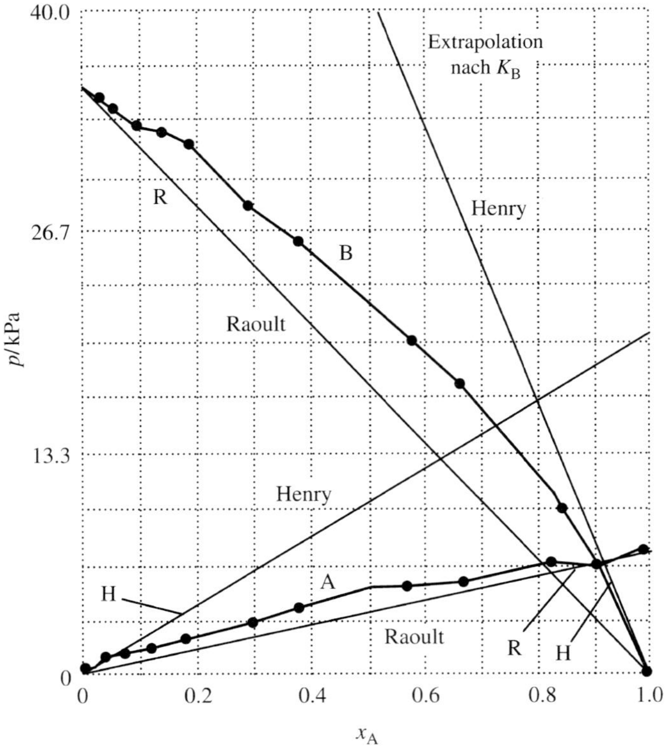

Abb. 5-3

5.9 Die Werte sind in Abb. 5-3 aufgetragen. Die Gebiete, in denen die Dampfdruckkurven ungefähr geradlinig verlaufen, sind mit R für Raoult und H für Henry bezeichnet. A steht für Essigsäure und B für Benzol.

Wie in Aufgabe 5.8 schreiben wir für die Aktivitätskoeffizienten nach dem Raoult'schen Gesetz $\gamma_A = \frac{p_A}{x_A p_A^*}$ und $\gamma_B = \frac{p_B}{x_B p_B^*}$. Entsprechend ist für den Aktivitätskoeffizienten von Benzol nach dem Henry-Gesetz $\gamma_B = \frac{p_B}{x_B K}$ zu setzen; dabei wird K durch Extrapolation bestimmt. Wir verwenden die Werte $p^*{}_A = 7.3$ kPa, $p_B^* = 35.2$ kPa und $K^*{}_B = 80.0$ kPa und stellen damit folgende Tabelle auf:

x_A	0	0.2	0.4	0.6	0.8	1.0
p_A/kPa	0	2.7	4.0	5.1	6.7	7.3
p_B/kPa	35.2	30.4	25.3	20.0	12.4	0
a_A(R)	0	0.36	0.55	0.69	0.91	1.00[p_A/p_A^*]
a_B(R)	1.00	0.86	0.72	0.57	0.35	0[p_B/p_B^*]
γ_A(R)	—	1.82	1.36	1.15	1.14	1.00[$p_A/x_A p_A^*$]
γ_B(R)	1.00	1.08	1.20	1.42	1.76	—[$p_B/x_B p_B^*$]
a_B(H)	0.44	0.38	0.32	0.25	0.16	0[p_B/K_B]
γ_B(H)	0.44	0.48	0.53	0.63	0.78	1.00[$p_B/x_B K_B$]

Nach Abschnitt 5.2.1 ist G^{E} definiert als

$$G^{E} = \Delta_{M}G(\text{tatsächl.}) - \Delta_{M}G(\text{ideal})$$
$$= nRT(x_{A}\ln a_{A} + x_{B}\ln a_{B}) - nRT(x_{A}\ln x_{A} + x_{B}\ln x_{B}).$$

Mit $a = \gamma x$ folgt

$$G^{E} = nRT(x_{A}\ln \gamma_{A} + x_{A}\ln \gamma_{B}).$$

Für $n = 1$ können wir folgende Tabelle aufstellen. Wir verwenden dazu die oben gegebenen Daten, ferner ist $RT = 2.69\,\text{kJ mol}^{-1}$.

x_{A}	0	0.2	0.4	0.6	0.8	1.0
$x_{A}\ln \gamma_{A}$	0	0.12	0.12	0.08	0.10	0
$x_{B}\ln \gamma_{B}$	0	0.06	0.11	0.14	0.11	0
$G^{E}/(\text{kJ mol}^{-1})$	0	0.48	0.62	0.59	0.56	0

5.11 (a) Das Volumen einer idealen Mischung ist

$$V_{\text{ideal}} = n_1 V_{m,1} + n_2 V_{m,2}.$$

Das Volumen einer realen Mischung ist demnach

$$V = V_{\text{ideal}} + V^{E}.$$

Das molare Exzessvolumen lässt sich mithilfe der Stoffmengenanteile ausdrücken. Um die partiellen molaren Volumina zu berechnen, benötigen wir einen Ausdruck für das tatsächliche Exzessvolumen als Funktion der Mole.

$$V^{E} = (n_1 + n_2)V_{m}^{E} = \frac{n_1 n_2}{n_1 + n_2}\left(a_0 + \frac{a_1(n_1 - n_2)}{n_1 + n_2}\right)$$

und damit

$$V = n_1 V_{m,1} + n_2 V_{m,2} + \frac{n_1 n_2}{n_1 + n_2}\left(a_0 + \frac{a_1(n_1 - n_2)}{n_1 + n_2}\right).$$

Das partielle molare Volumen von Propionsäure ist

$$V_1 = \left(\frac{\partial V}{\partial n_1}\right)_{p,T,n_2} = V_{m,1} + \frac{a_0 n_2^2}{(n_1 + n_2)^2} + \frac{a_1(3n_1 - n_2)n_2^2}{(n_1 + n_2)^3},$$

$$V_1 = V_{m,1} + a_0 x_2^2 + a_1(3x_1 - x_2)x_2^2.$$

Für Oxan finden wir

$$V_2 = V_{m,2} + a_0 x_1^2 + a_1(x_1 - 3x_2)x_1^2.$$

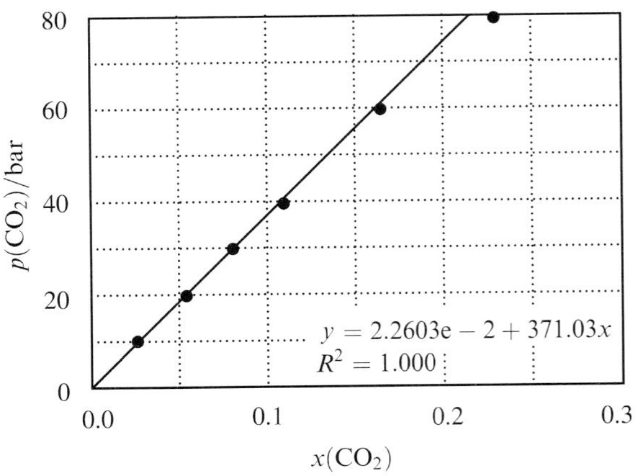

Abb. 5-4

(b) Wir benötigen die molaren Volumina der reinen Flüssigkeiten

$$V_{m,1} = \frac{M_1}{\rho_1} = \frac{74.08\,\mathrm{g\,mol^{-1}}}{0.97174\,\mathrm{g\,cm^{-3}}} = 76.23\,\mathrm{cm^3 mol^{-1}},$$

$$V_{m,2} = \frac{86.13\,\mathrm{g\,mol^{-1}}}{0.86398\,\mathrm{g\,cm^{-3}}} = 99.69\,\mathrm{cm^3 mol^{-1}}.$$

In einer äquimolaren Mischung ist das partielle molare Volumen von Propionsäure

$$V_1 = 76.23 + (-2.4697) \times (0.500)^2 + (0.0608) \times [3(0.5) - 0.5] \times (0.5)^2 \mathrm{cm^3 mol^{-1}}$$
$$= 75.63\,\mathrm{cm^3\,mol^{-1}}.$$

Für Oxan finden wir

$$V_2 = 99.69 + (-2.4697) \times (0.500)^2 + (0.0608) \times [0.5 - 3(0.5)] \times (0.5)^2\,\mathrm{cm^3\,mol^{-1}}$$
$$= 99.06\,\mathrm{cm^3\,mol^{-1}}.$$

5.13 In einer Auftragung von p_B gegen x_B gibt die Henry'sche Konstante die Steigung der Kurve im Grenzwert verschwindender x_B an (Abb. 5-4). Die Partialdrücke von CO_2 sind fast, aber nicht genau gleich den gemessenen Gesamtdrücken.

$$p_{CO_2} = p y_{CO_2} = p(1 - y_{Cyc}).$$

Eine lineare Regression der Punkte niedrigen Drucks ergibt $K_H = 371\,\mathrm{bar}$.

Die Aktivität eines gelösten Stoffs ist

$$a_B = \frac{p_B}{K_H} = x_B \gamma_B.$$

Der Aktivitätskoeffizient ist also

$$\gamma_B = \frac{p_B}{x_B K_H} = \frac{y_B p}{x_B K_H}.$$

Das letzte Gleichheitszeichen folgt hier aus der Anwendung des Dalton'schen Gesetzes über die Partialdrücke in der Dampfphase. Ein Tabellenkalkulationsprogramm berechnet mit dieser Gleichung aus den obigen Werten

p/bar	y_{cyc}	x_{cyc}	γ_{CO_2}
10.0	0.0267	0.9741	1.01
20.0	0.0149	0.9464	0.99
30.0	0.0112	0.9204	1.00
40.0	0.00947	0.892	0.99
60.0	0.00835	0.836	0.98
80.0	0.00921	0.773	0.94

5.15 $G^E = RTx(1-x)\{0.4857 - 0.1077(2x-1) + 0.0191(2x-1)^2\}$

Mit $x = 0.25$ erhalten wir $G^E = 0.1021RT$. Wegen $\Delta_M G(\text{tatsächl.}) = \Delta_M G(\text{ideal}) + nG^E$ folgt

$$\begin{aligned}\Delta_M G &= nRT(x_A \ln x_A + x_B \ln x_B) + nG^E = nRT(0.25 \ln 0.25 + 0.75 \ln 0.75) + nG^E \\ &= -0.562nRT + 0.1021nRT = -0.460nRT.\end{aligned}$$

Es ist $n = 4$ mol und $RT = (8.314\ \mathrm{J\,K^{-1}\,mol^{-1}}) \times (303.15\ \mathrm{K}) = 2.52\ \mathrm{kJ\,mol^{-1}}$. Damit ergibt sich

$$\Delta_{mix} G = (-0.460) \times (4\,\mathrm{mol}) \times (2.52\,\mathrm{kJ\,mol^{-1}}) = -4.6\ \mathrm{kJ}.$$

Theoretische Aufgaben

5.17 Nach Gl. (5-4) erhalten wir mit dem idealen Wert $\mu_A^\circ = \mu_A^* + RT \ln x_A$ Folgendes:

$$\mu_A = \left(\frac{\partial G}{\partial n_A}\right)_{n_B} = \mu_A^\circ + \left(\frac{\partial}{\partial n_A}(nG^E)\right)_{n_B},$$

$$\begin{aligned}\left(\frac{\partial nG^E}{\partial n_A}\right)_{n_B} &= G^E + n\left(\frac{\partial G^E}{\partial n_A}\right)_{n_B} \\ &= G^E + n\left(\frac{\partial x_A}{\partial n_A}\right)_B \left(\frac{\partial G^E}{\partial x_A}\right)_B \\ &= G^E + n \times \frac{x_B}{n} \times \left(\frac{\partial G^E}{\partial x_A}\right)_B \quad [\partial x_A/\partial n_A = x_B/n] \\ &= gRTx_A(1-x_A) + (1-x_A)gRT(1-2x_A) \\ &= gRT(1-x_A)^2 = gRTx_B^2.\end{aligned}$$

Es folgt $\mu_A = \mu_A^* + RT \ln x_A + gRTx_B^2$.

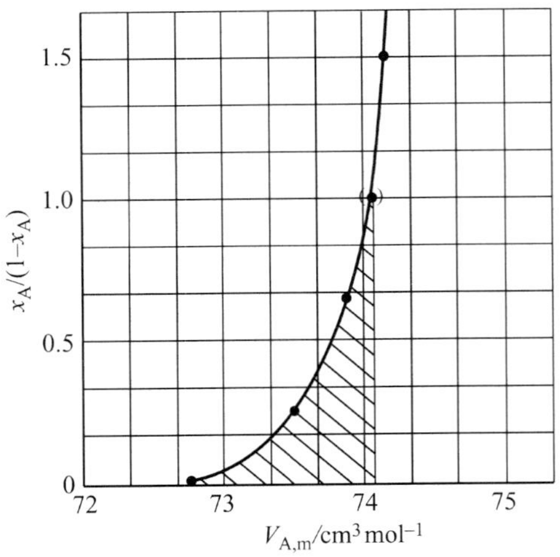

Abb. 5-5

5.19 Nach Beispiel 5-1 ist $n_A dV_A + n_B dV_B = 0$ und daher

$$\frac{n_A}{n_B} dV_A = -dV_B.$$

Mit $n_A = x_A n$ und $n_B = x_B n$ ergibt die Integration

$$V_B(x_A) - V_B(0) = -\int_{V_A(0)}^{V_A(x_A)} \frac{n_A}{n_B} dV_A = -\int_{V_A(0)}^{V_A(x_A)} \frac{x_A\, dV_A}{1 - x_A}.$$

Es folgt $V_B(x_A, x_B) = V_B(0, 1) - \int_{V_A(0)}^{V_A(x_A)} \frac{x_A\, dV_A}{1 - x_A}.$

Wir tragen nun $x_A/(1-x_A)$ gegen V_A auf und schätzen das Integral. Dazu integrieren wir bis $V_A(0.5, 0.5) = 74.06\,\text{cm}^3\,\text{mol}^{-1}$ (Abb. 5-5) und erstellen mit den Werten die folgende Tabelle:

V_A ($\text{cm}^3\,\text{mol}^{-1}$)	74.11	73.96	73.50	72.74
x_A	0.60	0.40	0.20	0
$x_A/(1-x_A)$	1.50	0.67	0.25	0

Die Punkte sind in Abb. 5-5 eingetragen, und die Fläche ist 0.30. Es folgt

$$V(CHCl_3; 0.5, 0.5) = 80.66\,\text{cm}^3\,\text{mol}^{-1} - 0.30\,\text{cm}^3\,\text{mol}^{-1} = 80.36\,\text{cm}^3\,\text{mol}^{-1}.$$

5.21 $$\phi = -\frac{\ln a_A}{r}. \qquad \text{(a)}$$

Damit ist

$$\mathrm{d}\phi = -\frac{1}{r}\mathrm{d}\ln a_A + \frac{1}{r^2}\ln a_A \mathrm{d}r$$
$$\mathrm{d}\ln a_A = \frac{1}{r}\ln a_A \mathrm{d}r - r\mathrm{d}\phi. \qquad \text{(b)}$$

Wir verwenden die Gibbs-Duhem-Gleichung $x_A\,\mathrm{d}\mu_A = x_B\,\mathrm{d}\mu_B = 0$.

Wegen $\mu = \mu^{\ominus} + RT\ln a$ gilt $\mathrm{d}\mu_A = RT\mathrm{d}\ln a_A$ und $\mathrm{d}\mu_B = RT\mathrm{d}\ln a_B$. Dann folgt aus den beiden Beziehungen (a) und (b)

$$\begin{aligned}\mathrm{d}\ln a_B &= -\frac{x_A}{x_B}\mathrm{d}\ln a_A = -\frac{\mathrm{d}\ln a_A}{r}\\ &= -\frac{1}{r^2}\ln a_A\,\mathrm{d}r = \mathrm{d}\phi\ [\text{mit (b)}] = \frac{1}{r}\phi\mathrm{d}r = \mathrm{d}r = \mathrm{d}\phi\ [\text{mit (a)}]\\ &= \phi\mathrm{d}\ln r + \mathrm{d}\phi.\end{aligned}$$

Wir ziehen $\mathrm{d}\ln r$ von beiden Seiten ab und erhalten

$$\mathrm{d}\ln\frac{a_B}{r} = (\phi - 1)\,\mathrm{d}\,\ln r + \mathrm{d}\phi = \frac{(\phi-1)}{r}\,\mathrm{d}r + \mathrm{d}\phi.$$

Mit $\ln\left(\frac{a_B}{r}\right)_{r=0} = \ln\left(\frac{\gamma_B x_B}{r}\right)_{r=0} = \ln(\gamma_B)_{r=0} = \ln 1 = 0$ folgt durch Integration

$$\ln\frac{a_B}{r} = \phi - \phi(0) = \int_0^r \left(\frac{\phi-1}{r}\right)\mathrm{d}r.$$

5.23 $$\mathrm{A(s)} \rightleftharpoons \mathrm{A(l)}$$
$$\mu_A^*(\mathrm{s}) = \mu_A^*(\mathrm{l}) + RT\ln a_A$$

Es ist $\Delta_{\mathrm{Sm}}G = \mu_A^*(\mathrm{l}) - \mu_A^*(\mathrm{s}) = -RT\ \ln a_A$.

Daraus folgt $\ln a_A = \frac{-\Delta_{\mathrm{Sm}}G}{RT}$. Mit der Gibbs-Helmholtz-Gleichung ergibt sich

$$\frac{\mathrm{d}\ln a_A}{\mathrm{d}T} = -\frac{1}{R}\frac{\mathrm{d}}{\mathrm{d}T}\left(\frac{\Delta_{\mathrm{Sm}}G}{T}\right) = \frac{\Delta_{\mathrm{Sm}}H}{RT^2}.$$

Für $\Delta T = T_K^* - T$ ist $\mathrm{d}\Delta T = -\mathrm{d}T$ und daher

$$\frac{\mathrm{d}\ln a_A}{\mathrm{d}\Delta T} = \frac{-\Delta_{\mathrm{Sm}}H}{RT^2} \approx \frac{-\Delta_{\mathrm{Sm}}H}{RT_K^2}.$$

Es ist aber $K_K = \frac{RT_K^2 M_A}{\Delta_{\mathrm{Sm}}H}$.

Damit folgt

$$\frac{\mathrm{d}\ln a_\mathrm{A}}{\mathrm{d}\Delta T} = \frac{-M_\mathrm{A}}{K_\mathrm{f}} \quad \text{und} \quad \mathrm{d}\ln a_\mathrm{A} = \frac{-M_\mathrm{A}\mathrm{d}\Delta T}{K_\mathrm{K}}.$$

Nach der Gibbs-Duhem-Gleichung ist

$$n_\mathrm{A}\mathrm{d}\mu_\mathrm{A} + n_\mathrm{B}\mathrm{d}\mu_\mathrm{B} = 0.$$

Wegen $\mu = \mu^{\ominus} + RT\ln a$ folgt daraus

$$n_\mathrm{A}\mathrm{d}\ln a_\mathrm{A} + n_\mathrm{B}\mathrm{d}\ln a_\mathrm{B} = 0$$

sowie $\mathrm{d}\ln a_\mathrm{A} = -\frac{n_\mathrm{B}}{n_\mathrm{A}}\mathrm{d}\ln a_\mathrm{B}$.

Mit $n_\mathrm{A}M_\mathrm{A} = 1\,\mathrm{kg}$ ergibt sich

$$\frac{\mathrm{d}\ \ln a_\mathrm{B}}{\mathrm{d}\Delta T} = \frac{n_\mathrm{A}M_\mathrm{A}}{n_\mathrm{B}K_\mathrm{K}} = \frac{1}{b_\mathrm{B}K_\mathrm{K}}.$$

Aus der Gibbs-Duhem-Gleichung folgt ferner

$$x_\mathrm{A}\ \mathrm{d}\ \ln a_\mathrm{A} + x_\mathrm{B}\ \mathrm{d}\ \ln a_\mathrm{B} = 0$$

und damit $\int \mathrm{d}\ \ln a_\mathrm{A} = -\int \frac{x_\mathrm{B}}{x_\mathrm{A}}\mathrm{d}\ \ln a_\mathrm{B}$ sowie $\ln a_\mathrm{A} = -\int \frac{x_\mathrm{B}}{x_\mathrm{A}}\mathrm{d}\ \ln a_\mathrm{B}$.

Der osmotische Koeffizient war in Aufgabe 5.21 definiert als

$$\phi = -\frac{1}{r}\ \ln a_\mathrm{A} = -\frac{x_\mathrm{A}}{x_\mathrm{B}}\ \ln a_\mathrm{A}.$$

Damit ist

$$\begin{aligned}\phi &= \frac{x_\mathrm{A}}{x_\mathrm{B}}\int \frac{x_\mathrm{B}}{x_\mathrm{A}}\mathrm{d}\ln a_\mathrm{B} \\ &= \frac{1}{b}\int_0^b b\ \mathrm{d}\ \ln a_\mathrm{B} = \frac{1}{b}\int_0^b b\ \mathrm{d}\ \ln \gamma b = \frac{1}{b}\int_0^b b\ \mathrm{d}\ \ln b + \frac{1}{b}\int_0^b b\ \mathrm{d}\ \ln \gamma \\ &= 1 + \frac{1}{b}\int_0^b b\ \mathrm{d}\ \ln \gamma.\end{aligned}$$

Mit $A' = 2.303A$ folgt aus dem Debye-Hückel-Grenzgesetz

$$\ln \gamma = -A'b^{1/2}.$$

Damit ist $\mathrm{d}\ \ln\ \gamma = -\frac{1}{2}A'b^{-1/2}\mathrm{d}b$ und daher

$$\phi = 1 + \frac{1}{b}\left(-\frac{1}{2}A'\right)\int_0^b b^{1/2}\,\mathrm{d}b = 1 - \frac{1}{2}\left(\frac{A'}{b}\right) \times \frac{2}{3}b^{3/2} = 1 - \frac{1}{3}A'^{1/2}.$$

Anmerkung: Für die Gefrierpunktserniedrigung in einem 1:1-Elektrolyten gilt

$$\ln a_{\mathrm{A}} = \frac{-\Delta_{\mathrm{Sm}} G}{RT} + \frac{\Delta_{\mathrm{Sm}} G}{RT^*}$$

und damit

$$-r\phi = \frac{-\Delta_{\mathrm{Sm}} H}{R}\left(\frac{1}{T} - \frac{1}{T^*}\right)$$

sowie

$$\phi = \frac{\Delta_{\mathrm{fus}} H_{x_{\mathrm{A}}}}{R_{x_{\mathrm{B}}}}\left(\frac{1}{T} - \frac{1}{T^*}\right) = \frac{\Delta_{\mathrm{Sm}} H_{x_{\mathrm{A}}}}{R_{x_{\mathrm{B}}}}\left(\frac{T^* - T}{TT^*}\right) \approx \frac{\Delta_{\mathrm{Sm}} H_{x_{\mathrm{A}}} \Delta T}{R_{x_{\mathrm{B}}} T^{*2}}$$

$$\approx \frac{\Delta_{\mathrm{Sm}} H \Delta T}{\nu R b_{\mathrm{B}} T^{*2} M_{\mathrm{A}}}$$

Wegen $K_{\mathrm{K}} = \dfrac{MRT^{*2}}{\Delta_{\mathrm{Sm}} H}$ ist daher (mit $\nu = 2$)

$$\phi = \frac{\Delta T}{2 b_{\mathrm{B}} K_{\mathrm{K}}}.$$

Anwendungsaufgaben

5.25 In diesem Fall ist es bequem, das Henry'sche Gesetz in folgender Form anzuwenden:

Masse an $N_2 = p_{N_2} \times$ Masse an $H_2O \times K_{N_2}$.

(a) Bei $p_{N_2} = 0.78 \times 4.0\ \mathrm{atm} = 3.1\ \mathrm{atm}$ ergibt sich

Masse an $N_2 = 3.1\ \mathrm{atm} \times 100\ \mathrm{g\ H_2O} \times 0.18\ \mu\mathrm{g\ N_2/(g\ H_2O\ atm)} = 56\ \mu\mathrm{g\ N_2}$.

(b) Bei $p_{N_2} = 0.78\ \mathrm{atm}$ ergibt sich eine Masse an $N_2 = 14\ \mu\mathrm{g\ N_2}$.

(c) In Fettgewebe finden wir folgenden Anstieg der N_2-Konzentration bei einem Druckanstieg von 1 atm auf 4 atm:

$4 \times (56 - 14)\ \mu\mathrm{g\ N_2} = 1.7 \times 10^2\ \mu\mathrm{g\ N_2}$.

5.27 (a) Für $i = 1$ mit $N_1 = 4$ und $K_1 = 1.0 \times 10^7\ \mathrm{dm^3\ mol^{-1}}$ finden wir

$$\frac{\nu}{[\mathrm{A}]} = \frac{4 \times 10\ \mathrm{dm^3\ \mu mol^{-1}}}{1 + 10\ \mathrm{dm^3 \mu mol^{-1}} \times [\mathrm{A}]}.$$

Eine Darstellung ist in Abb. 5-6(a) zu sehen.

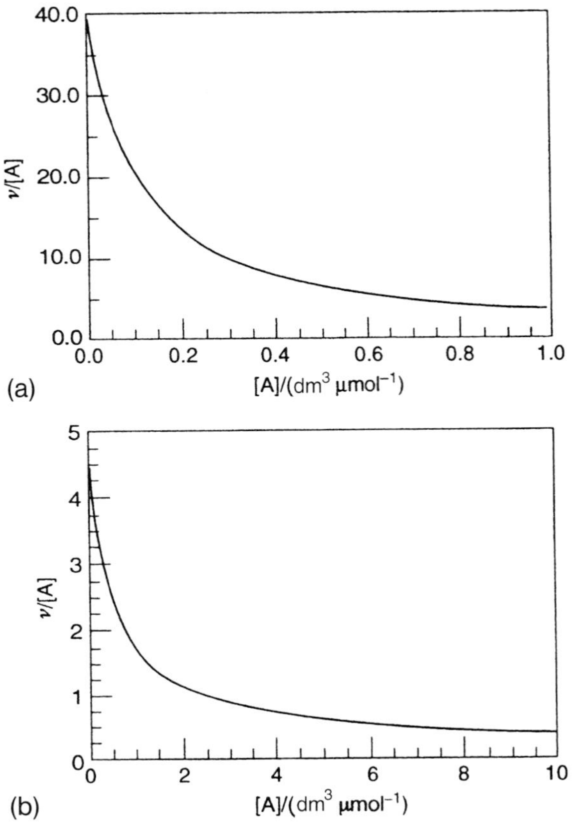

Abb. 5-6

(b) Für $i = 1$ mit $N_1 = 4$, $N_2 = 2$ und den Kopplungskonstanten

$K_1 = 1.0 \times 10^5\ \mathrm{dm^3\ mol^{-1}} = 0.10\ \mathrm{dm^3\ \mu mol^{-1}}$

und

$K_2 = 2.0 \times 10^6\ \mathrm{dm^3\ mol^{-1}} = 2.0\ \mathrm{dm^3\ \mu mol^{-1}}$

finden wir

$$\frac{\nu}{[\mathrm{A}]} = \frac{4 \times 0.10\,\mathrm{dm^3\,\mu mol^{-1}}}{1 + 0.10\,\mathrm{dm^3\ \mu mol^{-1}} \times [\mathrm{A}]} + \frac{2 \times 2.0\,\mathrm{dm^3\ \mu mol^{-1}}}{1 + 2.0\,\mathrm{dm^3\ \mu mol^{-1}} \times [\mathrm{A}]}.$$

Eine Darstellung ist in Abb. 5-6(b) zu sehen.

5.29 Nach der van't Hoff'schen Gleichung (Gl. (5-40)) gilt

$$\Pi = [\mathrm{B}]RT = \frac{cRT}{M}.$$

Division durch die Standardfallbeschleunigung g ergibt

$$\frac{\Pi}{g} = \frac{c(R/g)T}{M}.$$

(a) Dieser Ausdruck lässt sich umschreiben in

$$\Pi' = \frac{cR'T}{M}.$$

Die Form ist dieselbe wie in der van't Hoff'schen Gleichung, aber die Dimension des osmotischen Drucks (Π') ist hier

$$\frac{\text{Kraft/Fläche}}{\text{Länge/Zeit}^2} = \frac{(\text{Masse Länge})/(\text{Fläche Zeit}^2)}{\text{Länge/Zeit}^2} = \frac{\text{Masse}}{\text{Fläche}}.$$

Mit dieser Dimensionsbetrachtung kommt man zu der Einheit g cm^{-2}. Entsprechend hat die Proportionalitätskonstante (R') die Dimension von R/g, also

$$\frac{\text{Energie K}^{-1}\text{ mol}^{-1}}{\text{Länge/Zeit}^2} = \frac{(\text{Masse Länge}^2/\text{Zeit}^2)\text{ K}^{-1}\text{ mol}^{-1}}{\text{Länge/Zeit}^2} = \text{Masse Länge K}^{-1}\text{mol}^{-1}.$$

Diese Dimensionsbetrachtung führt zu der Einheit $\text{g cm K}^{-1}\text{ mol}^{-1}$. Den Zahlenwert berechnet man gemäß

$$R' = \frac{R}{g} = \frac{8.314\,47\text{ J K}^{-1}\text{ mol}^{-1}}{9.806\,65\text{ m s}^{-2}}$$

$$= 0.847\,840\text{ kg m K}^{-1}\text{ mol}^{-1}\left(\frac{10^3\text{ g}}{\text{kg}}\right) \times \left(\frac{10^2\text{ cm}}{\text{m}}\right)$$

$$R' = 84784.0\text{ g cm K}^{-1}\text{ mol}^{-1}.$$

Im Folgenden lassen wir die Striche fort und gehen dann von der Gleichung

$$\Pi = \frac{cRT}{M}$$

aus. Wir benutzen die Einheiten von Π (also g cm^{-2}) und die Einheiten von R (also $\text{g cm K}^{-1}\text{mol}^{-1}$).

(b) Wir extrapolieren den Bereich niedriger Konzentration in der Auftragung von Π/c gegen c (Abb. 5-7(a)) auf den Wert $c = 0$. Der Achsenabschnitt ist $230\text{ g cm}^{-2}/\text{g cm}^{-3}$. In diesem Grenzwert hat die van't Hoff'sche Gleichung Gültigkeit; es folgt

$$\frac{RT}{M} = \text{Achsenabschnitt} \quad \text{oder} \quad M = \frac{RT}{\text{Achsenabschnitt}},$$

$$M = \frac{(84\,784.0\text{ g cm K}^{-1}\text{ mol}^{-1}) \times (298.15\text{ K})}{(230\text{ g cm}^{-2})/(\text{g cm}^{-3})},$$

$$M = 1.1 \times 10^5\text{ g mol}^{-1}.$$

(c) Bei der Auftragung von Π/c gegen c ergibt sich über den gesamten Konzentrationsbereich ein hochgradig nichtlinearer Kurvenverlauf (Abb. 5-7(b)). Wir können daraus schließen, dass das Lösungsmittel gut ist, womöglich wegen des nichtpolaren Verhaltens von Lösungsmittel und gelöstem Stoff.

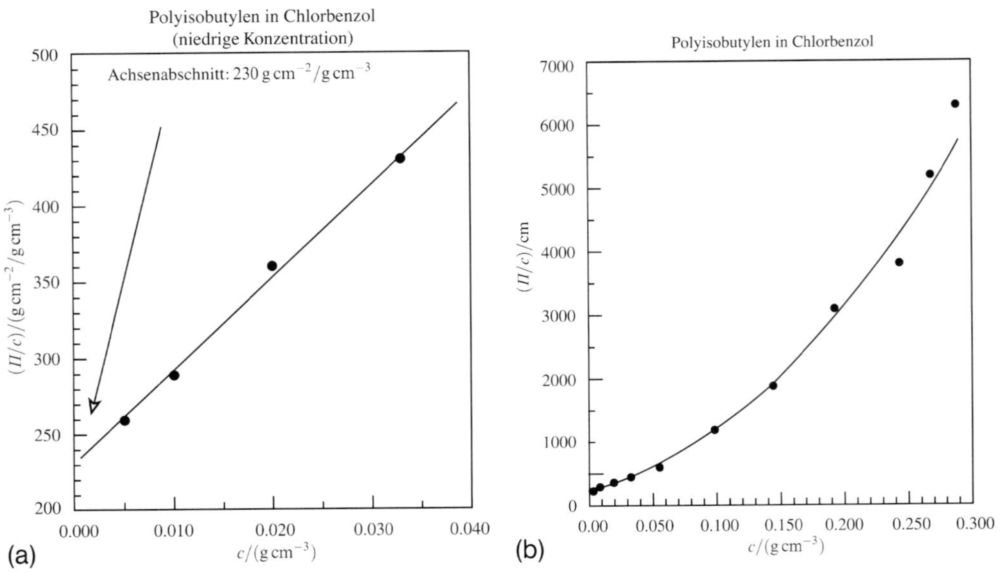

Abb. 5-7

(d) $\Pi/c = (RT/M)(1 + B'c + C'c^2)$.

Da RT/M in Teil (b) durch Extrapolation zu $c = 0$ bestimmt wurde, bestimmt man den zweiten und den dritten osmotischen Virialkoeffizenten [Anm. des Verlags: die Frage im Lehrbuch muss richtig lauten „Ermitteln Sie den zweiten und dritten Virialkoeffizenten ...“] am besten durch lineare Regression gemäß

$$\frac{(\Pi/c)/(RT/M) - 1}{c} = B' + C'c,$$

$R = 0.9791$.

Es ergibt sich

$B' = 21.4\,\text{cm}^3\,\text{g}^{-1}$, Standardabweichung $= 2.4\,\text{cm}^3\,\text{g}^{-1}$.
$C' = 211\,\text{cm}^6\,\text{g}^{-2}$, Standardabweichung $= 15\,\text{cm}^6\,\text{g}^{-2}$.

(e) Mit dem Parameter $g = 1/4$ und unter Vernachlässigung aller Terme über die quadratischen Terme hinaus können wir schreiben

$$\left(\frac{\Pi}{c}\right)^{1/2} = \left(\frac{RT}{M}\right)^{1/2} (1 + \frac{1}{2}B'c).$$

Beim Auflösen nach B' ergibt sich $g(B')^2 = C'$ und damit

$$\left[\frac{\left(\frac{\Pi}{c}\right)^{1/2}}{\left(\frac{RT}{M}\right)^{1/2}}\right] - 1 = \frac{1}{2}B'c.$$

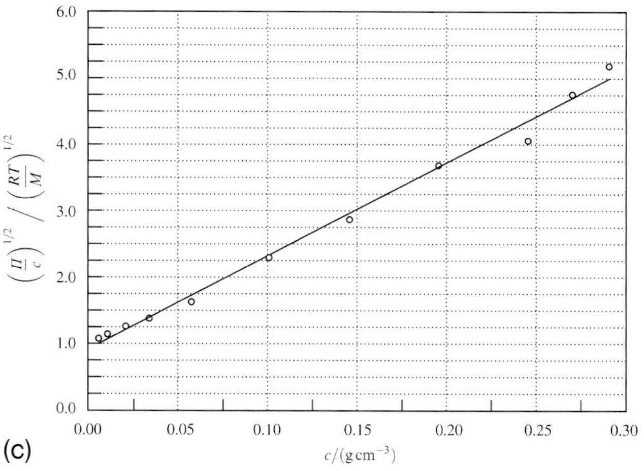

Abb. 5-7(c)

Weiter oben hatten wir RT/M zu 230 g cm^{-2}/g cm^{-3} bestimmt. Wir lösen nun anhand eines der Datenpunkte nach B' auf, beispielsweise $\Pi/c = 430\ \text{g cm}^{-2}/\text{g cm}^{-3}$ mit $c = 0.033\ g\ \text{cm}^{-3}$. Dann finden wir

$$\left(\frac{430\,\text{g cm}^{-2}/\text{g cm}^{-3}}{230\,\text{g cm}^{-2}/\text{g cm}^{-3}}\right)^{1/2} - 1 = \frac{1}{2}B' \times (0.033\,\text{g cm}^{-3}).$$

$$B' = \frac{2 \times (1.367 - 1)}{0.033\,\text{g cm}^{-3}} = 22.\bar{2}\,\text{cm}^3\,\text{g}^{-1}.$$

$$C' = g(B')^2 = 0.25 \times (22.\bar{2}\,\text{cm}^3\,\text{g}^{-1})^2 = 12\bar{3}\,\text{cm}^6\,\text{g}^{-2}.$$

Bessere Werte für B' und C' ergeben sich, wenn man $\left(\frac{\Pi}{c}\right)^{1/2} \Big/ \left(\frac{RT}{M}\right)^{1/2}$ gegen c aufträgt. Der Graph ist in Abb. 5-7(c) zu sehen. Die Steigung ist $14.\overline{03}$ cm^3 g^{-1}. Da sich B' als das Doppelte der Steigung ergibt, haben wir $B' = 28.\bar{0}\ \text{cm}^3\ \text{g}^{-1}$ und damit $C' = 19\bar{6}\ \text{cm}^6\ \text{g}^{-2}$. Der Achsenabschnitt des Graphen sollte theoretisch bei 1.00 liegen, tatsächlich liegt er bei 0.916 mit einer Standardabweichung von 0.066. Die allgemeine Konsistenz der Parameterwerte deutet darauf hin, dass g tatsächlich bei etwa 1/4 liegen muss, so wie wir angenommen hatten.

6 | Phasendiagramme

Diskussionsfragen

6.1 Phase: ein Zustand der Materie, der überall homogen ist, und zwar nicht nur was die chemische Zusammensetzung angeht, sondern auch den physikalischen Zustand.

Bestandteil: jede chemische Spezies (Ion oder Molekül), die in dem System vorliegt.

Komponente: ein chemisch unabhängiger Bestandteil des Systems. Man versteht den Begriff am besten mit der technischen Erklärung der „Zahl der Komponenten", d. h. der minimalen Anzahl unabhängiger Spezies, die man braucht, um die Zusammensetzung aller im System vorliegenden Phasen beschreiben zu können.

Freiheitsgrad oder Varianz: die Anzahl der intensiven Zustandsvariablen, die man unabhängig voneinander ändern kann, ohne die Anzahl der im Gleichgewicht vorliegenden Phasen zu ändern.

6.3 Vergleiche Abb. 6-1(a) und (b).

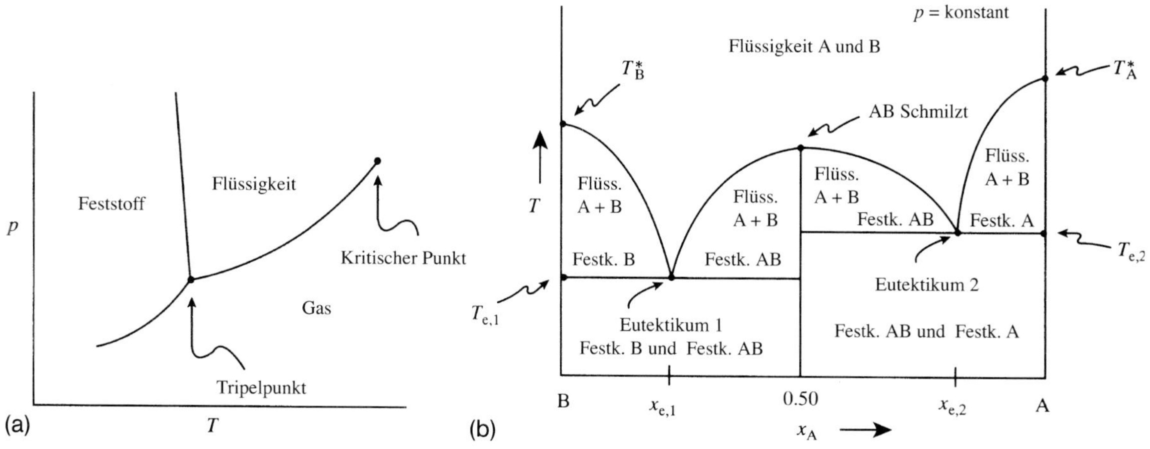

Abb. 6-1

Arbeitsbuch Physikalische Chemie. 4. Auflage. P. W. Atkins, C. A. Trapp, M. P. Cady und C. Giunta

ISBN: 978-3-527-31828-5

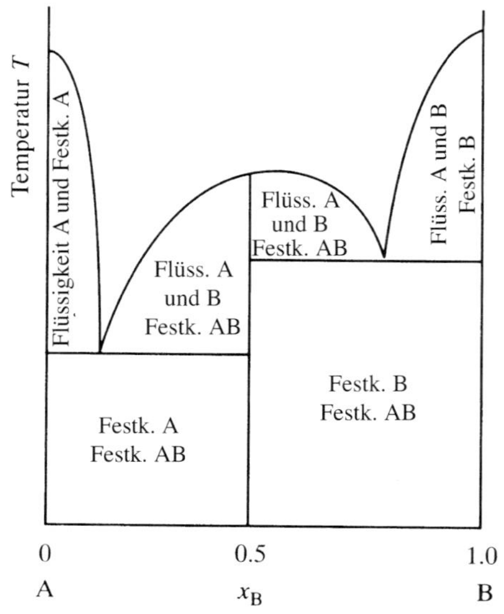

Abb. 6-2

6.5 Vergleiche Abb. 6-2.

Leichte Aufgaben

A6.1a Wir benötigen einen Ausdruck für die Zusammensetzung der Lösung in Abhängigkeit von ihrem Dampfdruck. Einen solchen Ausdruck erhalten wir aus dem Dalton'schen und dem Raoult'schen Gesetz:

$$p = p_A + p_B = x_A p_A^* + (1 - x_A) p_B^*.$$

Auflösen ergibt $x_A = \dfrac{p - p_B^*}{p_A^* - p_B^*}$.

Wenn die Lösung bei einem Druck von 0.50 atm (50.7 kPa) siedet, muss der Dampfdruck p insgesamt 50.7 kPa betragen. Dies ergibt

$$x_A = \frac{50.7 - 20.0}{53.3 - 20.0} = 0.920, \quad x_B = 0.080.$$

Die Zusammensetzung des Dampfs ist gegeben durch Gl. (6-5):

$$y_A = \frac{x_A p_A^*}{p_B^* + (p_A^* - p_B^*) x_A} = \frac{0.920 \times 53.3}{20.0 + (53.3 - 20.0) \times 0.920} = 0.968 \quad \text{und}$$

$$y_B = 1 - 0.968 = 0.032.$$

A6.2a Die Dampfdrücke der Komponenten A und B können wir durch die Zusammensetzung im Dampf oder in der Flüssigkeit ausdrücken. Die Drücke sind dieselben, egal welchen der Ausdrücke wir verwenden. Also können wir die Ausdrücke jeweils gleichsetzen und nach der Zusammensetzung auflösen:

$$p_A = y_A p = 0.350p = x_A p_A^* = x_A \times (76.7\,\text{kPa}),$$
$$p_B = y_B p = (1 - y_A)p = 0.650p = x_B p_B^* = (1 - x_A) \times 52.0\,\text{kPa}.$$

Es folgt $\dfrac{y_A p}{y_B p} = \dfrac{x_A p_A^*}{x_B p_B^*}$.

Damit ist $\dfrac{0.350}{0.650} = \dfrac{76.7 x_A}{52.0(1 - x_A)}$.

Auflösen ergibt $x_A = 0.268$, $x_B = 1 - x_A = 0.732$.

Wegen $0.350p = x_A p_A^*$ erhalten wir

$$p = \frac{x_A p_A^*}{0.350} = \frac{(0.268) \times (76.7\,\text{kPa})}{0.350} = 58.7\,\text{kPa}.$$

A6.3a (a) Es ist zu prüfen, ob das Raoult'sche Gesetz erfüllt ist; ist dies der Fall, so ist die Lösung ideal.

$$p_A = x_A p_A^* = (0.6589) \times (127.6\,\text{kPa}) = 84.07\,\text{kPa},$$
$$p_B = x_A p_B^* = (0.3411) \times (50.60\,\text{kPa}) = 17.26\,\text{kPa},$$
$$p = p_A + p_B = 101.3\,\text{kPa} = 1\,\text{atm}.$$

Weil dies der Druck ist, bei dem Sieden auftritt, ist das Raoult'sche Gesetz erfüllt, und die Lösung ist ideal.

(b) Nach Gl. (6-4) ist $y_A = \dfrac{p_A}{p} = \dfrac{84.07\,\text{kPa}}{101.3\,\text{kPa}} = 0.830$, $y_B = 1 - y_A = 1.000 - 0.830 = 0.170$.

A6.4a (a) Nach dem Dalton'schen und dem Raoult'sche Gesetz sowie Gl. (6-3) gilt

$$p_{\text{gesamt}} = p_{DE} + p_{DP} = x_{DE} p_{DE}^* + x_{DP} p_{DP}^*.$$

Da das gesamte System flüssig ist, finden wir

$x_{DE} = z_{DE}$, $x_{DP} = 1 - z_{DE}$. Damit ist

$$p_{\text{gesamt}} = (0.60) \times (22.9\,\text{kPa}) + (0.40) \times (17.1\,\text{kPa}) = 13.\overline{7} + 6.8 = 20.\overline{5}\,\text{k Pa}.$$

(b) Mit Gl. (6-4) erhalten wir $y_{DE} = \dfrac{p_{DE}}{p} = \dfrac{13.\overline{7}\,\text{kPa}}{20.\overline{5}\,\text{kPa}} = 0.67$, $y_{DP} = 1 - y_{DE} = 0.33$.

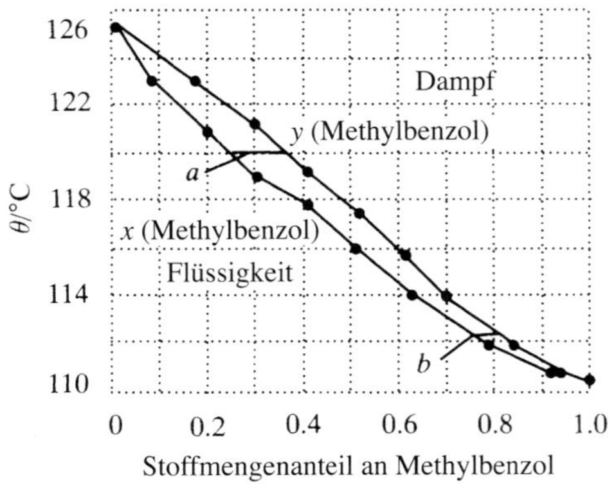

Abb. 6-3

A6.5a Die Werte sind in Abb. 6-3 aufgetragen. In dem Graphen bestimmen wir die Zusammensetzung des Dampfs im Gleichgewicht mit der flüssigen Phase anhand der Verbindungslinie a.

(a) Die Verbindungslinie verläuft von $x_M = 0.25$ bis $y_M = 0.36$.

(b) Die Größe $x_O = 0.25$ ist durch die Verbindungslinie b bestimmt. Sie verläuft von $x_M = 0.75$ bis $y_M = 0.82$.

A6.6a (a) Zwar liegen drei Bestandteile vor – Salz, Wasser und Wasserdampf –, aber es gibt eine Gleichgewichtsbedingung zwischen flüssigem Wasser und seinem Dampf. Die Zahl der Komponenten ist also $C = 2$.

(b) Aus den in (a) genannten Gründen sehen wir vom Wasserdampf ab. Es liegen daher sieben Spezies vor: Na^+, H^+, $H_2PO_4^-$, HPO_4^{2-}, PO_4^{3-}, H_2O und OH^-. Ferner exisiteren drei Gleichgewichte, die ohne Einfluss auf die Schlussfolgerungen auch als Brønsted-Gleichgewichte formuliert werden können, nämlich

$$H_2PO_4^- \rightleftharpoons H^+ + HPO_4^{2-},$$
$$HPO_4^{2-} \rightleftharpoons H^+ + PO_4^{3-},$$
$$H^+ + OH^- \rightleftharpoons H_2O.$$

Außerdem gelten zwei Bedingungen hinsichtlich der elektrischen Neutralität:

$$[Na^+] = [\text{Phosphate}], \qquad [H^+] = [OH^-] + [\text{Phosphate}].$$

Dabei ist $[\text{Phosphate}] = [H_2PO_4^-] + 2[HPO_4^{2-}] + 3[PO_4^{3-}]$. Damit ist die Anzahl der unabhängigen Komponenten

$$C = 7 - (3 + 2) = 2.$$

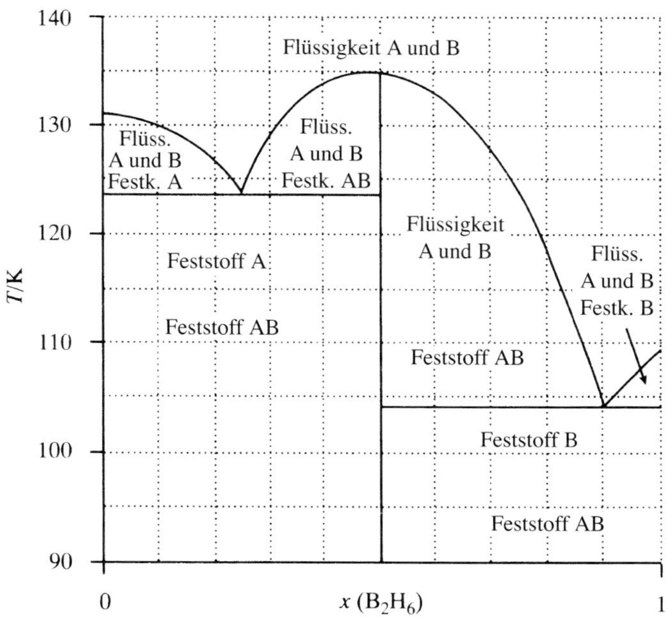

Abb. 6-4

A6.7a $CuSO_4 \cdot 5H_2O(s) \rightleftharpoons CuSO_4(s) + 5H_2O(g)$.

Es liegen zwei feste Stoffe vor, aber nur eine feste Phase; außerdem gibt es eine Gasphase. Damit ist $P = 2$. Gehen wir von der Annahme aus, dass alles Wasser und das $CuSO_4$ bei der Dehydratation gebildet wurden, so sind ihre Mengen durch das Gleichgewicht bestimmt. Somit ist $C = 2$.

A6.8a (a) Die zwei Komponenten sind Na_2SO_4 und H_2O (denn die Protonentransfer-Gleichgewichte zur Bildung von HSO_4^- usw. ändern die Anzahl der unabhängigen Komponenten nicht). Es liegen also drei unabhängige Phasen vor (nämlich festes Salz, flüssige Lösung und Dampf), und daher ist $P = 3$.

(b) Die Anzahl der Freiheitsgrade ist $F = C - P + 2 = 2 - 3 + 2 = 1$.

Man kann entweder den Druck oder die Temperatur als unabhängige Variable ansehen, allerdings nicht beide, solange das Gleichgewicht aufrecht erhalten wird. Ändert sich der Druck, muss sich auch die Temperatur ändern, damit das Gleichgewicht bestehen bleibt.

A6.9a Siehe Abb. 6-4.

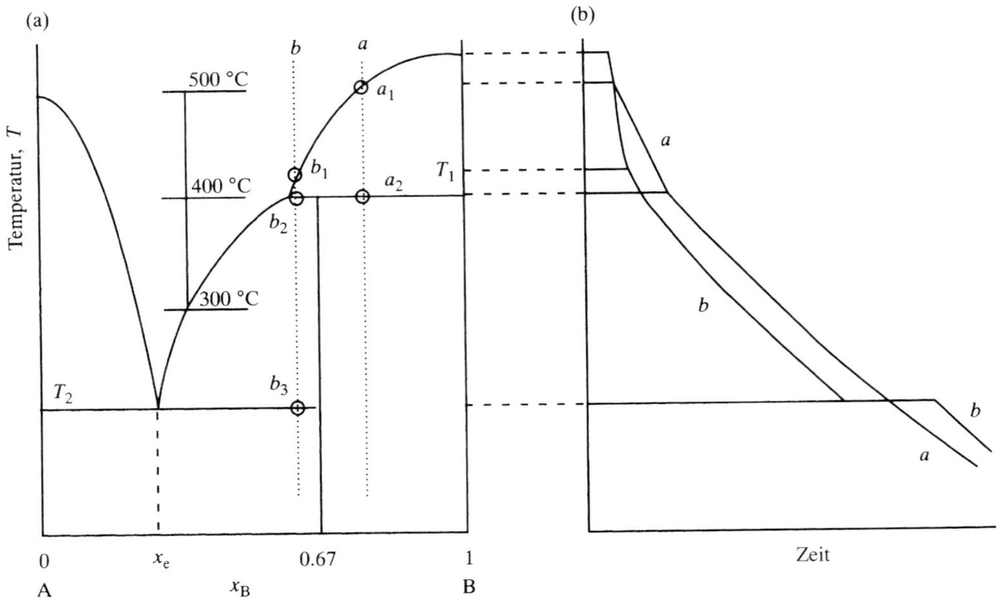

Abb. 6-5

A6.10a Betrachten Sie Abb. 6.26 im Lehrbuch. Bei b_3 liegen zwei Phasen vor mit der Zusammensetzung $x_A = 0.18$ und $x_A = 0.70$; nach dem Hebelgesetz beträgt ihr Mengenverhältnis 0.13. Wegen $C = 2$ und $P = 2$ ist $F = 2$ (nämlich p und x). Beim Erwärmen vermischen sich die Phasen, und es wird das Ein-Phasen-Gebiet erreicht. Dann ist $F = 3$ (nämlich p, T und x). Die Flüssigkeit erreicht das Gleichgewicht mit ihrem Dampf, wenn die Isoplethe die Phasenlinie schneidet. Bei dieser Temperatur und für alle Punkte bis hinauf zu b_1 ist $C = 2$ und $P = 2$, und damit folgt $F = 2$ (beispielsweise p und x). Oberhalb von b_1 ist gesamte Probe gasförmig.

A6.11a Der inkongruente Schmelzpunkt (vgl. Abschnitt 6.2.4) wird in Abb. 6-5(a) als $T_1 = 400\,°C$ bezeichnet. Das Eutektikum ist mit x_e bezeichnet und hat die Zusammensetzung x_e (≈ 0.30). Sein Schmelzpunkt ist T_2 ($\approx 200\,°C$).

A6.12a Die Abkühlungskurven sind in Abb. 6-5(b) zu sehen. Beachten Sie die Pausen (Knickpunkte im Graphen mit plötzlicher Änderung der Steigung) bei Temperaturen, die den Punkten a_1 a_2, b_1, b_2 entsprechen. Beachten Sie ferner den eutektischen Haltepunkt bei b_3.

A6.13a Betrachten Sie Abb. 6-6.

(a) Die Löslichkeit von Silber in Zinn bei 800 °C ist durch den Punkt c_1 bestimmt (bei höheren Silberanteilen trennt sich das System in zwei Phasen). Der Punkt c_1 entspricht 80 Massenprozent Silber.

(b) Bestimmend ist hier der Punkt c_2. Die Verbindung Ag_3Sn zersetzt sich bei dieser Temperatur.

(c) Die Löslichkeit von Ag_3Sn in Silber bei 300 °C ist durch den Punkt c_3 gegeben.

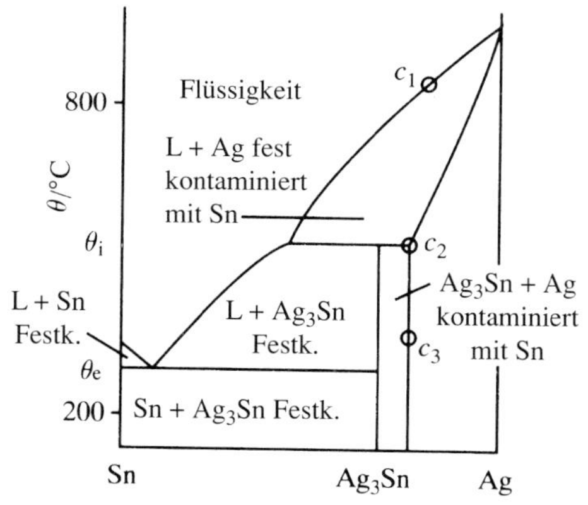

Abb. 6-6

A6.14a (a) Vgl. Abb. 6-7(a) und (b).

(b) Wir folgen in Abb. 6.7(a) der Linie b bis herunter zur Flüssigkeitslinie; der Schnittpunkt ist b_1. Der Dampfdruck bei b_1 beträgt näherungsweise 620 Torr bzw. 0.83 bar.

(c) Wir folgen in Abb. 6.7(a) der Linie b bis herunter zur Dampflinie; der Schnittpunkt ist b_2. Der Dampfdruck bei b_2 beträgt näherungsweise 490 Torr bzw. 0.65 bar. Von b_1 nach b_2 ändert sich das System so, dass es von nahezu ganz flüssig auf nahezu ganz gasförmig übergeht.

(d) Wir betrachten in Abb. 6.7(a) die Verbindungslinie d. Der Punkt b_1 gibt die Stoffmengenanteile in der Flüssigkeit an:

$$x(\text{Hep}) = 0.50 = 1 - x(\text{Hex}), \qquad x(\text{Hex}) = 0.50.$$

Der Punkt d_1 gibt die Stoffmengenanteile im Dampf an:

$$y(\text{Hep}) \approx 0.28 = 1 - y(\text{Hex}), \qquad y(\text{Hex}) \approx 0.72.$$

Zu Beginn ist der Dampf reicher an der flüchtigeren Komponente (Hexan).

(e) Wir betrachten die Verbindungslinie e in Abb. 6-7(a). Der Punkt b_2 gibt die Stoffmengenanteile im Dampf an:

$$y(\text{Hep}) = 0.50 = 1 - y(\text{Hex}), \qquad y(\text{Hex}) = 0.50.$$

Der Punkt e_1 gibt die Stoffmengenanteile in der Flüssigkeit an:

$$x(\text{Hep}) = 0.70 = 1 - x(\text{Hex}), \qquad x(\text{Hex}) = 0.30.$$

(f) Wir betrachten die Verbindungslinie f in Abb. 6-7b. Der Abschnitt l_l zwischen dem Punkt f_1 und der Flüssigkeitslinie ergibt die relative Menge des Dampfes. Der Abschnitt l_v zwischen dem Punkt f_1 und der Dampflinie ergibt die relative Menge der Flüssigkeit. Nach Gl. (6-7) ist

$$n_v l_v = n_l l_l \quad \text{und damit} \quad \frac{n_v}{n_l} = \frac{l_l}{l_v} \approx \frac{6}{1}.$$

Die gesamte Menge ist 2 mol. Es folgt $n_v \approx$ 1.7 und $n_l \approx$ 0.3 mol.

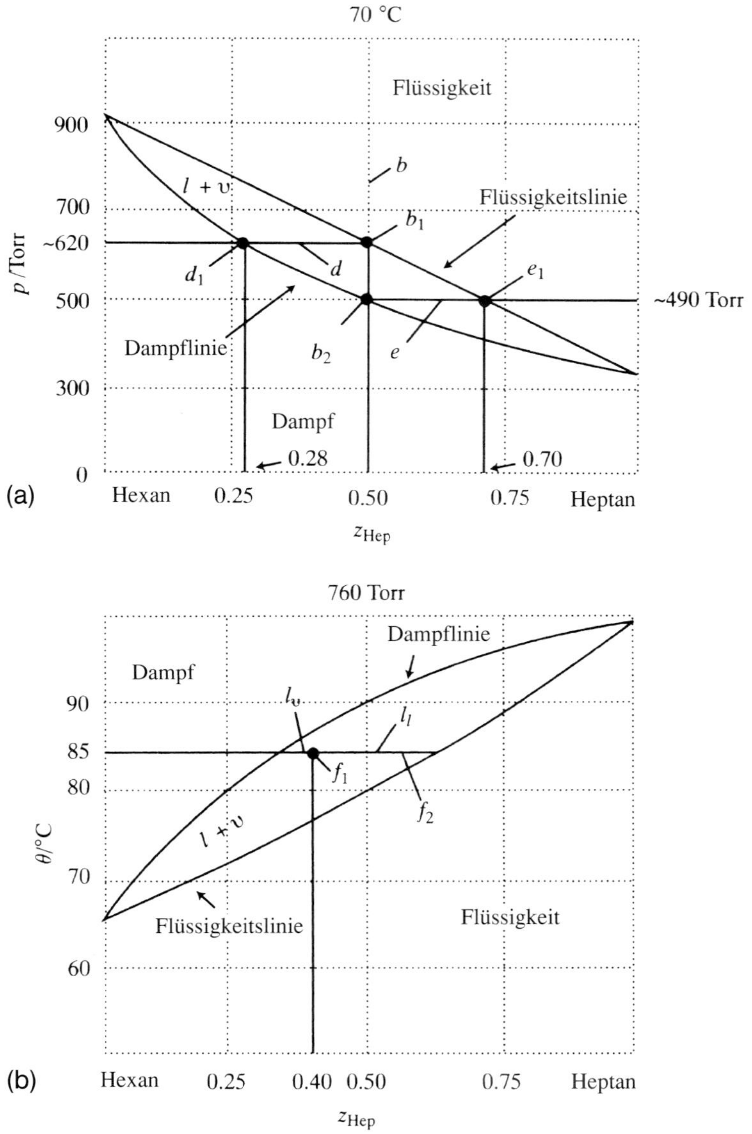
70 °C
Flüssigkeit
900
700
~620
500
300
0
p /Torr
l + v
b
b1
Flüssigkeitslinie
d1
d
e1
~490 Torr
Dampflinie
b2
e
Dampf
0.28
0.70
(a)
Hexan
0.25
0.50
0.75
Heptan
zHep
760 Torr
Dampflinie
Dampf
90
85
80
70
60
θ/°C
lv
ll
f1
f2
l + v
Flüssigkeitslinie
Flüssigkeit
(b)
Hexan
0.25
0.40
0.50
0.75
Heptan
zHep

Abb. 6-7

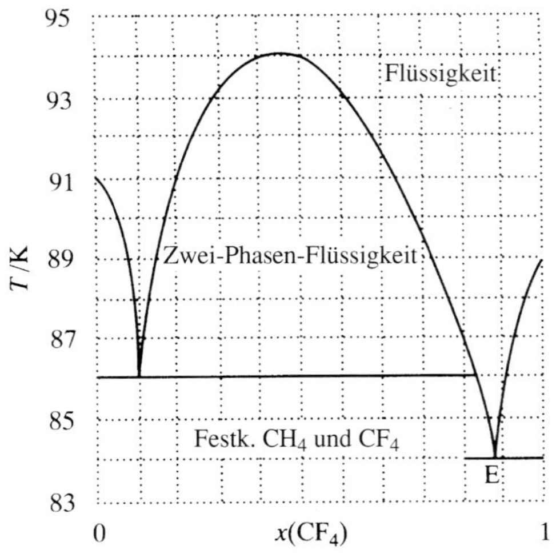
95
93
91
89
87
85
83
T/K
Flüssigkeit
Zwei-Phasen-Flüssigkeit
Festk. CH4 und CF4
E
0
x(CF4)
1

Abb. 6-8

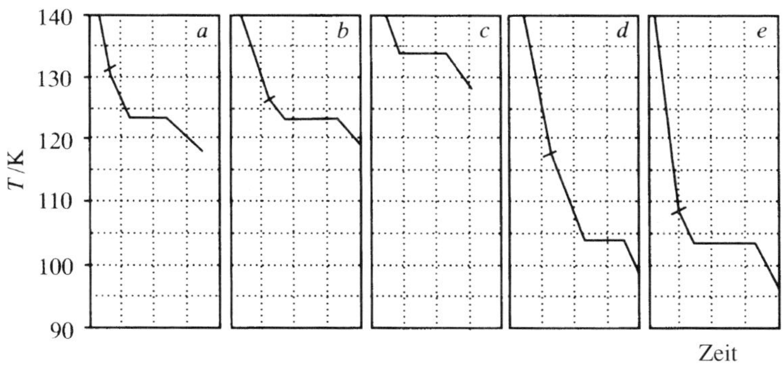

Abb. 6-9

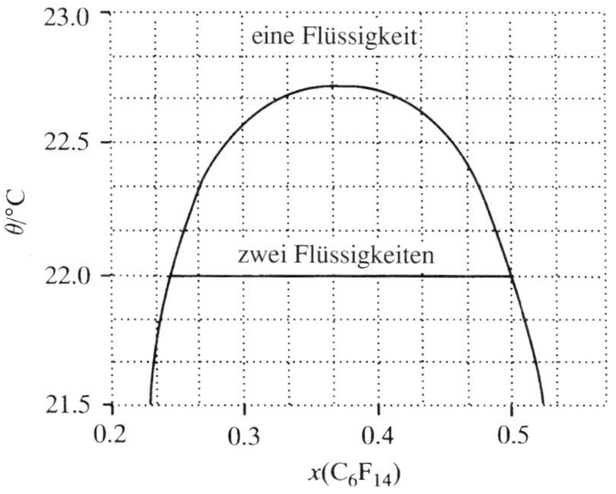

Abb. 6-10

A6.15a Das Phasendiagramm ist in Abb. 6-8 gezeigt.

A6.16a Die Abkühlungskurven sind in Abb. 6-9 dargestellt. Beachten Sie die Knick- und Haltepunkte. Die Knickpunkte entsprechen Änderungen der Abkühlungsgeschwindigkeit infolge des Erstarrens eines Festkörpers, der dabei sein Schmelzwärme abgibt und dadurch den Abkühlungsprozess verlangsamt. Die Haltepunkte entsprechen der Existenz von drei Phasen; somit liegt hier kein Freiheitsgrad vor, bis eine der Phasen verschwindet.

A6.17a Das Phasendiagramm ist in Abb. 6-10 dargestellt.

(a) Die Mischung enthält bei allen Zusammensetzungen eine einzige Flüssigkeitsphase.

(b) Wenn die Zusammensetzung $x(C_6F_{14}) = 0.24$ erreicht ist, trennt sich die Mischung in zwei flüssige Phasen mit den Zusammensetzungen $x = 0.24$ und $x = 0.48$. Die relativen Mengen der beiden Phasen ändern sich, bis die Zusammensetzung $x = 0.48$ erreicht. Bei allen Stoffmengenanteilen von C_6F_{14}, die größer sind als 0.48, bildet die Mischung eine einzige flüssige Phase aus.

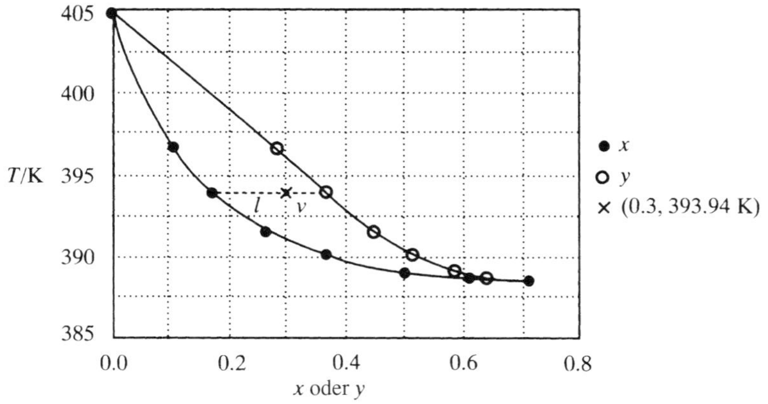

Abb. 6-11

Schwerere Aufgaben

Rechenaufgaben

6.1 (a) Die Werte – einschließlich diejenigen für reines Chlorbenzol – sind in Abb. 6-11 dargestellt.

(b) Die Ausgleichskurve durch die $x(T)$-Werte schneidet $x = 0.300$ bei 391.0 K, dem Siedepunkt der Mischung.

(c) Wir brauchen keine Werte zu interpolieren, da für die Temperatur 393.94 K experimentelle Werte vorliegen. Der Stoffmengenanteil von 1-Butanol in der flüssigen Phase ist 0.1700 und in der Dampfphase 0.3691. Nach der Hebelregel verhalten sich die Anteile der zwei Phasen wie der Kehrwert der Abstände ihrer Stoffmengenanteile von der untersuchten Zusammensetzung, also

$$\frac{n_{\text{Fl}}}{n_{\text{V}}} = \frac{v}{l} = \frac{0.3691 - 0.300}{0.300 - 0.1700} = 0.532.$$

6.3 Nach Gl. (5-45) gilt $p_{\text{A}} = a_{\text{A}} p_{\text{A}}^* = \gamma_{\text{A}} x_{\text{A}} p_{\text{A}}^*$ und $\gamma_{\text{A}} = \dfrac{p_{\text{A}}}{x_{\text{A}} p_{\text{A}}^*} = \dfrac{y_{\text{A}} p}{x_{\text{A}} p_{\text{A}}^*}$.

Eine Beispielrechung für 80 K ergibt:

$$\gamma_{\text{O}_2}(80\text{ K}) = \frac{0.11(100\text{ kPa})}{0.34(225\text{ Torr})}\left(\frac{760\text{ Torr}}{101.325\text{ kPa}}\right),$$

$$\gamma_{\text{O}_2}(80\text{ K}) = 1.079.$$

Auf analoge Weise erhalten wir auch alle weiteren Ergebnisse, die wir in folgender Tabelle zusammenfassen können:

T/K	77.3	78	80	82	84	86	88	90.2
γ_{O_2}	—	0.877	1.079	1.039	0.995	0.993	0.990	0.987

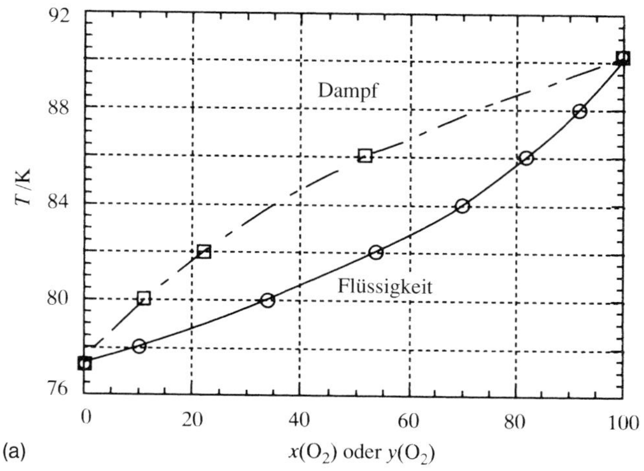

(a)

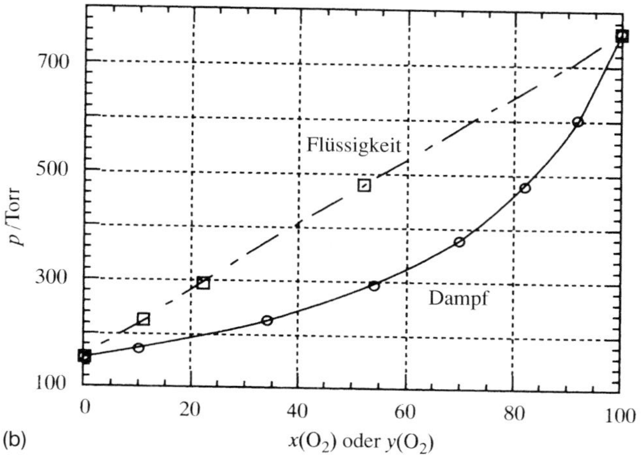

(b)

Abb. 6-12

Sieht man von den experimentellen Unsicherheiten ab, so scheint die Lösung ideal zu sein ($\gamma = 1$). Der niedrige Wert für 78 K könnte durch nichtideales Verhalten verursacht werden; möglicherweise ist jedoch die größere relative Unsicherheit bei $y(O_2)$ die Ursache für den niedrigen Wert.

Ein Diagramm zum Zusammenhang von Temperatur und Zusammensetzung ist in Abbildung 6-12(a) zu sehen. Das nahezu ideale Verhalten dieser Lösung erkennt man jedoch am besten in dem Diagramm zum Zusammenhang von Druck und Zusammensetzung (Abb. 6-12(b)). Die Flüssigkeitslinie ist im wesentlichen eine Gerade, so wie es für eine ideale Lösung sein sollte.

6.5 Es liegt eine Verbindung vor, deren Formel vermutlich A_3B lautet. Sie schmilzt inkongruent bei 700 °C, wobei sich folgende peritektische Reaktion vollzieht:

$$A_3B(s) \rightarrow A(s) + (A + B, l).$$

Das Mengenverhältnis von A und B im Produkt hängt von der Gesamtzusammensetzung und von der Temperatur ab. Bei 400 °C und $x_B \approx 0.83$ liegt ein Eutektikum vor (vgl. Abb. 6-13).

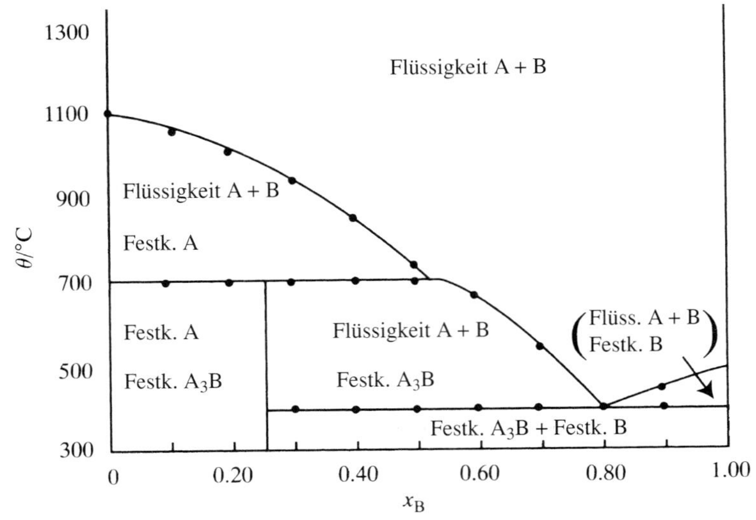

Abb. 6-13

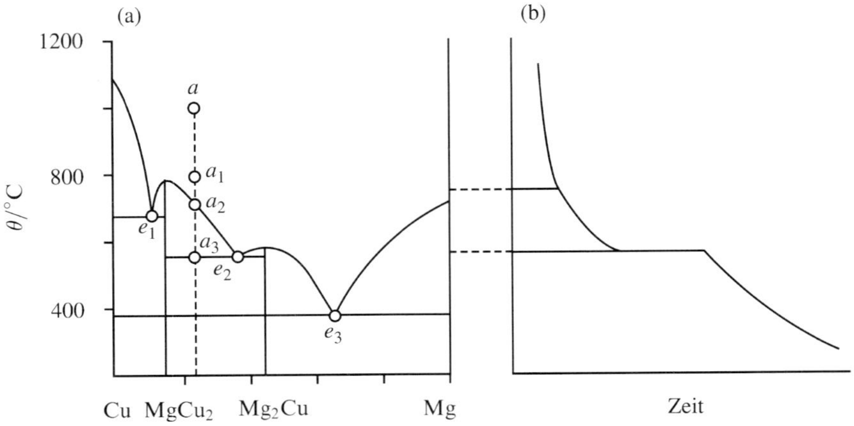

Abb. 6-14

6.7 Anhand der gegebenen Werte konstruieren wir das Phasendiagramm in Abb. 6-14(a). In $MgCu_2$ beträgt der Anteil an Mg in Massenprozent $(100) \times \dfrac{24.3}{24.3 + 127} = 16$, der Anteil von Mg_2Cu beträgt $(100) \times \dfrac{48.6}{48.6 + 63.5} = 43$. Der Anfangspunkt ist a_1, entsprechend einem flüssigen Ein-Phasen-System. Bei a_2 (bei 720 °C) beginnt $MgCu_2$ aus der Lösung auszutreten, und die Lösung wird reicher an Mg; dies entspricht einer Bewegung auf e_2 zu. Bei a_3 liegt festes $MgCu_2$ vor, zusammen mit einer Flüssigkeit der Zusammensetzung e_2 (33 Massenprozent an Mg). Diese Flüssigkeit erstarrt ohne weitere Änderung. Die Abkühlungskurve wird aussehen wie die in Abb.6-14(b).

6.9 (a) **Eutektikum**: 40.2 at% Si bei 1268 °C, **Eutektikum**: 69.4 at% Si bei 1030 °C.

Kongruent schmelzende Verbindungen:
Ca_2Si (Sm = 1314 °C) und CaSi (Sm = 1324 °C).

Inkongruent schmelzende Verbindungen: $CaSi_2$ (Sm = 1040 °C) schmilzt in CaSi(s) und eine Flüssigkeit (68 at% Si).

(b) Bei 1000 °C sind die Phasen Ca(s) und eine Flüssigkeit (13 at% Si) im Equilibrium. Das Hebelgesetz gibt die relativen Mengen an:

$$\frac{n_{\mathrm{Ca}}}{n_{\mathrm{fl}}} = \frac{l_{\mathrm{fl}}}{l_{\mathrm{Ca}}} = \frac{0.2-0}{0.2-0.13} = 2.86.$$

(c) Kühlt man die Schmelze mit einem Gehalt von 80 Atomprozent Si so ab, dass sie sich stets im Gleichgewicht befindet, so scheidet ab etwa 1250 °C festes Silicium aus. Bei weiterer Abkühlung scheidet sich mehr Si(s) ab, sodass sich die Konzentration von Ca in der Schmelze erhöht. Bei 69.4 at% Si und 1030 °C liegt ein Eutektikum vor. Unmittelbar vor Erreichen des Eutektikums sind die relativen Anteile von Si(s) und der flüssigen Schmelze (69.4% Si) nach dem Hebelgesetz

$$\frac{n_{\mathrm{Si}}}{n_{\mathrm{fl}}} = \frac{l_{\mathrm{fl}}}{l_{\mathrm{Si}}} = \frac{0.80-0.694}{1.0-0.80}$$
$$= 0.53 = \text{relativer Gehalt bei } T \text{ etwas oberhalb von } 1030\,°\mathrm{C}.$$

Unmittelbar oberhalb von 1030 °C beträgt der Anteil von Si(s) an der heterogenen Mischung 34.6 mol%, der Anteil der eutektischen Schmelze ist 65.4 mol%.

Bei der eutektischen Temperatur taucht eine dritte Phase auf – $CaSi_2$(s). Wenn die Schmelze auf diese Temperatur abkühlt, scheiden sich sowohl Si(s) als auch $CaSi_2$(s) aus der Schmelze ab, während die Konzentration der Schmelze konstant bleibt. Bei einer Temperatur gerade unterhalb von 1030 °C ist die gesamte Schmelze in Si(s) und $CaSi_2$(s) erstarrt; die relativen Anteile sind:

$$\frac{n_{\mathrm{Si}}}{n_{\mathrm{CaSi_2}}} = \frac{l_{\mathrm{CaSi_2}}}{l_{\mathrm{Si}}} = \frac{0.80-0.667}{1.0-0.80}$$
$$= 0.665 = \text{relative Anteile bei } T \text{ etwas unterhalb von } 1030\,°\mathrm{C}.$$

Unmittelbar unter 1030 °C beträgt der Anteil von Si(s) an der gesamten heterogenen Mischung 39.9 mol%; der Anteil von $CaSi_2$(s) ist 60.1 mol%.

Mithilfe einer grafischen Darstellung des Anteils von Si(s) und $CaSi_2$(s)(in mol%) gegen den Anteil der eutektischen Schmelze (in mol%) kann man bequem die relativen Anteile der drei Phasen zeigen, während die eutektische Schmelze erstarrt (vgl. Abb. 6-15). Die Gleichungen für den Graphen werden mithilfe des Gesetzes von der Massenerhaltung abgeleitet. Wenn n die Gesamtzahl der Mole angibt, gilt für die Masse an Silicium

$$nz_{\mathrm{Si}} = n_{\mathrm{fl}}w_{\mathrm{Si}} + n_{\mathrm{Si}}x_{\mathrm{Si}} + n_{\mathrm{CaSi_2}}y_{\mathrm{Si}}.$$

w_{Si} = Si-Anteil in der eutektischen Schmelze = 0.694
x_{Si} = Si-Anteil in Si(s) = 1.000
y_{Si} = Si-Anteil in $CaSi_2$(s) = 0.667
z_{Si} = Si-Anteil in der Schmelze = 0.800

Man kann die Gleichung mithilfe der Stoffmengenanteile jeder Phase umformulieren, indem man durch n dividiert:

$$z_{\mathrm{Si}} = (\text{Molenbruch Flüssigkeit})w_{\mathrm{Si}} + (\text{Molenbuch Si})x_{\mathrm{Si}} + (\text{Molenbruch CaSi}_2)y_{\mathrm{Si}}.$$

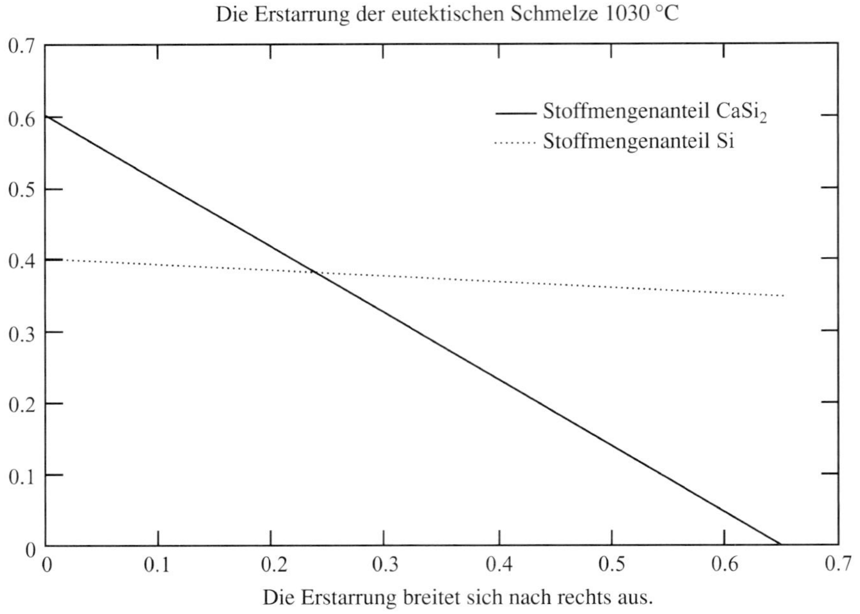

Abb. 6-15

Es gilt (Molenbruch Flüssigkeit) + (Molenbruch Si) + (Molenbruch $CaSi_2$) = 1 bzw. (Molenbruch $CaSi_2$) = 1 − (Molenbruch Flüssigkeit + Molenbruch Si). Daher können wir schreiben

$$z_{\mathrm{Si}} = (\text{Molenbruch Flüssigkeit})w_{\mathrm{Si}} + (\text{Molenbruch Si})x_{\mathrm{Si}} + [1 - (\text{Molenbruch Flüssigkeit} + \text{Molenbruch Si})]y_{\mathrm{Si}}.$$

Auflösen nach dem Molenbruch Si ergibt:

$$\text{Molenbruch Si} := \frac{(z_{\mathrm{Si}} - y_{\mathrm{Si}}) - (w_{\mathrm{Si}} - y_{\mathrm{Si}})(\text{Molenbruch Flüssigkeit})}{x_{\mathrm{Si}} - y_{\mathrm{Si}}},$$

$$\text{Molenbruch CaSi}_2 := 1 - (\text{Molenbruch Flüssigkeit} + \text{Molenbruch Si}).$$

Diese beiden Gleichungen verwendet man als Grundlage für die Auftragung der Stoffmengenanteile von Si und $CaSi_2$ gegen den Stoffmengenanteil der Schmelze im Bereich zwischen 0 und 0.65.

Theoretische Aufgaben

6.14 Die allgemeine Gleichgewichtsbedingung in einem isolierten, abgeschlossenen System ist $\mathrm{d}S = 0$. Wenn also α und β ein abgeschlossenes System bilden und thermischen Kontakt miteinander haben, so gilt

$$\mathrm{d}S = \mathrm{d}S_\alpha + \mathrm{d}S_\beta = 0.$$

Die Entropie ist eine additive Eigenschaft, die sich mithilfe von U und V ausdrücken lässt:

$$S = S(U, V).$$

Man kann aus der Aufgabenstellung schließen, dass die Energie als Wärme von einer Phase auf eine andere übertragen werden kann, dass aber die Phasen mechanisch starr sind und damit ihre Volumina konstant bleiben. Also ist $\mathrm{d}V = 0$ und somit (nach Gl. (3-45))

$$\mathrm{d}S = \left(\frac{\partial S_\alpha}{\partial U_\alpha}\right)_V \mathrm{d}U_\alpha + \left(\frac{\partial S_\beta}{\partial U_\beta}\right)_V \mathrm{d}U_\beta = \frac{1}{T_\alpha}\mathrm{d}U_\alpha + \frac{1}{T_\beta}\mathrm{d}U_\beta.$$

Es ist aber $\mathrm{d}U_\alpha = -\mathrm{d}U_\beta$ und damit $\frac{1}{T_\alpha} = \frac{1}{T_\beta}$ sowie $T_\alpha = T_\beta$.

Anwendungsaufgaben

6.16 (i) Unterhalb einer Konzentration des Denaturierungsmittels von 0.1 sind nur die natürliche und die entfaltete Form stabil, das Faltungsintermediat („molten globule") ist nicht stabil.

(ii) Bei einer Konzentration des Denaturierungsmittels von 0.15 ist oberhalb einer (reduzierten) Temperatur von etwa 0.70 nur die natürliche Form stabil. Bei einer Temperatur von 0.70 sind die natürliche Form und das Faltungsintermediat im Gleichgewicht. Beim Erhitzen auf über 0.70 bilden sich alle natürlichen Formen in das Faltungsintermediat um. Bei einer Temperatur von 0.90 beobachtet man ein Gleichgewicht zwischen dem Faltungsintermediat und den entfalteten Proteinen, und bei noch höheren Temperaturen ist nur die entfaltete Form stabil.

6.18 Nach der Phasenregel ist wegen $C = 1$

$$F = C - P + 2 = 3 - P.$$

Da das Röhrchen versiegelt ist, tritt im Gleichgewicht mit den kondensierten Phasen immer eine gasförmige Komponente auf. Daher ist, wenn die Flüssigkeit zu schmelzen beginnt, $P = 3$ (s, l und g) und damit $F = 0$, was einer definierten Schmelztemperatur entspricht. Beim Übergang zu einer normalen Flüssigkeit ist ebenfalls $P = 3$ (l, l′ und g) und damit wieder $F = 0$.

6.20 Um den Prozess des Zonendotierens mithilfe des nachfolgenden Phasendiagramms (Abbildung 6-16) zu untersuchen, betrachten wir einen Festkörper auf der Isoplethe durch a_1 und erhitzen die Probe, ohne dass ein allgemeiner Gleichgewichtszustand erreicht wird. Wenn die Temperatur auf a_2 steigt, bildet sich eine Flüssigkeit der Zusammensetzung b_2, und der verbleibende Festkörper ist bei a'_2. Erhitzen wir den Festkörper die Isoplethe hinab durch a'_2, so bildet sich eine Flüssigkeit der Zusammensetzung b_3, der Festkörper bleibt bei a'_3. Bei mehrfachen Durchgängen durch die Wärmequelle reduzieren sich die Verunreinigungen am Ende der Probe und gehen in die flüssige Phase über, die sich mit der Wärmequelle über die Länge der Probe hinweg bewegt. Bei genügend Durchgängen ist das Dotierungsmittel, das sich anfangs am Ende der Probe befand, gleichmäßig in der ganzen Probe verteilt.

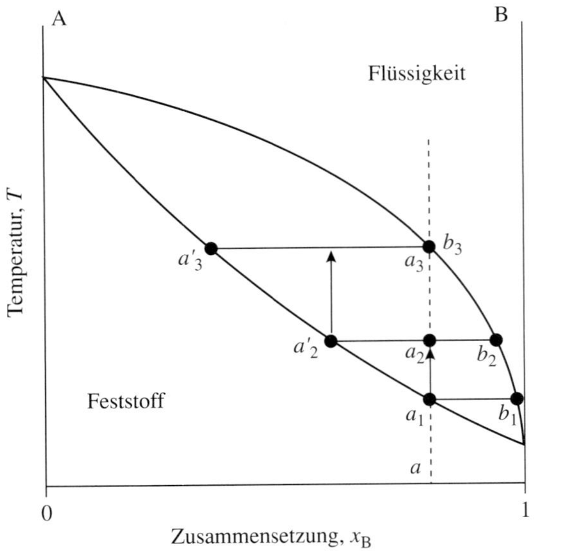

Abb. 6-16

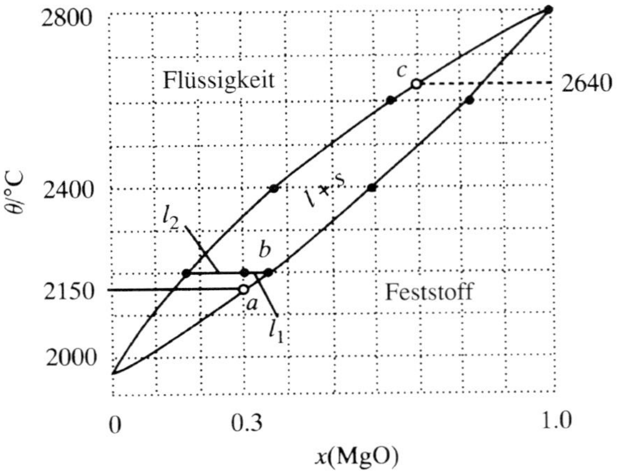

Abb. 6-17

6.22 Die Werte sind in Abb. 6-17 aufgetragen.

(a) Wenn der Feststoff der Zusammensetzung $x(\text{MgO}) = 0.3$ erhitzt wird, bildet sich eine Flüssigkeit, wenn die (untere) Feststofflinie bei 2150 °C erreicht wird.

(b) Bei der Verbindungslinie bei 2200 °C hat die Flüssigkeit die Zusammensetzung $y(\text{MgO}) = 0.18$ und der Feststoff $x(\text{MgO}) = 0.35$.

Die Anteile der beiden Phasen sind nach dem Hebelgesetz gegeben:

$$\frac{l_1}{l_2} = \frac{n(\text{fl})}{n(\text{s})} = \frac{0.05}{0.12} = 0.4.$$

(c) Die Erstarrung beginnt beim Punkt c, entsprechend einer Temperatur von 2640 °C.

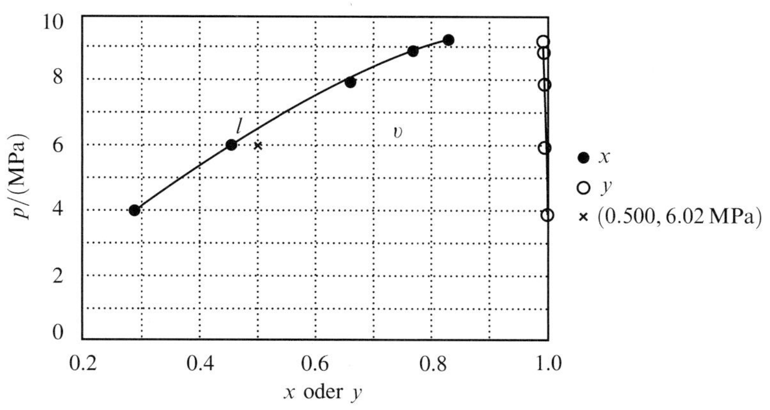

Abb. 6-18

6.24 (a) Die Werte sind in Abb. 6-18 dargestellt.

(b) Wir brauchen keine Werte zu interpolieren, da für den Druck 6.02 MPa Messwerte vorliegen. Der Stoffmengenanteil von CO_2 in der flüssigen Phase ist 0.4541, in der Dampfphase beträgt er 0.9980. Die Anteile der beiden Phasen stehen im umgekehrten Verhältnis wie die Entfernungen der Molenbrüche von der Zusammensetzung im untersuchten Punkt, entsprechend dem Hebelgesetz

$$\frac{n_{\text{fl}}}{n_{\text{V}}} = \frac{v}{l} = \frac{0.9980 - 0.5000}{0.5000 - 0.4541} = 10.85 .$$

7 | Das Chemische Gleichgewicht

Diskussionsfragen

7.1 Die Lage des Gleichgewichts wird immer durch die Bedingung bestimmt, dass der Reaktionskoeffizient Q gleich der Gleichgewichtskonstante K ist. Wenn die Zugabe eines zusätzlichen Reaktanten oder Produkts diese Gleichheit zerstört, verschiebt sich das Reaktionssystem, um die Gleichheit wiederherzustellen. Dies bedeutet, dass ein Teil des zusätzlichen Reaktanten oder Produkts von dem reagierenden System entfernt werden muss und dass die Mengen der anderen Komponenten ebenfalls betroffen sind. Diese Änderungen stellen die Konzentrationen auf ihre (neuen) Gleichgewichtswerte ein.

7.3 (1) Reaktion auf eine Druckänderung: Die Gleichgewichtskonstante ist unabhängig vom Druck, aber die einzelnen Partialdrücke können sich mit dem Gesamtdruck ändern. Dies tritt auf, wenn sich die Gesamtzahl der Mole des Gases auf der Reaktanten- und der Produktseite der chemischen Gleichung um Δn_g unterscheidet. Die Forderung nach einer unveränderten Gleichgewichtskonstante bringt mit sich, dass die Seite mit der geringeren Anzahl der Gasmole bevorzugt wird, wenn der Druck zunimmt.

(2) Reaktion auf eine Temperaturänderung: Nach Gl. (7-23a) nimmt K bei steigender Temperatur ab, wenn die Reaktion exotherm ist; dadurch verschiebt sich das Reaktionsgleichgewicht auf die linke Seite. Bei einer endothermen Reaktion passiert gerade das Gegenteil. Lesen Sie noch einmal die detaillierte Diskussion in Abschnitt 7.2.2.

7.5 (a) Betrachten Sie die Metalle M und Z, von denen wir hier um der Übersichtlichkeit der Diskussion willen annehmen wollen, dass sie 1:1-Oxide mit den Formeln MO und ZO bilden. Z reduziert MO, sofern die ZO-Kurve des Ellingham-Diagramms oberhalb der MO-Kurve liegt (diese Aussage setzt voraus, dass die vertikale Achse mit $\Delta_r G$ nach oben hin abnimmt). In diesem Fall ist die Freie Standardenthalpie der Reaktion $MO(s) + Z(s) \rightarrow M(s) + ZO(s)$ negativ. Abbildung 7-1 zeigt, dass Fe beispielsweise PbO, CuO und Ag_2O reduzieren kann.

(b) Mit $\Delta_R G^{\ominus}(ZnO) = -318\ kJ\ mol^{-1}$ bei 25 °C (die Werte sind Tabelle 2-7 entnommen) und einer Steigung, die für alle Oxide üblich ist, können wir die passende Kurve für ZnO in dem Ellingham-Diagramm eintragen (Abb. 7-1). Die ZnO-Kurve verläuft ab etwa 1300 °C unterhalb der Kurve für Reaktion (iii); dies gibt eine Abschätzung für die niedrigste Temperatur, bei der Zinkoxid noch durch Kohlenstoff zu Metall reduziert werden kann.

Arbeitsbuch Physikalische Chemie. 4. Auflage. P. W. Atkins, C. A. Trapp, M. P. Cady und C. Giunta

ISBN: 978-3-527-31828-5

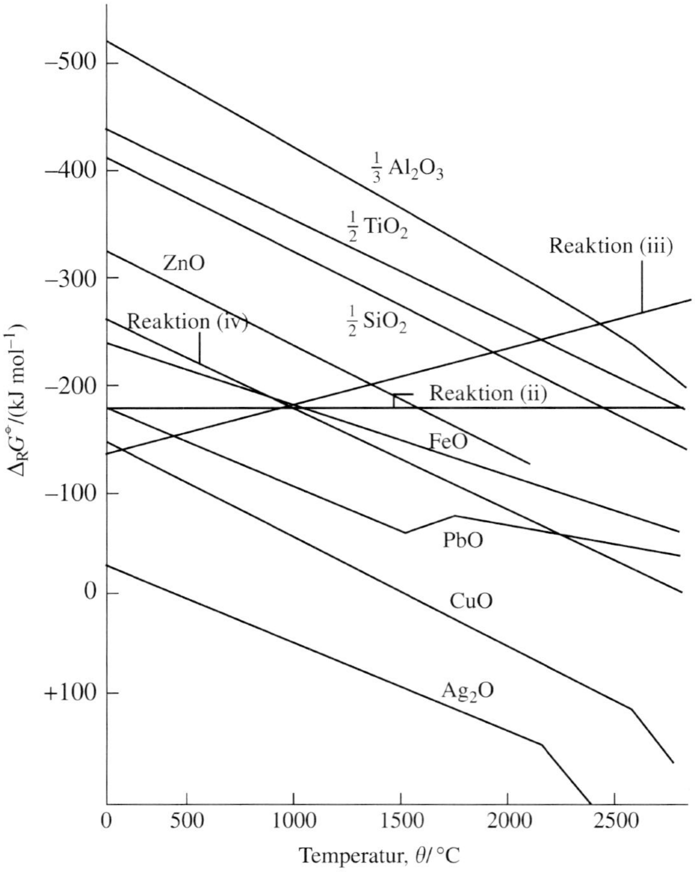

Abb. 7-1

7.7 Elektrodenkombinationen mit gleich großen Zellräumen, bei denen sich nur die Konzentrationen des Elektrolyten unterscheiden (sog. Elektrolyt-Konzentrationszellen) zeigen ein Zellpotenzial, das nur von dem Diffusionspotenzial und der Konzentrationsdifferenz abhängt. Bei einer Zelle mit identischen Zellräumen mit Gaselektroden oder mit Amalgamelektroden (sog. Elektroden-Konzentrationszellen) hängt das Zellpotenzial von der Differenz der Gasdrücke bzw. der Differenz der Amalgamkonzentrationen ab, es tritt aber kein Diffusionspotenzial auf. Bei anderen Elektrodenkombinationen entstehen elektrochemische Zellen, deren Zellpotenzial von den Reduktionspotenzialen der Halbreaktionen abhängt.

7.9 Der pH-Wert einer wässrigen Lösung lässt sich im Prinzip durch eine beliebige Elektrode messen, deren Gleichgewichtszellspannung auf die $H^+(aq)$-Konzentration (Aktivität) reagiert. Im Prinzip ist die Wasserstoffelektrode die einfachste und grundlegendste Elektrode, für die das gilt. Man konstruiert daraus eine Zelle, indem man die Wasserstoffelektrode als rechte und eine beliebige andere Elektrode mit bekanntem Potenzial als linke Elektrode wählt. Üblich ist es, eine gesättigte Kalomelelektrode zu verwenden. Den pH-Wert erhält man dann, indem man die Gleichgewichtsszellspannung (Nullstrompotenzialdifferenz) E der Zelle misst. Die Wasserstoffelektrode ist jedoch in der Handhabung umständlich, deswegen sind in der Praxis eher Glaselektroden in Gebrauch.

Leichte Aufgaben

A7.1a Wir stellen die folgende Gleichgewichtstabelle auf (siehe auch *Beispiel* 7-2). Dabei ist α das Ausmaß der Dissoziation im Gleichgewicht.

	H_2O	H_2	O_2
Gleichgewichtsmenge	$(1-\alpha)n$	αn	$\frac{1}{2}\alpha n$
Stoffmengenanteil	$\frac{1-\alpha}{1+\frac{1}{2}\alpha}$	$\frac{\alpha}{1+\frac{1}{2}\alpha}$	$\frac{\frac{1}{2}\alpha}{1+\frac{1}{2}\alpha}$
Partialdruck	$\frac{(1-\alpha)p}{1+\frac{1}{2}\alpha}$	$\frac{\alpha p}{1+\frac{1}{2}\alpha}$	$\frac{\frac{1}{2}\alpha p}{1+\frac{1}{2}\alpha}$

(a) Nach Gl. (7-16) gilt $K = \left(\prod_J a_J^{\nu_J}\right)_{\text{Gleichgewicht}}$. Für ideale Gase ist $a_J = \frac{p_J}{p^{\ominus}}$.

Dann folgt mit Gl. (7-16)

$$K = \frac{\left(p_{H_2}/p^{\ominus}\right)^2 \times \left(p_{O_2}/p^{\ominus}\right)}{\left(p_{H_2O}/p^{\ominus}\right)^2} = \frac{\left(\alpha p/(1+\frac{1}{2}\alpha)p^{\ominus}\right)^2 \times \left(\frac{1}{2}\alpha p/(1+\frac{1}{2}\alpha)p^{\ominus}\right)}{\left((1-\alpha)p/(1+\frac{1}{2}\alpha)p^{\ominus}\right)^2}$$

$$= \frac{\alpha^3 p}{2(1-\alpha)^2 \times \left(1+\frac{1}{2}\alpha\right)p^{\ominus}} = \frac{(0.0177)^3}{2(1-0.0177)^2 \times \left(1+\frac{1}{2}\times 0.0177\right)}$$

$$= 2.84\overline{8} \times 10^{-6} = 2.85 \times 10^{-6}.$$

(b) Nach Gl. (7-8) ist $\Delta_R G^{\ominus} = -RT \ln K$ und damit

$$\Delta_R G^{\ominus} = -(8.314\,\text{J}\,\text{K}^{-1}\,\text{mol}^{-1}) \times (2257\text{K}) \times \ln(2.84\overline{8} \times 10^{-6}) = 2.40 \times 10^5\,\text{J}\,\text{mol}^{-1}$$
$$= +240\,\text{kJ}\,\text{mol}^{-1}.$$

(c) $\Delta_R G = 0$ (Das System ist im Gleichgewicht).

Anmerkung: Die Gleichgewichtskonstante gilt stets für die Reaktion, so wie sie geschrieben ist. Wenn die Reaktion wie in *Beispiel* 7-2 als $H_2O(g) \rightleftharpoons H_2(g) + \frac{1}{2}O_2(g)$ geschrieben würde, so hätte K den Wert 1.69×10^{-3}, was gut zu dem hier für eine leicht abweichende Temperatur berechneten Näherungswert 2.08×10^{-3} passt.

A7.2a Wir stellen folgende Gleichgewichtstabelle auf:

	N_2O_4	NO_2
Gleichgewichtsmenge	$(1-\alpha)n$	$2\alpha n$
Stoffmengenanteil	$\dfrac{1-\alpha}{1+\alpha}$	$\dfrac{2\alpha}{1+\alpha}$
Partialdruck	$\dfrac{(1-\alpha)p}{1+\alpha}$	$\dfrac{2\alpha p}{1+\alpha}$

(a) Für ideale Gase ist $a_J = \left(\frac{p_J}{p^\ominus}\right)$. Damit folgt nach Gl. (7-16) für $p = p^\ominus$

$$K = \frac{\left(p_{NO_2}/p^\ominus\right)^2}{\left(p_{N_2O_4}/p^\ominus\right)} = \frac{4\alpha^2 p}{(1-\alpha^2)p^\ominus} = \frac{4\alpha^2}{(1-\alpha^2)} = \frac{(4)\times(0.1846)^2}{1-(0.1846)^2} = 0.1411.$$

(b) Nach Gl. (7-8) ist $\Delta_R G^\ominus = -RT \ln K$ und damit

$$\Delta_R G^\ominus = -(8.314\,\mathrm{J\,K^{-1}mol^{-1}}) \times (298.2\,\mathrm{K}) \times \ln(0.1411)$$
$$= 4.855 \times 10^3\,\mathrm{J\,mol^{-1}} = +4.855\,\mathrm{kJ\,mol^{-1}}.$$

(c) Wir verwenden Gl. (7-25):

$$\ln K(100\,^\circ\mathrm{C}) = \ln K(25\,^\circ\mathrm{C}) - \frac{\Delta_R H^\ominus}{R}\left(\frac{1}{373.2\,\mathrm{K}} - \frac{1}{298.2\,\mathrm{K}}\right)$$

$$\ln K(100\,^\circ\mathrm{C}) = \ln(0.1411) - \left(\frac{57.2\times10^3\,\mathrm{J\,mol^{-1}}}{8.314\,\mathrm{J\,K^{-1}\,mol^{-1}}}\right) \times (-6.739\times10^{-4}\,\mathrm{K^{-1}})$$
$$= 2.678,$$
$$K(100\,^\circ\mathrm{C}) = 14.556.$$

Anmerkung: Hier führt der Temperaturanstieg zu einer deutlichen Änderung der Gleichgewichtsmengen für die Substanzen. Der Wert von K ändert sich von unter 1 auf über 1. Der in Teil (b) berechnete Wert von $\Delta_R G^\ominus$ entspricht mit zufriedenstellender Übereinstimmung dem Wert 4.73 kJ mol^{-1}, der mit den Werten in Tabelle 2-7 ermittelt wurde.

A7.3a (a) Nach Gl. (7-12b) ist $\Delta_R G^{\ominus} = \sum_J \nu_J \Delta_f G^{\ominus}(J)$ und damit

$$\nu(\mathrm{Pb}) = 1, \qquad \nu(\mathrm{CO_2}) = 1, \qquad \nu(\mathrm{PbO}) = -1, \qquad \nu(\mathrm{CO}) = -1.$$

Die Gleichung lautet

$$0 = \mathrm{Pb(s)} + \mathrm{CO_2(g)} - \mathrm{PbO(s)} - \mathrm{CO(g)}.$$

$$\begin{aligned}\Delta_R G^{\ominus} &= \Delta_B G^{\ominus}(\mathrm{Pb, s}) + \Delta_B G^{\ominus}(\mathrm{CO_2, g}) - \Delta_B G^{\ominus}(\mathrm{PbO, s, red}) - \Delta_B G^{\ominus}(\mathrm{CO, g})\\ &= (-394.36\,\mathrm{kJ\,mol^{-1}}) - (-188.93\,\mathrm{kJ\,mol^{-1}}) - (-137.17\,\mathrm{kJ\,mol^{-1}})\\ &= -68.26\,\mathrm{kJ\,mol^{-1}}.\end{aligned}$$

Mit Gl. (7-8) erhalten wir

$$\ln K = \frac{-\Delta_R G^{\ominus}}{RT} = \frac{+68.26 \times 10^3\,\mathrm{J\,mol^{-1}}}{(8.314\,\mathrm{J\,K^{-1}mol^{-1}}) \times (298\,\mathrm{K})} = 27.55; \qquad K = 9.2 \times 10^{11}.$$

(b)

$$\begin{aligned}\Delta_R H^{\ominus} &= \Delta_B H^{\ominus}(\mathrm{Pb, s}) + \Delta_B H^{\ominus}(\mathrm{CO_2, g}) - \Delta_B H^{\ominus}(\mathrm{PbO, s, red}) - \Delta_B H^{\ominus}(\mathrm{CO, g})\\ &= (-393.51\,\mathrm{kJ\,mol^{-1}}) - (-218.99\,\mathrm{kJ\,mol^{-1}}) - (-110.53\,\mathrm{kJ\,mol^{-1}})\\ &= -63.99\,\mathrm{kJ\,mol^{-1}}.\end{aligned}$$

Nach Gl. (7-25) ist

$$\begin{aligned}\ln K(400\mathrm{K}) &= \ln K(298) - \frac{\Delta_R H^{\ominus}}{R}\left(\frac{1}{400\,\mathrm{K}} - \frac{1}{298\,\mathrm{K}}\right)\\ &= 27.55 - \left(\frac{-63.99 \times 10^3\,\mathrm{Jmol^{-1}}}{8.314\,\mathrm{J\,K^{-1}\,mol^{-1}}}\right) \times (-8.55\overline{7} \times 10^{-4}\mathrm{K^{-1}}) = 20.9\overline{6},\\ K(400\mathrm{K}) &= 1.3 \times 10^9.\end{aligned}$$

Nach Gl. (7-8) ist

$$\begin{aligned}\Delta_R G^{\ominus}(400\,\mathrm{K}) &= -RT \ln K(400\mathrm{K}) = -(8.314\,\mathrm{J\,K^{-1}mol^{-1}}) \times (400\,\mathrm{K}) \times (20.9\overline{6})\\ &= -6.97 \times 10^4\,\mathrm{J\,mol^{-1}} = -69.7\,\mathrm{kJ\,mol^{-1}}.\end{aligned}$$

Anmerkung: Anstatt, wie hier gezeigt, zunächst $K(400\,\mathrm{K})$ zu berechnen, kann man $\Delta_R G^{\ominus}(400\,\mathrm{K})$ auch direkt aus dem Wert bei 298 K ermitteln; man verwendet dazu die integrierte Form der Gibbs-Helmholtz-Gleichung (siehe die dritte Gleichung in der *Begründung* 7.2).

Frage: Welchen Wert erhält man für $\Delta_R G^{\ominus}(400\,\mathrm{K})$ mit dem in der Anmerkung vorgeschlagenen Verfahren?

A7.4a Wir stellen folgende Gleichgewichtstabelle auf:

	A	B	C	D	gesamt
Anfangsmenge/mol	1.00	2.00	0	1.00	4.00
Festgelegte Änderung/mol			+0.90		
Erfolgte Änderung/mol	−0.60	−0.30	+0.90	+0.60	
Gleichgewichtsmenge/mol	0.40	1.70	0.90	1.60	4.60
Stoffmengenanteil	0.087	0.370	0.196	0.348	1.001

(a) Die Stoffmengenanteile sind in der Tabelle angegeben.

(b) Ähnlich wie in Gl. (7-16) und *Illustration* 7-5 ist $K_x = \prod_J x_J^{\nu_J}$, also

$$K_x = \frac{(0.196)^3 \times (0.348)^2}{(0.087)^2 \times (0.370)} = 0.32\overline{6} = 0.33.$$

(c) $p_J = x_J p, \qquad p = 1\,\text{bar}, \qquad p^{\ominus} = 1\,\text{bar}.$

Unter der Annahme, dass die Gase ideal sind, gilt $a_J = \dfrac{p_J}{p^{\ominus}}$ und daher

$$K = \frac{(p_C/p^{\ominus})^3 \times (p_D/p^{\ominus})^2}{(p_A/p^{\ominus})^2 \times (p_B/p^{\ominus})}$$

$$= \frac{x_C^3 x_D^2}{x_A^2 x_B} \times \left(\frac{p}{p^{\ominus}}\right)^2 = K_x = 0.33 \quad \text{für} \quad p = 1.00\,\text{bar}.$$

(d)

$$\Delta_R G^{\ominus} = -RT \ln K = -(8.314\,\text{J K}^{-1}\,\text{mol}^{-1}) \times (298\,\text{K}) \times (\ln 0.32\overline{6})$$

$$= +2.8 \times 10^3\,\text{J mol}^{-1}$$

A7.5a Bei 1280 K ist $\Delta_r G^{\ominus} = +33 \times 10^3\,\text{J mol}^{-1}$ und daher

$$\ln K_1(1280\,\text{K}) = -\frac{\Delta_R G^{\ominus}}{RT} = -\frac{33 \times 10^3\,\text{J mol}^{-1}}{(8.314\,\text{J K}^{-1}\,\text{mol}^{-1}) \times (1280\,\text{K})} = -3.1\overline{0},$$

$$K_1 = 0.045.$$

$$\ln K_2 = \ln K_1 - \frac{\Delta_R H^{\ominus}}{R}\left(\frac{1}{T_2} - \frac{1}{T_1}\right) \qquad \text{(Gl. 7-25)}.$$

Wir suchen die Temperatur T_2, für die gilt $\ln K_2 = \ln(1) = 0$. Dies ist die Temperatur beim Schnittpunkt der Kurven. Auflösen von Gl. (7-25) nach T_2 ergibt mit $\ln K_2 = 0$

$$\frac{1}{T_2} = \frac{R \ln K_1}{\Delta_R H^{\ominus}} + \frac{1}{T_1} = \left(\frac{(8.314\,\text{J K}^{-1}\text{mol}^{-1}) \times (-3.1\overline{0})}{224 \times 10^3\,\text{J mol}^{-1}}\right) + \left(\frac{1}{1280\,\text{K}}\right)$$

$$= 6.6\overline{6} \times 10^{-4}\,\text{K}^{-1},$$

$$T_2 = 15\overline{00}\,\text{K}.$$

A7.6a Gegeben ist $\ln K = -1.04 - \dfrac{1088\ \mathrm{K}}{T} + \dfrac{1.51 \times 10^5\ \mathrm{K}^2}{T^2}$.

Nach Gl. (7-23b) gilt $\dfrac{\mathrm{d} \ln K}{\mathrm{d}(1/T)} = \dfrac{-\Delta_r H^\ominus}{R}$. Also ist

$$\frac{-\Delta_R H^\ominus}{R} = -1088\ \mathrm{K} + \frac{(2) \times (1.51 \times 10^5\ \mathrm{K}^2)}{T}.$$

Bei 400 K ist dann

$$\Delta_R H^\ominus = \left(1088\ \mathrm{K} - \frac{3.02 \times 10^5\ \mathrm{K}^2}{400\ \mathrm{K}}\right) \times (8.314\ \mathrm{J\ K^{-1}\ mol^{-1}}) = +2.77\ \mathrm{kJ\ mol^{-1}}.$$

Nach Gl. (7-8) ist $\Delta_R G^\ominus = -RT \ln K$ und daher

$$\begin{aligned}\Delta_R G^\ominus &= RT \times \left(1.04 + \frac{1088\ \mathrm{K}}{T} - \frac{1.51 \times 10^5\ \mathrm{K}^2}{T^2}\right)\\ &= RT \times \left(1.04 + \frac{1088\ \mathrm{K}}{400\ \mathrm{K}} - \frac{1.51 \times 10^5\ \mathrm{K}^2}{(400\ \mathrm{K})^2}\right) = +9.37\ \mathrm{kJ\ mol^{-1}}\\ &= \Delta_R H^\ominus - T\Delta_R S^\ominus \quad [\text{Gl. (3-39)}].\end{aligned}$$

Also ist

$$\Delta_R S^\ominus = \frac{\Delta_R H^\ominus - \Delta_R G^\ominus}{T} = \frac{2.77\ \mathrm{kJ\ mol^{-1}} - 9.37\ \mathrm{kJ\ mol^{-1}}}{400\ \mathrm{K}} = -16.5\ \mathrm{J\ K^{-1}\ mol^{-1}}.$$

A7.7a Wir schreiben B für Borneol und I für Isoborneol. Nach Gl. (7-11) und Gl. (7-13b) gilt dann:

$$\Delta_R G = \Delta G^\ominus + RT \ln Q, \qquad Q = \frac{p_I}{p_B}.$$

Es folgt

$$p_B = x_B p = \frac{0.15\ \mathrm{mol}}{0.15\ \mathrm{mol} + 0.30\ \mathrm{mol}} \times 600\ \mathrm{Torr} = 200\ \mathrm{Torr}; \qquad p_I = p - p_B = 400\ \mathrm{Torr}.$$

$$Q = \frac{400\ \mathrm{Torr}}{200\ \mathrm{Torr}} = 2.00.$$

$$\Delta_R G = (+9.4\ \mathrm{kJ\ mol^{-1}}) + (8.314\ \mathrm{J\ K^{-1}\ mol^{-1}}) \times (503\ \mathrm{K}) \times (\ln 2.00) = +12.3\ \mathrm{kJ\ mol^{-1}}.$$

A7.8a Ähnlich wie in Gl. (7-16) gilt $K_x = \prod_J x_J^{\nu_J}$.

Die Beziehung zwischen K_x und K wurde in *Illustration* 7-5 aufgestellt. Wir wenden hier Gl. (7-16) mit $a_J = \frac{p_J}{p^\ominus}$ an:

$$K = \prod_J \left(\frac{p_J}{p^\ominus}\right)^{\nu_J} = \prod_J x_J^{\nu_J} \times \left(\frac{p}{p^\ominus}\right)^{\sum_J \nu_J}.$$

Mit $p_J = x_J p$ und $\nu \equiv \sum_J \nu_J$ folgt

$$K = K_x \times \left(\frac{p}{p^\ominus}\right)^{\nu}.$$

Daher ist $K_x = K\left(\frac{p}{p^\ominus}\right)^{-\nu}$ und $K_x \propto p^{-\nu}$. (K und $p^\ominus$ sind Konstanten.) Für ν gilt dann $\nu = 1 + 1 - 1 = 1$ und damit $K_x(2\ \text{bar}) = \frac{1}{2}K_x(1\ \text{bar})$.

Die prozentuale Änderung beträgt also 50 %.

A7.9a Wir schreiben B für Borneol und I für Isoborneol. Mit der Beziehung aus Aufgabe A7.8a und mit $\nu = 1 - 1 = 0$ ist dann:

$$K = K_x \times \left(\frac{p}{p^\ominus}\right)^{\nu} = \frac{x_I}{x_B} = \frac{1 - x_B}{x_B}.$$

Damit ist $\quad x_B = \frac{1}{1+K} = \frac{1}{1+0.106} = 0.904$ und $\quad x_I = 0.096$.

Die Anfangsmengen der Isomeren sind

$$n_B = \frac{7.50\ \text{g}}{M}, \quad n_I = \frac{14.0\ \text{g}}{M}, \quad n = \frac{21.5\overline{0}\ \text{g}}{M}.$$

Die Gesamtmenge bleibt dieselbe, aber im Gleichgewicht gilt

$$\frac{n_B}{n} = x_B = 0.904, \quad x_I = 0.096, \quad n_B = (0.904) \times \left(\frac{21.5\overline{0}\ \text{g}}{M}\right).$$

Die Masse an Borneol im Gleichgewicht ist also

$$m_B = n_B \times M = (0.904) \times (21.5\overline{0}\ \text{g}) = 19.4\ \text{g}.$$

Die Masse an Isoborneol im Gleichgewicht ist

$$m_I = n_I \times M = (0.096) \times (21.5\overline{0}\ \text{g}) = 2.1\ \text{g}.$$

A7.10a Nach Gl. (7-25) ist $\ln \frac{K'}{K} = \frac{\Delta_R H^\ominus}{R}\left(\frac{1}{T} - \frac{1}{T'}\right)$. Also ist

$$\Delta_R H^\ominus = \frac{R \ln \frac{K'}{K}}{\left(\frac{1}{T} - \frac{1}{T'}\right)}.$$

Mit $T' = 308$ K und mit $\frac{K'}{K} = \kappa$ erhalten wir

$$\Delta_R H^\ominus = \frac{(8.314\,\text{J K}^{-1}\,\text{mol}^{-1}) \times (\ln \kappa)}{\left(\frac{1}{298\,\text{K}} - \frac{1}{308\,\text{K}}\right)} = 76\,\text{kJ mol}^{-1} \times \ln \kappa.$$

Damit folgt für die Aufgabenstellung:

(a) $\kappa = 2$ $\quad \Delta_R H^\ominus = (76\,\text{kJ mol}^{-1}) \times (\ln 2) = +53\,\text{kJ mol}^{-1}$.

(b) $\kappa = \frac{1}{2}$ $\quad \Delta_R H^\ominus = (76\,\text{kJ mol}^{-1}) \times \left(\ln \frac{1}{2}\right) = -53\,\text{kJ mol}^{-1}$.

A7.11a Nach Gl. (7-11) und Gl. (7-13b) ist $\Delta_r G = \Delta G^\ominus + RT \ln Q$ und $Q = \prod_J a_J{}^{\nu_J}$. Mit der für ideale Gase geltenden Beziehung $a_J = \frac{p_J}{p^\ominus}$ erhalten wir für die Reaktion $\frac{1}{2}N_2(g) + \frac{3}{2}H_2(g) \rightarrow NH_3(g)$:

$$Q = \frac{\left(\frac{p(NH_3)}{p^\ominus}\right)}{\left(\frac{p(N_2)}{p^\ominus}\right)^{1/2}\left(\frac{p(H_2)}{p^\ominus}\right)^{3/2}} = \frac{p(NH_3)\,p^\ominus}{p(N_2)^{1/2}\,p(H_2)^{3/2}} = \frac{4.0}{(3.0)^{1/2} \times (1.0)^{3/2}} = \frac{4.0}{\sqrt{3.0}}.$$

Damit ist

$$\Delta_R G = (-16.45\,\text{kJ mol}^{-1}) + RT \ln \frac{4.0}{\sqrt{3.0}} = (-16.45\,\text{kJ mol}^{-1}) + (2.07\,\text{kJ mol}^{-1})$$
$$= -14.38\,\text{kJ mol}^{-1}$$

Wegen $\Delta_R G < 0$ läuft die Reaktion spontan in Richtung der Produkte ab.

A7.12a Die Reaktion ist $CaCO_3(s) \rightleftharpoons CaO(s) + CO_2(g)$.

Wir können für die Lösung dieser Aufgabe annehmen, dass die gesuchte Temperatur die Temperatur ist, bei der $K = 1$ gilt; dies entspricht einem Druck von 1 bar der gasförmigen Produkte. Für $K = 1$ ist $\ln K = 0$ und $\Delta_R G^{\ominus} = 0$.

$$\Delta_R G^{\ominus} = \Delta_R H^{\ominus} - T\Delta_R S^{\ominus} = 0 \quad \text{wenn gilt} \quad \Delta_R H^{\ominus} = T\Delta_R S^{\ominus}.$$

Also ist die Zersetzungstemperatur (wenn $K = 1$ ist):

$$T = \frac{\Delta_r H^{\ominus}}{\Delta_r S^{\ominus}}.$$

Für die Zersetzungsreaktion $CaCO_3(s) \rightarrow CaO(s) + CO_2(g)$ gilt somit (mit den Daten aus Tabelle 2-7):

$$\Delta_R H^{\ominus} = (-635.09) - (393.51) - (-1206.9)\ \text{kJ mol}^{-1} = +178.3\ \text{kJ mol}^{-1}.$$

$$\Delta_R S^{\ominus} = (39.75) + (213.74) - (92.9)\ \text{J K}^{-1}\ \text{mol}^{-1} = +160.6\ \text{J K}^{-1}\ \text{mol}^{-1}.$$

$$T = \frac{178.3 \times 10^3\ \text{J mol}^{-1}}{160.6\ \text{J K}^{-1}\ \text{mol}^{-1}} = 1110\ \text{K} \quad (\text{entsprechend } 840\ ^\circ\text{C}).$$

A7.13a $CaF_2(s) \rightleftharpoons Ca^{2+}(aq) + 2F^-(aq)$, $K_s = 3.9 \times 10^{-11}$.

$$\begin{aligned}\Delta_R G^{\ominus} &= -RT \ln K_s \\ &= -(8.314\ \text{J K}^{-1}\ \text{mol}^{-1}) \times (298.15\ \text{K}) \times (\ln 3.9 \times 10^{-11}) = +59.4\ \text{kJ mol}^{-1} \\ &= \Delta_B G^{\ominus}(CaF_2, aq) = \Delta_B G^{\ominus}(CaF_2, s).\end{aligned}$$

Damit ist

$$\begin{aligned}\Delta_B G^{\ominus}(CaF_2, aq) &= \Delta G^{\ominus} + \Delta_B G^{\ominus}(CaF_2, s) \\ &= [59.4 - 1167]\ \text{kJ mol}^{-1} = -1108\ \text{kJ mol}^{-1}.\end{aligned}$$

A7.14a Die Schreibweise der Zelle legt die linke und die rechte Elektrode fest. Beachten Sie, dass die Anzahl der Elektronen in den zu kombinierenden Halbreaktionen jeweils gleich sein muss, damit sich die Elektronen beim Addieren zur Gesamtreaktionen herausheben. Um die Gleichgewichtszellspannung zu berechnen, verwenden wir $E^{\ominus} = E^{\ominus}_{R} - E^{\ominus}_{L}$. Die Werte für die Standardpotenziale stammen aus Tabelle 7-2.

		$E^{\ominus}$
(a)	R: $2Ag^{+}(aq) + 2e^{-} \rightarrow 2Ag(s)$	+0.80 V
	L: $Zn^{+}(aq) + 2e^{-} \rightarrow Zn(s)$	−0.76 V
	Gesamt (R − L): $2Ag^{+}(aq) + Zn(s) \rightarrow 2Ag(s) + Zn^{2+}(aq)$	+1.56 V
(b)	R: $2H^{+}(aq) + 2e^{-} \rightarrow H_2(g)$	0
	L: $Cd^{2+}(aq) + 2e^{-} \rightarrow Cd(s)$	−0.40 V
	Gesamt (R − L): $Cd(s) + 2H^{+}(aq) \rightarrow Cd^{2+}(aq) + H_2(g)$	+0.40 V
(c)	R: $Cr^{3+}(aq) + 3e^{-} \rightarrow Cr(s)$	−0.74 V
	L: $3[Fe(CN)_6]^{3-}(aq) + 3e^{-} \rightarrow 3[Fe(CN)_6]^{4-}(aq)$	+0.36 V
	Gesamt (R − L): $Cr^{3+}(aq) + 3[Fe(CN)_6]^{4-}(aq) \rightarrow Cr(s) + 3[Fe(CN)_6]^{3-}(aq)$	−1.10 V

Anmerkung: Zellen mit $E^{\ominus} > 0$ können unter Standardbedingungen spontan als galvanische Zellen wirken, Zellen mit $E^{\ominus} < 0$ können als nicht-spontane elektrolytische Zellen wirken. Die Größe $E^{\ominus}$ gibt aber nur an, ob die Zelle unter Standardbedingungen spontan arbeitet. Bei anderen Bedingungen müssen wir E kennen.

A7.15a Die Bedingungen (z. B. Konzentrationen usw.), unter denen die Zellreaktionen ablaufen sollen, sind nicht gegeben. Wir können daher in dieser Aufgabe die Standardbedingungen annehmen. Welches die rechte und welches die linke Seite der Elektroden ist, hängt davon ab, in welcher Richtung die Reaktion notiert ist. Wie immer müssen wir die zu einer gesamten Zellreaktion zu kombinierenden Halbreaktionen mit jeweils gleicher Anzahl von Elektronen formulieren, damit sie bei Addition herausfallen. Zunächst legen wir die Halbreaktionen fest und stellen dann die entsprechende Zelle zusammen:

		$E^{\ominus}$
(a)	R: $2Cu^{2+}(aq) + 2e^{-} \rightarrow Cu(s)$	+0.34 V
	L: $Zn^{2+}(aq) + 2e^{-} \rightarrow Zn(s)$	−0.76 V
	Die Zelle ist also $Zn(s)\vert ZnSO_4(aq)\vert\vert CuSO_4(aq)\vert Cu(s)$	+1.10 V
(b)	R: $AgCl(s) + e^{-} \rightarrow Ag(s) + Cl^{-}(aq)$	+0.22 V
	L: $H^{+}(aq) + e^{-} \rightarrow \frac{1}{2}H_2(g)$	0
	Die Zelle ist also $Pt\vert H_2(g)\vert H^{+}(aq)\vert AgCl(s)\vert Ag(s)$	
	oder $Pt\vert H_2(g)\vert HCl(aq)\vert AgCl(s)\vert Ag(s)$	+0.22 V
(c)	R: $O_2(g) + 4H^{+}(aq) + 4e^{-} \rightarrow 2H_2O(l)$	+1.23 V
	L: $4H^{+}(aq) + 4e^{-} \rightarrow 2H_2(g)$	0
	Die Zelle ist also $Pt\vert H_2(g)\vert H^{+}(aq), H_2O(l)\vert O_2(g)\vert Pt$	+1.23 V

Anmerkung: Alle diese Zellen haben $E^{\ominus} > 0$, was einer spontanen Zellreaktionen unter Standardbedingungen entspricht. Wäre $E^{\ominus}$ negativ, so würde die spontane Reaktion entgegengesetzt zur angegebenen Reaktionsrichtung ablaufen, und rechte und linke Elektrode der Zelle wären vertauscht.

A7.16a Die Halbreaktion an der linken bzw. der rechten Elektrode ist

	$E^{\ominus}$
R: Cd^{2+} (aq) + $2e^-$ → Cd(s)	−0.40 V
L: 2AGBr(s) + $2e^-$ → 2Ag(s) + $2Br^-$ (aq)	+0.07 V

Die Gesamtreaktion (R–L) ist also

$$Cd^{2+}(aq) + 2Ag(s) + 2Br^-(aq) \rightarrow Cd(s) + 2AgBr(s), \quad E^{\ominus} = -0.47\,V.$$

$$Q = \frac{1}{a(Cd^{2+})a^2(Br^-)}, \qquad E = E^{\ominus} + \frac{RT}{2F}\ln a(Cd^{2+})a^2(Br^-).$$

$$a(Cd^{2+}) = \gamma_+ b_+; \qquad a(Br^-) = \gamma_- b_- \qquad \left[\text{mit } b \equiv \frac{b}{b^{\ominus}}\right].$$

$$b_+ = 0.010\ \text{mol kg}^{-1}, \qquad b_- = 0.050\ \text{mol kg}^{-1}.$$

Wir nehmen an, dass gilt $\gamma_+(Cd^{2+}) \approx \gamma_\pm\{Cd(NO_3)_2\}$ und $\gamma_-(Br^-) \approx \gamma_\pm(KBr)$. Damit folgt

$$E = E^{\ominus} + \frac{RT}{2F}\ln b(Cd^{2+})b^2(Br^-) + \frac{2.303RT}{2F}\log\gamma_\pm\{Cd(NO_3)_2\}\gamma_\pm^2(KBr)$$

Mit $I = 3b = 0.030\ \text{mol kg}^{-1}$ ist

$$\log\gamma_\pm\{Cd(NO_3)_2\} \approx -A|z_+z_-| \times I^{1/2} \approx -(0.509) \times (2) \times (0.030)^{1/2} = -0.18.$$

Mit $I = b = 0.050\ \text{mol kg}^{-1}$ ist

$$\log\gamma_\pm(KBr) \approx -A|z_+z_-| \times I^{1/2} \approx -(0.509) \times (1) \times (0.050)^{1/2} = -0.11.$$

Damit folgt

$$E = (-0.47\,V) + \left(\frac{25.693\,mV}{2}\right) \times \ln(0.010 \times 0.050^2)$$
$$+ \left(\frac{(2.303) \times (25.693\,mV)}{2}\right) \times (-0.18 + 2 \times (-0.11)) = -0.62\,V.$$

A7.17a Nach Gl. (7-30) ist jeweils $\ln K = \frac{\nu F E^{\ominus}}{RT}$

(a)

$$Sn(s) + Sn^{4+}(aq) \rightleftharpoons 2Sn^{2+}(aq).$$

$$\left.\begin{array}{lll} R: & Sn^{4+} + 2e^- \rightarrow Sn^{2+}(aq) & +0.15\,V \\ L: & Sn^{2+}(aq) + 2e^- \rightarrow Sn(s) & -0.14\,V \end{array}\right\} E^{\ominus} = +0.29\,V.$$

$$\ln K = \frac{(2) \times (0.29\,V)}{25.693\,mV} = 22.\bar{6}, \qquad K = 6.5 \times 10^9.$$

(b)

$$\mathrm{Sn(s) + 2AgCl(s) \rightleftharpoons SnCl_2(aq) + 2Ag(s).}$$

$$\left.\begin{array}{llr} \mathrm{R:} & \mathrm{2AgCl(s) + 2e^- \rightarrow 2Ag(s) + 2Cl^-(aq)} & +0.22\,\mathrm{V} \\ \mathrm{L:} & \mathrm{Sn^{2+}(aq) + 2e^- \rightarrow Sn(s)} & -0.14\,\mathrm{V} \end{array}\right\} +0.36\,\mathrm{V}.$$

$$\ln K = \frac{(2)\times(0.36\,\mathrm{V})}{25.693\,\mathrm{mV}} = +2\bar{8}.0, \qquad K = 1.5\times 10^{12}.$$

A7.18a

$$\left.\begin{array}{ll} \mathrm{R:\ Ag^+(aq) + e^- \rightarrow Ag(s)} & +0.80\,\mathrm{V} \\ \mathrm{L:\ AgI(s) + e^- \rightarrow Ag(s) + I^-(aq)} & -0.15\,\mathrm{V} \end{array}\right\} E^{\ominus} = E^{\ominus}_{\mathrm{R}} - E^{\ominus}_{\mathrm{L}} = 0.9509\,\mathrm{V}$$

Gesamt (R–L): $\mathrm{Ag^+(aq) + I^-(aq) \rightarrow AgI(s)}$. Nach Gl. (7-30) erhalten wir mit $\nu = 1$

$$\ln K = \frac{\nu F E^{\ominus}}{RT} = \frac{0.9509\,\mathrm{V}}{25.693\times 10^{-3}\,\mathrm{V}} = 37.01\bar{0},$$

$$K = 1.1\bar{8}\times 10^{16}.$$

(a)

$$K = \frac{a_{\mathrm{AgI(s)}}}{a_{\mathrm{Ag^+(aq)}}a_{\mathrm{I^-(aq)}}} = \frac{1}{[\mathrm{Ag^+}][\mathrm{I^-}]} = \frac{1}{[\mathrm{Ag^+}]^2} = 1.1\bar{8}\times 10^{16}.$$

(b) Das Lösungsgleichgewicht ist als Umkehrung der Zellreaktion notiert. Daher ist die Löslichkeitskonstante

$$K_L = K^{-1} = 1/1.1\bar{8}\times 10^{16} = 8.5\times 10^{-17}.$$

In der obigen Gleichung beträgt die Aktivität der Feststoffs 1. Weil die Lösung extrem verdünnt ist, sind auch die Aktivitätskoeffizienten der gelösten Ionen 1. Auflösen nach der molaren Konzentration ergibt $[\mathrm{Ag^+}] = [\mathrm{I^-}] = 9.2\times 10^{-9}$ M. AgI hat also eine Löslichkeit von 9.2×10^{-9} M.

Schwerere Aufgaben

Rechenaufgaben

7.1 (a)

$$\Delta_{\mathrm{R}}G^{\ominus} = -RT\ln K = -(8.314\,\mathrm{J\,K^{-1}\,mol^{-1}})\times(298\,\mathrm{K})\times(\ln 0.164)$$

$$= 4.48\times 10^{3}\,\mathrm{J\,mol^{-1}} = +4.48\,\mathrm{kJ\,mol^{-1}}.$$

(b) Wir stellen folgende Gleichgewichtstabelle auf:

	I_2	Br_2	IBr
Stoffmengen	–	$(1-\alpha)n$	$2\alpha n$
Stoffmengenanteile	–	$\frac{(1-\alpha)}{(1+\alpha)}$	$\frac{2\alpha}{(1+\alpha)}$
Partialdruck	–	$\frac{(1-\alpha)p}{(1+\alpha)}$	$\frac{2\alpha p}{(1+\alpha)}$

Für ideale Gase ist gemäß Gl. (7-16)

$$K = \prod_J a_J^{\nu_J} = \frac{(p_{\mathrm{IBr}}/p^{\ominus})^2}{p_{\mathrm{Br_2}}/p^{\ominus}} = \frac{\{(2\alpha)^2(p/p^{\ominus})\}}{(1-\alpha)\times(1+\alpha)} = \frac{(4\alpha^2(p/p^{\ominus}))}{1-\alpha^2} = 0.164.$$

Für $p = 0.164\,\mathrm{atm}$ ist

$$4\alpha^2 = 1-\alpha^2, \qquad \alpha^2 = \frac{1}{5}, \qquad \alpha = 0.447.$$

$$p_{\mathrm{IBr}} = \frac{2\alpha}{1+\alpha}\times p = \frac{(2)\times(0.447)}{1+0.447}\times(0.164\,\mathrm{atm}) = 0.101\,\mathrm{atm}.$$

(c) Die Gleichgewichtstabelle muss folgendermaßen modifiziert werden:

$$p = p_{\mathrm{I_2}} + p_{\mathrm{Br_2}} + p_{\mathrm{IBr}},$$
$$p_{\mathrm{Br_2}} = x_{\mathrm{Br_2}}p, \qquad p_{\mathrm{IBr}} = x_{\mathrm{IBr}}p, \qquad p_{\mathrm{I_2}} = x_{\mathrm{I_2}}p.$$

Mit der Stoffmenge n des in den Behälter eingefüllten Br_2 ist daher

$$x_{\mathrm{Br_2}} = \frac{(1-\alpha)n}{(1+\alpha)n + n_{\mathrm{I_2}}} \quad \text{und} \quad x_{\mathrm{IBr}} = \frac{2\alpha n}{(1+\alpha)n + n_{\mathrm{I_2}}}.$$

Die Größe K wird wie oben gemäß Gl. (7-16) ermittelt, allerdings mit diesen geänderten Partialdrücken. Um die Berechnung abschließen zu können, sind noch weitere Werte erforderlich, nämlich die eingeführte Stoffmenge n an Br_2 sowie der Gleichgewichts-Partialdruck von I_2(s). Die Größe $n_{\mathrm{I_2}}$ kann in Kenntnis des Behältervolumens beim Gleichgewicht berechnet werden. Dies ist am einfachsten, wenn man dazu sukzessive Näherungen ansetzt; dies geht, weil $p_{\mathrm{I_2}}$ klein ist.

Frage: Wie hoch ist der Partialdruck von IBr(g), wenn 0.0100 mol Br_2(g) in den Behälter eingefüllt werden? Bei 25 °C beträgt der Partialdruck von I_2(s) 0.305 Torr.

7.3 Analog wie in Aufgabe A7.7b finden wir

$$\mathrm{U(s)} + \frac{3}{2}\mathrm{H_2(g)} \rightleftharpoons \mathrm{UH_3(s)}, \qquad K = (p/p^{\ominus})^{-3/2}.$$

Mit Gl. (7-23a) folgt daraus

$$\begin{aligned}
\Delta_B H^\ominus &= RT^2 \frac{\mathrm{d}\ln K}{\mathrm{d}T} = RT^2 \frac{\mathrm{d}}{\mathrm{d}T}\left(-\frac{3}{2}\ln p/p^\ominus\right) \\
&= -\frac{3}{2} RT^2 \frac{\mathrm{d}\ln p}{\mathrm{d}T} \\
&= -\frac{3}{2} RT^2 \left(\frac{1.464\times 10^4\,\mathrm{K}}{T^2} - \frac{5.65}{T}\right) \\
&= -\frac{3}{2} R(1.464\times 10^4\,\mathrm{K} - 5.65T) \\
&= -(2.196\times 10^4\ \mathrm{K} - 8.48T)R.
\end{aligned}$$

Nach Gl. (2-36) ist dann

$$\mathrm{d}(\Delta_B H^\ominus) = \Delta_R C_p^\ominus \mathrm{d}T \qquad \text{bzw.}$$

$$\Delta_R C_p^\ominus = \left(\frac{\partial \Delta_B H^\ominus}{\partial T}\right)_p = 8.48\ R.$$

7.5 Wir betrachten die Zersetzungsreaktion $CaCl_2 \cdot NH_3(s) \rightleftharpoons CaCl_2(s) + NH_3(g)$ mit $K = \frac{p}{p^\ominus}$.

Da $\Delta_r G^\ominus$ und $\ln K$ gemäß $\Delta_r G^\ominus = -RT\ln K$ zusammenhängen, kann man die Temperaturabhängigkeit von $\Delta_r G^\ominus$ aus der Temperaturabhängigkeit von $\ln K$ ermitteln. Mit $p^\ominus = 1$ bar folgt bei $T = 400$ K

$$\begin{aligned}
\Delta_r G^\ominus &= -RT\ln K = -RT\ln\frac{p}{p^\ominus} \\
&= -(8.314\,\mathrm{J\,K^{-1}mol^{-1}})\times(400\ \mathrm{K})\times\ln\left(\frac{17.1\,\mathrm{kPa}}{100.0\,\mathrm{kPa}}\right) = +13.5\,\mathrm{kJ\ mol^{-1}}.
\end{aligned}$$

Mit Gl. (7-25) ergibt sich

$$\frac{\Delta_R G^\ominus(T)}{T} - \frac{\Delta_R G^\ominus(T')}{T'} = \Delta_R H^\ominus\left(\frac{1}{T} - \frac{1}{T'}\right).$$

Mit $T' = 400$ K folgt

$$\begin{aligned}
\Delta_R G^\ominus(T) &= \left(\frac{T}{400\ \mathrm{K}}\right)\times(13.5\ \mathrm{kJ\ mol^{-1}}) + (78\ \mathrm{kJ\ mol^{-1}})\times\left(1 - \frac{T}{400\ \mathrm{K}}\right) \\
&= (78\ \mathrm{kJ\ mol^{-1}}) + \left(\frac{(13.5-78)\ \mathrm{kJ\ mol^{-1}}}{400}\right)\times\left(\frac{T}{\mathrm{K}}\right).
\end{aligned}$$

Also ist $\Delta_R G^\ominus(T)/(\mathrm{kJ\ mol^{-1}}) = 78 - 0.161\times(T/\mathrm{K})$.

7.7 Wir schreiben A für Essigsäure. Dann ist folgendes Gleichgewicht zu betrachten: $A_2(g) \rightleftharpoons 2A(g)$.

Es ist vorteilhaft, die Gleichgewichtskonstante in Abhängigkeit von dem Dissoziationsgrad α des Dimeren auszudrücken. Das Dimere ist die bei niedrigen Temperaturen vorherrschende Spezies.

	A	A_2	gesamt
Gleichgewichtsmenge	$2\alpha n$	$(1+\alpha)n$	$(1+\alpha)n$
Stoffmengenanteil	$\dfrac{2\alpha}{1+\alpha}$	$\dfrac{1-\alpha}{1+\alpha}$	1
Partialdruck	$\dfrac{2\alpha p}{1+\alpha}$	$\left(\dfrac{1-\alpha}{1+\alpha}\right)p$	p

Die Gleichgewichtskonstante für die Dissoziation ist

$$K = \frac{\left(\dfrac{p_A}{p^\ominus}\right)^2}{\dfrac{p_{A_2}}{p^\ominus}} = \frac{p_A^2}{p_{A_2}p^\ominus} = \frac{4\alpha^2\left(\dfrac{p}{p^\ominus}\right)}{1-\alpha^2}.$$

Wir wissen, dass gilt

$$pV = n_{\text{ges}}RT = (1+\alpha)nRT \quad \text{und daher} \quad \alpha = \frac{pV}{nRT} - 1 \quad \text{mit} \quad n = \frac{m}{M}.$$

Beim ersten Experiment ist

$$\alpha = \frac{pVM}{mRT} - 1 = \frac{(101.9\ \text{kPa}) \times (21.45 \times 10^{-3}\text{dm}^3) \times (120.1\ \text{g mol}^{-1})}{(0.0519\ \text{g}) \times (8.314\ \text{kPa dm}^3\ \text{K}^{-1}\ \text{mol}^{-1}) \times (437\ \text{K})} - 1 = 0.392.$$

Damit ist $$K = \frac{(4) \times (0.392)^2 \times (764.3/750.1)}{1-(0.392)^2} = 0.740.$$

Beim zweiten Experiment ist

$$\alpha = \frac{pVM}{mRT} - 1 = \frac{(101.9\ \text{kPa}) \times (21.45 \times 10^{-3}\text{dm}^3) \times (120.1\ \text{g mol}^{-1})}{(0.038\ \text{g}) \times (8.314\ \text{kPa dm}^3\ \text{K}^{-1}\ \text{mol}^{-1}) \times (471\ \text{K})} - 1 = 0.764.$$

Damit ist $$K = \frac{(4) \times (0.764)^2 \times \left(\dfrac{764.3}{750.1}\right)}{1-(0.764)^2} = 5.71.$$

Nach Gl. (7-25) (vgl. Aufgabe A7.10a) ist die Dissoziationsenthalpie

$$\Delta_R H^\ominus = \frac{R\ln\dfrac{K'}{K}}{\left(\dfrac{1}{T} - \dfrac{1}{T'}\right)} = \frac{R\ln\left(\dfrac{5.71}{0.740}\right)}{\left(\dfrac{1}{437\text{K}} - \dfrac{1}{471\text{K}}\right)} = +103\ \text{kJ mol}^{-1}.$$

Die Dimerisierungsenthalpie (pro Mol des Dimeren) ist gerade das Negative dieses Werts, also $-103\ \mathrm{kJ\ mol^{-1}}$.

7.9 Die Gleichgewichtskonstante für die Reaktion $I_2(g) \rightleftharpoons 2I(g)$ ist (vgl. Aufgabe 7.7)

$$K = \frac{x(\mathrm{I})^2}{x(\mathrm{I}_2)^2} \times \frac{p}{p^{\ominus}} = \frac{4\alpha^2\left(\frac{p}{p^{\ominus}}\right)}{1-\alpha^2}.$$

Für $p^\circ = \dfrac{nRT}{\mathrm{V}}$ ist $p = (1+\alpha)p^\circ$ und damit

$$\alpha = \frac{p - p^\circ}{p^\circ}.$$

Wir können also folgende Tabelle aufstellen:

	937 K	1073 K	1173 K	
p/atm	0.06244	0.07500	0.09181	
$10^4\, n_1$	2.4709	2.4555	2.4366	
p°/atm	0.05757	0.06309	0.06844	$\left[p^\circ = \dfrac{nRT}{V}\right]$
α	0.08459	0.1888	0.3415	
K	1.800×10^{-3}	1.109×10^{-2}	4.848×10^{-2}	

$$\Delta H^{\ominus} = RT^2 \times \left(\frac{\mathrm{d}\ln K}{\mathrm{d}T}\right) = (8.314\ \mathrm{J\ K^{-1}mol^{-1}}) \times (1073\ \mathrm{K}^2) \times \left(\frac{-3.027-(-6.320)}{200\ \mathrm{K}}\right)$$
$$= +158\ \mathrm{kJ\ mol^{-1}}.$$

7.11 Wir betrachten die Reaktion $Si(s) + H_2(g) \rightleftharpoons SiH_2(g)$ mit der Gleichgewichtskonstante

$$K = \exp\left(-\frac{\Delta_{\mathrm{R}}G^{\ominus}}{RT}\right) = \exp\left(\frac{-\Delta_{\mathrm{R}}H^{\ominus}}{RT}\right)\exp\left(\frac{-\Delta_{\mathrm{R}}S^{\ominus}}{R}\right).$$

Wir bezeichnen die Unsicherheit in der Angabe von $\Delta_{\mathrm{B}}H^{\ominus}$ mit h; der obere angegebene Wert ergibt sich also durch h + den unteren Wert. Die mithilfe des unteren Werts berechnete Gleichgewichtskonstante K ist

$$K_{\mathrm{uW}H} = \exp\left(\frac{-\Delta H^{\ominus}_{\mathrm{uW}}}{RT}\right)\exp\left(\frac{\Delta_{\mathrm{R}}S^{\ominus}}{R}\right) = \exp\left(\frac{-\Delta_{\mathrm{R}}H^{\ominus}_{\mathrm{oW}}}{RT}\right)\exp\left(\frac{h}{RT}\right)\exp\left(\frac{\Delta_{\mathrm{R}}S^{\ominus}}{R}\right)$$
$$= \exp\left(\frac{h}{RT}\right)K_{\mathrm{oW}H}.$$

Damit haben wir die Beziehung

$$\frac{K_{\mathrm{uW}H}}{K_{\mathrm{oW}H}} = \exp\left(\frac{h}{RT}\right).$$

(a) Bei 298 K ist $\frac{K_{\mathrm{uW}H}}{K_{\mathrm{oW}H}} = \exp\left(\frac{(289-243)\ \mathrm{kJ\ mol^{-1}}}{(8.3145\times10^{-3}\ \mathrm{kJ\ K^{-1}\ mol^{-1}})\times(298\ \mathrm{K})}\right) = 1.2\times10^{8}$.

(b) Bei 700 K ist $\frac{K_{\mathrm{uW}H}}{K_{\mathrm{oW}H}} = \exp\left(\frac{(289-243)\ \mathrm{kJ\ mol^{-1}}}{(8.3145\times10^{-3}\ \mathrm{kJ\ K^{-1}\ mol^{-1}})\times(700\ \mathrm{K})}\right) = 2.7\times10^{3}$.

7.13 (a) Mit Gl. (5-71) finden wir für die Ionenstärken $I = \frac{1}{2}\left\{\left(\frac{b}{b^{\ominus}}\right)_+ z_+^2 + \left(\frac{b}{b^{\ominus}}\right)_- z_-^2\right\} = 4\left(\frac{b}{b^{\ominus}}\right)$.

Für $CuSO_4$ ist $I = (4)\times(1.0\times10^{-3}) = 4.0\times10^{-3}$.

Für $ZnSO_4$ ist $I = (4)\times(3.0\times10^{-3}) = 1.2\times10^{-2}$.

(b) $\log\gamma_\pm = -|z_+z_-|AI^{1/2}$.

$\log\gamma_\pm(\mathrm{CuSO_4}) = -(4)\times(0.509)\times(4.0\times10^{-3})^{1/2} = -0.12\overline{88}$,

$\gamma_\pm(\mathrm{CuSO_4}) = 0.74$.

$\log\gamma_\pm(\mathrm{ZnSO_4}) = -(4)\times(0.509)\times(1.2\times10^{-2})^{1/2} = -0.22\overline{30}$,

$\gamma_\pm(\mathrm{ZnSO_4}) = 0.60$.

(c) Die Reaktion in der Daniell-Zelle ist

$$\mathrm{Cu^{2+}(aq) + SO_4^{2-}(aq) + Zn(s) \rightarrow Cu(s) + Zn^{2+}(aq) + SO_4^{2-}(aq)}.$$

Es folgt

$$Q = \frac{a(\mathrm{Zn^{2+}})a(\mathrm{SO_4^{2-}, R})}{a(\mathrm{Cu^{2+}})a(\mathrm{SO_4^{2-}, L})} = \frac{\gamma_+ b_+(\mathrm{Zn^{2+}})\gamma_- b_-(\mathrm{SO_4^{2-}, R})}{\gamma_+ b_+(\mathrm{Cu^{2+}})\gamma_- b_-(\mathrm{SO_4^{2-}, L})}.$$

Darin ist – wie auch im Folgenden – $b \equiv \frac{b}{b^{\ominus}}$. Daher sind alle Größen b dimensionslos. Die Bezeichnungen R und L beziehen sich auf die rechte bzw. auf die linke Seite der Gleichung für die Zellreaktion.

$b_+(\mathrm{Zn^{2+}}) = b_-(\mathrm{SO_4^{2-}, R}) = b(\mathrm{ZnSO_4})$.

$b_+(\mathrm{Cu^{2+}}) = b_-(\mathrm{SO_4^{2-}, L}) = b(\mathrm{CuSO_4})$.

Damit ergibt sich

$$Q = \frac{\gamma_\pm^2(\mathrm{ZnSO_4})b^2(\mathrm{ZnSO_4})}{\gamma_\pm^2(\mathrm{CuSO_4})b^2(\mathrm{CuSO_4})} = \frac{(0.60)^2\times(3.0\times10^{-3})^2}{(0.74)^2\times(1.0\times10^{-3})^2} = 5.9\overline{2} = 5.9.$$

(d) Mit Gl. (7-28) folgt

$$E^{\ominus} = -\frac{\Delta_R G^{\ominus}}{\nu F} = \frac{-(-212.7 \times 10^3 \text{ J mol}^{-1})}{(2) \times (9.6485 \times 10^4 \text{ C mol}^{-1})} = +1.102 \text{ V}.$$

(e) Mit der Anwendungsform der Nernst'schen Gleichung (vgl. *Illustration* 7-10) erhalten wir

$$E = E^{\ominus} = -\frac{25.693 \times 10^{-3}}{\nu} \text{V} \ln Q = (1.102 \text{ V}) - \left(\frac{25.693 \times 10^{-3}}{2} \text{V}\right) \ln(5.9\bar{2})$$
$$= (1.102 \text{ V}) - (0.023 \text{ V}) = +1.079 \text{ V}.$$

7.15 Die Halbreaktionen an den Elektroden und die Potenziale sind

	$E^{\ominus}$
R: $Q(aq) + 2H^+(aq) + 2e^- \rightarrow QH_2(aq)$	0.6994 V
L: $Hg_2Cl_2(s) + 2e^- \rightarrow 2Hg(l) + 2Cl^-(aq)$	0.2676 V
Gesamt (R – L): $Q(aq) + 2H^+(aq) \rightarrow QH_2(aq) + Hg_2Cl_2(s)$,	0.4318 V

Der Reaktionskoeffizient ist $Q = \dfrac{a(QH_2)}{a(Q)a^2(H^+)a^2(Cl^-)}$.

Weil Chinhydron ein äquimolekularer Komplex von Q und QH_2 ist, gilt $m(Q) = m(QH_2)$. Wir nehmen die Aktivitätskoeffizienten zu 1 oder als gleich an. Damit ist $a(QH_2) \approx a(Q)$. Es folgt

$$Q = \frac{1}{a^2(H^+)a^2(Cl^-)}, \qquad E = E^{\ominus} - \frac{25.7 \text{ mV}}{\nu} \ln Q \quad (\textit{Illustration } 7\text{-}10).$$

$$\ln Q = \frac{\nu(E^{\ominus} - E)}{25.7 \text{ mV}} = \frac{(2) \times (0.4318 - 0.190) \text{ V}}{25.7 \times 10^{-3} \text{ V}} = 18.8\bar{2}, \qquad Q = 1.\overline{49} \times 10^8.$$

$$a^2(H^+) = (\gamma_+ b_+)^2; \quad a^2(Cl^-) = (\gamma_- b_-)^2 \quad \left[\text{mit } b \equiv \frac{b}{b^{\ominus}}\right].$$

Für HCl(aq) ist $b_+ = b_- = b$. Ferner nehmen wir die Aktivitätskoeffizenten als gleich an, d. h. $a^2(H^+) = a^2(Cl^-)$. Damit folgt

$$Q = \frac{1}{a^2(H^+)a^2(Cl^-)} = \frac{1}{a^4(H^+)}.$$

Daher ist $a(H^+) = \left(\dfrac{1}{Q}\right)^{1/4} = \left(\dfrac{1}{1.49 \times 10^8}\right)^{1/4} = 9 \times 10^{-3}$,

$$\text{pH} = -\log a(H^+) = 2.0.$$

7.17 $H_2(g)|HCl(aq)|Hg_2Cl_2(s)|Hg(l)$.

Wie in Abschnitt 7.3.4 hergeleitet, gilt $E = E^{\ominus} - \frac{RT}{F} \ln a(H^+)a(Cl^-)$.

Setzen wir nun stets $b = \frac{b}{b^{\ominus}}$, so ergibt sich

$$a(H^+) = \gamma_+ b_+ = \gamma_+ b; \quad a(Cl^-) = \gamma_- b_- = \gamma_- b.$$
$$a(H^+)a(Cl^-) = \gamma_+\gamma_- b^2 = \gamma_\pm^2 b^2.$$
$$E = E^{\ominus} - \frac{2RT}{F} \ln b - \frac{2RT}{F} \ln \gamma_\pm. \qquad \text{(a)}$$

Wir wandeln nun die natürlichen in die dekadischen Logarithmen um, damit wir den Debye-Hückel-Ausdruck erhalten:

$$\begin{aligned} E &= E^{\ominus} - \frac{(2.303) \times 2RT}{F} \log b - \frac{(2.303) \times 2RT}{F} \log \gamma_\pm \\ &= E^{\ominus} - (0.1183\ \mathrm{V}) \log b - (0.1183\ \mathrm{V}) \log \gamma_\pm \\ &= E^{\ominus} - (0.1183\ \mathrm{V}) \log b - (0.1183\ \mathrm{V}) \left[-|z_+z_-| A I^{1/2}\right] \\ &= E^{\ominus} - (0.1183\ \mathrm{V}) \log b + (0.1183\ \mathrm{V}) \times A \times b^{1/2} \quad (\text{wegen } I = b). \end{aligned}$$

Umstellen ergibt $E + (0.1183\ \mathrm{V}) \log b = E^{\ominus} + \text{ const. } \times b^{1/2}$.

Wir müssen nun E + (0.1183 V) log b gegen $b^{1/2}$ auftragen. Der Achsenabschnitt bei $b = 0$ ist dann $E^{\ominus}/\mathrm{V}$. Wir stellen folgende Tabelle auf:

$b/(\mathrm{mmol\ kg^{-1}})$	1.6077	3.0769	5.0403	7.6938	10.9474
$\left(\frac{b}{b^{\ominus}}\right)^{1/2}$	0.04010	0.05547	0.07100	0.08771	0.1046
$E/\mathrm{V} + (0.1183) \log b$	0.27029	0.27109	0.27186	0.27260	0.27337

Die Werte sind in Abb. 7-2 aufgetragen. Der Achsenabschnitt liegt bei 0.26840, also ist $E^{\ominus} = +0.26840$ V. Die Ausgleichsgerade, ermittelt mit der Methode der kleinsten Fehlerquadrate, ergibt $E^{\ominus}$ = +0.26843 V mit einem Bestimmtheitsmaß von 0.99895.

Für die Aktivitätskoeffizienten erhalten wir mit Gleichung (a)

$$\ln \gamma_\pm = \frac{E^{\ominus} - E}{2RT/F} - \ln \frac{b}{b^{\ominus}} = \frac{0.26843 - E/V}{0.05139} - \ln \frac{b}{b^{\ominus}}$$

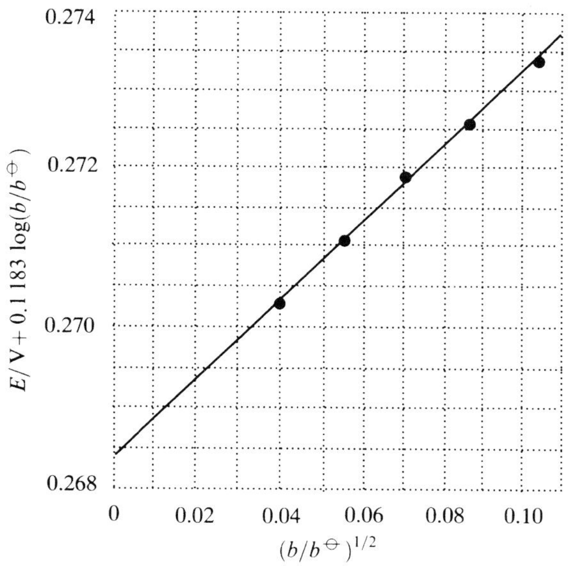

Abb. 7-2

Damit stellen wir folgende Tabelle auf:

$b/(\text{mmol kg}^{-1})$	1.6077	3.0769	5.0403	7.6938	10.9474
$\ln \gamma_\pm$	−0.3465	−0.05038	−0.6542	−0.07993	−0.09500
$\gamma_\pm$	0.9659	0.9509	0.9367	0.9232	0.9094

7.19 Die in der Aufgabenstellung beschriebenen Zellen sind eine Gegeneinanderschaltung von Zellen des Typs Ag (s) |AgX (s) |MX (b_1) |M_xHg (s). Folgende Reaktionen laufen ab:

R: $M^+ (b_1) + e^- \overset{Hg}{\rightarrow} M_x Hg(s)$ (Reduktion von M^+ und Amalgam-Bildung)

L: $AgX(s) + e^- \rightarrow Ag(s) + X^- (b_1)$

$$\text{R–L}: \quad Ag(s) + M^+ (b_1) + X^- (b_1) \overset{Hg}{\longrightarrow} M_x Hg(s) + AgX(s) \quad (\text{mit } \nu = 1)$$

$$Q = \frac{a\left(M_x H_g\right)}{a(M^+)\, a(X^-)}.$$

$$E = E^\ominus - \frac{RT}{F} \ln Q.$$

Für ein Paar solcher gegeneinander geschalteter Zellen

Ag (s) |AgX (s) |MX (b_1) |M_xHg (s) |MX (b_2) |AgX (s) |Ag (s)

gilt

$$E_R = E^\ominus - \frac{Rt}{F} \ln Q_R, \quad E_L = E^\ominus - \frac{RT}{F} \ln Q_L,$$

$$E = \frac{-RT}{F} \ln \frac{Q_L}{Q_R} = \frac{RT}{F} \ln \frac{\left(a\left(M^+\right) a\left(X^-\right)\right)_L}{\left(a\left(M^+\right) a\left(X^-\right)\right)_R}.$$

Beachten Sie, dass die unbekannte Größe $a\,(M_xHg)$ im Ausdruck für E nicht mehr erscheint. Mit $b_+ = b_-$ erhalten wir

$$a\left(M^+\right)a\left(X^-\right) = \left(\frac{\gamma_+ b_+}{b^\ominus}\right)\left(\frac{\gamma_- b_-}{b^\ominus}\right) = \gamma_\pm^2\left(\frac{b}{b^\ominus}\right)^2 .$$

Mit L = (1) und R = (2) ergibt sich

$$E = \frac{2RT}{F}\ln\frac{b_1}{b_2} + \frac{2RT}{F}\ln\frac{\gamma_\pm(1)}{\gamma_\pm(2)}.$$

Wir setzen $b = \dfrac{b_1}{b^\ominus}$ und $b_2 = 0.09141\ \mathrm{mol\,kg^{-1}}$ (dies ist der Referenzwert). Es folgt

$$E = \frac{2RT}{F}\left(\ln\frac{b}{0.09141} + \ln\frac{\gamma_\pm}{\gamma_\pm\,(\mathrm{Ref})}\right).$$

Mit $b = 0.09141$ ergibt das erweiterte Debye-Hückel-Gesetz

$$\log\gamma_\pm(\mathrm{Ref}) = \frac{(-1.461)\times(0.09141)^{1/2}}{(1)+(1.70)\times(0.09141)^{1/2}} + (0.20)\times(0.09141) = -0.273\overline{5},$$

$$\gamma_\pm(\mathrm{Ref}) = 0.532\overline{8}.$$

Damit ist $E = (0.05139\,\mathrm{V})\times\left(\ln\dfrac{b}{0.09141} + \ln\dfrac{\gamma_\pm}{0.5328}\right)$,

$$\ln\gamma_\pm = \frac{E}{0.05139\,\mathrm{V}} - \ln\frac{b}{(0.09141)\times(0.05328)}.$$

Wir können nun folgende Tabelle aufstellen:

$b/\left(\mathrm{mol/kg^{-1}}\right)$	0.0555	0.09141	0.1652	0.2171	1.040	1.350
E/V	−0.0220	0.0000	0.0263	0.0379	0.1156	0.1336
γ	0.572	0.533	0.492	0.469	0.444	0.486

Ein genaueres Verfahren ist in der Originalliteratur beschrieben, die die Temperaturabhängigkeit on $E^\ominus$ (Ag, AgCl, Cl^-) behandelt (vgl. Aufgabe 7.20).

7.21 (a) Wir gehen von dem Ausdruck $\left(\dfrac{\partial G}{\partial p}\right)_T = V$ (Gl. 3-50) aus und erhalten $\left(\dfrac{\partial \Delta_R G}{\partial p}\right)_T = \Delta_R V$.

Mit Gl. (7-27) setzen wir $\Delta_R G = -\nu F E$. Es ergibt sich

$$\left(\frac{\partial E}{\partial p}\right)_{T,n} = -\frac{\Delta_R V}{\nu F}.$$

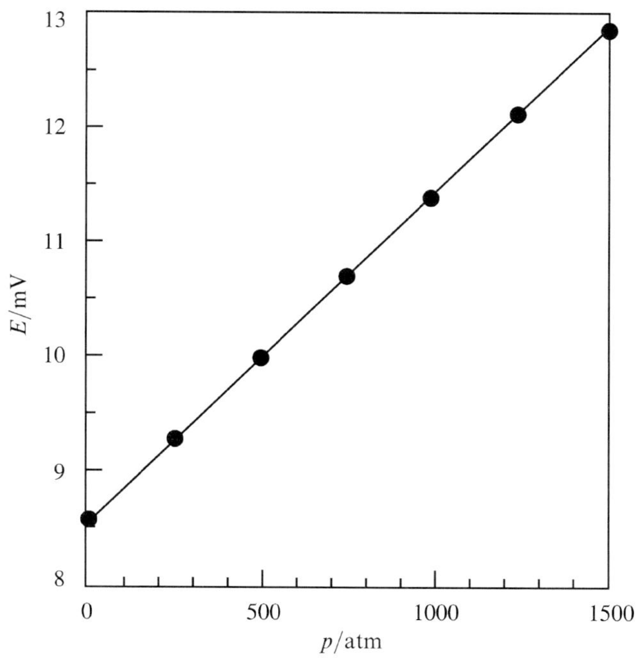

Abb. 7-3

(b) In der Auftragung von E gegen p (Abb. 7-3) scheinen die Datenpunkte ziemlich genau auf einer Geraden zu liegen. Eine lineare Regression ergibt

Steigung $= 2.480 \times 10^{-3}$ mV atm^{-1}, Standardabweichung $= 3 \times 10^{-6}$ mV atm^{-1}.

Achsenabschnitt $= 8.5583$ mV, Standardabweichung $= 2.8 \times 10^{-3}$ mV.

$R = 0{,}999\,997\,01$ (ein extrem guter Wert).

Aus $\Delta_R V$ folgt

$$\left(\frac{\partial E}{\partial p}\right)_{T,n} = -\frac{\left(-2.66\overline{6} \times 10^{-6}\ \mathrm{m^3\,mol^{-1}}\right)}{1 \times 9.6485 \times 10^4\ \mathrm{C\,mol^{-1}}}.$$

Ein Einheitenvergleich ergibt $\mathrm{J} = \mathrm{V\,C} = \mathrm{Pa\,m^3}$, $\mathrm{C} = \frac{\mathrm{Pa\,m^3}}{\mathrm{V}}$ oder $\frac{\mathrm{m^3}}{\mathrm{C}} = \frac{\mathrm{V}}{\mathrm{Pa}}$.

Damit gilt

$$\left(\frac{\partial E}{\partial P}\right)_{T,n} = \left(\frac{2.66\overline{6} \times 10^{-6}}{9.648\overline{5} \times 10^4}\right)\frac{\mathrm{V}}{\mathrm{Pa}} \times \frac{1.01325 \times 10^5\ \mathrm{Pa}}{\mathrm{atm}} = 2.80 \times 10^{-6}\ \mathrm{V\,atm^{-1}}$$

$$= 2.80 \times 10^{-3}\ \mathrm{mV\,atm^{-1}}.$$

Dies stimmt gut mit den Ergebnissen der Potenzialmessungen überein.

(c) Eine Regression auf ein quadratisches Polynom der Form $E = a + bp + cp^2$ ergibt

$a = 8.5592$ mV, Standardabweichung $= 0.0039$ mV

$b = 2.835 \times 10^{-3}$ mV atm^{-1}, Standardabweichung $= 0.012 \times 10^{-3}$ mV atm^{-1}

$c = 3.02 \times 10^{-9}$ mV atm^{-2}, Standardabweichung $= 7.89 \times 10^{-9}$ mV atm^{-1}

$R = 0{,}999\,997\,11$.

Dieser Regressionsausdruck ist nur unwesentlich besser als der für die lineare Regression, aber die Unsicherheit im quadratischen Term ist über 200 % größer.

Beim Weiterrechnen ergibt sich

$$\left(\frac{\partial E}{\partial p}\right)_T = b + 2cp.$$

Die Steigung ändert sich hier von $\left(\frac{\partial E}{\partial p}\right)_{\min} = b = 2.835 \times 10^{-3}\ \mathrm{mV\,atm^{-1}}$ auf

$$\left(\frac{\partial E}{\partial p}\right)_{\max} = b + 2c(1500\,\mathrm{atm}) = 2.836 \times 10^{-3}\ \mathrm{mV\,atm^{-1}}.$$

Wir schließen daraus, dass die lineare Anpassung sehr gut ist und $\left(\frac{\partial E}{\partial p}\right)$ in sehr guter Näherung konstant bleibt.

(d) Wir können aus dem Wert von c zumindest eine Größenordnung für die effektive isotherme Kompressibilität angeben.

$$\frac{\partial^2 E}{\partial p^2} = -\frac{1}{\nu F}\left(\frac{\partial \Delta_\mathrm{R} V}{\partial p}\right)_T = 2c.$$

$$(\kappa_T)_\mathrm{Zelle} = -\frac{1}{V}\left(\frac{\partial \Delta_\mathrm{R} V}{\partial p}\right)_T = \frac{2\nu c F}{V}.$$

$$(\kappa_T)_\mathrm{Zelle} = \frac{2(1) \times \left(3.02 \times 10^{-12}\ \mathrm{V\,atm^{-2}}\right) \times \left(9.6485 \times 10^4\ \mathrm{C\,mol^{-1}}\right) \times \left(\frac{82.058\ \mathrm{cm^3\,atm}}{8.3145\ \mathrm{J}}\right)}{\left(1\ \mathrm{cm^3}/0.996\ \mathrm{g}\right) \times \left(\frac{18.016\ \mathrm{g}}{1\ \mathrm{mol}}\right)}$$

$$= 3.2 \times 10^{-7}\ \mathrm{atm^{-1}} \quad \text{mit einer Standardabweichung von} \approx 200\,\%$$

Dabei haben wir angenommen, dass die Dichte der Zelle näherungsweise der Dichte von Wasser bei 30 °C entspricht.

Anmerkung: Man erkennt an diesen Rechnungen, dass sich Druckänderungen auf das Potenzial von Zellen, die nur Flüssigkeiten oder Feststoffe enthalten, kaum auswirken; für diese Reaktion beträgt die Änderung gerade einmal $\approx 3 \times 10^{-6}\ \mathrm{V\,atm^{-1}}$. Die effektive isotherme Kompressibilität liegt in einer Größenordnung, die eher typisch für Feststoffe als für Flüssigkeiten ist. Damit ist der berechnete numerische Wert unwesentlich.

7.23 Wir brauchen die Größe $\Delta_\mathrm{R} H^\ominus$ für die Reaktion

$$\tfrac{1}{2}\mathrm{H_2\,(g)} + \mathrm{Uup^+\,(aq)} \rightarrow \mathrm{Uup\,(s)} + \mathrm{H^+\,(aq)}\,.$$

Dazu stellen wir den in Abb. 7.4 gezeigten thermodynamischen Kreisprozess auf.

Die Werte stammen aus den Tabellen 10-3, 10-4, 11-4, 2-7 und 2-7b. Der Umrechnungsfaktor zwischen eV und $\mathrm{kJ\,mol^{-1}}$ ist

$$1\ \mathrm{eV} = 96.485\ \mathrm{kJ\,mol^{-1}}.$$

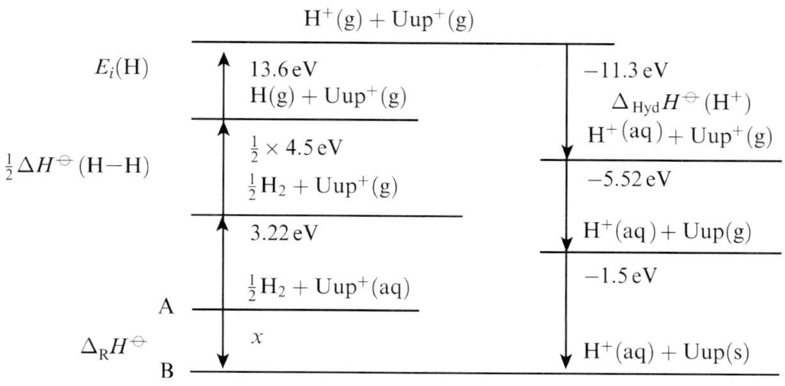

Abb. 7-4

Zwischen den Punkten A und B in dem Kreisprozess ist die Differenz

$$\Delta_R H^\ominus = x = (3.22\,\text{eV}) + \left(\tfrac{1}{2}\right) \times (4.5\,\text{eV}) + (13.6\,\text{eV}) - (11.3\,\text{eV}) - (5.52\,\text{eV}) - (1.5\,\text{eV})$$
$$= 0.75\,\text{eV}.$$

$$\Delta_R S^\ominus = S^\ominus(\text{Uup, s}) + S^\ominus(\text{H}^+, \text{aq}) - \tfrac{1}{2}S^\ominus(\text{H}_2, \text{g}) - S^\ominus(\text{Uup}^+, \text{aq})$$
$$= (0.69) + (0) - \left(\tfrac{1}{2}\right) \times (1.354) - (1.34)\ \text{meV K}^{-1} = -1.33\ \text{meV K}^{-1}.$$

$$\Delta_R G^\ominus = \Delta_R H^\ominus - T\Delta_R S^\ominus = (0.75\,\text{eV}) + (298.15\,\text{K}) \times \left(1.33\ \text{meV K}^{-1}\right) = +1.1\bar{5}\ \text{eV}.$$

Dies entspricht $+111\ \text{kJ mol}^{-1}$.

Das Elektrodenpotenzial ist $\dfrac{-\Delta_R G^\ominus}{\nu F}$. Mit $\nu = 1$ beträgt es $-1.1\bar{5}\ \text{V}$.

Theoretische Aufgaben

7.25 Die Reaktion gehorcht der Stöchiometrie A + 3B → 2C. Es ist $\Delta_{n_J} = \nu_J \xi$. Damit stellen wir folgende Tabelle auf:

	A	B	C	gesamt
Anfangsmenge /mol	1	3	0	4
Änderung, Δn_J/mol	$-\xi$	-3ξ	$+2\xi$	
Gleichgewichtsmenge /mol	$1-\xi$	$3(1-\xi)$	2ξ	$2(2-\xi)$
Stoffmengenanteil	$\dfrac{1-\xi}{2(2-\xi)}$	$\dfrac{3(1-\xi)}{2(2-\xi)}$	$\dfrac{\xi}{2-\xi}$	1

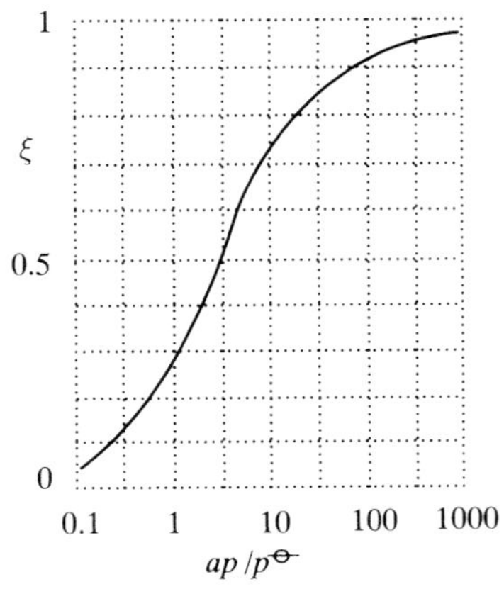

Abb. 7-5

$$K = \frac{(p_C/p^{\ominus})^2}{(p_A/p^{\ominus})(p_B/p^{\ominus})^3} = \frac{x_C^2}{x_A x_B^3} \times \left(\frac{p^{\ominus}}{p}\right)^2$$

$$= \frac{\xi^2}{(2-\xi)^2} \times \frac{2(2-\xi)}{1-\xi} \times \frac{2^3(2-\xi)^3}{3^3(1-\xi)^3} \times \left(\frac{p^{\ominus}}{p}\right)^2$$

$$= \frac{16(2-\xi)^2\xi^2}{27(1-\xi)^4} \times \left(\frac{p^{\ominus}}{p}\right)^2 .$$

Da K vom Druck unabhängig ist, folgt

$$\frac{(2-\xi)^2\xi^2}{(1-\xi)^4} = a^2\left(\frac{p}{p^{\ominus}}\right)^2, \quad a^2 = \frac{27}{16}K, \quad a = \text{const.}$$

Damit ist $(2-\xi)\xi = a\left(\frac{p}{p^{\ominus}}\right) \times (1-\xi)^2$,

$$\left(1+\frac{ap}{p^{\ominus}}\right)\xi^2 - 2\left(1+\frac{ap}{p^{\ominus}}\right)\xi + \frac{ap}{p^{\ominus}} = 0.$$

Auflösen ergibt $\xi = 1 - \left(\frac{1}{1+ap/p^{\ominus}}\right)^{1/2}$.

Wir wählen hier die Wurzel mit dem negativen Vorzeichen, weil ξ zwischen 0 und 1 liegt. Die Änderung von ξ mit p ist in Abb. 7.5 zu sehen.

7.27 $K_L = a(M^+)a(X^-) = b(M^+)b(X^-)\gamma_\pm^2;\quad b(M^+) = L',\quad b(X^-) = L' + C$

$\log\gamma_\pm = -AI^{1/2} = -AC^{1/2} \qquad \ln\gamma_\pm = -2.303\,AC^{1/2}$

$\gamma_\pm = e^{-2.303\,AC^{1/2}} \qquad \gamma_\pm^2 = e^{-4.606\,AC^{1/2}}$

$K_L = L'(L'+C) \times e^{-4.606\,AC^{1/2}}$

Wir müssen folgende Gleichung lösen: $L'^2 + L'C - \frac{K_L}{\gamma_\pm^2} = 0.$

Wir erhalten damit $L' = \frac{1}{2}\left(C^2 + \frac{4K_L}{\gamma_\pm^2}\right)^{1/2} - \frac{1}{2}C \approx \frac{K_L}{C\gamma_\pm^2}.$

Wegen $\gamma_\pm^2 = e^{-4.606\,AC^{1/2}}$ folgt

$$L' \approx \frac{K_L e^{-4.606\,AC^{1/2}}}{C}$$

Anwendungsaufgaben

7.29 Nach Gl. (7-11) gilt $\Delta G = \Delta G^{\ominus} + RT\ln Q$. Allerdings werden hier Lösungen mit molarer Konzentration von 1 M als Standard verwendet. Der gewöhnliche Standardzustand für Wasserstoffionen (gekennzeichnet mit $\ominus$, pH = 0) ist hier nicht anzuwenden; stattdessen verwendet man den biologischen Standardzustand (gekennzeichnet mit $\oplus$) mit pH = 7. Für die ATP-Hydrolyse

$$\text{ATP(aq)} + H_2O(l) \rightarrow \text{ADP(aq)} + P_i^-(aq) + H_3O^+(aq)$$

können wir die Freie Energie des Standardzustands aus der gegebenen Freien Energie des biologischen Standardzustands von -31 kJ mol^{-1} berechnen (*Anwendung* 7-2).

$$\Delta G^{\oplus} = \Delta G^{\ominus} + RT\ln(10^{-7}\text{M}/1\text{M})$$
$$\Delta G^{\ominus} = \Delta G^{\oplus} - RT\ln(10^{-7}\text{M}/1\text{M})$$
$$= -31\text{ kJ mol}^{-1} - (8.314\text{ J mol}^{-1}\text{ K}^{-1})(310\text{ K})\ln(10^{-7})$$
$$= -31\text{ kJmol}^{-1} + 41.5\text{ kJ mol}^{-1} = +11\text{ kJ mol}^{-1}.$$

Diese Rechnung zeigt, dass die ATP-Hydrolyse unter Standardbedingungen nicht spontan abläuft! Sie ist endergon.

Die Berechnung der Freien Energie bei der ATP-Hydrolyse mit den Zellbedingungen pH = 7, [ATP] = [ADP] = $[P_{an}^-] = 1.0 \times 10^{-6}$ M ist interessant:

$$\Delta G = \Delta G^{\ominus} + RT\ln Q = \Delta G^{\ominus} + RT\ln\{[\text{ADP}][P_{an}^-][H^+]/[\text{ATP}](1\text{M})^2\}$$
$$= +11\text{ kJ mol}^{-1} + (8.314\text{ J mol}^{-1}\text{K}^{-1})(310\text{ K})\ln(10^{-6}\times 10^{-7})$$
$$= +11\text{ kJ mol}^{-1} - 77\text{ kJ mol}^{-1}$$
$$= -66\text{ kJ mol}^{-1}.$$

Die Konzentrationsbedingungen in biologischen Zellen lassen die ATP-Hydrolyse spontan und in höchstem Maß exergon ablaufen. Wenn ein Mol ATP hydrolysiert wird, beträgt der Maximalwert der Arbeit zum Antrieb gekoppelter chemischer Reaktionen 66 kJ.

7.31 Ja, ein Bakterium könnte das System Ethanol/Nitrat benutzen, um die für die ATP-Synthese benögtigte Freie Energie zu gewinnen. Bei der Ethanolreduktion könnten folgende Produkte entstehen:

$$\underset{\text{Ethanol}}{CH_3CH_2OH} \rightarrow \underset{\text{Ethanal}}{CH_3CHO} \rightarrow \underset{\text{Essigsäure}}{CH_3COOH} \rightarrow CO_2 + H_2O.$$

Bei der Oxidation des Nitrats kann das Oxidans Elektronen aufnehmen und eines der folgenden Produkte entstehen lassen:

$$\underset{\text{Nitrat}}{NO_3^-} \rightarrow \underset{\text{Nitrit}}{NO_2^-} \rightarrow \underset{\text{Stickstoff}}{N_2} \rightarrow \underset{\text{Ammoniak}}{NH_3}\ .$$

Die Oxidation von zwei Ethanolmolekülen zu Kohlendioxid und Wasser transferiert während der Bildung von Ammoniak acht Elektronen zum Nitrat. Die Halbreaktionen und die Gesamtreaktion sind:

$$2[CH_3CH_2OH(1) \rightarrow 2CO_2(g) + H_2O(l) + 4H^+(aq) + 4e^-]$$
$$NO_3^-(aq) + 9H^+(aq) + 8e^- \rightarrow NH_3(aq) + 3H_2O(1)$$

$$2CH_3CH_2OH(1) + H^+(aq) + NO_3^-(aq) \rightarrow 4CO_2(g) + 5H_2O(l) + NH_3(aq)$$

Für die so formulierte Reaktion erhält man $\Delta_R G^{\ominus} = -2331.29$ kJ (die Werte stammen aus den Tabellen 2-5 und 2-7). Damit ein Bakterium diese exergone Redoxreaktion nutzen kann, müsste es natürlich auch Enzyme geben, die die Reaktion an die ATP-Produktion koppeln, das dann zur Synthese von Kohlehydraten, Proteinen, Lipiden sowie Nukleinsäure dient.

7.33 Es treten folgende Halbreaktionen auf:

$$\text{R:}\quad \text{cyt}_{\text{ox}} + e^- \rightarrow \text{cyt}_{\text{red}} \quad \text{mit } E^{\ominus}_{\text{cyt}}$$

$$\text{L:}\quad \text{D}_{\text{ox}} + e^- \rightarrow \text{D}_{\text{red}} \quad \text{mit } E^{\ominus}_{\text{D}}$$

Die Gesamtzellreaktion ist

$$\text{R–L} = \text{cyt}_{\text{ox}} + \text{D}_{\text{red}} \rightleftharpoons \text{cyt}_{\text{red}} + \text{D}_{\text{ox}} \quad \text{mit } E^{\ominus} = E^{\ominus}_{\text{cyt}} - E^{\ominus}_{\text{D}}$$

(a) Die Nernst'sche Gleichung für die Zellreaktion ist

$$E = E^{\ominus} - \frac{RT}{F} \ln \frac{[\text{cyt}_{\text{red}}][\text{D}_{\text{ox}}]}{[\text{cyt}_{\text{ox}}][\text{D}_{\text{red}}]}.$$

Im Gleichgewicht ist $E = 0$; daher gilt

$$\ln \frac{[\text{cyt}_{\text{red}}]_{\text{eq}}[\text{D}_{\text{ox}}]_{\text{eq}}}{[\text{cyt}_{\text{ox}}]_{\text{eq}}[\text{D}_{\text{red}}]_{\text{eq}}} = \frac{F}{RT}\left(E^{\ominus}_{\text{cyt}} - E^{\ominus}_{\text{D}}\right),$$

$$\ln\left(\frac{[\text{D}_{\text{ox}}]_{\text{eq}}}{[\text{D}_{\text{red}}]_{\text{eq}}}\right) = \ln\left(\frac{[\text{cyt}]_{\text{ox}}}{[\text{cyt}]_{\text{red}}}\right) + \frac{F}{RT}\left(E^{\ominus}_{\text{cyt}} - E^{\ominus}_{\text{D}}\right).$$

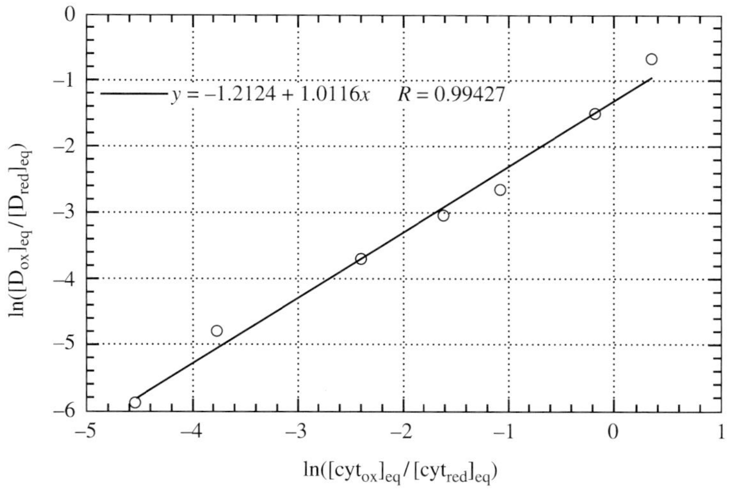

Abb. 7-6

Bei einer Auftragung von $\ln\left(\frac{[D_{ox}]_{eq}}{[D_{red}]_{eq}}\right)$ gegen $\ln\left(\frac{[cyt]_{ox}}{[cyt]_{red}}\right)$ ergibt sich also eine Gerade mit einer Steigung von eins und einem Achsenabschnitt von $\frac{F}{RT}\left(E^{\ominus}_{cyt} - E^{\ominus}_{D}\right)$.

(b) Stellen Sie die folgende Tabelle auf:

$\ln\left(\frac{[D_{ox}]_{eq}}{[D_{red}]_{eq}}\right)$	−5.882	−4.776	−3.661	−3.002	−2.593	−1.436	−0.6274
$\ln\left(\frac{[cyt_{ox}]_{eq}}{[cyt_{red}]_{eq}}\right)$	−4.547	−3.772	−2.415	−1.625	−1.094	−0.2120	−0.3293

Die Auftragung von $\ln\left(\frac{[D_{ox}]_{eq}}{[D_{red}]_{eq}}\right)$ gegen $\ln\left(\frac{[cyt_{ox}]_{eq}}{[cyt_{red}]_{eq}}\right)$ ist in Abb. 7-6 zu sehen. Der Achsenabschnitt ist −1.2124. Damit ergibt sich

$$
\begin{aligned}
E^{\ominus}_{cyt} &= \frac{RT}{F} \times (-1.2124) + 0.237\,\text{V} \\
&= 0.0257\text{V} \times (-1.2124) + 0.237\ \text{V} \\
&= +\,0.206\ \text{V}.
\end{aligned}
$$

7.35 Die Reaktion verläuft spontan, wenn ihre Freie Reaktionsenthalpie negativ ist.

$$\Delta_R G = \Delta_R G^{\ominus} + RT \ln Q$$

Unter den angegebenen Bedinungung ist $RT = 1.58$ kJ mol^{-1}.

(a)

$$\Delta_R G/(\text{kJ mol}^{-1}) = \Delta_R G^{\ominus}(1) - RT \ln p_{H_2O} = -23.6 - 1.58 \ln 1.3 \times 10^{-7} = +1.5.$$

(b)

$$\begin{aligned}\Delta_R G(\text{kJ mol}^{-1}) &= \Delta_R G^\ominus(2) - RT\ln(p_{H_2O}p_{HNO_3})\\ &= -57.2 - 1.58\ln\left[(1.3\times 10^{-7})\times(4.1\times 10^{-10})\right] = +2.0.\end{aligned}$$

(c)

$$\begin{aligned}\Delta_R G/(\text{kJ mol}^{-1}) &= \Delta_R G^\ominus(3) - RT\ \ln(p^2_{H_2O}\ p_{HNO_3})\\ &= -85.6 - 1.58\ln[(1.3\times 10^{-7})^2\times(4.1\times 10^{-10})] = -1.3.\end{aligned}$$

(d)

$$\begin{aligned}\Delta_R G/(\text{kJ mol}^{-1}) &= \Delta_R G^\ominus(4) - RT\ \ln(p^3_{H_2O}\ p_{HNO_3})\\ &= -85.6 - 1.58\ln[(1.3\times 10^{-7})^3\times(4.1\times 10^{-10})] = -3.5.\end{aligned}$$

Offenbar bilden sich das Dihydrat und das Trihydrat freiwillig aus dem Dampf. Bildet sich eines von ihnen in das andere um? Betrachten Sie die Reaktion

$$HNO_3\cdot 2H_2O(s) + H_2O(g) \rightleftharpoons HNO_3\cdot 3H_2O(s)\,,$$

die man als Reaktion (iv) minus Reaktion (iii) auffassen kann. Daher ist $\Delta_r G$ für diese Reaktion

$$\Delta_R G = \Delta_R G(4) - \Delta_R G(3) = -2.2\ \text{kJ mol}^{-1}.$$

Wir schließen daraus, dass das Dihydrat sich spontan in das Trihydrat umwandelt und dass dies – zumindest unter den vier betrachteten – der stabilste Feststoff ist.

Teil 2
Struktur

Arbeitsbuch Physikalische Chemie. 4. Auflage. P. W. Atkins, C. A. Trapp, M. P. Cady und C. Giunta

ISBN: 978-3-527-31828-5

8 Quantentheorie: Einführung und Grundlagen

Diskussionsfragen

8.1 Gegen Ende des neunzehnten und zu Beginn des zwanzigsten Jahrhunderts gab es eine Reihe von experimentellen Befunden zu den Eigenschaften von Materie und Strahlung, die sich mithilfe der eingeführten physikalischen Anschauungen und Theorien (der sog. klassischen Physik) nicht erklären ließen. Hier sind nur die wichtigsten dieser Befunde aufgeführt.

(a) Die wellenlängenabhängige Energieverteilung in der Schwarzkörperstrahlung.

(b) Die Wärmekapazitäten von monoatomaren Festkörpern wie metallischem Kupfer.

(c) Die Absorptions- und Emissionsspektren von Atomen und Molekülen, insbesondere die Linienspektren der Atome.

(d) Die Frequenzabhängigkeit der kinetischen Energie von Elektronen, die durch den photoelektrischen Effekt emittiert werden.

(e) Die Beugung von Elektronen in Kristallen, die an die Beugung von Röntgenstrahlung erinnert.

8.3 Die Wärmekapazität von monoatomaren Festkörpern ist vor allem ein Ergebnis der Schwingungsenergie der Atome, die um ihre Gleichgewichtslage schwingen. Wenn diese Energie kontinuierlich aufgenommen würde, müsste sich der Gleichverteilungssatz anwenden lassen. Nach diesem Satz beträgt die Energie (sowohl kinetische als auch potenzielle), die man jeder möglichen Bewegungsrichtung zuordnen kann, $\frac{1}{2}\,kT$. Für die drei Raumrichtungen und für die zwei Arten der Energie ergibt sich somit eine Summe von $3\,kT$ und damit eine Wärmekapazität von $3\,k$ pro Atom (bzw. $3\,R$ pro Mol), und zwar unabhängig von der Temperatur. Die Experimente zeigen aber eine Temperaturabhängigkeit. Bei tiefen Temperaturen fällt die Wärmekapazität steil unter $3\,R$ ab. Einstein konnte diese Temperaturabhängigkeit erklären, indem er die Energie der atomaren Oszillatoren mithilfe der Planck'schen Formel quantisierte, statt sie wie bis dahin als kontinuierlich aufzufassen. Der physikalische Grund ist, dass bei niedrigen Temperaturen nur wenige atomare Oszillatoren genug Energie aufweisen, um die höher quantisierten Niveaus zu besetzen; bei höheren Temperaturen dagegen können wesentlich mehr Oszillatoren die Energie aufnehmen, um aktiv zu werden.

8.5 Wenn die Wellenfunktion, die den linearen Impuls eines Teilchens beschreibt, genau bekannt ist, hat das Teilchen einen genau bestimmten Impulszustand, nach der Heisenberg'schen Unbestimmtheitsrelation ist dann aber der Ort des Teilchens völlig unbekannt;

Arbeitsbuch Physikalische Chemie. 4. Auflage. P. W. Atkins, C. A. Trapp, M. P. Cady und C. Giunta

ISBN: 978-3-527-31828-5

vergleichen Sie dazu die Herleitung von Gl. (8-21). Wenn umgekehrt der Ort eines Teilchens genau bestimmt ist, kann dessen Impuls nicht durch eine einzelne Wellenfunktion beschrieben werden; man braucht stattdessen eine Überlagerung von vielen Wellenfunktionen, von denen jede einzelne einem bestimmten Wert des Impulses entspricht. Damit geht alles Wissen über den linearen Impuls des Teilchens verloren. Im Grenzfall einer unendlichen Zahl von überlagerten Wellenfunktionen geht das Wellenpaket aus Abb. 8-31 im Lehrbuch in die scharfe Spitze über, die in Abb. 8-30 gezeigt ist. Wenn man aber eine unendliche Anzahl von Impulswellenfunktionen überlagern muss, um das Teilchen lokalisieren zu können, geht das Wissen um den Impuls vollständig verloren.

Leichte Aufgaben

A8.1a $\lambda = \dfrac{h}{p} = \dfrac{h}{mv}$ (Gl. (8-12)).

Damit ist $v = \dfrac{h}{m\lambda} = \dfrac{6.63 \times 10^{-34}\,\mathrm{J\,s}}{(9.11 \times 10^{-31}\,\mathrm{kg}) \times (0.030\,\mathrm{m})} = 0.0242\,\mathrm{m\,s^{-1}}$ extrem langsam!

A8.2a Mit Gl. (8.12) ergibt sich

$$\lambda = \frac{h}{p} = \frac{h}{mv} = \frac{6.626 \times 10^{-34}\,\mathrm{J\,s}}{(9.109 \times 10^{-31}\,\mathrm{kg}) \times \left(\frac{1}{137}\right) \times (2.998 \times 10^{8}\,\mathrm{m\,s^{-1}})}$$

$$= 3.32\bar{4} \times 10^{-10}\,\mathrm{m} = 332\,\mathrm{pm}.$$

Anmerkung: Eine Wellenlänge der Materiewelle eines Elektrons mit dieser Geschwindigkeit passt gerade in die erste Bohr'sche Bahn. Die Geschwindigkeit des Elektrons in der ersten klassischen Bohr'schen Bahn ist demnach $\dfrac{1}{137}c$.

Frage: Welche Wellenlänge hat die Materiewelle eines Elektrons, das nahezu Lichtgeschwindigkeit hat? (Solche Geschwindigkeiten können in Teilchenbeschleunigern erreicht werden.)

A8.3a Δp macht etwa 0.0100 % von $p_0 = m_\mathrm{P} v$ aus. Mit

$$p_0 = p_0 \times (1.00 \times 10^{-4}) = m_\mathrm{p} v \times (1.00 \times 10^{-4})$$

folgt nach Gl. (8-36a)

$$\Delta q \approx \frac{\hbar}{2\Delta p} \approx \frac{1.055 \times 10^{-34}\,\mathrm{J\,s}}{(2) \times (1.673 \times 10^{-27}\,\mathrm{kg}) \times (4.5 \times 10^{5}\,\mathrm{m\,s^{-1}}) \times (1.00 \times 10^{-4})}$$

$$\approx 7.0\bar{1} \times 10^{-10}\,\mathrm{m} = 0.70\,\mathrm{nm}.$$

A8.4a $E = h\nu = \dfrac{hc}{\lambda}$. Die Energie pro Mol ist $E_{\text{mol}} = N_A E = \dfrac{N_A hc}{\lambda}$

$$hc = (6.62608 \times 10^{-34}\,\text{J s}) \times (2.99792 \times 10^{8}\,\text{m s}^{-1}) = 1.986 \times 10^{-25}\,\text{J m}.$$

$$N_A hc = (6.02214 \times 10^{23}\,\text{mol}^{-1}) \times (1.986 \times 10^{-25}\,\text{J m}) = 0.1196\,\text{J m mol}^{-1}.$$

Es folgt $E = \dfrac{1.986 \times 10^{-25}\,\text{J m}}{\lambda}$ und $E_{\text{mol}} = \dfrac{0.1196\,\text{J m mol}^{-1}}{\lambda}$.

Damit können wir die folgende Tabelle aufstellen:

λ/nm	E/J	E/(kJ mol^{-1})
(a) 600	3.31×10^{-19}	199
(b) 550	3.61×10^{-19}	218
(c) 400	4.97×10^{-19}	299

A8.5a Wir nehmen an, dass das H-Atom frei ist und ruht. Wenn ein Photon absorbiert wird, nimmt das Atom dessen Impuls p auf. Es erreicht dadurch eine Geschwindigkeit v, für die gilt $p = mv$.

Mit $m_H = 1.008\,\text{u} = (1.008) \times (1.6605 \times 10^{-27}\,\text{kg}) = 1.674 \times 10^{-27}\,\text{kg}$ ist also

$$v = \frac{p}{m_H} = \frac{p}{1.674 \times 10^{-27}\,\text{kg}}.$$

Wir stellen nun die folgende Tabelle auf; wir verwenden dazu die Werte der Tabelle aus Aufgabe A8.4a und berücksichtigen die Beziehung $p = h/\lambda$.

λ/nm	p/(kg m s^{-1})	v/(m s^{-1})
600	1.10×10^{-27}	0.66
550	1.20×10^{-27}	0.72
400	1.66×10^{-27}	0.99

A8.6a Die in einer Periode τ emittierte Gesamtenergie ist $P\tau$. Ein Photon des Lichts mit der Wellenlänge 650 nm hat die Energie $E = hc/\lambda$; dabei ist $\lambda = 650$ nm. Die Gesamtzahl der in der Zeit τ emittierten photonen ist damit gleich der Gesamtenergie, geteilt durch die Energie pro Photon:

$$N = \frac{P\tau}{E} = \frac{P\tau\lambda}{hc}.$$

Die de-Broglie-Relation gilt für jedes Photon. Damit ist der auf das Glühwürmchen übertragene Gesamtimpuls

$$p = \frac{Nh}{\lambda} = \frac{P\tau\lambda}{hc} \times \frac{h}{\lambda} = \frac{P\tau}{c}.$$

Mit $P = 0.10\,\mathrm{W} = 0.10\,\mathrm{J\,s^{-1}}$, $\tau = 10\,\mathrm{a}$ und $p = mv$ ergibt sich für die Endgeschwindigkeit

$$v = \frac{P\tau}{cm} = \frac{(0.10\,\mathrm{J\,s^{-1}}) \times (3.16 \times 10^8\,\mathrm{s})}{(2.998 \times 10^8\,\mathrm{m\,s^{-1}}) \times (5.0 \times 10^{-3}\,\mathrm{kg})} = 21\,\mathrm{m\,s^{-1}}.$$

Anmerkung: Beachten Sie, dass der erhaltene Wert nicht von der Wellenlänge der emittierten Strahlung abhängt. Je größer die Wellenlänge ist, desto kleiner ist zwar der Impuls eines einzelnen Photons, desto größer ist aber die Anzahl der emittierten Photonen.

Frage: Nehmen Sie an, das Glühwürmchen würde sich einen „Feuerwurm" verwandeln, der in Intervallen von je 1 s leuchtet, während er mit einer Geschwindigkeit von 0.1 m $\mathrm{s^{-1}}$ fliegt. Welche zusätzliche Geschwindigkeit verleiht ihm das 1 s lang dauernde Leuchten? Vernachlässigen Sie alle Reibungsverluste mit der Luft.

A8.7a Leistung ist Energie pro Zeiteinheit; sie wird hier in SI-Einheiten angegeben, also in W bzw. in J $\mathrm{s^{-1}}$. Also ist

$$N = \frac{P}{h\nu} = \frac{P\lambda}{hc}$$
$$= \frac{P\lambda}{(6.626 \times 10^{-34}\,\mathrm{J\,s}) \times (2.998 \times 10^8\,\mathrm{m\,s^{-1}})} = \frac{(P/\mathrm{W}) \times (\lambda/\mathrm{nm})\,\mathrm{s^{-1}}}{1.99 \times 10^{-16}}$$
$$= 5.03 \times 10^{15} (P/\mathrm{W}) \times (\lambda/\mathrm{nm})\,\mathrm{s^{-1}}.$$

(a) $N = (5.03 \times 10^{15}) \times (1.0) \times (550\,\mathrm{s^{-1}}) = 2.8 \times 10^{18}\,\mathrm{s^{-1}}$.

(b) $N = (5.03 \times 10^{15}) \times (100) \times (550\,\mathrm{s^{-1}}) = 2.8 \times 10^{20}\,\mathrm{s^{-1}}$.

A8.8a Nach Gl. (8-11) ist $E_\mathrm{K} = \frac{1}{2}mv^2 = h\nu - \Phi = \frac{hc}{\lambda} - \Phi$

$$\Phi = 2.14\,\mathrm{eV} = (2.14) \times (1.602 \times 10^{-19}\,\mathrm{J}) = 3.43 \times 10^{-19}\,\mathrm{J}.$$

(a) $\dfrac{hc}{\lambda} = \dfrac{(6.626 \times 10^{-34}\,\text{J s}) \times (2.998 \times 10^{8}\,\text{m s}^{-1})}{700 \times 10^{-9}\,\text{m}} = 2.84 \times 10^{-19}\,\text{J} < \Phi,$

also treten keine Elektronen aus.

(b) $\dfrac{hc}{\lambda} = 6.62 \times 10^{-19}\,\text{J}.$

$$E_K = \frac{1}{2}mv^2 = (6.62 - 3.43) \times 10^{-19}\,\text{J} = 3.19 \times 10^{-19}\,\text{J}.$$

$$v = \left(\frac{2E_K}{m}\right)^{1/2} = \left(\frac{(2) \times (3.19 \times 10^{-19}\text{J})}{9.109 \times 10^{-31}\text{kg}}\right) = 837\,\text{km s}^{-1}.$$

A8.9a $\Delta E = \hbar\,\omega = h\nu = \dfrac{h}{T}$ mit der Periode $T = \dfrac{1}{\nu} = \dfrac{2\pi}{\omega}.$

(a) $\Delta E = \dfrac{6.626 \times 10^{-34}\,\text{J s}}{10^{-15}\,\text{s}} = 7 \times 10^{-19}\,\text{J}$, entsprechend $N_A \times (7 \times 10^{-19}\,\text{J})$
$= 400\,\text{kJ mol}^{-1}$.

(b) $\Delta E = \dfrac{6.626 \times 10^{-34}\,\text{J s}}{10^{-14}\,\text{s}} = 7 \times 10^{20}\,\text{J}$, entsprechend $40\,\text{kJ mol}^{-1}$.

(c) $\Delta E = \dfrac{6.626 \times 10^{-34}\,\text{J s}}{1\,\text{s}} = 7 \times 10^{-34}\,\text{J}$, entsprechend $4 \times 10^{-13}\,\text{kJ mol}^{-1}$.

A8.10a $\lambda = \dfrac{h}{p} = \dfrac{h}{mv}$ (Gl. 8-12)

(a) $\lambda = \dfrac{6.626 \times 10^{-34}\,\text{J s}}{(1.0 \times 10^{-3}\,\text{kg}) \times (1.0 \times 10^{-2}\,\text{m s}^{-1})} = 6.6 \times 10^{-29}\,\text{m}.$

(b) $\lambda = \dfrac{6.626 \times 10^{-34}\,\text{J s}}{(1.0 \times 10^{-3}\,\text{kg}) \times (1.00 \times 10^{5}\,\text{m s}^{-1})} = 6.6 \times 10^{-36}\,\text{m}.$

(c) $\lambda = \dfrac{6.626 \times 10^{-34}\,\text{J s}}{(4.003) \times (1.6605 \times 10^{-27}\,\text{kg}) \times (1000\,\text{m s}^{-1})} = 99.7\,\text{pm}.$

Anmerkung: Die Wellenlänge ist in (a) und (b) kleiner als die Ausdehnung irgendwelcher bekannten Teilchen. In (c) ist sie dagegen vergleichbar mit Atomdurchmessern.

Frage: Für ruhende Teilchen (also mit $v = 0$) erhält man eine unendlich große Wellenlänge. Wie lässt sich das deuten?

A8.11a $$\int_0^{2\pi} \psi_i^* \hat{l}_z \psi_j \mathrm{d}\phi = \frac{\hbar}{\mathrm{i}} \int_0^{2\pi} \psi_i^* \frac{\mathrm{d}\psi_j}{\mathrm{d}\phi} \mathrm{d}\phi.$$

Durch partielle Integration (vgl. *Begründung* 8-2) erhält man

$$\int_0^{2\pi} \psi_i^* \hat{l}_z \psi_j \mathrm{d}\phi = \frac{\hbar}{\mathrm{i}} \psi_i^* \psi_j \Big|_0^{2\pi} - \frac{\hbar}{\mathrm{i}} \int_0^{2\pi} \psi_j \frac{\mathrm{d}\psi_i^*}{\mathrm{d}\phi} \mathrm{d}\phi.$$

Der erste Term auf der rechten Seite verschwindet, weil sich die Wellenfunktion in einer Periode von 2π rad wiederholt (d. h. es ist $\psi_i(0) = \psi_i(2\pi)$).

$$\int_0^{2\pi} \psi_i^* \hat{l}_z \psi_j \mathrm{d}\phi = -\frac{\hbar}{\mathrm{i}} \int_0^{2\pi} \psi_j \frac{\mathrm{d}\psi_i^*}{\mathrm{d}\phi} \mathrm{d}\phi = \left\{ \frac{\hbar}{\mathrm{i}} \int_0^{2\pi} \psi_j^* \frac{\mathrm{d}\psi_i}{\mathrm{d}\phi} \mathrm{d}\phi \right\}^* = \left\{ \int_0^{2\pi} \psi_j^* \hat{l}_z \psi_i \mathrm{d}\phi \right\}^* .$$

Dies ist die in Gl. (8-30) genannte Bedingung für Hermitezität, also ist $\hat{l}_z$ ein hermitescher Operator.

A8.12a Wir betrachten die Unbestimmtheitsrelation in der Form in Gl. (8-36) angegebenen Form: $\Delta p \Delta q \geq \frac{1}{2}\hbar$ und beachten $\Delta p = m\Delta v$. Die minimale Unbestimmtheit in Ort und Impuls ergibt sich, wenn wir in der Relation das Gleichheitszeichen wählen:

$$\Delta v_{\min} = \frac{\hbar}{2m\Delta q} = \frac{1.055 \times 10^{-34}\,\mathrm{J\,s}}{(2) \times (0.500\,\mathrm{kg}) \times (1.0 \times 10^{-6}\,\mathrm{m})} = 1.1 \times 10^{-28}\,\mathrm{m\,s^{-1}}.$$

$$\Delta q_{\min} = \frac{\hbar}{2m\Delta v} = \frac{1.055 \times 10^{-34}\,\mathrm{J\,s}}{(2) \times (5.0 \times 10^{-3}\,\mathrm{kg}) \times (1 \times 10^{-5}\,\mathrm{m\,s^{-1}})} = 1 \times 10^{-27}\,\mathrm{m}.$$

Anmerkung: Diese Unbestimmtheiten sind extrem klein. Wir können daher den Ball und die Kugel klassisch behandeln.

Frage: Wenn der Ball ruhen würde (also keine Unbestimmtheit des Ortes), so wäre die Unbestimmtheit in der Geschwindigkeit unendlich klein. Demnach könnte der Ball eine sehr hohe Geschwindigkeit haben, obwohl er doch ruht. Wie lässt sich dieses Paradoxon lösen?

A8.13a Hier ist die Austrittsarbeit gleich der Ionisierungsenergie I des Elektrons. Nach Gl. (8-11) gilt

$$\frac{1}{2}mv^2 = h\nu - I\,, \quad \nu = \frac{c}{\lambda}.$$

$$\begin{aligned} I &= \frac{hc}{\lambda} - \frac{1}{2}mv^2 \\ &= \frac{(6.626 \times 10^{-34}\,\mathrm{J\,s}) \times (2.998 \times 10^8\,\mathrm{m\,s^{-1}})}{150 \times 10^{-12}\,\mathrm{m}} - \left(\frac{1}{2}\right) \times (9.109 \times 10^{-31}\,\mathrm{kg}) \\ &\quad \times (2.14 \times 10^7\,\mathrm{m\,s^{-1}})^2 \\ &= 1.12 \times 10^{-15}\,\mathrm{J}. \end{aligned}$$

A8.14a Die Größe $\hat{\Omega}_1\hat{\Omega}_2 - \hat{\Omega}_2\hat{\Omega}_1$ (vgl. *Illustration* 8-3) ist der Kommutator der Operatoren $\hat{\Omega}_1$ und $\hat{\Omega}_2$. Um den Kommutator zu berechnen, muss man sich klar machen, dass die Operatoren auf Funktionen wirken. Wir schreiben also

$$\hat{\Omega}_1\hat{\Omega}_2 f(x) - \hat{\Omega}_2\hat{\Omega}_1 f(x).$$

(a) $$\left[\frac{\mathrm{d}}{\mathrm{d}x}, \frac{1}{x}\right]\psi = \frac{\mathrm{d}}{\mathrm{d}x} \times \left(\frac{1}{x}\psi\right) - \frac{1}{x}\frac{\mathrm{d}}{\mathrm{d}x}\psi = \left(-\frac{1}{x^2}\right)\psi + \frac{1}{x}\frac{\mathrm{d}}{\mathrm{d}x}\psi - \frac{1}{x}\frac{\mathrm{d}}{\mathrm{d}x}\psi = \left(-\frac{1}{x^2}\right)\psi,$$

Es ist also $\left[\frac{\mathrm{d}}{\mathrm{d}x}, \frac{1}{x}\right] = -\frac{1}{x^2}$.

(b)

$$\frac{\mathrm{d}}{\mathrm{d}x}\hat{x}^2 f(x) = x^2 f'(x) + 2xf(x),$$

$$\hat{x}^2\frac{\mathrm{d}}{\mathrm{d}x} f(x) = x^2 f'(x),$$

$$\left(\frac{\mathrm{d}}{\mathrm{d}x}\hat{x}^2 - \hat{x}^2\frac{\mathrm{d}}{\mathrm{d}x}\right) f(x) = 2xf(x).$$

Es folgt also $\left(\frac{\mathrm{d}}{\mathrm{d}x}\hat{x}^2 - \hat{x}^2\frac{\mathrm{d}}{\mathrm{d}x}\right) = 2x$.

Schwerere Aufgaben

Rechenaufgaben

8.1 Der Behälter kann hier näherungsweise als idealer schwarzer Strahler aufgefasst werden. Wir setzen die Planck'sche Verteilung an:

$$\rho = \frac{8\pi hc}{\lambda^5}\left(\frac{1}{e^{hc/\lambda kT} - 1}\right) \qquad \text{(Gl. (8-5))}.$$

Weil der Wellenlängenbereich mit 5 nm nur klein ist, können wir als gute Näherung setzen:

$$\Delta E = \rho\Delta\lambda, \quad \lambda \approx 652.5\,\text{nm}.$$

$$\frac{hc}{\lambda k} = \frac{(6.626 \times 10^{-34}\,\text{J s}) \times (2.998 \times 10^8\,\text{m s}^{-1})}{(6.525 \times 10^{-7}\,\text{m}) \times (1.381 \times 10^{-23}\,\text{J K}^{-1})} = 2.205 \times 10^4\,\text{K}.$$

$$\frac{8\pi hc}{\lambda^5} = \frac{(8\pi) \times (6.626 \times 10^{-34}\,\text{J s}) \times (2.998 \times 10^8\,\text{m s}^{-1})}{(652.5 \times 10^{-9}\,\text{m})^5} = 4.221 \times 10^7\,\text{J m}^{-4}.$$

$$\Delta E = (4.221 \times 10^7\,\text{J m}^{-4}) \times \left(\frac{1}{e^{(2.205\times10^4\,\text{K})/T} - 1}\right) \times (5 \times 10^{-9}\,\text{m}).$$

(a) $T = 298\,\text{K}, \Delta E = \dfrac{0.211\,\text{J m}^{-3}}{e^{(2.205\times 10^4)/298} - 1} = 1.6 \times 10^{-33}\,\text{J m}^{-3}$.

(b) $T = 3273\,\text{K}, \Delta E = \dfrac{0.211\,\text{J m}^{-3}}{e^{(2.205\times 10^4)/3273} - 1} = 2.5 \times 10^{-4}\,\text{J m}^{-3}$.

Anmerkung: Die Energiedichte in dem Behälter hängt nicht von dessen Volumen ab, wohl aber die Gesamtenergie in einem gegebenen Wellenlängenbereich sowie die Gesamtenergie in allen Wellenlängenbereichen.

Frage: Wie groß ist bei den angegebenen Temperaturen jeweils die Gesamtenergie im Behälter im Wellenlängenbereich zwischen 650 und 655 nm?

8.3 Wir gehen von der Einstein-Temperatur $\theta_E = \dfrac{h\nu}{k}$ aus. Ihre Einheit ist $[\theta_E] = \dfrac{\text{J s} \times \text{s}^{-1}}{\text{J K}^{-1}} = \text{K}$.

Wir formulieren die Einstein-Gleichung (Gl. (8-7)) mithilfe der Einstein-Temperatur. Dann gilt für die Wärmekapazität eines Festkörpers

$$C_V = 3R\left(\frac{\theta_E}{T}\right)^2 \times \left(\frac{e^{\theta_E/2T}}{e^{\theta_E/T} - 1}\right)^2 .$$

Diese Gleichung nimmt den klassischen Wert $3R$ an, wenn $T \gg \theta_E$ oder wenn $\dfrac{h\nu}{kT} \ll 1$ ist (vgl. Abschnitt 8.1.1). Das Kriterium für klassisches Verhalten ist also $T \gg \theta_E$.

$$\theta_E = \frac{h\nu}{k} = \frac{(6.626 \times 10^{-34}\,\text{J Hz}^{-1}) \times \nu}{1.381 \times 10^{-23}\,\text{J K}^{-1}} = 4.798 \times 10^{-11}\,(\nu/\text{Hz})\text{K}.$$

(a) Für $\nu = 4.65 \times 10^{13}$ Hz ist $\theta_E = (4.798 \times 10^{-11}) \times (4.65 \times 10^{13}\,\text{K}) = 2231\,\text{K}$.

(b) Für $\nu = 7.15 \times 10^{12}$ Hz ist $\theta_E = (4.798 \times 10^{-11}) \times (7.15 \times 10^{12}\,\text{K}) = 343\,\text{K}$.

Damit ergibt sich

(a) $\dfrac{C_V}{3R} = \left(\dfrac{2231\text{K}}{298\text{K}}\right)^2 \times \left(\dfrac{e^{2231/(2\times 298)}}{e^{2231/298} - 1}\right)^2 = 0.031$,

(b) $\dfrac{C_V}{3R} = \left(\dfrac{343\,\text{K}}{298\text{K}}\right)^2 \times \left(\dfrac{e^{2231/(2\times 298}}{e^{343/298} - 1}\right)^2 = 0.897$.

Anmerkung: Bei vielen Metallen wird der klassische Wert bei Raumtemperatur erreicht. Entsprechend wurde das Versagen der klassischen Theorie erst offenkundig, als – etwa gegen Ende des 19. Jahrhunderts – Kältemaschinen entwickelt wurden, mit denen sich Temperaturen weit unterhalb von 25 °C erzeugen ließen.

8.5 Alle Wellenfunktionen des Wasserstoffatoms kann man als Lösung der Schrödinger-Gleichung erhalten, die wir in Kapitel 10 behandeln. Hier benötigen wir aber nur die angegebene Wellenfunktion für den Grundzustand. Sie ist das Quadrat der Wellenfunktion, die mit der Wahrscheinlichkeit verknüpft ist (vgl. Abschnitt 8.2.2):

$$\psi^2 = \frac{1}{\pi a_0^3}\mathrm{e}^{-2r/a_0}, \quad \delta\tau = \frac{4}{3}\pi r_0^3, \quad r_0 = 1.0\,\mathrm{pm}.$$

Das Volumen $\delta\tau$ soll so klein sein, dass sich ψ in diesem Bereich nicht ändert. Dann ist die Wahrscheinlichkeit gegeben durch

$$\psi^2\delta\tau = \frac{4r_0^3}{3a_0^3}\mathrm{e}^{-2r/a_0} = \frac{4}{3}\times\left(\frac{1.0}{53}\right)^3 \mathrm{e}^{-2r/a_0}.$$

(a) $r = 0:$ $\quad \psi^2\delta\tau = \frac{4}{3}\left(\frac{1.0}{53}\right)^3 = 9.0\times 10^{-6}.$

(b) $r = a_0:$ $\quad \psi^2\delta\tau = \frac{4}{3}\left(\frac{1.0}{53}\right)^3 \mathrm{e}^{-2} = 1.2\times 10^{-6}.$

Frage: Wenn es eine nicht verschwindende Wahrscheinlichkeit dafür gibt, dass das Elektron bei $r = 0$ anzutreffen ist, wie wird dann das „Abstürzen" in den Kern verhindert? *Hinweis:* In Kapitel 10 werden wir die Antwort auf diese schwierige Frage erarbeiten.

8.7 Nach der Unbestimmtheitsrelation sind Orts- und Impulsunschärfe verknüpft durch

$$\Delta p\Delta q \geq \frac{1}{2}\hbar.$$

Dabei ergeben sich Δq und Δp als die Standardabweichungen (mittlere quadratische Abweichungen) gemäß

$$\Delta q = \left(\langle x^2\rangle - \langle x\rangle^2\right)^{1/2} \quad \text{und} \quad \Delta p = \left(\langle p^2\rangle - \langle p\rangle^2\right)^{1/2}.$$

Um nachzuprüfen, ob die Beziehung auch für das Teilchen in einem Zustand mit der Wellenfunktion

$$\psi = (2a/\pi)^{1/4}\mathrm{e}^{-ax^2}$$

gilt, benötigen wir die quantenmechanischen Mittelwerte $\langle x\rangle$, $\langle x^2\rangle$, $\langle p\rangle$ und $\langle p^2\rangle$.

$$\langle x\rangle = \int \psi^* x^2 \psi \mathrm{d}\tau = \int_{\infty-}^{\infty}\left(\frac{2a}{\pi}\right)^{1/4}\mathrm{e}^{-ax^2} x\left(\frac{2a}{\pi}\right)^{1/4}\mathrm{e}^{-ax^2}\mathrm{d}x,$$

$$\langle x\rangle = \left(\frac{2a}{\pi}\right)^{1/2}\int_{-\infty}^{\infty} x\mathrm{e}^{-2ax^2}\,\mathrm{d}x = 0;$$

$$\langle x^2\rangle = \int_{-\infty}^{\infty}\left(\frac{2a}{\pi}\right)^{1/4}\mathrm{e}^{-ax^2}x^2\left(\frac{2a}{\pi}\right)^{1/4}\mathrm{e}^{-ax^2}dx = \left(\frac{2a}{\pi}\right)^{1/2}\int_{-\infty}^{\infty} x^2\mathrm{e}^{-2ax^2}\,\mathrm{d}x,$$

$$\langle x^2\rangle = \left(\frac{2a}{\pi}\right)^{1/2}\frac{\pi^{1/2}}{2(2a)^{3/2}} = \frac{1}{4a};$$

damit berechnet man

$$\Delta q = \frac{1}{2a^{1/2}},$$
$$\langle p \rangle = \int_{-\infty}^{\infty} \psi^* \left(\frac{\hbar}{\mathrm{i}}\frac{\mathrm{d}\psi}{\mathrm{d}x}\right) \mathrm{d}x \quad \text{und} \quad \left\langle p^2 \right\rangle = \int_{-\infty}^{\infty} \psi^* \left(-\hbar^2 \frac{\mathrm{d}^2\psi}{\mathrm{d}x^2}\right) \mathrm{d}x.$$

Nun müssen wir die Ableitungen berechnen:

$$\frac{\mathrm{d}\psi}{\mathrm{d}x} = \left(\frac{2a}{\pi}\right)^{1/4} (-2ax)\mathrm{e}^{-ax^2} \quad \text{und}$$
$$\frac{\mathrm{d}^2\psi}{\mathrm{d}x^2} = \left(\frac{2a}{\pi}\right)^{1/4} [(-2ax)^2\mathrm{e}^{-ax^2} + (-2a)e^{-ax^2}] = \left(\frac{2a}{\pi}\right)^{1/4} (4a^2x^2 - 2a)\mathrm{e}^{-ax^2}.$$

Also haben wir

$$\langle p \rangle = \int_{-\infty}^{\infty} \left(\frac{2a}{\pi}\right)^{1/4} \mathrm{e}^{-ax^2} \left(\frac{\hbar}{\mathrm{i}}\right) \left(\frac{2a}{\pi}\right)^{1/4} (-2ax)\mathrm{e}^{-ax^2}\mathrm{d}x$$
$$= -\frac{2\hbar}{\mathrm{i}} \left(\frac{2a}{\pi}\right)^{1/2} \int_{-\infty}^{\infty} x\mathrm{e}^{-2ax^2}\mathrm{d}x = 0;$$
$$\left\langle p^2 \right\rangle = \int_{-\infty}^{\infty} \left(\frac{2a}{\pi}\right)^{1/4} \mathrm{e}^{-ax^2}(-\hbar^2) \left(\frac{2a}{\pi}\right)^{1/4} (4a^2x^2 - 2a)\mathrm{e}^{-ax^2}\mathrm{d}x,$$
$$\left\langle p^2 \right\rangle = (-2a\hbar^2)\frac{2a}{\pi}^{1/2} \int_{-\infty}^{\infty} (2ax^2 - 1)\mathrm{e}^{-2ax^2}\mathrm{d}x,$$
$$\left\langle p^2 \right\rangle = (-2a\hbar^2) \left(\frac{2a}{\pi}\right)^{1/2} \left(2a\frac{\pi^{1/2}}{2(2a)^{3/2}} - \frac{\pi^{1/2}}{(2a)^{1/2}}\right) = a\hbar^2 \quad \text{und}$$
$$\Delta p = a^{1/2}\hbar.$$

Damit ergibt sich schließlich

$$\Delta q \Delta p = \frac{1}{2a^{1/2}} \times a^{1/2}\hbar = \frac{1}{2}\hbar.$$

Dies ist das kleinstmögliche Produkt, das mit der Unbestimmtheitsrelation verträglich ist.

Theoretische Aufgaben

8.9 Wir betrachten die Planck-Verteilung (Gl. (8-5))

$$\rho = \frac{8\pi hc}{\lambda^5} \left(\frac{1}{\mathrm{e}^{hc/\lambda kT} - 1}\right).$$

Nimmt λ zu, nimmt $hc/\lambda kT$ ab, und für sehr große Wellenlängen gilt $hc/\lambda kT \ll 1$. Daher können wir die Exponentialfunktion in eine Potenzreihe entwickeln. Wir setzen $x = hc/\lambda kT$ und erhalten

$$
\begin{aligned}
e^x &= 1 + x + \frac{1}{2!}x^2 + \frac{1}{3!}x^3 + \cdots,\\
\rho &= \frac{8\pi hc}{\lambda^5}\left[\frac{1}{1 + x + \frac{1}{2!}x^2 + \frac{1}{3!}x^3 + \cdots - 1}\right],\\
\lim_{\lambda\to\infty} \rho &= \frac{8\pi hc}{\lambda^5}\left[\frac{1}{1 + x - 1}\right] = \frac{8\pi hc}{\lambda^5}\left(\frac{1}{hc/\lambda kT}\right).\\
&= \frac{8\pi kT}{\lambda^4}
\end{aligned}
$$

Das ist das Rayleigh-Jeans-Gesetz (Gl. (8-3)).

8.11 Wir gehen wieder von der Planck-Verteilung nach Gl. (8-5) aus:

$$
\mathcal{E} = \int_0^\infty \rho(\lambda)\, d\lambda = 8\pi hc \int_0^\infty \frac{d\lambda}{\lambda^5 \left(e^{hc/\lambda kT} - 1\right)}.
$$

Zur Abkürzung setzen wir $x = \dfrac{hc}{\lambda kT}$ und erhalten damit die Differenziale

$$
dx = -\frac{hc}{\lambda^2 kT} d\lambda \quad \text{oder} \quad d\lambda = -\frac{\lambda^2 kT}{hc} dx.
$$

Dann haben wir

$$
\begin{aligned}
\mathcal{E} &= 8\pi kT \int_0^\infty \frac{\lambda^2 dx}{\lambda^5 (e^x - 1)} = 8\pi kT \int_0^\infty \frac{dx}{\lambda^3 (e^x - 1)}\\
&= 8\pi kT \left(\frac{kT}{hc}\right)^3 \int_0^\infty \frac{x^3 dx}{(e^x - 1)} = 8\pi kT \left(\frac{kT}{hc}\right)^3 \left(\frac{\pi^4}{15}\right).\\
\mathcal{E} &= \left(\frac{8\pi^5 k^4}{15 h^3 c^3}\right) T^4 = \left(\frac{4}{c}\right) \sigma T^4
\end{aligned}
$$

Dabei ist $\sigma = (2\pi^5 k^4 / 15 h^3 c^2)$ die Stefan-Boltzmann-Konstante.

8.13 Wir fordern $\int \psi^* \psi \, d\tau = 1$. Also schreiben wir $\psi = Nf$ und ermitteln N für das gegebene f.

(a) Die trigonometrische Identität ergibt

$$
\begin{aligned}
N^2 \int_0^L \sin^2 \frac{n\pi x}{L}\, dx &= \frac{1}{2} N^2 \int_0^L \left(1 - \cos \frac{2n\pi x}{L}\right) dx\\
&= \frac{1}{2} N^2 \left(x - \frac{L}{2n\pi} \sin \frac{2n\pi x}{L}\right)\Bigg|_0^L\\
&= \frac{L}{2} N^2 = 1 \quad \text{für} \quad N = \left(\frac{2}{L}\right)^{1/2}.
\end{aligned}
$$

(b) $$N^2 \int_{-L}^{L} c^2 \,\mathrm{d}x = 2N^2c^2L = 1 \quad \text{für} \quad N = \frac{1}{c(2L)^{1/2}}.$$

(c) Mit $\mathrm{d}\tau = r^2 \sin\theta \,\mathrm{d}r \,\mathrm{d}\theta \,\mathrm{d}\phi$ folgt

$$N^2 \int_0^\infty \mathrm{e}^{-2r/a} r^2 \,\mathrm{d}r \int_0^\pi \sin\theta \,\mathrm{d}\theta \int_0^{2\pi} \mathrm{d}\phi$$
$$= N^2 \left(\frac{a^3}{4}\right) \times (2) \times (2\pi) = 1 \quad \text{für} \quad N = \frac{1}{(\pi a^3)^{1/2}}.$$

(d) Mit $x = r\cos\phi \sin\theta$ folgt

$$N^2 \int_0^\infty r^2 \times r^2 \,\mathrm{e}^{-r/a} \,\mathrm{d}r \int_0^\pi \sin^3\theta \,\mathrm{d}\theta \int_0^{2\pi} \cos^2\phi \,\mathrm{d}\phi$$
$$= N^2 4! a^5 \times \frac{4}{3} \times \pi = 32\pi a^5 N^2 = 1 \quad \text{für} \quad N = \frac{1}{(32\pi a^5)^{1/2}}.$$

Dabei haben wir folgende Beziehungen verwendet:

$$\int \sin^3\theta \,\mathrm{d}\theta = -\frac{1}{3}(\cos\theta)(\sin^2\theta + 2) \quad \text{(vgl. Tabellen der Standardintegrale)},$$
$$\int_0^{2\pi} \cos^2\phi \,\mathrm{d}\phi = \int_0^{2\pi} \sin^2\phi \,\mathrm{d}\phi \quad \text{aufgrund der Symmetrie mit}$$
$$\int_0^{2\pi} (\cos^2\phi + \sin^2\phi) \,\mathrm{d}\phi = \int_0^{2\pi} \mathrm{d}\phi = 2\pi.$$

8.15 Wir bilden jeweils $\hat{\Omega} f$. Wenn sich als Resultat ωf ergibt (mit einer Konstante ω), dann ist f eine Eigenfunktion des Operators $\hat{\Omega}$, und ω ist der Eigenwert (vgl. Gl. (8-25b)).

(a) $\frac{\mathrm{d}}{\mathrm{d}x} \mathrm{e}^{\mathrm{i}kx} = \mathrm{i}k \,\mathrm{e}^{\mathrm{i}kx}$; ja; Eigenwert = i$k$.

(b) $\frac{\mathrm{d}}{\mathrm{d}x} \cos kx = -k \sin kx$; nein.

(c) $\frac{\mathrm{d}}{\mathrm{d}x} k = 0$; ja; Eigenwert = 0.

(d) $\frac{\mathrm{d}}{\mathrm{d}x} kx = k = \frac{1}{x} kx$; nein; ($1/x$ ist keine Konstante).

(e) $\frac{\mathrm{d}}{\mathrm{d}x} \mathrm{e}^{-\alpha x^2} = -2\alpha x \,\mathrm{e}^{-\alpha x^2}$; nein; ($-2\alpha x$ ist keine Konstante).

8.17 Verfahren Sie wie in Aufgabe 8.15.

(a)

$$\frac{d^2}{dx^2}e^{ikx} = -k^2e^{ikx}; \quad \text{ja; Eigenwert} = -k^2.$$

(b)

$$\frac{d^2}{dx^2}\cos kx = -k^2\cos kx; \quad \text{ja; Eigenwert} = -k^2.$$

(c)

$$\frac{d^2}{dx^2}k = 0; \quad \text{ja; Eigenwert} = 0.$$

(d)

$$\frac{d^2}{dx^2}kx = 0; \quad \text{ja; Eigenwert} = 0.$$

(e)

$$\frac{d^2}{dx^2}e^{-\alpha x^2} = (-2\alpha + 4\alpha^2x^2)e^{-\alpha x^2}; \quad \text{nein}.$$

Also sind a), b), c) und d) Eigenfunktionen von $\frac{d^2}{dx^2}$. Im Vergleich mit Aufgabe 8.15 sieht man, dass b) und d) zwar Eigenfunktionen von $\frac{d^2}{dx^2}$ sind, aber nicht von $\frac{d}{dx}$.

8.19 Den Operator $\hat{T}$ der kinetischen Energie erhalten wir ähnlich wie bei der klassischen Gleichung

$$E_K = \frac{p^2}{2m}.$$

Damit ist

$$\hat{T} = \frac{(\hat{p})^2}{2m}.$$

Mit Gl. (8-26) folgt $\hat{p}_x = \frac{\hbar}{i}\frac{d}{dx}$ und damit $\hat{p}_x^2 = -\hbar^2\frac{d^2}{dx^2}$ und $\hat{T} = -\frac{\hbar^2}{2m}\frac{d^2}{dx^2}$.

Damit ergibt sich

$$\langle T \rangle = N^2 \int \psi^* \left(\frac{\hat{p}_x^2}{2m}\right) \psi \, \mathrm{d}\tau = \frac{\int \psi^* (\hat{p}^2/2m) \psi \, \mathrm{d}\tau}{\int \psi^* \psi \, \mathrm{d}\tau} \qquad \left[\text{mit} \quad N^2 = \frac{1}{\int \psi^* \psi \, \mathrm{d}\tau}\right]$$

$$= \frac{\dfrac{-\hbar^2}{2m} \int \psi^* \dfrac{\mathrm{d}^2}{\mathrm{d}x^2} (\mathrm{e}^{\mathrm{i}kx} \cos \chi + \mathrm{e}^{-\mathrm{i}kx} \sin \chi) \, \mathrm{d}\tau}{\int \psi^* \psi \, \mathrm{d}\tau}$$

$$= \frac{\dfrac{-\hbar^2}{2m} \int \psi^* (-k^2) \times (\mathrm{e}^{\mathrm{i}kx} \cos \chi + \mathrm{e}^{-\mathrm{i}kx} \sin \chi) \, \mathrm{d}\tau}{\int \psi^* \psi \, \mathrm{d}\tau} = \frac{\hbar^2 k^2 \int \psi^* \psi \, \mathrm{d}\tau}{2m \int \psi^* \psi \, \mathrm{d}\tau} = \frac{\hbar^2 k^2}{2m} .$$

8.21 $$\langle r \rangle = N^2 \int \psi^* r \psi \mathrm{d}\tau, \quad \left\langle r^2 \right\rangle = N^2 \int \psi^* r^2 \psi \mathrm{d}\tau.$$

(a)

$$\psi = \left(2 - \frac{r}{a_0}\right) \mathrm{e}^{-r/2a_0}, \quad N = \left(\frac{1}{32\pi a_0^3}\right)^{1/2} \qquad \text{[vgl. Aufgabe 8.14].}$$

$$\langle r \rangle = \frac{1}{32\pi a_0^3} \int_0^\infty r \left(2 - \frac{r}{a_0}\right)^2 r^2 \mathrm{e}^{-r/a_0} \mathrm{d}r \times 4\pi \qquad \left[\text{wegen} \int_0^\pi \sin\theta \mathrm{d}\theta \int_0^{2\pi} \mathrm{d}\phi = 4\pi\right]$$

$$= \frac{1}{8a_0^3} \int_0^\infty \left(4r^3 - \frac{4r^4}{a_0} + \frac{r^5}{a_0^2}\right) \mathrm{e}^{-r/a_0} \mathrm{d}r$$

$$= \frac{1}{8a_0^3} (4 \times (3!) a_0^4 - 4 \times (4!) a_0^4 + (5!) a_0^4) = 6a_0 \qquad \left[\text{wegen} \int_0^\infty x^n \mathrm{e}^{-ax} \mathrm{d}x = \frac{n!}{a^{n+1}}\right].$$

$$\left\langle r^2 \right\rangle = \frac{1}{8a_0^3} \int_0^\infty \left(4r^4 - \frac{4r^5}{a_0} + \frac{r^6}{a_0^2}\right) \mathrm{e}^{-r/a_0} \, \mathrm{d}r = \frac{1}{8a_0^3} (4 \times (4!) - 4 \times (5!) + (6!)) \, a_0^5$$

$$= 42 \, a_0^2 .$$

(b)

$$\psi = N r \sin\theta \cos\phi \, \mathrm{e}^{-r/2a_0}, \qquad N = \left(\frac{1}{32\pi a_0^5}\right)^{1/2} \qquad \text{[vgl. Aufgabe 8.14].}$$

$$\langle r \rangle = \frac{1}{32\pi a_0^5} \int_0^\infty r^5 \mathrm{e}^{-r/a_0} \, \mathrm{d}r \times \frac{4\pi}{3} = \frac{1}{24a_0^5} \times (5!) a_0^6 = 5a_0 .$$

$$\left\langle r^2 \right\rangle = \frac{1}{24a_0^5} \int_0^\infty r^6 \mathrm{e}^{-r/a_0} \, \mathrm{d}r = \frac{1}{24a_0^5} \times (6!) a_0^7 = 30a_0^2 .$$

8.23 Die Überlagerung von Kosinusfunktionen der Form $\cos(nx)$ lässt sich machen, wenn n eine beliebige ganze Zahl zwischen 1 und m ist. Man kann um der Bequemlichkeit willen das untersuchte x auf das Intervall zwischen $-\pi/2$ und $\pi/2$ beschränken. Die Normalisierungskonstante für jede Funktion wird bestimmt, indem man das Quadrat der Funktion über den Bereich von x integriert (vgl. Gl. (8-15)). Mit einem Programm wie MathCad zur Durchführung der Integration erhält man

$$\int_{-\pi/2}^{\pi/2} \cos(n{\cdot}x)^2 \mathrm{d}x \to \frac{1}{2} \cdot \frac{\left(2 \cdot \cos\left(\frac{1}{2} \cdot \pi \cdot n\right) \sin\left(\frac{1}{2} \cdot \pi \cdot n\right) + \pi \cdot n\right)}{n}$$

Ist n gerade, so gilt $\sin(\pi n/2) = 0$; für ungerade n gilt $\cos(\pi n/2) = 0$. Folglich ist, wenn n eine ganze Zahl ist, das obige Integral gleich $\pi/2$; wir können damit $(2/\pi)^{1/2}$ als die Normalisierungskonstante der Funktion $\cos(nx)$ wählen. Die normalisierte Funktion ist $\phi(n, x)$. Die Überlagerung $\psi(m, x)$ ergibt sich als Summe dieser Kosinusfunktionen von $n = 1$ bis $n = m$. Da die Kosinusfunktionen orthogonal sind, hat $\psi(m, x)$ die Normalisierungskonstante $(1/m)^{1/2}$.

$$\phi(n, x) := \sqrt{\frac{2}{\pi}} \cdot \cos(n \cdot x) \qquad \psi(m, x) := \sqrt{\frac{1}{m}} \cdot \sum_{n=1}^{m} \phi(n, x)$$

Für die Berechnungen und grafischen Darstellungen mit MathCad benötigen wir folgende Konstanten und Variable:

$$N := 1000 \quad x_{\min} := \frac{-\pi}{2} \quad x_{\max} := \frac{\pi}{2} \quad i := 0 \ldots N \quad x_i := x_{\min} + \frac{i}{N} \cdot (x_{\max} - x_{\min})$$

Eine genauere Untersuchung von Abb. 8-1(a) zeigt, dass bei einer Überlagerung nur weniger Terme der Ort des Teilchens nur schlecht bestimmt ist. Es gibt also eine große Ortsunbestimmheit. Wenn jedoch viele Terme überlagert werden, beschränkt sich die Unbestimmtheit auf einen schmalen Bereich um $x = 0$. Eine grafische Darstellung mit $m > 10$ belegt diesen Schluss.

Jede Funktion trägt nach Gl. (8-33) zur Normalisierungskonstante mit einer Gewichtsfunktion $(1/m)^{1/2}$ bei. Das heißt, dass jede Kosinusfunktion der Überlagerung eine identische Wahrscheinlichkeitsverteilung des Erwartungswerts für den Impuls aufweist (vgl. *Begründung* 8-4). Jede der Kosinusfunktionen trägt eine Wahrscheinlichkeit von $1/m$ bei. Außerdem repräsentiert jede der Kosinusfunktionen einen Teilchenimpuls, der proportional zum Argument n ist, weil auch $(\mathrm{d}^2\phi(n, x)/\mathrm{d}x^2)^{1/2}$ (die Differenzialkomponente des quadrierten Impulsoperators) proportional zu n ist. Abbildung 8-1(b) zeigt eine aufschlussreiche Auftragung der Impulswahrscheinlichkeit gegen den Impuls (repräsentiert durch n), anders als bei der gewöhnlichen Darstellung der Wahrscheinlichkeitsdichte gegen die Lage des Teilchens.

Für die Darstellung mit MathCad werden folgende Variable benötigt:

$$n := 0 \ldots 15 \quad \text{und} \quad \mathrm{Prob}(n, m) := \begin{cases} 1/m & \text{für } n < m, \\ 0 & \text{sonst.} \end{cases}$$

Man erkennt in der Darstellung, dass für viele überlagerte Terme der Bereich der möglichen Impulse sehr breit ist, obwohl der Bereich der beobachteten Orte schmal wird. Ort

(a)

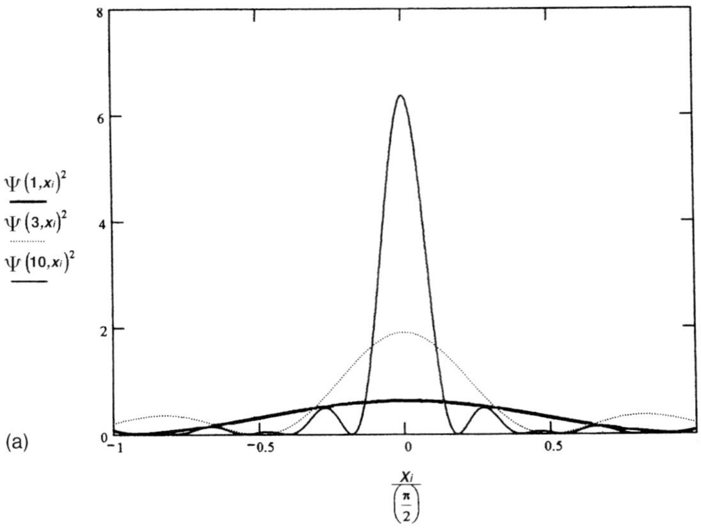

Abb. 8-1 (a) Darstellung der Wahrscheinlichkeitsdichte für 1, 3 und 10 Terme.

(b)

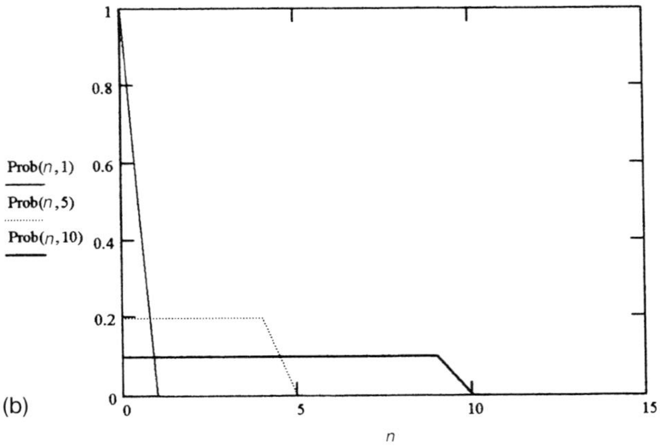

Abb. 8-1 (b)

und Impuls sind komplementäre Variable: Eine Ortsbestimmung wird durch die Überlagerung vieler Funktionen genauer, die Bestimmtheit des Impulses nimmt dagegen ab. Das illustriert sehr schön das Heisenberg'sche Unbestimmtheitsprinzip (Gl. (8-36)).

Die Auftragung der Wahrscheinlichkeitsdichte gegen den Ort zeigt auch deutlich, dass die Überlagerung symmetrisch bezüglich des Punkts $x = 0$ ist. Der Erwartungswert für den Ort ist unabhängig von der Anzahl der überlagerten Terme.

Die Wurzel aus dem Erwartungswert von x^2 heißt der quadratische Mittelwert oder Effektivwert von x; als Formelzeichen verwendet man x_{eff}. Die Auftragung von x_{eff} gegen m (Abb. 8-1(c)) zeigt, dass dieser Erwartungswert von der Anzahl der Terme in der Überlagerung abhängt. Er scheint sich – wenn auch sehr langsam – einem sehr kleinen Wert (null?) zu nähern, wenn die Überlagerung viele Terme enthält.

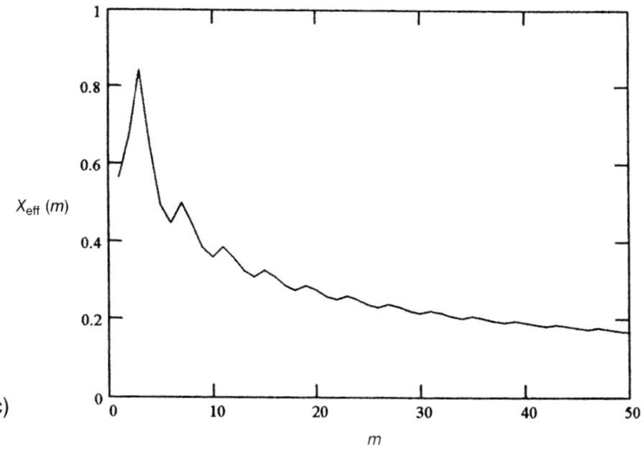

(c)

Abb. 8-1(c)

$$x_{\mathrm{eff}}(m) := \left(\int_{-\pi/2}^{\pi/2} x^2 \cdot \psi(m,x)^2 \mathrm{d}x\right)^{1/2} \qquad m := 1 \ldots 50$$

8.25 (a) In der Impulsdarstellung ist $\hat{p}_x = p_x \times$, folglich gilt nach Gl. (8-39)

$$[\hat{x}, \hat{p}_x]\phi = [\hat{x}, p_x \times]\phi = \hat{x} p_x \times \phi - p_x \times \hat{x}\phi = \mathrm{i}\hbar\phi.$$

Wir nehmen an, dass der Ortsoperator die Form $\hat{x} = a(\mathrm{d}/\mathrm{d}p_x)$ hat (a ist eine komplexe Zahl). Dann gilt

$$a\frac{\mathrm{d}}{\mathrm{d}p_x}(p_x \times \phi) - p_x \times \left(a\frac{\mathrm{d}}{\mathrm{d}p_x}\phi\right) = \mathrm{i}\hbar\phi,$$

$$\frac{\mathrm{d}}{\mathrm{d}p_x}(p_x \times \phi) - p_x \times \left(\frac{\mathrm{d}}{\mathrm{d}p_x}\phi\right) = \frac{\mathrm{i}\hbar}{a}\phi,$$

$$\frac{\mathrm{d}p_x}{\mathrm{d}p_x}\phi + p_x\frac{\mathrm{d}\phi}{\mathrm{d}p_x} - p_x\frac{\mathrm{d}\phi}{\mathrm{d}p_x} = \frac{\mathrm{i}\hbar}{a}\phi \quad \text{(gemäß der Ableitungsregel für } f(x)g(x)\text{)}.$$

$$\phi = \frac{\mathrm{i}\hbar}{a}\phi.$$

Dies ist für $a = \mathrm{i}\hbar$ erfüllt. Wir schließen daraus, dass der Ortsoperator in der Impulsdarstellung die Form $\hat{x} = \mathrm{i}\hbar(\mathrm{d}/\mathrm{d}p_x)$ annimmt.

(b) Die Integration ist die Umkehrung der Differenziation; dies rechtfertigt die Annahme, dass in der Impulsdarstellung gilt

$$\hat{x}^{-1}\phi = \left(\mathrm{i}\hbar\frac{\mathrm{d}}{\mathrm{d}p_x}\right)^{-1}\phi = \left(\frac{1}{\mathrm{i}\hbar}\int_{-\infty}^{p_x}\mathrm{d}p_x\right)\phi = \frac{1}{\mathrm{i}\hbar}\int_{-\infty}^{p_x}\phi\,\mathrm{d}p_x.$$

Dabei soll das Symbol $\int_{-\infty}^{p_x}\mathrm{d}p_x$ als ein Integrationsoperator aufgefasst werden, der jede Funktion auf seiner rechten Seite als Integrant benutzt. Um die Annahme $\hat{x}^{-1} = (1/\mathrm{i}\hbar)\int_{-\infty}^{p_x}\mathrm{d}p_x$ zu bestätigen, müssen wir die Operatorbeziehung $\hat{x}^{-1}\hat{x} =$

$\hat{x}\hat{x}^{-1} = \hat{1}$ beweisen. Wir verwenden dazu die Leibnitz-Regel für die Differenziation von Integralen:

$$\begin{aligned}\hat{x}\hat{x}^{-1}\phi &= \left(\mathrm{i}\hbar\frac{\mathrm{d}}{\mathrm{d}p_x}\right)\left(\frac{1}{\mathrm{i}\hbar}\int_{-\infty}^{p_x}\mathrm{d}p_x\right)\phi = \left(\frac{\mathrm{d}}{\mathrm{d}p_x}\right)\left(\int_{-\infty}^{p_x}\phi\,\mathrm{d}p_x\right)\\ &= \left(\int_{-\infty}^{p_x}\frac{\mathrm{d}\phi}{\mathrm{d}p_x}\mathrm{d}p_x\right) + \phi(p_x)\lim_{c\to-\infty}\frac{\mathrm{d}c}{\mathrm{d}p_x} - \phi(-\infty)\frac{\mathrm{d}p_x}{\mathrm{d}p_x}\\ &= \left(\int_{-\infty}^{p_x}\frac{\mathrm{d}\phi}{\mathrm{d}p_x}\mathrm{d}p_x\right) - \phi(-\infty).\end{aligned}$$

Da $\phi(-\infty)$ gleich null sein muss, ergibt sich

$$\hat{x}\hat{x}^{-1}\phi = \int_{-\infty}^{p_x}\frac{\mathrm{d}\phi}{\mathrm{d}p_x}\mathrm{d}p_x = \phi.$$

Daraus können wir schließen, dass $\hat{x}\hat{x}^{-1} = \hat{1}$, also

$$\hat{x}^{-1}\hat{x}\phi = \left(\frac{1}{\mathrm{i}\hbar}\int_{-\infty}^{p_x}\mathrm{d}p_x\right)\left(\mathrm{i}\hbar\frac{\mathrm{d}}{\mathrm{d}p_x}\right)\phi = \int_{-\infty}^{p_x}\mathrm{d}\phi = \phi(p_x) - \phi(-\infty) = \phi(p_x) = \phi.$$

Anwendungsaufgaben

8.27 (a) Anhand von Gl. (8-12) und der Ergebnisse aus *Beispiel* 8-2 vergleichen wir die nicht-relativistische und die relativistisch korrigierte Wellenlänge des Elektrons:

$$\begin{aligned}\lambda_{\text{nicht-rel}} &= \frac{h}{(2m_\mathrm{e}eV)^{1/2}}\\ &= \frac{6.626\times10^{-34}\,\mathrm{J\,s}}{\{2\,(9.109\times10^{-31}\mathrm{kg})\times(1.602\times10^{-19}\,\mathrm{C})\times(50.0\times10^{3}\,\mathrm{V})\}^{1/2}}.\end{aligned}$$

$$\lambda_{\text{nicht-rel}} = 5.48\ \text{pm}.$$

$$\begin{aligned}\lambda_{\text{rel}} &= \frac{h}{\left\{2m_\mathrm{e}eV\left(1+\dfrac{eV}{2m_\mathrm{e}c^2}\right)\right\}^{1/2}}\\ &= \frac{\lambda_{\text{nicht-rel}}}{\left(1+\dfrac{eV}{2m_\mathrm{e}c^2}\right)^{1/2}} = \frac{5.48\ \text{pm}}{\left\{1+\dfrac{(1.602\times10^{-19}\,\mathrm{C})\,(50.0\times10^{3}\,\mathrm{V})}{2\,(9.109\times10^{-31}\,\mathrm{kg})\,(3.00\times10^{8}\,\mathrm{m\,s^{-1}})^2}\right\}^{1/2}}\\ &= \frac{5.48\,\mathrm{pm}}{\{1+0.0489\}^{1/2}} = 5.35\,\mathrm{pm}.\end{aligned}$$

(b) Bei einem Elektron, das durch eine Potenzialdifferenz von 50 kV beschleunigt wurde, ist die nicht-relativistische de-Broglie-Wellenlänge 2,4 % zu hoch. Für viele Anwendungen wird dieser Fehler irrelevant sein. Ist jedoch eine Genauigkeit von unter einem 1 % erforderlich, sollten Sie bei Potenzialdifferenzen oberhalb von 20.4 kV die relativistische Gleichung verwenden. Wie diese Grenze zustandekommt, zeigt die folgende Rechnung:

$$\begin{aligned}\frac{\lambda_{\text{nicht-rel}}-\lambda_{\text{rel}}}{\lambda_{\text{rel}}} &= \frac{\lambda_{\text{nicht-rel}}}{\lambda_{\text{rel}}}-1=\left(1+\frac{eV}{2m_\text{e}c^2}\right)^{1/2}-1\\ &= \not{1}+\frac{1}{2}\left(\frac{eV}{2m_\text{e}c^2}\right)-\frac{1}{2\cdot 4}\left(\frac{eV}{2m_\text{e}c^2}\right)^2\\ &\quad+\frac{1\cdot 3}{2\cdot 4\cdot 6}\left(\frac{eV}{2m_\text{e}c^2}\right)^3-\cdots\not{-1}\\ &= \frac{1}{2}\left(\frac{eV}{2m_\text{e}c^2}\right)\end{aligned}$$

(weil die Terme der 2. und 3. Ordnung sehr klein sind).

Der größte Wert für V, bei dem der Fehler in der de-Broglie-Wellenlänge durch die nicht-relativistische Gleichung unterhalb von 1 % liegt, ist

$$V\simeq 2\left(\frac{2m_\text{e}c^2}{e}\right)\times\left(\frac{\lambda_{\text{nicht-rel}}-\lambda_{\text{rel}}}{\lambda_{\text{rel}}}\right)=2\left(\frac{2m_\text{e}c^2}{e}\right)(0.01)=20.4\,\text{kV}.$$

8.29 (a)

$$CH_4(g)\rightarrow C(\text{Graphit})+2H_2(g).$$

$$\Delta_\text{R}G^\ominus=-\Delta_\text{B}G^\ominus(CH_4)=-(-50.72\,\text{kJ mol}^{-1})=50.72\,\text{kJ mol}^{-1}\ \text{bei}\ T_\text{c}=25\,°\text{C}.$$

$$\Delta_\text{R}H^\ominus=-\Delta_\text{B}H^\ominus(CH_4)=-(-74.81\,\text{kJ mol}^{-1})=74.81\,\text{kJ mol}^{-1}\ \text{bei}\ T_\text{c}.$$

Wir wollen die Temperatur berechnen, bei der $\Delta_\text{R}G^\ominus(T)=0$ ist. Unterhalb dieser Temperatur ist Methan stabil und zersetzt sich nicht in seine Elemente. Oberhalb dieser Temperatur ist es instabil. Wir nehmen an, dass die Wärmekapazitäten im Wesentlichen temperaturunabhängig sind. Dann ist

$$\begin{aligned}\Delta_\text{R}C_p^\ominus(T)&\approx\Delta_\text{R}C_p^\ominus(T_\text{c})=[8.527+2(28.824)-35.31]\,\text{J K}^{-1}\,\text{mol}^{-1}\\ &\approx 30.865\,\text{J K}^{-1}\text{mol}^{-1}.\end{aligned}$$

$$\begin{aligned}\Delta_\text{R}H^\ominus(T)&=\Delta_\text{R}H^\ominus(T_\text{c})+\int_{T_\text{c}}^{T}\Delta_\text{R}C_p^\ominus(T)\text{d}T\qquad(\text{Gl. (2-36)})\\ &=\Delta_\text{R}H^\ominus(T_\text{c})+\Delta_\text{R}C_p^\ominus\times(T-T_\text{c}).\end{aligned}$$

$$\left(\frac{\partial}{\partial T}\left(\frac{\Delta_\text{R}G^\ominus}{T}\right)\right)_p=-\frac{\Delta_\text{R}H^\ominus}{T^2}\qquad(\text{Gl. (3-52)}).$$

Bei konstantem Druck (Standarddruck) ist

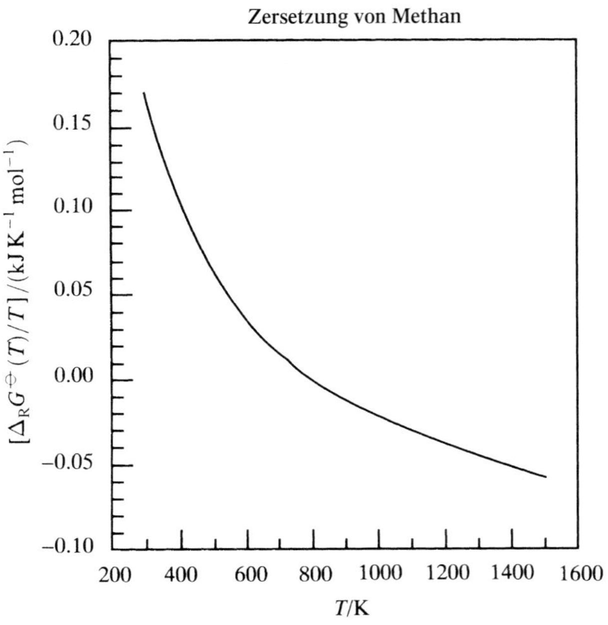

Abb. 8-2

$$\int_{T_c}^{T} d(\Delta_R G^{\ominus}/T) = -\int_{T_c}^{T} \frac{\Delta_R H^{\ominus}}{T^2} dT,$$

$$\frac{\Delta_R G^{\ominus}(T)}{T} = \frac{\Delta_R G^{\ominus}(T_c)}{T_c} - \int_{T_c}^{T} \frac{\Delta_R H^{\ominus}(T_c) + \Delta_R C_p^{\ominus} \times (T - T_c)}{T^2} dT$$

$$= \frac{\Delta_R G^{\ominus}(T_c)}{T_c} - [\Delta_R H^{\ominus}(T_c) - \Delta_R C_p^{\ominus} \times T_c] \int_{T_c}^{T} \frac{1}{T^2} dT - \Delta_R C_p^{\ominus} \int_{T_c}^{T} \frac{1}{T} dT$$

$$= \frac{\Delta_R G^{\ominus}(T_c)}{T_c} + [\Delta_R H^{\ominus}(T_c) - \Delta_R C_p^{\ominus} \times T_c] \times \left[\frac{1}{T} - \frac{1}{T_c}\right] - \Delta_R C_p^{\ominus} \ln\left(\frac{T}{T_c}\right).$$

Der Wert für T, bei dem $\Delta_R G^{\ominus}(T) = 0$ ist, lässt sich aus einer Auftragung von $\frac{\Delta_R G^{\ominus}(T)}{T}$ gegen T bestimmen (Abb. 8-2).

$$\frac{\Delta_R G^{\ominus}(T_c)}{T_c} = 50.72\,\text{kJ mol}^{-1}/298.15\,\text{K} = 0.1701\,\text{kJ K}^{-1}\,\text{mol}^{-1}.$$

$$\Delta_R H^{\ominus}(T_c) - \Delta_R C_p^{\ominus} \times T_c = 74.81\,\text{kJ mol}^{-1} - (30.865\,\text{J K}^{-1}\text{mol}^{-1}) \times (298\text{K}) \times \left(\frac{10^{-3}\,\text{kJ}}{\text{J}}\right)$$
$$= 65.16\,\text{kJ mol}^{-1}.$$

$$\Delta_R C_p^{\ominus} = (30.865\,\text{J K}^{-1}\,\text{mol}^{-1}) \times \left(\frac{10^{-3}\,\text{kJ}}{\text{J}}\right) = 0.030\,865\,\text{kJ K}^{-1}\,\text{mol}^{-1}.$$

Mit der Abschätzung, dass $\Delta_R C_p^{\ominus}$ konstant ist, ist Methan oberhalb von 825 K instabil.

(b) Nach dem Ergebnis von Aufgabe 8.10 ist

$$\lambda_{max} = \frac{\frac{1}{5}(1.44\,\text{cm K})}{T}$$

$$\lambda_{max} = \frac{\frac{1}{5}(1.44\,\text{cm K})}{1000\,\text{K}} = 2.88 \times 10^{-4}\,\text{cm}\left(\frac{10^9\,\text{nm}}{10^2\,\text{cm}}\right),$$

$\lambda_{max}\,(1000\,\text{K}) = 2880\,\text{nm}$.

(c) Das Verhältnis der spezifischen Lichtausstrahlung hängt vom Massenverhältnis von Sonne und braunem Zwerg sowie von der 4. Potenz der Temperatur ab (vgl. Aufgabe 8.11):

$$\text{Exitanzverhältnis} = \frac{M(\text{br. Zw.})}{M(\text{Sonne})} = \frac{\sigma T^4_{\text{br. Zw.}}}{\sigma T^4_{\text{Sonne}}}$$

$$= \frac{(1000\,\text{K})^4}{(6000\,\text{K})^4} = 7.7 \times 10^{-4}.$$

Für das Verhältnis der Energiedichten folgt mit Gl. (8-5)

$$\text{Verhältnis der Energiedichten} = \frac{\rho(\text{Br. Zw.})}{\rho(\text{Sonne})}$$

$$= \frac{8\pi hc/\lambda^5\left(1/(e^{(hc/\lambda k T_{\text{br. Zw.}})} - 1)\right)}{8\pi hc/\lambda^5\left(1/(e^{(hc/\lambda k T_{\text{Sonne}})} - 1)\right)}]$$

$$= \frac{e^{(hc/\lambda k T_{\text{Sonne}})} - 1}{(e^{(hc/\lambda k T_{\text{br.Zw.}})} - 1)}.$$

Da das Verhältnis der Energiedichten eine Funktion von λ ist, berechnen wir das Verhältnis bei λ_{max} des braunen Zwergs:

$$\frac{hc}{\lambda_{\text{br. Zw.}} k} = \frac{(6.62 \times 10^{-34}\,\text{J s}) \times (3.00 \times 10^8\,\text{m s}^{-1})}{(2880 \times 10^{-9}\,\text{m}) \times (1.381 \times 10^{-23}\,\text{J K}^{-1})} = 4998\,\text{K}.$$

$$\text{Verhältnis der Energiedichten} = \frac{e^{4998\,\text{K}/T_{\text{Sonne}}} - 1}{e^{4998/T_{\text{br. Zw.}}} - 1} = \frac{e^{(4998/6000)} - 1}{e^{(4998/1000)} - 1} = \frac{1.300}{147}$$

$$= 8.8 \times 10^{-3}.$$

(d) Die Wellenlänge des sichtbaren Lichts liegt zwischen etwa 700 nm (rot) und 420 nm (violett) (vgl. Abb. 8-2 im Lehrbuch). Mit den Gleichungen (8-3) und (8-5) sowie den Ergebnissen aus Aufgabe 8.11 erhalten wir

$$\text{Anteil im sichtbaren Licht} = \frac{1}{aT^4}\left|\int_{700\,\text{nm}}^{420\,\text{nm}} \rho(\lambda)\text{d}\lambda\right|$$

$$= \frac{c}{4\sigma T^4}\left|\int_{700\,\text{nm}}^{420\,\text{nm}} \rho(\lambda)\text{d}\lambda\right|.$$

Für die Schätzung nehmen wir an, dass $\rho(\lambda)$ sich im sichtbaren Bereich bei 1000 K nicht zu sehr ändert. Dann gilt

$$\left|\int_{700\,\text{nm}}^{420\,\text{nm}} \rho(\lambda)\text{d}\lambda\right| \sim \rho(560\,\text{nm}) \times (700\,\text{nm} - 420\,\text{nm})$$

$$\sim \left(\frac{8\pi hc}{(560 \times 10^{-9}\,\text{m})^5}\right) \times \left(\frac{1}{\text{e}^{((4998\,\text{K}/1000\,\text{K})\times(2880\,\text{nm}/560\,\text{nm}))} - 1}\right) \times \left(280 \times 10^{-9}\,\text{m}\right)$$

$$= \frac{8\pi(6.626 \times 10^{-34}\,\text{J s}) \times (3.00 \times 10^{8}\,\text{m s}^{-1})}{1.97 \times 10^{-25}\,\text{m}^4} \left(\frac{1}{\text{e}^{25.70} - 1}\right)$$

$$= 1.75 \times 10^{-10}\,\text{J m}^{-3}.$$

$$\text{Anteil im sichtbaren Licht} \sim \frac{\left(3.00 \times 10^{8}\text{m s}^{-1}\right) \times \left(1.75 \times 10^{-10}\,\text{J m}^{-3}\right)}{4\left(5.67 \times 10^{-8}\,\text{Wm}^{-2}\text{K}^{-4}\right) \times (1000\,\text{K})^4}$$

$$\sim 2.31 \times 10^{-7}.$$

Nur ein sehr geringer Anteil der Strahlung des braunen Zwergs liegt also im sichtbaren Bereich. Er scheint also nicht sehr hell.

9 Quantentheorie: Methoden und Anwendungen

Diskussionsfragen

9.1 In der Quantenmechanik schreibt man den Teilchen Welleneigenschaften zu. Die Existenz des Teilchens macht es dann erforderlich, dass die Wellenlängen der es repräsentierenden Wellen solche Werte haben, dass bei Reflexion an einer Barriere oder bei einer Bewegung auf geschlossener Bahn die Welle keine destruktive Interferenz erfährt. Diese Forderung schränkt die Wellenlänge auf Werte $\lambda = 2/n \times L$ ein (dabei ist L die Weglänge und n ist eine positive ganze Zahl). Mit den Beziehungen $\lambda = h/p$ und $E = p^2/2m$ ist dann die Energie in Werte $E = n^2h^2/8mL^2$ quantisiert. Diese Herleitung wurde zwar eigens für ein Teilchen in einem Kasten entwickelt, sie ist aber ganz ähnlich für ein Teilchen auf einer ringförmigen Bahn (vgl. Abschnitt 9.3.1).

9.3 Die niedrigstmögliche Energie für ein beschränktes mechanisches System ist die Nullpunktsenergie. Beachten Sie, dass Nullpunktsenergie nicht „null Energie“ bedeutet! Das System muss selbst am (Temperatur-)Nullpunkt eine minimale Energie haben. Der physikalische Grund dafür ist, dass die Lage des Teilchens, wenn es räumlich auf einen bestimmten Bereich beschränkt ist, nicht völlig unbestimmt ist. Dann kann aber auch dessen Impuls und also seine kinetische Energie nicht genau null sein. Diese Nullpunktsenergie taucht bei verschiedenen Systemen auf, so bei einem Teilchen in einem Kasten, beim harmonischen Oszillator, bei einem Teilchen auf einem Ring oder in einer Kugel, beim Wasserstoffatom und vielen weiteren Fällen.

9.5 Fermionen sind Teilchen mit einem halbzahligen Spin (1/2, 3/2, 5/2, ...), wohingegen Bosonen einen ganzzahligen Spin aufweisen (0, 1, 2, ...). Alle Elementarteilchen, aus denen unsere Materie besteht, haben einen Spin 1/2, sind also Fermionen; zusammengesetzte Teilchen hingegen können entweder Fermionen oder Bosonen sein.

Beispiele für Fermionen sind Elektronen, Protonen, Neutronen, ^{3}He, ... Beispiele für Bosonen sind Photonen oder Deuteronen.

Arbeitsbuch Physikalische Chemie. 4. Auflage. P. W. Atkins, C. A. Trapp, M. P. Cady und C. Giunta

ISBN: 978-3-527-31828-5

Leichte Aufgaben

A9.1a Nach Gl. (9-4a) ist

$$E = \frac{n^2 h^2}{8m_e L^2}$$

$$\frac{h^2}{8m_e L^2} = \frac{(6.626 \times 10^{-34}\,\text{J s})^2}{(8) \times (9.109 \times 10^{-31}\,\text{kg}) \times (1.0 \times 10^{-9}\,\text{m})^2} = 6.02 \times 10^{-20}\,\text{J}.$$

Wir benötigen folgende Umrechnungsfaktoren:

$$1\,\text{eV} = 1.602 \times 10^{-19}\,\text{J};\ 1\,\text{cm}^{-1} = 1.986 \times 10^{-23}\,\text{J};\ 1\,\text{eV} = 96.485\,\text{kJ mol}^{-1}.$$

(a)

$$E_2 - E_1 = (4-1)\frac{h^2}{8m_e L^2} = \frac{3h^2}{8m_e L^2} = (3) \times (6.02 \times 10^{-20}\,\text{J})$$
$$= 1.81 \times 10^{-19}\,\text{J},\ 1.13\,\text{eV},\ 9100\,\text{cm}^{-1},\ 109\,\text{kJ mol}^{-1}.$$

(b)

$$E_6 - E_5 = (36-25)\frac{h^2}{8m_e L^2} = \frac{11h^2}{8m_e L^2} = (11) \times (6.02 \times 10^{-20}\,\text{J})$$
$$= 6.6 \times 10^{-19}\,\text{J},\ 4.1\,\text{eV},\ 33\,000\,\text{cm}^{-1},\ 400\,\text{kJ mol}^{-1}.$$

Anmerkung: Die Abstände der Energieniveaus werden mit zunehmendem n immer größer.

Frage: Für welchen Wert von n hat die Differenz $E_{n+1} - E_n$ bei diesem System den Wert, der der Ionisierungsenergie des Wasserstoffatoms (13.6 eV) entspricht?

A9.2a Nach Gl. (9-4b) sind die Wellenfunktionen

$$\psi_n = \left(\frac{2}{L}\right)^{1/2} \sin\left(\frac{n\pi x}{L}\right).$$

Die geforderte Wahrscheinlichkeit ist

$$P = \int_{0.49L}^{0.51L} \psi_n^2\,\mathrm{d}x \approx \psi_n^2 \Delta x.$$

(a)

$$P = \left(\frac{2}{L}\right) \times 0.02L = 0.04.$$

(b)

$$\psi_2^2 = \left(\frac{2}{L}\right)\sin^2\left(\frac{2\pi x}{L}\right) = \left(\frac{2}{L}\right)\sin^2 \pi = 0 \quad \text{also} \quad P \approx 0.$$

A9.3a Die Wellenfunktion für ein Teilchen im Zustand $n = 1$ in einem Kastenpotenzial ist

$$\psi_1 = \left(\frac{2}{L}\right)^{1/2} \sin\left(\frac{\pi x}{L}\right).$$

Der Impulsoperator ist

$$\hat{p} = \frac{\hbar}{\mathrm{i}}\frac{\mathrm{d}}{\mathrm{d}x}.$$

Damit gilt

$$\langle p \rangle = \int_0^L \psi_1^* \hat{p} \psi_1 = \frac{2\hbar}{\mathrm{i}L}\int_0^L \sin\left(\frac{\pi x}{L}\right)\frac{\mathrm{d}}{\mathrm{d}x}\sin\left(\frac{\pi x}{L}\right)\mathrm{d}x$$
$$= \frac{2\pi\hbar}{\mathrm{i}L^2}\int_0^L \sin\left(\frac{\pi x}{L}\right)\cos\left(\frac{\pi x}{L}\right)\mathrm{d}x = 0.$$

Wegen $\hat{p}^2 = -\hbar^2\frac{\mathrm{d}^2}{\mathrm{d}x^2}$ und mit $a = \frac{\pi}{L}$ folgt

$$\left\langle p^2 \right\rangle = -\frac{2\hbar^2}{L}\int_0^L \sin\left(\frac{\pi x}{L}\right)\frac{\mathrm{d}^2}{\mathrm{d}x^2}\sin\left(\frac{\pi x}{L}\right)\mathrm{d}x = \left(\frac{2\hbar^2}{L}\right)\times\left(\frac{\pi}{L}\right)^2\int_0^L \sin^2 ax\,\mathrm{d}x$$
$$= \left(\frac{2\hbar^2}{L}\right)\times\left(\frac{\pi}{L}\right)^2\left(\frac{1}{2}x - \frac{1}{4a}\sin 2ax\right)\Big|_0^L = \left(\frac{2\hbar^2}{L}\right)\times\left(\frac{\pi}{L}\right)^2\times\left(\frac{L}{2}\right)$$
$$= \frac{h^2}{4L^2}.$$

Anmerkung: Der Erwartungswert von $\hat{p}$ ist null, weil sich das Teilchen im Mittel ebenso oft nach links wie nach rechts bewegt.

A9.4a Die Nullpunktsenergie ist die Energie des Grundzustands; nach Gl. (9-4a) gilt mit $n = 1$:

$$E = \frac{n^2h^2}{8m_\mathrm{e}L^2} = \frac{h^2}{8m_\mathrm{e}L^2}.$$

Wir setzen dies gleich der Ruheenergie $m_\mathrm{e}c^2$ und lösen nach L auf:

$$m_\mathrm{e}c^2 = \frac{h^2}{8m_\mathrm{e}L^2} \quad \text{so} \quad L = \frac{h}{8^{1/2}m_\mathrm{e}c} = \frac{\lambda_\mathrm{C}}{8^{1/2}}.$$

Die Länge ist damit in absoluten Einheiten

$$L = \frac{6.63\times10^{-34}\,\mathrm{J\,s}}{8^{1/2}\times(9.11\times10^{-31}\,\mathrm{kg})\times(3.00\times10^{8}\,\mathrm{m\,s^{-1}})} = 8.58\times10^{-13}\,\mathrm{m} = 0.858\,\mathrm{pm}.$$

Mithilfe der Compton-Wellenlänge des Elektrons $\lambda_\mathrm{C} = \frac{h}{m_\mathrm{e}c}$ erhält man für die Länge:

$$L = \frac{\lambda_\mathrm{C}}{2\sqrt{2}}.$$

A9.5a

$$\psi_3 = \left(\frac{2}{L}\right)^{1/2} \sin\left(\frac{3\pi x}{L}\right),$$

$$P(x) \propto \psi_3^2 \propto \sin^2\left(\frac{3\pi x}{L}\right).$$

Die Maxima und Minima in $P(x)$ liegen bei $\frac{\mathrm{d}P(x)}{\mathrm{d}x} = 0$. Mit $2\sin\alpha\cos\alpha = \sin 2\alpha$ gilt dann

$$\frac{\mathrm{d}P(x)}{\mathrm{d}x} \propto \sin\left(\frac{3\pi x}{L}\right)\cos\left(\frac{3\pi x}{L}\right) \propto \sin\left(\frac{6\pi x}{L}\right).$$

Es ist $\sin\theta = 0$ für $\theta = \left(\frac{6\pi x}{L}\right) = n'\pi$ mit $n' = 0, 1, 2, \ldots$. Dies entspricht

$$x = \frac{n'L}{6} \quad \text{und} \quad n' \leq 6.$$

Die Werte $n' = 0, 2, 4$ und 6 entsprechen den Minima von ψ_3; somit bleiben die Werte $n' = 1, 3$ und 5 für die Maxima. Es ist also

$$x = \frac{L}{6}, \quad \frac{L}{2}, \quad \frac{5L}{6}.$$

Anmerkung: Die Maxima von ψ^2 entsprechen den Minima *und* Maxima von ψ selbst. Daher kann man die Aufgabe auch lösen, indem man alle Punkte bestimmt, für die gilt $\frac{\mathrm{d}\psi}{\mathrm{d}x} = 0$.

A9.6a Nach Gl. (9-12b) gilt für die Energie

$$E = (n_1^2 + n_2^2 + n_3^2) \times \left(\frac{h^2}{8mL^2}\right)$$

$$E_{111} = \frac{3h^2}{8mL^2}, \qquad 3E_{111} = \frac{9h^2}{8mL^2}.$$

Wir suchen also die Werte von n_1, n_2, n_3, für die gilt

$$n_1^2 + n_2^2 + n_3^2 = 9.$$

Es folgt $(n_1, n_2, n_3) = (1, 2, 2)$, $(2, 1, 2)$ und $(2, 2, 1)$. Der Entartungsgrad beträgt 3.

Frage: Was ist das kleinste Vielfache der geringsten Energie E_{111}, für das $E_{n_1 n_2 n_3}$ nicht existiert?

A9.7a Die Energieniveaus hängen mit der Kastenlänge zusammen gemäß

$$E = (n_1^2 + n_2^2 + n_3^2) \times \left(\frac{h^2}{8mL^2}\right) = \frac{K}{L^2}, \quad \text{mit} \quad K = (n_1^2 + n_2^2 + n_3^2) \times \left(\frac{h^2}{8m}\right).$$

$$\frac{\Delta E}{E} = \frac{(K/(0.9\,L)^2) - (K/L^2)}{K/L^2} = \frac{1}{0.81} - 1 = 0.23, \quad \text{entsprechend} \quad 23\,\%.$$

A9.8a

$$E = \left(v + \frac{1}{2}\right)\hbar\omega, \quad \omega = \left(\frac{k}{m}\right)^{1/2} \quad \text{nach Gl. (9-25).}$$

Die Nullpunktsenergie entspricht $v = 0$; also ist

$$E_0 = \frac{1}{2}\hbar\omega = \frac{1}{2}\hbar\left(\frac{k}{m}\right)^{1/2} = \left(\frac{1}{2}\right) \times (1.055 \times 10^{-34}\,\mathrm{J\,s}) \times \left(\frac{155\,\mathrm{N\,m^{-1}}}{2.33 \times 10^{-26}\,\mathrm{kg}}\right)^{1/2}$$

$$= 4.30 \times 10^{-21}\,\mathrm{J}.$$

A9.9a Nach Gl. (9-25) und (9-26) gilt für die Differenz der Energieniveaus

$$\Delta E = E_{v+1} - E_v = \hbar\omega = \hbar\left(\frac{k}{m}\right)^{1/2}.$$

Mit 1 J = 1 N m folgt

$$k = m\left(\frac{\Delta E}{\hbar}\right)^2 = (1.33 \times 10^{-25}\,\mathrm{kg}) \times \left(\frac{4.82 \times 10^{-21}\,\mathrm{J}}{1.055 \times 10^{-34}\,\mathrm{J\,s}}\right)^2 = 278\,\mathrm{N\,m^{-1}}.$$

A9.10a Damit ein Übergang auftritt, muss gelten $\Delta E(\text{System}) = \Delta E(\text{Photon})$. Mit Gl. (9-26) gilt

$$\Delta E(\text{System}) = \hbar\omega, \quad \text{also}$$

$$E(\text{Photon}) = h\nu = \frac{hc}{\lambda}.$$

Also ist $\dfrac{hc}{\lambda} = \dfrac{h\omega}{2\pi} = \left(\dfrac{h}{2\pi}\right) \times \left(\dfrac{k}{m}\right)^{1/2}$ und damit

$$\lambda = 2\pi c\left(\frac{m}{k}\right)^{1/2} = (2\pi) \times (2.998 \times 10^8\,\mathrm{m\,s^{-1}}) \times \left(\frac{1.673 \times 10^{-27}\,\mathrm{kg}}{855\,\mathrm{N\,m^{-1}}}\right)^{1/2}$$

$$= 2.63 \times 10^{-6}\,\mathrm{m} = 2.63\,\mu\mathrm{m}.$$

A9.11a Wegen $\lambda \propto m^{1/2}$ ist $\lambda_{\text{neu}} = 2^{1/2}\lambda_{\text{alt}} = (2^{1/2}) \times (2.63\,\mu\mathrm{m}) = 3.72\,\mu\mathrm{m}$. Die Wellenlänge nimmt also um $\lambda_{\text{neu}} - \lambda_{\text{alt}} = 1.09\,\mu m$ zu.

A9.12a (a) Wie aus den physikalischen Einführungskursen bekannt, ist $\omega = \left(\frac{g}{l}\right)^{1/2}$. Die Energieniveaus des harmonischen Oszillators haben nach Gl. (9-26) die Abstände $\Delta E = \hbar\omega$. Damit ist

$$\Delta E = (1.055 \times 10^{-34}\,\mathrm{J\,s}) \times \left(\frac{9.81\,\mathrm{m\,s^{-2}}}{1.0\,\mathrm{m}}\right)^{1/2} = 3.3 \times 10^{-34}\,\mathrm{J}.$$

(b) $\Delta E = h\nu = (6.626 \times 10^{-34}\,\mathrm{J\,Hz^{-1}}) \times (5\,\mathrm{Hz}) = 3.3 \times 10^{-33}\,\mathrm{J}$.

A9.13a Die Schrödinger-Gleichung für den linearen harmonischen Oszillator lautet (vgl. Gl. (9-24))

$$-\frac{\hbar^2}{2m}\frac{\mathrm{d}^2\psi}{\mathrm{d}x^2} + \frac{1}{2}kx^2\psi = E\psi.$$

Die Wellenfunktion für den Grundzustand ist

$$\psi_0 = N_0 \mathrm{e}^{-x^2/2\alpha^2} \text{ (Gl. (9-29a))}$$

$$\text{mit } \alpha = \left(\frac{\hbar^2}{mk}\right)^{1/4} = \left(\frac{\hbar^2}{m^2\omega^2}\right)^{1/4} \text{ und } k = \frac{\hbar^2}{m\alpha^4}. \qquad \text{(a)}$$

Wir bilden nun

$$\frac{\mathrm{d}\psi_0}{\mathrm{d}x} = \left(-\frac{1}{\alpha^2}x\right)\psi_0,$$

$$\frac{\mathrm{d}^2\psi_0}{\mathrm{d}x^2} = \left(-\frac{1}{\alpha^2}x\right) \times \left(-\frac{1}{\alpha^2}x\right) \times \psi_0 + \left(-\frac{1}{\alpha^2}\psi_0\right) = \frac{x^2}{\alpha^4}\psi_0 - \frac{1}{\alpha^2}\psi_0$$

$$= \left(\frac{x^2}{\alpha^4} - \frac{1}{\alpha^2}\right)\psi_0.$$

Beim Einsetzen in die Schrödinger-Gleichung ergibt sich

$$-\frac{\hbar^2}{2m}\left(\frac{x^2}{\alpha^4} - \frac{1}{\alpha^2}\right)\psi_0 + \frac{1}{2}kx^2\psi_0 = E_0\psi_0.$$

Damit folgt

$$E_0 = \frac{-\hbar^2}{2m}\left(\frac{x^2}{\alpha^4} - \frac{1}{\alpha^2}\right) + \frac{1}{2}kx^2. \qquad \text{(b)}$$

Jedoch ist E_0 eine Konstante und damit unabhängig von x. Daher müssen die Terme, die x enthalten, herausfallen. Dies ist nur möglich für

$$-\frac{\hbar^2}{2m\alpha^4} + \frac{1}{2}k = 0.$$

Das stimmt, wie in (a) gezeigt, überein mit $k = \hbar^2/m\alpha^4$. Daher verbleibt in (b) (wegen $\omega = (k/m)^{1/2}$ und $k = \hbar^2/m\alpha^4$)

$$E_0 = \frac{\hbar^2}{2m\alpha^2} = \frac{1}{2}\hbar\omega.$$

Also ist ψ_0 eine Lösung der Schrödinger-Gleichung mit der Energie $\frac{1}{2}\hbar\omega$.

A9.14a Die Wellenfunktionen des harmonischen Oszillators haben die Form (vgl. Gl. (9-28))

$$\psi_v(x) = N_v H_v(y) \exp\left(-\frac{1}{2}y^2\right) \qquad \text{mit } y = \frac{x}{\alpha} \text{ und } \alpha = \left(\frac{\hbar^2}{mk}\right)^{1/4}.$$

Die Exponentialfunktion geht nur für $x \to \pm\infty$ gegen null; demnach sind die Knoten der Wellenfunktion die Knoten der Hermite-Polynome. Der Tabelle 9-1 entnehmen wir

$$H_4(y) = 16y^4 - 48y^2 + 12 = 0.$$

Nach Division durch 4 und mit $z = y^2$ ergibt sich daraus eine quadratische Gleichung

$$4z^2 - 12z + 3 = 0$$

mit der Lösung

$$z = \frac{-b \pm \sqrt{b^2 - 4ac}}{2a} = \frac{12 \pm \sqrt{12^2 - 4 \times 4 \times 3}}{2 \times 4} = \frac{3 \pm \sqrt{6}}{2}.$$

Daraus berechnet man numerisch $z = 0.275$ bzw. 2.72 und somit $y = \pm 0.525$ bzw. ± 1.65. Damit haben wir $x = \pm\, 0.525\alpha$ bzw. $\pm\, 1.65\alpha$.

Anmerkung: Sie könnten diese numerisch gewonnenen Werte auch grafisch durch Auftragung von $H_4(y)$ erhalten.

A9.15a In einem zweiteiligen Oszillator ist in dem Ausdruck für ω die Masse m durch die effektive Masse m_{eff} zu ersetzen. m_{eff} ergibt sich gemäß

$$\frac{1}{m_{\text{eff}}} = \frac{1}{m_1} + \frac{1}{m_2}.$$

(Vgl. Kapitel 13 mit einer eingehenderen Diskussion der Schwingung von zweiatomigen Molekülen.) Hier ist $m_1 = m_2$ und damit $m_{\text{eff}} = m/2$. Daher ist

$$E_0 = \frac{1}{2}\hbar\omega = \frac{1}{2}\hbar\left(\frac{k}{m_{\text{eff}}}\right)^{1/2} = \frac{1}{2}\hbar\left(\frac{2k}{m}\right)^{1/2}.$$

$$m(^{35}\text{Cl}) = 34.96888\,\text{u} = (34.96888\,\text{u}) \times (1.66054 \times 10^{-27}\,\text{kg/u})$$
$$= 5.807 \times 10^{-26}\,\text{kg}.$$

$$E_0 = \left(\frac{1.05457 \times 10^{-34}\,\text{J s}}{2}\right) \times \left(\frac{(2) \times (329\,\text{N m}^{-1})}{5.807 \times 10^{-26}\,\text{kg}}\right)^{1/2} = 5.61 \times 10^{-21}\,\text{J}.$$

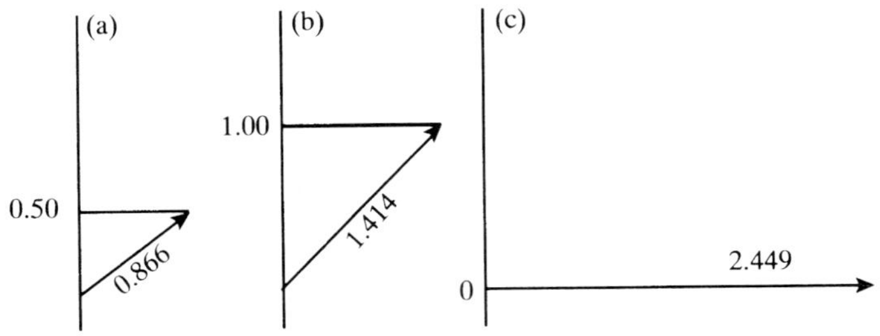

Abb. 9-1

A9.16a Es soll gelten

$$\int \psi^* \psi \, d\tau = 1.$$

Das bedeutet

$$\int_0^{2\pi} N^2 e^{-im_l\phi} e^{im_l\phi} d\phi = \int_0^{2\pi} N^2 \, d\phi = 2\pi N^2 = 1.$$

$$N^2 = \frac{1}{2\pi}, \quad N = \left(\frac{1}{2\pi}\right)^{1/2}.$$

A9.17a Nach Gl. (9-54a) hat der Drehimpuls den Betrag $= \{l(l+1)\}^{1/2}\hbar$.

Mit Gl. (9-54b) gilt für die Projektion auf eine beliebige Achse $= m_l\hbar$.

Damit ist der Betrag $= (2^{1/2}) \times \hbar = 1.49 \times 10^{-34}$ J s.

Die möglichen Projektionen sind 0 bzw. $\pm\hbar$, also 0 bzw. $\pm 1.05 \times 10^{-34}$ J s.

A9.18a Für die Diagramme in Abb. 9-1 wurde ein Vektor der Länge $\{j(j+1)\}^{1/2}$ gebildet (mit $j = s$ bzw. $j = l$). Die Projektion auf die z-Achse ist m_j. Jeder Vektor repräsentiert die Begrenzung eines Kegels um die z-Achse. Für $m_j = 0$ entspricht dies dem Blick von der Seite auf eine Scheibe, die senkrecht auf z steht.

Schwerere Aufgaben

Rechenaufgaben

9.1

$$E = \frac{n^2h^2}{8mL^2}, \quad E_2 - E_1 = \frac{3h^2}{8mL^2}.$$

Wir setzen ein $m(O_2) = (32.000) \times (1.6605 \times 10^{-27}\,\text{kg})$ und erhalten

$$E_2 - E_1 = \frac{(3) \times (6.626 \times 10^{-34}\,\text{J s})^2}{(8) \times (32.00) \times (1.6605 \times 10^{-27}\,\text{kg}) \times (5.0 \times 10^{-2}\,\text{m})^2}$$
$$= 1.24 \times 10^{-39}\,\text{J}.$$

Wir setzen $E = \dfrac{n^2h^2}{8mL^2} = \dfrac{1}{2}kT$ und lösen nach n auf.

Aus dem Obigen ergibt sich $h^2/8mL^2 = (E_2 - E_1)/3 = 4.13 \times 10^{-40}\,\text{J}$ und damit

$$n^2 \times (4.13 \times 10^{-40}\,\text{J}) = \left(\frac{1}{2}\right) \times (1.381 \times 10^{-23}\,\text{J K}^{-1}) \times (300\,\text{K}) = 2.07 \times 10^{-21}\,\text{J}.$$

Wir erhalten $n = \left(\dfrac{2.07 \times 10^{-21}\,\text{J}}{4.13 \times 10^{-40}\,\text{J}}\right)^{1/2} = 2.2 \times 10^9$.

Für dieses Energieniveau ist

$$E_n - E_{n-1} = \{n^2 - (n-1)^2\} \times \frac{h^2}{8mL^2} = (2n-1) \times \frac{h^2}{8mL^2} \approx (2n) \times \frac{h^2}{8mL^2}$$
$$= (4.4 \times 10^9) \times (4.13 \times 10^{-40}\,\text{J}) \approx 1.8 \times 10^{-30}\,\text{J} \quad \text{bzw.} \quad 1.1\,\mu\text{J mol}^{-1}.$$

9.3 Mit $I = mr^2$ gilt nach Gl. (9-38a) $E = \dfrac{m_l^2\hbar^2}{2I} = \dfrac{m_l^2\hbar^2}{2mr^2}$.

$$E_0 = 0 \quad (m_l = 0).$$

$$E_1 = \frac{\hbar^2}{2mr^2} = \frac{(1.055 \times 10^{-34}\,\text{J s})^2}{(2) \times (1.008) \times (1.6605 \times 10^{-27}\,\text{kg}) \times (160 \times 10^{-12}\,\text{m})^2}$$
$$= 1.30 \times 10^{-22}\,\text{J}.$$

Der Drehimpuls beträgt mindestens $\pm\hbar$.

9.5 (a) Wir behandeln die kleine Stufe in der Funktion der potenziellen Energie als eine Störung des Energieoperators:

$$H^{(1)} = \begin{cases} 0 & \text{für } 0 \le x \le (1/2)(L-a) \text{ und } (1/2)(L+a) \le x \le L \\ \varepsilon & \text{für } (1/2)(L-a) \le x \le (1/2)(L+a). \end{cases}$$

Die Korrektur erster Ordnung zur Grundzustandsenergie E_0 ist

$$E_0^{(1)} = \int_0^L \psi_1^{(0)*} H^{(1)} \psi_1^{(0)} \mathrm{d}x = \int_{(1/2)(L-a)}^{(1/2)(L+a)} \left(\frac{2}{L}\right)^{1/2} \sin\left(\frac{\pi x}{L}\right) \varepsilon \left(\frac{2}{L}\right)^{1/2} \sin\left(\frac{\pi x}{L}\right) \mathrm{d}x,$$

$$E_0^{(1)} = \frac{2\varepsilon}{L} \int_{(1/2)(L-a)}^{(1/2)(L+a)} \sin^2\left(\frac{\pi x}{L}\right) \mathrm{d}x = \frac{\varepsilon}{L\pi} \left(\pi x - L\cos\left(\frac{\pi x}{L}\right) \sin\left(\frac{\pi x}{L}\right)\right) \Bigg|_{1/2(L-a)}^{1/2(L+a)},$$

$$E_0^{(1)} = \frac{\varepsilon a}{L} - \frac{\varepsilon}{\pi} \cos\left(\frac{\pi(L+a)}{2L}\right) \sin\left(\frac{\pi(L+a)}{2L}\right) + \frac{\varepsilon}{\pi} \cos\left(\frac{\pi(L-a)}{2L}\right) \sin\left(\frac{\pi(L-a)}{2L}\right).$$

Dieser Ausdruck lässt sich mithilfe einiger trigonometrischen Identitäten erheblich vereinfachen. Das Produkt von Sinus und Kosinus hängt mit dem Sinus des doppelten Winkeln folgendermaßen zusammen:

$$\cos\left(\frac{\pi(L \pm a)}{2L}\right) \sin\left(\frac{\pi(L \pm a)}{2L}\right) = \frac{1}{2} \sin\left(\frac{\pi(L \pm a)}{L}\right) = \frac{1}{2} \sin\left(\pi \pm \frac{\pi a}{L}\right).$$

Der Sinus einer Summe lässt sich in einer besonders einfachen Form schreiben, da einer der Terme in der Summe gleich π ist:

$$\sin\left(\pi \pm \frac{\pi a}{L}\right) = \sin \pi \cos\left(\frac{\pi a}{L}\right) \pm \cos \pi \sin\left(\frac{\pi a}{L}\right) = \mp \sin\left(\frac{\pi a}{L}\right).$$

Damit ist $E_0^{(1)} = \frac{\varepsilon a}{L} + \frac{\varepsilon}{\pi} \sin\left(\frac{\pi a}{L}\right)$.

(b) Mit $a = L/10$ ist die Korrektur erster Ordnung zur Grundzustandsenergie (mit $n = 1$)

$$E_1^{(1)} = \frac{\varepsilon}{10} + \frac{\varepsilon}{\pi} \sin\left(\frac{\pi}{10}\right) = 0.1984\varepsilon.$$

9.7 Die Korrektur zweiter Ordnung zur Grundzustandsenergie E_1 ist

$$E_1^{(2)} = \sum_{n=2}^{\infty} \frac{\left| \int_L^0 \psi_n^{(0)*} H^{(1)} \psi_1^{(0)} \mathrm{d}x \right|^2}{E_1^{(0)} - E_n^{(0)}}$$

mit $H^{(1)} = mgx, \psi_n^{(0)} = \sin \frac{n\pi x}{L}$ und $E_n = \frac{n^2 h^2}{8mL^2}$.

Der Nenner in der Summe ist

$$E_1^{(0)} - E_n^{(0)} = \frac{h^2}{8mL^2} - \frac{n^2h^2}{8mL^2} = \frac{(1-n^2)h^2}{8mL^2}.$$

Das Integral in der Summe ist

$$\int_0^L \psi_n^{(0)*} H^{(1)} \psi_1^{(0)} \mathrm{d}x = \int_0^L \left(\frac{2}{L}\right)^{1/2} \sin\left(\frac{n\pi x}{L}\right) mgx \left(\frac{2}{L}\right)^{1/2} \sin\left(\frac{\pi x}{L}\right) \mathrm{d}x,$$

$$\int_0^L \psi_n^{(0)*} H^{(1)} \psi_1^{(0)} \mathrm{d}x = \frac{2mg}{L} \int_0^L x \sin ax \sin bx \, \mathrm{d}x,$$

mit $a = n\pi/L$ und $b = \pi/L$.

Mit den in der Aufgabenstellung gegebenen Integralen lässt sich dieses Integral folgendermaßen ausdrücken:

$$-\frac{2mg}{L}\frac{\mathrm{d}}{\mathrm{d}a}\int_0^L \cos ax \sin bx \, \mathrm{d}x = -mg\frac{\mathrm{d}}{\mathrm{d}a}\left(\frac{\cos(a-b)x}{2(a-b)} - \frac{\cos(a+b)x}{2(a+b)}\right)\Bigg|_0^L$$

$$= -\frac{2mg}{L}\left(\frac{-x\sin(a-b)x}{2(a-b)} - \frac{\cos(a-b)x}{2(a-b)^2} + \frac{x\sin(a+b)x}{2(a+b)} + \frac{\cos(a+b)x}{2(a+b)^2}\right)\Bigg|_0^L.$$

Die Argumente der trigonometrischen Funktionen an der oberen Integrationsgrenze sind

$$(a-b)L = (n-1)\pi \text{ and } (a+b)L = (n+1)\pi.$$

Daher verschwindet der Sinusterm. Entsprechend sind die Kosinusfunktionen ± 1 in Abhängigkeit davon, ob das Argument ein gerades oder ungerades Vielfaches von π ist; sie vereinfachen sich damit zu $(-1)^{n+1}$. An der unteren Integrationsgrenze sind die Sinusfunktionen ebenfalls null, und die Kosinusfunktionen sind alle 1. Wir ziehen nun die Faktoren π/L aus den a und b im Nenner heraus und werten das Integral an seiner unteren Grenze aus. Dann ergibt sich

$$\frac{mgL}{\pi^2}\left(\frac{(-1)^{n+1}-1}{(n-1)^2} - \frac{(-1)^{n+1}-1}{(n+1)^2}\right) = \frac{mgL[(-1)^{n+1}-1]}{\pi^2}\left(\frac{(n+1)^2-(n-1)^2}{(n-1)^2(n+1)^2}\right),$$

$$= \frac{4mgL[(-1)^{n+1}-1]n}{\pi^2(n^2-1)^2}.$$

Die Korrektur zweiter Ordnung ist dann

$$E_1^{(2)} = \sum_{n=2}^{\infty} \frac{\left(\frac{4mgL[(-1)^{n+1}-1]n}{\pi^2(n^2-l)^2}\right)^2}{\frac{(1-n^2)h^2}{8mL^2}} = -\frac{128m^3g^2L^4}{\pi^4h^2}\sum_{n=2}^{\infty}\frac{[(-1)^n+1]^2n^2}{(n^2-1)^5}.$$

Beachten Sie, dass die Terme mit ungeradem n verschwinden. Daher kann man n als $2k$ darstellen und die Summe neu schreiben:

$$E_1^{(2)} = -\frac{2048m^3g^2L^4}{\pi^4h^2}\sum_{k=1}^{\infty}\frac{k^2}{(4k^2-1)^5}.$$

Wie sich numerisch leicht zeigen lässt, konvergiert die Summe rasch gegen 4.121×10^{-3}; allerdings spielt dabei nur der erste Term eine Rolle, alle weiteren Terme tragen für eine auf drei Stellen genau Angabe nicht mehr zur Summe bei. Die Korrektur zweiter Ordnung ist damit

$$E_1^{(2)} = -\frac{0.08664 m^3 g^2 L^4}{h^2}.$$

Auch die Korrektur erster Ordnung zur Grundzustandswellenfunktion ist eine Summe:

$$\psi_0^{(1)} = \sum_n c_n \psi_n^{(0)}$$

$$\text{mit } c_n = -\frac{\int_0^L \psi_n^{(0)*} H^1 \psi_1^{(0)} \mathrm{d}x}{E_n^{(0)} - E_1^{(0)}} = -\frac{\dfrac{4mgL[(-1)^{n+1} - 1]n}{\pi^2(n^2-1)^2}}{((n^2-1)h^2/8mL^2)} = \frac{32m^2 g L^3[(-1)^n + 1]n}{\pi^2 h^2 (n^2-1)^3}.$$

Auch hier verschwinden die Terme mit ungeradem n.

Wie verändert die Korrektur erster Ordnung die Wellenfunktion? Machen Sie sich klar, dass die Störung das Potenzial am oberen Ende des Kastens (bei L) weit mehr beeinflusst als am Boden des Kastens (bei $x = 0$). Daher können wir bei einem Vergleich erwarten, dass die Wahrscheinlichkeit, ein Teilchen nahe des Kastenbodens zu finden, gegenüber der Wahrscheinlichkeit, es im oberen Teil des Kastens zu finden, ansteigt. Weil die Grundzustandsfunktion nullter Ordnung im gesamten Inneren des Kastens positiv ist, erwarten wir folglich, dass die Wellenfunktion selbst am Boden des Kastens angehoben und am oberen Ende gesenkt wird. Genau das tun die Korrekturterme. Beachten Sie zunächst, dass die Basiswellenfunktionen mit ungeradem n symmetrisch zur Mitte des Kastens sind; daher sollten sie sich am oberen Ende des Kastens wie an dessen Boden gleich auswirken. Die Koeffizienten dieser Terme sind aber null; damit tragen sie gar nicht zur Korrektur bei. Die Funktionen mit geradem n beginnen alle positiv bei $x = 0$ und enden negativ bei $x = L$; daher müssen solche Terme mit positiven Koeffizienten (wie sie das Ergebnis beiträgt) multipliziert werden, um die Wellenfunktion nahe dem Kastenboden anzuheben und nahe dem oberen Ende abzusenken.

Theoretische Aufgaben

9.9 Im Lehrbuch wird die Tunnelwahrscheinlichkeit definiert und als Verhältnis $|A'|^2/|A|^2$ angegeben (die Koeffizienten A und A' werden in Gl. (9-14) und (9-17) eingeführt). Die Gleichungen (9-18) und (9-19) führen vier Ausdrücke für die sechs unbekannten Koeffizienten der kompletten Wellenfunktion an. Wenn wir uns klar machen, dass B' gleich null gesetzt werden kann, ergeben sich Gleichungen für fünf Unbekannte:

(a) $A + B = C + D$,

(b) $C\mathrm{e}^{\kappa L} + D\mathrm{e}^{-\kappa L} = A'\mathrm{e}^{\mathrm{i}kL}$,

(c) $\mathrm{i}kA - \mathrm{i}kB = \kappa C - \kappa D$,

(d) $\kappa C\mathrm{e}^{\kappa L} - \kappa D\mathrm{e}^{-\kappa L} = \mathrm{i}kA'\mathrm{e}^{\mathrm{i}kL}$.

Wir müssen A' mithilfe von A allein ausdrücken, was bedeutet, dass wir B, C und D eliminieren müssen. Beachten Sie, dass B nur in den Gleichungen (a) und (c) auftritt. Auflösen dieser Gleichungen nach B und Gleichsetzen ergibt

$$B = C + D - A = A - \frac{\kappa C}{\mathrm{i}k} + \frac{\kappa D}{\mathrm{i}k}.$$

Auflösen nach C ergibt:

$$C = \frac{2A + D\left(\frac{\kappa}{\mathrm{i}k} - 1\right)}{\frac{\kappa}{\mathrm{i}k} + 1} = \frac{2A\mathrm{i}k + D(\kappa - \mathrm{i}k)}{\kappa + \mathrm{i}k}.$$

Beachten Sie nun, dass das gewünschte A' nur in den Gleichungen (b) und (d) auftritt. Wir lösen sie nach A' auf und setzen sie gleich:

$$A' = \mathrm{e}^{-\mathrm{i}kL}(C\mathrm{e}^{\kappa L} + D\mathrm{e}^{\kappa L}) = \frac{\kappa \mathrm{e}^{-\mathrm{i}kL}}{\mathrm{i}k}(C\mathrm{e}^{\kappa L} - D\mathrm{e}^{-\kappa L}).$$

Lösen Sie die sich ergebende Gleichung nach C auf und setzen Sie das mit dem bereits erhaltenen Ausdruck für C gleich:

$$C = \frac{\left(\frac{\kappa}{\mathrm{i}k} + 1\right) D\mathrm{e}^{-2\kappa L}}{\frac{\kappa}{\mathrm{i}k} - 1} = \frac{(\kappa + \mathrm{i}k)D\mathrm{e}^{-2\kappa L}}{\kappa - \mathrm{i}k} = \frac{2A\mathrm{i}k + D(\kappa - \mathrm{i}k)}{\kappa + \mathrm{i}k}.$$

In der erhaltenen Gleichung wird D mithilfe von A ausgedrückt:

$$\frac{(\kappa + \mathrm{i}k)^2\mathrm{e}^{-2\kappa L} - (\kappa - \mathrm{i}k)^2}{(\kappa - \mathrm{i}k)(\kappa + \mathrm{i}k)} D = \frac{2A\mathrm{i}k}{\kappa + \mathrm{i}k},$$

Auflösen ergibt $D = \dfrac{2A\mathrm{i}k(\kappa - \mathrm{i}k)}{(\kappa + \mathrm{i}k)^2\mathrm{e}^{-2\kappa L} - (\kappa - \mathrm{i}k)^2}$.

Einsetzen dieses Ausdrucks in einen Ausdruck für C ergibt

$$C = \frac{2A\mathrm{i}k(\kappa + \mathrm{i}k)\mathrm{e}^{-2\kappa L}}{(\kappa + \mathrm{i}k)^2\mathrm{e}^{-2\kappa L} - (\kappa - \mathrm{i}k)^2}.$$

Die erhaltenen Ausdrücke für C und D setzen wir nun in den Ausdruck für A' ein:

$$A' = \mathrm{e}^{-\mathrm{i}kL}(C\mathrm{e}^{\kappa L} + D\mathrm{e}^{-\kappa L})$$
$$= \frac{2A\mathrm{i}k\mathrm{e}^{-\mathrm{i}kL}}{(\kappa + \mathrm{i}k)^2\mathrm{e}^{-2\kappa L} - (\kappa - \mathrm{i}k)^2}[(\kappa + \mathrm{i}k)\mathrm{e}^{-\kappa L} + (\kappa - \mathrm{i}k)\mathrm{e}^{-\kappa L}],$$
$$A' = \frac{4A\mathrm{i}k\kappa\mathrm{e}^{-\kappa L}\mathrm{e}^{-\mathrm{i}kL}}{(\kappa + \mathrm{i}k)^2\mathrm{e}^{-2\kappa L} - (\kappa - \mathrm{i}k)^2} = \frac{4A\mathrm{i}k\kappa\mathrm{e}^{-\mathrm{i}kL}}{(\kappa + \mathrm{i}k)^2\mathrm{e}^{-\kappa L} - (\kappa - \mathrm{i}k)^2\mathrm{e}^{\kappa L}}.$$

Die Tunnelwahrscheinlichkeit ist

$$T = \frac{|A'|^2}{|A|^2} = \left(\frac{4A\mathrm{i}k\kappa\mathrm{e}^{-\mathrm{i}kL}}{(\kappa + \mathrm{i}k)^2\mathrm{e}^{-\kappa L} - (\kappa - \mathrm{i}k)^2\mathrm{e}^{\kappa L}}\right)\left(\frac{-4A\mathrm{i}k\kappa\mathrm{e}^{\mathrm{i}kL}}{(\kappa - \mathrm{i}k)^2\mathrm{e}^{-\kappa L} - (\kappa + \mathrm{i}k)^2\mathrm{e}^{\kappa L}}\right).$$

Den Nenner werden wir jetzt separat in einigen Schritten vereinfachen. Es ist

$$
\begin{aligned}
&(\kappa + \mathrm{i}k)^2(\kappa - \mathrm{i}k)^2\mathrm{e}^{-2\kappa L} - (\kappa - \mathrm{i}k)^4 - (\kappa + \mathrm{i}k)^4 + (\kappa - \mathrm{i}k)^2(\kappa + \mathrm{i}k)^2\mathrm{e}^{2\kappa L}\\
&\quad = (\kappa^2 + k^2)^2(\mathrm{e}^{2\kappa L} + \mathrm{e}^{-2\kappa L}) - (\kappa^2 - 2\mathrm{i}\kappa k - k^2)^2 - (\kappa^2 + 2\mathrm{i}\kappa k - k^2)^2\\
&\quad = (\kappa^4 + 2\kappa^2k^2 + k^4)(\mathrm{e}^{2\kappa L} + \mathrm{e}^{-2\kappa L}) - (2\kappa^4 - 12\kappa^2k^2 + 2k^2).
\end{aligned}
$$

Wenn dort anstelle des Terms $12\kappa^2k^2$ der Term $-4\kappa^2k^2$ stünde, könnten wir den Ausdruck noch weiter zusammenfassen (und die quadratische Formel anwenden). Tun wir das doch – wir müssen dann nur die Differenz wieder abziehen. Dann haben wir für den Nenner

$$
\begin{aligned}
&(\kappa^4 + 2\kappa^2k^2 + k^4)(\mathrm{e}^{2\kappa L} - 2 + \mathrm{e}^{-2\kappa L}) + 16\kappa^2k^2\\
&\qquad = (\kappa^2 + k^2)^2(\mathrm{e}^{2\kappa L} - e^{-2\kappa L})^2 + 16\kappa^2k^2.
\end{aligned}
$$

Die Tunnelwahrscheinlichkeit ist also

$$T = \frac{16k^2\kappa^2}{(\kappa^2 + k^2)^2(\mathrm{e}^{2\kappa L} - \mathrm{e}^{-2\kappa L})^2 + 16\kappa^2k^2}.$$

Jetzt sind wir fast am Ziel. Um zu Gl. (9-20a) zu gelangen, schreiben wir den Ausdruck mithilfe seines Kehrwerts um:

$$
\begin{aligned}
T &= \left(\frac{(\kappa^2 + k^2)^2(\mathrm{e}^{2\kappa L} - \mathrm{e}^{-2\kappa L})^2 + 16\kappa^2k^2}{16k^2\kappa^2}\right)^{-1}\\
&= \left(\frac{(\kappa^2 + k^2)^2(\mathrm{e}^{2\kappa L} - \mathrm{e}^{-2\kappa L})^2}{16k^2\kappa^2} + 1\right)^{-1}
\end{aligned}
$$

Schließlich versuchen wir, den Ausdruck $(\kappa^2 + k^2)/k^2\kappa^2$ mithilfe eines Energieverhältnisses $\varepsilon = E/V$ auszudrücken. Die Gleichungen (9-14) und (9-16) definieren k und κ. Die Faktoren mit 2, $\hbar$ und der Masse fallen heraus, es bleibt $\kappa \propto (V - E)^{1/2}$ und $k \propto E^{1/2}$. Damit haben wir

$$\frac{(\kappa^2 + k^2)^2}{k^2\kappa^2} = \frac{[E + (V - E)]^2}{E(V - E)} = \frac{V^2}{E(V - E)} = \frac{1}{\varepsilon(1 - \varepsilon)},$$

und damit ergibt sich für die Tunnelwahrscheinlichkeit

$$T = \left(\frac{(\mathrm{e}^{2\kappa L} - \mathrm{e}^{-2\kappa L})^2}{16\varepsilon(1 - \varepsilon)} + 1\right)^{-1}.$$

9.11 Wir nehmen an, dass die Barriere bei $x = 0$ beginnt und sich in positiver x-Richtung erstreckt.

(a)

$$P = \int_{\text{Barr.}} \psi^2\mathrm{d}\tau = \int_0^\infty N^2\mathrm{e}^{-2\kappa x}\mathrm{d}x = \frac{N^2}{2\kappa}.$$

(b)

$$\langle x\rangle = \int_0^\infty x\psi^2\mathrm{d}x = N^2\int_0^\infty x\mathrm{e}^{-2\kappa x}\mathrm{d}x = \frac{N^2}{(2\kappa)^2} = \frac{N^2}{4\kappa^2}.$$

Frage: Ist N eine Normalisierungskonstante?

9.13

$$\langle E_K \rangle \equiv \langle T \rangle = \int_{-\infty}^{+\infty} \psi^* \hat{T}\, \psi \mathrm{d}x \quad \text{mit } \hat{T} \equiv \frac{\hat{p}^2}{2m} \quad \text{und} \quad \hat{p} = \frac{\hbar}{\mathrm{i}} \frac{\mathrm{d}}{\mathrm{d}x}.$$

$$\hat{T} = -\frac{\hbar^2}{2m} \frac{\mathrm{d}^2}{\mathrm{d}x^2} = -\frac{\hbar^2}{2m\alpha^2} \frac{\mathrm{d}^2}{\mathrm{d}y^2} = -\frac{1}{2}\hbar\omega \frac{\mathrm{d}^2}{\mathrm{d}y^2}. \quad \left[x = \alpha y, \quad \alpha^2 = \frac{\hbar}{m\omega}\right]$$

Dies bedeutet

$$\hat{T}\, \psi = -\frac{1}{2}\hbar\omega \left(\frac{\mathrm{d}^2\psi}{\mathrm{d}y^2}\right).$$

Wir verwenden die Beziehung $\psi = NH\mathrm{e}^{-y^2/2}$ und erhalten

$$\frac{\mathrm{d}^2\psi}{\mathrm{d}y^2} = N \frac{\mathrm{d}^2}{\mathrm{d}y^2}(H\mathrm{e}^{-y^2/2}) = N\{H'' - 2yH' - H + y^2 H\}\mathrm{e}^{-y^2/2}.$$

Der Tabelle 9-1 entnehmen wir

$$H_v'' - 2yH_v' = -2vH_v$$

$$\begin{aligned} y^2 H_v &= y\left(\frac{1}{2}H_{v+1} + vH_{v-1}\right) \\ &= \frac{1}{2}\left(\frac{1}{2}H_{v+2} + (v+1)H_v\right) + v\left(\frac{1}{2}H_v + (v-1)H_{v-2}\right) \\ &= \frac{1}{4}H_{v+2} + v(v-1)H_{v-2} + \left(v + \frac{1}{2}\right)H_v. \end{aligned}$$

Es folgt $\dfrac{\mathrm{d}^2\psi}{\mathrm{d}y^2} = N\left[\dfrac{1}{4}H_{v+2} + v(v-1)H_{v-2} - \left(v + \dfrac{1}{2}\right)H_v\right]\mathrm{e}^{-y^2/2}.$

Mit $\mathrm{d}x = \alpha \mathrm{d}y$ und $\int_{-\infty}^{+\infty} H_v H_{v'} \mathrm{e}^{-y^2} \mathrm{d}y = 0$ für $v' \neq v$ (vgl. *Kommentar* 9-2) folgt

$$\begin{aligned} \langle T \rangle &= N^2 \left(-\frac{1}{2}\hbar\omega\right) \int_{-\infty}^{+\infty} H_v \left[\frac{1}{4}H_{v+2} + v(v-1)H_{v-2} - \left(v + \frac{1}{2}\right)H_v\right]\mathrm{e}^{-y^2}\mathrm{d}x \\ &= \alpha N^2(-\tfrac{1}{2}\hbar\omega)\left[0 + 0 - (v + \tfrac{1}{2})\pi^{1/2}2^v v!\right] = \frac{1}{2}\left(v + \frac{1}{2}\right)\hbar\omega. \end{aligned}$$

Dabei ist (vgl. *Beispiel* 9-3) $N_v^2 = \dfrac{1}{\alpha\pi^{1/2}2^v v!}$.

9.15 (a)

$$\langle x\rangle = \int_0^L \left(\frac{2}{L}\right)^{1/2} \sin\left(\frac{n\pi x}{L}\right) x \left(\frac{2}{L}\right)^{1/2} \sin\left(\frac{n\pi x}{L}\right) \mathrm{d}x$$
$$= \left(\frac{2}{L}\right)\int_0^L x\sin^2 ax\,\mathrm{d}x \quad \left[\text{mit} \quad a = \frac{n\pi}{L}\right]$$
$$= \left(\frac{2}{L}\right)\times\left(\frac{x^2}{4} - \frac{x\sin 2ax}{4a} - \frac{\cos 2ax}{8a^2}\right)\Big|_0^L = \left(\frac{2}{L}\right)\times\left(\frac{L^2}{4}\right)$$
$$= \frac{L}{2} \quad \text{(ebenfalls wegen der Symmetrie).}$$

$$\left\langle x^2\right\rangle = \frac{2}{L}\int_0^L x^2\sin^2 ax\,\mathrm{d}x = \left(\frac{2}{L}\right)\times\left[\frac{x^3}{6} - \left(\frac{x^2}{4a} - \frac{1}{8a^3}\right)\sin 2ax - \frac{x\cos 2ax}{4a^2}\right]\Big|_0^L$$
$$= \left(\frac{2}{L}\right)\times\left(\frac{L^3}{6} - \frac{L^3}{4n^2\pi}\right) = \frac{L^2}{3}\left(1 - \frac{1}{6n^2\pi^2}\right).$$
$$\delta x = \left[\frac{L^2}{3}\left(1 - \frac{1}{6n^2\pi^2}\right) - \frac{L^2}{4}\right]^{1/2} = L\left(\frac{1}{12} - \frac{1}{2\pi^2 n^2}\right)^{1/2}.$$
$\langle p\rangle = 0$ (wegen der Symmetrie, vgl. Aufgabe A9.2a),

$\left\langle p^2\right\rangle = n^2h^2/4L^2$ (wegen $E = p^2/2m$, vgl. auch Aufgabe A9.2a).

$$\delta p = \left(\frac{n^2h^2}{4L^2}\right)^{1/2} = \frac{nh}{2L}.$$
$$\delta p\delta x = \frac{nh}{2L}\times L\left(\frac{1}{12} - \frac{1}{2\pi^2 n^2}\right)^{1/2} = \frac{nh}{2\sqrt{3}}\left(1 - \frac{1}{24\pi^2 n^2}\right)^{1/2} > \frac{\hbar}{2}.$$

(b)

$$\langle x\rangle = \alpha^2\int_{-\infty}^{+\infty}\psi^2 y\,\mathrm{d}y = 0$$

[mit $x = \alpha y$ und wegen der Symmetrie, y ist eine ungerade Funktion].

$$\left\langle x^2\right\rangle = \frac{2}{k}\left\langle\frac{1}{2}kx^2\right\rangle = \frac{2}{k}\langle V\rangle$$

Wir verwenden Gl. (9-35). Mit $\langle T\rangle \equiv E_K$ und $V = ax^b = \frac{1}{2}kx^2$ sowie $b = 2$ folgt $2\langle T\rangle = b\langle V\rangle = 2\langle V\rangle$ oder

$$\langle V\rangle = \langle T\rangle = \frac{1}{2}\left(v + \frac{1}{2}\right)\hbar\omega \quad \text{(Aufgabe 9.13).}$$

$$\left\langle x^2\right\rangle = \left(v + \frac{1}{2}\right)\times\left(\frac{\hbar\omega}{k}\right) = \left(v + \frac{1}{2}\right)\times\left(\frac{\hbar}{\omega m}\right) = \left(v + \frac{1}{2}\right)\times\left(\frac{\hbar^2}{mk}\right)^{1/2} \quad \text{[Gl. (9-32)].}$$

$$\delta x = \left[\left(v + \frac{1}{2}\right)\frac{\hbar}{\omega m}\right]^{1/2}.$$

$\langle p \rangle = 0$ (wegen der Symmetrie; außerdem ist der Integrand eine ungerade Funktion von x): .

$$\langle p^2 \rangle = 2m \langle T \rangle = (2m) \times \left(\frac{1}{2}\right) \times \left(v + \frac{1}{2}\right) \times \hbar\omega \quad \text{(Aufgabe 9.13)}.$$

$$\delta p = \left[\left(v + \frac{1}{2}\right) \hbar\omega m\right]^{1/2}.$$

$$\delta p \delta x = \left(v + \frac{1}{2}\right) \hbar \geq \frac{\hbar}{2}.$$

Anmerkung: Beide Ergebnisse zeigen eine Übereinstimmung mit der Unbestimmtheitsrelation in der Form $\Delta p \Delta q \geq \frac{\hbar}{2}$, wie sie in Abschnitt 8.3.3 (Gl. (8-36a)) angegeben ist.

9.17 Wir verwenden die ersten beiden Terme der Taylor-Entwicklung für die Kosinusfunktion:

$$V = V_0(1 - \cos 3\phi) \approx V_0 \left(1 - 1 + \frac{(3\phi)^2}{2}\right) = \frac{9V_0}{2}\phi^2.$$

Die Schrödinger-Gleichung nimmt dann die Form

$$-\frac{\hbar^2}{2I}\frac{\partial^2 \psi}{\partial \phi^2} + \frac{9V_0}{2}\phi^2 \psi = E\psi$$

an, entsprechend Gl. (9-40) mit nicht verschwindender potenzieller Energie. Die Lösung hat die Form der Wellenfunktion für einen harmonischen Oszillator (Gl. (9-24)). Der Unterschied für benachbarte Energieniveaus ist nach Gl. (9-26)

$$E_1 - E_0 = \hbar\omega$$

(mit $\omega = \left(\frac{9V_0}{I}\right)^{1/2}$, wie sich aus einer Modifikation von Gl. (9-25) ergibt). Wenn die Auslenkungen genügend groß sind, steigt die potenzielle Energie mit dem Winkel nicht so schnell wie bei einem harmonischen Potenzial. Jedes weitere Energieniveau liegt daher etwas niedriger als das bei einem harmonischen Oszillator; die höheren Energieniveaus liegen daher immer dichter beisammen.

Frage: Der nächste Term der Taylor-Entwicklung für die potenzielle Energie ist $-\frac{(27V_0)}{8}\phi^4$. Behandeln Sie dies als eine Störung der harmonischen Wellenfunktion und berechnen Sie die Korrektur erster Ordnung für die Energie.

9.19 Wir verwenden (im Vorgriff auf Kapitel 10) die Gl. (10-4) mit $Z = 1$. Wenn wir nun r durch x ersetzen, erhalten wir mit $b = -1$

$$V = -\frac{e^2}{4\pi\varepsilon_0} \cdot \frac{1}{r} = \alpha x^b$$

Nach Gl. (9-35) ist $\langle T \rangle \equiv E_{\text{kin}}$. Wir erhalten $2\langle T \rangle = b\langle V \rangle$ und daher $2\langle T \rangle = -\langle V \rangle$.

Somit folgt $\langle T \rangle = -\frac{1}{2}\langle V \rangle$.

9.21 Der elliptische Ring, auf den das Teilchen beschränkt ist, besteht aus der Menge aller Punkte, die eine bestimmte geometrische Bedingung erfüllen. Wie Sie sicher noch aus der analytischen Geometrie wissen, lautet diese Bedingung in kartesischen Koordinaten

$$\frac{x^2}{a^2} + \frac{y^2}{b^2} = 1.$$

Eine Ellipse ist in gewisser Weise einem Kreis sehr ähnlich. Ein passender Koordinatenwechsel kann daher die Ellipse der Aufgabenstellung in einen Kreis transformieren. Die Koordinatentransformation beschreibt man am bequemsten mithilfe neuer kartesischer Koordinaten (X, Y), die mit den „alten" Koordinaten folgendermaßen zusammenhängen:

$$X = x \quad \text{und} \quad Y = ay/b.$$

In diesem neuen Koordinatensystem nimmt die Ellipsengleichung die Form

$$\frac{x^2}{a^2} + \frac{y^2}{b^2} = 1 \quad \Rightarrow \quad \frac{X^2}{a^2} + \frac{Y^2}{a^2} = 1 \quad \Rightarrow \quad X^2 + Y^2 = a^2$$

an, die wir als die Gleichung eines Kreises mit dem Radius a und dem Mittelpunkt im Ursprung unseres neuen (X, Y)-Koordinatensystems erkennen. Im Lehrbuch haben wir die Eigenfunktionen und Eigenwerte für ein Teilchen auf einem Ring gefunden, indem wir die kartesischen Koordinaten in ebene Polarkoordinaten umgewandelt haben (vgl. Abschnitt 9.3.1). Wir betrachten also ebene Polarkoordinaten (R, Φ), die in üblicher Weise mit den kartesischen Koordinaten (X, Y) zusammenhängen:

$$X = R\cos\Phi \quad \text{und} \quad Y = R\sin\Phi.$$

Mit diesem Koordinatensystem können wir einfach die Ergebnisse des Lehrbuchs zitieren. Die Energieniveaus sind laut Gl. (9-38a)

$$E = \frac{m_l^2\hbar}{2I},$$

und das Trägheitsmoment ergibt sich als die Masse des Teilchens mal dem Radius des Kreisrings:

$$I = ma^2.$$

Die Eigenfunktionen sind nach Gl. (9-38b)

$$\psi = \frac{\mathrm{e}^{\mathrm{i}m_l\Phi}}{(2\pi)^{1/2}}.$$

Es ist üblich, die Ergebnisse in dem ursprünglichen Koordinatensystem anzugeben. Wir müssen also Φ zunächst mithilfe von X und Y angeben und dann in die ursprünglichen Koordinaten zurücktransformieren:

$$\frac{Y}{X} = \tan\Phi, \quad \text{also} \quad \Phi = \tan^{-1}\frac{Y}{X} = \tan^{-1}\frac{ay}{bx}.$$

9.23 Mit $V = 0$ lautet die Schrödinger-Gleichung (Gl. (9-48))

$$-\frac{\hbar^2}{2m}\nabla^2\psi = E\psi.$$

$$\nabla^2\psi = \frac{1}{r}\frac{\partial^2(r\psi)}{\partial r^2} + \frac{1}{r^2}\Lambda^2\psi \quad \text{(Tabelle 8-1)}.$$

Weil r konstant ist, fällt der erste Term weg, und die Schrödinger-Gleichung nimmt (mit $I = mr^2$) die folgende Form an: ,

$$-\frac{\hbar^2}{2mr^2}\Lambda^2\psi = E\psi \quad \text{bzw.} \quad -\frac{\hbar^2}{2I}\Lambda^2\psi = E\psi \quad \text{bzw.} \quad \Lambda^2\psi = -\frac{2IE\psi}{\hbar^2}$$

mit $\Lambda^2 = \dfrac{1}{\sin^2\theta}\dfrac{\partial^2}{\partial\phi^2} + \dfrac{1}{\sin\theta}\dfrac{\partial}{\partial\theta}\sin\theta\dfrac{\partial}{\partial\theta}$.

Wir setzen nun die speziellen $\psi = Y_{l,m_l}$ aus Tabelle 9-3 ein und überprüfen, ob sie die Gleichung erfüllen.

(a) Weil $Y_{0,0}$ eine Konstante ist, sind auch alle Ableitungen bezüglich der Winkel konstant. Es ist also $\Lambda^2 Y_{0,0} = 0$. Damit ist auch $E = 0$ und (wegen $J = \{l(l+1)\}^{1/2}\hbar$) auch der Drehimpuls = 0.

(b)

$$\Lambda^2 Y_{2,-1} = \frac{1}{\sin^2\theta}\frac{\partial^2 Y_{2,-1}}{\partial\phi^2} + \frac{1}{\sin\theta}\frac{\partial}{\partial\theta}\sin\theta\frac{\partial Y_{2,-1}}{\partial\theta} \quad \text{mit} \quad Y_{2,-1} = N\cos\theta\sin\theta\,\mathrm{e}^{-\mathrm{i}\phi}.$$

$$\frac{\partial Y_{2,-1}}{\partial\theta} = N\mathrm{e}^{-\mathrm{i}\phi}(\cos^2\theta - \sin^2\theta).$$

$$\begin{aligned}\frac{1}{\sin\theta}\frac{\partial}{\partial\theta}\sin\theta\frac{\partial Y_{2,-1}}{\partial\theta} &= \frac{1}{\sin\theta}\frac{\partial}{\partial\theta}\sin\theta N\mathrm{e}^{-\mathrm{i}\phi}(\cos^2\theta - \sin^2\theta)\\ &= \frac{N\mathrm{e}^{-\mathrm{i}\phi}}{\sin\theta}\Big(\sin\theta(-4\cos\theta\sin\theta) + \cos\theta(\cos^2\theta - \sin^2\theta)\Big)\\ &= N\mathrm{e}^{-\mathrm{i}\phi}\left(-6\cos\theta\sin\theta + \frac{\cos\theta}{\sin\theta}\right)\end{aligned}$$

[wegen $\cos^3\theta = \cos\theta(1 - \sin^2\theta$].

$$\frac{1}{\sin^2\theta}\frac{\partial^2 Y_{2,-1}}{\partial\phi^2} = \frac{-N\cos\theta\sin\theta\,\mathrm{e}^{-\mathrm{i}\phi}}{\sin^2\theta} = \frac{-N\cos\theta\,\mathrm{e}^{-\mathrm{i}\phi}}{\sin\theta}.$$

Es ist also $\Lambda^2 Y_{2,-1} = N\mathrm{e}^{-\mathrm{i}\phi}(-6\cos\theta\sin\theta) = -6\,Y_{2,-1} = -2(2{+}1)\,Y_{2,-1}$ (mit $l = 2$). Es folgt

$$-6Y_{2,-1} = -\frac{2IE}{\hbar^2}Y_{2,-1} \quad \text{und damit} \quad E = \frac{3\hbar^2}{I}$$

Der Drehimpuls ist $\{2(2+1)\}^{1/2}\hbar = 6^{1/2}\hbar$.

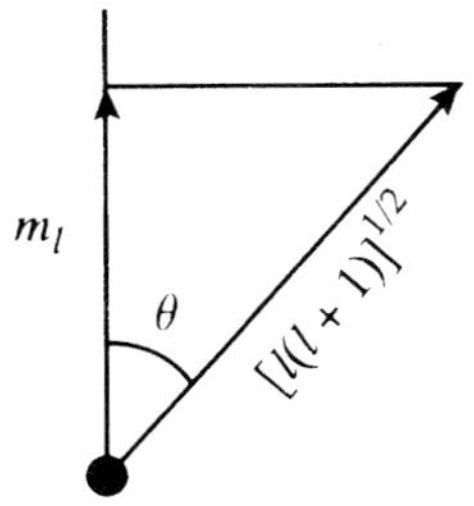

Abb. 9-2

(c)

$$\Lambda^2 Y_{3,3} = \frac{1}{\sin^2\theta}\frac{\partial^2 Y_{3,3}}{\partial\phi^2} + \frac{1}{\sin\theta}\frac{\partial}{\partial\theta}\sin\theta\frac{\partial Y_{3,3}}{\partial\theta} \quad \text{mit} \quad Y_{3,3} = N\sin^3\theta e^{3i\phi}.$$

$$\frac{\partial Y_{3,3}}{\partial\theta} = 3N\sin^2\theta\cos\theta e^{3i\phi}.$$

$$\begin{aligned}\frac{1}{\sin\theta}\frac{\partial}{\partial\theta}\sin\theta\frac{\partial Y_{3,3}}{\partial\theta} &= \frac{1}{\sin\theta}\frac{\partial}{\partial\theta}3N\sin^3\theta\cos\theta e^{3i\phi}\\ &= \frac{3Ne^{3i\phi}}{\sin\theta}(3\sin^2\theta\cos^2\theta - \sin^4\theta) = 3Ne^{3i\phi}\sin\theta(3\cos^2\theta - \sin^2\theta)\\ &= 3Ne^{3i\phi}\sin\theta(3-4\sin^2\theta) \quad [\text{wegen} \quad \cos^3\theta = \cos\theta(1-\sin^2\theta)].\end{aligned}$$

$$\frac{1}{\sin^2\theta}\frac{\partial^2 Y_{3,3}}{\partial\phi^2} = \frac{-9N\sin^3\theta e^{3i\phi}}{\sin^2\theta} = -9N\sin\theta e^{3i\phi}.$$

Es ist also $\Lambda^2 Y_{3,3} = -12N\sin^3\theta\ e^{3i\phi} = -12Y_{3,3} = -3(3+1)Y_{3,3}$ (mit $l = 3$). Es folgt

$$-12Y_{3,3} = -\frac{2IE}{\hbar^2}Y_{3,3} \quad \text{und damit} \quad E = \frac{6\hbar^2}{I}.$$

Das Drehmoment ist $\{3(3+1)\}^{1/2}\hbar = 2\sqrt{3}\hbar$.

9.25 Wir entnehmen Abb. 9.2 $\cos\theta = m_l/\{l(l+1)\}^{1/2}$. Damit folgt $\theta = \arccos\dfrac{m_l}{\{l(l+1)\}^{1/2}}$.

Für ein α-Elektron ist $m_s = +\frac{1}{2}$ und $s = \frac{1}{2}$. Mit $m_l \to m_s$ und $l \to s$ folgt

$$\theta = \arccos\frac{\frac{1}{2}}{\left(\frac{3}{4}\right)^{1/2}} = \arccos\frac{1}{\sqrt{3}} = 54°44'.$$

Der minimale Winkel tritt auf für $m_l = l$:

$$\lim_{l\to\infty}\theta_{\min} = \lim_{l\to\infty}\arccos\left(\frac{l}{\{l(l+1)\}^{1/2}}\right) = \lim_{l\to\infty}\arccos\frac{l}{l} = \arccos 1 = 0.$$

9.27 Wie man jedem Buch über Vektorrechnung entnehmen kann, gilt für das Kreuzprodukt zweier Vektoren

$$\hat{\vec{l}} = \hat{\vec{r}} \times \hat{\vec{p}} = \begin{vmatrix} \mathbf{i} & \mathbf{j} & \mathbf{k} \\ \hat{x} & \hat{y} & \hat{z} \\ \hat{p}_x & \hat{p}_y & \hat{p}_z \end{vmatrix} = \mathbf{i}(\hat{y}\hat{p}_z - \hat{z}\hat{p}_y) + \mathbf{j}(\hat{z}\hat{p}_x - \hat{x}\hat{p}_z) + \mathbf{k}(\hat{x}\hat{p}_y - \hat{y}\hat{p}_x)$$

Es folgt

$$\hat{l}_x = (\hat{y}\hat{p}_z - \hat{z}\hat{p}_y) = \frac{\hbar}{\mathrm{i}}\left(y\frac{\partial}{\partial z} - z\frac{\partial}{\partial y}\right),$$

$$\hat{l}_y = (\hat{z}\hat{p}_x - \hat{x}\hat{p}_z) = \frac{\hbar}{\mathrm{i}}\left(z\frac{\partial}{\partial x} - x\frac{\partial}{\partial z}\right),$$

$$\hat{l}_z = (\hat{x}\hat{p}_y - \hat{y}\hat{p}_x) = \frac{\hbar}{\mathrm{i}}\left(x\frac{\partial}{\partial y} - y\frac{\partial}{\partial x}\right).$$

Dabei ist $\hat{p}_x = \frac{\hbar}{\mathrm{i}}\frac{\partial}{\partial x}$ usw. Der Kommutator von $\hat{l}_x$ und $\hat{l}_y$ ist $(\hat{l}_x\hat{l}_y - \hat{l}_y\hat{l}_x)$. Beachten Sie, dass die Operationen stets auf eine Funktion wirken. Wir schreiben nun

$$\begin{aligned}
\hat{l}_x\hat{l}_y f &= -\hbar^2\left(y\frac{\partial}{\partial z} - z\frac{\partial}{\partial y}\right)\left(z\frac{\partial}{\partial x} - x\frac{\partial}{\partial z}\right) f \\
&= -\hbar^2\left(yz\frac{\partial^2 f}{\partial z\partial x} + y\frac{\partial f}{\partial x} - yx\frac{\partial^2 f}{\partial z^2} - z^2\frac{\partial^2 f}{\partial y\partial x} + zx\frac{\partial^2 f}{\partial z\partial y}\right), \\
\text{und}\quad \hat{l}_y\hat{l}_x f &= -\hbar^2\left(z\frac{\partial}{\partial x} - x\frac{\partial}{\partial z}\right)\left(y\frac{\partial}{\partial z} - z\frac{\partial}{\partial y}\right) f \\
&= -\hbar^2\left(zy\frac{\partial^2 f}{\partial x\partial z} - z^2\frac{\partial^2 f}{\partial x\partial y} - xy\frac{\partial^2 f}{\partial z^2} + xz\frac{\partial^2 f}{\partial z\partial y} + x\frac{\partial f}{\partial y}\right).
\end{aligned}$$

Weil Multiplikation und Differenziation jeweils kommutativ sind, unterscheiden sich die Ergebnisse der Operationen $\hat{l}_x\hat{l}_y$ und $\hat{l}_y\hat{l}_x$ nur in einem Term. Bei $\hat{l}_y\hat{l}_x f$ steht $x(\partial f/\partial y)$ anstelle von $y(\partial f/\partial x)$. Der Kommutator der Operationen $(\hat{l}_x\hat{l}_y - \hat{l}_y\hat{l}_x)$ ist daher $-\hbar^2\left(y\frac{\partial}{\partial x} - x\frac{\partial}{\partial y}\right)$ bzw. $-\frac{\hbar}{i}\hat{l}_z$.

Anmerkung: Analog lässt sich zeigen, dass gilt

$$(\hat{l}_y\hat{l}_z - \hat{l}_z\hat{l}_y) = -\frac{\hbar}{\mathrm{i}}\hat{l}_x \quad \text{und} \quad (\hat{l}_z\hat{l}_x - \hat{l}_x\hat{l}_z) = -\frac{\hbar}{\mathrm{i}}\hat{l}_y.$$

9.29 Wir haben zu zeigen, dass gilt $[\hat{l}^2, \hat{l}_z] = [\hat{l}_x^2 + \hat{l}_y^2 + \hat{l}_z^2, \hat{l}_z] = [\hat{l}_x^2, \hat{l}_z] + [\hat{l}_y^2, \hat{l}_z] + [\hat{l}_z^2, \hat{l}_z] = 0$.

Die drei Kommutatoren sind

$$
\begin{aligned}
[\hat{l}_z^2, \hat{l}_z] &= \hat{l}_z^2\hat{l}_z - \hat{l}_z\hat{l}_z^2 = \hat{l}_z^3 - \hat{l}_z^3 = 0, \\
[\hat{l}_x^2, \hat{l}_z] &= \hat{l}_x^2\hat{l}_z - \hat{l}_z\hat{l}_x^2 = \hat{l}_x^2\hat{l}_z - \hat{l}_x\hat{l}_z\hat{l}_x + \hat{l}_x\hat{l}_z\hat{l}_x - \hat{l}_z\hat{l}_x^2 \\
&= \hat{l}_x(\hat{l}_x\hat{l}_z - \hat{l}_z\hat{l}_x) + (\hat{l}_x\hat{l}_z - \hat{l}_z\hat{l}_x)\hat{l}_x = \hat{l}_x[\hat{l}_x, \hat{l}_z] + [\hat{l}_x, \hat{l}_z]\hat{l}_x \\
&= \hat{l}_x(-\mathrm{i}\hbar\hat{l}_y) + (-\mathrm{i}\hbar\hat{l}_y)\hat{l}_x = -\mathrm{i}\hbar(\hat{l}_x\hat{l}_y + \hat{l}_y\hat{l}_x) \quad \text{(wegen Gl. (9-56a))}, \\
[\hat{l}_y^2, \hat{l}_z] &= \hat{l}_y^2\hat{l}_z - \hat{l}_z\hat{l}_y^2 = \hat{l}_y^2\hat{l}_z - \hat{l}_y\hat{l}_z\hat{l}_y + \hat{l}_y\hat{l}_z\hat{l}_y - \hat{l}_z\hat{l}_y^2 \\
&= \hat{l}_y(\hat{l}_y\hat{l}_z - \hat{l}_z\hat{l}_y) + (\hat{l}_y\hat{l}_z - \hat{l}_z\hat{l}_y)\hat{l}_y = \hat{l}_y[\hat{l}_y, \hat{l}_z] + [\hat{l}_y, \hat{l}_z]\hat{l}_y \\
&= \hat{l}_y(\mathrm{i}\hbar\hat{l}_x) + (\mathrm{i}\hbar\hat{l}_x)\hat{l}_y = \mathrm{i}\hbar(\hat{l}_y\hat{l}_x + \hat{l}_x\hat{l}_y) \quad \text{(wegen Gl. (9-56a))}.
\end{aligned}
$$

Also gilt $[\hat{l}^2, \hat{l}_z] = -\mathrm{i}\hbar(\hat{l}_x\hat{l}_y + \hat{l}_y\hat{l}_x) + \mathrm{i}\hbar(\hat{l}_x\hat{l}_y + \hat{l}_y\hat{l}_x) + 0 = 0$.

Analog lässt sich zeigen, dass $[\hat{l}^2, \hat{l}_x] = 0$ und $[\hat{l}^2, \hat{l}_y] = 0$ gilt, weil $\hat{l}_x$, $\hat{l}_y$ und $\hat{l}_z$ symmetrisch in $\hat{l}^2$ auftauchen.

Anwendungsaufgaben

9.31 (a) Die Energieniveaus sind gegeben durch

$$E_n = \frac{h^2 n^2}{8mL^2}.$$

Wir suchen nach der Energiedifferenz zwischen $n = 6$ und $n = 7$:

$$\Delta E = \frac{h^2(7^2 - 6^2)}{8mL^2}.$$

Weil in dem konjugierten System insgesamt 12 Atome vorhanden sind, beträgt dessen Länge das Elffache der Bindungslänge

$L = 11(140 \times 10^{-12}\,\mathrm{m}) = 1.54 \times 10^{-9}\,\mathrm{m}$.

Damit ist $\Delta E = \dfrac{(6.626 \times 10^{-34}\,\mathrm{J\,s})^2(49 - 36)}{8(9.11 \times 10^{-31}\,\mathrm{kg})(1.54 \times 10^{-9}\,\mathrm{m})^2} = 3.30 \times 10^{-19}\,\mathrm{J}$.

(b) Der Zusammenhang zwischen Energie und Frequenz ist

$\Delta E = h\nu$, es gilt also $\nu = \dfrac{\Delta E}{h} = \dfrac{3.30 \times 10^{-19}\,\mathrm{J}}{6.626 \times 10^{-34}\,\mathrm{J\,s}} = 4.95 \times 10^{-14}\,\mathrm{s}^{-1}$.

(c) Betrachten Sie die Terme in dem Ausdruck für die Energie, die sich mit der Zahl N der konjugierten Atome ändern. Energie und Frequenz sind umgekehrt proportional zu L^2 und – wenn n die Quantenzahl des höchsten besetzten Zustands angibt – direkt proportional zu $(n+1)^2 - n^2 = 2n+1$. Weil n proportional zu N ist (nämlich $= N/2$) und weil L näherungsweise proportional zu N ist (genaugenommen proportional zu $n-1$), sind Energie und Frequenz näherungsweise proportional zu N^{-1}. Demnach verschiebt sich das Absorptionsspektrums eine linearen Polyens zu niedrigeren Frequenzen, wenn die Zahl der konjugierten Atome zunimmt.

9.33 Man kann die Aufgabe so auffassen, dass wir die Schwingungsfrequenz eines Sauerstoffatoms suchen, das mit einer Kraft wie bei freiem CO an einen unendlich schweren, unbeweglichen Proteinkomplex gebunden ist. Die Kreisfrequenz ist

$$\omega = \left(\frac{k}{m}\right)^{1/2}.$$

Darin ist m die Masse des O-Atoms

$$m = (16.0\,\mathrm{u})(1.66 \times 10^{-27}\,\mathrm{kg\,u^{-1}}) = 2.66 \times 10^{-26}\,\mathrm{kg}$$

und k dieselbe Kraftkonstante wie in Aufgabe 9.2, nämlich 1902 N $\mathrm{m^{-1}}$:

$$\omega = \left(\frac{1902\,\mathrm{N\,m^{-1}}}{2.66 \times 10^{-26}\,\mathrm{kg}}\right)^{1/2} = 2.68 \times 10^{14}\,\mathrm{s^{-1}}.$$

9.35 Die Drehimpulszustände sind durch die Quantenzahlen $m_l = 0, \pm 1, \pm 2$ usw. definiert. Durch Umstellen von Gl. (9-42) erkennen wir, dass der Zustand m_l

die Energie $E_{m_l} = \dfrac{m_l^2 \hbar^2}{2I}$ und den Drehimpuls $l_z = m_l \hbar$

aufweist.

(a) Wenn es 22 Elektronen gibt, von denen sich je 11 in den niedrigsten Quantenzuständen befinden, dann ist der höchste besetzte Zustand $m_l = \pm 5$. Es ist also

$$l_z = \pm 5\hbar = \pm 5 \times (1.055 \times 10^{-34}\,\mathrm{J\,s}) = 5.275 \times 10^{-34}\,\mathrm{J\,s}$$

and $E_{\pm 5} = \dfrac{25\hbar^2}{2I}$.

Das Trägheitsmoment eines Elektrons auf einem Ring von dem Radius 440 pm ist

$$I = mr^2 = 9.11 \times 10^{-31}\,\mathrm{kg} \times (440 \times 10^{-12}\,\mathrm{m})^2 = 1.76 \times 10^{-49}\,\mathrm{kg\,m^2}.$$

Also ist $E_{\pm 5} = \dfrac{25 \times (1.055 \times 10^{-34}\,\mathrm{J\,s})^2}{2 \times (1.76 \times 10^{-49}\,\mathrm{kg\,m^2})} = 7.89 \times 10^{-19}\,\mathrm{J}$.

(b) Das niedrigste unbesetzte Energieniveau ist $m_l = \pm 6$ mit der Energie

$$E_{\pm 6} = \frac{36 \times (1.055 \times 10^{-34}\,\mathrm{J\,s})^2}{2 \times (1.76 \times 10^{-49}\,\mathrm{kg\,m^2})} = 1.14 \times 10^{-18}\,\mathrm{J}.$$

Die Frequenz der Strahlung, die einen Übergang zwischen diesen Energieniveaus bewirkt, muss die Bedingung $h\nu = \Delta E$ erfüllen. Für die Frequenz gilt demnach

$$\nu = \frac{\Delta E}{h} = \frac{(11.4 - 7.89) \times 10^{-19}\,\mathrm{J}}{6.626 \times 10^{-34}\,\mathrm{J\,s}} = 5.2 \times 10^{14}\,\mathrm{Hz}.$$

Diese Frequenz gehört zu einer Wellenlänge von etwa 570 nm, also Licht im sichtbaren (grünen) Bereich.

9.37 Die Coulomb-Kraft ist

$$F = -\frac{\mathrm{d}}{\mathrm{d}r}\frac{q_1 q_2}{4\pi\varepsilon_0 r} = \frac{q_1 q_2}{4\pi\varepsilon_0 r^2}.$$

Für zwei Elektronen im Abstand von 2.0 nm beträgt sie

$$F = \frac{(1.60 \times 10^{-19}\,\mathrm{C})^2}{4\pi \times (8.854 \times 10^{-12}\,\mathrm{C^2\,J^{-1}\,m^{-1}}) \times (2.0 \times 10^{-9}\,\mathrm{m})^2} = 5.8 \times 10^{-11}\,\mathrm{N}.$$

9.39 (a) In der Kugel gilt die Schrödinger-Gleichung (Gl. (9-51a))

$$-\frac{\hbar^2}{2m}\left(\frac{\partial^2}{\partial r^2} + \frac{2}{r}\frac{\partial}{\partial r} + \frac{1}{r^2}\Lambda^2\right)\psi = E\psi.$$

Dabei ist Λ^2 ein Operator, der nur Ableitungen nach θ und ϕ enthält.

Wir setzen nun $\psi(r, \theta, \phi) = X(r)Y(\theta, \phi)$.

Beim Einsetzen in die Schrödinger-Gleichung ergibt sich

$$-\frac{\hbar^2}{2m}\left(Y\frac{\partial^2 X}{\partial r^2} + \frac{2Y}{r}\frac{\partial X}{\partial r} + \frac{X}{r^2}\Lambda^2 Y\right) = EXY.$$

Wir teilen beide Seiten durch XY:

$$-\frac{\hbar^2}{2m}\left(\frac{1}{X}\frac{\partial^2 X}{\partial r^2} + \frac{2}{Xr}\frac{\partial X}{\partial r} + \frac{1}{Yr^2}\Lambda^2 Y\right) = E.$$

Die beiden ersten Terme in der Klammer hängen nur von r ab, der letzte Term hingegen sowohl von r als auch von den Winkeln. Wenn wir aber beide Seiten der Gleichung mit r^2 multiplizieren, erzielen wir die gewünschte Variablenseparierung:

$$-\frac{\hbar^2}{2m}\left(\frac{r^2}{X}\frac{\partial^2 X}{\partial r^2} + \frac{2r}{X}\frac{\partial X}{\partial r} + \frac{1}{Y}\Lambda^2 Y\right) = Er^2$$

Wir bringen nun alle Terme mit einer Winkelabhängigkeit auf die rechte und alle Terme mit einer Abstandsabhängigkeit auf die linke Seite:

$$-\frac{\hbar^2}{2m}\left(\frac{r^2}{X}\frac{\partial^2 X}{\partial r^2}+\frac{2r}{X}\frac{\partial X}{\partial r}\right)-Er^2=\frac{\hbar^2}{2mY}\Lambda^2 Y.$$

Beachten Sie, dass die rechte Seite nun nur noch von θ und ϕ abhängt, die linke Seite dagegen nur von r. Es gibt nur eine einzige Möglichkeit, dass die beiden Seiten für alle Werte von r, θ und ϕ gleich sind: Sie müssen gleich einer Konstanten sein. Wir nennen diese Konstante $-(\hbar^2 l(l+1))/2m$ (wobei l vorerst noch undefiniert ist) und erhalten dann aus der rechten Seite der Gleichung

$$\frac{\hbar^2}{2mY}\Lambda^2 Y=-\frac{\hbar^2 l(l+1)}{2m} \qquad \text{und damit} \qquad \Lambda^2 Y=-l(l+1)Y.$$

Aus der linken Seite der Gleichung erhalten wir

$$-\frac{\hbar^2}{2m}\left(\frac{r^2}{X}\frac{\partial^2 X}{\partial r^2}+\frac{2r}{X}\frac{\partial X}{\partial r}\right)-Er^2=-\frac{\hbar^2 l(l+1)}{2m}.$$

Wir multiplizieren beide Seiten mit X/r^2 und ordnen um; dann ergibt sich die gewünschte Radialgleichung:

$$-\frac{\hbar^2}{2m}\left(\frac{\partial^2 X}{\partial r^2}+\frac{2}{r}\frac{\partial X}{\partial r}\right)+\frac{\hbar^2 l(l+1)}{2mr^2}X=EX.$$

Demnach ist die Annahme gerechtfertigt, die Wellenfunktion lasse sich als Produkt einer Radial- und einer Winkelfunktion schreiben, denn wir können separierte Differenzialgleichungen für die erforderlichen Faktoren finden. In diesem Fall sprechen wir davon, die partielle Differenzialgleichung sei separierbar.

(b) Die Radialgleichung mit $l=0$ lässt sich umordnen zu

$$\frac{\partial^2 X}{\partial r^2}+\frac{2}{r}\frac{\partial X}{\partial r}=-\frac{2mEX}{\hbar^2}.$$

Bilden Sie die folgenden Ableitungen der vorausgesagten Lösung:

$$\frac{\partial X}{\partial r}=(2\pi R)^{-1/2}\left[\frac{\cos(n\pi r/R)}{r}\left(\frac{n\pi}{R}\right)-\frac{\sin(n\pi r/R)}{r^2}\right]$$

und

$$\frac{\partial^2 X}{\partial r^2}=(2\pi R)^{-1/2}\left[-\frac{\sin(n\pi r/R)}{r}\left(\frac{n\pi}{R}\right)^2-\frac{2\cos(n\pi r/R)}{r^2}\left(\frac{n\pi}{R}\right)+\frac{2\sin(n\pi r/R)}{r^3}\right].$$

Einsetzen in die linke Seite der umgeformten Radialgleichung ergibt

$$\begin{aligned}(2\pi R)^{-1/2}&\left[-\frac{\sin(n\pi r/R)}{r}\left(\frac{n\pi}{R}\right)^2-\frac{2\cos(n\pi r/R)}{r^2}\left(\frac{n\pi}{R}\right)+\frac{2\sin(n\pi r/R)}{r^3}\right]\\ &+(2\pi R)^{-1/2}\left[\frac{2\cos(n\pi r/R)}{r^2}\left(\frac{n\pi}{R}\right)-\frac{2\sin(n\pi r/R)}{r^3}\right]\\ &=-(2\pi R)^{-1/2}\frac{\sin(n\pi r/R)}{r}\left(\frac{n\pi}{R}\right)^2=-\left(\frac{n\pi}{R}\right)^2 X.\end{aligned}$$

Verwenden wir die vorausgesagte Lösung mit den obigen Ableitungen, so ergibt sich als Lösung die Funktion selbst, multipliziert mit einer Konstante. Die vorausgesagte Lösung ist also tatsächlich eine Lösung.

(c) Wir vergleichen dieses Ergebnis mit der rechten Seite der umgeformten Radialgleichung. Dabei erhalten wir eine Gleichung für die Energie:

$$\left(\frac{n\pi}{R}\right)^2 = \frac{2mE}{\hbar^2} \quad \text{und damit} \quad E = \left(\frac{n\pi}{R}\right)^2 \frac{\hbar^2}{2m} = \frac{n^2\pi^2}{2mR^2}\left(\frac{h}{2\pi}\right)^2 = \frac{n^2h^2}{8mR^2}.$$

10 | Atomstruktur und Atomspektren

Diskussionsfragen

10.1 Die Schrödinger-Gleichung für ein Wasserstoffatom ist eine sechsdimensionale partielle Differenzialgleichung (drei Dimensionen für jedes Teilchen innerhalb des Atoms). Eine solche mehrdimensionale Differenzialgleichung lässt sich nicht direkt lösen; man muss sie in mehrere eindimensionale Gleichungen zerlegen. Dieses Verfahren nennt man die Separation der Variablen. Entscheidend ist dabei die Wahl der Koordinaten. Die Separation kann in einem dem Problem angepassten „natürlichen" Koordinatensystem gelingen, in einem anderen hingegen nicht. Die „natürlichen" Koordinaten sind dabei direkt mit der Bewegung des Atoms verknüpft. Das Atom als Ganzes (d. h. sein Schwerpunkt) kann sich von einem Punkt im dreidimensionalen Raum zu einem anderen bewegen. Die natürlichen Koordinaten für diese Form der Bewegung sind die kartesischen Koordinaten eines Raumpunkts. Die innere Bewegung des Elektrons bezüglich des Protons beschreibt man natürlicherweise mit sphärischen Polarkoordinaten (Kugelkoordinaten). Also separiert man die sechsdimensionale Schrödinger-Gleichung zunächst in zwei dreidimensionale Gleichungen, eine für die Schwerpunktsbewegung, die andere für die innere Bewegung. Die Separation der Schwerpunktsgleichung wird detailliert in Abschnitt 9.1.2 diskutiert. Die Gleichung für die interne Bewegung lässt sich in drei eindimensionale Gleichungen zerlegen, eine in dem Winkel ϕ, eine weitere in dem Winkel θ und eine dritte in dem Abstand r. Die Lösungen dieser drei eindimensionalen Gleichungen erhält man mithilfe von Standardverfahren; sie waren schon lange vor dem Aufkommen der Quantenmechanik bekannt. Eine andere Wahl der Koordinaten würde diese gerade beschriebene Separation der Schrödinger-Gleichung nicht ermöglichen. Details zur Separation finden Sie in den Abschnitten 10.1.1 und 9.3.2.

10.3 Die Auswahlregeln sind

$$\Delta n = \pm 1, \pm 2, \ldots, \quad \Delta l = \pm 1, \quad \Delta m_l = 0, \pm 1.$$

In einem spektroskopischen Übergang emittiert oder absorbiert das Atom ein Photon. Photonen haben einen Spindrehimpuls von 1. Daher ändert sich bei einem solchen Übergang der Drehimpuls des elektromagnetischen Feldes um $\pm 1\hbar$. Aufgrund der Drehimpulserhaltung muss sich dann der Drehimpuls des Atoms um einen entgegengesetzt gleichen Betrag ändern. Daher kommt die Auswahlregel $\Delta l = \pm 1$. Die Hauptquantenzahl n kann sich um einen beliebigen Betrag ändern, da n nicht direkt mit dem Drehimpuls verknüpft ist. Die Auswahlregel zu Δm_l ist mit solch einfachen Überlegungen schwerer zu begründen. Man muss das Übergangsdipolmoment zwischen den Wellenfunktionen berechnen, die Anfangs- und Endzustand bei dem Übergang repräsentieren. *Begründung* 10-4 zeigt dieses Vorgehen anhand eines Beispiels.

Arbeitsbuch Physikalische Chemie. 4. Auflage. P. W. Atkins, C. A. Trapp, M. P. Cady und C. Giunta

ISBN: 978-3-527-31828-5

10.5 Vergleichen Sie dazu die Ausführungen zum Aufbauprinzip in Abschnitt 10.2.1 oder einem beliebigen Lehrbuch zur allgemeinen Chemie, etwa die Abschnitte 1.2–1.4 in P. Atkins und L. Jones, *Chemie – einfach alles*, 2., vollst. überarb. und erw. Aufl., Wiley-VCH, Weinheim (2006).

10.7 In der einfachsten Form der Orbitalnäherung werden die Mehrelektronen-Wellenfunktionen einfach als Produkt von Einelektronen-Wellenfunktionen dargestellt. Auf einem etwas fortgeschritteneren Niveau schreibt man die Mehrelektronen-Wellenfunktionen als Linearkombination von einfachen Produktfunktionen, die explizit das Pauli-Prinzip erfüllen. Relativ gute Einelektronenfunktionen erhält man mithilfe des Hartree-Fock-Verfahrens, das in Abschnitt 10.2.2 beschrieben ist. Wenn wir keine Anforderungen an die Form der Einelektronenfunktionen stellen, erreichen wir die Hartree-Fock-Grenze, die innerhalb der Orbitalnäherung den besten Wert für die berechnete Energie liefert. Die Orbitalnäherung beruht auf der Vernachlässigung erheblicher Teile der Elektron-Elektron-Wechselwirkung des Hamilton-Operators; wir können also nicht erwarten, dass sie quantitativ genaue Ergebnisse liefert. Wenn wir die Orbitalnäherung aufgäben, würden wir zwar – zumindest prinzipiell – im wesentlichen exakte Energien erhalten; es verspricht jedoch erhebliche konzeptuelle Vorteile, bei der Orbitalnäherung zu bleiben. Man kann die Genauigkeit erhöhen, indem man die vernachlässigten Terme zur Elektron-Elektron-Wechselwirkung wieder einführt und ihre Wirkung auf die Energieniveaus des Atoms in einer Art Störungsrechnung berücksichtigt, ähnlich dem Vorgehen, das in den *Zusatzinformationen* 9-2 und Abschnitt 10.3.4 beschrieben ist. Eine eingehende Diskussion finden Sie in den Werken, die als *Weiterführende Literatur* angegeben sind.

Leichte Aufgaben

A10.1a Hier wirkt vor allem der photoelektrische Effekt (vgl. Gl. (8-11) in Abschnitt 8.1.2). Die Ionisierungsenergie des herausgeschlagenen Elektrons ist die Austrittsarbeit Φ.

$$h\nu = \tfrac{1}{2}m_e v^2 + I.$$

$$I = h\nu - \frac{1}{2}m_e v^2 = (6.626\times10^{-34}\,\mathrm{J\,Hz^{-1}})\times\left(\frac{2.998\times10^{8}\,\mathrm{m\,s^{-1}}}{58.4\times10^{-9}\,\mathrm{m}}\right)$$

$$-\left(\frac{1}{2}\right)\times(9.109\times10^{-31}\,\mathrm{kg})\times(1.59\times10^{6}\,\mathrm{m\,s^{-1}})^2$$

$$= 2.25\times10^{-18}\,\mathrm{J},\quad \text{entsprechend}\ \ 14.0\,\mathrm{eV}.$$

A10.2a $R_{2,0} \propto \left(2-\frac{\rho}{2}\right)\mathrm{e}^{-\rho/4}$ mit $\rho = \frac{2r}{a_0}$ (Tabelle 10-1)

$$\frac{\mathrm{d}R}{\mathrm{d}r} = \frac{2}{a_0}\frac{\mathrm{d}R}{\mathrm{d}\rho} = \frac{2}{a_0}\left(-\frac{1}{2}-\frac{1}{2}+\frac{1}{8}\rho\right)\mathrm{e}^{-\rho/4} = 0 \quad \text{für} \quad \rho = 8$$

Also hat die Wellenfunktion ein Extremum bei $r = 4a_0$.

Wegen $2 - \frac{\rho}{2} < 0$ ist $\psi < 0$, das Extremum ist also ein Minimum. (Formal strenger: $\frac{d^2\psi}{dr^2} > 0$ bei $\rho = 8$).

Das zweite Extremum liegt bei $r = 0$. Es ist kein Minimum (tatsächlich ist es ein physikalische Maximum), es lässt sich jedoch nicht durch Differenziation berechnen. Um zu erkennen, dass es sich um ein Maximum handelt, setzen Sie $\rho = 0$ in $R_{2,0}$ ein.

A10.3a Die radialen Knoten entsprechen $R_{3,0} = 0$. Nach Tabelle 10-1 ist $R_{3,0} \propto 6 - 2\rho + \frac{1}{9}\rho^2$; die radialen Knoten treten auf für

$$6 - 2\rho + \tfrac{1}{9}\rho^2 = 0, \quad \text{also bei} \quad \rho = 3(3 \pm \sqrt{3}) = 1.27 \text{ und } 4.73.$$

Wegen $r = \frac{\rho a_0}{2}$ treten die radialen Knoten auf bei 101 pm and 376 pm.

A10.4a $R_{1,0} = N\mathrm{e}^{-r/a_0}$.

Wegen $\int_0^\infty x^n \mathrm{e}^{-ax}\,\mathrm{d}x = \frac{n!}{a^{n+1}}$ folgt

$$\int_0^\infty R^2 r^2\,\mathrm{d}r = 1 = \int_0^\infty N^2 r^2 e^{-2r/a_0}\,\mathrm{d}r = N^2 \times \frac{2!}{(2/a_0)^3} = 1$$

$$N^2 = \frac{4}{a_0^3}, \qquad N = \frac{2}{a_0^{3/2}}.$$

Damit ist, in Übereinstimmung mit Tabelle 10-1:

$$R_{1,0} = 2\left(\frac{1}{a_0}\right)^{3/2} \mathrm{e}^{-r/a_0}.$$

A10.5a Diese Frage wurde bereits als Aufgabe 9.19 mithilfe des Virialsatzes gelöst. Hier wollen wir die Lösung durch stures Integrieren finden. Nach den Tabellen 9-3 und 10-1 ist

$$\psi_{1,0,0} = R_{1,0} Y_{0,0} = \left(\frac{1}{\pi a_0^3}\right)^{1/2} \mathrm{e}^{-r/a_0}.$$

Der Operator der potenziellen Energie ist

$$V = -\frac{Ze^2}{4\pi\varepsilon_0} \times \left(\frac{1}{r}\right) = -k\left(\frac{1}{r}\right).$$

Es ist $k = \frac{\mathrm{e}^2}{4\pi\varepsilon_0}$. Ferner wenden wir die Beziehungen $\int_0^\pi \sin\theta\,\mathrm{d}\theta = 2$, $\int_0^{2\pi} \mathrm{d}\theta = 2\pi$ und $\int_0^\infty x^n \mathrm{e}^{-ax}\,\mathrm{d}x = \frac{n!}{a^{n+1}}$ an. Dann folgt

$$\langle V \rangle = -k\left\langle \frac{1}{r} \right\rangle = -k \int_0^\infty \int_0^\pi \int_0^{2\pi} \left(\frac{1}{\pi a_0^3}\right) \mathrm{e}^{-r/a_0} \left(\frac{1}{r}\right) \mathrm{e}^{-r/a_0} r^2 \,\mathrm{d}r \sin\theta \,\mathrm{d}\theta \,\mathrm{d}\phi$$

$$= -k \times (4\pi) \times \left(\frac{1}{\pi a_0^3}\right) \int_0^\infty r\mathrm{e}^{-2r/a_0} \,\mathrm{d}r = -k \times \left(\frac{4}{a_0^3}\right) \times \left(\frac{a_0^2}{4}\right) = -k\left(\frac{1}{a_0}\right)$$

Damit ist

$$\langle V \rangle = -\frac{e^2}{4\pi\varepsilon_0 a_0} = 2E_{1s}.$$

Nach den *Zusatzinformationen* 10-1 ist der Operator der kinetischen Energie $-\frac{\hbar^2}{2\mu}\nabla^2$. Damit folgt

$$\langle E_{\mathrm{kin}} \rangle \equiv \langle T \rangle = \int \psi_{1s}^* \left(-\frac{\hbar^2}{2\mu}\right) \nabla^2 \psi_{1s} \,\mathrm{d}\tau.$$

$$\nabla^2 \psi_{1s} = \frac{1}{r}\frac{\partial^2 (r\psi_{1s})}{\partial r^2} + \frac{1}{r^2}\Lambda^2 \psi_{1s} \quad \text{(vgl. Aufgabe 9.23)}$$

$$= \left(\frac{1}{\pi a_0^3}\right)^{1/2} \times \left(\frac{1}{r}\right) \times \left(\frac{\mathrm{d}^2}{\mathrm{d}r^2}\right) r\mathrm{e}^{-r/a_0}$$

[$\Lambda^2 \psi_{1s} = 0$, ψ_{1s} enthält keine Winkelvariable]

$$= \left(\frac{1}{\pi a_0^3}\right)^{1/2} \left[-\left(\frac{2}{a_0 r}\right) + \left(\frac{1}{a_0^2}\right)\right] \mathrm{e}^{-r/a_0}.$$

$$\langle T \rangle = -\left(\frac{\hbar^2}{2\mu}\right) \times \left(\frac{1}{\pi a_0^3}\right) \int_0^\infty \left[-\left(\frac{2}{a_0 r}\right) + \left(\frac{1}{a_0^2}\right)\right] \mathrm{e}^{-2r/a_0} r^2 \,\mathrm{d}r \times \int_0^\pi \sin\theta \,\mathrm{d}\theta \int_0^{2\pi} \mathrm{d}\phi$$

$$= -\left(\frac{2\hbar^2}{\mu a_0^3}\right) \int_0^\infty \left[-\left(\frac{2r}{a_0}\right) + \left(\frac{r^2}{a_0^2}\right)\right] \mathrm{e}^{-2r/a_0} \,\mathrm{d}r$$

$$= -\left(\frac{2\hbar^2}{\mu a_0^3}\right) \times \left(-\frac{a_0}{4}\right) = \frac{\hbar^2}{2\mu a_0^2}$$

$$= -E_{1s}.$$

Damit ist $\langle T \rangle + \langle V \rangle = 2E_{1s} - E_{1s} = E_{1s}$.

Anmerkung: Man kann E_{1s} auch in der Form schreiben: $E_{1s} = -\frac{\mu e^4}{32\pi^2\varepsilon_0^2\hbar^2}$.

Frage: Sind die in der Aufgabe angegebenen drei unterschiedlichen Ausdrücke für E_{1s} alle äquivalent?

A10.6a $P_{2s} = 4\pi r^2 \psi_{2s}^2$.

$$\psi_{2s} = \frac{1}{2\sqrt{2}}\left(\frac{Z}{a_0}\right)^{3/2} \times \left(2-\frac{\rho}{2}\right) e^{-\rho/4} \quad \left[\text{mit } \rho = \frac{2Zr}{a_0}\right].$$

$$P_{2s} = 4\pi\left(\frac{a_0\rho}{2Z}\right)^2 \times \left(\frac{1}{8}\right) \times \left(\frac{Z}{a_0}\right)^3 \left(2-\frac{\rho}{2}\right)^2 e^{-\rho/2}.$$

$$P_{2s} = k\rho^2\left(2-\frac{\rho}{2}\right)^2 e^{-\rho/2} \quad \left[k = \frac{\pi Z}{8a_0} \quad \text{ist konstant}\right].$$

Beim wahrscheinlichsten Wert von r (und entsprechend ρ) gilt

$$\frac{d}{d\rho}\left\{\rho^2\left(2-\frac{\rho}{2}\right)^2 e^{-\rho/2}\right\} = 0$$

$$\propto \left\{2\rho\left(2-\frac{\rho}{2}\right)^2 - 2\rho^2\left(2-\frac{\rho}{2}\right) - \rho^2\left(2-\frac{\rho}{2}\right)^2\right\} e^{-\rho/2} = 0$$

$$\propto \rho(\rho-4)(\rho^2-12\rho+16) = 0 \quad [\text{denn } e^{-\rho/2} \text{ ist niemals null, außer für } \rho \to \infty].$$

Damit folgt $\rho^* = 0$, $\rho^* = 4$, $\rho^* = 6 \pm 2\sqrt{5}$.

Das (am weitesten außen liegende) Hauptmaximum liegt bei $\rho^* = 6 + 2\sqrt{5}$.

Also ist $r^* = (6+2\sqrt{5})\dfrac{a_0}{2Z} = 5.24\dfrac{a_0}{Z}$.

A10.7a Der wahrscheinlichste Radius tritt auf, wenn die radiale Wellenfunktion ihr Maximum einnimmt. An diesem Punkt ist die Ableitung der Funktion nach r oder nach ρ gleich null. Mit Tabelle 10-1 gilt dann

$$\left(\frac{dR_{21}}{d\rho}\right)_{\max} = 0 = \left(\frac{d\left(\rho e^{-\rho/2}\right)}{d\rho}\right)_{\max} = \left(1-\frac{\rho}{2}\right) e^{-\rho/2}.$$

Die Funktion ist maximal für $\rho = 2$. Wegen $\rho = (2Z/na_0)r$ und $n = 2$ entspricht dies $r = 2a_0/Z$.

A10.8a Wir identifizieren l und setzen für den Drehimpuls $\{l(l+1)\}^{1/2}\hbar$.

(a) $l = 0$; also ist der Drehimpuls 0;

(b) $l = 0$; also ist der Drehimpuls $= 0$;

(c) $l = 2$; also ist der Drehimpuls $\sqrt{6}\hbar$.

Die Gesamtzahl der Knoten ist $n-1$, die Anzahl der winkelabhängigen Knoten ist l; also ist die Anzahl der radialen Knoten $n-l-1$. Wir können damit folgende Tabelle aufstellen:

	1s	3s	3d
n, l	1,0	3,0	3,2
winkelabhängige Knoten	0	0	2
radiale Knoten	0	2	0

A10.9a Wir verwenden die Clebsch-Gordan-Reihe aus Gl. (10-46). Wir schreiben hier jedoch für den Gesamtdrehimpuls ein kleines j, da wir nur einzelne Elektronen betrachten. Dann kommen wir auf die Form

$$j = l + s,\ l + s - l, \ldots, |l - s|\,.$$

(a) $l = 2,\quad s = \frac{1}{2},\quad$ also $j = \frac{5}{2}, \frac{3}{2}$;

(b) $l = 3,\quad s = \frac{1}{2},\quad$ also $j = \frac{7}{2}, \frac{5}{2}$.

A10.10a Die Clebsch-Gordan-Reihe für $l = 1$ und $s = \dfrac{1}{2}$ führt zu $j = \dfrac{3}{2}$ und $\dfrac{1}{2}$.

A10.11a Nach Gl. (10-11) mit (10-15) sind die Energien $E = -\dfrac{hcR_{\mathrm{H}}}{n^2}$; die Orbitalentartung g eines Energieniveaus mit der Hauptquantenzahl n ist

$$g = \sum_{l=0}^{n-1}(2l-1) = 1 + 3 + 5 + \cdots + 2n - 1 = \frac{(1 + 2n - 1)n}{2} = n^2.$$

(a) $E = -hcR_{\mathrm{H}}$ bedeutet $n = 1$. Also ist $g = 1$ (das 1s-Orbital).

(b) $E = -\dfrac{hcR_{\mathrm{H}}}{9}$ bedeutet $n = 3$. Also ist $g = 9$
(das 3s-Orbital, die drei 3p-Orbitale und die fünf 3d-Orbitale).

(c) $E = -\dfrac{hcR_{\mathrm{H}}}{25}$ bedeutet $n = 5$. Also ist $g = 25$
(das 5s-Orbital, die drei 5p-Orbitale, die fünf 5d-Orbitale, die sieben 5f-Orbitale und die neun 5g-Orbitale).

A10.12a Der Buchstabe D gibt an, dass $L = 2$ ist. Der Exponent 1 ist der Wert von $2S + 1$, also ist $S = 0$. Und der Index 2 ist der Wert von J. Damit ist ${}^1\mathrm{D}_2$ eine Kurzschreibweise für $L = 2,\ S = 0,\ J = 2$.

A10.13a Wir benutzen hier die Wahrscheinlichkeitsdichtefunktion ψ^2 und nicht die radiale Verteilungsfunktion P, weil wir die Wahrscheinlichkeit an einem Punkt suchen, nämlich $\psi^2\,\mathrm{d}\tau$.

Die Wahrscheinlichkeitsdichte variiert nach Gl. (10-18) gemäß

$$\psi^2 = \frac{1}{\pi a_0^3}\mathrm{e}^{-2r/a_0}.$$

Demnach tritt der Maximalwert bei $r = 0$ auf; ψ^2 hat 50 % des Maximalwerts für

$$\mathrm{e}^{-2r/a_0} = 0.50.$$

Dies bedeutet $r = -\frac{1}{2}a_0 \ln 0.50$. Das ist der Fall für $r = 0.35a_0$ bzw. 18 pm.

A10.14a Die Auswahlregeln für ein Mehrelektronenatom sind in Gl. (10-47) angegeben. Für einen einzelnen Elektronenübergang muss n ganzzahlig sein, und es muss gelten $\Delta l = \pm 1$. Dann gilt

(a) $2s \to 1s$; $\Delta l = 0$, verboten;

(b) $2p \to 1s$; $\Delta l = -1$, erlaubt;

(c) $3d \to 2p$; $\Delta l = -1$, erlaubt.

A10.15a (a) $1s^2 2s^2 2p^6 3s^2 3p^6 3d^8 = [\mathrm{Ar}]3d^8$.

(b) Alle Unterschalen außer $3d$ sind gefüllt und haben damit keinen Gesamtspin. Nach der Hund'schen Regel befinden sich in $3d^8$ zwei ungepaarte Elektronen. Die gepaarten Elektronen tragen zum Gesamtspin nicht bei. Wir betrachten daher nur $s_1 = \frac{1}{2}$ und $s_2 = \frac{1}{2}$. Die Clebsch-Gordan-Reihe (Gl. (10-44)) ergibt

$$S = s_1 + s_2, \ldots, |s_1 - s_2|, \quad \text{und daher} \quad S = 1, 0,$$
$$M_S = -S, -S+1, \ldots, S.$$

Für $S = 1$ ist $M_s = -1,\ 0,\ +1$. Für $S = 0$ ist $M_s = 0$.

A10.16a Wir verwenden die Clebsch-Gordan-Reihe in der Form

$$S' = s_1 + s_2, s_1 + s_2 - 1, \ldots, |s_1 - s_2|.$$

Damit ist

$$S = S' + s_1,\ S' + s_1 - 1, \ldots, |S' - s_1|.$$

Die Multiplizität ist $2S + 1$.

(a) $S = \frac{1}{2} + \frac{1}{2}, \frac{1}{2} - \frac{1}{2} = 1, 0$ mit den Multiplizitäten 3 bzw. 1 .

(b) $S' = 1, 0$. Also ist (mit 1): $S = \frac{3}{2}, \frac{1}{2}$ und (mit 0): $\frac{1}{2}$. Die Multiplizitäten betragen 4, 2, 2.

A10.17a Diese Elektronen sind nicht äquivalent (verschiedene Unterschalen); daher sind alle Terme erlaubt, die vom Vektormodell und von der Clebsch-Gordan-Reihe herrühren (vgl. *Beispiel* 10-6).

$$L = l_1 + l_2, \ldots, |l - l_2| = 2 \quad \text{ausschließlich, vgl. Gl. (10-44)},$$
$$S = s_1 + s_2, \ldots, |s_1 - s_2| = 1, 0.$$

Die erlaubten Terme sind also ^{3}D und ^{1}D. Die möglichen Werte für J sind nach Gl. (10-46) gegeben durch

$$J = L + S, \ldots, |L - S| = 3, 2, 1 \text{ für } {}^3\text{D und 2 für } {}^1\text{D}.$$

Die erlaubten vollständigen Termsymbole sind dann

$$^3\text{D}_3,\ ^3\text{D}_2,\ ^3\text{D}_1,\ ^1\text{D}_2.$$

Der Satz der ^{3}D-Terme liegt energetisch niedriger (Hund'sche Regel).

Anmerkung: Die Hund'sche Regel in der Form, wie sie im Lehrbuch wiedergegeben ist, erlaubt es nicht, die Triplett-Terme energetisch zu unterscheiden. Experimentelle Werte lassen aber darauf schließen, dass $^3\text{D}_1$ die niedrigste Energie ist.

A10.18a Wir verwenden die Clebsch-Gordan-Reihe in der Form

$$J = L + S, L + S - 1, \cdots, |L - S|.$$

Die Anzahl der Zustände (d. h. die Anzahl der M_J-Werte) ist jeweils $2J + 1$.

(a) $L = 0,\ S = 0$; also ist $J = 0$ und es gibt nur 1 Zustand ($M_J = 0$).

(b) $L = 1,\ S = \frac{1}{2}$; also ist $J = \frac{3}{2}, \frac{1}{2}$ ($^2\text{P}_{3/2}$ bzw. $^2\text{P}_{1/2}$) mit 4 bzw. 2 Zuständen.

(c) $L = 1,\ S = 1$; also ist $J = 2, 1, 0$ ($^3\text{P}_2$, $^3\text{P}_1$ bzw. $^3\text{P}_0$) mit 5, 3 bzw. 1 Zuständen.

A10.19a Geschlossene Schalen oder Unterschalen tragen weder zu L noch zu S etwas bei. Daher werden sie im Folgenden ignoriert.

(a) Li[He]$2s^1$: $S = \frac{1}{2}$, $L = 0$; $J = \frac{1}{2}$. Also ist der einzige Term $^2S_{1/2}$.

(b) Na[He]$3p^1$: $S = \frac{1}{2}$, $L = 1$; $J = \frac{3}{2}, \frac{1}{2}$. Also sind die Terme $^2P_{3/2}$ und $^2P_{1/2}$.

Schwerere Aufgaben

Rechenaufgaben

10.1 Alle Linien im Wasserstoffspektrum gehorchen der Rydberg-Formel Gl. (10-1). Mit $\tilde{\nu} = \frac{1}{\lambda}$ ist

$$\frac{1}{\lambda} = R_H \left(\frac{1}{n_1^2} - \frac{1}{n_2^2} \right) \quad \text{mit} \quad R_H = 109\,677\,\text{cm}^{-1}.$$

Wir ermitteln n_1 aus dem Wert von λ_{max}, der bei dem Übergang $n_1 + 1 \to n_1$ auftritt.

$$\frac{1}{\lambda_{max} R_H} = \frac{1}{n_1^2} - \frac{1}{(n_1+1)^2} = \frac{2n_1+1}{n_1^2(n_1+1)^2},$$

$$\lambda_{max} R_H = \frac{n_1^2(n_1+1)^2}{2n_1+1} = (12\,368 \times 10^{-9}\,\text{m}) \times (109\,677 \times 10^2\,\text{m}^{-1}) = 135.65.$$

Weil $n_1 = 1, 2, 3$ und 4 bereits berücksichtigt sind, versuchen wir es mit $n_1 = 5, 6, \ldots$ Mit $n_1 = 6$ erhalten wir

$$\frac{n_1^2(n_1+1)^2}{2n_1+1} = 136.$$

Daher gilt für die Humphreys-Serie $n_2 \to 6$, und die Übergänge sind gegeben durch

$$\frac{1}{\lambda} = (109\,677\,\text{cm}^{-1}) \times \left(\frac{1}{36} - \frac{1}{n_2^2} \right) \quad \text{mit } n_2 = 7, 8, \cdots$$

Sie treten auf bei 12 372 nm, 7503 nm, 5908 nm, 5129 nm, ..., 3908 nm (der letztgenannte Wert entspricht $n_2 = 15$). Für $n_2 \to \infty$ geht die Wellenlänge gegen 3282 nm, in Übereinstimmung mit dem angeführten experimentellen Ergebnis.

10.3 Für die Lyman-Serie ist $n_1 = 1$. Mit $\tilde{\nu} = \frac{1}{\lambda}$ ist hier

$$\tilde{\nu} = R_{Li^{2+}} \left(1 - \frac{1}{n^2} \right) \quad \text{mit} \quad n = 2, 3, \ldots$$

Wenn diese Formel gilt, sollte der Ausdruck $\tilde{\nu} \left(1 - \frac{1}{n^2} \right)^{-1}$ konstant sein, nämlich gleich $R_{Li^{2+}}$.

Wir können daher folgende Tabelle aufstellen:

n	2	3	4
$\tilde{\nu}/\text{cm}^{-1}$	740 747	877 924	925 933
$\tilde{\nu}\left(1 - \frac{1}{n^2}\right)^{-1}/\text{cm}^{-1}$	987 663	987 665	987 662

Also beschreibt die Formel die Übergänge, und es ist $R_{\text{Li}^{2+}} = 987\,663\,\text{cm}^{-1}$.

Die Übergänge der Balmer-Serie liegen bei

$$\begin{aligned}\tilde{\nu} &= R_{\text{Li}^{2+}}\left(\frac{1}{4}-\frac{1}{n^2}\right) \quad \text{mit} \quad n = 3, 4, \ldots \\ &= (987\,663\,\text{cm}^{-1}) \times \left(\frac{1}{4}-\frac{1}{n^2}\right) = 137\,175\,\text{cm}^{-1},\ 185\,187\,\text{cm}^{-1}, \ldots .\end{aligned}$$

Die Ionisierungsenergie des Grundzustands ist gegeben durch

$$\tilde{\nu} = R_{\text{Li}^{2+}}\left(1-\frac{1}{n^2}\right) \quad \text{für} \quad n \to \infty.$$

Dies entspricht

$$\tilde{\nu} = 987\,663\text{cm}^{-1} \quad \text{oder} \quad 122.5\ \text{eV}.$$

10.5 Bei der $7p$-Konfiguration ist gerade ein Elektron außerhalb einer abgeschlossenen Unterschale. Dieses Elektron hat $l = 1$, $s = 1/2$ und $j = 1/2$ oder $3/2$; für das Atom gilt also $L = 1$, $S = 1/2$ und $J = 1/2$ oder $3/2$. Die Termsymbole sind $^2\text{P}_{1/2}$ und $^2\text{P}_{3/2}$ mit niedrigerer Energie. Auch bei der $6d$-Konfiguration ist gerade ein Elektron außerhalb einer geschlossener Unterschale. Dieses Elektron hat $l = 2$, $s = 1/2$ und $j = 3/2$ oder $5/2$; für das Atom gilt also $L = 2$, $S = 1/2$ und $J = 3/2$ oder $5/2$. Die Termsymbole sind hier $^2\text{D}_{3/2}$ und $^2\text{D}_{5/2}$ mit niedrigerer Energie. Nach einer einfachen Abschätzung der Spin-Bahn-Kopplung ist die Energie gegeben durch

$$E_{l,s,j} = \tfrac{1}{2}hcA[j(j+1) - l(l+1) - s(s+1)]$$

mit der Spin-Bahn-Kopplungskontante A. Es gilt also

$$E(^2\text{P}_{1/2}) = \tfrac{1}{2}hcA[\tfrac{1}{2}(1/2+1) - 1(1+1) - \tfrac{1}{2}(1/2+1)] = -hcA$$

und $E(^2\text{D}_{3/2}) = \tfrac{1}{2}hcA[\tfrac{3}{2}(3/2+1) - 2(2+1) - \tfrac{1}{2}(1/2+1)] = -\tfrac{3}{2}hcA.$

Nach diesem Ansatz ergibt sich als Grundzustand $^2\text{D}_{3/2}$.

Anmerkung: Die zitierte Arbeit gibt $^2\text{P}_{1/2}$ als niedrigsten Zustand an; die Autoren schränken jedoch ein, dass der Fehler bei ähnlichen Rechnungen an Y oder Lu in der Größenordnung der berechneten Unterschiede zwischen den Energieniveaus liegt.

10.7 $R_\text{H} = k\mu_\text{H}, \quad R_\text{D} = k\mu_\text{D}, \quad R = k\mu \quad$ (Gl. (10-16))

Hier entspricht R einem unendlich schweren Kern mit $\mu = m_\text{e}$. In der Literatur findet man daher auch die Schreibweise $R_\infty = k\mu_\infty$.

Mit $N = \mathrm{p}$ oder $N = \mathrm{d}$ (hier steht d für Deuteron und p für Proton) ist $\mu = \dfrac{m_\mathrm{e} m_\mathrm{N}}{m_\mathrm{e} + m_\mathrm{N}}$ und daher

$$R_\mathrm{H} = k\mu_\mathrm{H} = \frac{k m_\mathrm{e}}{1 + (m_\mathrm{e}/m_\mathrm{p})} = \frac{R}{1 + (m_\mathrm{e}/m_\mathrm{p})}.$$

Entsprechend gilt $R_\mathrm{D} = \dfrac{R}{(1 + (m_\mathrm{e}/m_\mathrm{d}))}$.

Dabei ist m_p die Masse des Protons und m_d die Masse des Deuterons.

Die beiden fraglichen Linien liegen bei

$$\frac{1}{\lambda_\mathrm{H}} = R_\mathrm{H}\left(1 - \frac{1}{4}\right) = \frac{3}{4} R_\mathrm{H} \quad \text{und} \quad \frac{1}{\lambda_\mathrm{D}} = R_\mathrm{D}\left(1 - \frac{1}{4}\right) = \frac{3}{4} R_\mathrm{D}.$$

Es folgt

$$\frac{R_\mathrm{H}}{R_\mathrm{D}} = \frac{\lambda_\mathrm{D}}{\lambda_\mathrm{H}} = \frac{\tilde{\nu}_\mathrm{H}}{\tilde{\nu}_\mathrm{D}}.$$

Wegen

$$\frac{R_\mathrm{H}}{R_\mathrm{D}} = \frac{1 + (m_\mathrm{e}/m_\mathrm{d})}{1 + (m_\mathrm{e}/m_\mathrm{p})} \quad \text{folgt} \quad m_\mathrm{d} = \frac{m_\mathrm{e}}{(1 + (m_\mathrm{e}/mp))(R_\mathrm{H}/R_\mathrm{D}) - 1}.$$

Somit können wir m_d berechnen:

$$\begin{aligned} m_\mathrm{d} &= \frac{m_\mathrm{e}}{(1 + (m_\mathrm{e}/m_\mathrm{p}))\,(\lambda_\mathrm{D}/\lambda_\mathrm{H}) - 1} = \frac{m_\mathrm{e}}{(1 + (m_\mathrm{e}/m_\mathrm{p}))\,(\tilde{\nu}_\mathrm{H}/\tilde{\nu}_\mathrm{D}) - 1} \\ &= \frac{9.10939 \times 10^{-31}\,\mathrm{kg}}{\left(1 + \dfrac{9.1039 \times 10^{-31}\,\mathrm{kg}}{1.67262 \times 10^{-27}\,\mathrm{kg}}\right) \times \left(\dfrac{82259.098\,\mathrm{cm^{-1}}}{82281.476\,\mathrm{cm^{-1}}}\right)^{-1}} \\ &= 3.3429 \times 10^{-27}\,\mathrm{kg}. \end{aligned}$$

Wegen $I = Rhc$ folgt für das Verhältnis der Ionisierungsenergien

$$\frac{I_\mathrm{D}}{I_\mathrm{H}} = \frac{R_\mathrm{D}}{R_\mathrm{H}} = \frac{\tilde{\nu}_\mathrm{D}}{\tilde{\nu}_\mathrm{H}} = \frac{82281.476\,\mathrm{cm^{-1}}}{82259.098\,\mathrm{cm^{-1}}} = 1.000272.$$

10.9 (a) Die Aufspaltung benachbarter Energieniveaus hängt folgendermaßen mit der Wellenzahlendifferenz der Spektrallinien zusammen:

$$hc\Delta\tilde{\nu} = \Delta E = \mu_\mathrm{B} B, \quad \text{also} \quad \Delta\tilde{\nu} = \frac{\mu_\mathrm{B} B}{hc} = \frac{(9.274 \times 10^{-24}\,\mathrm{J\,T^{-1}})(2\,\mathrm{T})}{(6.626 \times 10^{-34}\,\mathrm{J\,s})(2.998 \times 10^{10}\,\mathrm{cm\,s^{-1}})}$$

$$\Delta\tilde{\nu} = 0.9\,\mathrm{cm^{-1}}.$$

(b) Die Wellenzahlen bei optischen Übergängen liegen in der Größenordnung von einigen zehntausend reziproken Zentimeter; die normale Zeeman-Aufspaltung ist also klein im Vergleich zur Energie der Zustände bei dem Übergang. Wir betrachten eine Wellenzahl aus der Mitte des sichtbaren Spektrums als typisch:

$$\tilde{\nu} = \frac{1}{\lambda} = \frac{1}{600\,\mathrm{nm}}\left(\frac{10^9\,\mathrm{nm\,m^{-1}}}{10^2\,\mathrm{cm\,m^{-1}}}\right) = 1.7\times 10^4\,\mathrm{cm^{-1}}.$$

Oder wir betrachten, wie in der Aufgabe vorgegeben, als Beispiel die Balmer-Serie: Die Balmer-Wellenzahlen sind (vgl. Gl. (10-1)):

$$\tilde{\nu} = R_{\mathrm{H}}\left(\frac{1}{2^2} - \frac{1}{n^3}\right).$$

Die kleinste Balmer-Wellenzahl ist

$$\tilde{\nu} = (109\,677\,\mathrm{cm^{-1}}) \times (1/4 - 1/9) = 15\,233\,\mathrm{cm^{-1}};$$

die obere Grenze liegt bei

$$\tilde{\nu} = (109\,677\,\mathrm{cm^{-1}}) \times (1/4 - 0) = 27\,419\,\mathrm{cm^{-1}}.$$

Theoretische Aufgaben

10.11 Wir betrachten $\psi_{2p_z} = \psi_{2,1,0}$, das sich entlang der z-Achse erstreckt. Der Punkt mit der höchsten Wahrscheinlichkeit auf z-Achse liegt dort, wo die radiale Wellenfunktion ihren Maximalwert hat (denn auch ψ^2 hat in diesem Punkt ein Maximum). Der Tabelle 10-1 entnehmen wir

$$R_{21} \propto \rho \mathrm{e}^{-\rho/4}.$$

Daher ist $\dfrac{\mathrm{d}R}{\mathrm{d}\rho} = \left(1 - \dfrac{1}{4}\rho\right)\mathrm{e}^{-\rho/4} = 0 \quad \text{für} \quad \rho = 4.$

Also ist $r^* = \dfrac{2a_0}{Z}$. Der Punkt mit der maximalen Wahrscheinlichkeit liegt bei $z = \pm\dfrac{2a_0}{Z} = \pm 106\,\mathrm{pm}$.

Anmerkung: Weil der radiale Anteil aller $2p$-Funktionen derselbe ist, erhält man hier für alle diese Funktionen dasselbe Ergebnis. Allerdings sind die Richtungen des Punkts mit der maximalen Wahrscheinlichkeit jeweils verschieden.

10.13 (a) Wir müssen zeigen, dass gilt $\int |\psi_{3p_x}|^2 \, d\tau = 1$. Die Integrationen führt man am leichtesten in Kugelkoordinaten durch (vgl. Abb. 8-22 im Lehrbuch). Mit Gl. (10-24) und den Ausdrücken für die Wellenfunktionen (Tabelle 10-1) erhält man dann

$$\int |\psi_{3p_x}|^2 \, d\tau = \int_0^{2\pi} \int_0^{\pi} \int_0^{\infty} |\psi_{3p_x}|^2 r^2 \sin(\theta) \, dr \, d\theta \, d\phi$$
$$= \int_0^{2\pi} \int_0^{\pi} \int_0^{\infty} \left| R_{31}(\rho) \left\{ \frac{Y_{1-1} - Y_{11}}{\sqrt{2}} \right\} \right|^2 r^2 \sin(\theta) \, dr \, d\theta \, d\phi$$

(mit $\rho = 2r/a_0$, $r = \rho a_0/2$ und $dr = (a_0/2)\, d\rho$)

$$= \frac{1}{2} \int_0^{2\pi} \int_0^{\pi} \int_0^{\infty} \left(\frac{a_0}{2}\right)^3 \left| \left[\left(\frac{1}{27(6)^{1/2}}\right) \left(\frac{1}{a_0}\right)^{3/2} \left(4 - \frac{1}{3}\rho\right) \rho e^{-\rho/6} \right] \right.$$
$$\times \left. \left[\left(\frac{3}{8\pi}\right)^{1/2} 2 \sin(\theta) \cos(\phi) \right] \right|^2 \rho^2 \sin(\theta) \, d\rho \, d\theta \, d\phi$$
$$= \frac{1}{46\,656\pi} \int_0^{2\pi} \int_0^{\pi} \int_0^{\infty} \left| \left(4 - \frac{1}{3}\rho\right) \rho e^{-\rho/6} \sin(\theta) \cos(\phi) \right|^2 \rho^2 \sin(\theta) \, d\rho \, d\theta \, d\phi$$
$$= \frac{1}{46\,656\pi} \underbrace{\int_0^{2\pi} \cos^2(\phi) \, d\phi}_{\pi} \underbrace{\int_0^{\pi} \sin^3(\theta) \, d\theta}_{4/3} \underbrace{\int_0^{\infty} \left(4 - \frac{1}{3}\rho\right)^2 \rho^4 e^{-\rho/3} \, d\rho}_{34\,992}$$
$$= 1$$

Damit ist ψ_{3p_x} normalisiert auf 1.

Wir müssen außerdem zeigen, dass gilt $\int \psi_{3p_x} \psi_{3d_{xy}} \, d\tau = 0$.

Mit den Tabellen 9-3 und 10-1 ergibt sich

$$\psi_{3p_x} = \frac{1}{54(2\pi)^{1/2}} \left(\frac{1}{a_0}\right)^{3/2} \left(4 - \frac{1}{3}\rho\right) \rho e^{-\rho/6} \sin(\theta) \cos(\phi)$$
$$\psi_{3d_{xy}} = R_{32} \left\{ \frac{Y_{22} - Y_{2-2}}{\sqrt{2}i} \right\}$$
$$= \frac{1}{32(2\pi)^{1/2}} \left(\frac{1}{a_0}\right)^{3/2} \rho^2 e^{-\rho/6} \sin^2(\theta) \sin(2\phi)$$

(mit $\rho = 2r/a_0$, $r = \rho a_0/2$ und $dr = (a_0/2)\, d\rho$). Damit haben wir

$$\int \psi_{3p_x} \psi_{3d_{xy}} \, d\tau = \text{konstant} \times \int_0^{\infty} \rho^5 e^{-\rho/3} \, d\rho \underbrace{\int_0^{2\pi} \cos(\phi) \sin(2\phi) \, d\phi}_{0} \int_0^{\pi} \sin^4(\theta) \, d\theta.$$

Weil das Integral null ergibt, müssen ψ_{3p_x} und $\psi_{3d_{xy}}$ zueinander orthogonal sein.

(b) Die radialen Knoten bestimmt man, indem man die ρ-Werte berechnet, für die die radiale Wellenfunktion null wird ($\rho = 2r/a_0$). Dieser Werte sind die Wurzeln des Polynom-Anteils der Wellenfunktion. Für das $3s$-Orbital gilt $6 - 6\rho + \rho^2 = 0$ mit $\rho_{\text{Knoten}} = 3 + \sqrt{3}$ und $\rho_{\text{Knoten}} = 3 - \sqrt{3}$.

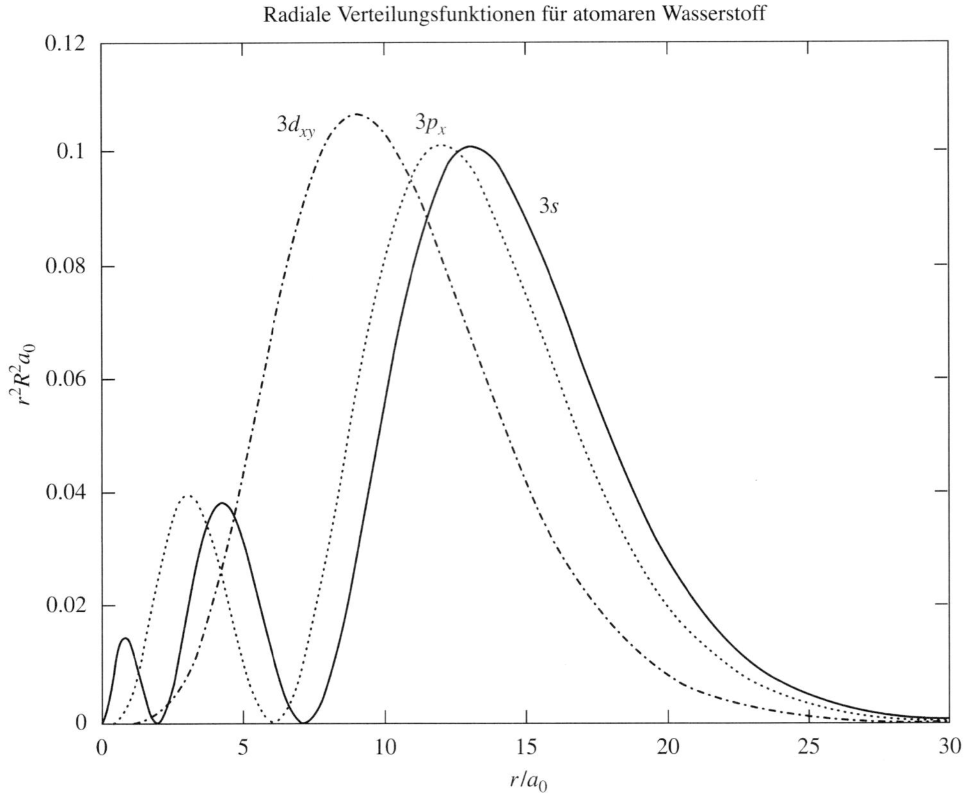

Abb. 10-1(a)

Das $3s$-Orbital hat zwei kugelsymmetrische Knoten. Es gibt keinen Knoten bei $\rho = 0$; wir können daher folgern, dass es eine gewisse Wahrscheinlichkeit dafür gibt, ein $3s$-Elektron am Kern zu finden.

Für das $3s$-Orbital gilt $(4-\rho)(\rho) = 0$ mit $\rho_{\text{Knoten}} = 0$ und $\rho_{\text{Knoten}} = 4$.

Es gibt eine Wahrscheinlichkeit von null, ein $3p_x$-Elekton am Kern zu finden.

Für das $3d_{xy}$-Orbital ist $\rho_{\text{Knoten}} = 0$ der einzige radiale Knoten.

(c)

$$\langle r\rangle_{3s} = \int |R_{10}Y_{00}|^2\, r\, \mathrm{d}\tau = \int |R_{10}Y_{00}|^2\, r^3 \sin(\theta)\, \mathrm{d}r\, \mathrm{d}\theta\, \mathrm{d}\phi$$

$$= \int_0^\infty R_{10}^2 r^3\, \mathrm{d}r \underbrace{\int_0^{2\pi}\int_0^{\pi} |Y_{00}|^2 \sin(\theta)\, \mathrm{d}\theta\, \mathrm{d}\phi}_{1}$$

$$= \frac{a_0}{3888} \underbrace{\int_0^\infty \left(6 - 2\rho + \rho^2/9\right)^2 \rho^3 \mathrm{e}^{-\rho/3}\, \mathrm{d}\rho}_{52\,488}.$$

$$\langle r\rangle_{3s} = \frac{27a_0}{2}.$$

(d) Die Darstellung in Abb. 10-1(a) zeigt, dass die radiale Verteilungsfunktion des $3s$-Orbitals für $r < a_0$ größere Werte annimmt. Dieses Eindringen der inneren Elek-

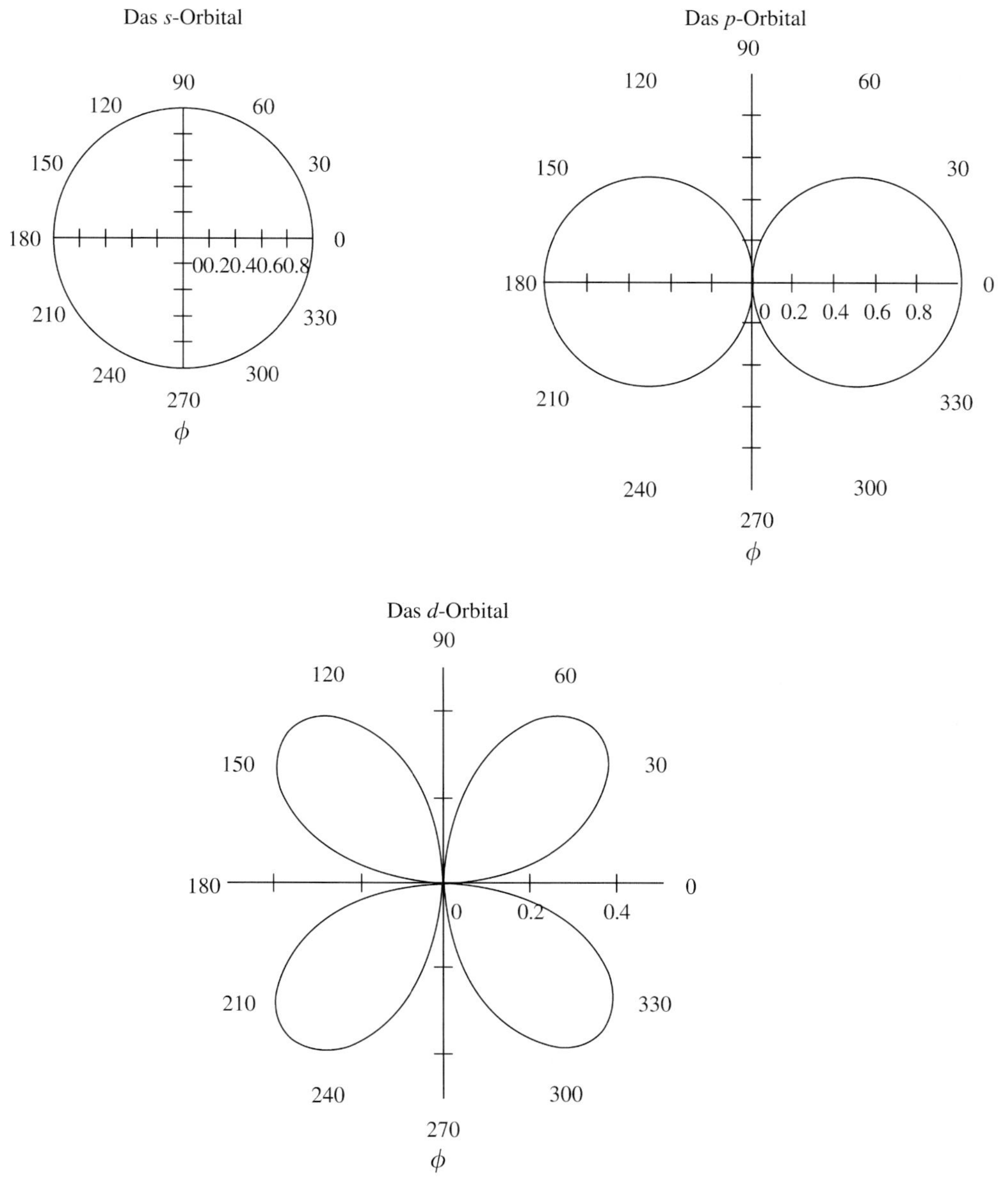

Abb. 10-1(b)

tronen in einem Mehrelektronenatom bedeutet, dass ein $3s$-Elektron eine höhere effektive Kernladung erfährt und daher auch eine geringere Ladung hat als ein $3p$- oder ein $3d_{xy}$-Elektron. Diese Argumentation führt uns auch zu dem Schluss, dass ein $3p_x$-Elektron eine geringere Energie hat als $3d_{xy}$-Elektron:

$$E_{3s} < E_{3p_x} < E_{3d_{xy}}.$$

(e) Polardarstellungen mit $\theta = 90°$ (Abb. 10-1(b)).

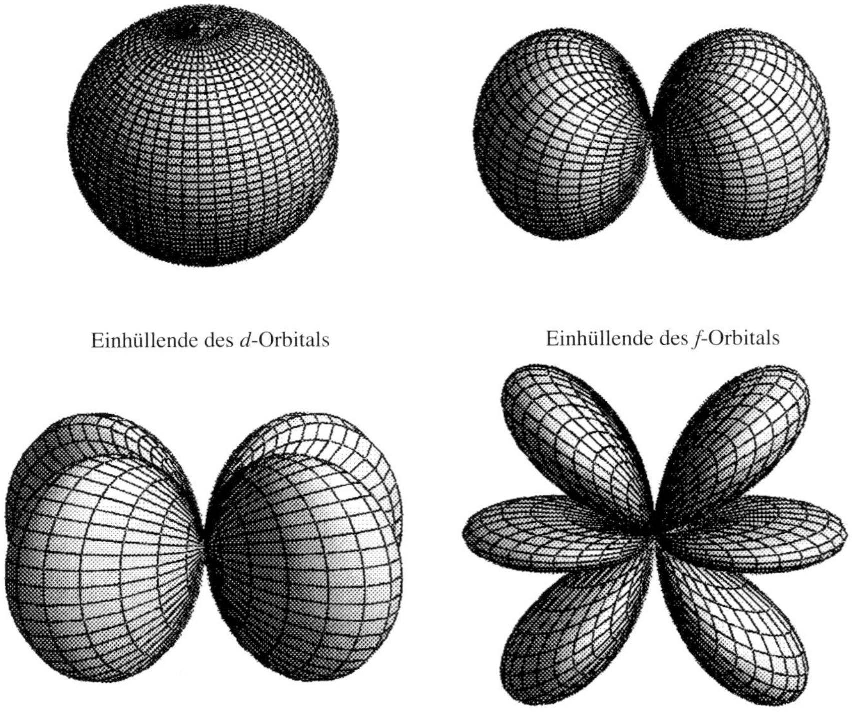

Abb. 10-1(c)

Darstellungen der Einhüllenden (Abb. 10-1(c)).

10.15 Die generell zu befolgende Regel bei der Bestimmung der kommutativen Eigenschaften besagt, dass Operatoren, die keine Variablen gemeinsam haben, zueinander kommutativ sind. Wir betrachten die Kommutation von $\hat{l}_z$ mit dem Hamilton-Operator. Dies lässt sich am einfachsten in Kugelkoordinaten durchführen.

$$\hat{l}_z = \frac{\hbar}{\mathrm{i}}\frac{\partial}{\partial\phi} \quad \text{(vgl. Aufgabe 9.28 und Abschnitt 9.3.1, insbesondere Gl. (9-46)).}$$

$$H = -\frac{\hbar^2}{2\mu}\nabla^2 + V \quad (\textit{Zusatzinformation } 10\text{-}1) \quad V = -\frac{Ze^2}{4\pi\varepsilon_0 r}$$

Da V keine Variable mit $\hat{l}_z$ gemeinsam hat, sind dieser Teil des Hamilton-Operators und $\hat{l}_z$ kommutativ.

Nach *Begründung* 9-7 kann man schreiben:

$$\nabla^2 = (\text{Terme nur mit } r) + (\text{Terme nur mit } \theta) + \frac{1}{r^2\sin^2\theta}\frac{\partial^2}{\partial\phi^2}.$$

Die Terme nur mit r und die Terme nur mit θ sind zwangsläufig kommutativ mit $\hat{l}_z$ (Terme nur mit ϕ). Der letzte Term in ∇^2 enthält $\frac{\partial^2}{\partial\phi^2}$; dies ist kommutativ mit $\frac{\partial}{\partial\phi}$, weil ein Operator immer mit sich selbst kommutativ ist. Aus der Symmetrie können wir nun Folgendes ableiten: Wenn H mit $\hat{l}_z$ kommutiert, dann muss der Hamilton-Operator auch mit $\hat{l}_x$ und $\hat{l}_y$ kommutativ sein, da diese Ausdrücke durch eine einfache Koordinatentransformation miteinander verknüpft sind. Dieser Zusammenhang wird sich als nützlich herausstellen, wenn man die Kommutation von l^2 und H zeigen will. Wir bilden

$$\hat{l}^2 = \hat{l} \cdot \hat{l} = (i\hat{l}_x + j\hat{l}_y + k\hat{l}_Z) \cdot (i\hat{l}_x + j\hat{l}_y + k\hat{l}_z) = \hat{l}_x^2 + \hat{l}_y^2 + \hat{l}_z^2.$$

Wenn H mit jedem der $\hat{l}_x$, $\hat{l}_y$ und $\hat{l}_z$ kommutiert, dann auch mit $\hat{l}_x^2$, $\hat{l}_y^2$ und $\hat{l}_z^2$. Somit kommutiert H auch mit $\hat{l}^2$. Daher ist H sowohl mit $\hat{l}^2$ als auch mit $\hat{l}_z$ kommutativ.

Anmerkung: Wie am Ende von Abschnitt 8.3.3 beschrieben, können die physikalischen Eigenschaften, die mit nicht-kommutativen Operatoren zusammenhängen, nicht gleichzeitig genau bekannt sein. Weil aber H, $\hat{l}^2$ und $\hat{l}_z$ jeweils miteinander kommutativ sind, können wir die Energie, den gesamten Bahndrehimpuls und dessen Projektion auf eine beliebige Achse gleichzeitig genau angeben.

10.17

$$\langle r^m \rangle_{nl} = \int r^m \, |\psi_{nl}|^2 \, \mathrm{d}\tau = \int_0^\infty \int_0^{2\pi} \int_0^\pi r^{m+2} \, |R_{nl} Y_{l0}|^2 \sin(\theta) \, \mathrm{d}\theta \, \mathrm{d}\phi \, \mathrm{d}r$$
$$= \int_0^\infty r^{m+2} \, |R_{nl}|^2 \, \mathrm{d}r \int_0^{2\pi} \int_0^\pi |Y_{l0}|^2 \sin(\theta) \, \mathrm{d}\theta \, \mathrm{d}\phi = \int_0^\infty r^{m+2} \, |R_{nl}|^2 \, \mathrm{d}r.$$

Mit $r = (na_0/2Z)\rho$ und $m = -1$ beträgt der Erwartungswert

$$\langle r^{-1} \rangle_{nl} = \left(\frac{na_0}{2Z}\right)^2 \int_0^\infty \rho \, |R_{nl}|^2 \, \mathrm{d}\rho.$$

(a)

$$\left\langle r^{-1} \right\rangle_{1s} = \left(\frac{a_0}{2Z}\right)^2 \left\{ 2 \left(\frac{Z}{a_0}\right)^{3/2} \right\}^2 \int_0^\infty \rho \, \mathrm{e}^{-\rho} \, \mathrm{d}\rho \quad \text{[Tabelle 10-1]}$$
$$= \frac{Z}{a_0} \quad \text{weil} \quad \int_0^\infty \rho \, \mathrm{e}^{-\rho} \, \mathrm{d}\rho = 1.$$

(b)

$$\left\langle r^{-1} \right\rangle_{2s} = \left(\frac{a_0}{Z}\right)^2 \left\{ \frac{1}{8^{1/2}} \left(\frac{Z}{a_0}\right)^{3/2} \right\}^2 \int_0^\infty \rho \, (2-\rho)^2 \, \mathrm{e}^{-\rho} \mathrm{d}\rho \quad \text{[Tabelle 10-1]}$$
$$= \frac{Z}{8a_0} (2) \quad \text{weil} \quad \int_0^\infty \rho \, (2-\rho)^2 \, \mathrm{e}^{-\rho} \, \mathrm{d}\rho = 2.$$
$$\left\langle r^{-1} \right\rangle_{2s} = \frac{Z}{4a_0}.$$

(c)

$$\langle r^{-1}\rangle_{2p} = \left(\frac{a_0}{Z}\right)^2 \left\{\frac{1}{24^{1/2}}\left(\frac{Z}{a_0}\right)^{3/2}\right\}^2 \int_0^\infty \rho^3\, \mathrm{e}^{-\rho}\mathrm{d}\rho \quad \text{[Tabelle 10-1]}$$

$$= \frac{Z}{24a_0}(6) \quad \text{weil} \quad \int_0^\infty \rho^3\, \mathrm{e}^{-\rho}\,\mathrm{d}\rho = 6.$$

$$\langle r^{-1}\rangle_{2p} = \frac{Z}{4a_0}.$$

Die allgemeine Formel für ein wasserstoffähnliches Orbital ist $\langle r^{-1}\rangle_{nl} = \dfrac{Z}{n^2 a_0}$.

10.19 Die Bahn ist genau definiert, was nach der Quantenmechanik nicht zulässig ist.

Der Drehimpuls eines dreidimensionalen Systems ist nicht durch $n\hbar$ gegeben, sondern durch $\{l(l+1)\}^{1/2}\hbar$. Der Grundzustand des Bohr'schen Atommodells hat einen Bahndrehimpuls (nämlich $l = 1$), der reale Grundzustand hat aber keinen Drehimpuls ($l = 0$). Darüber hinaus ist die Verteilung des Elektrons in beiden Fällen unterschiedlich. Die beiden Modelle lassen sich experimentell unterscheiden, indem man (1) anhand der magnetischen Eigenschaften zeigt, dass der Bahndrehimpuls im Grundzustand null ist, und indem man (2) die Elektronenverteilung untersucht (beispielsweise durch den Nachweis, dass Elektron und Kern sich berühren, vgl. Kapitel 15).

10.21 In *Begründung* 10-4 hatten wir gesehen, dass das Übergangsdipolmoment μ_{fi} nicht null sein darf, damit ein Übergang erlaubt ist. Wir haben dort dann Bedingungen untersucht, in denen die z-Komponente dieser Größe ungleich null war. In dieser Aufgabe untersuchen wir die x- und die y-Komponenten.

$$\mu_{x,\mathrm{fi}} = -e\int \psi_\mathrm{f}^* x \psi_\mathrm{i}\,\mathrm{d}\tau \quad \text{und} \quad \mu_{y,\mathrm{fi}} = -e\int \psi_\mathrm{f}^* y \psi_\mathrm{i}\,\mathrm{d}\tau.$$

Wie in der *Begründung* drücken wir zunächst die entsprechenden kartesischen Variablen mithilfe der Kugelflächenfunktionen $Y_{l,m}$ aus. Dazu schreiben wir sie zunächst in sphärischen Polarkoordinaten (Kugelkoordinaten):

$$x = r\sin\theta\cos\phi \quad \text{und} \quad y = r\sin\theta\sin\phi.$$

Beachten Sie, dass $Y_{1,1}$ und $Y_{1,-1}$ einen Faktor mit $\sin\theta$ enthalten. Aber sie enthalten auch komplexe Exponentialfunktionen, die wiederum mit der Sinus- und der Kosinusfunktion in ϕ zusammenhängen, und zwar über die Identitäten

$$\cos\phi = 1/2(\mathrm{e}^{\mathrm{i}\phi} + \mathrm{e}^{-\mathrm{i}\phi}) \quad \text{und} \quad \sin\phi = 1/2\mathrm{i}(\mathrm{e}^{\mathrm{i}\phi} - \mathrm{e}^{-\mathrm{i}\phi}).$$

Diese Beziehungen geben den Anstoß, Linearkombinationen $Y_{1,1} + Y_{1,-1}$ und $Y_{1,1} - Y_{1,-1}$ zu probieren. Wir entnehmen sie der Tabelle 9-3; das hier verwendete c entspricht der Normalierungskonstante in der Tabelle. Das führt zu:

$$Y_{1,1} + Y_{1,-1} = -c \sin\theta(\mathrm{e}^{\mathrm{i}\phi} + \mathrm{e}^{-\mathrm{i}\phi}) = -2c \sin\theta \cos\phi = -2cx/r,$$

also $x = -(Y_{1,1} + Y_{1,-1})r/2c$, und

$$Y_{1,1} - Y_{1,-1} = c \sin\theta(\mathrm{e}^{\mathrm{i}\phi} - \mathrm{e}^{-\mathrm{i}\phi}) = 2\mathrm{i}c \sin\theta \sin\phi = 2\mathrm{i}cy/r,$$

also $y = (Y_{1,1} - Y_{1,-1})r/2ic$.

Nun können wir die Integrale mithilfe der radialen Wellenfunktion $R_{n,l}$ und der Kugelflächenfunktionen Y_{l,m_l} ausdrücken:

$$\mu_{x,\mathrm{fi}} = \frac{e}{2c}\int_0^\infty R_{n_\mathrm{f},l_\mathrm{f}} r R_{n_\mathrm{i},l_\mathrm{i}} r^2 \,\mathrm{d}r \int_0^\pi \int_0^{2\pi} Y^*_{l_\mathrm{f},m_{l_\mathrm{f}}}(Y_{1,1} + Y_{1,-1})Y_{l_\mathrm{i},m_{l_\mathrm{i}}} \sin\theta \,\mathrm{d}\theta \,\mathrm{d}\phi.$$

Das winkelabhängige Integral lässt sich in zwei Integrale zerlegen, von denen das eine $Y_{1,1}$ und das andere $Y_{1,-1}$ enthält. Nach der „Drei-Integral-Beziehung“ von *Kommentar* 9-6 verschwindet das Integral

$$\int_0^\pi \int_0^{2\pi} Y^*_{l_\mathrm{f},m_{l_\mathrm{f}}} Y_{1,1} Y_{l_\mathrm{i},m_{l_\mathrm{i}}} \sin\theta \,\mathrm{d}\theta \,\mathrm{d}\phi$$

außer für die Fälle $l_\mathrm{f} = l_\mathrm{i} \pm 1$ und $m_\mathrm{f} = m_\mathrm{i} \pm 1$. Aus dem Integral, das $Y_{1,-1}$ enthält, lassen sich keine weiteren Bedingungen ableiten; auch dieses Integral verschwindet außer für die Fälle $l_\mathrm{f} = l_\mathrm{i} \pm 1$ und $m_{l_\mathrm{f}} = m_{l_\mathrm{i}} \pm 1$.

Entsprechend lassen sich aus der x-Komponente keine weiteren Bedingungen ableiten, da hier dieselben Kugelflächenfunktionen wie für die x-Komponente vorkommen. Damit kommen wir zu einem vollständigen Satz von Auswahlregeln: Es sind nur die Übergänge zugelassen, für die gilt

$$\Delta l = \pm 1 \text{ und } \Delta m_l = 0 \text{ oder } \pm 1.$$

10.23 (a) Die Slater-Determinante ist nach Gl. (10-32)

$$\psi(1,2,3,\ldots,N) = \frac{1}{(N!)^{1/2}} \begin{vmatrix} \psi_a(1)\alpha(1) & \psi_a(2)\alpha(2) & \psi_a(3)\alpha(3) & \cdots & \psi_a(N)\alpha(N) \\ \psi_a(1)\beta(1) & \psi_a(2)\beta(2) & \psi_a(3)\beta(3) & \cdots & \psi_a(N)\beta(N) \\ \psi_b(1)\alpha(1) & \psi_b(2)\alpha(2) & \psi_b(3)\alpha(3) & \cdots & \psi_b(N)\alpha(N) \\ \vdots & \vdots & \vdots & \vdots & \vdots \\ \psi_z(1)\beta(1) & \psi_z(2)\beta(2) & \psi_z(3)\beta(3) & \cdots & \psi_z(N)\beta(N) \end{vmatrix}.$$

Das Vertauschen von zwei Spalten oder Zeilen verändert die Funktion nicht, bis auf einen Wechsel des Vorzeichens. Beispielsweise ergibt die obige Determinante nach dem Vertauschen von der ersten und der zweiten Spalte

$$\psi(1,2,3,\ldots,N) = \frac{-1}{(N!)^{1/2}} \begin{vmatrix} \psi_a(2)\alpha(2) & \psi_a(1)\alpha(1) & \psi_a(3)\alpha(3) & \cdots & \psi_a(N)\alpha(N) \\ \psi_a(2)\beta(2) & \psi_a(1)\beta(1) & \psi_a(3)\beta(3) & \cdots & \psi_a(N)\beta(N) \\ \psi_b(2)\alpha(2) & \psi_b(1)\alpha(1) & \psi_b(3)\alpha(3) & \cdots & \psi_b(N)\alpha(N) \\ \vdots & \vdots & \vdots & \vdots & \vdots \\ \psi_z(2)\beta(2) & \psi_z(1)\beta(1) & \psi_z(3)\beta(3) & \cdots & \psi_z(N)\beta(N) \end{vmatrix}$$

$$= -\psi(2,1,3,\ldots,N).$$

Dies zeigt, dass die Slater-Determinante bei einem Teilchenaustausch antisymmetrisch ist.

(b) Die Möglichkeit, dass zwei Elektronen dasselbe Orbital mit demselben Spin besetzen, wollen wir untersuchen, indem wir zwei beliebige Zeilen der Slater-Determinante identisch machen und damit für zwei Zeilen identische Bahn- und Spinfunktionen ansetzen. In der untenstehenden Slater-Determinante sollen die Zeilen 1 und 2 identisch sein. Vertauscht man diese beiden Zeilen, so muss das Vorzeichen der Determinante wechseln, ohne dass die Determinante selbst sich ändert:

$$\psi(1,2,3,\ldots,N) = \frac{1}{N!^{1/2}} \begin{vmatrix} \psi_a(1)\alpha(1) & \psi_a(2)\alpha(2) & \psi_a(3)\alpha(3) & \cdots & \psi_a(N)\alpha(N) \\ \psi_a(1)\alpha(1) & \psi_a(2)\alpha(2) & \psi_a(3)\alpha(3) & \cdots & \psi_a(N)\alpha(N) \\ \psi_b(1)\alpha(1) & \psi_b(2)\alpha(2) & \psi_b(3)\alpha(3) & \cdots & \psi_b(N)\alpha(N) \\ \vdots & \vdots & \vdots & \vdots & \vdots \\ \psi_z(1)\beta(1) & \psi_z(2)\beta(2) & \psi_z(3)\beta(3) & \cdots & \psi_z(N)\beta(N) \end{vmatrix}$$

$$= -\psi(2,1,3,\ldots,N) = -\psi(1,2,3,\ldots,N).$$

Diese Beziehung wird nur durch die Nullfunktion erfüllt, die gleich ihrem eigenen Negativen ist. Die Nullfunktion verträgt sich aber nicht mit der Existenz eines Teilchens. Wir können also schließen, dass die Slater-Determinante das Pauli-Prinzip (vgl. Abschnitt 10.2.1) erfüllt. Nach diesem Prinzip können nicht zwei Elektronen mit demselben Spin dasselbe Orbital besetzen.

Anwendungsaufgaben

10.25 Die Wellenzahl eines spektroskopischen Übergangs hängt mit der Energiedifferenz der betreffenden Energieniveaus zusammen. Etwa für ein Einelektronenatom oder -ion gilt folgende Beziehung:

$$hc\tilde{\nu} = \Delta E = \frac{Z^2\mu_{\mathrm{He}}e^4}{32\pi^2\varepsilon_0^2\hbar^2 n_1^2} - \frac{Z^2\mu_{\mathrm{He}}e^4}{32\pi^2\varepsilon_0^2\hbar^2 n_2^2} = \frac{Z^2\mu_{\mathrm{He}}e^4}{32\pi^2\varepsilon_0^2\hbar^2}\left(\frac{1}{n_2^2} - \frac{1}{n_1^2}\right).$$

Wir nutzen die Definition $\hbar = h/2\pi$ und wissen, dass für Helium $Z = 2$ gilt. Dann lösen wir nach $\tilde{\nu}$ auf und erhalten

$$\tilde{\nu} = \frac{\mu_{\mathrm{He}}e^4}{2\varepsilon_0^2 h^3 c}\left(\frac{1}{n_2^2} - \frac{1}{n_1^2}\right).$$

Beachten Sie, dass die Wellenzahlen proportional zur reduzierten Masse sind, die aber für beide Isotope sehr nahe bei der Elektronenmasse liegt. Um sie unterscheiden zu können, muss man auf etliche Stellen nach dem Komma rechnen.

$$\tilde{\nu} = \frac{\mu_{\mathrm{He}}(1.60218 \times 10^{-19}\,\mathrm{C})^4}{2(8.85419 \times 10^{-12}\,\mathrm{J^{-1}\,C^2\,m^{-1}})^2 \times (6.62607 \times 10^{-34}\,\mathrm{J\,s})^3 \times (2.99792 \times 10^{10}\,\mathrm{cm\,s^{-1}})} \times \left(\frac{1}{n_2^2} - \frac{1}{n^2}\right)$$

$$\tilde{\nu}/\mathrm{cm^{-1}} = 4.81870 \times 10^{35}(\mu_{\mathrm{He}}/\mathrm{kg})\left(\frac{1}{n_2^2} - \frac{1}{n_1^2}\right).$$

Die reduzierte Masse für die Kerne von ^{4}He und ^{3}He berechnet man gemäß

$$\mu = \frac{m_e m_{Kern}}{m_e + m_{Kern}}.$$

Für ^{4}He gilt dabei $m_{Kern} = 4.00260\,u$, für ^{3}He gilt $m_{Kern} = 3.01603\;u$. In Kilogramm ist

$$^4\text{He}\, m_{Kern} = (4.00260\,u) \times (1.66054 \times 10^{-27}\,\text{kg u}^{-1}) = 6.64648 \times 10^{-27}\,\text{kg},$$

$$^3\text{He}\, m_{Kern} = (3.01603\,u) \times (1.66054 \times 10^{-27}\,\text{kg u}^{-1}) = 5.00824 \times 10^{-27}\text{kg}.$$

Die reduzierten Massen sind dann

$$^4\text{He}\, \mu = \frac{(9.10939 \times 10^{-31}\,\text{kg}) \times (6.64648 \times 10^{-27}\,\text{kg})}{(9.10939 \times 10^{-31} + 6.64648 \times 10^{-27})\,\text{kg}} = 9.10814 \times 10^{-31}\,\text{kg},$$

$$^3\text{He}\, \mu = \frac{(9.10939 \times 10^{-31}\,\text{kg}) \times (5.00824 \times 10^{-27}\,\text{kg})}{(9.10939 \times 10^{-31} + 5.00824 \times 10^{-27})\,\text{kg}} = 9.10773 \times 10^{-31}\,\text{kg}.$$

Damit lassen sich endlich die Wellenzahlen für den Übergang $n = 3 \rightarrow n = 2$ berechnen:

$$^4\text{He}\, \tilde{\nu} = (4.81870 \times 10^{35}) \times (9.10814 \times 10^{-31}) \times (1/4 - 1/9)\,\text{cm}^{-1} = 60957.4\;\text{cm}^{-1},$$

$$^3\text{He}\, \tilde{\nu} = (4.81870 \times 10^{35}) \times (9.10773 \times 10^{-31}) \times (1/4 - 1/9)\,\text{cm}^{-1} = 60954.7\,\text{cm}^{-1}.$$

Die Wellenzahlen für den Übergang $n = 2 \rightarrow n = 1$ sind

$$^4\text{He}\, \tilde{\nu} = (4.81870 \times 10^{35}) \times (9.10814 \times 10^{-31}) \times (1/1 - 1/4)\,\text{cm}^{-1} = 329\,170\,\text{cm}^{-1},$$

$$^3\text{He}\, \tilde{\nu} = (4.81870 \times 10^{35}) \times (9.10773 \times 10^{-31}) \times (1/1 - 1/4)\,\text{cm}^{-1} = 329\,155\,\text{cm}^{-1}.$$

10.27 (a) Berechnen Sie die Frequenzverhältnisse ν_{Stern}/ν für alle drei Linien. Die Wellenlängen sind gegeben, damit können wir die folgende Beziehung nutzen:

$$\frac{\nu_{Stern}}{\nu} = \frac{\lambda}{\lambda_{Stern}}.$$

Damit ergeben sich die Verhältnisse

$$\frac{438.392\,\text{nm}}{438.882\,\text{nm}} = 0.998884, \quad \frac{440.510\,\text{nm}}{441.000\,\text{nm}} = 0.998889 \quad \text{und} \quad \frac{441.510\,\text{nm}}{442.020\,\text{nm}} = 0.998846.$$

Die Frequenzen der Sternlinien sind allesamt geringer als die der stationären Linien; wir schließen daraus, dass der Stern sich von der Erde fortbewegt. Der Doppler-Effekt bringt

$$\nu_{weg} = \nu f \quad \text{mit} \quad f = \left(\frac{1 - s/c}{1 + s/c}\right)^{1/2} \quad \text{und folglich}$$

$$f^2(1 + s/c) = (1 - s/c), \quad (f^2 + 1)s/c = 1 - f^2, \quad s = \frac{1 - f^2}{1 + f^2}c.$$

Unser Durchschnittswert von f ist 0.998873. (Beachten Sie: Die Unsicherheit ist größer als die Zahl der aufgeführten Kommastellen hier nahelegt; bei einer sorgfältigeren Untersuchung müsste man die Unsicherheit explizit berücksichtigen.) Die Radialgeschwindigkeit des Sterns in Bezug auf die Erde ist

$$s = \left(\frac{1 - 0.997747}{1 + 0.997747}\right) c = 1.128 \times 10^{-3}\, c = 3.381 \times 10^5\,\text{m s}^{-1}.$$

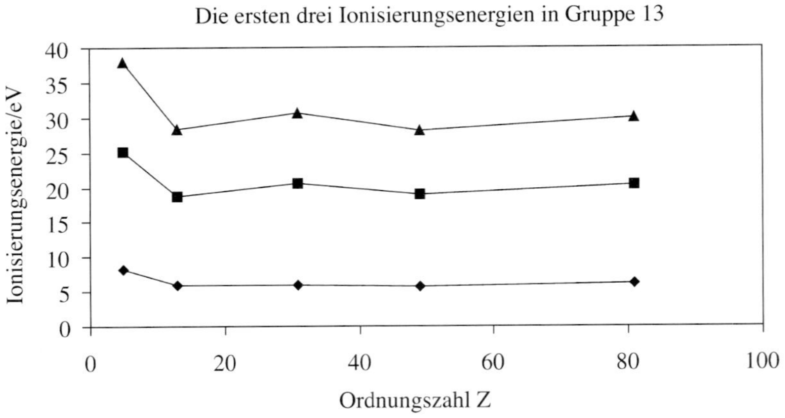

Abb. 10-2

(b) Um die Radialgeschwindigkeit des Sterns bezüglich der Sonne berechnen zu können, benötigt man die Geschwindigkeit der Erde bezüglich der Sonne entlang des Vektors Sonne–Stern zum Zeitpunkt der Spektralmessung. Man kann sie anhand von Größen abschätzen, die durch astronomische Beobachtungen zugänglich sind: Die Bahngeschwindigkeit der Erde mal dem Kosinus des Winkels zwischen dem Geschwindigkeitsvektor und dem Vektor Sonne–Stern zum Zeitpunkt der Spektralmessung. (Die Richtung Erde–Stern, die ein Astronom auf der Erde feststellen kann, ist praktisch identisch mit der Richtung Sonne–Stern, die korrekterweise benutzt werden müsste.) Alternativ kann man das Experiment ein halbes Jahr später wiederholen. Zu diesem Zeitpunkt haben die Bewegungsgrößen der Erde bezüglich der Sonne praktisch denselben Betrag, sind aber gegenüber dem Ausgangsexperiment entgegengesetzt. Bildet man dann den Durchschnitt der f-Werte aus den beiden Experimenten, erhält man einen f-Wert, aus dem die Erdbewegung recht effektiv herausgemittelt ist.

10.29 Betrachten Sie Abb. 10-2.

Trends:

(i) Für die Ionisierungsenergien gilt $I_1 < I_2 < I_3$, weil die Kernabschirmung jeweils abnimmt, wenn sukzessive ein Elektron herausgeschlagen wird.

(ii) Die Ionisierungsenergien von Bor sind erheblich größer als die der anderen Elemente derselben Gruppe, weil die Valenzschale von Bor sehr klein ist und darum wenig Kernabschirmung bietet. Das Boratom ist viel kleiner als das Aluminiumatom.

(iii) Die Ionisierungsenergien von Al, Ga, In und Tl sind vergleichbar, obwohl die aufeinander folgenden Valenzschalen weiter vom Kern entfernt sind; dies liegt daran, dass die bei einem großen Atomradius zu erwartende Abnahme der Ionisierungsenergie durch eine Zunahme der effektiven Kernladung aufgewogen wird.

11 | Molekülstruktur

Diskussionsfragen

11.1 Unser Vergleich der zwei Theorien konzentriert sich auf die Konstruktion von Probefunktionen für das Wasserstoffmolekül mit der jeweils einfachsten Version der beiden Theorien. In der Valenzbindungstheorie ist die Probefunktion eine Linearkombination aus zwei einfachen Produktwellenfunktionen, bei denen sich das eine Elektron vollständig in einem Orbital von Atom A und das andere vollständig in einem Orbital von Atom B befindet (vgl. dazu die Gleichungen (11-1) und (11-2) sowie Abb. 11-2 im Lehrbuch. Zu der Wellenfunktion gibt es keine Beiträge aus Produkten, in denen beide Elektronen sich entweder in Atom A oder Atom B befinden. Aus diesem Grund unterschätzt die Valenzbindungstheorie (d. h. sie ignoriert völlig) alle ionischen Anteile der Probenfunktion. Sie ist eine vollständig kovalente Funktion. Die Molekülorbitalfunktion des Wasserstoffatoms ist ein Produkt aus zwei Funktionen der Form von Gl. (11-8), die jeweils für ein Elektron gelten:

$$\psi = [A(1) \pm B(1)][A(2) \pm B(2)] = A(1)A(2) + B(1)B(2) + A(1)B(2) + B(1)A(2).$$

Diese Funktion gibt der ionischen Form ein ebenso hohes Gewicht wie den kovalenten Formen. Der Molekülorbitalansatz überschätzt die ionischen Anteile erheblich. Bei diesen groben Formen der Näherung liegen die Dissoziationsenergien, die durch die Valenzbindungsmethode gefunden werden, näher bei den experimentellen Werten. Verfeinert man die Molekülorbitalmethode jedoch, so ist sie der Ansatz der Wahl, um Ergebnisse sowohl für zweiatomige als auch für mehratomige Moleküle zu berechnen (vgl. dazu Abschnitt 11.4.).

11.3 Sowohl das Pauling- als auch das Mulliken-Verfahren zur Messung der Kraft, mit der ein Atom Elektronen anzieht, scheinen chemisch sinnvoll zu sein. Beim Blick auf Gl. (11-23) (d. h. die Pauling-Skala) erkennen wir, dass für den Fall, dass D(A—B) gleich 1/2 [D(A—A) + D(B—B)] ist, die berechnete Differenz der Elektronegativitäten null sein muss, wie man es für vollständig nichtpolare Bindungen erwartet. Damit kann man sich jede Verstärkung der A—B-Bindung über das Mittel der A—B- und B—B-Bindungen hinaus zu Recht als durch die Polarität der A—B-Bindung verursacht vorstellen, was wiederum auf die Differenz der Elektronegativitäten der beteiligten Atome zurückgeht. Daher kann man die Differenz der Bindungsstärken als Maß für die Differenz der Elektronegativitäten verwenden. Um einen Zahlenwert für die einzelnen Atome zu erhalten, muss man einen Referenzwert für die Elektronegativität ansetzen. Man wählt willkürlich den Wert für Fluor als 4.0.

Arbeitsbuch Physikalische Chemie. 4. Auflage. P. W. Atkins, C. A. Trapp, M. P. Cady und C. Giunta

ISBN: 978-3-527-31828-5

Die Mulliken-Skala erscheint auf den ersten Blick intuitiver als die Pauling-Skala, weil wir es gewöhnt sind, die Ionisierungsenergie und die Elektronenaffinitäten als Maß für die Elektronenanziehungskraft eines Atoms zu verwenden. Die Wahl des Faktors 1/2 ist aber völlig willkürlich (wenn auch nachvollziehbar) und nicht beliebiger als die spezielle Form von Gl. (11-23), mit der die Pauling-Skala definiert ist.

11.5 Die Hückel-Näherung parametrisiert – jedenfalls mehr als dass sie die Werte wirklich berechnet – die Energieintegrale α und β, die in der Molekülorbitaltheorie auftauchen. Sie werden als veränderliche Parameter betrachtet, deren Zahlenwert erst am Ende der Rechnung beim Vergleich mit experimentell erhaltenen Werten bestimmt wird. Das Überlappungsintegral wird vernachlässigt und null gesetzt. Drei weitere drastische Vereinfachungen (vgl. S. 436 im Lehrbuch) lassen viele Terme aus der Säkulardeterminante entfallen und machen es einfacher, die Gleichungen zu lösen: Alle Diagonalterme der Determinante werden gleich $\alpha - E$ gesetzt; die Resonanzterme für benachbarte (d. h. für gebundene) Atome haben alle denselben Wert β; und alle anderen Nichtdiagonalelemente sind null. (In den frühen Tagen der Quantenchemie, vor dem Aufkommen der Computertechnik, war die einfache Lösbarkeit ein wichtiges Kriterium; ohne diese Näherungen wären Rechnungen mit mehratomigen Molekülen nur schwierig durchzuführen gewesen.)

Die einfache Hückel-Näherung wird normalerweise nur bei der Berechnung der π-Elektronenenergien in konjugierten organischen Systemen verwendet. Die einfache Näherung beruht auf der Annahme, dass die σ- und π-Elektronensysteme in dem Molekül separierbar sind. Das ist eine sehr grobe Näherung und funktioniert am besten, wenn die Lage der Energieniveaus im Wesentlichen durch die Symmetrie des Moleküls bestimmt wird. (Siehe Kapitel 12.)

11.7 Die Grundzustandskonfigurationen der Valenzelektronen ist im Lehrbuch in den Abb. 11-31–11-33 und 11-37 dargestellt.

N_2	$1\sigma_g^2 1\sigma_u^2 1\pi_u^4 2\sigma_g^2$	$b = 3$	$2S + 1 = 0$
O_2	$1\sigma_g^2 1\sigma_u^2 2\sigma_g^2 1\pi_u^4 1\pi_g^2$	$b = 2$	$2S + 1 = 3$
NO	$1\sigma^2 2\sigma^2 3\sigma^2 1\pi^4 2\pi^1$	$b = 2\frac{1}{2}$	$2S + 1 = 2$

Die nachfolgenden Abbildungen zeigen jeweils die höchsten besetzten Molekülorbitale (HOMO). Die schattierten bzw. unschattierten Keulen stellen entgegengesetzte Vorzeichen der Wellenfunktionen dar. Ein relativ großes Atomorbital spiegelt den wichtigsten Beitrag zum Molekülorbital wieder.

N_2 2σ-Molekülorbital

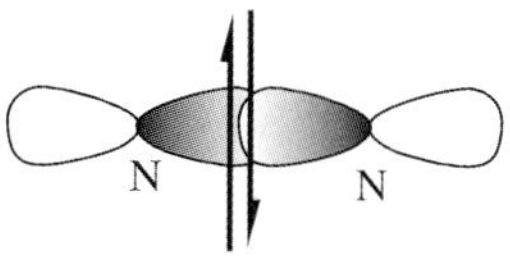

O_2 $1\pi_g$ Molekülorbital, zweifach entartet

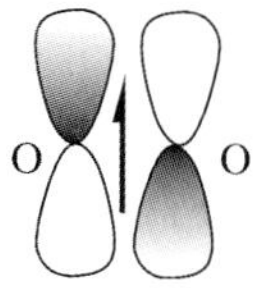

NO 2π

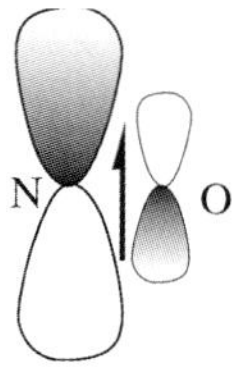

Distickstoff mit einer Bindungsordnung von drei und gepaarten Elektronen in relativ niedrigen Molekülorbitalen ist gar nicht reaktiv. Man benötigt spezielle biologische (oder industrielle) Prozesse, um die Energie zuzuführen, damit 2σ-Elektronen in höherenergetische, reaktive Zustände übergehen. Von dem hochenergetischen $1\pi_g$-LUMO erwartet man nicht, dass es stabile Komplexe mit Elektronenspendern bildet.

Molekularer Stickstoff ist in den meisten biologischen Organismen sehr stabil. In der Folge ist es schwierig, das reichlich vorhandene atmosphärische N_2 in die festen Formen von Stickstoff umzuwandeln, die in Proteine eingebaut werden können. Dass N_2 keine ungepaarten Elektronen aufweist, ist eines der Hindernisse für eine erhöhte Reaktivität, ein weiteres Hindernis ist die große Stärke (hohe Dissoziationsenergie) der N_2-Bindung. Die Molekülorbitaltheorie erklärt beide Hindernisse, indem sie für N_2 eine Konfiguration annimmt, die eine hohe Bindungsordnung (Dreifachbindung), in der alle Elektronen gepaart sind, zur Folge hat. (Vgl. Abb. 11-33 im Lehrbuch.)

Molekularer Sauerstoff (O_2) ist kinetisch stabil, weil die Bindungsordnung zwei beträgt und die effektive Kernladung hoch ist, sodass die Molekülorbitale eine relativ niedrige Energie haben. Aber zwei Elektronen sind im energiereichen $1\pi_g$-HOMO-Niveau, das zweifach entartet ist. Diese zwei Elektronen sind ungepaart und können zur Bindung von molekularem Sauerstoff mit anderen Spezies betragen, etwa an die atomaren Radikale Fe(II) von Hämoglobin und Cu(II) in der Elektronentransportkette. Wenn genügend (wenn auch nicht übermäßig viel) Energie verfügbar ist, können biologische Prozesse ein Elektron in dieses HOMO kanalisieren und so ein reaktives Superoxidanion mit der Bindungsordnung $1\frac{1}{2}$ erzeugen. Das hat zur Folge, dass O_2 in biologischen Systemen sehr reaktiv ist in der Hinsicht, dass Funktionen (wie die Atmung) gefördert werden oder das System zerstört wird (Beschädigung von Zellen).

Obwohl die Bindungsordnung von Stickoxid $2\frac{1}{2}$ beträgt, ändert sich die effektive Kernladung des Stickstoffkerns weniger als sie sich bei einem Sauerstoffatom ändern würde. Daher ist das eine Elektron des 2π-HOMO-Niveaus ein energiereiches, reaktives Radikal im Vergleich zum HOMO von molekularem Sauerstoff. Außerdem erwartet man von dem HOMO, das antibindend und vorwiegend auf dem Stickstoffatom zentriert ist, dass es durch den Stickstoff hindurch bindet. Die Oxidation kann dann durch den Verlust des

Radikalelektrons auftreten; dabei bildet sich das Nitrosyl-Ion NO^+ mit einer Bindungsordnung von zwei. Obwohl es eine recht hohe Bindungsordnung aufweist, ist NO durch Reaktion mit O_2^- leicht in das reaktive, schädigende Peroxynitrit-Ion (ONOO–) umzuwandeln, ohne die NO-Bindung zu zerbrechen.

Leichte Aufgaben

A11.1a Schauen Sie sich Abb. 11-33 im Lehrbuch an. Platzieren Sie zwei der Valenzelektronen in jedem Orbital, beginnend mit dem niedrigstenergetischen Orbital, bis alle Valenzelektronen platziert sind. Wenden Sie nun die Hund'sche Regel an, um die entarteten Orbitale aufzufüllen.

(a) Li_2 (2 Elektronen) $1\sigma^2,\ b = 1$,

(b) Be_2 (4 Elektronen) $1\sigma^2 2\sigma^{*2},\ b = 0$,

(c) C_2 (8 Elektronen) $1\sigma^2 2\sigma^{*2} 1\pi^4,\ b = 2$.

A11.2a Beachten Sie, dass CO und CN^{-1} isoelektronisch mit N_2 sind und dass NO isoelektronisch mit N_2^- ist; verwenden Sie daher Abb. 11-33 im Lehrbuch.

(a) CO (10 Elektronen) $1\sigma^2 2\sigma^{*2} 1\pi^4 3\sigma^2 \quad b = 3$.

(b) NO (11 Elektronen) $1\sigma^2 2\sigma^{*2} 1\pi^4 3\sigma^2 2\pi^{*1} \quad b = 2.5$.

(c) CN^- (10 Elektronen) $1\sigma^2 2\sigma^{*2} 1\pi^4 3\sigma^2 \quad b = 3$.

A11.3a

$$B_2(6\ \text{Elektronen}): \quad 1\sigma^2 2\sigma^{*2} 1\pi^2 \quad b = 1.$$

$$C_2(8\ \text{Elektronen}): \quad 1\sigma^2 2\sigma^{*2} 1\pi^4 \quad b = 2.$$

Die Bindungsordnungen von B_2 und C_2 sind 1 bzw. 2. Es sollte also C_2 die größere Dissoziationsenergie haben. Die experimentellen Werte sind 4 eV bzw. 6 eV.

A11.4a Wir können eine Abwandlung von Abb. 11-31 aus dem Lehrbuch verwenden: Wie man in Abb. 11-1 sieht, sind die Energieniveaus von F niedriger als die von Xe.

Für XeF bauen wir 15 Valenzelektronen ein. Da die Bindungsordnung zunimmt, wenn sich XeF^+ aus XeF bildet (weil ein Elektron aus einem antibindenden Orbital entfernt wird), hat XeF^+ eine kürzere Bindungslänge als XeF.

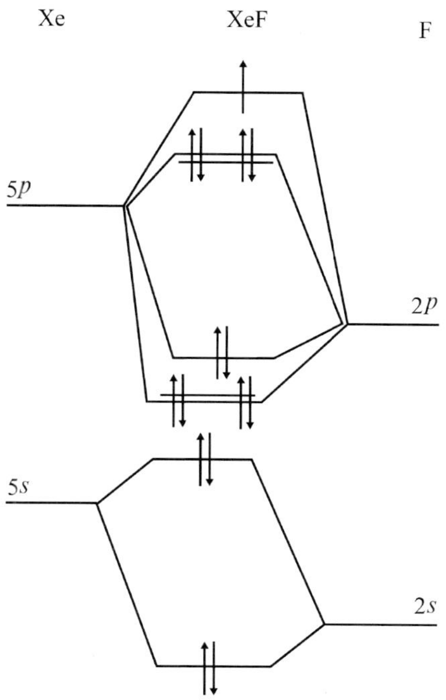

Abb. 11-1

A11.5a Man benutzt die Elektronenkonfigurationen, um die Bindungsordnungen zu bestimmen. Höhere Bindungsordnungen entsprechen kürzeren Bindungslängen.

Die Bindungsordnung von NO und N_2 beträgt 2.5 bzw. 4 (vgl. Aufgabe A11.1b und A11.2a); demnach sollte N_2 die kürzere Bindungslänge haben. Die experimentellen Werte sind 115 pm bzw. 110 pm.

A11.6a Wir müssen zeigen, dass gilt $\int \psi^2 \, d\tau = 1$. Dabei soll gelten $\psi = (s + \sqrt{2}p)/\sqrt{3}$.

$$\int \psi^2 \, d\tau = \frac{1}{3} \int (s + \sqrt{2}p)^2 \, d\tau = \frac{1}{3} \int (s^2 + 2p^2 + 2\sqrt{2}sp) \, d\tau = \frac{1}{3}(1 + 2 + 0) = 1$$

Dies folgt wegen

$$\int s^2 d\tau = 1, \quad \int p^2 d\tau = 1 \quad \text{und} \quad \int sp \, d\tau = 0 \quad \text{(Orthogonalität).}$$

A11.7a Wir berechnen $\int (\psi_A + \psi_B)(\psi_A - \psi_B) \, d\tau$ und schauen uns das Ergebnis an. Wenn das Integral null ist, dann sind Funktionen zueinander orthogonal.

$$\int (\psi_A^2 - \psi_B^2) \, d\tau = 1 - 1 = 0.$$

Sie sind also orthogonal.

A11.8a Die Probefunktion genügt den Bindungsbedingungen eines Teilchens in einem Kasten, die Funktion ist also verwendbar. Die zu dieser Wellenfunktion gehörige Energie ist nach Gl. (11-26):

$$E_{\text{Probe}} = \frac{\int \psi^* \hat{H} \psi \, \mathrm{d}\tau}{\int \psi^* \psi \, \mathrm{d}\tau}.$$

Nun drücken wir ψ als $xL - x^2$ aus. Der auf die Probefunktion wirkende Hamilton-Operator ist

$$H\psi = \frac{-\hbar^2}{2m} \frac{\mathrm{d}^2}{\mathrm{d}x^2}(xL - x^2) = \frac{\hbar^2}{m}.$$

Der Zähler ist

$$\int \psi^* \hat{H} \psi \, \mathrm{d}\tau = \int_0^L (xL - x^2) \frac{\hbar^2}{m} \mathrm{d}x = \frac{\hbar^2}{m} (x^2 L/2 - x^3/3) \Big|_0^L = \frac{\hbar^2 L^3}{6m}.$$

Der Nenner ist

$$\int \psi^* \psi \, \mathrm{d}\tau = \int_0^L (xL - x^2)^2 \mathrm{d}x = \int_0^L (x^2 L^2 - 2x^3 L + x^4) \mathrm{d}x,$$

$$\int \psi^* \psi \, \mathrm{d}\tau = (x^3 L^2/3 - x^4 L/2 + x^5/5) \Big|_0^L = L^5/30.$$

Die Energie ist

$$E_{\text{Probe}} = \frac{\hbar^2 L^3/6m}{L^5/30} = \frac{5\hbar^2}{mL^2} = \frac{5h^2}{4\pi^2 m L^2}.$$

Die exakte Grundzustandsenergie ist

$$E = \frac{h^2}{8mL^2}.$$

Die Probeenergie ist also um einen Faktor

$$\frac{5/4\pi^2}{1/8} = 1.013$$

größer als die genaue Antwort. Weitere Details: W. Tandy Grubbs, „Variational methods applied to the particle in the box“ in einer Online-Sammlung von Mathcad-Dokumenten zur Physikalischen Chemie (http://bluehawk.monmouth.edu/~tzielins/mathcad/TGrubbs/doc002.htm).

A11.9a Die zur Probefunktion gehörige Energie ist nach Gl. (11-26):

$$E_{\text{Probe}} = \frac{\int \psi^* H \psi \, d\tau}{\int \psi^* \psi \, d\tau}.$$

Wir betrachten diesen Ausdruck Stück für Stück. Der Hamilton-Operator ist

$$H = -\frac{\hbar^2}{2\mu}\nabla^2 - \frac{e^2}{4\pi\varepsilon_0 r}.$$

Beachten Sie, dass die Probefunktion nur vom Abstand abhängt (nicht von den Winkeln). Daher können wir die winkelabhängigen Anteile der kinetischen Energie entfernen und schreiben

$$H\psi = -\frac{\hbar^2}{2\mu}\left(\frac{d^2\psi}{dr^2} + \frac{2}{r}\frac{d\psi}{dr}\right) - \frac{e^2\psi}{4\pi\varepsilon_0 r}.$$

Wir brauchen die Ableitungen

$$\frac{d\psi}{dr} = \frac{dAe^{-ar^2}}{dr} = -2arAe^{-ar^2}$$

und

$$\frac{d^2\psi}{dr^2} = -2aAe^{-ar^2} - 2arAe^{-ar^2}(-2ar) = -2aAe^{-ar^2}(1-2ar^2).$$

Der auf die Probefunktion wirkende Hamilton-Operator ist

$$H\psi = -\frac{\hbar^2}{2\mu}\left(-2aAe^{-ar^2}(1-2ar^2) - \frac{2}{r}(2arAe^{-ar^2})\right) - \frac{e^2Ae^{-ar^2}}{4\pi\varepsilon_0 r},$$

$$H\psi = \frac{\hbar^2 aAe^{-ar^2}}{\mu}(3-2ar^2) - \frac{e^2Ae^{-ar^2}}{4\pi\varepsilon_0 r}.$$

Die Integrale müssen nur über r integriert werden, denn die Integration über Winkel in Zähler und Nenner ergibt sich auslöschende Faktoren von 4π. Der Zähler ist

$$\int \psi^* H\psi \, d\tau = \int_0^\infty Ae^{-ar^2}\left(\frac{\hbar^2 aAe^{-ar^2}}{\mu}(3-2ar^2) - \frac{e^2Ae^{-ar^2}}{4\pi\varepsilon_0 r}\right) r^2 dr,$$

$$\int \psi^* H\psi \, d\tau = A^2\int_0^\infty e^{-2ar^2}\left(\frac{\hbar^2 a}{\mu}(3r^2-2ar^4) - \frac{e^2 r}{4\pi\varepsilon_0}\right) dr.$$

Wir müssen also folgende bestimmte Integrale berechnen:

$$\int_0^\infty x^{2n}e^{-bx^2}dx = \frac{1\cdot 3\cdot 5\cdots(2n-1)}{2^{n+1}b^n}\left(\frac{\pi}{b}\right)^{1/2} \quad \text{mit } b = 2a \text{ sowie } n = 1 \text{ und } 2$$

$$\text{und} \quad \int_0^\infty x^{2n+1}e^{-bx^2}dx = \frac{n!}{2b^{n+1}} \quad \text{mit } b = 2a \text{ und } n = 0.$$

Der Zähler ist also

$$\int \psi^* H \psi \mathrm{d}\tau = A^2 \left(\frac{\hbar^2 a}{\mu}\right)\left(\frac{3}{2^2(2a)} - \frac{2a \cdot 3}{2^3(2a)^2}\right)\left(\frac{\pi}{2a}\right)^{1/2} - A^2\left(\frac{e^2}{4\pi\varepsilon_0}\right)\frac{1}{2\,(2a)},$$

$$\int \psi^* H \psi \mathrm{d}\tau = \left(\frac{3A^2\hbar^2}{16\mu}\right)\left(\frac{\pi}{2a}\right)^{1/2} - \frac{A^2 e^2}{16\pi\varepsilon_0 a}.$$

Der Nenner ist

$$\int \psi^* \psi \mathrm{d}\tau = \int_0^\infty (A\mathrm{e}^{-ar^2})r^2 \mathrm{d}r = A^2 \int_0^\infty r^2 \mathrm{e}^{-2ar^2}\mathrm{d}r = \frac{A^2}{2^2(2a)}\left(\frac{\pi}{2a}\right)^{1/2}$$

$$= \frac{A^2}{8a}\left(\frac{\pi}{2a}\right)^{1/2}.$$

Damit ergibt sich schließlich die Energie:

$$E_{\text{Probe}} = \frac{(3A^2\hbar^2/16\mu)(\pi/2a)^{1/2} - (A^2e^2/16\pi\varepsilon_0 a)}{(A^2/8a)(\pi/2a)^{1/2}} = \frac{3a\hbar}{2\mu} - \frac{e^2}{\varepsilon_0}\left(\frac{a}{2\pi^3}\right)^{1/2}.$$

A11.10a Wegen der Energieerhaltung wird die Energie des Elektrons bei seiner Absorption auf das Elektron übertragen. Ein Teil davon überwindet die Bindungsenergie (Ionisierungsenergie), der Rest ist die kinetische Energie des nunmehr freigesetzten Elektrons.

$$E_{\text{Photon}} = I + E_{\text{kin}}.$$

$$\text{also} \quad E_{\text{kin}} = E_{\text{Photon}} - I = \frac{hc}{\lambda} - I$$

$$= \frac{(6.626 \times 10^{-34}\,\mathrm{J\,s}) \times (2.998 \times 10^8\,\mathrm{m\,s^{-1}})}{(100 \times 10^{-9}\,\mathrm{nm}) \times (1.602 \times 10^{-19}\,\mathrm{J\,eV^{-1}})} - 11.0\,\mathrm{eV}$$

$$= 1.4\,\mathrm{eV} = 2.2 \times 10^{-19}\,\mathrm{J}.$$

A11.11a Die Molekülorbitale der Fragmente und die daraus gebildeten Molekülorbitale sind in Abb. 11-2 gezeigt.

Anmerkung: Beachten Sie, dass das π-bindende Orbital energetisch niedriger liegen muss als das σ-antibindende Orbital, damit in Ethen eine π-Binding vorliegt.

Frage: Könnte das Ethen-Molekül existieren, wenn die Reihenfolge der π- und der σ^*-Orbitale umgekehrt wäre?

A11.12a Um die Säkulardeterminante aufzustellen, benutzen wir die Näherung aus Abschnitt 11.4.1.

$$(a) \quad \begin{vmatrix} \alpha - E & \beta & 0 \\ \beta & \alpha - E & \beta \\ 0 & \beta & \alpha - E \end{vmatrix} = 0 \qquad (b) \quad \begin{vmatrix} \alpha - E & \beta & \beta \\ \beta & \alpha - E & \beta \\ \beta & \beta & \alpha - E \end{vmatrix} = 0$$

Die Grundlage sind jeweils die Atomorbitale $1s_A$, $1s_B$, $1s_C$. In linearem H_3 ignorieren wir die Überlappung von A und C, weil A und C keine benachbarten Atome sind; in dem dreieckigen Molekül H_3 müssen wir sie jedoch berücksichtigen, weil A und C hier benachbart sind.

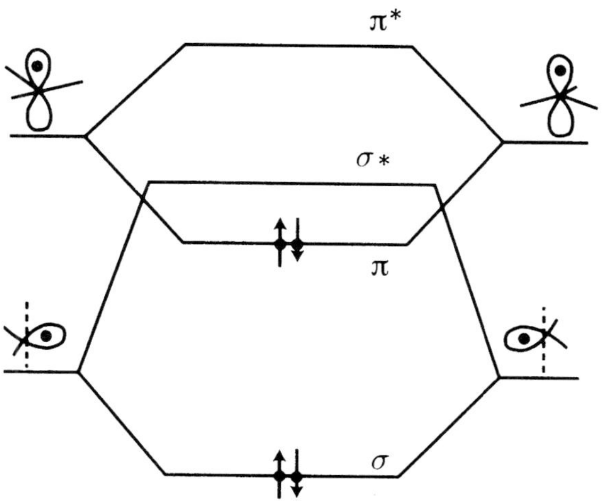

Abb. 11-2

A11.13a In der folgenden Darstellung sind die Zeilen und Spalten der Säkulardeterminante nummeriert, um sie etwas übersichtlicher zu machen.

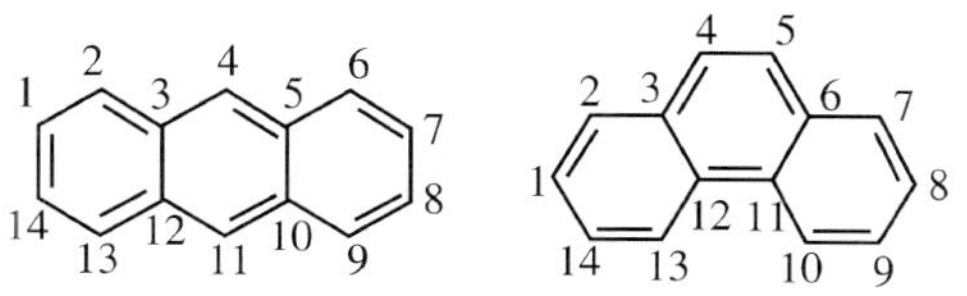

Anthracen   Phenanthren

(a) Die Säkulardeterminante von Anthracen in der Hückel-Näherung ist

	1	2	3	4	5	6	7	8	9	10	11	12	13	14
1	$\alpha-E$	β	0	0	0	0	0	0	0	0	0	0	0	β
2	β	$\alpha-E$	β	0	0	0	0	0	0	0	0	0	0	0
3	0	β	$\alpha-E$	β	0	0	0	0	0	0	0	β	0	0
4	0	0	β	$\alpha-E$	β	0	0	0	0	0	0	0	0	0
5	0	0	0	β	$\alpha-E$	β	0	0	0	β	0	0	0	0
6	0	0	0	0	β	$\alpha-E$	β	0	0	0	0	0	0	0
7	0	0	0	0	0	β	$\alpha-E$	β	0	0	0	0	0	0
8	0	0	0	0	0	0	β	$\alpha-E$	β	0	0	0	0	0
9	0	0	0	0	0	0	0	β	$\alpha-E$	β	0	0	0	0
10	0	0	0	0	β	0	0	0	β	$\alpha-E$	β	0	0	0
11	0	0	0	0	0	0	0	0	0	β	$\alpha-E$	β	0	0
12	0	0	β	0	0	0	0	0	0	0	β	$\alpha-E$	β	0
13	0	0	0	0	0	0	0	0	0	0	0	β	$\alpha-E$	β
14	β	0	0	0	0	0	0	0	0	0	0	0	β	$\alpha-E$

.

(b) Die Säkulardeterminante von Phenanthren in der Hückel-Näherung ist

	1	2	3	4	5	6	7	8	9	10	11	12	13	14
1	$\alpha-E$	β	0	0	0	0	0	0	0	0	0	0	0	β
2	β	$\alpha-E$	β	0	0	0	0	0	0	0	0	0	0	0
3	0	β	$\alpha-E$	β	0	0	0	0	0	0	0	β	0	0
4	0	0	β	$\alpha-E$	β	0	0	0	0	0	0	0	0	0
5	0	0	0	β	$\alpha-E$	β	0	0	0	0	0	0	0	0
6	0	0	0	0	β	$\alpha-E$	β	0	0	0	β	0	0	0
7	0	0	0	0	0	β	$\alpha-E$	β	0	0	0	0	0	0
8	0	0	0	0	0	0	β	$\alpha-E$	β	0	0	0	0	0
9	0	0	0	0	0	0	0	β	$\alpha-E$	β	0	0	0	0
10	0	0	0	0	0	0	0	0	β	$\alpha-E$	β	0	0	0
11	0	0	0	0	0	β	0	0	0	β	$\alpha-E$	β	0	0
12	0	0	β	0	0	0	0	0	0	0	β	$\alpha-E$	β	0
13	0	0	0	0	0	0	0	0	0	0	0	β	$\alpha-E$	β
14	β	0	0	0	0	0	0	0	0	0	0	0	β	$\alpha-E$

Schwerere Aufgaben

Rechenaufgaben

11.1 Wir haben $\psi_{\mathrm{A}} = \cos kx$ (gemessen von A) und $\psi_{\mathrm{B}} = \cos k'(x-R)$, wobei x von A gemessen ist.

Mit $\psi = \psi_{\mathrm{A}} + \psi_{\mathrm{B}}$ und wegen $\cos(a-b) = \cos a \cos b + \sin a \sin b$ ist dann

$$\psi = \cos kx + \cos k'(x-R) = \cos kx + \cos k'R \cos k'x + \sin k'R \sin k'x.$$

(a) $k = k' = \dfrac{\pi}{2R}$; $\cos k'R = \cos\dfrac{\pi}{2} = 0$; $\sin k'R = \sin\dfrac{\pi}{2} = 1$. $\psi = \cos\dfrac{\pi x}{2R} + \sin\dfrac{\pi x}{2R}$.

In der Mitte ist $x = \dfrac{1}{2}R$ und daher

$$\psi\left(\frac{1}{2}R\right) = \cos\frac{1}{4}\pi + \sin\frac{1}{4}\pi = 2^{1/2}.$$

Es liegt also konstruktive Interferenz vor ($\psi > \psi_{\mathrm{A}}, \psi_{\mathrm{B}}$).

(b) $k = \dfrac{\pi}{2R}$, $k' = \dfrac{3\pi}{2R}$; $\cos k'R = \cos\dfrac{3\pi}{2} = 0$, $\sin k'R = -1$.

$$\psi = \cos\frac{\pi x}{2R} - \sin\frac{3\pi x}{2R}.$$

In der Mitte ist $x = \dfrac{1}{2}R$ und damit

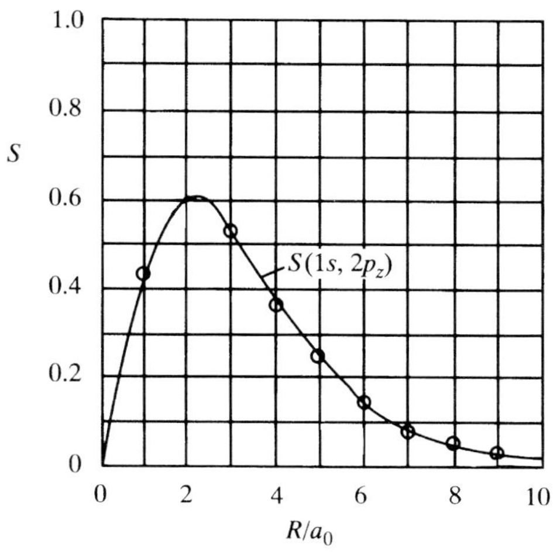

Abb. 11-3

$$\psi\left(\frac{1}{2}R\right) = \cos\frac{1}{4}\pi - \sin\frac{3}{4}\pi = 0.$$

Es liegt also destruktive Interferenz vor ($\psi < \psi_A, \psi_B$).

11.3 Das s-Orbital erstreckt sich in den Bereich, wo das p-Orbital eine negative Amplitude hat. Wenn die Zentren zusammenfallen, kann der Bereich mit positivem Überlappungsintegral den negativen Bereich auslöschen. Erstellen Sie die folgende Tabelle:

R/a_0	0	1	2	3	4	5	6	7	8	9	10
S	0	0.429	0.588	0.523	0.379	0.241	0.141	0.078	0.041	0.021	0.01

Die Punkte sind in Abb. 11-3 eingetragen. Die maximale Überlappung tritt bei $R = 2.1a_0$ auf.

11.5 Mit ψ_+ und ψ_-, wie sie in Aufgabe 11.4 gegeben sind, erhalten wir die Elektronendichten aus $\rho_+ = \psi_+^2$ und $\rho_- = \psi_-^2$.

$$\psi_\pm = N_\pm \left(\frac{1}{\pi a_0^3}\right)^{1/2} \{e^{-|z|/a_0} \pm e^{-|z-R|/a_0}\}$$

mit

$$N_+ = \left(\frac{1}{2(1+S)}\right)^{1/2} = \left(\frac{1}{2(1+0.586)}\right)^{1/2} = 0.561$$

und

$$N_- = \left(\frac{1}{2(1-S)}\right)^{1/2} = \left(\frac{1}{2(1-0.586)}\right)^{1/2} = 1.09\overline{9}.$$

Damit gilt

$$\rho_{\pm} = N_{\pm}^2 \left(\frac{1}{\pi a_0^3}\right) \{e^{-|z|/a_0} \pm e^{-|z-R|/a_0}\}^2.$$

Wir berechnen nun die Faktoren vor den Exponentialausdrücken in ψ_+ und ψ_-:

$$N_+ \left(\frac{1}{\pi a_0^3}\right)^{1/2} = 0.561 \times \left(\frac{1}{\pi \times (52.9\,\text{pm})^3}\right)^{1/2} = \frac{1}{1216\,\text{pm}^{3/2}}.$$

Entsprechend ist $N_- \left(\frac{1}{\pi a_0^3}\right)^{1/2} = \frac{1}{621\,\text{pm}^{3/2}}.$ Es folgt

$$\rho_+ = \frac{1}{(1216)^2\,\text{pm}^3} \{e^{-|z|/a_0} + e^{-|z-R|/a_0}\}^2$$

$$\rho_- = \frac{1}{(621)^2\,\text{pm}^3} \{e^{-|z|/a_0} - e^{-|z-R|/a_0}\}^2.$$

Die „atomare" Dichte ist

$$\rho = \frac{1}{2}\{\psi_{1s}(\text{A})^2 + \psi_{1s}(\text{B})^2\} = \frac{1}{2} \times \left(\frac{1}{\pi a_0^3}\right) \{e^{-2r_\text{A}/a_0} + e^{-2r_\text{B}/a_0}\}$$

$$= \frac{e^{-2r_\text{A}/a_0} + e^{-2r_\text{B}/a_0}}{9.30 \times 10^5 \text{pm}^3} = \frac{e^{-2|z|/a_0} + e^{-2|z-R|/a_0}}{9.30 \times 10^5 \text{pm}^3}.$$

Die Differenzdichte ist $\delta\rho_{\pm} = \rho_{\pm} - \rho.$

Mit den Angaben aus Aufgabe 11.4 stellen wir nun die folgende Tabelle auf:

z/pm	−100	−80	−60	−40	−20	0	20	40
$\rho_+ \times 10^7/\text{pm}^{-3}$	0.20	0.42	0.90	1.92	4.09	8.72	5.27	3.88
$\rho_- \times 10^7/\text{pm}^{-3}$	0.44	0.94	2.01	4.27	9.11	19.40	6.17	0.85
$\rho \times 10^7/\text{pm}^{-3}$	0.25	0.53	1.13	2.41	5.15	10.93	5.47	3.26
$\delta\rho_+ \times 10^7/\text{pm}^{-3}$	−0.05	−0.11	−0.23	−0.49	−1.05	−2.20	−0.20	0.62
$\delta\rho_- \times 10^7/\text{pm}^{-3}$	0.19	0.41	0.87	1.86	3.96	8.47	0.70	−2.40

z/pm	60	80	100	120	140	160	180	200
$\rho_+ \times 10^7/\text{pm}^{-3}$	3.73	4.71	7.42	5.10	2.39	1.12	0.53	0.25
$\rho_- \times 10^7/\text{pm}^{-3}$	0.25	4.02	14.41	11.34	5.32	2.50	1.17	0.55
$\rho \times 10^7/\text{pm}^{-3}$	3.01	4.58	8.88	6.40	3.00	1.41	0.66	0.31
$\delta\rho_+ \times 10^7/\text{pm}^{-3}$	0.70	0.13	−1.46	−1.29	−0.61	−0.29	−0.14	−0.06
$\delta\rho_- \times 10^7/\text{pm}^{-3}$	−2.76	−0.56	5.54	4.95	2.33	1.09	0.51	0.24

Die Dichten sind in Abb. 11-4(a) aufgetragen, die Differenzdichten in Abb. 11-4(b).

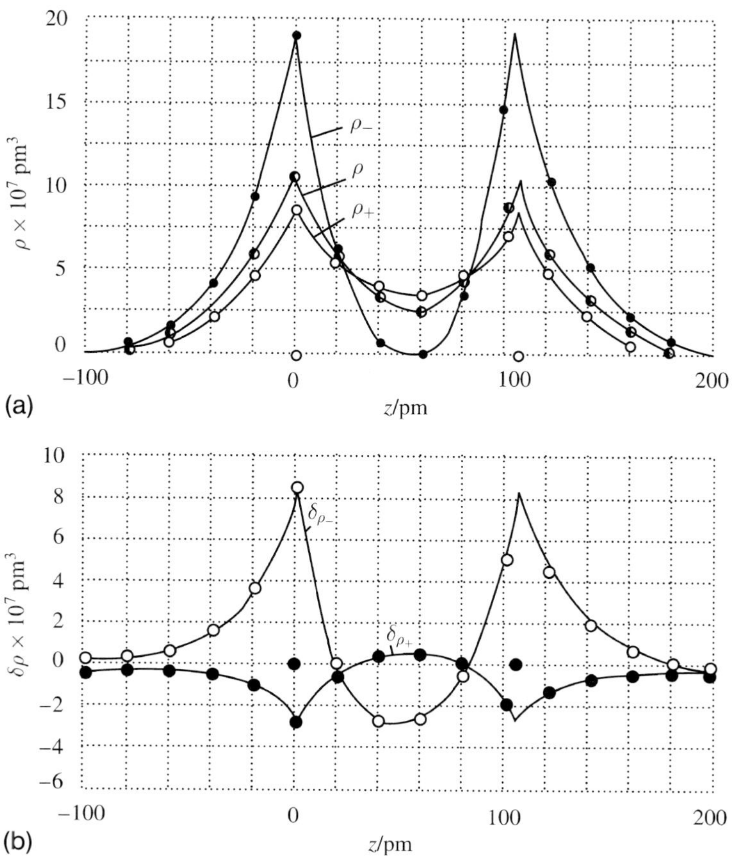

Abb. 11-4

11.7 $P = |\psi|^2 \mathrm{d}\tau \approx |\psi|^2 \delta\tau$ mit $\delta\tau = 1.00\,\mathrm{pm}^3$.

(a) Wie in Aufgabe 11.5 ist

$$\psi_+^2(z=0) = \rho_+(z=0) = 8.7 \times 10^{-7}\,\mathrm{pm}^{-3}.$$

Die Wahrscheinlichkeit, das Elektron in dem Volumen $\delta\tau$ beim Kern A anzutreffen, ist daher

$$P = 8.6 \times 10^{-7}\,\mathrm{pm}^{-3} \times 1.00\,\mathrm{pm}^3 = 8.6 \times 10^{-7}.$$

(b) Wegen der Symmetrie (oder indem wir $z = 106\,\mathrm{pm}$ setzen) erhalten wir $P = 8.6 \times 10^{-7}$.

(c) Nach Abb. 11-4(a) ist $\psi_+^2\left(\frac{1}{2}R\right) = 3.7 \times 10^{-7}\,\mathrm{pm}^{-3}$ und daher $P = 3.7 \times 10^{-7}$.

(d) Nach Abb. 11-5 ist der betreffende Punkt 22.4 pm von A und 86.6 pm von B entfernt.

Damit folgt $\psi = \dfrac{\mathrm{e}^{-22.4/52.9} + \mathrm{e}^{-86.6/52.9}}{1216\,\mathrm{pm}^{3/2}} = \dfrac{0.65 + 0.19}{1216\,\mathrm{pm}^{3/2}} = 6.98 \times 10^{-4}\,\mathrm{pm}^{-3/2}$.

$\psi^2 = 4.9 \times 10^{-7}\,\mathrm{pm}^{-3}$, und daher $P = 4.9 \times 10^{-7}$.

Für das antibindende Orbital verfahren wir ganz entsprechend:

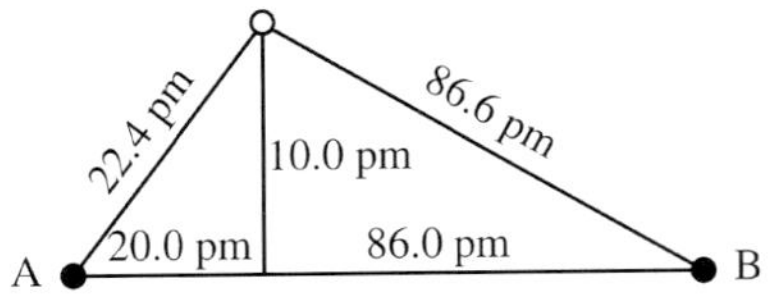

Abb. 11-5

(a) Ähnlich wie in Aufgabe 11.5 ist $\psi_-^2(z=0) = 19.6 \times 10^{-7}\,\text{pm}^{-3}$ und damit $P = 2.0 \times 10^{-6}$.

(b) Wegen der Symmetrie ist $P = 2.0 \times 10^{-6}$.

(c) Wegen $\psi_-^2\left(\frac{1}{2}R\right) = 0$ ist $P = 0$.

(d) Wir berechnen ψ_- an dem in Abb. 11-5 angegebenen Punkt:

$$\psi_- = \frac{0.65 - 0.19}{621\,\text{pm}^{3/2}} = 7.41 \times 10^{-4}\,\text{pm}^{-3/2}.$$

$$\psi_-^2 = 5.49 \times 10^{-7}\,\text{pm}^{-3}, \quad \text{und damit} \quad P = 5.5 \times 10^{-7}.$$

11.9 Nach Gl. (10-17) haben wir $E_\text{H} = E_1 = -hcR_\text{H}$.

Mit den entsprechenden Daten erstellen wir die unten stehende Tabelle. Dabei benutzen wir die Zusammenhänge

$$\frac{e^2}{4\pi\varepsilon_0 R} = \frac{e^2}{4\pi\varepsilon_0 a_0} \times \frac{a_0}{R} = \frac{e^2}{4\pi\varepsilon_0 \times (4\pi\varepsilon_0\hbar^2/m_\text{e}e^2)} \times \frac{a_0}{R}$$
$$= \frac{m_\text{e}e^4}{16\pi^2\varepsilon_0^2\hbar^2} \times \frac{a_0}{R} = E_\text{h} \times \frac{a_0}{R}$$

(dabei haben wir $E_\text{h} \equiv \dfrac{m_\text{e}e^4}{16\pi^2\varepsilon_0^2\hbar^2} = 2hcR_\text{H}$ gesetzt) und erhalten so $\dfrac{(e^2/4\pi\varepsilon_0 R)}{E_\text{h}} = \dfrac{a_0}{R}$.

Damit ergibt sich die folgende Tabelle:

$R\,/\,a_0$	0	1	2	3	4	∞
$(e^2/4\pi\varepsilon_0 R)/E_\text{h}$	∞	1	0.500	0.333	0.250	0
$(V_1 - V_2)/E_\text{h}$	0	−0.007	0.031	0.131	0.158	0
$(E - E_H)/E_\text{h}$	∞	1.049	0.425	0.132	0.055	0

Die Punkte sind in Abb. 11-6 aufgetragen. Der Beitrag V_2 nimmt rasch ab, weil er von der Überlappung der beiden Orbitale abhängt.

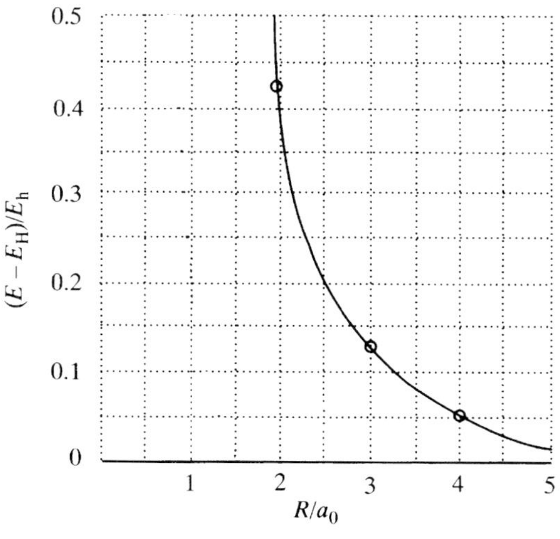

Abb. 11-6

11.11 Der Abstand zwischen den Kernen $\langle r \rangle_n \approx n^2 a_0$ würde etwa doppelt so hoch sein wie der mittlere Abstand eines Wasserstoffelektrons vom Kern ($\approx 1.06 \times 10^6$ pm) für ein Atom im Zustand $n = 100$. Diese Entfernung ist so groß, dass jede der folgenden Abschätzungen anwendbar ist.

Resonanzintegral, $\beta \approx -\delta$ (für $\delta \approx 0$).

Überlappungsintegral, $S \approx \varepsilon$ (mit $\varepsilon \approx 0$).

Coulomb-Integral, $\alpha \approx E_{n=100}$ für atomaren Wasserstoff.

$$\begin{aligned} \text{Bindungsenergie} &= 2\{E_+ - E_{n=100}\} \\ &= 2\left\{\frac{\alpha + \beta}{1 - S} - E_{n=100}\right\} \\ &= 2\{\alpha - E_{n=100}\} \\ &\approx 0. \end{aligned}$$

Kraftkonstante der Schwingung: $k \approx 0$ wegen der schwachen Bindungsenergie.

Rotationskonstante: $B = \hbar^2/2hcI = \hbar^2/2hc\mu r_{AB}^2 \approx 0$, weil r_{AB}^2 so groß ist.

Die Bindungsenergie ist so klein, dass das Rydberg-Molekül schon bei thermischen Energien leicht auseinanderbricht. Es ist daher kaum wahrscheinlich, dass es viel länger existiert als für eine Schwingungsperiode.

11.13 In der einfachen Hückel-Näherung haben wir

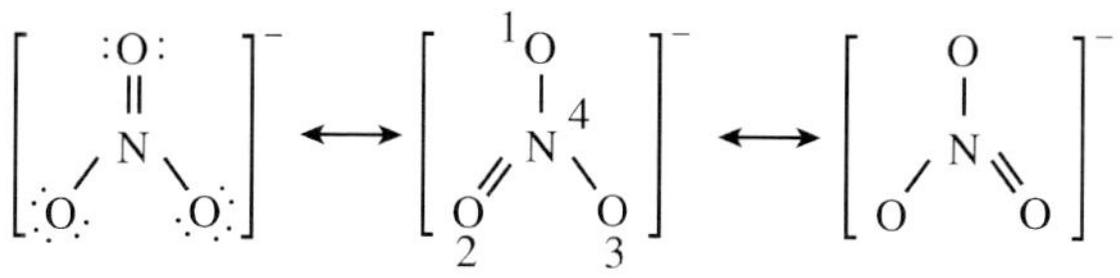

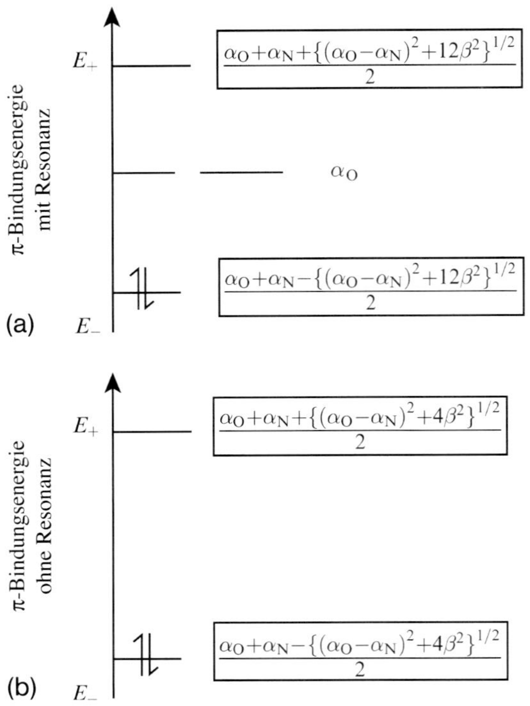

Abb. 11-7

$$\begin{vmatrix} \alpha_O - E & 0 & 0 & \beta \\ 0 & \alpha_O - E & 0 & \beta \\ 0 & 0 & \alpha_O - E & \beta \\ \beta & \beta & \beta & \alpha_N - E \end{vmatrix} = 0.$$

$$(E - \alpha_O)^2 \times \{(E - \alpha_O) \times (E - \alpha_N) - 3\beta^2\} = 0.$$

Daher sind die Wurzeln

$$E - \alpha_O = 0\,(\text{doppelt}) \quad \text{und} \quad (E - \alpha_O) \times (E - \alpha_N) - 3\beta^2 = 0.$$

Jede Gleichung lässt sich, wie Abb. 11.7(a) zeigt, leicht lösen, wenn man die erlaubten Werte von E mithilfe von α_O, α_N und β ausdrückt. Die quadratische Gleichung ist im zweiten Fall anwendbar.

Im Gegensatz dazu leitet man die π-Energien ohne Resonanz nur für eine der drei Strukturen her, d. h. für eine Struktur mit einer einzigen lokalisierten π-Bindung.

$$\begin{vmatrix} \alpha_O - E & \beta \\ \beta & \alpha_N - E \end{vmatrix} = 0.$$

Wenn wir die Determinante entwickeln und nach E auflösen, erhalten wir das in Abb. 11.7(b) gezeigte Ergebnis.

$$\text{Delokalisierungsenergie} = 2\,\{E_-(\text{mit Resonanz}) - E_-(\text{ohne Resonanz})\}$$
$$= \{(\alpha_O - \alpha_N)^2 + 12\beta^2\}^{1/2} - \{(\alpha_O - \alpha_N)^2 + 4\beta^2\}^{1/2}.$$

Für $\beta^2 \ll (\alpha_\mathrm{O} - \alpha_\mathrm{N})^2$ ergibt sich

$$\text{Delokalisierungsenergie} \approx \frac{4\beta^2}{(\alpha_\mathrm{O} - \alpha_\mathrm{N})}.$$

11.15 (a) Die Übergänge treten für Photonen auf, deren Energien gleich der Energiedifferenz zwischen dem höchsten besetzten und dem niedrigsten unbesetzten Orbitalniveau ist:

$$E_\mathrm{photon} = E_\mathrm{LUMO} - E_\mathrm{HOMO}.$$

Wir bezeichnen mit N die Anzahl der Kohlenstoffatome in den Spezies. Dann gibt N auch die Anzahl der π-Elektronen an. Diese N Elektronen besetzen die ersten $N/2$ Orbitale; demnach ist $N/2$ das HOMO- und $1 + N/2$ das LUMO. Drücken wir die Photonenenergie mithilfe der Wellenzahl aus und setzen die gegebenen Energieausdrücke in diese Ausdrücke für das HOMO und das LUMO ein, so erhalten wir

$$\begin{aligned} hc\tilde{\nu} &= \left(\alpha + 2\beta \cos \frac{(\frac{1}{2}N + 1)\pi}{N+1}\right) - \left(\alpha + 2\beta \cos \frac{\frac{1}{2}N\pi}{N+1}\right) \\ &= 2\beta \left(\cos \frac{(\frac{1}{2}N + 1)\pi}{N+1} - \cos \frac{\frac{1}{2}N\pi}{N+1}\right). \end{aligned}$$

Auflösen nach β ergibt

$$\beta = \frac{hc\tilde{\nu}}{2\left(\cos \frac{(\frac{1}{2}N + 1)\pi}{N+1} - \cos \frac{\frac{1}{2}N\pi}{N+1}\right)}.$$

Damit können wir die folgende Tabelle aufstellen:

Spezies	N	$\tilde{\nu}/\mathrm{cm}^{-1}$	β/eV (geschätzt)
C_2H_4	2	61500	−3.813
C_4H_6	4	46080	−4.623
C_6H_8	6	39750	−5.538
C_8H_{10}	8	32900	−5.873

(b) Die Gesamtenergie des π-Elektronensystems ergibt sich als Summe der Energien der besetzten Orbitale, gewichtet mit den Anzahlen der Elektronen, die die Orbitale besetzen. In C_8H_{10} ist jedes der vier Orbitale doppelt besetzt, es gilt also

$$E_\pi = 2\sum_{k=1}^{4} E_k = 2\sum_{k=1}^{4}\left(\alpha + 2\beta \cos\frac{k\pi}{9}\right) = 8\alpha + 4\beta\sum_{k=1}^{4}\cos\frac{k\pi}{9} = 8\alpha + 9.518\beta.$$

Die Delokalisierungsenergie ist die Differenz zwischen dieser Größe und der Energie von vier isolierten Doppelbindungen:

$$E_\mathrm{Delok} = E_\pi - 8(\alpha + \beta) = 8\alpha + 9.518\beta - 8(\alpha + \beta) = 1.158\,\beta.$$

Mit der Schätzung von β aus Aufgabenteil (a) erhalten wir $E_\mathrm{Delok} = 8.913\ \mathrm{eV}$.

(c) Erstellen Sie die folgende Tabelle, in der die Orbitalenergie nach unten hin immer mehr abnimmt. Um vergleichen zu können, drücken wir die Energie als $(E_k - \alpha)/\beta$ aus. Bedenken Sie, dass β negativ ist (wie auch α); das Orbital mit dem größten Wert für $(E_k - \alpha)/\beta$ hat also die niedrigste Energie.

	Energie	Koeffizienten					
Orbital	$(E_k - \alpha)/\beta$	1	2	3	4	5	6
6	−1.8019	0.2319	−0.4179	0.5211	−0.5211	0.4179	−0.2319
5	−1.2470	0.4179	−0.5211	0.2319	0.2319	−0.5211	0.4179
4	−0.4450	0.5211	−0.2319	−0.4179	0.4179	0.2319	−0.5211
3	0.4450	0.5211	0.2319	−0.4179	−0.4179	0.2319	0.5211
2	1.2470	0.4179	0.5211	0.2319	−0.2319	−0.5211	−0.4179
1	1.8019	0.2319	0.4179	0.5211	0.5211	0.4179	0.2319

Die Orbitale sind schematisch in Abb. 11-8 dargestellt; jedes der vertikalen Keulenpaare repräsentiert ein p-Orbital eines Kohlenstoffatoms in Hexatrien. Die schattierten Keulen repräsentieren ein Vorzeichen (beispielsweise ein positives), die unschattierten Keulen das jeweils andere. Wo zwei benachbarte Atome atomare Orbitale mit demselben Vorzeichen aufweisen, ist das resultierende Molekülorbital in Bezug auf diese Atome bindend; bei unterschiedlichen Vorzeichen gibt es einen Knotenpunkt, und das resultierende Molekülorbital ist in Bezug auf diese Atome antibindend. Das Orbital mit der niedrigsten Energie ist vollständig bindend (d. h. keine Knotenpunkte), das höchstenergetische Orbital ist vollständig antibindend (Knotenpunkte zwischen jedem benachbarten Paar von Atomen). Beachten Sie, dass der antibindende Charakter der Orbitale mit zunehmender Energie ebenfalls zunimmt. Die Größe jedes p-Orbitals ist proportional zu dem Koeffizienten des Orbitals im Molekülorbital. So befinden sich beispielsweise in den Orbitalen 1 und 6 die größten Keulen im Zentrum des Moleküls; Elektronen, die diese Orbitale besetzen, werden sich also mit höherer Wahrscheinlichkeit nahe beim Mittelpunkt und nicht an den Enden des Moleküls befinden. Im Grundzustand des Moleküls gibt es je zwei Elektronen in den Orbitalen 1, 2 und 3, was zur Folge hat, dass die Wahrscheinlichkeit, ein π-Elektron in Hexatrien zu finden, über das gesamte Molekül gleich ist.

11.17 Sie können beispielsweise das Programm Mathcad benutzen, um sich von der Mächtigkeit der Diagonalisierungsmethoden zu überzeugen. Die Funktion eigenvals() führt eine Diagonalisierung durch und erlaubt so das Finden der Eigenwerte einer Matrix, während die Funktion eigenvecs() die Eigenvektoren findet. Um den Nutzen dieser Methode zu zeigen, untersuchen wir im Folgenden die π-konjugierten Systeme von Benzol und Hexatrien mithilfe der Hückel-Näherung. Die Energieniveaus werden als x-Werte mit $x = (E-\alpha)/\beta$ angesetzt. Das Molekülorbital für ein Niveau wird bestimmt, indem man die Knotenebenen zählt. Die Energie nimmt mit der Anzahl der Knotenebenen in der Wellenfunktion zu. Mit einer modernen Mathematiksoftware kann man sehr einfach die Wellenfunktion normalisieren und die Orthogonalität zweier Wellenfunktion überprüfen. Das wird hier anhand von Benzol demonstriert.

Wenn wir die Hückel'sche Säkularmatrix als $M(x)$ schreiben, benutzen die Funktionen eigenvals() und eigenvecs() Matrix $M(0)$ als Argument verwenden. Der Transpositions-

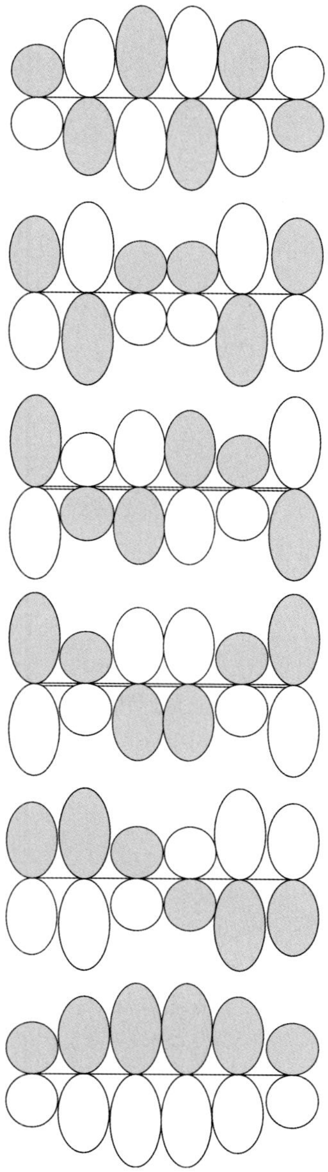

Abb. 11-8

operator T wird eingesetzt, um die Koeffizienten jeder Eigenfunktion in einer Zeile anzuordnen. Die Eigenwerte werden mit der Funktion sort() sortiert. Die Summe der Quadrate aus den Koeffizienten der p-Orbitale ist gleich eins, wenn die Eigenfunktion normalisiert ist. Sind zwei Eigenfunktionen orthogonal, dann ist die Summe aus den Produkten ihrer Koeffizienten gleich null.

Für Benzol finden wir:

$$M(x) := \begin{pmatrix} x & 1 & 0 & 0 & 0 & 1 \\ 1 & x & 1 & 0 & 0 & 0 \\ 0 & 1 & x & 1 & 0 & 0 \\ 0 & 0 & 1 & x & 1 & 0 \\ 0 & 0 & 0 & 1 & x & 1 \\ 1 & 0 & 0 & 0 & 1 & x \end{pmatrix} \qquad \text{sort(eigenvals(M(0)))} = \begin{pmatrix} -2 \\ -1 \\ -1 \\ 1 \\ 1 \\ 2 \end{pmatrix} \begin{matrix} x_4 \\ x_3 \\ x_3 \\ x_2 \\ x_2 \\ x_1 \end{matrix}$$

$$\text{eigenvecs}(M(0))^T = \begin{pmatrix} 0.569 & 0.201 & -0.368 & -0.569 & -0.201 & 0.368 \\ -0.096 & -0.541 & -0.445 & 0.096 & 0.541 & 0.445 \\ 0.508 & -0.491 & -0.017 & 0.508 & -0.491 & -0.017 \\ -0.274 & -0.303 & 0.577 & -0.274 & -0.303 & 0.577 \\ 0.408 & 0.408 & 0.408 & 0.408 & 0.408 & 0.408 \\ -0.408 & 0.408 & -0.408 & 0.408 & -0.408 & 0.408 \end{pmatrix} \begin{matrix} \psi_{2a} \\ \psi_{2b} \\ \psi_{3a} \\ \psi_{3b} \\ \psi_1 \\ \psi_4 \end{matrix}$$

Wir prüfen die Normalisierung von ψ_{2a} : $\sum_{i=0}^{5} \left[\left(\text{eigenvecs}(M(0))^T \right)_{0,i} \right]^2 = 1$

Wir prüfen die Orthogonalität von ψ_{2a}und ψ_{3a} :

$$\sum_{i=0}^{5} \left[\left(\text{eigenvecs}(M(0))^T \right)_{0,i} \cdot \left(\text{eigenvecs}(M(0))^T \right)_{2,i} \right] = 0$$

Wenn wir bei Benzol insgesamt sechs π-Elektronen in den drei niedrigsten Energieniveaus platzieren, erhalten wir für die Energie folgenden x-Ausdruck:

$$2 \cdot \sum_{i=3}^{5} \text{sort}(\text{eigenvals } (M(0)))_i = 8$$

$$\begin{aligned} E_\pi &= 2\{E_1 + E_{2a} + E_{2b}\} = 2\{(\alpha + \beta x_1) + (\alpha + \beta x_{2a}) + (\alpha + \beta x_{2b})\} \\ &= 6\alpha + 2(x_1 + x_{2a} + x_{2b})\beta = 6\alpha + 8\beta. \\ E_{\text{Delok}} &= E_\pi - 6(\alpha + \beta) = 2\beta. \end{aligned}$$

Für Hexatrien haben wir:

$$M(x) = \begin{pmatrix} x & 1 & 0 & 0 & 0 & 0 \\ 1 & x & 1 & 0 & 0 & 0 \\ 0 & 1 & x & 1 & 0 & 0 \\ 0 & 0 & 1 & x & 1 & 0 \\ 0 & 0 & 0 & 1 & x & 1 \\ 0 & 0 & 0 & 0 & 1 & x \end{pmatrix} \qquad \text{sort}(\text{eigenvals}(M(0))) = \begin{pmatrix} -1.802 \\ -1.247 \\ -0.445 \\ 0.445 \\ 1.247 \\ 1.802 \end{pmatrix} \begin{matrix} E_6 \\ E_5 \\ E_4 \\ E_3 \\ E_2 \\ E_1 \end{matrix}$$

$$\text{eigenvecs}(M(0))^T = \begin{pmatrix} 0.418 & 0.521 & 0.232 & -0.232 & -0.521 & -0.418 \\ -0.521 & -0.232 & 0.418 & 0.418 & -0.232 & -0.521 \\ -0.232 & -0.418 & -0.521 & -0.521 & -0.418 & -0.232 \\ -0.521 & 0.232 & 0.418 & -0.418 & -0.232 & 0.521 \\ -0.418 & 0.521 & -0.232 & -0.232 & 0.521 & -0.418 \\ -0.232 & 0.418 & -0.521 & 0.521 & -0.418 & 0.232 \end{pmatrix} \begin{matrix} \psi_2 \\ \psi_3 \\ \psi_1 \\ \psi_4 \\ \psi_5 \\ \psi_6 \end{matrix}$$

$$2 \cdot \sum_{i=3}^{5} \text{sort}(\text{eigenvals}(M(0)))_i = 6.988$$

$$E_\pi = 2\{E_1 + E_2 + E_3\} = 2\{(\alpha + \beta x_1) + (\alpha + \beta x_2) + (\alpha + \beta x_3)\}$$
$$= 6\alpha + 2(x_1 + x_2 + x_3)\beta = 6\alpha + 6.988\beta.$$
$$E_{\text{Delok}} = E_\pi - 6(\alpha + \beta) = 0.988\beta.$$

Wenn wir uns erinnern, dass das Resonanzintegral negativ ist, erkennen wir hier, dass die Delokalisierungsenergie die π-Orbitale des geschlossenen Ringsystems Benzols in einem stärkeren Maß stabilisiert, als wir es bei dem kettenförmigen System Hexatrien beobachten können. Die ungewöhnlich starke Stabilisierungsenergie für Benzol zeigt auch die Gültigkeit der Hückel'schen $4n + 2$-Regel für ebene, zyklisch konjugierte π-Systeme.

11.19 In allen hier betrachteten Molekülen ist das HOMO bindend in Bezug auf die Kohlenstoffatome, die durch Doppelbindungen verbunden sind, aber antibindend in Bezug auf Kohlenstoffatome mit Einfachbindungen. (Die Bindungslängen, die durch die Software berechnet werden, lassen es sinnvoll erscheinen, von Doppel- und Einfachbindungen zu sprechen. Trotz der Elektronendelokalisierung sind die nominellen Doppelbindungen kürzer als die nominellen Einzelbindungen.) Das LUMO hat genau den umgekehrten Charakter, es neigt dazu, die C=C-Bindungen zu schwächen und die C–C-Bindungen zu stärken. Um zu diesem Schluss zu gelangen, müssen wir die Knotenflächen der Orbitale untersuchen. Ein Orbital hat eine antibindende Wirkung auf die Atome, zwischen denen Knoten vorkommen, und eine bindende Wirkung auf Atome in Bereichen, in denen das Orbital sein Vorzeichen nicht wechselt. Der $\pi^* \leftarrow \pi$-Übergang wird daher die Doppelbindungen verlängern und schwächen sowie die Einzelbindungen verkürzen und stärken, indem die verschiedenen Polyenbindungen in Länge und Stärke näher zueinander gebracht werden. Da jedes der Moleküle mehr Doppelbindungen als Einzelbindungen hat, tritt insgesamt eine Schwächung der Bindungen auf (vgl. Abb. 11-9).

Theoretische Aufgaben

11.21 Den Tabellen 10-1 und 9-3 zufolge ist

$$\psi_{2s} = R_{20}Y_{00} = \frac{1}{2\sqrt{2}}\left(\frac{Z}{a_0}\right)^{3/2} \times \left(2 - \frac{\rho}{2}\right) \mathrm{e}^{-\rho/4} \times \left(\frac{1}{4\pi}\right)^{1/2}$$
$$= \frac{1}{4}\left(\frac{1}{2\pi}\right)^{1/2} \times \left(\frac{Z}{a_0}\right)^{3/2} \times \left(2 - \frac{\rho}{2}\right) \mathrm{e}^{-\rho/4}.$$

Es ist (vgl. Abschnitt 10.1.2)

$$\psi_{2p_x} = \frac{1}{\sqrt{2}} R_{21}(Y_{1,1} - Y_{1,-1}).$$

Dann gilt nach Tabelle 10-1 und 9-3

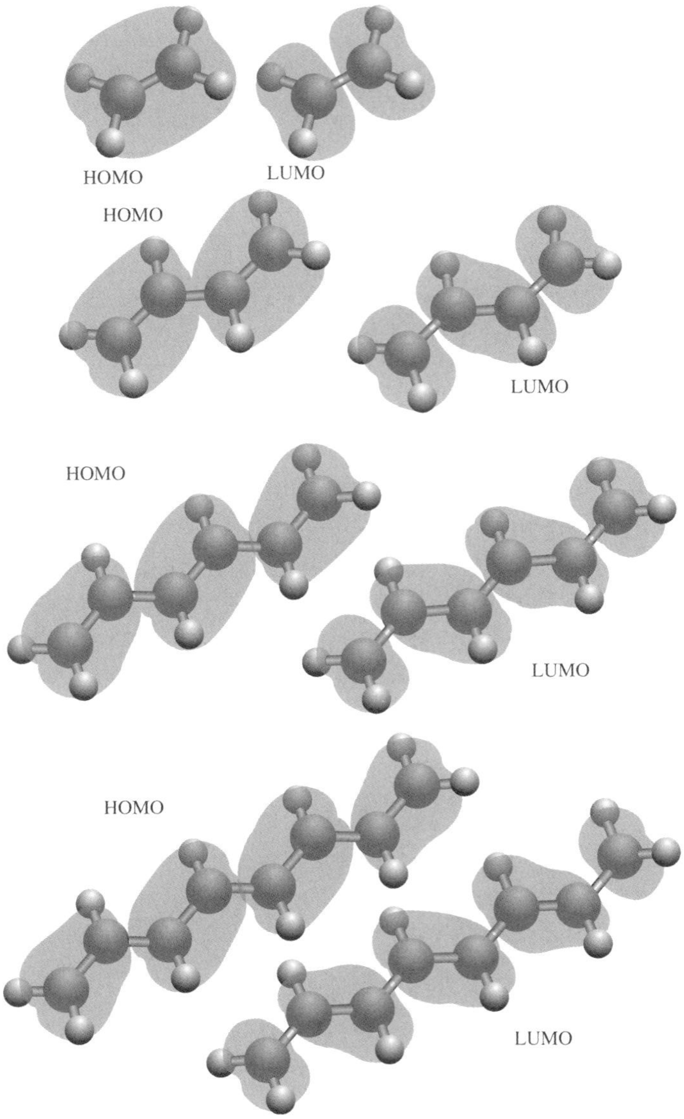

Abb. 11-9

$$\begin{aligned}
\psi_{2p_x} &= \frac{1}{\sqrt{2}}\left(\frac{Z}{a_0}\right)^{3/2}\frac{\rho}{2}\mathrm{e}^{-\rho/4}\left(\frac{3}{8\pi}\right)^{1/2}\sin\theta(\mathrm{e}^{\mathrm{i}\phi}+\mathrm{e}^{-\mathrm{i}\phi}) \\
&= \frac{1}{\sqrt{2}}\left(\frac{Z}{a_0}\right)^{3/2}\frac{\rho}{2}\mathrm{e}^{-\rho/4}\left(\frac{3}{8\pi}\right)^{1/2}\sin\theta\cos\phi \\
&= \frac{1}{4}\left(\frac{1}{2\pi}\right)^{1/2}\times\left(\frac{Z}{a_0}\right)^{3/2}\frac{\rho}{2}\mathrm{e}^{-\rho/4}\sin\theta\cos\phi
\end{aligned}$$

und entsprechend

$$\begin{aligned}
\psi_{2p_y} &= \frac{1}{2\mathrm{i}}R_{21}(Y_{1,1}+Y_{1,-1}) \\
&= \frac{1}{4}\left(\frac{1}{2\pi}\right)^{1/2}\times\left(\frac{Z}{a_0}\right)^{3/2}\frac{\rho}{2}\mathrm{e}^{-\rho/4}\sin\theta\sin\phi\ .
\end{aligned}$$

Damit ergibt sich

$$\psi = \frac{1}{\sqrt{3}} \times \frac{1}{4} \times \left(\frac{1}{\pi}\right)^{1/2} \times \left(\frac{Z}{a_0}\right)^{3/2}$$
$$\times \left(\frac{1}{\sqrt{2}}\left(2-\frac{\rho}{2}\right) - \frac{1}{2}\frac{\rho}{2}\sin\theta\cos\phi + \frac{\sqrt{3}}{2}\frac{\rho}{2}\sin\theta\sin\phi\right) e^{-\rho/4}$$
$$= \frac{1}{4}\left(\frac{1}{6\pi}\right)^{1/2} \times \left(\frac{Z}{a_0}\right)^{3/2} \times \left\{2-\frac{\rho}{2}-\frac{1}{\sqrt{2}}\frac{\rho}{2}\sin\theta\cos\phi + \sqrt{\frac{3}{2}}\frac{\rho}{2}\sin\theta\sin\phi\right\} e^{-\rho/4}$$
$$= \frac{1}{4}\left(\frac{1}{6\pi}\right)^{1/2} \times \left(\frac{Z}{a_0}\right)^{3/2} \times \left\{2-\frac{\rho}{2}\left(1+\frac{1}{\sqrt{2}}\sin\theta\cos\phi - \sqrt{\frac{3}{2}}\sin\theta\sin\phi\right)\right\} e^{-\rho/4}$$
$$= \frac{1}{4}\left(\frac{1}{6\pi}\right)^{1/2} \times \left(\frac{Z}{a_0}\right)^{3/2} \times \left\{2-\frac{\rho}{2}\left(1+\frac{[\cos\phi-\sqrt{3}\sin\phi]}{\sqrt{2}}\sin\theta\right)\right\} e^{-\rho/4}.$$

Der maximale Wert von ψ tritt auf, wenn $\sin\theta$ seinen Maximalwert von $+1$ annimmt (für $\theta = 90°$, d. h. in der x-y-Ebene); der mit $\rho/2$ multiplizierte Term hat seinen maximalen negativen Wert (-1) (für $\phi = 120°$).

11.23 Wir erhalten die Normalisierungskonstanten aus

$$\int \psi^2 \mathrm{d}\tau = 1, \quad \psi = N(\psi_A \pm \psi_B),$$
$$N^2 \int (\psi_A \pm \psi_B)^2 \mathrm{d}\tau = N^2 \int (\psi_A^2 \pm \psi_B^2 \pm 2\psi_A\psi_B)\mathrm{d}\tau = N^2(1+1\pm 2S) = 1.$$

Also ist $N^2 = \dfrac{1}{2(1 \pm S)}$ und

$$H = -\frac{\hbar^2}{2m}\nabla^2 - \frac{e^2}{4\pi\varepsilon_0}\cdot\frac{1}{r_A} - \frac{e^2}{4\pi\varepsilon_0}\cdot\frac{1}{r_B} + \frac{e^2}{4\pi\varepsilon_0}\cdot\frac{1}{R}.$$

Wegen $H\psi = E\psi$ gilt

$$-\frac{\hbar^2}{2m}\nabla^2\psi - \frac{e^2}{4\pi\varepsilon_0}\cdot\frac{1}{r_A}\psi - \frac{e^2}{4\pi\varepsilon_0}\cdot\frac{1}{r_B}\psi + \frac{e^2}{4\pi\varepsilon_0}\frac{1}{R}\psi = E\psi.$$

Wir multiplizieren mit $\psi^*(=\psi)$ und integrieren, wobei gilt

$$-\frac{\hbar^2}{2m}\nabla^2\psi_A - \frac{e^2}{4\pi\varepsilon_0}\cdot\frac{1}{r_A}\psi_A = E_H\psi_A,$$
$$-\frac{\hbar^2}{2m}\nabla^2\psi_B - \frac{e^2}{4\pi\varepsilon_0}\cdot\frac{1}{r_B}\psi_B = E_H\psi_B.$$

Dann gilt mit $\psi = N(\psi_A + \psi_B)$

$$N\int \psi\left(E_H\psi_A + E_H\psi_B - \frac{e^2}{4\pi\varepsilon_0}\cdot\frac{1}{r_A}\psi_B - \frac{e^2}{4\pi\varepsilon_0}\cdot\frac{1}{r_B}\psi_A + \frac{e^2}{4\pi\varepsilon_0}\cdot\frac{1}{R}(\psi_A+\psi_B)\right)\mathrm{d}\tau = E.$$

Es folgt $E_H \int \psi^2 \mathrm{d}\tau + \dfrac{e^2}{4\pi\varepsilon_0}\cdot\dfrac{1}{R}\int \psi^2 d\tau - \dfrac{e^2}{4\pi\varepsilon_0} N \int \psi\left(\dfrac{\psi_B}{r_A} + \dfrac{\psi_A}{r_B}\right)\mathrm{d}\tau = E$

und damit $E_H + \frac{e^2}{4\pi\varepsilon_0} \cdot \frac{1}{R} - \frac{e^2}{4\pi\varepsilon_0} N^2 \int \left(\psi_A \frac{1}{r_A} \psi_B + \psi_B \frac{1}{r_A} \psi_B + \psi_A \frac{1}{r_B} \psi_A + \psi_B \frac{1}{r_A} \psi_A \right) d\tau = E.$

Wir verwenden nun die Beziehungen

$$\int \psi_A \frac{1}{r_A} \psi_B d\tau = \int \psi_B \frac{1}{r_B} \psi_A d\tau = V_2/(e^2/4\pi\varepsilon_0) \quad \text{(wegen der Symmetrie)}$$
$$\int \psi_A \frac{1}{r_B} \psi_A d\tau = \int \psi_B \frac{1}{r_A} \psi_B d\tau = V_1/(e^2/4\pi\varepsilon_0) \quad \text{(wegen der Symmetrie)}$$

Es folgt $E_H + \frac{e^2}{4\pi\varepsilon_0} \cdot \frac{1}{R} - \left(\frac{1}{1+S} \right) \times (V_1 + V_2) = E$

und damit $E = E_H - \frac{V_1 + V_2}{1+S} + \frac{e^2}{4\pi\varepsilon_0} \cdot \frac{1}{R} = E_+$

(vgl. Aufgabe 11.8).

Den analogen Ausdruck für E_- erhalten wir, wenn wir von

$$\psi = N(\psi_A - \psi_B) \quad \text{mit} \quad N^2 = \frac{1}{2(1-S)}$$

ausgehen und denselben Rechenweg beschreiten wie eben. Das Ergebnis ist

$$E = E_H - \frac{V_1 - V_2}{1-S} + \frac{e^2}{4\pi\varepsilon_0 R} = E_-$$

(vgl. Aufgabe 11.9).

11.25 (a) Wenn wir die Determinante auswerten, erhalten wir

$$\begin{vmatrix} \alpha_A - E & \beta \\ \beta & \alpha_B - E \end{vmatrix} = 0 = (\alpha_A - E)(\alpha_B - E) - \beta^2 = E^2 - (\alpha_A + \alpha_B)E + \alpha_A\alpha_B - \beta^2.$$

Dies ist eine quadratische Gleichung in E mit $a = 1$, $b = -(\alpha_A + \alpha_B)$ und $c = \alpha_A\alpha_B - \beta^2$. Die Lösung dieser quadratischen Gleichung ist

$$\begin{aligned} E_\pm &= \frac{-b \pm \sqrt{b^2 - 4ac}}{2a} = \frac{-(\alpha_A + \alpha_B)}{2} \pm \frac{(\alpha_A^2 + 2\alpha_A\alpha_B + \alpha_B^2 - 4\alpha_A\alpha_B + 4\beta^2)^{1/2}}{2} \\ &= \frac{-(\alpha_A + \alpha_B)}{2} \pm \frac{[(\alpha_A - \alpha_B)^2 + 4\beta^2]^{1/2}}{2} \\ &= \frac{\alpha_A + \alpha_B}{2} \pm \frac{\alpha_A - \alpha_B}{2} \left(1 + \frac{4\beta^2}{(\alpha_A - \alpha_B)^2} \right)^{1/2}. \end{aligned}$$

(b) Nach unserer Annahme soll $(\alpha_A - \alpha_B) \gg \beta^2$ gelten. Der Term in Klammern lässt sich also in einer Reihe entwickeln:

$$E_\pm = \frac{\alpha_A + \alpha_B}{2} \pm \frac{\alpha_A - \alpha_B}{2}\left(1 + \frac{4\beta^2}{2(\alpha_A - \alpha_B)^2} - \cdots\right)$$

$$\text{also} \quad E_+ \approx \frac{\alpha_A + \alpha_B}{2} + \frac{\alpha_A - \alpha_B}{2} + \frac{\alpha_A - \alpha_B}{2}\left(\frac{4\beta^2}{2(\alpha_A - \alpha_B)^2}\right) = \alpha_A + \frac{\beta^2}{\alpha_A - \alpha_B}$$

$$\text{und} \quad E_- \approx \frac{\alpha_A + \alpha_B}{2} - \frac{\alpha_A - \alpha_B}{2} - \frac{\alpha_A - \alpha_B}{2}\left(\frac{4\beta^2}{2(\alpha_A - \alpha_B)^2}\right) = \alpha_B - \frac{\beta^2}{\alpha_A - \alpha_B}.$$

Anwendungsaufgaben

11.27 Die Säkulardeterminante für eine zyklische Spezies H_N^m hat die Form

$$\begin{array}{cccccccc}
1 & 2 & 3 & \ldots & \ldots & \ldots & N-1 & N \\
\hline
x & 1 & 0 & \ldots & \ldots & \ldots & 0 & 1 \\
1 & x & 1 & \ldots & \ldots & \ldots & 0 & 0 \\
0 & 1 & x & 1 & \ldots & \ldots & 0 & 0 \\
0 & 0 & 1 & x & 1 & \ldots & 0 & 0 \\
\vdots & \vdots & \vdots & \vdots & \vdots & \vdots & \vdots & \vdots \\
\vdots & \vdots & \vdots & \vdots & \vdots & \vdots & \vdots & 1 \\
1 & 0 & 0 & 0 & 0 & \ldots & 1 & x
\end{array}$$

mit $x = (\alpha - E)/\beta$ oder $E = \alpha - \beta x$.

Beim Berechnen der Determinante finden wir die Wurzeln des charakteristischen Polynoms, lösen nach der totalen Bindungsenergie auf und erhalten so die folgende Tabelle. Beachten Sie, dass $\alpha < 0$ und $\beta < 0$.

Spezies	Anzahl der e^-	Erlaubte x (Wurzeln)	Gesamte Bindungsenergie
H_4	4	$-2, 0, 0, 2$	$4\alpha + 4\beta$
H_5^+	4	$-2, \frac{1}{2}(1-\sqrt{5}), \frac{1}{2}(1-\sqrt{5}), \frac{1}{2}(1+\sqrt{5}), \frac{1}{2}(1+\sqrt{5})$	$4\alpha + (3+\sqrt{5})\beta$
H_5	5	$-2, \frac{1}{2}(1-\sqrt{5}), \frac{1}{2}(1-\sqrt{5}), \frac{1}{2}(1+\sqrt{5}), \frac{1}{2}(1+\sqrt{5})$	$5\alpha + \frac{1}{2}(5+3\sqrt{5})\beta$
H_5^-	6	$-2, \frac{1}{2}(1-\sqrt{5}), \frac{1}{2}.(1-\sqrt{5}), \frac{1}{2}(1+\sqrt{5}), \frac{1}{2}(1+\sqrt{5})$	$6\alpha + (2+2\sqrt{5})\beta$
H_6	6	$-2, -1, -1, 1, 1, 2$	$6\alpha + 8\beta$
H_7^+	6	$-2, -1.248, -1.248, 0.445, 0.445, 1.802, 1.802$	$6\alpha + 8.992\beta$

Wir untersuchen nun die einzelnen Moleküle:

$$H_4 \rightarrow 2H_2 \qquad \Delta_R U = 4(\alpha + \beta) - (4\alpha + 4\beta) = 0.$$

$$H_5^+ \rightarrow H_2 + H_3^+ \qquad \Delta_R U = 2(\alpha + \beta) + (2\alpha + 2\beta) - (4\alpha + 5.236\beta)$$
$$= 0.764\beta < 0.$$

Die obigen Werte für $\Delta_R U$ zeigen, dass H_4 und H_5^+ zerfallen können, ohne dass dafür sehr viel Energie nötig wäre.

$$H_5^- \rightarrow H_2 + H_3^- \quad \Delta_R U = 2(\alpha + \beta) - (4\alpha + 2\beta) - (6\alpha + 6.472\beta)$$
$$= -2.472\beta > 0.$$

$$H_6 \rightarrow 3H_2 \quad \Delta_R U = 6(\alpha + \beta) - (6\alpha + 8\beta)$$
$$= -2\beta > 0.$$

$$H_7^+ \rightarrow 2H_2 + H_3^+ \quad \Delta_R U = 4(\alpha + \beta) + (2\alpha + 4\beta) - (6\alpha + 8.992\beta)$$
$$= -0.992\beta > 0.$$

Die obigen Werte für $\Delta_R U$ für H_5^-, H_6 und H_7^+ zeigen, dass diese Spezies stabil sind.

	Genügt der Hückel'schen $4n + 2$-Regel	
Spezies	Richtige Anzahl der e^-	Stabil
H_4, $4e^-$	Nein	Nein
H_5^+, $4e^-$	Nein	Nein
H_5^-, $6e^-$	Ja	Ja
H_6, $6e^-$	Ja	Ja
H_7^+, $6e^-$	Ja	Ja

Die Hückel'sche $4n + 2$-Regel kann also die Stabilität von Wasserstoffringen richtig vorhersagen.

11.29 Diese Frage bezieht sich auf sechs 1,4-Benzochinone: eine unsubstituierte, vier methylsubstituierte und eine Dimethyldimethoxy-substituierte Spezies. Die folgende Tabelle be-

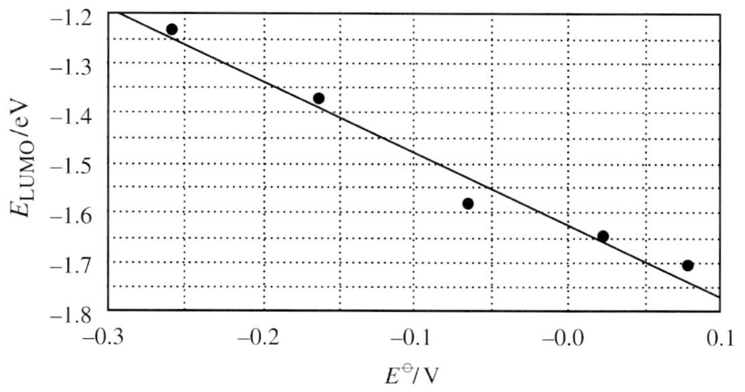

Abb. 11-10

schreibt die Moleküle genauer und nennt die Reduktionspotenziale sowie die berechneten LUMO-Energien.

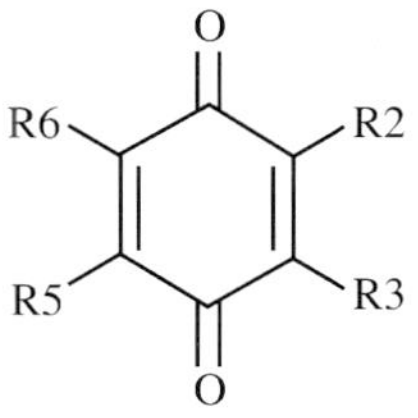

Species	R2	R3	R5	R6	$E^{\ominus}$/V	E_{LUMO}/eV*
1	H	H	H	H	−0.078	−1.706
2	CH_3	H	H	H	−0.023	−1.651
3	CH_3	H	CH_3	H	−0.067	−1.583
4	CH_3	CH_3	CH_3	H	−0.165	−1.371
5	CH_3	CH_3	CH_3	CH_3	−0.260	−1.233
6	CH_3	CH_3	CH_3O	CH_3O		−1.446

* (Berechnet semiempirisch auf dem Level PM3 mit dem Programm PC Spartan Pro).

(a) Die Rechnungen für die Spezies 1 bis 5 sind in Abb. 11-10 dargestellt. Die Abbildung zeigt, dass ein linearer Zusammenhang zwischen dem Reduktionspotenzial und den LUMO-Energien mit diesen Rechnungen verträglich ist.

(b) Aus der Ausgleichsgerade (Methode der kleinsten Quadrate) in der Darstellung von E_{LUMO} gegen $E^{\ominus}$ erhält man

$$E_{LUMO}/\text{eV} = -1.621 - 1.435 E^{\ominus}/\text{V} \qquad (r^2 = 0.927).$$

Auflösen nach $E^{\ominus}$ ergibt

$$E^{\ominus}/\text{V} = -(E_{LUMO}/\text{eV} + 1.621)/1.435.$$

Wir setzen die berechnete LUMO-Energie für Verbindung 6 (ein Modell für Ubichinon) ein und erhalten

$$E^{\ominus} = [-(-1.446 + 1.621)/1.435] = -0.122\ \text{V}.$$

(c) Das Modell für Plastochinon, von dem in der Aufgabenstellung die Rede ist, ist die Verbindung 4 in der obigen Tabelle. Sein Reduktionspotenzial ist experimentell bestimmt worden; dennoch sollte man bei einem Vergleich mit dem Ubichinon-Modell auf Basis von E_{LUMO} ein berechnetes Reduktionspotenzial verwenden:

$$E^{\ominus} = [-(-1.371 + 1.621)/1.435] = -0.174\ \mathrm{V}.$$

Das bessere Oxidationsmittel ist der Stoff, der leichter reduziert wird, als das mit dem geringeren Reduktionspotenzial. Daher sollte Verbindung 6 ein besseres Oxidationsmittel sein als Verbindung 4, und dementsprechend ist Ubichinon ein besseres Oxidationsmittel als Plastochinon.

(d) Nach *Anwendung* 7-2 wirkt das Koenzym Q (eine andere Bezeichung für Ubichinon) als Oxidationsmittel (das etwa NADH und $FADH_2$ oxidiert) in der Atmungskette (d. h. bei der vollständigen Oxidation von Glucose durch Sauerstoff). Plastochinon dagegen wirkt als Reduktionsmittel in der Photosynthese (es reduziert etwa oxidiertes Plastocyanin, vgl. *Anwendung* 23-2). Bei der Atmung findet eine Oxidation von Glucose durch Sauerstoff statt, bei der Photosynthese läuft dagegen eine Reduktion zu Glucose und Sauerstoff ab. Logischerweise wird das bessere Oxidationsmittel – also Ubichinon – bei der Oxidation von Glucose verwendet (d. h. in der Atmungskette), während das bessere Reduktionsmittel (also das schlechtere Oxidationsmittel) für die Reduktion, also bei der Photosynthese verwendet wird. (Beachten Sie aber, dass beide Spezies wieder in ihre ursprüngliche Form recycelt werden: Reduziertes Ubichinon wird durch Eisen(III) oxidiert, oxidiertes Plastochinon wird durch Wasser reduziert.)

12 | Molekülsymmetrie

Diskussionsfragen

12.1 Die Punktgruppe, zu der ein Molekül gehört, wird durch die Symmetrieelemente bestimmt, die das Molekül aufweist. Der erste Schritt muss also sein, ein Modell des Moleküls (das kann auch nur eine gedankliche Vorstellung sein) auf seine Symmetrieelemente hin zu untersuchen. Alle möglichen Symmetrieelemente sind in Abschnitt 12.1 behandelt. Listen Sie alle Symmetrieelemente auf, die auf das untersuchte Modell passen, und folgen Sie dann dem Vorgehen, das in dem Flussdiagramm von Abb. 12-7 im Lehrbuch zusammengefasst ist.

12.3 Das Dipolmoment ist eine unveränderliche Eigenschaft eines Moleküls und darf daher bei einer beliebigen Symmetrieoperation nicht variieren. Da das Dipolmoment eine Vektorgröße ist, bedeutet das, dass sowohl dessen Betrag als auch dessen Richtung durch die Operation unverändert bleiben müssen. Dies kann nur dann der Fall sein, wenn das Dipolmoment mit *allen* Symmetrieelementen des Moleküls zusammenfällt. Daher kann man Moleküle, die zu einer Punktgruppe mit Elementen gehören, die dieses Kriterium nicht erfüllen, außer acht lassen. Moleküle mit einem Symmetriezentrum können kein Dipolmoment haben, weil sich dort jeder Vektor durch Inversion ändert. Moleküle mit mehr als einer C_n-Achse können nicht polar sein, da ein Vektor nicht mit mehr als einer Achse gleichzeitig zusammenfallen kann. Wenn das Molekül eine Symmetrieebene hat, muss das Dipolmoment in dieser Ebene liegen; wenn es mehr als eine Symmetrieebene hat, muss das Dipolmoment in der Schnittachse dieser Ebene liegen. Ein Molekül kann auch polar sein, wenn es eine Symmetrieebene und kein C_n hat. Ein Blick in die Charaktertafeln am Ende des Tabellenanhangs (S. 1135 ff. im Lehrbuch) zeigt, dass es nur drei Punktgruppen gibt, die diesen Einschränkungen genügen: C_s, C_n und C_{nv}.

12.5 Eine Darstellungsmatrix ist ein mathematischer Operator (üblicherweise eine Matrix), der die physikalische Symmetrieoperation beschreibt („darstellt"). Die Menge aller dieser mathematischen Operatoren, die zu allen Operationen der Gruppe gehört, nennt man eine Matrixdarstellung der Gruppe. Beispiele dazu finden sich in Abschnitt 12.2.1.

12.7 Die Auswahlregeln machen eine Aussage dazu, welche Übergangswahrscheinlichkeiten zwischen Energieniveaus nicht null sind bzw. welche spektroskopischen Übergänge eine von null verschiedene Intensität aufweisen. Die Intensitäten werden durch das Übergangsdipolmoment (Gl. (12-9)) beschrieben; wie in Gl. (12-8) beschrieben, hat es die Form

Arbeitsbuch Physikalische Chemie. 4. Auflage. P. W. Atkins, C. A. Trapp, M. P. Cady und C. Giunta

ISBN: 978-3-527-31828-5

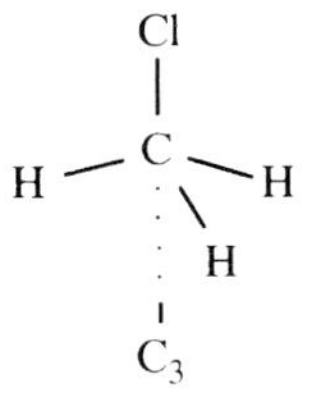

Abb. 12-1

eines Integrals über das Produkt von drei Funktionen. Ohne dass man die Integration wirklich durchführt, kann die Gruppentheorie Aussagen treffen, welche dieser Integrale von null verschieden sind, mit anderen Worten: welche Übergänge erlaubt sind. Solche Integrale sind nur dann ungleich null, wenn das dreifache Produkt in der Punktgruppe des Moleküls die Darstellung A_1 aufspannt (oder eine Komponente enthält, die A_1 aufspannt). In der Praxis reicht es normalerweise aus, mit dem Produkt der Charaktere der Darstellungen zu rechnen, anstatt die kompliziertere Rechnung mit den Darstellungsmatrizen durchzuführen. Vergleiche dazu die *Beispiele* 12-6 und 12-7.

Leichte Aufgaben

A12.1a Außer der Identität E liegen eine C_3-Achse und drei vertikale Spiegelebenen σ_v vor. Die Symmetrieachse geht durch die Kerne C und Cl (Abb. 12-1). Die Spiegelebenen sind durch die drei Cl-CH-Ebenen definiert.

A12.2a Nur Moleküle, die zu den Gruppen C_n, C_{nv} und C_s gehören, können polar sein (vgl. Abschnitt 12.1.3); daher sind von den Molekülen nur (a) Pyridin und (b) Nitroethan polar.

A12.3a Wir beziehen uns auf die Charaktertafel für C_{4v} im Anhang des Lehrbuchs. Dann verfahren wir wie in *Beispiel* 12-6 beschrieben und stellen folgende Tabelle der Charaktere und ihrer Produkte auf:

	E	$2C_4$	C_2	$2\sigma_v$	$2\sigma_d$	
$f_3 = p_z$	1	1	1	1	1	A_1
$f_2 = z$	1	1	1	1	1	A_1
$f_1 = p_x$	2	0	−2	0	0	E
$f_1\, f_2\, f_3$	2	0	−2	0	0	

Nun ist zu ermitteln, wie oft A_1 auftritt. Die Anzahl ist null (denn 2, 0, −2, 0, 0 sind die Charaktere von E selbst). Das Integral muss daher zwangsläufig null sein.

A12.4a Wir verfahren, wie in *Beispiel* 12-7 beschrieben, und betrachten alle drei Komponenten des Operators des elektrischen Dipolmoments $\boldsymbol{\mu}$.

Komponente von $\boldsymbol{\mu}$:		x			y			z	
A_1	1	1	1	1	1	1	1	1	1
$\Gamma(\mu)$	2	−1	0	2	−1	0	1	1	1
A_2	1	1	−1	1	1	−1	1	1	−1
$A_1\Gamma(\mu)A_2$	2	−1	0	2	−1	0	1	1	−1
		E			E			A2	

Da in keinem der Produkte A_1 auftritt, muss das Übergangsdipolmoment null sein.

A12.5a Wir ermitteln zunächst, wie x und y durch die Operationen der Gruppe einzeln transformieren. Mit diesen Ergebnissen können wir bestimmen, wie das Produkt xy transformiert. Die Transformation von xy ist das Produkt der Transformationen von x und von y.

Bei den einzelnen Operationen transformieren die Funktionen folgendermaßen:

	E	C_2	C_4	σ_v	σ_d
x	x	$-x$	y	x	$-y$
y	y	$-y$	$-x$	$-y$	$-x$
xy	xy	xy	$-xy$	$-xy$	xy
x	1	1	−1	−1	1

Aus der Charaktertafel für C_{4v} ergibt sich, dass dieser Satz von Charakteren zu B_2 gehört.

A12.6a Wir müssen in jedem Molekül nach einer Drehspiegelachse suchen, eventuell auch in einer „verborgenen" Form ($S_1 = \sigma$, $S_2 = $ i; vgl. Abschnitt 12.1.3). Sofern eine solche Achse vorhanden ist, kann das Molekül nicht chiral sein. D_{2h} enthält i, C_{3h} enthält σ_h; Also können Moleküle, die zu diesen Punktgruppen gehören, nicht chiral sein (vgl. Abschnitt 12.1.2).

A12.7a Beim Aufstellen der Multiplikationstafel empfiehlt es sich, die Effekte zu untersuchen, die die Operationen an einem Gegenstand oder einem Molekül bewirken, das zu dieser Gruppe gehört. Das Molekülion $[Pt(NH_2C_2H_4NH_2)_2]^{2+}$ gehört zu D_2 (Abb. 12-2).

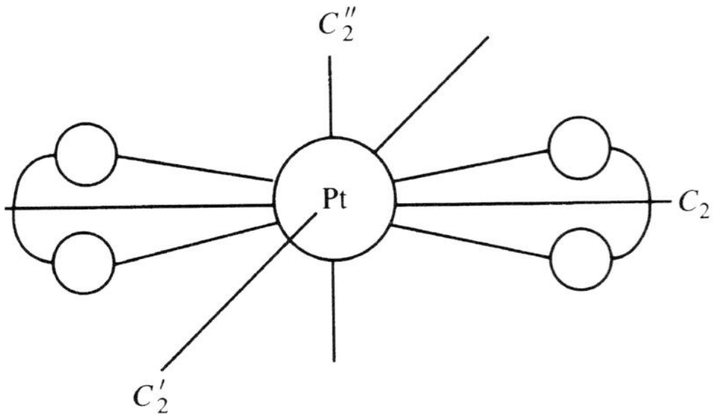

Abb. 12-2

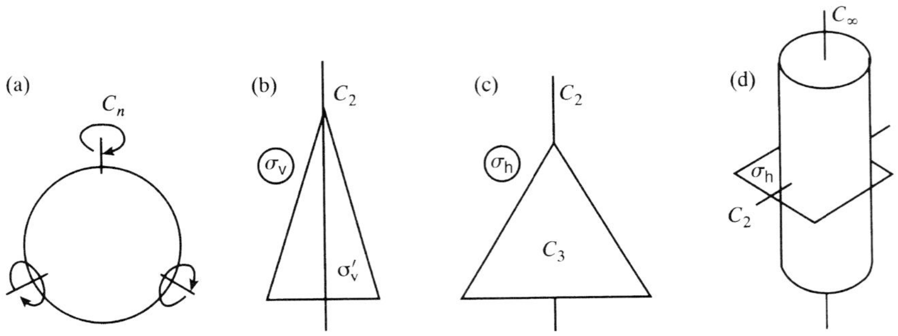

Abb. 12-3

Alternativ können wir auch die Auswirkung der Operation auf einen Punkt im Raum betrachten:

$$C_2(x, y, z) \to -x, -y, z,$$
$$C_2'(x, y, z) \to x, -y, -z,$$
$$C_2''(x, y, z) \to -x, y, -z.$$

Anhand der Ergebnisse aufeinanderfolgender Operationen können wir folgende Tabelle aufstellen:

Erste Operation		E	C_2	C_2'	C_2''
Zweite Operation	E	E	C_2	C_2'	C_2''
	C_2	C_2	E	C_2''	C_2'
	C_2'	C_2'	C_2''	E	C_2
	C_2''	C_2''	C_2'	C_2	E

A12.8a Wir stellen die Symmetrieelemente der (wichtigsten, nicht aller genannten) Objekte zusammen. Dann nutzen wir die Anmerkungen in Abschnitt 12.1.2. Im Folgenden beziehen wir uns auf die Abb. 12-3 hier und die Abb. 12-7 und 12-8 im Lehrbuch.

(a) Kugel: unendlich viele Symmetrieachsen, also R_3.

(b) Gleichschenkliges Dreieck: E, C_2, σ_v und σ_v', also C_{2v}.

(c) Gleichseitiges Dreieck: $\underbrace{\underbrace{E,\ C_3,\ C_2}_{D_3},\ \sigma_h}_{D_{3h}}$.

(d) Zylinder: E, C_∞, C_2, σ_h, also $D_{\infty h}$.

A12.9a (a) NO_2: E, C_2, σ_v, σ_v'; C_{2v},

(b) N_2O: E, C_∞, C_2, σ_v; $C_{\infty v}$,

(c) $CHCl_3$: E, C_3, $3\sigma_v$; C_{3v},

(d) $CH_2{=}\,CH_2$: E, C_2, $2C_2'$, σ_h; D_{2h},

(e) *cis*-CHBr=CHBr; E, C_2, σ_v, σ_v'; C_{2v},

(f) *trans*-CHCl=CHCl; E, C_2, σ_h, i; C_{2h}.

A12.10a (a) *cis*-CHCl=CHCl; E, C_2, σ_v, σ_v'; C_{2v},

(b) *trans*-CHCl=CHCl; E, C_2, σ_h, i; C_{2h}.

A12.11a (a) Nur Moleküle aus den Punktgruppen C_n, C_{nv} und C_s können polar sein (vgl. Abschnitt 12.1.3); von den aufgeführten Molekülen sind also NO_2 (C_{2v}), N_2O ($C_{\infty v}$), $CHCl_3$ (C_{3v}) und *cis*-CHBr=CHBr (C_{2v}) polar.

(b) Alle aufgeführten Moleküle haben eine verborgene Rotationsachse S_n. (Vergleichen Sie dazu die Charaktertafeln im Anhang des Lehrbuchs, in denen die Symmetrieelemente für die entsprechenden Punktgruppen aufgeführt sind. Beachten Sie: Ein Inversionszentrum i ist äquivalent zu S_2, eine Spiegelebene ist äquivalent zu S_1.) Daher ist gemäß Abschnitt 12.1.3 keines der aufgeführten Moleküle chiral.

A12.12a Es gilt (vgl. Abschnitt 10.1.2)

$$p_x \propto x, \qquad p_y \propto y, \qquad p_z \propto z,$$

$$d_{xy} \propto xy, \qquad d_{xz} \propto xz, \qquad d_{yz} \propto yz, \qquad d_{z^2} \propto z^2, \qquad d_{x^2-y^2} \propto x^2 - y^2$$

Wir beziehen uns nun auf die Charaktertafel C_{2v}. Das s-Orbital spannt A_1 auf, und die p-Orbitale am zentralen N-Atom spannen $A_1(p_z)$, $B_1(p_x)$ und $B_2(p_y)$ auf. Also spannt keines der Orbitale A_2 auf. Daher ist $p_x(A) - p_x(B)$ eine nicht-bindende Kombination. Wenn d-Orbitale zugänglich sind (wie beispielsweise im S-Atom oder im SO_2-Molekül), können wir mit d_{xy} ein Molekülorbital bilden, das eine Basis für A_2 ist.

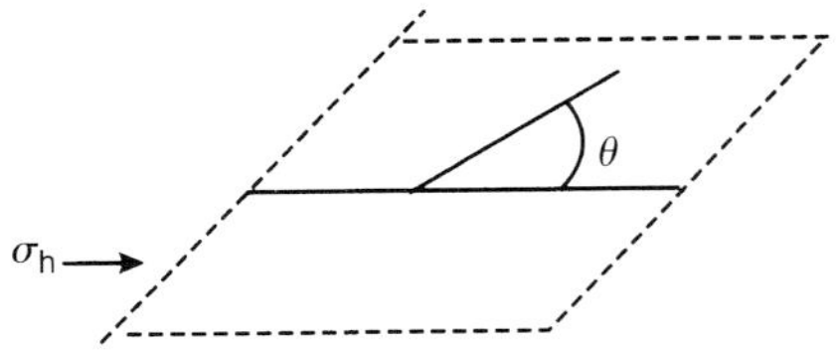

Abb. 12-4

A12.13a Der Operator des elektrischen Dipolmoments transformiert wie $x(\mathrm{B}_1)$, $y(\mathrm{B}_2)$ und $z(\mathrm{A}_1)$ (vgl. dazu die C_{2v}-Charaktertafel). Übergänge sind erlaubt, wenn $\int \psi_f^* \boldsymbol{\mu} \psi_i \mathrm{d}\tau$ nicht null ist (*Beispiel* 12-7); sie sind also verboten, es sei denn, $\Gamma_f \times \Gamma(\boldsymbol{\mu}) \times \Gamma_i$ enthält A_1. Wegen $\Gamma_i = A_1$ muss dann gelten $\Gamma_f \times \Gamma(\boldsymbol{\mu}) = \mathrm{A}_1$. Ferner ist $\mathrm{B}_1 \times \mathrm{B}_1 = \mathrm{A}_1$ und $\mathrm{B}_2 \times \mathrm{B}_2 = \mathrm{A}_1$ sowie $\mathrm{A}_1 \times \mathrm{A}_1 = \mathrm{A}_1$. Somit kann x-polarisiertes Licht einen Übergang zu einem B_1-Term hervorrufen, y-polarisiertes Licht einen Übergang zu einem B_2-Term und z-polarisiertes Licht einen Übergang zu einem A_1-Term.

A12.14a (a) Benzol gehört zur Punktgruppe D_{6h}. In dieser Gruppe spannt $\boldsymbol{\mu}$ die Darstellungen $\mathrm{E}_{1u}(x, y)$ und $\mathrm{A}_{2u}(z)$ auf. Der Grundterm ist daher A_{1g}. Es gilt $\mathrm{A}_{2u} \times \mathrm{A}_{1g} = \mathrm{A}_{2u}$, $\mathrm{E}_{1u} \times \mathrm{A}_{1g} = \mathrm{E}_{1u} \times \mathrm{A}_{1g} = \mathrm{E}_{1u}$, $\mathrm{A}_{2u} \times \mathrm{A}_{2u} = \mathrm{A}_{1g}$ und $\mathrm{E}_{1u} \times \mathrm{E}_{1u} = \mathrm{A}_{1g} + \mathrm{A}_{2g} + \mathrm{E}_{2g}$. Daraus schließen wir, dass der obere Term entweder E_{1u} oder A_{2u} ist.

(b) Naphthalin gehört zur Punktgruppe D_{2h}. In dieser Gruppe selbst spannen die Komponenten die Darstellungen $\mathrm{B}_{3u}(x)$, $\mathrm{B}_{2u}(y)$ und $\mathrm{B}_{1u}(z)$ auf; der Grundterm ist A_g. Da in dieser Gruppe $\mathrm{A}_g \times \Gamma = \Gamma$ gilt, sind die oberen Terme B_{3u}(x-polarisiert), B_{2u}(y-polarisiert) und B_{1u}(z-polarisiert).

A12.15a Wir betrachten das Integral

$$I = \int_{-a}^{a} f_1 f_2 \, d\theta = \int_{-a}^{a} \sin\theta \cos\theta \, \mathrm{d}\theta.$$

Damit können wir die folgende Tabelle über die Auswirkungen von Operationen in der Gruppe C_s aufstellen (vgl. dazu Abb. 12-4).

	E	σ_h
$f_1 = \sin\theta$	$\sin\theta$	$-\sin\theta$
$f_2 = \cos\theta$	$\cos\theta$	$\cos\theta$

Mit den Charakteren folgt

	E	σ_h	
f_1	1	−1	A''
f_2	1	1	A'
$f_1 f_2$	1	−1	A''

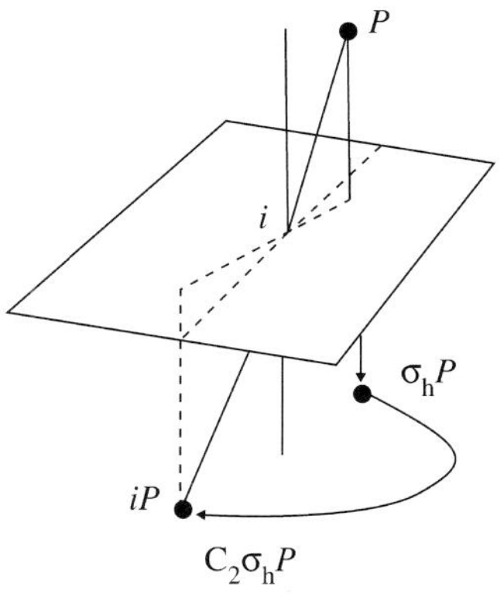

Abb. 12-5

Schwerere Aufgaben

12.1 (a) CH_3CH_3, gestaffelt: E, C_3, C_2, $3\sigma_d$; D_{3d} (vgl. Abb. 12-6b im Lehrbuch).

(b) C_6H_{12}, Sessel: E, C_3, C_2, $3\sigma_d$; D_{3d}.
C_6H_{12}, Wanne: E, C_2, σ_v, σ_v'; C_{2v}.

(c) B_2H_6: E, C_2, $2C_2'$, σ_h; D_{2h}.

(d) $[Co(en)_3]^{3+}$: E, $2C_3$, $3C_2$; D_3.

(e) S_8, Krone: E, C_4, C_2, $4C_2'$, $4\sigma_d$, $2S_8$; D_{4d}.

Nur die Wannenform von C_6H_{12} kann polar sein, weil alle anderen Moleküle zu D-Punktgruppen gehören. Lediglich $[Co(en)_3]^{3+}$ gehört zu einer Gruppe ohne Drehspiegelachse ($S_1 = \sigma$), das Molekül ist daher chiral.

12.3 Betrachten Sie Abb. 12-5. Die Anwendung von σ_h auf einen Punkt P erzeugt $\sigma_h P$, die Anwendung von C_2 auf $\sigma_h P$ erzeugt den Punkt $C_2\sigma_h P$. Derselbe Punkt wird auch durch die Inversion i aus P erzeugt; also gilt $C_2\sigma_h P = iP$ für alle Punkte P. Demnach ist $C_2\sigma_h = i$, und i muss ein Element der Gruppe sein.

12.5 Wir untersuchen, wie sich die Operationen der Gruppe C_{3v} auswirken, wenn man sie auf $l_z = xp_y - yp_x$ anwendet. Dabei ergeben sich folgende Transformationen von x, y und z sowie entsprechend p_x, p_y und p_z (vgl. Abb. 12-6):

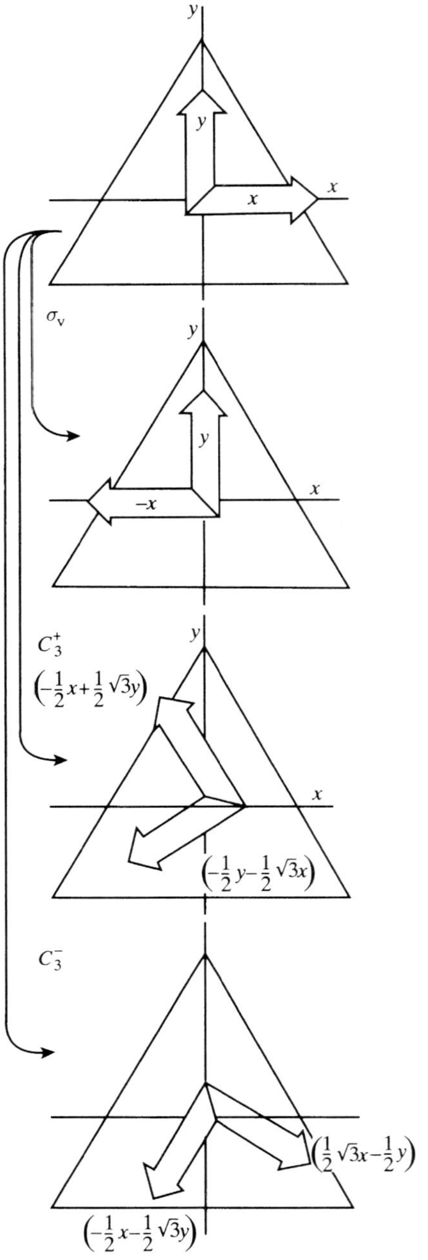

Abb. 12-6

$$E(x, y, z) \to (x, y, z),$$
$$\sigma_v(x, y, z) \to (-x, y, z),$$
$$\sigma_v'(x, y, z) \to (x, -y, z),$$
$$\sigma_v''(x, y, z) \to (x, y, -z),$$
$$C_3^+(x, y, z) \to \left(-\tfrac{1}{2}x + \tfrac{1}{2}\sqrt{3y}, -\tfrac{1}{2}\sqrt{3x} - \tfrac{1}{2}y, z\right),$$
$$C_3^-(x, y, z) \to \left(-\tfrac{1}{2}x - \tfrac{1}{2}\sqrt{3y}, \tfrac{1}{2}\sqrt{3x} - \tfrac{1}{2}y, z\right).$$

Die Charaktere aller σ-Operationen sind dabei dieselben wie die der beiden C_3-Operationen (vgl. dazu die C_{3v}-Charaktertafel); daher müssen wir nur eine Operation in jeder Klasse betrachten.

$$\begin{aligned}
El_z &= xp_y - yp_x = l_z,\\
\sigma_v l_z &= -xp_y + yp_x = -l_z \quad [\text{wegen } (x,y,z) \to (-x,y,z)],\\
C_3^+ l_z &= (-\tfrac{1}{2}x + \tfrac{1}{2}\sqrt{3}y) \times (-\tfrac{1}{2}\sqrt{3}p_x - \tfrac{1}{2}p_y) - (-\tfrac{1}{2}\sqrt{3}x - \tfrac{1}{2}y) \times (-\tfrac{1}{2}p_x + \tfrac{1}{2}\sqrt{3}p_y)\\
&\qquad [\text{wegen } (x,y,z) \to (-\tfrac{1}{2}x + \tfrac{1}{2}\sqrt{3}y, -\tfrac{1}{2}\sqrt{3}x - \tfrac{1}{2}y,\ z)]\\
&= \tfrac{1}{4}(\sqrt{3}xp_x + xp_y - 3yp_x - \sqrt{3}yp_y - \sqrt{3}xp_x + 3xp_y - yp_x + \sqrt{3}yp_y)\\
&= xp_y - yp_x = l_z.
\end{aligned}$$

Die Darstellungsmatrizen von E, σ_v und C_3^+ sind daher jeweils eindimensionale Matrizen mit den Charakteren 1, −1 bzw. 1. Damit folgt, dass l_z eine Basis für A_2 ist (vgl. die C_{3v}-Charaktertafel).

12.7 Die Multiplikationstafel lautet

	1	σ_x	σ_y	σ_z
1	1	σ_x	σ_y	σ_z
σ_x	σ_x	1	$i\sigma_x$	$-i\sigma_y$
σ_y	σ_y	$-i\sigma_z$	1	$i\sigma_x$
σ_z	σ_z	$i\sigma_y$	$-i\sigma_z$	1

Die Matrizen bilden keine Gruppe, da die Produkte $i\sigma_z$, $i\sigma_y$, $i\sigma_x$ und die jeweiligen Negativen nicht unter den vier gegebenen Matrizen sind.

12.9 (a) Bei der C_{3v}-Symmetrie spannen die H1s-Orbitale dieselben irreduziblen Darstellungen auf wie in NH_3, nämlich $A_1 + A_1 + E$. Es gibt ein zusätzliches A_1-Orbital, weil ein viertes H-Atom auf der C_3-Achse liegt. Bei der C_{3v}-Symmetrie spannen die d-Orbitale $A_1 + E + E$ auf (siehe dazu die letzte Spalte der C_{3v}-Charaktertafel). Also können alle fünf d-Orbitale zur Bindung beitragen.

(b) In der C_{2v}-Symmetrie spannen die H1s-Orbitale dieselben irreduziblen Darstellungen auf wie in H_2O, allerdings ist eines der „H_2O"-Fragmente um 90° relativ zum anderen gedreht. Während in H_2O die H1s-Orbitale $A_1 + B_2$ aufspannen ($H_1 + H_2$, $H_1 - H_2$), spannen die verzerrten CH_4-Moleküle $A_1 + B_2 + A_1 + B_1$ auf ($H_1 + H_2$, $H_1 - H_2$, $H_3 + H_4$, $H_3 - H_4$). Bei C_{2v} spannen die d-Orbitale $2A_1 + B_1 + B_2 + A_2$ auf (vgl. dazu die C_{2v}-Charaktertafel). Also können alle Orbitale außer $A_2(d_{xy})$ an der Bindung teilnehmen.

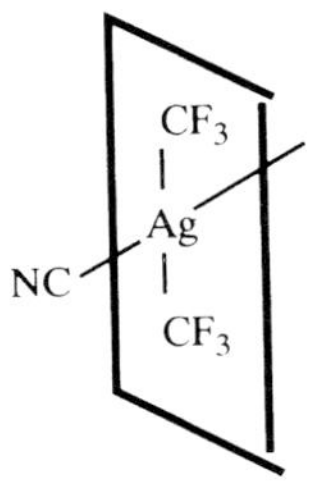

Abb. 12-7

12.11 (a) Wir gehen anhand des Flussdiagramms in Abb. 12-7 im Lehrbuch vor. Beachten Sie, dass der untersuchte Komplex mit frei rotierenden CF_3-Gruppen nichtlinear ist, denn es gibt keine C_n-Achse mit $n > 2$, allerdings sind C_2-Achsen vorhanden: Es gibt zwei senkrecht aufeinander stehende C_2-Achsen, die wir Hauptachsen nennen, und es gibt ein σ_h. Daher ist die Punktgruppe D_{2h}.

(b) Die in der untenstehenden Abb. 12.7 gezeigte Spiegelebene ist so lang, dass jede der CF_3-Gruppen eine CF-Bindung in der Ebene hat. (i) Wenn die CF_3-Gruppen gestaffelt sind, dann ist die Ag-CN-Achse noch immer eine C_2-Achse; es gibt allerdings keine weiteren C_2-Achsen. Die Ag-CF_3-Achse ist jedoch eine S_2-Achse, d. h. das Ag-Atom ist ein Inversionszentrum. Schreiten wir in dem Flussdiagramm fort, taucht dort die Frage nach einer σ_h-Ebene auf (die in der Abbildung gezeigte Ebene). Die Punktgruppe ist also C_{2h}. (ii) Wenn man die CF_3-Gruppen in der Versenkung verschwinden lässt, dann ist die Achse, die durch das Ag-Atom verläuft und senkrecht auf der Ebene der Ag-Bindungen steht, noch immer eine C_2-Achse; jedoch ist keine der Achsen durch die Ag-Bindungen eine C_2-Achse. Es gibt keine σ_h-, aber zwei σ_v-Ebenen (die gezeigte Ebene und die Ebene, die darauf und auf der Ebene durch die Ag-Bindungen senkrecht steht). Die Punktgruppe ist also C_{2v}.

12.13 (a) C_{2v}. Die Funktionen x^2, y^2 und z^2 sind invariant gegenüber allen Operationen der Gruppe. Also transformiert $z(5z^2 - 3r^2)$ wie $z(A_1)$, $y(5y^2 - 3r^2)$ transformiert wie $y(B_2)$ und $x(5x^2 - 3r^2)$ transformiert wie $x(B_1)$. Entsprechendes gilt für $z(x^2 - y^2)$, für $y(x^2 - z^2)$ und $x(z^2 - y^2)$. Die Funktion xyz transformiert wie $B_1 \times B_2 \times A_1 = A_2$. Also gilt in der C_{2v}: $f \rightarrow 2A_1 + A_2 + 2B_1 + 2B_2$.

(b) C_{3v}. Hier transformiert z wie A_1, daher auch z^3. Aus der C_{3v}-Charaktertafel entnehmen wir, dass $(x^2 - y^2, xy)$ eine Basis für E ist. Daher ist $(xyz, z(x^2 - y^2))$ eine Basis für $A_1 \times E = E$. Die Linearkombinationen $y(5y^2 - 3r^2) + 5y(x^2 - z^2) \propto y$ und $x(5x^2 - 3r^2) + 5x(z^2 - y^2) \propto x$ sind eine Basis für E. Entsprechend sind die zwei zu ihnen orthogonalen Linearkombinationen eine andere Basis für E. Also ist der C_{3v}-Gruppe $f \rightarrow A_1 + 3E$.

(c) T_d. Wir können (mit einigem Recht) vermuten, dass die f-Orbitale eine Basis der Dimension 3+3+1 sind. Dann wäre die Zerlegung T+T+A. Ist die A-Darstellung A_1 oder A_2? Der Charaktertafel entnehmen wir, dass die Auswirkung von S_4 zwischen A_1 und A_2 unterscheidet. Unter S_4 gilt $x \rightarrow y$, $y \rightarrow -x$, $z \rightarrow -z$ und damit $xyz \rightarrow xyz$. Der Charakter ist $\chi = 1$, also spannt xyz gerade A_1 auf. Entsprechend ist $(x^3, y^3, z^3) \to (y^3, -x^3, -z^3)$ und $\chi = 0 + 0 - 1 = -1$. Damit spannt dieses Trio T_2 auf. Schließlich ist

$$\{x(z^2 - y^2),\ y(z^2 - x^2),\ z(x^2 - y^2)\} \to \{y(z^2 - x^2),\ -x(z^2 - y^2),\ -z(y^2 - x^2)\}.$$

Daraus ergibt sich $\chi = 1$, entsprechend T_1. Also ist in der T_d-Gruppe

$$f \to A_1 + T_1 + T_2.$$

(d) O_h. Wir nehmen wie in der anderen kubischen Gruppe eine Zerlegung A + T + T vorweg. Weil x, y und z alle ungerade Parität haben, werden alle irreduziblen Darstellungsmatrizen u sein. Mit S_4 ist (wie in Teil (c)) $xyz \to xyz$, und demnach ist gemäß der Charaktertafel $\chi = -1$. Mit S_4 ist wie vorher $(x^3, y^3, z^3) \to (y^3, -x^3, -z^3)$ und damit $\chi = -1$, entsprechend T_{1u}. In gleicher Weise spannen die drei verbleibenden Funktionen T_{2u} auf. Also ist in der O_h-Gruppe $f \to A_{2u} + T_{1u} + T_{2u}$.

(Die Orbitalformen finden sie beispielsweise in dem Buch *Chemie – einfach alles* von L. Jones, Wiley-VCH, Weinheim, 2006)

Die f-Orbitals ordnen sich entsprechend ihren irreduziblen Darstellungen zu Sätzen:

(i) $f \to A_1 + T_1 + T_2$ in der T_d-Symmetrie; hier gibt es ein nicht entartetes Orbital und zwei Sätze von dreifach entarteten Orbitalen.

(ii) $f \to A_{2u} + T_{1u} + T_{2u}$; das Muster der Aufspaltung (jedoch nicht die Reihenfolge der Energien) ist dieselbe.

12.15 Wir stellen die folgende Tabelle auf:

	N2s	N2p_x	N2p_y	N2p_z	O2p_x	O2p_y	O2p_z	O′2p_x	O′2p_y	O′2p_z	χ
E	N2s	N2p_x	N2p_y	N2p_z	O2p_x	O2p_y	O2p_z	O′2p_x	O′2p_y	O′2p_z	10
C_2	N2s	−N2p_x	−N2p_y	N2p_z	−O′2p_x	−O′2p_y	O′2p_z	−O2p_x	−O2p_y	O2p$_z$	0
σ_v	N2s	N2p_x	−N2p_y	N2p_z	O′2p_x	−O′2p_y	O′2p_z	O2p_x	−O2p_y	O2p_z	2
σ_v'	N2s	−N2p_x	N2p_y	N2p_z	−O2p_x	O2p_y	O2p_z	−O′2p_x	O′2p_y	O′2p_z	4

χ wird aus der Anzahl der ungeänderten Orbitale ermittelt. Der Charaktersatz (10, 0, 2, 4) ergibt bei der Zerlegung $4A_1 + 2B_1 + 3B_2 + A_2$.

Nun bilden wir die symmetrieadaptierten Linearkombinationen, wie in Abschnitt 12.2.2 erklärt wurde.

$\psi(A_1) = $ N2s	(Spalte 1)	$\psi(B_1) = $ O2p_x + O′2p_x	(Spalte 5)
$\psi(A_1) = $ N2p_z	(Spalte 4)	$\psi(B_2) = $ N2p_y	(Spalte 3)
$\psi(A_1) = $ O2p_z + O′2p_z	(Spalte 7)	$\psi(B_2) = $ O2p_y + O′2p_y	(Spalte 6)
$\psi(A_1) = $ O2p_y + O′2p_y	(Spalte 9)	$\psi(A_2) = $ O2p_z + O′2p_z	(Spalte 7)
$\psi(B_1) = $ N2p_x	(Spalte 2)	$\psi(A_2) = $ O2p_x + O′2p_x	(Spalte 5)

(Die anderen Spalten ergeben dieselben Kombinationen.)

12.17 Wir betrachten das Phenanthren-Molekül, dessen C-Atome wie in der folgenden Struktur bezeichnet sind.

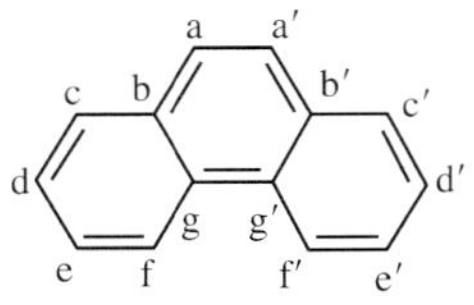

(a) Die $2p$-Orbitale im π-System sind die Basis, an der wir interessiert sind. Um die irreduziblen Darstellungen zu finden, die von dieser Basis aufgespannt werden, betrachten wir, wie jede Basis unter den Symmetrieoperationen der C_{2v}-Gruppe transformiert. Um den Charakter einer Operation in dieser Basis zu finden, summieren wir die Koeffizienten der Basisterme, die bei der Operation unverändert bleiben.

	a	a′	b	b′	c	c′	d	d′	e	e′	f	f′	g	g′	χ
E	a	a′	b	b′	c	c′	d	d′	e	e′	f	f′	g	g′	14
C_2	−a′	−a	−b′	−b	−c′	−c	−d′	−d	−e′	−e	−f′	−f	−g′	−g	0
σ_v	a′	a	b′	b	c′	c	d′	d	e′	e	f′	f	g′	g	0
σ_v'	−a	−a′	−b	−b′	−c	−c′	−d	−d′	−e	−e′	−f	−f′	−g	−g′	−14

Um die irreduziblen Darstellungen zu finden, die diese Orbitale aufspannen, multiplizieren wir die Charaktere in der Darstellungen der Orbitale mit den Charakteren der irreduziblen Darstellungen, summieren diese Produkte und teilen die Summe durch die Ordnung n der Gruppe (wie im Anfang von Abschnitt 12.2.2). Die folgende Tabelle illustriert dieses Vorgehen, beginnend von links mit der C_{2v}-Charaktertafel.

	E	C_2	σ_v	σ_v'	Produkt	E	C_2	σ_v	σ_v'	Summe/h
A_1	1	1	1	1		14	0	0	−14	0
A_2	1	1	−1	−1		14	0	0	14	7
B_1	1	−1	1	−1		14	0	0	14	7
B_2	1	−1	−1	1		14	0	0	−14	0

Die Orbitale spannen $7A_2 + B_2$ auf.

Um die symmetrieadaptierten Linearkombinationen (SALKs) zu finden, gehen wir vor wie am Ende von Abschnitt 12.2.2 beschrieben. Wir gehen von der obigen Tabelle aus, in der die Transformationen der originalen Basisorbitale aufgeführt sind. Um die SALKs einer gegebenen Symmetriespezies zu finden, nehmen wir eine Spalte der Tabelle, multiplizieren jeden Eintrag mit dem Charakter von der irreduziblen Darstellung der Spezies, summieren die Terme in der Tabelle und teilen durch die Ordnung der Gruppe. Hat beispielsweise die Spezies A_1 die Charaktere 1, 1, 1, 1, dann sind die zu summierenden Spalten identisch zu den Spalten in der obigen Tabelle: Jede Spalte summiert sich zu null, und wir können schließen, dass es keine SALKs zur A_1-Symmetrie gibt. (Das ist auch eigentlich nicht überraschend: Die Orbitale spannen nur A_2 und B_1 auf.) Eine A_2-SALK erhält man durch Multiplikation der Charaktere 1, 1, −1, −1 mit der ersten Spalte:

$$\tfrac{1}{4}(a - a' - a' + a) = \tfrac{1}{2}(a - a').$$

In der zweiten Spalte ergibt sich dieselbe A_2-Kombination. Insgesamt gibt es sieben unterschiedliche A_2-Kombinationen: $\frac{1}{2}(a - a'), \frac{1}{2}(b - b'), \ldots, \frac{1}{2}(g - g')$. Die B_1-Kombination aus der ersten Spalte ist

$$\tfrac{1}{4}(a + a' + a' + a) = \tfrac{1}{2}(a + a').$$

Auch hier ergibt sich in der zweiten Spalte dieselbe B_1-Kombination. Insgesamt gibt es sieben unterschiedliche B_1-Kombinationen: $\frac{1}{2}(a + a'), \frac{1}{2}(b + b'), \ldots, \frac{1}{2}(g + g')$. Dagegen gibt es keine B_2-Kombinationen, da die Spalten sich zu null summieren.

(b) Die Bezeichnungen der Kohlenstoffatome in der Struktur stimmen mit denen in den Reihen und Spalten der Determinante überein. Die Hückel-Säkulardeterminante ist:

	a	b	c	d	e	f	g	g′	f′	e′	d′	c′	b′	a′
a	$\alpha-E$	β	0	0	0	0	0	0	0	0	0	0	0	β
b	β	$\alpha-E$	β	0	0	0	β	0	0	0	0	0	0	0
c	0	β	$\alpha-E$	β	0	0	0	0	0	0	0	0	0	0
d	0	0	β	$\alpha-E$	β	0	0	0	0	0	0	0	0	0
e	0	0	0	β	$\alpha-E$	β	0	0	0	0	0	0	0	0
f	0	0	0	0	β	$\alpha-E$	β	0	0	0	0	0	0	0
g	0	β	0	0	0	β	$\alpha-E$	β	0	0	0	0	0	0
g′	0	0	0	0	0	0	β	$\alpha-E$	β	0	0	0	0	0
f′	0	0	0	0	0	0	0	β	$\alpha-E$	β	0	0	0	0
e′	0	0	0	0	0	0	0	0	β	$\alpha-E$	β	0	0	0
d′	0	0	0	0	0	0	0	0	0	β	$\alpha-E$	β	0	0
c′	0	0	0	0	0	0	0	0	0	0	β	$\alpha-E$	β	0
b′	0	0	0	0	0	0	0	β	0	0	0	β	$\alpha-E$	β
a′	β	0	0	0	0	0	0	0	0	0	0	0	β	$\alpha-E$

Diese Determinante hat dieselben Eigenwerte wie in Aufgabe A11.13b (Teilaufgabe b).

(c) Der Grundzustand des Moleküls hat A_1-Symmetrie aufgrund der Tatsache, dass seine Wellenfunktion das Produkt von doppelt besetzten Orbitalen ist, denn das Produkt von zwei beliebigen Orbitalen gleicher Symmetrie hat A_1-Charakter. Damit ein Übergang erlaubt ist, darf der Übergangsdipol nicht null sein, was wiederum nur dann möglich ist, wenn das Produkt $\Psi_f^* \boldsymbol{\mu} \Psi_i$ die total symmetrischen Spezies A_1 umfasst. Wir betrachten die ersten Übergänge zu einer anderen A_1-Wellenfunktion, wozu wir das Produkt $A_1 \boldsymbol{\mu} A_1$ benötigen. Nun ist aber $A_1 A_1 = A_1$, und der einzige Charakter, bei dem A_1 herauskommt, wenn er mit A_1 multipliziert wird, ist A_1 selbst. Die z-Komponente des Dipoloperators gehört zu den A_1-Spezies, also sind z-polarisierte $A_1 \leftarrow A_1$-Übergänge erlaubt. (Beachten Sie: Übergänge vom A_1-Grundzustand zu einem angeregten A_1-Zustand sind Übergänge von einem Orbital, das im Grundzustand besetzt ist, zum Orbital eines angeregten Zustands derselben Symmetrie.) Die andere Möglichkeit ist ein Übergang von einem Orbital der einen Symmetrie (A_2 oder B_1) zu einer anderen. In diesem Fall hat die Wellenfunktion des angeregten Zustands die Symmetrie $A_1B_1 = B_2$ aus den zwei einfach besetzten Orbitalen im

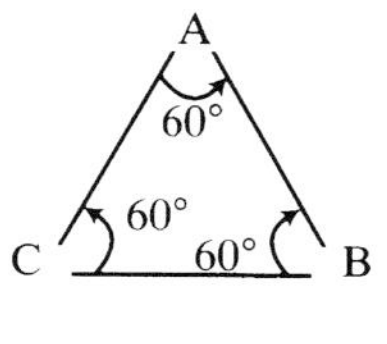

Abb. 12-8

angeregten Zustand. Die Symmetrie des Übergangsdipols ist dann $A_1 \boldsymbol{\mu} B_2 = \boldsymbol{\mu} B_2$; die einzige Spezies, bei der A_1 herauskommt, wenn mit B_2 multipliziert wird, ist B_2 selbst. Da aber die y-Komponente des Dipoloperators zu B_2 gehört, sind auch diese (y-polarisierten) Übergänge erlaubt.

Anwendungsaufgaben

12.19 Die Form dieses Moleküls ist in Abb. 12-8 zu sehen.

(a) Symmetrieelemente: E, $2C_3$, $3C_2$, σ_h, $2S_3$, $3\sigma_v$.
Punktgruppe: D_{3h}.

(b) $$\boldsymbol{D}(E) = \begin{pmatrix} 1 & 0 & 0 \\ 0 & 1 & 0 \\ 0 & 0 & 1 \end{pmatrix} = \mathbf{D}(\sigma_h).$$

$$\boldsymbol{D}(C_3) = \begin{pmatrix} 0 & 0 & 1 \\ 1 & 0 & 0 \\ 0 & 1 & 0 \end{pmatrix}, \quad \boldsymbol{D}(C_3') = \boldsymbol{D}^2(C_3) = \begin{pmatrix} 0 & 1 & 0 \\ 0 & 0 & 1 \\ 1 & 0 & 0 \end{pmatrix}.$$

$$\boldsymbol{D}(S_3) = \boldsymbol{D}(C_3), \quad \boldsymbol{D}(S_3') = \boldsymbol{D}^2(S_3) = \boldsymbol{D}(C_3').$$

C_3' und S_3' sind Drehungen gegen den Uhrzeigersinn.

σ_v verläuft durch A und steht senkrecht auf B–C.

σ_v' verläuft durch B und steht senkrecht auf A–C.

σ_v'' verläuft durch C und steht senkrecht auf A–B.

$$\boldsymbol{D}(\sigma_v) = \begin{pmatrix} 1 & 0 & 0 \\ 0 & 0 & 1 \\ 0 & 1 & 0 \end{pmatrix}, \quad \boldsymbol{D}(\sigma_v') = \begin{pmatrix} 0 & 0 & 1 \\ 0 & 1 & 0 \\ 1 & 0 & 0 \end{pmatrix},$$

$$\boldsymbol{D}(\sigma_v'') = \begin{pmatrix} 0 & 1 & 0 \\ 1 & 0 & 0 \\ 0 & 0 & 1 \end{pmatrix}.$$

$$\boldsymbol{D}(C_2) = \boldsymbol{D}(\sigma_v), \quad \boldsymbol{D}(C_2') = \boldsymbol{D}(\sigma_v'), \quad \boldsymbol{D}(C_2'') = \boldsymbol{D}(\sigma_v'').$$

(c) Beispiele für Elemente der Gruppentafel:

$$\boldsymbol{D}(C_3)\boldsymbol{D}(C_2) = \begin{pmatrix} 0 & 0 & 1 \\ 1 & 0 & 0 \\ 0 & 1 & 0 \end{pmatrix} \begin{pmatrix} 1 & 0 & 0 \\ 0 & 0 & 1 \\ 0 & 1 & 0 \end{pmatrix} = \begin{pmatrix} 0 & 1 & 0 \\ 1 & 0 & 0 \\ 0 & 0 & 1 \end{pmatrix} = \boldsymbol{D}(\sigma_v'').$$

$$\boldsymbol{D}(\sigma_v')\boldsymbol{D}(\sigma_v) = \begin{pmatrix} 0 & 0 & 1 \\ 0 & 1 & 0 \\ 1 & 0 & 0 \end{pmatrix} \begin{pmatrix} 1 & 0 & 0 \\ 0 & 0 & 1 \\ 0 & 1 & 0 \end{pmatrix} = \begin{pmatrix} 0 & 1 & 0 \\ 0 & 0 & 1 \\ 1 & 0 & 0 \end{pmatrix} = \boldsymbol{D}(C_3').$$

D_{3h}	E	C_3	C_2	σ_v	σ_v'	σ_h	$\dots$
E	E	C_3	C_2	σ_v	σ_v'	σ_h	$\dots$
C_3	C_3	C_3'	σ_v''	σ_v''	σ_v	C_3	$\dots$
C_2	C_2	σ_v'	E	E	C_3	C_2	$\dots$
σ_v	σ_v	σ_v'	E	E	C_3	σ_v	$\dots$
σ_v'	σ_v'	σ_v''	C_3	C_3	E	σ_v'	$\dots$
σ_h	σ_h	C_3	C_2	σ_v	σ_v'	E	$\dots$
$\vdots$	$\vdots$	$\vdots$	$\vdots$	$\vdots$	$\vdots$	$\vdots$	$\ddots$

(d) Bestimmen Sie zuerst die Anzahl der s-Orbitale (die Basis hat drei s-Orbitale), bei denen die Positionen unverändert bleiben, nachdem man jede Symmetriespezies der Punktgruppe D_{3h} angewendet hat.

D_{3h}	E	$2C_3$	$3C_2$	σ_h	$2S_3$	$3\sigma_v$
Unveränderte Basiselemente	3	0	1	3	0	1

Dies ist zwar nicht eine der irreduziblen Darstellungen, die in der D_{3h}-Charaktertafel aufgeführt werden, aber beim näheren Hinsehen erkennt man, dass sie identisch mit $A_1' + E'$ ist. Das erlaubt den Schluss, dass die drei s-Orbitale $A_1' + E'$ aufspannen.

Anmerkung: Die Multiplikationstafel in Teil (c) ist streng genommen nicht *die* Tafel für die Gruppenmultiplikation, sondern die Multiplikationstafel für die Darstellungsmatrizen der Gruppe in der betrachteten Basis.

12.21 (a) Gehen Sie entsprechend dem Flussdiagramm in Abb. 12-7 im Lehrbuch vor. Sie sehen dann, dass das Molekül nichtlinear ist (wenigstens nicht im mathematischen Sinn). Es gibt nur eine C_n-Achse, und es gibt ein σ_h. Dann ist die Punktgruppe $\mathrm{C_{2h}}$.

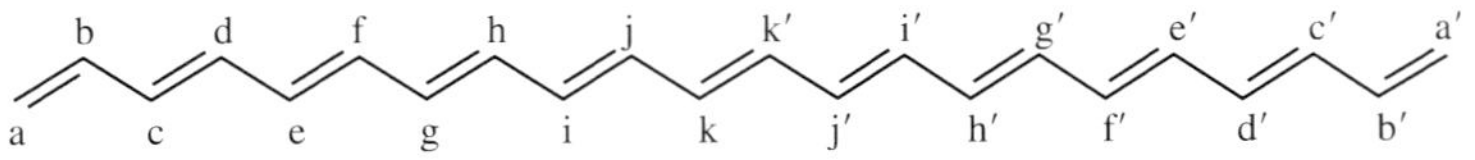

(b) Die $2p_z$-Orbitale transformieren unter den Symmetrieoperationen der $C_{2\mathrm{h}}$-Gruppe folgendermaßen:

	a	a′	b	b′	c	c′	...	j	j′	k	k′	χ
E	a	a′	b	b′	c	c′	...	j	j′	k	k′	22
C_2	a′	a	b	b	c′	c	...	j′	j	k′	k	0
i	−a′	−a	−b′	−b	−c′	−c	...	−j′	−j′	−k′	−k	0
σ_h	−a	−a′	−b	−b′	−c	−c′	...	−j	−j′	−k	−k′	−22.

Um die irreduziblen Darstellungen zu finden, die durch diese Orbitale aufgespannt werden, multiplizieren wir die Charaktere der Orbitale mit den Charakteren der irreduziblen Darstellungen, summieren diese Produkte und teilen die Summe durch die Ordnung h der Gruppe (so wie am Anfang von Abschnitt 12.2.2). Die folgende Tabelle illustriert das Vorgehen, beginnend von links mit der $C_{2\mathrm{h}}$-Charaktertafel.

	E	C_2	i	σ_h	Produkt	E	C_2	i	σ_h	Summe/h
A_g	1	1	1	1		22	0	0	−22	0
A_u	1	1	−1	−1		22	0	0	22	11
B_g	1	−1	1	−1		22	0	0	22	11
B_u	1	−1	−1	1		22	0	0	−22	0

Die Orbitale spannen $11\mathrm{A_u} + 11\mathrm{B_g}$ auf.

Um die symmetrieadaptierten Linearkombinationen (SALK) zu finden, gehen wir vor wie am Ende von Abschnitt 12.2.2 beschrieben. Betrachten Sie die obige Tabelle, in der die Transformationen der originalen Basisorbitale aufgeführt sind. Um die SALK zu einer gegebenen Symmetriespezies zu finden, nehmen Sie eine Spalte dieser Tabelle, multiplizieren jeden Eintrag mit dem Charakter der zu dieser Spezies gehörenden irreduziblen Darstellung, summieren die Terme in der Spalte und teilen durch die Ordnung der Gruppe. Beispielsweise sind die Charaktere der Spezies $\mathrm{A_u}$ durch 1, 1, 1, 1 gegeben, und daher sind die zu summierenden Spalten identisch mit den Spalten in der obigen Tabelle. Jede Spaltensumme ist null, daher können wir schließen, dass es keine SALK für die $\mathrm{A_g}$-Symmetrie gibt. (Das ist nicht weiter überraschend: Die Orbitale spannen nur $\mathrm{A_u}$ und $\mathrm{B_g}$ auf. Eine $\mathrm{A_u}$-SALK erhält man, indem man die Charaktere 1, 1, −1, −1 mit der ersten Spalte multipliziert:

$$\tfrac{1}{4}(\mathrm{a} + \mathrm{a}' + \mathrm{a}' + \mathrm{a}) = \tfrac{1}{2}(\mathrm{a} + \mathrm{a}').$$

Die $\mathrm{A_u}$-Kombination aus der zweiten Spalte ist dieselbe. Insgesamt gibt es elf verschiedene $\mathrm{A_u}$-Kombinationen: $\frac{1}{2}(\mathrm{a} + \mathrm{a}'), \frac{1}{2}(\mathrm{b} + \mathrm{b}'), \ldots \frac{1}{2}(\mathrm{k} + \mathrm{k}')$. Die $\mathrm{B_g}$-Kombination aus der ersten Spalte ist

$\frac{1}{4}(\mathrm{a} - \mathrm{a}' - \mathrm{a}' + \mathrm{a}) = \frac{1}{2}(\mathrm{a} - \mathrm{a}')$.

Die B_g-Kombination aus der zweiten Spalte ist dieselbe. Insgesamt gibt es elf verschiedene B_g-Kombinationen: $\frac{1}{2}(\mathrm{a} - \mathrm{a}'), \frac{1}{2}(\mathrm{b} - \mathrm{b}'), \ldots \frac{1}{2}(\mathrm{k} - \mathrm{k}')$. B_u-Kombinationen gibt es nicht, da die Spaltensumme null ist.

(c) Die Bezeichnungen in dem Bild des Moleküls stimmen mit den Bezeichnungen in den Zeilen und Spalten der Determinante überein. Die Hückel-Säkulardeterminante ist:

	a	b	c	...	i	j	k	k′	j′	i′	...	c′	b′	a′
a	$\alpha - E$	β	0	...	0	0	0	0	0	0	...	0	0	0
b	β	$\alpha - E$	β	...	0	0	0	0	0	0	...	0	0	0
c	0	β	$\alpha - E$	...	0	0	0	0	0	0	...	0	0	0
...	...	...	...	...	...	...	...	...	...	...	...	...	...	...
i	0	0	0	...	$\alpha - E$	β	0	0	0	0	...	0	0	0
j	0	0	0	...	β	$\alpha - E$	β	0	0	0	...	0	0	0
k	0	0	0	...	0	β	$\alpha - E$	β	0	0	...	0	0	0
k′	0	0	0	...	0	0	β	$\alpha - E$	β	0	...	0	0	0
j′	0	0	0	...	0	0	0	β	$\alpha - E$	β	...	0	0	0
i′	0	0	0	...	0	0	0	0	β	$\alpha - l$	...	0	0	0
...	...	...	...	...	...	...	...	...	...	...	...	...	...	...
c′	0	0	0	...	0	0	0	0	0	0	...	$\alpha - E$	β	0
b′	0	0	0	...	0	0	0	0	0	0	...	β	$\alpha - E$	β
a′	0	0	0	...	0	0	0	0	0	0	...	0	β	$\alpha - E$

Die Energien der gefüllten Orbitale sind $\alpha + 1.98137\beta$, $\alpha + 1.92583\beta$, $\alpha + 1.83442\beta$, $\alpha + 1.70884\beta$, $\alpha + 1.55142\beta$, $\alpha + 1.36511\beta$, $\alpha + 1.15336\beta$, $\alpha + 0.92013\beta$, $\alpha + 0.66976\beta$, $\alpha + 0.40691\beta$ und $\alpha + 0.13648\beta$. The π-Energie ist 27.30729β.

(d) Wir können hier haargenau so argumentieren wie in Aufgabe 12.17(c). Der Grundzustand des Moleküls hat A_g-Symmetrie aufgrund der Tatsache, dass seine Wellenfunktion das Produkt von doppelt besetzten Orbitalen ist, denn das Produkt von zwei beliebigen Orbitalen gleicher Symmetrie hat A_g-Charakter. Damit ein Übergang erlaubt ist, darf der Übergangsdipol nicht null sein, was wiederum nur dann möglich ist, wenn das Produkt $\Psi_f^* \boldsymbol{\mu} \Psi_i$ die total symmetrischen Spezies A_g umfasst. Wir betrachten die ersten Übergänge zu einer anderen A_g-Wellenfunktion, wozu wir das Produkt $A_g \boldsymbol{\mu} A_g$ benötigen. Nun ist aber $A_g A_g = A_g$, und der einzige Charakter, bei dem A_g herauskommt, wenn er mit A_g multipliziert wird, ist A_g selbst. Keine Komponente des Dipoloperators gehört zu den A_g-Spezies, also sind keine $A_g \leftarrow A_g$-Übergänge erlaubt. (Beachten Sie: Dies sind Übergänge von einem Orbital, das im Grundzustand besetzt ist, zum Orbital eines angeregten Zustands derselben Symmetrie.) Die andere Möglichkeit ist ein Übergang von einem Orbital der einen Symmetrie (A_u oder B_g) zu einer anderen. In diesem Fall hat die Wellenfunktion des angeregten Zustands die Symmetrie $A_u B_g = B_u$ aus den zwei einfach besetzten Orbitalen im angeregten Zustand. Die Symmetrie des Übergangsdipols ist dann $A_g \boldsymbol{\mu} B_u = \boldsymbol{\mu} B_u$; die einzige Spezies, bei der A_g herauskommt, wenn mit B_u multipliziert wird, ist B_u selbst. Da die x- und die y-Komponente des Dipoloperators zu B_g gehörén, sind diese Übergänge erlaubt.

13 Molekülspektroskopie 1: Rotations- und Schwingungsspektren

Diskussionsfragen

13.1 (1) *Doppler-Verbreiterung.* Dieser Beitrag zur Linienbreite geht auf den Doppler-Effekt zurück, durch den die Frequenz der emittierten oder absorbierten Strahlung sich verschiebt, wenn die beteiligten Atome oder Moleküle sich auf den Detektor zu oder von ihm weg bewegen. Moleküle in einem Gas bewegen sich in einem sehr großen Bereich von Geschwindigkeiten in alle Richtungen; die detektierte Spektrallinie ist das Absorptions- oder Emissionsprofil, das aus allen sich ergebenden Doppler-Verschiebungen entsteht. Wie in *Begründung* 13-3 gezeigt, spiegelt das Profil die Verteilung der molekularen Geschwindigkeiten parallel zur Sichtlinie, und das ist eine glockenförmige Gaußkurve.

(2) *Lebensdauerverbreiterung.* Die Doppler-Verbreiterung spielt vor allem bei gasförmigen Proben eine Rolle, die Lebensdauerverbreiterung tritt aber in allen Zustandsformen der Materie auf. Diese Art der Verbreiterung beruht auf einem quantenmechanischen Effekt, der mit der Unbestimmtheitsrelation in Form der Gl. (13-18) zusammenhängt; sie geht auf die endlichen Lebensdauern der an dem Übergang beteiligten Zustände zurück. Wenn τ bestimmt ist, verschmiert die Energie der Zustände, und dadurch verbreitert sich die Übergangsfrequenz, wie in Gl. (13-19) gezeigt.

(3) *Druckverbreiterung* oder *Stoßverbreiterung.* Der wirksame Mechanismus, der die Lebensdauer der Energiezustände verändert, hängt von mehreren Prozessen ab; einer von ihnen ist die Stoßdeaktivierung, ein anderer die spontane Emission. Ein niedrigerer Druck kann den ersten genannten Beitrag verringern; der zweite lässt sich nicht ändern und führt zu einer natürlichen Linienbreite.

13.3 (1) *Rotations-Ramanspektroskopie.* Die grobe Auswahlregel besagt, dass das Molekül anisotrop polarisierbar sein muss, mit anderen Worten dass seine Polarisierbarkeit α von der Richtung des elektrischen Feld relativ zu dem Molekül abhängt. Nichtsphärische Rotatoren erfüllen diese Bedingung. Daher sind lineare und symmetrische Rotatoren rotations-ramanaktiv.

(2) *Schwingungs-Ramanspektroskopie.* Die grobe Auswahlregel besagt, dass die Polarisierbarkeit des Moleküls sich bei Schwingungen des Moleküls ändern muss. Alle zweiatomigen Moleküle erfüllen diese Bedingung, da die Moleküle während der Schwingung ihre Größe ändern; dadurch ändert sich der Einfluss des Kerns auf die Elektronen und damit auch die molekulare Polarisierbarkeit. Daher sind sowohl homonukleare als auch heteronukleare zweiatomige Moleküle schwingungs-ramanaktiv.

Arbeitsbuch Physikalische Chemie. 4. Auflage. P. W. Atkins, C. A. Trapp, M. P. Cady und C. Giunta

ISBN: 978-3-527-31828-5

Bei mehratomigen Molekülen ist es normalerweise recht schwierig, durch eine einfache Untersuchung festzustellen, ob das Molekül anisotrop polarisierbar ist oder nicht. Man greift daher auf gruppentheoretische Überlegungen zurück, wenn man die Ramanaktivität der verschiedenen Normalmoden der Schwingungen beurteilen möchte. Das Vorgehen wird in Abschnitt 13.4.3 diskutiert und in *Illustration* 13-6 erläutert.

13.5 Auf das Benzolmolekül lässt sich die Ausschlussregel anwenden, da es ein Symmetriezentrum hat. Folglich kann keiner der Normalschwingungsmoden sowohl infrarot- als auch ramanaktiv sein. Wenn wir alle Normalschwingungen charakterisieren wollen, müssen wir also beide Spektren aufnehmen. Vergleichen Sie dazu die Lösungen zu den Aufgaben A13.25a und b, in denen genau dargelegt wird, welche Moden IR-aktiv und welche Ramanaktiv sind.

Leichte Aufgaben

A13.1a Nach Gl. (13-11) ist das Verhältnis der beiden Koeffizienten

$$\frac{A}{B} = \frac{8\pi h\nu^3}{c^3},$$

variiert also mit der dritten Potenz der Frequenz. Die Frequenz ist

$$\nu = \frac{c}{\lambda}, \quad \text{also gilt} \quad \frac{A}{B} = \frac{8\pi h}{\lambda^3}.$$

(a) Für Röntgenstrahlung mit einer Wellenlänge von $\lambda = 70{,}8$ pm gilt

$$\frac{A}{B} = \frac{8\pi(6.626 \times 10^{-34}\,\mathrm{J\,s})}{(70.8 \times 10^{-12}\,\mathrm{m})^3} = 0.0469\,\mathrm{J\,m^{-3}\,s}$$

(b) Für sichtbares Licht mit einer Wellenlänge von $\lambda = 500$ nm gilt

$$\frac{A}{B} = \frac{8\pi h}{\lambda^3} = \frac{8\pi(6.626 \times 10^{-34}\,\mathrm{J\,s})}{(500 \times 10^{-9}\,\mathrm{m})^3} = 1.33 \times 10^{-3}\,\mathrm{J\,m^{-3}\,s}$$

(c) Für Infrarotstrahlung der Wellenzahl 3000 $\mathrm{cm^{-1}}$ gilt

$$\frac{A}{B}\frac{8\pi h}{\lambda^3} = 8\pi h\tilde{\nu}^3 = 8\pi[6.62 \times 10^{-34}\,\mathrm{J\,s} \times 3000\,\mathrm{cm^{-1}} \times (10^{-2}\,\mathrm{m^{-1}}/1\,\mathrm{cm^{-1}})]$$
$$= 4.50 \times 10^{-16}\,\mathrm{J\,m^{-3}\,s}$$

Anmerkung: Der Vergleich dieser Quotienten zeigt, dass die relative Bedeutung der spontanen Übergänge mit abnehmender Frequenz sinkt. Der Quotient A/B hat Einheiten. Dimensionslos ist dagegen der Quotient $\dfrac{A}{B\rho}$ mit dem ρ aus Gl. (13-7).

Frage: Wie sind in (a) bis (c) die Quotienten $\dfrac{A}{B\rho}$ für die Strahlung, und welche zusätzlichen Schlüsse lassen sich aus diesen Ergebnissen ziehen?

A13.2a Nach Gl. (13-16) scheint eine sich dem Beobachter mit der Geschwindigkeit v nähernde Quelle Licht der Frequenz

$$\nu_{\text{hin}} = \frac{\nu}{1-(v/c)}$$

zu emittieren. Wegen $\nu \propto \dfrac{1}{\lambda}$ gilt dann $\lambda_{\text{Beob}} = \left(1-\dfrac{v}{c}\right)\lambda$. Mit $v = 80\,\text{km}\,\text{h}^{-1} = 22.\bar{2}\,\text{m}\,\text{s}^{-1}$ folgt

$$\lambda_{\text{Beob}} = \left(1 - \frac{22.\bar{2}\,\text{m}\,\text{s}^{-1}}{2.998\times10^{8}\,\text{m}\,\text{s}^{-1}}\right)\times(660\,\text{nm}) = 0.999\,999\,925\times660\,\text{nm}.$$

A13.3a Mit Gl. (13-19) gilt

$$\delta\tilde{\nu} \approx \frac{5.31\,\text{cm}^{-1}}{\tau/\,\text{ps}} \quad \text{und damit} \quad \tau \approx \frac{5.31\,\text{ps}}{\delta\,\tilde{\nu}/\,\text{cm}^{-1}}.$$

(a)

$$\tau \approx \frac{5.31\,\text{ps}}{0.1} = 5\bar{3}\,\text{ps},$$

(b)

$$\tau \approx \frac{5.31\,\text{ps}}{1} = 5\,\text{ps}.$$

A13.4a Nach Gl. (13-19) gilt

$$\delta\tilde{\nu} \approx \frac{5.31\,\text{cm}^{-1}}{\tau/\,\text{ps}}.$$

(a)

$$\tau \approx 1.0\times10^{13}\,\text{s} = 0.10\,\text{ps}, \quad \text{und damit} \quad \delta\tilde{\nu} \approx 53\,\text{cm}^{-1}.$$

(b)

$$\tau \approx (100)\times(1.0\times10^{-13}\,\text{s}) = 10\,\text{ps}, \quad \text{und damit} \quad \delta\tilde{\nu} \approx 0.53\,\text{cm}^{-1}.$$

A13.5a NO ist ein linearer Rotator; wir nehmen an, dass nur eine geringe zentrifugale Verzerrung auftritt. Nach Gl. (13-31) ist dann

$$F(J) = BJ(J+1)$$

mit $B = \dfrac{\hbar}{4\pi c I}$ und $I = m_{\text{eff}} R^2$ (vgl. Tabelle 13-1). Wir entnehmen die Nuklidmassen der Tabelle auf der hinteren Umschlagseite des Lehrbuchs und erhalten

$$m_{\text{eff}} = \frac{m_\text{N} m_\text{O}}{m_\text{N} + m_\text{O}}$$
$$= \left(\frac{(14.003\,\text{u}) \times (15.995\,\text{u})}{(14.003\,\text{u}) + (15.995\,\text{u})}\right) \times (1.6605 \times 10^{-27}\,\text{kg}\,\text{u}^{-1}) = 1.240 \times 10^{-26}\,\text{kg}.$$

$$I = \left(1.240 \times 10^{-26}\,\text{kg}\right) \times \left(1.15 \times 10^{-10}\,\text{m}\right)^2 = 1.64\overline{0} \times 10^{-46}\,\text{kg}\,\text{m}^2$$

$$B = \frac{1.0546 \times 10^{-34}\,\text{J s}}{(4\pi) \times (2.998 \times 10^8\,\text{m}\,\text{s}^{-1}) \times (1.64\overline{0} \times 10^{-46}\,\text{kg}\,\text{m}^2)} = 170.\overline{7}\,\text{m}^{-1}$$
$$= 1.70\overline{7}\,\text{cm}^{-1}.$$

Die Wellenzahl für den Übergang $J = 4 \leftarrow 3$ ist nach Gl. (13-37) für $J = 3$

$$\tilde{\nu} = 2B(J+1) = 8B = (8) \times (1.70\overline{7}\,\text{cm}^{-1}) = 13.6\,\text{cm}^{-1}.$$

Die Frequenz ist

$$\nu = \tilde{\nu} c = (13.6\overline{5}\,\text{cm}^{-1}) \times \left(\frac{10^2\,\text{m}^{-1}}{1\,\text{cm}^{-1}}\right) \times \left(2.998 \times 10^8\,\text{m}\,\text{s}^{-1}\right) = 4.09 \times 10^{11}\,\text{Hz}.$$

Frage: Wie groß ist die prozentuale Änderung der hier berechneten Werte, wenn man die zentrifugale Verzerrung berücksichtigt?

A13.6a (a) Die Wellenzahl des Übergangs hängt nach Gl. (13-25) und (13-27) gemäß

$$hc\tilde{\nu} = \Delta E = hcB[J(J+1) - (J-1)J] = 2hcBJ$$

mit der Rotationskonstante zusammen; J gehört hier zum oberen Zustand ($J = 3$). Die Rotationskonstante ist nach Gl. (13-24) durch

$$B = \frac{\hbar}{4\pi c I}$$

mit dem Molekülaufbau verknüpft (I ist das Trägheitsmoment). Führt man diese Ausdrücke zusammen, erhält man

$$\tilde{\nu} = 2BJ = \frac{\hbar J}{2\pi c I}$$

und damit

$$I = \frac{\hbar J}{c\tilde{\nu}} = \frac{(1.0546 \times 10^{-34}\,\text{J s}) \times (3)}{2\pi(2.998 \times 10^{10}\,\text{cm}\,\text{s}^{-1}) \times (63.56\,\text{cm}^{-1})} = 2.642 \times 10^{-47}\,\text{kg}\,\text{m}^2.$$

(b) Das Trägheitsmoment hängt gemäß $I = m_{\text{eff}} R^2$ mit der Bindungslänge zusammen; es gilt also $R = \sqrt{\frac{I}{m_{\text{eff}}}}$. Dann folgt

$$m_{\text{eff}}^{-1} = m_{\text{H}}^{-1} + m_{\text{Cl}}^{-1} = \frac{(1.0078\,\text{u})^{-1} + (34.9688\,\text{u})^{-1}}{1.66054 \times 10^{-27}\,\text{kg}\,\text{u}^{-1}} = 6.1477 \times 10^{26}\,\text{kg}^{-1}$$

$$R = \sqrt{\left(6.1477 \times 10^{26}\,\text{kg}^{-1}\right) \times \left(2.642 \times 10^{-47}\,\text{kg}\,\text{m}^2\right)} = 1.274 \times 10^{-10}\,\text{m}$$

$$= 127.4\,\text{pm}\,.$$

A13.7a Wenn die Linien in dem Spektrum äquidistant sind, kann man die zentrifugale Verzerrung vernachlässigen. Also können wir nach Gl. (13-27) für die Wellenzahl der Übergänge schreiben

$$F(J) - F(J-1) = 2BJ.$$

Wegen $J = 1, 2, 3, \ldots$ ist der Abstand der Linien $2B$. Mit $12.604\,\text{cm}^{-1} = 2B$ ist

$$B = 6.302\,\text{cm}^{-1} = 6.302 \times 10^2\,\text{m}^{-1}.$$

Mit $I = \frac{\hbar}{4\pi c B} = m_{\text{eff}} R^2$ (vgl. Abschnitt 13.2.1) folgt

$$\frac{\hbar}{4\pi c} = \frac{1.0546 \times 10^{-34}\,\text{J}\,\text{s}}{(4\pi) \times \left(2.9979 \times 10^8\,\text{m}\,\text{s}^{-1}\right)} = 2.7993 \times 10^{-44}\,\text{kg}\,\text{m}.$$

$$I = \frac{2.7993 \times 10^{-44}\,\text{kg}\,\text{m}}{6.302 \times 10^2\,\text{m}^{-1}} = 4.442 \times 10^{-47}\,\text{kg}\,\text{m}^2.$$

$$m_{\text{eff}} = \frac{m_{\text{Al}} m_{\text{H}}}{m_{\text{Al}} + m_{\text{H}}}$$

$$= \left(\frac{(26.98) \times (1.008)}{(26.98) + (1.008)}\right) \text{u} \times \left(1.6605 \times 10^{-27}\,\text{kg}\,\text{u}^{-1}\right) = 1.613\bar{6} \times 10^{-27}\,\text{kg}.$$

$$R = \left(\frac{I}{m_{\text{eff}}}\right)^{1/2} = \left(\frac{4.442 \times 10^{-47}\,\text{kg}\,\text{m}^2}{1.6136 \times 10^{-27}\,\text{kg}}\right)^{1/2} = 1.659 \times 10^{-10}\,\text{m} = 165.9\,\text{pm}.$$

A13.8a Aus $B = \frac{\hbar}{4\pi c I}$ (Gl. (13-24)) folgt $I = \frac{\hbar}{4\pi c B}$.

Mit $I = m_{\text{eff}} R^2$ folgt dann $R = \left(\frac{\hbar}{4\pi m_{\text{eff}} c B}\right)^{1/2}$.

Wir verwenden $m_{\text{eff}} = \frac{m_1 m_2}{m_1 + m_2} = \frac{(126.904) \times (34.9688)}{(126.904) + (34.9688)}\,\text{u} = 27.4146\,\text{u}$

und erhalten

$$R = \left(\frac{1.05457 \times 10^{-34}\,\mathrm{J\,s}}{(4\pi) \times (27.4146) \times (1.66054 \times 10^{-27}\,\mathrm{kg}) \times (2.99792 \times 10^{10}\,\mathrm{cm\,s^{-1}}) \times (0.1142\,\mathrm{cm^{-1}})} \right)^{1/2}$$
$$= 232.1\,\mathrm{pm}.$$

A13.9a Um zwei Unbekannte bestimmen zu können, benötigen wir die Werte aus zwei unabhängigen Experimenten und die Gleichung, die die Unbekannten mit den experimentellen Werten verknüpft. In dieser Aufgabe werden zwei unabhängig voneinander ermittelte Werte für B verwendet, die zu zwei HCN-Molekülen mit unterschiedlichen Isotopen gehören. Damit bestimmen wir die Trägheitsmomente der Moleküle; daraus können wir dann mithilfe der Gleichung für das Trägheitsmoment eines linearen dreiatomigen Kreisels (vgl. Tabelle 13-1) die Atomabstände R_{HC} und R_{CN} berechnen.

Rotationskonstanten werden üblicherweise in Wellenzahlen ($\mathrm{cm^{-1}}$) ausgedrückt, manchmal auch in Frequenzeinheiten (Hz). Zwischen ihnen lässt sich folgendermaßen umrechnen:

$$B/\mathrm{Hz} = c \times B/\,\mathrm{cm^{-1}} \text{ (mit } c \text{ in } \mathrm{cm\,s^{-1}}).$$

Mit B in Hz folgt $B = \dfrac{\hbar}{4\pi I}$ und $I = \dfrac{\hbar}{4\pi B}$.

Wir setzen $^1\mathrm{H} = \mathrm{H}, {}^2\mathrm{H} = \mathrm{D}, R_{\mathrm{HC}} = R_{\mathrm{DC}} = R, R_{\mathrm{CN}} = R'$. Dann ist

$$I\,(\mathrm{HCN}) = \frac{1.05457 \times 10^{-34}\,\mathrm{J\,s}}{(4\pi) \times \left(4.4316 \times 10^{10}\,\mathrm{s^{-1}}\right)} = 1.8937 \times 10^{-46}\,\mathrm{kg\,m^2},$$
$$I\,(\mathrm{DCN}) = \frac{1.05457 \times 10^{-34}\,\mathrm{J\,s}}{(4\pi) \times \left(3.6208 \times 10^{10}\,\mathrm{s^{-1}}\right)} = 2.3178 \times 10^{-46}\,\mathrm{kg\,m^2}.$$

Mit den Isotopenmassen (im hinteren Einbanddeckel des Lehrbuchs) und den entsprechenden Beziehungen in Tabelle 13-1 ergibt sich

$$I\,(\mathrm{HCN}) = m_{\mathrm{H}}\mathrm{R}^2 + m_{\mathrm{N}}R'^2 - \frac{(m_{\mathrm{H}}\mathrm{R} - m_{\mathrm{H}}\mathrm{R}')^2}{m_{\mathrm{H}} + m_{\mathrm{C}} + m_{\mathrm{N}}},$$

$$I(\mathrm{HCN}) = \left[\left(1.0078R^2\right) + \left(14.0031R'^2\right) - \left(\frac{(1.0078R - 14.0031R')^2}{1.0078 + 12.0000 + 14.0031} \right) \right] \mathrm{u}.$$

Wir multiplizieren mit $m/u = (m_{\mathrm{H}} + m_{\mathrm{C}} + m_{\mathrm{N}})\,/\mathrm{u} = 27.0109$ und erhalten

$$27.0109 \times I(\mathrm{HCN}) = \{27.0109 \times (1.0078R^2 + 14.0031R'^2) - \left(1.0078R - 14.0031R'\right)^2\}\mathrm{u}$$

bzw.

$$\left(\frac{27.0109}{1.66054\times 10^{-27}\,\text{kg}}\right)\times\left(1.8937\times 10^{-46}\,\text{kg}\,\text{m}^2\right)=3.0804\times 10^{-18}\,\text{m}^2$$
$$=\{27.0109\times\left(1.0078R^2+14.0031R'^2\right)-(1.0078R-14.0031R')^2\}. \quad \text{(a)}$$

Für DCN erhalten wir entsprechend

$$\left(\frac{28.0172}{1.66054\times 10^{-27}\text{kg}}\right)\times\left(2.3178\times 10^{-46}\,\text{kg}\,\text{m}^2\right)=3.9107\times 10^{-18}\text{m}^2$$
$$=\left\{28.0172\times\left(2.0141R^2+14.0031R'^2\right)-(2.0141R-14.0031R')^2\right\}. \quad \text{(b)}$$

Also haben wir zwei quadratische Gleichungen (a) und (b) für R und R' gleichzeitig zu lösen, am einfachsten mithilfe entsprechender Computerprogramme oder durch sukzessive Näherungen. Die Ergebnisse sind

$$R=1.065\times 10^{-10}\,\text{m}=106.5\,\text{pm} \quad \text{und} \quad R'=1.156\times 10^{-10}\,\text{m}=115.6\,\text{pm}.$$

Diese Werte kann man leicht überprüfen, indem man sie direkt in die Gleichungen einsetzt; sie stimmen gut mit den Literaturwerten $R_{\text{HC}}=1.064\times 10^{-10}\,\text{m}$ und $R_{\text{CN}}=1.156\times 10^{-10}\,\text{m}$ überein.

A13.10a Die Stokes-Linien treten nach Gl. (13-42a) auf bei

$$\tilde{\nu}(J+2\leftarrow J)=\tilde{\nu}_{\text{i}}-2B(2J+3) \quad \text{mit} \quad J=0,\ \tilde{\nu}=\tilde{\nu}_{\text{i}}-6B.$$

Nach Tabelle 13-2 ist $B=1.9987\,\text{cm}^{-1}$; damit tritt die Stokes-Linie auf bei

$$\tilde{\nu}=(20487)-(6)\times(1.9987\,\text{cm}^{-1})=20\,475\,\text{cm}^{-1}.$$

A13.11a Nach den Ausführungen in Abschnitt 13.2.4 (Gl. (13-42a) und (13-42b)) ist der Abstand der Linien $4B$. Es gilt damit $B=0.2438\,\text{cm}^{-1}$. Wir setzen an

$$R=\left(\frac{\hbar}{4\pi m_{\text{eff}}cB}\right)^{1/2}$$

mit $m_{\text{eff}}=\frac{1}{2}m(^{35}\text{Cl})=\left(\frac{1}{2}\right)\times(34.9688\,\text{u})=17.4844\,\text{u}.$

Es folgt

$$R=\left(\frac{1.05457\times 10^{-34}\,\text{J}\,\text{s}}{(4\pi)\times(17.4844)\times(1.6605\times 10^{-27}\,\text{kg})\times(2.9979\times 10^{10}\,\text{cm}\,\text{s}^{-1})\times(0.2438\,\text{cm}^{-1})}\right)^{1/2}$$
$$=1.989\times 10^{-10}\,\text{m}=198.9\,\text{pm}.$$

A13.12a Polare Moleküle zeigen ein reines Rotations-Absorptionsspektrum. Also müssen wir die polaren Moleküle anhand der bekannten Strukturen herausfinden. Alternativ können wir die Punktgruppen der Moleküle bestimmen und die Regel heranziehen, dass nur Moleküle der Gruppen C_n, C_{nv} und C_s polar sein können; im Fall von C_n und C_{nv} muss der Dipol entlang der Rotationsachse ausgerichtet sein. Die polaren Moleküle sind

(b) HCl (d) CH_3Cl (e) CH_2Cl_2.

Die Punktgruppen-Symmetrien sind

(b) $C_{\infty v}$ (d) C_{3v} (e) C_{2h}(*trans*), C_{2v}(*cis*).

Anmerkung: Beachten Sie, dass die *cis*-Form von CH_2Cl_2 polar ist, die *trans*-Form hingegen nicht.

A13.13a Wir suchen die Moleküle mit anisotroper Polarisierbarkeit heraus. Ein leicht anzuwendende Regel besagt, dass sphärische Kreisel keine anisotrope Polarisierbarkeit aufweisen. Demnach ist (c) CH_4 inaktiv, alle anderen sind aktiv.

A13.14a

$$\omega = 2\pi\nu = \left(\frac{k}{m}\right)^{1/2}.$$

$$k = 4\pi^2\nu^2 m = 4\pi^2 \times (2.0\,\mathrm{s}^{-1})^2 \times (1.0\,\mathrm{kg}) = 1.6 \times 10^2\,\mathrm{kg\,s^{-2}} = 1.6 \times 10^2\,\mathrm{N\,m^{-1}}.$$

A13.15a Nach Gl. (13-50) ist

$$\omega = \left(\frac{k}{m_{\text{eff}}}\right)^{1/2}.$$

Die relative Differenz ist

$$\begin{aligned}
\frac{\omega' - \omega}{\omega} &= \frac{(k/m'_{\text{eff}})^{1/2} - (k/m_{\text{eff}})^{1/2}}{(k/m_{\text{eff}})^{1/2}} = \frac{(1/m'_{\text{eff}})^{1/2} - (1/m_{\text{eff}})^{1/2}}{(1/m_{\text{eff}})^{1/2}} \\
&= \left(\frac{m_{\text{eff}}}{m'_{\text{eff}}}\right)^{1/2} - 1 \\
&= \left(\frac{m(^{23}\mathrm{Na})m(^{35}\mathrm{Cl})\{m(^{23}\mathrm{Na}) + m(^{37}\mathrm{Cl})\}}{\{m(^{23}\mathrm{Na}) + m(^{35}\mathrm{Cl})\}m(^{23}\mathrm{Na})m(^{37}\mathrm{Cl})}\right)^{1/2} - 1 \\
&= \left(\frac{m(^{35}\mathrm{Cl})}{m(^{37}\mathrm{Cl})} \times \frac{m(^{23}\mathrm{Na}) + m(^{37}\mathrm{Cl})}{m(^{23}\mathrm{Na}) + m(^{35}\mathrm{Cl})}\right)^{1/2} - 1 \\
&= \left(\frac{34.9688}{36.9651} \times \frac{22.9898 + 36.9651}{22.9898 + 34.9688}\right)^{1/2} - 1 = -0.01089.
\end{aligned}$$

Die relative Differenz ist demnach 1.089 %.

A13.16a Nach Gl. (13-50) gilt $\omega = \left(\frac{k}{m_{\text{eff}}}\right)^{1/2}$, außerdem haben wir $\omega = 2\pi\nu = 2\pi\left(\frac{c}{\lambda}\right) = 2\pi c\tilde{\nu}$.

Mit $m_{\text{eff}} = \frac{1}{2}m(^{35}\text{Cl})$ folgt

$$k = m_{\text{eff}}\omega^2 = 4\pi^2 m_{\text{eff}}c^2\tilde{\nu}^2$$
$$= (4\pi^2) \times \left(\frac{34.9688}{2}\right) \times (1.66054 \times 10^{-27}\,\text{kg}) \times [(2.997924 \times 10^{10}\,\text{cm}\,\text{s}^{-1}) \times (564.9\,\text{cm}^{-1})]^2$$
$$= 327.8\,\text{N}\,\text{m}^{-1}.$$

A13.17a Für N im oberen Zustand schreiben wir N', für N im unteren Zustand schreiben wir N.

Die Boltzmann-Verteilung ergibt

$$\frac{N'}{N} = e^{-h\nu/kT} = e^{-hc\tilde{\nu}/kT}.$$

Mit den entsprechenden Werten der Fundamentalkonstanten (vgl. Tabelle im vorderen Buchdeckel des Lehrbuchs) erhalten wir

$$\frac{hc\tilde{\nu}}{k} = (1.4388\,\text{cm K}) \times (559.7\,\text{cm}^{-1}) = 805.3\ K.$$
$$\frac{N(\text{oben})}{N(\text{unten})} = e^{-805.3\,\text{K}/T}.$$

(a) $\frac{N(\text{oben})}{N(\text{unten})} = e^{-805.3/298} = 0.067$ (bzw. 1:15),

(b) $\frac{N(\text{oben})}{N(\text{unten})} = e^{-805.3/500} = 0.20$ (bzw. 1:5).

A13.18a Nach Gl. (13-50) gilt $\omega = \left(\frac{k}{m_{\text{eff}}}\right)^{1/2}$ und daher $k = m_{\text{eff}}\omega^2 = 4\pi^2 m_{\text{eff}}c^2\tilde{\nu}^2$.

Außerdem haben wir wegen Gl. (13-49) $m_{\text{eff}} = \frac{m_1 m_2}{m_1 + m_2}$. Dann folgt

$$m_{\text{eff}}\left(\text{H}^{19}\text{F}\right) = \frac{(1.0078) \times (18.9984)}{(1.0078) + (18.9984)}\,\text{u} = 0.9570\,\text{u},$$
$$m_{\text{eff}}\left(\text{H}^{35}\text{Cl}\right) = \frac{(1.0078) \times (34.9688)}{(1.0078) + (34.9688)}\,\text{u} = 0.9796\,\text{u},$$
$$m_{\text{eff}}\left(\text{H}^{81}\text{Br}\right) = \frac{(1.0078) \times (80.9163)}{(1.0078) + (80.9163)}\,\text{u} = 0.9954\,\text{u},$$
$$m_{\text{eff}}\left(\text{H}^{127}\text{I}\right) = \frac{(1.0078) \times (126.9045)}{(1.0078) + (126.9045)}\,\text{u} = 0.9999\,\text{u}.$$

Damit stellen wir folgende Tabelle auf:

	HF	HCL	HBr	HI
$\tilde{\nu}/\text{cm}^{-1}$	4141.3	2988.9	2649.7	2309.5
m_{eff}/u	0.9570	0.9697	0.9954	0.9999
$k/\left(\text{N m}^{-1}\right)$	967.0	515.6	411.8	314.2

Für die Steifigkeit gilt also die Rangfolge HF > HCl > HBr > HI.

Frage: Welcher der Brüche $\frac{k}{B(\text{A–B})}$ und $\frac{\tilde{\nu}}{B(\text{A–B})}$ mit den Bindungsenthalpien $B(\text{A–B})$ nach Tabelle 11-3 ist in der Reihe der Wasserstoffhalogenide eher konstant? Warum?

A13.19a Es sind Werte für drei Übergänge gegeben. Zum Berechnen von $\tilde{\nu}$ und x_e sind aber nur zwei dieser Werte erforderlich. Den dritten Werten kann man dann dazu verwenden, die Genauigkeit der berechneten Werte zu überprüfen.

$$\Delta G(v = 1 \leftarrow 0) = \tilde{\nu} - 2\tilde{\nu}x_e = 1556.22\,\text{cm}^{-1} \quad (\text{Gl. (13-57)}).$$

$$\Delta G(v = 2 \leftarrow 0) = 2\tilde{\nu} - 6\tilde{\nu}x_e = 3088.28\,\text{cm}^{-1} \quad (\text{Gl. (13-58)}).$$

Wir multiplizieren die erste Gleichung mit 3 und subtrahieren dann die zweite:

$$\tilde{\nu} = (3) \times (1556.22\,\text{cm}^{-1}) - (3088.28\text{cm}^{-1}) = 1580.38\,\text{cm}^{-1}.$$

Aus der ersten Gleichung ergibt sich dann

$$x_e = \frac{\tilde{\nu} - 1556.22\,\text{cm}^{-1}}{2\tilde{\nu}} = \frac{(1580.38 - 1556.22)\,\text{cm}^{-1}}{(2) \times (1580.38\,\text{cm}^{-1})} = 7.644 \times 10^{-3}.$$

Die Werte von x_e werden üblicherweise in der Form $x_e\tilde{\nu}$ angegeben. Dann ist

$$x_e\tilde{\nu} = 12.08\,\text{cm}^{-1}.$$

$$\Delta G(v = 3 \leftarrow 0) = 3\tilde{\nu} - 12\tilde{\nu}x_e$$

$$= (3) \times (1580.38\,\text{cm}^{-1}) - (12) \times (12.08\,\text{cm}^{-1}) = 4596.18\,\text{cm}^{-1}$$

Dieser Wert liegt sehr nahe beim experimentellen Ergebnis.

A13.20a Nach Gl. (13-57) ist $\Delta G_{v+1/2} = \tilde{\nu} - 2(v+1)x_e\tilde{\nu}$ mit $\Delta G_{v+1/2} = G(v+1) - G(v)$. Wegen

$$\Delta G_{v+1/2} = (1 - 2x_e)\,\tilde{\nu} - 2vx_e\tilde{\nu},$$

ergibt eine Auftragung von $\Delta G_{v+1/2}$ gegen v eine Gerade. Ihr Achsenabschnitt bei $v = 0$ ist $(1 - 2x_e)\tilde{\nu}$, ihre Steigung ist $-2x_e\tilde{\nu}$. Damit können wir folgende Tabelle aufstellen:

v	0	1	2	3	4
$G(v)/\text{cm}^{-1}$	1481.86	4367.50	7149.04	9826.48	12399.8
$\Delta G_{v+1/2}/\text{cm}^{-1}$	2885.64	2781.54	2677.44	2573.34	

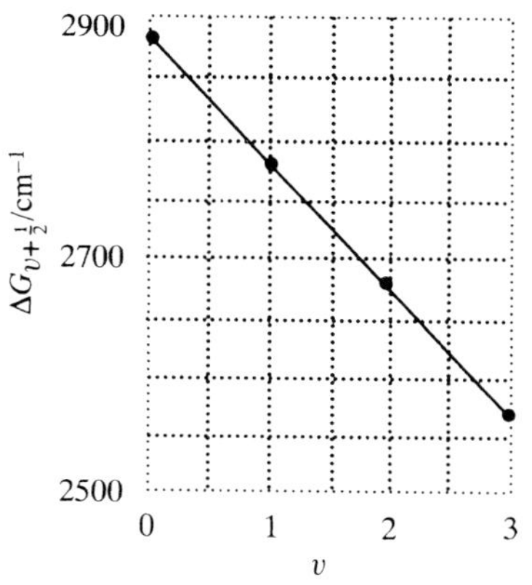

Abb. 13-1

Die Werte sind in Abb. 13-1 aufgetragen. Der Achsenabschnitt liegt bei 2885.6, die Steigung beträgt $\frac{-312.3}{3} = -104.1$. Also ist $x_e\tilde{\nu} = 52.1\,\text{cm}^{-1}$. Wegen $\tilde{\nu} - 2x_e\tilde{\nu} = 2885.6\,\text{cm}^{-1}$ folgt $\tilde{\nu} = 2989.8\,\text{cm}^{-1}$.

Die Dissoziationsenergie erhalten wir mit der Annahme, dass sich das Molekül mit einem Morse-Potenzial beschreiben lässt und dass die Konstante D_e in dem Ausdruck für das Potenzial eine gute erste Näherung dafür ist. Dann erhalten wir mit Gl. (13-55)

$$D_e = \frac{\tilde{\nu}}{4x_e} = \frac{\tilde{\nu}^2}{4x_e\tilde{\nu}} = \frac{(2989.8\,\text{cm}^{-1})^2}{(4) \times (52.1\,\text{cm}^{-1})} = 42.9 \times 10^3\,\text{cm}^{-1} \quad \text{bzw.} \quad 5.32\,\text{eV}$$

Die Tiefe D_e der Potenzialmulde unterscheidet sich aber von D_0, der Dissoziationsenergie der Bindung, um die Nullpunktsenergie. Es gilt also (vgl. Abb. 13-29 im Lehrbuch)

$$\begin{aligned} D_0 &= D_e - \tfrac{1}{2}\tilde{\nu} \\ &= (42.9 \times 10^3\text{cm}^{-1}) - \left(\tfrac{1}{2}\right) \times (2889.8\,\text{cm}^{-1}) \\ &= 41.5 \times 10^3\,\text{cm}^{-1} = 5.15\ \text{eV}. \end{aligned}$$

A13.21a Für den R-Zweig gilt gemäß Gl. (13-62c)

$$\tilde{\nu}_R(J) = \tilde{\nu} + 2B(J+1).$$

Nach Tabelle 13-2 ist dann

$$\tilde{\nu}_R(2) = \tilde{\nu} + 6B = (2648.98) + (6) \times (8.465\,\text{cm}^{-1}) = 2699.77\,\text{cm}^{-1}.$$

A13.22a Vergleiche *Illustration* 13-4. Wir wählen die Moleküle aus, bei denen eine Schwingung eine Änderung des Dipolmoments hervorruft. Es ist nützlich, dazu die Strukturformeln der Verbindungen zu skizzieren. Die infrarot-aktiven Moleküle sind

(b) HCl (c) CO_2 (d) H_2O.

Anmerkung: Eine leistungsfähigere Methode, bei der man die Infrarot-Aktivität anhand von Symmetriebetrachtungen ermittelt, ist in dem Abschnitt über die Symmetrie von Normalschwingungen beschrieben. Siehe dazu die Aufgaben A13.24 und A13.25.

A13.23a Die Anzahl der Normalmoden der Schwingung eines Moleküls mit N Atomen ist gegeben durch (vgl. Abschnitt über die Symmetrie von Normalschwingungen)

$$N_{\text{vib}} = \left\{ \begin{array}{ll} 3N - 5 & \text{lineares Molekül} \\ 3\text{N} - 6 & \text{gewinkeltes Molekül} \end{array} \right\}$$

Keines der Atome ist linear, also folgt

(a) 3,
(b) 6
(c) 12.

Anmerkung: Schon für mäßig große Moleküle gibt es eine große Anzahl von Normalmoden der Schwingung; sie lassen sich meist nur schlecht visualisieren.

A13.24a Wir beziehen uns auf die Abbildungen 13-41 (für H_2O, gewinkelt) und 13-40 (CO_2, linear) im Lehrbuch, ferner auf *Beispiel* 13-7 und *Illustration* 13-6. Wir müssen prüfen, welche Moden eine Änderung (i) des elektrischen Dipolmoments bzw. (ii) der Polarisierbarkeit hervorrufen. Außerdem ist die Ausschlussregel aus Abschnitt 13.4.3 zu berücksichtigen.

(a) Nichtlinear: Alle Moden sind sowohl infrarot- als auch Raman-aktiv.

(b) Linear: Die symmetrische Streckschwingung ist infrarot-inaktiv, aber Raman-aktiv.

Die antisymmetrische Streckschwingung ist infrarot-aktiv, aber (wegen der Ausschlussregel) Raman-inaktiv. Die zwei Knickschwingungen sind infrarot-aktiv und daher Raman-inaktiv.

A13.25a Die gleichförmige Vergrößerung des Benzolrings ist in Abb. 13-2 dargestellt.

Benzol ist zentrosymmetrisch, also gilt die Ausschlussregel (vgl. Abschnitt 13.4.3). Der Mode ist infrarot-inaktiv (symmetrisches „Atmen" lässt das molekulare Dipolmoment unverändert bei null), und daher kann der Mode Raman-aktiv sein (und ist es auch). Wenn wir gruppentheoretisch argumentieren: Der „Atmungsmode" hat die Symmetrie A_{1g}, die zur Punktgruppe D_{6h} für Benzol gehört, und die quadratischen Formen $x^2 + y^2$ und z^2 haben diese Symmetrie (vgl. die Charaktertafel für C_{6h}, eine Untergruppe von D_{6h}). Also ist der Mode Raman-aktiv.

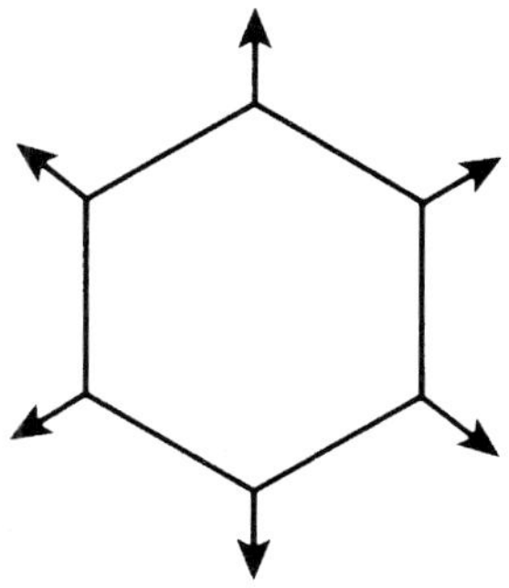

Abb. 13-2

A13.26a Verwenden Sie die Charaktertafel für die Gruppe C_{2v} (und vgl. Beispiel 13-6). Die Rotationen spannen $A_2 + B_1 + B_2$, die Translationen spannen $A_1 + B_1 + B_2$ auf. Also spannen die Normalmoden der Schwingung die Differenz auf, nämlich $4A_1 + A_2 + 2B_1 + 2B_2$.

Anmerkung: A_1, B_1 und B_2 sind infrarot-aktiv; alle Moden sind Raman-aktiv.

Schwerere Aufgaben

Rechenaufgaben

13.1 Drücken Sie die Energiedichte mithilfe der Wellenlängen aus (vgl. Gl. (8-5)):

$$d\mathcal{E} = \rho d\lambda \quad \text{mit } \rho = \frac{8\pi hc}{\lambda^5(e^{hc/\lambda kT} - 1)}.$$

Berechnen Sie

$$\mathcal{E} = \int_{400 \times 10^{-9}\,\mathrm{m}}^{700 \times 10^{-9}\,\mathrm{m}} \frac{8\pi hc}{\lambda^5(e^{hc/\lambda kT} - 1)} d\lambda$$

für drei verschiedene Temperaturen. Vergleichen Sie Ihre Ergebnisse mit dem klassischen Rayleigh-Jeans-Ausdruck (Gl. (8-3)).

$$d\mathcal{E}_{\text{klass}} = \rho_{\text{klass}}\, d\lambda \quad \text{mit } \rho_{\text{klass}} = \frac{8\pi kT}{\lambda^4}.$$

Also haben wir

$$\mathcal{E}_{\text{klass}} = \int_{400 \times 10^{-9}\,\mathrm{m}}^{700 \times 10^{-9}\,\mathrm{m}} \frac{8\pi kT}{\lambda^4} d\lambda = -\frac{8\pi kT}{3\lambda^3}\bigg|_{400 \times 10^{-9}\,\mathrm{m}}^{700 \times 10^{-9}\,\mathrm{m}}.$$

T/K	$\mathcal{E}/\mathrm{J\,m^{-3}}$	$\mathcal{E}_{\mathrm{klass}}/\mathrm{J\,m^{-3}}$
(a) 1500	2.136×10^{-6}	2.206
(b) 2500	9.884×10^{-4}	3.676
(c) 5800	3.151×10^{-1}	8.528

Die klassischen Werte unterscheiden sich erheblich von den (zutreffenden) Werten, die mit der Planck-Formel berechnet wurden. Versuchen Sie, die Ausdrücke über 400–700 µm oder mm zu integrieren. Sie sehen dann, dass die Ergebnisse für längere Wellenlängen recht gut übereinstimmen.

13.3 Wir nehmen an, dass jeder Stoß die Anregung abbaut, das Molekül also deaktiviert. Dann können wir schreiben

$$\tau = \frac{1}{z} = \frac{kT}{4\sigma p}\left(\frac{\pi m}{kT}\right)^{1/2}.$$

Für HCl ist $m \approx 36$ u und daher

$$\tau \approx \left(\frac{(1.381 \times 10^{-23}\,\mathrm{J\,K^{-1}}) \times (298\,\mathrm{K})}{(4) \times (0.30 \times 10^{-18}\,\mathrm{m^2}) \times (1.013 \times 10^5\,\mathrm{Pa})}\right)$$
$$\times \left(\frac{\pi \times (36) \times (1.661 \times 10^{-27}\,\mathrm{kg})}{(1.381 \times 10^{-23}\,\mathrm{J\,K^{-1}}) \times (298\,\mathrm{K})}\right)^{1/2}$$
$$\approx 2.3 \times 10^{-10}\,\mathrm{s}.$$

Nach Gl. (13-18) ist dann

$$\delta E \approx h\delta\nu = \frac{\hbar}{\tau}.$$

Daher ist die Stoßverbreiterung der Linie näherungsweise

$$\delta\nu \approx \frac{1}{2\pi\tau} = \frac{1}{(2\pi) \times (2.3 \times 10^{-10}\,\mathrm{s})} \approx 700\,\mathrm{MHz}.$$

Die Doppler-Linienbreite beträgt etwa 1,3 MHz (vgl. Aufgabe 13.2). Wegen der Zusammenhänge $\delta\nu \propto 1/\tau$ und $\tau \propto 1/p$ ist die Stoßverbreiterung proportional zu p. Der Druck muss also um einen Faktor $\frac{1.3}{700} = 0.002$ verringert werden, damit die Doppler-Verbreiterung die Stoßverbreiterung dominiert. Daher muss man den Druck auf unter $(0.002) \times (760\,\mathrm{Torr}) = 1\,\mathrm{Torr}$ reduzieren.

13.5 Nach Gl. (13-24) gilt

$$B = \frac{\hbar}{4\pi c I} \quad \text{mit} \quad I = m_{\text{eff}} R^2 \quad \text{und} \quad R^2 = \frac{\hbar}{4\pi c m_{\text{eff}} B}.$$

$$m_{\text{eff}} = \frac{m_C m_O}{m_C + m_O} = \left(\frac{(12.0000\,\text{u}) \times (15.9949\,\text{u})}{(12.0000\,\text{u}) + (15.9949\,\text{u})} \right) \times (1.66054 \times 10^{-27}\,\text{kg}\,\text{u}^{-1})$$
$$= 1.13852 \times 10^{-26}\,\text{kg}.$$

$$\frac{\hbar}{4\pi c} = 2.79932 \times 10^{-44}\,\text{kg}\,\text{m}.$$

$$R_0^2 = \frac{2.79932 \times 10^{-44}\,\text{kg}\,\text{m}}{(1.13852 \times 10^{-26}\,\text{kg}) \times (1.9314 \times 10^2\,\text{m}^{-1})} = 1.2730\overline{3} \times 10^{-20}\,\text{m}^2,$$

$$R_0 = 1.1283 \times 10^{-10}\,\text{m} = 112.83\,\text{pm}.$$

$$R_1^2 = \frac{2.79932 \times 10^{-44}\,\text{kg}\,\text{m}}{(1.13852 \times 10^{-26}\,\text{kg}) \times (1.6116 \times 10^2\,\text{m}^{-1})} = 1.52565 \times 10^{-20}\,\text{m}^2,$$

$$R_1 = 1.2352 \times 10^{-10}\,\text{m} = 123.52\,\text{pm}.$$

Anmerkung: Der Abstand der beiden Kerne verändert sich um rund 10 %. Dies zeigt uns, dass die Rotationen und Schwingungen der Moleküle stark gekoppelt sind und dass es zu große Vereinfachung bedeutet, sie beide als unabhängig voneinander zu betrachten.

13.7 Die Abstände zwischen benachbarten Linien sind

$$20.81,\ 20.60,\ 20.64,\ 20.52,\ 20.34,\ 20.37,\ 20.26 \quad \text{Mittelwert}: \ 20.51\text{cm}^{-1}.$$

Es folgt $B = \left(\frac{1}{2}\right) \times (20.51\ \text{cm}^{-1}) = 10.26\,\text{cm}^{-1}$ und

$$I = \frac{\hbar}{4\pi c B} = \frac{1.05457 \times 10^{-34}\,\text{J}\,\text{s}}{(4\pi) \times (2.99793 \times 10^{10}\,\text{cm}\,\text{s}^{-1} \times (10.26\,\text{cm}^{-1})}$$
$$= 2.728 \times 10^{-47}\,\text{kg}\,\text{m}^2.$$

Mit $m_{\text{eff}} = 1.6266 \times 10^{-27}$ kg (vgl. Aufgabe A13-16a) erhalten wir gemäß Tabelle 13-1

$$R = \left(\frac{I}{m_{\text{eff}}}\right)^{1/2} = \left(\frac{2.728 \times 10^{-47}\,\text{kg}\,\text{m}^2}{1.6266 \times 10^{-27}\,\text{kg}}\right)^{1/2} = 129.5\,\text{pm}.$$

Anmerkung: Einen genaueren Wert erhalten wir, wenn wir nicht einfach die Mittelwerte der Peakabstände ansetzen, sondern deren Änderung aufgrund der Zentrifugaldehnung berücksichtigen. Alternativ lässt sich die Wirkung der Zentrifugaldehnung minimieren, indem wir die beobachteten Abstände gegen J auftragen und eine Ausgleichskurve ermitteln, die dann auf $J = 0$ extrapoliert wird. Wegen $B \propto \frac{1}{I}$ und $I \propto m_{\text{eff}}$ gilt $B \propto \frac{1}{m_{\text{eff}}}$. Also liegen die Linien von $^2H^{35}Cl$ gegenüber den entsprechenden Linien von $^1H\,^{35}Cl$ bei geringeren Frequenzen; sie sind um den Faktor

$$\frac{m_{\text{eff}}(^1H^{35}Cl)}{m_{\text{eff}}(^2H^{35}Cl)} = \frac{1.6266}{3.1624} = 0.5144$$

niedriger. Wir können die Linien also bei 10.56, 21.11, 31.67, ... cm^{-1} erwarten.

13.9 Nach Gl. (13-37) gilt (mit $\nu = c\tilde{\nu}$)

$$R = \left(\frac{\hbar}{4\pi\mu c B}\right)^{1/2} \quad \text{und} \quad \nu = 2cB(J+1).$$

Wir verwenden $\mu(\text{CuBr}) \approx \frac{(63.55) \times (79.91)}{(63.55) + (79.91)} \text{u} = 35.40\,\text{u}$

und stellen folgende Tabelle auf:

J	13	14	15
ν/MHz	84421.34	90449.25	96476.72
B/cm^{-1}	0.10057	0.10057	0.10057

$$\left[B = \frac{\nu}{2c(J+1)}\right]$$

Also ist

$$R = \left(\frac{1.05457 \times 10^{-34}\,\text{J s}}{(4\pi) \times (35.40) \times (1.6605 \times 10^{-27}\,\text{kg}) \times (2.9979 \times 10^{10}\,\text{cm s}^{-1}) \times (0.10057\,\text{cm}^{-1})}\right)^{1/2}$$

$$= 218\,\text{pm}.$$

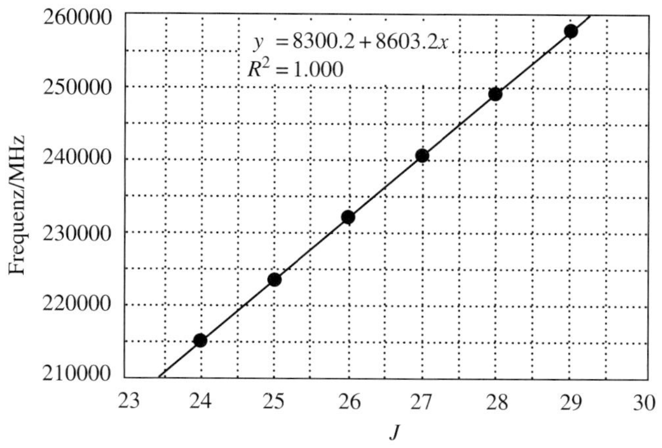

Abb. 13-3

13.11 Wir tragen die Frequenz gegen J auf (vgl. Abb. 13-3).

Die Rotationskonstante hängt mit den Wellenzahlen der beobachteten Übergänge zusammen gemäß

$$\tilde{\nu} = 2B(J+1) = \frac{\nu}{c}, \quad \text{es gilt also} \quad \nu = 2Bc(J+1).$$

Die Darstellung von ν gegen J hat dann eine Steigung von $2Bc$. Aus Abb. 13-3 lesen wir eine Steigung von 8603 MHz ab, es ist also

$$B = \frac{8603 \times 10^6\,\mathrm{s}^{-1}}{2(2.988 \times 10^8\,\mathrm{ms}^{-1})} = 14.35\ \mathrm{m}^{-1}.$$

Das höchste besetzte Energieniveau ist bei

$$J_{\max}\left(\frac{kT}{2hcB}\right)^{1/2} - \frac{1}{2}$$

Wir haben demnach

$$J_{\max} = \left(\frac{(1.381 \times 10^{-23}\,\mathrm{J\,K^{-1}}) \times (298\mathrm{K})}{(6.626 \times 10^{-34}\,\mathrm{J\,s}) \times (8603 \times 10^6\,\mathrm{s}^{-1})}\right)^{1/2} - \frac{1}{2} = 26 \quad \text{bei } 298\,\mathrm{K}$$

$$J_{\max} = \left(\frac{(1.381 \times 10^{-23}\,\mathrm{J\,K^{-1}}) \times (100\,\mathrm{K})}{(6.626 \times 10^{-34}\,\mathrm{J\,s}) \times (8603 \times 10^6\,\mathrm{s}^{-1})}\right)^{1/2} - \frac{1}{2} = 15 \quad \text{bei } 100\,\mathrm{K}.$$

13.13 Die Lewis-Struktur ist

$$[\ddot{\underset{..}{\mathrm{O}}}{=}\mathrm{N}{=}\ddot{\underset{..}{\mathrm{O}}}]^+.$$

Nach der VSEPR-Theorie ist das Ion linear und hat kein Symmetriezentrum. Die Aktivität der Moden entspricht der wechselseitigen Ausschlussregel; keiner von ihnen ist sowohl infrarot- als auch Raman-aktiv. Bei einem Vergleich mit den Übergänge von CO_2 (vgl. Abb. 13-40 im Lehrbuch) stellt man fest, dass sie einander entsprechen. Der Raman-aktive Mode bei 1400 cm^{-1} gehört zur symmetrischen Streckschwingung ($\tilde{\nu}_1$); der bei 2360 cm^{-1} gehört zu der antisymmetrischen Streckschwingung ($\tilde{\nu}_3$). Der Mode schließlich bei 540 cm^{-1} gehört zu den beiden zueinander senkrechten Knickschwingungen ($\tilde{\nu}_2$). Außerdem gibt es noch eine Kombinationsbande $\tilde{\nu}_1 + \tilde{\nu}_3 = 3760\ cm^{-1} \approx 3735\ cm^{-1}$, die eine schwache Intensität im Infrarot zeigt.

13.15 Nach Abschnitt 13.3.3 gilt

$$D_0 = D_e - \tilde{\nu}' \quad \text{mit} \quad \tilde{\nu}' = \tfrac{1}{2}\tilde{\nu} - \tfrac{1}{4}x_e\tilde{\nu}.$$

(a) $$^1\text{HCl}: \tilde{\nu}' = \left\{(1494.9) - \left(\tfrac{1}{4}\right) \times (52.05)\right\}\text{cm}^{-1} = 1481.8\,\text{cm}^{-1}, \quad \text{bzw. } 0.184\,\text{eV}.$$

Also ist $D_0 = 5.33 - 0.18 = 5.15\ \text{eV}$.

(b) Nach Gl. (13-55) gilt dann für ^2HCl

$$\frac{2m_{\text{eff}}\omega x_e}{\hbar} = a^2$$

Da a eine Konstante ist, ist $\tilde{\nu}x_e \propto \dfrac{1}{m_{\text{eff}}}$. Ferner gilt (vgl. Aufgabe A13.20a) $D_e = \dfrac{\tilde{\nu}^2}{4x_e\tilde{\nu}}$. Damit folgt $\tilde{\nu}^2 \propto \dfrac{1}{m_{\text{eff}}}$ und $\tilde{\nu} \propto \dfrac{1}{m_{\text{eff}}^{1/2}}$. Die reduzierten Massen wurden in den Aufgaben A13.18a und A13.18b berechnet. Wir können nun schreiben

$$\tilde{\nu}(^2\text{HCl}) = \left(\frac{m_{\text{eff}}(^1\text{HCl})}{m_{\text{eff}}(^2\text{HCl})}\right)^{1/2} \times \tilde{\nu}(^1\text{HCl}) = (0.7172) \times (2989.7\,\text{cm}^{-1}) = 2144.2\,\text{cm}^{-1},$$

$$x_e\tilde{\nu}(^2\text{HCl}) = \left(\frac{m_{\text{eff}}(^1\text{HCl})}{m_{\text{eff}}(^2\text{HCl})}\right) \times x_e\tilde{\nu}(^1\text{HCl}) = (0.5144) \times (52.05\,\text{cm}^{-1}) = 26.77\,\text{cm}^{-1},$$

$$\tilde{\nu}'(^2\text{HCl}) = \left(\tfrac{1}{2}\right) \times (2144.2) - \left(\tfrac{1}{4}\right) \times (26.77\,\text{cm}^{-1}) = 1065.4\,\text{cm}^{-1}, \ 0.132\,\text{eV}.$$

Also ist $D_0(^2\text{HCl}) = (5.33 - 0.132)\,\text{eV} = 5.20\ \text{eV}$.

13.17 (a) In der harmonischen Näherung gilt

$$D_e = D_0 + \tfrac{1}{2}\tilde{\nu} \quad \text{und damit} \quad \tilde{\nu} = 2(D_e - D_0).$$

$$\tilde{\nu} = \frac{2(1.51 \times 10^{-23}\,\text{J} - 2 \times 10^{-26}\,\text{J})}{(6.626 \times 10^{-34}\,\text{J s}) \times (2.998 \times 10^{8}\,\text{m s}^{-1})} = 152\,\text{m}^{-1}.$$

Die Kraftkonstante und die Schwingungsfrequenz hängen zusammen gemäß

$$\omega = \left(\frac{k}{m_{\text{eff}}}\right)^{1/2} = 2\pi\nu = 2\pi c\tilde{\nu}, \quad \text{es ist also} \quad k = (2\pi c\tilde{\nu})^2 m_{\text{eff}}.$$

Die effektive Masse ist

$$m_{\text{eff}} = \tfrac{1}{2}m = \tfrac{1}{2}(4.003\,\text{u}) \times (1.66 \times 10^{-27}\,\text{kg}\,\text{u}^{-1}) = 3.32 \times 10^{-27}\,\text{kg}.$$

$$k = \left[2\pi(2.998 \times 10^{8}\,\text{m}\,\text{s}^{-1}) \times (152\,\text{m}^{-1})\right]^2 \times (3.32 \times 10^{-27}\,\text{kg})$$
$$= 2.72 \times 10^{-4}\,\text{kg}\,\text{s}^{-2}.$$

Das Trägheitsmoment ist

$$I = m_{\text{eff}} R_e^2 = (3.32 \times 10^{-27}\,\text{kg}) \times (297 \times 10^{-12}\,\text{m})^2 = 2.93 \times 10^{-46}\,\text{kg}\,\text{m}^2.$$

Die Rotationskonstante ist

$$B = \frac{\hbar}{4\pi c I} = \frac{1.0546 \times 10^{-34}\,\text{J}\,\text{s}}{4\pi(2.998 \times 10^{8}\,\text{m}\,\text{s}^{-1}) \times (2.93 \times 10^{-46}\,\text{kg}\,\text{m}^2)} = 95.5\,\text{m}^{-1}.$$

(b) Im Morse-Potenzial ist

$$x_e = \frac{\tilde{\nu}}{4D_e} \quad \text{und} \quad D_e = D_0 + \frac{1}{2}\left(1 - \frac{1}{2}x_e\right)\tilde{\nu} = D_0 + \frac{1}{2}\left(1 - \frac{\tilde{\nu}}{8D_e}\right)\tilde{\nu}.$$

Dies kann man zu einer quadratischen Gleichung in $\tilde{\nu}$ umformen:

$$\frac{\tilde{\nu}^2}{16D_e} - \frac{1}{2}\tilde{\nu} + D_e - D_0 = 0 \quad \text{und damit} \quad \tilde{\nu} = \frac{\frac{1}{2} - \sqrt{\left(\frac{1}{2}\right)^2 - \frac{4(D_e - D_0)}{16D_e}}}{2(16D_e)^{-1}}.$$

$$\tilde{\nu} = 4D_e\left(1 - \sqrt{\frac{D_0}{D_e}}\right)$$
$$= \frac{4(1.51 \times 10^{-23}\,\text{J})}{(6.626 \times 10^{-34}\,\text{J}\,\text{s}) \times (2.998 \times 10^{8}\,\text{m}\,\text{s}^{-1})}\left(1 - \sqrt{\frac{2 \times 10^{-26}\,\text{J}}{1.51 \times 10^{-23}\,\text{J}}}\right)$$
$$= 293\,\text{m}^{-1}.$$

$$\text{und} \quad x_e = \frac{(293\,\text{m}^{-1}) \times (6.626 \times 10^{-34}\,\text{J}\,\text{s}) \times (2.998 \times 10^{8}\,\text{m}\,\text{s}^{-1})}{4(1.51 \times 10^{-23}\,\text{J})} = 0.96.$$

13.19 (a) Wir gehen vor wie in dem Flussdiagramm von Abbildung 12-7 im Lehrbuch. Das CH_3Cl-Molekül ist nichtlinear, es hat eine C_3-Achse (nur eine einzige), es hat keine C_2-Achsen senkrecht zu C_3, es hat kein σ_h, allerdings hat es drei σ_v-Ebenen. Das Molekül gehört also zur Symmetriegruppe C_{3v}.

(b) Die Anzahl der Normalmoden eines nichtlinearen Moleküls ist $3N - 6$ (dabei ist N die Anzahl der Atome). Das Molekül CH_3Cl hat also neun Normalmoden.

(c) Um die Symmetrie der Normalmoden zu bestimmen, betrachten wir, wie sich die kartesischen Achsen eines jeden Atoms unter den Symmetrieoperationen der C_{3v}-Gruppe ändern. Alle 15 kartesischen Achsen bleiben unter der identischen Operation unverändert; der Charakter dieser Operation ist also 15. Unter einer C_3-Operation werden die H-Atome ineinander überführt, sodass sie nicht zum Charakter von C_3 beitragen. Die z-Achse der C- und Cl-Atome bleiben unverändert; sie tragen also 2 zum Charakter von C_3 bei; für diese zwei Atome gilt

$$x \to -\frac{x}{2} + \frac{3^{1/2}\,y}{2} \quad \text{und} \quad y \to -\frac{y}{2} + \frac{3^{1/2}x}{2}.$$

Es gibt also von jeder dieser Koordinaten in jedem dieser Atome einen Beitrag von $-1/2$ zu dem Charakter. Insgesamt ergibt sich $\chi = 0$ für C_3. Um den Charakter von σ_v zu finden, nennen wir eine der σ_v-Ebene die yz-Ebene; sie enthält C, Cl und ein H-Atom. Die y- und die z-Koordinaten dieser drei Atome bleiben unverändert, aber die x-Koordinaten gehen in ihr Negatives über; damit tragen sie $6 - 3 = 3$ zum Charakter dieser Operation bei. Um die durch diese Basis aufgespannten irreduziblen Darstellungen zu finden, multiplizieren wir deren Charakter mit den Charakteren der irreduziblen Darstellungen, summieren diese Produkte und teilen die Summe durch die Ordnung h der Gruppe (wie am Anfang von Abschnitt 13.2.2 beschrieben). Die folgende Tabelle erläutert das Vorgehen:

	E	$2C_2$	$3\sigma_v$		E	$2C_2$	$3\sigma_v$	Summe/h
Basis	15	0	3					
A_1	1	1	1	Basis × A_1	15	0	3	3
A_2	1	1	−1	Basis × A_2	15	0	−3	2
E	2	−1	0	Basis × E	30	0	0	5

Von diesen 15 Bewegungsmoden sind drei Translationsmoden (ein A_1 und ein E) und drei Rotationsmoden (ein A_2 und ein E); wenn wir diese Moden abziehen, bleiben die Schwingungsmoden übrig. Sie spannen $2A_1+A_2+3E$ (zwei A_1-Moden, ein A_2-Mode und drei zweifach entartete E-Moden).

(d) Jeder Mode, dessen Symmetrierasse dieselbe ist wie bei x, y oder z, ist infrarot-aktiv. Damit sind alle außer dem A_2-Mode infrarot-aktiv.

(e) Nur Moden, deren Symmetrierasse dieselbe ist wie bei einer quadratischen Form, können Raman-aktiv sein. Damit können alle außer dem A_2-Mode Raman-aktiv sein.

Theoretische Aufgaben

13.21 Der Schwerpunkt eines zweiatomigen Moleküls liegt im Abstand x vom Atom A, sodass die Massen einander auf beiden Seiten ausgleichen:

$$m_A x = m_B(R - x).$$

Damit gilt

$$x = \frac{m_B}{m} R \quad \text{mit} \quad m = m_A + m_B.$$

Mit $m_{eff} = \dfrac{m_A m_B}{m_A + m_B}$ berechnet man nach Abschnitt 13.2.1 das Trägheitsmoment des Moleküls gemäß

$$I = m_A x^2 + m_B (R - x)^2 = \frac{m_A m_B^2 R^2}{m^2} + \frac{m_B m_A^2 R^2}{m^2} = \frac{m_A m_B}{m} R^2$$
$$= m_{eff} R^2 \,.$$

13.23 Wir gehen wieder gemäß dem Flussdiagramm von Abb. 12-7 im Lehrbuch vor. Ein „Ja" auf die erste Frage (Linear?) führt zu den linearen Punktgruppen und damit linearen Rotatoren. Wenn das Molekül nichtlinear ist, dann führt ein „Ja" auf die nächste Frage (Zwei oder mehr C_n mit $n > 2$?) zu den kubischen und ikosaedrischen Gruppen und damit sphärischen Rotatoren. Wenn das Molekül kein sphärischer Rotator ist, führt ein „Ja" auf die nächste Frage zu den den symmetrischen Rotatoren, wenn das höchste C_n ein $n > 2$ hat; falls nicht, ist das Molekül ein asymmetrischer Rotator.

(a) CH_4: nichtlinear, aber mehr als zwei C_n ($n > 2$), also sphärischer Rotator.

(b) CH_3CN: nichtlinear, C_3 (nur eine davon), also symmetrischer Rotator.

(c) CO_2: linear, also linearer Rotator.

(d) CH_3OH: nichtlinear, kein C_n, also asymmetrischer Rotator.

(e) Benzol: nichtlinear, C_6, aber nur eine Achse höherer Ordnung, also symmetrischer Rotator.

(f) Pyridin: nichtlinear, C_2 ist die Rotationsachse höchster Ordnung, also symmetrischer Rotator.

13.25 Nach Gl. (13-61) gilt $S(v, J) = \left(v + \frac{1}{2}\right)\tilde{\nu} + BJ(J+1)$. Damit ist

$$\Delta S_J^{O} = \tilde{\nu} - 2B(2J - 1) \quad [\Delta v = 1, \Delta J = -2].$$
$$\Delta S_J^{S} = \tilde{\nu} + 2B(2J + 3) \quad [\Delta v = 1, \Delta J = +2].$$

Der Übergang mit der maximalen Intensität entspricht näherungsweise dem Übergang mit dem wahrscheinlichsten Wert von J, den wir in Aufgabe 13.24 berechnet hatten:

$$J_{max} = \left(\frac{kT}{2hcB}\right)^{1/2} - \frac{1}{2}.$$

Der Abstand zweier Peaks ist dann

$$\Delta S = \Delta S^{S}_{J_{max}} - \Delta S^{O}_{J_{max}} = 2B(2J_{max}+3) - \{-2B(2J_{max}-1)\} = 8B\left(J_{max}+\tfrac{1}{2}\right)$$
$$= 8B\left(\frac{kT}{2hcB}\right)^{1/2} = \left(\frac{32BkT}{hc}\right)^{1/2}.$$

Um die Werte zu untersuchen, stellen wir die Beziehung um:

$$B = \frac{hc(\Delta S)^2}{32kT}.$$

Dies lässt sich in eine Bindungslänge umrechnen, wenn man für einen linearen Rotator die Beziehungen $B = \frac{\hbar}{4\pi c I}$ und $I = 2m_x R^2$ (gemäß Tabelle 13-1) verwendet. Wir erhalten

$$R = \left(\frac{\hbar}{8\pi c m_x B}\right)^{1/2} = \left(\frac{1}{\pi c \Delta S}\right) \times \left(\frac{2kT}{m_x}\right)^{1/2}.$$

Damit können wir folgende Tabelle aufstellen:

	$HgCl_2$	$HgBr_2$	HgI_2
T/K	555	565	565
m_x/u	35.45	79.1	126.90
ΔS/ cm^{-1}	23.8	15.2	11.4
R/pm	227.6	240.7	253.4

Die drei Bindungslängen sind also näherungsweise 230, 240 und 250 pm.

Anwendungsaufgaben

13.27 (a) Für die Untersuchung der O–O-Streckschwingung eignet sich die Resonanz-Ramanspektroskopie besser als die Schwingungsspektroskopie, weil solch ein Mode infrarot-inaktiv oder bestenfalls schwach aktiv ist. (Der Mode ist in freiem O_2 auf jeden Fall inaktiv, weil er das Dipolmoment des Moleküls nicht ändert. In einem Komplex, in dem O_2 gebunden ist, kann die O–O-Streckschwingung eventuell das Dipolmoment ändern; es ist jedoch nicht sicher, dass dies passiert, geschweige denn, dass ein genügend starkes Signal auftritt.)

(b) Die Wellenzahl des Schwingungszustands ist proportional zur Frequenz und hängt folgendermaßen von der effektiven Masse ab:

$$\tilde{\nu} \propto \left(\frac{k}{m_{eff}}\right)^{1/2} \quad \text{und damit} \quad \frac{\tilde{\nu}(^{18}O_2)}{\tilde{\nu}(^{16}O_2)} = \left(\frac{m_{eff}(^{16}O_2)}{m_{eff}(^{18}O_2)}\right)^{1/2} = \left(\frac{16.0\,u}{18.0\,u}\right)^{1/2} = 0.943.$$

Somit haben wir $\tilde{\nu}(^{18}O_2) = (0.943)(844\,cm^{-1}) = 796\,cm^{-1}$.

Beachten Sie, dass wir hier angenommen haben, dass die effektiven Massen proportional zu den Isotopenmassen sind. Diese Annahme trifft für das freie Molekül zu, wo die effektive Masse von O_2 gerade die Hälfte der Masse des O-Atoms beträgt. Sie trifft auch zu, wenn das O_2 an einem Ende stark gebunden ist, sodass ein Atom frei und das andere im Wesentlichen an ein sehr schweres Objekt gebunden ist.

(c) Die Wellenzahl des Schwingungszustands ist proportional zur Wurzel der Kraftkonstante. Die Kraftkonstante selbst ist eine Maß für die Stärke der Bindung (streng genommen für die Steifigkeit der Bindung, dies hängt aber mit der Stärke zusammen), die wiederum durch die Bindungsordnung charakterisiert wird. Eine einfache Untersuchung der Molekülorbitale von O_2, O_2^- und O_2^{2-} ergibt Bindungsordnungen von 2, 1.5 bzw. 1. Gehen wir von einer abnehmenden Bindungsordnung aus, erwarten wir zunehmende Wellenzahlen (und umgekehrt).

(d) Die Wellenzahl der O–O-Streckschwingung ist nahezu gleich der von dem Peroxid-Anion, also ist $Fe_2^{3+}O_2^{2-}$ am geeignetsten.

(e) Der Nachweis der zwei Banden von $^{16}O^{18}O$ setzt voraus, dass die beiden O-Atome nicht-äquivalente Positionen in dem Komplex besetzen. Die Strukturen sind mit dieser Beobachtung verträglich, die Strukturen **5** und **6** hingegen nicht.

13.29 Nach Aufgabe 10.27 gilt für den Doppler-Effekt

$$v_{\mathrm{weg}} = vf \quad \text{mit} \quad f = \left(\frac{1 - s/c}{1 + s/c}\right)^{1/2}.$$

Dies lässt sich umformen zu

$$s = \frac{1 - f^2}{1 + f^2}c.$$

In der Aufgabenstellung sind Werte für die Wellenlängen gegeben, wir verwenden also

$$f = \frac{v_{\mathrm{star}}}{v} = \frac{\lambda}{\lambda_{\mathrm{star}}}.$$

Das Verhältnis ist:

$$f = \frac{654.2\,\mathrm{nm}}{706.5\,\mathrm{nm}} = 0.9260,$$

es ergibt sich also für die Geschwindigkeit des Sterns

$$s = \frac{1 - 0.9260^2}{1 + 0.9260^2}c = 0.0768c = 2.30 \times 10^7\,\mathrm{m\,s^{-1}}.$$

Die Verbreiterung der Linie hängt mit lokalen Ereignissen (Stößen) in dem Stern zusammen. Sie ist temperaturabhängig, sodass man aus ihr die Oberflächentemperatur des

Sterns ableiten kann. Gleichung (13-17) verbindet die beobachtete Linienbreite mit der Temperatur:

$$\delta\lambda_{\text{beob}} = \frac{2\lambda}{c}\left(\frac{2kT\ln 2}{m}\right)^{1/2} \quad \text{also} \quad T = \left(\frac{c\delta\lambda}{2\lambda}\right)^2 \frac{m}{2k\ln 2},$$

$$T = \left(\frac{(2.998\times 10^8\,\text{m s}^{-1})(61.8\times 10^{-12}\,\text{m})}{2(654.2\times 10^{-9})}\right)^2 \left[\frac{(47.95\,\text{u})(1.661\times 10^{-27}\,\text{kg u}^{-1})}{2(1.381\times 10^{-23}\,\text{J K}^{-1})\ln 2}\right],$$

$$T = 8.34\times 10^5\,\text{K}.$$

13.31 $E_J = J(J+1)hcB, \quad g_J = 2J+1.$

$$E_1 - E_0 = 2hcB = hc\left(\frac{1}{\lambda_{\text{kürzer}}} - \frac{1}{\lambda_{\text{länger}}}\right).$$

$$B = \frac{1}{2}\left(\frac{1}{\lambda_{\text{kürzer}}} - \frac{1}{\lambda_{\text{longer}}}\right) = \frac{1}{2}\left(\frac{1}{\lambda_{\text{kürzer}}} - \frac{1}{\lambda_{\text{kürzer}} + \Delta\lambda}\right)$$

$$= \frac{1}{2}\left(\frac{1}{\lambda_{\text{kürzer}}}\right) \times \left(1 - \frac{1}{1 + (\Delta\lambda/\lambda_{\text{kürzer}})}\right)$$

$$= \frac{1}{2}\left(\frac{1}{387.5\,\text{nm}}\right) \times \left(1 - \frac{1}{1 + (0.061/387.5)}\right) \times \left(\frac{10^9\,\text{nm}}{10^2\,\text{cm}}\right),$$

$$B = 2.031\,\text{cm}^{-1}.$$

$$\frac{E_1 - E_0}{k} = \frac{2hcB}{k} = \frac{2(6.626\times 10^{-34}\,\text{J s}) \times (3.00\times 10^{10}\,\text{cm s}^{-1}) \times (2.031\,\text{cm}^{-1})}{1.381\times 10^{-23}\,\text{J K}^{-1}}$$

$$= 5.84\overline{7}\text{K}.$$

Für die Intensität der $J' \leftarrow J$-Absorptionslinie gilt $I_J \propto g_J \mathrm{e}^{-E_J/kT}$. Es folgt

$$\frac{I_{\lambda_{\text{länger}}}}{I_{I_{\lambda_{\text{kürzer}}}}} \simeq \frac{g_1 \mathrm{e}^{-E_1/kT}}{g_0 \mathrm{e}^{-E_0/kT}} = \frac{g_1}{g_0}\mathrm{e}^{-(E_1-E_0)/kT}.$$

Auflösen nach T ergibt:

$$T = \left(\frac{E_1 - E_0}{k}\right) \times \left(\frac{1}{\ln(g_1 I_{\lambda_{\text{kürzer}}}/g_0 I_{\lambda_{\text{länger}}})}\right) = 5.84\overline{7}\,\text{K}\left(\frac{1}{\ln(3\times 4)}\right) = 2.35\,\text{K}.$$

13.33 *Temperatureffekte:* Bei extrem niedrigen Temperaturen (10 K) sind nur die niedrigsten Rotationszustände besetzt. Für die Wolke erwartet man kein Emissionspektrum, und die Mikrowellenstrahlung der Sterne wird von der Wolke nur durch die niedrigsten Rotationszustände absorbiert. Bei höheren Temperaturen treten weitere höherenergetische Linien auf, weil auch Rotationszustände mit höherer Energie besetzt sind. Zirkumstellare

Wolken können Infrarotstrahlung sowohl durch Schwingungsanregung als auch durch elektronische Übergänge im Ultraviolett absorbieren. Die UV-Absorption kann auf die Photodissoziation von Kohlenmonoxid hindeuten. Bei höheren Temperaturen emittieren die Wolken selbst Strahlung.

Dichteeffekte: Die Dichte einer interstellaren Wolke reicht von einem bis zu einer Billion Teilchen pro cm^3. Dies ist aber noch ein sehr viel besseres Vakuum als ein im Labor erzeugtes Ultrahochvakuum, das bestenfalls eine Trillion Teilchen pro cm^3 erreicht. Unter solchen extremen Vakuumbedingungen ist die Halbwertzeit eines jeden Quantenzustands sehr lang, und die Absorptionslinien sollten sehr nach beieinander liegen. Bei höheren Dichten verdunkeln die enormen Ausmaße eines solchen Nebels die weiter entfernten Sterne. Hohe Dichten und hohe Temperaturen können zu Bedingungen führen, in denen die Emissionen eine Emission derselben Wellenlänge durch die Moleküle stimulieren. Eine Kaskade von stimulierten Emissionen verstärkt normalerweise schwache Linien enorm – dieses Phänomen nutzt auch der MASER aus (Microwave Amplification by Stimulated Emission of Radiation, Mikrowellenverstärkung durch stimulierte Strahlungsemission).

Effekte aufgrund der Teilchengeschwindigkeit: Die Teilchengeschwindigkeit kann eine Doppler-Verbreiterung der Spektrallinien verursachen. Der Effekt ist für interstellare Wolken bei 10 K extrem klein, aber für Wolken in der Nähe von heißen Sternen kann er sich bemerkbar machen. Die Gasausstöße von Sternen zeigen eine Doppler-Rotverschiebung, wenn sie sich mit hoher Geschwindigkeit von uns fortbewegen, und ein Blauverschiebung, wenn sie sich auf uns zu bewegen.

In zirkumstellaren Gaswolken gibt es mehr beobachtbare Übergänge als in interstellarem Gas, weil dort wegen der höheren Temperaturen mehr Rotationszustände besetzt werden können. Durch die höhere Geschwindigkeit und Teilchendichte in zirkumstellarer Materie ist dort die Zeit zwischen zwei Stößen geringer als in interstellarer Materie; man wird bei zirkumstellarer Materie also verbreiterte Spektrallinien erwarten. (Die Doppler-Verbreiterung wird sich zwischen zirkumstellarer und interstellarer Materie in derselben astronomischen Nachbarschaft wohl kaum nennenswert unterscheiden. Aufgrund großflächiger Bewegungen des expandierenden Universums treten hier relativistische Geschwindigkeiten auf; im Vergleich dazu sind die lokalen thermischen Unterschiede nicht signifikant.) Eine Temperatur von 1000 K reicht nicht, um die elektronisch angeregten Zustände von CO nennenswert zu besetzen. Solche Zustände hätten unterschiedliche Bindungslängen und würden dadurch Übergänge mit unterschiedlichen Rotationskonstanten erlauben. Angeregte Schwingungszustände wären allerdings zugänglich, und Rotations-Schwingungsübergänge mit P- und R-Zweigen, wie sie am Schluss dieses Kapitels beschrieben wurden, lassen sich in zirkumstellarer, aber nicht in interstellarer Materie beobachten. Die Rotationskonstante B für $^{12}C^{16}O$ ist $1.691\ cm^{-1}$. Das erste angeregte Rotationsniveau ($J = 1$) mit einer Energie von $J(J + 1)hcB = 2hcB$ ist thermisch schon bei einer Temperatur von etwa 6 K zugänglich (die Abschätzung beruht auf dem vereinfachten Zusammenhang zwischen Rotations- und thermischer Energie kT). In interstellarer Materie sind aber nur zwei oder drei Rotationslinien beobachtbar; im zirkumstellaren Raum (bei rund 1000 K) gibt es rund 20 solcher Übergänge.

14 Molekülspektroskopie 2: Elektronenübergänge

Diskussionsfragen

14.1 Wie man das Termsymbol $^3\Sigma_g^-$ für das Sauerstoffmolekül bestimmt, wird ausführlich in Abschnitt 14.1.1 beschrieben und muss hier nicht wiederholt werden. Das Symbol lässt sich folgendermaßen interpretieren: Der Buchstabe Σ bedeutet, dass der Gesamtbahndrehimpuls um die Achse zwischen den Kernen null ist; der obere Index 3 besagt, dass die Komponente des Gesamtspins um die Achse zwischen den Kernen 1 beträgt ($2 \times 1 + 1 = 3$); der untere Index g bedeutet, dass der Term gerade Parität hat. Und das hochgestellte Minuszeichen deutet darauf hin, dass die Gesamtwellenfunktion für O_2 bei Reflexion an einer Ebene, die die Kerne enthält, ihr Vorzeichen ändert.

14.3 Ein Bandenkopf entsteht, wenn die Frequenzen der Elektronenübergänge mit steigender Rotationsquantenzahl J konvergieren. Bandenköpfe ergeben sich aus der Rotationsstruktur, die von der Schwingungsstruktur der Elektronenenergieniveaus des zweiatomigen Moleküls überlagert wird (vgl. Abb. 14-8 und 14-11 im Lehrbuch). Wenn wir verstehen wollen, wie ein Bandenkopf entsteht, müssen wir die Gleichungen der Übergangsfrequenzen untersuchen (Gl. (14-5)). Wie wir im Abschnitt 14.1.2 gesehen haben, tritt diese Konvergenz nur auf, wenn in den Gleichungen Terme sowohl mit $(B' - B)$ also auch mit $(B' + B)$ auftreten. Da für den Q-Zweig nur ein Term in $(B' - B)$ auftritt, kann es für diesen Zweig keinen Bandenkopf geben.

14.5 Bei dem mit einer Fluoreszenz verbundenen Gesamtprozess laufen folgende Schritte ab: Das Molekül absorbiert Energie aus einem Strahlungsfeld und wird dadurch zunächst vom Schwingungsgrundzustand in einen elektronisch angeregten höheren Schwingungszustand gehoben. Wegen der Forderungen des Franck-Condon-Prinzips läuft der Übergang zu den angeregten Schwingungszuständen des oberen elektronischen Zustands (vgl. Abb. 14-22 im Lehrbuch). Daher zeigt das Absorptionsspektrum die für den oberen Zustand charakteristische Schwingungsstruktur. Das angeregte Molekül gibt nun Energie an die Umgebung ab, und zwar durch strahlungslose Übergänge und Zerfälle in den niedrigsten Schwingungszustand des oberen Zustands. Nun tritt ein spontaner Strahlungsübergang zum niedrigen elektronischen Zustand auf. Dieses Fluoreszenzspektrum ist kein Spiegelbild des Absorptionsspektrums, weil die Schwingungsfrequenzen der oberen und der unteren Zustände aufgrund der unterschiedlichen Potenzialkurven voneinander abweichen.

Arbeitsbuch Physikalische Chemie. 4. Auflage. P. W. Atkins, C. A. Trapp, M. P. Cady und C. Giunta

ISBN: 978-3-527-31828-5

14.7 In Abschnitt 14.3 werden Theorie und Praxis des Lasers ausführlich beschrieben. Wir beschränken uns hier auf die wesentlichen Grundlagen. Die wichtigste Voraussetzung für einen Laser ist, dass er wenigstens drei Energieniveaus hat. Das höchste dieser Niveaus muss durch einen Strahlungspuls effizient über das Maß hinaus besetzt werden können, das sich im thermischen Gleichgewicht einstellt. Ein zweiter, energetisch tieferliegender Zustand muss metastabil sein und eine so lange Lebensdauer aufweisen, dass auch dieser Zustand – durch spontane Übergänge aus den höheren, überbesetzten Zuständen – über das Maß des thermischen Gleichgewichts hinaus besetzt werden kann.

Aus dem metastabilen Zustand heraus müssen stimulierte Übergänge in einen dritten, energetisch tieferliegenden Zustand möglich sein. Diese Forderung besagt nicht nur, dass der metastabile Zustand stärker besetzt sein muss, als er es im thermischen Gleichgewicht wäre, sondern auch, dass er stärker besetzt sein muss als der dritte, tieferliegende Zustand: Es muss also eine Besetzungsinversion vorliegen. Schauen Sie sich dazu noch einmal die Abbildungen 14-28 und 14-29 mit den Beschreibungen von Drei- und Vierniveaulasern an. Zur Verstärkung kommt es, wenn eine Strahlung niedriger Intensität mit einer Frequenz, die dem Übergang zwischen metastabilen und tieferliegendem Zustand entspricht, eben diesen Übergang in den tieferliegenden Zustand stimuliert und dabei viele Photonen dieser Frequenz (also eine Strahlung höherer Intensität) erzeugt werden. Beispiele für verschiedene Laserbauarten werden in den *Zusatzinformationen* 14-1 diskutiert.

Leichte Aufgaben

A14.1a Der linke untere Index gibt den Wert von $2S + 1$ an; aus $2S + 1 = 2$ folgt also $S = \frac{1}{2}$. Das Symbol Σ bedeutet, dass der Gesamtbahndrehimpuls um die Molekülachse null ist. Und das wiederum bedeutet, dass das ungepaarte Elektron sich in einem σ-Orbital befinden muss. Nach Abb. 11-33 im Lehrbuch können wir als Konfiguration des Ions $1\sigma^2 2\sigma^{*2} 1\pi^4 3\sigma^1$ vorhersagen; dies stimmt überein mit dem Termsymbol ${}^2\Sigma_g^+$, da 3σ eine gerade Funktion ist (Tabelle 14-2) und alle energetisch tieferen Orbitale besetzt sind, sodass nur ein ungepaartes Elektron übrig bleibt. Daher gilt $S = \frac{1}{2}$.

A14.2a Die Abschwächung der Intensität folgt dem Lambert-Beer'schen Gesetz, das wir in Kapitel 13 eingeführt hatten. Es ist auch auf die spektroskopischen Verfahren in diesem Kapitel anwendbar. Mit den Gleichungen (13-3) und (13-4) erhalten wir

$$\begin{aligned}\log \frac{I}{I_0} &= -\varepsilon[\mathrm{J}]l \\ &= (-855\ \mathrm{dm^3\ mol^{-1}\ cm^{-1}}) \times (3.25 \times 10^{-3}\ \mathrm{mol\ dm^{-3}}) \times (0.25\ \mathrm{cm}) \\ &= -0.69\overline{5}.\end{aligned}$$

Also ist $\frac{I}{I_0} = 0.20$, und die Abschwächung der Intensität liegt bei 80 %.

A14.3a Nach Gl. (13-3) und (13-4) gilt $\log \frac{I}{I_0} = -\varepsilon[\mathrm{J}]l$. Also ist

$$\varepsilon = -\frac{1}{[\mathrm{J}]l} \log \frac{I}{I_0} = -\frac{\log 0.201}{(1.11 \times 10^{-4} \mathrm{mol\,dm^{-3}}) \times (1.00\,\mathrm{cm})}$$
$$= 6.28 \times 10^3\,\mathrm{dm^3\,mol^{-1}\,cm^{-1}}.$$

A14.4a Nach Gl. (13-3) und (13-4) gilt

$$[\mathrm{J}] = -\frac{1}{\varepsilon l} \log \frac{I}{I_0} = \frac{-1}{(286\,\mathrm{dm^3\,mol^{-1}\,cm^{-1}}) \times (0.65\,\mathrm{cm})} \log(1 - 0.465)$$
$$= 1.5\,\mathrm{mmol\,dm^{-3}}.$$

A14.5a Nach Gl. (13-5) gilt $\mathcal{A} = \int \varepsilon\, \mathrm{d}\tilde{\nu}$.

Das Integral lässt sich durch die Dreiecksfläche (halbe Höhe mal Grundlinie) annähern. Damit folgt

$$\mathcal{A} = \tfrac{1}{2} \times (43480 - 34480)\,\mathrm{cm^{-1}} \times (1.21 \times 10^4\,\mathrm{dm^3\,mol^{-1}\,cm^{-1}})$$
$$= 5.44 \times 10^7\,\mathrm{dm^3\,mol^{-1}\,cm^{-2}}.$$

A14.6a Wir können π-Elektronen in Polyenen als Teilchen in einem eindimensionalen Kasten betrachten. Nach dem Pauli'schen Ausschlussprinzip füllen N konjugierte Elektronen die Niveaus mit je zwei Elektronen auf, und zwar bis zum Niveau $n = N/2$. Weil N auch die Anzahl der Alken-C-Atome ist, ist Nd die Länge des Kastens (d ist dabei der C–C-Atomabstand). Demnach gilt

$$E_n = \frac{n^2 h^2}{8mN^2 d^2}.$$

Für den Übergang mit der niedrigsten Energiedifferenz (also für ($\Delta n = +1$) ist dann

$$\Delta E = h\nu = \frac{hc}{\lambda} = E_{(N/2)+1} - E_{(N/2)} = \frac{h^2(N+1)}{8md^2N^2}.$$

Je größer N ist, desto größer ist demnach auch λ. Die Absorption bei 243 nm rührt also von dem Dien her, die bei 192 nm vom Buten.

Frage: Wie genau kann man mit der oben abgeleiteten Formel die Wellenlängen der Absorptionsmaxima in diesen beiden Verbindungen berechnen?

A14.7a Nach Gl. (13-3) und (13-4) gilt $\varepsilon = -\dfrac{1}{[J]l}\log\dfrac{I}{I_0}$. Nach Aufgabenstellung ist $l = 0.20$ cm.

Damit können wir folgende Tabelle aufstellen:

$[Br_2]/\text{mol dm}^{-3}$	0.0010	0.0050	0.0100	0.0500	
I/I_0	0.814	0.356	0.127	3.0×10^{-5}	
$\varepsilon/(\text{dm}^{-3}\ \text{mol}^{-1}\ \text{cm}^{-1})$	447	449	448	452	Mittelwert: $44\overline{9}$

Also ist der molare Absorptionskoeffizient $\varepsilon = 450\ \text{dm}^3\ \text{mol}^{-1}\ \text{cm}^{-1}$.

A14.8a Mit Gl. (13-3) und (13-4) erhalten wir

$$\varepsilon = -\frac{1}{[J]l}\log\frac{I}{I_0} = \frac{-1}{(0.010\ \text{mol dm}^{-3}) \times (0.20\ \text{cm})}\log 0.48$$
$$= 159\ \text{dm}^3\ \text{mol}^{-1}\ \text{cm}^{-1}.$$
$$T = \frac{I}{I_0} = 10^{-[J]\varepsilon l}$$
$$= 10^{(-0.010\ \text{mol dm}^{-3})\times(159\ \text{dm}^3\ \text{mol}^{-1}\text{cm}^{-1})\times(0.40)} = 10^{-0.63\overline{6}} = 0.23$$

bzw. 23 %.

A14.9a $l = \dfrac{-1}{\varepsilon[J]}\log\dfrac{I}{I_0}$.

Für Wasser ist $[H_2O] \approx \dfrac{1.00\ \text{kg/dm}^3}{18.02\ \text{g mol}^{-1}} = 55.5\ \text{mol dm}^{-3}$ und daher

$$\varepsilon[J] = (55.5\ \text{M}) \times (6.2 \times 10^{-5}\ \text{M}^{-1}\ \text{cm}^{-1}) = 3.4 \times 10^{-3}\ \text{cm}^{-1} = 0.34\ \text{m}^{-1}$$

Damnach ist $\dfrac{1}{\varepsilon[J]} = 2.9$ nm und $l/\text{m} = -2.9 \times \log\dfrac{I}{I_0}$.

(a) $\dfrac{I}{I_0} = 0.5,\ l = -2.9\ \text{m} \times \log 0.5 = 0.9\ \text{m}$,

(b) $\dfrac{I}{I_0} = 0.1,\ l = -2.9\ \text{m} \times \log 0.1 = 3\ \text{m}$.

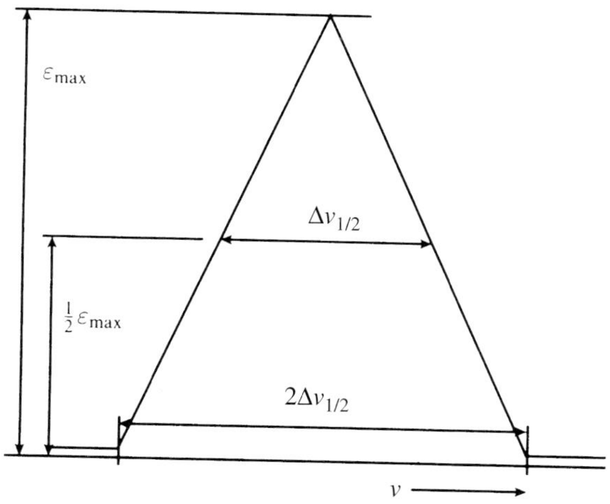

Abb. 14-1

A14.10a Wir treffen dieselben Annahmen wie in Aufgabe A14.5a, insbesondere, dass die Absorptionskurve durch ein Dreieck angenähert werden kann (vgl. Abb. 14-1).

Nach Gl. (13-5) gilt

$$\mathcal{A} = \int \varepsilon \, \mathrm{d}\tilde{\nu}.$$

Nach der Formel für die Dreiecksfläche (halbes Produkt von Grundlinie und Höhe) ist

$$\mathcal{A} = \frac{1}{2} \times \varepsilon_{max} \times 2\Delta\tilde{\nu}_{1/2} = \varepsilon_{max}\Delta\tilde{\nu}_{1/2},$$

$$\mathcal{A} = 5000 \text{ cm}^{-1} \times \varepsilon_{max}.$$

(a) $\mathcal{A} = 5000 \text{ cm}^{-1} \times 1 \times 10^4 \text{ dm}^3 \text{ mol}^{-1} \text{ cm}^{-1} = 5 \times 10^7 \text{ dm}^3 \text{ mol}^{-1} \text{ cm}^{-2}$.

(b) $\mathcal{A} = (5000 \text{ cm}^{-1}) \times (5 \times 10^2 \text{ dm}^3 \text{ mol}^{-1} \text{ cm}^{-1}) = 25 \times 10^5 \text{ dm}^3 \text{ mol}^{-1} \text{ cm}^{-2}$.

A14.11a Der Abstand zwischen den Kernen ist in H_2^+ größer als in H_2. Die Änderung der Bindungslänge und die daraus folgende Verschiebung der Potenzialkurven reduziert den Franck-Condon-Faktor für Übergänge zwischen den beiden Schwingungsgrundzuständen. So entsteht eine besserere Überlappung zwischen $v = 2$ von H_2^+ und $v = 0$ von H_2, und daher steigt der Franck-Condon-Faktor für diesen Übergang.

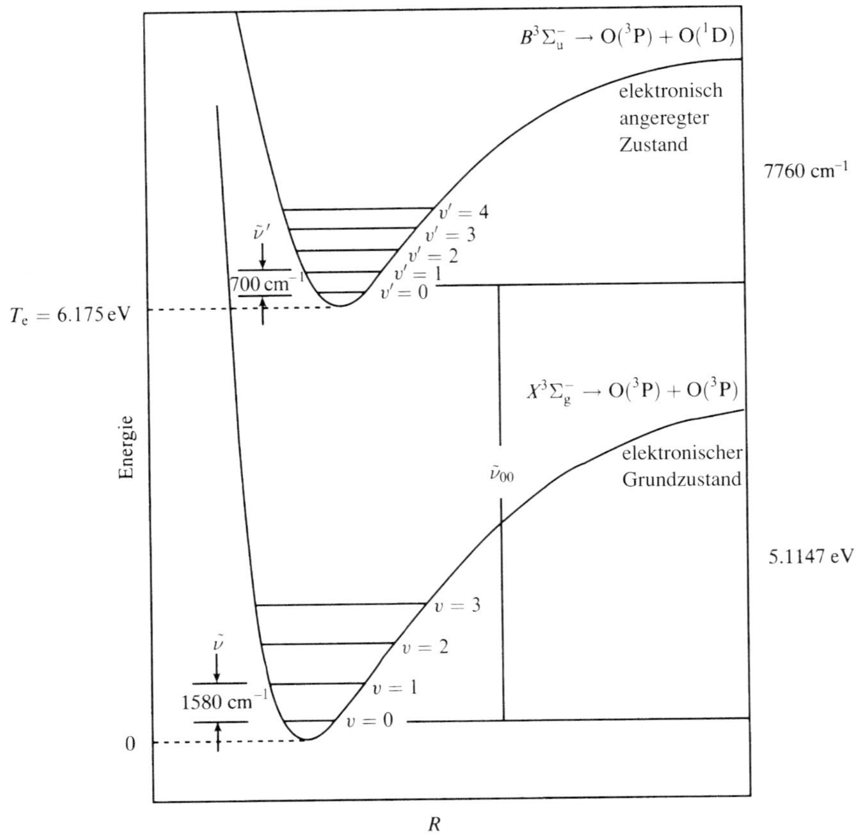

Abb. 14-2

Schwerere Aufgaben

Rechenaufgaben

14.1 Die Kurven der potenziellen Energie für die elektronischen Zustände $X^3\Sigma_g^-$ und $B^3\Sigma_u^-$ von O_2 sind in Abb. 14-2 schematisch dargestellt. Die Kurven für andere elektronische Zustände von O_2 sind nicht eingezeichnet. Wenn wir die Rotationsstruktur und die Anharmonizität vernachlässigen, können wir schreiben

$$\tilde{\nu}_{00} \approx T_e + \frac{1}{2}(\tilde{\nu}' - \tilde{\nu}) = 6.175\ \text{eV} \times \left(\frac{8065.5\ \text{cm}^{-1}}{1\ \text{eV}}\right) + \frac{1}{2}(700 - 1580)\ \text{cm}^{-1}$$

$$= 49\,36\bar{4}\ \text{cm}^{-1}.$$

Anmerkung: Beachten Sie, das die Auswahlregel $\Delta v = \pm 1$ nicht bei Schwingungsübergängen zwischen verschiedenen elektronischen Zuständen gilt.

Frage: Wie groß ist die prozentuale Änderung von $\tilde{\nu}_{00}$, wenn die Anharmonizitätskonstanten $x_e\tilde{\nu}$ (Abschnitt 13.3.3) mit 12.0730 cm^{-1} für den Grundzustand bzw. mit 8.002 cm^{-1} für den angeregten Zustand berücksichtigt werden?

14.3 Wir können am Anfang nicht entscheiden, ob die Dissoziationsprodukte in ihren atomaren Grundzuständen oder in angeregten Zuständen entstehen. Aber wir wissen, dass die beiden Konvergenzgrenzen durch einen Energiebetrag voneinander getrennt sind, der genau gleich der Anregungsenergie des Brom-Atoms ist: $18345\,\text{cm}^{-1} - 14660\,\text{cm}^{-1} = 3685\,\text{cm}^{-1}$. Folglich muss die Dissoziation bei $14660\,\text{cm}^{-1}$ die Brom-Atome in ihrem Grundzustand liefern. Also können sich folgende Dissoziationsenergien ergeben: $14660\,\text{cm}^{-1}$ oder $14660\,\text{cm}^{-1} - 7598\,\text{cm}^{-1} = 7062\,\text{cm}^{-1}$, abhängig davon, ob die entstandenen Iodatome im Grundzustand oder in einem elektronisch angeregten Zustand vorliegen.

Um zu entscheiden, welche der beiden Möglichkeiten zutrifft, stellen wir den folgenden Born-Haber-Kreisprozess auf:

$$\begin{array}{lllll}
(1) & \text{IBr(g)} & \rightarrow & \frac{1}{2}\text{I}_2\text{(g)} + \frac{1}{2}\text{Br}_2\text{(l)} & \Delta H_1^\ominus = -\Delta_\text{B} H^\ominus(\text{IBr, g}) \\
(2) & \frac{1}{2}\text{I}_2\text{(s)} & \rightarrow & \frac{1}{2}\text{I}_2\text{(g)} & \Delta H_2^\ominus = \frac{1}{2}\Delta_\text{Sub} H^\ominus(\text{I}_2, \text{s}) \\
(3) & \frac{1}{2}\text{Br}_2\text{(l)} & \rightarrow & \frac{1}{2}\text{Br}_2\text{(g)} & \Delta H_3^\ominus = \frac{1}{2}\Delta_\text{V} H^\ominus(\text{Br}_2, \text{l}) \\
(4) & \frac{1}{2}\text{I}_2\text{(g)} & \rightarrow & \text{I(g)} & \Delta H_4^\ominus = \frac{1}{2}\Delta \text{H(I–I)} \\
(5) & \frac{1}{2}\text{Br}_2\text{(s)} & \rightarrow & \text{Br(g)} & \Delta H_5^\ominus = \frac{1}{2}\Delta H(\text{Br–Br}) \\
\hline
 & \text{IBr(g)} & \rightarrow & \text{I(g)} + \text{Br(g)} & \Delta H^\ominus
\end{array}$$

$$\begin{aligned}
\Delta H^\ominus &= -\Delta_\text{B} H^\ominus(\text{IBr, g}) + \tfrac{1}{2}\Delta_\text{Sub} H^\ominus(\text{I}_2, \text{s}) + \tfrac{1}{2}\Delta_\text{V} H^\ominus(\text{Br}_2, \text{l}) \\
&\quad + \tfrac{1}{2}\Delta H(\text{I–I}) + \tfrac{1}{2}\Delta H(\text{Br–Br}) \\
&= \left\{-40.79 + \tfrac{1}{2} \times 62.44 + \tfrac{1}{2} \times 30.907 + \tfrac{1}{2} \times 151.24 + \tfrac{1}{2} \times 192.85\right\} \text{kJ mol}^{-1} \\
&= 177.93\ \text{kJ mol}^{-1} = 14\,874\ \text{cm}^{-1}.
\end{aligned}$$

Für diese Rechnung wurden neben den gegebenen Werten auch die entsprechenden Daten aus Tabelle 2-7 verwendet.

Der Vergleich zwischen den beiden möglichen Werten für die Dissoziationsenergie zeigt, dass $14\,660\,\text{cm}^{-1}$ der korrekte Wert ist, der Wert $7062\,\text{cm}^{-1}$ ist nicht richtig.

14.5 Wir schreiben $\varepsilon = \varepsilon_\text{max}\text{e}^{-x^2} = \varepsilon_\text{max}\text{e}^{-\tilde{\nu}^2/2\Gamma}$. Darin ist $\tilde{\nu}$ die Variable und Γ eine Konstante. $\tilde{\nu}$ wird von der Bindungsmitte her gemessen, wo $\tilde{\nu} = 0$ ist. Für $\tilde{\nu}^2 = 2\Gamma \ln 2$ ist $\varepsilon = \frac{1}{2}\varepsilon_\text{max}$. Die Breite bei halber Höhe ist daher

$$\Delta\tilde{\nu}_{1/2} = 2 \times (2\Gamma \ln 2)^{1/2}, \quad \text{woraus folgt} \quad \Gamma = \frac{\Delta\tilde{\nu}_{1/2}^2}{8 \ln 2}.$$

Nun führen wir die Integration aus. Dabei beachten wir $\int_{-\infty}^{\infty} \text{e}^{-x^2}\text{d}x = \pi^{1/2}$:

$$\begin{aligned}
\mathcal{A} &= \int \varepsilon \text{d}\tilde{\nu} = \varepsilon_\text{max} \int_{-\infty}^{\infty} \text{e}^{-\tilde{\nu}^2/2\Gamma}\text{d}\tilde{\nu} = \varepsilon_\text{max}(2\Gamma\pi)^{1/2} \\
&= \varepsilon_\text{max}\left(\frac{2\pi\Delta\tilde{\nu}_{1/2}^2}{8 \ln 2}\right)^{1/2} = \left(\frac{\pi}{4 \ln 2}\right)^{1/2} \varepsilon_\text{max}\Delta\tilde{\nu}_{1/2} = 1.0645\varepsilon_\text{max}\Delta\tilde{\nu}_{1/2},
\end{aligned}$$

Es ist $\tilde{\nu} = \frac{1}{\lambda}$. Dann muss (wegen $\lambda \approx \lambda_0$) gelten $\Delta\tilde{\nu}_{1/2} \approx \frac{\Delta\lambda_{1/2}}{\lambda_0^2}$, und es folgt

$$\mathcal{A} = 1.0645\varepsilon_{\max}\left(\frac{\Delta\lambda_{1/2}}{\lambda_0^2}\right).$$

In Abb. 14-6 im Lehrbuch schätzen wir ab: $\Delta\lambda_{1/2} = 38\,\text{nm}$ mit $\lambda_0 = 290\,\text{nm}$ und $\varepsilon_{\max} \approx 235\,\text{dm}^3\,\text{mol}^{-1}\,\text{cm}^{-1}$; damit folgt

$$\mathcal{A} = \frac{1.0645 \times (235\,\text{dm}^3\,\text{mol}^{-1}\,\text{cm}^{-1}) \times (38 \times 10^{-7}\,\text{cm})}{(290 \times 10^{-7}\,\text{cm})^2}$$
$$= 1.1 \times 10^6\,\text{dm}^3\,\text{mol}^{-1}\,\text{cm}^{-2}.$$

Weil die Komponenten der Dipolmomente wie $A_1(z)$, $B_1(x)$ und $B_2(y)$ transformieren, sind Anregungen von Termen A_1 zu Termen A_1, B_1 und B_2 erlaubt.

14.7 Wir wenden die in *Beispiel* 13-5 beschriebene Methode an (die sog. Birge-Sponer-Extrapolation) und tragen die Differenz $\Delta\tilde{\nu}_v$ gegen $v + \frac{1}{2}$ auf.

Damit können wir folgende Tabelle aufstellen:

$\Delta\tilde{\nu}_v$	688.0	665.1	641.5	617.6	591.8	561.2	534.0
$v + \frac{1}{2}$	$\frac{1}{2}$	$\frac{3}{2}$	$\frac{5}{2}$	$\frac{7}{2}$	$\frac{9}{2}$	$\frac{11}{2}$	$\frac{13}{2}$

$\Delta\tilde{\nu}_v$	502.1	465.5	428.9	388.2	343.1	300.9	255.0
$v + \frac{1}{2}$	$\frac{15}{2}$	$\frac{17}{2}$	$\frac{19}{2}$	$\frac{21}{2}$	$\frac{23}{2}$	$\frac{25}{2}$	$\frac{27}{2}$

Die Daten sind in Abb. 14-3 aufgetragen. Jedes Quadrat entspricht 25 cm^{-1}. Die Fläche unter der nichtlinear extrapolierten Kurve beträgt 295 Quadrate, daraus ergibt sich dann eine Dissoziationsenergie von 7375 cm^{-1}. Die Anregungsenergie für ${}^3\Sigma_u^- \leftarrow X$ (hier bezeichnet X den Grundzustand) auf $v = 0$ beträgt 49357.6 cm^{-1} entsprechend 6.12 eV. Die Dissoziationsenergie für ${}^3\Sigma_u^-$ bei

$$O_2({}^3\Sigma_u^-) \rightarrow O + O^*$$

ist 7375 cm^{-1} bzw. 0.91 eV. Also haben wir für

$$O_2(X) \rightarrow O + O^*$$

eine Energie von 6.12 eV + 0.91 eV = 7.03 eV. Weil der Übergang $O^* \rightarrow O$ eine Energie von −190 kJ mol^{-1} aufweist (entsprechend −1.97 eV), gehört zu

$$O_2(X) \rightarrow 2O$$

eine Energie von 7.03 eV − 1.97 eV = 5.06 eV.

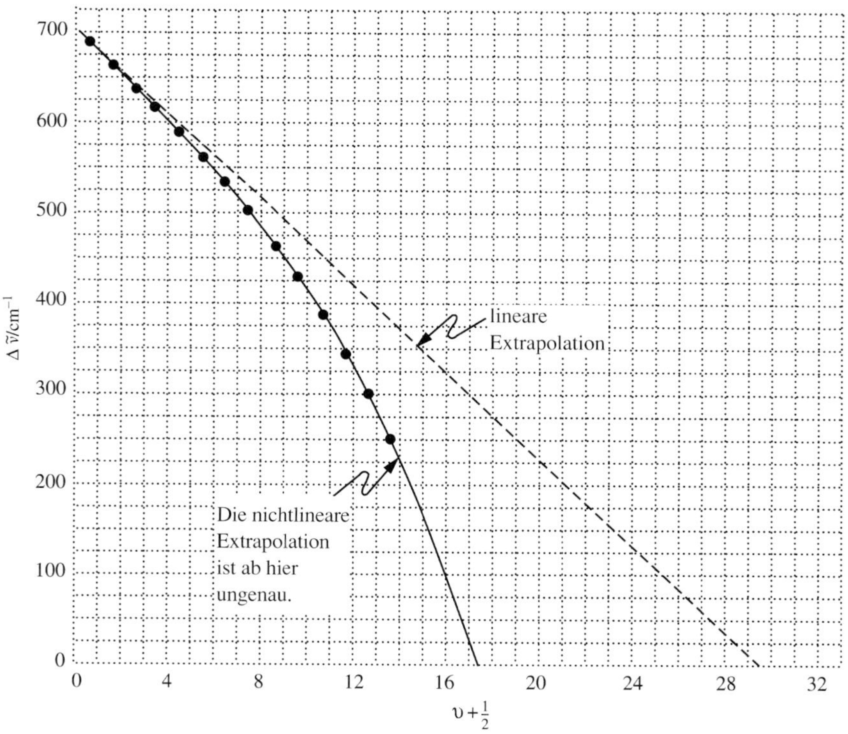

Abb. 14-3

Anmerkung: Dieser Wert der Dissoziationsenergie liegt nahe beim experimentellen Wert 5.08 eV, der von Herzberg angegeben wurde (siehe dazu die *Weiterführende Literatur* zu Kapitel 13 und 14), er weicht aber leicht von dem in Aufgabe 14.2 ermittelten Wert ab. Diese Diskrepanz rührt von der Birge-Sponer-Extrapolation her, die dann am besten funktioniert, wenn die experimentellen Werte einer extrapolierten Gerade folgen wie in *Beispiel* 13-5. Ein Blick auf Abb. 14-3 zeigt jedoch, dass die Auftragung alles andere, aber keine Gerade ergibt. Es überrascht daher nicht, das die Extrapolation hier nicht mit der in Aufgabe 14.2 zitierten Extrapolation übereinstimmt. Man kann die Extrapolation verbessern, indem man einen quadratischen oder höhere Terme in der Gleichung für ΔG berücksichtigt (vgl. Kapitel 13).

14.9 Zeichnen Sie eine Tabelle wie die folgende:

Kohlenwasserstoff	$h\nu_{\text{max}}/\text{eV}$	$E_{\text{HOMO}}/\text{eV}^*$
Benzol	4.184	−9.7506
Biphenyl	3.654	−8.9169
Naphthalin	3.452	−8.8352
Phenanthren	3.288	−8.7397
Pyren	2.989	−8.2489
Anthracen	2.890	−8.2477

*Halbempirisch, PM3-Niveau, PC Spartan Pro

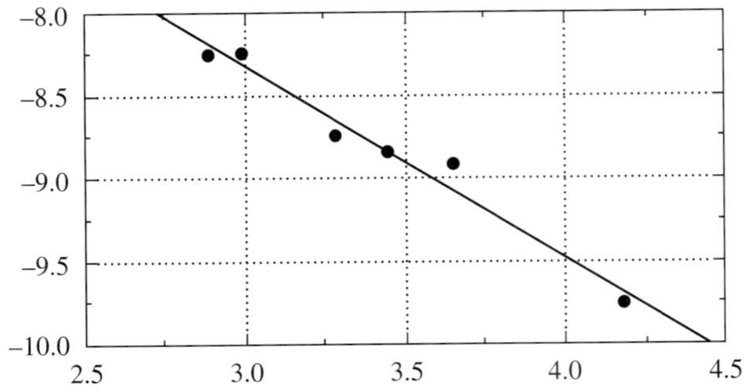

Abb. 14-4

Abb. 14-4 zeigt eine gute Korrelation: $r^2 = 0.972$.

14.11 (a) Die molare Konzentration, die einem gelösten Molekül pro μm^3 entspricht, ist:

$$\frac{n}{V} = \frac{1}{6.022 \times 10^{23}\ \text{mol}^{-1}} \times \frac{(10^6\ \mu\text{m m}^{-1})^3}{(1.0\ \mu\text{m}^3)(10\ \text{dm m}^{-1})^3} = 1.7 \times 10^{-9}\ \text{mol dm}^{-3},$$

d. h. es liegen nanomolare Konzentrationen vor.

(b) Wir gehen davon aus, dass die molare Masse der verunreinigenden Substanz $100\ \text{g mol}^{-1}$ beträgt. Eine Verunreinigung mit 1.0×10^{-7} kg pro 1.00 kg Wasser kann vorausgesetzt werden, wenn N Moleküle pro μm^3 vorliegen und wenn für N gilt:

$$N = \frac{1.0 \times 10^{-7}\ \text{kg Verunreinigung}}{1.00\ \text{kg Wasser}} \times \frac{6.022 \times 10^{23}\text{mol}^{-1}}{100 \times 10^{-3}\ \text{kg Verunreinigung mol}^{-1}}$$
$$\times (1.0 \times 10^3\ \text{kg Wasser m}^{-3}) \times (10^{-6}\text{m})^3,$$
$$N = 6.0 \times 10^2.$$

Obwohl das Lösungsmittel also zunächst sehr rein erscheint, ist es für die Einzelmolekülspektroskopie viel zu stark verunreinigt.

Theoretische Aufgaben

14.13 Wir müssen überprüfen, ob die Übergangsdipolmomente

$$\boldsymbol{\mu}_{\text{fi}} = \int \psi_{\text{f}}^* \boldsymbol{\mu} \psi_{\text{i}}\, \text{d}\tau,$$

die nach Gl. (13-13) die Zustände 1 und 2 bzw. 1 und 3 verknüpfen, null sind oder nicht. (Die Indizes i und f bezeichnen den Anfangs- bzw. Endzustand.) Nach Gl. (9-5) ist die Wellenfunktion für ein Teilchen im Kasten $\psi_n = (2/L)^{1/2} \sin(n\pi x/L)$. Also ist

$$\mu_{2,1} \propto \int \sin\left(\frac{2\pi x}{L}\right) x \sin\left(\frac{\pi x}{L}\right) \mathrm{d}x \propto \int x \left[\cos\left(\frac{\pi x}{L}\right) - \cos\left(\frac{3\pi x}{L}\right)\right] \mathrm{d}x$$
$$\mu_{3,1} \propto \int \sin\left(\frac{3\pi x}{L}\right) x \sin\left(\frac{\pi x}{L}\right) \mathrm{d}x \propto \int x \left[\cos\left(\frac{2\pi x}{L}\right) - \cos\left(\frac{4\pi x}{L}\right)\right] \mathrm{d}x$$

Dabei haben wir uns der Beziehung $\sin\alpha \sin\beta = \frac{1}{2}\cos(\alpha-\beta) - \frac{1}{2}\cos(\alpha+\beta)$ bedient.

Beide Integrale lassen sich berechnen, und zwar nach der Standardformel

$$\int x(\cos ax)\,\mathrm{d}x = \frac{1}{a^2}\cos ax + \frac{x}{a}\sin ax.$$
$$\int_0^L x\cos\left(\frac{\pi x}{L}\right)\mathrm{d}x = \frac{1}{(\pi/L)^2}\cos\left(\frac{\pi x}{L}\right)\Bigg|_0^L + \frac{x}{(\pi/L)}\sin\left(\frac{\pi x}{L}\right)\Bigg|_0^L = -2\left(\frac{L}{\pi}\right)^2 \neq 0,$$
$$\int_L^0 x\cos\left(\frac{3\pi x}{L}\right)\mathrm{d}x = \frac{1}{(3\pi/L)^2}\cos\left(\frac{3\pi x}{L}\right)\Bigg|_0^L + \frac{x}{(3\pi/L)}\sin\left(\frac{3\pi x}{L}\right)\Bigg|_0^L = -2\left(\frac{L}{3\pi}\right)^2 \neq 0.$$

Also ist $\mu_{2,1} \neq 0$.

Entsprechend ergibt sich $\mu_{3,1} = 0$.

Anmerkung: Man kann eine allgemeine Formel für $\boldsymbol{\mu}_{\mathrm{fi}}$ aufstellen, die alle möglichen Übergänge eines Teilchens im Kasten beschreibt. Mit n für den Endzustand (f) und m für den Anfangszustand (i) gilt

$$\mu_{nm} = -\frac{eL}{\pi^2}\left[\frac{\cos(n-m)\pi - 1}{(n-m)^2} - \frac{\cos(n+m)\pi - 1}{(n+m)^2}\right].$$

Sind m und n beide entweder gerade oder ungerade, so ist $\mu_{nm} = 0$; ist eine der beiden Zahlen gerade und die andere ungerade, so ist $\mu_{nm} \neq 0$. Siehe dazu auch Aufgabe 14.17.

Frage: Können Sie die allgemeine Relation für das obige μ_{nm} aufstellen?

14.15 Wir müssen bestimmen, wie die Oszillatorstärke (vgl. Aufgabe 14.16) von der Kettenlänge abhängt. Wir nehmen an, dass sich die Wellenfunktionen der konjugierten Elektronen in dem linearen Polyen durch die Wellenfunktionen eines Teilchens in einem eindimensionalen Kasten annähern lassen. Dann ist (vgl. Aufgabe 14.16)

$$f = \frac{8\pi^2 m_e \nu}{3he^2}|\boldsymbol{\mu}_{\mathrm{fi}}^2| \quad \text{und} \quad \psi_n = \left(\frac{2}{L}\right)^{1/2}\sin\left(\frac{n\pi x}{L}\right).$$
$$\mu_x = -e\int_0^L \psi_{n'}(x)x\psi_n(x)\mathrm{d}x = -\frac{2e}{L}\int_0^L x\sin\left(\frac{n'\pi x}{L}\right)\sin\left(\frac{n\pi x}{L}\right)\mathrm{d}x$$
$$= \begin{cases} 0 & \text{für } n' = n+2. \\ +\left(\frac{8eL}{\pi^2}\right)\frac{n(n+1)}{(2n+1)^2} & \text{für } n' = n+1. \end{cases}$$

Dieses Standardintegral lässt sich analytisch lösen, man kann aber auch die Beziehung $2\sin A\sin B = \cos(A-B) - \cos(A+B)$ (wie in Aufgabe 14.13) verwenden. Es ergibt sich

$$h\nu = E_{n+1} - E_n = (2n+1)\frac{h^2}{8m_eL^2}.$$

Für den Übergang $n+1 \leftarrow n$ gilt also

$$f = \left(\frac{8\pi^2}{3}\right)\left(\frac{m_e}{he^2}\right)\left(\frac{h}{8m_eL^2}\right)(2n+1)\left(\frac{8eL}{\pi^2}\right)^2\frac{n^2(n+1)^2}{(2n+1)^4} = \left(\frac{64}{3\pi^2}\right)\left[\frac{n^2(n+1)^2}{(2n+1)^3}\right].$$

Damit ist $f \propto \dfrac{n^2(n+1)^2}{(2n+1)^3}$.

Der Wert von n hängt von der Anzahl der Bindungen ab: Jede π-Bindung trägt zwei π-Elektronen bei, sodass n um 1 zunimmt. Für große n gilt

$$f \propto \frac{n^4}{8n^3} \rightarrow \frac{n}{8} \quad \text{und} \quad f \propto n.$$

Demnach steigt f für die Übergänge mit den größten Wellenlänge mit zunehmender Kettenlänge. Die Energie des Übergangs ist proportional zu $(2n+1)/L^2$; weil aber $n \propto L$ ist, ist diese Energie proportional zu $1/L$.

Wegen $E_n = \dfrac{n^2h^2}{8m_eL^2}$ gilt für $\Delta n = +1$ $\Delta E = \dfrac{(2n+1)h^2}{8m_eL^2}$. Die Länge der Kette ist (vgl. Aufgabe A14.6a) $L = 2nd$. Darin ist d der C–C-Atomabstand. Somit folgt

$$\Delta E = \frac{((L/2d)+1)h^2}{8m_eL^2} \approx \frac{h^2}{16m_edL} \propto \frac{1}{L}.$$

Also muss sich der Übergang zum Roten hin verschieben, wenn L vergrößert wird, und der Farbstoff erscheint blauer.

14.17 Gegeben ist $\mu = -eSR$. Dann gilt (vgl. Aufgabe 11.3)

$$S = \left[1 + \frac{R}{a_0} + \frac{1}{3}\left(\frac{R}{a_0}\right)^2\right]e^{-R/a_0}.$$

$$f = \frac{8\pi^2 m_e\nu}{3he^2}\mu^2 = \frac{8\pi^2 m_e\nu}{3h}R^2S^2 = \frac{8\pi^2 m_e\nu a_0^2}{3h}\left(\frac{RS}{a_0}\right)^2 = \left(\frac{RS}{a_0}\right)^2 f_0.$$

Damit stellen wir folgende Tabelle auf:

R/a_0	0	1	2	3	4	5	6	7	8
f/f_0	0	0.737	1.376	1.093	0.573	0.233	0.080	0.024	0.007

Diese Punkte sind in Abb. 14-5 aufgetragen.

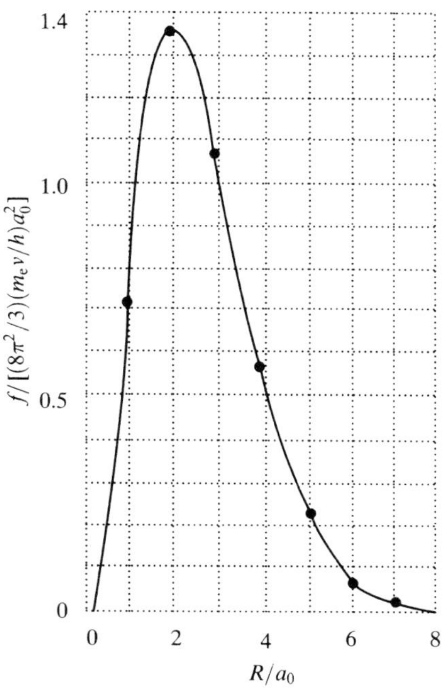

Abb. 14-5

Das Maximum von f tritt auf, wenn auch RS maximal ist:

$$\frac{\mathrm{d}}{\mathrm{d}R}(RS) = S + R\frac{\mathrm{d}S}{\mathrm{d}R} = \left[1 + \frac{R}{a_0} - \frac{1}{3}\left(\frac{R}{a_0}\right)^3\right] \mathrm{e}^{-R/a_0} = 0 \quad \text{für} \qquad R = R^*.$$

Also ist $1 + \dfrac{R^*}{a_0} - \dfrac{1}{3}\left(\dfrac{R^*}{a_0}\right)^3 = 0.$

Diese Gleichung lässt sich entweder numerisch oder analytisch lösen (vgl. beispielsweise Abramowitz und Stegun, *Handbook of mathematical functions*, Abschnitt 3.8.2). Es ergibt sich $R^* = 2.10380\,a_0$.

Für $R \to 0$ wird der Übergang zu $s \to s$, und das ist ein verbotener Übergang. Für $R \to \infty$ ist das Elektron auf ein einzelnes Atom beschränkt, weil seine Wellenfunktion sich nicht bis zu einem anderen Atom erstreckt.

14.19 Das Fluoreszenzspektrum gibt die Schwingungsaufspaltung des Grundzustands wieder. Die genannten Wellenlängen gehören zu den Wellenzahlen 22 730, 24 390, 25 640, 27 030 cm^{-1}, entsprechend Peakabständen von 1660, 1250 und 1390 cm^{-1}. Die Peakabstände im Absorptionsspektrum zeigen die Abstände der Schwingungsniveaus im oberen Zustand. Die Wellenzahlen der Absorptionspeaks sind 27 800, 29 000, 30 300 und 32 800 cm^{-1}. Die entsprechenden Abstände der Schwingungszustände sind 1200, 1300 und 2500 cm^{-1}.

14.21 Wir setzen die Clebsch-Gordan-Reihe an (vgl. Kapitel 10), um die zwei resultierenden Drehimpulse zu kombinieren und die Drehimpulserhaltung für das gesamte System zu verifizieren.

(a) O_2 hat $S = 1$ (es ist ein Spin-Triplett). Die Konfiguration eines O-Atoms ist [He] $2s^2 2p^4$; sie entspricht einem Ne-Atom mit zwei elektronenähnlichen „Löchern". Das Atom kann daher als Spin-Singulett oder als Spin-Triplett existieren. Weil $S_1 = 1$ und $S_2 = 0$ oder $S_1 = 1$ und $S_2 = 1$ jeweils zu einer Resultierenden mit $S = 1$ kombinieren können, sind beide als Produkt der Reaktion möglich. Also sind die Multiplizitäten $3 + 1$ und $3 + 3$ zu erwarten.

(b) N_2 hat $S = 0$. Die Konfiguration eines N-Atoms ist [He] $2s^2 2p^3$. Die Atome können $S = \frac{3}{2}$ oder $\frac{1}{2}$ haben. Ferner können $S_1 = \frac{3}{2}$ und $S_1 = \frac{3}{2}$ zu $S = 0$ kombinieren; ferner können auch $S_1 = \frac{1}{2}$ und $S_2 = \frac{1}{2}$ zu $S = 0$ kombinieren (jedoch nicht $S_1 = \frac{3}{2}$ und $S_2 = \frac{1}{2}$). Also sind die Multiplizitäten $4 + 4$ und $2 + 2$ zu erwarten.

Anwendungsaufgaben

14.23 Der Anteil der zur Netzhaut vordringenden Photonen ist

$$(1 - 0.30) \times (1 - 0.25) \times (1 - 0.09) \times 0.57 = 0.272.$$

Innerhalb von 0.1 s kommen also $0.272 \times 40\,\text{mm}^2 \times 0.1\,\text{s} \times 4 \times 10^3\text{mm}^{-2}\,\text{s}^{-1} = 4.4 \times 10^3$ Photonen an der Netzhaut an – mehr, als Sie wohl vermutet haben.

14.25 Der integrale Absorptionskoeffizient ist nach Gl. (13-5)

$$\mathcal{A} = \int \varepsilon(\tilde{\nu})\,\mathrm{d}\tilde{\nu}.$$

Wenn wir ε als eine analytische Funktion von $\tilde{\nu}$ ausdrücken, lässt sich die Integration analytisch durchführen. Wir beachten den Hinweis in der Aufgabenstellung und versuchen, ε an eine Exponentialfunktion anzupassen; dann sollte eine Auftragung von $\ln \varepsilon$ gegen $\tilde{\nu}$ eine Gerade ergeben (vgl. Abb. 14.6). Für $\ln \varepsilon = m\tilde{\nu} + b$ ergibt sich dann die Form

$$\varepsilon = \exp(m\tilde{\nu}) \exp(b)$$

und damit $\mathcal{A} = (\mathrm{e}^b/m) \exp(m\tilde{\nu})$ (berechnet an den Integrationsgrenzen). Wir stellen die folgende Tabelle auf und suchen die beste Ausgleichsgerade:

λ/nm	ε/(dm^3 mol^{-1} cm^{-1})	$\tilde{\nu}$/cm^{-1}	$\ln \varepsilon$/(dm^3 mol^{-1} cm^{-1})
292.0	1512	34248	4.69
296.3	865	33748	4.13
300.8	477	33248	3.54
305.4	257	32748	2.92
310.1	135.9	32248	2.28
315.0	69.5	31746	1.61
320.0	34.5	31250	0.912

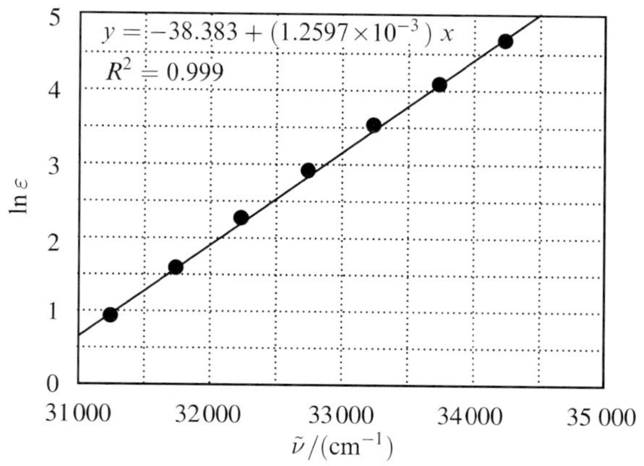

Abb. 14-6

Wir erhalten

$$\mathcal{A} = \frac{e^{-38.383}}{1.26 \times 10^{-3}\,\mathrm{cm}}\left[\exp\left(\frac{1.26 \times 10^{-3}\,\mathrm{cm}}{290 \times 10^{-7}\,\mathrm{cm}}\right) - \exp\left(\frac{1.26 \times 10^{-3}\,\mathrm{cm}}{320 \times 10^{-7}\,\mathrm{cm}}\right)\right]\mathrm{dm^3\,mol^{-1}\,cm^{-1}}$$
$$= 1.24 \times 10^5\,\mathrm{dm^3\,mol^{-1}\,cm^{-2}}.$$

14.27 (a) Der integrale Absorptionskoeffizient ist (bei einer dreieckigen Linienform)

$$\mathcal{A} = \int \varepsilon(\tilde{\nu})\,\mathrm{d}\tilde{\nu} = (1/2)\varepsilon_{\max}\Delta\tilde{\nu}$$
$$= (1/2) \times (150\,\mathrm{dm^3\,mol^{-1}\,cm^{-1}}) \times (34\,483 - 31\,250)\,\mathrm{cm^{-1}},$$
$$\mathcal{A} = 2.42 \times 10^5\,\mathrm{dm^3\,mol^{-1}\,cm^{-2}}$$

(b) Die Gaskonzentration unter diesen Bedingungen ist

$$c = \frac{n}{V} = \frac{p}{RT} = \frac{2.4\,\mathrm{Torr}}{(62.364\,\mathrm{Torr\,dm^3\,mol^{-1}\,K^{-1}}) \times (373\,\mathrm{K})} = 1.03 \times 10^{-4}\,\mathrm{mol\,dm^{-3}}.$$

Über 99 % dieser Gasmoleküle sind Monomere; wir setzen diesen Wert als die Konzentration von CH_3I an. (Der Fehler, den wir dabei machen, ist nur gering: Wenn eines aus je 100 ursprünglichen Monomeren dimerisiert, dann entstehen jeweils 0.5 Dimere; die verbleibenden Monomere repräsentieren dann noch 99 von 99,5 Molekülen.) Nach dem Lambert-Beer'schen Gesetz ist dann

$$A = \varepsilon c l = (150\,\mathrm{dm^3\,mol^{-1}\,cm^{-1}}) \times (1.03 \times 10^{-4}\,\mathrm{mol\,dm^{-3}}) \times (12.0\,\mathrm{cm}) = 0.185.$$

(c) Die Gaskonzentration unter diesen Bedingungen ist

$$c = \frac{n}{V} = \frac{p}{RT} = \frac{100\,\mathrm{Torr}}{(62.364\,\mathrm{Torr\,dm^3\,mol^{-1}\,K^{-1}}) \times (373\,\mathrm{K})} = 4.30 \times 10^{-3}\,\mathrm{mol\,dm^{-3}}.$$

Da 18 % dieser CH_3I-Moleküle als Dimere vorliegen (und dabei 9 % der Anzahl der ursprünglich als Monomere vorliegenden Moleküle gebildet werden), beträgt die

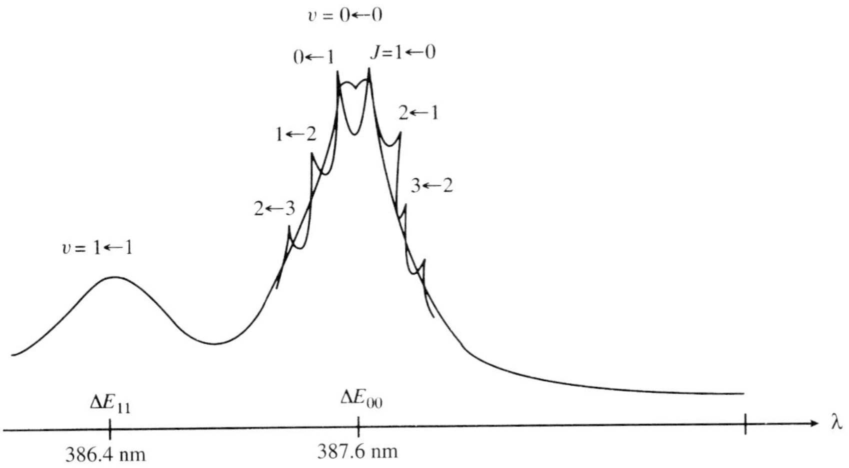

Abb. 14-7

Anzahl der Monomere nur 82/91 des Ausgangswerts, also 3.87×10^{-3} mol dm^{-3}. Mit dem Lambert-Beer'schen Gesetz haben wir

$$\mathcal{A} = \varepsilon c l = (150\,\text{dm}^3\,\text{mol}^{-1}\,\text{cm}^{-1}) \times (3.87 \times 10^{-3}\,\text{mol}\,\text{dm}^{-3}) \times (12.0\,\text{cm}) = 6.97.$$

Wenn man eine solche Absorption messen würde, ergäbe sich (ohne Berücksichtigung der Dimerisation) ein molarer Absorptionskoeffizient von

$$\varepsilon = \mathcal{A}/cl = 6.97/((4.30 \times 10^{-1}\,\text{mol}\,\text{dm}^{-3}) \times (12.0\,\text{cm}))$$
$$= 135\,\text{dm}^3\,\text{mol}^{-1}\,\text{cm}^{-1},$$

was scheinbar einem Abfall von 10 % verglichen mit dem Niederdruckwert entspricht.

14.29 In Abb. 14-7 ist

$$\Delta E_{11} = \frac{hc}{\lambda_{11}} = \frac{hc}{386.4\,\text{nm}} = 5.1409 \times 10^{-19}\,\text{J} = 3.2087\,\text{eV}$$

und

$$\Delta E_{00} = \frac{hc}{\lambda_{00}} = \frac{hc}{387.6\,\text{nm}} = 5.1250 \times 10^{-19}\,\text{J} = 3.1987\,\text{eV}.$$

Energie des angeregten Singuletts S_1: $E_1(v,\ J) = V_1 + (v + 1/2)\tilde{\nu}_1 hc + J(J+1)\tilde{B}_1 hc$.

Energie des angeregten Singuletts S_0: $E_0(v,\ J) = V_0 + (v + 1/2)\tilde{\nu}_0 hc + J(J+1)\tilde{B}_0 hc$.

Der Mittelpunkt des 0–0-Bands entspricht dem verbotenen Q-Zweig ($\Delta J = 0$) mit $J = 0$ und $v = 0 \leftarrow 0$.

$$\Delta E_{00} = E_1(0,0) - E_0(0,0) = (V_1 - V_0) + \tfrac{1}{2}(\tilde{\nu}_1 - \tilde{\nu}_0)hc. \qquad (1)$$

Der Mittelpunkt des 1–1-Bands entspricht dem verbotenen Q-Zweig ($\Delta J = 0$) mit $J = 0$ und $v = 1 \leftarrow 1$.

$$\Delta E_{11} = E_1(1,0) - E_0(1,0) = (V_1 - V_0) + \tfrac{3}{2}(\tilde{\nu}_1 - \tilde{\nu}_0)hc. \qquad (2)$$

Wir multiplizieren Gleichung (1) mit drei und ziehen Gleichung (2) davon ab. Dann erhalten wir

$$\begin{aligned} 3\Delta E_{00} - \Delta E_{11} &= 2(V_1 - V_0). \\ V_1 - V_0 &= \tfrac{1}{2}(3\Delta E_{00} - \Delta E_{11}) \\ &= \tfrac{1}{2}\{3(5.1250) - (5.1409)\}10^{-19}\,\mathrm{J} \\ &= 5.1171 \times 10^{-19}\,\mathrm{J} = 3.193\mathrm{eV}. \qquad (3) \end{aligned}$$

Dies ist die Differenz der potenziellen Energien zwischen S_0 und S_1.

Die Gleichungen (1) und (3) kann man nach $\tilde{\nu}_1 - \tilde{\nu}_0$ auflösen:

$$\begin{aligned} \tilde{\nu}_1 - \tilde{\nu}_0 &= 2\{\Delta E_{00} - (V_1 - V_0)\} \\ &= 2\{5.1250 - 5.1171\}10^{-19}\,\mathrm{J}/hc \\ &= 1.5800 \times 10^{-21}\,\mathrm{J} = 0.0098615\,\mathrm{eV} = 79.538\,\mathrm{cm}^{-1}. \end{aligned}$$

Der Wert für $\tilde{\nu}_1$ lässt sich durch eine Untersuchung der Bandenköpfe mit $J+1 \leftarrow J$ ermitteln.

$$\begin{aligned} \Delta E_{10}(J) &= E_1(0,J) - E_0(1,J+1) \\ &= V_1 - V_0 + \tfrac{1}{2}(\tilde{\nu}_1 - 3\tilde{\nu}_0)hc + J(J+1)\tilde{B}_1 hc - (J+1) \times (J+2)\tilde{B}_0 hc. \\ \Delta E_{00}(J) &= V_1 - V_0 + \tfrac{1}{2}(\tilde{\nu}_1 - \tilde{\nu}_0)hc + J(J+1)\tilde{B}_1 hc - (J+1) \times (J+2)\tilde{B}_0 hc. \end{aligned}$$

Daher ist

$$\Delta E_{00}(J) - \Delta E_{10}(J) = \tilde{\nu}_0 hc.$$

$$\Delta E_{00}(J_{\mathrm{Kopf}}) = \frac{hc}{388.3\,\mathrm{nm}} = 5.1158 \times 10^{-19}\,\mathrm{J}.$$

$$\Delta E_{10}(J_{\mathrm{Kopf}}) = \frac{hc}{421.6\,\mathrm{nm}} = 4.7117 \times 10^{-19}\,\mathrm{J}.$$

$$\begin{aligned} \tilde{\nu}_0 &= \frac{\Delta E_{00}(J) - \Delta E_{10}(J)}{hc} \\ &= \frac{(5.1158 - 4.7117) \times 10^{-19}\,\mathrm{J}}{hc} \\ &= \frac{4.0410 \times 10^{-20}\,\mathrm{J}}{hc} = 0.25222\,\mathrm{eV} = 2034.3\,\mathrm{cm}^{-1}. \\ \tilde{\nu}_1 &= \tilde{\nu}_0 + 79.538\,\mathrm{cm}^{-1} \\ &= (2034.3 + 79.538)\,\mathrm{cm}^{-1} = 2113.8\,\mathrm{cm}^{-1} = \frac{4.1990 \times 10^{-20}\,\mathrm{J}}{hc}. \end{aligned}$$

$$\begin{aligned} \frac{I_{1-1}}{I_{0-0}} &\approx \frac{\mathrm{e}^{-E_1(1,0)/kT_{\mathrm{eff}}}}{\mathrm{e}^{-E_1(0,0)/kT_{\mathrm{eff}}}} = \mathrm{e}^{-(E_1(1,0)-E_1(0,0))/kT_{\mathrm{eff}}} \\ &\approx \mathrm{e}^{-hc\tilde{\nu}_1/kT_{\mathrm{eff}}}. \end{aligned}$$

$$\ln\left(\frac{I_{1-1}}{I_{0-0}}\right) = -\frac{hc\tilde{\nu}_1}{kT_{\text{eff}}}.$$

$$T_{\text{eff}} = \frac{hc\tilde{\nu}_1}{k\ln\left(\dfrac{I_{0-0}}{I_{1-1}}\right)} = \frac{4.1990 \times 10^{-20}\,\text{J}}{(1.38066 \times 10^{-23}\,\text{J K}^{-1})\ln(10)} = 1321\,\text{K}.$$

Die relative Besetzung der Schwingungszustände mit $v = 0$ und $v = 1$ ist gerade der Kehrwert der relativen Intensitäten der Übergänge aus diesen Zuständen. Es gilt also

$$\frac{1}{0.1} = 10.$$

Man möchte meinen, dass bei solchen hohen effektiven Temperaturen mehr als nur acht der Rotationsniveaus im S_1-Zustand merklich besetzt sein sollten. Aber die Spektren von Molekülen in Kometen sind nicht so klar aufgelöst wie die Spektren in einem Laboratorium; das ist höchstwahrscheinlich der Grund, warum in diesen Spektren keine zusätzlichen Rotationsstrukturen auftauchen.

15 Molekülspektroskopie 3: Magnetische Resonanz

Diskussionsfragen

15.1 Detaillierte Diskussionen zu den Ursachen des lokalen, des molekularen und des Solvensbeitrags zur Abschirmungskonstante finden sich in Abschnitt 15.3.2 des Lehrbuchs sowie in den als *Weiterführende Literatur* aufgeführten Büchern. Wir werden hier nur die Grundzüge zusammenfassen.

Der lokale Beitrag ist im Wesentlichen der Beitrag der Elektronen in dem Atom, das den beobachteten Kern enthält. Er lässt sich als Summe eines diamagnetischen und eines paramagnetischen Beitrags darstellen, also $\sigma(\text{lokal}) = \sigma_{\text{d}}(\text{lokal}) + \sigma_{\text{p}}(\text{lokal})$. Der diamagnetische Anteil entsteht, weil das angelegte Feld einen Ringstrom in der Elektronenverteilung des Grundzustands hervorruft. Dieser Ringstrom wiederum erzeugt ein Magnetfeld. Die Richtung dieses Felds lässt sich mit der Lenz'schen Regel bestimmen, nach der ein induziertes Magnetfeld dem erzeugenden Feld entgegengesetzt ist. Daher schirmt es den Atomkern ab. Der diamagnetische Beitrag ist ungefähr proportional zur Elektronendichte auf dem Atom; für freie Atome mit geschlossenen Schalen und für Ladungsverteilungen mit sphärischer oder zylindrischer Symmetrie ist der diamagnetische Beitrag der einzige Beitrag zu $\sigma(\text{lokal})$. Der paramagnetische Anteil am lokalen Beitrag ist etwas schwieriger zu veranschaulichen, da es hier kein einfaches grundlegendes Prinzip wie die Lenz'sche Regel gibt, das den Effekt erklären könnte. Das angelegte Feld fügt dem Hamilton-Operator des Atoms einen Term hinzu, der den Grundzustand mit angeregten elektronischen Zuständen mischt; die theoretische Berechnung dieses Effekts erfordert genaue Kenntnis der Wellenfunktion für den angeregten Zustand. Es sei hier noch bemerkt, dass das Vorkommen eines paramagnetischen Beitrags nicht voraussetzt, dass das Atom oder Molekül selbst paramagnetisch ist. Der Beitrag ist „paramagnetisch" nur in dem Sinne, dass er ein induziertes Feld hervorruft, das dieselbe Richtung hat wie das angelegte Feld.

Der molekulare oder Nachbargruppenbeitrag entsteht in ähnlicher Weise wie die beiden Anteile des lokalen Beitrags. Sowohl diamagnetische als auch paramagnetische Ströme werden in die benachbarten Atome induziert, und diese Ströme führen dazu, dass der Kern des beobachteten Atoms abgeschirmt wird. Es gibt jedoch einige Unterschiede: Die Größenordnung des Effekts ist weit geringer, weil die induzierten Ströme in den benachbarten Atomen weiter entfernt sind. Wie in Gl. (15-23) gezeigt, hängt der Beitrag auch von der Anisotropie der magnetischen Suszeptibilität (vgl. Kapitel 20) der benachbarten Gruppen ab. Nur anisotrope Suszeptibilitäten führen zu einem Beitrag.

Auch das Lösungsmittel kann das Magnetfeld am Ort eines Kerns auf vielerlei Weise beeinflussen. Genaue theoretische Berechnungen des Effekts sind wegen der komplizier-

Arbeitsbuch Physikalische Chemie. 4. Auflage. P. W. Atkins, C. A. Trapp, M. P. Cady und C. Giunta

ISBN: 978-3-527-31828-5

ten Wechselwirkung von Lösungsmittel und betrachtetem Molekül jedoch schwierig. Als Wechselwirkung zwischen einem polaren Lösungsmittel und einem polaren gelöstem Stoff tritt der Effekt eines elektrischen Felds auf, der normalerweise zu einer Entschirmung der Protonen im gelösten Stoff führt. Eine magnetische Anisotropie im Lösungsmittel kann zu Abschirmung oder Entschirmung führen, beispielsweise für Lösungen in Benzol als Lösungsmittel. Außerdem gibt es eine Vielzahl von besonderen chemischen Wechselwirkungen zwischen Lösungsmittel und Gelöstem, die die chemische Verschiebung beeinflussen können. Nähere Details lesen Sie in der *Weiterführenden Literatur* nach.

15.3 Sowohl Spin-Gitter- als auch Spin-Spin-Relaxationen werden durch fluktuierende magnetische und elektrische Felder beim beobachteten Kern verursacht; diese Felder rühren von der ungeordneten thermischen Bewegung in der Lösung oder einer anderen Form der Materie her. Diese Bewegungen ergeben sich aus einer großen Anzahl von Prozessen, und es ist schwierig, alle die Prozesse zusammenzufassen, die bedeutsam sein könnten. In der Theorie kann jede bekannte nukleare Kernwechselwirkung, gekoppelt mit jedem Typ von Bewegungen, zur Relaxation beitragen; entsprechend komplex kann daher eine detaillierte Behandlung werden. Alle diese Wechselwirkungen hängen aber vom gyromagnetischen Verhältnis des betrachteten Atoms ab, und das gyromagnetische Verhältnis des Protons ist wesentlich größer als das von ^{13}C. Daher kommt es auch zu einer größeren Wechselwirkung des Protons mit den fluktuierenden lokalen magnetischen Feldern, die durch die Anwesenheit von magnetischen Kernen in der Nachbarschaft verursacht werden; und passend zu der kürzeren Relaxationszeit der Protonen vollzieht sich auch die Relaxation schneller. Ein weitere Grund ist der Aufbau der Verbindungen, die Kohlenstoff und Wasserstoff enthalten. Typischerweise sind die C-Atome im Inneren des Moleküls an andere C-Atome gebunden, von denen 99 % nichtmagnetisch sind; die wichtigsten Relaxationseffekten gehen also auf gebundene Protonen zurück. Die Protonen befinden sich auf der Außenseite des Moleküls; sie sind daher viel mehr Wechselwirkungen ausgesetzt, daher die schnellere Relaxation.

15.5 Spin-Spin-Kopplungen bei der kernmagnetischen Resonanz gehen auf einen Polarisationsmechanismus zurück, der durch Bindungen vermittelt wird. Die folgende Beschreibung gilt für die Kopplung zwischen den Protonen in einer H_X—C—H_Y-Gruppe, wie sie für organische Verbindungen typisch ist. Vergleiche dazu Abb. 15-20–15-22 im Lehrbuch. Für H_X sorgt die Fermi-Kontaktwechselwirkung dafür, dass die Spins des Protons und des Elektrons antiparallel ausgerichtet sind. Der Spin des Elektrons von dem C-Atom in der H_X—C-Bindung steht dann aufgrund des Pauli'schen Ausschlussprinzips antiparallel zu dem Spin des Elektrons in H_X. Der Spin des C-Elektrons in der H_Y-Bindung richtet sich dann aufgrund der Hund'schen Regel parallel zu dem Elektron aus H_X aus. Schließlich wird die Ausrichtung durch die zweite Bindung in gleicher Weise wie in der ersten Bindung vermittelt. Es kommt also zu einer ganzen Folge von Ausrichtungen (antiparallel × antiparallel × parallel × antiparallel × antiparallel); in dieser Folge ist es energetisch günstiger, die zwei Kernspins der Protonen parallel auszurichten. Daher hat die Kopplungskonstante $^2J_{\mathrm{HH}}$ in diesem Fall negatives Vorzeichen.

Die Hyperfeinstruktur im ESR-Spektrum eines atomaren oder molekularen Systems ergibt sich aus zwei Wechselwirkungen: eine anisotrope dipolare Kopplung zwischen dem

Gesamtspin der ungepaarten Elektronen und den Kernspins sowie einer isotropen Kopplung aufgrund der Fermi-Kontaktwechselwirkung. In einer Lösung trägt nur die Fermi-Kontaktwechselwirkung zur Aufspaltung bei, da sich die dipolaren Beiträge in ein einem rasch bewegten System herausmitteln. Im Fall der π-Elektronenradikale (wie $C_6H_6^-$) erwartet man daher keine Hyperfeinwechselwirkung zwischen dem ungepaarten Elektron und den Ringprotonen. Die Protonen liegen in der Knotenebene des Molekülorbitals, das von dem ungepaarten Elektron eingenommen wird; man kann daher eine Hyperfeinstruktur nicht durch eine einfache Fermi-Kontaktwechselwirkung erläutern, die ja eine gewisse Dichte für ungepaarte Elektronen beim Proton voraussetzt. Es kann aber – so wie bei der Spin-Spin-Kopplung bei NMR – ein indirekter Polarisationsmechanismus zur Bildung einer Protonen-Hyperfeinwechselwirkung in den ESR-Spektren solcher Systeme beitragen. Schauen Sie sich dazu Abb. 15-6 im Lehrbuch an. Wegen der Hund'schen Regel werden sich das ungepaarte Elektron und das erste Elektron in der C–H-Bindung (das Elektron vom C-Atom) parallel zueinander ausrichten. Das zweite Elektron in der C–H-Bindung (das Elektron vom H-Atom) richtet sich dann wegen des Pauli'schen Ausschlussprinzips antiparallel zum ersten Elektron ausrichten, und schließlich richtet die Fermi-Kontaktwechselwirkung das Proton und das Elektron auf dem H-Atom antiparallel aus. Im Gesamtergebnis (parallel × antiparallel × antiparallel) sind die Spins des ungepaarten Elektrons und des Protons parallel ausgerichtet; auf diese Weise haben sich die beiden jeweils gegenseitig effektiv nachgewiesen.

Leichte Aufgaben

A15.1a Die Resonanzfrequenz ist gleich der Larmor-Frequenz des Protons; nach Gl. (15-9) und Gl. (15-11) gilt für sie

$$\nu = \nu_L = \frac{\gamma \mathcal{B}_0}{2\pi} \quad \text{mit} \quad \gamma = \frac{g_I \mu_N}{\hbar};$$

damit folgt $\nu = \dfrac{g_I \mu_N \mathcal{B}_0}{h} = \dfrac{(5.5857) \times (5.0508 \times 10^{-27}\,\mathrm{J\,T^{-1}}) \times (14.1\,\mathrm{T})}{6.629 \times 10^{-34}\,\mathrm{J\,s}} = 600\,\mathrm{MHz}.$

A15.2a Nach Gl. (15-10b) und mit Gl. (15-11) (mit $\gamma\hbar = g_I\mu_N$) gilt

$$E_{m_I} = -\gamma\hbar\mathcal{B}_0 m_I = -g_I \mu_N \mathcal{B}_0 m_I.$$

Es folgt

$$m_I = \frac{3}{2}, \frac{1}{2}, -\frac{1}{2}, -\frac{3}{2}.$$

$$E_{m_I} = (-0.4289) \times (5.051 \times 10^{-27}\,\mathrm{J\,T^{-1}}) \times (7.500\,\mathrm{T} \times m_I)$$

$$= -1.625 \times 10^{-26}\,\mathrm{J} \times m_I.$$

A15.3a Die Aufspaltung der Energieniveaus liegt nach Gl. (15-9) bei

$$\Delta E = h\nu \quad \text{mit} \quad \nu = \frac{\gamma \mathcal{B}_0}{2\pi}.$$

Für die Frequenzaufspaltung gilt also

$$\nu = \frac{(6.74 \times 10^7\ \text{T}^{-1}\ \text{s}^{-1}) \times 14.4\ \text{T}}{2\pi} = 1.54 \times 10^8\ \text{s}^{-1}$$
$$= 1.54 \times 10^8\ \text{Hz} = 154\ \text{MHz}.$$

A15.4a (a) Wie in Aufgabe A15.1a gezeigt, hat ein 600-MHz-NMR-Spektrometer ein Magnetfeld von 14.1 T. Daher ist bei der Resonanz

$$\Delta E = \gamma \hbar \mathcal{B}_0 = h\nu_\text{L} = h\nu$$
$$= (6.626 \times 10^{-34}\text{J s}) \times (6.00 \times 10^8\ \text{s}^{-1}) = 3.98 \times 10^{-25}\ \text{J}.$$

(b) Bei einem 600-MHz-NMR-Spektrometer ist die Resonanz für Protonen bei 600 MHz erfüllt, und das Magnetfeld beträgt 14.1 T. Bei Geräten mit starken Feldern ist das Feld konstant, nicht die Frequenz. Für das Deuteron gilt also (vgl. Aufgabe A15.1a)

$$\nu = \frac{g_I \mu_\text{N} \mathcal{B}_0}{h}$$
$$= \frac{(0.8575) \times (5.051 \times 10^{-27}\ \text{J T}^{-1}) \times (14.1\ \text{T})}{6.626 \times 10^{-34}\ \text{J s}} = 9.22 \times 10^7\ \text{Hz} = 92.2\ \text{MHz}.$$

$$\Delta E = h\nu = (6.626 \times 10^{-34}\ \text{J s}) \times (9.21\overline{6} \times 10^7\ \text{s}^{-1}) = 6.11 \times 10^{-26}\ \text{J}.$$

Die Energieaufspaltung ist also für das Proton größer.

A15.5a Diese Aufgabe entspricht den beiden Aufgaben A15.4. Dort wurde die Energiedifferenz für $|\Delta m_I| = 1$ berechnet; hier ist sie für $|\Delta m_I| = 2$ zu berechnen. Es ist daher

$$\Delta E = 2 g_I \mu_\text{N} \mathcal{B}_0 = (2) \times (0.4036) \times (5.051 \times 10^{-27}\text{J T}^{-1}) \times (15.00\ \text{T})$$
$$= 6.116 \times 10^{-26}\ \text{J}.$$

A15.6a In allen Fällen gilt die Auswahlregel $\Delta m_I = \pm 1$. Damit ist

$$\mathcal{B}_0 = \frac{h\nu}{g_I \mu_N} = \frac{6.626 \times 10^{-34}\,\text{J Hz}^{-1}}{5.0508 \times 10^{-27}\,\text{J T}^{-1}} \times \frac{\nu}{g_I}$$
$$= (1.3119 \times 10^{-7}) \times \frac{(\nu/\text{Hz})}{g_I}\text{T} = (0.13119) \times \frac{(\nu/\text{MHz})}{g_I}\text{T}.$$

Wir können folgende Tabelle aufstellen:

$\mathcal{B}_0/\text{T}$	(a) ^1H	(b) ^2H	(c) ^{13}C
g_I	5.5857	0.85745	1.4046
(i) 250 MHz	5.87	38.3	23.4
(ii) 500 MHz	11.7	76.6	46.8

Anmerkung: Die Magnetfelder in NMR-Geräten haben heute max. 30 T. Wie in der Lösung zu Aufgabe A15.4a besprochen, ist bei NMR-Spektrometern mit starkem Feld das Feld konstant, nicht aber die Frequenz. Spricht man also beispielsweise von einem 500-MHz-Spektrometer, so bezieht sich die Frequenzangabe auf die Resonanzfrequenz eine Protons; das Gerät hat ein konstantes Magnetfeld von 11.7 T.

Frage: Welche Resonanzfrequenzen haben diese Kerne in einem 250-MHz- bzw. in einem 500-MHz-Spektrometer? (Vgl. dazu Aufgabe A15.4a und b.)

A15.7a Der Grundzustand hat nach Gl. (15-10b)

$$m_I = +\tfrac{1}{2} \quad (\text{sog. } \alpha\text{-Spin}) \quad \text{bzw.} \quad m_I = -\tfrac{1}{2} \quad (\text{sog. } \beta\text{-Spin}).$$

Mit $\delta N = N_\alpha - N_\beta$ folgt

$$\frac{\delta N}{N} = \frac{N_\alpha - N_\beta}{N_\alpha + N_\beta} = \frac{N_\alpha - N_\alpha e^{-\Delta E/kT}}{N_\alpha + N_\alpha e^{-\Delta E/kT}} \quad (\text{vgl. } \textit{Begründung } 15\text{-}1)$$
$$= \frac{1 - e^{-\Delta E/kT}}{1 + e^{-\Delta E/kT}} \approx \frac{1 - (1 - \Delta E/kT)}{1+1} \approx \frac{\Delta E}{2kT} = \frac{g_I \mu_N \mathcal{B}_0}{2kT}.$$

Die Näherung gilt für $\Delta E \ll kT$.

Damit ist $\dfrac{\delta N}{N} \approx \dfrac{g_I \mu_N \mathcal{B}_0}{2kT} = \dfrac{(5.5857) \times (5.0508 \times 10^{-27}\,\text{J T}^{-1}) \times (\mathcal{B}_0)}{(2) \times (1.38066 \times 10^{-23}\,\text{J T}^{-1}) \times (298\,\text{K})} \approx 3.43 \times 10^{-6} \mathcal{B}_0/\text{T}.$

(a) $\mathcal{B}_0 = 0.3\,\text{T}, \quad \delta N/N = 1 \times 10^{-6}$.

(b) $\mathcal{B}_0 = 1.5\,\text{T}, \quad \delta N/N = 5.1 \times 10^{-6}$.

(c) $\mathcal{B}_0 = 10\,\text{T}, \quad \delta N/N = 3.4 \times 10^{-5}$.

A15.8a Mit der in Aufgabe A15.7a hergeleiteten Beziehung ist

$$\delta N \approx \frac{N g_I \mu_N \mathcal{B}_0}{2kT} = \frac{Nh\nu}{2kT}.$$

Also sind δN und ν proportional ($\delta N \propto \nu$), und es gilt

$$\frac{\delta N(800 \text{ MHz})}{\delta N(60 \text{ MHz})} = \frac{800 \text{ MHz}}{60 \text{ MHz}} = 13.$$

Dieses Verhältnis hängt nicht von der Kernart ab, solange nur die Näherung $\Delta E \ll kT$ gilt (vgl. Aufgabe 15.7a).

Anmerkung: Die Proportionalität von δN und ν ist einer der Hauptgründe dafür, warum man die NMR-Spektrometer immer mit den höchstmöglichen Frequenzen betreibt.

A15.9a Nach Gl. (15-17) haben wir $\mathcal{B}_{\text{lokal}} = (1-\sigma)\mathcal{B}_0$. Mit $|\Delta\sigma| \approx \left|\frac{\nu - \nu_0}{\nu_0}\right|$ ist dann

$$\begin{aligned} |\Delta\mathcal{B}_{\text{lokal}}| &= |(\Delta\sigma)|\mathcal{B}_0 \approx |[\delta(\text{CH}_3) - \delta(\text{CHO})]|\mathcal{B}_0 \\ &= |(2.20 - 9.80)| \times 10^{-6}\mathcal{B}_0 = 7.60 \times 10^{-6}\mathcal{B}_0. \end{aligned}$$

(a) $\mathcal{B}_0 = 1.5$ T, $|\Delta\mathcal{B}_{\text{lokal}}| = 7.60 \times 10^{-6} \times 1.5 \text{ T} = 11\ \mu\text{T}$.

(b) $\mathcal{B}_0 = 1.5$ T, $|\Delta\mathcal{B}_{\text{lokal}}| = 110\ \mu\text{T}$.

A15.10a Nach Gl. (15-18) ist $\nu - \nu_0 = \nu_0\delta \times 10^{-6}$. Es folgt

$$\begin{aligned} |\Delta\nu| &\equiv (\nu - \nu_0)(\text{CHO}) - (\nu - \nu_0)(\text{CH}_3) \\ &= \nu(\text{CHO}) - \nu(\text{CH}_3) \\ &= \nu_0[\delta(\text{CHO}) - \delta(\text{CH}_3)] \times 10^{-6} \\ &= (9.80 - 2.20) \times 10^{-6}\nu_0 = 7.60 \times 10^{-6}\nu_0. \end{aligned}$$

(a) $\nu_0 = 250$ MHz, $|\Delta\nu| = 7.60 \times 10^{-6} \times 250 \text{ MHz} = 1.90$ kHz.

(b) $\nu_0 = 500$ MHz, $|\Delta\nu| = 3.80$ MHz.

(a) Das Spektrum mit dem oben berechneten Wert von $|\Delta\nu|$ ist in Abb. 15-1 dargestellt.

(b) Wenn man die Frequenz auf 500 MHz ändert, ändert sich $|\Delta\nu|$ auf 3.80 kHz. Die Feinstruktur (d. h. die Aufspaltung innerhalb der Gruppen) bleibt gleich, da die Spin-Spin-Aufspaltung durch die Stärke des angelegten Felds nicht beeinflusst wird. Wegen $\delta N/N \propto \nu$ (vgl. Aufgabe A15.8a) steigt aber die Intensität der Linien um den Faktor 2.

Das beobachtete Aufspaltungsmuster ist das einer Spezies AX_3 (oder A_3X); das entsprechende Spektrum ist im Lehrbuch in Abschnitt 15.3.3 beschrieben.

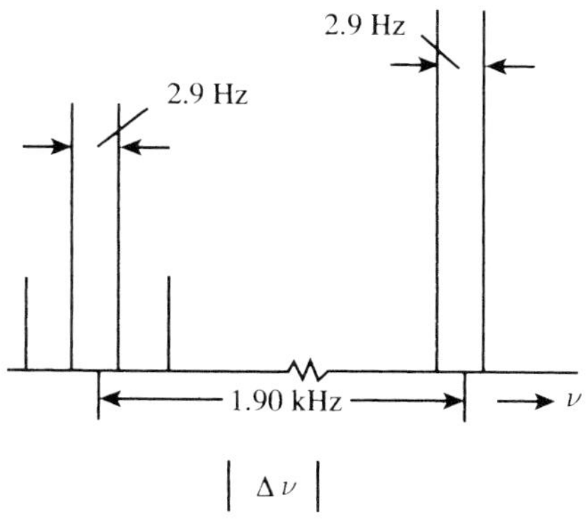

Abb. 15-1

A15.11a Wir schreiben Gl. (15-29) (mit $\Delta\nu$ anstelle von $\delta\nu$)

$$\tau \approx \frac{\sqrt{2}}{\pi\Delta\nu}.$$

Dann folgt mit Aufgabe A15.10a

$$\Delta\nu = \nu_0(\delta' - \delta) \times 10^{-6}$$

und damit

$$\tau \approx \frac{\sqrt{2}}{\pi\nu_0(\delta' - \delta) \times 10^{-6}}$$

$$\approx \frac{\sqrt{2}}{(\pi) \times (250 \times 10^6\ \text{Hz} \times (5.2 - 4.0) \times 10^{-6}} \approx 1.5 \times 10^{-3}\ \text{s}.$$

Also vermischen sich die Signale, wenn die Lebensdauer jedes Isomers kleiner ist als etwa 1.5 ms; das entspricht einer Umwandlungsgeschwindigkeit von etwa $6.7 \times 10^2\ \text{s}^{-1}$.

A15.12a Die vier äquivalenten ^{19}F-Kerne ($I = \frac{1}{2}$) ergeben eine einzelne Linie. Aber der ^{10}B-Kern ($I = 3$, zu 19.6 % vorhanden) spaltet diese Linie in $2 \times 3 + 1 = 7$ Linien auf, und der ^{11}B-Kern ($I = \frac{3}{2}$, zu 80.4 % vorhanden) führt zu $2 \times \frac{3}{2} + 1 = 4$ Linien. Die vom ^{11}B-Kern herrührende Aufspaltung ist größer als die durch den ^{10}B-Kern bewirkte Aufspaltung (weil sein magnetisches Moment um den Faktor 1.5 größer ist, vgl. Tabelle 15-2). Außerdem ist die Gesamtintensität der vier durch den ^{11}B-Kern hervorgerufenen Linien höher (um den Faktor $80.4/19.6 \approx 4$) als die Gesamtintensität der sieben Linien, die vom ^{10}B-Kern verursacht werden. Die einzelnen Linienintensitäten stehen zueinander im Verhältnis $\frac{7}{4} \times 4 = 7$ (mit $\frac{7}{4}$ als Anzahl der Linien und vierfacher Häufigkeit). Das Spektrum ist in Abb. 15-2 skizziert.

A15.13a Die A-, M- und X-Resonanzen liegen in deutlich unterscheidbaren Gruppen. Die A-Resonanz wird durch die M-Kerne in ein 1 : 2 : 1-Triplett aufgespalten, und jede Linie dieses Tripletts wird durch die X-Kerne (mit $J_{AM} > J_{AX}$) in ein 1 : 4 : 6 : 4 : 1-Quintett aufgespalten. Die M-Resonanz wird durch die A-Kerne in ein 1 : 3 : 3 : 1-Quartett aufgespalten,

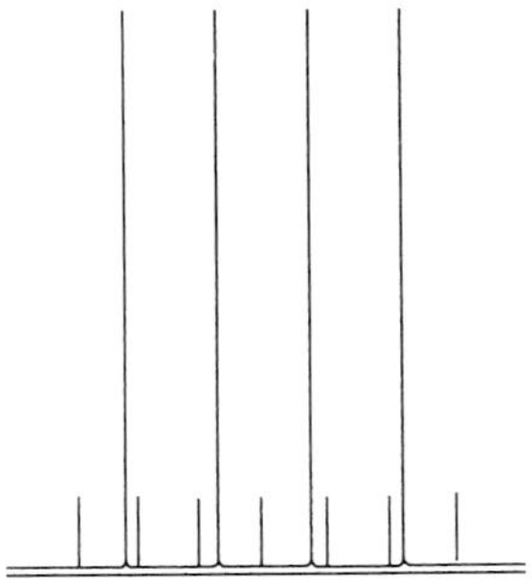

Abb. 15-2

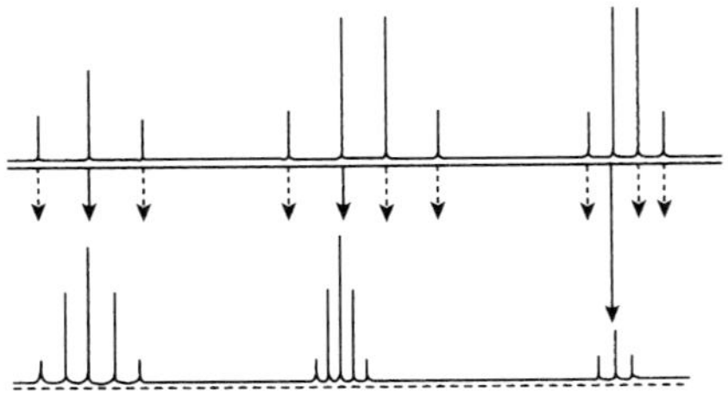

Abb. 15-3

und jede Linie wird durch die X-Kerne (mit $J_{AM} > J_{MX}$) in ein Quintett aufgespalten. Die X-Resonanz wird durch die A-Kerne in ein Quartett aufgespalten, und jede Linie wird durch die M-Kerne (mit $J_{AM} > J_{MX}$) in ein Triplett aufgespalten. Das Spektrum ist in Abb. 15-3 skizziert.

A15.14a (a) Bei schneller Rotation um die Achse sind die beiden H-Kerne chemisch und magnetisch äquivalent.

(b) Wegen $J_{cis} \neq J_{trans}$ sind die H-Kerne zwar chemisch, aber nicht magnetisch äquivalent.

A15.15a Analog zur Präzession des Magnetisierungsvektors im Laborsystems aufgrund des Felds $\mathcal{B}_0$, also

$$v_L = \frac{\gamma \mathcal{B}_0}{2\pi}, \quad \text{vgl. Gl. (15-9)}$$

liegt auch eine Präzession im rotierenden Bezugssystem vor, und zwar aufgrund des Felds $\mathcal{B}_1$:

$$v_L = \frac{\gamma \mathcal{B}_1}{2\pi} \quad \text{bzw.} \quad \omega_1 = \gamma \mathcal{B}_1 \quad (\text{mit } \omega = 2\pi\nu).$$

Weil ω eine Kreisfrequenz ist, ist der Winkel, über den der Magnetisierungsvektor rotiert, gegeben durch

$$\theta = \gamma \mathcal{B}_1 t = \frac{g_I \mu_N}{\hbar} \mathcal{B}_1 t$$

$$\mathcal{B}_1 = \frac{\theta \hbar}{g_I \mu_N t} = \frac{(\pi/2) \times (1.055 \times 10^{-34}\,\mathrm{J\,s})}{(5.586) \times (5.051 \times 10^{-27}\,\mathrm{J\,T^{-1}}) \times (1.0 \times 10^{-5}\,\mathrm{s})} = 5.9 \times 10^{-4}\,\mathrm{T}.$$

Ein 180°-Puls erfordert $2 \times 10\ \mu\mathrm{s} = 20\ \mu\mathrm{s}$.

A15.16a (a) $\mathcal{B}_0 = \frac{h\nu}{g_I \mu_N} = \frac{(6.626 \times 10^{-34}\,\mathrm{J\,Hz^{-1}}) \times (9 \times 10^9\,\mathrm{Hz})}{(5.5857) \times (5.051 \times 10^{-27}\,\mathrm{J\,T^{-1}})} = 2 \times 10^2\,\mathrm{T}.$

(b) $\mathcal{B}_0 = \frac{h\nu}{g_e \mu_B} = \frac{(6.626 \times 10^{-34}\,\mathrm{J\,Hz^{-1}}) \times (300 \times 10^6\,\mathrm{Hz})}{(2.0023) \times (9.274 \times 10^{-24}\,\mathrm{J\,T^{-1}})} = 10\,\mathrm{mT}.$

Anmerkung: Wegen der Stärke dieser Magnetfelder scheint keines der Experimente durchführbar zu sein.

Frage: Welche Frequenzen werden benötigt, um Elektronenresonanz im Magnetfeld eines 300-MHz-NMR-Magneten bzw. Kernresonanz im Feld eines 9-GHz-ESR-Magneten (mit $g = 2.00$) zu beobachten? Sind diese Versuche durchführbar?

A15.17a Nach Gl. (15-40) ist

$$g = \frac{h\nu}{\mu_B \mathcal{B}_0}.$$

Wir werden oft folgenden Wert benötigen:

$$\frac{h}{\mu_B} = \frac{6.62608 \times 10^{-34}\,\mathrm{J\,Hz^{-1}}}{9.27402 \times 10^{-24}\,\mathrm{J\,T^{-1}}} = 7.14478 \times 10^{-11}\,\mathrm{T\,Hz^{-1}}.$$

Im vorliegenden Fall ist also

$$g = \frac{(7.14478 \times 10^{-11}\,\mathrm{T\,Hz^{-1}}) \times (9.2231 \times 10^9\,\mathrm{Hz})}{329.12 \times 10^{-3}\,\mathrm{T}} = 2.022.$$

A15.18a $a = \mathcal{B}(\text{Linie } 3) - \mathcal{B}(\text{Linie } 2) = \mathcal{B}(\text{Linie } 2) - \mathcal{B}(\text{Linie } 1)$

$$\left.\begin{aligned} \mathcal{B}_3 - \mathcal{B}_2 &= (334.8 - 332.5)\,\mathrm{mT} = 2.3\,\mathrm{mT} \\ \mathcal{B}_2 - \mathcal{B}_1 &= (332.5 - 330.2)\,\mathrm{mT} = 2.3\,\mathrm{mT} \end{aligned}\right\} \quad a = 2.3\,\mathrm{mT}.$$

Mit dem Wert der mittleren Linie berechnen wir g:

$$g = \frac{h\nu}{\mu_B \mathcal{B}_0} = (7.14478 \times 10^{-11}\,\mathrm{T\,Hz^{-1}}) \times \frac{9.319 \times 10^9\,\mathrm{Hz}}{332.5 \times 10^{-3}\,\mathrm{T}} = 2.002\overline{5}.$$

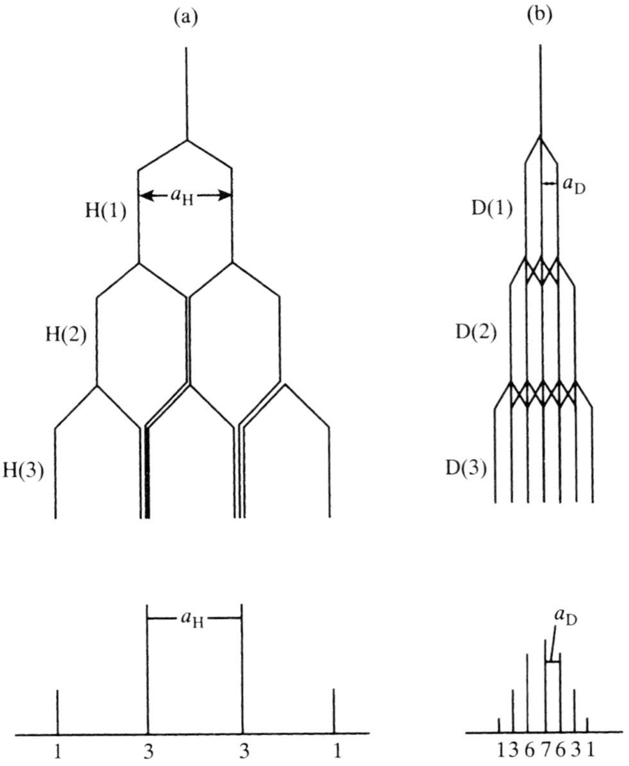

Abb. 15-4

A15.19a Die Mitte des Spektrums liegt bei 332.5 mT. Proton 1 spaltet die Linie in zwei Komponenten auf, deren Abstand 2.0 mT beträgt und die daher bei 332.5 ± 1.0 mT liegen. Proton 2 spaltet diese beiden Hyperfeinlinien in je zwei Linie auf, jeweils mit dem Abstand 2.6 mT. Somit liegen die Linien bei $332.5 \pm 1.0 \pm 1.3$ mT. Das Spektrum besteht demnach aus vier Linien von gleicher Intensität bei den Feldstärken 330.2 mT, 332.2 mT, 332.8 mT und 334.8 mT.

A15.20a Wir konstruieren Abb. 15-4(a) für CH_3 und Abb. 15-4(b) für CD_3. Die zu erwartende Intensitätsverteilung lässt sich ermitteln, indem man die überlappenden Linien gleicher Intensität abzählt, aus denen die Hyperfeinlinie besteht.

A15.21a Es ist (vgl. Aufgabe A15.17a)

$$\mathcal{B}_0 = \frac{h\nu}{g\mu_B} = \frac{7.14478 \times 10^{-11}}{2.0025}\,\mathrm{T\,Hz^{-1}} \times \nu = 35.68\,\mathrm{mT} \times (\nu/\mathrm{GHz}).$$

(a) $\nu = 9.302\,\mathrm{GHz}, \quad \mathcal{B}_0 = 331.9\,\mathrm{mT}.$

(b) $\nu = 33.67\,\mathrm{GHz}, \quad \mathcal{B}_0 = 1201\,\mathrm{mT} = 1.201\,\mathrm{T}.$

A15.22a Die Anzahl der Hyperfeinlinien, die von einem Kern mit dem Spin I herrühren, beträgt $2I + 1$. Daher ist $2I + 1 = 4$ und somit $I = \frac{3}{2}$.

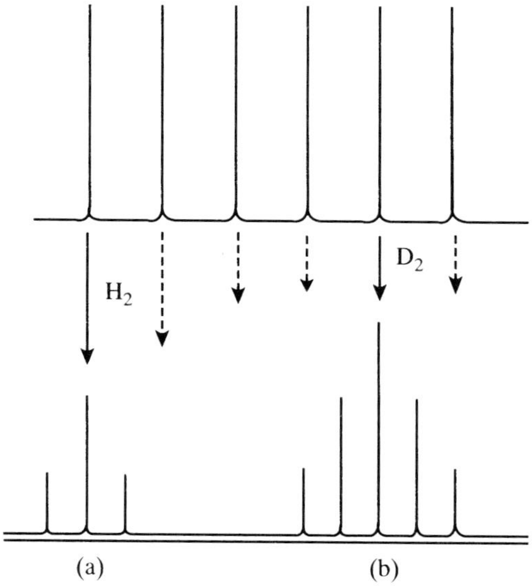

Abb. 15-5

Anmerkung: Vier Linien gleicher Intensität können auch von zwei nicht äquivalenten Kernen mit $I = \frac{1}{2}$ herrühren.

A15.23a Der X-Kern erzeugt sechs Linien gleicher Intensität. Das Paar von H-Kernen in XH_2 spaltet jede dieser Linien in ein 1 : 2 : 1-Triplett auf (Abb. 15-5(a)). Das Paar von D-Kernen ($I = 1$) in XD_2 spaltet jede dieser Linien in ein 1 : 2 : 3 : 2 : 1-Quintett auf (Abb. 15-5(b)). Die Gesamtanzahl der zu beobachtenden Hyperfeinlinien ist also $6 \times 3 = 18$ in XH_2 und $6 \times 5 = 30$ in XD_2.

Schwerere Aufgaben

Rechenaufgaben

15.1 Nach Tabelle 15-2 ist $g_I = -3.8260$ und damit

$$\mathcal{B}_0 = \frac{h\nu}{g_I \mu_N} = \frac{(6.626 \times 10^{-34}\,\mathrm{J\,Hz^{-1}}) \times \nu}{(-)(3.8260) \times (5.0508 \times 10^{-27}\,\mathrm{J\,T^{-1}})} = 3.429 \times 10^{-8} (\nu/\mathrm{Hz})\,\mathrm{T}.$$

Für $\nu = 300\,\mathrm{MHz}$ ergibt sich

$$\mathcal{B}_0 = (3.429 \times 10^{-8}) \times (300 \times 10^{6}\,\mathrm{T}) = 10.3\,\mathrm{T}.$$

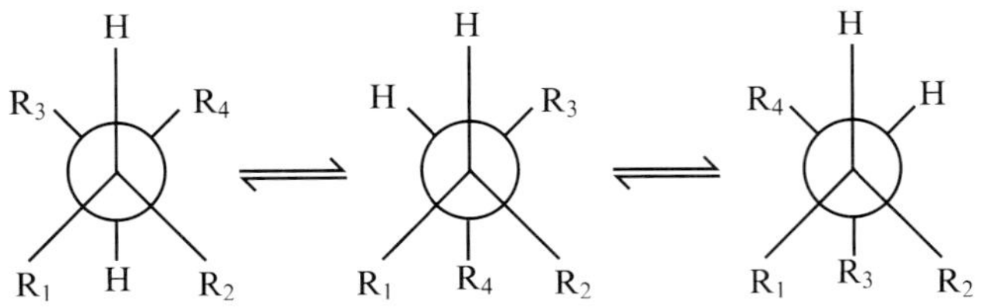

Abb. 15-6

$$\frac{\delta N}{N} \approx \frac{g_I \mu_N \mathcal{B}_0}{2kT} \quad \text{(vgl. Aufgabe A15.4a)}$$

$$= \frac{(-3.8260) \times (5.0508 \times 10^{-27}\,\mathrm{J\,T^{-1}}) \times (10.3\,\mathrm{T})}{(2) \times (1.381 \times 10^{-23}\,\mathrm{J\,K^{-1}}) \times (298\,\mathrm{K})} = 2.42 \times 10^{-5}.$$

Weil $g_I < 0$ ist (wie für ein Elektron, denn das magnetische Moment ist antiparallel zum Spin) liegt der β-Zustand (mit $m_I = -\frac{1}{2}$) tiefer.

15.3 Die Einhüllenden der Kurvenmaxima und -minima werden mithilfe von T_2 durch Gl. (15-30) bestimmt; das Zeitintervall zwischen den Maxima dieser Abklingkurve entspricht dem Kehrwert des Frequenzunterschieds $\Delta\nu$ zwischen der Pulsfrequenz ν_0 und der Larmor-Frequenz ν_L, also $\Delta\nu = |\nu_0 - \nu_L|$:

$$\Delta\nu = \frac{1}{0.10\,\mathrm{s}} = 10\,\mathrm{s^{-1}} = 10\,\mathrm{Hz}.$$

Demnach ist die Larmor-Frequenz $300 \times 10^6\,\mathrm{Hz} \pm 10\mathrm{Hz}.$

Nach den Gleichungen (15-30) und (15-32) klingt die Intensität der Maxima in der FID-Kurve exponentiell gemäß e^{-t/T_2} ab. Damit entsprecht T_2 dem Zeitpunkt, zu dem die Intensität auf 1/e des Ursprungswerts gesunken ist. In Abb. 15-31 im Lehrbuch entspricht dies einem Zeitpunkt kurz vor dem Auftreten des vierten Maximums, etwa bei 0.29 s.

15.5 Die Annahme scheint plausibel, dass nur gestaffelte Konformationen auftreten können. Daher finden wir Gleichgewichte wie in Abb. 15-6 gezeigt.

Für $R_3 = R_4 = H$ treten alle drei dieser Konformationen mit gleicher Wahrscheinlichkeit auf. Daher gilt

$$^3J_{HH}(\text{Methyl}) = \tfrac{1}{3}(^3J_t + 2\,^3J_g)$$

[t = trans-Form, g = schiefe Form; CHR_3R_4 = Methyl]. Weitere Methylgruppen werden nicht zwischen R_1 und R_2 gestaffelt auftreten. Daher ist

$$^3J_{HH}(\text{Ethyl}) = \tfrac{1}{2}(J_t + J_g) \quad [R_3 = H,\ R_4 = CH_3],$$

$$^3J_{HH}(\text{Isopropyl}) = J_t \quad [R_3 = R_4 = CH_3].$$

Damit haben wir für die beiden Unbekannten J_t und J_g drei Gleichungen, die gleichzeitig erfüllt sein müssen:

$$\tfrac{1}{3}({}^3J_t + 2\,{}^3J_g) = 7.3\,\text{Hz}, \quad (1)$$

$$\tfrac{1}{2}({}^3J_t + {}^3J_g) = 8.0\,\text{Hz}, \quad (2)$$

$$^3J_t = 11.2\,\text{Hz}.$$

Die beiden Unbekannten sind also überbestimmt. Die beiden ersten Gleichungen ergeben $^3J_t = 10.1$ und $^3J_g = 5.9$. Wenn wir aber davon ausgehen, dass $^3J_t = 11.2$ gemessen wird (wie es beim Ethyl der Fall war), dann folgt mit Gleichung (1) $^3J_g = 5.4$, mit Gleichung (2) dagegen 4.8; der Mittelwert ist 5.1.

Mit der Originalform der Karplus-Gleichung erhalten wir

$$^3J_t = A\cos^2(180°) + B = 11.2, \qquad ^3J_g = A\cos^2(60°) + B = 5.1$$

oder

$$11.2 = A + B, \qquad 5.1 = 0.25A + B.$$

Diese gleichzeitig zu erfüllenden Gleichungen ergeben $A = 6.8$ Hz und $B = 4.8$ Hz. Mit diesen Werten für A und B passt die Originalform der Karplus-Gleichung exakt auf die Werte (zumindest innerhalb der Fehlergrenzen für ^3J_t und ^3J_g sowie für die angegebenen Messwerte).

Aus der Form der Karplus-Gleichung, wie sie im Lehrbuch als Gl. (15-27) angegeben ist, können wir diese Werte für A, B und C nicht aus den gegebenen Daten bestimmen, da dann drei Konstanten aus nur zwei Werten für J zu bestimmen wären. Wenn wir aber die im Lehrbuch gegebenen Werte für A, B und C verwenden, finden wir

$$J_t = 7\,\text{Hz} - 1\,\text{Hz}\,(\cos 180°) + 5\,\text{Hz}\,(\cos 360°) = 11\,\text{Hz},$$

$$J_g = 7\,\text{Hz} - 1\,\text{Hz}\,(\cos 60°) + 5\,\text{Hz}\,(\cos 120°) = 5\,\text{Hz}.$$

Die Übereinstimmung mit der modernen Form der Karplus-Gleichung ist ausgezeichnet, allerdings nicht besser als bei der Originalform. Beide passen gleich gut auf die Werte. Man bevorzugt dennoch die moderne Form der Gleichung, da sie allgemeiner anwendbar ist.

15.7 Das Protonen-COSY-Spektrum von 1-Nitropropan zeigt, dass (a) die C_a–H-Resonanz mit $\delta = 4.3$ einen Nichtdiagonalpeak mit der C_b–H-Resonanz bei $\delta = 2.1$ teilt und dass (b) die C_b–H-Resonanz mit $\delta = 2.1$ einen Nichtdiagonalpeak mit der C_c–H-Resonanz bei $\delta = 1.1$ teilt. Nichtdiagonalpeaks zeigen eine Kopplung zwischen den H von verschiedenen Kohlenstoffatomen an. Daher liest man aus den Peaks bei (4,2) und (2,4), dass die H auf den benachbarten CH_2-Einheiten gekoppelt sind. Die Peaks bei (1,2) und (2,1) zeigen, dass die H auf den CH_3- und den zentralen CH_2-Einheiten gekoppelt sind. Siehe Abb. 15-7.

15.9 Wir beziehen uns auf Abb. 15-4 zu Aufgabe A15.20a. Die Breite des CH_3-Spektrums ist $3a_H = 6.9$ mT. Die Breite des CD_3-Spektrums ist $6a_D$. Die Hyperfeinwechselwirkung ist eine Wechselwirkung der magnetischen Momente der Kerne mit den magnetischen

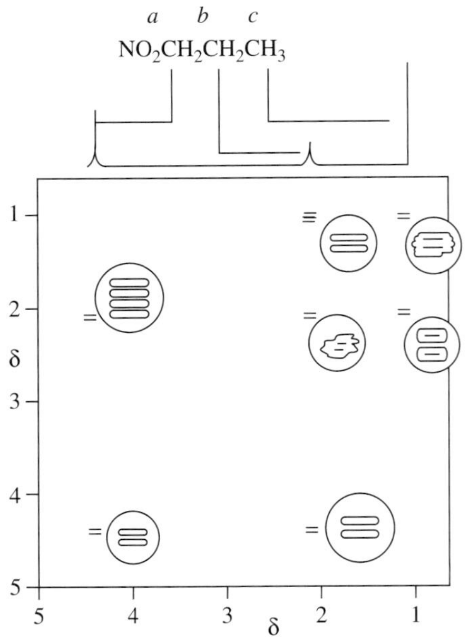

Abb. 15-7

Momenten des Elektrons. Daher erscheint die Annahme plausibel, dass die Stärke der Wechselwirkungen proportional zu den Kernmomenten ist.

Nach Gl. (15-11) und (15-10b) ist

$$\mu = g_I \mu_N I \quad \text{bzw.} \quad \mu_z = g_I \mu_N m_I .$$

Somit sind die kernmagnetischen Momente proportional zu den g-Werten der Kerne. Es folgt

$$a_D \approx \frac{0.85745}{5.5857} \times a_H = 0.1535 a_H = 0.35\,\text{mT}.$$

Daher ist die gesamte Breite des Hyperfeinspektrums $6a_D = 2.1\,\text{mT}$.

15.11 Wir schreiben

$$P(\text{N}2s) = \frac{5.7\text{mT}}{55.2\text{mT}} = 0.10 \quad (10\,\%\text{ der Zeit})$$

$$P(\text{N}2p_z) = \frac{1.3\,\text{mT}}{3.4\,\text{mT}} = 0.38 \quad (38\,\%\text{ der Zeit}).$$

Die gesamte Wahrscheinlichkeit ist

(a) $P(\text{N}) = 0.10 + 0.38 = 0.48$ (48 % der Zeit).

(b) $P(\text{O}) = 1 - P(\text{N}) = 0.52$ (52 % der Zeit).

Das Verhältnis der Hybridisierungen ist

$$\frac{P(\mathrm{N}2p)}{P(\mathrm{B}2s)} = \frac{0.38}{0.10} = 3.8.$$

Das ungepaarte Elektron besetzt also ein Orbital, das einem sp^3-Hybrid am N ähnelt, was gut zu der nichtlinearen Form des Radikals passt.

Wie in Abschnitt 11.2.1 ausgeführt wurde, können wir schreiben

$$a^2 = \frac{1 + \cos\phi}{1 - \cos\phi}$$

$$b^2 = 1 - a^2 = \frac{-2\cos\phi}{1 - \cos\phi}$$

$$\lambda = \frac{b'^2}{a'^2} = \frac{-1\cos\phi}{1 + \cos\phi} \quad \text{und daher} \quad \cos\phi = -\frac{\lambda}{2 + \lambda}$$

Für $\lambda = 3.8$ ist dann $\cos\phi = -0.66$ und damit $\phi = 131°$.

Theoretische Aufgaben

15.13 Schauen Sie sich noch einmal *Illustration* 15-2 an und gehen Sie von Gl. (15-22) aus. Für Wasserstoff selbst haben wir

$$\sigma_\mathrm{d} = \frac{e^2\mu_0}{12\pi m_\mathrm{e}}\left\langle\frac{1}{r}\right\rangle = \frac{e^2\mu_0}{12\pi_\mathrm{e} a_0}.$$

Der einzige Unterschied in der Wellenfunktion (und damit im Erwartungswert für $1/r$) zwischen Wasserstoff und einem wasserstoffähnlichen Ion ist, dass im letzten Fall a_0/Z zu verwenden ist, bei Wasserstoff hingegen a_0. Dann ist:

$$\sigma_\mathrm{d} = \frac{e^2\mu_0 Z}{12\pi m_\mathrm{e} a_0} = 1.78 \times 10^{-5} Z.$$

15.15 Mit $m_I = +\frac{1}{2}$ und $\theta = 0$, $\gamma\hbar = g_I\mu_\mathrm{N}$ erhalten wir nach Gl. (15-28)

$$\mathcal{B}_\mathrm{Kern} = -\frac{\gamma\hbar\mu_0 m_I}{4\pi R^3}(1 - 3\cos^2\theta) = \frac{g_I\mu_\mathrm{N}\mu_0}{4\pi R^3}.$$

Umstellen ergibt

$$R = \left(\frac{g_I\mu_\mathrm{N}\mu_0}{4\pi\mathcal{B}_\mathrm{Kern}}\right)^{1/3}$$

$$= \left(\frac{(5.5857) \times (5.0508 \times 10^{-27}\,\mathrm{J\,T^{-1}}) \times (4\pi \times 10^{-7}\,\mathrm{T^2\,J^{-1}\,m^3})}{(4\pi) \times (0.715 \times 10^{-3}\,\mathrm{T})}\right)^{1/3}$$

$$= (3.946 \times 10^{-30}\,\mathrm{m^3})^{1/3} = 158\,\mathrm{pm}.$$

15.17 Die Form einer Spektrallinie $\mathcal{I}(\omega)$ hängt mit dem Profil $G(t)$ einer frei abklingenden Induktion zusammen über

$$\mathcal{I}(\omega) = a \operatorname{Re} \int_0^\infty G(t) e^{i\omega t} dt.$$

Dabei ist a eine Konstante, Re ist der Realteil des darauffolgenden Ausdrucks. Wir berechnen die Linienform für eine oszillierende, gedämpfte Funktion

$$G(t) = \cos\omega_0 t \; e^{-t/\tau}$$

$$\begin{aligned}
\mathcal{I}(\omega) &= a \operatorname{Re} \int_0^\infty G(t) e^{i\omega t}\, dt \\
&= a \operatorname{Re} \int_0^\infty \cos\omega_0 t e^{-t/r + i\omega t} dt \\
&= \frac{1}{2} a \operatorname{Re} \int_0^\infty (e^{-i\omega_0 t} + e^{i\omega_0 t}) e^{-t/\tau + i\omega t} dt \\
&= \frac{1}{2} a \operatorname{Re} \int_0^\infty \{e^{i(\omega_0 + \omega + i/\tau)t} + e^{-i(\omega_0 - \omega - i/\tau)t}\} dt \\
&= -\frac{1}{2} a \operatorname{Re} \left[\frac{1}{i(\omega_0 + \omega + i/\tau)} - \frac{1}{i(\omega_0 - \omega - i/\tau)} \right].
\end{aligned}$$

Wenn ω und ω_0 etwa den magnetischen Resonanzfrequenzen entsprechen (oder noch größer sind), ist nur der zweite Term in der Klammer signifikant, denn es gilt $\frac{1}{(\omega_0 + \omega)} \ll 1$. Allerdings kann $\frac{1}{(\omega_0 - \omega)}$ groß sein, wenn $\omega \approx \omega_0$ ist. Es folgt

$$\begin{aligned}
\mathcal{I}(\omega) &\approx \frac{1}{2} a \operatorname{Re} \frac{1}{i(\omega_0 - \omega)^2 + 1/\tau} \\
&= \frac{1}{2} a \operatorname{Re} \frac{1}{(\omega_0 - \omega)^2 + 1/\tau^2} \\
&= \boxed{\frac{1}{2} \frac{a\tau}{1 + (\omega_0 - \omega)^2 \tau^2}}.
\end{aligned}$$

Dies ist eine Lorentz-Linie mit der Mitte bei ω_0 und der Amplitude $\frac{1}{2} A\tau$ sowie der Halbwertsbreite $\frac{2}{\tau}$.

15.19 Für nicht-schwache Felder, wo das externe Magnetfeld mit dem Spin-Bahn-Kopplungsfeld eines ungepaarten Elektrons vergleichbar ist, muss man einen Spin-Bahn-Kopplungsterm mit der Kopplungskonstante A berücksichtigen (vgl. Gl. (10-41)) und die Störungsgleichung zweiter Ordnung anwenden (Gl. (9-65b)). Der Hamilton-Operator ist

$$H = -g_e \gamma_e \mathcal{B}_0 s_z - \gamma_e \mathcal{B}_0 l_z + A \boldsymbol{l} \cdot \boldsymbol{s} = -\gamma_e \boldsymbol{\mathcal{B}} \cdot (g_e \boldsymbol{s} + \boldsymbol{l}) + A \boldsymbol{l} \cdot \boldsymbol{s}$$

Hier wurde die Vektorschreibweise für das Elektronenorbital und den Spin-Drehimpuls verwendet. Die Störungsgleichung erster Ordnung (Gl. (9-65a)) ergibt

$$E^{(1)} = -\gamma_e \mathcal{B} \cdot (g_e \langle \boldsymbol{s} \rangle + \langle \boldsymbol{l} \rangle) + A \langle \boldsymbol{l} \cdot \boldsymbol{s} \rangle = -\gamma_e g_e \mathcal{B} \cdot \langle \boldsymbol{s} \rangle - \gamma_e \mathcal{B} \cdot \langle \boldsymbol{l} \rangle + A \langle \boldsymbol{s} \rangle \cdot \langle \boldsymbol{l} \rangle .$$

Der Erwartungswert für den Bahndrehimpuls $\langle \boldsymbol{l} \rangle$ ist für reelle Zustände null. Mit $\langle s_z \rangle = m_s$ erhält man

$$E^{(1)} = -\gamma_e g_e \mathcal{B} \cdot \langle \boldsymbol{s} \rangle = -\gamma_e g_e \mathcal{B}_0 \langle s_z \rangle = -\gamma_e g_e B_0 m_s \hbar .$$

Im Störungsterm zweiter Ordnung bezeichnet der Index „0" den Grundzustand, „n" bezeichnet angeregte Zustände mit der positiven Energiedifferenz $\Delta E_{n0} = E_n - E_0$ (vgl. Gl. (9-65b)).

$$\begin{aligned} E^{(2)} &= -\sum_{n \neq 0} \frac{H^{(1)}_{0n} H^{(1)}_{n0}}{\Delta E_{n0}} \\ &= -\sum_{n \neq 0} \frac{\langle 0 | \{-g_e \gamma_e B_0 s_z - \gamma_e \mathcal{B}_0 l_z + A \boldsymbol{l} \cdot \boldsymbol{s}\} | n \rangle \langle n | \{-g_e \gamma_e \mathcal{B}_0 s_z - \gamma_e \mathcal{B}_0 l_z + A \boldsymbol{l} \cdot \boldsymbol{s}\} | 0 \rangle}{\Delta E_{n0}} . \end{aligned}$$

Der Zähler wird ausmultipliziert und dann vereinfacht, indem man die kleinen Terme zweiter Ordnung in $\mathcal{B}_0$ und s_z vernachlässigt:

$$\begin{aligned} E^{(2)} &= -\sum_{n \neq 0} \frac{\langle 0 | \{-\gamma_e B_0 l_z\} | n \rangle \langle n | A \boldsymbol{l} \cdot \boldsymbol{s} | 0 \rangle + \langle 0 | A \boldsymbol{l} \cdot \boldsymbol{s} | n \rangle \langle n | \{-\gamma_e \mathcal{B}_0 l_z\} | 0 \rangle}{\Delta E_{n0}} \\ &= A \gamma_e \mathcal{B}_0 \sum_{n \neq 0} \frac{\langle 0 | l_z | n \rangle \langle n | \boldsymbol{l} \cdot \boldsymbol{s} | 0 \rangle + \langle 0 | \boldsymbol{l} \cdot \boldsymbol{s} | n \rangle \langle n | l_z | 0 \rangle}{\Delta E_{n0}} \\ &= A \gamma_e \mathcal{B}_0 \sum_{n \neq 0} \frac{\langle 0 | l_z | n \rangle \langle n | \boldsymbol{l} \cdot \boldsymbol{s} | 0 \rangle + \langle 0 | \boldsymbol{l} \cdot \boldsymbol{s} | n \rangle \langle n | l_z | 0 \rangle}{\Delta E_{n0}} \\ &= 2 A \gamma_e \mathcal{B}_0 \sum_{n \neq 0} \frac{\langle 0 | l_z | n \rangle \langle n | \boldsymbol{l} \cdot \boldsymbol{s} | 0 \rangle}{\Delta E_{n0}} \\ &= 2 A \gamma_e \mathcal{B}_0 \sum_{n \neq 0} \frac{\langle 0 | l_z | n \rangle \langle n | l_z s_z | 0 \rangle}{\Delta E_{n0}} = 2 A \gamma_e \mathcal{B}_0 \sum_{n \neq 0} \frac{\langle 0 | l_z | n \rangle \langle n | l_z m_s \hbar | 0 \rangle}{\Delta E_{n0}} \\ &= 2 A \gamma_e \mathcal{B}_0 m_s \hbar \sum_{n \neq 0} \frac{\langle 0 | l_z | n \rangle \langle n | l_z | 0 \rangle}{\Delta E_{n0}} . \end{aligned}$$

Das letzte Gleichheitszeichen gilt unter der Annahme, dass das lokale Feld parallel zum angelegten Feld ist (d. h. $\boldsymbol{l} \cdot \boldsymbol{s} = l_z s_z$). Die Kombination von Störungen erster und zweiter Ordnung ergibt

$$E^{(\text{Spin})} = E^{(1)} + E^{(2)} = -\gamma_e g_e \mathcal{B}_0 m_s \hbar + 2A\gamma_e \mathcal{B}_0 m_s \hbar \sum_{n\neq 0} \frac{\langle 0|l_z|n\rangle\langle n|l_z|0\rangle}{\Delta E_{n0}}$$

$$= -\left\{g_e - 2A\sum_{n\neq 0}\frac{\langle 0|l_z|n\rangle\langle n|l_z|0\rangle}{\Delta E_{n0}}\right\}\gamma_e \mathcal{B}_0 m_s \hbar$$

$$= -\left\{g_e - 2A\sum_{n\neq 0}\frac{\langle 0|l_z|n\rangle\langle n|l_z|0\rangle}{\Delta E_{n0}}\right\}\gamma_e \mathcal{B}_0 s_z .$$

Ein Vergleich mit dem effektiven Spin-Hamilton-Operator $E^{(\text{spin})} = -g\gamma_e \mathcal{B}_0 s_z$ zeigt

$$g = g_e - 2A\sum_{n\neq 0}\frac{\langle 0|l_z|n\rangle\langle n|l_z|0\rangle}{\Delta E_{n0}} .$$

g nimmt mit wachsender Spin-Bahn-Kopplung (A) und mit abnehmender Anregungsenergie (ΔE_{n0}) zu.

Diese Rechnung findet sich ausführlich in P.W. Atkins und R.S. Friedman, *Molecular Quantum Mechanics*, 4th Edn, Oxford University Press, 2005.

Anwendungsaufgaben

15.21 $\langle \mathcal{B}_{\text{Kern}}\rangle = \dfrac{-g_I \mu_N \mu_0 m_I}{4\pi R^3}\dfrac{\int_0^{\theta_{\max}}(1-3\cos^2\theta)\sin\theta \mathrm{d}\theta}{\int_0^{\theta_{\max}}\sin\theta\ \mathrm{d}\theta}.$

Der Nenner ist die Normalisierungskonstante; dies stellt sicher, dass die Gesamtwahrscheinlichkeit dafür, sich zwischen 0 und $\theta_{\max}$ zu befinden, bei 1 liegt.

Mit $x_{\max} = \cos\theta_{\max}$ haben wir

$$\langle \mathcal{B}_{\text{nucl}}\rangle = \frac{-g_I \mu_N \mu_0 m_I}{4\pi R^3}\frac{\int_1^{x_{\max}}(1-3x^2)\mathrm{d}x}{\int_1^{x_{\max}}\mathrm{d}x}$$

$$= \frac{-g_I \mu_N \mu_0 m_I}{4\pi R^3} \times \frac{x_{\max}(1-x_{\max}^2)}{x_{\max}-1} = \frac{-g_I \mu_N \mu_0 m_I}{4\pi R^3}(\cos^2\theta_{\max} + \cos\theta_{\max}) .$$

Für $\theta_{\max} = \pi$ (volle Umdrehung) ist $\cos\ \theta_{\max} = -1$ und $\langle \mathcal{B}_{\text{Kern}}\rangle = 0$.

Für $\theta_{\max} = 30°$ haben wir $\cos^2\theta_{\max} + \cos\theta_{\max} = 1.616$ und

$$\langle \mathcal{B}_{\text{Kern}}\rangle = \frac{(5.5857)\times(5.0508\times 10^{-27}\text{J T}^{-1})\times(4\pi\times 10^{-7}\ \text{T}^2\ \text{J}^{-1}\ \text{m}^3)\times(1.616)}{(4\pi)\times(1.58\times 10^{-10}\ \text{m})^3\times(2)}$$

$$= 0.58\ \text{mT}.$$

15.23 Das gewünschte Ergebnis ist die lineare Gleichung

$$[\mathrm{I}]_0 = \frac{[E]_0 \Delta\nu}{\delta\nu} - K.$$

Die erste Aufgabe ist es also, die Größen mithilfe von $[\mathrm{I}]_0$, $[\mathrm{E}]_0$, $\Delta\nu$, $\delta\nu$ und K auszudrücken, während Ausdrücke wie [I], [EI], [E], ν_I, ν_EI und ν eliminiert werden müssen. (Für diese Aufgabe ist ein Mathematikprogramm hilfreich, das auch symbolische Notationen verarbeiten kann.) Wir beginnen mit ν:

$$\nu = \frac{[\mathrm{I}]}{[\mathrm{I}] + [\mathrm{EI}]}\nu_\mathrm{I} + \frac{[\mathrm{EI}]}{[\mathrm{I}] + [\mathrm{EI}]}\nu_\mathrm{EI} = \frac{[\mathrm{I}]_0 - [\mathrm{EI}]}{[\mathrm{I}]_0}\nu_\mathrm{I} + \frac{[\mathrm{EI}]}{[\mathrm{I}]_0}\nu_\mathrm{EI}.$$

Dabei haben wir ausgenutzt, dass die Gesamtmenge des Inhibitors I (also der freie I plus der gebundene I) gleich der Anfangsmenge des Inhibitors ist. Beim Auflösen sehen wir, dass [I] auch viel größer sein muss als [EI]:

$$[\mathrm{EI}] = \frac{[\mathrm{I}]_0(\nu - \nu_\mathrm{I})}{\nu_\mathrm{EI} - \nu_\mathrm{I}} = \frac{[\mathrm{I}]_0 \delta\nu}{\Delta\nu}.$$

Beim zweiten Gleichheitszeichen ist berücksichtigt, dass gerade die Frequenzunterschiede auftreten, die auch in der Aufgabenstellung genannt sind. Nun nehmen wir uns die Gleichgewichtskonstante vor:

$$K = \frac{[\mathrm{E}][\mathrm{I}]}{[\mathrm{EI}]} = \frac{([\mathrm{E}]_0 - [\mathrm{EI}])([\mathrm{I}]_0 - [\mathrm{EI}])}{[\mathrm{EI}]} \approx \frac{([\mathrm{E}]_0 - [\mathrm{EI}])[\mathrm{I}]_0}{[\mathrm{EI}]}.$$

Dabei haben wir ausgenutzt, dass die Gesamtmenge I viel größer ist als die Gesamtmenge E (dies folgt aus der Bedingung $[\mathrm{I}]_0 \gg [\mathrm{E}]_0$), sodass sie auch viel größer sein muss [EI], selbst wenn alle E die I binden. Wir lösen nach $[\mathrm{E}]_0$ auf:

$$[\mathrm{E}]_0 = \frac{K + [\mathrm{I}]_0}{[\mathrm{I}]_0}[\mathrm{EI}] = \left(\frac{K + [\mathrm{I}]_0}{[\mathrm{I}]_0}\right)\left(\frac{[\mathrm{I}]_0 \delta\nu}{\Delta\nu}\right) = \frac{(K + [\mathrm{I}]_0)\delta\nu}{\Delta\nu}.$$

Dieser Ausdruck enthält die gewünschten Terme, und zwar nur diese. Auflösen nach $[\mathrm{I}]_0$ ergibt:

$$[\mathrm{I}]_0 = \frac{[\mathrm{E}]_0 \Delta\nu}{\delta\nu} - K.$$

Wenn man $[\mathrm{I}]_0$ gegen $1/\delta\nu$ aufträgt, erhält man eine Gerade mit der Steigung $[\mathrm{E}]_0\Delta\nu$ und dem y-Achsenabschnitt K.

15.25 Wenn spinmarkierte Moleküle sich auf bis 800 pm nähern, können der Überlapp der ungepaarten Elektronen und die dipolaren Wechselwirkungen mit den magnetischen Momenten eine Austauschkopplungswechselwirkung zwischen den Spins bewirken. Die Geschwindigkeit des Elektronenaustauschprozesses nimmt mit steigender Konzentration zu. Daher ist die Lebensdauer des Prozesses bei niedrigen Konzentrationen zu lang, um das „reine" ESR-Signal zu beeinflussen. Wenn die Konzentration steigt, wächst die Linienbreite, bis das Triplett in ein breites Singulett verschmiert. Ein weiteres Ansteigen der Konzentrationen lässt die Austauschlebensdauer zurückgehen und verringert so die Linienbreite des Singuletts.

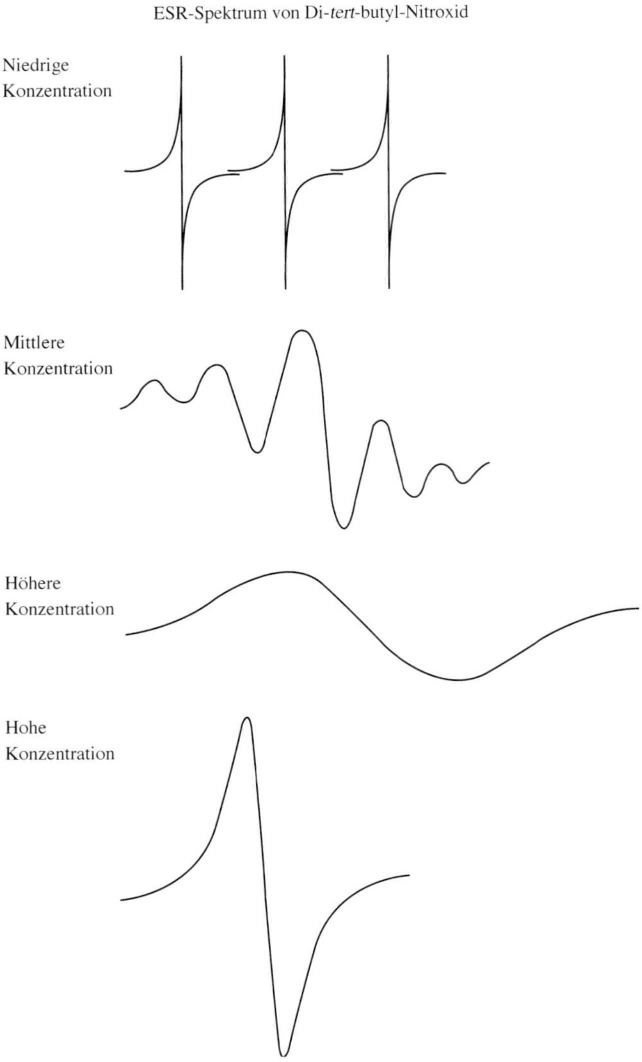

Abb. 15-8

Wenn spinmarkierte Moleküle innerhalb biologischer Membranen hochmobil sind, können sie sich einander sehr nähern; die Austauschwechselwirkung kann dann ESR-Spektren mit Informationen liefern, die ähnlich aussehen wie die in Abb. 15-8 gezeigten Signale für mittlere und hohe Konzentrationen.

15.27 Wir nehmen an, dass der Radius 1 (d. h. eine beliebig gewählte Einheit) ist. Das Volumen jeder Schicht ist proportional zur Länge der Schicht mal δ_x (vgl. Abb. 15-9(a)).

Die Länge der Schicht bei $x = 2\sin\theta$:

$$x = \cos\theta,$$
$$\theta = \arccos x.$$

x liegt im Bereich zwischen -1 bis $+1$.

Länge der Schicht bei $x = 2\sin(\arccos x)$.

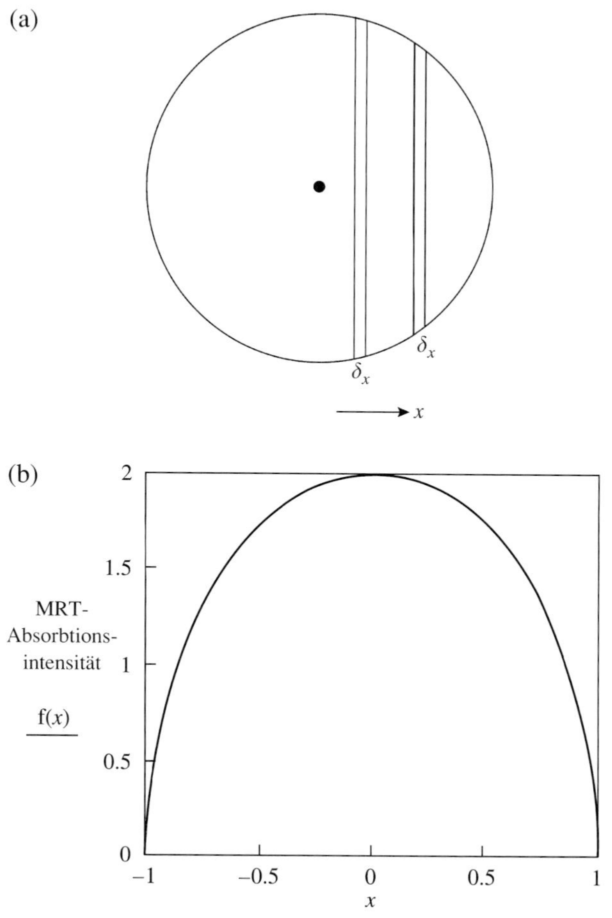

Abb. 15-9

Tragen Sie $f(x) = 2\sin(\arccos x)$ gegen x zwischen den Grenzen -1 und $+1$ auf; das Ergebnis ist in Abb. 15-9(a) zu sehen. Das Volumen zu jedem Wert von x ist proportional zu $f(x)$, und die Intensität des MRT-Signal ist proportional zum Volumen. Abb. 15-9(b) zeigt also die Absorptionsintensität für das MRT-Bild der Scheibe.

16 Statistische Thermodynamik 1: Grundlagen

Diskussionsfragen

16.1 Betrachten Sie den Wert der Zustandssumme bei den Extremwerten der Temperatur. Wenn T gegen null geht, ist der Grenzwert für q einfach g_0, die Entartung des Grundzustands. Wenn die Anzahl der Niveaus unbegrenzt ist, ist auch die Zustandssumme unbegrenzt. In einigen Spezialfällen, für die sich die Anzahl der Zustände effektiv begrenzen lässt, ist die Zustandssumme gerade die Anzahl der Zustände. Im Allgemeinen gibt die Zustandssumme einen Hinweis auf die mittlere Anzahl der Zustände, die bei der Temperatur des Systems thermisch erreichbar sind.

16.3 Wir bestimmen β, indem wir berechnete und experimentelle Werte für thermodynamische Eigenschaften vergleichen. Die berechneten Werte erhalten wir aus den theoretischen Formeln für diese Eigenschaften, die alle mithilfe des Parameters β ausgedrückt sind. Es gibt also viele Möglichkeiten, β zu identifizieren, nämlich so viele wie es thermodynamische Eigenschaften gibt. Eine Möglichkeit ist es, die Energie zu nutzen, so wie wir es am Ende von Abschnitt 16.2.1 getan haben. Eine andere Möglichkeit nutzt den Druck, wie in *Beispiel* 17-1 demonstriert werden wird. Noch eine weitere Möglichkeit läuft über die Entropie; dieser Ansatz für die Identifikation dürfte der Grundlegendste sein. In der *Weiterführenden Literatur* wird diese Möglichkeit detailliert ausgeführt.

16.5 Ein Ensemble ist ein Satz mit einer großen Anzahl von imaginären Replikationen des betrachteten Systems. Diese Replikationen sind in einigen, aber nicht in allen Aspekten identisch. Beispielsweise haben im kanonischen Ensemble alle Replikationen dieselbe Teilchenanzahl, dasselbe Volumen und dieselbe Temperatur, aber nicht dieselbe Energie. Ensembles werden in der statistischen Thermodynamik gern verwendet, weil es mathematisch leichter durchzuführen ist, einen Mittelwert über ein Ensemble zu bilden und daraus die (zeitgemittelten) thermodynamischen Eigenschaften zu bestimmen als einen zeitlichen Mittelwert für diese Eigenschaften zu bilden. Denken Sie an die makroskopischen thermodynamischen Eigenschaften, die sich als Mittelwerte über die zeitabhängigen Eigenschaften der Teilchen ergeben, aus denen das System besteht. Man kann es sogar als ein grundlegendes Prinzip der statistischen Thermodynamik betrachten, dass das (über einen genügend langen Zeitraum bestimmte) zeitliche Mittel gleich dem Mittel über das Ensemble ist. Dieses Prinzip hängt mit einer berühmten Annahme von Ludwig Boltzmann zusammen, der so genannte Ergodenhypothese. Eine genaue Diskussion dieses Themas würde aber an dieser Stelle zu weit führen. Greifen Sie bei Interesse zu den unter *Weiterführende Literatur* angeführten Werken.

Arbeitsbuch Physikalische Chemie. 4. Auflage. P. W. Atkins, C. A. Trapp, M. P. Cady und C. Giunta

ISBN: 978-3-527-31828-5

Leichte Aufgaben

A16.1a Mit $q = \sum_i \mathrm{e}^{-\beta\varepsilon_i}$ ist nach Gl. (16-6)

$$n_i = \frac{N\,\mathrm{e}^{-\beta\varepsilon_i}}{q}.$$

Mit $\beta = 1/kT$ erhalten wir dann

$$\frac{n_2}{n_1} = \frac{\mathrm{e}^{-\beta\varepsilon_2}}{\mathrm{e}^{-\beta\varepsilon_1}} = \mathrm{e}^{-\beta(\varepsilon_2-\varepsilon_1)} = \mathrm{e}^{-\beta\Delta\varepsilon} = \mathrm{e}^{-\Delta\varepsilon/kT}.$$

Für $T \to \infty$ ist dann $\frac{n_2}{n_1} = \mathrm{e}^{-0} = 1$.

A16.2a Nach Gl. (16-19) ist

$$q = \frac{V}{\Lambda^3} = \left(\frac{2\pi m}{h^2\beta}\right)^{3/2} V = \left(\frac{2\pi m k T}{h^2}\right)^{3/2} V$$

$$= \left(\frac{(2\pi)\times(120\times10^{-3}\ \mathrm{kg\,mol^{-1}})\times(1.381\times10^{-23}\ \mathrm{J\,K^{-1}})\times T}{(6.022\times10^{23}\ \mathrm{mol^{-1}})\times(6.626\times10^{-34}\ \mathrm{J\,s})^2}\right)^{3/2} \times (2.00\times10^{-6}\mathrm{m^3}).$$

(a) $T = 300K, \quad q = (4.94\times10^{23})\times(300)^{3/2} = 2.57\times10^{27}$.

(b) $T = 600K, \quad q = (4.94\times10^{23})\times(600)^{3/2} = 7.26\times10^{27}$.

A16.3a Nach Gl. (16-19) ist $q = \frac{V}{\Lambda^3}$ und damit $\frac{q}{q'} = \left(\frac{\Lambda'}{\Lambda}\right)^3$.

Wegen $\Lambda \propto \frac{1}{m^{1/2}}$ ist aber

$$\frac{q}{q'} = \left(\frac{m}{m'}\right)^{3/2}.$$

Mit $m(\mathrm{D_2}) = 2m(\mathrm{H_2})$ folgt daraus $\frac{q(D_2)}{q(H_2)} = 2^{3/2} = 2.83$.

A16.4a Nach Gl. (16-9) gilt

$$q = \sum_{\text{Niveaus}} g_j e^{-\beta\varepsilon_j} = 3 + (\mathrm{e}^{-\beta\varepsilon_1}) + (3\mathrm{e}^{-\beta\varepsilon_2})$$

$$\beta\varepsilon = \frac{hc\tilde{\nu}}{kT} = \frac{1.4388(\tilde{\nu}/\mathrm{cm^{-1}})}{T/\mathrm{K}}$$

(siehe Lehrbuch, Tabelle im vorderen Einbanddeckel).

Damit ist $q = 3+(\mathrm{e}^{-(1.4388)\times(3500)/1900})+(3\mathrm{e}^{-(1.4388)\times(4700)/1900}) = 3+0.0706+0.085 = 3.156$.

A16.5a Nach Gl. (16-29) ist

$$E = -\frac{N}{q}\frac{dq}{d\beta} = -\frac{N}{q}\frac{d}{d\beta}(3 + e^{-\beta\varepsilon_1} + 3e^{-\beta\varepsilon_2}) = -\frac{N}{q}(-\varepsilon_1 e^{-\beta\varepsilon_1} - 3\varepsilon_2 e^{-\beta\varepsilon_2})$$

$$= \frac{Nhc}{q}(\tilde{\nu}_1 e^{-\beta hc\tilde{\nu}_1} + 3\tilde{\nu}_2 e^{-\beta hc\tilde{\nu}_2})$$

$$= \left(\frac{N_A hc}{3.156}\right) \times \left(\tilde{\nu}_1 e^{(-hc\tilde{\nu}_1)/kT} + 3\tilde{\nu}_2 e^{-(hc\tilde{\nu}_2)/kT}\right)$$

$$= \left(\frac{N_A hc}{3.156}\right) \times \left(0 + 3500\ \text{cm}^{-1} \times e^{-(1.4388\times 3500)/1900} + 3 \times 4700\ \text{cm}^{-1} \times e^{-(1.4388\times 4700)/1900}\right)$$

$$= N_A hc \times (204.9\ \text{cm}^{-1}) = 2.45\ \text{kJ mol}^{-1}.$$

A16.6a Nach Gl. (16-6) ist

$$\frac{n_i}{N} = \frac{e^{-\beta\varepsilon_i}}{q}.$$

Mit $\varepsilon = \varepsilon_{ex} - \varepsilon_g$ folgt daraus $\frac{n_{ex}}{n_g} = \frac{e^{-\beta\varepsilon_{ex}}}{e^{-\beta\varepsilon_g}} = e^{-\beta\varepsilon}$.

Auflösen ergibt $\beta = \frac{1}{\varepsilon}\ln\frac{n_g}{n_{ex}}$ bzw. $T = \frac{(\varepsilon/k)}{\ln\left(\frac{n_g}{n_{ex}}\right)}$ und

$$T = \frac{\left(\frac{hc\tilde{\nu}}{k}\right)}{\ln\left(\frac{n_g}{n_{ex}}\right)} = \frac{(1.4388\ \text{cm K}) \times (540\ \text{cm}^{-1})}{\ln\left(\frac{0.90}{0.10}\right)} = 354\ \text{K}.$$

A16.7a Wir beziehen die Energien auf den unteren Zustand; dann gilt

$$q = \sum_i e^{-\beta\varepsilon_i} = 1 + e^{-2\mu_B\beta\mathcal{B}}.$$

Es folgt mit Gl. (16-29)

$$\langle\varepsilon\rangle = \frac{E}{N} = -\frac{1}{q}\frac{dq}{d\beta} = \frac{2\mu_B\mathcal{B}e^{-2\mu_B\beta\mathcal{B}}}{1 + e^{-2\mu_B\beta\mathcal{B}}}.$$

Wir setzen $x = 2\mu_B\beta\mathcal{B}$ und erhalten $\frac{\langle\varepsilon\rangle}{2\mu_B\mathcal{B}} = \frac{e^{-x}}{1 + e^{-x}} = \frac{1}{e^x + 1}$.

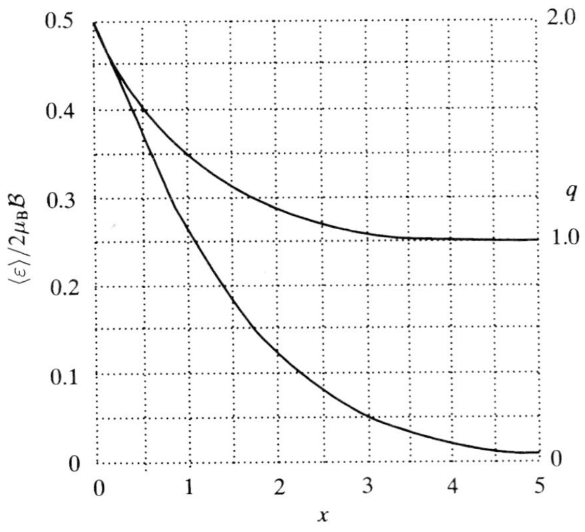

Abb. 16-1

Diese Funktion ist in Abb. 16-1 aufgetragen. Für die Zustandssumme tragen wir auf

$$q = 1 + \mathrm{e}^{-x}.$$

Die relativen Besetzungen sind (vgl. Aufgabe A16.1a) $\frac{n_+}{n_-} = \mathrm{e}^{-\beta\Delta\varepsilon} = \mathrm{e}^{-x}$. Dann ist

$$x = 2\mu_\mathrm{B}\beta\mathcal{B} = \frac{(2) \times (9.274 \times 10^{-24}\ \mathrm{J\,T^{-1}}) \times (1.0)\mathrm{T}}{(1.381 \times 10^{-23}\ \mathrm{J\,K^{-1}})T} = 1.343/(T/\mathrm{K}).$$

(a) $T = 4\ \mathrm{K}$: $\frac{n_+}{n_-} = \mathrm{e}^{-1.343/4} = 0.71$;

(b) $T = 298\ \mathrm{K}$: $\frac{n_+}{n_-} = \mathrm{e}^{-1.343/298} = 0.996$.

A16.8a Der Energieabstand beträgt $\varepsilon = k \times (10\ \mathrm{K})$.

(a) $\frac{n_1}{n_0} = \mathrm{e}^{-\beta(\varepsilon_1-\varepsilon_0)} = \mathrm{e}^{-\beta\varepsilon} = \mathrm{e}^{-10/(T/\mathrm{K})}$ (siehe Aufgabe A16.1a)

(1) $T = 1.0\ \mathrm{K}$; $\frac{n_1}{n_0} = \mathrm{e}^{-10} = \overline{5} \times 10^{-5}$.

(2) $T = 10\ \mathrm{K}$; $\frac{n_1}{n_0} = \mathrm{e}^{-1.0} = 0.4$.

(3) $T = 100\ \mathrm{K}$; $\frac{n_1}{n_0} = \mathrm{e}^{-0.100} = 0.905$.

(b) $q = \sum_j g_j \mathrm{e}^{-\varepsilon_j/kT} = \mathrm{e}^0 + \mathrm{e}^{-1.0} = 1.4$.

(c) Nach Gl. (16-29) gilt $E = -\frac{N_A}{q}\frac{dq}{d\beta}$ und damit

$$q = 1 + e^{-10\,K\times k\beta}.$$

$$E = -\frac{N_A}{q}\left\{-(10\,K)\times k e^{-(10\,K\times k\beta)}\right\} = \frac{(10\,K)\times R}{1+e^{(10\,K\times k\beta)}} = \frac{(10\,K)\times R}{1+e^{10/(T/K)}}.$$

Bei $T = 10$ K ist

$$E = \frac{(10\,K)\times R}{1+e} = \frac{(10\,K)\times(8.314\,J\,K^{-1}\,mol^{-1})}{3.718} = 22\,J\,mol^{-1}.$$

(d) Mit $\frac{d}{dT} = -\frac{1}{kT^2}\frac{d}{d\beta}$ folgt

$$C_V = \left(\frac{\partial U}{\partial T}\right)_V = \frac{dE}{dT}$$

$$= -\frac{1}{kT^2}\frac{d}{d\beta}\left(\frac{(10\,K)\times R}{1+e^{(10\,K\times k\beta)}}\right) = R\left(\frac{e}{(1+e)^2}\right) = 0.19\bar{7}R = 1.6\,J\,K^{-1}\,mol^{-1}.$$

(e)

$$S = \frac{U-U(0)}{T} + N_A k\ln q = \frac{E}{T} + R\ln q.$$

$$= \left(\frac{22.3\bar{6}\,J\,mol^{-1}}{10\,K}\right) + (R\ln 1.3\overline{68}) = 4.8\,J\,K^{-1}\,mol^{-1}.$$

A16.9a Für die Besetzungszahlen gilt $\frac{n_1}{n_0} = e^{-\beta\varepsilon} = e^{-hc\tilde{\nu}/kT}$.

Dann folgt mit $\tilde{\nu} = 2991\,cm^{-1}$ (der Zahlenwert für $^1H^{35}Cl$ stammt aus Tabelle 13-2)

$$\frac{1}{e} = e^{-hc\tilde{\nu}/kT},$$

$$-1 = \frac{-hc\tilde{\nu}}{kT},$$

$$T = \frac{hc\tilde{\nu}}{k} = (1.4388\,cm\,K)\times(2991\,cm^{-1}) = 4303\,K.$$

Anmerkung: Die Energieniveaus der Schwingung sind groß im Vergleich zu $kT = 207\,cm^{-1}$ bei Raumtemperatur (298 K). Also sind hohe Temperaturen nötig, um eine merkliche Besetzung in angeregten Schwingungszuständen zu erreichen.

Frage: Wir wollen annehmen, dass die thermische Zersetzung von HCl einsetzt, wenn sich ein Prozent der HCl-Moleküle in einem Schwingungszustand befindet, dessen Energie gleich der Dissoziationsenergie der Bindung ist (431 kJ mol^{-1}). Welche Temperatur ist dafür nötig? Nehmen Sie an, dass ε konstant 2991 cm^{-1} beträgt. Nehmen Sie das Ergebnis aber nicht zu ernst.

A16.10a Aus Gl. (16-46b) folgt mit $p = p^{\ominus}$: $S_m^{\ominus} = R \ln\left(\frac{e^{5/2}kT}{p^{\ominus}\Lambda^3}\right)$. Dann ist

$$\Lambda = \frac{h}{(2\pi mkT)^{1/2}}$$
$$= \frac{6.626 \times 10^{-34}\ \mathrm{J\ s}}{[(2\pi) \times (20.18) \times (1.6605 \times 10^{-27}\ \mathrm{kg}) \times (1.381 \times 10^{-23}\ \mathrm{J\ K^{-1}}T)]^{1/2}}$$
$$= \frac{3.886 \times 10^{-10}\ \mathrm{m}}{(T/\mathrm{K})^{1/2}}.$$
$$S_m^{\ominus} = R \ln\left(\frac{(e^{5/2}) \times (1.381 \times 10^{-23}\ \mathrm{J\ K^{-1}}T)}{(1 \times 10^5\ \mathrm{Pa}) \times (3.886 \times 10^{-10}\mathrm{m})^3}\right) \times \left(\frac{T}{\mathrm{K}}\right)^{3/2}$$
$$= R \ln(28.67) \times (T/\mathrm{K})^{5/2}.$$

(a) $T = 200\ \mathrm{K}$, $S_m^{\ominus} = (8.314\ \mathrm{J\ K^{-1}\ mol^{-1}}) \times \ln(28.67) \times (200)^{5/2} = 138\ \mathrm{J\ K^{-1}\ mol^{-1}}$.

(b) $T = 298.15\ \mathrm{K}$, $S_m^{\ominus} = (8.314\ \mathrm{J\ K^{-1}\ mol^{-1}}) \times \ln(28.67) \times (298.15)^{5/2} = 146\ \mathrm{J\ K^{-1}\ mol^{-1}}$.

A16.11a Nach *Beispiel* 16-2 ist $q = \frac{1}{1 - e^{-\beta\varepsilon}} = \frac{1}{1 - e^{-hc\beta\tilde{\nu}}}$. Dann ist

$$hc\beta\tilde{\nu} = \frac{(1.4388\ \mathrm{cm\ K}) \times (560\ \mathrm{cm^{-1}})}{500\ \mathrm{K}} = 1.611.$$

Damit folgt $q = \frac{1}{1 - e^{-1.611}} = 1.249$.

Die von der Schwingungsanregung herrührende innere Energie ist (vgl. Gl. (16-31a) und *Beispiel* 16-2)

$$U - U(0) = \frac{N\varepsilon e^{-\beta\varepsilon}}{1 - e^{-\beta\varepsilon}} = \frac{Nhc\tilde{\nu}e^{-hc\tilde{\nu}\beta}}{1 - e^{-hc\tilde{\nu}\beta}} = \frac{Nhc\tilde{\nu}}{e^{hc\tilde{\nu}\beta} - 1}$$
$$= (0.249) \times (Nhc) \times (560\ \mathrm{cm^{-1}}).$$

Mit Gl. (16-35) folgt daraus

$$\frac{S_m}{N_A k} = \frac{U - U(0)}{N_A kT} + \ln q = (0.249) \times \left(\frac{hc}{kT}\right) \times (560\ \mathrm{cm^{-1}}) + \ln(1.249)$$
$$= \left(\frac{(0.249) \times (1.4388\ \mathrm{K\ cm}) \times (560\ \mathrm{cm^{-1}})}{500\ \mathrm{K}}\right) + \ln(1.249) = 0.401 + 0.222$$
$$= 0.623.$$

Damit ist $S_m = 0.623R = 5.18\ \mathrm{J\ K^{-1}\ mol^{-1}}$.

A16.12a (a) $1/N!$ muss berücksichtigt werden, He-Atome sind nicht unterscheidbar und nicht lokalisiert.

(b) $1/N!$ muss berücksichtigt werden, CO-Moleküle sind nicht unterscheidbar und nicht lokalisiert.

(c) $1/N!$ muss nicht berücksichtigt werden, die CO-Moleküle sind anhand ihrer Anordnung unterscheidbar.

(d) $1/N!$ muss berücksichtigt werden, die H_2O-Moleküle sind nicht unterscheidbar und nicht lokalisiert.

Schwerere Aufgaben

16.1 Die Anzahl der Konfigurationen in dem Gesamtsystem ist $W = W_1 W_2$.

$$W = (10^{20}) \times (2 \times 10^{20}) = 2 \times 10^{40}.$$

$$S = k \ln W \quad \text{(wegen Gl. 16-34);} \qquad S_1 = k \ln W_1; \qquad S_2 = k \ln W_2.$$

$$S = k \ln(2 \times 10^{40}) = k\{\ln 2 + 40 \ln 10\} = 92.8k$$

$$= 92.8 \times (1.381 \times 10^{-23}\,\mathrm{J\,K^{-1}}) = 1.282 \times 10^{-21}\,\mathrm{J\,K^{-1}}.$$

$$S_1 = k \ln(10^{20}) = k\{20 \ln 10\} = 46.1k$$

$$= 46.1 \times (1.381 \times 10^{-23}\,\mathrm{J\,K^{-1}}) = 0.637 \times 10^{-21}\,\mathrm{J\,K^{-1}}.$$

$$S_2 = k \ln(2 \times 10^{20}) = k\{\ln 2 + 20 \ln 10\} = 46.7k$$

$$= 46.7 \times (1.381 \times 10^{-23}\,\mathrm{J\,K^{-1}}) = 0.645 \times 10^{-21}\,\mathrm{J\,K^{-1}}.$$

Diese Ergebnisse sind insoweit bedeutsam, als sie zeigen, das die Entropie der statistischen Mechanik eine additive Eigenschaft ist – im Einklang mit dem Ergebnis der Thermodynamik. Es ist also

$$S = S_1 + S_2 = (0.637 \times 10^{-21} + 0.645 \times 10^{-21})\,\mathrm{J\,K^{-1}} = 1.282 \times 10^{-21}\,\mathrm{J\,K^{-1}}.$$

16.3 Nach Gl. (16-34) ist $S = k \ln W$. Also gilt

$$\left(\frac{\partial S}{\partial U}\right)_V = \frac{k}{W}\left(\frac{\partial W}{\partial U}\right)_V$$

oder

$$\left(\frac{\partial W}{\partial U}\right)_V = \frac{W}{k}\left(\frac{\partial S}{\partial U}\right)_V.$$

Aber wegen Gl. (3-45) ist

$$\left(\frac{\partial U}{\partial S}\right)_V = T.$$

Es gilt also

$$\left(\frac{\partial S}{\partial U}\right)_V = \frac{1}{T}$$

und somit

$$\left(\frac{\partial W}{\partial U}\right)_V = \frac{W}{k}\left(\frac{1}{T}\right).$$

Also ist

$$\frac{\Delta W}{W} \approx \frac{\Delta U}{kT} = \frac{100 \times 10^3\ \mathrm{J}}{(1.381 \times 10^{-23}\ \mathrm{J\ K^{-1}}) \times 298\ \mathrm{K}}$$
$$= 2.4 \times 10^{25}.$$

16.5 Mit $\beta = \dfrac{1}{kT}$ gilt nach Gl. (16-19) $q = \dfrac{V}{\Lambda^3}$, $\quad \Lambda = \dfrac{h}{(2\pi mkT)^{1/2}}$

und damit

$$T = \left(\frac{h^2}{2\pi mk}\right) \times \left(\frac{q}{V}\right)^{2/3}$$
$$= \left(\frac{(6.626 \times 10^{-34}\ \mathrm{J\ s})^2}{(2\pi) \times (39.95) \times (1.6605 \times 10^{27}\ \mathrm{kg}) \times (1.381 \times 10^{-23}\ \mathrm{J\ K^{-1}})}\right)$$
$$\times \left(\frac{10}{1.0 \times 10^{-6}\ \mathrm{m^3}}\right)^{2/3}$$
$$= 3.5 \times 10^{-15}\ \mathrm{K} \quad \text{(eine extrem tiefe Temperatur).}$$

Die genaue Zustandssumme in einer Dimension ist

$$q = \sum_{n=1}^{\infty} \mathrm{e}^{-(n^2-1)h^2\beta/8mL^2}.$$

Für ein Ar-Atom in einem würfelförmigen Kasten der Kantenlänge 1.0 cm ist

$$\frac{h^2\beta}{8mL^2} = \frac{(6.626\times10^{-34}\ \mathrm{J\ s})^2}{(8)\times(39.95)\times(1.6605\times10^{-27}\ \mathrm{kg})\times(1.381\times10^{-23}\ \mathrm{J\ K^{-1}})\times(3.5\times10^{-15}\ \mathrm{K})\times(1.0\times10^{-2}\ \mathrm{m})^2}$$
$$= 0.17\overline{1}.$$

Dann gilt $q = \sum_{n=1}^{\infty} \mathrm{e}^{-0.17\overline{1}(n^2-1)} = 1.00 + 0.60 + 0.25 + 0.08 + 0.02 + \cdots = 1.95.$

Die Zustandssumme für die Bewegung in drei Dimensionen ist daher $q = (1.95)^3 = 7.41$.

Anmerkung: Eine so tiefe Temperatur wie 3.5×10^{-15} K ist bisher noch nie erreicht worden. Durch adiabatische Entmagnetisierung von Kernen (vgl. Abschnitt 16.1.2) konnte man bisher eine Temperatur von 2×10^{-8} K erzielen.

Frage: Gilt die Näherung für das Integral auch bei 2×10^{-8} K?

16.7 (a) $q = \sum_j g_j \mathrm{e}^{-\beta\varepsilon_j}$ [Gl. (16-9)] $= \sum_j g_j \mathrm{e}^{-hc\beta\tilde{\nu}_j}$.

Wir verwenden für $hc\beta$ die Werte $\dfrac{1}{207\ \mathrm{cm}^{-1}}$ (bei 298 K) und $\dfrac{1}{3475\ \mathrm{cm}^{-1}}$ (bei 5000 K). Damit ist

(i)

$$q = 5 + \mathrm{e}^{-4707/207} + 3\mathrm{e}^{-4751/207} + 5\mathrm{e}^{-10559/207}$$
$$= (5) + (1.3 \times 10^{-10}) + (3.2 \times 10^{-10}) + (3.5 \times 10^{-22}) = 5.00.$$

(ii)

$$q = 5 + \mathrm{e}^{-4707/3475} + 3\mathrm{e}^{-4751/3475} + 5\mathrm{e}^{-10559/3475}$$
$$= (5) + (0.26) + (0.76) + (0.24) = 6.26.$$

(b) Mit der Entartung g_j gilt nach Gl. (16-7)

$$p_j = \frac{g_j \mathrm{e}^{-\beta\varepsilon_j}}{q} = \frac{g_j \mathrm{e}^{-hc\beta\tilde{\nu}_j}}{q}$$

und damit $p_0 = \dfrac{5}{q} = 1.00$ bei 298 K und 0.80 bei 5000 K.

$$p_2 = \frac{3\mathrm{e}^{-4751/207}}{5.00} = 6.5 \times 10^{-11} \text{ bei 298 K.}$$

$$p_2 = \frac{3\mathrm{e}^{-4751/3475}}{6.26} = 0.12 \text{ bei 5000 K.}$$

(c) Nach Gl. (16-35) ist $S_\mathrm{m} = \dfrac{U_\mathrm{m} - U_\mathrm{m}(0)}{T} + Nk \ln q$.

Wir benötigen $U_\mathrm{m} - U_\mathrm{m}(0)$ und ermitteln es durch explizite Summation. Wir verwenden dabei die Gl. (16-28) und die Entartung g_j:

$$U_\mathrm{m} - U_\mathrm{m}(0) = E = \frac{N_\mathrm{A}}{q} \sum_j g_j \varepsilon_j \mathrm{e}^{-\beta\varepsilon_j}.$$

In Wellenzahlen-Einheiten ist

(i) $$\frac{U_\mathrm{m} - U_\mathrm{m}(0)}{N_\mathrm{A}hc} = \frac{1}{5.00}\{0 + 4707\ \mathrm{cm}^{-1} \times \mathrm{e}^{-4707/207} + \cdots\} = 4.32 \times 10^{-7} \mathrm{cm}^{-1},$$

(ii) $$\frac{U_\mathrm{m} - U_\mathrm{m}(0)}{N_\mathrm{A}hc} = \frac{1}{6.26}\{0 + 4707\ \mathrm{cm}^{-1} \times \mathrm{e}^{-4707/3475} + \cdots\} = 1178\ \mathrm{cm}^{-1}.$$

Bei 298 K ist also

$$U_\mathrm{m} - U_\mathrm{m}(0) = 5.17 \times 10^{-6}\ \mathrm{J\ mol}^{-1}$$

und bei 5000 K ist

$$U_\mathrm{m} - U_\mathrm{m}(0) = 14.10\ \mathrm{kJ\ mol}^{-1}.$$

Es folgt

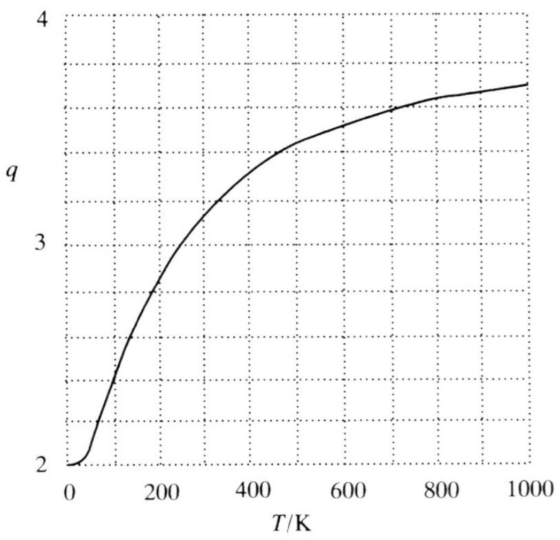

Abb. 16-2

(i)

$$S_m = \left(\frac{5.17 \times 10^{-6}\ \text{J mol}^{-1}}{298\ \text{k}}\right) + (8.314\ \text{J K}^{-1}\ \text{mol}^{-1}) \times (\ln 5.00)$$

$$= 13.38\ \text{J K}^{-1}\ \text{mol}^{-1} \quad \text{(im Wesentlichen } R \ln 5\text{)}.$$

(ii)

$$S_m = \left(\frac{14.09 \times 10^{3}\ \text{J mol}^{-1}}{5000\text{K}}\right) + (8.314\ \text{J K}^{-1}\text{mol}^{-1}) \times (\ln 6.26)$$

$$= 18.07\ \text{J K}^{-1}\ \text{mol}^{-1}.$$

16.9 Mit Gl. (16-9) bzw. Gl. (16-7) finden wir

$$q = \sum_j g_j e^{-\beta\varepsilon_j} = \sum_j g_j e^{-hc\beta\tilde{\nu}_j}$$

$$p_i = \frac{g_i e^{-\beta\varepsilon_i}}{q} = \frac{g_i e^{-hc\beta\tilde{\nu}_i}}{q}.$$

Wir beziehen die Energie auf die unteren Zustände und schreiben

$$q = 2 + 2e^{-hc\beta\tilde{\nu}} = 2 + 2e^{-(1.4388 \times 121.1)/(T/\text{K})} = 2 + 2e^{-174.2/(T/\text{K})}.$$

Diese Funktion ist in Abb. 16-2 aufgetragen.

(a) Bei 300 K ist

$$p_0 = \frac{2}{q} = \frac{1}{1 + e^{-174.2/300}} = 0.64,$$

$$p_1 = 1 - p_0 = 0.36.$$

(b) Der elektronische Beitrag zu U_m ist (in Wellenlängen-Einheiten) gemäß Gl. (16-31a)

$$\frac{U_m - U_m(0)}{N_A hc} = -\frac{1}{hcq}\frac{dq}{d\beta} = \frac{2\overline{\nu}e^{-hc\beta\tilde{\nu}}}{q}$$
$$= \frac{(121.1\ \text{cm}^{-1}) \times (e^{-174.2/300})}{1 + e^{-174.2/300}} = 43.45\ \text{cm}^{-1}.$$

Das entspricht $0.52\ \text{kJ mol}^{-1}$.

Für den elektronischen Beitrag zur molaren Entropie benötigen wir q und $U_m - U_m(0)$ bei 500 K und bei 300 K. Die Werte sind in der folgenden Tabelle zusammengestellt:

	300 K	500 K
$U_m - U_m(0)$	$0.518\ \text{kJ mol}^{-1}$	$0.599\ \text{kJ mol}^{-1}$
q	3.120	3.412

Nach Gl. (16-35) ist

$$S_m = \frac{U_m - U_m(0)}{T} + R\ln q.$$

Bei 300 K ist

$$S_m = \left(\frac{518\ \text{J mol}^{-1}}{300\ \text{K}}\right) + (8.3141\ \text{J K}^{-1}\text{mol}^{-1}) \times (\ln 3.120) = 11.2\ \text{J K}^{-1}\ \text{mol}^{-1}.$$

Bei 500 K ist

$$S_m = \left(\frac{518\ \text{J mol}^{-1}}{500\ \text{K}}\right) + (8.3141\ \text{J K}^{-1}\text{mol}^{-1}) \times (\ln 3.412) = 11.4\ \text{J K}^{-1}\ \text{mol}^{-1}.$$

16.11 Nach Gl. (16-8) ist $q = \sum_i e^{-\beta\varepsilon_i} = \sum_i e^{-hc\beta\tilde{\nu}_i}$.

Bei 100 K ist $hc\beta = \dfrac{1}{69.50\ \text{cm}^{-1}}$ und bei 298 K ist $hc\beta = \dfrac{1}{207.22\ \text{cm}^{-1}}$.

(a) $q = 1 + e^{-213.30/69.50} + e^{-435.39/69.50} + e^{-636.27/69.50} + e^{-845.93/69.50} = 1.049$ (bei 100 K)

(b) $q = 1 + e^{-213.30/207.22} + e^{-425.39/207.22} + e^{-636.27/207.22} + e^{-845.93/207.22} = 1.55$ (bei 298 K).

In jedem Falle gilt nach Gl. (16-7) $p_i = \dfrac{e^{-hc\beta\tilde{\nu}_i}}{q}$.

$$p_0 = \frac{1}{q} = \quad \text{(a) } 0.953, \quad \text{(b) } 0.645.$$

$$p_1 = \frac{e^{-hc\beta\tilde{\nu}_1}}{q} = \text{(a) } 0.044, \quad \text{(b) } 0.230.$$

$$p_2 = \frac{e^{-hc\beta\tilde{\nu}_2}}{q} = \text{(a) } 0.002, \quad \text{(b) } 0.083.$$

Für die molare Entropie bilden wir $U_m - U_m(0)$ durch explizite Summation. Wir verwenden dafür die Gleichungen (16-29) und (16-30):

$$U_\mathrm{m} - U_\mathrm{m}(0) = \frac{N_\mathrm{A}}{q}\sum_i \varepsilon_i e^{-\beta\varepsilon_i} = \frac{N_\mathrm{A}}{q}\sum_i hc\tilde{\nu}_i e^{-hc\beta\tilde{\nu}_i}$$

$$= 123\ \mathrm{J\ mol^{-1}}\ (\text{bei } 100\ \mathrm{K}),\ 1348\ \mathrm{J\ mol^{-1}}\ (\text{bei } 298\ \mathrm{K}).$$

Nach Gl. (16-35) gilt $S_\mathrm{m} = \dfrac{U_\mathrm{m} - U_\mathrm{m}(0)}{T} + R\ln q$. Dann ist

(a) $$S_\mathrm{m} = \frac{123\ \mathrm{J\ mol^{-1}}}{100\ \mathrm{K}} + R\ln 1.049 = 1.63\ \mathrm{J\ K^{-1} mol^{-1}}.$$

(b) $$S_\mathrm{m} = \frac{1348\ \mathrm{J\ mol^{-1}}}{298\ \mathrm{K}} + R\ln 1.55 = 8.17\ \mathrm{J\ K^{-1}\ mol^{-1}}.$$

Theoretische Aufgaben

16.13 (a) Nach Gl. (16-1) gilt $W = \dfrac{N!}{n_1!n_2!\cdots} = \dfrac{5!}{0!5!0!0!0!} = 1$.

(b) Wir stellen die folgende Tabelle auf:

0	ε	2ε	3ε	4ε	5ε	$W = \dfrac{N!}{n_1!n_2!\cdots}$
4	0	0	0	0	1	5
3	1	0	0	1	0	20
3	0	1	1	0	0	20
2	2	0	1	0	0	30
2	1	2	0	0	0	30
1	3	1	0	0	0	20
0	5	0	0	0	0	1

Die beiden wahrscheinlichsten Konfigurationen sind {2, 2, 0, 1, 0, 0} und {2, 1, 2, 0, 0, 0}.

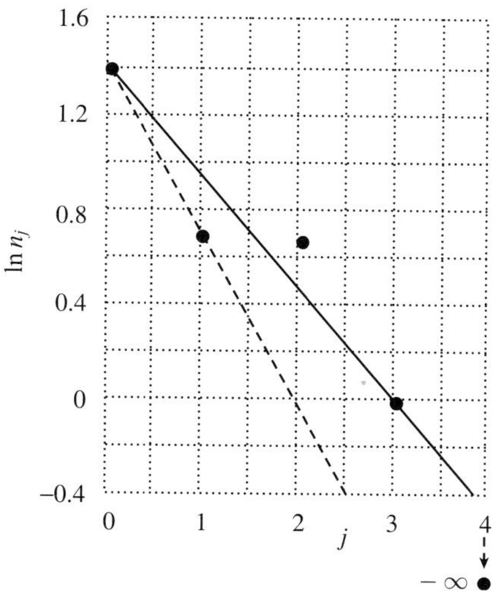

Abb. 16-3

16.15 (a) $\frac{n_j}{n_0} = e^{-\beta(\varepsilon_j - \varepsilon_0)} = e^{-\beta j \varepsilon}$, also $-j\beta\varepsilon = \ln n_j - \ln n_0$ und damit $\ln n_j = \ln n_0 - \frac{j\varepsilon}{kT}$.

Eine Auftragung von $\ln n_j$ gegen j sollte also eine Gerade mit der Steigung $-\frac{\varepsilon}{kT}$ ergeben. Alternativ kann man $\ln p_j$ gegen j auftragen, weil gilt

$$\ln p_j = \text{const.} - \frac{j\varepsilon}{kT}.$$

Wir erstellen mithilfe der Daten in Aufgabe 16.14 die folgende Tabelle:

j	0	1	2	3	
n_j	4	2	2	1	(wahrscheinlichste Konfiguration)
$\ln n_j$	1.39	0.69	0.69	0	

Die Punkte sind in Abb. 16-3 aufgetragen (durchgezogene Linie). Die Steigung beträgt −0.46. Wegen $\frac{\varepsilon}{hc} = 50\,\text{cm}^{-1}$ entspricht diese Steigung einer Temperatur von

$$T = \frac{(50\,\text{cm}^{-1}) \times (2.998 \times 10^{10}\,\text{cm s}^{-1}) \times (6.626 \times 10^{-34}\,\text{J s})}{(0.46) \times (1.381 \times 10^{-23}\,\text{J K}^{-1})} = 160\,\text{K}.$$

(Eine bessere Abschätzung, die zu einer Temperatur von 104 K führt, wird in Aufgabe 16.17 ermittelt.)

(b) Wir wählen eine Konfiguration mit $W = 2520$ und eine mit $W = 504$ und stellen die folgende Tabelle auf:

	j	0	1	2	3	4
$W = 2520$	n_j	4	3	1	0	1
	$\ln n_j$	1.39	1.10	0	$-\infty$	0
$W = 504$	n_j	6	0	1	1	1
	$\ln n_j$	1.79	$-\infty$	0	0	0

Eine nähere Betrachtung dieser Werte zeigt, dass sie stark gekrümmte Kurven liefern.

16.17 (a) Nach Gl. (16-31b) gilt $U - U(0) = -N\dfrac{\mathrm{d}\ln q}{\mathrm{d}\beta}$, mit q gemäß Gl. (16-12) $q = \dfrac{1}{1-\mathrm{e}^{-\beta\varepsilon}}$.

$$\frac{\mathrm{d}\ln q}{\mathrm{d}\beta} = \frac{1}{q}\frac{\mathrm{d}q}{\mathrm{d}\beta} = \frac{-\varepsilon\mathrm{e}^{-\beta\varepsilon}}{1-\mathrm{e}^{-\beta\varepsilon}}.$$

$$a\varepsilon = \frac{U-U(0)}{N} = \frac{\varepsilon\mathrm{e}^{(-\beta\varepsilon)}}{1-\mathrm{e}^{-\beta\varepsilon}} = \frac{\varepsilon}{\mathrm{e}^{\beta\varepsilon}-1}.$$

Also ist $\mathrm{e}^{\beta\varepsilon} = \dfrac{1+a}{a}$ mit $\beta = \dfrac{1}{\varepsilon}\ln\left(1+\dfrac{1}{a}\right)$.

Die mittlere Energie sei ε. Dann ist $a = 1$ und $\beta = \dfrac{1}{\varepsilon}\ln 2$. Daraus folgt

$$T = \frac{\varepsilon}{k\ln 2}\ln 2 = (50\ \mathrm{cm}^{-1}) \times \left(\frac{hc}{k\ln 2}\right) = 104\ \mathrm{K}.$$

(b) $$q = \frac{1}{1-\mathrm{e}^{-\beta\varepsilon}} = \frac{1}{1-\left(\dfrac{a}{1+a}\right)} = 1 + a.$$

(c) Mit Gl. (16-35) erhalten wir

$$\frac{S}{Nk} = \frac{U-U(0)}{NkT} + \ln q = a\beta\varepsilon + \ln q$$
$$= a\ln\left(1+\frac{1}{a}\right) + \ln(1+a) = a\ln(1+a) - a\ln a + \ln(1+a)$$
$$= (1+a)\ln(1+a) - a\ln a.$$

Wenn ε die mittlere Energie ist, dann ist $a = 1$ und $\dfrac{S}{Nk} = 2\ln 2$.

16.19 Wir haben mit Gl. (17-3)

$$p = kT\left(\frac{\partial \ln Q}{\partial V}\right)_{T,N}$$

und erhalten daraus mit Gl. (16-45b)

$$\begin{aligned} p &= kT\left(\frac{\partial \ln(q^N/N!)}{\partial V}\right)_{T,N} \\ &= kT\left(\frac{\partial[N\ln q - \ln N!]}{\partial V}\right)_{T,N} = NkT\left(\frac{\partial \ln q}{\partial V}\right)_{T,N} \\ &= NkT\left(\frac{\partial \ln(V/\Lambda^3)}{\partial V}\right)_{T,N} \\ &= NkT\left(\frac{\partial[\ln V - \ln \Lambda^3]}{\partial V}\right)_{T,N} = NkT\left(\frac{\partial \ln V}{\partial V}\right)_{T,N} \\ &= \frac{NkT}{V} \quad \text{bzw.} \quad pV = NkT = nRT\,. \end{aligned}$$

Anwendungsaufgaben

16.21 Im Gleichgewicht gilt nach Gl. (16-6a) $\dfrac{N(r)/V}{N(r_0)/V} = \mathrm{e}^{-\{V(r)-V(r_0)\}/kT}$.

Bitte unterscheiden Sie deutlich $V(r)$ (die potenzielle Energie) und V (das Volumen). Wegen $V(r) = -GMm/r$ und $V(\infty) = 0$ haben wir

$$\frac{N(\infty)/V}{N(r_0)/V} = \mathrm{e}^{V(r_0)/kT}\,.$$

Demnach ist $N(\infty)/V \propto \mathrm{e}^{V(r_0)/kT} = \text{const}$. Dies ist ganz offensichtlich nicht die wirkliche Verteilung für eine Planetenatmosphäre, denn dort gilt $\lim\limits_{r\to\infty} N(r)/V = 0$. Wir können also schließen, dass die Atmosphäre der Erde (oder eine beliebige andere Planetenatmosphäre) nicht im Gleichgewicht sein kann.

16.23 Jedes der aktiven Zentren kann durch einen Kasten dargestellt werden, an den sich ein Ligand L binden kann. Die folgende Tabelle zeigt alle möglichen Konfigurationen. Die

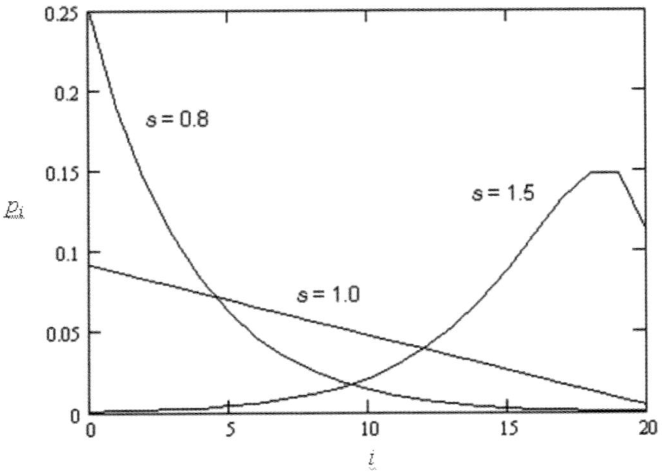

Abb. 16-4(a) Anteil von Molekülen mit i Aminosäuren in einem Knäuelsegment ($\sigma = 0.050$)

Anzahl der Konfigurationen aus i ununterscheidbaren Liganden, die an n unterscheidbare Zentren binden, ist gegeben durch den Binomialkoeffizienten $C(n, i) = \dfrac{n!}{(n-i)!i!}$.

L			
	L		
		L	
			L
L	L		
L		L	
L			L
	L	L	
	L		L
		L	L
L	L	L	
L	L		L
L		L	L
	L	L	L
L	L	L	L

$$C(4,0) = \frac{4!}{(4-0)!0!} = 1 \text{ Konformation}$$

$$C(4,1) = \frac{4!}{(4-1)!1!} = 4 \text{ Konformationen}$$

$$C(4,2) = \frac{4!}{(4-2)!2!} = 6 \text{ Konformationen}$$

$$C(4,3) = \frac{4!}{(4-3)!3!} = 4 \text{ Konformationen}$$

$$C(4,0) = \frac{4!}{(4-0)!0!} = 1 \text{ Konformation}$$

16.25 $p_{\mathrm{i}} = \dfrac{(n-i+1)\sigma s^i}{q} = \dfrac{(n-i+1)\sigma s^i}{1 + \sum_{i=1}^{n}(n-i+1)\sigma s^i}, \quad \langle i \rangle = \sum_{i=0}^{n} i p_i.$

(a) Der Anteil der Moleküle mit i geknäuelten Gruppen hängt dramatisch vom Wert des Stabiltätsparameters s ab. Für $s < 1$ beobachtet man niedrige Werte von i, für $s > 1$ dagegen große Werte. Für $s < 1$ liegt das Polypeptid im Wesentlichen als Helix vor, für $s > 1$ dagegen eher als Knäuel. Siehe dazu Abb. 16-4(a).

(b) Die Darstellung von $\langle i \rangle$ in Abb. 16-4(b) zeigt, dass das Polypeptidmodell für $s < 0.5$ helikal ist und sich bei Variation von s etwas ändert. Im anderen Extrem erkennt

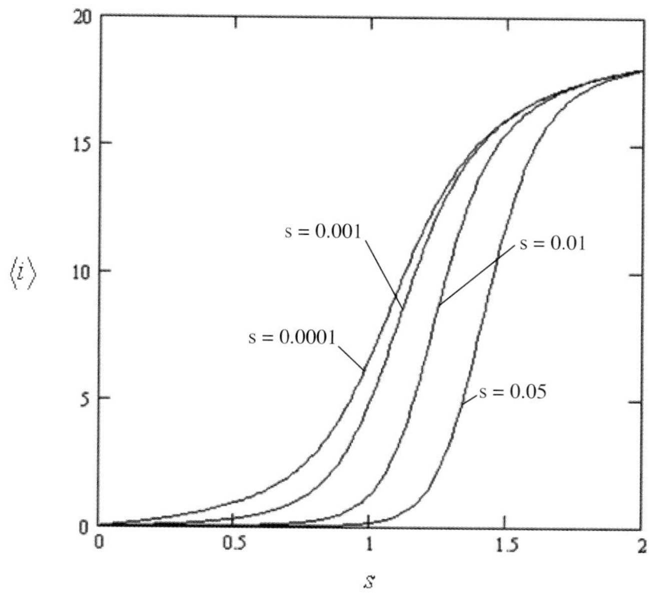

Abb. 16-4(b) Abhängigkeit der mittleren Zahl von Molekülen mit i Aminosäuren von den Stabiltätsparametern s

man, dass das Polypeptid für $s > 1.5$ im Wesentlichen ein statistisches Knäuel ist, der sich bei Variation von s nur wenig ändert. Die mittlere Anzahl der geknäuelten Gruppen ändert sich im mittleren Bereich ($0.5 < s < 1.5$) sehr rasch; man erkennt für die s-Abhängigkeit insgesamt den typischen S-förmigen Verlauf.

17 Statistische Thermodynamik 2: Anwendungen

Diskussionsfragen

17.1 Bei der Ableitung aller dieser Ausdrücke haben wir die Annahme getroffen, dass die Beiträge der verschiedenen Moden separierbar sind. Der Ausdruck $q^{\mathrm{R}} = kT/hcB$ ist die Hochtemperaturnäherung zur Rotationszustandssumme für nichtsymmetrische lineare Rotatoren. Der Ausdruck $q^{\mathrm{S}} = kT/hc\tilde{\nu}$ ist die Hochtemperaturnäherung für die Zustandssumme eines Schwingungsmodes in der harmonischen Näherung. Der Ausdruck $q^{\mathrm{E}} = g^{\mathrm{E}}$ für die elektronische Zustandssumme gilt bei normalen Temperaturen nur für Atome und Moleküle, bei denen es keine niedrigen angeregten elektronischen Zustände gibt.

17.3 Die Nullpunktsentropie geht auf das Vorhandensein einer gewissen Unordnung in dem System selbst bei $T = 0$ zurück. Man beobachtet sie in Systemen, in denen es nur sehr geringe – oder gar keine – Energieunterschiede zwischen alternativen Anordnungen der Moleküle bei sehr tiefen Temperaturen gibt. Folglich können die Moleküle sich nicht in einer bevorzugten Ordnung anordnen, und ein gewisses Maß an Unordnung bleibt bestehen.

17.5 Die Zustandsgleichungen kann man als Ausdrücke für den Druck eines Gases auffassen, der mithilfe der Zustandsfunktionen n, V und T ausgedrückt wird. Man erhält sie aus dem Ausdruck für den Druck mithilfe der kanonischen Zustandssumme in Gl. (17-3):

$$p = kT\left(\frac{\partial \ln Q}{\partial V}\right)_T .$$

Die Zustandssumme für das ideale und das reale Gas sind unterschiedlich. Für das ideale Gas haben wir $Q = q^N/N!$ mit $q = V/\Lambda^3$. Für reale Gase haben wir aber keine allgemeine Form. Ein Beispiel wird in *Übung* 17-1 hergeleitet. Ein anderes Beispiel (das, wie sich zeigen lässt, zu der van-der-Waals'schen Zustandsgleichung führt) ist

$$Q = \frac{1}{N!}\left(\frac{2\pi mkT}{h^2}\right)^{3N/2}(V - Nb)\mathrm{e}^{aN^2/kTV} .$$

Für ein ideales Gas gehen die Eigenschaften der Moleküle nicht in die Zustandsgleichung ein; in der Zustandsgleichung für reale Gase findet man dagegen abstoßende und anziehende Terme, die mit dem Aufbau der Moleküle zusammenhängen.

Arbeitsbuch Physikalische Chemie. 4. Auflage. P. W. Atkins, C. A. Trapp, M. P. Cady und C. Giunta

ISBN: 978-3-527-31828-5

17.7 Schauen Sie sich *Begründung* 17-4 an; dort wird der allgemeine Ausdruck Gl. (17-54b) hergeleitet, der einen Zusammenhang zwischen der Gleichgewichtskonstante mit den Zustandssummen und den unterschiedlichen molaren inneren Energien $\Delta_R E_0$ der Produkte und der Reaktanten in einer chemischen Reaktion herstellt. Die Zustandssummen sind Funktionen der Temperatur; das Verhältnis der Zustandssummen in Gl. (17-54b) hängt daher ebenfalls von der Temperatur ab. Die Temperatur beeinflusst die Gleichgewichtskonstante jedoch am direktesten durch den Exponentialterm $e^{-\Delta_R E_0/RT}$. Wie die beiden Faktoren den Betrag der Gleichgewichtskonstante und ihre Temperaturabhängigkeit beeinflussen, wird anhand eines einfachen $R \rightleftharpoons P$-Gasphasengleichgewichts detailliert am Ende von Abschnitt 17.2.6 und in *Begründung* 17-5 beschrieben.

Leichte Aufgaben

A17.1a Mit einem aktiven Mode für $T > \theta_M$ ist nach Gl. (17-35)

$$C_{V,m} = \tfrac{1}{2}(3 + \nu_R^* + 2\nu_S^*)R$$

(a) $\nu_R^* = 2$, $\nu_S^* \approx 1$; also ist $C_{V,m} = \tfrac{7}{2}(3 + 2 + 2 \times 1)R = \tfrac{7}{2}R$ [experimentell: 3.4 R]

Beachten Sie, das I_2 eine relativ geringe Schwingungswellenzahl hat, sodass gilt

$$\theta_S = \frac{hc\tilde{\nu}}{k} = \frac{(6.626 \times 10^{-34}\ \mathrm{J\ s})(2.998 \times 10^{10}\ \mathrm{cm\ s^{-1}})(214\ \mathrm{cm^{-1}})}{1.381 \times 10^{-23}\ \mathrm{J\ K^{-1}}} = 308\ \mathrm{K}.$$

Die in der Aufgabenstellung angegebene Temperatur ist niedriger als dieser Wert, aber nur wenig niedriger. Ein Blick in Abb. 17-12 legt nahe, dass der Mode eher aktiv als inaktiv ist, wenn die Temperatur in die Nähe der Schwingungstemperatur kommt.

(b) $\nu_R^* = 3$, $\nu_S^* \approx 0$; also ist $C_{V,m} = \tfrac{1}{2}(3 + 3 + 0)R = 3R$ [experimentell: 3.2 R].

(c) $\nu_R^* = 3$, $\nu_S^* \approx 4$; also ist $C_{V,m} = \tfrac{1}{2}(3 + 3 + 2 \times 4)R = 7R$ [experimentell: 8.8 R].

Mit den Werten aus den Büchern von G. Herzberg (*Weiterführende Literatur* zu Kapitel 13 und 14) erhalten wir niedrige Schwingungswellenzahlen für vier Moden von Benzol, mit denen die obige Rechnung durchgeführt wurde. Es gibt aber noch 26 weitere Schwingungsmoden, die wir als inaktiv angesetzt und daher vernachlässigt haben. Eine geringe Aktivität dieser Moden ist für die Differenz von etwa 1.8 R zwischen dem experimentellen Wert und unserer Abschätzung verantwortlich.

A17.2a Wir nehmen an, dass alle Rotationsmoden aktiv sind. Dann können wir die folgende Tabelle für $C_{V,\mathrm{m}}$, $C_{p,\mathrm{m}}$ und γ aufstellen, und zwar mit und ohne aktive Schwingungsmoden.

	$C_{V,\mathrm{m}}$	$C_{p,\mathrm{m}}$	γ	Experimentell	
$NH_3(\nu_S^* = 0)$	$3R$	$4R$	1.33	1.31	dichter
$NH_3(\nu_S^* = 6)$	$9R$	$10R$	1.11		
$CH_4(\nu_S^* = 0)$	$3R$	$4R$	1.33	1.31	dichter
$CH_4(\nu_S^* = 9)$	$12R$	$13R$	1.08		

Die experimentellen Werte wurden anhand der Tabellen 2-5 und 2-7 ermittelt, wobei $C_{p,\mathrm{m}} = C_{V,\mathrm{m}} + R$ angenommen wurde. Beim Vergleich der obigen Werte wird deutlich, dass die Schwingungsmoden nicht aktiv sind. Das wird durch die von Herzberg angegebenen Wellenzahlen bestätigt (vgl. die *Weiterführende Literatur* zu Kapitel 13 und 14). Diese Werte sind alle viel größer als kT bei 298 K.

A17.3a Die Rotationszustandssumme für ein lineares Molekül ist nach Tabelle 17-3

$$q^{\mathrm{R}} = \frac{0.6950}{\sigma} \times \frac{T/\mathrm{K}}{(B/\mathrm{cm}^{-1})} = \frac{(0.6950) \times (T/\mathrm{K})}{10.59} = 0.06563\,(T/\mathrm{K}).$$

Das letzte Gleichheitszeichen gilt für $\sigma = 1$.

(a) $q^{\mathrm{R}} = (0.06563) \times (298) = 19.6$,

(b) $q^{\mathrm{R}} = (0.06563) \times (523) = 34.3$.

A17.4a Wir suchen nach der Rotationsuntergruppe des Moleküls (also der Gruppe des Moleküls, die nur aus der Identität und den Rotationselementen besteht) und bestimmen deren Ordnung.

(a) CO: Vollständige Gruppe $C_{\infty\mathrm{v}}$; Untergruppe C_1; also ist $\sigma = 1$.

(b) O_2: Vollständige Gruppe $D_{\infty\mathrm{h}}$; Untergruppe C_2; also ist $\sigma = 2$.

(c) H_2S: Vollständige Gruppe $C_{2\mathrm{v}}$; Untergruppe C_2; also ist $\sigma = 2$.

(d) SiH_4: Vollständige Gruppe T_{d}; Untergruppe T; also ist $\sigma = 12$.

(e) $CHCl_3$: Vollständige Gruppe $C_{3\mathrm{v}}$; Untergruppe C_3; also ist $\sigma = 3$.

Ausführliche Charaktertafeln (mit den Rotationsuntergruppen) sind in der *Weiterführenden Literatur* zu Kapitel 12 zu finden.

A17.5a Die Rotationszustandsumme eines nichtlinearen Moleküls ist nach Tabelle 17-3

$$q^{\mathrm{R}} = \frac{1.0270}{\sigma} \frac{(T/\mathrm{K})^{3/2}}{(ABC/\mathrm{cm}^{-3})^{1/2}}$$

$$= \frac{1.0270 \times 298^{3/2}}{(2) \times (27.878 \times 14.509 \times 9.287)^{1/2}} = 43.1.$$

(Das letzte Gleichheitszeichen gilt mit $\sigma = 2$). Die Hochtemperaturnäherung gilt für $T > \theta_{\mathrm{R}}$ mit

$$\theta_{\mathrm{R}} = \frac{hc(ABC)^{1/3}}{k}$$

$$= \frac{(6.626 \times 10^{-34}\,\mathrm{J\,s}) \times (2.998 \times 10^{10}\,\mathrm{cm\,s^{-1}}) \times [(27.878) \times (14.509) \times (9.287)\,\mathrm{cm}^{-3}]^{1/3}}{1.38 \times 10^{-23}\,\mathrm{J\,K^{-1}}}$$

$$= 22.36\,\mathrm{K}.$$

Die Temperatur, oberhalb derer die Hochtemperaturnäherung höchstens um einen Bruchteil x vom korrekten Wert abweicht, berechnet man mit

$$x = \frac{q^{\mathrm{R}} - q^{\mathrm{R}}_{\mathrm{approx}}}{q^{\mathrm{R}}} = 1 - \frac{q^{\mathrm{R}}_{\mathrm{approx}}}{q^{\mathrm{R}}}$$

$$= 1 - \left(\frac{T}{\sigma\theta_{\mathrm{R}}}\right)\left(\frac{1}{q^{\mathrm{R}}(298\,\mathrm{K}) \times (T/298\,\mathrm{K})^{3/2}}\right).$$

Für eine Abweichung von 10 % gilt $x = 0.10$:

$$T = \left\{\frac{(298\,\mathrm{K})^{3/2}}{\sigma\theta_{\mathrm{R}} \times q^{\mathrm{R}}(298) \times (1-x)}\right\}^2 = \left\{\frac{(298\,\mathrm{K})^{3/2}}{2 \times (22.36\,\mathrm{K}) \times (43.1) \times (1-0.10)}\right\}^2$$

$$= 8.79\,\mathrm{K}.$$

A17.6a Nach Aufgabe A17-5a ist $q^{\mathrm{R}} = 43.1$.

Alle Rotationsmoden des Wassers sind bei 25 °C voll aktiv (vgl. Aufgabe 17.5a). Damit ist

$$U^{\mathrm{R}}_{\mathrm{m}} - U^{\mathrm{R}}_{\mathrm{m}}(0) = E^{\mathrm{R}} = \frac{3}{2}RT.$$

$$S^{\mathrm{R}}_{\mathrm{m}} = \frac{E^{\mathrm{R}}}{T} + R\ln q^{\mathrm{R}}$$

$$= \frac{3}{2}R + R\ln 43.1 = 43.76\,\mathrm{J\,K^{-1}\,mol^{-1}}.$$

Anmerkung: Die Division von q^R durch $N_{\mathrm{A}}!$ ist für die inneren Beiträge nicht erforderlich; interne Bewegungen können als lokalisiert (d. h. unterscheidbar) betrachtet werden. Jedoch ist die gesamte kanonische Zustandssumme – ein Produkt der inneren und der äußeren Beiträge – durch $N_{\mathrm{A}}!$ dividiert.

A17.7a (a) Für einen sphärischen Rotator (Abschnitt 13.2.3) ist nach Gl. (13-25)

$$E = hcBJ(J+1).$$

Dabei ist $B = 5.2412\ \text{cm}^{-1}$ für CH_4, die Entartung ist $g(J) = (2J+1)^2$. Damit folgt nach Gl. (17-13), korrigiert um die Symmetriezahl

$$q \approx \frac{1}{\sigma}\sum_J (2J+1)^2 e^{-\beta hcBJ(J+1)}.$$

Die relevanten Parameter sind

$$hcB\beta = \frac{(1.4388\ \text{K}) \times (5.2412)}{T} = \frac{7.5410}{T/\text{K}} \quad \text{und} \quad \sigma = 12.$$

Dann ist

$$q = \frac{1}{12}\sum_J (2J+1)^2\, e^{-7.5410\, J(J+1)/(T/\text{K})}.$$

Für 298 K ist

$$q = \frac{1}{12}(1.0000 + 8.5561 + 21.480 + 36.173 + \cdots) = \frac{1}{12} \times 443.427 = 36.95.$$

Die Summe konvergiert nach 20 Termen. Entsprechend ist für 500 K

$$q = \frac{1}{12}(1.0000 + 8.7326 + 22.8370 + 40.8880 + \cdots) = \frac{1}{12} \times 960.96 = 80.08.$$

Die Summe konvergiert nach 24 Termen. (Beachten Sie, dass die Ergebnisse noch immer nur angenähert sind, weil die Symmetriezahl nur bei hohen Temperaturen als Korrekturfaktor gültig ist. Um exakte Werte von q^{R} zu erhalten, müssen wir die nach dem Pauli-Prinzip erlaubten Rotationszustände eingehend untersuchen.)

(b) Die Rotationszustandssumme für ein nichtlineares Molekül ist nach Tabelle 17-3 mit $A = B = C$

$$q^{\text{R}} = \frac{1.0270}{\sigma}\frac{(T/\text{K})^{3/2}}{(B/\text{cm}^{-1})^{3/2}} = \frac{1.0270}{12}\frac{(T/\text{K})^{3/2}}{(5.2412)^{3/2}} = 7.133 \times 10^{-3} \times (T/\text{K})^{3/2}.$$

Für 298 K gilt $q = 7.133 \times 10^{-3} \times 298^{3/2} = 36.7$.

Für 500 K gilt $q = 7.133 \times 10^{-3} \times 500^{3/2} = 79.7$.

Der Unterschied ist in diesem Fall nur gering.

A17.8a Mit den Gleichungen (17-15b) und (13-24) sowie mit Tabelle 13-1 finden wir

$$q^{\text{R}} = \frac{kT}{\sigma hcB}, \quad B = \frac{\hbar}{4\pi cI}, \quad I = \mu R^2.$$

Damit folgt $q = \dfrac{8\pi^2 kTI}{\sigma h^2} = \dfrac{8\pi^2 kT\mu R^2}{\sigma h^2}.$

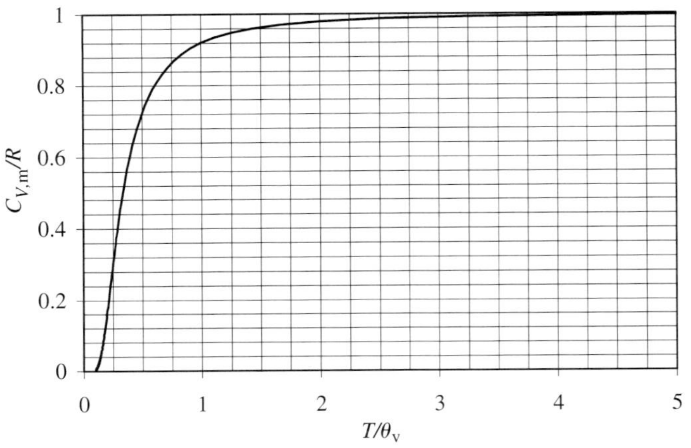

Abb. 17-1

Für O_2 ist $\mu = \frac{1}{2}m(\mathrm{O}) = \frac{1}{2} \times 16.00\,\mathrm{u} = 8.00\,\mathrm{u}$ und $\sigma = 2$; also ist

$$q = \frac{(8\pi^2) \times (1.381 \times 10^{-23}\,\mathrm{J\,K^{-1}}) \times (300\,\mathrm{K}) \times (8.00 \times 1.6605 \times 10^{-27}\,\mathrm{kg}) \times (1.2075 \times 10^{-10}\,\mathrm{m})^2}{(2) \times (6.626 \times 10^{-34}\,\mathrm{J\,s})^2}$$

$$= 72.5\,.$$

A17.9a Mit Gl. (17-34) gilt $C_{V,\mathrm{m}}/R = f$, $f = \left(\frac{\theta_V}{T}\right)^2 \times \left(\frac{\mathrm{e}^{-\theta_V/2T}}{1 - \mathrm{e}^{-\theta_V/T}}\right)^2$ und $\theta_S = \frac{hc\tilde{\nu}}{k}$.

Wir setzen $x = \theta_S/T$ und erhalten $C_{V,\mathrm{m}}/R = x^2\mathrm{e}^{-x}/(1 - \mathrm{e}^{-x})^2$.

Diese Funktion ist in Abb. 17-1 aufgetragen. Bei der Berechnung für das Ethin (Acetylen) verwenden wir für jeden Mode den obigen Ausdruck. Mit $kT/hc = 207\,\mathrm{cm^{-1}}$ bei 298 K und $348\,\mathrm{cm^{-1}}$ bei 500 K sowie mit $\theta_S/T = hc\tilde{\nu}/kT$ können wir folgende Tabelle aufstellen:

	x		$C_{V,\mathrm{m}}/R$	
$\tilde{\nu}/\mathrm{cm^{-1}}$	298 K	500 K	298 K	500 K
612	2.96	1.76	0.505	0.777
612	2.96	1.76	0.505	0.777
729	3.52	2.09	0.389	0.704
729	3.52	2.09	0.389	0.704
1974	9.54	5.67	0.007	0.112
3287	15.88	9.45	3.2×10^{-5}	0.007
3374	16.30	9.70	2.2×10^{-5}	0.006

Die Wärmekapazität für das Molekül ist die Summe dieser Beiträge, also

(a) $1.796R = 14.93\ \mathrm{J\ K^{-1}\ mol^{-1}}$ bei 298 K und

(b) $3.086R = 25.65\ \mathrm{J\ K^{-1}\ mol^{-1}}$ bei 500 K.

A17.10a In allen Fällen ist der Beitrag zu G nach Gl. (17-9) gegeben durch

$$G - G(0) = -nRT\ \ln q$$

(vgl. dazu auch die Anmerkung zu Aufgabe A17.6a). Wir ermitteln zuerst q^{R} und q^{S}. Mit $\sigma = 2$ ergibt sich Tabelle 17-3

$$q^{\mathrm{R}} = \frac{0.6950}{\sigma} \frac{T/\mathrm{K}}{B/\mathrm{cm}^{-1}} = \frac{0.6950 \times (298)}{(2) \times (0.3902)} = 265.$$

$$q^{\mathrm{S}} = \left(\frac{1}{1 - \mathrm{e}^{-a}}\right) \times \left(\frac{1}{1 - \mathrm{e}^{-b}}\right)^2 \times \left(\frac{1}{1 - \mathrm{e}^{-c}}\right)$$

mit

$$a = \frac{(1.4388) \times (1388.2)}{298} = 6.70\overline{2},$$

$$b = \frac{(1.4388) \times (667.4)}{298} = 3.22\overline{2},$$

$$c = \frac{(1.4388) \times (2349.2)}{298} = 11.3\overline{4}.$$

Damit folgt

$$q^{\mathrm{S}} = \frac{1}{1 - \mathrm{e}^{-6.702}} \times \left(\frac{1}{1 - \mathrm{e}^{-3.222}}\right)^2 \times \frac{1}{1 - \mathrm{e}^{-11.34}} = 1.08\overline{6}.$$

Also ist der Beitrag der Rotation zur molaren Freien Enthalpie

$$-RT\ \ln q^{\mathrm{R}} = -8.314\ \mathrm{J\ K^{-1}\ mol^{-1}} \times 298\ \mathrm{K} \times \ln 265 = -13.8\ \mathrm{kJ\ mol^{-1}},$$

der Beitrag der Schwingung ist

$$-RT\ \ln q^{\mathrm{S}} = -8.314\ \mathrm{J\ K^{-1}\ mol^{-1}} \times 298\ \mathrm{K} \times \ln 1.08\overline{6} = -0.20\ \mathrm{kJ\ mol^{-1}}.$$

A17.11a Die Zustandssumme ist

$$q = \sum_j g_j \mathrm{e}^{-\beta\varepsilon_j}$$

mit den Entartungen $g_j = 2J + 1$, sodass gilt (mit $g(^2\mathrm{P}_{3/2}) = 4$ und $g(^2\mathrm{P}_{1/2}) = 2$)

$$q = 4 + 2\mathrm{e}^{-\beta\varepsilon}$$

$$U - U(0) = -\frac{N}{q}\frac{\mathrm{d}q}{\mathrm{d}\beta} = \frac{N\varepsilon \mathrm{e}^{-\beta\varepsilon}}{2 + \mathrm{e}^{-\beta\varepsilon}},$$

$$C_V = \left(\frac{\partial U}{\partial T}\right)_V = -k\beta^2 \left(\frac{\partial U}{\partial \beta}\right)_V = \frac{2R(\varepsilon\beta)^2 \mathrm{e}^{-\beta\varepsilon}}{(2 + \mathrm{e}^{-\beta\varepsilon})^2} \quad (\text{mit } N = N_{\mathrm{A}}).$$

(a) Bei 500 K ist $\beta\varepsilon = 2.53\overline{5}$. Damit ist

$$C_{V,\mathrm{m}}/R = \frac{(2) \times (2.53\overline{5})^2 \times (\mathrm{e}^{-2.53\overline{5}})}{(2 + \mathrm{e}^{-2.53\overline{5}})^2} = 0.236 .$$

(b) Bei 900 K ist $\beta\varepsilon = 1.408$. Damit ist

$$C_{V,\mathrm{m}}/R = \frac{(2) \times (1.408)^2 \times (\mathrm{e}^{-1.408})}{(2 + \mathrm{e}^{-1.408})^2} = 0.193 .$$

Anmerkung: $C_{V,\mathrm{m}}$ ist bei 900 K kleiner als bei 500 K, denn die Temperatur ist höher als beim Peak in der „Zwei-Niveau"-Kurve der Wärmekapazität.

A17.12a Wir nehmen an, dass von den $(2 \times \frac{9}{2} + 1) = 10$ Spin-Orbital-Zuständen des Ions die oberen acht Zustände bei einer Energie liegen, die viel höher ist als kT bei 1 K. Weil die Spin-Entartung von Co^{2+} gleich 4 ist (das Ion ist ein Spin-Quartett), ist $q = 4$. Der Beitrag zur Entropie ist daher

$$R \ln q = (8.314\ \mathrm{J\ K^{-1} mol^{-1}}) \times (\ln 4) = 11.5\ \mathrm{J\ K^{-1}\ mol^{-1}} .$$

A17.13a Nach Gl. (17-52) gilt hier jeweils $S_\mathrm{m} = R \ln s$. Dann ergibt sich

(a) $S_\mathrm{m} = R \ln 3 = 8.3145\ \mathrm{J\ K^{-1}\ mol^{-1}} \times \ln 3 = 9.13\ \mathrm{J\ K^{-1}\ mol^{-1}}$.

(b) $S_m = R \ln 5 = 8.3145\ \mathrm{J\ K^{-1}\ mol^{-1}} \times \ln 5 = 13.4\ \mathrm{J\ K^{-1}\ mol^{-1}}$.

(c) $S_m = R \ln 6 = 8.3145\ \mathrm{J\ K^{-1}\ mol^{-1}} \times \ln 6 = 14.9\ \mathrm{J\ K^{-1}\ mol^{-1}}$.

A17.14a Wir verwenden Gl. (17-56b) mit $\mathrm{X} = \mathrm{I}$, $\mathrm{X_2} = \mathrm{I_2}$ und $\Delta E_0 = D_0$.

$$D_0 = D_\mathrm{e} - \frac{1}{2}\tilde{\nu} = 1.5422\ \mathrm{eV} \times \frac{8065.5\ \mathrm{cm^{-1}}}{1\ \mathrm{eV}} - 107.18\ \mathrm{cm^{-1}}$$
$$= 1.2331 \times 10^4\ \mathrm{cm^{-1}} = 1.475 \times 10^5\ \mathrm{J\ mol^{-1}}.$$

$$K = \left(\frac{(q^{\ominus}_{\mathrm{I,m}})^2}{q^{\ominus}_{\mathrm{I_2,m}} N_\mathrm{A}}\right) \mathrm{e}^{-\Delta E_0/RT} \quad \text{(Gl. (17-56a)).}$$

$$q^{\ominus}_{\mathrm{I,m}} = q^{\mathrm{T}}_{\mathrm{m}}(\mathrm{I}) q^{\mathrm{E}}(\mathrm{I}), \quad q^{\mathrm{E}}(\mathrm{I}) = 4.$$

$$q^{\ominus}_{\mathrm{I_2,m}} = q^{\mathrm{T}}_{\mathrm{m}}(\mathrm{I_2}) q^{\mathrm{R}}(\mathrm{I_2}) q^{\mathrm{V}}(\mathrm{I_2}) q^{\mathrm{E}}(\mathrm{I_2}), \quad q^{\mathrm{E}}(\mathrm{I_2}) = 1.$$

$$\frac{q^{\mathrm{T}}_{\mathrm{m}}(\mathrm{I_2})}{N_\mathrm{A}} = 2.561 \times 10^{-2} (T/\mathrm{K})^{5/2} \times (M/\mathrm{g\,mol^{-1}})^{3/2} \quad \text{(Tabelle 17-3).}$$

$$\frac{q^{\mathrm{T}}_{\mathrm{m}}(\mathrm{I_2})}{N_\mathrm{A}} = 2.561 \times 10^{-2} \times 1000^{5/2} \times 253.8^{3/2} = 3.27 \times 10^9.$$

$$\frac{q^{\mathrm{T}}_{\mathrm{m}}(\mathrm{I})}{N_\mathrm{A}} = 2.561 \times 10^{-2} \times 1000^{5/2} \times 126.9^{3/2} = 1.16 \times 10^9.$$

$$q^{\mathrm{R}}(\mathrm{I_2}) = \frac{0.6950}{\sigma} \times \frac{T/\mathrm{K}}{B/\mathrm{cm^{-1}}} = \frac{1}{2} \times 0.6950 \times \frac{1000}{0.0373} = 931\bar{6}.$$

Mit $a = 1.4388 \dfrac{\tilde{\nu}/\mathrm{cm^{-1}}}{T/\mathrm{K}}$ folgt

$$q^{\mathrm{S}}(\mathrm{I_2}) = \frac{1}{1 - \mathrm{e}^{-a}} = \frac{1}{1 - \mathrm{e}^{-1.4388 \times 214.36/1000}} = 3.77.$$

$$K = \frac{(1.16 \times 10^9 \times 4)^2 \mathrm{e}^{-17.741}}{(3.27 \times 10^9) \times (9316) \times (3.77)} = 3.70 \times 10^{-3}.$$

Schwerere Aufgaben

Rechenaufgaben

17.1

$$q^{\mathrm{E}} = \sum_j g_j \mathrm{e}^{-\beta\varepsilon_j} = 2 + 2\mathrm{e}^{-\beta\varepsilon}, \quad \varepsilon = \Delta\varepsilon = 121.1\,\mathrm{cm^{-1}}.$$

$$U_\mathrm{m} - U_\mathrm{m}(0) = -\frac{N_\mathrm{A}}{q^{\mathrm{E}}} \left(\frac{\partial q^{\mathrm{E}}}{\partial \beta}\right)_V = \frac{N_\mathrm{A} \varepsilon \mathrm{e}^{-\beta\varepsilon}}{q^{\mathrm{E}}} = 1.$$

$$C_{V,\mathrm{m}} = -k\beta^2 \left(\frac{\partial U_\mathrm{m}}{\partial \beta}\right)_V \quad \text{(Gl. (17-31a)).}$$

Wir setzen $x = \beta\varepsilon$. Dann ist $\mathrm{d}\beta = (1/\varepsilon)\,\mathrm{d}x$ und daher

$$C_{V,\mathrm{m}} = -k \left(\frac{x}{\varepsilon}\right)^2 \varepsilon \frac{\partial}{\partial x} \left(\frac{N_\mathrm{A} \varepsilon \mathrm{e}^{-x}}{1 + \mathrm{e}^{-x}}\right) = -N_\mathrm{A} k x^2 \times \frac{\partial}{\partial x} \left(\frac{\mathrm{e}^{-x}}{1 + \mathrm{e}^{-x}}\right)$$
$$= R \left(\frac{x^2 \mathrm{e}^{-x}}{(1 + \mathrm{e}^{-x})^2}\right).$$

Also ist

$$C_{V,\mathrm{m}}/R = \frac{x^2 \mathrm{e}^{-x}}{(1+\mathrm{e}^{-x})^2}, \quad \text{mit} \quad x = \beta\varepsilon.$$

Wir stellen die folgende Tabelle auf:

T / K	50	298	500
$(kT/hc)/\mathrm{mol}^{-1}$	34.8	207	348
x	3.48	0.585	0.348
$C_{V,\mathrm{m}}/R$	0.351	0.079	0.029
$C_{V,\mathrm{m}}/(\mathrm{J\,K^{-1}\,mol^{-1}})$	2.91	0.654	0.244

Anmerkung: Beachten Sie: Die zweifachen Entartungen beeinflussen die Ergebnisse nicht, weil sich die beiden Faktoren 2 in g bei der Berechnung von U aufheben. Im hier betrachteten Temperaturbereich sinkt der elektronische Beitrag zur Wärmekapazität mit steigender Temperatur.

17.3 Für die Energie eines Teilchens auf einem Ring gilt nach Gl. (9-38a)

$$E = \frac{\hbar^2 m_l^2}{2I}.$$

Damit haben wir

$$q = \sum_{m=-\infty}^{\infty} \mathrm{e}^{-m_l^2\hbar^2/2IkT} = \sum_{m=-\infty}^{\infty} \mathrm{e}^{-\beta m_l^2\hbar^2/2I}.$$

Die Summation lässt sich durch eine Integration nähern:

$$q \approx \frac{1}{\sigma}\int_{-\infty}^{\infty} \mathrm{e}^{-m_l^2\hbar^2/2IkT}\,\mathrm{d}m_l = \frac{1}{\sigma}\left(\frac{2IkT}{\hbar^2}\right)^{1/2}\int_{-\infty}^{\infty}\mathrm{e}^{-x^2}\mathrm{d}x$$

$$\approx \frac{1}{\sigma}\left(\frac{2\pi IkT}{\hbar^2}\right)^{1/2} = \frac{1}{\sigma}\left(\frac{2\pi I}{\hbar^2\beta}\right)^{1/2}.$$

$$U - U(0) = -N\frac{\partial \ln q}{\partial\beta} = -N\frac{\partial}{\partial\beta}\ln\frac{1}{\sigma}\left(\frac{2\pi I}{\hbar^2\beta}\right)^{1/2} = \frac{N}{2\beta}$$

$$= \frac{1}{2}NkT = \frac{1}{2}RT \quad (N = N_\mathrm{A}).$$

$$C_{V,\mathrm{m}} = \left(\frac{\partial U_\mathrm{m}}{\partial T}\right)_V = \frac{1}{2}R = 4.2\ \mathrm{J\ K^{-1}\ mol^{-1}}.$$

$$\begin{aligned} S_\mathrm{m} &= \frac{U_\mathrm{m} - U_\mathrm{m}(0)}{T} + R\ln q \\ &= \frac{1}{2}R + R\ln\frac{1}{\sigma}\left(\frac{2\pi IkT}{\hbar^2}\right)^{1/2} \\ &= \frac{1}{2}R + R\ln\frac{1}{3}\left(\frac{(2\pi)\times(5.341\times10^{-47}\ \mathrm{kg\,m^2})\times(1.381\times10^{-23}\ \mathrm{J\,K^{-1}})\times(298)}{(1.055\times10^{-34}\ \mathrm{J\,s})^2}\right)^{1/2} \\ &= \frac{1}{2}R + 1.31R = 1.81R,\ \text{bzw. } 15\ \mathrm{J\ K^{-1}\ mol^{-1}}. \end{aligned}$$

17.5 Die Absorptionslinien sind die Differenzwerte von benachbarten Rotationstermen. Mit den Gleichungen (13-25)–(13-27) haben wir

$$F(J+1) - F(J) = \frac{E(J+1) - E(J)}{hc} = 2B(J+1)$$

für $J = 0, 1, \ldots$. Daher können wir die Rotationskonstante bestimmen und die Energieniveaus aus den Werten rekonstruieren. Um alle Werte zu verwenden, trägt man zweckmäßigerweise die Wellenzahlen (die $F(J+1) - F(J)$ repräsentieren) gegen J auf. Nach der obigen Gleichung beträgt die Steigung der sich ergebenden Gerade $2B$. Eine nähere Betrachtung der Werte ergibt, dass die Spektrallinien äquidistant mit einem Abstand von $21.19\ \mathrm{cm^{-1}}$ sind; also gilt

$$\text{Steigung} = 21.19\ \mathrm{cm^{-1}} = 2B \quad \text{und damit} \quad B = 10.59\overline{5}\ \mathrm{cm^{-1}}.$$

Die Zustandssumme ist nach Gl. (13-25)

$$q = \sum_{J=0}^{\infty}(2J+1)\mathrm{e}^{-\beta E(J)} \quad \text{mit} \quad E(J) = hcBJ(J+1).$$

Der Faktor $2J + 1$ ist die Entartung der Energieniveaus. Bei 25 °C ist dann

$$\begin{aligned} hcB\beta &= \frac{hcB}{kT} = \frac{6.626\times10^{-34}\ \mathrm{J\,s}\times2.998\times10^{10}\ \mathrm{cm\,s^{-1}}\times10.59\overline{5}\ \mathrm{cm^{-1}}}{1.381\times10^{-23}\ \mathrm{J\,K^{-1}}\times298.15\ \mathrm{K}} \\ &= 0.05112. \end{aligned}$$

Damit folgt

$$\begin{aligned} q &= \sum_{J=0}^{\infty}(2J+1)\mathrm{e}^{-0.05112J(J+1)} \\ &= 1 + 3\mathrm{e}^{-0.05112\times1\times2} + 5\mathrm{e}^{-0.05112\times2\times3} + 7\mathrm{e}^{-0.05112\times3\times4} + \cdots \\ &= 1 + 2.708 + 3.679 + 3.791 + 3.238 + \cdots = 19.90. \end{aligned}$$

17.7 Für die molare Entropie gilt der Ausdruck

$$S_m = \frac{U_m - U_m(0)}{T} + R\left(\ln\frac{q_m}{N_A} - 1\right)$$

mit $\frac{U_m - U_m(0)}{T} = -N_A\left(\frac{\partial \ln q}{\partial \beta}\right)_V$ und $\frac{q_m}{N_A} = \frac{q_m^T}{N_A} q^R q^V q^E$.

Der Energieterm $U_m - U_m(0)$ lässt sich umformen zu

$$U_m - U_m(0) = N_A[\langle\varepsilon^T\rangle + \langle\varepsilon^R\rangle + \langle\varepsilon^V\rangle + \langle\varepsilon^E\rangle].$$

Dann haben wir nach Tabelle 17-3 für den Translationsanteil:

$$\frac{q_m^{T\ominus}}{N_A} = 2.561 \times 10^{-2}(T/\mathrm{K})^{5/2} \times (M/\mathrm{g\,mol^{-1}})^{3/2}$$
$$= 2.561 \times 10^{-2} \times (298)^{5/2} \times (38.00)^{3/2} = 9.20 \times 10^6$$

und $\langle\varepsilon^T\rangle = \frac{3}{2}kT$.

Für die Rotation eines linearen Moleküls gilt nach Tabelle 17-3 :

$$q^R = \frac{0.6950}{\sigma} \times \frac{T/\mathrm{K}}{B/\mathrm{cm^{-1}}}.$$

Die Rotationskonstante ist

$$B = \frac{\hbar}{4\pi c I} = \frac{\hbar}{4\pi c \mu R^2}$$
$$= \frac{(1.0546 \times 10^{-34}\,\mathrm{J\,s}) \times (6.022 \times 10^{23}\,\mathrm{mol^{-1}})}{4\pi(2.998 \times 10^{10}\,\mathrm{cm\,s^{-1}}) \times (\frac{1}{2} \times 19.00 \times 10^{-3}\,\mathrm{kg\,mol^{-1}}) \times (190.0 \times 10^{-12}\,\mathrm{m})^2}$$
$$= 0.4915\,\mathrm{cm^{-1}},$$

damit haben wir $q^R = \frac{0.6950}{2} \times \frac{298}{0.4915} = 210.\overline{7}.$

Damit ist $\langle\varepsilon^R\rangle = kT$.

Für den Schwingungsanteil gilt:

$$q^S = \frac{1}{1 - \mathrm{e}^{-hc\tilde{\nu}/kT}} = \frac{1}{1 - \exp(-1.4388(\tilde{\nu}/\mathrm{cm^{-1}})/(T/\mathrm{K}))}$$
$$= \frac{1}{1 - \exp(-1.4388(450.0)/298)}$$
$$= 1.129.$$

$$\langle\varepsilon^S\rangle = \frac{hc\tilde{\nu}}{\mathrm{e}^{hc\tilde{\nu}/kT} - 1} = \frac{(6.626 \times 10^{-34}\,\mathrm{J\,s}) \times (2.998 \times 10^{10}\,\mathrm{cm\,s^{-1}}) \times (450.0\,\mathrm{cm^{-1}})}{\exp(1.4388(450.0)/298) - 1}$$
$$= 1.149 \times 10^{-21}\,\mathrm{J}.$$

Der Boltzmann-Faktor für den niedrigsten elektronisch angeregten Zustand ist

$$\exp\left(\frac{-(1.609\,\text{eV}) \times (1.602 \times 10^{-19}\,\text{J eV}^{-1})}{(1.381 \times 10^{-23}\,\text{J K}^{-1}) \times (298\,\text{K})}\right) = 6 \times 10^{-28}.$$

Damit können wir annehmen, dass q^{E} gleich der Entartung des Grundzustands ist (also 2), und setzen $\langle \varepsilon^{\text{E}} \rangle$ gleich null. Insgesamt haben wir dann

$$\frac{U_{\text{m}} - U_{\text{m}}(0)}{T} = \frac{N_{\text{A}}}{T}\left(\tfrac{3}{2}kT + kT + 1.149 \times 10^{-21}\,\text{J}\right) = \tfrac{5}{2}R + \frac{N_{\text{A}}(1.149 \times 10^{-21}\,\text{J})}{T}$$
$$= (2.5) \times (8.3145\,\text{J mol}^{-1}\,\text{K}^{-1}) + \frac{(6.022 \times 10^{23}\,\text{mol}^{-1}) \times (1.149 \times 10^{-21}\,\text{J})}{298\,\text{K}}$$
$$= 23.11\,\text{J mol}^{-1}\,\text{K}^{-1}.$$

$$R\left(\ln\frac{q_{\text{m}}}{N_{\text{A}}} - 1\right) = (8.3145\,\text{J mol}^{-1}\,\text{K}^{-1}) \times \{\ln[(9.20 \times 10^{6}) \times (210.7) \times (1.129) \times (2)] - 1\}$$
$$= 176.3\,\text{J mol}^{-1}\,\text{K}^{-1} \quad \text{und} \quad S_{\text{m}}^{\circ} = 199.4\,\text{J mol}^{-1}\,\text{K}^{-1}.$$

17.9 (a) Die Wahrscheinlichkeitsverteilung für die Rotationsenergieniveaus ist nach Gl. (17-13) der Boltzmann-Faktor für jedes Niveau, gewichtet mit der Entartung und geteilt durch die Zustandssumme:

$$p_J^{\text{R}}(T) = \frac{g(J)\text{e}^{-\varepsilon_J/kT}}{q^{\text{R}}} = \frac{(2J+1)\text{e}^{-hcBJ(J+1)/kT}}{\sum\limits_{J=0}(2J+1)\text{e}^{-hcBJ(J+1)/kT}}.$$

Mithilfe einer Mathematiksoftware lässt sie sich leicht für verschiedene Temperaturen gegen J auftragen. In Abb. 17-2(a) ist diese Verteilung für 100 K als Streifen- und als Liniendiagramm zu sehen.

Die Darstellungen zeigen, dass höhere Rotationszustände bei höherer Temperatur stärker besetzt sind. Bei 100 K hat der am stärksten bevölkerte Zustand gerade 4 Quanten an Rotationsenergie, bei 1000 K ist es mehr als das Dreifache.

Für die Schwingungszustände finden wir mit Gl. (17-19) die Wahrscheinlichkeitsverteilung

$$p_v^{\text{S}}(T) = \frac{\text{e}^{-\varepsilon_J/kT}}{q^{\text{S}}} = \frac{\text{e}^{-vhc\tilde{\nu}/kT}}{1 - \text{e}^{-hc\tilde{\nu}/kT}}.$$

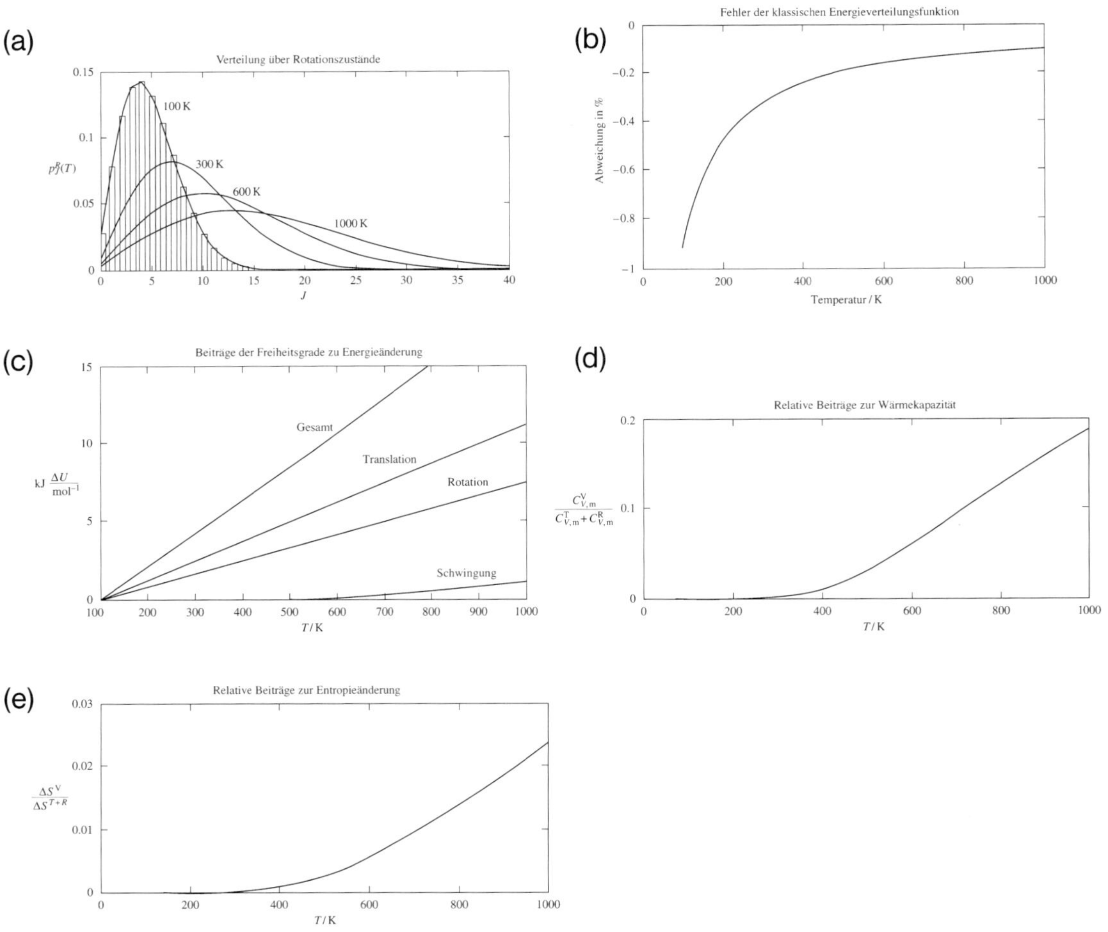

Abb. 17-2

Die Werte werden zweckmäßigerweise für verschiedene Temperaturen gegen ν tabelliert. Man kann die Rechnungen einstellen, wenn die Besetzung sehr klein (beispielsweise unter 10^{-7}) sind.

	$p_\nu^S(T)$			
ν	100 K	300 K	600 K	1000 K
0	1	1	0.095	0.956
1	2.77×10^{-14}	3.02×10^{-5}	5.47×10^{-3}	0.042
2		9.15×10^{-10}	3.01×10^{-5}	1.86×10^{-3}
3			1.65×10^{-7}	8.19×10^{-5}
4				3.61×10^{-6}
5				1.59×10^{-7}

Unterhalb von 1000 K ist nur der Zustand $\nu = 0$ merklich besetzt; selbst noch bei 1000 K haben gerade 4 % der Moleküle ein Quantum an Schwingungsenergie.

(b) Die klassische (gleichverteilte) Rotationszustandssumme ist nach Gl. (17-15b)

$$q^{\mathrm{R}}_{\mathrm{klass}}(T) = \frac{kT}{hcB} = \frac{T}{\theta_{\mathrm{R}}}. \qquad (1)$$

Dabei ist θ_{R} die charakteristische Rotationstemperatur. Wir würden erwarten, dass die Zustandssumme sich für Temperaturen weit über der charakteristischen Rotationstemperatur gut durch diesen Ausdruck nähern lässt.

$$\theta_{\mathrm{R}} = \frac{hcB}{k} = \frac{(6.626 \times 10^{-34}\ \mathrm{J\ s}) \times (2.998 \times 10^{10}\ \mathrm{cm\ s^{-1}}) \times (1.931\ \mathrm{cm^{-1}})}{1.381 \times 10^{-23}\mathrm{J\ K^{-1}}},$$

$$\theta_{\mathrm{R}} = 2.779\ \mathrm{K}.$$

Tatsächlich gilt für alle in dieser Aufgabe interessierenden Temperaturen (also für 100 K oder mehr) $\theta_{\mathrm{R}} \ll T$. Damit ist die Übereinstimmung zwischen dem klassischen Ausdruck und der diskreten Summe recht gut, wie Abb. 17-2b belegt. Die Abbildung zeigt die prozentuale Abweichung $(q^{\mathrm{R}}_{\mathrm{klass}} - q^{\mathrm{R}})100/q^{\mathrm{R}}$. Die maximale Abweichung liegt für 100 K bei etwa −0.9%, für höhere Temperaturen nimmt der relative Fehler weiter ab.

(c) Die Beiträge der Translation, Rotation und Schwingung zur Gesamtenergie werden in den Gleichungen (17-25b), (17-26b) und (17-28) angegeben. Für die molaren Größen gilt jeweils

$$U^{\mathrm{T}} = \tfrac{3}{2}RT, \quad U^{\mathrm{R}} = RT, \quad U^{\mathrm{S}} = \frac{N_{\mathrm{A}}hc\tilde{\nu}}{e^{hc\tilde{\nu}/kT} - 1}.$$

Die Differenzen zu den Werten bei 100 K sind $\Delta U^{\mathrm{T}}(T) = U^{\mathrm{T}}(T) - U^{\mathrm{T}}(100\ \mathrm{K})$ usw. Abbildung 17-2(c) zeigt die einzelnen Beiträge zu $\Delta U(T)$. Die Translation trägt über 50 % mehr bei als die Rotation, weil sie drei quadratische Freiheitsgrade hat, die Rotation dagegen nur zwei. Bei der Schwingungsenergie sind die Änderungen nur gering, weil zur Besetzung der Zustände mit $\nu = 1, 2, \ldots$ sehr hohe Temperaturen erforderlich sind (vgl. Teilaufgabe (a)).

$$C_{V,\mathrm{m}}(T) = \left(\frac{\partial U(T)}{\partial T}\right)_V = \left(\frac{\partial}{\partial T}\right)_V (U^{\mathrm{T}} + U^{\mathrm{R}} + U^{\mathrm{S}})$$
$$= \frac{3}{2}R + R + \frac{\mathrm{d}U^{\mathrm{S}}}{\mathrm{d}T} = \frac{5}{2}R + \frac{\mathrm{d}U^{\mathrm{S}}}{\mathrm{d}T}.$$

Die Ableitung $\mathrm{d}U^{\mathrm{V}}/\mathrm{d}T$ lässt sich numerisch mit einer Mathematiksoftware berechnen (Sie sollten sich kundig machen, welche Verfahren die Software verwendet), man kann sie aber auch mithilfe von Gl. (17-34) analytisch angeben:

$$C^{\mathrm{S}}_{V,\mathrm{m}} = \frac{\mathrm{d}U^{\mathrm{S}}}{\mathrm{d}T} = R\left\{\frac{\theta_{\mathrm{S}}}{T}\left(\frac{e^{-\theta_{\mathrm{S}}/2T}}{1 - e^{-\theta_{\mathrm{S}}/T}}\right)\right\}^2.$$

Dabei ist $\theta_{\mathrm{S}} = hc\tilde{\nu}/k = 3122$ K. Das Verhältnis des Schwingungsbeitrags zur Summe von Translations- und Rotationsbeitrag ist in Abb. 17-2(d) zu sehen. Unter 300 K ist der Schwingungsbeitrag zur Wärmekapazität nur gering, vielleicht sogar vernachlässigbar. Bei 600 K liegt der Beitrag schon bei rund 10 %, und mit steigenden Temperaturen nimmt er weiter zu.

Die Temperaturänderung der molaren Entropie lässt sich durch numerische Integration mit einer Mathematiksoftware angeben. In die Rechnung gehen die Gleichungen (3-8) und (2-48) ein.

$$\begin{aligned}\Delta S(T) = S(T) - S(100\,\mathrm{K}) &= \int_{100\,\mathrm{K}}^{T} \frac{C_{p,\mathrm{m}}(T)\mathrm{d}T}{T} \\ &= \int_{100\,\mathrm{K}}^{T} \frac{C_{V,\mathrm{m}}(T) + R}{T}\mathrm{d}T \\ &= \int_{100\,\mathrm{K}}^{T} \frac{\frac{7}{2}R + C_{V,\mathrm{m}}^{\mathrm{S}}(T)}{T}\mathrm{d}T.\end{aligned}$$

$$\Delta S(T) = \underbrace{\frac{7}{2}R\ln\left(\frac{T}{100\,\mathrm{K}}\right)}_{\Delta S^{T+R}(T)} + \underbrace{\int_{100\,\mathrm{K}}^{T} \frac{C_{V,\mathrm{m}}^{\mathrm{S}}(T)}{T}\mathrm{d}T}_{\Delta S^{\mathrm{S}}(T)}$$

Das Verhältnis des Schwingungsbeitrags zur Summe von Translations- und Rotationsbeitrag ist in Abb. 17-2(e) zu sehen. Selbst bei den höchsten Temperaturen beträgt der Schwingungsbeitrag zur Entropieänderung kaum 2.5 % der Beiträge von Translations- und Rotationsbewegung. Bei niedrigen Temperaturen ist der Schwingungsbeitrag vernachlässigbar.

17.11 Wir betrachten die Gasphasenreaktion $H_2O + DCl \rightleftharpoons HDO + HCl$ und erhalten mit Gl. (17-54) (die Faktoren mit N_A fallen heraus)

$$K = \frac{q^{\ominus}(\mathrm{HDO})q^{\ominus}(\mathrm{HCl})}{q^{\ominus}(\mathrm{H_2O})q^{\ominus}(\mathrm{DCl})}\mathrm{e}^{-\beta\Delta E_0}.$$

Wir verwenden für die Zustandssumme die Ausdrücke aus Tabelle 17-3. Der Quotient der Translationszustandssummen ist

$$\frac{q_{\mathrm{m}}^{\mathrm{T}}(\mathrm{HDO})q_{\mathrm{m}}^{\mathrm{T}}(\mathrm{HCl})}{q_{\mathrm{m}}^{\mathrm{T}}(\mathrm{H_2O})q_{\mathrm{m}}^{\mathrm{T}}(\mathrm{DCl})} = \left(\frac{M(\mathrm{HDO})M(\mathrm{HCl})}{M(\mathrm{H_2O})M(\mathrm{DCl})}\right)^{3/2} = \left(\frac{19.02\times 36.46}{18.02\times 37.46}\right)^{3/2} = 1.041.$$

Mit $\sigma = 2$ für H_2O und mit $\sigma = 1$ für die anderen Moleküle ist der Quotient der Rotationszustandssummen

$$\begin{aligned}\frac{q^{\mathrm{R}}(\mathrm{HDO})q^{\mathrm{R}}(\mathrm{HCl})}{q^{\mathrm{R}}(\mathrm{H_2O})q^{\mathrm{R}}(\mathrm{DCl})} &= \frac{\sigma(\mathrm{H_2O})}{1}\,\frac{(A(\mathrm{H_2O})B(\mathrm{H_2O})C(\mathrm{H_2O})/\mathrm{cm^{-3}})^{1/2}B(\mathrm{DCl})/\mathrm{cm^{-1}}}{(A(\mathrm{HDO})B(\mathrm{HDO})C(\mathrm{HDO})/\mathrm{cm^{-3}})^{1/2}B(\mathrm{HCl})/\mathrm{cm^{-1}}} \\ &= 2\times\frac{(27.88\times 14.51\times 9.29)^{1/2}\times 5.449}{(23.38\times 9.102\times 6.417)^{1/2}\times 10.59} = 1.707.\end{aligned}$$

Mit $q(x) = \dfrac{1}{1-\mathrm{e}^{-1.4388x/(T/\mathrm{K})}}$ ist der Quotient der Schwingungszustandssummen

$$\frac{q^{\mathrm{S}}(\mathrm{HDO})q^{\mathrm{S}}(\mathrm{HCl})}{q^{\mathrm{S}}(\mathrm{H_2O})q^{\mathrm{S}}(\mathrm{DCl})} = \frac{q(2726.7)q(1402.2)q(3707.5)q(2991)}{q(3656.7)q(1594.8)q(3755.8)q(2145)} = Q.$$

Diesen Quotienten nennen wir abkürzend Q. Wir benötigen nun noch ΔE_0 aus der Differenz der Nullpunktsenergien:

$$\frac{\Delta E_0}{hc} = \frac{1}{2}\{(2726.7 + 1402.2 + 3707.5 + 2991) - (3656.7 + 1594.8 + 3755.8 + 2145)\}\,\text{cm}^{-1}$$
$$= -162\,\text{cm}^{-1}.$$

Der Exponent im Energieterm ist also

$$-\beta\Delta E_0 = -\frac{\Delta E_0}{kT} = -\frac{hc}{k} \times \frac{\Delta E_0}{hc} \times \frac{1}{T} = -\frac{1.4388 \times (-162)}{T/\text{K}} = +\frac{233}{T/\text{K}}.$$

Also ist $K = 1.041 \times 1.707 \times Q \times e^{233/(T/\text{K})} = 1.777\, Qe^{233/(T/\text{K})}$.

Damit stellen wir mithilfe eines Computers die folgende Tabelle auf:

T/K	100	200	300	400	500	600	700	800	900	1000
K	18.3	5.70	3.87	3.19	2.85	2.65	2.51	2.41	2.34	2.29

Insbesondere ist $K = 3.89$ bei (a) 298 K und $K = 2.41$ bei (b) 800 K.

Theoretische Aufgaben

17.13 (a) θ_S und θ_R sind die konstanten Faktoren, die im Zähler der Exponenten in den Summen auftauchen, die die Zustandssumme für Schwingung und Rotation beschreiben. Da im Nenner der Exponenten eine Temperatur auftaucht, haben die θ die Dimension einer Temperatur. „Hohe Temperatur" bedeutet dann $T \gg \theta_\text{S}$ bzw. θ_R; nur dann macht sich der Exponentialfaktor bemerkbar. Daher sind θ_S und θ_R ein Maß für die Temperatur, für die höhere Schwingungs- bzw. Rotationszustände nennenswert besetzt werden:

$$\theta_\text{R} = \frac{hc\beta}{k} = \frac{(2.998 \times 10^{10}\,\text{cm s}^{-1}) \times (6.626 \times 10^{-34}\text{J s}) \times (60.864\,\text{cm}^{-1})}{(1.381 \times 10^{-23}\,\text{J K}^{-1})} = 87.55\ \text{K}$$

und

$$\theta_\text{S} = \frac{hc\tilde{\nu}}{k} = \frac{(6.626 \times 10^{-34}\,\text{J s}) \times (4400.39\,\text{cm}^{-1}) \times (2.998 \times 10^{10}\,\text{cm s}^{-1})}{(1.381 \times 10^{-23}\,\text{J K}^{-1})} = 6330\ \text{K}.$$

(b) und (c) Diese Teile der Lösung wurden mit Mathcad 7.0 erstellt und sind auf den folgenden Seiten wiedergegeben.

Ziel: Es ist die Gleichgewichtskonstante $K(T)$ und die Wärmekapazität $C_p(T)$ bei hohen Temperaturen für molekularen Wasserstoff anhand eines Systems aus n mol H_2 bei 1 bar zu berechnen.

$$H_2(g) \rightleftharpoons 2H(g)$$

Im Gleichgewicht sind der Dissoziationsgrad α und die Gleichgewichtsmengen von H_2 und atomarem Wasserstoff verknüpft durch die Ausdrücke

$$n_{H_2} = (1-\alpha)n \quad \text{und} \quad n_H = 2\alpha n.$$

Die Stoffmengenanteile im Gleichgewicht sind

$$x_{H_2} = (1-\alpha)n/\{(1-\alpha)n + 2\alpha n\} = (1-\alpha)/(1+\alpha),$$
$$x_H = 2\alpha n/\{(1-\alpha)n + 2\alpha n\} = 2\alpha/(1+\alpha).$$

Die Partialdrücke sind

$$p_{H_2} = (1-\alpha)p/(1+\alpha) \quad \text{und} \quad p_H = 2\alpha p/(1+\alpha).$$

Die Gleichgewichtskonstante ist

$$K(T) = \frac{(p_H/p^{\ominus})^2}{(p_{H_2}/p^{\ominus})} = 4\alpha^2 \frac{(p/p^{\ominus})}{(1-\alpha^2)} = \frac{4\alpha^2}{(1-\alpha^2)}$$

mit $p = p^{\ominus} = 1$ bar. Diese Gleichung lässt sich leicht nach α auflösen:

$$\alpha = (K/(K+4))^{1/2}.$$

Für die Gleichgewichtsmischung ergibt sich folgende Wärmekapazität bei konstantem Volumen

$$C_V(\text{Mischung}) = n_H C_{V,m}(H) + n_{H_2} C_{V,m}(H_2).$$

Die Wärmekapazität bei konstantem Volumen pro Mol H_2, das zur Präparation der Gleichgewichtsmischung verwendet wurde, ist

$$C_V = C_V(\text{Mischung})/n = \{n_H C_{V,m}(H) + n_{H_2} C_{V,m}(H_2)\}/n$$
$$= 2\alpha C_{V,m}(H) + (1-\alpha) C_{V,m}(H_2).$$

Die Gleichung für die Wärmekapazität C_p bei konstantem Druck pro Mol H_2, das zur Präparation der Gleichgewichtsmischung verwendet wurde, lässt sich aus folgender molaren Beziehung ableiten:

$$C_{p,m} = C_{V,m} + R.$$
$$C_p = \{n_H C_{p,m}(H) + n_{H_2} C_{p,m}(H_2)\}/n$$
$$= \frac{n_H}{n}\{C_{V,m}(H) + R\} + \frac{n_{H_2}}{n}\{C_{V,m}(H_2) + R\}$$
$$= \frac{n_H C_{V,m}(H) + n_{H_2} C_{V,m}(H_2)}{n} + R\left(\frac{n_H + n_{H_2}}{n}\right)$$
$$= C_V + R(1+\alpha).$$

Berechnungen

J = Joule	s = Sekunde	kJ = 1000 J
mol = Mol	g = Gramm	bar = 1×10^5 Pa
$h = 6.62608 \times 10^{-34}$ J s	$c = 2.9979 \times 10^8$ m s^{-1}	$k = 1.38066 \times 10^{-23}$ J K^{-1}
$R = 8.31451$ J K^{-1} mol^{-1}	$N_A = 6.02214 \times 10^{23}$ mol^{-1}	$p^\ominus = 1$ bar

Molekulare Eigenschaften von H_2:

$$\nu = 4400.39\ \text{cm}^{-1}, \quad B = 60.864\ \text{cm}^{-1}, \quad D = 432.1\ \text{kJ mol}^{-1}.$$

$$m_H = \frac{1\ \text{g mol}^{-1}}{N_A}, \quad m_{H_2} = 2m_H.$$

$$\theta_S = \frac{hc\tilde{\nu}}{k}, \quad \theta_R = \frac{hcB}{k}.$$

Berechnung von $K(T)$ und $\alpha(T)$

$$N = 200, \quad i = 0, \ldots, N, \quad T_i = 500\ \text{K} + \frac{i \times 5500\ \text{K}}{N}.$$

$$\Lambda_{Hi} = \frac{h}{(2\pi m_H k T_i)^{1/2}}, \quad \Lambda_{H_2 i} = \frac{h}{(2\pi m_{H_2} k T_i)^{1/2}}.$$

$$q_{S_i} = \frac{1}{1 - e^{-(\theta_S/T_i)}}, \quad q_{R_i} = \frac{T_i}{2\theta_R}.$$

$$K_{eq_i} = \frac{k T_i (\Lambda_{H_2 i})^3 e^{-(D/RT_i)}}{p^\ominus q_{S_i} q_{Ri} (\Lambda_{H_i})^6}, \quad \alpha_i = \left(\frac{K_{eq_i}}{K_{eq_i} + 4}\right)^{1/2}.$$

Vergleiche Abb. 17-3(a) und 17-3(b).

Die Wärmekapazität bei konstantem Volumen pro Mol H_2, das zur Präparation der Gleichgewichtsmischung verwendet wurde, ist (vgl. Abb. 17-4(a))

$$C_V(H) = 1.5R,$$

$$C_V(H_{2_i}) = 2.5R + \left[\frac{\theta_S}{T_i} \times \frac{e^{-(\theta_S/2T_i)}}{1 - e^{\theta_S/T_i}}\right]^2 R \quad C_{V_i} = 2\alpha_i C_V(H) + (1 - \alpha_i) C_V(H_{2_i}).$$

Die Wärmekapazität bei konstantem Druck pro Mol H_2, das zur Präparation der Gleichgewichtsmischung verwendet wurde, ist (vgl. Abb. 17-4(b))

$$C_{p_i} = C_{V_i} + R(1 + \alpha_i).$$

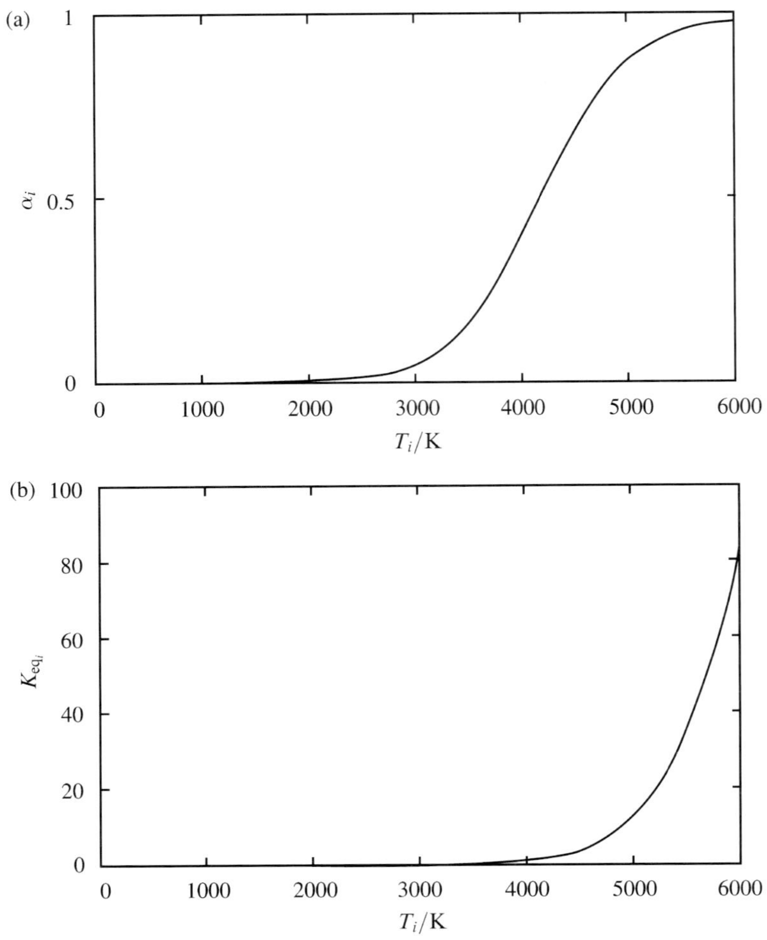

Abb. 17-3

17.15 Gleichung (17-42) verknüpft den zweiten Virialkoeffizienten mit der wechselseitigen zwischenmolekularen Wechselwirkung:

$$B = -2\pi N_A \int_0^\infty f r^2 \mathrm{d}r \quad \text{mit} \quad f = \mathrm{e}^{-\beta E_P} - 1.$$

Um den Bezug zur van-der-Waals'schen Gleichung herzustellen, müssen wir diese Gleichung als Virialserie schreiben (vgl. Tabelle 1-7). Die Gleichungen sind

$$\text{van der Waals: } p = \frac{RT}{V_m - b} - \frac{a}{V_m^2}, \quad \text{Virialsatz}: p = \frac{RT}{V_m}\left(1 + \frac{B}{V_m} + \cdots\right)$$

Wir entwickeln die van-der-Waals'sche Gleichung in eine Potenzreihe in $1/V_m$:

$$p = \frac{RT}{V_m(1 - b/V_m)} - \frac{a}{V_m^2} = \frac{RT}{V_m}\left(1 + \frac{b}{V_m} + \cdots\right) - \frac{a}{V_m^2}$$
$$\approx \frac{RT}{V_m}\left\{1 + \frac{1}{V_m}\left(b - \frac{a}{RT}\right)\right\}.$$

Damit lässt sich der zweite Virialkoeffizient mithilfe der van-der-Waals-Parameter ausdrücken:

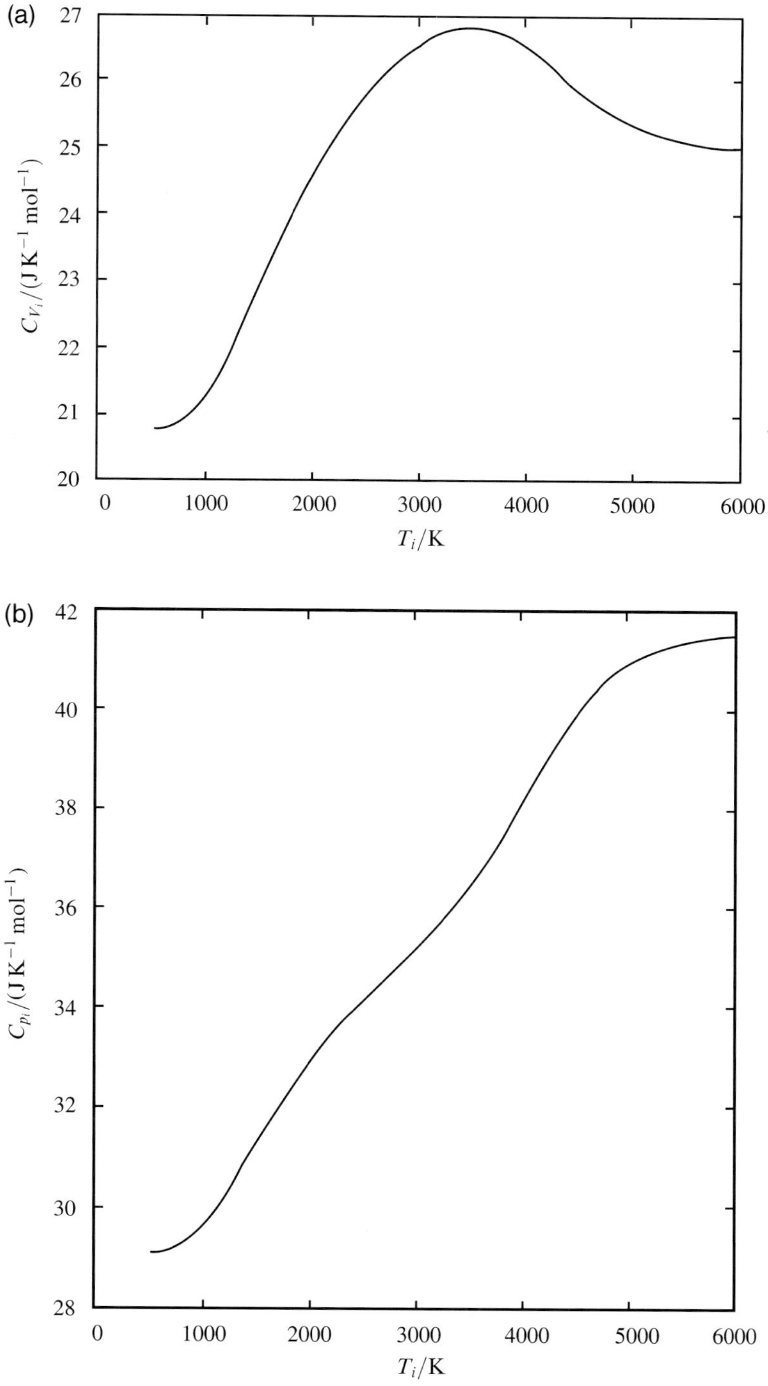

Abb. 17-4

$$B = b - \frac{a}{RT}.$$

Das Wechselwirkungspotenzial und die Mayer'sche f-Funktion sind

für $0 \leq r < r_1$	$E_P \to \infty$	$\mathrm{e}^{-\beta E_\mathrm{P}} = 0$	$f = -1$
für $r_1 \leq r < r_2$	$E_P \to -\varepsilon$	$\mathrm{e}^{-\beta E_\mathrm{P}} = \mathrm{e}^{\beta\varepsilon}$	$f = e^{-\beta\varepsilon} - 1 > 0$
für $r_2 \leq r$	$E_P \to 0$	$\mathrm{e}^{-\beta E_\mathrm{P}} = 1$	$f = 0$

Also gilt

$$\frac{B}{-2\pi N_A} = \int_0^\infty f r^2 \mathrm{d}r = -\int_0^{r_1} r^2 \mathrm{d}r + (e^{\beta\varepsilon} - 1)\int_{r_1}^{r_2} r^2 \mathrm{d}r$$
$$= -\frac{r_1^3}{3} + (e^{\beta\varepsilon} - 1)\left(\frac{r_2^3}{3} - \frac{r_1^3}{3}\right).$$

Wir entwickeln den Exponentialfaktor (wegen $\varepsilon \ll kT$ und daher $\beta\varepsilon \ll 1$) zu

$$B \approx -2\pi N_A \left\{-\frac{r_1^3}{3} + (1 + \beta\varepsilon - 1)\left(\frac{r_2^3}{3} - \frac{r_1^3}{3}\right)\right\} = \frac{2\pi N_A}{3}\left\{r_1^3 - \frac{\varepsilon(r_2^3 - r_1^3)}{kT}\right\}.$$

Beim Vergleich dieses Ergebnisses mit dem Virialkoeffizienten aus der van-der-Waals'-schen Gleichung können wir gleichsetzen:

$$b = \frac{2\pi N_A r_1^3}{3} \quad \text{und} \quad a = \frac{2\pi N_A \varepsilon_m (r_2^3 - r_1^3)}{3},$$

wobei ε_m das ε als molare Größe ausgedrückt ist. Das b aus der van-der-Waals'schen Gleichung ist also proportional zum Volumen des (repulsiven) Hartkugelanteils von dem Potenzial. Der Parameter a ist etwas komplizierter; er tritt im Zusammenhang mit dem anziehenden Teil des Potenzials in Erscheinung und umfasst sowohl die Tiefe des anziehenden Potenzialgrabens als auch die Reichweite der Anziehung.

Mit Gl. (17-45) können wir die Grenzwerte der isothermen Joule-Thomson-Koeffizienten berechnen:

$$\lim_{p\to 0} \mu_T = B - T\frac{\mathrm{d}B}{\mathrm{d}T}$$
$$= \frac{2\pi N_A}{3}\left\{r_1^3 - \frac{\varepsilon(r_2^3 - r_1^3)}{kT}\right\} - T\frac{2\pi N_A}{3}\left\{\frac{\varepsilon(r_2^3 - r_1^3)}{kT^2}\right\}$$
$$= \frac{2\pi N_A}{3}\left\{r_1^3 - \frac{2\varepsilon(r_2^3 - r_1^3)}{kT}\right\} = b - \frac{2a}{RT}.$$

Der eigentliche Joule-Thomson-Koeffizient ist nach Gl. (2-55)

$$\mu = -\frac{\mu_T}{C_p} = \frac{2\pi N_A}{3C_p}\left\{\frac{2\varepsilon(r_2^3 - r_1^3)}{kT} - r_1^3\right\} = \frac{b - \dfrac{2a}{RT}}{C_p}.$$

17.17 (a) Ethen gehört zur Punktgruppe D_{2h}, deren Rotationsuntergruppe die Elemente E und 3 C_2 als Rotationen um verschiedene Achsen umfasst. Es gilt also $\sigma = 4$. Die Rotationszustandssumme für ein nichtlineares Molekül ist nach Tabelle 17-3

$$q^R = \frac{1.0270}{\sigma}\frac{(T/K)^{3/2}}{(ABC/\mathrm{cm}^{-3})^{1/2}} = \frac{1.0270 \times 298.15^{3/2}}{(4) \times (4.828 \times 1.0012 \times 0.8282)^{1/2}} = 660.6.$$

(b) Pyridin gehört zur Gruppe C_{2v}, d. h. derselben Gruppe wie Wasser. Es ist also $\sigma = 2$ und damit

$$q^R = \frac{1.0270}{\sigma} \frac{(T/K)^{3/2}}{(ABC/cm^{-3})^{1/2}} = \frac{1.0270 \times 298.15^{3/2}}{(2) \times (0.2014 \times 0.1936 \times 0.0987)^{1/2}} = 4.26 \times 10^4 .$$

17.19 Die Zustandssumme für ein System mit den Energieniveaus $\varepsilon(J)$ und den Entartungen $g(J)$ ist

$$q = \sum_J g(J) e^{-\beta\varepsilon(J)} .$$

Der Beitrag der Wärmekapazität für dieses System von Zuständen ist nach Gl. (17-31a)

$$C_V = -k\beta^2 \left(\frac{\partial U}{\partial \beta}\right)_V$$

mit $U - U(0) = -N \left(\frac{\partial \ln q}{\partial \beta}\right)_V = -\frac{N}{q} \left(\frac{\partial q}{\partial \beta}\right)_V$.

Wir drücken diese Größen nun mithilfe von Summen über Energieniveaus aus:

$$U - U(0) = -\frac{N}{q} \left(-\sum_J g(J)\varepsilon(J) e^{-\beta\varepsilon(J)}\right) = \frac{N}{q} \sum_J g(J)\varepsilon(J) e^{-\beta\varepsilon(J)}$$

und

$$\begin{aligned} \frac{C_V}{-k\beta^2} &= \left(\frac{\partial U}{\partial \beta}\right)_V \\ &= \frac{N}{q}\left(-\sum_J g(J)\varepsilon^2(J) e^{-\beta\varepsilon(J)}\right) - \frac{N}{q^2}\sum_J g(J)\varepsilon(J) e^{-\beta\varepsilon(J)} \left(\frac{\partial q}{\partial \beta}\right) \qquad (1) \\ &= -\frac{N}{q}\sum_J g(J)\varepsilon^2(J) e^{-\beta\varepsilon(J)} + \frac{N}{q^2}\sum_J g(J)\varepsilon(J) e^{-\beta\varepsilon(J)} \sum_{J'} g(J')\varepsilon(J') e^{-\beta\varepsilon(J')} . \end{aligned}$$

Am Ende taucht eine Doppelsumme auf, die in gewisser Weise an die Terme in $\zeta(\beta)$ erinnert. Der Umstand, dass auch $\zeta(\beta)$ eine Doppelsumme ist, ermutigt uns, die Einzelsumme in C_V als Doppelsumme auszudrücken. Dazu multiplizieren wir mit einer Summe der Form $(\sum_{J'} g(J') e^{-\beta\varepsilon(J')})/q$ und erhalten

$$\begin{aligned} \frac{C_V}{-k\beta^2} = -\frac{N}{q^2}\sum_J g(J)\varepsilon^2(J) e^{-\beta\varepsilon(J)} \sum_{J'} g(J') e^{-\beta\varepsilon(J')} + \\ \frac{N}{q^2}\sum_J g(J)\varepsilon(J) e^{-\beta\varepsilon(J)} \sum_{J'} g(J')\varepsilon(J') e^{-\beta\varepsilon(J')} . \end{aligned}$$

Jetzt ordnen wir die Terme innerhalb jeder Doppelsumme und teilen beide Seiten durch $-N$:

$$\frac{C_V}{kN\beta^2} = \frac{1}{q^2}\sum_{J,J'} g(J)g(J')\varepsilon^2(J)\mathrm{e}^{-\beta[\varepsilon(J)+\varepsilon(J')]} - \frac{1}{q^2}\sum_{J,J'} g(J)g(J')\varepsilon(J)\varepsilon(J')\mathrm{e}^{-\beta[\varepsilon(J)+\varepsilon(J')]}.$$

Offenbar konnten die beiden Summen so kombiniert werden, aber es lohnt sich, die Formel genauer anzuschauen, bevor wir weitermachen. Die erste Summe enthält einen Term $\varepsilon^2(J)$, aber alle anderen Faktoren in der Summe hängen mit J und mit J' in derselben Weise zusammen. Diese erste Summe ändert sich also nicht, wenn man $\varepsilon^2(J')$ anstelle von $\varepsilon^2(J)$ schreibt; wenn man ferner die Summe mit $\varepsilon^2(J')$ zu der Summe $\varepsilon^2(J)$ hinzuaddiert, dann ergibt sich zweimal die Originalsumme. Wir können also daher schreiben (und jetzt kombinieren wir endlich die Summen)

$$\frac{C_V}{kN\beta^2} = \frac{1}{2q^2}\sum_{J,J'} g(J)g(J')\mathrm{e}^{-\beta[\varepsilon(J)+\varepsilon(J')]}[\varepsilon^2(J) + \varepsilon^2(J') - 2\varepsilon(J)\varepsilon(J')].$$

Wir erkennen die Vereinfachung mit $\varepsilon^2(J) + \varepsilon^2(J') - 2\varepsilon(J)\varepsilon(J') = [\varepsilon(J) - \varepsilon(J')]^2$ und kommen so schließlich zu

$$C_V = \frac{kN\beta^2}{2}\zeta(\beta).$$

Für einen linearen Rotator sind die Entartungen $g(J) = 2J + 1$. Die Energien sind

$$\varepsilon(J) = hcBJ(J+1) = \theta_\mathrm{R} kJ(J+1)$$

und damit ist schließlich $\beta\varepsilon(J) = \theta_\mathrm{R} J(J+1)/T$.

Die Gesamtwärmekapazität und die Beiträge von verschiedenen Übergängen sind in Abb. 17-5 dargestellt. Mit den folgenden Ausdrücken, die aus der oben angeführten Gleichung (1) abzuleiten sind, kann man $C_{V,\mathrm{m}}/R$ berechnen. Dies hat den Vorteil, dass keine Doppelsummen, sondern Einzelsummen verwendet werden.

$$\frac{C_{V,\mathrm{m}}}{R} = \frac{1}{q}\sum_J g(J)\beta^2\varepsilon^2(J)\mathrm{e}^{-\beta\varepsilon(J)} - \frac{1}{q^2}\left(\sum_J g(J)\beta\varepsilon(J)\mathrm{e}^{-\beta\varepsilon(J)}\right)^2.$$

Anmerkung: $\zeta(\beta)$ ist so definiert, dass J und J' jeweils unabhängig voneinander von null bis unendlich laufen. Daher treten identische Terme doppelt auf. (Beispielsweise kommen sowohl $(0, 1)$ als auch $(1, 0)$ vor, die je einen identischen Wert für $\zeta(\beta)$ ergeben. In der Abbildung soll jedoch die Kurve $(0, 1)$ diese beiden Terme darstellen.) Man könnte die Doppelsumme neu definieren, und zwar mit einer inneren Summe über J', die von null bis $J - 1$ läuft, und einer äußeren Summe über J, die von null bis unendlich läuft. In diesem Fall würde jeder Term nur einmal auftauchen, und der Vorfaktor $1/2$ in C_V müsste entfallen.

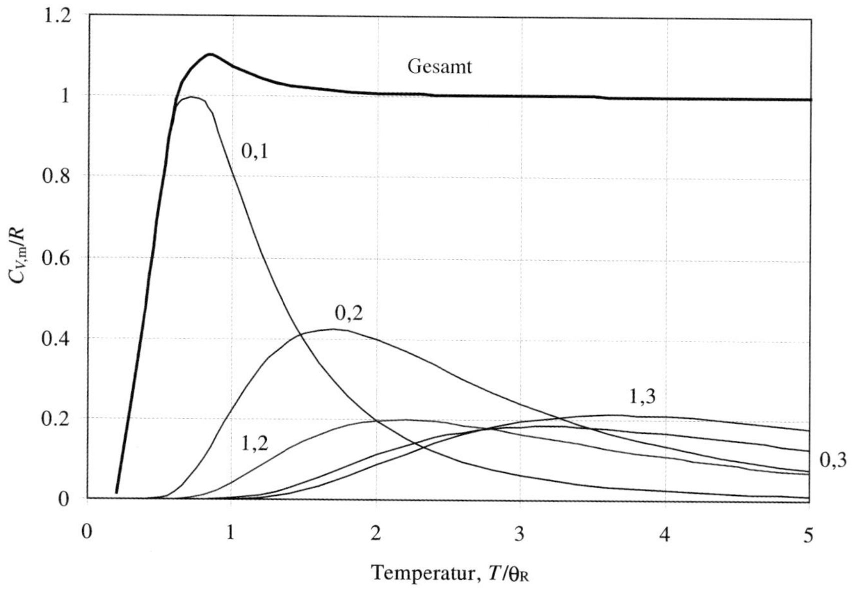

Abb. 17-5

17.21 Alle Zustandssummen außer der elektronischen Zustandssumme von atomarem Iod werden durch ein Magnetfeld nicht beeinflusst; daher ist die relative Änderung von K auf die Änderung von q^{E} zurückzuführen.

$$q^{\mathrm{E}} = \sum_{M_J} \mathrm{e}^{-g\mu_{\mathrm{B}}\beta\mathcal{B}M_J}, \quad M_J = -\tfrac{3}{2}, -\tfrac{1}{2}, +\tfrac{1}{2}, +\tfrac{3}{2}; \quad g = \tfrac{4}{3}.$$

Für normalerweise erzielbare Feldstärken ist $g\mu_{\mathrm{B}}\beta\mathcal{B} \ll 1$; daher können wir eine Reihenentwicklung ansetzen:

$$q^{\mathrm{E}} = \sum_{M_J} \left\{1 - g\mu_{\mathrm{B}}\beta\mathcal{B}M_J + \frac{1}{2}(g\mu_{\mathrm{B}}\beta\mathcal{B}M_J)^2 + \cdots\right\}$$

$$\approx 4 + \frac{1}{2}(g\mu_{\mathrm{B}}\beta\mathcal{B})^2 \sum_{M_J} M_J^2 = 4\left(1 + \frac{10}{9}(\mu_B\beta\mathcal{B})^2\right) \quad .$$

Dabei gilt $\sum_{M_J} M_J = 0$ und $g = \dfrac{4}{3}$.

Die Zustandssumme erscheint im Zähler des Ausdrucks für die Gleichgewichtskonstante in zweiter Potenz (vgl. dazu die Lösung zu Aufgabe A17.14a). Wenn also K die aktuelle Gleichgewichtskonstante ist und K^0 ihr Wert für $\mathcal{B} = 0$, dann schreiben wir

$$\frac{K}{K^0} = \left(1 + \frac{10}{9}(\mu_{\mathrm{B}}\beta\mathcal{B})^2\right)^2 \approx 1 + \frac{20}{9}\mu_{\mathrm{B}}^2\beta^2\mathcal{B}^2.$$

Für eine Verschiebung um 1 % muss gelten

$$\frac{20}{9}\mu_{\mathrm{B}}^2\beta^2\mathcal{B}^2 \approx 0.01 \quad \text{bzw.} \quad \mu_{\mathrm{B}}\beta\mathcal{B} \approx 0.067.$$

Damit folgt

$$\mathcal{B} \approx \frac{0.067kT}{\mu_B} = \frac{(0.067) \times (1.381 \times 10^{-23}\,\mathrm{J\,K^{-1}}) \times (1000\,\mathrm{K})}{9.274 \times 10^{-24}\,\mathrm{J\,T^{-1}}} \approx 100\,\mathrm{T}.$$

Anwendungsaufgaben

17.23 Nach Gl. (16-34) ist $S = k \ln W$. Damit gilt hier

$$S = k \ln 4^N = Nk \ln 4$$
$$= (5 \times 10^8) \times (1.38 \times 10^{-23}\,\mathrm{J\,K^{-1}}) \times \ln 4 = 9.57 \times 10^{-15}\,\mathrm{J\,K^{-1}}.$$

Frage: Ist das nun eine große Nullpunktsentropie? Die Antwort hängt davon ab, womit man vergleicht. Multiplizieren Sie den Wert mit der Avogadro-Zahl; die sich ergebende molare Nullpunktsentropie von $5.76 \times 10^9\,\mathrm{J\,K^{-1}\,mol^{-1}}$ ist sicher ein großer Wert – aber DNA ist ja auch ein Makromolekül. Die Nullpunktsentropie pro Mol an Basenpaaren könnte eine geeignetere Größe für einen Vergleich mit kleinen Molekülen sein. Um diesen Wert zu berechnen, dividieren Sie die Entropie des Moleküls durch die Anzahl der Basenpaare, bevor Sie mit N_A multiplizieren. Dieses Ergebnis ist $11.5\ \mathrm{J\,K^{-1}\,mol^{-1}}$ und stimmt damit schon eher mit den Beispielen überein, die wir in Abschnitt 17.2.5 diskutiert hatten.

17.25 Die molare Freie Standardenthalpie ist nach Gl. (17-53)

$$G_m^\ominus - G_m^\ominus(0) = RT \ln \frac{q_m^\ominus}{N_A} \quad \text{mit} \quad \frac{q_m^\ominus}{N_A} = \frac{q_m^{T\ominus}}{N_A} q^R q^S q^E .$$

Der Beitrag der Translation ist (vgl. Tabelle 17-3 mit allen Zustandssummen)

$$\frac{q_m^{T\ominus}}{N_A} = 2.561 \times 10^{-2} (T/\mathrm{K})^{5/2} (M/\mathrm{g\,mol^{-1}})^{3/2}$$
$$= (2.561 \times 10^{-2}) \times (2000)^{5/2} \times (38.90)^{3/2} = 1.111 \times 10^9.$$

Rotation eines linearen Moleküls:

$$q^R = \frac{kT}{\sigma hcB} = \frac{0.6950}{\sigma} \times \frac{T/\mathrm{K}}{B/\mathrm{cm^{-1}}}.$$

Die Rotationskonstante ist

$$B = \frac{\hbar}{4\pi c I} = \frac{\hbar}{4\pi c m_{\mathrm{eff}} R^2}$$

mit $m_{\mathrm{eff}} = \dfrac{m_B m_{Si}}{m_B + m_{Si}} = \dfrac{(10.81) \times (28.09)}{10.81 + 28.09} \times \dfrac{10^{-3}\mathrm{kg\,mol^{-1}}}{6.022 \times 10^{23}\mathrm{mol^{-1}}} = 1.296 \times 10^{-26}\mathrm{kg}.$

$$B = \frac{1.0546 \times 10^{-34}\,\mathrm{J\,s}}{4\pi(2.998 \times 10^{10}\,\mathrm{cm\,s^{-1}}) \times (1.296 \times 10^{-26}\,\mathrm{kg}) \times (190.5 \times 10^{-12}\,\mathrm{m})^2}$$
$$= 0.5952\,\mathrm{cm^{-1}}$$

und damit $q^R = \dfrac{0.6950}{1} \times \dfrac{2000}{0.5952} = 2335.$

Schwingung:

$$q^{\mathrm{S}} = \frac{1}{1 - \mathrm{e}^{-hc\tilde{\nu}/kT}} = \frac{1}{1 - \exp\left(\dfrac{-1.4388(\tilde{\nu}/\mathrm{cm}^{-1})}{T/\mathrm{K}}\right)} = \frac{1}{1 - \exp\left(\dfrac{-1.4388(772)}{2000}\right)}$$
$$= 2.467.$$

Der Boltzmann-Faktor für den niedrigsten angeregten elektronischen Zustand ist

$$\exp\left(\frac{-(1.4388) \times (8000)}{2000}\right) = 3.2 \times 10^{-3}.$$

Die Entartung des Grundzustands ist 4 (Spinentartung = 4, Orbitalentartung = 1), die Entartung des angeregten Niveaus ist ebenfalls 4 (Spinentartung = 2, Orbitalentartung = 2). Damit ist

$$q^{\mathrm{E}} = 4(1 + 3.2 \times 10^{-3}) = 4.013.$$

Insgesamt kommen wir damit zu

$$G_{\mathrm{m}}^{\ominus} - G_{\mathrm{m}}^{\ominus}(0) = (8.3145\,\mathrm{J\,mol^{-1}K^{-1}}) \times (2000\ \mathrm{K})$$
$$\times \ln[(1.111 \times 10^{9}) \times (2335) \times (2.467) \times (4.013)]$$
$$= 5.135 \times 10^{5}\ \mathrm{J\,mol^{-1}} = 513.5\ \mathrm{kJ\,mol^{-1}}.$$

17.27 Die molare Freie Standardenthalpie ist nach Gl. (17-53)

$$G_{\mathrm{m}}^{\ominus} - G_{\mathrm{m}}^{\ominus}(0) = RT \ln \frac{q_{\mathrm{m}}^{\ominus}}{N_{\mathrm{A}}} \quad \text{mit} \quad \frac{q_{\mathrm{m}}^{\ominus}}{N_{\mathrm{A}}} = \frac{q_{\mathrm{m}}^{\mathrm{T}\ominus}}{N_{\mathrm{A}}} q^{\mathrm{R}} q^{\mathrm{S}} q^{\mathrm{E}}.$$

Schlagen Sie die Ausdrücke für die Zustandssummen in Tabelle 17-3 nach. Für 10.00 K haben wir für die Translation

$$\frac{q_{\mathrm{m}}^{T\ominus}}{N_{\mathrm{A}}} = 2.561 \times 10^{-2} (T/\mathrm{K})^{5/2} (M/\mathrm{g\,mol^{-1}})^{3/2}$$
$$= (2.561 \times 10^{-2}) \times (10.00)^{5/2} \times (36.033)^{3/2} = 1752.$$

Rotation eines nichtlinearen Moleküls :

$$q^{\mathrm{R}} = \frac{1}{\sigma} \left(\frac{kT}{hc}\right)^{3/2} \left(\frac{\pi}{ABC}\right)^{1/2} = \frac{1.0270}{\sigma} \times \frac{(T/\mathrm{K})^{3/2}}{(ABC/\mathrm{cm}^{-3})^{1/2}}.$$

Die Rotationskonstanten sind

$$B = \frac{\hbar}{4\pi c I} \quad \text{und damit} \quad ABC = \left(\frac{\hbar}{4\pi c}\right)^{3} \frac{1}{I_{\mathrm{A}} I_{\mathrm{B}} I_{\mathrm{C}}},$$

$$ABC = \left(\frac{1.0546 \times 10^{-34}\,\mathrm{J\,s}}{4\pi(2.998 \times 10^{10}\,\mathrm{cm\,s^{-1}})}\right)^3 \times \frac{(10^{10}\,\text{Å}\,\mathrm{m}^{-1})^6}{(39.340) \times (39.032) \times (0.3082) \times (\mathrm{u}\,\text{Å}^2)^3 \times (1.66054 \times 10^{-27}\,\mathrm{kg\,u^{-1}})^3}$$
$$= 101.2\,\mathrm{cm}^{-3}.$$

Also ist $q^{\mathrm{R}} = \frac{1.0270}{2} \times \frac{(10.00)^{3/2}}{(101.2)^{1/2}} = 1.614.$

Schwingung: Für jeden Mode ist

$$q^{\mathrm{S}} = \frac{1}{1 - \mathrm{e}^{-hc\tilde{\nu}/kT}} = \frac{1}{1 - \exp\left(\frac{-1.4388(\tilde{\nu}/\mathrm{cm}^{-1})}{T/\mathrm{K}}\right)} = \frac{1}{1 - \exp\left(\frac{-1.4388(63.4)}{10.00}\right)}$$
$$= 1.0001$$

Selbst der Mode mit der niedrigsten Frequenz hat eine Schwingungszustandssumme von ungefähr 1. Bei steiferen Schwingungen kommt q^{S} noch dichter an 1 heran. Die Entartung des elektronischen Grundzustands ist 1, und damit ist $q^{\mathrm{E}} = 1$. Alles in allem erhalten wir damit (für 10.00 K):

$$G_{\mathrm{m}}^{\ominus} - G_{\mathrm{m}}^{\ominus}(0) = (8.3145\,\mathrm{J\,mol^{-1}\,K^{-1}}) \times (10.00\,\mathrm{K}) \ln[(1752) \times (1.614) \times (1) \times (1)]$$
$$= 660.8\,\mathrm{J\,mol^{-1}}.$$

Dieselbe Rechnung für 1000 K ergibt

Translation: $\frac{q_{\mathrm{m}}^{\ominus}}{N_{\mathrm{A}}} = (2.561 \times 10^{-2}) \times (1000)^{5/2} \times (36.033)^{3/2} = 1.752 \times 10^8$

Rotation: $q^{\mathrm{R}} = \frac{1.0270}{2} \times \frac{(1000)^{3/2}}{(101.2)^{1/2}} = 1614$

Schwingung: $q_1^{\mathrm{S}} = \frac{1}{1 - \exp\left(-\frac{(1.4388) \times (63.4)}{1000}\right)} = 11.47$

$$q_2^{\mathrm{S}} = \frac{1}{1 - \exp\left(-\frac{(1.4388) \times (1224.5)}{1000}\right)} = 1.207,$$

$$q_3^{\mathrm{S}} = \frac{1}{1 - \exp\left(-\frac{(1.4388) \times (2040)}{1000}\right)} = 1.056,$$

$$q^{\mathrm{S}} = (11.47) \times (1.207) \times (1.056) = 14.62.$$

Insgesamt ergibt sich

$$G_m^{\ominus} - G_m^{\ominus}(0) = (8.3145\,\mathrm{J\,mol^{-1}\,K^{-1}}) \times (1000\,\mathrm{K}) \times \ln[(1.752 \times 10^8) \times (1614) \times (14.62) \times (1)] = 2.415 \times 10^5\,\mathrm{J\,mol^{-1}} = 241.5\,\mathrm{kJ\,mol^{-1}}\,.$$

18 | Wechselwirkungen zwischen Molekülen

Diskussionsfragen

18.1 Moleküle, in denen die elektrische Ladung permanent getrennt ist, haben ein permanentes Dipolmoment. In Molekülen, die Atome verschiedener Elektronegativität enthalten, können die Bindungselektronen so verschoben werden, dass sich insgesamt eine Trennung der Ladung in dem Molekül ergibt. Die Ladungstrennung kann auch auf einen unterschiedlichen Atomradius der gebundenen Atome zurückgehen. Die Ladungen in Bindungen werden normalerweise – aber nicht immer – in Richtung auf das elektronegativere Atom verschoben; die Details hängen von der genauen Gestalt der Bindung ab, wie in Abschnitt 18.1.1 beschrieben. Ein zweiatomiges Molekül mit zwei verschiedenen Kernen muss ein Dipolmoment haben, wenn die beiden Atome eine unterschiedliche Elektronegativität haben. In mehratomigen Molekülen ist die Lage komplexer; ein mehratomiges Molekül hat nur dann ein permanentes Dipolmoment, wenn es bestimmte Symmetrieforderungen erfüllt, wie sie in Abschnitt 12.1.3 diskutiert wurden.

Ein äußeres elektrisches Feld kann die Elektronendichte in polaren und nichtpolaren Molekülen verformen; dies erzeugt ein induziertes Dipolmoment, dessen Stärke proportional zum Feld ist. Die Proportionalitätskonstante heißt die Polarisierbarkeit.

18.3 Dipolmomente werden nicht direkt gemessen, sondern aus einer Messung der relativen Permittivität ε_r (der dielektrischen Konstante) des Mediums berechnet. Nach Gl. (18-15) kann man das Dipolmoment aus einer Messung von ε_r als eine Funktion der Temperatur bestimmen. Dieser Ansatz wird in *Beispiel* 18-2 näher erläutert. In einem anderen Verfahren wird die relative Permittivität der Lösung eines polaren Moleküls als Funktion der Konzentration gemessen. Die Rechnung basiert auf der Debye-Gleichung in einer modifizierten Form. Die Werte, die mit diesem Verfahren erzielt werden, sind allerdings nur auf etwa 10 % genau. Details zu diesem Ansatz finden Sie in den Quellen, die als *weiterführende Literatur* angegeben sind. Ein drittes Verfahren basiert auf dem Zusammenhang zwischen relativer Permittivität und Brechungsindex nach Gl. (18-17); dazu muss man lediglich den Brechungsindex messen. Genaue Werte für das Dipolmoment von gasförmigen Molekülen lassen sich mithilfe des Stark-Effekts aus ihren Mikrowellenspektren erhalten.

18.5 Wir können die A—H-Bindung in der Anordnung A—H···B als die Überlappung eines Orbitals ψ_A von A und eines Wasserstoff-1s-Orbitals ψ_H auffassen. Wenn das einzelne

Arbeitsbuch Physikalische Chemie. 4. Auflage. P. W. Atkins, C. A. Trapp, M. P. Cady und C. Giunta

ISBN: 978-3-527-31828-5

Paar auf B ein Orbital ψ_B auf B einnimmt, dann können wir, wenn die beiden Moleküle eng zusammen sind, aus den drei Basisorbitalen drei Molekülorbitale konstruieren:

$$\psi = C_A\psi_A + C_H\psi_H + C_B\psi_B.$$

Eines dieser Molekülorbitale ist bindend, eines fast nichtbindend, und das dritte ist antibindend. Diese drei Orbitale müssen vier Elektronen aufnehmen (zwei von der A—H-Bindung und zwei von dem einzelnen Paar auf B). Zwei gehören zum bindenden Orbital, zwei zum nichtbindenden Orbital. Insgesamt hat sich somit die Energie verringert, d. h. es hat sich eine Bindung gebildet.

18.7 Ein Molekularstrahl ist ein eng begrenzter Fluss von Molekülen, die sehr ähnliche Geschwindigkeiten und – manchmal – sehr ähnliche bestimmte innere Zustände oder Orientierungen aufweisen. Stoßexperimente mit Molekularstrahlen werden durchgeführt, um Details der Wechselwirkung zwischen Molekülen mit Blick auf die Form des intermolekularen Potenzials zu bestimmen.

Die Hauptinformation bei einem Molekularstrahlexperiment ist der Anteil der Moleküle, die aus dem einfallenden Strahl in eine bestimmte Richtung gestreut werden. Dieser Anteil wird normalerweise mithilfe von $\mathrm{d}I$ angegeben, d. h. der Rate, mit der Moleküle in einen Kegel gestreut werden, der das vom Detektor erfasste Gebiet abdeckt (Abb. 18-14 im Lehrbuch). Diese Rate wird als differenzieller Streuquerschnitt σ angegeben und ist die Proportionalitätskonstante zwischen dem Wert von $\mathrm{d}I$ und der Intensität I des einfallenden Strahls, der Teilchenzahldichte $\mathcal{N}$ der Probe und der differenziellen Weglänge $\mathrm{d}x$ durch die Probe (Gl. (18-35)):

$$\mathrm{d}I = \sigma I \mathcal{N} \mathrm{d}x.$$

Der Wert von σ mit der Dimension einer Fläche hängt vom Stoßparameter b ab, dem anfänglichen Abstand zwischen den Flugrichtungen der stoßenden Moleküle (Abb. 18-15) sowie von Details der zwischenmolekularen Wechselwirkung.

Das Streumuster von realen Molekülen, die eben keine harten Kugeln sind, hängt empfindlich von den Einzelheiten des zwischenmolekularen Potenzials ab, auch beispielsweise von der Anisotropie, die bei nicht sphärischen Molekülen auftritt. Sie hängt außerdem von der Relativgeschwindigkeit bei der Annäherung der beiden Teilchen ab: Ein sehr schnelles Teilchen kann die Wechselwirkungsregion möglicherweise ohne merkliche Ablenkung durchdringen, während ein langsameres Teilchen auf derselben Bahn zeitweilig eingefangen und dadurch einer erheblichen Streuung unterworfen sein kann (Abb. 18-17). Wie der Streuquerschnitt von den Relativgeschwindigkeiten abhängt, liefert daher Informationen über Stärke und Reichweite des zwischenmolekularen Potenzials.

Ein weiteres Phänomen, das in bestimmten Strahlen auftreten kann, ist das Einfangen eines Teilchens durch ein anderes. Die Schwingungstemperatur in Überschallstrahlen ist so gering, dass sich van-der-Waals-Moleküle bilden können, d. h. Komplexe der Form AB, in denen A und B nur durch van-der-Waals-Kräfte oder durch Wasserstoffbrückenbindungen zusammengehalten werden. Man hat eine große Anzahl solcher Moleküle spektroskopisch untersucht, darunter $ArHCl$, $(HCl)_2$, $ArCO_2$ und $(H_2O)_2$. In neueren

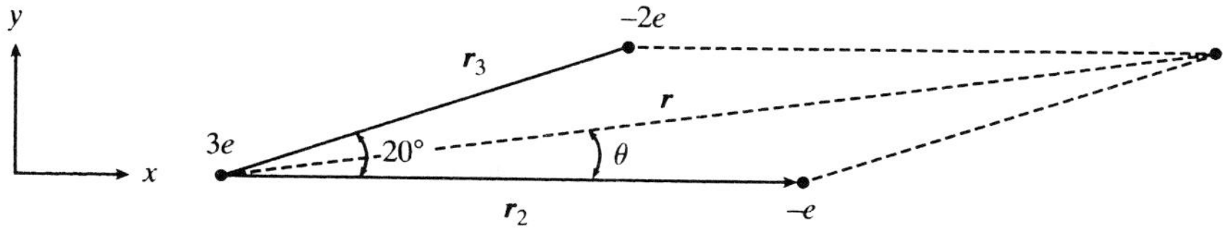

Abb. 18-1

Untersuchungen von van-der-Waals-Clustern des Wassers ist man mittlerweile bis zum $(H_2O)_6$ vorgedrungen. Die Untersuchung ihrer spektroskopischen Eigenschaften liefert detaillierte Informationen über die zwischenmolekularen Potenziale.

Leichte Aufgaben

A18.1a Ein Molekül mit einem Symmetriezentrum kann nicht polar sein. Daher kann ClF_3 (das zur Gruppe D_{3h} gehört) nicht polar sein, denn die Gruppe D_{3h} enthält C_2 und σ_h (äquivalent zu i). Moleküle, die zu den Gruppen C_n und C_{nv} gehören, können dagegen polar sein (Abschnitt 12.1.3); daher sind O_3 (das zur Gruppe C_{2v} gehört) und H_2O_2 (zur Gruppe C_2 gehörig) polar, außer in einer Konfiguration, in der die beiden O—H-Bindungen um 180 ° gegeneinander verdreht sind. Allerdings ist der mittlere Dipol wegen der nahezu freien Rotation um die O—O-Bindung null.

A18.2a Wir beziehen uns auf Abb. 18-1 im Lehrbuch und addieren die Momente vektoriell. Verwenden Sie die Gl. (18-2b):

$$\mu = 2\mu_1 \cos \tfrac{1}{2}\theta$$

(a) p-Xylol: Die Resultierende ist null, also $\mu = 0$.

(b) o-Xylol: $\mu = (2) \times (0.4\,\text{D}) \times \cos 30° = 0.7\,\text{D}$.

(c) m-Xylol $\mu = (2) \times (0.4\,\text{D}) \times \cos 60° = 0.4\,\text{D}$.

Das Molekül des p-Xylols gehört zur Symmetriegruppe D_{2h} und muss daher nichtpolar sein.

A18.3a Das Dipolmoment ist die Vektorsumme (Abb. 18-1).

$$\boldsymbol{\mu} = \sum_i q_i \boldsymbol{r}_i = 3e(0) - e\boldsymbol{r}_2 - 2e\boldsymbol{r}_3 .$$

$$\boldsymbol{r}_2 = \boldsymbol{i}\, x_2, \quad \boldsymbol{r}_3 = \boldsymbol{i}\, x_3 + \boldsymbol{j}\, y_3 .$$

$$x_2 = +0.32\ \text{nm}.$$

$$x_3 = r_3 \cos 20^\circ = (+0.23\ \text{nm}) \times (0.940) = 0.21\overline{6}\ \text{nm}.$$

$$y_3 = r_3 \sin 20^\circ = (+0.23\ \text{nm}) \times (0.342) = 0.078\overline{7}\ \text{nm}.$$

Die Komponenten der Vektorsumme sind die Summen der Komponenten. Mit allen Abständen in nm erhalten wir

$$\mu_x = -ex_2 - 2ex_3 = -(e) \times \{(0.32) + (2) \times (0.21\overline{6})\} = -(e) \times (0.752\ \text{nm}),$$

$$\mu_y = -2ey_3 = -(e) \times (2) \times (0.078\overline{7}) = -(e) \times (0.1574\ \text{nm}),$$

$$\mu = (\mu_x^2 + \mu_y^2)^{1/2} = (e) \times (0.76\overline{8}\ \text{nm}) = (1.602 \times 10^{-19}\ \text{C}) \times (0.76\overline{8} \times 10^{-9}\ \text{m})$$

$$= 1.2\overline{3} \times 10^{-28}\ \text{C m} = 37\ \text{D}.$$

Der Winkel θ, den μ mit der x-Achse bildet, ist gegeben durch

$$\cos\theta = \frac{|\mu_x|}{\mu} = \frac{0.752}{0.768}; \quad \theta = 117^\circ .$$

A18.4a Polarisierbarkeit, Dipolmoment und molare Polarisation sind durch Gl. (18-15) miteinander verknüpft:

$$P_\text{m} = \left(\frac{N_\text{A}}{3\varepsilon_0}\right) \times \left(\alpha + \frac{\mu^2}{3kT}\right).$$

Wenn wir nach α auflösen wollen, müssen wir zunächst μ aus der Temperaturabhängigkeit von P_m ermitteln:

$$\alpha + \frac{\mu^2}{3kT} = \frac{3\varepsilon_0 P_\text{m}}{N_\text{A}}.$$

Mit P bei T und P' bei T' gilt $\left(\frac{\mu^2}{3k}\right) \times \left(\frac{1}{T} - \frac{1}{T'}\right) = \left(\frac{3\varepsilon_0}{N_\text{A}}\right) \times (P - P')$ und damit

$$\mu^2 = \frac{(9\varepsilon_0 k/N_\text{A}) \times (P - P')}{(1/T) - (1/T')}$$

$$= \frac{(9) \times (8.854 \times 10^{-12}\ \text{J}^{-1}\ \text{C}^2\ \text{m}^{-1}) \times (1.381 \times 10^{-23}\ \text{J K}^{-1}) \times (70.62 - 62.47) \times 10^{-6}\ \text{m}^3\ \text{mol}^{-1}}{(6.022 \times 10^{23}\ \text{mol}^{-1}) \times ((1/351.0\ \text{K}) - (1/423.2\ \text{K}))}$$

$$= 3.06\overline{4} \times 10^{-59}\ \text{C}^2\ \text{m}^2.$$

Es ergibt sich $\mu = 5.5 \times 10^{-30}$ C m, entsprechend 1.7 D.

Mit

$$\alpha = \frac{3\varepsilon_0 P_\mathrm{m}}{N_\mathrm{A}} - \frac{\mu^2}{3kT}$$

ergibt sich

$$\alpha = \frac{(3) \times (8.854 \times 10^{-12}\ \mathrm{J^{-1}\,C^2\,m^{-1}}) \times (70.62 \times 10^{-6}\ \mathrm{m^3\,mol^{-1}})}{6.022 \times 10^{23}\ \mathrm{mol^{-1}}} - \frac{3.06\overline{4} \times 10^{-59}\ \mathrm{C^2\,m^2}}{(3) \times (1.381 \times 10^{-23}\ \mathrm{J\,K^{-1}}) \times (351.0\ \mathrm{K})}$$
$$= 1.101 \times 10^{-39}\ \mathrm{J^{-1}\,C^2\,m^2}.$$

Nach Gl. (18-9) entspricht dies $\alpha' = \dfrac{\alpha}{4\pi\varepsilon_0} = 9.1 \times 10^{-24}\ \mathrm{cm^3}$.

A18.5a Nach Gl. (18-14) ist

$$\frac{\varepsilon_\mathrm{r} - 1}{\varepsilon_\mathrm{r} + 2} = \frac{\rho P_\mathrm{m}}{M} = \frac{(1.89\ \mathrm{g\,cm^{-3}}) \times (27.18\ \mathrm{cm^3\,mol^{-1}})}{92.45\ \mathrm{g\,mol^{-1}}} = 0.556.$$

Es folgt $\varepsilon_\mathrm{r} = \dfrac{(1) + (2) \times (0.556)}{1 - 0.556} = 4.8$.

A18.6a Mit den Gleichungen (18-8) und (18-9) gilt

$$\mu^* = \alpha\mathcal{E} = 4\pi\varepsilon_0\alpha'\mathcal{E}$$
$$= (4\pi) \times (8.854 \times 10^{-12}\ \mathrm{J^{-1}\,C^2\,m^{-1}}) \times (1.48 \times 10^{-30}\ \mathrm{m^3}) \times (1.0 \times 10^5\ \mathrm{V\,m^{-1}})$$
$$= 1.6 \times 10^{-35}\ \mathrm{C\,m} \quad (1\ \mathrm{J} = 1\ \mathrm{C\,V}).$$

Die entspricht $4.9\ \mu\mathrm{D}$.

A18.7a Nach Gl. (18-17) ist $n_\mathrm{r} = (\varepsilon_\mathrm{r})^{1/2}$ und damit nach Gl. (18-16)

$$\frac{\varepsilon_\mathrm{r} - 1}{\varepsilon_\mathrm{r} + 2} = \frac{N\alpha}{3\varepsilon_0} \quad \text{und} \quad N = \frac{\rho N_\mathrm{A}}{M}.$$

Daher ist

$$\alpha = \left(\frac{3\varepsilon_0 M}{\rho N_\mathrm{A}}\right) \times \left(\frac{n_\mathrm{r}^2 - 1}{n_\mathrm{r}^2 + 2}\right)$$
$$= \left(\frac{(3) \times (8.854 \times 10^{-12}\ \mathrm{J^{-1}\,C^2\,m^{-1}}) \times (267.8\ \mathrm{g\,mol^{-1}})}{(3.32 \times 10^6\ \mathrm{g\,m^{-3}}) \times (6.022 \times 10^{23}\ \mathrm{mol^{-1}})}\right) \times \left(\frac{1.732^2 - 1}{1.732^2 + 2}\right)$$
$$= 1.42 \times 10^{-39}\ \mathrm{J^{-1}\,C^2\,m^2}$$
$$\alpha' = 1.28 \times 10^{-23}\ \mathrm{cm^3}.$$

A18.8a Die Lösung zu Aufgabe A18.7a hat die Ergebnisse gebracht:

$$\alpha = \left(\frac{3\varepsilon_0 M}{\rho N_A}\right) \times \left(\frac{n_r^2 - 1}{n_r^2 + 2}\right) \quad \text{bzw.} \quad \alpha' = \left(\frac{3M}{4\pi\rho N_A}\right) \times \left(\frac{n_r^2 - 1}{n_r^2 + 2}\right)$$

Dies lässt sich nach n_r auflösen und ergibt

$$n_r = \left(\frac{\beta' + 2\alpha'}{\beta' - \alpha'}\right)^{1/2} \quad \text{mit} \quad \beta' = \frac{3M}{4\pi\rho N_A}.$$

$$\beta' = \frac{(3) \times (18.02\ \text{g mol}^{-1})}{(4\pi) \times (0.99707 \times 10^6\ \text{g m}^{-3}) \times (6.022 \times 10^{23}\ \text{mol}^{-1})} = 7.165 \times 10^{-30}\ \text{m}^3,$$

$$n_r = \left(\frac{(7.165) + (2) \times (1.5)}{(7.165) - (1.5)}\right)^{1/2} = 1.34.$$

Die Diskrepanz ist so gering, dass keine Erklärung nötig ist!

A18.9a Mit Gl. (18-15) und Gl. (18-14) finden wir

$$\frac{\varepsilon_r - 1}{\varepsilon_r + 2} = \left(\frac{\rho N_A}{3\varepsilon_0 M}\right) \times \left(\alpha + \frac{\mu^2}{3kT}\right).$$

Also ist

$$\varepsilon_r = \frac{1 + 2x}{1 - x} \quad \text{mit} \quad x = \left(\frac{\rho N_A}{3\varepsilon_0 M}\right) \times \left(\alpha + \frac{\mu^2}{3kT}\right)$$

$$x = \left(\frac{(1.173 \times 10^6\ \text{g m}^{-3}) \times (6.022 \times 10^{23}\ \text{mol}^{-1})}{(3) \times (8.854 \times 10^{-12}\ \text{J}^{-1}\ \text{C}^2\ \text{m}^{-1}) \times (112.6\ \text{g mol}^{-1})}\right)$$
$$\times \left[(4\pi) \times (8.854 \times 10^{-12}\ \text{J}^{-1}\ \text{C}^2\ \text{m}^{-1}) \times (1.23 \times 10^{-29}\ \text{m}^3)\right.$$
$$\left. + \left(\frac{[(1.57) \times (3.336 \times 10^{-30}\ \text{C m})]^2}{(3) \times (1.381 \times 10^{-23}\ \text{J K}^{-1}) \times (298.15\ \text{K})}\right)\right]$$
$$= 0.848.$$

Also ist $\varepsilon_r = \dfrac{(1) + (2) \times (0.848)}{1 - 0.848} = 18.$

A18.10a Mit Gl. (18-45) folgt

$$p = p^* e^{2\gamma V_m / rRT}$$

$$V_m = \frac{M}{\rho} = \frac{18.02\ \text{g mol}^{-1}}{0.9982\ \text{g cm}^{-3}} = 18.05\ \text{cm}^3\ \text{mol}^{-1} = 1.805 \times 10^{-5}\ \text{m}^3\ \text{mol}^{-1}.$$

$$\frac{2\gamma V_m}{rRT} = \frac{(2) \times (7.275 \times 10^{-2}\ \text{N m}^{-1}) \times (1.805 \times 10^{-5}\ \text{m}^3\ \text{mol}^{-1})}{(1.0 \times 10^{-8}\ \text{m}) \times (8.314\ \text{J K}^{-1}\ \text{mol}^{-1}) \times (293\ \text{K})} = 0.10\overline{78}.$$

$$p = (2.3\ \text{kPa}) \times e^{0.10\overline{78}} = 2.6\ \text{kPa}.$$

A18.11a Nach Gl. (18-40) ist

$$\gamma = \frac{1}{2}\rho g h r = \left(\frac{1}{2}\right)(998.2\ \mathrm{kg\,m^{-3}}) \times (9.807\ \mathrm{m\,s^{-2}})$$
$$\times (4.96 \times 10^{-2}\ \mathrm{m}) \times (3.00 \times 10^{-4}\ \mathrm{m})$$
$$= 7.28 \times 10^{-2}\ \mathrm{kg\,s^{-2}} = 7.28 \times 10^{2}\ \mathrm{N\,m^{-1}}.$$

Dieser Wert stimmt gut mit dem Wert in Tabelle 18-5 überein.

A18.12a Mit Gl. (18-38) und mit Tabelle 18-5 erhalten wir

$$p_{\mathrm{in}} - p_{\mathrm{ex}} = \frac{2\gamma}{\mathrm{r}} = \frac{(2) \times (7.275 \times 10^{-2}\ \mathrm{N\,m^{-1}})}{2.00 \times 10^{-7}\ \mathrm{m}} = 7.28 \times 10^{5}\ \mathrm{Pa}.$$

Anmerkung: Druckdifferenziale für kleine Tröpfchen haben sehr hohe Werte.

Schwerere Aufgaben

Rechenaufgaben

18.1 Das positive (H)-Ende des Dipols wird näher beim (negativen) Anion liegen. Nach Gl. (18-21) ist das von einem Dipol erzeugte elektrische Feld

$$\mathcal{E} = \left(\frac{\mu}{4\pi\varepsilon_0}\right) \times \left(\frac{2}{r^3}\right)$$
$$= \frac{(2) \times (1.85) \times (3.34 \times 10^{-30}\ \mathrm{C\,m})}{(4\pi) \times (8.854 \times 10^{-12}\ \mathrm{J^{-1}\,C^2\,m^{-1}}) \times r^3} = \frac{1.11 \times 10^{-19}\ \mathrm{V\,m^{-1}}}{(r/\mathrm{m})^3}$$
$$= \frac{1.11 \times 10^{8}\ \mathrm{V\,m^{-1}}}{(r/\mathrm{nm})^3}.$$

(a) $\mathcal{E} = 1.1 \times 10^{8}\ \mathrm{V\,m^{-1}}$ für $r = 1.0\,\mathrm{nm}$.

(b) $\mathcal{E} = \dfrac{1.11 \times 10^{8}\ \mathrm{V\,m^{-1}}}{0.3^3} = 4 \times 10^{9}\ \mathrm{V\,m^{-1}}$ für $r = 0.3\,\mathrm{nm}$.

(c) $\mathcal{E} = \dfrac{1.11 \times 10^{8}\ \mathrm{V\,m^{-1}}}{30^3} = 4\ \mathrm{kV\,m^{-1}}$ für $r = 30\,\mathrm{nm}$.

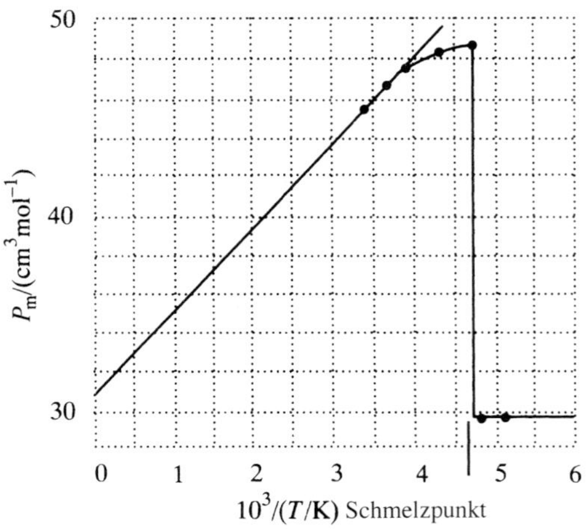

Abb. 18-2

18.3 Die Gleichungen, die das Dipolmoment und das Polarisationsvolumen mit den experimentell messbaren Größen ε_r und ρ verknüpfen, sind Gl. (18-14) und Gl. (18-15) (mit $\alpha = 4\pi\varepsilon_0\alpha'$):

$$P_m = \left(\frac{M}{\rho}\right) \times \left(\frac{\varepsilon_r - 1}{\varepsilon_r + 2}\right) \quad \text{und} \quad P_m = \frac{4\pi}{3} N_A\alpha' + \frac{N_A\mu^2}{9\varepsilon_0 kT}.$$

Mit $M = 119.4\,\text{g mol}^{-1}$ stellen wir folgende Tabelle auf:

$\theta/°C$	−80	−70	−60	−40	−20	0	20
T/K	193	203	213	233	253	273	293
$1000/(T/K)$	5.18	4.93	4.69	4.29	3.95	3.66	3.41
ε_r	3.1	3.1	7.0	6.5	6.0	5.5	5.0
$\dfrac{\varepsilon_r - 1}{\varepsilon_r + 2}$	0.41	0.41	0.67	0.65	0.63	0.60	0.57
$\rho/\text{g cm}^{-3}$	1.65	1.64	1.64	1.61	1.57	1.53	1.50
$P_m/(\text{cm}^3\,\text{mol}^{-1})$	29.8	29.9	48.5	48.0	47.5	56.8	45.4

Wir tragen P_m gegen $1/T$ auf (Abb. 18-2).

Der (gefährlich unsichere!) Achsenabschnitt liegt bei $\approx$ 30, die Steigung beträgt etwa 4.5×10^3. Damit folgt

$$\alpha' = \frac{(3) \times (30\,\text{cm}^3\,\text{mol}^{-1})}{(4\pi) \times (6.022 \times 10^{23}\,\text{mol}^{-1})} = 1.2 \times 10^{-23}\,\text{cm}^3.$$

Dann schreiben wir für μ

$$\mu = \left(\frac{9\varepsilon_0 k}{N_A}\right)^{1/2} \times (\text{Steigung} \times \text{cm}^3\,\text{mol}^{-1}\,\text{K})^{1/2}$$

$$= \left\{\left(\frac{(9) \times (8.854 \times 10^{-12}\,\text{J}^{-1}\,\text{C}^2\,\text{m}^{-1}) \times (1.381 \times 10^{-23}\,\text{J}\,\text{K}^{-1})}{6.022 \times 10^{-23}\,\text{mol}^{-1}}\right)^{1/2} \times (\text{Steigung} \times \text{cm}^3\,\text{mol}^{-1}\,\text{K})^{1/2}\right\}$$

$$= (4.275 \times 10^{-29}\,\text{C}) \times \left(\frac{\text{mol}}{\text{K}\,\text{m}}\right)^{1/2} \times (\text{Steigung} \times \text{cm}^3\,\text{mol}^{-1}\,\text{K})^{1/2}$$

$$= (4.275 \times 10^{-29}\,\text{C}) \times (\text{Steigung} \times \text{cm}^3\,\text{m}^{-1})^{1/2}$$

$$= (4.275 \times 10^{-32}\,\text{C}\,\text{m}) \times (\text{Steigung})^{1/2} = (1.282 \times 10^{-2}\,\text{D}) \times (\text{Steigung})^{1/2}$$

$$= (1.282 \times 10^{-2}\,\text{D}) \times (4.5 \times 10^3)^{1/2} = 0.86\,\text{D}.$$

Der steile Abfall von P_m tritt am Gefrierpunkt des Chloroforms auf (−63 °C) und zeigt an, dass der Term der Reorientierung des Dipols nichts mehr beiträgt. Beachten Sie, dass P_m für den Festkörper dem extrapolierten Wert von P_m ohne Dipol entspricht; daher ist die Extrapolation doch nicht so unsicher, wie sie zunächst erschien.

18.5 Nach Gl. (18-15) ist mit $\alpha = 4\pi\varepsilon_0\alpha'$

$$P_m = \frac{4\pi}{3} N_A \alpha' + \frac{N_A \mu^2}{9\varepsilon_0 k T}.$$

Damit können wir folgende Tabelle aufstellen:

T/K	292.2	309.0	333.0	387.0	413.0	446.0
$1000/(T/\text{K})$	3.42	3.24	3.00	2.58	2.42	2.24
$P_m/(\text{cm}^3\,\text{mol}^{-1})$	57.57	55.01	51.22	44.99	42.51	39.59

Die Punkte sind in Abb. 18-3 aufgetragen.

Wir ermitteln eine Ausgleichsgerade mit der Methode der kleinsten Fehlerquadrate. Der extrapolierte Achsenabschnitt (für $1/T = 0$) liegt bei 5.65 $\text{cm}^3\,\text{mol}^{-1}$ (in der Abbildung nicht gezeigt), und die Steigung ist $1.52 \times 10^4\,\text{cm}^3\,\text{K}^{-1}\,\text{mol}^{-1}$. Es folgt am Achsenabschnitt

$$\alpha' = \frac{3P_m}{4\pi N_A} = \frac{3 \times 5.65\,\text{cm}^3\,\text{mol}^{-1}}{4\pi \times 6.022 \times 10^{23}\,\text{mol}^{-1}}$$
$$= 2.24 \times 10^{-24}\,\text{cm}^3.$$

Mit der Lösung von Aufgabe 18.3 ergibt sich $\mu = 1.282 \times 10^{-2}\,\text{D} \times (1.52 \times 10^4)^{1/2} = 1.58\,\text{D}$.

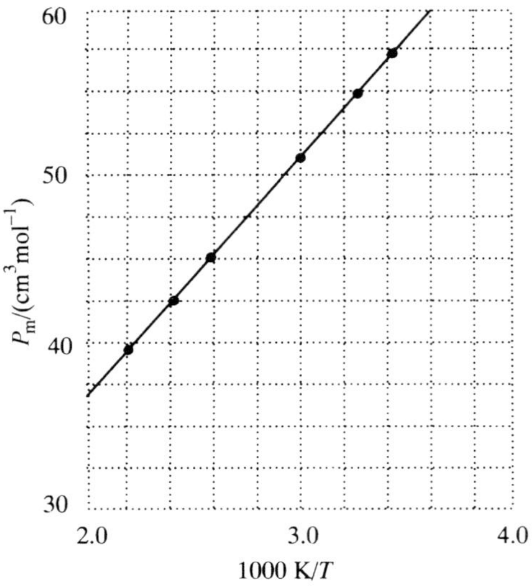

Abb. 18-3

Der Hochfrequenzbeitrag P'_m zur molaren Polarisation bei 273 K lässt sich aus dem Brechungsindex n berechnen. Nach Gl. (18-14) erhält man

$$P'_m = \left(\frac{M}{\rho}\right) \times \left(\frac{\varepsilon_r - 1}{\varepsilon_r + 2}\right) = \left(\frac{M}{\rho}\right) \times \left(\frac{n_r^2 - 1}{n_r^2 + 2}\right).$$

Wir nehmen an, dass sich Ammoniak unter den angegebenen Bedingungen (1.00 atm Druck) wie ein ideales Gas verhält. Dann gilt $\rho = \dfrac{pM}{RT}$ und wir erhalten

$$\frac{M}{\rho} = \frac{RT}{p} = \frac{82.06\ \mathrm{cm^3\ atm\ K^{-1}\ mol^{-1}} \times 273\ \mathrm{K}}{1.00\ \mathrm{atm}} = 2.24 \times 10^4\ \mathrm{cm^3\ mol^{-1}}$$

$$P'_m = 2.24 \times 10^4\ \mathrm{cm^3\ mol^{-1}} \times \left\{\frac{(1.000379)^2 - 1}{(1.000379)^2 + 2}\right\} = 5.66\ \mathrm{cm^3\ mol^{-1}}.$$

Wir nehmen an, dass der Hochfrequenzbeitrag zu P_m bei 292.2 K derselbe bleibt. Dann ist

$$\frac{N_A \mu^2}{9\varepsilon_0 kT} = P_m - P_m{}' = (57.57 - 5.66)\ \mathrm{cm^3\ mol^{-1}}$$
$$= 51.91\ \mathrm{cm^3\ mol^{-1}} = 5.191 \times 10^{-5}\ \mathrm{m^3\ mol^{-1}}.$$

Auflösen nach μ ergibt

$$\mu = \left(\frac{9\varepsilon_0 k}{N_A}\right)^{1/2} T^{1/2}(P_m - P'_m)^{1/2}.$$

Der Faktor $\left(\dfrac{9\varepsilon_0 k}{N_A}\right)^{1/2}$ wurde in Aufgabe 18.3 berechnet; er beträgt $4.275 \times 10^{-29}\ \mathrm{C} \times (\mathrm{mol/K\ m})^{1/2}$. Damit folgt

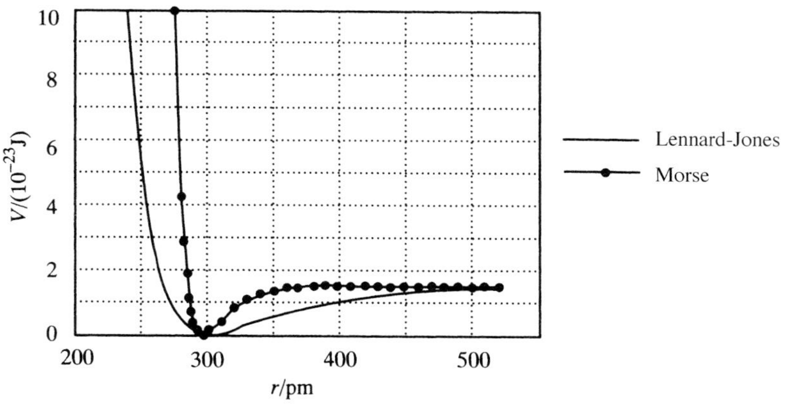

Abb. 18-4

$$\mu = 4.275 \times 10^{-29}\,\mathrm{C} \times \left(\frac{\mathrm{mol}}{\mathrm{K\,m}}\right)^{1/2} \times (292.2\,\mathrm{K})^{1/2} \times (5.191 \times 10^{-5})^{1/2}(\mathrm{m}^3/\mathrm{mol})^{1/2}$$
$$= 5.26 \times 10^{-30}\,\mathrm{C\,m} = 1.58\,\mathrm{D}.$$

Die Übereinstimmung ist exakt!

18.7 (a) Die Tiefe des Potenzials in Energieeinheiten ist

$$\varepsilon = hcD_e = 1.51 \times 10^{-23}\,\mathrm{J}.$$

Die Entfernung, bei der das Potenzial null wird, ist gegeben durch

$$R_e = 2^{1/6} r_0 \quad \text{und damit} \quad r_0 = R_e 2^{-1/6} = 2^{-1/6}(297\,\mathrm{pm}) = 265\,\mathrm{pm}.$$

(b) In Abb. 18-4 sind beide Potenziale vom Grund des Potenzialtopfs aus gemessen und aufgetragen. Das gezeigte Lennard-Jones-Potenzial ist also das normale L-J-Potenzial plus ε.

Beachten Sie, dass das Lennard-Jones-Potenzial einen viel sanfteren Übergang zum abstoßenden Ast aufweist als das Morse-Potenzial.

18.9 Wir vernachlässigen den Beitrag des permanenten Dipolmoments und erhalten mit Gl. (18-15)

$$P_m = \frac{N_A \alpha}{3\varepsilon_0}$$
$$= \frac{(6.022 \times 10^{23}\,\mathrm{mol}^{-1}) \times (3.59 \times 10^{-40}\,\mathrm{J}^{-1}\,\mathrm{C}^2\,\mathrm{m}^2)}{3(8.854 \times 10^{-12}\,\mathrm{J}^{-1}\,\mathrm{C}^2\,\mathrm{m}^{-1})}$$
$$= 8.14 \times 10^{-6}\,\mathrm{m}^3\,\mathrm{mol}^{-1} = 8.14\,\mathrm{cm}^3\,\mathrm{mol}^{-1}.$$

Mit Gl. (18-16) haben wir

$$\frac{\varepsilon_r - 1}{\varepsilon_r + 2} = \frac{\rho P_m}{M}$$
$$= \frac{(0.7914\,\mathrm{g\,cm^{-3}}) \times (8.14\,\mathrm{cm^3\,mol^{-1}})}{32.04\,\mathrm{g\,mol^{-1}}} = 0.201.$$

$$\varepsilon_r - 1 = 0.201\varepsilon_r + 0.402; \quad \varepsilon_r = 1.76.$$

$$n_r = \varepsilon_r^{1/2} = (1.76)^{1/2} = 1.33 \quad \text{wegen Gl. (18-17)}$$

Die Vernachlässigung des permanenten Dipolmoments hat zur Folge, dass die Ergebnisse nur für den Fall anwendbar sind, dass die Frequenz des angelegten Felds viel höher ist als die Rotationsfrequenz. Da rotes Licht eine Frequenz von 4.3×10^{14} Hz hat und eine typische Rotationsfrequenz bei etwa 1×10^{12} Hz liegt, sind die Ergebisse im sichtbaren Bereich gültig.

Theoretische Aufgaben

18.11 Aufgabe A18.7a ergab

$$\alpha = \left(\frac{3\varepsilon_0 M}{\rho N_A}\right) \times \left(\frac{n_r^2 - 1}{n_r^2 + 2}\right) \quad \text{bzw.} \quad \alpha' = \left(\frac{3M}{4\pi\rho N_A}\right) \times \left(\frac{n_r^2 - 1}{n_r^2 + 2}\right).$$

Es folgt $\dfrac{n_r^2 - 1}{n_r^2 + 2} = \dfrac{4\pi\alpha' N_A \rho}{3M}$.

Auflösen ergibt

$$n_r = \left(\frac{1 + \frac{8\pi\alpha'\rho N_A}{3M}}{1 - \frac{4\pi\alpha'\rho N_A}{3M}}\right)^{1/2} = \left(\frac{1 + \frac{8\pi\alpha' p}{3kT}}{1 - \frac{4\pi\alpha' p}{3kT}}\right)^{1/2} \quad \left(\text{für ein Gas gilt } \rho = \frac{M}{V_m} = \frac{Mp}{RT}\right)$$
$$\approx \left[\left(1 + \frac{8\pi\alpha' p}{3kT}\right) \times \left(1 + \frac{4\pi\alpha' p}{3kT}\right)\right]^{1/2} \quad \left(\text{wegen } \frac{1}{1-x} \approx 1 + x\right)$$
$$\approx \left(1 + \frac{12\pi\alpha' p}{3kT} + \cdots\right)^{1/2} \approx 1 + \frac{2\pi\alpha' p}{kT} \quad \left(\text{wegen } (1+x)^{1/2} \approx 1 + \frac{1}{2}x\right).$$

Also ist $n_r = 1 + \text{const.} \times p$ mit einer Konstante $\dfrac{2\pi\alpha'}{kT}$.

Aus der ersten Zeile oben folgt dann

$$\alpha' = \left(\frac{3M}{4\pi N_A \rho}\right) \times \left(\frac{n_r^2 - 1}{n_r^2 + 2}\right) = \left(\frac{3kT}{4\pi p}\right) \times \left(\frac{n_r^2 - 1}{n_r^2 + 2}\right).$$

18.13 Wir betrachten ein einzelnes Molekül, das in einem Behälter mit dem Volumen V von $N - 1(\approx N)$ anderen Molekülen umgeben ist. Die Anzahl der Moleküle in einer Kugelschale der Dicke dr im Abstand r um das Molekül herum ist $4\pi r^2 \times (N/V)\,\mathrm{d}r$. Also ist die Wechselwirkungsenergie

$$u = \int_a^R 4\pi r^2 \times \left(\frac{N}{V}\right) \times \left(\frac{-C_6}{r^6}\right) \mathrm{d}r = \frac{-4\pi N C_6}{V} \int_a^R \frac{\mathrm{d}r}{r^4}.$$

Dabei ist R der Radius des Behälters. Mit dem Moleküldurchmesser d (d. h. dem Abstand bei dichtestmöglicher Annäherung) erhalten wir wegen $d \ll R$

$$u = \left(\frac{4\pi}{3}\right) \times \left(\frac{N}{V}\right) (C_6) \times \left(\frac{1}{R^3} - \frac{1}{d^3}\right) \approx \frac{-4\pi N C_6}{3Vd^3}.$$

Die Energie der paarweisen Wechselwirkung aller N Moleküle ist $U = \frac{1}{2}Nu$; der Faktor $\frac{1}{2}$ erscheint, weil jedes Paar nur einmal gezählt werden darf (d. h. A mit B, aber nicht A mit B *und* B mit A). Also ist

$$U = \frac{-2\pi N^2 C^6}{3Vd^3}.$$

Für ein van-der-Waals-Gas gilt $\dfrac{n^2 a}{V^2} = \left(\dfrac{\partial U}{\partial V}\right)_T = \dfrac{2\pi N^2 C_6}{3V^2 d^3}$.

Mit $N = nN_\mathrm{A}$ ist daher $a = \dfrac{2\pi N_\mathrm{A}^2 C_6}{3d^3}$.

18.15 In dieser Aufgabe soll $\mathcal{V} = V(R)$ die Wechselwirkungsenergie bezeichnen, nicht das Volumen.

Die Anzahl der Moleküle in einem Volumenelement dτ ist $\mathcal{N}\,\mathrm{d}\tau/V = \mathcal{N}\mathrm{d}\tau$. Die Wechselwirkungsenergie dieser Moleküle mit einem Molekül im Abstand r ist $\mathcal{V}\mathcal{N}\,\mathrm{d}\tau$. Die gesamte Wechselwirkungsenergie (unter Berücksichtigung des gesamten Probenvolumens) ist daher

$$u = \int \mathcal{V}\mathcal{N}\,\mathrm{d}\tau = \mathcal{N} \int \mathcal{V}\,\mathrm{d}\tau.$$

Die gesamte Wechselwirkungsenergie einer Probe mit N Molekülen ist $\frac{1}{2}Nu$ (der Faktor $\frac{1}{2}$ wird eingeführt, um die Doppelzählung der Wechselwirkungen zu berücksichtigen). Damit ist die kohäsive Energiedichte

$$\mathcal{U} = -\frac{U}{V} = \frac{-\frac{1}{2}Nu}{V} = -\frac{1}{2}\mathcal{N}u = -\frac{1}{2}\mathcal{N}^2 \int \mathcal{V}\,\mathrm{d}\tau.$$

Mit $\mathcal{V} = -C_6/r^6$ und $\mathrm{d}\tau = 4\pi r^2\,\mathrm{d}r$ erhalten wir

$$-\frac{U}{V} = 2\pi\mathcal{N}^2 C_6 \int_a^\infty \frac{\mathrm{d}r}{r^4} = \frac{2\pi}{3} \times \frac{\mathcal{N}^2 C^6}{d^3}.$$

Mit der molaren Masse M ist $\mathcal{N} = N_\mathrm{A}\rho/M$. Daher ist

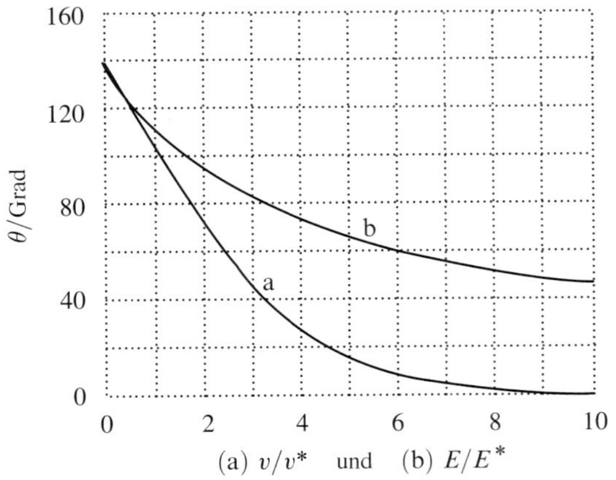

Abb. 18-5

$$\mathcal{U} = \left(\frac{2\pi}{3}\right) \times \left(\frac{N_A \rho}{M}\right)^2 \times \left(\frac{C_6}{d^3}\right).$$

18.17 Wie in Aufgabe 18.16 können wir schreiben

$$\theta(v) = \begin{cases} \pi - 2\arcsin\left(\dfrac{b}{R_1 + R_2(v)}\right) & b \leq R_1 + R_2(v) \\ 0 & b > R_1 + R_2(v) \end{cases}$$

R_2 hängt hier von der Geschwindigkeit v ab:

$$R_2(v) = R_2 e^{-v/v^*}.$$

(a) Mit $R_1 = \frac{1}{2}R_2$ und $b = \frac{1}{2}R_2$ erhalten wir

$$\theta(v) = \pi - 2\arcsin\left(\frac{1}{1 + 2e^{-v/v^*}}\right).$$

(Die Einschränkung $b \leq R_1 + R_2(v)$ führt zu der Bedingung $\frac{1}{2}R_2 \leq \frac{1}{2}R_2 + R_2 e^{-v/v^*}$, die für alle v gültig ist.)

Diese Funktion ist in Abb. 18-5 als Kurve a aufgetragen.

(b) Die kinetische Energie des Stoßes ist $E = \frac{1}{2}mv^2$. Damit ergibt sich

$$\theta(E) = \pi - 2\arcsin\left(\frac{1}{1 + 2\,e^{-(E/E^*)^{1/2}}}\right) \quad \text{mit} \quad E^* = \frac{1}{2}mv^{*2}.$$

Diese Funktion ist in Abb. 18-5 als Kurve b aufgetragen.

Anwendungsaufgaben

18.19 (a) Die Energie der London-Wechselwirkung zwischen induzierten Dipolen lässt sich durch die London-Formel (Gl. (18-25)) annähern:

$$V = -\frac{C}{r^6} = -\frac{3\alpha_1'\alpha_2'}{2r^6}\frac{I_1 I_2}{I_1 + I_2} = -\frac{3\alpha'^2 I}{4r^6}.$$

Das zweite Gleichheitszeichen gilt, weil die Wechselwirkung zwischen zwei Dipolen desselben Moleküls wirkt. Für zwei Phenylgruppen haben wir

$$V = -\frac{3(1.04 \times 10^{-29}\ \mathrm{m}^3)^2(5.0\ \mathrm{eV})(1.602 \times 10^{-19}\ \mathrm{J\,eV}^{-1})}{4(1.0 \times 10^{-9}\ \mathrm{m})^6} = 6.6 \times 10^{-23}\ \mathrm{J}$$

bzw. $-39\ \mathrm{J\,mol}^{-1}$.

(b) Die potenzielle Energie ist überall negativ. Wir erhalten die Abstandsabhängigkeit der Kraft über

$$F = -\frac{\mathrm{d}V}{\mathrm{d}r} = -\frac{6C}{r^7}.$$

Diese Kraft ist überall anziehend, d. h. sie wirkt einer Vergrößerung des Abstands zwischen wechselwirkenden Gruppen entgegen. Die Kraft wird bei sehr großem Abstand null; es gibt jedoch keinen bestimmten Abstand, an dem die Dispersionskraft null wird (natürlich außer man bezieht auch die abstoßenden Kräfte in die Rechung mit ein: Dann wird die Gesamtkraft in einem Abstand null, in dem sich anziehende und abstoßende Kräfte gerade ausgleichen).

18.21 (a) Das Dipolmoment für *trans-N*-Methylacetamid ist

$$\mu = (3.092\ \mathrm{D}) \times (3.336 \times 10^{-30}\ \mathrm{C\,m\,D}^{-1}) = 1.03 \times 10^{-29}\ \mathrm{C\,m}$$

(semi-empirisch, Level PM3, PC Spartan Pro). Der Dipol ist im Wesentlichen entlang der Carbonylgruppe orientiert. Die Wechselwirkungsenergie der beiden parallelen Dipole erhält man mit Gl. (18-22):

$$V = \frac{\mu_1\mu_2 f(\theta)}{4\pi\varepsilon_0 r^3} \quad \text{mit} \quad f(\theta) = 1 - 3\cos^2\theta.$$

Dabei ist r der Abstand zwischen den Dipolen und θ der Winkel zwischen der Richtung der Dipole und ihrer Verbindungslinie. Die Winkelabhängigkeit ist in Abb. 18-6 gezeigt. Beachten Sie, dass $V(\theta)$ für $\theta = 0°$ und $180°$ minimal ist, das Maximum wird für $90°$ und $270°$ erreicht.

(b) Wenn die Dipole durch 3.0 nm getrennt sind, ist die Wechselwirkungsenergie maximal

$$V_{\max} = \frac{(1.031 \times 10^{-29}\ \mathrm{C\,m})^2}{4\pi(8.854 \times 10^{-12}\ \mathrm{J}^{-1}\,\mathrm{C}^2\,\mathrm{m}^{-1}) \times (3.0 \times 10^{-9}\ \mathrm{m})^3} = 3.5\overline{5} \times 10^{-23}\ \mathrm{J}.$$

In molaren Einheiten haben wir

$$V_{\max} = (3.5\overline{5} \times 10^{-23}\ \mathrm{J}) \times (6.022 \times 10^{23}\ \mathrm{mol}^{-1}) = 21\ \mathrm{J\,mol}^{-1} = 2.1 \times 10^{-2}\ \mathrm{kJ\,mol}^{-1}.$$

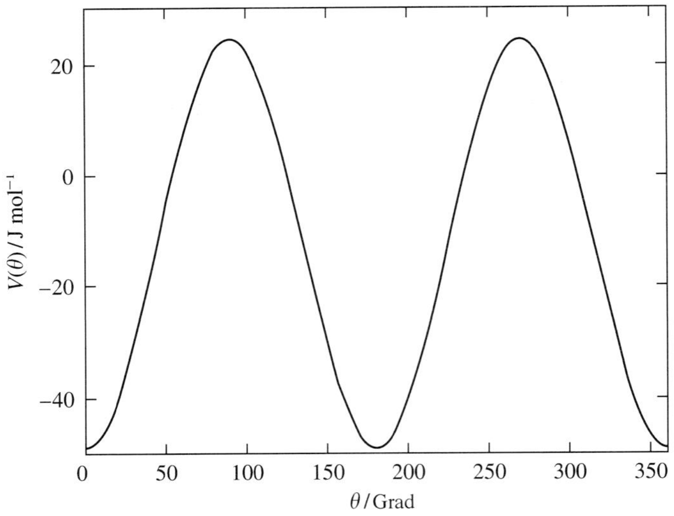

Abb. 18-6

Die Dipol-Dipol-Wechselwirkung bei dieser Entfernung ist also erheblich kleiner als die Energie einer Wasserstoffbrückenbindung .

Allerdings ist die typische Bindungslänge einer Wasserstoffbrückenbindung viel geringer, der Vergleich ist also nicht ganz fair.

18.23 Nachfolgend finden Sie eine Lösung, die mithilfe von MathCad erstellt wurde.

(a) $$\text{Data} := \begin{pmatrix} 7.36 & 8.37 & 8.3 & 7.47 & 7.25 & 6.73 & 8.52 & 7.87 & 7.53 \\ 3.53 & 4.24 & 4.09 & 3.45 & 2.96 & 2.89 & 4.39 & 4.03 & 3.80 \\ 1.00 & 1.80 & 1.70 & 1.35 & 1.60 & 1.60 & 1.95 & 1.60 & 1.60 \end{pmatrix}$$

$$\log A := (\text{Data}^{\text{T}})^{\langle 0 \rangle} \quad S := (\text{Data}^{\text{T}})^{\langle 1 \rangle} \quad W := (\text{Data}^{\text{T}})^{\langle 2 \rangle} \quad \text{Mxy} := \text{augment(S,W)}$$

$$\text{info} := \text{regress(Mxy, logA,1)} \quad \text{b} := \text{submatrix(info, 3,5,0,0)} \quad b = \begin{pmatrix} 0.957 \\ 0.362 \\ 3.59 \end{pmatrix} \begin{matrix} \text{b}_0 \\ \text{b}_1 \\ \text{b}_2 \end{matrix}$$

(b)
W := 1.5 Estimate for Given/Find Solve Bank
S := 4.84 logA := 7.60
Given $\log A = \text{b}_0 + \text{b}_1 \cdot \text{S} + \text{b}_2 \cdot \text{W}$ W := Find(W) $W = 1.362$

19 Materialien 1: Makromoleküle und Selbstorganisation

Diskussionsfragen

19.1 Die zahlengewichtete mittlere Molmasse (das Zahlenmittel) erhält man, indem man die Masse eines jeden Moleküls mit der Anzahl der Moleküle mit dieser Masse gewichtet (Gl. (19-1)):

$$\overline{M_\mathrm{N}} = \frac{1}{N}\sum_i N_i M_i .$$

In diesem Ausdruck ist N_i die Zahl der Moleküle mit der Molmasse M_i, und N ist die Gesamtanzahl der Moleküle. Man erhält die zahlengewichtete mittlere Molmasse aus Messungen des osmotischen Drucks von makromolekularen Lösungen.

Die massengewichtete mittlere Molmasse erhält man, indem man jede molare Masse mit dem Massenanteil der entsprechenden Molekülmasse gewichtet (Gl. (19-2)):

$$\overline{M_\mathrm{M}} = \frac{1}{m}\sum_i m_i M_i = \frac{\sum_i N_i M_i^2}{\sum_i N_i M_i} \text{ (Gl. (19-3)).}$$

In diesem Ausdruck ist m_i die Gesamtmasse der Moleküle mit der molaren Masse M_i, und m ist die Gesamtmasse der Probe. Man erhält die massengewichtete mittlere Molmasse aus Experimenten zur Lichtstreuung.

Die Z-gewichtete Molmasse ist durch Gl. (19-4) definiert:

$$\overline{M_\mathrm{Z}} = \frac{\sum_i N_i M_i^3}{\sum_i N_i M_i^2}.$$

Sie ergibt sich aus Experimenten zum Sedimentationsgleichgewicht.

19.3 Die Konturlänge ist die Kettenlänge eines Makromoleküls, gemessen über die Gerüststruktur, wenn man alle Monomere aneinanderhängt. Die Konturlänge ist damit die Gesamtlänge des gestreckten Makromoleküls, jedoch mit den jeweiligen Bindungswinkeln zwischen den Monomeren. Sie ist proportional zur Anzahl N der Monomere und der Länge jedes einzelnen Monomers (Gl. (19-30)).

Der quadratisch gemittelte Abstand ist ein Maß für den mittleren Abstand der Enden einer frei beweglichen Kette. Er ergibt sich als Quadratwurzel aus dem Mittelwert von R^2, wobei

Arbeitsbuch Physikalische Chemie. 4. Auflage. P. W. Atkins, C. A. Trapp, M. P. Cady und C. Giunta

ISBN: 978-3-527-31828-5

R den Abstand der beiden Enden des Knäuels angibt. Man erhält diesen Mittelwert, indem man jeden möglichen Wert von R^2 mit der Wahrscheinlichkeit f gewichtet, dass dieser Wert für R auftritt (Gl. (19-27)). Er ist proportional zu $N^{1/2}$ und zur Länge jedes einzelnen Monomeres (Gl. (19-31)).

Der Trägheitsradius ist der Innenradius einer dünnen Kugelschale derselben Masse und desselben Trägheitsmoments wie das Makromolekül. Im Allgemeinen ist es nicht leicht, diesen Abstand geometrisch zu veranschaulichen. Für den einfachen Fall eines Moleküls beispielsweise, das aus einer Kette von identischen Molekülen besteht, visualisiert man den Trägheitsradius als die quadratisch gemittelte Entfernung der Atome vom Schwerpunkt aus. Auch der Trägheitsradius hängt von $N^{1/2}$ ab, er ist aber um einen Faktor $(1/6)^{1/2}$ kleiner als der quadratisch gemittelte Abstand (vgl. Gl. (19-33)).

19.5 Bei einer Molekülmechanikrechnung wählt man Potenzialfunktionen für alle Wechselwirkungen zwischen den Atomen des Moleküls. In der Rechnung selbst lokalisiert man die Energieminima (lokal und global) des Moleküls als eine Funktion von Bindungslängen und Bindungswinkeln. Weil in die Rechnung nur die potenziellen Energien eingehen, sind Beiträge zur Gesamtenergie, die aus kinetischen Energien stammen, nicht berücksichtigt. Das globale Minimum einer Molekülmechanikrechnung ist somit ein Schnappschuss der molekularen Struktur bei $T = 0$. In der Rechnung werden keine Bewegungsgleichungen gelöst. Der Aufbau des Makromoleküls (oder allgemeiner jedes Moleküls) lässt sich im Prinzip bestimmen, indem man die zeitunabhängige Schrödinger-Gleichung für das Molekül mithilfe der Verfahren löst, die in Kapitel 11 beschrieben sind. Wegen der enormen Größe der Makromoleküle können diese Verfahren allerdings undurchführbar sein und wegen der nötigen Näherungen, um sie praktikabel zu machen, auch zu unrichtigen Ergebnissen führen.

In einer Moleküldynamikrechnung werden die Bewegungsgleichungen integriert, um die Trajektorien aller Atome im Moleküls zu bestimmen. Die Bewegungsgleichungen können im Prinzip klassisch (Newton'sche Bewegungsgesetze) oder quantenmechanisch sein. In der Praxis verwendet man wegen der sehr großen Anzahl von Atomen in einem Makromolekül die Newton'schen Bewegungsgleichungen. Quantenmechanische Methoden sind zu zeitaufwendig, zu kompliziert und im jetzigen Stadium auch zu ungenau, um im Bereich der Polymerchemie wirklich populär zu werden.

19.7 Eine oberflächenaktive Substanz ist eigentlich eine grenzflächenaktive Substanz, die an der Grenzfläche zwischen zwei Phasen oder Stoffen (z. B. der Grenzschicht zwischen hydrophiler und hydrophober Phase) aktiv ist. Die oberflächenaktive Substanz reichert sich an der Grenzfläche an und verändert die Oberflächeneigenschaften, insbesondere setzt sie die Oberflächenspannung herab. Eine typische oberflächenaktive Substanz besteht aus einem langen Kohlenwasserstoffschwanz und anderen nicht polaren Material sowie einem hydrophilen Kopf, etwa der Carboxylat-Gruppe $-CO_2^-$, der sich in einem polaren Lösungsmittel (typischerweise Wasser) löst. Mit anderen Worten ist eine oberflächenaktive Substanz amphipathisch, sie hat also sowohl hydrophobe als auch hydrophile Bereiche.

Wie setzt nun die oberflächenaktive Substanz die Oberflächenspannung herab? Die Oberflächenspannung ist ein Ergebnis von Kohäsionskräften; die Moleküle des gelösten

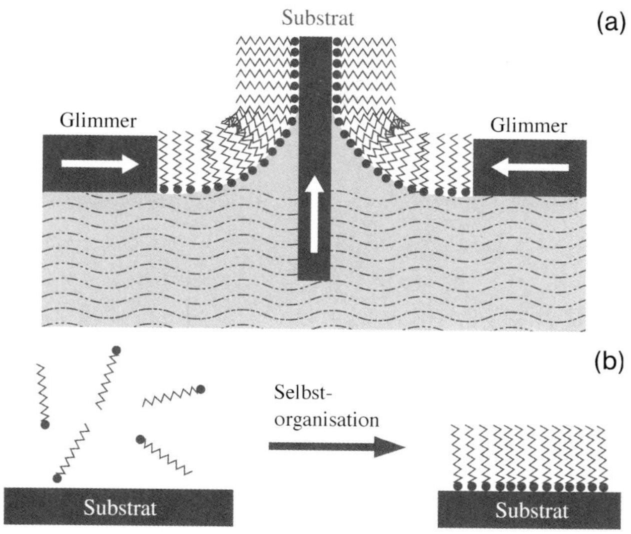

Abb. 19-1

Stoffes müssen daher die Anziehungskräfte zwischen den Molekülen des Lösungsmittels schwächen. Daher können Moleküle mit großen hydrophoben Bereichen wie Fettsäuren die Oberflächenspannung verringern, weil sie die Moleküle des Lösungsmittels nicht so stark anziehen wie die Moleküle des Lösungsmittel sich untereinander anziehen. In Abschnitt 19.3.4 findet sich eine Betrachtung der Thermodynamik in diesem Prozess.

19.9 Eine Langmuir-Blodgett-Schicht (kurz LB-Schicht) ist eine Monolage oder eine dünne Schicht mehrerer Lagen, die auf ein festes Substrat aufgebracht werden, indem man eine Oberflächenschicht aus einer Flüssigkeit auf das Substrat überträgt. Für diesen Transfer verwendet man einen Langmuir-Trog (Abb. 19-1(a)). Eine Oberflächenschicht von wasserunlöslichen, schichtbildenden Molekülen wird durch mechanische Kompression auf dem Wasser erzeugt. Durch Eintauchen und wieder Herausziehen des Substrats wird eine Monolage übertragen; eine mehrfache Wiederholung des Vorgangs erzeugt Mehrfachschichten. Schwache van-der-Waals-Kräfte halten die Monolage zusammen.

Selbstorganisierende Monolagen (SAM) erfordern keine mechanische Kompression. SAM bilden sich aus geladenen Materialien mit Adsorptions- und Desorptionseigenschaften, die die Selbstorganisation fördern (Abb. 19-1b). Das Substrat wird einfach in eine Dispersion der geladenen Materialien eingetaucht, zurückgezogen und gereinigt. Die Schichten werden entweder durch starke ionische Bindungen oder kovalente Bindungen zusammengehalten.

Mit beiden Verfahren lassen sich gut aufgebaute Monolagen erzeugen; LB-Schichten auf Wasser sind jedoch besser zu steuern, als es mit spontan selbstorganisierenden Schichten möglich ist. Da diese aber keine mechanische Kompression benötigen, sind SAM sehr viel vielseitiger. Die starke Bindung von SAM ergibt haltbare, stabile Schichten, im Gegensatz zu den LB-Schichten, deren van-der-Waals-Kräfte weniger stabil sind.

Leichte Aufgaben

A19.1a Gleiche Mengen bedeuten gleiche Anzahl von Molekülen. Also ist mit $n_1 = n_2 = \frac{1}{2}n$ die zahlengewichtete mittlere Molmasse (Gl. (19-1))

$$\overline{M}_{\mathrm{N}} = \frac{N_1 M_1 + N_2 M_2}{N} = \frac{n_1 M_1 + n_2 M_2}{n} = \frac{1}{2}(M_1 + M_2)$$
$$= \frac{62 + 78}{2}\ \mathrm{kg\ mol^{-1}} = 70\ \mathrm{kg\ mol^{-1}}.$$

Mit $n_1 = n_2$ ist nach Gl. (19-2) und Gl. (19-3) die massengewichtete mittlere Molmasse

$$\overline{M}_{\mathrm{:}} = \frac{m_1 M_1 + m_2 M_2}{m} = \frac{n_1 M_1^2 + n_2 M_2^2}{n_1 M_1 + n_2 M_2} = \frac{M_1^2 + M_2^2}{M_1 + M_2}$$
$$= \frac{62^2 + 78^2}{62 + 78}\ \mathrm{kg\ mol^{-1}} = 71\ \mathrm{kg\ mol^{-1}}.$$

A19.2a Für eine frei bewegliche Kette beträgt der Trägheitsradius nach Gl. (19-33)

$$R_{\mathrm{g}} = \left(\frac{N}{6}\right)^{1/2} l.$$

Also gilt für die Zahl der Moleküle

$$N = 6\left(\frac{R_{\mathrm{g}}}{l}\right)^2 = (6) \times \left(\frac{7.3\ \mathrm{nm}}{0.154\ \mathrm{nm}}\right)^2 = 1.4 \times 10^4.$$

A19.3a (a) Mit der Messung des osmotischen Drucks bestimmt man die zahlengewichtete mittlere Molmasse. Wir nehmen an, dass 100 g Lösung vorliegen, und erhalten

$$\overline{M}_{\mathrm{n}} = \frac{N_1 M_1 + N_2 M_2}{N_1 + N_2} = \frac{\left(\frac{m_1}{M_1}\right) M_1 + \left(\frac{m_2}{M_2}\right) M_2}{\left(\frac{m_1}{M_1}\right) + \left(\frac{m_2}{M_2}\right)} = \frac{m_1 + m_2}{\left(\frac{m_1}{M_1}\right) + \left(\frac{m_2}{M_2}\right)}$$
$$= \frac{100\ \mathrm{g}}{\left(\frac{30\ \mathrm{g}}{30\ \mathrm{kg\ mol^{-1}}}\right) + \left(\frac{70\ \mathrm{g}}{15\ \mathrm{kg\ mol^{-1}}}\right)} = 18\ \mathrm{kg\ mol^{-1}}.$$

(b) Mit der Messung der Lichtstreuung bestimmt man die massengewichtete mittlere Molmasse. Wieder mit 100 g Lösung erhalten wir

$$\overline{M}_{\mathrm{M}} = \frac{m_1 M_1 + m_2 M_2}{m_1 + m_2} = \frac{(30) \times (30) + (70) \times (15)}{100}\ \mathrm{kg\ mol^{-1}} = 20\ \mathrm{kg\ mol^{-1}}.$$

A19.4a Die Formel für die Rotations-Korrelationszeit ist

$$\tau = \frac{4\pi a^3 \eta}{3kT}.$$

Mit $\eta(H_2O) = 0.8909 \times 10^{-3}$ kg m^{-1}s^{-1} und a(SA) = 3.0 nm erhalten wir

$$\tau = \frac{4\pi \times (3.0 \times 10^{-9}\ \mathrm{m})^3 \times 0.8909 \times 10^{-3}\ \mathrm{kg\ m^{-1} s^{-1}}}{3 \times 1.381 \times 10^{-23}\ \mathrm{J\ K^{-1}} \times 298\ \mathrm{K}} = 2.4 \times 10^{-8}\ \mathrm{s}.$$

Mit $\eta(CCl_4) = 0.895 \times 10^{-3}$ kg m^{-1} s^{-1} und $a(CCl_4)$ = 250 pm ergibt sich

$$\tau = \frac{4\pi \times (2.50 \times 10^{-10}\ \mathrm{m})^3 \times 0.895 \times 10^{-3}\ \mathrm{kg\ m^{-1} s^{-1}}}{3 \times 1.381 \times 10^{-23}\ \mathrm{J\ K^{-1}} \times 298\ \mathrm{K}} = 1.4 \times 10^{-11}\ \mathrm{s}.$$

A19.5a Nach Gl. (19-14) ist die effektive Masse der Teilchen

$$m_{\mathrm{eff}} = bm = (1 - \rho v_s)m = m - \rho v_s m = v\rho_p - v\rho = v(\rho_p - \rho).$$

Darin ist v das Teilchenvolumen und ρ_p die Teilchendichte. Wenn wir die Kräfte aus Gl. (19-15) und Gl. (19-12) gleichsetzen, erhalten wir mit dem Teilchenradius a

$$m_{\mathrm{eff}} r\omega^2 = fs = 6\pi\eta as$$

bzw. $v(\rho_p - \rho)r\omega^2 = \frac{4}{3}\pi a^3(\rho_p - \rho)r\omega^2 = 6\pi\eta as.$

Auflösen nach s ergibt

$$s = \frac{2a^2(\rho_p - \rho)r\omega^2}{9\eta}.$$

Also ist das Verhältnis der Sedimentationsgeschwindigkeiten $\frac{s_2}{s_1} = \frac{a_2^2}{a_1^2} = 10^2 = 100.$

A19.6a Die mittlere Molmasse hängt mit der Sedimentationskonstanten über die Gleichungen (19-19) und (19-14) zusammen:

$$\overline{M} = \frac{SRT}{bD} = \frac{SRT}{(1 - \rho v_s)D}.$$

Wir nehmen an, dass die Werte für b zu einer wässrigen Lösung bei 298 K gehören, und erhalten

$$\overline{M} = \frac{(4.48 \times 10^{-13}\ \mathrm{s}) \times (8.314\ \mathrm{J\ K^{-1}\ mol^{-1}}) \times (293\ \mathrm{K})}{[(1) - (0.9982 \times 10^3\ \mathrm{kg\ m^3}) \times (0.749 \times 10^{-3}\ \mathrm{m^3\ kg^{-1}})] \times (6.9 \times 10^{-11}\ \mathrm{m^2\ s^{-1}})}$$

$$= 63\ \mathrm{kg\ mol^{-1}}.$$

A19.7a Statt die Zentrifugalkraft $m_{\text{eff}}r^2$ wie in Aufgabe A19.5a haben wir hier die Gravitationskraft $m_{\text{eff}}g$. Der Rest der Berechung läuft analog und führt zu

$$s = \frac{2a^2(\rho_\text{p} - \rho)g}{9\eta} = \frac{(2) \times (2.0 \times 10^{-5}\ \text{m})^2 \times (1750 - 1000)\ \text{kg m}^{-3} \times (9.81\ \text{m s}^{-2})}{(9) \times (8.9 \times 10^{-4}\ \text{kg m}^{-1}\text{s}^{-1})}$$
$$= 7.3 \times 10^{-4}\ \text{m s}^{-1}.$$

A19.8a Die mittlere molare Masse hängt mit der Sedimentationskonstanten über die Gleichungen (19-19) und (19-14) zusammen:

$$\overline{M} = \frac{SRT}{bD} = \frac{SRT}{(1 - \rho v_\text{s})D}.$$

Wir nehmen an, dass die Werte für b zu einer wässrigen Lösung gehören, und erhalten

$$\overline{M} = \frac{(3.2 \times 10^{-13}\ \text{s}) \times (8.314\ \text{J K}^{-1}\ \text{mol}^{-1}) \times (293\ \text{K})}{[(1) - (0.656) \times (1.06)] \times (8.3 \times 10^{-11}\ \text{m}^2\ \text{s}^{-1})} = 31\ \text{kg mol}^{-1}.$$

A19.9a Die Anzahl der gelösten Moleküle mit der potenziellen Energie E ist proportional zu $e^{-E/kT}$; damit ist

$$c \propto N \propto e^{-E/kT} \quad \text{mit} \quad E = \tfrac{1}{2}m_{\text{eff}}r^2\omega^2.$$

Also ist (wegen $m_{\text{eff}} = bm$ und $M = mN_\text{A}$) $c \propto e^{Mb\omega^2r^2/2RT}$ und damit (wegen $b = 1 - \rho v_s$)

$$\ln c = \text{const.} + \frac{Mb\omega^2r^2}{2RT}.$$

Trägt man $\ln c$ gegen r^2 auf, so ist die Steigung $= Mb\omega^2/2RT$.

Somit ergibt sich

$$M = \frac{2RT \times \text{Steigung}}{b\omega^2} = \frac{(2) \times (8.314\ \text{J K}^{-1}\text{mol}^{-1}) \times (300\ \text{K}) \times (729 \times 10^4\ \text{m}^{-2})}{(1 - 0.997 \times 0.61) \times \left(\dfrac{(2\pi) \times (50000)}{60\ \text{s}}\right)^2}$$
$$= 3.4 \times 10^3\ \text{kg mol}^{-1}.$$

A19.10a Es wirkt die Zentrifugalkraft $F = mr\omega^2$. Mit dem zweiten Newton'schen Gesetz $F = ma$ folgt

$$a = r\omega^2 = 4\pi^2 r v^2 = 4\pi^2 \times (6.0 \times 10^{-2}\ \text{m}) \times \left(\frac{80 \times 10^3}{60\ \text{s}}\right)^2 = 4.2\overline{1} \times 10^6\ \text{m s}^{-2}.$$

Mit $g = 9.81\ \text{m s}^{-2}$ folgt $a = 4.3 \times 10^5 g$.

A19.11a Mit Gl. (19-31) ist

$$R_{\text{rms}} = N^{1/2} l = (700)^{1/2} \times (0.90\ \text{nm}) = 24\ \text{nm}.$$

A19.12a Die wiederholte Einheit (das Monomer) von Polyethylen ist (—CH_2—CH_2—) mit der molaren Masse 28 g mol^{-1}. Die Anzahl N der wiederholten Einheiten ist daher

$$N = \frac{280\,000\ \text{g mol}^{-1}}{28\ \text{g mol}^{-1}} = 1.00 \times 10^4.$$

Ferner ist $l = 2R$(C—C). (Auf jeder Seite des Monomers ist eine halbe Bindungslänge zu addieren.)

Wir wenden die Gleichungen für die Konturlänge (Gl. (19-30)) und für den quadratisch gemittelten Abstand (Gl. (19-31)) an und erhalten:

$$R_{\text{K}} = Nl = 2 \times (1.00 \times 10^4)(154\ \text{pm}) = 3.08 \times 10^6\ \text{pm} = 3.08 \times 10^{-6}\ \text{m},$$

$$R_{\text{rms}} = N^{1/2} l = 2 \times (1.00 \times 10^4)^{1/2} \times (154\ \text{pm}) = 3.08 \times 10^4\ \text{pm} = 3.08 \times 10^{-8}\ \text{m}.$$

Schwerere Aufgaben

19.1 Nach Gl. (19-16) gilt für die Sedimentationskonstante

$$S = \frac{s}{r\omega^2}.$$

Wegen $s = \frac{\text{d}r}{\text{d}t}$ ist $\frac{s}{r} = \frac{1}{r}\frac{\text{d}r}{\text{d}t} = \frac{\text{d}\ln r}{\text{d}t}$.

Wir tragen $\ln r$ gegen t auf; dann erhalten wir S aus der Steigung wegen

$$S = \frac{1}{\omega^2}\frac{\text{d}\ln r}{\text{d}t}.$$

Wir tragen die Werte in eine Tabelle ein:

t/ min	15.5	29.1	36.4	58.2
r/cm	5.05	5.09	5.12	5.19
ln(r/cm)	1.619	1.627	1.633	1.647

Die Punkte sind in Abb. 19-2 aufgetragen.

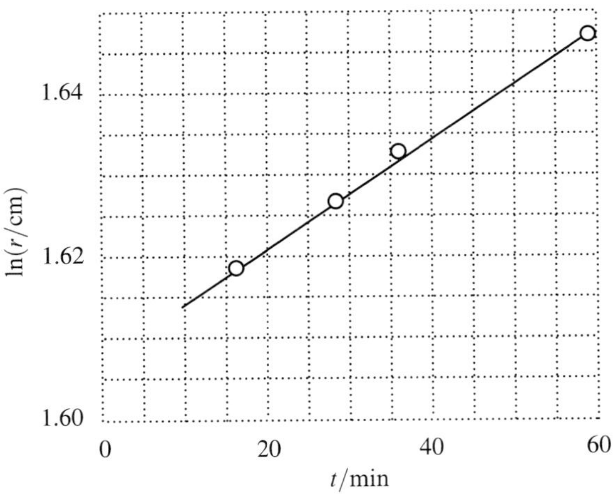

Abb. 19-2

Mit der Methode der kleinsten Fehlerquadrate ermitteln wir die Ausgleichsgerade; sie hat die Steigung $6.62 \times 10^{-4}\ \mathrm{min}^{-1}$. Damit folgt

$$S = \frac{6.62 \times 10^{-4}\ \mathrm{min}^{-1}}{\omega^2} = \frac{(6.62 \times 10^{-4}\ \mathrm{min}^{-1}) \times (1\ \mathrm{min}/60\ \mathrm{s})}{(2\pi \times 4.5 \times 10^4/60\ \mathrm{s})^2} = 4.9\overline{7} \times 10^{-13}\ \mathrm{s}$$

bzw. 5.0 Sv.

19.3 Für die Grenzviskosität gilt nach Gl. (19-23)

$$[\eta] = \lim_{c \to 0} \left(\frac{\eta/\eta_0 - 1}{c} \right).$$

Wenn wir die rechte Seite dieser Gleichung gegen c auftragen, so ergibt der y-Achsenabschnitt bei der Extrapolation auf $c = 0$ den Wert von $[\eta]$. Zunächst erstellen wir folgende Tabelle (dabei ist $\eta_0 = 0.985\ \mathrm{g\ m^{-1}\ s^{-1}}$ gesetzt):

$c/(\mathrm{g\ dm^{-3}})$	1.32	2.89	5.73	9.17
$\left(\frac{\eta/\eta_0 - 1}{c}\right) \Big/ (\mathrm{dm^3\ g^{-1}})$	0.0731	0.0755	0.0771	0.0825

Die Werte sind in Abb. 19-3 aufgetragen. Die mit der Methode der kleinsten Fehlerquadrate ermittelte Ausgleichsgerade hat den Achsenabschnitt 0.0716; also ist $[\eta] = 0.0716\ \mathrm{dm^3\ g^{-1}}$.

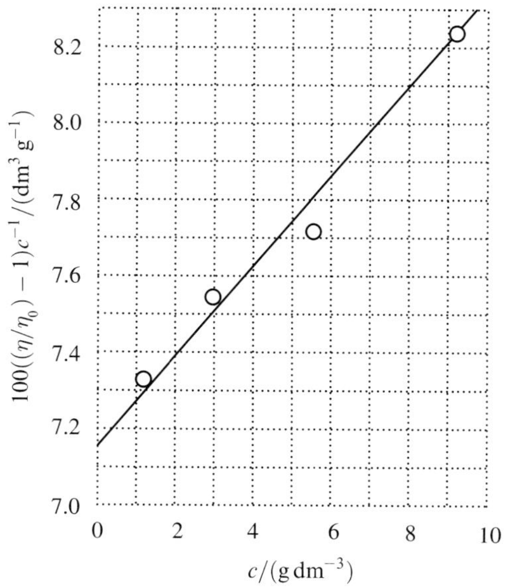

Abb. 19-3

19.5 Wir gehen vor wie in *Beispiel* 19-5 (vgl. auch die Aufgaben 19.3 und 19.4). Nach Gl. (19-23) und Gl. (19-25) gilt

$$[\eta] = \lim_{c\to 0}\left(\frac{\eta/\eta_0 - 1}{c}\right) \quad \text{und} \quad [\eta] = K\overline{M}_{\mathrm{V}}^{a}.$$

Die Werte für K und a stammen aus Tabelle 19-4. Damit stellen wir folgende Tabelle auf (mit $\eta_0 = 0.647 \times 10^{-3}\ \mathrm{kg\,m^{-1}\,s^{-1}}$):

$c/(\mathrm{g/100\,cm^3})$	0	0.2	0.4	0.6	0.8	1.0
$\eta/(10^{-3}\ \mathrm{kg\,m^{-1}\,s^{-1}})$	0.647	0.690	0.733	0.777	0.821	0.865
$((\eta/\eta_0 - 1)/c)\,/(100\ \mathrm{cm^3\,g^{-1}})$	—	0.332	0.332	0.335	0.336	0.337

Die Werte sind in Abb. 19-4 aufgetragen. Der y-Achsenabschnitt ist 0.330.

Also gilt

$$[\eta] = (0.330) \times (100\,\mathrm{cm^3\,g^{-1}}) = 33.0\,\mathrm{cm^3\,g^{-1}}$$

$$\frac{\overline{M}_{\mathrm{V}}}{\mathrm{g\,mol^{-1}}} = \left(\frac{33.0\ \mathrm{cm^3 g^{-1}}}{8.3 \times 10^{-2}\,\mathrm{cm^3\,g^{-1}}}\right)^{1/0.50} = 158 \times 10^3.$$

Damit ist $M = 158\ \mathrm{kg\,mol^{-1}}$.

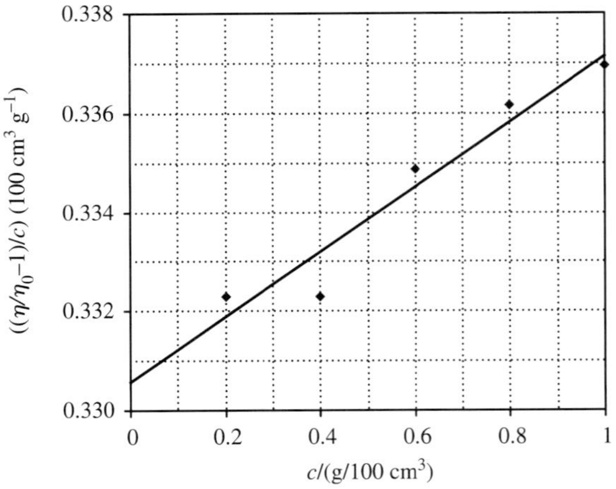

Abb. 19-4

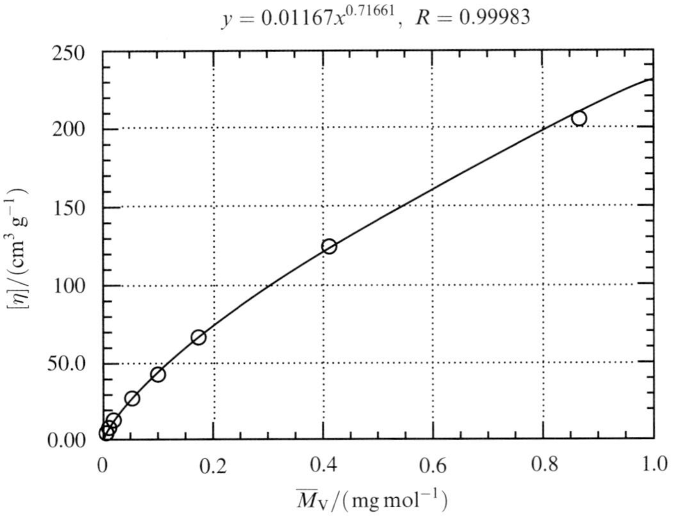

Abb. 19-5

19.7 Nach der empirischen Mark-Kuhn-Houwink-Sakurada-Gleichung (Gl. (19-25)) ist

$$[\eta] = K\overline{M}_V^a.$$

Da die Konstante a nichtganzzahlig sein kann, müssen wir die molare Masse hier als einheitenlos interpretieren, also als $\overline{M}_V/(\text{g mol}^{-1})$. Dann hat K dieselben Einheiten wie $[\eta]$.

Wir passen die Daten an die obige Gleichung an und erhalten K und a aus der Ausgleichsrechnung. Die Werte sind in Abb. 19-5 aufgetragen.

$$K = 0.0117\ \text{cm}^3\ \text{g}^{-1} \quad \text{und} \quad a = 0.717.$$

(Viele Mathematikprogramme können eine Potenzreihe direkt darstellen; falls nicht, lässt sich die Gleichung in eine lineare Gleichung transformieren:

$$\ln[\eta] = \ln K + a \ln M_V.$$

Dann hat eine Auftragung von ln $[\eta]$ gegen $\ln \overline{M}_v$ die Steigung a und den y-Achsenabschnitt ln K.)

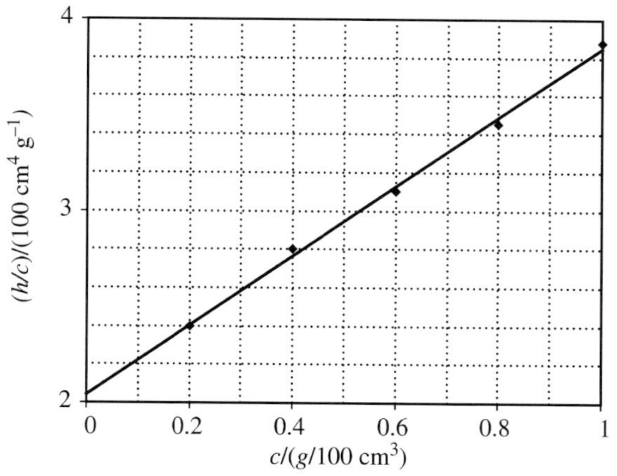

Abb. 19-6

Anmerkung: Dieser Wert für a unterscheidet sich nicht sehr von dem für Polystyrol in Benzol, der in Tabelle 19-4 aufgeführt ist. Das überrascht, denn man würde eher annehmen, dass die Werte von K und a vom Lösungsmittel abhängen, und Tetrahydrofuran (THF) hat chemisch überhaupt keine Ähnlichkeit mit Benzol. Andererseits sind Benzol und Cyclohexan ziemlich ähnlich, aber die Werte von K und a, wie sie in *Beispiel* 19-5 bestimmt wurden, unterscheiden sich merklich von den in Tabelle 19-4 aufgeführten Werten für Polystyrol in Cyclohexan.

19.9 Schauen Sie sich noch einmal die Ausführungen zur Osmose in Abschnitt 5.2.2 sowie *Beispiel* 5-4 an. In dem Beispiel hatten wir folgende Gleichung hergeleitet:

$$\frac{h}{c} = \frac{RT}{\rho g \overline{M}_{\mathrm{N}}} + \frac{BRT}{\rho g \overline{M}_{\mathrm{N}}^{2}} \cdot c.$$

Wir tragen h/c gegen c auf. Erstellen Sie dazu folgende Tabelle:

$c/(\mathrm{g}/100\ \mathrm{cm}^3)$	0.200	0.400	0.600	0.800	1.00
h/cm	0.48	1.12	1.86	2.76	3.88
$\frac{h}{c}/(100\ \mathrm{cm}^4\ \mathrm{g}^{-1})$	2.4	2.80	3.10	3.45	3.88

Die Punkte sind in Abb. 19-6 aufgetragen. Die mit der Methode der kleinsten Fehlerquadrate ermittelte Ausgleichsgerade hat einen y-Achsenabschnitt von $2.04\overline{3}$ und eine Steigung von $1.80\overline{5}$.

Daher gilt $RT/\rho g \overline{M}_{\mathrm{N}} = (2.04\overline{3}) \times (100\ \mathrm{cm}^4\ \mathrm{g}^{-1}) = 2.04\overline{3} \times 10^{-3}\ \mathrm{m}^4\ \mathrm{kg}^{-1}$ und somit

$$\overline{M}_{\mathrm{N}} = \frac{(8.314\ \mathrm{J\ K^{-1}\ mol^{-1}}) \times (298\ \mathrm{K})}{(0.798 \times 10^3\ \mathrm{kg\ m^{-3}}) \times (9.81\ \mathrm{m\ s^{-2}}) \times (2.04\overline{3} \times 10^{-3}\ \mathrm{m^4\ kg^{-1}})}$$
$$= 155\ \mathrm{kg\ mol^{-1}}.$$

Aus der Steigung ergibt sich

$$\frac{BRT}{pg\overline{M}_{\mathrm{N}}^{2}} = (1.80\bar{5}) \times \left(\frac{100\ \mathrm{cm}^4\ \mathrm{g}^{-1}}{\mathrm{g}/(100\ \mathrm{cm}^3)}\right) = 1.80\bar{5} \times 10^4\ \mathrm{cm}^7\ \mathrm{g}^{-2}$$
$$= 1.80\bar{5} \times 10^{-4}\ \mathrm{m}^7\ \mathrm{kg}^{-2}.$$

und damit

$$B = \left(\frac{\rho g \overline{M}_{\mathrm{N}}}{RT}\right) \times \overline{M}_{\mathrm{N}} \times (1.80\bar{5} \times 10^{-4}\ \mathrm{m}^7\ \mathrm{kg}^{-2})$$
$$= \frac{(155\ \mathrm{kg\ mol}^{-1}) \times (1.805 \times 10^{-4}\mathrm{m}^7\ \mathrm{kg}^{-2})}{2.04\bar{3} \times 10^{-3}\ \mathrm{m}^4\ \mathrm{kg}^{-1}}$$
$$= 13.7\ \mathrm{m}^3\ \mathrm{mol}^{-1}.$$

Theoretische Aufgaben

19.11 Schauen Sie sich noch einmal die Diskussion des Trägheitsradius in Abschnitt 19.2.2 an. Für ein statistisches Knäuel gilt $R_{\mathrm{g}} \propto N^{1/2} \propto M^{1/2}$. Für einen starren Stab ist der Trägheitsradius gleich der Länge des Stabs, die ihrerseits zur Anzahl N der Polymereinheiten und damit auch proportional zu M ist. Daher ist Poly(γ-benzyl-L-glutamat) ein starrer Stab, während Polystyrol (gelöst in Butanon) ein statistisches Knäuel ist.

19.13 Gegeben ist der Zusammenhang

$$\mathrm{d}N \propto \mathrm{e}^{-(M-\overline{M})^2/2\gamma}\mathrm{d}M.$$

Wir nennen die Proportionalitätskonstante K und berechnen sie mit der Bedingung

$$\int \mathrm{d}N = N.$$

Wir setzen $M - \overline{M} = (2\gamma)^{1/2}x$. Also ist $\mathrm{d}M = (2\gamma)^{1/2}\mathrm{d}x$

und $N = \int_0^\infty K\mathrm{e}^{-(M-\overline{M})^2/2\gamma}\mathrm{d}M = K(2\gamma)^{1/2}\int_{-a}^\infty \mathrm{e}^{-x^2}\mathrm{d}x$ mit $a = \overline{M}/(2\gamma)^{1/2}$.

Beachten Sie: Der Punkt $x = 0$ stellt $M = \overline{M}$ dar, der Punkt $x = -a$ repräsentiert $M = 0$. In einer engen Verteilung nimmt die Anzahl der Moleküle, deren Masse stark vom Mittelwert abweicht, mit wachsender Entfernung vom Mittelwert schnell ab. Daher gilt $\mathrm{d}N \approx 0$ bei $M \leq 0$ (d. h. für $x \leq -a$). Also ist

$$N \approx K(2\gamma)^{1/2} \int_{-\infty}^{\infty} \mathrm{e}^{-x^2} \mathrm{d}x = K(2\gamma)^{1/2} \pi^{1/2}.$$

Es folgt $K = \dfrac{N}{(2\pi\gamma)^{1/2}}$. Wenn wir Gl. (19-1) in ein Integral verwandeln, erhalten wir

$$\begin{aligned}\overline{M}_{\mathrm{N}} &= \frac{1}{N} \int M \mathrm{d}N = \frac{1}{(2\pi\gamma)^{1/2}} \int_0^{\infty} M \mathrm{e}^{-(M-\overline{M})^2/2\gamma} \mathrm{d}M \\ &= \frac{1}{(2\pi\gamma)^{1/2}} \int_0^{\infty} [(2\gamma)^{1/2} x + \overline{M}] \mathrm{e}^{-x^2} (2\gamma)^{1/2} \mathrm{d}M \\ &= \left(\frac{2\gamma}{\pi}\right)^{1/2} \int_{-a}^{\infty} \left(x\mathrm{e}^{-x^2} + \frac{\overline{M}}{(2\gamma)^{1/2}} \mathrm{e}^{-x^2} \right) \mathrm{d}x.\end{aligned}$$

Wieder trägt die Erweiterung der unteren Integrationsgrenze nach $-\infty$ nicht nennenswert zum Integral bei. Also ist

$$\overline{M}_{\mathrm{N}} \approx \left(\frac{2\gamma}{\pi}\right)^{1/2} \times \left[1 + \left(\frac{\pi}{2\gamma}\right)^{1/2} \overline{M}\right] = \overline{M} + \left(\frac{2\gamma}{\pi}\right)^{1/2}.$$

19.15 (a) Wir folgen *Begründung* 19-4 und erhalten

$$R_{\mathrm{rms}}^2 = \int_0^{\infty} R^2 f \mathrm{d}R$$

mit $f = 4\pi \left(\frac{a}{\pi^{1/2}}\right)^3 R^2 \mathrm{e}^{-a^2 R^2}$ und (wegen Gl. (19-27)) $a = \left(\frac{3}{2Nl^2}\right)^{1/2}$. Also ist

$$\begin{aligned}R_{\mathrm{rms}}^2 &= 4\pi \left(\frac{a}{\pi^{1/2}}\right)^3 \int_0^{\infty} R^4 \mathrm{e}^{-a^2 R^2} \mathrm{d}R = 4\pi \left(\frac{a}{\pi^{1/2}}\right)^3 \times \left(\frac{3}{8}\right) \times \left(\frac{\pi}{a^{10}}\right)^{1/2} \\ &= \frac{3}{2a^2} = Nl^2.\end{aligned}$$

Somit folgt

$$R_{\mathrm{rms}} = l N^{1/2}.$$

(b) Der mittlere Abstand ist

$$\begin{aligned}R_{\mathrm{mittel}} &= \int_0^{\infty} R f \,\mathrm{d}r = 4\pi \left(\frac{a}{\pi^{1/2}}\right)^3 \int_0^{\infty} R^3 \mathrm{e}^{-a^2 R^2} \mathrm{d}R \\ &= 4\pi \left(\frac{a}{\pi^{1/2}}\right)^3 \times \left(\frac{1}{2a^4}\right) = \frac{2}{a\pi^{1/2}} = \left(\frac{8N}{3\pi}\right)^{1/2} l.\end{aligned}$$

(c) Der wahrscheinlichste Abstand ist der Wert für R, bei dem f ein Maximum annimmt. Wir setzen also $\mathrm{d}f/\mathrm{d}R = 0$ und lösen nach R auf:

$$\frac{\mathrm{d}f}{\mathrm{d}R} = 4\pi\left(\frac{a}{\pi^{1/2}}\right)^3 \{2R - 2a^2R^3\}\mathrm{e}^{-a^2R^2} = 0 \quad \text{für} \quad a^2R^2 = 1 .$$

Der wahrscheinlichste Abstand ist also

$$R^* = \frac{1}{a} = l\left(\frac{2}{3}N\right)^{1/2} .$$

Für $N = 4000$ und $l = 154$ pm erhalten wir

(a) $R_{\mathrm{rms}} = 9.74$ nm; (b) $R_{\mathrm{mittel}} = 8.97$ nm; (c) $R^* = 7.95$ nm.

19.17 Wir verwenden die Definition des Trägheitsradius, wie sie in Gl. (19-32) gegeben ist, nämlich

$$R_{\mathrm{g}}^2 = \frac{1}{N}\sum_j R_j^2 .$$

(a) Bei einer Kugel mit gleichmäßiger Dichte liegt der Schwerpunkt im (geometrischen) Mittelpunkt der Kugel. Wir können uns die Kugel als eine Ansammlung einer sehr großen Anzahl N von kleinen Teilchen vorstellen, die mit gleicher Anzahldichte in der Kugel verteilt sind. Dann können wir die obige Summation durch eine Integration ersetzen:

$$R_{\mathrm{g}}^2 = \frac{1}{N}\frac{N\int_0^a r^2 P(r)\mathrm{d}r}{\int_0^a P(r)\mathrm{d}r} .$$

Hier ist $P(r)$ die Wahrscheinlichkeit pro Längeneinheit, dass ein kleines Teilchen im Abstand r vom Mittelpunkt angetroffen wird, also in einer Kugelschale mit dem Volumen $4\pi r^2\mathrm{d}r$. Daher ist $P(r) = 4\pi r^2\mathrm{d}r$. Wenn $P(r)$ normalisiert wäre, so gäbe das Integral im Zähler den Mittelwert von r^2 an; N-mal die Summe ersetzt also das Integral. Der Nenner stellt diese Normalisierung sicher. Somit folgt

$$R_{\mathrm{g}}^2 = \frac{\int_0^a r^2 P(r)\mathrm{d}r}{\int_0^a P(r)\mathrm{d}r} = \frac{\int_0^a 4\pi r^4\mathrm{d}r}{\int_0^a 4\pi r^2\mathrm{d}r} = \frac{\frac{1}{5}a^5}{\frac{1}{3}a^3} = \frac{3}{5}a^2, \quad \text{also} \quad R_{\mathrm{g}} = \left(\frac{3}{5}\right)^{1/2} a .$$

(b) Bei einem langen geraden Stab der Länge l mit gleichmäßiger Dichte liegt der Schwerpunkt im Mittelpunkt, und $P(z)$ ist konstant, wenn der Stab überall den gleichen Radius hat. Daher ist

$$R_{\mathrm{g}}^2 = \frac{2\int_0^{l/2} z^2\mathrm{d}z}{2\int_0^{l/2}\mathrm{d}z} = \frac{\frac{1}{3}\left(\frac{1}{2}l\right)^3}{\frac{1}{2}l} = \frac{1}{12}l^2, \quad \text{also} \quad R_{\mathrm{g}} = \frac{l}{2\sqrt{3}} .$$

Anmerkung: Der Radius des Stabs geht in das Ergebnis nicht ein. Eigentlich ist aber die Verteilungsfunktion eine Funktion $P(r, z)$ in r und z; sie gibt die Wahrscheinlichkeit an, dass man ein kleines Teilchen in einem Abstand r von der Achse des Stabs und einer Entfernung z vom Mittelpunkt antrifft, also in einer Zylinderhülle vom Volumen $2\pi r\,dr\,dz$. Man muss in Zähler und Nenner dieselbe Integration radial nach außen durchführen.

Für ein sphärisches Makromolekül ist das spezifische Volumen

$$v_s = \frac{V}{m} = \frac{4\pi a^3}{3} \times \frac{N_A}{M}, \quad \text{also ist} \quad a = \left(\frac{3v_s M}{4\pi N_A}\right)^{1/3}.$$

Daher ist

$$\begin{aligned}
R_g &= \left(\frac{3}{5}\right)^{1/2} \times \left(\frac{3v_s M}{4\pi N_A}\right)^{1/3} \\
&= \left(\frac{3}{5}\right)^{1/2} \times \left(\frac{(3v_s/\text{cm}^3\,\text{g}^{-1}) \times \text{cm}^3\,\text{g}^{-1} \times (M/\text{g mol}^{-1}) \times \text{g mol}^{-1}}{(4\pi) \times (6.022 \times 10^{23}\text{mol}^{-1})}\right)^{1/3} \\
&= (5.690 \times 10^{-9}) \times (v_s/\text{cm}^3\,\text{g}^{-1})^{1/3} \times (M/\text{g mol}^{-1})^{1/3}\,\text{cm} \\
&= (5.690 \times 10^{-11}\text{m}) \times \{(v_s/\text{cm}^3\,\text{g}^{-1}) \times (M/\text{g mol}^{-1})\}^{1/3}.
\end{aligned}$$

Also ist $R_g/\text{nm} = 0.05690 \times \left\{(v_s/\text{cm}^3\text{g}^{-1}) \times (M/\text{g mol}^{-1})^{1/3}\right\}$.

Mit $M = 100\ \text{kg mol}^{-1}$ und $v_s = 0.750\ \text{cm}^3\ \text{g}^{-1}$ folgt

$$R_g/\text{nm} = (0.05690) \times \{0.750 \times 1.00 \times 10^5\}^{1/3} = 2.40.$$

Für einen Stab ist $v_{mol} = \pi a^2 l$ und damit

$$\begin{aligned}
R_g &= \frac{v_{mol}}{2\pi a^2\sqrt{3}} = \frac{v_s M}{N_A} \times \frac{1}{2\pi a^2\sqrt{3}} \\
&= \frac{(0.750\ \text{cm}^3\ \text{g}^{-1}) \times (1.00 \times 10^5\ \text{g mol}^{-1})}{(6.022 \times 10^{23}\ \text{mol}^{-1}) \times (2\pi) \times (0.5 \times 10^{-7}\ \text{cm})^2 \times \sqrt{3}} \\
&= 4.6 \times 10^{-6}\ \text{cm} = 46\ \text{nm}.
\end{aligned}$$

Anmerkung: Man kann R_g auch durch folgende Gleichung definieren:

$$R_g^2 = \frac{\sum_i m_i r_i^2}{\sum_i m_i}.$$

Frage: Führt diese Definition zu denselben Formeln für die Trägheitsradien von Kugel und Stab, die oben hergeleitet wurden?

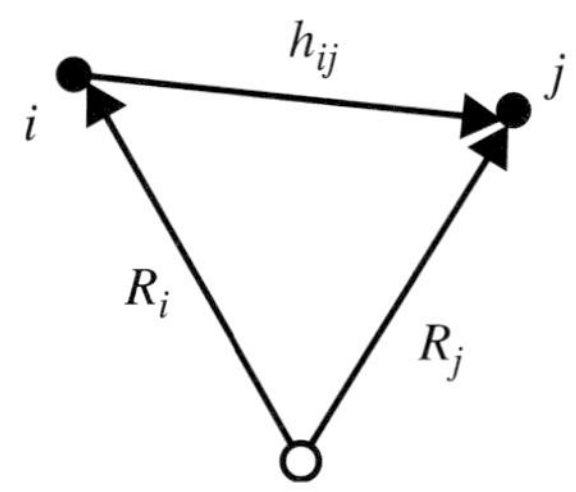

Abb. 19-7

19.19 Wir beziehen uns auf Abb. 19-7.

Der Trägheitsradius ist nach Gl. (19-32) definiert als

$$R_\mathrm{g} = \frac{1}{N}\left(\frac{1}{2}\sum_{ij} h_{ij}^2\right)^{1/2}, \quad \text{also} \quad R_\mathrm{g}^2 = \frac{1}{2N^2}\sum_{ij} h_{ij}^2 = \frac{1}{2N^2}\sum_i\sum_j h_{ij}^2.$$

Die skalare Größe h_{ij} lässt sich als Punktprodukt $\boldsymbol{h}_{ij} \cdot \boldsymbol{h}_{ij}$ schreiben. Wenn wir alle Messungen auf einen gemeinsamen Ursprung beziehen (den wir später in den Schwerpunkt legen werden), so lassen sich die Vektoren $\boldsymbol{h}_{ij}$ zwischen zwei Atomen mithilfe von Vektoren ausdrücken, die vom Usprung ausgehen: $\boldsymbol{h}_{ij} = \boldsymbol{R}_j - \boldsymbol{R}_i$. (Wenn das nicht sofort einleuchtet, machen Sie sich den Zusammenhang $\boldsymbol{R}_i + \boldsymbol{h}_{ij} = \boldsymbol{R}_j$ klar.) Daher gilt

$$\begin{aligned} R_\mathrm{g}^2 &= \frac{1}{2N^2}\sum_i\sum_j(\boldsymbol{R}_j - \boldsymbol{R}_i)\cdot(\boldsymbol{R}_j - \boldsymbol{R}_i) \\ &= \frac{1}{2N^2}\sum_i\sum_j(\boldsymbol{R}_j\cdot\boldsymbol{R}_j + \boldsymbol{R}_i\cdot\boldsymbol{R}_i - 2\boldsymbol{R}_i\cdot\boldsymbol{R}_j) \\ &= \frac{1}{2N^2}\sum_i\sum_j(R_j^2 + R_i^2 - 2\boldsymbol{R}_i\cdot\boldsymbol{R}_j). \end{aligned}$$

Schauen Sie sich die Summen über die quadrierten Terme an:

$$\sum_i\sum_j R_j^2 = \sum_i\sum_j R_i^2 = N\sum_j R_j^2.$$

Also ist $R_\mathrm{g}^2 = \frac{1}{N}\sum_j R_j^2 - \frac{1}{N^2}\sum_i\sum_j \boldsymbol{R}_i\cdot\boldsymbol{R}_j = \frac{1}{N}\sum_j \boldsymbol{R}_j^2 - \frac{1}{N^2}\sum_i \boldsymbol{R}_i\cdot\sum_j \boldsymbol{R}_j$.

Wenn wir nun den Ursprung unseres Koordinatensystems in den Schwerpunkt legen, dann gilt

$$\sum_i \boldsymbol{R}_i = \sum_j \boldsymbol{R}_j = 0 \quad \text{und} \quad R_\mathrm{g}^2 = \frac{1}{N}\sum_j R_j^2,$$

denn der Schwerpunkt ist gerade der Punkt im Inneren einer Verteilung, der sich dadurch auszeichnet, dass alle Vektoren von ihm zu identischen einzelnen Massenpunkten sich zu null addieren.

19.21 Wir setzen $t = aT$ und erhalten mit dem Ergebnis von Aufgabe 19.20

$$\left(\frac{\partial t}{\partial T}\right)_l = a \quad \text{und} \quad \left(\frac{\partial U}{\partial l}\right)_T = t - aT = 0.$$

Also ist die Innere Energie unabhängig von der Dehnung, und es gilt

$$t = aT = T\left(\frac{\partial t}{\partial T}\right)_l = -T\left(\frac{\partial S}{\partial l}\right)_T.$$

Demnach ist die Spannung proportional zur Änderung der Entropie bei der Dehnung. Die Dehnung reduziert die Unordnung der Ketten, und sie streben dazu, ihren ungeordneten Zustand (ohne Dehnung) wieder einzunehmen.

Anwendungsaufgaben

19.23 Die Mittelpunkte der Kugeln können sich nicht näher kommen als $2a$; das ausgeschlossene Volumen ist also

$$v_\text{P} = \frac{4}{3}\pi(2a)^3 = 8\left(\frac{4}{3}\pi a^3\right) = 8v_\text{mol}.$$

Darin ist v_mol das Volumen eines Moleküls.

Der osmotische Virialkoeffizient B (vgl. Gl. (5-41)) rührt im Wesentlichen von der Wirkung des ausgeschlossenen Volumens her. Wenn wir uns eine Lösung eines Makromoleküls vorstellen, die durch sukzessive Zugabe von Makromolekülen in das Lösungsmittel entsteht und von dem jedes neu hinzugekommene von den bereits vorhandenen ausgeschlossen wird, so ergibt sich der Wert von B nach Aufgabe 19.18

$$B = \frac{1}{2}N_\text{A}v_\text{P}.$$

Dabei ist v_P das durch ein einzelnes Molekül ausgeschlossene Volumen. Dann finden wir für das Fleckfiebervirus (FV)

$$B(\text{FV}) = \frac{1}{2}N_\text{A} \times \frac{32}{3}\pi a^3 = \frac{16}{3}\pi a^3 N_\text{A}$$
$$= \left(\frac{16\pi}{3}\right) \times (6.022 \times 10^{23}\ \text{mol}^{-1}) \times (14.0 \times 10^{-9}\ \text{m})^3 = 28\ \text{m}^3\ \text{mol}^{-1}.$$

und für Hämoglobin (Hb)

$$B(\text{Hb}) = \left(\frac{16\pi}{3}\right) \times (6.022 \times 10^{23}\ \text{mol}^{-1}) \times (3.2 \times 10^{-9}\text{m})^3 = 0.33\ \text{m}^3\ \text{mol}^{-1}.$$

Nach Gl. (5-41) können wir den osmotischen Druck in eine Reihe entwickeln: $\Pi = RT[\text{J}] + BRT[\text{J}]^2 + \cdots$. Wir brechen diese Reihenentwicklung nach dem ersten Glied ab und schreiben $\Pi^\circ = RT[\text{J}]$. Dann gilt $\dfrac{\Pi - \Pi^\circ}{\Pi^\circ} \approx \dfrac{BRT[\text{J}]^2}{RT[\text{J}]} = B[\text{J}]$.

Für FV ist

$$[\mathrm{J}] = \left(\frac{1.0\,\mathrm{g}}{M}\right) \times (10\,\mathrm{dm}^{-3}) = \frac{10\,\mathrm{g\,dm}^{-3}}{1.07 \times 10^{7}\,\mathrm{g\,mol}^{-1}} = 9.35 \times 10^{-7}\mathrm{mol\,dm}^{-3}$$

$$= 9.35 \times 10^{-4}\,\mathrm{mol\,m}^{-3}$$

und

$$\frac{\Pi - \Pi^{\circ}}{\Pi^{\circ}} = (28\,\mathrm{m}^{3}\,\mathrm{mol}^{-1}) \times (9.35 \times 10^{-4}\,\mathrm{mol\,m}^{-3}) = 2.6 \times 10^{-2}$$

entsprechend 2.6 %.

Für Hb ist $[\mathrm{J}] = \dfrac{10\,\mathrm{g\,dm}^{-3}}{66.5 \times 10^{3}\,\mathrm{g\,mol}^{-1}} = 0.15\,\mathrm{mol\,m}^{-3}$

und $\dfrac{\Pi - \Pi^{\circ}}{\Pi^{\circ}} = (0.15\,\mathrm{mol\,m}^{-3}) \times (0.33\,\mathrm{m}^{3}\,\mathrm{mol}^{-1}) = 5.0 \times 10^{-2}$ entsprechend 5 %.

19.25 (a) Wir suchen einen Ausdruck für das Verhältnis der Streuintensitäten eines Makromoleküls in zwei verschiedenen Konformationen (starrer Stab oder geschlossene Schleifen). Die Abhängigkeit des Streuwinkels θ ist im Rayleigh-Verhältnis enthalten, das in Gl. (19-7) definiert ist. Aus dieser Definition kann man aber einen Ausdruck für die Streuintensität bei einem Streuwinkel θ ableiten:

$$I_{\theta} = R_{\theta} I_{0} \frac{\sin^{2}\phi}{r^{2}}.$$

Dabei ist ϕ ein Winkel, der mit der Polarisation des einfallenden Lichts zusammenhängt, r ist der Abstand zwischen Probe und Detektor. Für einen gegebenen Streuwinkel ist also das Verhältnis der Streuintensitäten für die beiden Konformationen gleich dem Quotienten der entsprechenden Rayleigh-Verhältnisse:

$$\frac{I_{\mathrm{Stab}}}{I_{\mathrm{Schleife}}} = \frac{R_{\mathrm{Stab}}}{R_{\mathrm{Schleife}}} = \frac{P_{\mathrm{Stab}}}{P_{\mathrm{Schleife}}}.$$

Das letzte Gleichheitszeichen gilt wegen Gl. (19-8); diese Gleichung verknüpft die Rayleigh-Verhältnisse mit einer Anzahl von winkelunabhängigen Größen, die für beide Konformationen gleich sind, sowie mit dem Strukturfaktor P_{θ}, der sowohl von Konformation als auch dem Streuwinkel abhängt. Schließlich gibt Gl. (19-9) einen Näherungswert des Strukturfaktors an, der vom Trägheitsradius R_{g} des Moleküls, der Wellenlänge des Lichts und dem Streuwinkel abhängt:

$$P_{\theta} \approx 1 - \frac{16\pi^{2} R_{\mathrm{g}}^{2} \sin^{2}\left(\frac{1}{2}\theta\right)}{3\lambda^{2}} = \frac{3\lambda^{2} - 16\pi^{2} R_{\mathrm{g}}^{2} \sin^{2}\left(\frac{1}{2}\theta\right)}{3\lambda^{2}}.$$

Nach Abschnitt 19.2.2 ist der Trägheitsradius eines starren Stabs der Länge l

$$R_{\mathrm{Stab}} = l/(12)^{1/2}.$$

Für eine geschlossene Schleife ist der Trägheitsradius, der nach Gl. (19-19) den quadratisch gemittelten Abstand vom Schwerpunkt angibt, einfach der Radius eines Kreises mit dem Umfang l:

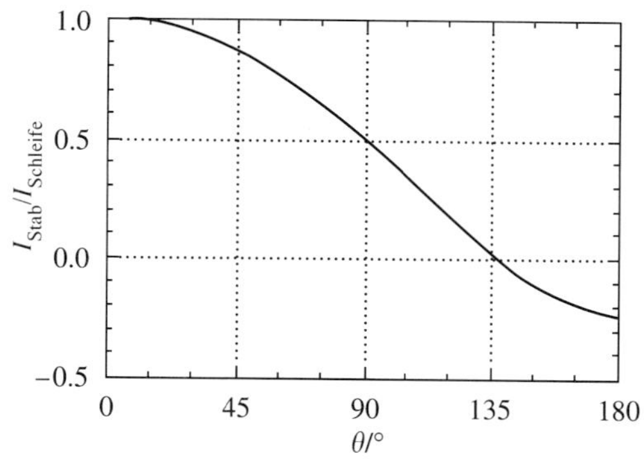

Abb. 19-8

$$l = 2\pi R_{Schleife}, \quad \text{also} \quad R_{Schleife} = \frac{l}{2\pi}.$$

Das Verhältnis der Streuintensitäten ist dann

$$\frac{I_{Stab}}{I_{Schleife}} = \frac{3\lambda^2 - \frac{4}{3}\pi^2 l^2 \sin^2\left(\frac{1}{2}\theta\right)}{3\lambda^2 - 4l^2 \sin^2\left(\frac{1}{2}\theta\right)}.$$

Wir setzen die Werte aus der Aufgabenstellung ein:

$\theta/°$	20	45	90
$I_{Stab}/I_{Schleife}$	0.976	0.876	0.514

(b) Ich würde die Versuche bei einem Streuwinkel durchführen, bei dem das Verhältnis kleinstmöglich ist, sich also maximal von 1 unterscheidet – vorausgesetzt, die Intensität wäre hoch genug für genaue Messungen. Von den in Teil (a) betrachteten Winkeln ist daher 90° die beste Wahl. Mithilfe einer Tabellenkalkulation oder eines Mathematikprogramms kann man das Verhältnis dann für einen weiten Bereich von Streuwinkeln berechnen und auftragen (Abb. 19-8).

Ein Blick auf die Ergebnisse einer solchen Rechnung zeigt, dass sowohl das Verhältnis der Streuintensitäten als auch die Intensitäten selbst abnehmen, wenn der Streuwinkel von 0° auf 180° zunimmt. Ferner sind die Änderungen bei der Konformation mit geschlossener Schleife weit langsamer als bei der Konformation mit dem Stab. Beachten Sie: Die oben benutzte Näherung führt bei großen Streuwinkeln zu negativen Werten für P_{Stab}. Der Grund dafür ist, dass die Näherung (nach der die Moleküle weit kleiner sind als die Wellenlängen) im besten Falle unsicher ist, besonders bei großen Winkeln.

19.27 Die Molekülmasse beträgt nach Gl. (19-19)

$$\overline{M}_N = \frac{SRT}{bD} = \frac{SRT}{(1 - \rho v_s)D}$$

(beim letzten Gleichheitszeichen haben wir für b die Gl. (19-14) verwendet)

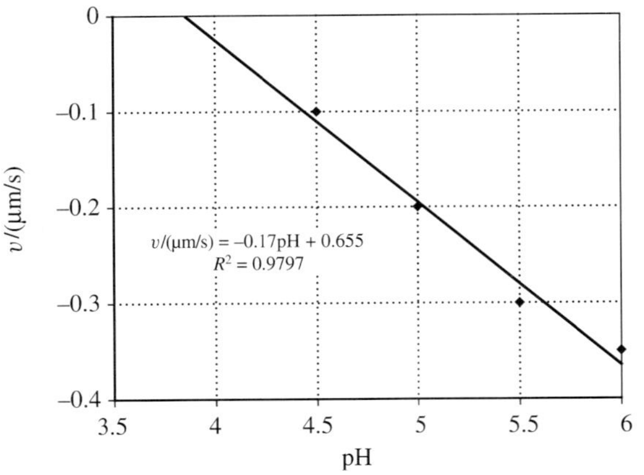

Abb. 19-9

$$= \frac{(4.5 \times 10^{-13}\text{s}) \times (8.314\ \text{J K}^{-1}\ \text{mol}^{-1}) \times (293\ \text{K})}{(1 - 0.75 \times 0.998) \times (6.3 \times 10^{-11}\ \text{m}^2\ \text{s}^{-1})} = 69\ \text{kg mol}^{-1}.$$

Nun kombinieren wir Gl. (19-12) ($f = 6\pi a\eta$) mit Gl. (19-11) ($f = kT/D$):

$$a = \frac{kT}{6\pi\eta D} = \frac{(1.381 \times 10^{-23}\ \text{J K}^{-1}) \times (293\ \text{K})}{(6\pi) \times (1.00 \times 10^{-3}\ \text{kg m}^{-1}\text{s}^{-1}) \times (6.3 \times 10^{-11}\ \text{m}^2\ \text{s}^{-1})} = 3.4\ \text{nm}.$$

19.29 Der isoelektrische Punkt gibt den pH-Wert an, bei dem das Protein keine Ladung trägt. An diesem Punkt muss dann die Driftgeschwindigkeit v bei der Elektrophorese verschwinden. Tragen Sie die Driftgeschwindigkeit gegen den pH-Wert auf und extrapolieren Sie den Graphen auf $v = 0$ (Abb. 19-9).

Der isoelektrische pH-Wert ist der x-Achsenabschnitt des Graphen, d. h. der x-Wert, bei dem $y = 0$ gilt. Man findet ihn durch Lösung der Anpassungsgleichung

$$v/(\mu\text{m/s}) = -0.17\text{pH} + 0.655 = 0.$$

Es gilt also pH = $3.8\overline{5}$.

Anmerkung: Man könnte das Ergebnis von etwa ±0.05 pH auch direkt im Graphen ablesen.

19.31 (a) Die Werte sind in Abb. 19-10 aufgetragen. Beide Proben ergeben hinreichend lineare Graphen, wir können also die bessere Ausgleichsgerade verwenden, um den Schmelzpunkt zu bestimmen.

Die beste Ausgleichsgerade hat die Form $T_{\text{Sm}}/\text{K} = mf + b$, wir wollen T_{Sm} mit $f = 0.40$ bestimmen:

$$c_{\text{Salz}} = 1.0 \times 10^{-2}\ \text{mol dm}^{-3}: \quad T_{\text{m}} = (39.7 \times 0.40 + 324)\ \text{K} = 340\ \text{K}.$$

$$c_{\text{Salz}} = 0.15\ \text{mol dm}^{-3}: \quad T_{\text{m}} = (39.7 \times 0.40 + 344)\ \text{K} = 360\ \text{K}.$$

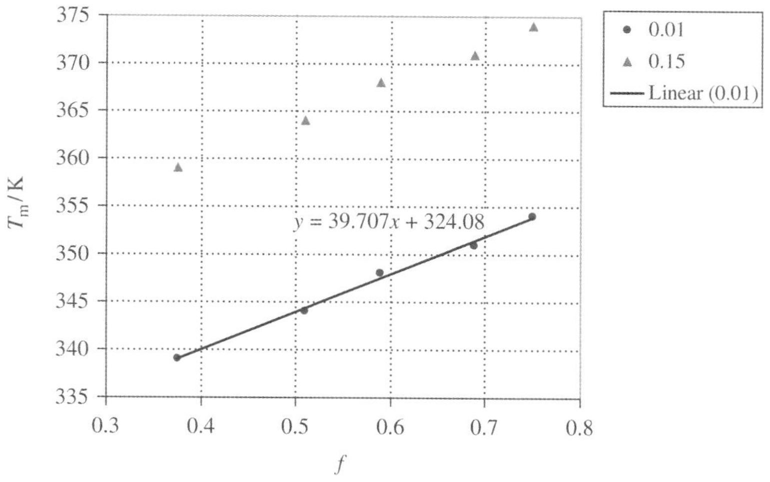

Abb. 19-10

(b) Die Steigungen sind für beide Proben gleich. Die unterschiedlichen Konzentrationen des gelösten Salzes verschieben nur die Schmelztemperatur um einen konstanten Betrag. Je größer die Konzentration ist, umso höher liegt der Schmelzpunkt. Dieses Verhalten ist untypisch für kleine Moleküle, wo die Anwesenheit von gelösten Verunreinigungen die Erstarrung unterbricht und den Erstarrungspunkt *senkt*. Die gelösten Ionen können mit geladenen Bereichen der Makromoleküle wechselwirken, die andernfalls unerwünschte intramolekulare Wechselwirkungen zeitigen könnten. Wenn beispielweise zwei Bereiche, die negative Ladung tragen, sich in Abwesenheit von gelösten Salzen nähern sollten, dann würde der Einfang je eines Kations sehr dicht bei jedem der Bereiche und eines Anions zwischen ihnen eine eigentlich unvorteilhafte Wechselwirkung auf einmal zu einer vorteilhaften Wechselwirkung machen (vgl. Abb. 19-11).

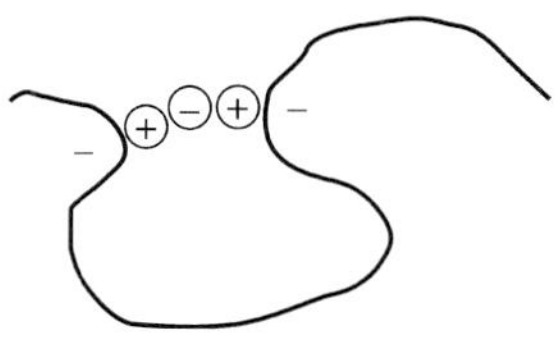

Abb. 19-11

Die Schmelzpunkte sind sowohl bei größeren Anteilen von G–C-Basenpaaren als auch bei größeren Salzkonzentrationen höher. T_{Sm} steigt mit der Anzahl der G–C-Basenpaare, weil ein solches Paar durch drei Wasserstoffbrückenbindungen in der Doppelhelixstruktur zusammengehalten wird, die A–T-Paare dagegen nur durch zwei Wasserstoffbrückenbindungen (vgl. Abschnitt 19.2.6). Das G–C-Paar hat dann einen höheren Beitrag zu ΔH_{Sm}. Geringe Salzkonzentrationen destabilisieren die Doppelhelix, indem sie die anziehenden Kräfte zwischen der Lösung und dem Zucker-Phosphat-Grundgerüst der Doppelhelix unverhältnismäßig verstärken. Damit wird es für die Basen leichter, aus dem Zentrum der Doppelhelix hinauszurotieren.

19.33 Die Peaks sind durch 104 $\mathrm{g\,mol^{-1}}$ getrennt; dieser Wert ist also die molare Masse der Grundeinheit des Polymers. Dieser Peakabstand ist mit der Identifizierung des Polymers als Polystyrol verträglich, denn die Grundeinheit von $CH_2CH(C_6H_5)$ (acht C-Atome und acht H-Atome) hat eine molare Masse von $8 \times (12 + 1)\ \mathrm{g\,mol^{-1}} = 104\ \mathrm{g\,mol^{-1}}$. Ein gleich bleibender Peakabstand deutet auf ein reines System hin und nicht auf ein Polymer, das aus verschiedenen Grundeinheiten mit unterschiedlichem Molekulargewicht besteht (wie die t-Butyl-Initiatoren). Der intensivste Peak gehört zu einer molaren Masse von n Grundeinheiten plus einem Silberkation plus den Endgruppen:

$$M(\text{Peak}) = nM(\text{Grundeinheit}) + M(\text{Ag}^+) + M(\text{Endgruppen}).$$

Wenn sich an beiden Endes des Polymers endständige t-Butylgruppen befinden, dann gilt

$$M(\text{Endgruppen}) = 2M(t\text{-Butyl}) = 2(4 \times 12 + 9)\ \mathrm{g\,mol^{-1}} = 114\ \mathrm{g\,mol^{-1}}$$

und $n = \dfrac{M(\text{Peak}) - M(\text{Ag}^+) - M(\text{Endgruppen})}{M(\text{Grundeinheit})} = \dfrac{25598 - 108 - 114}{104} = 244.$

20 | Materialien 2: Der feste Zustand

Diskussionsfragen

20.1 Die Gitterebenen werden mit ihren Miller-Indizes h, k und l bezeichnet; dabei beziehen sich h, k bzw. l auf die Kehrwerte der kleinsten Schnittabstände (in Einheiten der Länge der Einheitszelle, a, b und c) in der Ebene entlang der x-, y- und z-Achsen.

20.3 Ist die Gesamtamplitude einer Welle, die durch die (hkl)-Ebenen gebeugt wird, null, so spricht man von einer vollständigen Auslöschung im Beugungsmuster.

Wenn die Phasendifferenz zwischen benachbarten Ebenen in der Gruppe (hkl) gerade π ist, dann tritt zwischen den an den Ebenen gebeugten Wellen destruktive Interferenz auf, sodass die Intensität der gebeugten Welle verringert wird. Dies wird in Abb. 20-21 im Lehrbuch erläutert. Die Gesamtintensität einer an der Ebene (hkl) gebeugten Welle wird anhand einer Berechnung des Strukturfaktors F_{hkl} bestimmt, der sich als Funktion der Positionen (also der Miller'schen Indizes) und den Streufaktoren der Atome in dem Kristall ergibt (vgl. Gl. (20-7)). Wenn F_{hkl} für die Ebene (hkl) null ist, dann nennt man die Ebene systematisch ausgelöscht. Siehe dazu *Beispiel* 20-3.

20.5 Die Mehrzahl der Metalle kristallisiert in Strukturen, die sich als dichteste Packungen von harten Kugeln interpretieren lassen. Man nennt diese Strukturen kubisch dichte Packung (KDP) bzw. hexagonal dichte Packung (HDP). In diesen Modellen werden 74 % des Volumens der Einheitszelle durch Atome ausgefüllt (man spricht von einer Raumerfüllung von 0.74). Die meisten übrigen metallischen Elemente kristallisieren im kubisch raumzentrierten Gitter (Kurzbezeichnung kubisch I), das – was die Effizienz der Raumerfüllung angeht – sich nicht allzu sehr von der dichtesten Packung unterscheidet (die Raumerfüllung beträgt im Modell der harten Kugeln 0.68). Polonium ist eine Ausnahme: Es kristallisiert in einer primitiven kubischen Struktur (kubisch P) mit einer Raumerfüllung von 0.52. (Vgl. dazu die Lösung zu Aufgabe 20.24 mit einer Ableitung aller Raumerfüllungswerte in kubischen Systemen.) Wenn Atome wirklich harte Kugeln wären, könnten wir erwarten, dass alle Metalle in KDP- oder HDP-Strukturen kristalliseren. Dass eine erhebliche Anzahl jedoch in anderen Strukturen kristallisiert, beweist, dass das einfache Hartkugelmodell die Wechselwirkungen zwischen den Atomen nicht korrekt beschreibt. Kovalente Bindungen beispielsweise können die Struktur beeinflussen.

20.7 Weil Enantiomere fast identische Beugungsmuster ergeben, kann man sie schwer unterscheiden. Die absoluten Konfigurationen lassen sich aber mit einer von J. M. Bijvoet

Arbeitsbuch Physikalische Chemie. 4. Auflage. P. W. Atkins, C. A. Trapp, M. P. Cady und C. Giunta

ISBN: 978-3-527-31828-5

entwickelten Methode bestimmen, bei der man die kleinen Unterschiede in der Beugungsintensität untersucht. Das Verfahren nutzt die zusätzlichen Phasenverschiebungen aus, die auftreten, wenn sich die Frequenz der Röntgenstrahlen einer Absorptionsfrequenz der Atome in der Verbindung nähert. Die Phasenverschiebungen heißen anomale Röntgenstreuung und führen zu unterschiedlichen Intensitäten in den Beugungsmustern verschiedener Enantiomere. Das Verfahren wird in Abschnitt 23.7(b) der siebten Auflage des englischsprachigen Lehrbuchs genauer erläutert. Die Aufnahme von schweren Atomen in die Verbindung erleichtert die Beobachtung der zusätzlichen Phaseinverschiebung, dies ist aber bei den sehr empfindlichen modernen Diffraktometern nicht mehr nötig.

20.9 Die Fermi-Dirac-Verteilung ist ein Sonderfall der Boltzmann-Verteilung, die die Wirkung des Pauli'schen Ausschlussprinzips berücksichtigt. Man verwendet sie daher, um die Besetzung P eines Zustands von gegebener Energie in einem Vielelektronensystem bei der Temperatur T zu berechnen:

$$P = \frac{1}{e^{(E-\mu)/kT} + 1}.$$

In diesem Ausdruck ist μ die Fermi-Energie (auch als chemisches Potenzial bezeichnet), d. h. die Energie des Niveaus, bei dem $P = 1/2$ gilt. Man muss die Fermi-Energie deutlich vom Fermi-Niveau unterscheiden, der Energie des höchsten besetzten Zustands bei $T = 0$. Abbildung 20-54 erläutert die Fermi-Dirac-Verteilung.

Aus der Thermodynamik (Kapitel 3) wissen wir, dass für ein einkomponentiges System $dU = -p\,dV + T\,dS + \mu\,dn$ gilt. Man kann dies auch auf die Form $dU = -p\,dV + T\,dS + \mu\,dN$ bringen. Das μ ist hier das chemische Potenzial pro Teilchen, das in der Fermi-Dirac-Verteilung auftaucht. Der Term in dU, der μ enthält, ist die chemische Energie und ändert die Innere Energie bei einer Änderung der Teilchenanzahl. Daher hat μ eine breitere Bedeutung als die partielle molare Freie Enthalpie, und es überrascht kaum, dass die Größe in der Fermi-Dirac-Verteilung in Zusammenhang mit der Teilchenenergie auftaucht. Die Helmholtz-Energie A und μ sind durch den Ausdruck $dA = -p\,dV - S\,dT + \mu\,dN$ miteinander verknüpft; also muss μ auch die Helmholtz-Energie verändern, wenn sich die Teilchenanzahl ändert. Um aber wirklich zu verstehen, wie das chemische Potenzial μ in die Fermi-Dirac-Verteilung hineingerät, müssen wir deren Ableitung untersuchen (vgl. *Weiterführende Literatur*), die den Zusammenhang zwischen μ und A sowie den zwischen A und der Verteilungsfunktion für Fermionen ausnützt.

Leichte Aufgaben

A20.1a In einer kubisch flächenzentrierten Elementarzelle gibt es vier äquivalente Gitterpunkte. Eine Methode, sie zu wählen, ist in Abb. 20-1 durch die Position der Cl^--Ionen gezeigt (vgl. dazu Abb. 20-23 im Lehrbuch). Die drei zu $\left(\frac{1}{2}, 0, 0\right)$ äquivalenten Gitterpunkte sind $\left(1, \frac{1}{2}, 0\right)$, $\left(1, 0, \frac{1}{2}\right)$ und $\left(\frac{1}{2}, \frac{1}{2}, \frac{1}{2}\right)$. Die Abb. 20-1 zeigt die Lage der Atome in der kubisch

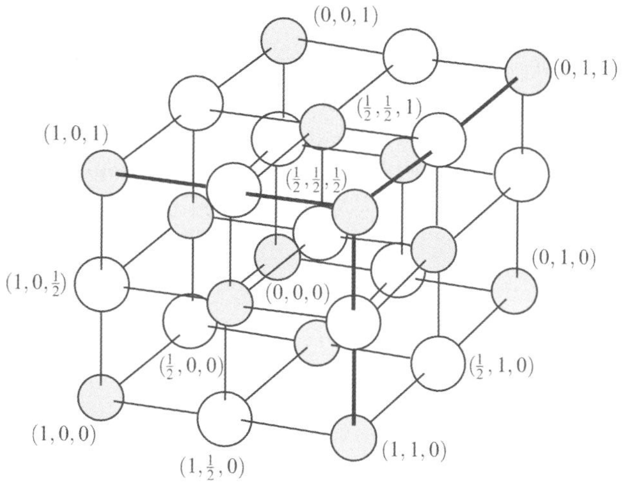

Abb. 20-1

flächenzentrierten Elementarzelle von NaCl. Die grauen Kreise stellen die Na^+-Ionen dar, die leeren Kreise die Cl^--Ionen.

Anmerkung: Die Positionen der anderen Cl^--Ionen in Abb. 20-1 entsprechen keinen Gitterpunkten der dargestellten Elementarzelle, denn sie sind durch vollständige Translationen der Elementarzelle entstanden und gehören daher zu benachbarten Elementarzellen.

Frage: Welche Positionen der Na^+-Ionen definieren die Elementarzelle von NaCl in Abbildung 20-1? Welche Gitterpunkte sind äquivalent zu (0, 0, 0)?

A20.2a Die Ebenen sind in Abb. 20-2 skizziert. Ausgedrückt in Vielfachen der Abstände der Elementarzellen sind die Ebenen mit (2, 3, 2) und (2, 2, ∞) bezeichnet. Ihre Miller'schen Indizes sind die Kehrwerte dieser Vielfachen, wobei alle Brüche beseitigt werden. Also ist

$$(2,\ 3,\ 2) \rightarrow \left(\tfrac{1}{2}, \tfrac{1}{3}, \tfrac{1}{2}\right) \rightarrow (3,\ 2,\ 3) \qquad \text{[Multiplikation mit 6]},$$

$$(2,\ 2,\ \infty) \rightarrow \left(\tfrac{1}{2}, \tfrac{1}{2}, 0\right) \rightarrow (1,\ 1,\ 0) \qquad \text{[Multiplikation mit 2]}.$$

Lässt man die Kommas weg, so werden die Ebenen mit (3 2 3) und (1 1 0) bezeichnet.

A20.3a Nach Gl. (20-2) ist

$$d_{khl} = \frac{a}{(h^2 + k^2 + l^2)^{1/2}}.$$

Es ergibt sich

$$d_{111} = \frac{a}{3^{1/2}} = \frac{432\ \text{pm}}{3^{1/2}} = 249\ \text{pm}; \quad d_{211} = \frac{a}{6^{1/2}} = \frac{432\ \text{pm}}{6^{1/2}} = 176\ \text{pm};$$

$$d_{100} = a = 432\ \text{pm}.$$

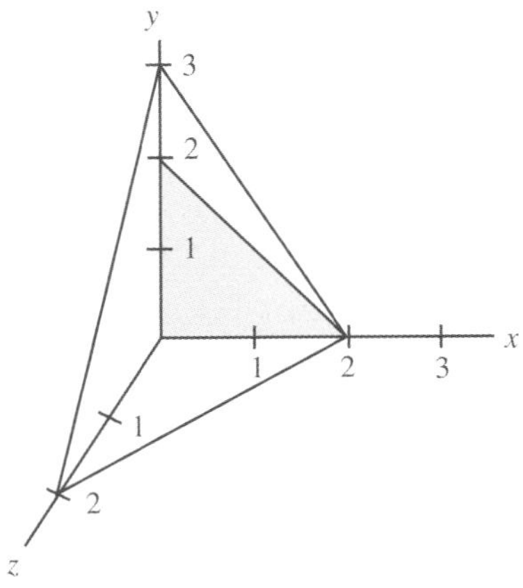

Abb. 20-2

A20.4a Mit Gl. (20-5) erhalten wir

$$\lambda = 2d \sin\theta = (2) \times (99.3\,\text{pm}) \times (\sin\ 20.85°) = 70.7\ \text{pm}.$$

Anmerkung: Der Kristalltyp muss nicht bekannt sein, um diese Aufgabe lösen zu können.

A20.5a Schauen Sie sich Abb. 20-22 im Lehrbuch an. Systematische Lücken im Spektrum entsprechen ungeraden Werten von $h + k + l$. Die ersten drei Linien stammen also von den Ebenen (1 1 0), (2 0 0) und (2 1 1). Nach Gl. (20-5) und Gl. (20-2) ist

$$\sin\theta_{hkl} = \frac{\lambda}{2d_{hkl}} \quad \text{und} \quad d_{hkl} = \frac{a}{(h^2+k^2+l^2)^{1/2}}.$$

Also ist

$$\sin\theta_{hkl} = (h^2+k^2+l^2)^{1/2} \times \left(\frac{\lambda}{2a}\right).$$

In einer kubisch raumzentrierten Elementarzelle ist die Raumdiagonale des Würfels $4R$ (dabei ist R der Atomradius). Der Zusammenhang zwischen der Kantenlänge der Elementarzelle und R ist daher (man wendet dazu den Satz des Pythagoras zweimal an)

$$(4R)^2 = a^2 + 2a^2 = 3a^2 \quad \text{bzw.} \quad a = \frac{4R}{3^{1/2}}.$$

Man erkennt dies in Abb. 20-3.

$$a = \frac{4 \times 126\ \text{pm}}{3^{1/2}} = 291\ \text{pm},$$

$$\frac{\lambda}{2a} = \frac{58\ \text{pm}}{(2) \times (291\ \text{pm})} = 0.099\overline{7},$$

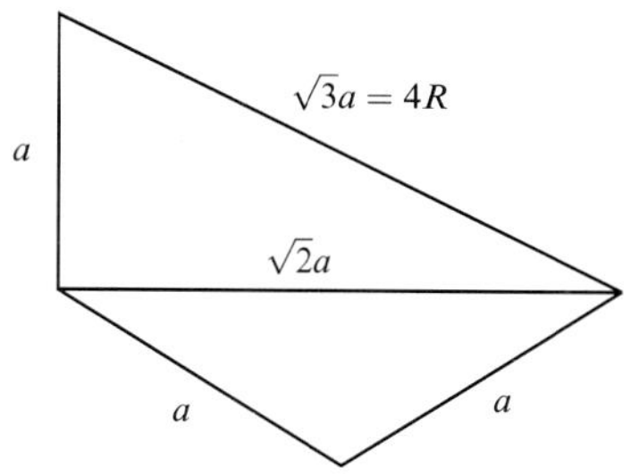

Abb. 20-3

$$\sin\theta_{110} = \sqrt{2} \times (0.099\bar{7}) = 0.141 \quad 2\theta_{110} = 16°,$$
$$\sin\theta_{200} = (2) \times (0.099\bar{7}) = 0.19\bar{9} \quad 2\theta_{200} = 23°,$$
$$\sin\theta_{211} = \sqrt{6} \times (0.099\bar{7}) = 0.24\bar{4} \quad 2\theta_{211} = 28°.$$

A20.6a Wir gehen von Gl. (20-5) aus und erhalten mit der Umkehrfunktion Arcussinus zur Sinusfunktion

$$\theta = \arcsin\frac{\lambda}{2d}.$$
$$\Delta\theta = \arcsin\frac{\lambda_1}{2d} - \arcsin\frac{\lambda_2}{2d}$$
$$= \arcsin\left(\frac{154.051\,\text{pm}}{(2) \times (77.8\,\text{pm})}\right) - \arcsin\left(\frac{154.433\,\text{pm}}{(2) \times (77.8\,\text{pm})}\right)$$
$$= -1.07° = -0.0187\,\text{rad}.$$

Der Winkel θ (gemessen in rad) und der Abstand D der Reflexionslinie von der Mitte des Musters hängen über $\theta = D/2R$ zusammen. Daher ist

$$D = 2R\theta = (2) \times (5.74\,\text{cm}) \times (0.0187) = 0.215\,\text{cm}.$$

A20.7a Bei einer tetragonalen Elementarzelle, wie in Abb. 20-8 im Lehrbuch gezeigt, gilt $a = b \neq c$. Also ist

$$V = (651\,\text{pm}) \times (651\,\text{pm}) \times (934\,\text{pm}) = 3.96 \times 10^{-28}\,\text{m}^3.$$

A20.8a Die Dichte ist der Quotient aus Masse und Volumen der Elemtarzelle: $\rho = \dfrac{m}{V}$.

Für die Masse gilt $m = nM = \frac{N}{N_A}M$ (N ist die Anzahl der Formeleinheiten pro Elementarzelle). Es folgt $\rho = \frac{NM}{VN_A}$ und damit

$$N = \frac{\rho V N_A}{M}$$
$$= \frac{(3.9 \times 10^6\,\mathrm{g\,m^{-3}}) \times (634) \times (784) \times (516 \times 10^{-36}\,\mathrm{m^3}) \times (6.022 \times 10^{23}\,\mathrm{mol^{-1}})}{154.77\,\mathrm{g\,mol^{-1}}}$$
$$= 3.9.$$

Also ist $N = 4$, und die berechnete Dichte ist (bei Abwesenheit von Fehlstellen)

$$\rho = \frac{(4) \times (154.77\,\mathrm{g\,mol^{-1}})}{(634) \times (784) \times (516 \times 10^{-30}\,\mathrm{cm^3}) \times (6.022 \times 10^{23})\,\mathrm{mol^{-1}}} = 4.01\,\mathrm{g\,cm^{-3}}.$$

A20.9a Für den Abstand zweier Ebenen gilt nach Gl. (20-3)

$$d_{hkl} = \left[\left(\frac{h}{a}\right)^2 + \left(\frac{k}{b}\right)^2 + \left(\frac{l}{c}\right)^2\right]^{-1/2}, \quad \text{also hier}$$

$$d_{411} = \left[\left(\frac{4}{812}\right)^2 + \left(\frac{1}{947}\right)^2 + \left(\frac{1}{637}\right)^2\right]^{-1/2} \mathrm{pm} = 190\,\mathrm{pm}.$$

A20.10a Weil die Reflexion bei 32.6° von den (220)-Ebenen herrührt, ist nach Gl. (20-5)

$$d_{220} = \frac{\lambda}{2\sin\theta}[20.5] = \frac{154\,\mathrm{pm}}{2\sin 32.6} = 143\,\mathrm{pm}.$$

Mit Gl. (20-1) erhalten wir $d_{220} = \frac{a}{(2^2 + 2^2)^{1/2}} = \frac{a}{8^{1/2}}$.

Damit folgt $a = (8^{1/2}) \times (143\,\mathrm{pm}) = 404\,\mathrm{pm}$.

Die Indizes der anderen Reflexionen erhalten wir mit Gl. (20-2) und Gl. (20-5):

$$(h^2 + k^2 + l^2) = \left(\frac{a}{d_{hkl}}\right)^2 = \left(\frac{(a) \times 2\sin\theta}{\lambda}\right)^2.$$

Somit können wir folgende Tabelle aufstellen:

θ	$a^2\left(\frac{2\sin\theta}{\lambda}\right)^2$	$h^2 + k^2 + l^2$	(hkl)	a/pm
19.4	3.04	3	(111)	402
22.5	4.03	4	(200)	402
32.6	7.99	8	(220)	404
39.4	11.09	11	(311)	402

Die Werte für a in der letzten Spalte ergeben sich aus

$$a = \left(\frac{\lambda}{2\sin\theta}\right) \times (h^2 + k^2 + l^2)^{1/2}.$$

Der Mittelwert beträgt 402 pm.

A20.11a Wir verwenden Gl. (20-5) und dann Gl. (20-3):

$$\theta_{hkl} = \arcsin\frac{\lambda}{2d_{hkl}} = \arcsin\left\{\frac{\lambda}{2}\left[\left(\frac{h}{a}\right)^2 + \left(\frac{k}{b}\right)^2 + \left(\frac{l}{c}\right)^2\right]^{1/2}\right\}$$
$$= \arcsin\left\{77\left[\left(\frac{h}{542}\right)^2 + \left(\frac{k}{917}\right)^2 + \left(\frac{l}{645}\right)^2\right]^{1/2}\right\}.$$

Also ist

$$\theta_{100} = \arcsin\left(\frac{77}{542}\right) = 817°, \quad \theta_{010} = \arcsin\left(\frac{77}{917}\right) = 4.82°,$$
$$\theta_{111} = \arcsin\left\{77\times\left[\left(\frac{1}{542}\right)^2 + \left(\frac{1}{917}\right)^2 + \left(\frac{1}{645}\right)^2\right]^{1/2}\right\} = \arcsin\frac{77}{378} = 11.75°.$$

A20.12a Anhand der Diskussion der systematischen Auslöschungen (vgl. Abschnitt 20.1.3 und Abb. 20-22 im Lehrbuch) können wir folgern, dass die Elementarzelle kubisch flächenzentriert ist.

A20.13a Nach Gl. (20-7) gilt für die Strukturfaktoren

$$F_{hkl} = \sum_j f_j e^{2\pi i(hx_j + ky_j + lz_j)}.$$

Dabei ist $f_j = \frac{1}{8}f$. (Jedes Atom gehört zu acht Elementarzellen.)

Also ist

$$F_{hkl} = \tfrac{1}{8}f\{1 + e^{2\pi ih} + e^{2\pi ik} + e^{2\pi il} + e^{2\pi i(h+k)} + e^{2\pi i(h+l)} + e^{2\pi i(k+l)} + e^{2\pi i(h+k+l)}\}.$$

Alle Exponentialterme sind 1, weil h, k und l alle ganzzahlig sind und weil gilt

$$e^{i\theta} = \cos\theta + i\sin\theta \quad \text{mit} \quad \theta = 2\pi h, 2\pi k, \ldots = \cos\theta = 1.$$

Also ist $F_{hkl} = f$.

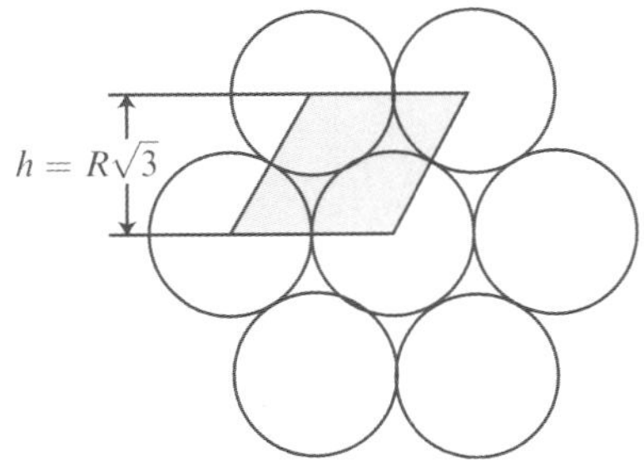

Abb. 20-4

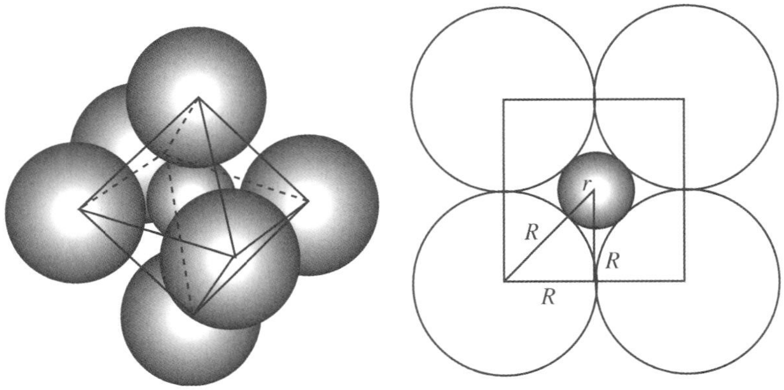

Abb. 20-5

A20.14a Mit $h = 2R\cos 30°$ gilt für den Inhalt der grauen Fläche in Abb. 20-4 $h \times 2R = 3^{1/2}R \times 2R = 2\sqrt{3}R^2$. Die resultierende Anzahl von Zylindern innerhalb der grauen Fläche ist 1, die Grundfläche eines Zylinders ist πR^2. Das Volumen des Prismas (dessen Grundfläche die graue Fläche ist) ist $2\sqrt{3}R^2L$, und das von den Zylindern eingenommene Volumen ist $\pi R^2 L$. Also beträgt die Raumerfüllung

$$f = \frac{\pi R^2 L}{2\sqrt{3}R^2 L} = \frac{\pi}{2\sqrt{3}} = 0.9069.$$

A20.15a Die sechsfache Koordination ist in Abb. 20-5 gezeigt.

Wir nehmen an, dass die größeren Kugeln mit dem Radius R einander und auch die kleine innere Kugel mit dem Radius r berühren. Nach dem Satz des Pythagoras ist dann

$$(R + r)^2 = 2(R)^2 \quad \text{bzw.} \quad \left(1 + \frac{r}{R}\right)^2 = 2.$$

Daher ist $\dfrac{r}{R} = 0.414$.

A20.16a Die in Aufgabe A20.15 bestimmten Radiusverhältnisse entsprechen dem kleinsten Radius des inneren Kations; jeder kleinere Wert des Radienverhältnisses brächte die Anionen einander näher, d. h. deren interionische Abstoßung wäre größer und gleichzeitig die Anziehung zwischen Anionen und Kationen geringer.

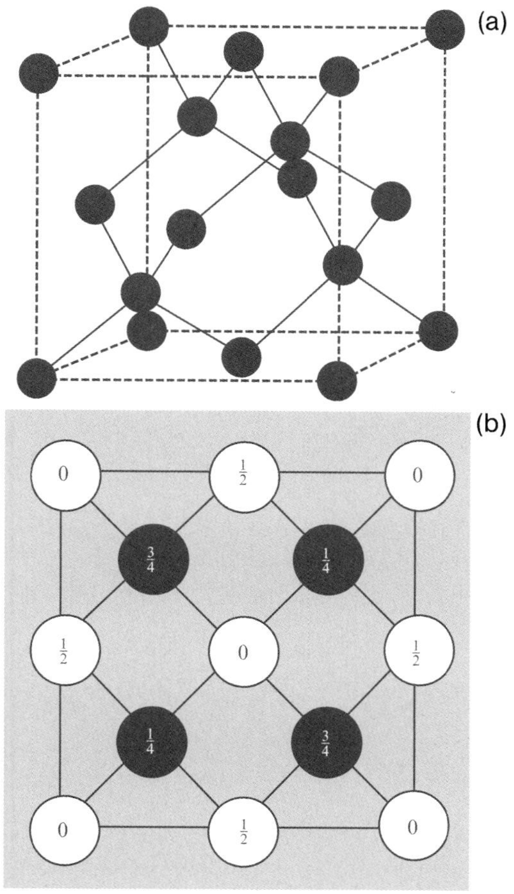

Abb. 20-6

(a) $\dfrac{r_+}{r_-} = 0.414$ (Aufgabe A20.15a).

Kleinster Wert: $r_+ = (0.414) \times (140\,\text{pm})$ (vgl. Tabelle 20-3) $= 58.0\,\text{pm}$.

(b) $\dfrac{r_+}{r_-} = 0.732$ (Aufgabe A20.15b).

Kleinster Wert: $r_+ = (0.732) \times (140\,\text{pm}) = 102\,\text{pm}$.

Anmerkung: Aus den Werten in Tabelle 20-3 geht hervor, dass größere Werte das Auftreten der Koordinationszahl 6 nicht ausschließen.

A20.17a Abbildung 20-43 im Lehrbuch zeigt die Diamantstruktur. Diese Struktur ist auch in der folgenden Abb. 20-6(a) gezeigt, bei dieser Form der Darstellung lässt sich aber die Elementarzelle von Diamant leichter erkennen.

Die Anzahl der Kohlenstoffatome in der Elementarzelle ist

$$\left(8 \times \tfrac{1}{8}\right) + \left(6 \times \tfrac{1}{2}\right) + (4 \times 1) = 8$$

Hier steht $\frac{1}{8}$ für ein Atom auf der Ecke, $\frac{1}{2}$ für ein Atom auf der Flächenmitte und 1 für ein Atom im Inneren der Elementarzelle. Die Positionen der Atome sind daher (vgl. Abb. 20-6(b))

$$(0, 0, 0), \left(\tfrac{1}{2}, \tfrac{1}{2}, 0\right), \left(\tfrac{1}{2}, 0, \tfrac{1}{2}\right), \left(0, \tfrac{1}{2}, \tfrac{1}{2}\right), \left(\tfrac{1}{4}, \tfrac{1}{4}, \tfrac{1}{4}\right), \left(\tfrac{1}{4}, \tfrac{3}{4}, \tfrac{3}{4}\right), \left(\tfrac{3}{4}, \tfrac{1}{4}, \tfrac{3}{4}\right), \left(\tfrac{3}{4}, \tfrac{3}{4}, \tfrac{1}{4}\right).$$

Die Brüche in Abb. 20-6(b) bezeichnen die Höhe über der Basis in Einheiten der Kantenlänge a des Würfels. Zwei Atome, die einander berühren, liegen entlang der Raumdiagonalen bei $(0, 0, 0)$ und $\left(\frac{1}{4}, \frac{1}{4}, \frac{1}{4}\right)$. Daher ist der Abstand $2r$ ein Viertel der Raumdiagonalen (deren Länge im Würfel $\sqrt{3}a$ beträgt). Damit ist $2r = (\sqrt{3}a)/4$.

Die Raumerfüllung ist der Quotient aus dem Volumen der Atome und dem Volumen der Elementarzelle:

$$\frac{8V_a}{a^3} = \frac{(8) \times \frac{4}{3}\pi r^3}{\left(8r/\sqrt{3}\right)^3} = 0.340.$$

A20.18a Die Volumenänderung ist die Folge von zwei teilweise gegeneinander wirkenden Effekten: (1) unterschiedliche Raumerfüllung f und (2) unterschiedliche Radien. Wir schreiben hier „bcc“ für kubisch raumzentriert und „hcp“ für hexagonal dichtest gepackt. Dann gilt

$$\frac{V(\text{bcc})}{V(\text{hcp})} = \frac{f(\text{hcp})}{f(\text{bcc})} \times \frac{v(\text{bcc})}{v(\text{hcp})}.$$

$f(\text{hcp}) = 0.7404$, $f(\text{bcc}) = 0.6802$ (*Begründung* 20.3 und Aufgabe 20.24).

$$\frac{V(\text{bcc})}{V(\text{hcp})} = \frac{0.7405}{0.6802} \times \frac{(142.5)^3}{(145.8)^3} = 1.016.$$

Somit tritt bei der Phasenumwandlung eine Ausdehnung um 1.6 % ein.

A20.19a Wir zeichnen Punkte, die den Verbindungsvektoren zwischen den Atompaaren entsprechen. Schwerere Atome ergeben dabei stärkere Beiträge als leichte Atome. Machen Sie sich klar, dass es immer zwei Vektoren gibt, die jedes Atompaar verbinden (nämlich $\overrightarrow{AB}$ und $\overleftarrow{AB}$); es sind zudem auch die AA-Nullvektoren für den Mittelpunkt der Abbildungen zu berücksichtigen. (Siehe Abb. 20-7.)

A20.20a Mit $\lambda = \dfrac{h}{p} = \dfrac{h}{mv}$ folgt

$$v = \frac{h}{m\lambda} = \frac{6.626 \times 10^{-34}\,\text{J s}}{(1.675 \times 10^{-27}\,\text{kg}) \times (50 \times 10^{-12}\,\text{m})} = 7.9\,\text{km s}^{-1}.$$

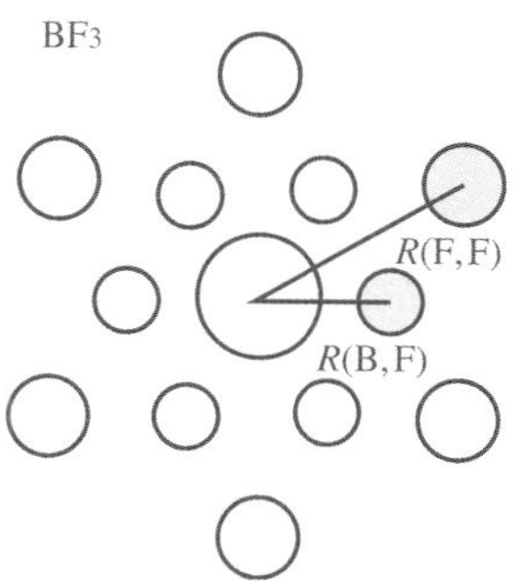

Abb. 20-7

A20.21a Nach Gl. (20-13) und Gl. (20-14) gilt

$$E_{\text{pot}} = -A \times \frac{|z_1 z_2| N_A e^2}{4\pi\varepsilon_0 d}$$

$$E^*_{\text{pot}} = N_A C' \mathrm{e}^{-d/d^*}$$

Die Summe dieser beiden Ausdrücke ergibt die potenzielle Gesamtenergie, das Minimum dieses Ausdrucks erhält man durch Ableitung nach d.

$$\frac{\mathrm{d}(E_{\text{pot}} + E^*_{\text{pot}})}{\mathrm{d}d} = 0 = \frac{A|z_1 z_2| N_A e^2}{4\pi\varepsilon_0 d^2} - N_A C' \left(\frac{1}{d^*}\right) \mathrm{e}^{-d/d^*} .$$

Nun können wir N_A eliminieren. Es ergibt sich

$$C' \mathrm{e}^{-d/d^*} = \frac{A|z_1 z_2| e^2}{4\pi\varepsilon_0 d} \left(\frac{d^*}{d}\right) .$$

Wenn wir dies in Gl. (20-14) einsetzen, erhalten wir

$$E_{\text{pot,min}} = -A \frac{|z_1 z_2| N_A e^2}{4\pi\varepsilon_0 d} + A N_A \frac{|z_1 z_2| e^2}{4\pi\varepsilon_0 d} \left(\frac{d^*}{d}\right)$$

$$= -A N_A \left(\frac{|z_1 z_2| e^2}{4\pi\varepsilon_0 d}\right) \left(1 - \frac{d^*}{d}\right)$$

und das ist genau die gewünschte Born-Mayer-Gleichung Gl. (20-15).

A20.22a Wäscht man ein Baumwollhemd, wird die Sekundärstruktur der Cellulose gestört. Das Wasser schwächt tendenziell die Wasserstoffbrückenbindungen zwischen Celluloseketten, indem es eigene Wasserstoffbrückenbindungen mit den Ketten ausbildet. Beim Trocknen werden die Wasserstoffbrückenbindungen wiederhergestellt, allerdings ganz ungeordnet, sodass der Stoff knittert. Die Falten entfernt man, indem man das Hemd erneut befeuchtet; dadurch brechen die Wasserstoffbrücken wieder auf, die Fasern werden biegsamer und plastisch verformbar. Das heiße Bügeleisen glättet den Stoff und lässt das Wasser verdampfen, sodass wieder neue Wasserstoffbrücken zwischen den Faserketten entstehen, während sie gleichzeitig durch den Druck des Bügeleisens in Form gehalten werden.

A20.23a Der Elastizitätsmodul ergibt sich nach Gl. (20-16) aus

$$E = \frac{\text{Normalspannung}}{\text{Normaldehnung}} = 1.26\,\text{Pa} = 1.2 \times 10^9\,\text{kg}\,\text{m}^{-1}\,\text{s}^{-2}$$

Wir berechnen mit den gegebenen Daten die Normalspannung und lösen dann die Gleichung nach der Normaldehnung auf.

Normalspannung = Kraft pro Fläche = F/A.
Normaldehnung = relative Längenänderung = $\Delta L/L$.

$$\Delta L/L = \frac{F/A}{E} = \frac{mg/A}{E} = \frac{mg}{AE} = \frac{mg}{\pi(d/2)^2 E}$$

$$= \frac{1.0\,\text{kg} \times 9.8\,\text{m}\,\text{s}^{-2}}{\pi\left(\dfrac{1.0 \times 10^{-3}\,\text{m}}{2}\right)^2 \times 1.2 \times 10^9\,\text{kg}\,\text{m}^{-1}\text{s}^{-2}}$$

$$= 0.010 \quad \text{bzw. rund 1\% Dehnung.}$$

A20.24a Das Poisson-Verhältnis ist $\nu_\text{P} = \dfrac{\text{transversale Spannung}}{\text{Normalspannung}} = 0.45.$

Die Transversalspannung ist meist eine Kontraktion, die normalerweise in beiden Transversalrichtungen gleichmäßig erfolgt. Wenn also $(\Delta L/L)_z$ die Normalspannung ist, dann sind die Transversalspannungen $(\Delta L/L)_x$ und $(\Delta L/L)_y$ gleich. In diesem Fall ist

$$(\Delta L/L)_z = +0.010, \quad \left(\frac{\Delta L}{L}\right)_x = -0.0045 = \left(\frac{\Delta L}{L}\right)_y.$$

$$\text{Neues Volumen} = (1 - 0.0045)^2 \times (1 + 0.010) \times 1.0\,\text{cm}^3$$
$$= 1.00093\,\text{cm}^3.$$

Die Volumenänderung ist also $9.3 \times 10^{-4}\,\text{cm}^3$.

A20.25a Es ist ein n-Halbleiter: Das Dotiermittel Arsen gehört zur 15. Gruppe, Germanium gehört zur Gruppe 14.

A20.26a

$$E_\text{g} = h\nu_\text{min} = \frac{hc}{\lambda_\text{min}} = \frac{(6.626 \times 10^{-34}\,\text{J s})(2.998 \times 10^8\,\text{m}\,\text{s}^{-1})}{350 \times 10^{-9}\text{m}}\left(\frac{1\,\text{eV}}{1.602 \times 10^{-19}\,\text{J}}\right)$$

$$= 3.54\,\text{eV}.$$

A20.27a Wenn wir in Gl. (20-34) anstelle von s die Gesamtspinquantenzahl S einsetzen, erhalten wir

$$\mu = g_e\{S(S+1)\}^{1/2}\mu_B.$$

Mit $m = 3.81\mu_B$ folgt

$$S(S+1) = \left(\tfrac{1}{4}\right) \times (3.81)^2 = 3.63 \quad \text{und folglich} \quad S = 1.47.$$

Wegen $S \approx \frac{3}{2}$ muss es also drei ungepaarte Spins geben.

A20.28a Wir gehen von Gl. (20-28) aus. Dann ist

$$\chi_m = \chi V_m = \frac{\chi M}{\rho} = \frac{(-7.2 \times 10^{-7}) \times (78.11\,\mathrm{g\,mol^{-1}})}{0.879\,\mathrm{g\,cm^{-3}}}$$
$$= -6.4 \times 10^{-5}\,\mathrm{cm^{-5}\,mol^{-1}}) = -6.4 \times 10^{-11}\,\mathrm{cm^3\,mol^{-1}}).$$

A20.29a Wir müssen den experimentell bestimmten Wert für χ_m mit dem nach Gl. (20-35) berechneten Theoriewert vergleichen:

$$\chi_m = \frac{N_A g_e^2 \mu_0 \mu_B^2 S(S+1)}{3kT}.$$

Bei diesem Vergleich gehen wir von Spinmagnetismus aus. Wenn wir die Konstanten einsetzen, erhalten wir (vgl. *Illustration* 20-3)

$$\chi_m = (6.3001 \times 10^{-6}\,\mathrm{m^3\,K\,mol^{-1}}) \times \left(\frac{S(S+1)}{T}\right) = \frac{1.22 \times 10^{-5}\,\mathrm{m^3\,K\,mol^{-1}}}{T}.$$

Demnach ist $S(S+1) = (1.22 \times 10^{-5})/(6.3001 \times 10^{-6}) = 1.94 \approx 2$ bzw. $S = 1$, d. h. die Anzahl der ungepaarten Elektronen ist 2.

Das Problem der Lewis-Struktur wird im Rahmen der Molekülorbitaltheorie gelöst. Danach ist es sehr wohl möglich, dass gleichzeitig eine Doppelbindung und zwei ungepaarte Elektronen vorliegen. (Vgl. Abschnitt 11.2.2)

Anmerkung: Die Diskrepanz zwischen 1.94 und 2 in $S(S+1)$ ist wohl damit zu erklären, dass ein gewisser Orbitalbeitrag zum magnetischen Moment von O_2 vorliegt. Die Annahme von ausschließlich spininduziertem Magnetismus ist nicht gerechtfertigt.

A20.30a Der theoretische Wert für die molare Suszeptibilität ist nach Gl. (20-35)

$$\chi_m(\text{theor.}) = \frac{N_A g_e^2 \mu_0 \mu_B^2 S(S+1)}{3kT}.$$

Daraus leiten wir ab

$$S(S+1) = \frac{3kT\chi_m}{N_A g_e^2 \mu_0 \mu_B^2}$$
$$= \frac{3(1.381 \times 10^{-23}\,\text{J K}^{-1}) \times (294.53\,\text{K}) \times (0.1463 \times 10^{-6}\,\text{m}^3\,\text{mol}^{-1})}{(6.022 \times 10^{23}\,\text{mol}^{-1}) \times (2.0023)^2 \times (4\pi \times 10^{-7}\,\text{T}^2\,\text{J}^{-1}\,\text{m}^3) \times (9.27 \times 10^{-24}\,\text{J T}^{-1})^2}$$
$$= 6.84$$

und damit

$$S^2 + S - 6.841 = 0 \quad \text{bzw.} \quad S = \frac{-1 + \sqrt{1 + 4(6.841)}}{2} = 2.163.$$

Dies entspricht 4.326 effektiv ungepaarten Spins. Der theoretische Wert ist 5, wie man aus der Elektronenkonfiguration $3d^5$ von Mn^{2+} ableiten kann.

Anmerkung: Die Diskrepanz zwischen den beiden Werten ist durch eine antiferromagnetische Wechselwirkung zwischen den Spins zu erklären, die χ_m gegenüber Gl. (20.35) ändert.

A20.31a Nach *Illustration* 20-3 ist

$$\chi_m = (6.3001 \times 10^{-6}) \times \left(\frac{S(S+1)}{T/\text{K}}\,\text{m}^3\,\text{mol}^{-1}\right).$$

Da Cu(II) eine d^9-Spezies ist, hat es einen ungepaarten Spin, und es ist $S = s = \frac{1}{2}$. Damit folgt

$$\chi_m = \frac{(6.3001 \times 10^{-6}) \times \left(\frac{1}{2}\right) \times \left(\frac{3}{2}\right)}{298}\,\text{m}^3\,\text{mol}^{-1} = +1.6 \times 10^{-8}\,\text{m}^3\,\text{mol}^{-1}.$$

A20.32a Der Betrag der Orientierungsenergie ist gegeben durch

$$g_e \mu_B M_S \mathcal{B} \quad \text{mit} \quad M_S = S = 1.$$

Gleichsetzen mit kT und Auflösen nach $\mathcal{B}$ ergibt

$$\mathcal{B} = \frac{kT}{g_e \mu_B} = \frac{(1.38 \times 10^{-23}\,\text{J K}^{-1}) \times (298\,\text{K})}{(2.00) \times (9.27 \times 10^{-24}\,\text{J T}^{-1})} = 222\,\text{T}.$$

Anmerkung: Dies ist ein extrem starkes Magnetfeld. Man erkennt daran die Stärke der inneren Magnetfelder, die für die Spinausrichtung in ferromagnetischen und in antiferromagnetischen Materialien erforderlich sind.

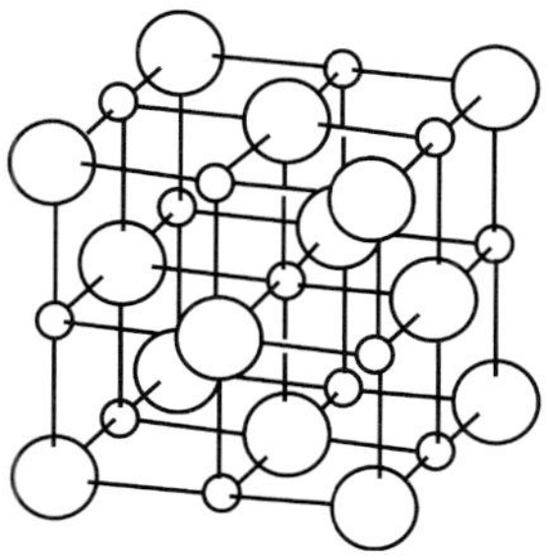

Abb. 20-8

Schwerere Aufgaben

20.1 Wir setzen Gl. (20-1) in Gl. (20-5) ein:

$$\lambda = 2d_{hkl}\sin\theta_{hkl} = \frac{2a\sin\theta_{hkl}}{(h^2+k^2+l^2)^{1/2}}$$
$$= 2a\sin 6.0° = 0.209a.$$

In einer Elementarzelle von NaCl (Abb. 20-8) befinden sich 4 Formeleinheiten (jedes Ion auf einer Ecke gehört zu 8 Zellen, jedes Ion auf einer Kante zu 4 Zellen, jedes Ion auf einer Fläche zu 2 Zellen).

Daher ist

$$\rho = \frac{NM}{VN_A} = \frac{4M}{a^3 N_A} \quad \text{und somit (vgl. Aufgabe A20.8a)} \quad a = \left(\frac{4M}{\rho N_A}\right)^{1/3} .$$

$$a = \left(\frac{(4)\times(58.44\,\mathrm{g\,mol^{-1}})}{(2.17\times10^{16}\,\mathrm{g\,m^{-3}})\times(6.022\times10^{23}\,\mathrm{mol^{-1}})}\right)^{1/3} = 563.\bar{5}\,\mathrm{pm}$$

Somit ist $\lambda = (0.209)\times(563.\bar{5}\,\mathrm{pm}) = 118\,\mathrm{pm}$.

20.3 Schauen Sie sich Abb. 20-23 im Lehrbuch oder Abb. 20-1 in diesem Buch an. Die Gitterkonstanten in einem kubisch flächenzentrierten Gitter dieser Verbindungen sind

$$a = 2(r_+ + r_-).$$

Dann gilt:

(1) $a(\mathrm{NaCl}) = 2(r_{\mathrm{Na^+}} + r_{\mathrm{Cl^-}}) = 562.8$ pm; (2) $a(\mathrm{KCl}) = 2(r_{\mathrm{K^+}} + r_{\mathrm{Cl^-}}) = 627.7$ pm;

(3) $a(\mathrm{NaBr}) = 2(r_{\mathrm{Na^+}} + r_{\mathrm{Br^-}}) = 596.2$ pm; (4) $a(\mathrm{KBr}) = 2(r_{\mathrm{K^+}} + r_{\mathrm{Br^-}}) = 658.6$ pm.

Wenn die Ionenradien aller Ionen konstant wären, müsste gelten

$$(1) + (4) = (2) + (3).$$
$$(1) + (4) = (562.8 + 658.6)\ \mathrm{pm} = 1221.4\ \mathrm{pm}.$$
$$(2) + (3) = (627.7 + 596.2)\ \mathrm{pm} = 1223.9\ \mathrm{pm}.$$

Der Unterschied ist nur gering, also stützen die Werte die Annahme von der Konstanz der Ionenradien.

20.5 Für die drei gegebenen Reflexionen ist

$$\sin 19.076° = 0.32682, \ \sin 22.171° = 0.37737, \ \sin 32.256° = 0.53370.$$

Nach Gl. (20-5) mit Gl. (20-2) gilt für kubische Gitter $\sin\theta_{hkl} = \dfrac{\lambda(h^2+k^2+l^2)^{1/2}}{2a}$.

Wir betrachten zunächst die Möglichkeit eines kubisch primitiven Gitters. Dann stammen (vgl. Abb. 20-22 im Lehrbuch) die ersten drei Reflexionen von den Ebenen (100), (110) und (111). Kontrolle:

$$\frac{\sin\theta(100)}{\sin\theta(110)} = \frac{1}{\sqrt{2}} \neq \frac{0.32682}{0.37737},$$

(das Gitter ist also nicht kubisch primitiv).

Wir betrachten nun die Möglichkeit eines kubisch raumzentrierten Gitters; dort sind die ersten drei Reflexionen (110), (200) und (211). Kontrolle:

$$\frac{\sin\theta(110)}{\sin\theta(200)} = \frac{\sqrt{2}}{\sqrt{4}} = \frac{1}{\sqrt{2}} \neq \frac{0.32682}{0.37737},$$

(das Gitter ist also nicht kubisch-raumzentriert).

Schließlich betrachten wir die Möglichkeit eines kubisch flächenzentrierten Gitters; die ersten drei Reflexionen sind (111), (200) und (220). Kontrolle:

$$\frac{\sin\theta(111)}{\sin\theta(200)} = \frac{\sqrt{3}}{\sqrt{4}} = 0.86603$$

Dies stimmt sehr gut mit dem Verhältnis $0.32682/0.37737 = 0.86605$ überein. Das Gitter ist also kubisch flächenzentriert.

Diese Folgerung bestätigt man leicht, wenn man dieselbe Rechnung mit der zweiten und dritten Reflexion durchführt:

$$a = \frac{\lambda}{2\sin\theta}(h^2+k^2+l^2)^{1/2} = \left(\frac{154.18\ \text{pm}}{(2)\times(0.32682)}\right) \times \sqrt{3} = 408.55\ \text{pm}.$$

Dann folgt mit Aufgabe A20.8a für die Dichte

$$\rho = \frac{NM}{N_A V} = \frac{(4)\times(107.87\ \text{g mol}^{-1})}{(6.0221\times10^{23}\ \text{mol}^{-1})\times(4.0855\times10^{-8}\ \text{cm})^3}$$
$$= 10.507\ \text{g cm}^{-1}.$$

Dies stimmt sehr gut mit den im Tabellenanhang aufgeführten Werten überein.

20.7 Mit $d_{100} = a$ folgt $\lambda = 2a \sin\theta_{100}$ und daher

$$a = \frac{\lambda}{2\sin\theta_{100}}$$

sowie

$$\frac{a(\text{KCl})}{a(\text{NaCl})} = \frac{\sin\theta_{100}(\text{NaCl})}{\sin\theta_{100}(\text{KCl})} = \frac{\sin 6°0'}{\sin 5°23'} = 1.114.$$

Damit ist $a(\text{KCl}) = (1.114) \times (564\,\text{pm}) = 628\,\text{pm}$.

Mit diesen Abmessungen berechnet man nun das Verhältnis der Dichten:

$$\frac{\rho(\text{KCl})}{\rho(\text{NaCl})} = \left(\frac{M(\text{KCl})}{M(\text{NaCl})}\right) \times \left(\frac{a(\text{NaCl})}{a(\text{KCl})}\right)^3 = \left(\frac{74.55}{58.44}\right) \times \left(\frac{564\,\text{pm}}{628\,\text{pm}}\right)^3 = 0.924.$$

Experimentell ergibt sich

$$\frac{\rho(\text{KCl})}{\rho(\text{NaCl})} = \frac{1.99\,\text{g cm}^{-3}}{2.17\,\text{g cm}^{-3}} = 0.917.$$

Die Messungen stimmen also weitgehend überein.

20.9 Wie in *Begründung* 20-3 gezeigt, füllen dichtgepackte Kugeln 0.7404 des Gesamtvolumen des Kristalls. Wir nehmen die Kohlenstoffatome als Kugeln mit einem Radius $r = \left(\frac{154.45}{2}\right)\,\text{pm} = 77.225\,\text{pm} = 77.225 \times 10^{-10}\,\text{cm}$ an. Ein Kubikzentimeter von dichtgepackten Kohlenstoffatomen enthält demnach

$$\frac{0.74040\,\text{cm}^3}{\left(\frac{4}{3}\pi r^3\right)} = 3.838 \times 10^{23}\ \text{Atome}.$$

Bei dieser Packung beträgt die Dichte also

$$\begin{aligned}\rho &= \frac{\text{Masse in } 1\,\text{cm}^3}{1\,\text{cm}^3} \\ &= \frac{(3.838 \times 10^{23}\ \text{Atome}) \times (12.01\,\text{u/Atom}) \times (1.6605 \times 10^{-24}\,\text{g u}^{-1})}{1\,\text{cm}^3} \\ &= 7.654\,\text{g cm}^{-3}.\end{aligned}$$

Die Diamantstruktur ist (vgl. die Lösung zu Aufgabe A20.17a) eine sehr offene Struktur, was durch die tetraedrischen Bindungen der Kohlenstoffatome bedingt ist. Dies hat zur Folge, dass viele Atome, die sich in einer normalen kubisch flächenzentrierten Struktur berühren würden, sich in der Diamantstruktur nicht berühren; beispielsweise berührt das C-Atom im Mittelpunkt einer Fläche die C-Atome an den Ecken dieser Fläche nicht.

20.11 Die Dichte ergibt sich als Quotient von Masse und Volumen der Elementarzelle, also

$$\rho = \frac{m\ (\text{Zelle})}{V\ (\text{Zelle})} = \frac{(2) \times (M(\text{CH}_2\text{CH}_2))/N_\text{A}}{abc}$$

$$= \frac{(2) \times (28.05\,\text{g mol}^{-1})}{(6.022 \times 10^{23}\,\text{mol}^{-1}) \times [(740 \times 493 \times 253) \times 10^{-39}]\,\text{m}^3}$$

$$= 1.01 \times 10^6\,\text{g m}^{-3} = 1.01\,\text{g cm}^{-3}.$$

20.13 (a) Wenn es nur ein Paar von identischen Atomen gibt, reduziert sich die Wierl-Gleichung auf

$$I(\theta) = f^2 \frac{\sin sR}{sR} \quad \text{mit} \quad s = \frac{4\pi}{\lambda} \sin \frac{1}{2}\theta.$$

Extrema treten auf bei $sR = \sin sR/\cos sR = \tan sR$. Diese Bedingung lässt sich entweder grafisch oder numerisch lösen; in beiden Fällen erhält man die Extremwerte, die in Abb. 20-9(a) gezeigt sind.

Um die zu den Extremwerten gehörenden Winkel zu berechnen, wurde die Br_2-Bindunglänge mit 228.3 pm angesetzt (vgl. Tabelle 13-2), außerdem wurden die Gleichung $\theta = 2\sin^{-1}\left(\frac{sR\lambda}{4\pi R}\right)$ sowie die Werte sR für die Extremwerte verwendet, die in Abb. 20-9(a) zu sehen sind.

Bei Neutronenbeugung gilt:

$$\theta_{1.\,\text{Max}} = 0$$

$$\theta_{1.\,\text{Min}} = 2\sin^{-1}\left(\frac{(0.9534 \times 3\pi/2)(78\,\text{pm})}{4\pi(229.0\,\text{pm})}\right) = 14.0°,$$

$$\theta_{2.\,\text{Max}} = 2\sin^{-1}\left(\frac{(0.9836 \times 5\pi/2)(78\,\text{pm})}{4\pi(229.0\,\text{pm})}\right) = 24.2°.$$

Bei Elektronenbeugung gilt:

$$\theta_{1.\,\text{Max}} = 0$$

$$\theta_{1.\,\text{Min}} = 2\sin^{-1}\left(\frac{(0.9534 \times 3\pi/2)(4.0\,\text{pm})}{4\pi(229.0\,\text{pm})}\right) = 0.72°,$$

$$\theta_{2.\,\text{Max}} = 2\sin^{-1}\left(\frac{(0.9836 \times 5\pi/2)(4\,\text{pm})}{4\pi(229.0\,\text{pm})}\right) = 1.23°.$$

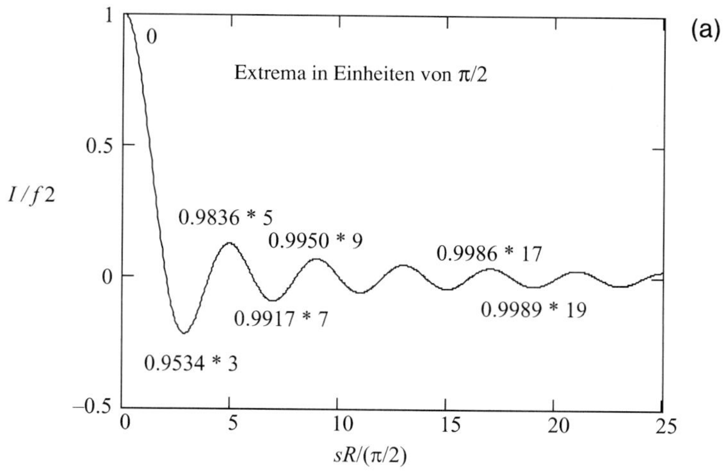

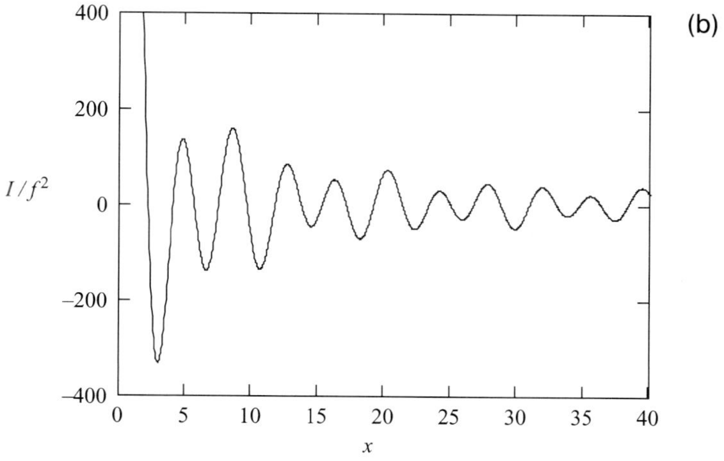

Abb. 20-9

(b) Mit $s = \frac{4\pi}{\lambda} \sin \frac{1}{2}\theta$ ist

$$I = \sum_{i,j} f_i f_j \frac{\sin sR_{i,j}}{sR_{i,j}},$$
$$= 4 f_C f_{Cl} \frac{\sin sR_{CCl}}{sR_{CCl}} + 6 f_{Cl}^2 \frac{\sin sR_{ClCl}}{sR_{ClCl}}.$$

(Also 4 C–Cl-Paare), und 6 Cl–Cl-Paare) woraus mit $x = sR_{CCl}$ folgt

$$I = (4) \times (6) \times (17) \times (f^2) \times \left(\frac{\sin x}{x}\right) + (6) \times (17) \times (f^2) \frac{\sin \left(\frac{8}{3}\right)^{1/2} x}{\left(\frac{8}{3}\right)^{1/2} x}.$$

$$\frac{I}{f^2} = (408) \times \frac{\sin x}{x} + (1062) \frac{\sin \left(\frac{8}{3}\right)^{1/2} x}{x}.$$

Diese Funktion ist Abb. 20-9(b) dargestellt.

Wir entnehmen x_{max} und x_{min} dem Graphen und verwenden die in der Aufgabe gegebenen Werte s_{max} und s_{min}. Wegen $x = sR_{CCl}$ können wir dann mit dem Quotienten x/s die Bindungslänge R_{CCl} bestimmen. Die Berechnung von s erfordert die Wellenlänge des Elektronenstrahls.

$$\frac{p^2}{2m_e} = eV \quad \text{bzw.} \quad p = (2m_e eV)^{1/2}.$$

Aus der de-Broglie-Relation (Gl. (8-12)) folgt

$$\lambda = \frac{h}{p} = \frac{h}{(2m_e eV)^{1/2}}$$
$$= \frac{6.626 \times 10^{-34}\,\text{J s}}{\{2 \times (9.109 \times 10^{-31}\,\text{kg})(1.609 \times 10^{-19}\,\text{C})(1.00 \times 10^4\,\text{V})\}}$$
$$= 12.2\,\text{pm}.$$

Wir stellen nun folgende Tabelle auf:

	Maxima			Minima			
θ(experim.)	3°0′	5°22′	7°54′	1°46′	4°6′	6°40′	9°10′
s/pm^{-1}	0.0270	0.0482	0.0710	0.0159	0.0368	0.0599	0.0819
x (berechn.)	4.77	8.52	12.6	2.89	6.52	10.6	14.5
$(x/s)/\text{pm}$	177	177	177	177	177	177	177

Demnach sind $R_{CCl} = 177\,\text{pm}$ und das experimentell gewonnene Beugungsmuster verträglich mit der tetraedrischen Molekülgeometrie.

20.15 Das Volumen einer Elementarzelle der Verbindung $[N(C_4H_9)_4][Ru(N)(S_2C_6H_4)_2]$ ist

$$V = abc = (3.6881\,\text{nm}) \times (0.9402\,\text{nm}) \times (1.7652\,\text{nm}) = 6.121\,\text{nm}^3$$
$$= 6.121 \times 10^{-21}\,\text{cm}^3.$$

Die Masse der Elementarzelle ist acht Mal die Masse der Formeleinheit $RuN_2C_{28}H_{44}S_4$ mit der molaren Masse

$$M = \{101.07 + 2(14.007) + 28(12.011) + 44(1.008) + 4(32.066)\}\,\text{g mol}^{-1}$$
$$= 638.01\,\text{g mol}^{-1}.$$

Die Dichte ist

$$\rho = \frac{m}{V} = \frac{8M}{N_A V} = \frac{8(638.01\,\text{g mol}^{-1})}{(6.022 \times 10^{23}\,\text{mol}^{-1}) \times (6.121 \times 10^{-21}\,\text{cm}^3)} = 1.385\,\text{g cm}^{-3}.$$

Die Osmiumverbindung hat eine molare Masse von $727.1\,\text{g mol}^{-1}$. Wenn sich das Kristallvolumen bei dem Austausch nur vernachlässigbar geändert hat, dann stehen die Dichten der Komplexverbindungen im selben Verhältnis wie ihre molaren Massen:

$$\rho_{Os} = \frac{727.1}{638.01}(1.385\,\text{g cm}^{-3}) = 1.578\,\text{g cm}^{-3}.$$

20.17 Aus dem Ausdruck für Leitfähigkeit $G = G_0 e^{-E_g/2kT}$ leitet man ab

$$\ln(G/\mathrm{S}) = \ln(G_0/\mathrm{S}) - \left(E_g/2k\right) \times 1/T.$$

Wenn man $\ln G$ gegen $1/T$ aufträgt, dann ist die Steigung des Graphen $-E_g/2k$. Die Werte haben nur sehr geringe Unsicherheiten, daher können wir die Steigung mit einem einfachen Steigungsdreieck (Differenz der Werte zwischen zwei Punkten) bestimmen. Alternativ erhält man die Steigung aus einer linearen Regression zu den Datenpunkten von $(1/T, \ln(G/\mathrm{S}))$.

$$\text{Steigung} = \frac{\Delta \ln(G/\mathrm{S})}{\Delta\,(1/T)} = \frac{\ln(0.0847) - \ln(2.86)}{(1/312\ \mathrm{K}) - (1/420\ \mathrm{K})} = -4270\ \mathrm{K},$$

$$E_g = -2k \times (\text{Steigung}) = -2 \times (1.381 \times 10^{-23}\ \mathrm{J\ K}) \times (-4270) = 1.18 \times 10^{-19}\ \mathrm{J}.$$

Dieser Wert entspricht 71.0 kJ/mol oder 0.736 eV.

20.19 Die molare magnetische Suszeptibilität ist (vgl. *Illustration* 20-3)

$$\chi_m = \frac{N_A g_e^2 \mu_0 \mu_B^2 S(S+1)}{3kT} = (6.3001 \times 10^{-6}) \times \frac{S(S+1)}{T/\mathrm{K}}\ \mathrm{m^3\ mol^{-1}}.$$

$$\text{Für } S = 2 \text{ ist } \chi_m = \frac{(6.3001 \times 10^{-6}) \times (2) \times (2+1)}{298}\ \mathrm{m^3\ mol^{-1}}.$$

$$= 0.127 \times 10^{-6}\ \mathrm{m^3\ mol^{-1}}.$$

$$\text{Für } S = 3 \text{ ist } \chi_m = \frac{(6.3001 \times 10^{-6}) \times (3) \times (3+1)}{298}\ \mathrm{m^3\ mol^{-1}}.$$

$$= 0.254 \times 10^{-6}\ \mathrm{m^3\ mol^{-1}}.$$

$$\text{Für } S = 4 \text{ ist } \chi_m = \frac{(6.3001 \times 10^{-6}) \times (4) \times (4+1)}{298}\ \mathrm{m^3\ mol^{-1}}.$$

$$= 0.423 \times 10^{-6}\ \mathrm{m^3\ mol^{-1}}.$$

Statt eines einzelnen Werts für S verwenden wir einen Mittelwert und wichten ihn mit dem Boltzmann-Faktor

$$\exp\left(\frac{-50 \times 10^3\ \mathrm{J\ mol^{-1}}}{(8.3145\ \mathrm{J\ mol^{-1} K^{-1}}) \times (298\ \mathrm{K})}\right) = 1.7 \times 10^{-9}.$$

Daher sind die Formen mit $S = 2$ und $S = 4$ im Vergleich zur Form mit $S = 3$ nur in vernachlässigbaren Anteilen enthalten. Die Suszeptibilität der Verbindung ist also die der Form mit $S = 3$, d. h. $0.254 \times 10^{-6}\ \mathrm{m^3\ mol^{-1}}$.

20.21 Wenn sich das Volumen der Elementarzelle bei der Substitution von Ca durch Y nicht ändert, dann sind die Dichte des Supraleiters („SL") und die der Y-haltigen Ausgangsverbindung („nur Y") proportional zu den molaren Massen.

$$M_{SL} = [2(200.59) + 2(137.327) + (1-x) \times (88.906) + x(40.078)$$
$$+ 2(63.546) + 7.55(15.999)]\,\text{g mol}^{-1},$$
$$M_{SL}/(\text{g mol}^{-1}) = 1012.6 - 48.828x.$$

Die molare Masse der Y-haltigen Substanz ist 1012.6 g mol^{-1}; das Verhältnis der Dichten ist

$$\frac{\rho_{SL}}{\rho_{\text{nur Y}}} = \frac{1012.6 - 48.828x}{1012.6} = 1 - 0.04822x \quad \text{also} \quad x = \frac{1}{0.04822}\left(1 - \frac{\rho_{SL}}{\rho_{\text{nur Y}}}\right).$$

Die Dichte der Y-haltigen Substanz ist der Quotient aus deren Masse und Volumen. Das Volumen ist

$$V_{\text{nur Y}} = a^2c = (0.38606\ \text{nm})^2 \times (2.8915\ \text{nm}) = 0.43096\ \text{nm}^3 = 0.43096 \times 10^{-21}\ \text{cm}^3,$$

also ist die Dichte

$$\rho_{\text{nur Y}} = \frac{2M}{N_A V} = \frac{2(1012.6\ \text{g mol}^{-1})}{(6.022 \times 10^{23}\ \text{mol}^{-1}) \times (0.43096 \times 10^{-21}\ \text{cm}^3)} = 7.804\ \text{g cm}^{-3}.$$

Daraus berechnet man den Anteil an Ca gemäß

$$x = \frac{1}{0.04822}\left(1 - \frac{7.651}{7.804}\right) = 0.41.$$

Anmerkung: Die Genauigkeit des Verfahrens hängt stark davon ab, wie konstant das Gittervolumen wirklich ist.

Theoretische Aufgaben

20.23 Wenn die Kanten der Elementarzelle die Vektoren $\boldsymbol{a}$, $\boldsymbol{b}$ und $\boldsymbol{c}$ definieren, dann ist das (gegebene) Volumen $V = \boldsymbol{a} \cdot \boldsymbol{b} \times \boldsymbol{c}$. Wir führen folgenden orthogonalen Satz von Einheitsvektoren ein: $\hat{\boldsymbol{i}}$, $\hat{\boldsymbol{j}}$, $\hat{\boldsymbol{k}}$. Damit ist

$$\boldsymbol{a} = a_x\hat{\boldsymbol{i}} + a_y\hat{\boldsymbol{j}} + a_z\hat{\boldsymbol{k}},$$
$$\boldsymbol{b} = b_x\hat{\boldsymbol{i}} + b_y\hat{\boldsymbol{j}} + b_z\hat{\boldsymbol{k}},$$
$$\boldsymbol{c} = c_x\hat{\boldsymbol{i}} + c_y\hat{\boldsymbol{j}} + c_z\hat{\boldsymbol{k}}.$$

Also ist $V = \boldsymbol{a} \cdot b \times \boldsymbol{c} = \begin{vmatrix} a_x & a_y & a_z \\ b_x & b_y & b_z \\ c_x & c_y & c_z \end{vmatrix}$

und daher

$$V^2 = \begin{vmatrix} a_x & a_y & a_z \\ b_x & b_y & b_z \\ c_x & c_y & c_z \end{vmatrix} \begin{vmatrix} a_x & a_y & a_z \\ b_x & b_y & b_z \\ c_x & c_y & c_z \end{vmatrix}$$

$$= \begin{vmatrix} a_x & a_y & a_z \\ b_x & b_y & b_z \\ c_x & c_y & c_z \end{vmatrix} \begin{vmatrix} a_x & a_y & a_z \\ b_x & b_y & b_z \\ c_x & c_y & c_z \end{vmatrix}$$

(Vertauschen von Zeilen und Spalten ändert das Ergebnis nicht.)

$$= \begin{vmatrix} a_xa_x + a_ya_y + a_za_z & a_xb_x + a_yb_y + a_zb_z & a_xc_x + a_yc_y + a_zc_z \\ b_xa_x + b_ya_y + b_za_z & b_yb_x + b_yb_y + b_zb_z & b_xc_x + b_yc_y + b_zc_z \\ c_xa_x + c_ya_y + c_za_z & c_xb_x + c_yb_y + c_zb_z & c_xc_x + c_yc_y + c_zc_z \end{vmatrix}$$

$$= \begin{vmatrix} a^2 & \boldsymbol{a} \cdot \boldsymbol{b} & \boldsymbol{a} \cdot \boldsymbol{c} \\ \boldsymbol{b} \cdot \boldsymbol{a} & b^2 & \boldsymbol{b} \cdot \boldsymbol{c} \\ \boldsymbol{c} \cdot \boldsymbol{a} & \boldsymbol{c} \cdot \boldsymbol{b} & c^2 \end{vmatrix} = \begin{vmatrix} a^2 & ab\cos\gamma & ac\cos\beta \\ ab\cos\gamma & b^2 & bc\cos\alpha \\ ac\cos\beta & bc\cos\alpha & c^2 \end{vmatrix}$$

$$= a^2b^2c^2(1 - \cos^2\alpha - \cos^2\beta - \cos^2\gamma + 2\cos\alpha\cos\beta\cos\gamma)^{1/2}.$$

Schließlich ergibt sich $V = abc(1 - \cos^2\alpha - \cos^2\beta - \cos^2\gamma + 2\cos\alpha\cos\beta\cos\gamma)^{1/2}$.

Bei einer monoklinen Zelle ist $\alpha = \gamma = 90°$ und daher

$$V = abc(1 - \cos^2\beta)^{1/2} = abc\sin\beta .$$

Bei einer orthorhombischen Zelle ist $\alpha = \beta = \gamma = 90°$ und daher

$$V = abc .$$

20.25 Die vier Werte von $hx + ky + lz$, die in den Exponentialtermen von F auftauchen, haben die Werte 0, 5/2, 3 und 7/2. Also ist

$$F_{hkl} \propto 1 + \mathrm{e}^{5i\pi} + \mathrm{e}^{6i\pi} + \mathrm{e}^{7i\pi} = 1 - 1 + 1 - 1 = 0 .$$

20.27 Nach Gl. (20-18) gilt

$$G = \frac{E}{2(1 + \nu_\mathrm{P})} \quad \text{und} \quad K = \frac{E}{3(1 - 2\nu_\mathrm{P})} .$$

Setzt man die mithilfe der Lamé-Konstanten angegebenen Ausdrücke für E und ν_P in die jeweils rechte Seite dieser Gleichungen ein, so ergibt sich

$$G = \frac{(\mu(3\lambda + 2\mu))/(\lambda + \mu)}{2\left(1 + \dfrac{\lambda}{2(\lambda + \mu)}\right)} \quad \text{und} \quad K = \frac{\dfrac{\mu(3\lambda + 2\mu)}{\lambda + \mu}}{3\left(1 - \dfrac{\lambda}{\lambda + \mu}\right)} .$$

Ausmultiplizieren führt zu

$$G = \frac{(\mu(3\lambda + 2\mu)/\lambda + \mu)}{2\left((2\lambda + 2\mu + \lambda)/(2(\lambda + \mu)\right)} = \frac{\mu(3\lambda + 2\mu)}{3\lambda + 2\mu} = \mu$$

$$K = \frac{\mu(3\lambda + 2\mu)/(\lambda + \mu)}{3(\lambda + \mu - \lambda)/(\lambda + \mu)} = \frac{\mu(3\lambda + 2\mu)}{3\mu} = \frac{3\lambda + 2\mu}{3}.$$

Genau das war nach Aufgabenstellung zu beweisen.

20.29 Die erlaubten Zustände am unteren Ende des Bands müssen eine relativ große charakteristische Wellenlänge haben, die erlaubten Zustände am oberen Bandende dagegen eine relativ kurze Wellenlänge. Es gibt nur wenige Wellenfunktionen mit dieser Charakteristik, daher ist die Zustandsdichte in der Nähe der Bandkanten am kleinsten. Dies entspricht dem Molekülorbitalbild, das wenige Molekülorbitale mit fehlenden Knoten und wenige Molekülorbitale mit der Maximalanzahl von Knoten zeigt.

Eine weitere Einsicht gewinnt man beim Betrachten des räumlich periodischen Potenzials, das das Elektron innerhalb eines Kristalls erfährt. Die Periodizität erfordert, dass die Wellenfunktion des Elektrons eine periodische Funktions des Positionsvektors $\vec{r}$ ist. Wir können sie mit einer Bloch-Welle annähern: $\psi \propto e^{i\vec{k}\cdot\vec{r}}$; dabei wird $\vec{k} = k_x\hat{i} + k_y\hat{j} + k_z\hat{k}$ als Wellenzahlvektor oder Ausbreitungsvektor bezeichnet. Die Näherung mit einem „freien" Elektron ist recht unbekümmert. Wenn wir nur an einer begrifflich fassbaren Erläuterung interessiert sind, nicht an einer genauen Lösung, können wir annehmen, dass die Wellenfunktion einer Hamilton-Funktion mit vernachlässigbarem Potenzial genügt: $\hat{H} = -(\hbar^2/2m)\nabla^2$. Die Eigenwerte der Bloch-Welle sind $E = \hbar^2|\vec{k}|^2/2m$. Die Bloch-Welle ist periodisch, wenn die Komponenten des Wellenzahlvektors Vielfache einer wiederholten Basiseinheit sind. Diese Basiseinheit schreiben wir als $2\pi/L$ mit einer Länge L, die von der Struktur der Elementarzelle abhängt. Dann finden wir $k_x = 2n_x\pi/L$ mit $n_x = 0, \pm1, \pm2, \ldots$. Ähnliche Ausdrücke lassen sich auch für k_y und k_z herleiten. Setzen wir diese ein, so werden die Eigenwerte $E = 1/2m\,(2\pi\hbar/L)^2\left(n_x^2 + n_y^2 + n_z^2\right)$. Nach dieser Gleichung kann man die Zustandsdichte für das Energieniveau E grafisch ermitteln, indem man eine Darstellung der erlaubten Werte n_x, n_y, n_z wie in Abb. 20-10 betrachtet. Die Anzahl der n_x-, n_y- und n_z-Werte innerhalb einer dünnen Kugelschale um den Ursprung ist gleich der Dichte der Zustände mit der Energie E. In dem Graphen sind drei solche Kugelschalen gezeigt, die mit 1, 2 und 3 bezeichnet sind. Alle haben dieselbe Dicke, aber ihre Energien nehmen mit ihrem Abstand vom Ursprung zu. Offenbar hat die Kugelschale 1 mit niedriger Energie eine viel niedrigere Zustandsdichte als die Kugelschale 2 mit mittlerer Energie. Die Kugelschale 3 wird in Teile zerschnitten, deren Form durch das periodische Potenzial des Kristalls bestimmt ist; daher hat auch sie eine niedrigere Zustandsdichte als die Kugelschale 2 mit mittlerer Energie. In Verallgemeinerung dieser Vorstellung kommt man zu dem Schluss, dass die Zustandsdichte an den Bandkanten mit hoher bzw. niedriger Energie geringer ist als in der Bandmitte.

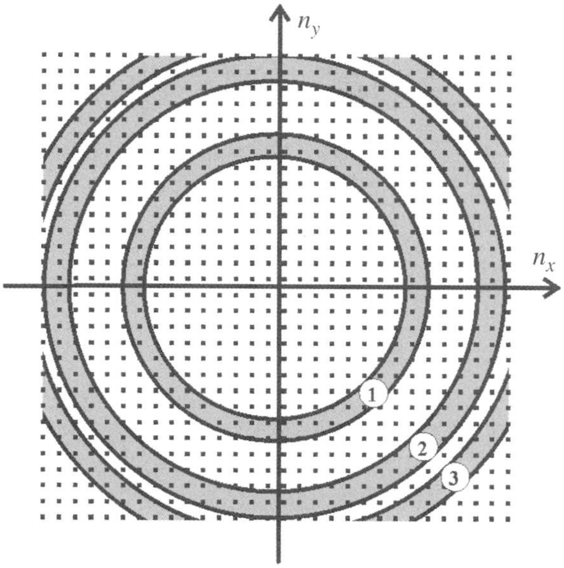

Abb. 20-10

20.31 Wir gehen aus von

$$\xi = \frac{-e^2}{6m_e}\langle r^2\rangle.$$

Mit $\psi = \left(\frac{1}{\pi a_0^3}\right)^{1/2} e^{-r/a_0}$ und mit $d\tau = 4\pi r^2\, dr$

erhalten wir wegen $\int_0^\infty x^n e^{-ax}\, dx = \frac{n!}{a^{n+1}}$:

$$\langle r^2\rangle = \int_0^\infty r^2\psi^2 d\tau = 4\pi\int_0^\infty r^4\psi^2\, dr$$
$$= \frac{4}{a_0^3}\int_0^\infty r^4 e^{-2r/a_0} dr = 3a_0^2.$$

Also ist $\xi = \frac{-e^2 a_0^2}{2M_e}$.

Wegen $\chi_m = N_A\mu_0\xi$ folgt mit $m = 0$ aus Gl. (20-32)

$$\chi_m = \frac{-N_A\mu_0 e^2 a_0^2}{2m_e}.$$

20.33 Wir bezeichnen den Anteil der Moleküle im oberen Zustant mit P. Diese Moleküle haben ein magnetisches Moment von $2\mu_B$ (das anstelle von $\{S(S+1)\}^{1/2}\mu_B$ in Gl. (20-35) einzusetzen ist). Die molare Suszeptibilität (vgl. *Illustration* 20-3)

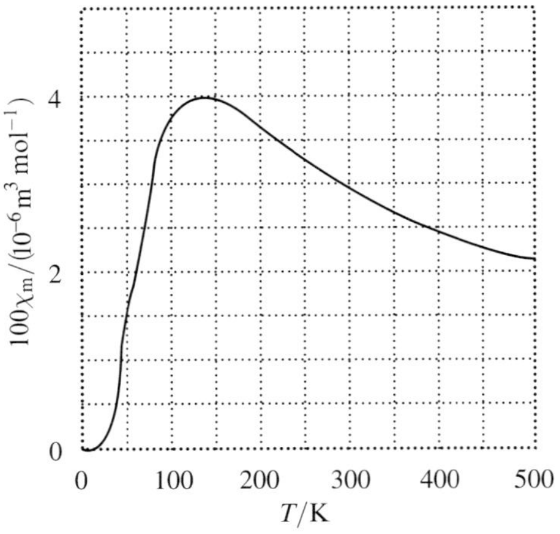

Abb. 20-11

$$\chi_m = \frac{(6.3001 \times 10^{-6}) \times [S(S+1)]}{T/\mathrm{K}}\, \mathrm{m^3\, mol^{-1}}$$

ändert sich dann zu (anstelle von $S(S+1)$ ist 2^2 zu setzen)

$$\chi_m = \frac{(6.3001 \times 10^{-6}) \times (4) \times P}{T/\mathrm{K}}\, \mathrm{m^3 mol^{-1}} = \frac{25.2P}{T/\mathrm{K}} \times 10^{-6}\, \mathrm{m^3\, mol^{-1}}.$$

Der Anteil der Moleküle im oberen Zustand unterliegt einer Boltzmann-Verteilung:

$$P = \frac{e^{-hc\tilde{\nu}/kT}}{1 + e^{-hc\tilde{\nu}/kT}} = \frac{1}{1 + e^{hc\tilde{\nu}/kT}}$$

mit $\dfrac{hc\tilde{\nu}}{kT} = \dfrac{(1.4388\,\mathrm{cm\,K}) \times (121\,\mathrm{cm^{-1}})}{T} = \dfrac{174}{T/\mathrm{K}}.$

Für die Suszeptibilität gilt also

$$\chi_m = \frac{25.2 \times 10^{-6}\,\mathrm{m^3\,mol^{-1}}}{(T/K) \times (1 + e^{174/(T/\mathrm{K})})}.$$

Diese Funktion ist in Abb. 20-11 dargestellt.

Anmerkung: Die Erklärung der magnetischen Eigenschaften von NO ist komplizierter und raffinierter, als die hier skizzierte Lösung vermuten lässt. In der Tat war die vollständige Lösung dieses Problems um 1930 einer der entscheidenden Durchbrüche der frühen Quantentheorie des Magnetismus. Nähere Informationen dazu finden Sie in J.H. van Vleck, *The theory of electric and magnetic susceptibilities*, Oxford University Press (1932).

Anwendungsaufgaben

20.35 Das Röntgenbeugungsbild einer DNA-Faser (vgl. Abb. 20-26 im Lehrbuch) wird in *Anwendung* 20-1 diskutiert. Die Abbildungen 20-27 und 20-28 im Lehrbuch definieren den

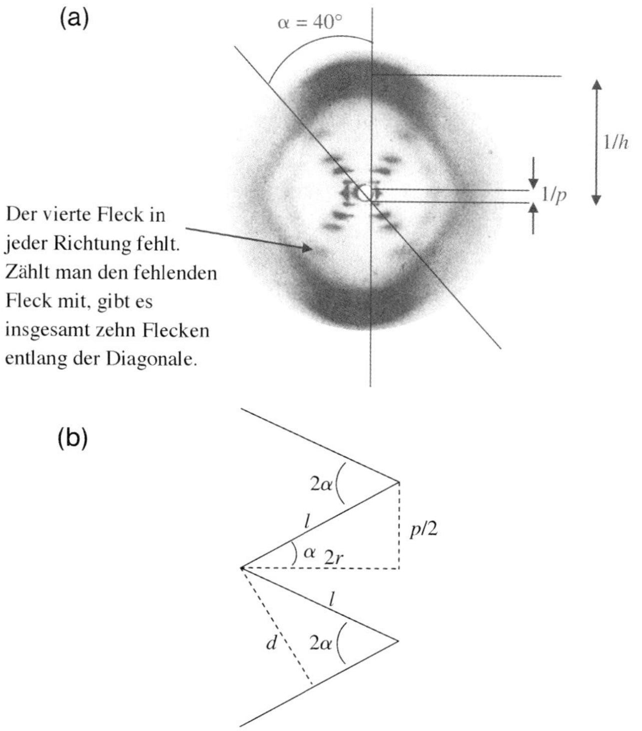

Abb. 20-12

Helikalwinkel α und den Ebenenabstand h. Die Steigung p der Helix gibt den vertikalen Anstieg pro vollständiger Windung an. Das charakteristische X-förmige Muster des Beugungsbilds entspricht einer Helix, auf die Cu-Kα-Strahlung (0.1542 mnm) mit streifendem Einfall senkrecht zur zylindersymmetrischen Achse eingestrahlt wird. Ein Winkel $\theta = 2.6°$ zwischen der Linie streifenden Einfalls und der Linie von der Probe zum ersten Beugungsfleck auf dem X ergibt $p = \lambda / \sin\theta = 0.1542\ \text{nm}/\sin(2.6°) = 3.4\ \text{nm}$. 10 Beugungsflecken (die zwei „fehlenden vierten" Flecken werden mitgezählt) entlang der Diagonale des X zeigen an, dass es 10 Ebenen pro Windung der Helix gibt, die jeweils eine Drehung von 36° betragen. Der sehr große Beugungsfleck ist in einer Entfernung $(1/h)$, entspricht zehn Mal der in Abb. 20-12(a) gezeigten Entfernung $1/p$. Folglich ist $h = 0.34$ nm. Die fehlenden vierten Flecken auf den Diagonalen des X zeigen zwei koaxiale Zucker-Phosphat-Ketten, die entlang der Achse durch $3p/8$ getrennt sind. Die großen Phosphoratome mit iher sehr hohen Elektronendichte befinden sich im Abstand h. Sie rufen sehr intensive Flecken im Abstand $1/h$ hervor. Da die faserartige Röntgenprobe mit Wasser gesättigt ist, sitzen die Phosphoratome wohl auf der Außenseite.

Abbildung 20-12(b) zeigt die zweidimensionale Zickzackprojektion der helikalen Zucker-Phosphat-Kette. Dieses Bild dient dazu, die Projektionslänge l, den Abstand d zwischen den Kettenebenen und den Radius r der Helix zu bestimmen. Eine Untersuchung des rechtwinkligen Dreiecks mit der Definition von α ergibt

$$\tan(\alpha) = \frac{p}{4r} \quad \text{bzw.} \quad r = \frac{p}{4\tan(\alpha)} = \frac{3.4\ \text{nm}}{4\tan(40°)} = 1.0\ \text{nm}.$$

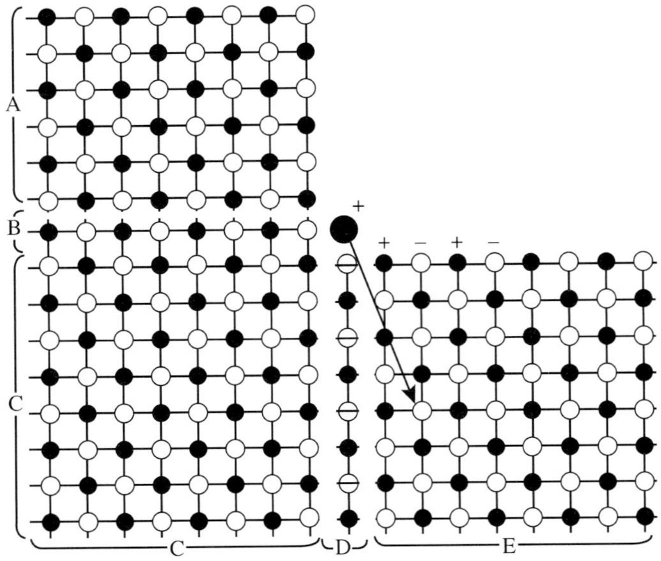

Abb. 20-13

Eine Untersuchung des rechtwinkligen Dreiecks, das den Winkel α enthält, führt zu $l\sin(\alpha) = p/2$, eine Untersuchung des rechtwinkligen Dreiecks mit dem Winkel 2α zu $l\sin(2\alpha) = d$. Teilt man diese Gleichungen durcheinander, so ergibt sich

$$\frac{\sin(2\alpha)}{\sin(\alpha)} = \frac{2d}{p} \quad \text{oder} \quad \frac{2\sin(\alpha)\cos(\alpha)}{\sin(\alpha)} = \frac{2d}{p} \quad \text{oder} \quad \cos(\alpha) = \frac{d}{p}.$$

$$d = p\cos(\alpha) = (3.5\ \text{nm})\cos(40°) = 2.6\ \text{nm}.$$

Damit kommen wir schließlich zu

$$l = \frac{p}{2\sin(\alpha)} = \frac{3.4\ \text{nm}}{2\sin(40°)} = 2.6\ \text{nm}.$$

20.37 Wir beziehen uns auf Abb. 20-13.

Wir bestimmen die Summe der $\pm(1/r_i)$, wobei r_i der Abstand zwischen dem Ion i und dem jeweils untersuchten Ion ist; wir setzen dabei $+(1/r)$ für Ionen mit gleicher Ladung und $-(1/r)$ für entgegengesetzt geladene Ionen an.

Das Feld ist in fünf Bereiche geteilt: Die Bereiche B und D können analytisch summiert werden, es ergibt sich $-\ln 2 = -0.69$. Die Summation über die anderen Bereiche (die jeweils zum selben Ergebnis führt) ist mühsam, weil die Summe nur sehr langsam konvergiert. Wenn Sie nicht in einer sehr geschickten Reihenfolge summieren (wobei die Ionen so gruppiert werden, dass ihre Beiträge sich jeweils näherungsweise auslöschen), werden Sie für Bereiche verschiedener Größe folgende Werte finden:

10×10	20×20	50×50	100×100	200×200
0.259	0.273	0.283	0.286	0.289

Der letzte Wert ist in guter Übereinstimmung mit dem analytischen Wert 0.289 259 7...

Für ein Kation auf einer ebenen Oberfläche ist die Energie (gemessen gegen die Energie im Unendlichen und in Vielfachen von $e^2/(4\pi\varepsilon r_0)$ angegeben, wobei r_0 der Gitterabstand von 200 pm ist) ergibt sich

$$\text{Bereich C} + \text{D} + \text{E} = 0.29 - 0.69 + 0.29 = -0.11$$

Das deutet auf einen anziehenden Zustand hin.

Teil 3
Veränderung

Arbeitsbuch Physikalische Chemie. 4. Auflage. P. W. Atkins, C. A. Trapp, M. P. Cady und C. Giunta

ISBN: 978-3-527-31828-5

21 | Die Bewegung von Molekülen

Diskussionsfragen

21.1 (a) Schauen Sie in Abschnitt 24.1, in dem die Stoßtheorie von Reaktionen in der Gasphase diskutiert wird. Ihre Geschwindigkeit hängt von der Anzahl der Stöße ab, deren relative kinetische Energie oberhalb eines bestimmten kritischen Werts ε_a liegt. Die relative kinetische Energie ihrerseits hängt von Relativgeschwindigkeiten der stoßenden Moleküle ab. Die Reaktionsgeschwindigkeit hängt ferner von der Anzahl der Stöße in einem Einheitsvolumen während einer Zeiteinheit ab; diese Größe nennt man die Stoßdichte Z_{AB}, ihre Formel wird in *Begründung* 24-1 hergeleitet. Z_{AB} hängt ebenfalls von der Relativgeschwindigkeit der stoßenden Moleküle ab.

(b) Eine vollständige Untersuchung der Zusammensetzung von Planetenatmosphären ist kompliziert. Schauen Sie sich dazu Aufgabe 21.35 an , in der detailliert berechnet wird, wie sich Teilchen aus der Erdatmosphäre und aus Planetenatmosphären im Allgemeinen entfernen. Schauen Sie sich sich auch die Lösung zu Aufgabe 16.21 an, in der die inhärente Instabilität von Planetenatmosphären behandelt wird. Warum leichte Gase wesentlich seltener in der Atmosphäre vorkommen, lässt sich leicht damit beantworten, dass leichte Moleküle mit höherer Wahrscheinlichkeit eine Geschwindigkeit oberhalb der Fluchtgeschwindigkeit haben als schwerere. Daher verbleiben schwere Moleküle wesentlich länger in der Atmosphäre als leichte Moleküle; auf lange Zeit gesehen entweichen jedoch alle Moleküle, außer es gibt eine Quelle für Nachschub.

21.3 Gase sind sehr verdünnte Systeme, und die Moleküle sind – außer wenn sie zusammenstoßen – sehr weit voneinander entfernt. Die kleine Viskosität beim Gasfluss geht demnach fast vollständig auf Stöße zwischen Molekülen zurück. Die Stoßhäufigkeit steigt mit wachsender Temperatur (vgl. Gl.(21-11b) und Gl. (24-8)). In Flüssigkeiten dagegen sind die Moleküle eng beieinander; es gibt also starke Anziehungskräfte zwischen ihnen, die ihre Bewegung gegeneinander hemmen. Bei steigender Temperatur aber steigt für die Moleküle auch die Wahrscheinlichkeit, dass ihre kinetische Energie hoch genug ist, die Anziehungskräfte zu überwinden – und damit sinkt die Viskosität.

21.5 (a) Die Gleichung ist das erste Fick'sche Gesetz der Diffusion in einer Dimension, ausgedrückt mithilfe der Konzentrationen anstelle der Aktivitäten; daher lässt es sich es nur auf ideale Lösungen exakt anwenden.

Arbeitsbuch Physikalische Chemie. 4. Auflage. P. W. Atkins, C. A. Trapp, M. P. Cady und C. Giunta

ISBN: 978-3-527-31828-5

(b) Zusätzlich zu der Einschränkung auf ideale Lösungen wie in (a) wird bei der Herleitung dieses Ausdrucks die Annahme getroffen, dass die verlangsamende Reibungskraft auf ein bewegtes Teilchen direkt proportional zur Geschwindigkeit des Teilchens ist; streng genommen gilt aber ein anderer funktionaler Zusammenhang.

(c) Die Einschränkungen der Teile (a) und (b) greifen auch hier, zusätzlich noch die dritte Annahme, dass das Teilchen sphärisch ist.

21.7 Weil die Geschwindigkeit, mit der Ladung transportiert wird, durch die Driftgeschwindigkeit bestimmt ist, könnten wir erwarten, dass die Leitfähigkeit mit wachsender Viskosität der Lösung und steigender Ionengröße abnimmt. Diese Vorhersage lässt sich für große Ionen auch experimentell bestätigen, nicht jedoch für kleine Ionen. Beispielsweise steigen die molaren Leitfähigkeiten für die Alkalimetallionen von Li^+ bis Cs^+ (Tabelle 21-6), obwohl die Ionenradien zunehmen. Das Paradox löst sich auf, wenn wir uns klarmachen, dass der Radius a in der Stokes'schen Formel der hydrodynamische Radius (oder „Stokes-Radius") des Ions ist, d. h. sein effektiver Radius in der Lösung, wobei man alle H_2O-Moleküle berücksichtigt, die es in seiner Solvathülle mit sich trägt. Kleine Ionen verursachen stärkere elektrische Felder als große, daher werden kleine Ionen besser solvatisiert als große Ionen. Daher kann ein Ion mit einem kleinen Ionenradius einen großen hydrodynamischen Radius haben, weil es bei seiner Wanderung durch die Lösung viele Lösungsmittelmoleküle mit sich zieht. Die hydrierenden H_2O-Moleküle sind jedoch oft sehr labil, und NMR- und Isotopenuntersuchungen haben gezeigt, dass der Austausch zwischen der Koordinationssphäre des Ions und dem Lösungsmittel sehr schnell abläuft.

Das Proton hat, obwohl es sehr klein ist, eine sehr hohe molare Leitfähigkeit (Tabelle 21-6)! NMR-Untersuchungen an Proton und ^{17}O zeigen, dass ein Proton sich in einer charakteristischen Zeit von etwa 1.5 ps von einem Molekül zum nächsten bewegt; diese Zeit ist vergleichbar mit der Zeit, in der sich ein Wassermolekül um etwa 1 rad drehen kann (nach Experimenten mit inelastischer Neutronenstreuung liegt sie bei 1 bis 2 ps).

Leichte Aufgaben

A21.1a (a) Die Formel für die mittlere Geschwindigkeit wird in *Beispiel* 21-1 hergeleitet:

$$\bar{c} = \left(\frac{8RT}{\pi M}\right)^{1/2}.$$

Damit gilt $\dfrac{\bar{c}(H_2)}{\bar{c}(Hg)} = \left[\dfrac{M(Hg)}{M(H_2)}\right]^{1/2} = \left(\dfrac{200.6\,u}{2.016\,u}\right)^{1/2} = 9.975.$

(b) Die mittlere kinetische Energie enthält die quadratisch gemittelte Geschwindigkeit, denn die kinetische Energie ε ist nach Gl. (21-3) gegeben durch $\bar{\varepsilon} = \frac{1}{2}m\langle v^2\rangle = \frac{1}{2}mc^2$ mit $c = \sqrt{\langle v^2\rangle}$ und $c = \left(\frac{3RT}{M}\right)^{1/2}$. Daher gilt

$$\frac{\bar{\varepsilon}(H_2)}{\bar{\varepsilon}(Hg)} = \frac{\frac{1}{2}m(H_2)\left[\frac{3RT}{M(H_2)}\right]}{\frac{1}{2}m(Hg)\left[\frac{3RT}{M(Hg)}\right]} = 1.$$

denn die Massen m sind proportional zu den molaren Massen M mit $M = N_A m$.

Anmerkung: Keiner dieser Quotienten hängt von der Temperatur ab, der Quotient der Energien ist sogar von Temperatur und Masse unabhängig.

A21.2a (a) Unter der Annahme eines idealen Gases leitet man die Temperatur leicht aus Gl. (1-8) her, indem man nach T auflöst:

$$T = pV/nR$$

$$n = \frac{1.0 \times 10^{23}\ \text{Moleküle}}{6.02 \times 10^{23}\ \text{Moleküle mol}^{-1}} = 0.16\bar{6}\ \text{mol}.$$

$$T = \frac{(1.00 \times 10^5\ \text{Pa}) \times (1.0\ \text{dm}^3) \times \left(\frac{1\ \text{m}^3}{10^3\ \text{dm}^3}\right)}{(0.16\bar{6}\ \text{mol}) \times (8.314\ \text{J K}^{-1}\ \text{mol}^{-1})} = 72\ \text{K}.$$

(b) Nach Gl. (21-3) ist

$$c = \left(\frac{3RT}{M}\right)^{1/2} = \left(\frac{3 \times (8.314\ \text{J K}^{-1}\ \text{mol}^{-1}) \times (72.\overline{46}\ \text{K})}{2.016 \times 10^{-3}\ \text{kg mol}^{-1}}\right)^{1/2} = 9.5 \times 10^2\ \text{m s}^{-1}.$$

(c) Die Temperatur wäre nicht anders, wenn sich nur O_2-Moleküle in dem Kolben befänden und wenn derselbe Druck in demselben Volumen herrschte, aber man fände eine andere quadratisch gemittelte Geschwindigkeit.

Anmerkung: Man hätte diese Übung auch lösen können, indem man zunächst die quadratisch gemittelte Geschwindigkeit aus $pV = \frac{1}{3}nMc^2$ (Gl. (21-1)) bestimmt und dann mithilfe von Gl. (21-3) nach der Temperatur aufgelöst hätte. Die Ergebnisse wären identisch.

A21.3a Die Lösung dieser Aufgabe verläuft ähnlich wie die von Aufgabe A21.2b Teil (b). Allerdings berechnet man hier p aus der mittleren freien Weglänge, anstelle wie dort die mittlere freie Weglänge aus p herzuleiten. Mit Gl. (21-13) gilt

$$\lambda = \frac{kT}{2^{1/2}\sigma p} \quad \text{und damit} \quad p = \frac{kt}{2^{1/2}\sigma\lambda}.$$

Mit $\lambda \approx 10\,\text{cm} = \sqrt[3]{1000\,\text{cm}^3}$ folgt

$$p = \frac{(1.381 \times 10^{-23}\,\text{J K}^{-1}) \times (298.15\,\text{K})}{(2^{1/2}) \times (0.36 \times 10^{-18}\,\text{m}^2) \times (0.10\,\text{m})} = 0.081\,\text{Pa}.$$

Dieser Wert entspricht 8.0×10^{-7} atm bzw. 6.1×10^{-4} Torr, ist also viel höher als in Aufgabe A21.2b (b).

A21.4a Diese Aufgabe wird ganz ähnlich wie Aufgabe A21.2b Teil (b) und mit demselben Vorgehen gelöst. Wir gehen von Gl. (21-13) aus:

$$\lambda = \frac{kT}{2^{1/2}\sigma p} = \frac{(1.381 \times 10^{-23}\,\text{J K}^{-1}) \times (217\,\text{K})}{(2^{1/2}) \times (0.43 \times 10^{-18}\,\text{m}^2) \times (0.050) \times (1.013 \times 10^5\,\text{Pa})}$$
$$= 9.7 \times 10^{-7}\,\text{m}.$$

A21.5a Die Stoßhäufigkeit z ist nach Gl. (21-11b) und Gl. (21-9) gegeben durch $z = (2^{1/2}\sigma\bar{c}p)/(kT)$. Wie in *Beispiel* 21-1 können wir einen Ausdruck für die mittlere Geschwindigkeit einsetzen

$$\bar{c} = \left(\frac{8RT}{\pi M}\right)^{1/2} = \left(\frac{8kT}{\pi m}\right)^{1/2},$$

und erhalten

$$z = \left(2^{1/2}\right) \times \sigma \times \left(\frac{8kT}{\pi m}\right)^{1/2} \times \left(\frac{p}{kT}\right) = \left(\frac{16}{\pi m k T}\right)^{1/2} \times \sigma p$$
$$= \left(\frac{16}{\pi \times (39.95) \times (1.6605 \times 10^{-27}\,\text{kg}) \times (1.381 \times 10^{-23}\,\text{J K}^{-1}) \times (298\,\text{K})}\right)^{1/2}$$
$$\times (0.36 \times 10^{-18}\,\text{m}^2) \times (p)$$
$$= (4.92 \times 10^4\,\text{s}^{-1}) \times (p/\text{Pa}) = (4.92 \times 10^4\,\text{s}^{-1}) \times (1.0133 \times 10^5) \times (p/\text{atm})$$
$$= (4.98 \times 10^9\,\text{s}^{-1}) \times (p/\text{atm}).$$

Damit haben wir

(a) $z = 5 \times 10^{10}\,\text{s}^{-1}$ für $p = 10$ atm,

(b) $z = 5 \times 10^9\,\text{s}^{-1}$ für $p = 1$ atm und

(c) $z = 5 \times 10^3\,\text{s}^{-1}$ für $p = 10^{-6}$ atm.

Bei konstanter Temperatur T ist z direkt proportional zum Druck p.

A21.6a Nach Gl. (21-13) ist

$$\lambda = \frac{kT}{2^{1/2}\sigma p} = \frac{(1.381 \times 10^{-23}\,\mathrm{J\,K^{-1}}) \times (298.15\,\mathrm{K})}{(2^{1/2}) \times (0.43 \times 10^{-18}\,\mathrm{m^2}) \times (p)}$$
$$= \frac{6.8 \times 10^{-3}\,\mathrm{m}}{(p/\mathrm{Pa})} = \frac{6.7 \times 10^{-8}\,\mathrm{m}}{p/\mathrm{atm}}.$$

Dann gilt für die mittlere freie Weglänge:

(a) Für $p = 10\,\mathrm{atm}$: $\lambda = 6.7 \times 10^{-9}\,\mathrm{m}$ bzw. $6.7\,\mathrm{nm}$.

(b) Für $p = 1\,\mathrm{atm}$: $\lambda = 67\,\mathrm{nm}$.

(c) Für $p = 10^{-6}\,\mathrm{atm}$: $\lambda = 6.7\,\mathrm{cm}$.

Die mittlere freie Weglänge ist umgekehrt proportional zu p und zu z.

A21.7a Die Maxwell'sche Geschwindigkeitsverteilung ist nach Gl. (21-4)

$$f(v) = 4\pi\left(\frac{M}{2\pi RT}\right)^{3/2} v^2 \mathrm{e}^{-Mv^2/2RT}.$$

Der Vorfaktor $M/2RT$ lässt sich berechnen zu

$$\frac{M}{2RT} = \frac{28.02 \times 10^{-3}\,\mathrm{kg\ mol^{-1}}}{2 \times (8.314\,\mathrm{J\,K^{-1}\,mol^{-1}}) \times (500\,\mathrm{K})} = 3.37 \times 10^{-6}\,\mathrm{m^{-2}\,s^2}.$$

Obwohl $f(v)$ sich im Bereich zwischen 290 und 300 $\mathrm{m\,s^{-1}}$ ändert, sind diese Änderungen über den schmalen Bereich doch klein, sodass wir den Zentralwert verwenden können:

$$f(295\,\mathrm{m\,s^{-1}}) = (4\pi) \times \left(\frac{3.37 \times 10^{-6}\,\mathrm{m^{-2}\,s^2}}{\pi}\right)^{3/2} \times (295\,\mathrm{m\,s^{-1}})^2 \times \mathrm{e}^{(-3.37\times10^{-6})\times(295)^2}$$
$$= 9.06 \times 10^{-4}\mathrm{m^{-1}\,s}.$$

Der Anteil der Moleküle im angegebenen Bereich ist daher

$$f \times \Delta v = (9.06 \times 10^{-4}\,\mathrm{m^{-1}\,s}) \times (10\,\mathrm{m\,s^{-1}}) = 9.06 \times 10^{-3}$$

Dies entspricht einem prozentualen Anteil von 0.91 %.

Anmerkung: Dies ist ein recht kleiner Anteil und legt nahe, dass die Annahme, $f(v)$ sei über den untersuchten Bereich etwa konstant, angemessen ist. Um diese Näherung zu prüfen, können Sie einmal $f(290\,\mathrm{m\,s^{-1}})$ und $f(300\,\mathrm{m\,s^{-1}})$ berechnen.

A21.8a Wir berechnen zunächst mit Gl. (21-14) die Anzahl Z_W der Stöße pro Flächeneinheit und Zeiteinheit:

$$\begin{aligned} Z_W &= \frac{p}{(2\pi mkT)^{1/2}} \\ &= \frac{90\,\text{Pa}}{[(2\pi) \times (39.95) \times (1.6605 \times 10^{-27}\,\text{kg}) \times (1.381 \times 10^{-23}\,\text{J K}^{-1}) \times (500\,\text{K})]^{1/2}} \\ &= 1.7 \times 10^{24}\,\text{m}^{-2}\,\text{s}^{-1}. \end{aligned}$$

Die Anzahl der Stöße ist das Produkt aus Z_W und der Oberfläche sowie der Zeit:

$$N = (1.7 \times 10^{24}\,\text{m}^{-2}\,\text{s}^{-1}) \times (2.5 \times 3.0 \times 10^{-6}\,\text{m}^2) \times (15\,\text{s}) = 1.9 \times 10^{20}.$$

Anmerkung: Man kann Gl. (21-14) in der Form $p = Z_W(2\pi mkT)^{1/2}$ als die molekulare Erklärung des Drucks ansehen. In *Beispiel* 21-2 wird die Gleichung so verwendet.

Frage: Ein Raum soll die Abmessungen 3 m × 5 m × 5 m haben. Wieviele Stöße zwischen den „Luftmolekülen" und den Zimmerwänden gibt es bei 25 °C und 1.00 atm?

A21.9a Es gilt (vgl. *Beispiel* 21-2)

$$\begin{aligned} \Delta m = Z_W A_0 m \Delta t &= \frac{pA_0 m\Delta t}{(2\pi mkT)^{1/2}} = pA_0\Delta t \left(\frac{m}{2\pi kT}\right)^{1/2} \\ &= pA_0\Delta t \left(\frac{M}{2\pi RT}\right)^{1/2}. \end{aligned}$$

Mit $A_0 = \pi r^2$ folgt aus den gegebenen Werten

$$\begin{aligned} \Delta m &= (0.835\,\text{Pa}) \times (\pi) \times (1.25 \times 10^{-3}\,\text{m})^2 \times (7.20 \times 10^3\,\text{s}) \\ &\quad \times \left(\frac{260 \times 10^{-3}\,\text{kg mol}^{-1}}{(2\pi) \times (8.314\,\text{J K}^{-1}\,\text{mol}^{-1}) \times (400\,\text{K})^{1/2}}\right)^{1/2} \\ &= 1.04 \times 10^{-4}\,\text{kg} \quad \text{bzw.} \quad 104\,\text{mg}. \end{aligned}$$

Frage: Der gleiche Festkörper soll nun Kugelgestalt haben (Radius 0.050 m) und im Vakuum aufgehängt sein. Wie groß ist dann sein Massenverlust in zwei Stunden?

Hinweis: Treffen Sie plausible Annahmen.

A21.10a Die Druckänderung gehorcht (vgl. Aufgabe 21.28) der Gleichung

$$p = p_0 \mathrm{e}^{-t/\tau} \quad \text{mit} \quad \tau = \left(\frac{2\pi m}{kT}\right)^{1/2} \times \left(\frac{V}{A_0}\right).$$

Der Zeitraum, in dem der Druck von p_0 auf p abfällt, ist also

$$t = \tau \ln \frac{p_0}{p}.$$

Entsprechend gilt für zwei unterschiedliche Gase mit denselben Anfangs- und Enddrücken

$$\frac{t'}{t} = \frac{\tau'}{\tau} = \left(\frac{M'}{M}\right)^{1/2}.$$

Es folgt

$$M' = \left(\frac{t'}{t}\right)^2 \times M = \left(\frac{52}{42}\right)^2 \times (28.02\,\mathrm{g\,mol^{-1}}) = 43\,\mathrm{g\,mol^{-1}}.$$

Anmerkung: Der wirkliche Wert für CO_2 ist $44.01\,\mathrm{g\,mol^{-1}}$.

A21.11a Die Zeit berechnen wir nach der Formel $t = \tau \ln \frac{p_0}{p}$ (vgl. Aufgabe A21.10a). Für τ gilt

$$\tau = \left(\frac{2\pi M}{RT}\right)^{1/2} \times \left(\frac{V}{A_0}\right) = \left(\frac{(2\pi) \times (32.0 \times 10^{-3}\,\mathrm{kg\,mol^{-1}})}{(8.314\,\mathrm{J\,K^{-1}\,mol^{-1}}) \times (298\,\mathrm{K})}\right)^{1/2}$$
$$\times \left(\frac{3.0\,\mathrm{m^3}}{\pi \times (1.0 \times 10^{-4}\,\mathrm{m})^2}\right) = 8.6 \times 10^5\,\mathrm{s}.$$

Damit folgt $t = (8.6 \times 10^5) \times \ln\left(\frac{0.80}{0.70}\right) = 1.1 \times 10^5\,\mathrm{s}$ bzw. $30\,\mathrm{h}$.

A21.12a Nach Gl. (21-20) und nach Tabelle 21-2 ist

$$J_z = -\kappa \frac{\mathrm{d}T}{\mathrm{d}z} = \left(\frac{-0.163\,\mathrm{mJ\,cm^{-2}\,s^{-1}}}{\mathrm{K\,cm^{-1}}}\right) \times (-25\mathrm{K\,m^{-1}})$$
$$= (0.41\,\mathrm{mJ\,cm^{-2}\,s^{-1}}) \times (\mathrm{cm/m}) = 0.41 \times 10^{-2}\,\mathrm{mJ\,cm^{-2}\,s^{-1}}$$
$$= 4.1 \times 10^{-2}\,\mathrm{J\,m^{-2}\,s^{-1}}.$$

A21.13a Die thermische Leitfähigkeit κ ist eine Funktion der mittleren freien Weglänge λ, die ihrerseits vom Stoßquerschnitt σ abhängt. Also kann man umgekehrt auch σ aus κ berechnen. Wir verwenden die Gleichungen (21-20), (21-7) und (21-13).

$$\kappa = \frac{1}{3}\lambda\bar{c}C_{V,\mathrm{m}}[\mathrm{A}]$$

$$\bar{c} = \left(\frac{8RT}{\pi M}\right)^{1/2} \quad \text{und} \quad \lambda = \frac{kT}{2^{1/2}\sigma p} = \frac{V}{2^{1/2}\sigma n N_\mathrm{A}} = \frac{1}{2^{1/2}\sigma N_\mathrm{A}[\mathrm{A}]}.$$

Damit folgt

$$[\mathrm{A}]\lambda\bar{c} = \left(\frac{8RT}{\pi M}\right)^{1/2} \times \left(\frac{1}{2^{1/2}\sigma N_\mathrm{A}}\right) = \left(\frac{4RT}{\pi M}\right)^{1/2} \times \left(\frac{1}{\sigma N_\mathrm{A}}\right).$$

Mit $C_{V,\mathrm{m}} = \frac{3}{2}R$ folgt daraus

$$\kappa = \left(\frac{1}{3\sigma N_\mathrm{A}}\right) \times \left(\frac{4RT}{\pi M}\right)^{1/2} C_{V,\mathrm{m}} = \left(\frac{1}{3\sigma N_\mathrm{A}}\right) \times \left(\frac{4RT}{\pi M}\right)^{1/2} \times \frac{3}{2}R$$
$$= \left(\frac{k}{2\sigma}\right) \times \left(\frac{4RT}{\pi M}\right)^{1/2}$$

$$\sigma = \left(\frac{k}{2\kappa}\right) \times \left(\frac{4RT}{\pi M}\right)^{1/2} = \left(\frac{1.318 \times 10^{-23}\,\mathrm{J\,K^{-1}}}{(2) \times \left(0.0456\,\mathrm{J\,s^{-1}K^{-1}m^{-1}}\right)}\right)$$
$$\times \left(\frac{(4) \times \left(8.314\,\mathrm{J\,K^{-1}mol^{-1}}\right) \times (273\,\mathrm{K})}{(\pi) \times \left(20.2 \times 10^{-3}\,\mathrm{kg\,mol^{-1}}\right)}\right)^{1/2}$$
$$= 5.6 \times 10^{-20}\,\mathrm{m^2} = 0.056\,\mathrm{nm^2}.$$

Der experimentelle Wert ist $0.24\,\mathrm{nm^2}$.

Frage: Welche in den hier verwendeten Gleichungen enthaltenen Näherungen könnten dafür verantwortlich sein, dass sich der experimentelle und der berechnete Wert des Stoßquerschnitts so sehr unterscheiden?

A21.14a Nach Gl. (21-20) gilt für die Geschwindigkeit des Energietransports pro Flächeneinheit

$$J_z(\text{Energie}) = -\kappa\frac{dT}{dz}.$$

Für eine Fläche A folgt somit

$$\frac{\mathrm{d}E}{\mathrm{d}t} = AJ_z = \kappa A\frac{\mathrm{d}T}{\mathrm{d}z}.$$

Mit $\kappa \approx 0.241\,\mathrm{mJ\,cm^{-2}\,s^{-1}/(K\,cm^{-1})}$ (vgl. Tabelle 21-2) erhalten wir

$$\frac{\mathrm{d}E}{\mathrm{d}t} \approx \left(\frac{0.241\ \mathrm{mJ\,cm^{-2}\,s^{-1}}}{\mathrm{K\,cm^{-1}}}\right) \times (1.0 \times 10^4\ \mathrm{cm^2}) \times \left(\frac{35\ \mathrm{K}}{5.0\ \mathrm{cm}}\right)$$

$$\approx 17 \times 10^3\ \mathrm{mJ\,s^{-1}} = 17\ \mathrm{J\,s^{-1}}\ \text{oder}\ 17\ \mathrm{W}.$$

Also muss die Heizung eine Leistung von 17 W aufbringen.

A21.15a Mit Gl. (21-24) und mit $M = mN_A$ gilt (vgl. Aufgabe A21.13a)

$$\eta = \tfrac{1}{3} m\lambda\bar{c}N_A$$

$$\lambda\bar{c}[\mathrm{A}] = \left(\frac{4RT}{\pi M}\right)^{1/2} \times \left(\frac{1}{\sigma N_A}\right).$$

Es ergibt sich $\eta = \left(\frac{m}{3\sigma}\right) \times \left(\frac{4RT}{\pi M}\right)^{1/2}$ und

$$\sigma = \left(\frac{m}{3\eta}\right) \times \left(\frac{4RT}{\pi M}\right)^{1/2}$$

$$= \left(\frac{(20.2) \times (1.6605 \times 10^{-27}\ \mathrm{kg})}{(3) \times (2.98 \times 10^{-5}\ \mathrm{kg\,m^{-1}\,s^{-1}})}\right) \times \left(\frac{(4) \times (8.314\ \mathrm{J\,K^{-1}\,mol^{-1}}) \times (273\ \mathrm{K})}{\pi \times (20.2 \times 10^{-3}\ \mathrm{kg\,mol^{-1}})}\right)^{1/2}$$

$$= 1.42 \times 10^{-19}\ \mathrm{m^2} = 0.142\ \mathrm{nm^2}.$$

A21.16a Wir gehen von Gl. (21-25) aus $\frac{\mathrm{d}V}{\mathrm{d}t} = \frac{(p_1^2 - p_2^2)\pi r^4}{16 l \eta p_0}$ und formen um zu

$$p_1^2 = p_2^2 + \left(\frac{16 l \eta p_0}{\pi r^4}\right) \times \left(\frac{\mathrm{d}V}{\mathrm{d}t}\right)$$

$$= p_2^2 + \left(\frac{(16) \times (8.50\ \mathrm{m}) \times (1.76 \times 10^{-5}\ \mathrm{kg\,m^{-1}s^{-1}}) \times (1.00 \times 10^5\ \mathrm{Pa})}{\pi \times (5.0 \times 10^{-3}\ \mathrm{m})^4}\right) \times \left(\frac{9.5 \times 10^2\ \mathrm{m^3}}{3600\ \mathrm{s}}\right)$$

$$= p_2^2 + (3.22 \times 10^{10}\ \mathrm{Pa^2}) = (1.00 \times 10^5)^2\ \mathrm{Pa^2} + (3.22 \times 10^{10}\ \mathrm{Pa^2})$$

$$= 4.22 \times 10^{10}\ \mathrm{Pa^2}.$$

Also ist $p_1 = 205\ \mathrm{kPa} = 2.05\ \mathrm{bar}$.

A21.17a Mit $M = mN_A$ erhalten wir aus Gl. (21-23)

$$\eta = \frac{1}{3}m\lambda\bar{c}N_A[A] = \left(\frac{m}{3\sigma}\right) \times \left(\frac{4RT}{\pi M}\right)^{1/2}$$

$$= \left(\frac{(29) \times (1.6605 \times 10^{-27}\,\text{kg})}{(3) \times (0.40 \times 10^{-18}\,\text{m}^2)}\right) \times \left(\frac{(4) \times (8.314\,\text{J K}^{-1}\,\text{mol}^{-1}) \times T}{\pi \times (29 \times 10^{-3}\,\text{kg mol}^{-1})}\right)^{1/2}$$

$$= (7.7 \times 10^{-7}\,\text{kg m}^{-1}\,\text{s}^{-1}) \times (T/\text{K})^{1/2}.$$

Damit erhalten wir folgende Werte für die Viskosität:

(a) Für $T = 273\,\text{K}$: $\eta = 1.3 \times 10^{-5}\,\text{kg m}^{-1}\,\text{s}^{-1}$ bzw. $130\,\mu\text{P}$.

(b) Für $T = 298\,\text{K}$: $\eta = 130\,\mu\text{P}$.

(c) Für $T = 1000\,\text{K}$: $\eta = 240\,\mu\text{P}$.

A21.18a Mit Gl. (21-23) finden wir (vgl. Aufgabe A21.13a)

$$\kappa = \frac{1}{3}\lambda\bar{c}C_{V,\text{m}}[A] = \left(\frac{k}{2\sigma}\right) \times \left(\frac{4RT}{\pi M}\right)^{1/2}$$

$$= \left(\frac{1.381 \times 10^{-23}\,\text{J K}^{-1}}{(2) \times (\sigma/\text{nm}^2) \times 10^{-18}\,\text{m}^{-2}}\right) \times \left(\frac{(4) \times (8.314\,\text{J K}^{-1}\,\text{mol}^{-1}) \times (300\,\text{K})}{\pi \times (M/\text{g mol}^{-1}) \times 10^{-3}\,\text{kg mol}^{-1}}\right)^{1/2}$$

$$= \frac{1.23 \times 10^{-2}\,\text{J K}^{-1}\,\text{m}^{-1}\,\text{s}^{-1}}{(\sigma/\text{nm}^2) \times (M/\text{g mol}^{-1})^{1/2}}.$$

(a) Für Argon ist $\kappa = \dfrac{1.23 \times 10^{-2}\,\text{J K}^{-1}\,\text{m}^{-1}\,\text{s}^{-1}}{(0.36) \times (39.95)^{1/2}} = 5.4\,\text{mJ K}^{-1}\text{m}^{-1}\text{s}^{-1}$.

(b) Für Helium ist $\kappa = \dfrac{1.23 \times 10^{-2}\,\text{J K}^{-1}\,\text{m}^{-1}\,\text{s}^{-1}}{(0.21) \times (4.00)^{1/2}} = 29\,\text{mJ K}^{-1}\text{m}^{-1}\text{s}^{-1}$.

Die Geschwindigkeit des Energieflusses ist (vgl. Aufgabe A21.14a)

$$kA\frac{\text{d}T}{\text{d}z} = \kappa \times (100 \times 10^{-4}\,\text{m}^2) \times (150\,\text{K m}^{-1}) = (1.50\,\text{K m}) \times \kappa$$

$$= 8.1\,\text{mJ s}^{-1} = 8.1\,\text{mW} \quad \text{für Argon,}$$

$$= 44\,\text{mJ s}^{-1} = 44\,\text{mW} \quad \text{für Helium.}$$

A21.19a Nach Gl. (21-25) gilt der Zusammenhang $\frac{dV}{dt} \propto \frac{1}{\eta}$. Das bedeutet hier

$$\frac{\eta(CO_2)}{\eta(Ar)} = \frac{\tau(CO_2)}{\tau(Ar)} = \frac{55\,s}{83\,s} = 0.66\overline{3}.$$

Also ist $\eta(CO_2) = 0.66\overline{3} \times \eta(Ar) = 1.3\overline{8}\,\mu P$.

Für den Moleküldurchmesser von CO_2 nutzen wir die Beziehung (vgl. Aufgabe A21.15a)

$$\begin{aligned}\sigma &= \left(\frac{m}{3\eta}\right) \times \left(\frac{3RT}{\pi M}\right)^{1/2}\\ &= \left(\frac{(44.01) \times (1.6605 \times 10^{-27}\,kg)}{(3) \times (1.38 \times 10^{-5}\,kg\,m^{-1}\,s^{-1})}\right) \times \left(\frac{(4) \times (8.314\,J\,K^{-1}\,mol^{-1}) \times (298\,K)}{\pi \times (44.01 \times 10^{-3}\,kg\,mol^{-1})}\right)^{1/2}\\ &= 4.7 \times 10^{-19}\,m^2 \approx \pi d^2.\end{aligned}$$

Also ist $d \approx \left(\frac{1}{\pi} \times (4.7 \times 10^{-19}\,m^2)\right)^{1/2} = 390\,pm$.

A21.20a Nach Gl. (21-23) ist $\kappa = \frac{1}{3}\lambda\bar{c}C_{V,m}[A]$ und $\bar{c} = \left(\frac{8RT}{\pi M}\right)^{1/2}$.

Dann folgt mit Gl. (21-13) und mit $\frac{p}{kT} = N_A[A]$

$$\lambda = \frac{kT}{2^{1/2}\sigma p} = \frac{1}{2^{1/2}\sigma N_A[A]}.$$

Also ist $\kappa = \frac{\bar{c}C_{V,m}}{(3) \times (2^{1/2})\sigma N_A}$.

Für Argon ist $M \approx 39.95\,g\,mol^{-1}$. Es ergibt sich

$$\bar{c} = \left(\frac{(8) \times (8.314\,J\,K^{-1}\,mol^{-1}) \times (298\,K)}{\pi \times (39.95 \times 10^{-3}\,kg\,mol^{-1})}\right)^{1/2} = 397\,m\,s^{-1}.$$

$$\begin{aligned}\kappa &= \frac{(397\,m\,s^{-1}) \times (12.5\,J\,K^{-1}\,mol^{-1})}{(3) \times (2^{1/2}) \times (0.36 \times 10^{-18}\,m^2) \times (6.022 \times 10^{23}\,mol^{-1})}\\ &= 5.4 \times 10^{-3}\,J\,K^{-1}\,m^{-1}\,s^{-1}.\end{aligned}$$

Anmerkung: Dieser so berechnete Wert stimmt nicht besonders gut mit dem in Tabelle 21-2 aufgeführten Wert von κ überein.

Frage: Lässt sich die Abweichung des berechneten und des experimentell erhaltenen Werts von κ durch die Temperaturdifferenz erklären (hier 298 K gegenüber 273 K in Tabelle 21-2)? Wenn nicht, wodurch kann die Abweichung zustandekommen?

A21.21a Nach Gl. (21-22) ist

$$D = \frac{1}{3}\lambda\bar{c} = \left(\frac{2}{3p\sigma}\right) \times \left(\frac{k^3T^3}{\pi m}\right)^{1/2}$$

$$= \left(\frac{2}{(3p) \times (0.36 \times 10^{-18}\,\mathrm{m^2})}\right) \times \left(\frac{(1.381 \times 10^{-23}\,\mathrm{J\,K^{-1}})^3 \times (298\,\mathrm{K})^3}{\pi \times (39.95) \times (1.6605 \times 10^{-27}\,\mathrm{kg})}\right)^{1/2}$$

$$= \frac{1.07\,\mathrm{m^2\,s^{-1}}}{(p/\mathrm{Pa})}.$$

Damit erhalten wir folgende Diffusionskoeffizienten:

(a) Für 1 Pa: $D = 1.1\,\mathrm{m^2\,s^{-1}}$.

(b) Für 100 kPa: $D = 1.1 \times 10^{-5}\,\mathrm{m^2\,s^{-1}}$.

(c) Für 10 M Pa: $D = 1.1 \times 10^{-5}\,\mathrm{m^2\,s^{-1}}$.

Der Fluss aufgrund der Diffusion ist nach Gl. (21-19)

$$J = -D\left(\frac{d\mathcal{N}}{dz}\right).$$

Teilen wir beide Seiten dieser Gleichung durch die Avogadro-Konstante, so haben wir statt des Flusses die Anzahl der Mole pro Einheitsfläche und Sekunde. Also ist mit Gl. (21-59)

$$J = -D\frac{dc}{dx} = -D\frac{d}{dx}\left(\frac{n}{V}\right)$$

$$= -\left(\frac{D}{RT}\right)\frac{dp}{dx} \quad \text{(Zustandsgleichung des idealen Gases).}$$

Das negative Vorzeichen zeigt an, dass der Fluss vom hohen zum niedrigen Druck abläuft. Für einen Druckgradienten von $0.10\,\mathrm{atm\,cm^{-1}}$ gilt

$$J = \left[\frac{D/(\mathrm{m^2\,s^{-1}})}{(8.3145\,\mathrm{J\,K^{-1}\,mol^{-1}} \times 298\,\mathrm{K})}\right] \times (0.10\,\mathrm{atm\,cm^{-1}} \times 100\,\mathrm{cm\,m^{-1}} \times 1.01 \times 10^5\,\mathrm{Pa\,atm^{-1}})$$

$$= (4.1 \times 10^2\,\mathrm{mol\,m^{-2}\,s^{-1}}) \times (D/(\mathrm{m^2\,s^{-1}})).$$

(a) $J = (4.1 \times 10^2\,\mathrm{mol\,m^{-2}\,s^{-1}}) \times 1.07 = 4.4 \times 10^2\,\mathrm{mol\,m^{-2}\,s^{-1}}$.

(b) $J = (4.1 \times 10^2\,\mathrm{mol\,m^{-2}\,s^{-1}}) \times 1.07 \times 10^{-5} = 4.4 \times 10^{-3}\,\mathrm{mol\,m^{-2}\,s^{-1}}$.

(c) $J = (4.1 \times 10^2\,\mathrm{mol\,m^{-2}\,s^{-1}}) \times 1.07 \times 10^{-7} = 4.4 \times 10^{-5}\,\mathrm{mol\,m^{-2}\,s^{-1}}$.

A21.22a Nach Gl. (21-44) besteht zwischen der molaren Leitfähigkeit und der Beweglichkeit die Beziehung

$$\lambda = zuF$$

$$= 1 \times 7.91 \times 10^{-8}\,\mathrm{m^2\;s^{-1}\;V^{-1}} \times 96485\,\mathrm{C\,mol^{-1}}$$

$$= 7.63 \times 10^{-3}\,\mathrm{S\,m^2\,mol^{-1}}.$$

A21.23a Die Driftgeschwindigkeit v und das elektrische Feld $\mathcal{E}$ hängen gemäß Gl. (21-42) über $v = u\mathcal{E}$ zusammen (mit $\mathcal{E} = \frac{\Delta\phi}{l}$). Also gilt

$$v = u\left(\frac{\Delta\phi}{l}\right) = (7.92 \times 10^{-8}\,\mathrm{m^2\,s^{-1}\,V^{-1}}) \times \left(\frac{35.0\,\mathrm{V}}{8.00 \times 10^{-3}\,\mathrm{m}}\right)$$
$$= 3.47 \times 10^{-4}\,\mathrm{m\,s^{-1}} \quad \text{bzw.} \quad 347\,\mathrm{\mu m\,s^{-1}}.$$

A21.24a Mit Gl. (21-49b) und mit Tabelle 21-6 erhalten wir

$$t_+^\circ = \frac{u_+}{u_+ + u_-} = \frac{4.01 \times 10^{-4}\,\mathrm{cm^2\,s^{-1}\,V^{-1}}}{(4.01 + 8.09) \times 10^{-4}\,\mathrm{cm^2\,s^{-1}\,V^{-1}}} = 0.331.$$

A21.25a Wir gehen vom Kohlrausch-Gesetz der unabhängigen Ionenwanderung aus (Gl. (21-30)). In unendlich verdünnter Lösung beeinflusst das Weglassen der Gegenionen nicht die Beweglichkeit des verbleibenden anderen Ions. Also erhalten wir:

$$\Lambda_\mathrm{m}^\circ = \nu_+\lambda_+ + \nu_-\lambda_-.$$
$$\Lambda_\mathrm{m}^\circ\,(\mathrm{KCl}) = \lambda(\mathrm{K^+}) + \lambda(\mathrm{Cl^-}) = 14.99\,\mathrm{mS\,m^2\,mol^{-1}}.$$
$$\Lambda_\mathrm{m}^\circ\,(\mathrm{KNO_3}) = \lambda(\mathrm{K^+}) + \lambda(\mathrm{NO_3^-}) = 14.50\,\mathrm{mS\,m^2\,mol^{-1}}.$$
$$\Lambda_\mathrm{m}^\circ\,(\mathrm{AgNO_3}) = \lambda(\mathrm{Ag^+}) + \lambda(\mathrm{NO_3^-}) = 13.34\,\mathrm{mS\,m^2\,mol^{-1}}.$$

Also ist,

$$\Lambda_\mathrm{m}^\circ\,(\mathrm{AgCl}) = \Lambda_\mathrm{m}^\circ(\mathrm{AgNO_3}) + \Lambda_\mathrm{m}^\circ(\mathrm{KCl}) - \Lambda_\mathrm{m}^\circ(\mathrm{KNO_3})$$
$$= (13.34 + 14.99 - 14.50)\,\mathrm{mS\,m^2\,mol^{-1}} = 13.83\,\mathrm{mS\,m^2\,mol^{-1}}.$$

Frage: Wie gut stimmt dieser Wert mit dem Wert überein, den man direkt mit den Daten aus Tabelle 21-5 berechnen kann?

A21.26a Wir gehen von $u = \frac{\lambda}{zF}$ aus (Gl. (21-44)) und erhalten mit $1\,\mathrm{C\,\Omega} = 1\,\mathrm{A\,s\,\Omega} = 1\,\mathrm{V\,s}$

$$u(\mathrm{Li^+}) = \frac{3.87\,\mathrm{mS\,m^2\,mol^{-1}}}{9.6485 \times 10^4\,\mathrm{C\,mol^{-1}}} = 4.01 \times 10^{-5}\,\mathrm{mS\,C^{-1}\,m^2}$$
$$= 4.01 \times 10^{-8}\,\mathrm{m^2\,V^{-1}s^{-1}}.$$

$$u(\mathrm{Na^+}) = \frac{5.01\,\mathrm{mS\,m^2\,mol^{-1}}}{9.6485 \times 10^4\,\mathrm{C\,mol^{-1}}} = 5.19 \times 10^{-8}\,\mathrm{m^2\,V^{-1}s^{-1}}.$$

$$u(\mathrm{K^+}) = \frac{7.35\,\mathrm{mS\,m^2\,mol^{-1}}}{9.6485 \times 10^4\,\mathrm{C\,mol^{-1}}} = 7.62 \times 10^{-8}\,\mathrm{m^2\,V^{-1}\,s^{-1}}.$$

A21.27a Mit Gl. (21-63) ergibt sich

$$D = \frac{uRT}{zF}$$
$$= \frac{(7.40 \times 10^{-8}\,\mathrm{m^2\,V^{-1}\,s^{-1}}) \times (8.314\,\mathrm{J\,K^{-1}}) \times (298\,\mathrm{K})}{9.6485 \times 10^4\,\mathrm{C\,mol^{-1}}} = 1.90 \times 10^{-9}\,\mathrm{m^2\,s^{-1}}.$$

A21.28a Gleichung (21-83) liefert den quadratisch gemittelten Abstand vom Ausgangsort in einer beliebigen Dimension. Wir benötigen aber die von einem Punkt in eine beliebige Raumrichtung zurückgelegte Strecke. Diese scheinbare Spitzfindigkeit ist die Unterscheidung zwischen eindimensionaler und dreidimensionaler Diffusion. Der quadratisch gemittelte (dreidimensionale) Abstand lässt sich aber aus dem quadratisch gemittelten (eindimensionalen) Abstand berechnen, weil die Bewegungen in den drei Raumrichtungen unabhängig voneinander sind. Es gilt

$$r^2 = x^2 + y^2 + z^2 \quad \text{(Satz von Pythagoras)}.$$

Dann ergibt sich mit Gl. (21-83) für $\langle x^2 \rangle$ wegen der Unabhängigkeit der Bewegungen

$$\langle r^2 \rangle = \langle x^2 \rangle + \langle y^2 \rangle + \langle z^2 \rangle = 3\langle x^2 \rangle = 3 \times 2Dt = 6Dt.$$

Also ist $t = \frac{\langle r^2 \rangle}{6D} = \frac{(5.0 \times 10^{-3}\,\mathrm{m})^2}{(6) \times (3.17 \times 10^{-9}\,\mathrm{m^2\,s^{-1}})} = 1.3 \times 10^3\,\mathrm{s}$.

A21.29a Mit Gl. (21-67) gilt (vgl. *Beispiel* 21-4)

$$a = \frac{kT}{6\pi\eta D}$$
$$= \frac{(1.381 \times 10^{-23}\,\mathrm{J\,K^{-1}}) \times (298\,\mathrm{K})}{(6\pi) \times (1.00 \times 10^{-3}\,\mathrm{kg\,m^{-1}\,s^{-1}}) \times (5.2 \times 10^{-10}\,\mathrm{m^2\,s^{-1}})} = 4.2 \times 10^{-10}\,\mathrm{m}$$
$$= 420\,\mathrm{pm}.$$

A21.30a Die Einstein-Smoluchowski-Gleichung (Gl. (21-85)) verknüpft die Diffusionskonstante mit der Sprunglänge und der Zeit:

$$D = \frac{\lambda^2}{2\tau} \quad \text{also} \quad \tau = \frac{\lambda^2}{2D}.$$

Wenn die Sprunglänge etwa einen Moleküldurchmesser (entsprechend zwei effektive Molekülradien) beträgt, lässt sich die Sprunglänge mithilfe der Stokes-Einstein-Gleichung (Gl. (21-67)) bestimmen:

$$D = \frac{kT}{6\pi\eta a} = \frac{kT}{3\pi\eta\lambda} \quad \text{also} \quad \lambda = \frac{kT}{3\pi\eta D}.$$

Damit haben wir

$$\tau = \frac{(kT)^2}{18(\pi\eta)^2 D^3} = \frac{[(1.381 \times 10^{-23}\,\mathrm{J\,K^{-1}}) \times (298\,\mathrm{K})]^2}{18[\pi(0.601 \times 10^{-3}\,\mathrm{kg\,m^{-1}\,s^{-1}})]^2 \times (2.13 \times 10^{-9}\,\mathrm{m^2\,s^{-1}})^3}$$
$$= 2.73 \times 10^{-11}\,\mathrm{s} = 27\,\mathrm{ps}.$$

Anmerkung: Streng genommen liegt auch hier Diffusion in drei Dimensionen vor (vgl. Aufgabe A21.28a). Wir nehmen aber an, dass nur ein Sprung auftritt; daher ist es näherungsweise gerechtfertigt, eine Gleichung anzuwenden, die für eindimensionale Diffusion hergeleitet wurde. Für drei Dimensionen gilt (analog zu Gl. (21-85))

$$\tau = \frac{\lambda^2}{6D}.$$

Frage: Können Sie diese Gleichung herleiten?

Hinweis: Verfahren Sie ähnlich wie in Aufgabe A21.28a.

A21.31a Für die dreidimensionale Diffusion verwenden wir die zu Gl. (21-83) analoge Beziehung, die in Aufgabe A21.28a hergeleitet wurde:

$$\langle r^2 \rangle = 6Dt.$$

Mit den entsprechenden Werten aus Tabelle 21-8 erhalten wir für Iod in Benzol

$$\langle r^2 \rangle^{1/2} = [(6) \times (2.13 \times 10^{-9}\,\mathrm{m^2\,s^{-1}}) \times (1.0\,\mathrm{s})]^{1/2} = 113\,\mu\mathrm{m}.$$

Für Saccharose in Wasser ergibt sich

$$\sqrt{\langle r^2 \rangle} = \sqrt{6Dt} = [6 \times (0.5216 \times 10^{-9}\,\mathrm{m^2\,s^{-1}}) \times (1.0\,\mathrm{s})]^{1/2} = 5.594 \times 10^{-5}\,\mathrm{m}.$$

Schwerere Aufgaben

Rechenaufgaben

21.1 Die Zeit für eine vollständige Umdrehung der Scheibe (360°) ist der Kehrwert der Frequenz. Die Zeit, in der die Scheibe sich um 2° weitergedreht hat, ist $(2°/360°)/\nu$. Dies ist die benötigte Zeit, damit die Schlitze in benachbarten Scheiben übereinstimmen. Damit ein Atom alle benachbarten Schlitze passiert, muss für die Geschwindigkeit gelten $v_x = \frac{1.0\,\mathrm{cm}}{(2/360)/\nu} = 180\,\nu\,\mathrm{cm} = 180(\nu/\mathrm{Hz})\,\mathrm{cm\,s^{-1}}$.

Die x-Komponente der Geschwindigkeit ist also folgendermaßen verteilt:

ν/Hz	20	40	80	100	120
$v_x/(\text{cm s}^{-1})$	3600	7200	14400	18000	21600
I (40 K)	0.846	0.513	0.069	0.015	0.002
I (100 K)	0.592	0.485	0.217	0.119	0.057

Theoretisch ergibt sich für die Geschwindigkeitsverteilung in x-Richtung nach Gl. (21-6) (mit $M/R = m/k$)

$$f(v_x) = \left(\frac{m}{2\pi kT}\right)^{1/2} \mathrm{e}^{-mv_x^2/2kT}.$$

Da $I \propto f$ ist, folgt also $I \propto \left(\frac{1}{T}\right)^{1/2} \mathrm{e}^{-mv_x^2/2kT}$.

Wegen

$$\frac{mv_x^2}{2kT} = \frac{83.8 \times (1.6605 \times 10^{-27}\,\text{kg}) \times \{1.80(\nu/\text{Hz})\,\text{m s}^{-1}\}^2}{(2) \times (1.381 \times 10^{-23}\,\text{J K}^{-1}) \times (T)} = \frac{1.63 \times 10^{-2}(\nu/\text{Hz})^2}{T/\text{K}}$$

können wir schreiben

$$I \propto \left(\frac{1}{T/\text{K}}\right)^{1/2} \mathrm{e}^{-1.63\times 10^{-2}(\nu/\text{Hz})^2/(T/\text{K})}$$

und die folgende Tabelle aufstellen. Die Proportionalitätskonstante bestimmen wir, indem wir I an den Wert für $T = 40$ K und $\nu = 80$ Hz anpassen:

ν/Hz	20	40	80	100	120
I/(40 K)	0.80	0.49	(0.069)	0.016	0.003
I/(100 K)	0.56	0.46	0.209	0.116	0.057

Dies stimmt recht gut mit den experimentellen Werten überein.

21.3 Für eine quadratisch gemittelte Größe gilt (vgl. Aufgabe 21.2)

$$\langle X \rangle = \frac{1}{N} \sum_i N_i X_i.$$

(a) $\langle h \rangle = \frac{1}{53}\{1.80\,\text{m} + 2 \times (1.82\,\text{m}) + \cdots + 1.98\,\text{m}\} = 1.89\,\text{m}.$

(b)

$$\langle h^2 \rangle = \frac{1}{53}\left\{(1.80\,\mathrm{m})^2 + 2 \times (1.82\,\mathrm{m})^2 + \cdots + (1.98\,\mathrm{m})^2\right\} = 3.57\,\mathrm{m}^2$$

$$\sqrt{\langle h^2 \rangle} = 1.89\,\mathrm{m}.$$

21.5 Die Anzahl der Moleküle, die pro Zeiteinheit entweichen, ist gleich der Anzahl von Molekülen, die pro Zeiteinheit auf ein Wandstück der Fläche A auftreffen, wobei A die Fläche des kleinen Lochs ist. Es gilt also mit Gl. (21-14)

$$\frac{\mathrm{d}N}{\mathrm{d}t} = -Z_\mathrm{W} A = \frac{-Ap}{(2\pi mkT)^{1/2}}.$$

Dabei ist p der (konstante) Dampfdruck des Feststoffs. Die Änderung der Anzahl der Moleküle innerhalb der Zelle in einem Zeitraum Δt ist also $\Delta N = -Z_\mathrm{W} A \Delta t$. Der Massenverlust ist demnach

$$\Delta w = \Delta N m = -Ap\left(\frac{m}{2\pi kT}\right)^{1/2} \Delta t = -Ap\left(\frac{m}{2\pi RT}\right)^{1/2} \Delta t.$$

Also ist der Dampfdruck der Substanz im Innern der Zelle

$$p = \left(\frac{-\Delta w}{A\Delta t}\right) \times \left(\frac{2\pi RT}{M}\right)^{1/2}.$$

Für den Dampfdruck von Germanium gilt

$$p = \left(\frac{4.3 \times 10^{-8}\,\mathrm{kg}}{\pi \times (5.0 \times 10^{-4}\mathrm{m})^2 \times (7200\,\mathrm{s})}\right) \times \left(\frac{(2\pi) \times (8.314\,\mathrm{J\,K^{-1}\,mol^{-1}}) \times (1273\,\mathrm{K})}{72.6 \times 10^{-3}\,\mathrm{kg\,mol^{-1}}}\right)^{1/2}$$

$$= 7.3 \times 10^{-3}\,\mathrm{Pa} = 7.3\,\mathrm{mPa}.$$

21.7 Der mit dem Atomstrahl verbundene Strom ist gleich der Anzahl der Atome, die pro Sekunde aus dem Schlitz austreten, also $Z_\mathrm{W} A$ mit $A = 1 \times 10^{-7}\,\mathrm{m}^2$. Mit Gl. (21-14) gilt

$$Z_\mathrm{W} = \frac{p}{(2\pi mkT)^{1/2}}$$

$$= \frac{p/\mathrm{Pa}}{\left[(2\pi) \times \left(M/\mathrm{g\,mol^{-1}}\right) \times \left(1.6605 \times 10^{-27}\,\mathrm{kg}\right) \times \left(1.381 \times 10^{-23}\,\mathrm{J\,K^{-1}}\right) \times (380\,\mathrm{K})\right]^{1/2}}$$

$$= \left(1.35 \times 10^{23}\,\mathrm{m^{-2}\,s^{-1}}\right) \times \left(\frac{p/\mathrm{Pa}}{(M/\mathrm{g\,mol^{-1}})^{1/2}}\right).$$

(a) Cadmium:

$$Z_\mathrm{W} A = \left(1.35 \times 10^{23}\,\mathrm{m^{-2}\,s^{-1}}\right) \times \left(1 \times 10^{-7}\,\mathrm{m}^2\right) \times \left(\frac{0.13}{(112.4)^{1/2}}\right) = 2 \times 10^{14}\,\mathrm{s}^{-1}.$$

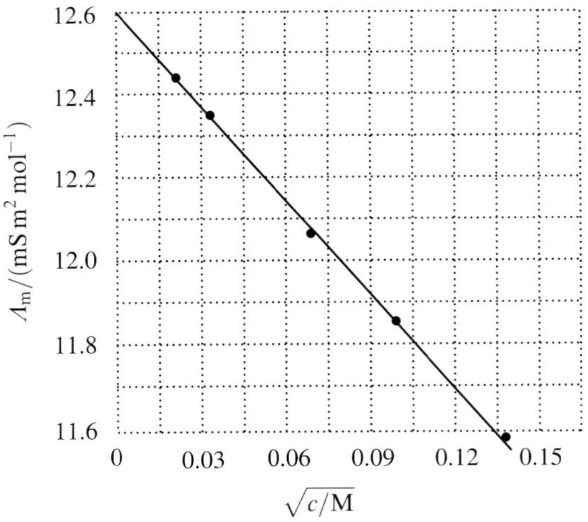

Abb. 21-1

(b) Quecksilber:

$$Z_W A = \left(1.35 \times 10^{23}\,\text{m}^{-2}\,\text{s}^{-1}\right) \times \left(1 \times 10^{-7}\,\text{m}^2\right) \times \left(\frac{152}{(200.6)^{1/2}}\right) = 1 \times 10^{17}\,\text{s}^{-1}.$$

21.9 Wir verwenden Gl. (21-29) und Gl. (21-28) und erhalten

$$\Lambda_\text{m} = \Lambda_\text{m}^\circ - \mathcal{K} c^{1/2}, \quad \Lambda_\text{m} = \frac{C}{cR} \quad \text{mit} \quad C = 20.63\,\text{m}^{-1}.$$

($C = \kappa^* R^*$, dabei sind κ^* bzw. R^* die Leitfähigkeit bzw. der Widerstand einer Standardlösung.)

Damit können wir die folgende Tabelle aufstellen:

c/M	0.0005	0.001	0.005	0.010	0.020	0.050
$(c/\text{M})^{1/2}$	0.224	0.032	0.071	0.100	0.141	0.224
R/Ω	3314	1669	342.1	174.1	89.08	37.14
$\Lambda_\text{m}/(\text{mS m}^2\,\text{mol}^{-1})$	12.45	12.36	12.06	11.85	11.58	11.11

Wir tragen die Werte von Λ_m gegen $c^{1/2}$ auf (Abb. 21-1).

Der Grenzwert ist $\Lambda_\text{m}^\circ = 12.6\,\text{mS m}^2\,\text{mol}^{-1}$.

Die Steigung beträgt -7.30; also ist

$$\mathcal{K} = 7.30\,\text{mS m}^2\,\text{mol}^{-1}\,\text{M}^{-1/2}.$$

(a)

$$\Lambda_m = (5.01 + 7.68)\ \mathrm{mS\ m^2 mol^{-1}} - (+7.30\ \mathrm{mS\ m^2 mol^{-1}}) \times (0.010)^{1/2}$$
$$= 11.96\ \mathrm{mS\ m^2\ mol^{-1}}.$$

(b)

$$\kappa = c\Lambda_m = (10\ \mathrm{mol\ m^{-3}}) \times (11.96\ \mathrm{mS\ m^2\ mol^{-1}}) = 119.6\ \mathrm{mS\ m^2\ m^{-3}}$$
$$= 119.6\ \mathrm{mS\ m^{-1}}.$$

(c)

$$R = \frac{C}{\kappa} = \frac{20.63\ \mathrm{m^{-1}}}{119.6\ \mathrm{mS\ m^{-1}}}$$
$$= 172.5\ \Omega.$$

21.11 Für die Driftgeschwindigkeiten gilt nach Gl. (21-42) $v = u\mathcal{E}$ mit
$$\mathcal{E} = \frac{10\ \mathrm{V}}{1.00\ \mathrm{cm}} = 10\ \mathrm{V\ cm^{-1}}.$$

$$v(\mathrm{Li^+}) = (4.01 \times 10^{-4}\ \mathrm{cm^2\ s^{-1}\ V^{-1}}) \times (10\ \mathrm{V\ cm^{-1}}) = 4.0 \times 10^{-3}\ \mathrm{cm\ s^{-1}}.$$
$$v(\mathrm{Na^+}) = (5.19 \times 10^{-4}\ \mathrm{cm^2\ s^{-1}\ V^{-1}}) \times (10\ \mathrm{V\ cm^{-1}}) = 5.2 \times 10^{-3}\ \mathrm{cm\ s^{-1}}.$$
$$v(\mathrm{K^+}) = (7.62 \times 10^{-4}\ \mathrm{cm^2\ s^{-1}\ V^{-1}}) \times (10\ \mathrm{V\ cm^{-1}}) = 7.6 \times 10^{-3}\ \mathrm{cm\ s^{-1}}.$$

Für $t = d/v$ erhalten wir mit $d = 1.0\ \mathrm{cm}$:

$$t(\mathrm{Li^+}) = \frac{1.0\ \mathrm{cm}}{4.0 \times 10^{-3}\ \mathrm{cm\ s^{-1}}} = 250\ \mathrm{s}, \quad t(\mathrm{Na^+}) = 190\ \mathrm{s}, \quad t(\mathrm{K^+}) = 130\ \mathrm{s}.$$

(a) Für die in einer halben Periode zurückgelegte Entfernung schreiben wir ($\mathcal{E} = \mathcal{E}_0 \sin(2\pi\nu t)$)

$$d = \int_0^{1/2\nu} v\,\mathrm{d}t = \int_0^{1/2\nu} u\mathcal{E}\,\mathrm{d}t = u\varepsilon_0 \int_0^{1/2\nu} \sin(2\pi\nu t)\,\mathrm{d}t$$
$$= \frac{u\mathcal{E}_0}{\pi\nu} = \frac{u \times (10\ \mathrm{V\ cm^{-1}})}{\pi \times (1.0 \times 10^3\ \mathrm{s^{-1}})} = 3.18 \times 10^{-3} u\ \mathrm{V\ s\ cm^{-1}}.$$

(Der letzte Schritt gilt unter der Annahme $\mathcal{E}_0 = 10\ \mathrm{V}$.) Damit gilt für die Entfernung $d/\mathrm{cm} = (3.18 \times 10^{-3}) \times (u/\mathrm{cm^2\ V^{-1}\ s^{-1}})$.
Also ist

$$d(\mathrm{Li^+}) = (3.18 \times 10^{-3}) \times (4.0 \times 10^{-4}\ \mathrm{cm}) = 1.3 \times 10^{-6}\ \mathrm{cm},$$
$$d(\mathrm{Na^+}) = 1.7 \times 10^{-6}\ \mathrm{cm}, \quad d(\mathrm{K^+}) = 2.4 \times 10^{-6}\ \mathrm{cm}.$$

(b) Diese Werte entsprechen 43, 55 bzw. 81 Mal dem Durchmesser des Lösungsmittelmoleküls.

21.13 Mit Gl. (21-52) haben wir

$$t = \frac{zcVF}{I\Delta t} = \frac{zcAFl}{I\Delta t}$$
$$= \left(\frac{(21\,\mathrm{mol\,m^{-3}}) \times (\pi) \times (2.073 \times 10^{-3}\,\mathrm{m})^2 \times (9.6485 \times 10^4\,\mathrm{C\,mol^{-1}})}{18.2 \times 10^{-3}\,\mathrm{A}}\right) \times \left(\frac{l}{\Delta t}\right)$$
$$= (1.50 \times 10^3\,\mathrm{m^{-1}\,s}) \times \left(\frac{l}{\Delta t}\right) = (1.50) \times \left(\frac{l/\mathrm{mm}}{\Delta t/\mathrm{s}}\right).$$

Damit können wir die folgende Tabelle aufstellen:

$\Delta t/s$	200	400	600	800	1000
l/mm	64	128	192	254	318
t_+	0.48	0.48	0.48	0.48	0.48
$t_- = 1 - t_+$	0.52	0.52	0.52	0.52	0.52

Also ist $t_+ = 0.48$ und $t_- = 0.52$.

Nach Gl. (21-50) und Gl. (21-44) gilt dann für die Beweglichkeit des K^+-Ions

$$t_+ = \frac{\lambda_+}{\Lambda_\mathrm{m}^\circ} = \frac{u_+ F}{\Lambda_\mathrm{m}^\circ}.$$

Es folgt

$$u_+ = \frac{t_+^\circ \Lambda_\mathrm{m}^\circ}{F} = \frac{(0.48) \times (149.9\,\mathrm{S\,cm^2\,mol^{-1}})}{9.6485 \times 10^4\,\mathrm{C\,mol^{-1}}} = 7.5 \times 10^{-4}\,\mathrm{cm^2\,s^{-1}\,V^{-1}}$$

und mit Gl. (21-50)

$$\lambda_+ = t_+ \Lambda_\mathrm{m}^\circ = (0.48) \times (149.9\,\mathrm{S\,cm^2\,mol^{-1}}) = 72\,\mathrm{S\,cm^2\,mol^{-1}}.$$

21.15 Nach Gl. (21-58) gilt $\mathcal{F} = -\frac{RT}{c} \times \frac{\mathrm{d}c}{\mathrm{d}x}$. Wegen des linearen Verlaufs gilt hier

$$\frac{\mathrm{d}c}{\mathrm{d}x} = \frac{(0.05 - 0.10)\,\mathrm{M}}{0.10\,\mathrm{m}} = -0.50\,\mathrm{M\,m^{-1}}.$$

$$RT = 2.48 \times 10^3\,\mathrm{J\,mol^{-1}} = 2.48 \times 10^3\,\mathrm{N\ \ m\,mol^{-1}}.$$

(a)

$$\mathcal{F} = \left(\frac{-2.48\,\mathrm{kN\,m\,mol^{-1}}}{0.10\,\mathrm{M}}\right) \times (-0.50\,\mathrm{M\,m^{-1}})$$
$$= 12\,\mathrm{kN\,mol^{-1}}, \quad 2.1 \times 10^{-20}\,\mathrm{N\ pro\ Molekül}.$$

(b)

$$\mathcal{F} = \left(\frac{-2.48\,\text{kN m mol}^{-1}}{0.075\,\text{M}}\right) \times (-0.50\,\text{M m}^{-1})$$

$$= 17\,\text{kN mol}^{-1}, \quad 2.8 \times 10^{-20}\,\text{N pro Molekül}.$$

(c)

$$\mathcal{F} = \left(\frac{-2.48\,\text{kN m mol}^{-1}}{0.05\,\text{M}}\right) \times (-0.50\,\text{M m}^{-1})$$

$$= 25\,\text{kN mol}^{-1}, \quad 4.1 \times 10^{-20}\,\text{N pro Molekül}.$$

21.17 Wenn bei der Diffusion ein Prozess vorliegt, der wie bei der Viskosität durch die Aktivierungsenergie bestimmt wird (vgl. Abschnitt 21.2.1, Gl. (21.26)), dann erwarten wir einen Zusammenhang der Form

$$D \propto \mathrm{e}^{-E_\mathrm{A}/RT}.$$

Mit der Diffusionskonstanten D bei der Temperatur T und D' bei T' ist dann

$$E_\mathrm{A} = -\frac{R\ \ln\left(\frac{D'}{D}\right)}{\left(\frac{1}{T'} - \frac{1}{T}\right)} = -\frac{\left(8.314\,\text{J K}^{-1}\,\text{mol}^{-1}\right) \times \ln\left(\frac{2.89}{2.05}\right)}{\frac{1}{298\,\text{K}} - \frac{1}{273\,\text{K}}} = 9.3\,\text{kJ mol}^{-1}.$$

Die Aktivierungsenergie der Diffusion beträgt also $9.3\,\text{kJ mol}^{-1}$.

21.19 Nach Gl. (21-83) ist $\langle x^2 \rangle = 2Dt$. Ferner haben wir wegen Gl. (21-67) $D = \dfrac{kT}{6\pi a \eta}$.

Also ist

$$\eta = \frac{kT}{6\pi Da} = \frac{kTt}{3\pi a \langle x^2 \rangle} = \frac{1.381 \times 10^{-23}\,\text{J K}^{-1} \times (298.15\,\text{K}) \times t}{(3\pi) \times \left(2.12 \times 10^{-7}\,\text{m}\right) \times \langle x^2 \rangle}$$

$$= \left(2.06 \times 10^{-15}\,\text{J m}^{-1}\right) \times \left(\frac{t}{\langle x^2 \rangle}\right)$$

Damit gilt $\eta/\left(\text{kg m}^{-1}\,\text{s}^{-1}\right) = \dfrac{2.06 \times 10^{-11}\,(t/\text{s})}{\left(\langle x^2 \rangle/\text{cm}^2\right)}$.

Nun können wir die folgende Tabelle aufstellen:

t/s	30	60	90	120
$10^8 \langle x^2 \rangle/\text{cm}^2$	88.2	113.4	128	144
$10^3 \eta/\left(\text{kg m}^{-1}\text{s}^{-1}\right)$	0.701	1.09	1.45	1.72

Der Mittelwert ist also $1.2 \times 10^{-3}\,\mathrm{kg\,m^{-1}\,s^{-1}}$.

21.21 Die Viskosität eines idealen Gases ist

$$\eta = \tfrac{1}{3}\mathcal{N} m\lambda\bar{c} = \frac{m\bar{c}}{3\sigma\sqrt{2}} = \frac{2}{3\sigma}\left(\frac{mkT}{\pi}\right)^{1/2}.$$

Für den Stoßquerschnitt gilt also $\sigma = \dfrac{2}{3\eta}\left(\dfrac{mkT}{\pi}\right)^{1/2}$.

Die Masse beträgt

$$m = \frac{17.03 \times 10^{-3}\,\mathrm{kg\,mol^{-1}}}{6.022 \times 10^{23}\,\mathrm{mol^{-1}}} = 2.828 \times 10^{-26}\,\mathrm{kg}.$$

(a) Für 270 K und 1.00 bar ergibt sich

$$\sigma = \frac{2}{3\left(9.08 \times 10^{-6}\,\mathrm{kg\,m^{-1}\,s^{-1}}\right)} \times \left(\frac{(2.828 \times 10^{-26}\,\mathrm{kg}) \times \left(1.381 \times 10^{-23}\,\mathrm{J\,K^{-1}}\right) \times (270\,\mathrm{K})}{\pi}\right)^{1/2}$$

$$= 4.25 \times 10^{-19}\,\mathrm{m^2} = \pi d^2 \quad \text{und damit} \quad d = \left(\frac{4.25 \times 10^{-19}\,\mathrm{m^2}}{\pi}\right)^{1/2}$$

$$= 3.68 \times 10^{-10}\,\mathrm{m}.$$

(b) Für 490 K und 10.0 bar ergibt sich

$$\sigma = \frac{2}{3\left(17.49 \times 10^{-6}\,\mathrm{kg\,m^{-1}\,s^{-1}}\right)} \times \left(\frac{(2.828 \times 10^{-26}\,\mathrm{kg}) \times (1.381 \times 10^{-23}\,\mathrm{J\,K^{-1}}) \times (490\,\mathrm{K})}{\pi}\right)^{1/2}$$

$$= 2.97 \times 10^{-19}\,\mathrm{m^2} = \pi d^2 \quad \text{und damit} \quad d = \left(\frac{2.97 \times 10^{-19}\,\mathrm{m^2}}{\pi}\right)^{1/2}$$

$$= 3.07 \times 10^{-10}\,\mathrm{m}.$$

Anmerkung: Die Änderung des Durchmessers lässt sich auf zwei Arten interpretieren. Sie zeigt einmal, dass der Begriff eines Moleküldurchmessers nur als Näherung aufzufassen ist; verschiedene Werte resultieren aus der Messung unterschiedlicher Größen. Die Änderung des Durchmessers ist aber auch mit der Vorstellung verträglich, dass die kräftigeren Stöße bei höherer Temperatur die Größe eines Moleküls verringern.

Theoretische Aufgaben

21.23 Die wahrscheinlichste Geschwindigkeit eines Gasmoleküls entspricht der Bedingung, dass die Maxwell-Verteilung ihr Maximum einnimmt (sie hat kein Minimum). Diese Stelle finden wir, indem wir die erste Ableitung der Funktion null setzen und nach dem Wert für v auflösen, für den diese Bedingung zutrifft. Mit $M/R = m/k$ haben wir

$$f(v) = 4\pi\left(\frac{m}{2\pi kT}\right)^{3/2} v^2 \mathrm{e}^{-mv^2/2kT} = \text{const} \times v^2 \mathrm{e}^{-mv^2/2kT}.$$

$$\frac{\mathrm{d}f(v)}{\mathrm{d}s} = 0 \quad \text{für} \quad \left(2 - \frac{mv^2}{kT}\right) = 0.$$

Also ist v (wahrscheinlichste) $= c^* = \left(\frac{2kT}{m}\right)^{1/2} = \left(\frac{2RT}{M}\right)^{1/2}$.

Die mittlere kinetische Energie entspricht dem Mittelwert von $\frac{1}{2}mv^2$. Diesen Mittelwert erhält man durch Berechnung von

$$\langle v^2 \rangle = \int_0^\infty v^2 f(v)\mathrm{d}v = 4\pi(m/2\pi)^{3/2} \times (1/kT)^{3/2} \int_0^\infty v^4 \mathrm{e}^{-mv^2/2kT}\, dv.$$

Das Integral ergibt $(3/8)\pi^{1/2}(m/2kT)^{-5/2}$. Also ist

$$\langle v^2 \rangle = 4\pi\left(\frac{m}{2\pi}\right)^{3/2} \times \left(\frac{1}{kT}\right)^{3/2} \times \left(\frac{3}{8}\pi^{1/2}\right) \times \left(\frac{2kT}{m}\right)^{5/2} = \frac{3kT}{m}$$

und damit $\langle \varepsilon \rangle = \frac{1}{2}m\langle v^2 \rangle = \frac{3}{2}kT$.

21.25 Wir schreiben die mittlere Geschwindigkeit anfangs als a. Dann ist im emittierten Strahl $\langle v_x \rangle = K \int_0^a v_x f(v_x)\mathrm{d}v_x$ mit einer Konstanten K, die für die Normalisierung der Geschwindigkeitsverteilung im emittierten Strahl sorgt. Wegen der Normalisierung muss gelten

$$1 = K \int_0^a f(v_x)\mathrm{d}v_x = K\,(m/2\pi kT)^{1/2} \int_0^a \mathrm{e}^{-mv_x^2/2kT}\, \mathrm{d}v_x.$$

Dieses Integral lässt sich analytisch nicht lösen. Man kann es aber mit der Fehlerfunktion vergleichen, indem wir definieren

$$x^2 = \frac{mv_x^2}{2kT}.$$

Daraus erhalten wir $\mathrm{d}v_x = (2kT/m)^{1/2}\,\mathrm{d}x$. Dann gilt (mit $b = (m/2kT)^{1/2} \times a$)

$$1 = K\left(\frac{m}{2\pi kT}\right)^{1/2}\left(\frac{2kT}{m}\right)^{1/2} \int_0^b \mathrm{e}^{-x^2}\,\mathrm{d}x = \frac{K}{\pi^{1/2}} \int_0^b \mathrm{e}^{-x^2}\,\mathrm{d}x = \tfrac{1}{2}K\,\mathrm{erf}(b).$$

Dabei ist erf(z) die Fehlerfunktion (vgl. Tabelle 9-2). Sie ist definiert gemäß $\mathrm{erf}(z) = (2/\pi^{1/2}) \int_0^z \mathrm{e}^{-x^2}\,\mathrm{d}x$.

Also haben wir $K = \dfrac{2}{\mathrm{erf}(b)}$.

Die mittlere Geschwindigkeit im emittierten Strahl ist

$$\begin{aligned}\langle v_x \rangle &= K\left(\frac{m}{2\pi kT}\right)^{1/2} \int_0^a v_x \mathrm{e}^{-mv_x^2/2kT} \mathrm{d}v_x \\ &= K\left(\frac{m}{2\pi kT}\right)^{1/2} \left(\frac{-kT}{m}\right) \int_0^a \frac{\mathrm{d}}{\mathrm{d}v_x}\left(\mathrm{e}^{-mv_x^2/2kT} \mathrm{d}v_x\right) \\ &= -K\left(\frac{kT}{2m\pi}\right)^{1/2} \left(\mathrm{e}^{-ma^2/2kT} - 1\right).\end{aligned}$$

Wir verwenden nun die Beziehung $a = \langle v_x \rangle_{\mathrm{Anfang}} = (2kT/m\pi)^{1/2}$.

Dieser Ausdruck für den durchschnittlichen Betrag der eindimensionalen Geschwindigkeit in x-Richtung lässt sich beispielsweise herleiten aus

$$\begin{aligned}\langle v_x \rangle &= 2\int_0^\infty v_x f(v_x) \mathrm{d}v_x = 2\int_0^\infty v_x \left(\frac{m}{2\pi kT}\right)^{1/2} \mathrm{e}^{-mv_x^2/2kT} \mathrm{d}v_x \\ &= \left(\frac{m}{2\pi kT}\right)^{1/2} \left(\frac{2kT}{m}\right) = \left(\frac{2kT}{m\pi}\right)^{1/2}.\end{aligned}$$

Man erhält den Ausdruck auch sehr schnell, indem man $a = \infty$ in dem Ausdruck für $\langle v_x \rangle$ im emittierten Strahl mit $\mathrm{erf}\,(b) = \mathrm{erf}\,(\infty) = 1$ setzt.

Wir setzen nun $a = (2kT/m\pi)^{1/2}$ in den Ausdruck für $\langle v_x \rangle$ des emittierten Strahls ein. Es ergibt sich $\mathrm{e}^{-ma^2/2kT} = \mathrm{e}^{-1/\pi}$ und $\mathrm{erf}\,(b) = \mathrm{erf}\left(1/\pi^{1/2}\right)$.

Also ist $\langle v_x \rangle = \left(\dfrac{2kT}{m\pi}\right)^{1/2} \times \dfrac{1 - \mathrm{e}^{-1/\pi}}{\mathrm{erf}\left(\dfrac{1}{\pi^{1/2}}\right)}$.

Die Fehlerfunktion ist tabelliert. Mit den entsprechenden Werten (bzw. durch Interpolation von Tabelle 9-2) oder mit leicht zugänglicher Software erhält man

$$\mathrm{erf}\left(\frac{1}{\pi^{1/2}}\right) = \mathrm{erf}\,(0.56) = 0.57 \quad \text{und} \quad \mathrm{e}^{-1/\pi} = 0.73.$$

Somit ist $\langle v_\mathrm{x} \rangle = 0.47 \langle v_\mathrm{x} \rangle_{\mathrm{Anfang}}$.

21.27 Die wahrscheinlichste Geschwindigkeit c^* wurde bereits in Aufgabe 21.23 berechnet:

$$c^* = v(\text{wahrscheinlichste}) = \left(\frac{2kT}{m}\right)^{1/2}.$$

Wir betrachten einen Bereich von Geschwindigkeiten Δv um c^* und nc^*; dann ist nach Gl. (21-4) mit $v = c^*$

$$\frac{f(nc^*)}{f(c^*)} = \frac{(nc^*)^2 e^{-mn^2c^{*2}/2kT}}{c^{*2}e^{-mc^{*2}/2kT}} = n^2 e^{-(n^2-1)mc^{*2}/2kT} = n^2 e^{(1-n^2)}.$$

Also gilt

$$\frac{f(3c^*)}{f(c^*)} = 9 \times e^{-8} = 3.02 \times 10^{-3}, \qquad \frac{f(4c^*)}{f(c^*)} = 16 \times e^{-15} = 4.9 \times 10^{-6}.$$

21.29 Der durch ein Ion j durch eine Lösung getragene Strom I_j ist proportional zur Konzentration c_j, der Beweglichkeit u_j und der Ladungszahl $|z_j|$ (Abschnitt 21.2.3). Also gilt

$$I_j = Ac_j u_j z_j$$

mit einer Konstanten A. Der Gesamtstrom durch die Lösung ist

$$I = \sum_j I_j = A \sum_j c_j u_j z_j .$$

Also ist die Überführungszahl des Ions j

$$t_j = \frac{I_j}{I} = \frac{Ac_j u_j z_j}{A\sum_j c_j u_j z_j} \frac{c_j u_j z_j}{\sum_j c_j u_j z_j}.$$

Wenn es in einer Mischung zwei Kationen gibt, dann gilt (für $z' = z''$)

$$\frac{t'}{t''} = \frac{c'u'z'}{c''u''z''} = \frac{c'u'}{c''u''}.$$

21.31 Nach *Begründung* 21-7 gilt (mit $s = \dfrac{x}{\lambda}$)

$$p(x) = \frac{N!}{\left\{\frac{1}{2}(N+s)\right\}!\left\{\frac{1}{2}(N-s)\right\}!2^N}.$$

$$p(6d) = \frac{N!}{\left\{\frac{1}{2}(N+6)\right\}!\left\{\frac{1}{2}(N-6)\right\}!2^N}.$$

Mit den Definitionen $m! = \infty$ für $m < 0$ und $0! = 1$ ist dann

(a) $N = 4$: $p(6\lambda) = 0$.

(b) $N = 6$: $p(6\lambda) = \dfrac{6!}{6!0!2^6} = \dfrac{1}{2^6} = \dfrac{1}{64} = 0.0616.$

(c) $N = 12$: $p(6\lambda) = \dfrac{12!}{9!3!2^{12}} = \dfrac{12 \times 11 \times 10}{3 \times 2 \times 2^{12}} = 0.054.$

21.33 Die Zwischenschritte in *Begründung* 21-7 beginnen mit dem Ausdruck

$$W = \frac{N!}{\{\frac{1}{2}(N+n)\}!\{\frac{1}{2}(N-n)\}!2^N}.$$

Zur Vereinfachung verwenden wir natürliche Logarithmen, wenden die Stirling'sche Näherungsformel für jeden Term der Form $\ln(x!)$ an, suchen nach Termen, die sich gegenseitig aufheben, und nutzen die grundlegenden Eigenschaften der Logarithmen aus.

Stirling'sche Näherungsformel: $\ln x! = \ln(2\pi)^{1/2} + (x + \frac{1}{2})\ln x - x$.

Eigenschaften von Logarithmen:

$$\ln(x \times y) = \ln x + \ln y$$
$$\ln(x/y) = \ln x - \ln y$$
$$\ln(x^y) = y \ln x$$

Mithilfe natürlicher Logarithmen und der Stirling'schen Formel ergibt sich

$$\begin{aligned}\ln W &= \ln\left\{\frac{N!}{\{\frac{1}{2}(N+n)\}!\{\frac{1}{2}(N-n)\}!2^N}\right\} \\ &= \ln N! - \ln(\{\tfrac{1}{2}(N+n)\}!) - \ln(\{\tfrac{1}{2}(N-n)\}!) - \ln 2^N \\ &= \cancel{\ln(2\pi)^{1/2}} + (N+\tfrac{1}{2})\ln N - \cancel{N} \\ &\quad - [\cancel{\ln(2\pi)^{1/2}} + \{\tfrac{1}{2}(N+n) + \tfrac{1}{2}\}\ln\{\tfrac{1}{2}(N+n)\} - \tfrac{1}{2}(\cancel{N} + \cancel{n})] \\ &\quad - [\ln(2\pi)^{1/2} + \{\tfrac{1}{2}(N-n) + \tfrac{1}{2}\}\ln\{\tfrac{1}{2}(N-n)\} - \tfrac{1}{2}(\cancel{N} - \cancel{n})] - \ln 2^N.\end{aligned}$$

$$\begin{aligned}\ln W &= (N+\tfrac{1}{2})\ln N - \ln(2\pi)^{1/2} - \ln 2^N \\ &\quad - \{\tfrac{1}{2}(N+n) + \tfrac{1}{2}\}\ln\{\tfrac{1}{2}(N+n)\} - \{\tfrac{1}{2}(N-n) + \tfrac{1}{2}\}\ln\{\tfrac{1}{2}(N-n)\} \\ &= \ln\left\{\frac{(N/2)^{N+\frac{1}{2}}}{\pi^{1/2}}\right\} - \tfrac{1}{2}\{N+n+1\}\ln\left\{\frac{N}{2}\left(1+\frac{n}{N}\right)\right\} - \tfrac{1}{2}\{N-n+1\}\ln\left\{\frac{N}{2}\left(1-\frac{n}{N}\right)\right\} \\ &= \ln\left\{\frac{(N/2)^{N+\frac{1}{2}}}{\pi^{1/2}}\right\} - \tfrac{1}{2}\{N+n+1\}\left\{\ln\left(\frac{N}{2}\right) + \ln\left(1+\frac{n}{N}\right)\right\} \\ &\quad - \tfrac{1}{2}\{N-n+1\}\left\{\ln\left(\frac{N}{2}\right) + \ln\left(1-\frac{n}{N}\right)\right\} \\ &= \ln\left\{\frac{(N/2)^{N+\frac{1}{2}}}{\pi^{1/2}}\right\} - \tfrac{1}{2}\{N+\cancel{n}+1\}\ln\left(\frac{N}{2}\right) - \tfrac{1}{2}\{N+n+1\}\ln\left(1+\frac{n}{N}\right) \\ &\quad - \tfrac{1}{2}\{N-\cancel{n}+1\}\ln\left(\frac{N}{2}\right) - \tfrac{1}{2}\{N-n+1\}\ln\left(1-\frac{n}{N}\right) \\ &= \ln\left\{\frac{(N/2)^{N+\frac{1}{2}}}{\pi^{1/2}}\right\} - \{N+1\}\ln\left(\frac{N}{2}\right) - \tfrac{1}{2}\{N+n+1\}\ln\left(1+\frac{n}{N}\right) \\ &\quad - \tfrac{1}{2}\{N-n+1\}\ln\left(1-\frac{n}{N}\right)\end{aligned}$$

$$= \ln\left\{\frac{(N/2)^{N+\frac{1}{2}}}{(N/2)^{N+1}\pi^{1/2}}\right\} - \tfrac{1}{2}\{N+n+1\}\ln\left(1+\frac{n}{N}\right) - \tfrac{1}{2}\{N-n+1\}\ln\left(1-\frac{n}{N}\right).$$

$$\ln W = \ln\left(\frac{2}{\pi N}\right)^{1/2} - \tfrac{1}{2}\{N+n+1\}\ln\left(1+\frac{n}{N}\right) - \tfrac{1}{2}\{N-n+1\}\ln\left(1-\frac{n}{N}\right).$$

Anwendungsaufgaben

21.35 Um eine Masse m von einem Ort in der Entfernung r vom Mittelpunkt eines Planeten der Masse m' ins Unendliche zu befördern, benötigt man die Arbeit

$$w = \int_r^\infty F\mathrm{d}r.$$

Dabei ist F die Gravitationskraft, die sich aus dem Newton'schen Gravitationsgesetz ergibt:

$$F = \frac{Gmm'}{r^2}.$$

G ist die Gravitationskonstante (nicht zu verwechseln mit der Fallbeschleunigung g). Dann ist

$$w' = \int_r^\infty \frac{Gmm'}{r^2}\mathrm{d}r = \frac{Gmm'}{r}.$$

Entsprechend dem zweiten Newton'schen Bewegungsgesetz $F = mg$ ist folgende Identifizierung möglich:

$$g = \frac{Gm'}{r^2}.$$

Also ist $w = grm$. Dies ist die kinetische Energie, die ein Teilchen haben muss, damit es von einem Ort im Abstand r vom Mittelpunkt des Planeten der Schwerkraft des Planeten entfliehen kann. Es ist also $w = \frac{1}{2}mv^2 = mgr$. Bezeichnen wir den Radius des Planeten mit R_P, so berechnet man die sogenannte Fluchtgeschwindigkeit v_F zu

$$v_\mathrm{F} = (2g\,R_\mathrm{P})^{1/2}.$$

(a) Die Fluchtgeschwindigkeit auf der Erde ist

$$v_\mathrm{F} = [(2)\times(9.81\,\mathrm{m\,s^{-2}})\times(6.37\times10^6\,\mathrm{m})]^{1/2} = 11.2\,\mathrm{km\,s^{-1}}.$$

(b) Für die Fallbeschleunigung auf dem Mars gilt

$$g(\mathrm{Mars}) = \frac{m(\mathrm{Mars})}{m(\mathrm{Erde})}\times\frac{R(\mathrm{Erde})^2}{R(\mathrm{Mars})^2}\times g(\mathrm{Erde}) = (0.108)\times\left(\frac{6.37}{3.38}\right)^2\times(9.81\,\mathrm{m\,s^{-2}})$$
$$= 3.76\,\mathrm{m\,s^{-2}}.$$

Es folgt für die Fluchtgeschwindigkeit

$$v_\mathrm{F} = [(2)\times(3.76\,\mathrm{m\,s^{-2}})\times(3.38\times10^6\,\mathrm{m})]^{1/2} = 5.0\,\mathrm{km\,s^{-1}}.$$

Wegen $\bar{c} = (8RT/\pi M)^{1/2}$ folgt für die Temperatur $T = \pi M\bar{c}^2/8R$.

Damit können wir die folgende Tabelle aufstellen:

$10^{-3}T/K$	H_2	He	O_2	
Erde	11.9	23.7	190	$[\bar{c} = 11.2\ \text{km s}^{-1}]$
Mars	2.4	4.8	38	$[\bar{c} = 5.0\ \text{km s}^{-1}]$

Um den Anteil der Moleküle zu bestimmen, deren Geschwindigkeit höher ist als die Fluchtgeschwindigkeit v_F, müssen wir die Maxwell-Verteilung nach Gl. (21-4) von v_F bis ins Unendliche integrieren ($M/R = m/k$):

$$P = \int_{v_\text{F}}^{\infty} f(v)\text{d}v = \int_{v_\text{F}}^{\infty} 4\pi\left(\frac{m}{2\pi kT}\right)^{3/2} v^2\text{e}^{-mv^2/2kT}\text{d}v.$$

Dieses Integral lässt sich analytisch nicht lösen, man muss es mithilfe der Fehlerfunktion ausdrücken. Dazu wählen wir folgendes Vorgehen:

Mit den Abkürzungen $\beta = m/2kT$ und $y^2 = \beta v^2$ erhalten wir

$$v = \beta^{-1/2}y, \qquad v^2 = \beta^{-1}y^2, \qquad v_\text{F} = \beta^{-1/2}y_\text{F},$$

$$y_\text{F} = \beta^{1/2}v_\text{F} \qquad \text{und} \quad \text{d}v = \beta^{-1/2}\text{d}y.$$

$$P = 4\pi\left(\frac{\beta}{\pi}\right)^{3/2}\beta^{-1}\beta^{-1/2}\int_{\beta^{1/2}v_\text{F}}^{\infty} y^2\text{e}^{-y^2}\text{d}y = \frac{4}{\pi^{1/2}}\int_{\beta^{1/2}v_\text{F}}^{\infty} y^2\text{e}^{-y^2}\text{d}y$$

$$= \frac{4}{\pi^{1/2}}\left[\int_0^{\infty} y^2\text{e}^{-y^2}\text{d}y - \int_0^{\beta^{1/2}v_\text{F}} y^2\text{e}^{-y^2}\text{d}y\right].$$

Das erste Integral lässt sich analytisch berechnen, das zweite nicht.

$$\int_0^{\infty} y^2\text{e}^{-y^2}\text{d}y = \frac{\pi^{1/2}}{4}; \text{ also}$$

$$P = 1 - \frac{2}{\pi^{1/2}}\int_0^{\beta^{1/2}v_\text{F}} y\,\text{e}^{-y^2}(2y\,\text{d}y) = 1 - \frac{2}{\pi^{1/2}}\int_0^{\beta^{1/2}v_\text{F}} y\text{d}(-\text{e}^{-y^2}).$$

Dieses Integral lässt sich partiell auswerten:

$$P = 1 - \frac{2}{\pi^{1/2}}\left[y(-\text{e}^{-y^2})\Big|_0^{\beta^{1/2}v_\text{F}} - \int_0^{\beta^{1/2}v_\text{F}}(-\text{e}^{-y^2})\text{d}y\right].$$

$$P = 1 + 2\left(\frac{\beta}{\pi}\right)^{1/2} v_\text{F}\text{e}^{-\beta v_\text{F}^2} - \frac{2}{\pi^{1/2}}\int_0^{\beta^{1/2}v_\text{F}} \text{e}^{-y^2}\text{d}y$$

$$= 1 + 2\left(\frac{\beta}{\pi}\right)^{1/2} v_\text{F}\text{e}^{-\beta v_\text{F}^2} - \text{erf}(\beta^{1/2}v_\text{F})$$

$$= \text{erfc}(\beta^{1/2}v_\text{F}) + 2\left(\frac{\beta}{\pi}\right)^{1/2} v_\text{F}\text{e}^{-\beta v_\text{F}^2} \quad [\text{erfc}(z) = 1 - \text{erf}(z)].$$

Mit $\beta = \dfrac{m}{2kT} = \dfrac{M}{2RT}$ und $v_\mathrm{F} = (2gR_\mathrm{P})^{1/2}$ ist

$$\beta^{1/2} v_\mathrm{F} = \left(\frac{MgR_\mathrm{p}}{RT}\right)^{1/2}.$$

Auf der Erde gilt für H_2 bei 240 K

$$\beta^{1/2} v_\mathrm{F} = \left(\frac{(0.002016\,\mathrm{kg\,mol^{-1}}) \times (9.807\,\mathrm{m\,s^{-2}}) \times (6.37 \times 10^6\,\mathrm{m})}{(8.314\,\mathrm{J\,K^{-1}\,mol^{-1}}) \times (240\,\mathrm{K})}\right)^{1/2} = 7.94,$$

$$P = \mathrm{erfc}(7.94) + 2\left(\frac{7.94}{\pi^{1/2}}\right)\mathrm{e}^{-(7.94)^2} = (2.9 \times 10^{-29}) + (3.7 \times 10^{-27})$$

$$= 3.7 \times 10^{-27}.$$

Bei 1500 K ist

$$\beta^{1/2} v_\mathrm{F} = \left(\frac{(0.002016\,\mathrm{kg\,mol^{-1}}) \times (9.807\,\mathrm{m\,s^{-2}}) \times (6.37 \times 10^6\,\mathrm{m})}{(8.314\,\mathrm{J\,K^{-1}\,mol^{-1}}) \times (1500\,\mathrm{K})}\right)^{1/2} = 3.18,$$

$$P = \mathrm{erfc}(3.18) + 2\left(\frac{3.18}{\pi^{1/2}}\right)\mathrm{e}^{-(3.18)^2} = (6.9 \times 10^{-6}) + (1.4\overline{6} \times 10^{-4}) = 1.5 \times 10^{-4}.$$

Auf dem Mars gilt für H_2 bei 240 K

$$\beta^{1/2} v_\mathrm{F} = \left(\frac{(0.002016\,\mathrm{kg\,mol^{-1}}) \times (3.76\,\mathrm{m\,s^{-2}}) \times (3.38 \times 10^6\,\mathrm{m})}{(8.314\,\mathrm{J\,K^{-1}\,mol^{-1}}) \times (240\,\mathrm{K})}\right)^{1/2} = 3.58,$$

$$P = \mathrm{erfc}(3.58) + 2\left(\frac{3.58}{\pi^{1/2}}\right)\mathrm{e}^{-(3.58)^2} = (4.13 \times 10^{-7}) + (1.1\overline{0} \times 10^{-5})$$

$$= 1.1 \times 10^{-5}.$$

Bei 1500 K ist

$$\beta^{1/2} v_\mathrm{F} = 1.43$$

$$P = \mathrm{erfc}(1.43) + (1.128) \times (1.43) \times \mathrm{e}^{-(1.43)^2} = 0.0431 + 0.20\overline{9} = 0.25.$$

Auf der Erde gilt für Helium bei 240 K

$$\beta^{1/2} v_\mathrm{F} = \left(\frac{(0.004003\,\mathrm{kg\,mol^{-1}}) \times (9.807\,\mathrm{m\,s^{-2}}) \times (6.37 \times 10^6\,\mathrm{m})}{(8.314\,\mathrm{J\,K^{-1}\,mol^{-1}}) \times (240\,\mathrm{K})}\right)^{1/2} = 11.1\overline{9},$$

$$P = \mathrm{erfc}(11.2) + (1.128) \times (11.2) \times \mathrm{e}^{-(11.2)^2} = 0 + (4 \times 10^{-54}) = 4 \times 10^{-54}.$$

Bei 1500 K ist

$$\beta^{1/2} v_\mathrm{e} = 4.48,$$

$$P = \mathrm{erfc}(4.48) + (1.128) \times (4.48) \times \mathrm{e}^{-(4.48)^2} = (2.36 \times 10^{-10}) + (9.7\overline{1} \times 10^{-9})$$

$$= 1.0 \times 10^{-8}.$$

Auf dem Mars gilt für Helium bei 240 K

$$\beta^{1/2}v_F = \left(\frac{(0.004003\,\text{kg mol}^{-1}) \times (3.76\,\text{m s}^{-2}) \times (3.38 \times 10^6\,\text{m})}{(8.314\,\text{J K}^{-1}\,\text{mol}^{-1}) \times (240\,\text{K})}\right)^{1/2} = 5.05,$$

$$P = \text{erfc}(5.05) + (1.128) \times (5.05) \times \text{e}^{-(5.05)^2} = (9.21 \times 10^{-13}) + (4.7\overline{9} \times 10^{-11})$$

$$= 4.9 \times 10^{-11}.$$

Bei 1500 K ist

$$\beta^{1/2}v_e = 2.02,$$

$$P = \text{erfc}(2.02) + (1.128) \times (2.02) \times \text{e}^{-(2.02)^2} = (4.28 \times 10^{-3}) + (0.040\overline{1}) = 0.444.$$

Für O_2 auf der Erde ist offenbar $P \approx 0$ bei beiden Temperaturen.

Für O_2 auf dem Mars gilt bei 240 K

$$\beta^{1/2}v_F = 14.3,$$

$$P = \text{erfc}(14.3) + (1.128) \times (14.3) \times \text{e}^{-(14.3)^2} = 0 + (2.5 \times 10^{-88})$$

$$= 2.5 \times 10^{-88} \approx 0.$$

Bei 1500 K ist

$$\beta^{1/2}v_F = 5.71,$$

$$P = \text{erfc}(5.71) + (1.128) \times (5.71) \times \text{e}^{-(5.71)^2} = (6.7 \times 10^{-6}) + (4.46 \times 10^{-14})$$

$$= 4.5 \times 10^{-14}.$$

Wenn man nur von diesen Zahlen ausgeht, scheint es, als ob H_2 und He aus der Erd- sowie aus der Marsatmosphäre erst nach vielen (Millionen?) Jahren entweichen; dabei wäre die Entweichgeschwindigkeit auf dem Mars, obwohl immer noch gering, um mehrere Größenordnungen höher als auf der Erde. Es sieht aus, als ob O_2 unbegrenzt auf der Erde festgehalten wird; und dass die Entweichgeschwindigkeit von O_2 auf dem Mars zwar sehr gering wäre (mehrere Milliarden Jahre), aber nicht völlig vernachlässigbar. Die Temperatur auf beiden Planeten könnte in vergangenen Zeiten weit höher gewesen sein, als sie es heute ist.

Bei der Untersuchung der Werte müssen wir uns aber klarmachen, dass wir Anteile P berechnet haben, nicht die Entweichgeschwindigkeiten (auch wenn die im Wesentlichen proportional zu P sind). Die Ergebnisse der Rechnungen sind in der folgenden Tabelle zusammengefasst.

	240 K			1500 K		
	H_2	He	O_2	H_2	He	O_2
P(Erde)	3.7×10^{-27}	4×10^{-54}	0	1.5×10^{-4}	1.0×10^{-8}	0
P(Mars)	1.1×10^{-5}	4.9×10^{-11}	0	0.25	0.044	4.5×10^{14}

21.37 Trockene Luft besteht zu 78.08 % aus N_2, zu 20.95 % aus O_2, zu 0.93 % aus Ar, zu 0.03 % aus CO_2 sowie Spuren weiterer Gase. Stickstoff, Sauerstoff und Kohlendioxid machen 99.06 % der Moleküle in einem Volumen aus; jedes Molekül trägt eine mittlere Rotationsenergie von kT bei. Die Dichte der Rotationsenergie ist damit

$$\begin{aligned}\rho_R &= \frac{E_R}{V} = \frac{0.9906N(\varepsilon^R)}{V} = \frac{0.9906(\varepsilon^R)pN_A}{RT}\\ &= \frac{0.9906kT\ pN_A}{RT} = 0.9906p\\ &= 0.9906(1.013\times 10^5\ \text{Pa}) = 0.1004\ \text{J cm}^{-1}.\end{aligned}$$

Die Dichte der kinetischen Gesamtenergie (Translations- plus Rotationsenergie) ist

$$\begin{aligned}\rho_T &= \rho_K + \rho_R = 0.15\ \text{J cm}^{-3} + 0.10\ \text{J cm}^{-3}\\ \rho_T &= 0.25\ \text{J cm}^{-3}.\end{aligned}$$

21.39 Für solche „Fermi-Rechnungen“, bei denen es nur darum geht, die richtige Größenordnung zu überschlagen, beschränken wir unsere Schätzwerte auf „glatte“ Werte (das Zehnfache, Hundertfache usw. der Basiseinheiten). Damit ist

$$\begin{aligned}&\rho = 1\ \text{g cm}^{-3} = 1\times 10^3\ \text{kg m}^{-3},\\ &\eta(\text{Luft}) = 1\times 10^{-5}\ \text{kg m}^{-1}\ \text{s}^{-1} \quad \text{[vgl. Anmerkung und Frage unten].}\end{aligned}$$

Wir benötigen die Diffusionskonstante

$$D = \frac{kT}{6\pi\eta a}.$$

a berechnet man aus dem Volumen des Virus, der als kugelförmig angenommen wird.

$$\begin{aligned}V &= \frac{m}{\rho} \approx \frac{(1\times 10^5\ \text{u})\times(1\times 10^{-27}\ \text{kg u}^{-1})}{1\times 10^3\ \text{kg m}^3} \approx 1\times 10^{-25}\ \text{m}^3.\\ V &= \tfrac{4}{3}\pi a^3.\\ a &\approx \left(\frac{V}{4}\right)^{1/3} \approx \left(\frac{1\times 10^{-25}\ \text{m}^3}{4}\right)^{1/3} \approx 1\times 10^{-8}\text{m}.\\ D &\approx \left(\frac{(1\times 10^{-23}\ \text{J K}^{-1})\times(300\ \text{K})}{(6\pi)\times(1\times 10^{-5}\ \text{kg m}^{-1}\ \text{s}^{-1})(1\times 10^{-5}\text{m})}\right) \approx 1\times 10^{-9}\ \text{m}^2\ \text{s}^{-1}.\end{aligned}$$

Für dreidimensionale Diffusion ist also

$$t = \frac{\langle r^2\rangle}{6D} \approx \frac{1\ \text{m}^2}{1\times 10^{-8}\ \text{m}^2\ \text{s}^{-1}} \approx 10^8\ \text{s}.$$

Demnach erscheint es nicht als wahrscheinlich, dass man sich eine Erkältung durch einen Diffusionsprozess einfängt.

Anmerkung: In einer Fermi-Rechnung sollte man nur die Werte von physikalischen Größen verwenden, die sich durch wissenschaftlich geschulten gesunden Menschenverstand bestimmen lassen. Womöglich genügt der oben verwendete Wert für η(Luft) dieser Einschränkung nicht.

Frage: Können Sie den Wert von η(Luft) mit einer Fermi-Rechnung anhand der Beziehung in Tabelle 21-3 herleiten?

21.41 Wir gehen aus von der Beziehung

$$c(x,t) = c_0 + (c_\mathrm{L} - c_0)\{1 - \mathrm{erf}(\xi)\} \quad \text{mit} \quad \xi(x,t) = \frac{x}{(4Dt)^{1/2}}.$$

Damit $c(x,t)$ die richtige Lösung des Diffusionsproblems angibt, müssen die Randbedingungen, die Anfangsbedingung und die Diffusionsgleichung Gl. (21-68) erfüllt sein. Nach *Begründung* 9-4 gilt

$$\mathrm{erf}(\xi) = 1 - \frac{2}{\pi^{1/2}} \int_\xi^\infty e^{y^2} \mathrm{d}y.$$

Für $x = 0$ ist $\xi = 0$ und $\mathrm{erf}(0) = 1 - (2/\pi^{1/2}) \int_0^\infty \mathrm{e}^{-y^2} \mathrm{d}y = 1 - (2/\pi^{1/2}) \times (\pi^{1/2}/2) = 0$.

Also ist $c(0,t) = c_0 + (c_\mathrm{L} - c_0)\{1-0\} = c_\mathrm{L}$. Die Randbedingung ist erfüllt. Zur Anfangszeit ($t = 0$) ist $\xi(x,0) = \infty$ und $\mathrm{erf}(\infty) = 1$. Also ist $c(x,0) = c_0 + (c_\mathrm{L} - c_0)\{1 - 1\} = c_0$. Auch die Anfangsbedingung ist also erfüllt. Wir müssen nun die analytischen Ausdrücke für $\partial c/\partial t$ und $\partial^2 c/\partial x^2$ suchen. Wenn Sie bis auf eine Proportionalitätskonstante gleich D sind, dann erfüllt $c(x,t)$ die Diffusionsgleichung.

$$\frac{\partial c(x,t)}{\partial x} = D\left[\frac{1}{2}\frac{(c_\mathrm{L} - c_0)x}{\sqrt{\pi}(Dt)^{3/2}}\mathrm{e}^{-x^2/4Dt}\right].$$

$$\frac{\partial^2 c(x,t)}{\partial x^2} = \left[\frac{1}{2}\frac{(c_\mathrm{L} - c_0)x}{\sqrt{\pi}(Dt)^{3/2}}\mathrm{e}^{-x^2/4Dt}\right].$$

Die Proportionalitätskonstante zwischen den beiden partiellen Ableitungen ist gleich D. Demnach erfüllt die Lösung die Diffusionsgleichung.

Die Diffusion von Sauerstoff durch die Lungenbläschen (etwa 1 Zelle Dicke) und von Kohlendioxid zwischen Lunge und Kapillargefäßen (ebenfalls etwa 1 Zelle dick) läuft innerhalb etwa 0.075 mm ab (das ist der Durchmesser eines roten Blutkörperchens). Wir untersuchen also Diffusionsprofile für $0 \leq x \leq 0.1$ mm. Wegen der größeren Entfernung können wir die Zeit, die höchstens untersucht werden muss, mit Gl. (21-82) abschätzen.

$$t_\mathrm{max} \simeq \frac{\pi x_\mathrm{max}^2}{4D} = \frac{\pi(1 \times 10^{-4}\,\mathrm{m})^2}{4(2.10 \times 10^{-9}\,\mathrm{m^2\,s^{-1}})} = 3.74\,\mathrm{s}.$$

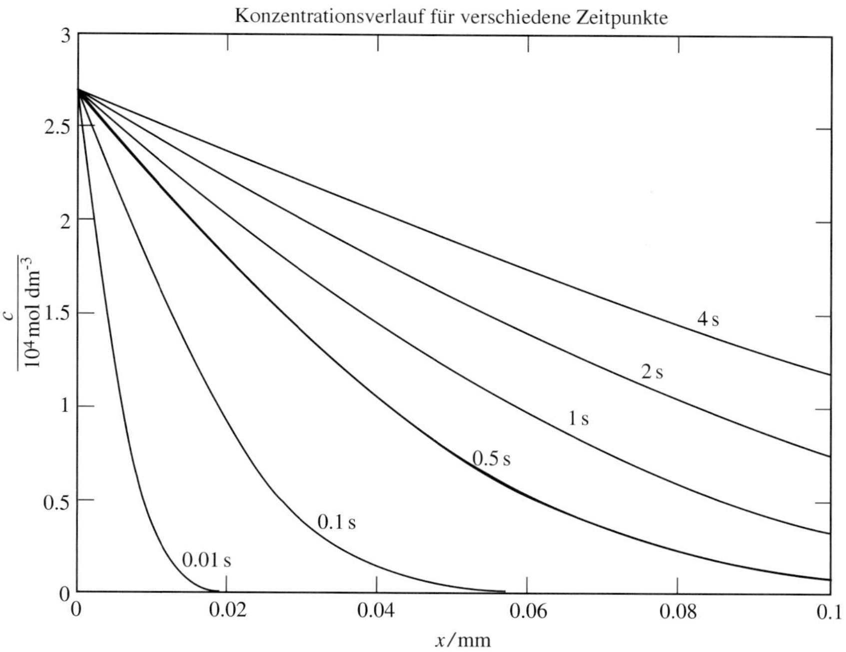

Abb. 21-2

Abbildung 21-2 zeigt die Verteilung der Sauerstoffkonzentration für Zeiträume zwischen 0.01 s und 4.0 s.

Illustration 5-2 zeigt mithilfe des Henry-Gesetzes, dass die Gleichgewichtskonzentration von Sauerstoff in Wasser gleich $2.9 \times 10^{-4}\ \mathrm{mol\,dm^{-3}}$ ist. Hier verwenden wir diesen Wert als Abschätzung für c_L und nehmen $c_0 = 0$ an.

22 Die Geschwindigkeit chemischer Reaktionen

Diskussionsfragen

22.1 Die Zeitskalen atomarer Vorgänge sind in der Tat sehr schnell: Nach der folgenden Tabelle ist eine Nanosekunde schon eine Ewigkeit. Beachten Sie, dass die hier angegebenen Zahlen typische Werte sind; bei bestimmten Prozessen können die Werte um zwei oder drei Größenordnungen abweichen. Beispielsweise liegen Schwingungswellenzahlen zwischen etwa 4400 cm^{-1} (für H_2) und 100 cm^{-1} (für I_2) und noch tiefer, mit einer entsprechenden Bandbreite an den zugehörigen Zeiten. Der strahlende Zerfall elektrisch angeregter Zustände kann noch mehr variieren: Die Zeiten für eine Phosphoreszenz können im Millisekundenbereich liegen, ja sogar bis in den Sekundenbereich reichen. – Eine Vielzahl von Zeitskalen für physikalische, chemische und biologische Prozesse auf atomarer und molekularer Ebene wird in Abb. 2 der folgenden Arbeit zusammengefasst: A.H. Zewail, Femtochemistry: atomic-scale dynamics of the chemical bond. *J. Phys. Chem. A* **104**, 5660 (2000).

Prozess	t/ns	Quelle
Strahlender Zerfall elektronisch angeregter Zustände	1×10^{1}	Abschnitt 13.1.3
Rotationsbewegung	3×10^{-2}	$B \approx 1\ cm^{-1}$
Schwingungsbewegung	3×10^{-5}	$\tilde{\nu} \approx 1000\ cm^{-1}$
Protonentransfer (in Wasser)	2×10^{-5}	Abschnitt 21.2.3
Anfangsschritt des Sehvorgangs*	1×10^{-4}	*Anwendung* 14-1
Energieübertragung bei der Photosynthese†	1×10^{-3}	*Anwendung* 23-2
Elektronentransfer bei der Photosynthese	3×10^{-3}	*Anwendung* 23-2
Helix-Knäuel-Übergang bei Polypeptiden	2×10^{2}	*Anwendung* 22-1
Stoßfrequenz in Flüssigkeiten	4×10^{-4}	Abschnitt 21.1.1‡

*Photoisomerisation von Retinal aus 11-*cis* zu all-*trans*.
†Zeit für Absoprtion bis zum Elektronentransfer zum benachbarten Pigment.
‡Unter Verwendung der Formel für die Stoßfrequenz in Gasen bei 300 K, Parameter für Benzol aus dem Datenanhang, Dichte von flüssigem Benzol.

Die Zeitskala für strahlende Zerfälle von elektronisch angeregten Zuständen reicht von etwa 10^{-9} s bis 10^{-4} s – oder sogar noch länger, wenn wir Phosphoreszenz mit „verbotenen" Zerfallswegen betrachten. Rotationsbewegungen von Molekülen finden auf Skalen von 10^{-12} bis 10^{-9} s statt. Noch schneller sind Molekülschwingungen, etwa 10^{-14} bis 10^{-12} s. Ähnlich kurz ist die mittlere Zeit zwischen zwei Stößen in Flüssigkeiten, etwa

Arbeitsbuch Physikalische Chemie. 4. Auflage. P. W. Atkins, C. A. Trapp, M. P. Cady und C. Giunta

ISBN: 978-3-527-31828-5

10^{-14} bis 10^{-13} s. Ein Protonenübergang geht innerhalb von etwa 10^{-10} bis 10^{-9} s vonstatten. *Anwendung* 14-1 beschreibt mehrere Vorgänge beim Sehen, darunter die 200 fs schnelle Photoisomerisation, die am Anfang des Sehvorgangs steht. In *Anwendung* 23-2 findet man Zeitskalen für verschiedene Energie- und Elektronen-Übertragungsschritte in der Photosynthese. Der anfängliche Energietransfer (auf ein benachbartes Pigment) hat eine Zeitskala von etwa 10^{-13} bis 10^{-11} s, wobei längerreichweitige Übertragungen (etwa zum Reaktionszentrum) rund 10^{-10} s dauern. Der unmittelbare Elektronentransfer ist ebenfalls sehr schnell (etwa 3 ps), der Endübertrag (der zur Oxidaton von Wasser und Reduktion von Plastochinon führt) dauert zwischen 10^{-10} und 10^{-3} s. *Anwendung* 22-1 diskutiert Helix-Knäuel-Übergänge, darunter experimentelle Messungen auf Zeitskalen über mehrere zehn oder hundert Mikrosekunden (10^{-5} bis 10^{-4} s) für die Bildung von dicht gepackten Kernen. Der geschwindigkeitsbestimmende Schritt für den Helix-Knäuel-Übergang von kleinen Polypeptiden hat eine Relaxationszeit von etwa 160 ns, also deutlich mehr als die Relaxationszeit von 50 ns für große Proteine.

22.3 Die Bestimmung eines Geschwindigkeitsgesetzes wird durch die Isolationsmethode vereinfacht; dabei sind die Konzentrationen aller Reaktanten bis auf einen in großem Überschuss. Wenn beispielsweise B im Übermaß vorliegt, dann ist seine Konzentration in guter Näherung während des gesamten Reaktionsablaufs konstant. Obwohl die wahre Geschwindigkeit durch $v = k[A][B]$ gegeben ist, können wir [B] durch $[B]_0$ annähern und schreiben mit Gl. (22-10)

$$v = k'[A] \quad \text{mit} \quad k' = k[B]_0 .$$

Dies ist die Form eines Geschwindigkeitsgesetzes erster Ordnung. Weil das wahre Geschwindigkeitsgesetz erst durch die Annahme, die Konzentration von B sei konstant, auf diese Form gebracht wurde, spricht man genauer von einem Geschwindigkeitsgesetz pseudo-erster Ordnung. Die Abhängigkeit der Geschwindigkeit von den Konzentrationen aller Reaktanten lässt sich zeigen, indem man sie nacheinander isoliert (d. h. indem man alle anderen Substanzen in großem Überschuss vorliegen lässt) und so ein Bild des Gesamtgeschwindigkeitsgesetzes konstruiert.

Bei der Methode der Anfangsgeschwindigkeiten, die oft in Verbindung mit der Isolationsmethode angewendet wird, misst man die Geschwindigkeit am Beginn der Reaktion für verschiedene Ausgangskonzentrationen der Reaktanten. Wir nehmen an, dass das Geschwindigkeitsgesetz für eine Reaktion, in der A isoliert ist, die Form $v = k[A]^a$ hat; dann ist die Anfangsgeschwindigkeit v_0 durch die Anfangswerte der Konzentration von A gegeben, und wir schreiben $v_0 = k[A]_0^a$. Logarithmieren ergibt Gl. (22-11):

$$\log v_0 = \log k + a \log[A]_0 .$$

Für eine Reihe von Anfangskonzentrationen sollte eine Auftragung der Logarithmen der Anfangsgeschwindigkeiten gegen die Logarithmen der Anfangskonzentrationen von A eine Gerade mit der Steigung a ergeben.

Unter Umständen lässt sich mit der Methode der Anfangsgeschwindigkeiten das vollständige Geschwindigkeitsgesetz nicht herausbekommen, weil auch die Produkte an der Reaktion teilnehmen und die Reaktionsgeschwindigkeit beeinflussen können. Das ist beispielsweise bei der Synthese von HBr der Fall, wo das vollständige Geschwindigkeitsgesetz von der Konzentration von HBr abhängt. Um diese Schwierigkeit zu umgehen, sollte man das Geschwindigkeitsgesetz während der Reaktion an die Werte anpassen. Diese Anpassung kann man, zumindest in den einfachen Fällen, mit einem angenommenen Geschwindigkeitsgesetz vornehmen, das die Konzentration einer beliebigen Komponenten zu einem beliebigen Zeitpunkt angibt, und dann mit den Messwerten vergleichen.

Da die Geschwindigkeitsgesetze mathematisch Differenzialgleichungen sind, müssen wir sie integrieren, wenn wir die Konzentrationen als Funktion der Zeit angeben wollen. Selbst die kompliziertesten Geschwindigkeitsgesetze lassen sich numerisch integrieren. In einer Anzahl von einfachen Fällen erhält man aber leicht sogar analytische Lösungen, die oft sehr nützlich sein können. Sie sind in Tabelle 22-3 zusammengefasst. Um die Geschwindigkeitsgesetze zu bestimmen, trägt man die rechte Seite der integrierten Geschwindigkeitsgesetze aus der Tabelle gegen t auf; dann vergleicht man, welche von ihnen zu einer Gerade durch den Ursprung führen. Dies ist das richtige Geschwindigkeitsgesetz.

22.5 Der geschwindigkeitsbestimmende Schritt ist nicht einfach nur der langsamste Schritt: Er muss langsam sein *und* er muss entscheidend für die Bildung der Produkte sein. Wenn auch eine schnellere Reaktion zu Produkten führt, dann ist der langsamste Schritt irrelevant, denn die langsame Reaktion lässt sich dann umgehen. Der geschwindigkeitsbestimmende Schritt ist wie eine langsame Fährverbindung zwischen zwei Schnellstraßen: Die Gesamtgeschwindigkeit, mit der das Ziel erreicht wird, hängt von der Geschwindigkeit ab, mit der die Fähre verkehrt.

Wenn der erste Schritt in einem Mechanismus der langsamste Schritt mit der höchsten Aktivierungsenergie ist, dann ist er geschwindigkeitsbestimmend; die Gesamtreaktionsgeschwindigkeit ist dann gleich der Geschwindigkeit für den ersten Schritt, weil alle nachfolgenden Schritte so schnell ablaufen, dass – sobald das erste Zwischenprodukt erst einmal gebildet ist – sofort die Bildung der Produkte einsetzt. Einmal über die Anfangsschwelle hinweg, kaskadieren die Zwischenprodukte in Endprodukte. Aber ein geschwindigkeitsbestimmender Schritt kann auch aus der niedrigen Konzentration eines entscheidenden Reaktanten oder Katalysators resultieren, er muss also nicht dem Schritt mit der höchsten Aktivierungsenergie entsprechen. Ein geschwindigkeitsbestimmender Schritt, der mit der niedrigen Aktivität eines entscheidenden Enzyms zusammenhängt, lässt sich manchmal erkennen, indem man bestimmt, ob Reaktanten und Produkte für diesen Schritt im Gleichgewicht stehen: Wenn die Reaktion sich nicht im Gleichgewicht befindet, könnte der Schritt langsam genug sein, damit er die gesamte Reaktionsgeschwindigkeit bestimmt.

22.7 Einfache Auftragungen der freien Enthalpie gegen die Reaktionskoordinate können nützlich sein, um zwischen kinetischer und thermodynamischer Kontrolle einer Reaktion zu unterscheiden. Für die einfachen parallelen Reaktionen $R \rightarrow P_1$ und $R \rightarrow P_2$ (Abb. 22-1, Fälle I und II) ist das Produkt P_1 thermodynamisch bevorzugt, weil die Freie Enthalpie für seine Bildung in stärkerem Maße abnimmt. Die Geschwindigkeit, mit der jedes Produkt erscheint, hängt jedoch nicht von der thermodynamischen Günstigkeit ab: Geschwindigkeitskonstanten hängen von der Aktivierungsenergie ab. Im Fall I ist die Aktivierungsenergie für die Bildung von P_1 viel größer als für die Bildung von P_2. Bei

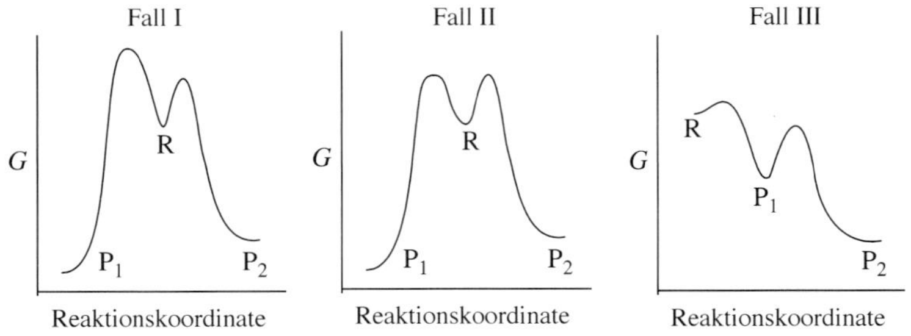

Abb. 22-1

niedrigen und mittleren Temperaturen kann die Aktivierungsenergie aber möglicherweise nicht aufgebracht werden, sodass sich P_1 entweder nicht oder nur sehr langsam bildet. Die viel kleinere Aktivierungsenergie für P_2 hingegen ist verfügbar, folglich entsteht P_2, obwohl es nicht das thermodynamisch günstige Produkt ist. Dies nennt man kinetische Kontrolle. In diesem Fall gilt $[P_2]/[P_1] = k_2/k_1 > 1$ (Gl. (22-46)).

Die Aktivierungsenergien für die Parallelreaktionen sind im Fall II identisch; folglich erscheinen die beiden Produkte mit identischer Geschwindigkeit. Sind die Reaktionen irreversibel, dann gilt für alle Zeitpunkte $[P_2]/[P_1] = k_2/k_1 = 1$. Bei reversiblen Reaktionen sind die Ergebnisse völlig anders. Die Aktivierungsenergie für $P_1 \rightarrow R$ ist viel größer als die für $P_2 \rightarrow R$; also sammelt sich P_1 an, während die schnellere Reaktionskette $P_2 \rightarrow R \rightarrow P_1$ abläuft. Schließlich erreicht das Verhältnis $[P_2]/[P_1]$ den Gleichgewichtswert, für den gilt

$$\left(\frac{[P_2]}{[P_1]}\right)_{eq} = e^{-(\Delta G_2 - \Delta G_1)/RT} < 1.$$

Dies nennt man thermodynamische Kontrolle.

Fall III zeigt eine interessante Kette von Folgereaktionen gemäß $R \rightarrow P_1 \rightarrow P_2$. Der erste Schritt hat eine relativ niedrige Aktivierungsenergie, sodass rasch P_1 auftaucht. Die relativ hohe Aktivierungsenergie für den zweiten Schritt ist jedoch bei niedrigen und mittleren Temperaturen nicht verfügbar. Bei diesen Temperaturen und bei kurzen Reaktionszeiten kann man also mehr des thermodynamisch weniger vorteilhaften P_1 erzeugen. Das ist kinetische Kontrolle. Bei hohen Temperaturen und langen Reaktionszeiten dagegen entsteht das thermodynamisch günstigere P_2.

Das Verhältnis der Reaktionsprodukte wird bestimmt durch die relativen Reaktionsgeschwindigkeiten in kinetisch kontrollierten Reaktionen. Günstige Bedingungen sind kurze Reaktionszeiten, niedrigere Temperaturen und irreversible Reaktionen. Thermodynamische Kontrolle wird begünstigt durch lange Reaktionszeiten, höhere Temperaturen und reversible Reaktionen. Das Verhältnis der Produkte hängt von der relativen Stabilität der Produkte bei thermodynamisch kontrollierten Reaktionen ab.

22.9 Der primäre Isotopieeffekt ist die Änderung der Geschwindigkeitskonstante einer Reaktion, zu der das Aufbrechen einer Bindung mit einem anderen Isotop gehört. Beispielsweise entspricht die Reaktionskoordinate beim Aufbrechen einer C–H-Bindung der Streckung dieser Bindung. Die Schwingungsenergie für die Streckung hängt von der effektiven Masse des C- und des H-Atoms ab (vgl. Gl. (13-50)). Nach der Deuterierung ist wegen der größeren Masse des Deuteriumatoms die Nullpunktsenergie abgesenkt. Allerdings ändert sich die Höhe der Energieschwelle nicht sehr, weil die relevante Schwingung in dem aktivierten Komplex nur eine sehr geringe Kraftkonstante hat (die Bindung in dem Komplex ist sehr schwach), sodass es nur eine geringe mit dem Komplex verbundene Nullpunktsenergie gibt und die sich bei Deuterierung kaum ändert. Insgesamt kommt es zu einem Anstieg der Aktivierungsenergie für die Reaktion. Wir erwarten, dass die Geschwindigkeitskonstante für die Reaktion in dem deuterierten Molekül sinkt – und das lässt sich auch experimentell nachweisen. Eine quantitave Beschreibung des Effekts finden Sie in der Herleitung der Gleichungen (22-51) bis (22-53).

Ein sekundärer Isotopieeffekt ist die Verringerung der Reaktionsgeschwindigkeit bei einer Reaktion, in der zwar eine Bindung mit einem Isotop beteiligt ist, diese Bindung aber in der Reaktion gar nicht aufgebrochen wird. Auch dieser Fall ist verbunden mit einer Änderung der Nullpunktsenergie beim Austausch eines Atoms gegen sein Isotop, ursächlich für den Effekt sind hier allerdings die Unterschiede der Nullpunktsenergien von Reaktanten und einem aktivierten Komplex mit erheblich anderer Struktur. *Illustration* 22-3 gibt ein Beispiel für die Abschätzung der Größenordnung des Effekts anhand einer heterolytischen Dissoziationsreaktion.

Wenn die Geschwindigkeit einer Reaktion durch Isotopenaustausch beeinflusst wird, muss die ausgetauschte Stelle eine wichtige Rolle für den Reaktionsmechanismus spielen. Beispielsweise kann man mit einem gemessenen Effekt auf die Geschwindigkeit das Aufbrechen von Bindungen in dem geschwindigkeitsbestimmenden Schritt des Mechanismus identifizieren. Wenn umgekehrt kein Isotopieeffekt festgestellt wurde, dürfte der Ort des Isotopenaustauschs keine kritische Rolle für den Reaktionsmechanismus spielen.

Leichte Aufgaben

A22.1a Nach Gl. (22-3b) ist

$$v = \frac{1}{\nu_J}\frac{d[J]}{dt} \quad \text{und daher} \quad \frac{d[J]}{dt} = \nu_J v.$$

Die Reaktion ist von der Form

$$0 = 3C + D - A - 2B.$$

Bildungsgeschwindigkeit von C: $3v = 3.0 \text{ mol dm}^{-3} \text{ s}^{-1}$.

Bildungsgeschwindigkeit von D: $v = 1.0 \text{ mol dm}^{-3} \text{ s}^{-1}$.

Verbrauchsgeschwindigkeit von A: $v = 1.0 \text{ mol dm}^{-3} \text{ s}^{-1}$.

Verbrauchsgeschwindigkeit von B: $2v = 2.0 \text{ mol dm}^{-3} \text{ s}^{-1}$.

A22.2a Nach Gl. (22-3b) ist

$$v = \frac{1}{\nu_J}\frac{d[J]}{dt} = \frac{1}{2}\frac{d[C]}{dt} = \frac{1}{2} \times (1.0\,mol\,dm^{-3}\,s^{-1}) = 0.50\,mol\,dm^{-3}\,s^{-1}.$$

Bildungsgeschwindigkeit von D: $3v = 1.5\,mol\,dm^{-3}\,s^{-1}$.
Verbrauchsgeschwindigkeit von A: $2v = 1.0\,mol\,dm^{-3}\,s^{-1}$.
Verbrauchsgeschwindigkeit von B: $v = 0.50\,mol\,dm^{-3}\,s^{-1}$.

A22.3a Die Geschwindigkeit wird in $mol\,dm^{-3}\,s^{-1}$ ausgedrückt. Wir schreiben $[k]$ für die Einheiten von k und erhalten

$$mol\,dm^{-3}\,s^{-1} = [k] \times (mol\,dm^{-3}) \times (mol\,dm^{-3}).$$

Also sind die Einheiten $dm^3\,mol^{-1}\,s^{-1}$.

(a) Bildungsgeschwindigkeit von A: $v = k[A][B]$.

(b) Verbrauchsgeschwindigkeit von C: $3v = 3k[A][B]$.

A22.4a Es ist $\frac{d[C]}{dt} = k[A][B][C]$ gegeben, also ist die Reaktionsgeschwindigkeit nach Gl. (22-3b)

$$v = \frac{1}{\nu_J}\frac{d[J]}{dt} = \frac{1}{2}\frac{d[C]}{dt} = \frac{1}{2}k[A][B][C].$$

Für die Einheiten von k, also für $[k]$, muss die Bedingung gelten

$$mol\,dm^{-3}\,s^{-1} = [k] \times (mol\,dm^{-3}) \times (mol\,dm^{-3}) \times (mol\,dm^{-3}).$$

Also ist $[k] = dm^6\,mol^{-2}\,s^{-1}$.

A22.5a Das Geschwindigkeitsgesetz ist

$$v = k[A]^a \propto p_A^a = \{p_{A,0}(1-f)\}^a.$$

Dabei ist f der Anteil, der an der Reaktion teilnimmt. Konzentration und Partialdruck sind also proportional zueinander. Wir können also schreiben

$$\frac{v_1}{v_2} = \frac{p_{A,1}^a}{p_{A,2}^a} = \left(\frac{1-f_1}{1-f_2}\right)^a.$$

Logarithmieren ergibt

$$\log\left(\frac{v_1}{v_2}\right) = a\log\left(\frac{1-f_1}{1-f_2}\right)$$

$$a = \frac{\log(v_{A,1}/v_{A,2})}{\log[(1-f_1)/(1-f_2)]} = \frac{\log(1.07/0.76)}{\log(0.95/0.80)} = 1.9\overline{9}.$$

Die Reaktion ist also von zweiter Ordnung.

Anmerkung: Zum Lösen dieser Aufgabe muss der Anfangsdruck nicht bekannt sein, wir haben nur Verhältnisse von Drücken für die Berechnung verwendet.

A22.6a Tabelle 22-3 gibt einen allgemeinen Ausdruck für die Halbwertszeit einer Reaktion vom Typ A → P für Ordnungen größer als 1:

$$t_{1/2} = \frac{2^{n-1} - 1}{(n-1)k[\mathrm{A}]_0^{n-1}} \propto [\mathrm{A}]_0^{1-n} \propto p_0^{1-n}.$$

Die Proportionalitätskonstanten können Funktionen der Reaktionsordnung, der Geschwindigkeitskonstante oder sogar der Temperatur sein, sie hängen aber nicht von der Konzentration ab.

Also gilt $\dfrac{t_{1/2}(p_{0,1})}{t_{1/2}(p_{0,2})} = \left(\dfrac{p_{0,1}}{p_{0,2}}\right)^{1-n} = \left(\dfrac{p_{0,2}}{p_{0,1}}\right)^{n-1}$ und damit

$$\log\left(\frac{t_{1/2}(p_{0,1})}{t_{1/2}(p_{0,2})}\right) = (n-1)\log\left(\frac{p_{0,2}}{p_{0,1}}\right)$$

bzw. $(n-1) = \dfrac{\log(410/880)}{\log(169/363)} = 0.999 \approx 1.$

Also ist $n = 2$, in Übereinstimmung mit dem Ergebnis von Aufgabe A22.5.

A22.7a $2\mathrm{N_2O_5} \rightarrow 4\mathrm{NO_2} + \mathrm{O_2} \qquad v = k[\mathrm{N_2O_5}].$

Also ist die Verbrauchsgeschwindigkeit von $\mathrm{N_2O_5}$: $2v = 2k[\mathrm{N_2O_5}]$.

$$\frac{\mathrm{d}[\mathrm{N_2O_5}]}{\mathrm{d}t} = -2k[\mathrm{N_2O_5}] \quad \text{also} \quad [\mathrm{N_2O_5}] = [\mathrm{N_2O_5}]_0\mathrm{e}^{-2kt}.$$

Auflösen nach t:

$$t = \frac{1}{2k}\ln\frac{[\mathrm{N_2O_5}]_0}{[\mathrm{N_2O_5}]}.$$

Demnach ist die Halbwertszeit

$$t_{1/2} = \frac{1}{2k}\ln 2 = \frac{\ln 2}{(2) \times (3.38 \times 10^{-5}\,\mathrm{s}^{-1})} = 1.03 \times 10^4\ \mathrm{s}.$$

Weil der Partialdruck von $\mathrm{N_2O_5}$ proportional zu dessen Konzentration ist, folgt

$$p(\mathrm{N_2O_5}) = p_0(\mathrm{N_2O_5})\mathrm{e}^{-2kt}.$$

(a) $p(\mathrm{N_2O_5}) = (500\,\mathrm{Torr}) \times (\mathrm{e}^{-(6.76\times10^{-5}/\mathrm{s})\times(10\,\mathrm{s})}) = 4.99\bar{7}\ \mathrm{Torr}.$

(b) $p(\mathrm{N_2O_5}) = (500\,\mathrm{Torr}) \times (\mathrm{e}^{-(6.76\times10^{-5}/\mathrm{s})\times(600\,\mathrm{s})}) = 480\ \mathrm{Torr}.$

Anmerkung: Die Angabe der Halbwertszeit in Gl. (22-13) basiert auf einer Änderungskonstante für die Änderungsgeschwindigkeit des Reaktanten, sie geht also von der Annahme aus, dass

$$-\frac{\mathrm{d}[\mathrm{A}]}{\mathrm{d}t} = k[\mathrm{A}].$$

Unser Ausdruck für die Verbrauchsgeschwindigkeit hat $2k$ anstelle von k, ebenso unser Ausdruck für die Halbwertszeit.

A22.8a Das integrierte Geschwindigkeitsgesetz ist (Gl. (22-19))

$$kt = \frac{1}{[B]_0 - [A]_0} \ln\left\{\left(\frac{[B]}{[B]_0}\right) \Big/ \left(\frac{[A]}{[A]_0}\right)\right\}.$$

(a) Wegen der Stöchiometrie der Reaktion muss für

$$\Delta[A] = (0.020 - 0.050)\ \text{mol dm}^{-3} = -0.030\ \text{mol dm}^{-3}$$

auch $\Delta[B] = -0.030\ \text{mol dm}^{-3}$ gelten.
Daher ist $[B] = 0.080\ \text{mol dm}^{-3} - 0.030\ \text{mol dm}^{-3} = 0.050\ \text{mol dm}^{-3}$ mit $[A] = 0.020\ \text{mol dm}^{-3}$. Also gilt

$$kt = \left(\frac{1}{(0.080 - 0.050)\ \text{mol dm}^{-3}}\right) \ln\left\{\left(\frac{0.050}{0.080}\right) \Big/ \left(\frac{0.020}{0.050}\right)\right\},$$

$$k \times 1.0\ \text{h} = 14.\overline{9}\ \text{dm}^3\ \text{mol}^{-1}$$

$$k = (14.\overline{9}\ \text{dm}^3\ \text{mol}^{-1}\ \text{h}^{-1}) \times \left(\frac{1\ \text{h}}{3600\ \text{s}}\right) = 4.1 \times 10^{-3}\text{dm}^3\text{mol}^{-1}\text{s}^{-1}.$$

(b) Die Halbwertszeit in Bezug auf A ist die erforderliche Zeit, in der [A] auf $0.025\ \text{mol dm}^{-3}$ (und [B] auf $0.055\ \text{mol dm}^{-3}$) abnimmt. Wir lösen Gl. (22-19) nach t auf:

$$t_{1/2}(A) = \left(\frac{1}{(14.\overline{9}\ \text{dm}^3\ \text{mol}^{-1}\ \text{h}^{-1}) \times (0.030\ \text{mol dm}^{-3})}\right) \times \ln\left\{\left(\frac{0.055}{0.080}\right) \Big/ 0.50\right\}$$

$$= 0.71\overline{2}\ \text{h} = 2.6 \times 10^3\ \text{s}.$$

Entsprechend ist die Halbwertszeit in Bezug auf B die erforderliche Zeit, in der [B] auf $0.040\ \text{mol dm}^{-3}$ (und [A] auf $0.010\ \text{mol dm}^{-3}$) abnimmt:

$$t_{1/2}(B) = \left(\frac{1}{0.44\overline{7}\ \text{h}^{-1}}\right) \ln\left\{0.50 \Big/ \left(\frac{0.010}{0.050}\right)\right\} = 2.0\overline{5}\ \text{h} = 7.4 \times 10^3\ \text{s}.$$

Anmerkung: Diese Aufgabe zeigt, dass es für Reaktionen, die nicht dem Typ A → P entsprechen, keine einheitliche Halbwertszeit gibt.

A22.9a (a) Wir bezeichnen die Einheiten von k mit $[k]$. Für eine Reaktion zweiter Ordnung ist

$$\text{mol dm}^{-3}\ \text{s}^{-1} = [k] \times (\text{mol dm}^{-3})^2 \quad \text{und daher} \quad [k] = \text{dm}^3\ \text{mol}^{-1}\ \text{s}^{-1}.$$

Für eine Reaktion dritter Ordnung ist

$$\text{mol dm}^{-3}\ \text{s}^{-1} = [k] \times (\text{mol dm}^{-3})^3 \quad \text{und daher} \quad [k] = \text{dm}^6\ \text{mol}^{-2}\ \text{s}^{-1}.$$

(b) Für eine Reaktion zweiter Ordnung ist

$$\text{kPa s}^{-1} = [k] \times \text{kPa}^2 \quad \text{und daher} \quad [k] = \text{kPa}^{-1}\ \text{s}^{-1}.$$

Für eine Reaktion dritter Ordnung ist

$$\text{kPa s}^{-1} = [k] \times \text{kPa}^3 \quad \text{und daher} \quad [k] = \text{kPa}^{-2}\ \text{s}^{-1}.$$

A22.10a Das integrierte Geschwindigkeitsgesetz für eine Reaktion des Typs A + B → Produkte ist (vgl. Gl. (22-19))

$$kt = \frac{1}{[B]_0 - [A]_0} \ln\left\{\left(\frac{[B]}{[B]_0}\right) \Big/ \left(\frac{[A]}{[A]_0}\right)\right\}.$$

Wir setzen $[B] = [B]_0 - x$ und $[A] = [A]_0 - x$. Umstellen ergibt

$$kt = \left(\frac{1}{[B]_0 - [A]_0}\right) \ln\left(\frac{[A]_0([B]_0 - x)}{([A]_0 - x)[B]_0}\right).$$

Auflösen nach x liefert nach einigen Umstellungen

$$\begin{aligned} x &= \frac{[A]_0[B]_0\{e^{k([B]_0-[A]_0)t} - 1\}}{[B]_0 e^{([B]_0-[A]_0)kt} - [A]_0} \\ &= \frac{(0.050) \times (0.100\,\mathrm{mol\,dm^{-3}}) \times \{e^{(0.100-0.050)\times 0.11\times t/\mathrm{s}} - 1\}}{(0.100) \times \{e^{(0.100-0.050)\times 0.11\times t/\mathrm{s}}\} - 0.050} \\ &= \frac{(0.100\,\mathrm{mol\,dm^{-3}}) \times (e^{5.5\times 10^{-3}\,t/\mathrm{s}} - 1)}{2e^{5.5\times 10^{-3}\,t/\mathrm{s}} - 1}. \end{aligned}$$

(a) $$x = \frac{(0.100\,\mathrm{mol\,dm^{-3}}) \times (e^{0.055} - 1)}{2e^{0.055} - 1} = 5.1 \times 10^{-3}\,\mathrm{mol\,dm^{-3}}$$

Daher ist

$$[\mathrm{NaOH}] = (0.050 - 0.0051)\,\mathrm{mol\,dm^{-3}} = 0.045\ \mathrm{mol\ dm^{-3}}$$

$$[\mathrm{CH_3COOC_2H_5}] = (0.100 - 0.0051)\,\mathrm{mol\,dm^{-3}} = 0.095\ \mathrm{mol\ dm^{-3}}.$$

(b) $$x = \frac{(0.100\,\mathrm{mol\,dm^{-3}}) \times (e^{3.3} - 1)}{2e^{3.3} - 1} = 0.049\,\mathrm{mol\,dm^{-3}}.$$

Daher ist

$$[\mathrm{NaOH}] = (0.050 - 0.049)\,\mathrm{mol\,dm^{-3}} = 0.001\ \mathrm{mol\ dm^{-3}}$$

$$[\mathrm{CH_3COOC_2H_5}] = (0.100 - 0.049)\,\mathrm{mol\,dm^{-3}} = 0.051\ \mathrm{mol\ dm^{-3}}.$$

A22.11a Mit $\nu_A = -2$ ist die Verbrauchsgeschwindigkeit von A

$$-\frac{d[A]}{dt} = 2v = 2k[A]^2.$$

Wir ersetzen das k in Gl. (22.15b) durch $2k$ und erhalten durch Integration

$$\frac{1}{[A]} - \frac{1}{[A]_0} = 2kt.$$

Also ist

$$t = \frac{1}{2k}\left(\frac{1}{[A]} - \frac{1}{[A]_0}\right)$$
$$= \left(\frac{1}{(2) \times (3.50 \times 10^{-4}\ \mathrm{dm^3\ mol^{-1}\ s^{-1}})}\right) \times \left(\frac{1}{0.011\ \mathrm{mol\ dm^{-3}}} - \frac{1}{0.260\ \mathrm{mol\ dm^{-3}}}\right)$$
$$= 1.24 \times 10^5\ \mathrm{s}.$$

A22.12a Die Änderungsgeschwindigkeit von [A] ist

$$\frac{d[A]}{dt} = -k[A]^n.$$

Daraus folgt $\int_{[A]_0}^{[A]} \frac{d[A]}{[A]^n} = -k \int_0^t dt = -kt.$

Also gilt $kt = \left(\frac{1}{n-1}\right) \times \left(\frac{1}{[A]^{n-1}} - \frac{1}{[A]_0^{n-1}}\right).$

Für $t = t_{1/2}$ ist $[A] = [A]_0/2$ und (wie in Tabelle 22-3)

$$kt_{1/2} = \left(\frac{1}{n-1}\right) \times \left(\frac{2^{n-1}}{[A]_0^{n-1}} - \frac{1}{[A]_0^{n-1}}\right) = \left(\frac{2^{n-1}-1}{n-1}\right) \times \left(\frac{1}{[A]_0^{n-1}}\right).$$

Also ist $t_{1/2} \propto \frac{1}{[A]_0^{n-1}}.$

A22.13a Die Reaktion, für die der pK_S-Wert 9.25 beträgt, ist

$$NH_4^+(aq) + H_2O(l) \rightleftharpoons NH_3(aq) + H_3O^+(aq).$$

Die Reaktion, deren Geschwindigkeitskonstante wir finden sollen, ist die Hinreaktion im folgenden Gleichgewicht

$$NH_3(aq) + H_2O(l) \underset{k'}{\overset{k}{\rightleftharpoons}} NH_4^+(aq) + OH^-(aq).$$

Die Gleichgewichte hängen zusammen über

$$pK_B = pK_W - pK_S = 14.00 - 9.25 = 4.75.$$

Es folgt $K_B = \frac{k}{k'} = 10^{-4.75} = 1.78 \times 10^{-5}\ \mathrm{mol\ dm^{-3}}$ und
$k = K_B k' = (1.78 \times 10^{-5}\ \mathrm{mol\ dm^{-3}}) \times (4.0 \times 10^{10}\ \mathrm{dm^3\ mol^{-1}\ s^{-1}}) = 7.1 \times 10^5\ \mathrm{s^{-1}}.$

Nun gehen wir vor wie in *Beispiel* 22-4:

$$\frac{1}{\tau} = k + k'([NH_4^+] + [OH^-])$$
$$= k + 2k'(K_B[NH_3])^{1/2} \quad [\text{wegen } [NH_4^+] = [OH^-] = (K_B[NH_3])^{1/2}]$$
$$= 7.1 \times 10^5\ \text{s}^{-1} + 2 \times (4.0 \times 10^{10}\ \text{dm}^3\ \text{mol}^{-1}\ \text{s}^{-1})$$
$$\times [(1.78 \times 10^{-5}) \times (0.15)]^{1/2}\ \text{mol dm}^{-3}$$
$$= 1.31 \times 10^8\ \text{s}^{-1}.$$

Also ist $\tau = 7.61\ \text{ns}$.

Anmerkung: Die Geschwindigkeitskonstante k entspricht der pseudo-ersten Ordnung der Ionisierung des NH_3 in überschüssigem Wasser; sie hat daher die Einheiten s^{-1}. Also muss K_B die Einheiten mol dm^{-3} erhalten, damit sich die Einheiten in der Gleichung für $1/\tau$ sauber hinwegheben.

A22.14a Wir nennen die Geschwindigkeitskonstante k für die Temperatur T und k' für die Temperatur T'. Dann gilt mit Gl. (22-29):

$$\ln k = \ln A - \frac{E_A}{RT}, \quad \ln k' = \ln A - \frac{E_A}{RT'}.$$

Also ist $E_A = \dfrac{R \ln (k'/k)}{(1/T) - (1/T')} = \dfrac{(8.314\ \text{J K}^{-1}\ \text{mol}^{-1}) \times \ln\left(1.38 \times 10^{-2}/2.80 \times 10^{-3}\right)}{(1/303\ \text{K}) - (1/323\ \text{K})}$
$= 64.9\ \text{kJ mol}^{-1}$.

Für A ordnen wir Gl. (22-31) um:

$$A = k \times e^{E_A/RT} = (2.80 \times 10^{-3}\ \text{mol dm}^{-3}\ \text{s}^{-1}) \times e^{64.9\times10^3/(8.314\times303)}$$
$$= 4.32 \times 10^8\ \text{mol dm}^{-3}\text{s}^{-1}.$$

A22.15a Wenn der geschwindigkeitsbestimmende Schritt die Aufspaltung einer C–D- oder einer D–H-Bindung umfasst, dann können wir Gl. (22-53) anwenden:

$$\frac{k(\text{C–D})}{k(\text{C–H})} = e^{-\lambda}, \quad \lambda = \frac{hc\tilde{\nu}(\text{C–H})}{2k_BT}\left\{1 - \left(\frac{\mu_{CH}}{\mu_{CD}}\right)^{1/2}\right\}.$$

Wir drücken die Schwingungswellenzahl der C–H-Bindung mithilfe ihrer Kraftkonstante aus:

$$\tilde{\nu} = \frac{1}{2\pi c}\left(\frac{k_f}{\mu_{CH}}\right)^{1/2} \quad \text{also} \quad \lambda = \left(\frac{\hbar k_f^{1/2}}{2k_BT}\right) \times \left(\frac{1}{\mu_{CH}^{1/2}} - \frac{1}{\mu_{CD}^{1/2}}\right).$$

Nun berechnen wir $\dfrac{k(\text{C–D})}{k(\text{C–H})}$ und prüfen, ob dies einen Unterschied verursacht.

$$\mu_{CD} \approx \frac{2 \times 12}{2+12}\mathrm{u} = 1.71\ \mathrm{u} \quad \text{und} \quad \mu_{CH} \approx \frac{1 \times 12}{1+12}\mathrm{u} = 0.92\ \mathrm{u}.$$

$$\begin{aligned} \lambda &\approx \left(\frac{(1.054 \times 10^{-34}\ \mathrm{J\,s}) \times (450\ \mathrm{N\,m^{-1}})^{1/2}}{(2) \times (1.381 \times 10^{-23}\ \mathrm{J\,K^{-1}}) \times (298\ \mathrm{K})}\right) \\ &\times \left(\frac{1}{(0.92\ \mathrm{u})^{1/2}} - \frac{1}{(1.71\ \mathrm{u})^{1/2}}\right) \times \left(\frac{1\ \mathrm{u}}{1.66 \times 10^{-27}\ \mathrm{kg}}\right)^{1/2} \\ &\approx 1.85. \end{aligned}$$

Also ist $\dfrac{k(\text{C–D})}{k(\text{C–H})} = \mathrm{e}^{-1.85} = 0.156$.

Es gilt also $k(\text{C–H}) \approx 6.4 \times k(\text{C–D})$, was recht gut mit den experimentellen Werten übereinstimmt.

A22.16a Analog zu Gl. (22-67) gilt

$$\frac{1}{k} = \frac{k'_a}{k_a k_b} + \frac{1}{k_a p_A}.$$

Für zwei verschiedene Drücke haben wir also

$$\frac{1}{k} - \frac{1}{k'} = \frac{1}{k_a}\left(\frac{1}{p} - \frac{1}{p'}\right)$$

und damit

$$\begin{aligned} k_a &= \frac{((1/p) - (1/p'))}{((1/k) - (1/k'))} = \frac{\left(\dfrac{1}{12\ \mathrm{Pa}} - \dfrac{1}{1.30 \times 10^{3}\ \mathrm{Pa}}\right)}{\left(\dfrac{1}{2.10 \times 10^{-5}\ \mathrm{s^{-1}}} - \dfrac{1}{2.50 \times 10^{-4}\ \mathrm{s^{-1}}}\right)} \\ &= 1.9 \times 10^{-6}\ \mathrm{Pa^{-1}\,s^{-1}} \quad \text{bzw.} \quad 1.9\ \mathrm{MPa^{-1}\,s^{-1}}. \end{aligned}$$

Schwerere Aufgaben

Rechenaufgaben

22.1 Ein einfacher, aber in der Praxis gut verwendbarer Ansatz ist folgender: Man nimmt anfangs eine Reaktionsordnung an und prüft, ob die Halbwertszeit der Reaktion von der Konzentration abhängt. Ist das nicht der Fall, so liegt eine Reaktion erster Ordnung vor, andernfalls kann sie von zweiter Ordnung sein. Eine nähere Untersuchung der Werte zeigt, dass die erste Halbwertszeit bei etwa 45 Minuten liegt, aber die zweite Halbwertszeit etwa doppelt so groß ist. (Vergleichen Sie die Werte von 0 bzw. bei 50.0 Minuten mit denen von 50.0 bzw. 150 Minuten.) Also nehmen wir zweite Ordnung an. Dies wird nun

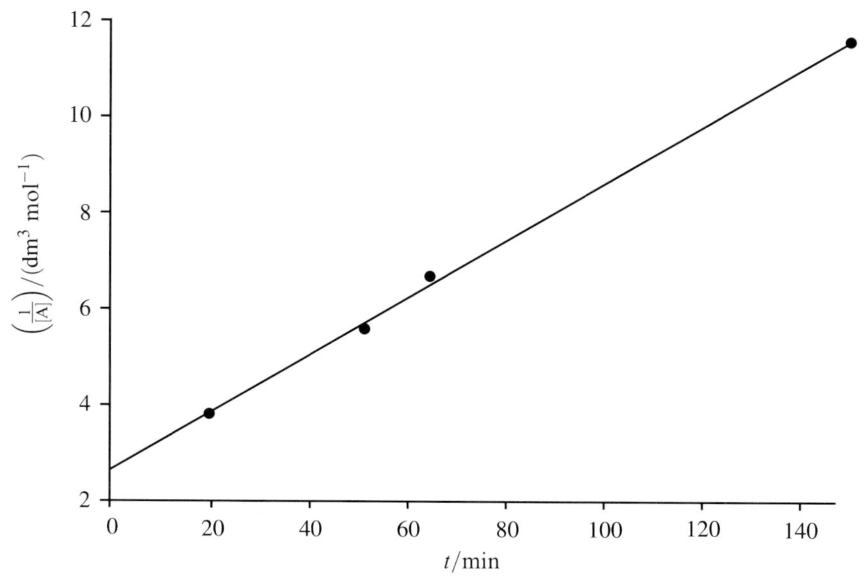

Abb. 22-2

überprüft, indem wir 1/[A] gegen die Zeit auftragen. Wenn die Reaktion zweiter Ordnung ist, genügt sie Gl. (22-15b):

$$\frac{1}{[\mathrm{A}]} = kt + \frac{1}{[\mathrm{A}]_0}.$$

Wir schreiben A für NH_4CNO und stellen folgende Tabelle auf:

t/ min	0	20.0	50.0	65.0	150
m(Harnstoff)/g	0	7.0	12.1	13.8	17.7
m(A)/g	22.9	15.9	10.8	9.1	5.2
[A]/(mol dm^{-3})	0.381	0.265	0.180	0.152	0.0866
$[A]^{-1}$/(dm^3 mol^{-1})	2.62	3.78	5.56	6.60	11.5

Die Daten sind in Abb. 22-2 aufgetragen. Sie liegen recht gut auf einer Geraden. Also ist die Reaktion zweiter Ordnung. Die Geschwindigkeitskonstante erhalten wir aus der Steigung der Ausgleichsgeraden: $k = 0.059\bar{4}\ \mathrm{dm^3\ mol^{-1}\ min^{-1}}$.

Um [A] nach 300 min zu berechnen, verwenden wir Gl. (22-15c):

$$[\mathrm{A}] = \frac{[\mathrm{A}]_0}{1 + kt[\mathrm{A}]_0} = \frac{0.382\ \mathrm{mol\,dm^{-3}}}{1 + (0.059\bar{4}) \times (300) \times (0.382)} = 0.0489\ \mathrm{mol\,dm^{-3}}.$$

Nach 300 Minuten beträgt die noch verbliebene Masse an NH_4CNO

$$m = (0.048\bar{9}\ \mathrm{mol\,dm^{-3}}) \times (1.00\ \mathrm{dm^3}) \times (60.06\ \mathrm{g\,mol^{-1}}) = 2.94\ \mathrm{g}.$$

22.3 Wir verfahren wie bei der Lösung der Aufgaben 22.1 und 22.2. Aus den Daten geht hervor, dass die Halbwertszeit unabhängig von der Konzentration ist; die Reaktion ist also erster Ordnung. Dies wird bestätigt durch eine Auftragung von $\ln\left(\frac{[A]}{[A]_0}\right)$ gegen die Zeit (Gl. (22.12b)). Wir schreiben A für Nitril und stellen folgende Tabelle auf:

$t/(10^3\ \mathrm{s})$	0	2.00	4.00	6.00	8.00	10.00	12.00
$[A]/(\mathrm{mol\ dm^{-3}})$	1.10	0.86	0.67	0.52	0.41	0.32	0.25
$\frac{[A]}{[A]_0}$	1	0.78	0.61	0.47	0.37	0.29	0.23
$\ln\left(\frac{[A]}{[A]_0}\right)$	0	−0.246	−0.496	−0.749	−0.987	−1.235	−1.482

Die Geschwindigkeitskonstante bestimmen wir aus der Steigung der Ausgleichsgeraden. Wir erhalten $k = 1.2\bar{3} \times 10^{-4}\ \mathrm{s^{-1}}$ mit einem Korrelationskoeffizienten von 1.000.

22.5 Wenn, wie in *Beispiel* 22-5 ausgeführt, die Geschwindigkeitskonstante der Arrhenius-Gleichung (Gl. (22-29)) gehorcht, sollte eine Auftragung von k gegen $1/T$ eine Gerade mit der Steigung $-E_A/R$ ergeben. In dieser Aufgabe sind aber nur Werte für drei Temperaturen verfügbar. Wir wenden daher die Zwei-Punkt-Methode an:

$$\ln\frac{k_2}{k_1} = -\frac{E_A}{R}\left(\frac{1}{T_2} - \frac{1}{T_1}\right).$$

Daraus folgt $E_A = \dfrac{-R\ln(k_2/k_1)}{((1/T_2) - (1/T_1))}$.

Für das Wertepaar bei $\theta_1 = 0\,°\mathrm{C}$ und $\theta_2 = 40\,°\mathrm{C}$ erhalten wir

$$E_A = \frac{-R\ln(576/2.46)}{((1/313\ \mathrm{K}) - (1/273\ \mathrm{K}))} = 9.69 \times 10^4\ \mathrm{J\ mol^{-1}}.$$

Für das Wertepaar bei $\theta_1 = 20\,°\mathrm{C}$ und $\theta_2 = 40\,°\mathrm{C}$ erhalten wir

$$E_A = \frac{-R\ln(576/45.1)}{((1/313\ \mathrm{K}) - (1/293\ \mathrm{K}))} = 9.71 \times 10^4\ \mathrm{J\ mol^{-1}}.$$

Die Übereinstimmung der Werte von E_A zeigt an, dass die Geschwindigkeitskonstante der Arrhenius-Gleichung folgt. Damit ist die Aktivierungsenergie $9.70 \times 10^4\ \mathrm{J\ mol^{-1}}$.

22.7 Die Werte für dieses Experiment decken kaum mehr als eine Halbwertszeit ab. Daher lässt sich die in den Lösungen von Aufgabe 22.1 und 22.2 beschriebene Halbwertszeitmethode zum Ermitteln der Reaktionsordnung hier nicht anwenden. Aber wir können eine ähnliche Methode nutzen, die auf „Dreiviertelwertszeiten“ basiert. Für eine Reaktion erster Ordnung können wir (analog zur Herleitung von Gl. (22-13)) schreiben

$$k\,t_{3/4} = -\ln\frac{\frac{3}{4}[\mathrm{A}]_0}{[\mathrm{A}]_0} = -\ln\frac{3}{4} = \ln\frac{4}{3} = 0.288 \quad \text{bzw.} \quad t_{3/4} = \frac{0.288}{k}.$$

Auch diese Dreiviertelwertszeit (oder eine beliebige andere Bruchwertszeit) hängt für eine Reaktion erster Ordnung nicht von der Konzentration ab. Eine Untersuchung der Daten zeigt, dass die erste Dreiviertelwertszeit (d. h. die Zeit, bis $[\mathrm{A}] = 0.237\ \mathrm{mol\,dm^{-3}}$ beträgt) etwa 80 min beträgt; durch Interpolation ermitteln wir die zweite Dreiviertelwertszeit (Zeit für $[\mathrm{A}] = 0.178\ \mathrm{mol\,dm^{-3}}$) ebenfalls zu rund 80 min. Die Reaktion ist also erster Ordnung, die Geschwindigkeitskonstante ist näherungsweise

$$k = \frac{0.288}{t_{3/4}} \approx \frac{0.288}{80\ \mathrm{min}} = 3.6 \times 10^{-3}\ \mathrm{min^{-1}}.$$

Wenn man mit der Methode der kleinsten Fehlerquadrate eine Ausgleichsgerade für das integrierte Geschwindigkeitsgesetz der Reaktion erster Ordnung bestimmt (Gl. (22-12b)), erhält man den etwas genaueren Wert $k = 3.65 \times 10^{-3}\ \mathrm{min^{-1}}$. Die Halbwertszeit berechnen wir zu

$$t_{1/2} = \frac{\ln 2}{k} = \frac{\ln 2}{3.65 \times 10^{-3}\ \mathrm{min^{-1}}} = 190\ \mathrm{min}.$$

Die mittlere Lebensdauer errechnet man aus Gl. (22-12b)

$$\frac{[\mathrm{A}]}{[\mathrm{A}]_0} = \mathrm{e}^{-kt}.$$

Diese Gleichung hat die Form einer Verteilungsfunktion. Das Verhältnis $\frac{[\mathrm{A}]}{[\mathrm{A}]_0}$ ist der Anteil der Saccharose-Moleküle, die bis zum Zeitpunkt t noch vorhanden sind. Die mittlere Lebensdauer ist daher

$$\langle t \rangle = \frac{\int_0^\infty t\,\mathrm{e}^{-kt}\mathrm{d}t}{\int_0^\infty \mathrm{e}^{-kt}\mathrm{d}t} = \frac{1}{k} = 274\ \mathrm{min}.$$

Der Nenner stellt die Normalisierung der Verteilungsfunktion sicher.

Anmerkung: Die mittlere Lebensdauer wird auch als Relaxationszeit bezeichnet, vgl. Gleichung (22-28). Beachten Sie, dass die mittlere Lebensdauer nicht die Halbwertszeit ist (die beträgt hier 190 min). Beachten Sie ferner $2 \times t_{3/4} \neq t_{1/2}$.

22.9 Die Werte für dieses Experiment decken kaum mehr als eine Halbwertszeit ab. Daher können wir nicht sehen, ob die Halbwertszeit über den Verlauf der Reaktion konstant ist, und damit können wir keine Aussage über die Reaktionsordnung machen. Bei einer Reaktion erster Ordnung bleibt jedoch nicht nur die Halbwertszeit, sondern jede entsprechend definierte Bruchwertszeit konstant (das ist eine Eigenschaft der Exponentialfunktion). In

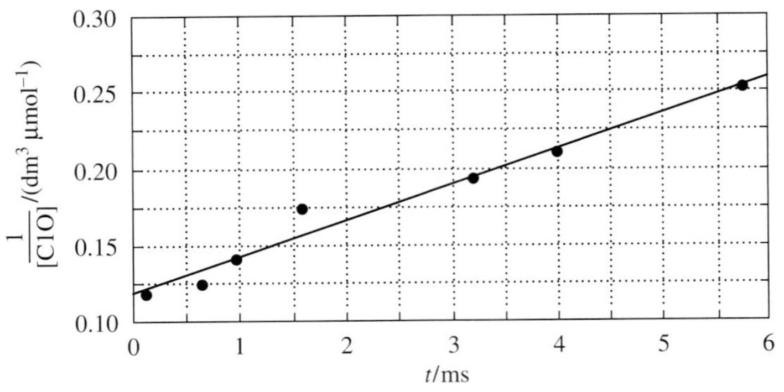

Abb. 22-3

diesem Versuch erkennen wir, dass die $\frac{2}{3}$-Lebenszeit nicht konstant ist. (Es dauert für [ClO] keine 1.6 ms, um von dem ersten aufgenommenen Wert (8.49 μmol dm^{-3}) um mehr als $\frac{1}{3}$ dieses Werts zu fallen (auf 5.79 µmol dm^{-3}); es dauert über 4.0 weitere Millisekunden, bis die Konzentration von nicht einem $\frac{1}{3}$ *dieses* Werts auf 3.95 µmol dm^{-3} fällt). Unsere Arbeitshypothese ist also, dass die Reaktion nicht erster Ordnung, sondern zweiter Ordnung ist. Wir stellen folgende Tabelle auf:

t/ms	[ClO]/(µmol dm^{-3})	(1/[ClO])/(dm^3 µmol^{-1})
0.12	8.49	0.118
0.62	8.09	0.124
0.96	7.10	0.141
1.60	5.79	0.173
3.20	5.20	0.192
4.00	4.77	0.210
5.75	3.95	0.253

Eine Auftragung von [ClO] gegen t (Abb. 22-3) ergibt eine einigermaßen gerade Linie. Die (durch die Methode der kleinsten Fehlerquadrate gefundene) Ausgleichsgerade ist :

$$(1/[\mathrm{ClO}])/(\mathrm{dm^3\,\mu mol^{-1}}) = 0.118 + 0.0237(t/\mathrm{ms}) \qquad R^2 = 0.974.$$

Die Geschwindigkeitskonstante ist gleich der Steigung:

$$k = 0.0237\,\mathrm{dm^3\,\mu mol^{-1}\,ms^{-1}} = 2.37 \times 10^7\,\mathrm{dm^3\,mol^{-1}\,s^{-1}}$$

Die Halbwertszeit hängt nach Gl. (22-16) von der Anfangskonzentration ab:

$$t_{1/2} = \frac{1}{k[\mathrm{ClO}]_0} = \frac{1}{(2.37 \times 10^{-7}\,\mathrm{dm^3\,mol^{-1}\,s^{-1}})(8.47 \times 10^{-6}\,\mathrm{mol\,dm^{-3}})}$$

$$= 4.98 \times 10^{-3}\,\mathrm{s}.$$

22.11 Für eine Reaktion vom Typ A + B → P haben wir $\frac{d[P]}{dt} = k[A]^m[B]^n$.

Für ein kurzes Zeitintervall δt gilt

$$\delta[P] \approx k[A]^m[B]^n \delta t.$$

Wegen $\delta[P] = [P]_t - [P]_0 = [P]_t$ folgt

$$\frac{[P]}{[A]} = k[A]^{m-1}[B]^n \delta t.$$

$\frac{[\text{Chlorpropan}]}{[\text{Propen}]}$ hängt nicht von [Propen] ab, also ist $m = 1$.

$$\frac{[\text{Chlorpropan}]}{[\text{HCl}]} = \begin{cases} p(\text{HCl}) & 10 \quad 7.5 \quad 5.0 \\ & 0.05 \quad 0.03 \quad 0.01 \end{cases}$$

Diese Ergebnisse deuten darauf hin, dass das Verhältnis ungefähr proportional zu $p(\text{HCl})^2$ ist, dass also gilt $m = 3$ (dabei haben wir A mit HCl identifiziert). Somit lautet das Geschwindigkeitsgesetz

$$\frac{d[\text{Chlorpropan}]}{dt} = k[\text{Propan}][\text{HCl}]^3.$$

Die Reaktion ist erster Ordnung bezüglich Propen und dritter Ordnung bezüglich HCl.

22.13

$$2\text{HCl} \rightleftharpoons (\text{HCl})_2, \quad K_1 \quad [(\text{HCl})_2] = K_1[\text{HCl}]^2$$
$$\text{HCl} + \text{CH}_3\text{CH{=}CH}_2 \rightleftharpoons \text{Komplex} \quad K_2 \quad [\text{Komplex}] = K_2$$
$$[\text{HCl}][\text{CH}_3\text{CH{=}CH}_2]$$
$$(\text{HCl})_2 + \text{Komplex} \rightarrow \text{CH}_3\text{CHClCH}_3 + 2\text{HCl} \qquad k$$

Die Geschwindigkeit ist

$$v = \frac{d[\text{CH}_3\text{CHClCH}_3]}{dt} = k[(\text{HCl})_2][\text{Komplex}].$$

$(\text{HCl})_2$ und der Komplex sind Zwischenprodukte, wir können sie also mithilfe von Gleichgewichtsbedingungen ersetzen:

$$v = k[(\text{HCl})_2][\text{Komplex}] = k(K_1[\text{HCl}]^2)(K_2[\text{HCl}][\text{CH}_3\text{CH{=}CH}_2])$$
$$= kK_1K_2[\text{HCl}]^3[\text{CH}_3\text{CH{=}CH}_2].$$

Die Reaktion ist dritter Ordnung in Bezug auf HCl und erster Ordnung in Bezug auf Propen. Für eine experimentelle Überprüfung muss man Belege für die angenommenen Zwischenprodukte finden; für die Suche beispielsweise nach $(\text{HCl})_2$ verwendet man die Infrarotspektroskopie.

22.15 Wir können die Aktivierungsenergie der Gesamtreaktion abschätzen, indem wir in Aufgabe 22.5 vorgehen:

$$E_{A,\text{eff}} = \frac{-R\ln\left(k_{\text{eff}}/k'_{\text{eff}}\right)}{((1/T)-(1/T'))} = \frac{-R\ln 3}{(1/292\,\text{K})-(1/343\,\text{K})} = -18\ \text{kJ mol}^{-1}.$$

Um diese Größe mit den Geschwindigkeitskonstanten und Gleichgewichtskonstanten des in Aufgabe 22.13 beschriebenen Mechanismus zu verknüpfen, setzen wir die effektive Geschwindigkeitskonstante als $k_{\text{eff}} = kK_1K_2$ an und verwenden die allgemeine Defintion der Aktivierungsenergie aus Gl. (22-30):

$$E_{A,\text{eff}} = RT^2\frac{\mathrm{d}\ln k_{\text{eff}}}{\mathrm{d}T} = RT^2\frac{\mathrm{d}\ln k_{\text{eff}}}{\mathrm{d}(1/T)}\frac{\mathrm{d}(1/T)}{\mathrm{d}T} = -R\frac{\mathrm{d}\ln k_{\text{eff}}}{\mathrm{d}(1/T)}.$$

Diese Form ist nützlich, weil sich Geschwindigkeitskonstanten und Gleichgewichtskonstanten oft leichter differenzieren lassen, wenn man sie als Funktion von $1/T$ anstelle von T auffasst, so wie hier:

$$\ln k_{\text{eff}} = \ln k + \ln K_1 + \ln K_2.$$

Also ist

$$E_{A,\text{eff}} = -R\frac{\mathrm{d}\ln k_{\text{eff}}}{\mathrm{d}(1/T)} = -R\frac{\mathrm{d}\ln k}{\mathrm{d}(1/T)} - R\frac{\mathrm{d}\ln K_1}{\mathrm{d}(1/T)} - R\frac{\mathrm{d}\ln K_2}{\mathrm{d}(1/T)}$$
$$= E_A + \Delta_R H_1 + \Delta_R H_2.$$

Nach der van't Hoff'schen Gleichung (Gl. (7-23b)) ist

$$\frac{\mathrm{d}\ln K}{\mathrm{d}(1/T)} = \frac{-\Delta_R H}{R}.$$

Also haben wir

$$E_A = E_{A,\text{eff}} - \Delta_R H_1 - \Delta_R H_2 = (-18+14+14)\,\text{kJ mol}^{-1} = +10\ \text{kJ mol}^{-1}.$$

22.17 Analog zu Gl. (22-67) haben wir

$$\frac{1}{k} = \frac{k'_a}{k_a k_b} + \frac{1}{k_a p}.$$

Wir erwarten also eine Gerade, wenn wir $\frac{1}{k}$ gegen $\frac{1}{p}$ auftragen. Wir stellen folgende Tabelle auf:

p/Torr	84.1	11.0	2.89	0.569	0.120	0.067
$1/(p/\text{Torr})$	0.012	0.091	0.346	1.76	8.33	14.9
$10^{-4}/(k/\text{s}^{-1})$	0.336	0.448	0.629	1.17	2.55	3.30

Diese Werte sind in Abb. 22-4 aufgetragen. Die deutlichen Abweichungen bei niedrigen Drücken deuten darauf hin, dass die Lindemann-Theorie in diesem Bereich versagt.

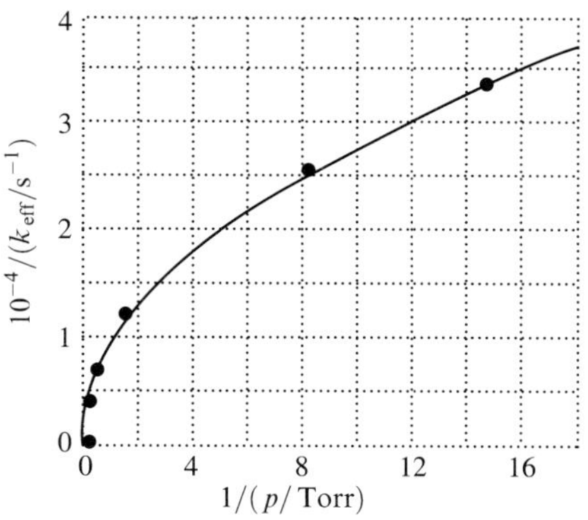

Abb. 22-4

22.19 Die Argumentation, die zu Gl. (22-46) führte, ist solange gültig, wie die Geschwindigkeitsgesetze für die beiden Produkte von gleicher Reaktionsordnung sind:

$$\frac{[P]_1}{[P]_2} = \frac{k_1}{k_2} = \frac{A_1 e^{-E_{A,1}/RT}}{A_2 e^{-E_{A,2}/RT}} = \frac{A_1}{A_2} e^{-(E_{A,1}-E_{A,2})/RT}.$$

Dann ist (wegen $E_{A,1} > E_{A,2}$) der Exponent in der Exponentialfunktion negativ, und er wird weniger negativ, wenn die Temperatur steigt. Daher steigt die Exponentialfunktion selbst an und damit steigt auch das Verhältnis der Konzentrationen der Produkte.

Anmerkung: Man kommt mit einem qualitativen Argument zu demselben Schluss, wenn man die Aktivierungsenergie als ein Maß für die Stärke der Temperaturabhängigkeit der Reaktion auffasst (vgl. Gl. (22-30)). Wegen $E_{A,1} > E_{A,2}$ nimmt die Geschwindigkeit von Reaktion 1 bei steigender Temperatur schneller zu als die Geschwindigkeit von Reaktion 2.

Theoretische Aufgaben

22.21 Wir betrachten das Gleichgewicht A $\rightleftharpoons$ B. Dann gilt

$$\frac{d[A]}{dt} = -k[A] + k'[B] \quad \text{und} \quad \frac{d[B]}{dt} = -k'[B] + k[A].$$

Zu allen Zeitpunkten ist $[A] + [B] = [A]_0 + [B]_0$. Es folgt $[B] = [A]_0 + [B]_0 - [A]$ und damit

$$\frac{d[A]}{dt} = -k[A] + k'\{[A]_0 + [B]_0 - [A]\} = -(k + k')[A] + k'([A]_0 + [B]_0).$$

Um dies zu lösen, müssen wir integrieren:

$$\int \frac{d[A]}{(k + k')[A] - k'([A]_0 + [B]_0)} = -\int dt.$$

Die Lösung ist $[A] = \dfrac{k'([A]_0 + [B]_0) + (k[A]_0 - k'[B]_0)e^{-(k+k')t}}{k + k'}$.

Die endgültige Lösung finden wir, indem wir $t = \infty$ setzen:

$$[\mathrm{A}]_\infty = \left(\frac{k'}{k+k'}\right) \times ([\mathrm{A}]_0 + [\mathrm{B}]_0)$$

$$[\mathrm{B}]_\infty = [\mathrm{A}]_0 + [\mathrm{B}]_0 - [\mathrm{A}]_\infty = \left(\frac{k}{k+k'}\right) \times ([\mathrm{A}]_0 + [\mathrm{B}]_0).$$

Beachten Sie $\dfrac{[\mathrm{B}]_\infty}{[\mathrm{A}]_\infty} = \dfrac{k}{k'}$.

22.23 $\dfrac{\mathrm{d}[\mathrm{A}]}{\mathrm{d}t} = -2k[\mathrm{A}]^2[\mathrm{B}], \quad 2\mathrm{A} + \mathrm{B} \rightarrow \mathrm{P}.$

(a) Zum Zeitpunkt t sei $[\mathrm{P}] = x$. Dann ist $[\mathrm{A}] = A_0 - 2x$ und $[\mathrm{B}] = B_0 - x = \dfrac{A_0}{2} - x$. Es folgt

$$\frac{\mathrm{d}[\mathrm{A}]}{\mathrm{d}t} = -2\frac{\mathrm{d}x}{\mathrm{d}t} = -2k(A_0 - 2x)^2 \times (B_0 - x),$$

$$\frac{\mathrm{d}x}{\mathrm{d}t} = k(A_0 - 2x)^2 \times \left(\frac{1}{2}A_0 - x\right) = \frac{1}{2}k(A_0 - 2x)^3,$$

$$\frac{1}{2}kt = \int_0^x \frac{\mathrm{d}x}{(A_0 - 2x)^3} = \frac{1}{4} \times \left[\left(\frac{1}{A_0 - 2x}\right)^2 - \left(\frac{1}{A_0}\right)^2\right].$$

Damit ist $kt = \dfrac{2x(A_0 - x)}{A_0^2(A_0 - 2x)^2}$.

(b) Mit $B_0 = A_0$ ist

$$\frac{\mathrm{d}x}{\mathrm{d}t} = k(A_0 - 2x)^2 \times (B_0 - x) = k(A_0 - 2x)^2 \times (A_0 - x),$$

$$kt = \int_0^x \frac{\mathrm{d}x}{(A_0 - 2x)^2 \times (A_0 - x)}.$$

Wir wenden die Partialbruchzerlegung wie beim allgemeinen Fall an und suchen die Werte für α, β und γ in

$$\frac{1}{(A_0 - 2x)^2 \times (A_0 - x)} = \frac{\alpha}{(A_0 - 2x)^2} + \frac{\beta}{A_0 - 2x} + \frac{\gamma}{A_0 - x}.$$

Es muss also gelten:

$$\alpha(A_0 - x) + \beta(A_0 - 2x) \times (A_0 - x) + \gamma(A_0 - 2x)^2 = 1.$$

Wir erweitern und gruppieren die Terme nach Potenzen von x:

$$(A_0\alpha + A_0^2\beta + A_0^2\gamma) - (\alpha + 3\beta A_0 + 4\gamma A_0)x + (2\beta + 4\gamma)x^2 = 1.$$

Dies muss für alle x gelten. Damit kommen wir zu dem Gleichungssystem

$$\begin{aligned} A_0\alpha + A_0^2\beta + A_0^2\gamma &= 1, \\ \alpha + 3A_0\beta + 3A_0\gamma &= 0, \\ 2\beta + 4\gamma &= 0. \end{aligned}$$

Daraus folgt $\alpha = \frac{2}{A_0}$, $\beta = \frac{-2}{A_0^2}$ und $\gamma = \frac{1}{A_0^2}$.

Damit gilt

$$\begin{aligned} kt &= \int_0^x \left(\frac{(2/A_0)}{(A_0 - 2x)^2} - \frac{(2/A_0^2)}{A_0 - 2x} + \frac{(1/A_0^2)}{A_0 - x} \right) dx \\ &= \left(\frac{(1/A_0)}{A_0 - 2x} + \frac{1}{A_0^2} \ln(A_0 - 2x) - \frac{1}{A_0^2} \ln(A_0 - x) \right) \Bigg|_0^x \\ &= \left(\frac{2x}{(A_0^2(A_0 - 2x)} \right) + \left(\frac{1}{A_0^2} \right) \ln \left(\frac{A_0 - 2x}{A_0 - x} \right). \end{aligned}$$

22.25 Das Geschwindigkeitsgesetz $\frac{d[A]}{dt} = -k[A]^n$ (für $n \neq 1$) integriert man nach Aufgabe A22.12a zu

$$kt = \left(\frac{1}{n-1} \right) \times \left(\frac{1}{[A]^{n-1}} - \frac{1}{[A]_0^{n-1}} \right).$$

Bei $t = t_{1/2}$ ist $kt_{1/2} = \left(\frac{1}{n-1} \right) \left[\left(\frac{2}{[A]_0} \right)^{n-1} - \left(\frac{1}{[A]_0} \right)^{n-1} \right]$.

Bei $t = t_{3/4}$ ist $kt_{3/4} = \left(\frac{1}{n-1} \right) \left[\left(\frac{4}{3[A]_0} \right)^{n-1} - \left(\frac{1}{[A]_0} \right)^{n-1} \right]$.

Also ist $\frac{t_{1/2}}{t_{3/4}} = \frac{2^{n-1} - 1}{\left(\frac{4}{3} \right)^{n-1} - 1}$.

22.27 Aus der Geschwindigkeit $v = k([A]_0 - x)([B]_0 + x)$ ergibt sich durch Ableitung

$$\frac{dv}{dx} = k([A]_0 - x) - k([B]_0 + x).$$

Die Extrema entsprechen $\frac{dv}{dx} = 0$, also

$$[A]_0 - x = [B]_0 + x \quad \text{bzw.} \quad 2x = [A]_0 - [B]_0 \quad \text{bzw.} \quad x = \frac{[A]_0 - [B]_0}{2}.$$

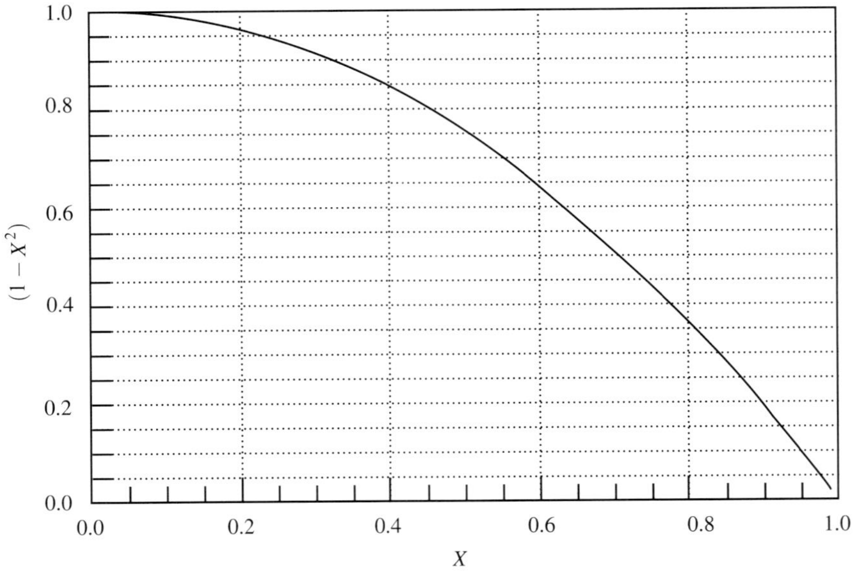

Abb. 22-5

Setzen wir dies in v ein, so ergibt sich

$$v_{\max} = k\left(\frac{[A]_0}{2} + \frac{[B]_0}{2}\right) \times \left(\frac{[B]_0}{2} + \frac{[A]_0}{2}\right) = k\left(\frac{[A]_0 + [B]}{2}\right)^2.$$

Da v und x in der Reaktion nicht negativ sein können, gilt

$$[B]_0 \leq [A]_0.$$

Um die Änderung von v mit x anzuschauen, setzen wir $[B]_0 = [A]_0$. Dann wird die Geschwindigkeitsgleichung

$$v = k([A]_0 - x)([A]_0 + x) = k([A]_0^2 - x^2) = k[A]_0^2 - kx^2$$

$$\frac{v}{k[A]_0^2} = \left(1 - \frac{x^2}{[A]_0^2}\right) = \left(1 + \frac{x}{[A]_0}\right)\left(1 - \frac{x}{[A]_0}\right).$$

Wir tragen also $\frac{v}{k[A_0]} = \left(1 - \frac{x^2}{[A_0]^2}\right) = (1 - X^2)$ gegen $\frac{x}{[A_0]} = X$ auf, und zwar ab $X = 0$.

Der Graph ist in Abb. 22-5 zu sehen. Hier ist $X = \frac{x}{[A]_0}$. $\frac{x}{[A]_0} \leq 1$ entspricht der Realität.

Anwendungsaufgaben

22.29 Das integrierte Geschwindigkeitsgesetz ist (vgl. Gl. (22-12b) und Gl. (22-13))

$$[^{14}\mathrm{C}] = [^{14}\mathrm{C}]_0 \mathrm{e}^{-kt} \quad \text{mit} \quad k = \frac{\ln 2}{t_{1/2}}.$$

Auflösen nach t ergibt

$$t = \frac{1}{k} \ln \frac{[^{14}\mathrm{C}]_0}{[^{14}\mathrm{C}]} = \frac{t_{1/2}}{\ln 2} \ln \frac{[^{14}\mathrm{C}]_0}{[^{14}\mathrm{C}]} = \left(\frac{5730\,\mathrm{a}}{\ln 2}\right) \times \ln\left(\frac{1.00}{0.72}\right) = 27\overline{20}\,\mathrm{a}.$$

22.31 Bei einem einfachen, aber praktischen Ansatz nimmt man anfangs eine Reaktionsordnung an und prüft, ob die Halbwertszeit der Reaktion von der Konzentration abhängt. Ist das nicht der Fall, so liegt eine Reaktion erster Ordnung vor, andernfalls kann sie von zweiter Ordnung sein. Eine nähere Untersuchung der Werte zeigt, dass die erste Halbwertszeit bei etwa 90 Minuten liegt, aber sie ist nicht genau konstant. (Vergleichen Sie die Werte von 60 $\rightarrow$ 150 Minuten mit denen von 150 $\rightarrow$ 240 Minuten. In beiden Intervallen fällt die Konzentration grob um die Hälfte. Dann untersuchen Sie das Intervall 30 $\rightarrow$ 120 Minuten, in dem die Konzentration um weniger als die Hälfte fällt.) Wenn die Reaktion erster Ordnung ist, gehorcht sie Gl. (22-12b):

$$\ln\left(\frac{c}{c_0}\right) = -kt.$$

Ist sie zweiter Ordnung, gilt Gl. (22-15b):

$$\frac{1}{c} = kt + \frac{1}{c_0}.$$

Schauen Sie, ob ein Graph erster Ordnung von $\ln c$ gegen die Zeit oder ein Graph zweiter Ordnung von $1/c$ gegen die Zeit besser passt. Wir stellen folgende Tabelle auf:

t/ min	30	60	120	150	240	360	480
$c/(\mathrm{ng\,cm^{-3}})$	699	622	413	292	152	60	24
$(\mathrm{ng\,cm^{-3}})/c$	0.00143	0.00161	0.00242	0.00342	0.00658	0.0167	0.0412
$\ln\{c/(\mathrm{ng\,cm^{-3}})\}$	6.550	6.433	6.023	5.677	5.024	4.094	3.178

Die Werte sind in den Abbildungen 22-6(a) und (b)aufgetragen. Der Graph erster Ordnung wird gut durch eine Grade genähert, nur am Anfang erkennt man eine ganz leichte Krümmung. Der Graph zweiter Ordnung hingegen ist stark gekrümmt. Die Reaktion ist also erster Ordnung. Die Geschwindigkeitskonstante ist die Steigung des Graphen erster Ordnung: $k = 0.00765\,\mathrm{min^{-1}} = 0.459\,\mathrm{h^{-1}}$.

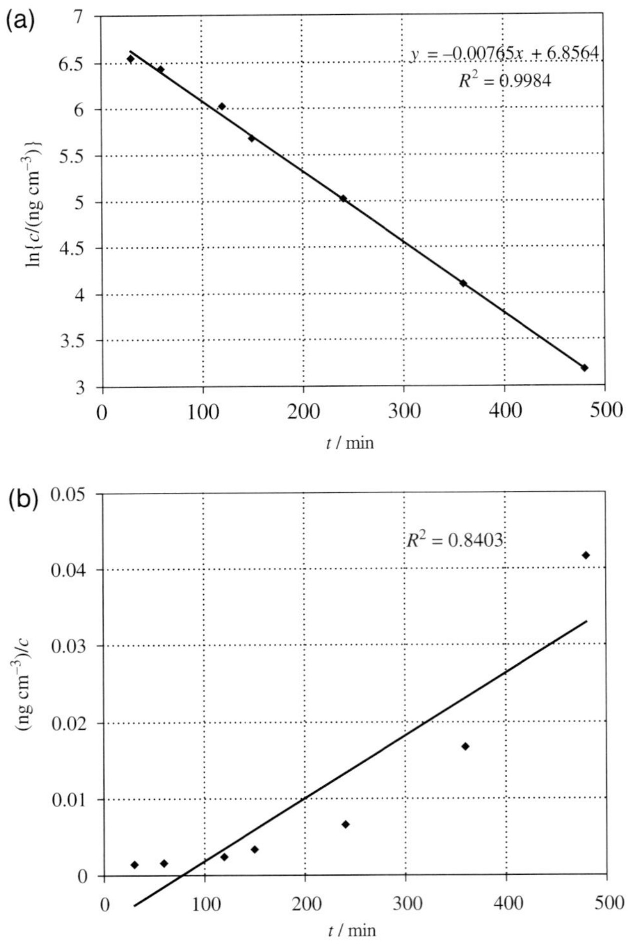

Abb. 22-6

Die Halbwertszeit ist nach Gl. (22-13)

$$t_{1/2} = \frac{\ln 2}{k} = \frac{\ln 2}{0.459\ \mathrm{h}^{-1}} = 1.51\ \mathrm{h} = 91\ \mathrm{min}.$$

Anmerkung: Wie in der Aufgabenstellung gesagt, ergibt sich die Konzentration aus der Absorption und der Elimination des Wirkstoffs, zwei Prozessen mit unterschiedlichen Geschwindigkeiten. Die Eliminiation ist charakteristischerweise langsamer; die späteren Werte zeigen also nur die Elimination an, da die Absorption dann schon effektiv abgeschlossen ist. Die früheren Datenpunkte hingegen zeigen sowohl Absorption als auch Elimination. Es ist daher kaum überraschend, dass die frühen Punkte nicht so dicht bei der Geraden liegen, die durch die späteren Punkte definiert wird.

22.33 (a) Für den Mechanismus

$$hhhh\ldots \underset{k_a'}{\overset{k_a}{\leftrightarrows}} hchh\ldots$$

$$hchh\ldots \underset{k_b'}{\overset{k_b}{\leftrightarrows}} cccc\ldots$$

gelten die Geschwindigkeitsgleichungen

$$\frac{d[hhhh\ldots]}{dt} = -k_a[hhhh\ldots] + k_a'[hchh\ldots],$$

$$\frac{d[hchh\ldots]}{dt} = k_a[hhhh\ldots] - k_a'[hchh\ldots] - k_b[hchh\ldots] + k_b'[cccc\ldots],$$

$$\frac{d[cccc\ldots]}{dt} = k_b[hchh\ldots] - k_b'[cccc\ldots].$$

(b) Wenden Sie das Quasistationaritätsprinzip auf die Zwischenschritte an:

$$\frac{d[hchh\ldots]}{dt} = k_a[hhhh\ldots] - k_a'[hchh\ldots] - k_b[hchh\ldots] + k_b'[cccc\ldots] = 0$$

also $[hchh\ldots] = \dfrac{k_a[hhhh\ldots] + k_b'[cccc\ldots]}{k_a' + k_b}$.

Damit gilt $\dfrac{d[hhhh\ldots]}{dt} = -\dfrac{k_a k_b}{k_a' + k_b}[hhhh\ldots] + \dfrac{k_a' k_b'}{k_a' + k_b}[cccc\ldots]$.

Vergleichen Sie diesen Geschwindigkeitsausdruck mit dem Ausdruck, der im Lehrbuch (Abschnitt 22.1.4) für den Mechanismus $A \underset{k'}{\overset{k}{\leftrightarrows}} B$ angegeben ist.

Hier ist $hhhh\ldots \underset{k_{eff}'}{\overset{k_{eff}}{\leftrightarrows}} cccc\ldots$ mit $k_{eff} = \dfrac{k_a k_b}{k_a' + k_b}$, $k_{eff}' = \dfrac{k_a' k_b'}{k_a' + k_b}$.

(c) Es ist schwierig, allein aus kinetischen Daten Schlüsse über Zwischenprodukte zu ziehen. Wenn beispielsweise Geschwindigkeitsmessungen die Bildung von Helices mit einer einzigen Geschwindigkeitskonstante zeigen, dann verraten sie uns fast nichts über die Mechanismen. Das Geschwindigkeitsgesetz

$$\frac{d[cccc\ldots]}{dt} = k[hhhh\ldots]$$

passt auf einen Einschrittmechanismus, auf einen Zweischrittmechanismus mit einem geschwindigkeitsbestimmenden zweiten Schritt und auf einen Zweischrittmechanismus mit einem quasistationären Zwischenprodukt. Selbst wenn die kinetische Überwachung des Produkts eine Produktion mit zwei Geschwindigkeitskonstanten anzeigt, könnten die Geschwindigkeitskonstanten zu zwei konkurrierenden Reaktionswegen oder zu Schritten eines Einzelreaktionswegs gehören. Der beste Beleg für die Teilnahme eines Zwischenprodukts an einer Reaktion ist der Nachweis des Zwischenprodukts selbst, oder zumindest der Nachweis von strukturellen Merkmalen, die zu einem vorgeschlagenen Zwischenprodukt gehören, aber nicht zu Reaktanten oder Produkten.

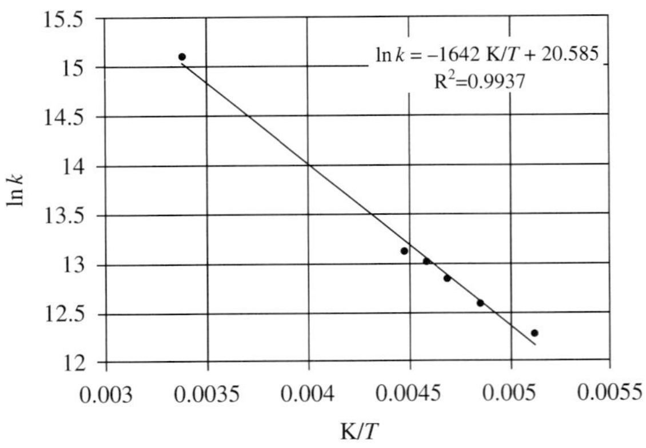

Abb. 22-7

22.35 Wir gehen von einem vorgelagerten Gleichgewicht aus (denn der Anfangsschritt ist schnell) und schreiben

$$K = \frac{[\text{instabile Helix}]}{[\text{A}][\text{B}]}, \quad \text{und damit} \quad [\text{instabile Helix}] = K[\text{A}][\text{B}].$$

Der geschwindigkeitsbestimmende Schritt ist

$$v = \frac{\text{d}[\text{Doppelhelix}]}{\text{d}t} = k_2[\text{instabile Helix}] = k_2 K[\text{A}][\text{B}] = \text{k[A] [B]}\ [k = k_2 K].$$

Die Gleichgewichtskonstante ist das Resultat der zwei Prozesse

$$\text{A} + \text{B} \underset{k_1'}{\overset{k_1}{\leftrightarrows}} \text{instabile Helix}, \quad K = \frac{k_1}{k_1'}.$$

Daher gilt mit $v = k[\text{A}][\text{B}]$, $k = \dfrac{k_1 k_2}{k_1'}$.

22.37 Der Arrhenius-Ausdruck für die Geschwindigkeitskonstante ist (vgl. Gl. (22-31) und Gl. (22-29))

$$k = A\text{e}^{-E_\text{a}/RT} \quad \text{und daher} \quad \ln k = \ln A - E_\text{a}/RT.$$

Bei einer Auftragung von k gegen $1/T$ hat der Graph die Steigung $-E_\text{A}/R$ und den y-Achsensabschnitt ln A. Es folgen die transformierten Daten und Abb. 22-7.

T/K	295	223	218	213	206	200	195
$10^{-6}k/(\text{dm}^3\ \text{mol}^{-1}\ \text{s}^{-1})$	3.55	0.494	0.452	0.379	0.295	0.241	0.217
$\ln k/(\text{dm}^3\ \text{mol}^{-1}\ \text{s}^{-1})$	15.08	13.11	13.02	12.85	12.59	12.39	12.29
$10^{-3}\ \text{K}/T$	3.39	4.48	4.59	4.69	4.85	5.00	5.13

Damit ist $E_\text{a} = -(8.3145\ \text{J K}^{-1}\ \text{mol}^{-1}) \times (-1642\ \text{K}) = 1.37 \times 10^4\ \text{J mol}^{-1} = 13.7\ \text{kJ mol}^{-1}$ und $A = \text{e}^{20.585}\ \text{dm}^3\ \text{mol}^{-1}\ \text{s}^{-1} = 8.7 \times 10^8\ \text{dm}^3\ \text{mol}^{-1}\ \text{s}^{-1}$.

22.39 Die Geschwindigkeitskonstanten sind (vgl. Gl. (22-31))

$$k = A \exp\left(\frac{-E_A}{RT}\right).$$

$$k_1 = (1.13 \times 10^9\,\mathrm{dm^3\,s^{-1}\,mol^{-1}}) \exp\left(\frac{-14.1 \times 10^3\,\mathrm{J\,mol^{-1}}}{(8.3145\,\mathrm{J\,K^{-1}\,mol^{-1}}) \times (298\,\mathrm{K})}\right)$$

$$= 3.82 \times 10^6\,\mathrm{dm^3\,mol^{-1}\,s^{-1}},$$

$$k_2 = (6.0 \times 10^8\,\mathrm{dm^3\,s^{-1}\,mol^{-1}}) \exp\left(\frac{-17.5 \times 10^3\,\mathrm{J\,mol^{-1}}}{(8.3145\,\mathrm{J\,K^{-1}\,mol^{-1}}) \times (298\,\mathrm{K})}\right)$$

$$= 5.1 \times 10^5\,\mathrm{dm^3\,mol^{-1}\,s^{-1}},$$

$$k_3 = (1.01 \times 10^9\,\mathrm{dm^3\,s^{-1}\,mol^{-1}}) \exp\left(\frac{-13.6 \times 10^3\,\mathrm{J\,mol^{-1}}}{(8.3145\,\mathrm{J\,K^{-1}\,mol^{-1}}) \times (298\,\mathrm{K})}\right)$$

$$= 4.17 \times 10^6\,\mathrm{dm^3\,mol^{-1}\,s^{-1}}.$$

Im Vergleich mit Reaktion 1 zeigt Reaktion 2 einen merklichen kinetischen Isotopieeffekt, bei Reaktion 3 ist praktisch kein Isotopieeffekt vorhanden. Dieser Unterschied sollte nicht überraschen: Bei Reaktion 2 wird eine C–D-Bindung aufgebrochen, während das bewegte D-Atom in Reaktion 3 bereits an das O-Atom gebunden ist. Vergleichen Sie den experimentellen Wert des Isotopieeffekts von 0.13 mit dem Wert, der in Reaktion 2 zu erwarten ist.

$$\frac{k_2}{k_1} = \exp\left(-\frac{\hbar k_f^{1/2}}{2k_B T}\left(\frac{1}{\mu_{CH}^{1/2}} - \frac{1}{\mu_{CD}^{1/2}}\right)\right) \quad \text{[Aufgabe A22.15a]}.$$

Wir setzen $\mu_{CH} \approx m_H$ und $\mu_{CD} \approx m_D \approx 2m_H$ und erhalten

$$\frac{k_2}{k_1} = \exp\left(\left(\frac{-(1.0546 \times 10^{-34}\,\mathrm{J\,s}) \times (500\,\mathrm{kg\,s^{-2}})^{1/2}}{2(1.381 \times 10^{-23}\,\mathrm{J\,K^{-1}}) \times (298\,\mathrm{K})}\right) \times \left(1 - \frac{1}{2^{1/2}}\right)\right.$$

$$\left. \times \left(\frac{6.022 \times 10^{23}\,\mathrm{mol^{-1}}}{1 \times 10^{-3}\,\mathrm{kg\,mol^{-1}}}\right)^{1/2}\right)$$

$$= 0.13$$

in völliger Übereinstimmung mit dem experimentellen Wert.

23 Die Kinetik zusammengesetzter Reaktionen

Diskussionsfragen

23.1 (a)

(1) $AH \rightarrow A\cdot + H\cdot$	Kettenstart [Bildung von Radikalen]
(2) $A\cdot \rightarrow B\cdot + C$	Fortpflanzung [Bildung neuer Radikale]
(3) $AH + B\cdot \rightarrow A\cdot + D$	Fortpflanzung [Bildung neuer Radikale]
(4) $A\cdot + B\cdot \rightarrow P$	Kettenabbruch [Bildung von nicht-radikalischen Produkten]

(b)

(1) $A_2 \rightarrow A\cdot + A\cdot$	Kettenstart [Bildung von Radikalen]
(2) $A\cdot \rightarrow B\cdot + C$	Fortpflanzung [Bildung von Radikalen]
(3) $A\cdot + P \rightarrow B\cdot$	Inhibierung [Zerstörung des Produkts, aber kein Kettenabbruch]
(4) $A\cdot + B\cdot \rightarrow P$	Kettenabbruch [Bildung von nicht-radikalischen Produkten]

23.3 Der Michaelis-Menten-Mechanismus der Enzymkinetik beschreibt ein Enzym mit einer aktiven Stelle, das in homogener Lösung schwach und reversibel ein Substrat bindet. Der Mechanismus besteht aus drei Schritten: Der erste und der zweite Schritt besteht aus der reversiblen Bildung eines Enzym-Substrat-Komplexes (ES). Der dritte Schritt ist der Zerfall des Komplexes in das Produkt. Auf die Konzentration des Zwischenprodukts (ES) wird die stationäre Näherung angewendet, mit der sich die Ableitung des finalen Geschwindigkeitsausdrucks erleichtern lässt. Allerdings ist die Anwendung dieser Näherung nur schwach zu begründen, denn beide Geschwindigkeitskonstanten für die reversiblen Schritte sind nicht so groß (im Vergleich zur Geschwindigkeitskonstante für den Zerfall in die Produkte) wie sie sein sollten, damit die Näherung gültig ist. Die einfachste Form des Mechanismus ist nur anwendbar für $k_b \gg k'_a$. Dennoch scheint die Form der erhaltenen Geschwindigkeitsgleichung zu den wichtigsten messbaren Merkmalen von enzymkatalysierten Reaktionen zu passen; sie erklärt, warum es ein Maximum in der Reaktionsgeschwindigkeit gibt, und liefert ein mechanistisches Bild der Wechselzahl. Das Modell lässt sich erweitern, um auch Reaktionen mit mehreren Substraten und die Inhibition zu berücksichtigen.

23.5 Die Primärquantenausbeute hängt zusammen mit dem ersten photochemischen Ereignis in dem gesamten photochemischen Prozess, wozu auch sekundäre Ereignisse gehören können. Ein Beispiel, das beide Arten der Prozesse illustriert, ist die Photolyse von HI, die in Abschnitt 23.4.2 beschrieben wird. Die Primärquantenausbeute ist definiert als das Verhältnis aus der Anzahl der Primärereignisse zur Anzahl der absorbierten Photonen

Arbeitsbuch Physikalische Chemie. 4. Auflage. P. W. Atkins, C. A. Trapp, M. P. Cady und C. Giunta

ISBN: 978-3-527-31828-5

(Gl. (23-28)); ihr Wert kann niemals höher als 1 sein. Bei Reaktionen, die durch zusammengesetzte Mechanismen beschrieben werden, kann jedoch die Gesamtquantenausbeute (also die Anzahl der Reaktantenmoleküle, die sowohl bei Primär- als auch bei Sekundärprozessen pro absorbiertem Photon beteiligt sind) den Wert 1 leicht übersteigen. Zu den experimentellen Anordnungen, mit denen man die Gesamtquantenausbeute bestimmen kann, gehören Messungen der Intensität der verwendeten Strahlung (hier definiert als die Anzahl der erzeugten und auf die reagierende Probe gerichteten Photonen) und der Menge des entstehenden Produkts. Dieses Verhältnis ist die Gesamtquantenausbeute (vgl. *Beispiel* 23-5). Neben den chemischen Reaktionen beschreibt das Konzept der Quantenausbeute auch andere photochemische Prozesse wie Fluoreszenz und Phosphoreszenz; in allen Fällen gibt es spezifische, an den Prozess angepasste Verfahren, um die Quantenausbeute zu bestimmen.

23.7 Die Förster-Theorie des Resonanzenergietransfers untersucht die Wechselwirkung zwischen einem induzierten oszillierenden Dipolmoment in dem Chromophor S als Energiedonor und einem zweiten Chromophor Q als Energieakzeptor. Das oszillierende Dipolmoment von S wird durch eine einfallende elektromagnetische Strahlung verursacht, die Chromophore sind durch den Abstand R getrennt. S überträgt die Anregungsenergie auf Q mithilfe eines Mechanismus, in dem das oszillierende Dipolmoment ein oszillierendes Dipolmoment in Q induziert. Der Resonanzenergietransfer kann effizient sein, wenn R klein ist (typischerweise um 9 nm) und wenn das Absorptionsspektrum des Akzeptors und das Emissionsspektrum des Donors sich überlappen.

In Experimenten zum Fluoreszenz-Resonanzenergietransfer (FRET) nutzt man gewöhnlich das Fluoreszenzspektrum und die Relaxationszeiten der Förster-Donor- und -Akzeptorchromophore, um die Abstände zwischen Fluoreszenzfarbstoffen und markierten Stellen in Proteinen, DNA, RNA usw. zu bestimmen. FRET ist eine Art spektroskopisches „Lineal". Für die Rechnungen braucht man entweder experimentell bestimmte Quantenausbeuten oder Relaxationslebensdauern, um die Effizienz des Resonanzenergietransfers E_T zu bestimmen (vgl. Gl. (23-37))

$$E_\mathrm{T} = 1 - \frac{\phi_\mathrm{F}}{\phi_{\mathrm{F},0}} = 1 - \frac{\tau}{\tau_0}.$$

Mit E_T berechnet man gemäß Gl. (23-38) dann R:

$$E_\mathrm{T} = \frac{R_0^6}{R_0^6 + R^6} \quad \text{bzw.} \quad R = R_0 \left(\frac{1 - E_\mathrm{T}}{E_\mathrm{T}} \right)^{1/6}.$$

Leichte Aufgaben

Vorbemerkung: Bei den folgenden Aufgaben wird empfohlen, die Geschwindigkeitskonstanten mit der Nummer des betreffenden Schritts im vorgeschlagenen Mechanismus zu bezeichnen und sie für die Rückreaktionen mit einem Strich zu kennzeichnen.

A23.1a Wir nehmen an, dass für [O] die Näherung des stationären Zustands gilt (vgl. dazu aber die unten stehende Frage). Dann ist

$$\frac{d[O]}{dt} = 0 = k_1[O_3] - k_1'[O][O_2] - k_2[O][O_3].$$

Auflösen nach [O] ergibt

$$[O] = \frac{k_1[O_3]}{k_1'[O_2] + k_2[O_3]}.$$

Mit der Reaktionsgeschwindigkeit $-\frac{1}{2}\frac{d[O_3]}{dt}$ ist

$$\frac{d[O_3]}{dt} = -k_1[O_3] + k_1'[O][O_2] - k_2[O][O_3].$$

Wir setzen den obigen Ausdruck [O] ein und erhalten

$$\frac{d[O_3]}{dt} = -k_1[O_3] + \frac{k_1[O_3](k_1'[O_2] - k_2[O_3])}{k_1'[O_2] + k_2[O_3]}$$

$$= \frac{-k_1[O_3](k_1'[O_2] + k_2[O_3]) + k_1[O_3](k_1'[O_2] - k_2[O_3])}{k_1'[O_2] + k_2[O_3]} = \frac{-2k_1k_2[O_3]^2}{k_1'[O_2] + k_2[O_3]}.$$

Die Reaktionsgeschwindigkeit ist

$$\frac{k_1k_2[O_3]^2}{k_1'[O_2] + k_2[O_3]}.$$

Frage: Können Sie das Geschwindigkeitsgesetz aufstellen, wenn der erste Schritt des vorgeschlagenen Mechanismus ein schnelles vorgelagertes Gleichgewicht ist? Unter welchen Bedingungen reduziert sich die obige Gleichung zur letzteren?

A23.2a Die Ausdrücke für den stationären Zustand lauten nun

$$k_2[NO_2][NO_3] - k_3[NO][NO_3] = 0,$$

$$k_1[N_2O_5] - k_1'[NO_2][NO_3] - k_2[NO_2][NO_3] - k_3[NO][NO_3] = 0,$$

$$\frac{d[N_2O_5]}{dt} = -k_1[N_2O_5] + k_1'[NO_2][NO_3].$$

Aus den Gleichungen für den stationären Zustand folgt

$$k_3[NO][NO_3] = k_2[NO_2][NO_3],$$

$$[NO_2][NO_3] = \frac{k_1}{k_1' + 2k_2}[N_2O_5].$$

Einsetzen ergibt $\frac{d[N_2O_5]}{dt} = -k_1[N_2O_5] + \frac{k_1k_1'}{k_1' + 2k_2}[N_2O_5] = \frac{2k_1k_2}{k_1' + 2k_2}[N_2O_5].$

Die Geschwindigkeit ist $\frac{k_1k_2}{k_1' + 2k_2}[N_2O_5] = k[N_2O_5].$

A23.3a Die Verzweigungsexplosion tritt bei 800 K ein zwischen 0.16 kPa und 4.0 kPa.

A23.4a $$\frac{d[A^-]}{dt} = k_1[AH][B] - k_2[A^-][BH^+] - k_3[A^-][AH] = 0$$

Also ist $[A^-] = \dfrac{k_1[AH][B]}{k_2[BH^+] + k_3[AH]}$.

Damit gilt für die Geschwindigkeit der Produktbildung

$$\frac{d[P]}{dt} = k_3[AH][A^-] = \frac{k_1 k_3[AH]^2[B]}{k_2[BH^+] + k_3[AH]}.$$

A23.5a $$\frac{d[AH]}{dt} = -k_a[AH] - k_c[AH][B].$$

(a) $$\frac{d[A]}{dt} = k_a[AH] - k_b[A] + k_c[AH][B] - k_d[A][B] \approx 0.$$

(b) $$\frac{d[B]}{dt} = k_b[A] - k_c[AH][B] - k_d[A][B] \approx 0.$$

$$\left.\begin{aligned} &(a) + (b) \quad [A][B] = \left(\frac{k_a}{2k_d}\right)[AH] \\ &(a) - (b) \quad [A] = \left(\frac{k_a + 2k_c[B]}{2k_b}\right)[AH] \end{aligned}\right\}.$$

Auflösen nach [A] ergibt

$$[A] = k[AH], \quad k = \left(\frac{k_a}{4k_b}\right) \times \left[1 + \left(1 + \frac{8k_b k_c}{k_a k_d}\right)^{1/2}\right].$$

Daraus folgt

$$[B] = \frac{k_{a[AH]}}{2k_d[A]} = \frac{k_a}{2k k_d}$$

sowie

$$\frac{d[AH]}{dt} = -k_a[AH] - \left(\frac{k_a k_c}{2k k_d}\right)[AH] = -k_{eff}[AH]$$

mit $k_{eff} = k_a + \dfrac{k_a k_c}{2k k_d}$.

A23.6a Die maximale Geschwindigkeit ist nach Gl. (23-20b) $k_b[E]_0$.

Dann wissen wir wegen $v = \dfrac{k_b[S][E]_0}{K_M + [S]}$ (Gl. (23-20a))

$$v_{max} = k_b[E]_0 = \left(\frac{K_M + [S]}{[S]}\right) v = \left(\frac{0.035 + 0.110}{0.110}\right) \times (1.15 \times 10^{-3}\,\text{mol}\,\text{dm}^{-3}\,\text{s}^{-1})$$
$$= 1.52 \times 10^{-3}\,\text{mol}\,\text{dm}^{-3}\text{s}^{-1}.$$

A23.7a Nach den Abschnitten 23.4.1 und 23.4.2 berechnet man die Anzahl der absorbierten Photonen aus der Zahl der reagierenden Moleküle, geteilt durch die Quantenausbeute ϕ. Also ist

$$\text{Anzahl absorbiert} = \frac{(1.14 \times 10^{-3}\,\text{mol}) \times (6.022 \times 10^{23}\,\text{Einstein}^{-1})}{2.1 \times 10^{2}\,\text{mol}\,\text{Einstein}^{-1}} = 3.3 \times 10^{18}.$$

A23.8a In einer Quelle der Leistung P und der Wellenlänge λ entstehen innerhalb eines Zeitraums t eine Anzahl von n_λ Photonen. Es ist

$$n_\lambda = \frac{Pt}{h\nu N_A} = \frac{P\lambda t}{hcN_A}$$
$$= \frac{(100\,\text{W}) \times (45) \times (60\,\text{s}) \times (490 \times 10^{-9}\,\text{m})}{(6.626 \times 10^{-34}\,\text{J s}) \times (2.998 \times 10^{8}\,\text{m s}^{-1}) \times (6.022 \times 10^{23}\,\text{mol}^{-1})}$$
$$= 1.11\,\text{mol}.$$

60 % (d. h. hier 0.664 mol) der Photonen des eintreffenden Strahls werden absorbiert. Also ist

$$\phi = \frac{0.344\,\text{mol}}{0.664\,\text{mol}} = 0.518.$$

Alternativ können wir die Anzahl der Photonen in Einstein angeben (1 mol Photonen = 1 Einstein). Dann ist $\phi = 0.518\,\text{mol}\,\text{Einstein}^{-1}$.

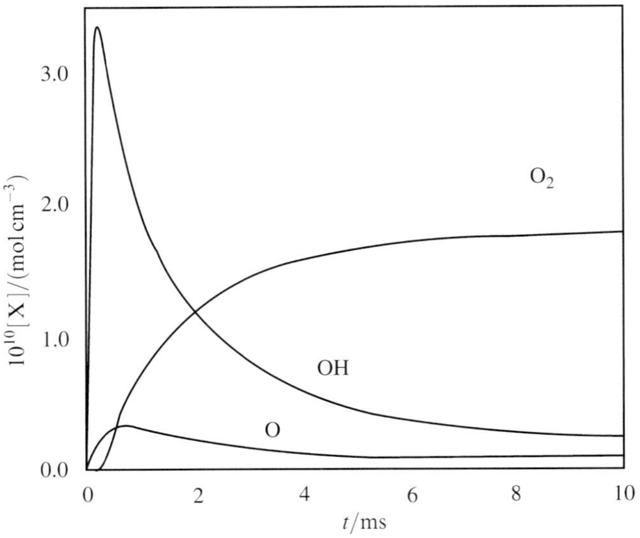

Abb. 23-1

Schwerere Aufgaben

Rechenaufgaben

23.1

$$H + NO_2 \rightarrow OH + NO, \quad k_1 = 2.9 \times 10^{10}\,dm^3\,mol^{-1}\,s^{-1}.$$

$$OH + OH \rightarrow H_2O + O, \quad k_2 = 1.55 \times 10^9\,dm^3\,mol^{-1}\,s^{-1}.$$

$$O + OH \rightarrow O_2 + H, \quad k_3 = 1.1 \times 10^{10}\,dm^3\,mol^{-1}\,s^{-1}.$$

$$[H]_0 = 4.5 \times 10^{-10}\,mol\,cm^{-3}, \; [NO_2]_0 = 5.6 \times 10^{-10}\,mol\,cm^{-3}.$$

$$\frac{d[O]}{dt} = k_2[OH]^2 + k_3[O][OH], \quad \frac{d[O_2]}{dt} = k_3[O][OH],$$

$$\frac{d[OH]}{dt} = k_1[H][NO_2] - 2k_2[OH]^2 - k_3[O][OH], \quad \frac{d[NO_2]}{dt} = -k_1[H][NO_2],$$

$$\frac{d[H]}{dt} = k_3[O][OH] - k_1[H][NO_2].$$

Diese Gleichungen zeigen, wie selbst eine einfache Folge von Reaktionen zu einem komplizierten Satz von nichtlinearen Differenzialgleichungen führt. Weil wir die Zeitabhängigkeit der Zusammensetzung bestimmen wollen, können wir die Näherung des stationären Zustands nicht anwenden. Es bleibt uns nur, mithilfe eines Computers die Gleichungen numerisch zu integrieren. Das Ergebnis ist in Abb. 23-1 dargestellt (die Kurven wurden der Originalliteratur entnommmen). Achten Sie auf die Ähnlichkeit zu dem Schema A $\rightarrow$ B $\rightarrow$ C, die auch zu erwarten war. Die allgemeinen Eigenschaften der Kurven lassen sich recht leicht mithilfe der Reaktionen untersuchen.

23.3 Die Funktionen der einzelnen Schritte sind

(1)	$N_2O \rightarrow N_2 + O$	Kettenstart,
(2)	$O + SiH_4 \rightarrow SiH_3 + OH$	Fortpflanzung [oder Transfer],
(3)	$OH + SiH_4 \rightarrow SiH_3 + H_2O$	Fortpflanzung [oder Transfer],
(4)	$SiH_3 + N_2O \rightarrow SiH_3O + N_2$	Fortpflanzung,
(5)	$SiH_3O + SiH_4 \rightarrow SiH_3OH + SiH_3$	Fortpflanzung,
(6)	$SiH_3 + SiH_3O \rightarrow (H_3Si)_2O$	Kettenabbruch.

Die Geschwindigkeit des Silanverbrauchs ist

$$\frac{d[SiH_4]}{dt} = -k_2[SiH_4][O] - k_3[SiH_4][OH] - k_5[SiH_3O][SiH_4].$$

Die stationäre Näherung für O ergibt:

$$\frac{d[O]}{dt} = k_1[N_2O] - k_2[SiH_4][O] \approx 0 \quad \text{und damit} \quad [O] = \frac{k_1[N_2O]}{k_2[SiH_4]}.$$

Die stationäre Näherung für OH ist

$$\frac{d[OH]}{dt} = k_2[SiH_4][O] - k_3[OH][SiH_4] \approx 0 = k_1[N_2O] - k_3[OH][SiH_4].$$

Daraus ergibt sich $[OH] = \dfrac{k_1[N_2O]}{k_3[SiH_4]}$.

Die stationäre Näherung für SiH_3O und SiH_3 liefert

$$\frac{d[SiH_3O]}{dt} = k_4[SiH_3][N_2O] - k_5[SiH_3O][SiH_4] - k_6[SiH_3O][SiH_3] = 0,$$

$$\frac{d[SiH_3]}{dt} = k_2[SiH_4][O] + k_3[SiH_4][OH] - k_4[SiH_3][N_2O]$$
$$+ k_5[SiH_3O][SiH_4] - k_6[SiH_3O][SiH_3]$$
$$= 2k_1[N_2O] - k_4[SiH_3][N_2O] + k_5[SiH_3O][SiH_4] - k_6[SiH_3O][SiH_3] \approx 0.$$

Addieren wir diese Ausdrücke, so haben wir

$$0 = 2k_1[N_2O] - 2k_6[SiH_3O][SiH_3] \quad \text{und damit} \quad [SiH_3] = \frac{k_1[N_2O]}{k_6[SiH_3O]}.$$

Bei der Subtraktion ergibt sich

$$0 = 2k_1[N_2O] - k_4[SiH_3][N_2O] + k_5[SiH_3O][SiH_4].$$

Auflösen nach $[SiH_3O]$ ergibt:

$$0 = 2k_1[N_2O] - \frac{k_1k_4[N_2O]^2}{k_6[SiH_3O]} + k_5[SiH_3O][SiH_4]$$
$$= 2k_1k_6[SiH_3O][N_2O] - k_1k_4[N_2O]^2 + k_5k_6[SiH_3O]^2[SiH_4].$$

$$[SiH_3O] = \frac{-2k_1k_6[N_2O] \pm (4k_1^2k_6^2[N_2O]^2 + 4k_1k_4k_5k_6[N_2O]^2[SiH_4])^{1/2}}{2k_5k_6[SiH_4]}$$

$$= \frac{k_1[N_2O]}{k_5[SiH_4]}\left[-1 + \left(1 + \frac{k_4k_5[SiH_4]}{k_1k_6}\right)^{1/2}\right].$$

Wenn k_1 klein ist, gilt

$$[SiH_3O] \approx \frac{k_1[N_2O]}{k_5[SiH_4]}\left(\frac{k_4k_5[SiH_4]}{k_1k_6}\right)^{1/2} = [N_2O]\left(\frac{k_1k_4}{k_5k_6[SiH_4]}\right)^{1/2}.$$

Insgesamt ergibt sich damit

$$\frac{d[SiH_4]}{dt} = -2k_1[N_2O] - k_5[SiH_4][N_2O]\left(\frac{k_1k_4}{k_5k_6[SiH_4]}\right)^{1/2}$$

$$\approx \left(\frac{k_1k_4k_5}{k_6}\right)^{1/2}[N_2O][SiH_4]^{1/2}.$$

23.5

$$\frac{d[HI]}{dt} = 2k_b[I\cdot]^2[H_2]. \quad (1)$$

$$\frac{d[I\cdot]}{dt} = 2k_a[I_2] - 2k_a'[I\cdot]^2 - 2k_b[I\cdot]^2[H_2].$$

In der stationären Näherung für $[I\cdot]$ haben wir

$$\frac{d[I\cdot]}{dt} = 0 = 2k_a[I_2] - 2k_a'[I\cdot]^2_{SS} - 2k_b[I\cdot]^2_{SS}[H_2]$$

$$[I\cdot]^2_{SS} = \frac{k_a}{k_a' + k_b[H_2]}[I_2]. \quad (2)$$

Einsetzen von (2) in (1) ergibt

$$\frac{d[HI]}{dt} = \frac{2k_bk_a[I_2][H_2]}{k_a' + k_b[H_2]}.$$

Man findet dieses einfache Geschwindigkeitsgesetz, wenn Schritt (2) geschwindigkeitsbestimmend ist, sodass (1) ein schnelles Gleichgewicht ist und $[I\cdot]$ ein quasistationärer Zustand ist. Dies ist äquivalent zu $k_b[H_2] \ll k_a'$. Folglich ist

$$\frac{d[HI]}{dt} = 2k_bK[I_2][H_2].$$

23.7 (a) Nach Gl. (23-31) gilt

$$\frac{I_F}{I_0} = e^{-t/\tau_0} \quad \text{bzw.} \quad \ln\left(\frac{I_F}{I_0}\right) = -\frac{t}{\tau_0}.$$

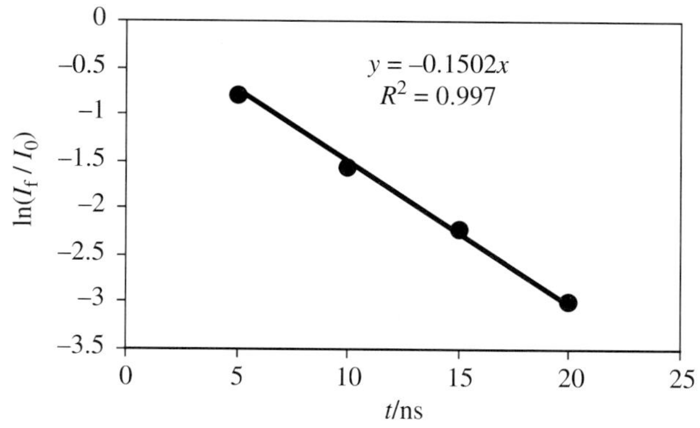

Abb. 23-2

Eine Auftragung von $\ln(I_F/I_0)$ gegen t sollte eine Gerade mit der Steigung $-1/\tau_0$ (d. h. $\tau_0 = -1/\text{Steigung}$) und einem Achsenabschnitt von null ergeben. Wir tragen also den Graphen auf, um zu prüfen, ob er linear ist. Wenn er linear ist (er ist es), bestimmen wir durch lineare Regression eine Ausgleichsgerade mit dem Achsenabschnitt null und berechnen mit ihrer Steigung τ_0 (Abb. 23-2). Alternativ mitteln wir die Messwerte von $(1/t)\ln(I_f/I_0)$ und prüfen, ob die Standardabweichung klein ist im Vergleich zum Mittelwert (das ist so). Der Mittelwert ist gleich $-1/\tau_0$ (d. h. $\tau_0 = -1/\text{Mittelwert}$).

$$\text{Steigung} = -0.150\ \text{ns}^{-1},$$
$$\tau_0 = -(-0.150\ \text{ns}^{-1})^{-1},$$
$$\tau_0 = 6.67\ \text{ns}.$$

(b) Nach Gl. (23-34) gilt für die Geschwindigkeitskonstante der Fluoreszenz

$$k_F = \phi_f/\tau_0 = 0.70/(6.67\ \text{ns})$$
$$k_F = 0.105\ \text{ns}^{-1}.$$

23.9 Wegen $I_F = k_F[S^*]_t = k_F[S^*]_0\, e^{t/\tau_0}$ nehmen wir an, dass die Auftragung von $\ln(I_f/I_0)$ gegen t linear ist; die Steigung beträgt in Abwesenheit eines Quenchers $-1/\tau_0$. Der Graph ist wirklich linear mit einer durch Regression berechneten Steigung von $-1.004 \times 10^5\ \text{s}^{-1}$. Also ist

$$\tau_0 = \frac{1}{1.004 \times 10^5 \text{s}^{-1}} = 9.96\ \mu\text{s}.$$

Bei Vorliegen eines Quenchers ergibt sich bei der Auftragung von $\ln(I_F/I_0)$ gegen t immer noch eine Gerade, die Steigung beträgt aber $-1/\tau$. Der Graph ist linear mit einer durch Regression berechneten Steigung von $-1.788 \times 10^5 \text{s}^{-1}$.

$$\tau = \frac{1}{1.788 \times 10^5\ \text{s}^{-1}} = 5.59\ \mu\text{s}.$$
$$\frac{1}{\tau} = \frac{1}{\tau_0} + k_Q[Q] \quad \text{(Gl. 23-36)}.$$

$$k_q = \frac{\tau^{-1} - \tau_0^{-1}}{[N_2]} = \frac{RT(\tau^{-1} - \tau_0^{-1})}{p_{N_2}}$$

$$= \frac{(0.08206\,dm^3\,atm\,K^{-1}\,mol^{-1})(300\,K)(1.788 - 1.004)10^5\,s^{-1}}{9.74 \times 10^{-4}\,atm}.$$

$$k_q = 1.98 \times 10^9\,dm^3\,mol^{-1}\,s^{-1}.$$

Theoretische Aufgaben

23.11 $\frac{d[CH_3CH_3]}{dt} = -k_a[CH_3CH_3] - k_b[CH_3][CH_3CH_3] - k_d[CH_3CH_3][H] + k_e[CH_3CH_2][H].$

Wir wenden die stationäre Näherung auf die drei Zwischenprodukte CH_3, CH_3CH_2 und H an.

$$\frac{d[CH_3]}{dt} = 2k_a[CH_3CH_3] - k_b[CH_3CH_3][CH_3] = 0,$$

woraus folgt $[CH_3] = \frac{2k_a}{k_b}$.

$$\frac{d[CH_3CH_2]}{dt} = k_b[CH_3][CH_3CH_3] - k_c[CH_3CH_2]$$
$$+ k_d[CH_3CH_3][H] - k_e[CH_3CH_2][H] = 0.$$

$$\frac{d[H]}{dt} = k_c[CH_3CH_2] - k_d[CH_3CH_3][H] - k_e[CH_3CH_2][H] = 0.$$

Diese drei Gleichungen ergeben

$$[H] = \frac{k_c}{k_e + k_d\frac{[CH_3CH_3]}{[CH_3CH_2]}},$$

$$[CH_3CH_2]^2 - \left(\frac{k_a}{k_c}\right)[CH_3CH_3][CH_3CH_2] - \left(\frac{k_a k_d}{k_c k_e}\right)[CH_3CH_3]^2 = 0,$$

bzw. $[CH_3CH_2] - \left\{\left(\frac{k_a}{2k_c}\right) + \left[\left(\frac{k_a}{2k_c}\right)^2 + \left(\frac{k_a k_d}{k_c k_e}\right)\right]^{1/2}\right\}[CH_3CH_3].$

Daraus folgt

$$[H] = \frac{k_c}{k_e + (k_d/\kappa)}, \quad \kappa = \left(\frac{k_a}{2k_c}\right) + \left[\left(\frac{k_a}{2k_c}\right)^2 + \left(\frac{k_a k_d}{k_c k_e}\right)\right]^{1/2}.$$

Wenn k_a klein ist in dem Sinn, dass nur die niedrigste Ordnung berücksichtigt werden muss, gilt

$$[CH_3CH_2] \approx \left(\frac{k_a k_d}{k_c k_e}\right)^{1/2} [CH_3CH_3],$$

$$[H] \approx \frac{k_c}{k_e + k_d\,(k_c k_e/k_a k_d)^{1/2}} \approx \left(\frac{k_a k_c}{k_d k_e}\right)^{1/2}.$$

Die Bildungsgeschwindigkeit von Ethen ist daher

$$\frac{d[CH_2CH_2]}{dt} = k_c[CH_3CH_2] = \left(\frac{k_a k_c k_d}{k_e}\right)^{1/2} [CH_3CH_3].$$

Die Bildungsgeschwindigkeit von Ethen ist gleich der Verbrauchsgeschwindigkeit von Ethan (die Zwischenprodukte haben allesamt nur niedrige Konzentration), es gilt also

$$\frac{d[CH_3CH_3]}{dt} = -k[CH_3CH_3], \quad k = \left(\frac{k_a k_c k_d}{k_e}\right)^{1/2}.$$

Wenn die Reaktion sensibilisiert wird, sodass k_a ansteigt, können auch andere Ordnungen auftreten.

23.13 Aus Gl. (23-8a) mit $\langle \overline{M} \rangle_N = \langle n \rangle M$ folgt

$$\langle \overline{M} \rangle_N = \frac{M}{1-p}.$$

Die Wahrscheinlichkeit P_n, dass ein Polymer aus n Monomeren besteht, ist gleich der Wahrscheinlichkeit, dass es $n-1$ Endgruppen hat, die schon reagiert haben, und eine Endgruppe, die nicht reagiert hat. Die erstgenannte Wahrscheinlichkeit ist p^{n-1}, die letzte Wahrscheinlichkeit ist $1-p$. Daher ist die Gesamtwahrscheinlichkeit, dass ein Polymer aus n Einheiten vorliegt, gegeben durch

$$P_n = p^{n-1}(1-p).$$

$$\begin{aligned}\langle M^2 \rangle N &= M^2 \langle n^2 \rangle = M^2 \sum_n n^2 P_n = M^2 (1-p) \sum_n n^2 p^{n-1} \\ &= M^2(1-p)\frac{d}{dp} p \frac{d}{dp} \sum_n p^n \\ &= M^2(1-p)\frac{d}{dp} p \frac{d}{dp}(1-p)^{-1} = \frac{M^2(1+p)}{(1-p)^2}.\end{aligned}$$

Es folgt $\langle n^2 \rangle = \dfrac{1+p}{(1-p)^2}$

sowie $\langle M^2 \rangle_N - \langle \bar{M} \rangle_{N^2} = M^2 \left(\dfrac{1+p}{(1-p)^2} - \dfrac{1}{(1-p)^2}\right) = \dfrac{pM^2}{(1-p)^2}$

und schließlich $\delta M = \dfrac{p^{1/2} M}{1-p}$.

Die Zeitabhängigkeit erhalten wir mit Gl. (23-7) und Gl. (23-8b):

$$p = \frac{kt[\mathrm{A}]_0}{1 + kt[\mathrm{A}]_0},$$

$$\frac{1}{1-p} = 1 + kt[\mathrm{A}]_0.$$

Also ist $\dfrac{p^{1/2}}{1-p} = p^{1/2}(1 + kt[\mathrm{A}]_0) = \{kt[\mathrm{A}]_0(1 + kt[\mathrm{A}]_0)\}^{1/2}$

sowie $\delta M = M\{kt[\mathrm{A}]_0(1 + kt[\mathrm{A}]_0)\}^{1/2}$.

23.15 Bei einem Kettenabbruch durch Disproportionierung verbinden sich die Radikale nicht. Die mittlere Anzahl der Monomere in einem Polymermolekül ist dann gleich der Anzahl bei den Radikalen, der kinetischen Kettenlänge ν. Mit Gl. (23-14) gilt

$$\langle n \rangle = \nu = k[\cdot\mathrm{M}][\mathrm{I}]^{-1/2}.$$

23.17 (a) Wir betrachten die Reaktion A + P → P + P mit einem autokatalytischen Schritt und dem Geschwindigkeitsgesetz $v = k[\mathrm{A}][\mathrm{P}]$. Wir setzen

$[\mathrm{A}] = [\mathrm{A}]_0 - x$ und $[\mathrm{P}] = [\mathrm{P}]_0 + x$.

Diese Definitionen setzen wir in das Geschwindigkeitsgesetz ein und integrieren:

$$v = -\frac{\mathrm{d}[\mathrm{A}]}{\mathrm{d}t} = k[\mathrm{A}][\mathrm{P}] - \frac{\mathrm{d}([\mathrm{A}]_0 - x)}{\mathrm{d}t} = k([\mathrm{A}]_0 - x)([\mathrm{P}]_0 + x).$$

$$\frac{\mathrm{d}x}{([\mathrm{A}]_0 - x)([\mathrm{P}]_0 + x)} = k\ \mathrm{d}t.$$

$$\frac{1}{[\mathrm{A}]_0 + [\mathrm{P}]_0}\left(\frac{1}{[\mathrm{A}]_0 - x} + \frac{1}{[\mathrm{P}]_0 + x}\right)\mathrm{d}x = k\ \mathrm{d}t.$$

$$\frac{1}{[\mathrm{A}]_0 + [\mathrm{P}]_0}\int_0^x \left(\frac{1}{[\mathrm{A}]_0 - x} + \frac{1}{[\mathrm{P}]_0 + x}\right)\mathrm{d}x = k\int_0^t \mathrm{d}t.$$

$$\frac{1}{[\mathrm{A}]_0 + [\mathrm{P}]_0}\left\{\ln\left(\frac{[\mathrm{A}]_0}{[\mathrm{A}]_0 - x}\right) + \ln\left(\frac{[\mathrm{P}]_0 + x}{[\mathrm{P}]_0}\right)\right\} = kt.$$

$$\ln\left\{\left(\frac{[\mathrm{A}]_0}{[\mathrm{P}]_0}\right)\left(\frac{[\mathrm{P}]_0 + x}{[\mathrm{A}]_0 - x}\right)\right\} = k([\mathrm{A}]_0 + [\mathrm{P}]_0)t.$$

$$\ln\left\{\left(\frac{[\mathrm{A}]_0}{[\mathrm{P}]_0}\right)\left(\frac{[\mathrm{P}]}{[\mathrm{A}]_0 + [\mathrm{P}]_0 - [\mathrm{P}]}\right)\right\} = k([\mathrm{A}]_0 + [\mathrm{P}]_0)t$$

$$\ln\left\{\left(\frac{1}{b}\right)\left(\frac{[\mathrm{P}]}{[\mathrm{A}]_0 + [\mathrm{P}]_0 - [\mathrm{P}]}\right)\right\} = at \quad \text{mit} \quad a = k([\mathrm{A}]_0 + [\mathrm{P}]_0) \quad \text{und} \quad b = \frac{[\mathrm{P}]_0}{[\mathrm{A}]_0}.$$

(a)

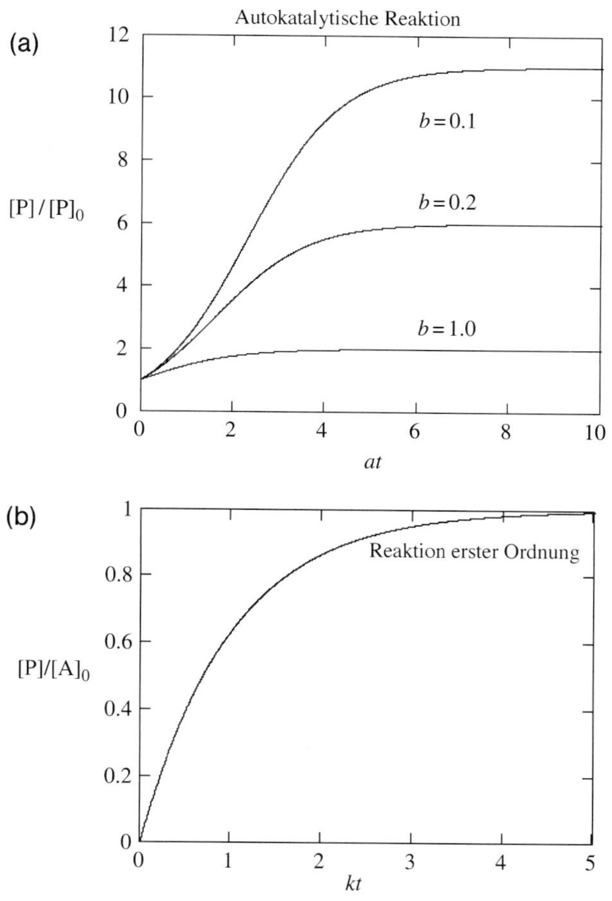

Abb. 23-3

$$\frac{[P]}{[A]_0 + [P]_0 - [P]} = b e^{at} .$$

$$[P] = ([A]_0 + [P]_0) b e^{at} - b e^{at} [P] .$$

$$(1 + b e^{at})[P] = [P]_0 \left(1 + \frac{[A]_0}{[P]_0}\right) b e^{at} = [P]_0 \left(1 + \frac{1}{b}\right) b e^{at} = [P]_0 (b + 1) e^{at} .$$

$$\frac{[P]}{[P]_0} = (b + 1) \frac{e^{at}}{1 + b e^{at}} .$$

(b) Beispielhafte Graphen sind in Abb. 23-3(a) aufgetragen.

Das Wachstum von [P] erreicht nach sehr langen Zeiten ein Maximum. Bei $t \to \infty$ wird der Exponentialterm im Nenner von $[P]/[P]_0 = (b + 1)(e^{at}/(1 + b e^{at}))$ so groß, dass der Nenner sich mit $b e^{at}$ nähern lässt. Also gilt $([P]/[P]_0)_{max} = (b + 1)(e^{at}/b e^{at}) = (b + 1)/b$ mit $b = [P]_0/[A]_0$; dieses Maximum tritt für $t \to \infty$ auf.

Die Form der autokatalytischen Kurve $[P]/[P]_0 = (b + 1)(e^{at}/(1 + b e^{at}))$ sieht der Kurve des Prozesses erster Ordnung $([P]/[A]_0) = 1 - e^{-kt}$ sehr ähnlich. Allerdings unterscheidet sich ihr asymptotisches Verhalten: Es gilt $[P]_{max} = [A]_0$ für $t \to \infty$ beim Prozess erster Ordnung, dagegen $[P]_{max} = (1 + 1/b)[P]_0$ für den autokatalytischen Mechanismus. In einer Reihe von Versuchen mit festem $[A]_0$ und verschiedenen $[P]_0$ tritt nur beim autokatalytischen Mechanismus eine Variation von $[P]_{max}$

auf. Ein weiterer Unterschied ist, dass die autokatalytische Kurve anfangs aufwärts konkav ist (von oben hohl), was dann wegen des späteren Krümmungswechsels im ganzen eine S-Kurve ergibt, während die Kurve für den Prozess erster Ordnung aufwärts konvex ist (von unten hohl). Siehe Abb. 23-3(b).

(c) Wir bezeichnen mit $[\mathrm{P}]_{v_{\max}}$ die Konzentration von P, bei der die Reaktionsgeschwindigkeit maximal ist; die dazugehörige Zeit nennen wir $t_{\max}$.

$$\begin{aligned} v &= k[\mathrm{A}][\mathrm{P}] = k([\mathrm{A}]_0 - x)([\mathrm{P}]_0 + x) \\ &= k\{[\mathrm{A}]_0[\mathrm{P}]_0 + ([\mathrm{A}]_0 - [\mathrm{P}]_0)x - x^2\}. \end{aligned}$$

$$\frac{\mathrm{d}v}{\mathrm{d}t} = k([\mathrm{A}]_0 - [\mathrm{P}]_0 - 2x).$$

Die Reaktionsgeschwindigkeit ist maximal für $\mathrm{d}v/\mathrm{d}t = 0$. Das ist dann der Fall, wenn

$$x = [\mathrm{P}]_{v_{\max}} - [\mathrm{P}]_0 = \frac{[\mathrm{A}]_0 - [\mathrm{P}]_0}{2} \quad \text{bzw.} \quad \frac{[\mathrm{P}]_{v_{\max}}}{[\mathrm{P}]_0} = \frac{b+1}{2b}.$$

Einsetzen in die letzte Gleichung von Aufgabenteil (a) ergibt

$$\frac{[\mathrm{P}]_{v_{\max}}}{[\mathrm{P}]_0} = \frac{b+1}{2b} = (b+1)\frac{\mathrm{e}^{at_{\max}}}{1 + b\mathrm{e}^{at_{\max}}}.$$

Schließlich lösen wir nach $t_{\max}$ auf:

$$1 + b\mathrm{e}^{at_{\max}} = 2b\mathrm{e}^{at_{\max}}.$$

$$\mathrm{e}^{at_{\max}} = b^{-1}.$$

$$at_{\max} = \ln(b^{-1}) = -\ln(b).$$

$$t_{\max} = -\frac{1}{a}\ln(b).$$

(d) $$\frac{\mathrm{d}[\mathrm{P}]}{\mathrm{d}t} = k[\mathrm{A}]^2[\mathrm{P}].$$

$$[\mathrm{A}] = A_0 - x, \quad [\mathrm{P}] = P_0 + x, \quad \frac{\mathrm{d}[\mathrm{P}]}{\mathrm{d}t} = \frac{\mathrm{d}x}{\mathrm{d}t} = k(A_0 - x)^2(P_0 + x).$$

$$\int_0^x \frac{\mathrm{d}x}{(A_0 - x)^2(P_0 + x)} = kt.$$

Das Integral lässt sich durch Partialbruchzerlegung berechnen:

$$\begin{aligned} \frac{1}{(A_0 - x)^2(P_0 + x)} &= \frac{\alpha}{(A_0 - x)^2} + \frac{\beta}{A_0 - x} + \frac{\gamma}{P_0 + x} \\ &= \frac{\alpha(P_0 + x) + \beta(A_0 - x)(P_0 + x) + \gamma(A_0 - x)^2}{(A_0 - x)^2(P_0 + x)}. \end{aligned}$$

$$\left.\begin{aligned} P_0\alpha + \mathrm{A}_0 P_0\beta + \mathrm{A}_0^2\gamma &= 1 \\ \alpha + (\mathrm{A}_0 - P_0)\beta - 2\mathrm{A}_0\gamma &= 0 \\ -\beta + \gamma &= 0 \end{aligned}\right\}.$$

Dieser Satz von simultan zu erfüllenden Gleichungen hat die Lösungen

$$\alpha = \frac{1}{A_0 + P_0}, \quad \beta = \gamma = \frac{\alpha}{A_0 + P_0}.$$

Also ist

$$\begin{aligned} kt &= \left(\frac{1}{A_0 + P_0}\right)\int_0^x \left[\left(\frac{1}{A_0 - x}\right)^2 + \left(\frac{1}{A_0 + P_0}\right)\left(\frac{1}{A_0 - x} + \frac{1}{P_0 - x}\right)\right]\mathrm{d}x \\ &= \left(\frac{1}{A_0 + P_0}\right)\left\{\left(\frac{1}{A_0 - x}\right) - \left(\frac{1}{A_0}\right) + \left(\frac{1}{A_0 + P_0}\right)\left[\ln\left(\frac{A_0}{A_0 - x}\right) + \ln\left(\frac{P_0 + x}{P_0}\right)\right]\right\} \\ &= \left(\frac{1}{A_0 + P_0}\right)\left[\left(\frac{x}{A_0(A_0 - x)}\right) + \left(\frac{1}{A_0 + P_0}\right)\ln\left(\frac{A_0(P_0 + x)}{(A_0 - x)P_0}\right)\right]. \end{aligned}$$

Damit gilt mit $y = \dfrac{x}{A_0}$ und $p = \dfrac{P_0}{A_0}$

$$A_0(A_0 + P_0)kt = \left(\frac{y}{1 - y}\right) + \left(\frac{1}{1 - p}\right)\ln\left(\frac{p + y}{p(1 - y)}\right).$$

Die maximale Geschwindigkeit tritt auf bei

$$\frac{\mathrm{d}v_\mathrm{P}}{\mathrm{d}t} = 0, \quad v_\mathrm{P} = k[\mathrm{A}]^2[\mathrm{P}]$$

und damit bei der Lösung von

$$2k\left(\frac{\mathrm{d}[\mathrm{A}]}{\mathrm{d}t}\right)[\mathrm{A}][\mathrm{P}] + k[\mathrm{A}]^2\frac{\mathrm{d}[\mathrm{P}]}{\mathrm{d}t} = 0.$$

$$-2k[\mathrm{A}][\mathrm{P}]v_\mathrm{P} + k[\mathrm{A}]^2 v_\mathrm{P} = 0 \quad [\text{wegen } v_\mathrm{A} = -v_\mathrm{P}].$$

$$k[\mathrm{A}]([\mathrm{A}] - 2[\mathrm{p}])v_\mathrm{P} = 0.$$

Das heißt: Die Geschwindigkeit ist maximal für $[\mathrm{A}] = 2[\mathrm{P}]$, und das tritt auf bei

$$A_0 - x = 2P_0 + 2x \quad \text{bzw.} \quad x = \tfrac{1}{3}(A_0 - 2P_0); \quad y = \tfrac{1}{3}(1 - 2p).$$

Wir setzen diese Bedingung in das integrierte Geschwindigkeitsgesetz ein und erhalten

$$A_0(A_0 + P_0)kt_\mathrm{max} = \left(\frac{1}{1 + p}\right)\left(\frac{1}{2}(1 - 2p) + \ln\frac{1}{2p}\right)$$

bzw. $(A_0 + P_0)^2 kt_\mathrm{max} = \frac{1}{2} - p - \ln 2p$.

(e)

$$\frac{d[P]}{dt} = k[A][P]^2.$$

$$\frac{dx}{dt} = k(A_0 - x)(P_0 + x)^2 \quad [x = P - P_0].$$

$$kt = \int_0^x \frac{dx}{(A_0 - x)(P_0 + x)^2}.$$

Wir integrieren durch Partialbruchzerlegung (wie in Aufgabenteil (d)):

$$kt = \left(\frac{1}{A_0 + P_0}\right) \int_0^x \left\{\left(\frac{1}{P_0 + x}\right)^2 + \left(\frac{1}{A_0 + P_0}\right)\left[\frac{1}{P_0 + x} + \frac{1}{A_0 - x}\right]\right\} dx$$

$$= \left(\frac{1}{A_0 + P_0}\right)\left\{\left(\frac{1}{P_0} - \frac{1}{P_0 + x}\right) + \left(\frac{1}{A_0 + P_0}\right)\left[\ln\left(\frac{P_0 + x}{P_0}\right) + \ln\left(\frac{A_0}{A_0 - x}\right)\right]\right\}$$

$$= \left(\frac{1}{A_0 + P_0}\right)\left[\left(\frac{x}{P_0(P_0 + x)}\right) + \left(\frac{1}{A_0 + P_0}\right) \ln\left(\frac{(P_0 + x)A_0}{P_0(A_0 - x)}\right)\right].$$

Daher folgt mit $y = \frac{x}{[A]_0}$ und $p = \frac{P_0}{A_0}$,

$$A_0(A_0 + P_0)kt = \left(\frac{y}{p(p + y)}\right) + \left(\frac{1}{1 + p}\right) \ln\left(\frac{p + y}{p(1 - y)}\right).$$

Die Geschwindigkeit ist maximal für

$$\frac{dv_P}{dt} = 2k[A][P]\left(\frac{d[P]}{dt}\right) + k\left(\frac{d[A]}{dt}\right)[P]^2$$

$$= 2k[A][P]v_P - k[P]^2 v_P = k[P](2[A] - [P])v_P = 0.$$

Dies ist der Fall bei $[A] = \frac{1}{2}[P]$.

Setzen wir diese Bedingung in das integrierte Geschwindigkeitsgesetz ein, erhalten wir

$$A_0(A_0 + P_0)kt_{max} = \left(\frac{2 - p}{2p(1 + p)}\right) + \left(\frac{1}{1 + p}\right) \ln\frac{2}{p}$$

bzw. $(A_0 + P_0)^2 kt_{max} = \frac{2 - p}{2p} + \ln\frac{2}{p}$.

23.19

$$A \rightarrow 2R \qquad I.$$

$$A + R \rightarrow R + B \qquad k_2.$$

$$R + R \rightarrow R_2 \qquad k_3.$$

$$\frac{d[A]}{dt} = -I - k_2[A][R], \quad \frac{d[R]}{dt} = 2I - 2k_3[R]^2 = 0.$$

Aus der letzten Formel folgt $[R] = \left(\frac{I}{k_3}\right)^{1/2}$ und daher

$$\frac{d[A]}{dt} = -I - k_2 \left(\frac{I}{k_3}\right)^{1/2} [A],$$

$$\frac{d[B]}{dt} = k_2[A][R] = k_2 \left(\frac{I}{k_3}\right)^{1/2} [A].$$

Also kann nur die Kombination $\frac{k_2}{k_3^{1/2}}$ bestimmt werden, wenn die Reaktion einen stationären Zustand erreicht.

Anmerkung: Wenn die Reaktion in ausreichend kurzen Zeiträumen verfolgt werden kann, sodass die Abbruchreaktion gegenüber dem Start vernachlässigbar ist, dann gilt $[R] \approx 2It$ und $\frac{d[B]}{dt} \approx k_2 It\,[A]$. Daher gibt die Beobachtung von B nur Aufschluss über k_2.

23.21 $\frac{d[Cr(CO)_5]}{dt} = I - k_2[Cr(CO)_5][CO] - k_3[Cr(CO)_5][M] + k_4[Cr(CO)_5M] = 0$ [stationärer Zustand].

Also ist $[Cr(CO)_5] = \frac{I + k_4[Cr(CO)_5M]}{k_2[CO] + k_3[M]}$.

$$\frac{d[Cr(CO)_5M]}{dt} = k_3[Cr(CO)_5][M] - k_4[Cr(CO)_5M].$$

Wir setzen den Ausdruck für $[Cr(CO)_5]$ von oben ein:

$$\frac{d[Cr(CO)_5M]}{dt} = \frac{k_3 I[M] - k_2 k_4[Cr(CO)_5M][CO]}{k_2[CO] + k_3[M]} = -f[Cr(CO)_5M]$$

mit $f = \frac{k_2 k_4[CO]}{k_2[CO] + k_3[M]}$

(dabei haben wir angenommen, dass $k_3 I[M] \ll k_2 k_4[Cr(CO)_5M][CO]$). Also ist

$$\frac{1}{f} = \frac{1}{k_4} + \frac{k_3[M]}{k_2 k_4[CO]}.$$

Der Graph von $1/f$ gegen [M] ist also eine Gerade.

Anwendungsaufgaben

23.23 (a) Wir betrachten den Mechanismus

$$\mathrm{E} + \mathrm{S} \underset{k_a'}{\overset{k_a}{\rightleftharpoons}} (\mathrm{ES}) \underset{k_a'}{\overset{k_a}{\rightleftharpoons}} \mathrm{P} + \mathrm{E}.$$

Wir wenden die Näherung des stationären Zustand auf [(ES)] an:

$$\frac{\mathrm{d[ES]}}{\mathrm{d}t} = k_a[\mathrm{E}][\mathrm{S}] - k_a'[(\mathrm{ES})] - k_b[(\mathrm{ES})] + k_b'[\mathrm{E}][\mathrm{P}] = 0.$$

Setzen wir $[\mathrm{E}] = [\mathrm{E}]_0 - [(\mathrm{ES})]$, so erhalten wir

$$k_a([\mathrm{E}]_0 - [(\mathrm{ES})])[\mathrm{S}] - k_a'[(\mathrm{ES})] - k_b[(\mathrm{ES})] + k_b'([\mathrm{E}]_0 - [(\mathrm{ES})])[\mathrm{P}] = 0.$$

$$(-k_a[\mathrm{S}] - k_a' - k_b - k_b'[\mathrm{P}])[(\mathrm{ES})] + k_a[\mathrm{E}]_0[\mathrm{S}] - k_b'[\mathrm{E}]_0[\mathrm{P}] = 0$$

und mit $K_M = \dfrac{k_a' + k_b}{k_a}$

$$[(\mathrm{ES})] = \frac{k_a[\mathrm{E}]_0[\mathrm{S}] + k_b'[\mathrm{E}]_0[\mathrm{P}]}{k_a[\mathrm{S}] + k_a' + k_b + k_b'[\mathrm{P}]} = \frac{[\mathrm{E}]_0[\mathrm{S}] + (k_b'/k_a)\,[\mathrm{E}]_0[\mathrm{P}]}{K_M + [\mathrm{S}] + (k_b'/k_a)\,[\mathrm{P}]}.$$

Dann ist
$$\frac{\mathrm{d[P]}}{\mathrm{d}t} = k_b[(\mathrm{ES})] - k_b'[\mathrm{P}][\mathrm{E}] = k_b\frac{[\mathrm{E}]_0[\mathrm{S}] + (k_b'/k_a)\,[\mathrm{E}]_0[\mathrm{P}]}{K_M + [\mathrm{S}] + (k_b'/k_a)\,[\mathrm{P}]} - k_b'[\mathrm{P}]$$
$$\times\left([\mathrm{E}]_0 - \frac{[\mathrm{E}]_0[\mathrm{S}] + (k_b'/k_a)\,[\mathrm{E}]_0[\mathrm{P}]}{K_M + [\mathrm{S}] + (k_b'/k_a)\,[\mathrm{P}]}\right)$$
$$= \frac{k_b\left[[\mathrm{E}]_0[\mathrm{S}] + (k_b'/k_a)\,[\mathrm{E}]_0[\mathrm{P}]\right] - k_b'[\mathrm{E}]_0[\mathrm{P}]K_M}{K_M + [\mathrm{S}] + (k_b'/k_a)\,[\mathrm{P}]}.$$

Wir ersetzen nun K_M im Zähler und ordnen um:

$$\frac{\mathrm{d[P]}}{\mathrm{d}t} = \frac{k_b[\mathrm{E}]_0[\mathrm{S}] + (k_a'k_b'/k_a)\,[\mathrm{E}]_0[\mathrm{P}]}{K_M + [\mathrm{S}] + (k_b'/k_a)\,[\mathrm{P}]} \quad \left[v = \frac{\mathrm{d[P]}}{\mathrm{d}t}\right].$$

(b) Für hohe Konzentrationen des Substrats (etwa $[\mathrm{S}] \gg K_M$ und $[\mathrm{S}] \gg [\mathrm{P}]$) haben wir

$$\frac{\mathrm{d[P]}}{\mathrm{d}t} = k_b[\mathrm{E}]_0.$$

Das ist dasselbe wie für die nicht modifizierten Mechanismen. Für $[\mathrm{S}] \gg K_M$, aber $[\mathrm{S}] \approx [\mathrm{P}]$ gilt

$$\frac{\mathrm{d[P]}}{\mathrm{d}t} = k_b[\mathrm{E}]_0\left\{\frac{[\mathrm{S}] - (k/k_b)[\mathrm{P}]}{[\mathrm{S}] + (k/k_a')[\mathrm{P}]}\right\} \qquad k = \frac{k_a'k_b'}{k_a}.$$

Für $[\mathrm{S}] \to 0$ ergibt sich dann $\dfrac{\mathrm{d[P]}}{\mathrm{d}t} = \dfrac{-k_a'k_b'[\mathrm{E}]_0[\mathrm{P}]}{k_a' + k_b + k_b'[\mathrm{P}]} = \dfrac{-k_a'[\mathrm{E}]_0[\mathrm{P}]}{K_P + [\mathrm{P}]}$

mit $k_P = \dfrac{k_a' + k_b}{k_b'}$.

Anmerkung: Das negative Vorzeichen in dem Ausdruck für $d[P]/dt$ in dem Fall $[S] \to 0$ soll bedeuten, dass der Mechanismus in diesem Fall gerade die Umkehrung des Mechanismus für den Fall $[P] \to 0$ ist. Die Rollen von P und S sind also vertauscht.

Frage: Können Sie die letzte Behauptung in der obigen Anmerkung zeigen?

23.25 (a) Nach Gl. (23-21) ist

$$v = \frac{v_{max}}{1 + K_M/[S]_0}.$$

Wir betrachten den Kehrwert und multiplizieren mit $v_{max}v$. Dann haben wir

$$v_{max} = v + K_M \frac{v}{[S]_0}.$$

Also ist

$$v = v_{max} - K_M \frac{v}{[S]_0} \text{ (Eadie-Hofstee-Diagramm)} \quad \text{bzw.} \quad \frac{v}{[S]_0} = \frac{v_{max}}{K_M} - \frac{v}{K_M}.$$

(b) Im Eadie-Hofstee-Diagramm wird v gegen $v/[S]_0$ aufgetragen. Die Steigung und der Achsenabschnitt der Ausgleichsgeraden ergeben $-K_M$ bzw. v_{max}. Alternativ ergeben die Steigung und der Achsenabschnit des Eadie-Hofstee-Diagramms mit einer Auftragunf von $v/[S]_0$ gegen v die Werte $-1/K_M$ bzw. v_{max}/K_M. Die Steigung und den Achsenabschnitt des letzten Diagramms kann man in der Berechnung von K_M und v_{max} verwenden.

(c) Wir stellen die folgende Tabelle auf, die die Werte für das Eadie-Hofstee-Diagramm (v gegen $v/[S]_0$) enthält. Die durch lineare Regression gefundene Ausgleichsgerade ist in Abb. 23-4 zu sehen.

$$v_{max} = 2.30\ \mu\text{mol dm}^{-3}\ \text{s}^{-1} \quad \text{und} \quad K_M = 1.10\ \mu\text{mol dm}^{-3}.$$

(d)

$[ATP]/(\mu mol\ dm^{-3})$	0.60	0.80	1.4	2.0	3.0
$v/(\mu mol\ dm^{-3}\ s^{-1})$	0.81	0.97	1.30	1.47	1.69
$v/[ATP]/\ s^{-1}$	1.35	1.21	0.929	0.735	0.563

23.27 Wenn wir die Reaktionsgeschwindigkeiten v verwenden, hat das nicht gehemmte Lineweaver-Burk-Diagramm nach Gl. (23-22) die Form

$$\frac{1}{v} = \frac{1}{v_{max}} + \left(\frac{K_M}{v_{max}}\right)\frac{1}{[S]_0}.$$

Dabei sind Achsenabschnitt und Steigung einfache Funktionen von v_{max} und K_M. Verwenden wir Reaktionsgeschwindigkeiten bezüglich einer spezifischen, nicht gehemmten

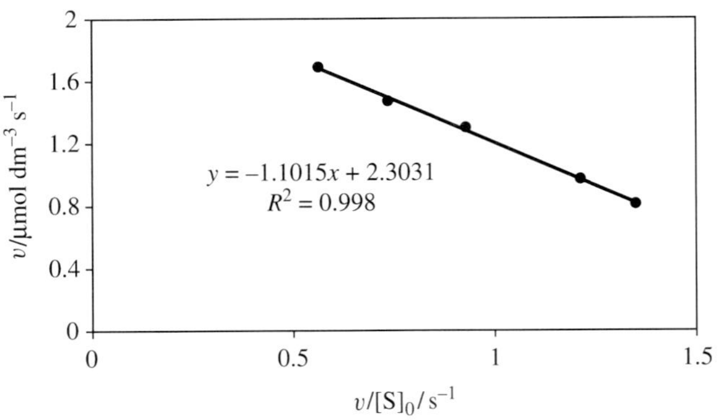

Abb. 23-4

Geschwindigkeit ($v_{rel} = v/v_{Referenz}$), hat das nicht gehemmte Lineweaver-Burk-Diagramm dieselbe Grundform:

$$\frac{1}{v_{rel}} = \frac{1}{v_{max,rel}} + \left(\frac{K_M}{v_{max,rel}}\right)\frac{1}{[S]_0}.$$

Die Ausgleichsgerade für die nicht gehemmten Lineweaver-Burk-Daten ist

$$\frac{1}{v_{rel}} = 0.797 + (2.17)\frac{1}{[CBGP]_0/10^{-2}\ \text{mol dm}^{-3}}, \quad R^2 = 0.980.$$

Folglich ist $v_{max,rel} = 1/\text{Achsenabschnitt} = 1/0.797 = 1.25$ und

$K_M = \text{Steigung} \times v_{max,rel} = (2.17 \times 10^{-2}\ \text{mol dm}^{-3}) \times (1.25) = 2.71 \times 10^{-2}\ \text{mol dm}^{-3}$.

Das Lineweaver-Burk-Diagramm mit Enzymhemmung hat die Grundform

$$\frac{1}{v_{rel}} = \frac{\alpha'}{v_{max,rel}} + \left(\frac{\alpha K_M}{v_{max,rel}}\right)\frac{1}{[S]_0}.$$

Die Ausgleichsgerade des Lineweaver-Burk-Diagramms für die Hemmung von Phenylbutyrat-Ionen ist

$$\frac{1}{v_{rel}} = 1.02 + (6.01)\frac{1}{[CBGP]_0/10^{-2}\ \text{mol dm}^{-3}}, \quad R^2 = 0.972.$$

Also ist $\alpha' = \text{Achsenabschnitt} \times v_{max,rel} = 1.02 \times 1.25 = 1.28$ und $\alpha = \text{Steigung} \times v_{max,rel}/K_M = (6.01 \times 10^{-2}\ \text{mol dm}^{-3}) \times (1.25)/(2.71 \times 10^{-2}\ \text{mol dm}^{-3}) = 2.77$. Weil sowohl $\alpha > 1$ als auch $\alpha' \sim 1$ gilt (vgl. den Teil über die Enzymhemmung in Abschnitt 23.3.2), sorgt das Phenylbutyrat-Ion für eine kompetitive Hemmung bei Carboxypeptidase. Die Ausgleichsgerade im Lineweaver-Burk-Diagramm für die Hemmung von Benzoat-Ionen ist

$$\frac{1}{v_{rel}} = 3.75 + (3.01)\frac{1}{[CBGP]_0/10^{-2}\ \text{mol dm}^{-3}}, \quad R^2 = 0.999.$$

Also ist $\alpha' = \text{Achsenabschnitt} \times v_{max,rel} = 3.75 \times 1.25 = 4.69$ und $\alpha = \text{Steigung} \times v_{max,rel}/K_M = (3.01 \times 10^{-2}\ \text{mol dm}^{-3}) \times (1.25)/(2.71 \times 10^{-2}\ \text{mol dm}^{-3}) = 1.39$. Weil sowohl $\alpha \sim 1$ als auch $\alpha' > 1$ gilt, sorgt das Benzoat-Ion für eine unkompetitive Hemmung von Carboxypeptidase.

23.29 Nach Gl. (23-37) und Gl. (23-38) gilt

$$E_T = 1 - \frac{\phi_F}{\phi_{F,0}} = 1 - \frac{\tau}{\tau_0}.$$

$$E_T = \frac{R_0^6}{R_0^6 + R^6}.$$

Wir setzen diese beiden Ausdrücke für E_T gleich und lösen nach R auf:

$$\frac{R_0^6}{R_0^6 + R^6} = 1 - \frac{\tau}{\tau_0}.$$

$$\frac{R_0^6 + R^6}{R_0^6} = \frac{1}{1 - (\tau/\tau_0)}.$$

$$\left(\frac{R}{R_0}\right)^6 = \frac{1}{1 - (\tau/\tau_0)} - 1 = \frac{\tau/\tau_0}{1 - (\tau/\tau_0)} \quad \text{bzw.} \quad R = R_0\left(\frac{\tau/\tau_0}{1 - (\tau/\tau_0)}\right)^{1/6}.$$

$$\tau/\tau_0 = 10\ \text{ps}/10^3\ \text{ps} = 0.010 \ \text{und}\ R = 5.6\ \text{nm}\left(\frac{0.010}{1 - 0.010}\right)^{1/6} = 2.6\ \text{nm}.$$

23.31 *Hypothese:* Die Emissionsbande bei 1270 nm stammt von der Emission des ersten angeregten Zustands von $O_2(a^1\Delta_g^+)$ bei der Rückkehr in den O_2-Grundzustand $(^3\Sigma_g^-)$. Das Sauerstoff-Singulett entsteht durch die Photosensibilisierung von Porphyrin.

$$\underset{\text{Porphyrin}}{\text{P}} \xrightarrow{h\nu} \text{P}^* + {}^3\text{O}_2 \rightarrow \text{P} + {}^1\text{O}_2 \xrightarrow{-h\nu} {}^3\text{O}_2$$

Test der Hypothese: Bekanntermaßen liegt der Zustand $a^1\Delta_g^+$ von O_2 0.977eV (entsprechend 1270 nm) oberhalb des Grundzustands. Wenn die Hypothese zutrifft, muss die Emissionsintensität proportional sowohl zur Konzentration des gelösten Sauerstoffs als auch zur Intensität der Porphyrinabsorption sein.

23.33 (a)

$$k_2 = 6.2 \times 10^{-34}\text{cm}^6\ \text{Moleküle}^{-2}\ \text{s}^{-1}.$$

$$k_4 = 8.0 \times 10^{-15}\ \text{cm}^3\ \text{Moleküle}^{-1}\ \text{s}^{-1}.$$

Die Konzentration von atomarem Sauerstoff ist sehr, sehr klein, was binäre Stöße zwischen Sauerstoffatomen extrem unwahrscheinlich macht. Tatsächlich ist die Reaktion

$$\text{O} + \text{O} + \text{M} \rightarrow \text{O}_2 + \text{M} \quad v = k_5[\text{O}]^2[\text{M}]$$

sogar ternär, wodurch sie noch unwahrscheinlicher wird. Die Geschwindigkeitsterme mit k_5 können also ohne Bedenken vernachlässigt werden.

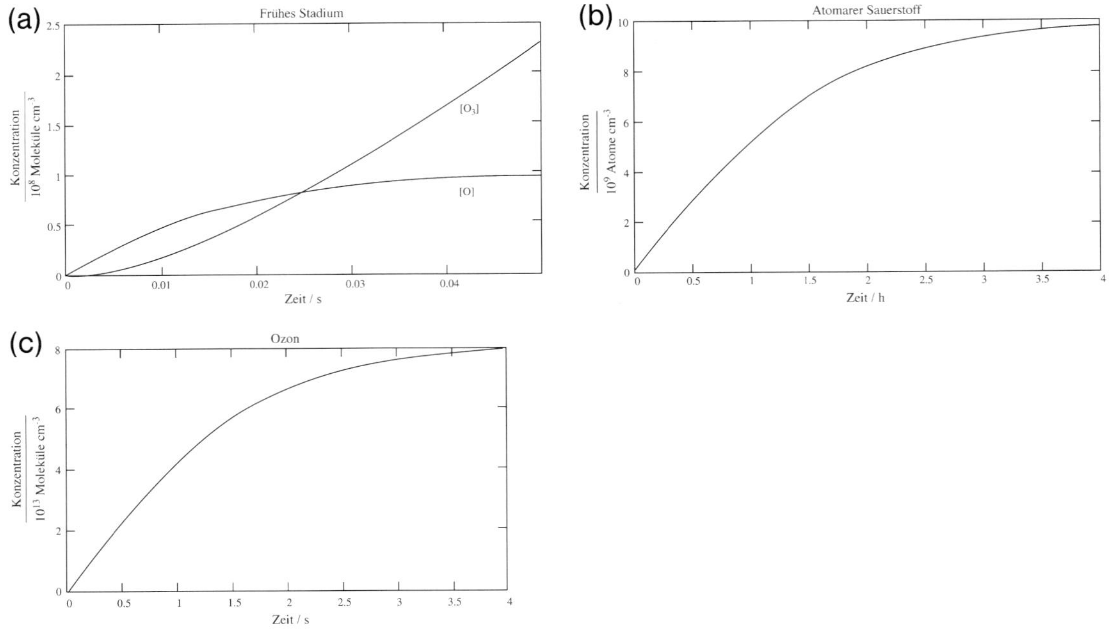

Abb. 23-5

(b) Für alle praktischen Zwecke ist $d[O_2]/dt = 0$, weil nur sehr wenige O_2-Moleküle zu atomarem Sauerstoff oder zu Ozon reagieren. Wir verwenden als Ausdruck für die Konzentration „Moleküle pro cm^3" oder einfach nur cm^{-3}; dann ergibt sich

$$[O_2] = \frac{N_A p}{RT} = \frac{N_A(10\,\text{Torr})}{R(298\,\text{K})} = 3.239 \times 10^{17}\,\text{Moleküle}\,\text{cm}^{-3}.$$

$$\frac{d[O]}{dt} = 2k_1[O_2] - k_2[O][O_2]^3 + k_3[O_3] - k_4[O][O_3],$$

$$= a_2 - a_2[O] + a_3[O_3] - a_4[O][O_3],$$

$$\frac{d[O_3]}{dt} = k_2[O][O_2]^2 - k_3[O_3] - k_4[O][O_3]$$

$$= a_2[O] - a_3[O_3] - a_4[O][O_3],$$

mit $a_1 = 2k_1[O_2] = 6.478 \times 10^9\,\text{s}^{-1}\,\text{cm}^{-3}$,

$a_2 = k_2[O_2]^2 = 65.036\,\text{s}^{-1}$,

$a_3 = k_3 = 0.016\,\text{s}^{-1}$,

$a_4 = k_4 = 8.0 \times 10^{-15}\,\text{cm}^3\,\text{s}^{-1}$.

(c) Wir teilen den untersuchten Zeitraum in zwei Teile auf: Der erste Teil umfasst die ersten 0.05 s mit den Anfangsbedignungen $[O]_0 = [O_3]_0 = 0$. Der zweite Teil deckt den Rest der vier Stunden ab; die Anfangsbedingungen ergeben sich mit den Werten für $[O]_{0.05\,s} = [O_3]_{0.05\,s}$ aus dem ersten Teil. Durch numerische Integration der gekoppelten Differenzialgleichungen erhält man die Konzentrationsverläufe in Abb. 23-(5a), (b) und (c).

Während des ersten Abschnitts ($t < 0.05$ s) wird durch die UV-Strahlung eine kleine Menge atomaren Sauerstoffs erzeugt (weniger als 10^8 Moleküle cm^{-3}). Dann wird ein stationärer Zustand erreicht, bei dem die Erzeugung von atomarem Sauerstoff aus der Dissoziation von O_2 und der Verbrauch von atomarem Sauerstoff zur Erzeugung von Ozon sich die Waage halten. Allerdings wächst die Konzentration von atomarem Sauerstoff innerhalb der nächsten vier Stunden auf das Hundertfache an, sodass strenggenommen kein ideal stationärer Zustand vorliegt.

Nach vier Stunden Photochemie beträgt der Anteil an Ozon 0.0123 %.

$$\text{Anteil Ozon} \sim \left(\frac{3.97 \times 10^{13}\,\text{cm}^{-3}}{3.24 \times 10^{17}\,\text{cm}^{-3}}\right) 100 \sim 0.123\,\%.$$

Nach dem Chapman-Modell ist für die Ozonerzeugung kein niedriger Druck erforderlich. Ändert man den Sauerstoffdruck auf 100 Torr, sind nach vier Stunden 0.025 % Ozone entstanden, allerdings beträgt durch die gestiegene Stoßrate die Konzentration an atomarem Sauerstoff nur ein Fünftel des Werts bei 10 Torr. Allerdings muss man bei einer Druckerhöhung den Mechanismus des Reaktionsschritts $O_3 + M \rightarrow O + O_2 + M$ berücksichtigen, wodurch die Ozonerzeugung reduziert wird.

23.35 In der hier vorgestellten Lösung verwenden wir eine gegenüber der Aufgabenstellung leicht veränderte Schreibweise: Anstelle von k_1 bis k_4 schreiben wir k_a bis k_d, statt k'_4 schreiben wir k_{-d}. k_7 wird durch k_e ersetzt (k_6 taucht in der Lösung nicht auf).

(a)

$2NO \rightarrow N_2O + O$	k_a	Start
$O + NO \rightarrow O_2 + N$	k_b	Fortpflanzung
$N + NO \rightarrow N_2 + O$	k_c	Fortpflanzung
$2O + M \rightarrow O_2 + M$	k_d	Abbruch
$O_2 + M \rightarrow 2O + M$	k_{-d}	Start

(b) $$\frac{d[NO]}{dt} = -2k_a[NO]^2 - k_b[O][NO] - k_c[N][NO].$$

Um die Konzentration $[N]_{SS}$ von N im stationären Zustand zu bestimmen, schreiben wir den Geschwindigkeitsausdruck für $d[N]/dt$ und setzen ihn null.

$$\frac{d[N]}{dt} = k_b[O][NO] - k_c[N]_{SS}[NO] = 0.$$

$$[N]_{SS} = \frac{k_b}{k_c}[O].$$

Einsetzen von $[N]_{SS}$ in den Ausdruck für $d[NO]/dt$ zeigt uns, dass (für stationäre Bedingungen von [N]) gilt $v_b = v_c$ und

$$\frac{d[NO]}{dt} = -2k_a[NO]^2 - 2k_b[O][NO]$$

[N] stationäre Bedingungen:

Wenn der Fortpflanzungsschritt schneller ist als der Start, dominiert der letzte Term:

$$\frac{d[NO]}{dt} = -2k_b[O][NO].$$

[N] stationäre Bedingungen, der Start ist sehr langsam:

Wenn Sauerstoffatome und -moleküle im Gleichgewicht sind, ist

$$2O + M \underset{k_{-d}}{\overset{k_d}{\rightleftharpoons}} O_2 + M.$$

$$K_{O/O_2} = \frac{k_d}{k_{-d}} = \frac{[O_2]}{[O]^2}.$$

$$[O] = \left(\frac{k_{-d}[O_2]}{k_d}\right)^{1/2}.$$

Einsetzen in den vorherigen Geschwindigkeitsausdruck ergibt

$$\frac{d[NO]}{dt} = -2k_b\left(\frac{k_{-d}}{k_d}\right)^{1/2}[O_2]^{1/2}[NO].$$

Für [N] liegt ein stationärer Zustand vor; der Start ist sehr langsam; atomarer und molekularer Sauerstoff sind im Gleichgewicht.

(c) Wegen $k \propto e^{-E_A/RT}$ (E_A ist die Aktivierungsenergie) können wir die einzelnen Geschwindigkeitskonstanten in der Form $k_i \propto e^{-E_i/RT}$ schreiben; dabei ist der Index „a" entfallen, der Index „i" bezeichnet den i-ten Elementarschritt mit der Aktivierungsenergie E_i. Setzen wir solche Ausdrücke in die letzte Gleichung von Aufgabenteil (b) ein, so erhalten wir

$$\frac{d[NO]}{dt} \propto e^{-E_b/RT}\left(\frac{e^{-E_{-d}/RT}}{e^{-E_d/RT}}\right)^{1/2}[O_2]^{1/2}[NO]$$

$$\propto e^{-\left(\frac{E_b + (1/2)E_{-d} - (1/2)E_d}{RT}\right)}[O_2]^{1/2}[NO].$$

Die effektive Aktivierungsenergie $E_{A,eff}$ ist also gegeben durch

$$E_{A,eff} = E_b + \tfrac{1}{2}E_{-d} + \tfrac{1}{2}E_d.$$

(d) Wenn wir abschätzen, dass die Aktivierungsenergie näherungsweise gleich den Energien der Bindungen ist, die aufgebrochen werden müssen, haben wir

$$\begin{aligned} E_{A,eff} &\approx B(NO) + \tfrac{1}{2}B(O_2) - \tfrac{1}{2}B(O) \\ &\approx 630.57\ \text{kJ mol}^{-1} + \tfrac{1}{2}(498.36\ \text{kJ mol}^{-1}) - \tfrac{1}{2}(0) \\ &\approx 879.75\ \text{kJ mol}^{-1}. \end{aligned}$$

Dies ist die unimolekulare Bindungsbruchnäherung der Aktivierungsenergien.

Diese Abschätzung für $E_{A,\,eff}$ dürfte aber viel zu hoch sein, weil sie die Aktivierungsenerige von Schritt (b) erheblich überschätzt. Eine realistischere Abschätzung von E_b erhalten wir aus dem Unterschied der Energien der NO-Bindungen, die aufgebrochen werden müssen, und der gebildeten O_2-Bindung. Dann haben wir

$$\begin{aligned} E_{A,\mathrm{eff}} &\approx \{B(\mathrm{NO}) - B(\mathrm{O_2})\} + \tfrac{1}{2}B(\mathrm{O}) \\ &\approx B(\mathrm{NO}) - \tfrac{1}{2}B(\mathrm{O_2}) \\ &\approx 630.57\ \mathrm{kJ\ mol^{-1}} - \tfrac{1}{2}(498.36\ \mathrm{kJ\ mol^{-1}}) \\ &\approx 381.39\ \mathrm{kJ\ mol^{-1}}. \end{aligned}$$

Die Energie des aktivierten Komplex in Schritt (b) ist die Differenz zwischen Bingungsbruch- und Bindungsbildungsenergien.

Es ist interessant, diese Abschätzungen mit dem Wert zu vergleichen, der sich aus den E_i-Werten auf Basis von Experimenten ergibt:

$$\begin{aligned} E_{A,\mathrm{eff}} &= (161\ \mathrm{kJ\ mol^{-1}}) + \tfrac{1}{2}(493\ \mathrm{kJ\ mol^{-1}}) - \tfrac{1}{2}(14\ \mathrm{kJ\ mol^{-1}}) \\ &= 401\ \mathrm{kJ\ mol^{-1}}. \end{aligned}$$

Dieser Wert basiert auf experimentell gewonnenen Aktivierungsenergien für die einzelnen Elementarschritte.

(e) Wir wollen uns nun von der Annahme eines O/O_2-Gleichgewichts lösen und nehmen an, dass [N] und [O] jeweils Werte für den stationären Zustand sind. Aus Teil (b) haben wir bereits $[\mathrm{N_{SS}}] = k_b[\mathrm{O}]_{ss}/k_c$.

$$\frac{\mathrm{d[O]}}{\mathrm{d}t} = k_a[\mathrm{NO}]^2 - k_b[\mathrm{O}]_{SS} + k_c[\mathrm{N}] + k_c[\mathrm{N}]_{SS}[\mathrm{NO}] - 2k_d[\mathrm{O}]_{SS}^2[\mathrm{M}] + 2k_{-d}[\mathrm{O_2}][\mathrm{M}] = 0.$$

$$k_a[\mathrm{NO}]^2 - k_b[\mathrm{O}]_{SS}[\mathrm{NO}] + k_b[\mathrm{O}]_{SS}[\mathrm{NO}] - 2k_d[\mathrm{O}]_{SS}^2[\mathrm{M}] + 2k_{-d}[\mathrm{O_2}][\mathrm{M}] = 0.$$

$$k_a[\mathrm{NO}]^2 - 2k_d[\mathrm{O}]_{SS}^2[\mathrm{M}] + 2k_{-d}[\mathrm{O_2}][\mathrm{M}] = 0.$$

Bei sehr niedrigen Werten von $[O_2]$ ist der letzte Term vernachlässigbar, und es gilt

$$[\mathrm{O}]_{SS} \approx \left(\frac{k_a}{2k_d[\mathrm{M}]}\right)^{1/2}[\mathrm{NO}].$$

Einsetzen der Ausdrücke für $[\mathrm{N}]_{SS}$ und $[\mathrm{O}]_{SS}$ in den Ausdruck für d[NO] / dt (am Anfang von Teil (b)) ergibt

$$\begin{aligned} \frac{\mathrm{d[NO]}}{\mathrm{d}t} &= -2k_a[\mathrm{NO}]^2 - k_b[\mathrm{O}]_{SS}[\mathrm{NO}] - k_c\left(\frac{k_b[\mathrm{O}]_{SS}}{k_c}\right)[\mathrm{NO}] \\ &= -2k_a[\mathrm{NO}]^2 - 2k_b[\mathrm{O}]_{SS}[\mathrm{NO}] \\ &= -2k_a[\mathrm{NO}]^2 - 2k_b\left(\frac{k_a}{2k_d[\mathrm{M}]}\right)^{1/2}[\mathrm{NO}]^2. \end{aligned}$$

Wenn die Fortpflanzungsschritte schneller sind als der Start, sodass $k_b\left(\frac{k_a}{2k_d[\mathrm{M}]}\right)^{1/2} \gg k_a$ gilt, vereinfacht sich dieser Ausdruck zu

$$\frac{\mathrm{d[NO]}}{\mathrm{d}t} = -2k_b\left(\frac{k_a}{2k_d[\mathrm{M}]}\right)^{1/2}[\mathrm{NO}]^2.$$

(f) $NO + O_2 \rightarrow O + NO_2 k_e$ Start.

$$\frac{d[NO]}{dt} = -2k_a[NO]^2 - k_b[O][NO] - k_c[N][NO] - k_e[NO][O_2].$$

Wenn die Umwandlung so weit fortgeschritten ist, dass $[O_2]$ signifikant geworden ist und $k_a[NO][O_2] \gg 2k_a[NO]^2$ gilt:

$$\frac{d[NO]}{dt} = -k_b[O][NO] - k_c[N][NO] - k_e[NO][O_2].$$

Wenden wir die stationäre Näherung sowohl auf [N] als auch auf [O] an, so erhalten wir $[N]_{SS} = k_b[O]_{SS}/k_c$ und

$$\frac{d[O]}{dt} = k_a[NO]^2 - k_b[O]_{SS}[NO] + k_c[N]_{SS}[NO] - 2k_d[O]^2_{SS}[M] + 2k_{-d}[O^2][M]$$
$$+ k_e[O_2][NO] = 0 \quad \text{und} \quad - k_b[O]_{SS}[NO] + k_c[N]_{SS}[NO] = 0$$

Also ist $2k_d[O]^2_{SS}[M] - 2k_{-d}[O_2][M] - k_e[O_2][NO] = 0$.

Bei hohen Konzentrationen von O_2 können wir die Spezies „M" mit hoher Wahrscheinlichkeit mit O_2 identifizieren. Es gilt dann $k_d[O]^2_{SS}[NO] \gg k_b[O]_{SS}[NO]$. Der Wert von k_{-d} ist so klein, dass man ihn vernachlässigen kann.

$2k_d[O]^2_{SS}[M] \approx k_e[O_2][NO]$.

$$[O]_{SS} = \left(\frac{k_e}{2k_d[M]}\right)^{1/2} [O_2]^{1/2}[NO]^{1/2}.$$

Einsetzen von $[N]_{SS}$ und $[O]_{SS}$ in den Ausdruck für $d[NO]/dt$ ergibt

$$\begin{aligned}\frac{d[NO]}{dt} &= -k_b[O]_{SS} - k_b[O]_{SS}[NO] - k_c[N]_{SS}[NO] - k_e[NO][O_2] \\ &= -2k_b[O]_{SS}[NO] - k_e[NO][O_2] \\ &= -2k_b\left(\frac{k_e}{2k_d[M]}\right)^{1/2} [O_2]^{1/2}[NO]^{3/2} - k_e[NO][O_2].\end{aligned}$$

Wenn die Fortpflanzungsschritte viel schneller sind als der Start, wird dieser Ausdruck zu

$$\frac{d[NO]}{dt} = -2k_b\left(\frac{k_e}{2k_d[M]}\right)^{1/2} [O_2]^{1/2}[NO]^{3/2}.$$

$E_{A,eff} = E_b + \frac{1}{2}E_e - \frac{1}{2}E_d$.

Mit den experimentellen Werten von E_i kann man $E_{A,eff}$ abschätzen mit

$$\begin{aligned}E_{A,eff} &= 161\ \text{kJ mol}^{-1} + \tfrac{1}{2}(198\ \text{kJ mol}^{-1}) - \tfrac{1}{2}(14\ \text{kJ mol}^{-1}) \\ &= 253\ \text{kJ mol}^{-1}.\end{aligned}$$

Dieser Wert steht in Einklang mit den niedrigen experimentellen Werten für $E_{A,eff}$, der in Teil (b) gefundenen Wert steht in Einklang mit den hohen experimentellen Werten.

24 | Molekulare Reaktionsdynamik

Diskussionsfragen

24.1 Der Harpunenmechanismus trägt zu dem großen sterischen Faktor von Reaktionen der Art $K + Br_2 \rightarrow KBr + Br$ in Strahlen bei. Man nimmt an, dass ein Elektron von K zu Br_2 springt, wenn sie sich innerhalb einer gewissen Distanz befinden; die beiden resultierenden Ionen sollen durch ihre gegenseitige Coulomb-Anziehung zusammengehalten werden.

24.3 Die Eyring-Gleichung (Gl. (24-53)) basiert auf der Theorie aktivierter Komplexe, die versucht, die Geschwindigkeitskonstanten von biomolekularen Reaktionen der Form $A + B \rightleftharpoons C^{\ddagger} \rightarrow P$ mithilfe der Bildung eines aktivierten Komplexes zu berücksichtigen. Bei der Formulierung der Theorie nimmt man an, dass der aktivierte Komplex und die Reaktanten im Gleichgewicht sind und dass die Konzentration des aktivierten Komplexes mithilfe der Gleichgewichtskonstante berechnet wird (die man ihrerseits mithilfe der Verteilungsfunktion der Reaktanten und einer angenommenen Form des aktivierten Komplexes berechnet). Man nimmt ferner an, dass ein Normalmode des aktivierten Komplexes, der der Verschiebung entlang der Reaktionskoordinate entspricht, eine sehr niedrige Kraftkonstante hat und dass die Verschiebung entlang des Normalmodes zu Produkten führt, sofern der Komplex eine bestimmte Konfiguration seiner Atome einnimmt, die man als Übergangszustand bezeichnet. Die Ableitung der Gleichgewichtskonstante aus den Verteilungsfunktionen führt zu Gl. (24-51) und damit zu Gl. (24-53), eben der Eyring-Gleichung. In Abschnitt 24.2 finden Sie eine komplette Diskussion des komplizierten Themas.

24.5 *Infrarot-Chemilumineszenz.* Die Produkte einiger chemischer Reaktionen befinden sich im angeregten Zustand. Wenn die Moleküle zu energetisch niedrigeren Zuständen zerfallen, wird eine Strahlung emittiert, die man Chemilumineszenz nennt. Stammt die Emission aus angeregten Schwingungszuständen, spricht man von Infrarot-Chemilumineszenz. Das schwingungsangeregte Produktmolekül, das als Beispiel in Abb. 24-13 im Lehrbuch gezeigt wird, ist CO. Wenn man die Intensität des Infrarotspektrums untersucht, kann man die Besetzung der Schwingungszustände in dem Produkt CO bestimmen; mit diesen Informationen können wir dann auch die relativen Bildungsgeschwindigkeiten für CO in diesen angeregten Zuständen bestimmen.

Arbeitsbuch Physikalische Chemie. 4. Auflage. P. W. Atkins, C. A. Trapp, M. P. Cady und C. Giunta

ISBN: 978-3-527-31828-5

Mehrphotonenionisation (MPI). Mehrphotonenabsorption ist die Absorption von zwei oder mehr Photonen durch das Molekül, wenn es in einen höheren elektronisch angeregten Zustand übergeht. Die Frequenzen der Photonen genügen der Bedingung

$$\Delta E = h\,\nu_1 + h\,\nu_2 + \cdots .$$

Diese Bedingung ähnelt der Frequenzbedingung für die Einzelphotonenabsorption. Allerdings unterscheiden sich die Auswahlregeln für die Mehrphotonenabsorption von denen für Einzelphotonenabsorption. Daher kann man mit Mehrphotonenprozessen Energiezustände untersuchen, die sich anders nicht erreichen lassen. Bei der Mehrphotonenionisation bringt das zweite oder dritte Photon das Molekül in das Energiekontinuum oberhalb seines höchsten Energiezustands. Das Verfahren ist besonders nützlich bei der Untersuchung von schwach fluoreszierenden Molekülen.

Resonante Mehrphotonenionisation (REMPI). Bei REMPI handelt es sich um eine Variante der oben beschriebenen MPI, in der ein oder mehrere Photonen ein Molekül in einen elektronisch angeregten Zustand bringen und dann weitere Photonen Ionen aus dem angeregten Zustand erzeugen. Die Stärke dieser Methode bei der Untersuchung chemischer Reaktionen liegt in ihrer Selektivität. In einem chemisch reagierenden System lassen sich einzelne Reaktanten und Produkte auswählen, indem man die Frequenz der Laserstrahlung verändert, die die Strahlung für das elektronische Absorptionsband von bestimmten Molekülen erzeugt.

Bildgebende Verfahren. Bei den bildgebenden Verfahren werden die Ionen der Produkte durch ein elektrisches Feld auf einen phosphoreszierenden Schirm beschleunigt; das von dem Schirm emittierte Licht wird dann mit einem CCD (charged coupled device) nachgewiesen. Die Bedeutung dieser Anordnung für die Untersuchung chemischer Reaktionen liegt darin, dass sie eine genaue Untersuchung der Winkelverteilung der Produkte gestattet.

Femtosekunden-Spektroskopie. Eine eingehende Diskussion findet sich in Abschnitt 24.3.4. Bis vor kurzem war wegen der extrem geringen Lebensdauer keine direkte Beobachtung von aktivierten Komplexen möglich, die im Übergangszustand von chemischen Reaktionen auftreten sollten. Nach der Entwicklung von Femtosekunden-Lasern kann man nun aber auch Spezies spektroskopisch untersuchen, die solchen aktivierten Komplexen ähneln. Man hat Übergänge zu und aus solchen aktivierten Komplexen beobachtet und mit solchen Experimenten unser Wissen über die Dynamik chemischer Reaktionen erheblich erweitert.

24.7 Damit RbI + CH_3 entsteht, muss das Rb-Atom auf die I-Seite des CH_3I-Moleküls auftreffen. Die Orientierung von CH_3I lässt sich kontrollieren, indem man mit linear polarisiertem Licht Rotationen um die CI-Achse anregt; die Orientierung ist optimal, wenn die I-Seite des CH_3I-Moleküls in die Richtung des einfallenden Rb-Atomstrahls zeigt. Abbildung 24-1 zeigt zwei mögliche Anordnungen für die Reaktantenstrahlen. Im oberen Teil des Bilds sind die Strahlen antiparallel. Dadurch sind die Wahrscheinlichkeit für einen Stoß und das Volumen, innerhalb dessen Stöße stattfinden können, maximal. Allerdings steht jede Strahlquelle im Weg des anderen Strahls. Im unteren Teil des Bilds treffen die

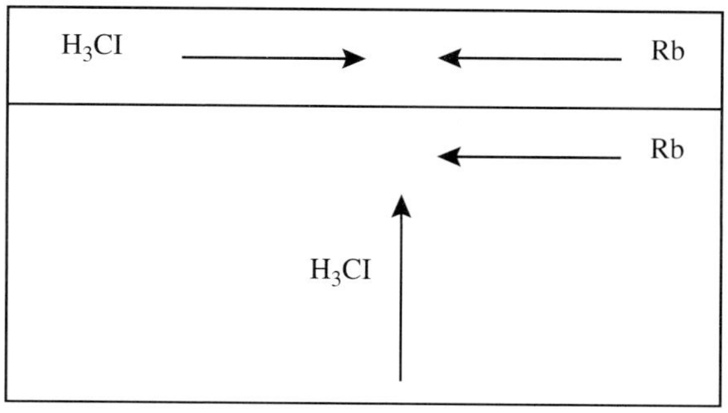

Abb. 24-1

beiden Strahlen im rechten Winkel aufeinander. Dadurch wird zwar das Volumen, innerhalb dessen die Strahlen stoßen, minimiert, gleichzeitig ermöglicht diese Anordnung aber auch die Untersuchung des begrenzten Stoßvolumens mit einer „Sonde“, d. h. einem Laserstrahl, der auf beiden Atomstrahlen senkrecht steht.

Leichte Aufgaben

A24.1a Nach Gl. (21-11b) und Gl. (21-9) haben wir

$$z = \frac{2^{1/2}\sigma \bar{c} p}{kT}$$

und (vgl. *Beispiel* 21-1)

$$\bar{c} = \left(\frac{8RT}{\pi M}\right)^{1/2} = \left(\frac{8kT}{\pi m}\right)^{1/2}.$$

Mit $\sigma \approx \pi d^2 \approx 4\pi R^2$ erhalten wir $z = \dfrac{4\sigma p}{(\pi m k T)^{1/2}}$.

Die Stoßfrequenz z gibt die Anzahl der Stöße an, die ein einzelnes Molekül erfährt. Wir erhalten die *gesamte* Stoßfrequenz, also die Anzahl der Stöße zwischen *allen* Molekülen im Gas, indem wir z mit $\frac{1}{2}N$ multiplizieren (der Faktor $\frac{1}{2}$ stellt sicher, dass die A ... A′ und A′ ... A als einer gezählt werden). Daher ist die Stoßdichte Z, also die Gesamtanzahl der Stöße pro Einheitsvolumen und pro Zeiteinheit, gegeben durch

$$Z_{\text{AA}} = \frac{\frac{1}{2}zN}{V} = \frac{\sigma \bar{c}}{2^{1/2}}\left(\frac{N}{V}\right)^2.$$

Wir setzen hier den obigen Ausdruck für $\bar{c}$ ein und erhalten mit $N/V = p/kT$

$$Z_{\text{AA}} = \sigma\left(\frac{4kT}{\pi m}\right)^{1/2} \times \left(\frac{N}{V}\right)^2 = \sigma\left(\frac{4kT}{\pi m}\right)^{1/2} \times \left(\frac{p}{kT}\right)^2.$$

Diese Gleichungen schreiben wir in der Form

$$z = \frac{(16\pi R^2) \times (1.00 \times 10^5 \text{ Pa})}{\{(\pi) \times (M/\text{g mol}^{-1}) \times (1.6605 \times 10^{-27} \text{ kg}) \times (1.381 \times 10^{-23} \text{ J K}^{-1}) \times (298.15 \text{ K})\}^{1/2}}$$

$$= \frac{(1.08 \times 10^{30} \text{ m}^{-2} \text{ s}^{-1}) \times R^2}{(M/\text{g mol}^{-1})^{1/2}} = \frac{1.08 \times 10^6 \times (R/\text{pm})^2 \text{ s}^{-1}}{(M/\text{g mol}^{-1})^{1/2}}.$$

$$Z_{\text{AA}} = 4\pi R^2 \left(\frac{(4) \times (1.381 \times 10^{-23} \text{ J K}^{-1}) \times (298.15 \text{ K})}{(\pi) \times (M/\text{g mol}^{-1}) \times (1.6605 \times 10^{-27} \text{ kg})} \right)^{1/2}$$

$$\times \left(\frac{1.00 \times 10^5 \text{ Pa}}{(1.381 \times 10^{-23} \text{ J K}^{-1}) \times (298.15 \text{ K})} \right)^2$$

$$= \frac{(1.32 \times 10^{55} \text{ m}^{-5} \text{ s}^{-1}) \times R^2}{(M/\text{g mol}^{-1})^{1/2}} = \frac{1.35 \times 10^{31} (R/\text{pm})^2}{(M/\text{g mol}^{-1})^{1/2}} \text{ m}^{-3} \text{ s}^{-1}.$$

Für NH_3 mit $R = 190\,\text{pm}$ und $M = 17\,\text{g mol}^{-1}$ haben wir

$$z = \frac{(1.08 \times 10^6) \times (190^2 \text{ s}^{-1})}{17^{1/2}} = 9.5 \times 10^9 \text{ s}^{-1},$$

$$Z_{\text{AA}} = \frac{(1.32 \times 10^{31}) \times (190^2 \text{ m}^{-3} \text{ s}^{-1})}{17^{1/2}} = 1.2 \times 10^{35} \text{ m}^{-3} \text{ s}^{-1}.$$

Für den prozentualen Anstieg bei konstantem Volumen verwenden wir die Beziehungen

$$\frac{1}{z}\frac{\text{d}z}{\text{d}T} = \frac{1}{\bar{c}}\frac{\text{d}\bar{c}}{\text{d}T} = \frac{1}{2T}, \quad \left(\frac{1}{Z}\right)\left(\frac{\text{d}Z}{\text{d}T}\right) = \frac{1}{2T}.$$

Also ist $\dfrac{\delta z}{z} \approx \dfrac{\delta T}{2T}$ und $\dfrac{\delta T}{Z} \approx \dfrac{\delta T}{2T}$.

Wegen $\dfrac{\delta T}{T} = \dfrac{10 \text{ K}}{298 \text{ K}} = 0.034$ steigen z und Z jeweils um etwa 1.7 %.

A24.2a Wir verwenden jeweils die Beziehung $f = \text{e}^{-E_\text{A}/RT}$.

(a)

$$\frac{E_\text{A}}{RT} = \frac{10 \times 10^3 \text{ J mol}^{-1}}{(8.314 \text{ J K}^{-1} \text{ mol}^{-1}) \times (300 \text{ K})} = 4.01, \quad f = \text{e}^{-4.01} = 0.018,$$

$$\frac{E_\text{A}}{RT} = \frac{10 \times 10^3 \text{ J mol}^{-1}}{(8.314 \text{ J K}^{-1} \text{ mol}^{-1}) \times (1000 \text{ K})} = 1.20, \quad f = \text{e}^{-1.20} = 0.30.$$

(b)

$$\frac{E_\text{A}}{RT} = \frac{100 \times 10^3 \text{ J mol}^{-1}}{(8.314 \text{ J K}^{-1} \text{ mol}^{-1}) \times (300 \text{ K})} = 40.1, \quad f = \text{e}^{-40.1} = 3.9 \times 10^{-18},$$

$$\frac{E_\text{A}}{RT} = \frac{100 \times 10^3 \text{ J mol}^{-1}}{(8.314 \text{ J K}^{-1} \text{ mol}^{-1}) \times (1000 \text{ K})} = 12.0, \quad f = \text{e}^{-12.0} = 6.10 \times 10^{-6}.$$

A24.3a Der prozentuale Anstieg ist

$$(100) \times \left(\frac{\delta f}{f}\right) \approx (100) \times \left(\frac{\mathrm{d}f}{\mathrm{d}T}\right) \times \left(\frac{\delta T}{f}\right) \approx \frac{100\,E_\mathrm{A}}{RT^2}\delta T.$$

(a)

$$E_\mathrm{A} = 10\,\mathrm{kJ\,mol^{-1}}, \quad \delta T = 10\,\mathrm{K}.$$

$$(100)\left(\frac{\delta f}{f}\right) = \frac{(100) \times (10 \times 10^3\,\mathrm{J\,mol^{-1}}) \times (10\,\mathrm{K})}{(8.314\,\mathrm{J\,K^{-1}\,mol^{-1}}) \times (T^2)}$$

$$= \frac{1.20 \times 10^6}{(T/\mathrm{K})^2} = \begin{cases} 13\,\% \text{ bei } 300\,\mathrm{K}, \\ 1.2\,\% \text{ bei } 1000\,\mathrm{K}. \end{cases}$$

(b)

$$E_\mathrm{A} = 100\,\mathrm{kJ\,mol^{-1}}, \quad \delta T = 10\,\mathrm{K}.$$

$$(100)\left(\frac{\delta f}{f}\right) = \frac{1.20 \times 10^7}{(T/\mathrm{K})^2} = \begin{cases} 130\,\% \text{ bei } 300\,\mathrm{K}, \\ 12\,\% \text{ bei } 1000\,\mathrm{K}. \end{cases}$$

A24.4a Nach Gl. (24-14) in Verbindung mit Gl. (24-7) ist

$$k_2 = \sigma \left(\frac{8kT}{\pi\mu}\right)^{1/2} N_\mathrm{A} \mathrm{e}^{-E_\mathrm{A}/RT}.$$

Die in dieser Formel einzusetzende Aktivierungsenergie E_A hängt mit der experimentellen Aktivierungsenergie zusammen über (vgl. Abschnitt 24.1.1)

$$\begin{aligned} E_\mathrm{A} &= E_\mathrm{A}^\mathrm{exp} - \tfrac{1}{2}RT \\ &= (1.71 \times 10^5\,\mathrm{J\,mol^{-1}}) - (\tfrac{1}{2}) \times (8.314\,\mathrm{J\,K^{-1}\,mol^{-1}}) \times (650\,\mathrm{K}) \\ &= 1.68\overline{3} \times 10^5\,\mathrm{J\,mol^{-1}}. \end{aligned}$$

$$\mathrm{e}^{-E_\mathrm{A}/RT} = \mathrm{e}^{-1.68\overline{3}} \times 10^5\,\mathrm{J\,mol^{-1}}/(8.314\,\mathrm{J\,K^{-1}\,mol^{-1}} \times 650\,\mathrm{K}) = 2.9\overline{9} \times 10^{-14},$$

$$\left(\frac{8kT}{\pi\mu}\right)^{1/2} = \left(\frac{(8) \times (1.381 \times 10^{-23}\,\mathrm{J\,K^{-1}}) \times (650\,\mathrm{K})}{(\pi) \times (3.32 \times 10^{-27}\,\mathrm{kg})}\right)^{1/2} = 2.62\overline{3} \times 10^3\,\mathrm{m\,s^{-1}},$$

$$\begin{aligned} k_2 &= (0.36 \times 10^{-18}\,\mathrm{m^2}) \times (2.62\overline{3} \times 10^3\,\mathrm{m\,s^{-1}}) \times (6.022 \times 10^{23}\,\mathrm{mol^{-1}}) \times (2.9\overline{9} \times 10^{-14}) \\ &= 1.7 \times 10^{-5}\,\mathrm{m^3\,mol^{-1}\,s^{-1}} = 1.7 \times 10^{-2}\,\mathrm{dm^3\,mol^{-1}\,s^{-1}}. \end{aligned}$$

Anmerkung: Schätzungen des Stoßquerschnitts ergeben bekanntermaßen sehr unterschiedliche Werte. Für die Reaktion von H_2 mit I_2 variieren sie zwischen 0.28 nm^2 und 0.50 nm^2. Aber dieser Faktor allein kann die Abweichungen zwischen den theoretischen und experimentellen Werten von k_2 nicht erklären. Vergleiche auch *Beispiel* 24-1.

A24.5a Nach Gl. (24-26) haben wir

$$k_d = 4\pi R^* D N_A.$$

$$D = D_A + D_B = 2 \times 5 \times 10^{-9} m^2\,s^{-1} = 1 \times 10^{-8}\,m^2\,s^{-1},$$

$$k_d = (4\pi) \times (0.4 \times 10^{-9}\,m) \times (1 \times 10^{-8}\,m^2\,s^{-1}) \times (6.02 \times 10^{23}\,mol^{-1})$$

$$= 3 \times 10^7\,m^3\,mol^{-1}\,s^{-1}$$

$$= 3 \times 10^{10}\,dm^3\,mol^{-1}\,s^{-1}.$$

A24.6a Mit Gl. (24-35) finden wir

$$k_d = \frac{8RT}{3\eta} = \frac{(8) \times (8.314 \times J\,K^{-1}\,mol^{-1}) \times (298\,K)}{3\eta}$$

$$= \frac{6.61 \times 10^3\,J\,mol^{-1}}{\eta} = \frac{6.61 \times 10^3\,kg\,m^2\,s^{-2}\,mol^{-1}}{(\eta/kg\,m^{-1}s^{-1}) \times kg\,m^{-1}\,s^{-1}}$$

$$= \frac{6.61 \times 10^3\,m^3\,mol^{-1}\,s^{-1}}{(\eta/kg\,m^{-1}\,s^{-1})}$$

$$= \frac{6.61 \times 10^6\,M^{-1}\,s^{-1}}{(\eta/kg\,m^{-1}\,s^{-1})} = \frac{6.61 \times 10^9\,M^{-1}\,s^{-1}}{(\eta/cP)}.$$

(a) Wasser ($\eta = 1.00\,cP$):

$$k_d = \frac{6.61 \times 10^9}{1.00}\,dm^3\,mol^{-1}\,s^{-1} = 6.61 \times 10^9\,dm^3\,mol^{-1}\,s^{-1}$$

$$= 6.61 \times 10^8\,m^3\,mol^{-1}\,s^{-1}.$$

(b) Pentan ($\eta = 0.22\,cP$):

$$k_d = \frac{6.61 \times 10^9}{0.22}\,dm^3\,mol^{-1}\,s^{-1} = 3.0 \times 10^{10}\,dm^3\,mol^{-1}\,s^{-1}$$

$$= 3.0 \times 10^7\,m^3\,mol^{-1}s^{-1}.$$

A24.7a Die Geschwindigkeitskonstante ist

$$k_d = \frac{8RT}{3\eta} = \frac{(8) \times (8.314\,J\,K^{-1}\,mol^{-1}) \times (298\,K)}{(3) \times (0.89 \times 10^{-3}\,kg\,m^{-1}\,s^{-1})}$$

$$= 7.4 \times 10^6\,m^3\,mol^{-1}\,s^{-1} = 7.4 \times 10^9\,dm^3\,mol^{-1}\,s^{-1}.$$

Weil die Reaktion elementar bimolekular ist, ist sie von zweiter Ordnung. Es folgt mit Tabelle 22-3

$$t_{1/2} = \frac{1}{k_d[A]_0}$$

$$= \frac{1}{(7.4 \times 10^9\,dm^3\,mol^{-1}\,s^{-1}) \times (1.0 \times 10^{-3}\,mol\,dm^{-3})} = 1.4 \times 10^{-7}.$$

A24.8a Nach Abschnitt 24.1.1 ist

$$P = \frac{\sigma^*}{\sigma}.$$

Für den mittleren Stoßquerschnitt schreiben wir

$$\sigma_A = \pi d_A^2 \quad \text{und} \quad \sigma_B = \pi d_B{}^2 \quad \text{sowie} \quad \sigma = \pi d^2 \quad \text{mit} \quad d = \tfrac{1}{2}(d_A + d_B).$$

$$\begin{aligned}\sigma &= \tfrac{1}{4}\pi(d_A + d_B)^2 = \tfrac{1}{4}\pi(d_A{}^2 + d_B{}^2 + 2d_A d_B)\\ &= \tfrac{1}{4}(\sigma_A + \sigma_B + 2\sigma_A{}^{1/2}\sigma_B{}^{1/2})\\ &= \tfrac{1}{4}\{0.95 + 0.65 + 2 \times (0.95 \times 0.65)^{1/2}\}\,\text{nm}^2 = 0.793\,\text{nm}^2.\end{aligned}$$

Also ist $P \approx \dfrac{9.2 \times 10^{-22}\,\text{m}^2}{0.793 \times 10^{-18}\,\text{m}^2} = 1.2 \times 10^{-3}$.

A24.9a Wenn die Reaktion elementar bimolekular ist, muss sie von zweiter Ordnung sein. Es folgt

$$\frac{d[P]}{dt} = k_2[A][B].$$

$$\begin{aligned}k_2 &= 4\pi R^* D N_A = 4\pi R^*(D_A + D_B)N_A \quad (\text{Gl. (24-26)})\\ &= \frac{2kTN}{3\eta}(R_A + R_B) \times \left(\frac{1}{R_A} + \frac{1}{R_B}\right)\\ &= \frac{2RT}{3\eta}(R_A + R_B) \times \left(\frac{1}{R_A} + \frac{1}{R_B}\right)\\ &= \frac{(2) \times (8.314\,\text{J K}^{-1}\,\text{mol}^{-1}) \times (313\,\text{K})}{(3) \times (2.37 \times 10^{-3}\,\text{kg m}^{-1}\,\text{s}^{-1})} \times (294 + 825) \times \left(\frac{1}{294} + \frac{1}{825}\right)\\ &= 3.8 \times 10^6\,\text{mol}^{-1}\,\text{m}^3\,\text{s}^{-1} = 3.8 \times 10^9\,\text{dm}^3\,\text{mol}^{-1}\,\text{s}^{-1}.\end{aligned}$$

Also ist die Anfangsgeschwindigkeit

$$\begin{aligned}\frac{d[P]}{dt} &= (3.8 \times 10^9\,\text{dm}^3\,\text{mol}^{-1}\,\text{s}^{-1}) \times (0.150\,\text{mol dm}^{-3}) \times (0.330\,\text{mol dm}^{-3})\\ &= 1.9 \times 10^8\,\text{mol dm}^{-3}\,\text{s}^{-1}.\end{aligned}$$

Anmerkung: Verwendet man anstelle von Gl. (24-26) die Gl. (24-35), so ergibt sich $k_2 = 2.9 \times 10^9\,\text{dm}^3\,\text{mol}^{-1}\,\text{s}^{-1}$ und daraus $d[P]/dt = 1.4 \times 10^8\,\text{mol dm}^{-3}\,\text{s}^{-1}$. In diesem Fall führt die Näherung gemäß Gl. (24-35) zu einer Abweichung von etwa 30 %.

A24.10a Für Reaktionen in Lösung haben wir nach Abschnitt 24.2.2 folgenden Zusammenhang zwischen Energie und Aktivierungsenthalpie

$$\Delta^{\ddagger}H = E_A - RT.$$

$$k_2 = B\,e^{\Delta^{\ddagger}S/R}e^{-\Delta^{\ddagger}H/RT} \quad \text{mit} \quad B = \left(\frac{kT}{h}\right)\times\left(\frac{RT}{p^{\ominus}}\right) \quad \text{(Gl. (24-60))}$$

$$= B\,e^{\Delta^{\ddagger}S/R}e^{-E_A/RT}\,e = A\,e^{-E_A/RT}.$$

Also ist $A = e\,B\,e^{\Delta^{\ddagger}S/R}$ und daher $\Delta^{\ddagger}S = R\left(\ln\frac{A}{B} - 1\right)$.

Wegen $E_A = 8681\,\text{K}\times R$ folgt

$$\Delta^{\ddagger}H = E_A - RT = (8681\,\text{K} - 303\,\text{K})R$$

$$= (8378\,\text{K})\times(8.314\,\text{J K}^{-1}\,\text{mol}^{-1}) = 69.7\,\text{kJ mol}^{-1},$$

$$B = \frac{(1.381\times10^{-23}\,\text{J K}^{-1})\times(303\,\text{K})}{6.626\times10^{-34}\,\text{J s}}\times\frac{(8.314\,\text{J K}^{-1}\,\text{mol}^{-1})\times(303\,\text{K})}{10^5\,\text{Pa}}$$

$$= 1.59\times10^{11}\,\text{m}^3\,\text{mol}^{-1}\,\text{s}^{-1} = 1.59\times10^{14}\,\text{dm}^3\,\text{mol}^{-1}\,\text{s}^{-1}.$$

Damit ergibt sich

$$\Delta^{\ddagger}S = R\left[\ln\left(\frac{2.05\times10^{13}\,\text{dm}^3\,\text{mol}^{-1}\,\text{s}^{-1}}{1.59\times10^{14}\,\text{dm}^3\,\text{mol}^{-1}\,\text{s}^{-1}}\right) - 1\right]$$

$$= 8.314\,\text{J K}^{-1}\,\text{mol}^{-1}\times(-3.05) = -25\,\text{J K}^{-1}\,\text{mol}^{-1}.$$

A24.11a Nach Aufgabe A24.10a haben wir den Zusammenhang $\Delta^{\ddagger}H = E_A - RT$ und damit

$$\Delta^{\ddagger}H = (9134\,\text{K} - 303\,\text{K})\times(8.314\,\text{J K}^{-1}\,\text{mol}^{-1}) = +73.4\,\text{kJ mol}^{-1}.$$

$$\Delta^{\ddagger}S = R\left(\ln\frac{A}{B} - 1\right)$$

mit (vgl. Gl. (24-60)) $B = \left(\frac{kT}{h}\right)\times\left(\frac{RT}{p^{\ominus}}\right) = 1.59\times10^{14}\,\text{dm}^3\,\text{mol}^{-1}\,\text{s}^{-1}$ bei 30 °C.

Es folgt $\Delta^{\ddagger}S = 8.314\,\text{J K}^{-1}\,\text{mol}^{-1}\times\left[\ln\left(\frac{7.78\times10^{14}}{1.59\times10^{14}}\right) - 1\right] = +4.9\,\text{J K}^{-1}\,\text{mol}^{-1}$

und $\Delta^{\ddagger}G = \Delta^{\ddagger}H - T\Delta^{\ddagger}S = \{(73.4) - (303)\times(4.9\times10^{-3})\}\,\text{kJ mol}^{-1} = +71.9\,\text{kJ mol}^{-1}$.

A24.12a Mit dem in Abschnitt 24.2.2 hergeleiteten Zusammenhang $\Delta^{\ddagger} H = E_a - 2RT$ haben wir

$$\Delta^{\ddagger} H = \{(58.6) - (2) \times (8.314 \times 10^{-3}) \times (338)\}\,\text{kJ mol}^{-1} = 51.2\,\text{kJ mol}^{-1}.$$

Aus $k_2 = A\,\text{e}^{-E_a/RT}$ folgt

$$A = k_2\,\text{e}^{E_A/RT} = 7.84 \times 10^{-3}\,\text{kPa}^{-1}\,\text{s}^{-1} \times \text{e}^{58.6\times 10^3/(8.314\times 338)}$$

$$= 4.70\overline{5} \times 10^{6}\,\text{kPa}^{-1}\,\text{s}^{-1} = 4.70\overline{5} \times 10^{3}\,\text{Pa}^{-1}\,\text{s}^{-1}.$$

Mit dem molaren Konzentrationen erhalten wir

$$v = k_2 p_A p_B = k_2 (RT)^2 [\text{A}][\text{B}].$$

Anstelle von $\text{d}p_A/\text{d}t = -k_2 p_A p_B$

ist nun $\text{d}[\text{A}]/\text{d}t = -k_2 RT[\text{A}][\text{B}]$.

Wir können also den Ausdruck verwenden

$$A = (4.70\overline{5} \times 10^{3}\,\text{Pa}^{-1}\,\text{s}^{-1}) \times (8.314\,\text{J K}^{-1}\,\text{mol}^{-1}) \times (338\,\text{K})$$
$$= 1.32\overline{2} \times 10^{7}\,\text{m}^3\,\text{mol}^{-1}\,\text{s}^{-1}.$$

Dann ist mit Gl. (24-60)

$$B = \frac{kT}{h} \times \frac{RT}{p^{\ominus}}$$
$$= \frac{(1.381 \times 10^{-23}) \times (338\,\text{K})}{6.626 \times 10^{-34}\,\text{J s}} \times \frac{(8.314\,\text{J K}^{-1}\,\text{mol}^{-1}) \times (338\,\text{K})}{10^5\,\text{Pa}}$$
$$= 1.98 \times 10^{11}\,\text{m}^3\,\text{s}^{-1}\,\text{mol}^{-1}$$

und

$$\Delta^{\ddagger} S = R\left[\ln\left(\frac{A}{B}\right) - 2\right] [27.62] = (8.314\,\text{J K}^{-1}\,\text{mol}^{-1}) \times \left\{\ln\left(\frac{1.32\overline{2} \times 10^{7}}{1.98 \times 10^{11}}\right) - 2\right\}$$
$$= -96.6\,\text{J K}^{-1}\,\text{mol}^{-1}$$

sowie

$$\Delta^{\ddagger} G = \Delta^{\ddagger} H - T\,\Delta^{\ddagger} S = [(51.2) - (338) \times (-96.6 \times 10^{-3})]\,\text{kJ mol}^{-1}$$
$$= +83.9\,\text{kJ mol}^{-1}.$$

A24.13a Nach Gl. (24-56) ist

$$k_2 = N_A\sigma^* \left(\frac{8kT}{\pi\mu}\right)^{1/2} e^{-\Delta E_0/RT}.$$

Der Faktor vor dem Exponentialausdruck ist

$$A = N_A\sigma^* \left(\frac{8\,kT}{\pi\mu}\right)^{1/2}.$$

Es folgt

$$\frac{A}{B} = \left(\frac{N_A\sigma^* hp^{\ominus}}{kT \times RT}\right) \times \left(\frac{8kT}{\pi\mu}\right)^{1/2} = \frac{8^{1/2}\sigma^* hp^{\ominus}}{(\pi\mu k^3 T^3)^{1/2}}.$$

Für identische Teilchen ist $\mu = \frac{1}{2}m$; daher ist

$$\frac{A}{B} = \frac{4\sigma^* hp^{\ominus}}{(\pi m k^3 T^3)^{1/2}}$$

$$= \frac{(4) \times (0.4 \times 10^{-18}\,\mathrm{m}^2) \times (6.626 \times 10^{-34}\,\mathrm{J\,s}) \times (10^5\,\mathrm{Pa})}{\{(\pi) \times (50) \times (1.6605 \times 10^{-27}\,\mathrm{kg}) \times (1.381 \times 10^{-23}\,\mathrm{J\,K^{-1}} \times 300\,\mathrm{K})^3\}^{1/2}}$$

$$= 7.78 \times 10^{-4}.$$

Mit Gl. (24-62) folgt $\Delta^{\ddagger}S = R\left[\ln\left(\frac{A}{B}\right) - 2\right] = 8.314\,\mathrm{J\,K^{-1}\,mol^{-1}}\{\ln 7.78 \times 10^{-4} - 2\}$

$$= -76\,\mathrm{J\,K^{-1}\,mol^{-1}}.$$

A24.14a Mit Gl. (24-60) erhalten wir

$$B = \left(\frac{kT}{h}\right) \times \left(\frac{RT}{p^{\ominus}}\right)$$

$$= \left(\frac{(1.381 \times 10^{-23}\,\mathrm{J\,K^{-1}}) \times (298.15\,\mathrm{K})}{6.626 \times 10^{-34}\,\mathrm{J\,s}}\right) \times \left(\frac{(8.314\,\mathrm{J\,K^{-1}\,mol^{-1}}) \times (298.15\,\mathrm{K})}{10^5\,\mathrm{Pa}}\right)$$

$$= 1.540 \times 10^{11}\,\mathrm{m^3\,mol^{-1}\,s^{-1}} = 1.540 \times 10^{14}\,\mathrm{dm^3\,mol^{-1}\,s^{-1}}.$$

Also ist

(a) $\Delta^{\ddagger}S = R\left[\ln\left(\frac{4.6 \times 10^{12}}{1.540 \times 10^{14}}\right) - 2\right] = -45.8\,\mathrm{J\,K^{-1}\,mol^{-1}}$,

(b) $\Delta^{\ddagger}H = E_A - 2RT = \{(10.0) - (2) \times (2.48)\}\,\mathrm{kJ\,mol^{-1}} = +5.0\,\mathrm{kJ\,mol^{-1}}$,

(c) $\Delta^{\ddagger}G = \Delta^{\ddagger}H - T\Delta^{\ddagger}S = \{(5.0) - (298.15) \times (-45.8 \times 10^{-3})\}\,\mathrm{kJ\,mol^{-1}} = +18.7\,\mathrm{kJ\,mol^{-1}}$.

A24.15a Mit Gl. (24-69) gilt

$$\log k_2 = \log k_2^\circ + 2Az_Az_BI^{1/2}.$$

Es folgt

$$\begin{aligned}\log k_2^\circ &= \log k_2 - 2Az_Az_BI^{1/2}\\ &= (\log 12.2) - (2)\times(0.509)\times(1)\times(-1)\times(0.0525^{1/2}) = 1.32,\\ k_2^\circ &= 20.9\,\mathrm{dm^6\,mol^{-2}\,min^{-1}}.\end{aligned}$$

A24.16a Die beiden Gleichungen (24-82) und (24-81) enthalten die gegebenen Daten, die gesuchte Größe (die Reorganisationsenergie λ) und die andere unbekannte Größe ($\Delta^\ddagger G$); also bilden sie ein Gleichungssystem von zwei Gleichungen mit zwei Unbekannten. Setzt man Gl. (24-82)

$$\Delta^\ddagger G = \frac{(\Delta_R G^\ominus + \lambda)^2}{4\lambda}$$

in Gl. (24-81) ein, so ergibt sich

$$\begin{aligned}k_{Et} &= \frac{2\,\langle H_{DA}\rangle^2}{h}\left(\frac{\pi^3}{4\lambda RT}\right)^{1/2}\exp\left(\frac{-\Delta^\ddagger G}{RT}\right)\\ &= \frac{\langle H_{DA}\rangle^2}{h}\left(\frac{\pi^3}{\lambda RT}\right)^{1/2}\exp\left(\frac{-(\Delta_R G^\circ + \lambda)^2}{4\lambda RT}\right).\end{aligned}$$

Die einzige Unbekannte in dieser Gleichung ist λ. Wir setzen die Werte ein, finden

$$\langle H_{DA}\rangle = hcH = (6.626\times10^{-34}\,\mathrm{J\,s})(2.998\times10^{10}\,\mathrm{cm\,s^{-1}})(0.03\,\mathrm{cm^{-1}}) = 6\times10^{-25}\,\mathrm{J}$$

und erhalten

$$\begin{aligned}30.5\,\mathrm{s^{-1}} &= \frac{(6\times10^{-25}\,\mathrm{J})^2}{6.626\times10^{-34}\,\mathrm{J\,s}}\left(\frac{\pi^3}{\lambda(1.381\times10^{-23}\,\mathrm{J\,K^{-1}})(298\,\mathrm{K})}\right)^{1/2}\\ &\quad\times\exp\left(\frac{-[(-0.182\,\mathrm{eV})(1.602\times10^{-19}\,\mathrm{J\,eV^{-1}})+\lambda]^2}{4\lambda(1.381\times10^{-23}\,\mathrm{J\,K^{-1}})(298\mathrm{K})}\right).\end{aligned}$$

Dabei ist jeweils die Boltzmann-Konstante anstelle der Gaskonstante eingesetzt, um alle Energien auf molekularer Basis anstelle auf molarer Basis angeben zu können. Diese Gleichung lässt sich mit dem Wurzelkommando eines Mathematik-Softwarepakets lösen; für eine grafische Lösung trägt man die rechte Seite gegen die (konstante) linke Seite auf und findet den Wert von λ an der Stelle, wo sich die beiden Linien kreuzen. Dann ist die Reorganisationsenergie

$$\lambda = 1.\overline{9}\times10^{-19}\,\mathrm{J}\quad \text{bzw. rund}\quad 1.2\,\mathrm{eV}.$$

A24.17a Für denselben Elektronendonor und -akzeptor in verschiedenen Abständen gilt Gl. (24-83):

$$\ln k_{\mathrm{Et}}/\mathrm{s}^{-1} = -\beta r + \text{Konstante}.$$

Eine Auftragung von k_{Et} gegen r hat die Steigung $-\beta$. Die Steigung einer durch zwei Punkte festgelegten Geraden ist

$$\text{Steigung} = \frac{\Delta y}{\Delta x} = \frac{(\ln k_{\mathrm{Et},2}/\mathrm{s}) - (\ln k_{\mathrm{Et},1}/\mathrm{s})}{r_2 - r_1} = -\beta = \frac{\ln 4.51 \times 10^4 - \ln 2.02 \times 10^5}{(1.23 - 1.11)\ \mathrm{nm}}$$

$$\beta = 12\,\mathrm{nm}^{-1}.$$

Schwerere Aufgaben

Rechenaufgaben

24.1 Nach Abschnitt 24.1.1 und Aufgabe A24.13a gilt mit $\mu = \frac{1}{2}m(\mathrm{CH_3})$

$$A = N_{\mathrm{A}}\sigma^* \left(\frac{8kT}{\pi\mu}\right)$$

$$= (\sigma^*) \times (6.022 \times 10^{23}\,\mathrm{mol^{-1}}) \times \left(\frac{(8) \times (1.381 \times 10^{-23}\,\mathrm{J\,K^{-1}}) \times (298\,\mathrm{K})}{(\pi) \times (1/2) \times (15.03\,\mathrm{u}) \times (1.6605 \times 10^{-27}\,\mathrm{kg/u})}\right)^{1/2}$$

$$= (5.52 \times 10^{26}) \times (\sigma^*\,\mathrm{mol^{-1}\,m\,s^{-1}}).$$

(a) $$\sigma^* = \frac{2.4 \times 10^{10}\,\mathrm{mol^{-1}\,dm^3\,s^{-1}}}{5.52 \times 10^{26}\,\mathrm{mol^{-1}\,m\,s^{-1}}} = \frac{2.4 \times 10^{7}\,\mathrm{mol^{-1}\,m^3\,s^{-1}}}{5.52 \times 10^{26}\,\mathrm{mol^{-1}\,m\,s^{-1}}} = 4.4 \times 10^{-20}\,\mathrm{m^2}.$$

(b) Wir setzen $\sigma \approx \pi d^2$ und schätzen d als das Doppelte der Bindungslänge ab. Dann folgt

$$\sigma = (\pi) \times (154 \times 2 \times 10^{-12}\,\mathrm{m})^2 = 3.0 \times 10^{-19}\,\mathrm{m^2}.$$

Also ist $P = \dfrac{\sigma^*}{\sigma} = \dfrac{4.3\overline{5} \times 10^{-20}}{3.0 \times 10^{-19}} = 0.15.$

24.3 Für die Radikalrekombination ergab sich experimentell $E_{\mathrm{A}} \approx 0$. Die maximale Geschwindigkeit der Rekombination wird für $P = 1$ (oder mehr) erzielt. Mit $\mu = \frac{1}{2}m$ ist dann

$$k_2 = A = \sigma^* N_{\mathrm{A}}\left(\frac{8kT}{\pi\mu}\right)^{1/2} = 4\sigma^* N_{\mathrm{A}}\left(\frac{kT}{\pi m}\right)^{1/2}.$$

$$\sigma^* \approx \pi d^2 = \pi \times (308 \times 10^{-12}\,\mathrm{m})^2 = 3.0 \times 10^{-19}\,\mathrm{m^2}.$$

Es folgt

$$k_2 = (4) \times (3.0 \times 10^{-19}\,\text{m}^2) \times (6.022 \times 10^{23}\,\text{mol}^{-1})$$
$$\times \left(\frac{(1.381 \times 10^{-23}\,\text{J K}^{-1}) \times (298\,\text{K})}{(\pi) \times (15.03\,\text{u}) \times (1.6605 \times 10^{-27}\,\text{kg/u})}\right)^{1/2}$$
$$= 1.7 \times 10^8\,\text{m}^3\,\text{mol}^{-1}\,\text{s}^{-1} = 1.7 \times 10^{11}\,\text{M}^{-1}\,\text{s}^{-1}.$$

Die Geschwindigkeitskonstante für das Geschwindigkeitsgesetz ist

$$v = k_2[CH_3]^2.$$

Also ist $d[CH_3]/dt = 2k_2[CH_3]^2$.

Die Lösung dieser Gleichung ist $\dfrac{1}{[CH_3]} - \dfrac{1}{[CH_3]_0} = 2k_2 t$.

Bei einer Rekombination von 90 % ist $[CH_3] = 0.10 \times [CH_3]_0$. Das gilt für

$$2k_2 t = \frac{9}{[CH_3]_0} \quad \text{oder} \quad t = \frac{9}{2k_2[CH_3]_0}.$$

Die Stoffmengenanteile der CH_3-Radikale, in denen 10 mol% des Ethans dissoziiert sind, ist

$$\frac{(2) \times (0.10)}{1 + 0.10} = 0.18.$$

Der anfängliche Partialdruck der CH_3-Radikale ist daher

$$p_0 = 0.18\,p = 1.8 \times 10^4\,\text{Pa}.$$

Es folgt $[CH_3]_0 = \dfrac{1.8 \times 10^4\,\text{Pa}}{RT}$.

Damit ist

$$t = \frac{9RT}{(2k_2) \times (1.8 \times 10^4\,\text{Pa})} = \frac{(9) \times (8.314\,\text{J K}^{-1}\,\text{mol}^{-1}) \times (298\,\text{K})}{(1.7 \times 10^8\,\text{m}^3\,\text{mol}^{-1}\,\text{s}^{-1}) \times (3.6 \times 10^4\,\text{Pa})}$$
$$= 3.6\,\text{ns}.$$

24.5 Nach Gl. (24-69) ist

$$\log k_2 = \log k_2^\circ + 2Az_A z_B I^{1/2} \quad \text{mit} \quad A = 0.509\,(\text{mol dm}^{-3})^{-1/2}.$$

Dieser Ausdruck legt es nahe, $\log k$ gegen $I^{1/2}$ aufzutragen und z_B aus der Steigung zu bestimmen, denn der Zusammenhang $|z_A| = 1$ ist bekannt. Wir stellen die folgende Tabelle auf:

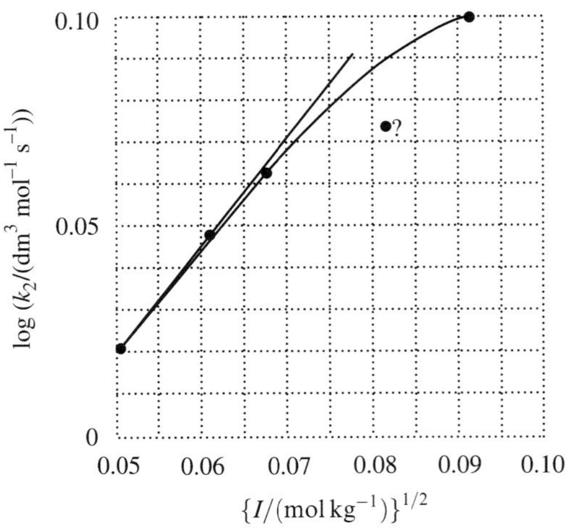

Abb. 24-2

$I/(\mathrm{mol\,dm^{-3}})$	0.0025	0.0037	0.0045	0.0065	0.0085
$(I/(\mathrm{mol\,dm^{-3}}))^{1/2}$	0.050	0.061	0.067	0.081	0.092
$\log(k_2/(\mathrm{dm^3\,mol^{-1}\,s^{-1}}))$	0.021	0.049	0.064	0.072	0.100

Die Werte sind in Abb. 24-2 aufgetragen:

Die Steigung der Grenzgeraden in Abb. 24-2 ist ≈ 2.5. Da die Steigung rechnerisch gleich $2\,Az_Az_B \times (\mathrm{mol\,dm^{-3}})^{1/2} = 1.018\,z_Az_B$ ist, gilt $z_Az_B \approx 2.5$. Wir wissen aber, dass $|z_A| = 1$ ist; also muss $|z_B| = 2$ sein. Ferner haben z_A und z_B dasselbe Vorzeichen, weil $z_Az_B > 0$ ist. (Die Werte beziehen sich jeweils auf I^- und $S_2O_8^{2-}$.)

24.7 Nach *Beispiel* 24-2 ist

$$\frac{\sigma^*}{\sigma} \approx \left(\frac{e^2}{4\pi\varepsilon_0 d(I - E_{\mathrm{Ea}})}\right)^2 .$$

Mit $\sigma = \pi d^2$ erhalten wir

$$\sigma^* \approx \pi\left(\frac{e^2}{4\pi\varepsilon_0[I(\mathrm{M}) - E_{\mathrm{Ea}}(\mathrm{X_2})]}\right)^2 = \frac{6.5\,\mathrm{nm}^2}{(I - E_{\mathrm{Ea}})/\mathrm{eV}}.$$

Demnach sollte σ^* steigen, wenn $I - E_{\mathrm{Ea}}$ abnimmt. Anhand der Daten stellen wir folgende Tabelle auf:

σ^*/nm^2	Cl_2	Br_2	I_2
Na	0.45	0.42	0.56
K	0.72	0.68	0.97
Rb	0.77	0.72	1.05
Cs	0.97	0.90	1.34

Alle Werte von σ^* in der Tabelle sind zwar kleiner als die experimentellen Werte, zeigen aber in den Spalten den richtigen Trend. Die Änderung in Abhängigkeit von E_{Ea} ist in der gesamten Tabelle nicht wie erwartet. Das liegt möglicherweise daran, dass für die Elektronenaffinitäten hier nur grobe Schätzwerte eingesetzt wurden.

Frage: Können Sie bessere Werte der Elektronenaffinitäten finden, und verbessern sie die Trends in den Zeilen der Tabelle?

24.9 (a)
$$\frac{d[F_2O]}{dt} = -k_1[F_2O]^2 - k_2[F][F_2O], \tag{1}$$

$$\frac{d[F]}{dt} = k_1[F_2O]^2 - k_2[F][F_2O] + 2k_3[OF]^2 - 2k_4[F]^2[F_2O], \tag{2}$$

$$\frac{d[OF]}{dt} = k_1[F_2O]^2 + k_2[F][F_2O] - 2k_3[OF]^2. \tag{3}$$

Wir wenden die stationäre Näherung für [F] und für [OF] an. Dann addieren wir die resultierenden Gleichungen und erhalten

$$\begin{array}{lll} k_1[F_2O]^2 - k_2[F]_{SS}[F_2O] + 2k_3[OF]_{SS}^2 & -2k_4[F]_{SS}^2[F_2O] & = 0 \\ k_1[F_2O]^2 + k_2[F]_{SS}[F_2O] - 2k_3[OF]_{SS}^2 & & = 0 \\ \hline 2k_1\,[F_2O]^2 & -2k_4\,[F]_{SS}^2\,[F_2O] & = 0 \end{array} \tag{4}$$

Auflösen nach $[F]_{SS}$ ergibt

$$[F]_{SS} = \left(\frac{k_1}{k_4}[F_2O]\right)^{1/2}.$$

Durch Einsetzen von (4) in (1) erhalten wir

$$\frac{d\,[F_2O]}{dt} = k_1\,[F_2O]^2 - k_2\left(\frac{k_1}{k_4}\right)^{1/2}[F_2O]^{3/2}$$

bzw.

$$-\frac{d[F_2O]}{dt} = k_1[F_2O]^2 + k_2\left(\frac{k_1}{k_4}\right)^{1/2}[F_2O]^{3/2}.$$

Beim Vergleich mit der experimentellen Geschwindigkeit stehen beide in Einklang, wenn wir folgende Identifizierungen treffen:

$$k = k_1 = 7.8 \times 10^{13}\mathrm{e}^{-E_1/RT}\ \mathrm{dm^3\ mol^{-1}\ s^{-1}},$$

$$E_1 = (19350\ \mathrm{K})R = 160.9\ \mathrm{kJ\ mol^{-1}},$$

$$k' = k_2\left(\frac{k_1}{k_4}\right)^{1/2} = 2.3 \times 10^{10}\mathrm{e}^{-E'/RT}\ \mathrm{dm^3\ mol^{-1}\ s^{-1}},$$

$$E' = (16910\ \mathrm{K})R = 140.6\ \mathrm{kJ\ mol^{-1}}.$$

(b)

$$\begin{array}{ll} \frac{1}{2}O_2 + F_2 \rightarrow F_2O & \Delta_B H(F_2O) = 24.41\ \text{kJ mol}^{-1} \\ 2F \rightarrow F_2 & \Delta H = -D(\text{F–F}) = -160.6\ \text{kJ mol}^{-1} \\ O \rightarrow \frac{1}{2}O_2 & \Delta H = -\frac{1}{2}D(\text{O–O}) = -249.1\ \text{kJ mol}^{-1} \\ \hline 2F + O \rightarrow F_2O & \end{array}$$

$$\begin{aligned} \Delta H(\text{FO–F}) + \Delta H(\text{O–F}) &= -\left[\Delta_B H(F_2O) - D(\text{F–F}) - \tfrac{1}{2}D(\text{O–O})\right] \\ &= -(24.41 - 160.6 - 249.1)\ \text{kJ mol}^{-1} \\ &= 385.3\ \text{kJ mol}^{-1}. \end{aligned}$$

Wir schätzen $\Delta H(\text{FO–F}) \approx E_1 = 160.9\,\text{kJ mol}^{-1}$. Dann ist

$$\begin{aligned} \Delta H(\text{O–F}) &= 385.3\ \text{kJ mol}^{-1} - \Delta H(\text{FO–F}) \\ &\approx (385.3 - 160.9)\ \text{kJ mol}^{-1}. \end{aligned}$$

$\Delta H(\text{O–F}) \approx 224.4\,\text{kJ mol}^{-1}$.

Um die Aktivierungsenergie der Reaktion (2) zu bestimmen, nehmen wir an, jede Geschwindigkeit sei in der Arrhenius-Form angegeben. Dann ist

$$\ln k' = \ln k_2 + \tfrac{1}{2}\ln k_1 - \tfrac{1}{2}\ln k_4$$

bzw.

$$\ln A' - \frac{E'}{RT} = \ln A_2 - \frac{E_2}{RT} + \frac{1}{2}\ln A_1 - \frac{1}{2}\frac{E_1}{RT} - \frac{1}{2}\ln A_4 + \frac{1}{2}\frac{E_4}{RT}.$$

Durch Ableitung nach T erhalten wir

$$E' = E_2 + \tfrac{1}{2}E_1 - \tfrac{1}{2}E_4 = 140.6\ \text{kJ mol}^{-1}$$

bzw.

$$\begin{aligned} E_2 - \tfrac{1}{2}E_4 = E' - \tfrac{1}{2}E_1 &= (140.6 - 80.4)\ \text{kJ mol}^{-1} \\ &= 60.2\ \text{kJ mol}^{-1}. \end{aligned}$$

Für E_4 erwarten wir nur einen kleinen Wert, da die Reaktion (4) trimolekular ist. Näherungsweise setzen wir $E_4 \approx 0$; dann ist

$E_2 \approx 60\,\text{kJ mol}^{-1}$.

24.11 Eine lineare Regression des Logarithmus der Geschwindigkeitskonstante gegen $1/T$ liefert die folgenden Ergebnisse:

$$\ln(k/22.4\ \mathrm{dm^3\ mol^{-1} min^{-1}}) = C + B/T$$

mit $C = 34.36$, Standardabweichung $= 0.36$,
$B = -23227$ K, Standardabweichung $= 252$ K,
$R = 0.99976$ [gute Übereinstimmung].

$$\ln(k'/22.4\ \mathrm{dm^3\ mol^{-1} min^{-1}}) = C_2 + B_2/T$$

mit $C' = 28.30$, Standardabweichung $= 0.84$,
$B' = -21065$ K, Standardabweichung $= 582$ K,
$R = 0.99848$ [gute Übereinstimmung].

Die Regressionsparameter können wir verwenden, um den Faktor A vor dem Exponentialterm und die Aktivierungsenergie E_A zu berechnen. Für die Rechnung verwenden wir den Zusammenhang $\ln k = \ln A - E_A/RT$.

$$\ln A = C + \ln(22.4) = 37.47,$$

$$A = 1.87 \times 10^{16}\ \mathrm{dm^3\ mol^{-1}\ min^{-1}} = 3.12 \times 10^{14}\ \mathrm{dm^3\ mol^{-1} s^{-1}}.$$

$$E_A = -RB = -(8.3145\ \mathrm{J\ K^{-1} mol^{-1}}) \times (-23227\ \mathrm{K}) \times \left(\frac{10^{-3}\ \mathrm{kJ}}{\mathrm{J}}\right)$$

$$= 193\ \mathrm{kJ\ mol^{-1}}.$$

$$\ln A' = C' + \ln(22.4) = 31.41,$$

$$A' = 4.37 \times 10^{13} \mathrm{dm^3\ mol^{-1}\ min^{-1}} = 7.29 \times 10^{11}\ \mathrm{dm^3\ mol^{-1}\ s^{-1}}.$$

$$E'_a = -RB' = -(8.3145\ \mathrm{J\ K^{-1} mol^{-1}}) \times (-21065\ \mathrm{K}) \times \left(\frac{10^{-3}\ \mathrm{kJ}}{\mathrm{J}}\right)$$

$$= 175\ \mathrm{kJ\ mol^{-1}}.$$

Zusammenfassend:

	$A/(\mathrm{dm^3\ mol^{-1} s^{-1}})$	$E_A/(\mathrm{kJ\ mol^{-1}})$
k	$3.12 \times 10^{14} (= A)$	193
k'	$7.29 \times 10^{11} (= A')$	175

Beide Datensätze (k und k') passen sehr gut in die Arrhenius-Gleichung und stehen damit in Einklang mit der Stoßtheorie von bimolekularen Gasphasenreaktionen, die zu der mit der Arrhenius-Gleichung verträglichen Gl. (24-19) führt. Sie sollten die Zahlenwerte für k' und A mit den Ergebnissen von Aufgabe A24.7a vergleichen; sie liegen grob genähert bei 647 K, dem Wert der Aktivierungsenergie E_A.

Theoretische Aufgaben

24.13 Mit Gl. (24-40) haben wir

$$[\mathrm{J}]^* = k\int_0^t [\mathrm{J}]\mathrm{e}^{-kt}\mathrm{d}t + [\mathrm{J}]\mathrm{e}^{-kt},$$

$$\frac{\partial[\mathrm{J}]^*}{\partial t} = k[\mathrm{J}]\mathrm{e}^{-kt} + \frac{\partial[\mathrm{J}]}{\partial t}\mathrm{e}^{-kt} - k[\mathrm{J}]\mathrm{e}^{-kt} = \left(\frac{\partial[\mathrm{J}]}{\partial t}\right)\mathrm{e}^{-kt},$$

$$\frac{\partial^2[\mathrm{J}]^*}{\partial x^2} = k\int_0^t \left(\frac{\partial^2[\mathrm{J}]}{\partial x^2}\right)\mathrm{e}^{-kt}\mathrm{d}t + \left(\frac{\partial^2[\mathrm{J}]}{\partial x^2}\right)\mathrm{e}^{-kt}.$$

Wegen Gl. (24-39) mit $k = 0$, also

$$D\frac{\partial^2[\mathrm{J}]}{\partial x^2} = \frac{\partial[\mathrm{J}]}{\partial t},$$

gilt dann

$$D\frac{\partial^2[\mathrm{J}]^*}{\partial x^2} = k\int_0^t \left(\frac{\partial[\mathrm{J}]^*}{\partial t}\right)\mathrm{e}^{-kt}\mathrm{d}t \left(\frac{\partial[\mathrm{J}]}{\partial t}\right)\mathrm{e}^{-kt}$$

$$= k\int_0^t \left(\frac{\partial[\mathrm{J}]^*}{\partial t}\right)\mathrm{d}t + \frac{\partial[\mathrm{J}]^*}{\partial t} = k[\mathrm{J}]^* + \frac{\partial[\mathrm{J}]^*}{\partial t}.$$

Das lässt sich zu Gl. (24-39) umformen. Für $t = 0$ gilt $[\mathrm{J}]^* = [\mathrm{J}]$, es sind also auch dieselben Anfangsbedingungen erfüllt. (Auch dieselben Randbedingungen sind erfüllt.)

24.15 Mit Tabelle 17-3 erhalten wir

$$\frac{q_{\mathrm{m}}^{\ominus T}}{N_A} = 2.561 \times 10^{-2}(T/K)^{5/2}(M/\,\mathrm{g\,mol^{-1}})^{3/2}.$$

Für $T \approx 300\,\mathrm{K}$ und $M \approx 50\,\mathrm{g\,mol^{-1}}$ ist $\dfrac{q_{\mathrm{m}}^{\ominus T}}{N_{\mathrm{A}}} \approx 1.4 \times 10^7$ und

$$q^{\mathrm{R}}(\text{nichtlinear}) = \frac{1.0270}{\sigma} \times \frac{(T/\mathrm{K})^{3/2}}{(ABC/\mathrm{cm^{-3}})^{1/2}} \quad \text{(Tabelle 17-3).}$$

Für $T \approx 300\,\mathrm{K}$ und $A \approx B \approx C = 2\,\mathrm{cm^{-1}}$ sowie $\sigma \approx 2$ (Abschnitt 13.2.2) ist

$$q^{\mathrm{R}}(\text{nichtlinear}) \approx 900$$

$$q^{\mathrm{R}}\,(\text{linear}) = \frac{0.6950}{\sigma} \times \frac{(T/\mathrm{K})}{(B/\mathrm{cm^{-1}})} \quad \text{(Tabelle 17-3).}$$

Für $T \approx 300\,\mathrm{K}$ und $B \approx 1\,\mathrm{cm^{-1}}$ sowie $\sigma \approx 1$ (Abschnitt 13.2.2) ist

$$q^R(L) \approx 200$$

$$q^{\mathrm{V}} \approx 1 \quad \text{und} \quad q^{\mathrm{E}} \approx 1 \quad \text{(Tabelle 17-3).}$$

Mit Gl. (24-53) und Gl. (24-51) erhalten wir

$$k_2 = \frac{\kappa k T}{h}\overline{K}^{\ddagger}$$
$$= \left(\frac{\kappa k T}{h}\right) \times \left(\frac{RT}{p}\right) \times \left(\frac{N_A \overline{q}_C^{\ominus}}{q_A^{\ominus} q_B^{\ominus}}\right) e^{-\Delta E_0/RT} \approx A\, e^{-E_A/RT}.$$

Wir verwenden folgende Beziehungen:

$$\frac{q_A^{\ominus}}{N_A} = \frac{q_A^{\ominus T}}{N_A} \approx 1.4 \times 10^7 (\text{oben}),$$
$$\frac{q_B^{\ominus}}{N_A} = \frac{q_B^{\ominus T}}{N_A} \approx 1.4 \times 10^7 (\text{oben}),$$
$$\frac{\overline{q}_C^{\ominus}}{N_A} = \frac{q_C^{\ominus T} q^R(\text{L})}{N_A} \approx (2^{3/2}) \times (1.4 \times 10^7) \times (200\ [\text{oben}]) = 7.9 \times 10^9,$$

(Der Faktor $2^{3/2}$ rührt her von $m_C = m_A + m_B \approx 2m_A$ und $q^T \propto m^{3/2}$.)

$$\frac{RT}{p^{\ominus}} \approx = \frac{(8.314\,\text{J K}^{-1}\,\text{mol}^{-1}) \times (300\,\text{K})}{10^5\,\text{Pa}} = 2.5 \times 10^{-2}\,\text{m}^3\,\text{mol}^{-1},$$
$$\frac{\kappa k T}{h} \approx \frac{kT}{h} = \frac{(1.381 \times 10^{-23}\,\text{J K}^{-1}) \times (300\text{K})}{6.626 \times 10^{-34}\,\text{J s}} = 6.25 \times 10^{12}\,\text{s}^{-1}.$$

Damit ist der Faktor vor dem Exponentialterm

$$A \approx \frac{(6.25 \times 10^{12}\,\text{s}^{-1}) \times (2.5 \times 10^{-12}\,\text{m}^3\,\text{mol}^{-1}) \times (7.9 \times 10^9)}{(1.4 \times 10^7)^2}$$
$$\approx 6.3 \times 10^6\,\text{m}^3\,\text{mol}^{-1}\,\text{s}^{-1} \quad \text{oder} \quad 6.3 \times 10^9\,\text{dm}^3\,\text{mol}^{-1}\,\text{s}^{-1}.$$

Wenn alle drei Spezies nichtlinear sind, ergibt sich

$$\frac{q_A^{\ominus}}{N_A} \approx (1.4 \times 10^7) \times (900) = 1.3 \times 10^{10} \approx \frac{q_B^{\ominus}}{N_A}.$$
$$\frac{q_A^{\ominus}}{N_A} \approx (2^{3/2}) \times (1.4 \times 10^7) \times (900) = 3.6 \times 10^{10}$$

$$A \approx \frac{(6.25 \times 10^{12}\,\text{s}^{-1}) \times (2.5 \times 10^{-2}\,\text{m}^3\,\text{mol}^{-1}) \times (3.6 \times 10^{10})}{(1.3 \times 10^{10})^2}$$
$$\approx 33\,\text{m}^3\,\text{mol}^{-1}\,\text{s}^{-1} \quad \text{oder} \quad 3.3 \times 10^4\,\text{dm}^3\,\text{mol}^{-1}\,\text{s}^{-1}.$$

Also ist $P = \dfrac{A(\text{nichtlinear})}{A(\text{linear})} = \dfrac{3.3 \times 10^4}{6.3 \times 10^9} = 5.2 \times 10^{-6}$.

Sie können dieser Werte mit denen in Tabelle 24-1 und in *Beispiel* 24-1 vergleichen. Sie liegen im experimentell ermittelten Bereich.

24.17 Wir nehmen die y-Richtung als die Richtung der Diffusion an. Dann geht der Schwingungsmode des aktivierten Atoms in dieser Richtung verloren. Es folgt

$q^{\ddagger} = q_Z^{\ddagger S} q_x^{\ddagger S}$ für das aktivierte Atom und

$q = q_x^S q_y^S q_z^S$ für ein Atom am Boden der Potenzialmulde.

Für die klassische Schwingung gilt (vgl. Abschnitt 24.2.1) $q^S \approx kT/h\nu$.

Der beschriebene Diffusionsvorgang ist unimolekular und daher erster Ordnung. Er ist daher analog zu dem Fall mit zweiter Ordnung im Abschnitt 24.2.1 (vgl. auch Aufgabe 24.4), und wir können mit $\left[K^{\ddagger} = \frac{[x]^{\ddagger}}{[x]}\right]$ schreiben

$$-\frac{d[x]}{dt} = k^{\ddagger}[x]^{\ddagger} = vK^{\ddagger}[x] = k_1[x]\,.$$

Mit $\beta = \frac{1}{RT}$ folgt

$$k_1 = \nu K^{\ddagger} = \nu\left(\frac{kT}{h\nu}\right) \times \left(\frac{q^{\ddagger}}{q}\right) e^{-\beta\,\Delta\,E_0}.$$

Dabei sind $q^{\ddagger}$ und q die (Schwingungs-)Zustandssummen am oberen Rand bzw. am Boden des Potenzialtopfs. Es ergibt sich

$$k_1 = \frac{kT}{h}\left(\frac{(kT/h\nu^{\ddagger})^2}{(kT/h\nu)^3}\right) e^{-\beta\,\Delta\,E_0} = \frac{\nu^3}{\nu^{t2}} e^{-\beta\Delta E_0}.$$

(a)

$\nu^{\ddagger} = \nu$; $\quad k_1 = \nu e^{-\beta\,\Delta\,E_0}$. Wir nehmen $\Delta E_0 \approx E_A$ an und erhalten

$k_1 \approx 10^{11}\,\text{Hz}\, e^{-60\times 10^3/(8.314\times 500)} = 5.4 \times 10^4\,\text{s}^{-1}$.

Mit $\tau = \frac{1}{k_1}$ (Aufgabe 22.10) erhalten wir nach Gl. (21-85)

$$D = \frac{\lambda^2}{2\tau} \approx \frac{1}{2}\lambda^2 k_1 = \frac{1}{2} \times (316\,\text{pm})^2 \times 5.4 \times 10^4\,\text{s}^{-1} = 2.7 \times 10^{-15}\,\text{m}^2\,\text{s}^{-1}.$$

(b)

$\nu^{\ddagger} = \frac{1}{2}\nu$; $\quad k_1 = 4\nu e^{-\beta\Delta E_0} = 2.2 \times 10^5\,\text{s}^{-1}$;

$D = (4) \times (2.7 \times 10^{-15}\text{m}^2\,\text{s}^{-1}) = 1.1 \times 10^{-14}\,\text{m}^2\,\text{s}^{-1}$.

24.19 Die Intensitätsänderung $\mathrm{d}I$ des Strahls ist proportional zur Anzahl $\mathcal{N}_S$ der streuenden Teilchen pro Volumeneinheit, zur Intensität I des Strahls und zur Weglänge $\mathrm{d}l$. Die Proportionalitätskonstante ist definiert als der Stoßquerschnitt σ. Also ist

$$dI = -\sigma\mathcal{N}_s I\,\mathrm{d}l \quad \text{bzw.} \quad \mathrm{d}\ln I = -\sigma\mathcal{N}_s \mathrm{d}l.$$

Wenn die (bei $l = 0$) einfallende Intensität I_0 ist und der austretende Strahl die Intensität I hat, können wir schreiben

$$\ln\frac{I}{I_0} = -\sigma\mathcal{N}_s l \quad \text{bzw.} \quad I = I_0\mathrm{e}^{-\sigma\mathcal{N}_s l}.$$

24.21 $\mathrm{A} + \mathrm{B} \rightarrow \mathrm{C}^{\ddagger} \rightarrow \mathrm{P}$.

$$k_2 = \left(\kappa\frac{kT}{h}\right) \times \left(\frac{N_\mathrm{A} RT}{p^{\ominus}}\right)\frac{q_{\mathrm{C}^\ddagger}^{\ominus}}{q_\mathrm{A}^{\ominus} q_\mathrm{B}^{\ominus}}\mathrm{e}^{-\Delta E_0/RT} \quad \text{(Gl. (24-52))}.$$

Wir nehmen an, dass der einzige Unterschied zwischen dem atomaren und dem molekularen Fall das Verhältnis der Zustandssummen ist.

(a) Für Stöße zwischen Atomen ist

$$q_\mathrm{A}^{\ominus} = q_\mathrm{A}^\mathrm{T} \approx 10^{26},$$
$$q_\mathrm{B}^{\ominus} = q_\mathrm{B}^\mathrm{T} \approx 10^{26},$$
$$q_\mathrm{C}^{\ominus} = (q_\mathrm{C}^\mathrm{R})^2 q_\mathrm{C}^\mathrm{S} q_\mathrm{C}^\mathrm{T} \approx (10^{1.5})^2 \times (1) \times (10^{26}) \approx 10^{29},$$
$$k_2(\text{Atome}) \propto \frac{10^{29}}{10^{26} \times 10^{26}} = 10^{-23}.$$

(b) Für Stöße zwischen nichtlinearen Molekülen ist

$$q_\mathrm{A}^{\ominus} = (q_\mathrm{A}^\mathrm{R})^3 (q_\mathrm{A}^\mathrm{S})^{3N-6} (q_\mathrm{A}^\mathrm{T}) \approx (10^{1.5})^3 \times (1) \times (10^{26}) \approx 3 \times 10^{30},$$
$$q_\mathrm{B}^{\ominus} = (q_\mathrm{B}^\mathrm{R})^3 (q_\mathrm{B}^\mathrm{S})^{3N'-6} (q_\mathrm{B}^\mathrm{T}) \approx 3 \times 10^{30},$$
$$q_\mathrm{C}^{\ominus} = (q_\mathrm{C}^\mathrm{R})^3 (q_\mathrm{C}^\mathrm{S})^{3(N+N')-6} (q_\mathrm{C}^\mathrm{T}) \approx 3 \times 10^{30}.$$
$$k_2(\text{Moleküle}) \propto \frac{3 \times 10^{30}}{1 \times 10^{61}} = 3 \times 10^{-31}.$$

Daher gilt $k_2(\text{Atome})/k_2(\text{Moleküle}) \approx \dfrac{10^{-23}}{3 \times 10^{-31}} \approx 3 \times 10^7$.

Anwendungsaufgaben

24.23 Die Stoßtheorie ergibt für eine Geschwindigkeitskonstante ohne Energiebarriere

$$k = P\sigma \left(\frac{8kT}{\pi\mu}\right)^{1/2} N_\mathrm{A} \quad \text{und damit} \quad P = \frac{k}{\sigma N_\mathrm{A}} \left(\frac{\pi\mu}{8kT}\right)^{1/2}.$$

$$\begin{aligned} P &= \frac{k/(\mathrm{dm^3\,mol^{-1}\,s^{-1}}) \times (10^{-3}\,\mathrm{m^3\,dm^{-3}})}{(\sigma/\mathrm{nm^2}) \times (10^{-9}\,\mathrm{m})^2 \times (6.022 \times 10^{23}\,\mathrm{mol^{-1}})} \\ &\quad \times \left(\frac{\pi \times (\mu/\mathrm{u}) \times (1.66 \times 10^{-27}\,\mathrm{kg})}{8 \times (1.381 \times 10^{-23}\,\mathrm{J\,K^{-1}}) \times (298\,\mathrm{K})}\right)^{1/2} \\ &= \frac{(6.61 \times 10^{-13})k/(\mathrm{dm^3\,mol^{-1}\,s^{-1}})}{(\sigma/\mathrm{nm^2}) \times (\mu/\mathrm{u})^{1/2}}. \end{aligned}$$

Der Stoßquerschnitt ist

$$\sigma_\mathrm{AB} = \pi d_\mathrm{AB}^2 \text{ mit } d_\mathrm{AB} = \tfrac{1}{2}(d_\mathrm{A} + d_\mathrm{B}) = \frac{\sigma_\mathrm{A}^{1/2} + \sigma_\mathrm{B}^{1/2}}{2\pi^{1/2}}, \text{ also } \sigma_\mathrm{AB} = \frac{(\sigma_\mathrm{A}^{1/2} + \sigma_\mathrm{B}^{1/2})^2}{4}.$$

Den Stoßquerschnitt für O_2 können Sie im Datenanhang nachschlagen. Wir dürften nicht sehr danebenliegen, wenn wir den Wert für das Ethylradikal als den Wert für Ethen ansetzen. Entsprechend setzen wir den Wert von Cyclohexyl gleich dem Wert von Benzol. Für O_2 mit Ethyl ist

$$\sigma = \frac{(0.40^{1/2} + 0.64^{1/2})^2}{4}\,\mathrm{nm^2} = 0.51\,\mathrm{nm^2},$$

$$\mu = \frac{m_\mathrm{O} m_\mathrm{E}}{m_\mathrm{O} + m_\mathrm{E}} = \frac{(32.0\,\mathrm{u}) \times (29.1\,\mathrm{u})}{(32.0 + 29.1)\,\mathrm{u}} = 15.2\,\mathrm{u},$$

$$\text{also } P = \frac{(6.61 \times 10^{-13}) \times (4.7 \times 10^9)}{(0.51) \times (15.2)^{1/2}} = 1.6 \times 10^{-3}$$

Für O_2 mit Cyclohexyl ist

$$\sigma = \frac{(0.40^{1/2} + 0.88^{1/2})^2}{4}\,\mathrm{nm^2} = 0.62\,\mathrm{nm^2},$$

$$\mu = \frac{m_\mathrm{O} m_\mathrm{C}}{m_\mathrm{O} + m_\mathrm{C}} = \frac{(32.0\,\mathrm{u}) \times (77.1\,\mathrm{u})}{(32.0 + 77.1)\,\mathrm{u}} = 22.6\,\mathrm{u},$$

$$\text{also } P = \frac{(6.61 \times 10^{-13}) \times (8.4 \times 10^9)}{(0.62) \times (22.6)^{1/2}} = 1.8 \times 10^{-3}.$$

24.25 Gleichung (24-69) lässt sich auch in folgender Form schreiben:

$$z_\mathrm{A}^2 = \frac{1}{2A} \frac{\log(k_2/k_2^\circ)}{I^{1/2}}.$$

Dabei haben wir $z_\mathrm{A} = z_\mathrm{B}$ für das kationische Protein verwendet. Dieser Gleichung zufolge kann man z_A analytisch bestimmen, indem man den Mittelwert von $(\log(k_2/k_2^\circ))/I^{1/2}$ für mehrere Experimente über einen Bereich verschiedener Ionenstärke verwendet:

$$z_A = \sqrt{\frac{1}{2A}\text{Mittelwert}\left\{\frac{\log(k_2/k_2^\circ)}{I^{1/2}}\right\}}.$$

Wir stellen eine Tabelle mit den nötigen Datenzeilen für die Berechnung auf:

I	0.0100	0.0150	0.0200	0.0250	0.0300	0.0350
k/k°	8.10	13.30	20.50	27.80	38.10	52.00
$\log(k/k^\circ)/I^{0.5}$	9.08	9.18	9.28	9.13	9.13	9.17

Mittelwert $\{\log(k/k^\circ)/I^{0.5}\} = 9.17$,

$$z_A = \sqrt{\frac{1}{2A}\text{Mittelwert}\left\{\frac{\log(k_2/k_2^\circ)}{I^{1/2}}\right\}} = \sqrt{\frac{9.16}{2(0.509)}} = +3.0$$

Dabei haben wir die positive Wurzel verwendet, weil das Protein kationisch ist.

24.27 Passt Gl. (24-83)

$$\ln k_{\text{Et}} = -\beta r + \text{Konstante}$$

auf diese Werte? Erstellen Sie die folgende Tabelle

r/nm	$k_{\text{Et}}/\text{s}^{-1}$	$\ln k_{\text{Et}}/\text{s}^{-1}$
0.48	1.58×10^{12}	28.1
0.95	3.98×10^{9}	22.1
0.96	1.00×10^{9}	20.7
1.23	1.58×10^{8}	18.9
1.35	3.98×10^{7}	17.5
2.24	6.31×10^{1}	4.14

and tragen Sie $\ln k_{\text{Et}}$ gegen r auf (Abb. 24-3).

Die Werte ergeben eine gute Gerade, also scheint die Gleichung zu passen. Die mit der Methode der kleinsten Quadrate gefundene Ausgleichsgerade hat die Gleichung

$$\ln k_{\text{Et}}/\text{s} = 34.7 - 13.4r/\text{nm} \quad \text{mit einem Korrelationskoeffizienten} \quad R^2 = 0.991.$$

Damit können wir $\beta = 13.4\,\text{nm}^{-1}$ identifizieren.

24.29 Wir betrachten die Reaktion

$$\text{Azurin(rot)} + \text{Cytochrom } c\text{(ox)} \rightarrow \text{Azurin(ox)} + \text{Cytochrome } c\text{(rot)}.$$

$$E^\circ = E_R^\circ - E_L^\circ = 0.260\text{ V} - 0.304\text{ V} = -0.044\text{ V}.$$

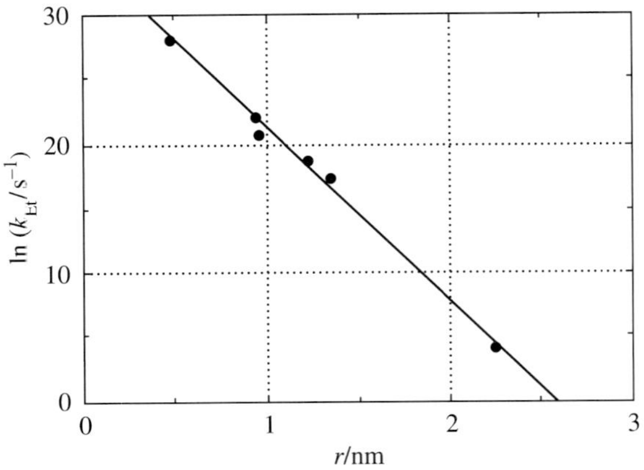

Abb. 24-3

Mit Gl. (7-30) folgt

$$K = e^{vFE^\circ/RT} = e^{1(96485.3\,\mathrm{C\,mol^{-1}})(-0.044\,\mathrm{V})/(8.31451\,\mathrm{J\,K^{-1}\,mol^{-1}})(298.15\,\mathrm{K})} = e^{-1.713}$$
$$= 0.180.$$

$$k_{obs} = (k_{DD}k_{AA}K)^{1/2} \quad \text{(Gl. (24-86))}.$$

$$k_{DD} = \frac{k_{obs}^2}{k_{AA}K} = \frac{\left(1.6 \times 10^3\,\mathrm{dm^3\,mol^{-1}\,s^{-1}}\right)^2}{\left(1.5 \times 10^2\,\mathrm{dm^3\,mol^{-1}\,s^{-1}}\right)(0.180)} = 9.5 \times 10^4\,\mathrm{dm^3\,mol^{-1}\,s^{-1}}.$$

25 | Prozesse an festen Oberflächen

Diskussionsfragen

25.1 (a) Eine Ebene ist eine flache Atomschicht auf einer Oberfläche. Es kann mehr als eine Ebene auf einer Ebene geben, jede mit einer anderen Höhe. Stufen sind die Verbindungen zwischen den Ebenen. Die Höhe einer Stufe kann konstant oder variabel sein.

(b) Die Bewegung eines Kristallteils gegen einen anderen (eine Versetzung) kann zu Stufen und zu Ebenen führen (vgl. Abb. 25-3 und 25-4 im Lehrbuch). Eine besondere Art der Versetzung ist die Schraubenversetzung, die in Abb. 25-3 gezeigt wird. Stellen Sie sich einen Schnitt in den Kristall vor, bei dem die Atome auf der linken Seite um eine Einheitszelle angehoben werden. Der Oberflächendefekt, der durch eine Schraubenversetzung entsteht, ist eine Stufe (möglicherweise mit Kerbstellen), an denen Wachstum stattfinden kann. Die auftreffenden Teilchen liegen reihenweise auf der Rampe, und aufeinanderfolgende Reihen bilden eine neue, gegenüber der anfänglichen Lage um einen Winkel gedrehte Stufe. Bei fortschreitender Ablagerung dreht sich die Stufe um die Schraubenachse und wird nicht zerstört. Das Wachstum kann somit unbegrenzt weitergehen. Mehrere Abscheidungsschichten sind möglich; die Kanten der Spiralen können mehrere Atomlagen hoch sein (Abb. 25-4 im Lehrbuch).

Sich ausbreitende Spiralen können auch Ebenen verflachen. Ebenen werden gebildet, wenn an benachbarten rechts- und linksdrehenden Schraubenversetzungen Wachstum stattfindet (Abb. 25-5 im Lehrbuch). Aufeinanderfolgende Atomebenen können sich bilden, wenn gegensinnig rotierende Schraubenversetzungen kollidieren. Die entstehenden Ebenen können durch weitere Ablagerungen aufgefüllt werden, sodass flache Kristallebenen entstehen.

25.3 *Langmuir-Isotherme.* Diese Isotherme ist unter folgenden Bedingungen anwendbar:

(a) Adsorption führt höchstens zu einer Bedeckung von einer Monolage.

(b) Alle Bindungstellen sind gleichwertig, und die Oberfläche ist einheitlich.

(c) Die Fähigkeit eines Moleküls, an einer gegebenen Bindungsstelle zu adsorbieren, ist unabhängig von der Besetzung benachbarter Bindungsstellen.

BET-Isotherme. Für die BET-Isotherme wird die obige Bedingung (a) entfernt, diese Isotherme ist also auch auf mehrlagige Bedeckung anwendbar.

Arbeitsbuch Physikalische Chemie. 4. Auflage. P. W. Atkins, C. A. Trapp, M. P. Cady und C. Giunta

ISBN: 978-3-527-31828-5

Temkin-Isotherme. Die obige Bedingung (b) wird entfernt, man nimmt an, dass dann die energetisch vorteilhaftesten Bindungsstellen zuerst besetzt werden. Die Temkin-Isotherme entspricht der Annahme, dass die Adsorptionsenthalpie sich linear mit dem Druck ändert.

Freundlich-Isotherme. Auch hier wird die obige Bedingung (b) entfernt, aber diese Isotherme entspricht einer logarithmischen Änderung der Adsorptionsenthalpie mit dem Druck.

25.5 Der Langmuir-Hinshelwood-Mechanismus (LH-Mechanismus) oberflächenkatalysierter Reaktionen beschreibt die Reaktion durch Stöße zwischen Molekülfragmenten und Atomen, die bereits an der Oberfläche adsorbiert sind. Man erwartet daher ein Geschwindigkeitsgesetz zweiter Ordnung in den Bedeckungsgraden:

$$\mathrm{A} + \mathrm{B} \rightarrow \mathrm{P} \qquad v = k\theta_{\mathrm{A}}\theta_{\mathrm{B}}.$$

Einsetzen der passenden Isothermen für A und B ergibt das Geschwindigkeitsgesetz als Funktion der Partialdrücke der Reaktanten. Wenn beispielsweise A und B der Langmuir-Isotherme (Gl. (25-4)) gehorchen und ohne Dissoziation adsorbieren, dann ist das Geschwindigkeitsgesetz

$$v = \frac{kK_{\mathrm{A}}K_{\mathrm{B}}p_{\mathrm{A}}p_{\mathrm{B}}}{(1 + K_{\mathrm{A}}p_{\mathrm{A}} + K_{\mathrm{B}}p_{\mathrm{B}})^2}.$$

Die Parameter K in den Isothermen und die Geschwindigkeitskonstante k sind beide temperaturabhängig; daher kann die Temperaturabhängigkeit der Gesamtreaktion erheblich von einem Arrhenius-Gesetz abweichen (in dem Sinne, dass die Reaktionsgeschwindigkeit kaum proportional zu $\exp(-E_{\mathrm{A}}/RT)$ ist).

Nach dem Eley-Rideal-Mechanismus (ER-Mechanismus) einer oberflächenkatalysierten Reaktion stößt ein Molekül aus der Gasphase mit einem anderen, bereits an der Oberfläche adsorbierten Molekül zusammen. Die Bildungsgeschwindigkeit des Produkts ist dann proportional zum Partialdruck p_{B} des nicht adsorbierten Gases B und zum Bedeckungsgrad θ_{A} des adsorbierten Gases A sein. Das Geschwindigkeitsgesetz ist dann

$$\mathrm{A} + \mathrm{B} \rightarrow \mathrm{P} \qquad v = kp_{\mathrm{B}}\theta_{\mathrm{A}}.$$

Die Geschwindigkeitskonstante k kann viel größer sein als für eine unkatalysierte Gasphasenreaktion, weil die Reaktion auf der Oberfläche nur eine kleine Aktivierungsenergie aufweist und die Adsorption selbst oft gar keine.

Wenn wir die Adsorptionsisotherme für A kennen, lässt sich das Geschwindigkeitsgesetz mithilfe des Partialdrucks p_{A} ausdrücken. Wenn beispielsweise die Adsorption von A im interessierenden Druckbereich einer Langmuir-Isotherme folgt, dann ist das Geschwindigkeitsgesetz

$$v = \frac{kKp_{\mathrm{A}}p_{\mathrm{B}}}{1 + Kp_{\mathrm{A}}}.$$

Falls A aus zweiatomigen Molekülen besteht, die als Atome adsorbiert werden, können wir stattdessen die Isotherme aus Gl. (25-6) einsetzen.

Wenn der Partialdruck von A hoch ist (in dem Sinne $Kp_A \gg 1$), ist nach Gl. (25-27) die Oberfläche fast völlig bedeckt, der Bedeckungsgrad ist also nahezu 1, und die Geschwindigkeit ist gleich kp_B. Der geschwindigkeitsbestimmende Schritt ist dann der Stoß von B mit den adsorbierten Fragmenten. Wenn der Druck von A niedrig ist ($Kp_A \ll 1$), möglicherweise wegen der Reaktion, ist die Geschwindigkeit gleich kKp_Ap_B; in diesem Fall braucht man den Bedeckungsgrad, um die Geschwindigkeit bestimmen zu können .

Beim Mars-van-Krevelen-Mechanismus der katalytischen Oxidation – beispielsweise bei der partiellen Oxidation von Propen zu Propenal – ist der erste Schritt die Adsorption des Propenmoleküls, das unter Verlust eines Wasserstoffatoms das Allylradikal $CH_2{=}CHCH_2$ bildet. Ein O-Atom an der Oberfläche kann nun an dieses Radikal übergehen, was zur Bildung von Acrolein (Propenal, $CH_2{=}CHCHO$) und dessen Desorption von der Oberfläche führt. Auch das H-Atom entweicht mit einem Oberflächen-O-Atom, geht in die Form H_2O über und entweicht von der Oberfläche. An der Oberfläche bleiben Leerstellen und Metallionen in niedrigen Oxidationszuständen zurück. Die Leerstellen werden von O_2-Molekülen des umgebenden Gases angegegriffen, die als O_2^--Ionen chemisorbieren und so den Katalysator reformieren. Diese Abfolge der Ereignisse sorgt für eine große Belastung der Oberfläche; manche Materialien zerbrechen unter der Spannung.

25.7 Zeolithe sind mikroporöse Aluminosilikate, in denen sich die Oberfläche weit bis in den Festkörper hinein erstreckt. M^{n+}-Kationen und H_2O-Moleküle können innerhalb der Hohlräume (Poren) des Al–O–Si-Netzwerks binden (vgl. Abb. 25-29 im Lehrbuch). Kleine neutrale Moleküle wie CO_2, NH_3 und Kohlenwasserstoffe (einschließlich aromatischer Verbindungen) können auch auf den inneren Oberflächen adsorbieren. Dieser Effekt trägt zur Verwendbarkeit der Zeolithe als Katalysatoren bei.

Wie Enzyme sind auch einige Zeolithkatalysatoren mit bestimmter Zusammensetzung und Struktur sehr selektiv gegenüber bestimmten Reaktanten und Molekülen, weil nur Moleküle bestimmter Größe an den Ort der Katalyse – die Poren – hinein- und herauskommen. Es ist auch denkbar, dass die Selektivität der Zeolithe mit ihrer Fähigkeit zusammenhängt, nur diejenigen Übergangszustände zu binden und zu stabilisieren, die genau in die Poren passen.

25.9 Die Gesamtstromdichte an einer Elektrode ist j. j_0 ist die Austauschstromdichte; α ist der Transferkoeffizient; f ist das Verhältnis F/RT; und η ist die Überspannung.

(a) $j = j_0 f\eta$ ist die Stromdichte im Grenzfall kleiner Überspannungen.

(b) $j = j_0 e^{(1-\alpha)f\eta}$ gilt, wenn die Überspannung groß und positiv ist.

(c) $j = -j_0 e^{-\alpha f\eta}$ gilt, wenn die Überspannung groß und negativ ist.

25.11 Das Funktionsprinzip einer Brennstoffstelle ist ganz ähnlich dem Prinzip einer konventionellen galvanischen Zelle. Beide nutzen eine spontane elektrochemische Reaktion und liefern einen elektrischen Strom, mit dem sich externe Geräte betreiben lassen. Der Hauptunterschied zwischen einer Brennstoffzelle und einer gewöhnlichen Zelle ist, dass bei einer Brennstoffzelle ein Material als reagierende Substanz verwendet wird, das normalerweise als Brennstoff gilt und das der Zelle aus einer äußeren Quelle zugeführt wird. Eine Brennstoffzelle soll starke Ströme liefern; um dieses Ziel zu erreichen, sind eine Reihe von Hindernissen zu überwinden, die die Reaktionsgeschwindigkeit beschränken. Ein Weg, um die Reaktionsgeschwindigkeit in der Zelle zu erhöhen, ist die Verwendung eines Oberflächenkatalysators mit großer effektiver Oberfläche, um die Stromdichte zu erhöhen. Auch der Betrieb der Zelle bei hoher Temperatur kann die Reaktionsgeschwindigkeit erhöhen, in einigen Fällen werden geschmolzene Elektrolyten und Elektroden verwendet.

Leichte Aufgaben

A25.1a Mit Gl. (25-1b) erhalten wir für $T = 298$ K

$$Z_W = (2.63 \times 10^{24}\ \mathrm{m^{-2}\ s^{-1}}) \times \left(\frac{p/\mathrm{Pa}}{\{(T/\mathrm{K}) \times (M/\mathrm{g\ mol^{-1}})\}^{1/2}}\right)$$
$$= \left(\frac{(1.52 \times 10^{19}\mathrm{cm^{-2}\ s^{-1}}) \times (p/\mathrm{Pa})}{(M/\mathrm{g\ mol^{-1}})^{1/2}}\right).$$

Bei 298 K ist wegen 100 Pa = 0.750 Torr auch folgende Form der Gleichung anwendbar:

$$Z_W = \frac{(2.03 \times 10^{21}\ \mathrm{cm^{-2}\ s^{-1}})}{(M/\mathrm{g\,mol^{-1}})^{1/2}}$$

oder

$$Z_W = \frac{(2.03 \times 10^{25}\ \mathrm{m^{-2}\ s^{-1}}) \times (p/\mathrm{Torr})}{(M/\mathrm{g\ mol^{-1}})^{1/2}}.$$

Damit können wir die folgende Tabelle aufstellen:

	H_2	C_3H_8
$M/(\mathrm{g\ mol^{-1}})$	2.02	44.09
$Z_W\ (\mathrm{m^{-2}\ s^{-1}})$		
(i) 100 Pa	1.07×10^{25}	2.35×10^{24}
(ii) 10^{-7} Torr	1.4×10^{18}	3.1×10^{17}

A25.2a Nach Gl. (25-1b) haben wir

$$p/\text{Pa} = \frac{\{Z_W/(\text{m}^{-2}\,\text{s}^{-1})\} \times \{(T/\text{K}) \times (M/\text{g mol}^{-1})\}^{1/2}}{2.63 \times 10^{24}}$$
$$= \frac{\{Z_W/\text{m}^{-2}\,\text{s}^{-1}\} \times (425 \times 39.95)^{1/2}}{2.63 \times 10^{24}}$$
$$= 4.95 \times 10^{-24} \times Z_W/(\text{m}^{-2}\,\text{s}^{-1}).$$

Die geforderte Stoßfrequenz ist

$$Z_W = \frac{4.5 \times 10^{20}\,\text{s}^{-1}}{\pi \times (0.075\,\text{cm})^2} = 2.5\bar{5} \times 10^{22}\,\text{cm}^{-2}\,\text{s}^{-1} = 2.5\bar{5} \times 10^{26}\,\text{m}^{-2}\,\text{s}^{-1}.$$

Also ist $p = (4.95 \times 10^{-23}\,\text{Pa}) \times (2.5\bar{5} \times 10^{26}) = 1.3 \times 10^4\,\text{Pa}$.

A25.3a Wieder nach Gl. (25-1b) gilt

$$Z_W = (2.63 \times 10^{24}\,\text{m}^{-2}\,\text{s}^{-1}) \times \left(\frac{p/\text{Pa}}{\{(T/\text{K}) \times (M/\text{g mol}^{-1})\}^{1/2}}\right)$$
$$= (2.63 \times 10^{24}\,\text{m}^{-2}\,\text{s}^{-1}) \times \left(\frac{35}{(80 \times 4.00)^{1/2}}\right) = 5.1 \times 10^{24}\,\text{m}^{-2}\,\text{s}^{-1}.$$

Die von einem Cu-Atom besetzte Fläche ist $\left(\frac{1}{2}\right) \times (3.61 \times 10^{-10}\,\text{m})^2 = 6.52 \times 10^{-20}\,\text{m}^2$ (in einer kubisch flächenzentrierten Elementarzelle ist dies das Äquivalent zu zwei Cu-Atomen pro Seitenfläche). Somit ist die Geschwindigkeit pro Cu-Atom

$$(5.2 \times 10^{24}\,\text{m}^{-2}\,\text{s}^{-1}) \times (6.52 \times 10^{-20}\,\text{m}^2) = 3.4 \times 10^5\,\text{s}^{-1}.$$

A25.4a Das Volumen der Monolage ist $V_{\text{Mono}} = 2.86\,\text{cm}^3$. Also haben wir

$$n = \frac{pV}{RT} = \frac{(1.00\,\text{atm}) \times (2.86 \times 10^{-3}\,\text{dm}^3)}{(0.0821\,\text{dm}^3\,\text{atm}\,\text{K}^{-1}\,\text{mol}^{-1}) \times (273\,\text{K})} = 1.28 \times 10^{-4}\,\text{mol}.$$
$$N = nN_A = 7.69 \times 10^{19}.$$
$$A = (7.69 \times 10^{19}) \times (0.165 \times 10^{-18}\,\text{m}^2) = 12.7\,\text{m}^2.$$

Anmerkung: Es gibt nicht nur ein Verfahren, den effektiven Stoßquerschnitt eines adsorbierten Moleküls abzuschätzen. Mit einem sehr einfachen Verfahren, das hier geeignet ist, wird der Stoßquerschnitt aus der Dichte der Flüssigkeit abgeleitetet.

Frage: Die Dichte von flüssigem Stickstoff sei mit $0.808\,\text{g cm}^{-3}$ gegeben. Wie groß ist dann der effektive Stoßquerschnitt eines Stickstoffmoleküls? Vergleichen Sie die Abschätzung mit dem oben verwendeten Wert!

A25.5a Mit Gl. (25-2) und Gl. (25-4) erhalten wir

$$\theta = \frac{V}{V_\infty} = \frac{V}{V_{\text{Mono}}} = \frac{Kp}{1+Kp}.$$

Umstellen ergibt (vgl. *Beispiel* 25-1)

$$\frac{p}{V} = \frac{p}{V_{\text{Mono}}} + \frac{1}{K\,V_{\text{Mono}}}.$$

Daraus folgt $\frac{p_2}{V_2} - \frac{p_1}{V_1} = \frac{p_2}{V_{\text{Mono}}} - \frac{p_1}{V_{\text{Mono}}}$.

Auflösen nach V_{Mono} ergibt

$$V_{\text{Mono}} = \frac{p_2 - p_1}{(p_2/V_2) - (p_1/V_1)} = \frac{(760 - 142.4)\,\text{Torr}}{(760/1.430) - (142.4/0.284)\,\text{Torr}\,\text{cm}^{-3}}$$
$$= 20.5\,\text{cm}^3.$$

A25.6a Die Adsorptionsenthalpie ist typisch für eine Chemisorption (vgl. Tabelle 25-2).

Nach Gl. (25-16) ist mit $E_{\text{De}} \approx -\Delta_{\text{Ad}}H$ die Veweildauer

$$t_{1/2} = \tau_0 \text{e}^{E_{\text{De}}/RT} \approx (1 \times 10^{-14}\,\text{s}) \times (\text{e}^{120 \times 10^3/(8.314 \times 400)}) \approx 50\text{s}.$$

A25.7a Die mittlere Verweildauer für ein an der Oberfläche adsorbiertes Teilchen ist nach Gleichung (25-16)

$$t_{1/2} = \tau_0 \text{e}^{E_{\text{De}}/RT}.$$

$$E_{\text{De}} = \frac{R \ln(t'_{1/2}/t_{1/2})}{(1/T') - (1/T)} = \frac{(8.314\,\text{J}\,\text{K}^{-1}\,\text{mol}^{-1}) \times \ln(0.36/3.49)}{(1/2548\,\text{K}) - (1/2362\,\text{K})} = 610\,\text{kJ}\,\text{mol}^{-1}.$$

$$\tau_0 = t_{1/2}\text{e}^{-E_{\text{De}}/\text{RT}} = (3.49\,\text{s}) \times \text{e}^{-610 \times 10^3/(8.314 \times 2362)} = 0.113 \times 10^{-12}\,\text{s}.$$

$$A = \ln 2/\tau_0 = 0.693/(0.113 \times 10^{-12}\,\text{s}) = 6.15 \times 10^{12}\,\text{s}^{-1}.$$

A25.8a Nach Gl. (25-4) ist $\theta = Kp/(1+Kp)$ und damit $p = (\theta/(1-\theta))/K$.

(a)

$$p = \left(\frac{0.15}{0.85}\right) \times \left(\frac{1}{0.85\,\text{kPa}^{-1}}\right) = 0.12\,\text{k Pa},$$

(b)

$$p = \left(\frac{0.95}{0.05}\right) \times \left(\frac{1}{0.85\,\text{k Pa}^{-1}}\right) = 22\,\text{kPa}.$$

A25.9a
$$\frac{m_1}{m_2} = \frac{\theta_1}{\theta_2} = \frac{p_1}{p_2} \times \frac{1 + Kp_2}{1 + Kp_1}.$$

Auflösen ergibt

$$K = \frac{(m_1 p_2/m_2 p_1) - 1}{p_2 - (m_1 p_2/m_2)} = \frac{(m_1/m_2) \times (p_2/p_1) - 1}{1 - (m_1/m_2)} \times \frac{1}{p_2}$$
$$= \frac{(0.44/0.19) \times (3.0/26.0) - 1}{1 - (0.44/0.19)} \times \frac{1}{3.0\,\mathrm{k\,Pa}} = 0.19\,\mathrm{k\,Pa}^{-1}.$$

Also ist

$$\theta_1 = \frac{(0.19\,\mathrm{kPa}) \times (2.60\,\mathrm{kPa})}{(1) + (0.19\,\mathrm{kPa}^{-1}) \times (26.0\,\mathrm{kPa})} = 0.83, \quad \theta_2 = \frac{(0.19) \times (3.0)}{(1) + (0.19) \times (3.0)} = 0.36.$$

A25.10a Nach Gl. (25-16) gilt bei 298 K

$$t_{1/2} \approx \tau_0 \mathrm{e}^{E_{\mathrm{De}}/RT} = (10^{-13}\mathrm{s}) \times \left(\mathrm{e}^{E_{\mathrm{De}}/(2.48\,\mathrm{kJ\,mol}^{-1})}\right).$$

(a) $E_{\mathrm{De}} = 15\,\mathrm{kJ\,mol}^{-1}$, $t_{1/2} = (10^{-13}\,\mathrm{s}) \times (\mathrm{e}^{6.05}) = 4 \times 10^{-11}\,\mathrm{s}$.

(b) $E_{\mathrm{De}} = 150\,\mathrm{kJ\,mol}^{-1}$, $t_{1/2} = (10^{-13}\,\mathrm{s}) \times (\mathrm{e}^{60.5}) = 2 \times 10^{13}\,\mathrm{s}$.

Der letzte Wert entspricht etwa 600 000 Jahren.

Bei 1000 K ist $t_{1/2} = (10^{-13}\,\mathrm{s}) \times (\mathrm{e}^{E_{\mathrm{De}}/8.314\,\mathrm{kJ\,mol}^{-1}})$.

(a) $t_{1/2} = 6 \times 10^{-13}\,\mathrm{s}$, (b) $t_{1/2} = 7 \times 10^{-6}\,\mathrm{s}$.

A25.11a Nach Gl. (25-4) ist $\theta = \frac{Kp}{1 + Kp}$ und daher $K = \left(\frac{\theta}{1-\theta}\right) \times \left(\frac{1}{p}\right)$.

Nach Gl. (7-25) ist aber $\ln \frac{K'}{K} = \frac{\Delta_{\mathrm{R}} H}{R}\left(\frac{1}{T} - \frac{1}{T'}\right)$.

Weil θ bei der neuen Temperatur denselben Wert hat, ist $K \propto \frac{1}{p}$ und damit

$$\ln \frac{p}{p'} = \frac{\Delta_{\mathrm{Ad}} H}{R}\left(\frac{1}{T} - \frac{1}{T'}\right) = \left(\frac{-10.2\,\mathrm{kJ\,mol}^{-1}}{8.314\,\mathrm{J\,K}^{-1}\,\mathrm{mol}^{-1}}\right) \times \left(\frac{1}{298\,\mathrm{K}} - \frac{1}{313\,\mathrm{K}}\right) = -0.197.$$

Es folgt $p' = (12\,\mathrm{k\,Pa}) \times (\mathrm{e}^{0.197}) = 15\,\mathrm{kPa}$.

A25.12a Nach Gl. (25-26) und Gl. (25-27) ist

$$v = k\theta = \frac{kKp}{1 + Kp}.$$

(a) Auf Gold ist $\theta \approx 1$ und $v = k\theta \approx$ konstant. Daher ist die Reaktion nullter Ordnung.

(b) Auf Platin ist $\theta \approx Kp$ (wegen $Kp \ll 1$) und daher $v = kKp$. Die Reaktion ist erster Ordnung.

A25.13a
$$\theta = \frac{Kp}{1 + Kp} \quad \text{and} \quad \theta' = \frac{K'p'}{1 + K'p}.$$

Wegen $\theta = \theta'$ erhalten wir

$$\frac{Kp}{1 + Kp} = \frac{K'p'}{1 + K'p}.$$

Daher muss gelten $Kp = K'p'$. Wir wissen ferner, dass mit Gl. (25-7) gilt

$$\Delta_{\mathrm{Ad}} H^{\ominus} = RT^2 \left(\frac{\partial \ln K}{\partial T} \right)_\theta .$$

Daher können wir schreiben

$$\Delta_{\mathrm{Ad}} H^{\ominus} \approx RT^2 \left(\frac{\ln K' - \ln K}{T' - T} \right) = \frac{RT^2 \ln (K'/K)}{T' - T} \approx \frac{RT^2 \ln (p/p')}{T' - T}$$

$$\approx \frac{(8.314\,\mathrm{J\,K^{-1}\,mol^{-1}}) \times (220\,\mathrm{K})^2 \times \ln (4.9/32)}{60\,\mathrm{K}} = -13\,\mathrm{kJ\,mol^{-1}}.$$

A25.14a Die Desorptionszeit für ein gegebenes Volumen ist proportional zur Halbwertszeit der absorbierten Spezies. Wegen Gl. (25-16)

$$t_{1/2} = \tau_0 \mathrm{e}^{E_{\mathrm{De}}/RT}$$

können wir schreiben

$$E_{\mathrm{De}} = \frac{R \ln \left(t_{1/2}/t'_{1/2} \right)}{(1/T) - (1/T')} = \frac{R \ln (t/t')}{(1/T) - (1/T')}.$$

Darin sind t und t' die beiden Desorptionszeiten. Wir ermitteln E_{De} aus den Werten für die beiden Temperaturen

$$E_{\mathrm{De}} = \frac{8.314\,\mathrm{J\,K^{-1}\,mol^{-1}}}{(1/1856\,\mathrm{K}) - (1/1978\,\mathrm{K})} \times \ln \frac{27}{2.0} = 65\overline{0}\,\mathrm{kJ\,mol^{-1}}.$$

Wir schreiben

$$t = t_0\, \mathrm{e}^{65\overline{0} \times 10^3/(8.314 \times 1856)} = t_0 \times (1.9\overline{6} \times 10^{18}).$$

Wegen $t = 27$ min ist $t_0 = 1.3\overline{8} \times 10^{-17}$ min. Entsprechend ergibt sich

(a) Bei 298 K ist

$$t = (1.3\bar{8} \times 10^{-17}\,\text{min}) \times e^{65\bar{0}\times 10^3/(8.314\times 298)} = 1.1 \times 10^{97}\,\text{min}.$$

Das ist sozusagen ewig (das Alter des Universums beträgt 13,7 Milliarden Jahre oder $7,2 \times 10^{15}$ min).

(b) Bei 3000 K ist

$$t = (1.3\bar{8} \times 10^{-17}\,\text{min}) \times e^{65\bar{0}\times 10^3/(8.314\times 3000)} = 2.9 \times 10^{-6}\,\text{min}.$$

A25.15a Nach Gl. (21-38) gilt für das elektrische Feld $\mathcal{E} = \frac{\Delta\phi}{l}$, also

$$\mathcal{E} = \frac{\sigma}{\varepsilon} = \frac{\sigma}{\varepsilon_r \varepsilon_0} = \frac{0.10\,\text{C}\,\text{m}^{-2}}{(48) \times (8.854 \times 10^{-12}\,\text{J}^{-1}\,\text{C}^2\,\text{m}^{-1})} = 2.4 \times 10^8\,\text{V}\,\text{m}^{-1}$$

Anmerkung: Elektrische Oberflächenfelder sind sehr stark. Dielektrizitätskonstanten von Lösungen variieren mit der Konzentration und der Temperatur. Reines Wasser hat bei 20 °C den Wert 80.4.

A25.16a Mit $f = F/RT$ gilt nach Gl. (25-45)

$$\ln j = \ln j_0 + (1-\alpha) f \eta$$
$$\ln(j'/j) = (1-\alpha) f (\eta' - \eta).$$

Für die Stromdichte j' fordern wir also die Überspannung

$$\eta' = \eta + \frac{\ln(j'/j)}{(1-\alpha) f} = (125\,\text{mV}) + \frac{\ln(75/55)}{(1-0.39) \times (25.69\,\text{mV})^{-1}} = 138\,\text{mV}.$$

A25.17a Durch inverse Logarithmierung von Gl. (25-45) erhalten wir

$$j_0 = j\,e^{-(1-\alpha)\eta f} = (55.0\,\text{mA}\,\text{cm}^{-2}) \times e^{-0.61\times 125\,\text{mV}/25.69\,\text{mV}} = 2.8\,\text{mA}\,\text{cm}^{-2}.$$

A25.18a Bei dieser Elektrolyse wird $O_2(g)$ an der Anode und $H_2(g)$ an der Kathode erzeugt. Die Gesamtreaktion ist

$$2\,H_2O(l) \rightarrow 2\,H_2(g) + O_2(g).$$

Für eine hohe positive Überspannung gilt nach Gl. (25-45)

$$\ln j = \ln j_0 + (1-\alpha) f \eta,$$

$$\ln(j'/j) = (1-\alpha) f (\eta' - \eta) = (0.5) \times \left(\frac{1}{0.02569\,\text{V}}\right) \times (0.6\,\text{V} - 0.4\,\text{V}) = 3.8\bar{9},$$

$$j' = j\,e^{3.8\bar{9}} = (1.0\,\text{mA}\,\text{cm}^2) \times (4\bar{9}) = 4\bar{9}\,\text{mA}\,\text{cm}^2.$$

Also wird die anodische Stromdichte um etwa einen Faktor 50 steigen, verbunden mit einer entsprechenden Zunahme der O_2-Entwicklung.

A25.19a Mit den Werten aus Tabelle 25-6 erhält man

$$j_0 = 6.3 \times 10^{-6}\,\mathrm{A\,cm^{-2}}, \qquad \alpha = 0.58.$$

(a) Nach der Butler-Volmer-Gleichung (Gl. 25-41) finden wir

$$j = j_0\{e^{(1-\alpha)f\eta} - e^{-\alpha f\eta}\},$$

$$\frac{j}{j_0} = e^{\{(1-0.58)\times(1/0.02569)\times 0.20\}} - e^{\{-0.58\times(1/0.02569)\times 0.2\}} = (26.\overline{3} - 0.011) \approx 26,$$

$$j = (26) \times (6.3 \times 10^{-6}\,\mathrm{A\,cm^{-2}}) = 17 \times 10^{-4}\,\mathrm{A\,cm^{-2}}.$$

(b) Die Tafel-Gleichung entspricht der Vernachlässigung des zweiten Exponentialterms in der obigen Gleichung, der bei einer Überspannung von 0.2 V sehr klein ist. Es folgt

$$j = 1.7 \times 10^{-4}\,\mathrm{A\,cm^{-2}}.$$

Die Tafel-Gleichung gilt umso besser, je höher die Überspannung ist, und umso schlechter, je kleiner die Überspannung ist. Eine Auftragung von j gegen η ergibt eine Gerade (also keinen exponentiellen Verlauf), wenn η gegen null geht.

A25.20a Mit $1\,\mathrm{V\,\Omega^{-1}} = 1\,\mathrm{A}$ erhalten wir nach Gl. (25-57b)

$$j_{\mathrm{lim}} = \frac{cRT\lambda}{zf\delta} = \frac{(2.5 \times 10^{-3}\,\mathrm{mol\,dm^{-3}}) \times (25.69 \times 10^{-3}\,\mathrm{V}) \times (61.9\,\mathrm{S\,cm^2\,mol^{-1}})}{0.40 \times 10^{-3}\,\mathrm{m}}$$

$$= 9.9\,\mathrm{mol\,dm^{-3}\,V\,S\,cm^2\,mol^{-1}\,m^{-1}}$$

$$= (9.9\,\mathrm{mol\,m^{-3}}) \times (10^3) \times (\mathrm{V\,\Omega^{-1}}) \times (10^{-4}\,\mathrm{m^2\,mol^{-1}\,m^{-1}})$$

$$= 0.99\,\mathrm{A\,m^{-2}}.$$

A25.21a Für die Cadmium-Elektrode ist nach Tabelle 7-2 $E^{\ominus} = -0.40\,\mathrm{V}$. Die Nernst'sche Gleichung für diese Elektrode ist (vgl. Abschnitt 7.3.3)

$$E = E^{\ominus} - \frac{RT}{\nu F}\ln\left(\frac{1}{[\mathrm{Cd^{2+}}]}\right), \qquad \nu = 2.$$

Weil die Wasserstoff-Überspannung 0.60 V beträgt, beginnt die Wasserstoffentwicklung, wenn das Potenzial der Cd-Elektrode den Wert −0.60 V erreicht.

Also ist

$$-0.60\,\text{V} = -0.40\,\text{V} + \frac{0.02569\,\text{V}}{2}\ln[\text{Cd}^{2+}]$$

$$\ln[\text{Cd}^{2+}] = \frac{-0.20\,\text{V}}{0.0128\,\text{V}} = -15.\overline{6}$$

$$[\text{Cd}^{2+}] = 2\times 10^{-7}\,\text{mol}\,\text{dm}^{-3}.$$

Anmerkung: Es wird praktisch alles Cd^{2+} durch Abscheidung entfernt, bevor die H_2-Entwicklung einsetzt.

A25.22a Mit $\alpha = 0.5$ und wegen $\sinh x = \dfrac{e^x - e^{-x}}{2}$ erhalten wir mit Gl.(25-41)

$$\frac{j}{j_0} = e^{(1-\alpha)f\eta} - e^{-\alpha f\eta} = e^{(1/2)f\eta} - e^{-(1/2)f\eta} = 2\,\sinh\left(\frac{1}{2}f\eta\right).$$

Wir verwenden $\dfrac{1}{2}f\eta = \dfrac{1}{2}\times\dfrac{\eta}{25.69\,\text{mV}} = 0.01946(\eta/\text{mV})$.

Damit kommen wir zu der Formulierung

$$j = 2j_0\sinh\left(\frac{1}{2}f\eta\right) = (1.58\,\text{mA}\,\text{cm}^{-2})\times\sinh\left(\frac{0.01946\,\eta}{\text{mV}}\right).$$

(a) $\eta = 10\,\text{mV}$,

$$j = (1.58\,\text{mA}\,\text{cm}^{-2})\times(\sinh 0.1946) = 0.31\,\text{mA}\,\text{cm}^{-2}.$$

(b) $\eta = 100\,\text{mV}$,

$$j = (1.58\,\text{mA}\,\text{cm}^{-2})\times(\sinh 1.946) = 5.41\,\text{mA}\,\text{cm}^{-2}.$$

(c) $\eta = -0.5\,\text{V}$,

$$j = (1.58\,\text{mA}\,\text{cm}^{-2})\times(\sinh -0.973) \approx -2.19\,\text{A}\,\text{cm}^{-2}.$$

A25.23a Nach der Nernst'schen Gleichung ist $E = E^{\ominus} + \dfrac{RT}{F}\ln\dfrac{a(\text{Fe}^{3+})}{a(\text{Fe}^{2+})}$. Also ist

$$E/\text{mV} = 770 + 25.7\ln\frac{a(\text{Fe}^{3+})}{a(\text{Fe}^{2+})},$$

$$\eta/\text{mV} = 1000 - E/\text{mV} = 229 - 25.7 \ln \frac{a(\text{Fe}^{3+})}{a(\text{Fe}^{2+})},$$

und damit (vgl. Aufgabe A25.22a)

$$j = 2j_0 \sinh\left(\frac{0.01946\eta}{\text{mV}}\right) = (5.0\,\text{mA cm}^{-2}) \times \sinh\left(4.46 - 0.50 \ln \frac{a(\text{Fe}^{3+})}{a(\text{Fe}^{2+})}\right).$$

Somit können wir folgende Tabelle aufstellen:

$\frac{a(\text{Fe}^{3+})}{a(\text{Fe}^{2+})}$	0.1	0.3	0.6	1.0	3.0	6.0	10.0
$j/(\text{mA cm}^{-2})$	684	395	278	215	124	88	68.0

Die Stromdichte wird null, wenn gilt $4.46 = 0.50 \ln \frac{a(\text{Fe}^{3+})}{a(\text{Fe}^{2+})}$.

Das ist der Fall bei $a(\text{Fe}^{3+}) = 7480 \times a(\text{Fe}^{2+})$.

A25.24a $I = 2j_0 S \sinh\left(\frac{0.01946\,\eta}{\text{mV}}\right)$ (Aufgabe 25.22a).

$$\eta = (51.39\,\text{mV}) \times \sinh^{-1}\left(\frac{I}{2j_0 S}\right)$$

$$= (51.39\,\text{mV}) \times \sinh^{-1}\left(\frac{20\,\text{mA}}{(2) \times (2.5\,\text{mA cm}^{-2}) \times (1.0\,\text{cm}^2)}\right)$$

$$= (51.39\,\text{mV}) \times (\sinh^{-1} 4.0) = 108\,\text{mV}.$$

A25.25a Die Dichte des Elektronenstroms ist j_0/e, weil jedes Elektron eine Ladung mit dem Betrag e trägt. Damit folgt

(a) $\text{Pt}|\text{H}_2|\text{H}^+$; $j_0 = 0.79\,\text{mA cm}^{-2}$ (Tabelle 25-6).

$$\frac{j_0}{e} = \frac{0.79\,\text{mA cm}^{-2}}{1.602 \times 10^{-19}\,\text{C}} = 4.9 \times 10^{15}\,\text{cm}^{-2}\,\text{s}^{-1}.$$

(b) $\text{Pt}|\text{Fe}^{3+}, \text{Fe}^{2+}$; $j_0 = 2.5\,\text{mA cm}^{-2}$.

$$\frac{j_0}{e} = \frac{2.5\,\text{mA cm}^{-2}}{1.602 \times 10^{-19}\,\text{C}} = 1.6 \times 10^{16}\,\text{cm}^{-2}\,\text{s}^{-1}.$$

(c) $\text{Pb}|\text{H}_2|\text{H}^+$; $j_0 = 5.0 \times 10^{-12}\,\text{A cm}^{-2}$.

$$\frac{j_0}{e} = \frac{5.0 \times 10^{-12}\,\text{A cm}^{-2}}{1.602 \times 10^{-19}\,\text{C}} = 3.1 \times 10^{7}\,\text{cm}^{-2}\,\text{s}^{-1}.$$

Die Anzahl der Atome pro Quadratzentimeter der Oberfläche liegt näherungsweise bei $1.0\,\text{cm}^2/(280\,\text{pm})^2 = 1.3\times10^{15}$. Die Anzahl der Elektronen pro Atom beträgt damit in den drei verschiedenen Fällen $3.8\,\text{s}^{-1}$, $12\,\text{s}^{-1}$ bzw. $2.4\times10^{-8}\,\text{s}^{-1}$. Der letzte Wert entspricht weniger als einem Ereignis pro Jahr.

A25.26a Nach Gl. (25-43) ist

$$\eta = \frac{RTj}{Fj_0}.$$

Daraus folgt

$$I = Sj = \left(\frac{Sj_0F}{RT}\right)\eta.$$

Für einen Ohm'schen Leiter mit dem Widerstand r gilt $\eta = Ir$. Damit können wir (wegen $1\,\text{V} = 1\,\text{A}\,\Omega$) den Widerstand identifizieren als

$$r = \frac{RT}{Sj_0F} = \frac{25.69\times10^{-3}\,\text{V}}{1.0\,\text{cm}^2\times j_0} = \frac{25.69\times10^{-3}\,\Omega}{(j_0/\text{A cm}^{-2})}.$$

(a)

$$\text{Pt}|\text{H}_2|\text{H}^+;\; j_0 = 7.9\times10^{-4}\,\text{A cm}^{-2}.$$

$$r = \frac{25.60\times10^{-3}\,\Omega}{7.9\times10^{-4}} = 33\,\Omega.$$

(b)

$$\text{Hg}|\text{H}_2|\text{H}^+;\; j_0 = 0.79\times10^{-12}\,\text{A cm}^{-2}.$$

$$r = \frac{25.69\times10^{-3}\,\Omega}{0.79\times10^{-12}} = 3.3\times10^{10}\Omega = 33\,\text{G}\Omega.$$

A25.27a Für die Abscheidung von Kationen ist ein merklicher Nettostrom zu den Elektroden erforderlich. Für Kupfer ist $E^{\ominus} \approx 0.34\,\text{V}$, für Zink ist $E^{\ominus} \approx -0.76\,\text{V}$. Also wird Kupfer abgeschieden, wenn das Potenzial unter 0.34 V sinkt; die Abscheidung setzt sich fort, bis die Kupferionen so weit verbraucht sind, dass die Grenzstromdichte erreicht ist. Dann wird bei weiterer Senkung des Potenzials auf unter −0.76 V Zink abgeschieden.

Anmerkung: Die Abscheidung verläuft sehr langsam, bis E deutlich unter $E^{\ominus}$ sinkt.

A25.28a In Aufgabe A25.21a wurde eine vergleichbare Situation beschrieben.

Die Entwicklung von Wasserstoff wird merklich (in dem Sinne, dass die Stromdichte einen Wert von $1\,\text{mA cm}^{-2}$ erreicht; dieser Wert entspricht 6.2×10^{15} Elektronen $\text{cm}^{-2}\,\text{s}^{-1}$ bzw. $1.0\times10^{-8}\,\text{mol cm}^{-2}\,\text{s}^{-1}$ und führt zu einer Gasproduktion von etwa $1\,\text{cm}^3$ pro Stunde), wenn die Überspannung etwa 0.60 V beträgt. Wegen $E = E^{\ominus} + (RT/F)\ln a(\text{H}^+) = -59\,\text{mV}\times\text{pH}$ tritt diese Geschwindigkeit der Wasserstoffentwicklung auf, wenn das Potenzial an der Elektrode (bei pH $\approx$ 1) etwa −0.66 V beträgt. Allerdings hat Silber ($E^{\ominus} = 0.80\,\text{V}$) ein stärker positives Abscheidungspotenzial; es scheidet daher zuerst ab.

A25.29a Es ist $E^{\ominus}(Zn^{2+}, Zn) = -0.76\,V$; wir setzen $\alpha \approx 0.5$.

Zink schlägt sich aus einer Lösung mit der Aktivität 1 nieder, wenn das Potenzial unter $-0.76\,V$ liegt. Der Strom der Wasserstoffionen zur Zinkelektrode ist dann nach Gl. (25-40)

$$j(H^+) = j_0 e^{-\alpha f \eta}.$$

Mit $\eta = -760\,mV$ und $f = \dfrac{1}{25.7\,mV}$ erhalten wir

$$j(H^+) = (5 \times 10^{-11}\,A\,cm^{-2}) \times \left(e^{760/51.4}\right)$$
$$= 1.3 \times 10^{-4}\,A\,cm^{-2}, \quad \text{oder} \quad 0.13\,mA\,cm^{-2}.$$

Nach dem Kriterium $j > 1\,mA\,cm^{-2}$ aus Aufgabe 25.28a für eine merkliche Entwicklung von Wasserstoff entspricht dieser Wert einer vernachlässigbaren Geschwindigkeit der Wasserstoffentwicklung. Daher kann Zink aus der Lösung abgeschieden werden.

A25.30a Wegen $E^{\ominus}(Mg, Mg^{2+}) = -2.37\,V$ scheidet sich Magnesium ab, wenn das Potenzial unter diesen Wert reduziert wird. Die Dichte der Stroms der Wasserstoffionen ist dann nach Aufgabe 25.29a

$$j(H^+) = (5 \times 10^{-11}\,A\,cm^{-2}) \times (e^{2370/51.4}) = 5.3 \times 10^{9}\,A\,cm^{-2}.$$

Das ist eine sehr große Menge an Wasserstoff ($10^6\,dm^3\,cm^{-2}\,s^{-1}$).

Daher wird sich kein Magnesium abscheiden.

A25.31a Die Zellen-Halbreaktionen sind

$$Cd(OH)_2 + 2e^- \rightarrow Cd + 2OH^- \qquad E^{\ominus} = -0.81\,V,$$
$$NiO(OH) + H_2O + e^- \rightarrow Ni(OH)_2 + OH^- \qquad E^{\ominus} = +0.49\,V,$$

Somit beträgt das Standard-Zellpotenzial $+1.30\,V$. Wenn die Zelle reversibel arbeitet und dennoch 100 mA liefert, ist die abgegebenen Leistung

$$P = I\,E = (100 \times 10^{-3}\,A) \times (1.3\,V) = 0.13\,W.$$

A25.32a Wir schreiben a für die Einheit Jahr und erhalten

$$\frac{(1.0\,A\,m^{-2}) \times (3.16 \times 10^7\,s\,a^{-1})}{9.65 \times 10^4\,C\,mol^{-1}} = 32\bar{7}\,mol\,e^-\,m^{-2}\,a^{-1} = 16\bar{4}\,mol\,Fe\,m^{-2}\,a^{-1}$$

$$\frac{(16\bar{4}\,mol\,m^{-2}\,a^{-1}) \times (55.85\,g\,mol^{-1})}{7.87 \times 10^6\,g\,m^{-3}} = 1.2 \times 10^{-3}\,m\,a^{-1} = 1.2\,mm\,a^{-1}.$$

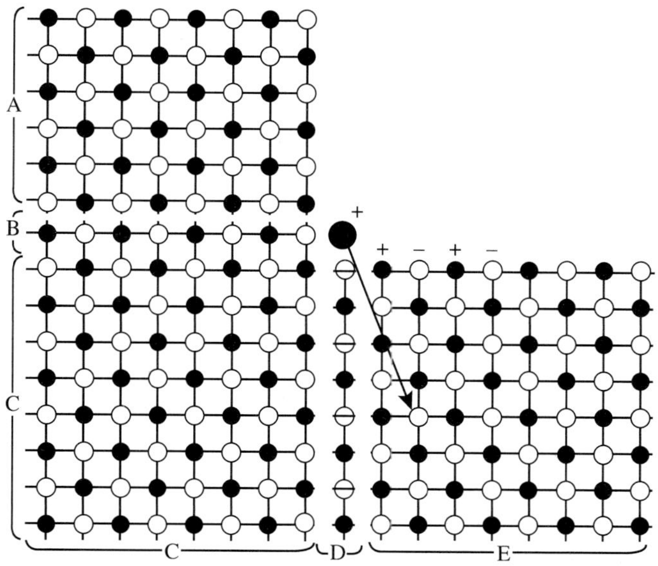

Abb. 25-1

Schwerere Aufgaben

Rechenaufgaben

25.1 Wir gehen von Abb. 25-1 aus.

Wir werten die Summe von $\pm 1/r_{\mathrm{i}}$ aus; dabei ist r_{i} der Abstand eine Ions i zum betrachteten Ion. Wir setzen $+1/r$ für Ionen gleicher Ladung und $-1/r$ für Ionen entgegengesetzter Ladung ein. Die Anordnung wird in fünf Bereiche unterteilt. Die Bereiche B und D können jeweils analytisch summiert werden, sie ergeben $-\ln 2 = -0.69$. Die Summierung über die anderen Bereiche, die jeweils dasselbe Ergebnis liefert, ist wegen der langsamen Konvergenz der Summen mühsam. Wenn man die Reihenfolge der Ionen nicht sehr geschickt wählt (d. h. sie so gruppiert, dass sich ihre Beiträge weitgehend herausheben), erhält man folgende Werte für Anordnungen verschiedener Größen:

10×10	20×20	50×50	100×100	200×200
0.259	0.273	0.283	0.286	0.289

Der letzte Wert stimmt gut mit dem analytisch zu erhaltenden Wert von 0.289 259 7... überein.

(a) Für ein Kation auf einer ebenen Oberfläche ist die Energie (relativ zur Energie im Unendlichen und angegeben in Vielfachen von $e^2/4\pi\varepsilon r_0$; dabei ist r_0 die Gitterweite mit 200 pm),

$$\text{Bereich C} + \text{D} + \text{E} = 0.29 - 0.69 + 0.29 = -0.11\,.$$

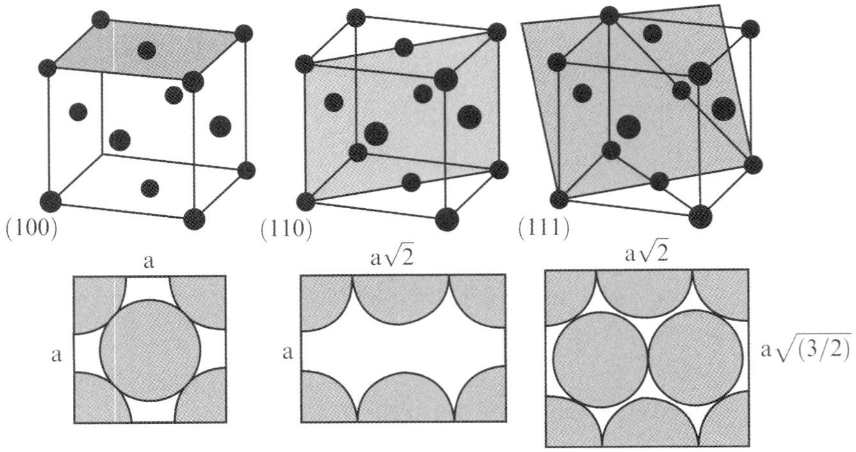

Abb. 25-2

(b) Es liegt also eine Anziehung vor.

(c) Für ein Kation am Fuß eines hohen Abhangs ist die Energie

Bereich $A + B + C + D + E = 3 \times 0.29 + 2 \times (-0.69) = -0.51$.

(d) Hier ist die Anziehung deutlich stärker. Also ist die Anlagerung an dieser Stelle wahrscheinlicher (sofern die potenzielle Energie vorherrscht).

25.3 Wir beziehen uns auf Abb. 25-2.

Auf den Flächen (100) und (110) finden sich jeweils zwei Atome, auf der (111)-Fläche vier Atome. Die Flächeninhalte für jede dieser Flächen sind (a) $(352\ \text{pm})^2 = 1.24 \times 10^{-15}\ \text{cm}^2$, (b) $\sqrt{2} \times (352\ \text{pm})^2 = 1.75 \times 10^{-15}\ \text{cm}^2$ und (c) $\sqrt{3} \times (352\ \text{pm})^2 = 2.15 \times 10^{-15}\ \text{cm}^2$. Die Anzahl der Atome pro Quadratzentimeter in den Flächen ist also

(a) $$\frac{2}{1.24 \times 10^{-15}\ \text{cm}^2} = 1.61 \times 10^{15}\ \text{cm}^{-2}.$$

(b) $$\frac{2}{1.75 \times 10^{-15}\ \text{cm}^2} = 1.14 \times 10^{15}\ \text{cm}^{-2}.$$

(c) $$\frac{4}{2.15 \times 10^{-15}\ \text{cm}^2} = 1.86 \times 10^{15}\ \text{cm}^{-2}.$$

Für die Stoßfrequenzen in Aufgabe A25.1a wird die Stoßfrequenz pro Atom berechnet, indem man die dort gegebenen Werte duch die gerade ermittelten Anzahldichten teilt. Also können wir folgende Tabelle aufstellen:

	Wasserstoff		Propan	
$Z/(\text{Atom}^{-1}\,\text{s}^{-1})$	100 Pa	10^{-7} Torr	100 Pa	10^{-7} Torr
(100)	6.8×10^5	8.7×10^{-2}	1.4×10^5	1.9×10^{-2}
(110)	9.6×10^5	1.2×10^{-1}	2.0×10^5	2.7×10^{-2}
(111)	5.9×10^5	7.5×10^{-2}	1.2×10^5	1.7×10^{-2}

25.5 Nach Gl. (25-8) gilt für die BET-Isotherme (mit $z = p/p^*$)

$$\frac{V}{V_{\text{Mono}}} = \frac{cz}{(1-z)\{1-(1-c)z\}}.$$

Umstellen ergibt

$$\frac{z}{(1-z)V} = \frac{1}{cV_{\text{Mono}}} + \frac{(c-1)z}{cV_{\text{Mono}}}.$$

Demnach wird die Auftragen des Ausdrucks auf der linken Seite dieser Gleichung gegen z eine Gerade ergeben, wenn die Werte der BET-Isothermen genügen. Wir stellen folgende Tabellen auf:

(a) $0\,°\text{C}$, $p^* = 3222$ Torr.

p/Torr	105	282	492	594	620	755	798
$10^3 z$	32.6	87.5	152.7	184.4	192.4	234.3	247.7
$10^3 z/(1-z)(V/\text{cm}^3)$	3.04	7.10	12.1	14.1	15.4	17.7	20.0

(b) $18\,°\text{C}$, $p^* = 6148$ Torr.

p/Torr	39.5	62.7	108	219	466	555	601	765
$10^3 z$	6.4	10.2	17.6	35.6	75.8	90.3	97.8	124.4
$10^3 z/(1-z)(V/\text{cm}^3)$	0.70	1.05	1.74	3.27	6.36	7.58	8.09	10.8

Die Werte sind in Abb. 25-3 aufgetragen. Wir bestimmen die Ausgleichsgeraden mithilfe der Methode der kleinsten Fehlerquadrate.

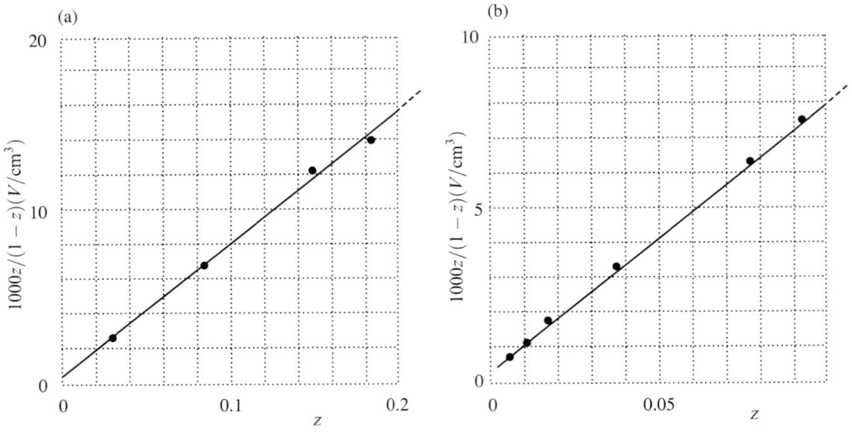

Abb. 25-3

Die Achsenabschnitte liegen bei (a) 0.466 und (b) 0.303. Damit folgt

$$\text{(a)}\ \frac{1}{cV_{\text{Mono}}} = 0.466 \times 10^{-3}\ \text{cm}^{-3}, \quad \text{(b)}\ \frac{1}{cV_{\text{Mono}}} = 0.303 \times 10^{-3}\ \text{cm}^{-3}.$$

Die Steigungen sind (a) 76.10 und (b) 79.54. Damit folgt

$$\text{(a)}\ \frac{c^{-1}}{cV_{\text{Mono}}} = 76.10 \times 10^{-3}\ \text{cm}^{-3}, \quad \text{(b)}\ \frac{c^{-1}}{cV_{\text{Mono}}} = 79.54 \times 10^{-3}\ \text{cm}^{-3}.$$

Auflösen der Gleichungen ergibt

$$\text{(a)}\ c - 1 = 163.\bar{3}, \qquad \text{(b)}\ c - 1 = 262.\bar{5},$$
$$\text{(a)}\ c = 164, \qquad \text{(b)}\ c = 264,$$
$$\text{(a)}\ V_{\text{Mono}} = 13.1\ \text{cm}^3, \quad \text{(b)}\ V_{\text{Mono}} = 12.5\ \text{cm}^3.$$

25.7 Wir passen die Isotherme $\theta = c_1 p^{1/c_2}$ an eine Flüsssigkeit an, indem wir $w_{\text{Ad}} \propto \theta$ setzen und p durch [A] ersetzen, die Konzentration der Säure. Dann gilt $w_{\text{Ad}} = c_1[\text{A}]^{1/c_2}$ (mit zwei modifizierten Konstanten c_1 und c_2); folglich ist

$$\log w_{\text{Ad}} = \log c_1 + \frac{1}{c_2} \times \log[\text{A}].$$

Wir stellen die folgende Tabelle zusammen:

$[\text{A}]/(\text{mol dm}^{-3})$	0.05	0.10	0.15	0.20	0.25
$\log([\text{A}]/\text{mol dm}^{-3})$	−1.30	−1.00	−0.30	−0.00	0.18
$\log(w_{\text{Ad}}/\text{g})$	−1.40	−1.22	−0.92	−0.80	−0.72

Die Werte sind in Abb. 25-4 aufgetragen.

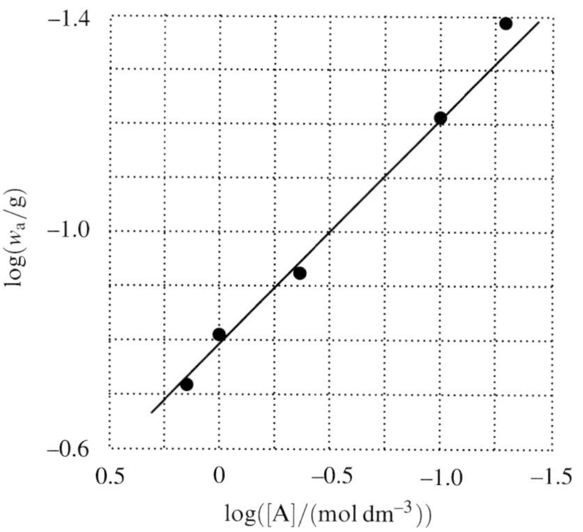

Abb. 25-4

Die Werte liegen in etwa auf einer Geraden mit der Steigung 0.42 und dem Achsenabschnitt -0.80. Also ist $c_2 = 1/0.42 = 2.4$ und $c_1 = 0.16$. (Beachten Sie die etwas merkwürdigen Einheiten von c_1: $c_1 = 0.16\,\text{g mol}^{-0.42}\,\text{dm}^{1.26}$.)

25.9 Wir bilden den Logarithmus der Isotherme und erhalten

$$\ln c_{\text{Ad}} = \ln K + (\ln c_{\text{L}})/n.$$

Eine Auftragung von $\ln c_{\text{Ad}}$ gegen $\ln c_{\text{L}}$ hat eine Steigung von $1/n_\infty$ und einen y-Achsenabschnitt $\ln K$. Die transformierten Werte finden sich in der folgenden Tabelle, die Auftragung ist in Abb. 25-5 zu sehen.

$c_{\text{L}}/(\text{mg g}^{-1})$	8.26	15.65	25.43	31.74	40.00
$c_{\text{Ad}}/(\text{mg g}^{-1})$	4.4	19.2	35.2	52.0	67.2
$\ln c_{\text{L}}$	2.11	2.75	3.24	3.46	3.69
$\ln c_{\text{Ad}}$	1.48	2.95	3.56	3.95	4.21

$$K = \text{e}^{-1.9838}\,\text{mg g}^{-1} = 0.138\,\text{mg g}^{-1} \text{ und } \quad n = 1/1.71 = 0.58.$$

Um diese Aussage mithilfe des prozentualen Bedeckungsgrads auszudrücken, muss bekannt sein, welche Menge an Adsorbat einer Monolage Bedeckung entspricht. Diese Sättigungspunkt hat aber für die Freundlich-Isotherme keine besondere Bedeutung, insbesondere entspricht er in keiner Weise einem Grenzfall.

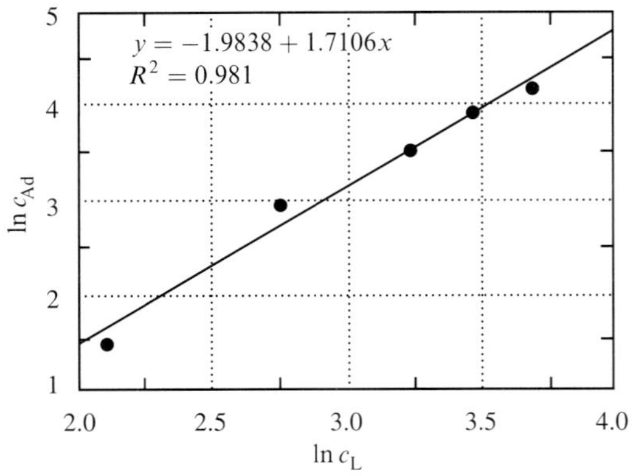

Abb. 25-5

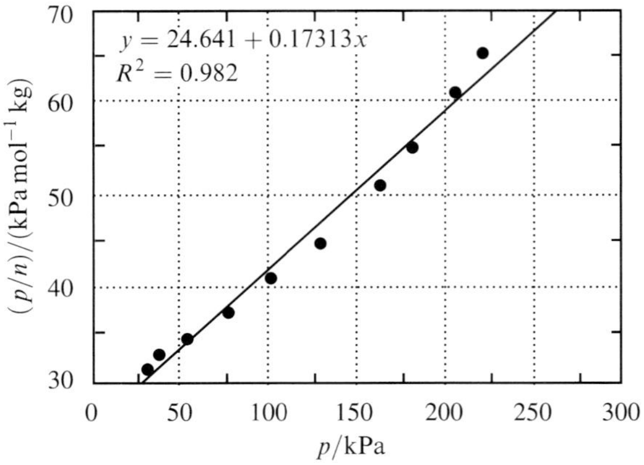

Abb. 25-6

25.11 Die Langmuir-Isotherme ist

$$\theta = \frac{Kp}{1+Kp} = \frac{n}{n_\infty}, \quad \text{also ist} \quad n(1+Kp) = n_\infty Kp \quad \text{und} \quad \frac{p}{n} = \frac{p}{n_\infty} + \frac{1}{Kn_\infty}.$$

Eine Auftragung von p/n gegen p sollte also eine Gerade mit der Steigung $1/n_\infty$ und dem y-Achsenabschnitt $1/Kn_\infty$ ergeben. Die transformierten Werte finden sich in der folgenden Tabelle, die Auftragung ist in Abb. 25-6 zu sehen.

p/kPa	31.00	38.22	53.03	76.38	101.97	130.47	165.06	182.41	205.75	219.91
$n/(\text{mol kg}^{-1})$	1.00	1.17	1.54	2.04	2.49	2.90	3.22	3.30	3.35	3.36
$(p/n)/(\text{kPa mol}^{-1}\text{ kg})$	31.00	32.67	34.44	37.44	40.95	44.99	51.26	55.28	61.42	65.45

$$n_\infty = \frac{1}{0.17313\ \text{mol}^{-1}\ \text{kg}} = 5.78\ \text{mol kg}^{-1}.$$

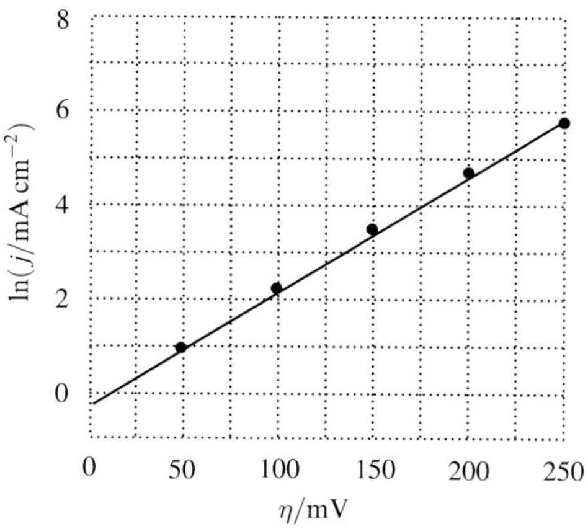

Abb. 25-7

Der y-Achsenabschnitt ist

$$b = \frac{1}{Kn_\infty}, \quad \text{also} \quad K = \frac{1}{bn_\infty} = \frac{1}{(24.641\ \text{kPa mol}^{-1}\ \text{kg}) \times (5.78\ \text{mol kg}^{-1})},$$

$$K = 7.02 \times 10^{-3}\ \text{kPa}^{-1} = 7.02\ \text{Pa}^{-1}.$$

25.13 Nach Gl. (25-45) gilt $\ln j = \ln j_0 + (1-\alpha)f\eta$. Wir stellen damit die folgende Tabelle auf:

η/mV	50	100	150	200	250
$\ln(j/\text{mA cm}^{-2})$	0.98	2.19	3.40	4.61	5.81

Die Werte sind in Abb. 25-7 aufgetragen.

Der Achsenabschnitt beträgt -0.25. Damit folgt $j_0/(\text{mA cm}^{-2}) = \text{e}^{-0.25} = 0.78$.

Die Steigung ist 0.0243. Damit folgt $(1-\alpha)F/RT = 0.0243\ \text{mV}^{-1}$.

Daraus erhalten wir $1-\alpha = 0.62$ sowie $\alpha = 0.38$. Wenn η stark negativ ist, folgt mit Gl. (25-46)

$$|j| \approx j_0 \text{e}^{-\alpha f\eta} = (0.78\ \text{mA cm}^{-2}) \times \left(\text{e}^{-0.38\eta/25.7\ \text{mV}}\right)$$
$$= (0.78\ \text{mA cm}^{-2}) \times \left(\text{e}^{-0.015(\eta/\text{mV})}\right).$$

Damit stellen wir die folgende Tabelle auf:

η/mV	-50	-100	-150	-200	-250
$j/(\text{mA cm}^{-2})$	1.65	3.50	7.40	15.7	33.2

25.15 Nach Gl. (25-57a) gilt $j_{\text{lim}} = \dfrac{zFDc}{\delta}$ und daher (mit $z = 1$) $\delta = \dfrac{FDc}{j_{\text{lim}}}$.

Also finden wir für die Dicke der Diffusionsschicht

$$\delta = \frac{(9.65 \times 10^4\ \text{C mol}^{-1}) \times (1.14 \times 10^{-9}\ \text{m}^2\ \text{s}^{-1}) \times (0.66\ \text{mol m}^{-3})}{28.9 \times 10^{-2}\ \text{A m}^{-2}}$$
$$= 2.5 \times 10^{-4}\ \text{m} = 0.25\ \text{mm}.$$

25.17 Nach Gl. (25-62) ist

$$E' = E - \left(\frac{4RT}{F}\right) \ln\left(\frac{I}{A\bar{j}}\right) - IR_s.$$
$$P = I\,E' = IE - aI \ln\left(\frac{I}{I_0}\right) - I^2 R_s \quad \text{mit } a = \frac{4RT}{F} \text{ und } I_0 = A\bar{j}.$$

Für die maximale Leistung muss gelten

$$\frac{dp}{dI} = E = -a \ln\left(\frac{I}{I_0}\right) - a - 2IR_s = 0$$

und daher

$$\ln\left(\frac{I}{I_0}\right) = \left(\frac{E}{a} - 1\right) - \frac{2I\ R_s}{a}.$$

Diesen Ausdruck können wir auch so schreiben:

$$\ln\left(\frac{I}{I_0}\right) = c_1 - c_2 I \quad \text{mit} \quad c_1 = \frac{E}{a} - 1, \quad c_2 = \frac{2R_s}{a} = \frac{F\ R_s}{2RT}.$$

Für die Berechnung verwenden wir die Werte aus Aufgabe 25.16 und erhalten

$$I_0 = A\bar{j} = (5\ \text{cm}^2) \times (1\ \text{mA cm}^{-2}) = 5\ \text{mA},$$
$$c_1 = \frac{(1.10\ \text{V})}{(4) \times (0.0257\ \text{V})} - 1 = 10.7,$$
$$c_2 = \frac{(3.7\bar{5}\ \Omega)}{(2) \times (0.0257\ \text{V})} = 73\ \Omega\ \text{V}^{-1} = 73\ \text{A}^{-1}.$$

Also ist $\ln(0.20I/\text{mA}) = 10.7 - 0.073(I/\text{mA})$.

Wir stellen nun die folgende Tabelle auf:

I/mA	103	104	105	106	107
$\ln(0.20I/\text{mA})$	3.025	3.034	3.044	3.054	3.063
$10.7 - 0.073(I/\text{mA})$	3.181	3.108	3.035	2.962	2.889

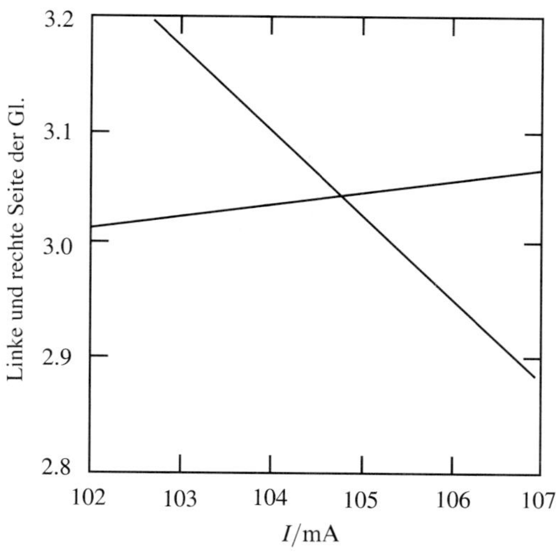

Abb. 25-8

Die beiden Datensätze sind in Abb. 25-8 aufgetragen.

Die Geraden schneiden sich bei $I = 105$ mA; dies entspricht dem Strom, bei dem die maximale Leistung abgegeben wird. Die Leistung bei diesem Strom ist

$$P = (105\text{ mA}) \times (1.10\text{ V}) - (0.103\text{ V}) \times (105\text{ mA}) \times \ln\left(\frac{105}{5}\right) - (105\text{ mA})^2 \times (3.7\bar{5}\ \Omega)$$

$$= 41\text{ mW}.$$

25.19 Die Dicke der diffusen Doppelschicht ist nach Gl. (19-46)

$$r_\text{D} = \left(\varepsilon RT/2\rho F^2 I b^\ominus\right)^{1/2}$$

mit $I = \frac{1}{2}\sum_i z_i^2(b_i/b^\ominus)$ und $b^\ominus = 1\,\text{mol}\,\text{kg}^{-1}$.

Für NaCl: $Ib^\ominus = b_\text{NaCl} \approx [\text{NaCl}]$ (bei 100 % Dissoziation).

Für Na_2SO_4: $Ib^\ominus = \frac{1}{2}\left((1)^2(2b_{\text{Na}_2\text{SO}_4}) + (2)^2 b_{\text{Na}_2\text{SO}_4}\right)$

$$= 3b_{\text{Na}_2\text{SO}_4} \approx 3[\text{Na}_2\text{SO}_4]\ \text{(bei 100 % Dissoziation)}.$$

$$r_\text{D} \approx \left(\frac{78.54 \times (8.854 \times 10^{-12}\,\text{J}^{-1}\,\text{C}^2\,\text{m}^{-1}) \times (8.315\,\text{J}\,\text{K}^{-1}\,\text{mol}^{-1}) \times (298.15\,\text{K})}{2 \times (1.00\,\text{g}\,\text{cm}^{-3}) \times (10^{-3}\,\text{kg/g}) \times (10^6\,\text{cm}^3/\text{m}^3) \times (96485\,\text{C}\,\text{mol}^{-1})^2}\right)^{1/2} \times \left(\frac{1}{Ib}\right)^{1/2}$$

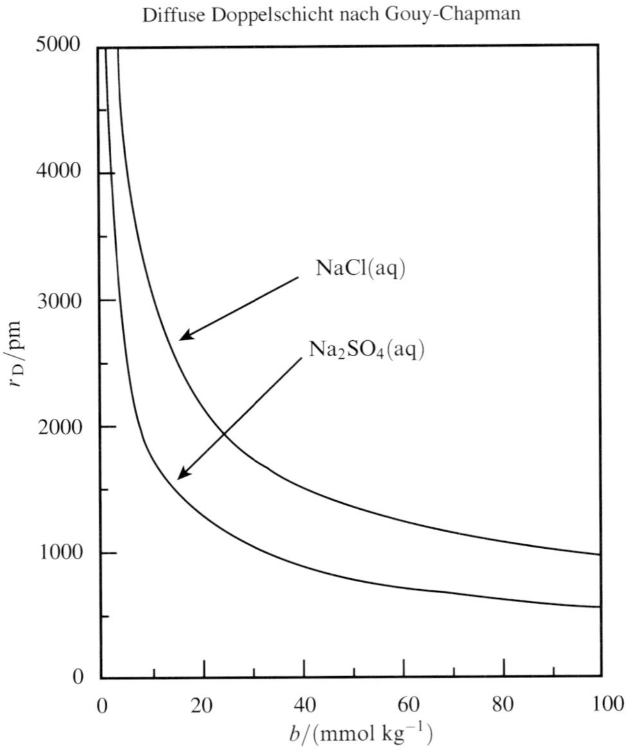

Abb. 25-9

$$r_D \approx \frac{3.043 \times 10^{-10}\ \mathrm{m\,mol^{1/2}\,kg^{-1/2}}}{(Ib^{\ominus})^{1/2}}$$
$$\approx \frac{304.3\ \mathrm{pm\,mol^{1/2}\,kg^{-1/2}}}{(Ib^{\ominus})^{1/2}}.$$

Mithilfe dieser Gleichungen kann man die Auftragung von r_D gegen b_{Salz} vornehmen, die in Abb. 25-9 zu sehen ist. Beachten Sie, wie sich die Doppelschicht mit steigender Ionenstärke zusammenzieht.

25.21 (a) Das Tafel-Diagramm mit der Auftragung von ln j gegen E (Abb. 25-10) weist keinen linearen Bereich auf. Also lassen sich j_0 und α nicht mithilfe der Tafel-Gleichung bestimmen.

(b)
$$M_{\mathrm{solv}} \overset{K_1}{\rightleftharpoons} M_{\mathrm{ads}},$$

$$\mathrm{M_{ads} + H^+ + e^-} \overset{K_2}{\rightleftharpoons} \mathrm{MH_{ads}},$$

$$2\mathrm{MH_{ads}} \xrightarrow[\text{geschwindigkeitsbestimmend}]{k_3} \mathrm{HMMH}.$$

Wenn wir annehmen, dass die Dimerisation geschwindigkeitsbestimmend ist, werden zwei Elektronen pro Molekül HMMH transferiert ($z = 2$). Es ist auch plausibel anzunehmen, das die beiden ersten Reaktionen im Quasigleichgewicht verlaufen.

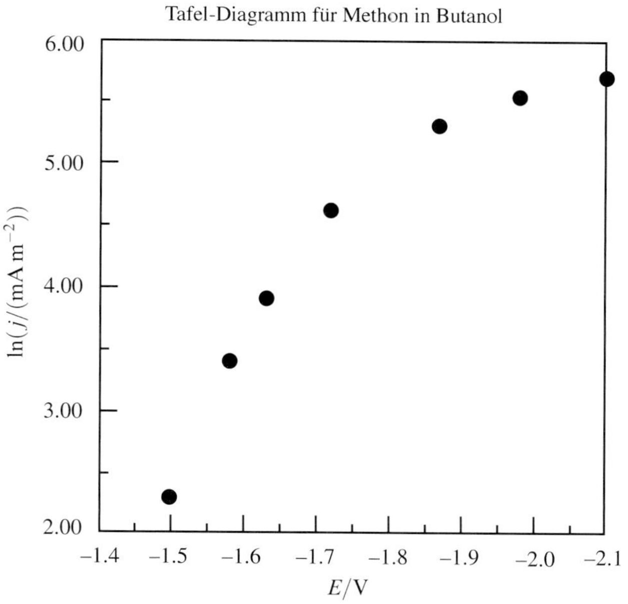

Abb. 25-10

Nach Reaktion 3 ist die Stromdichte proportional zur Oberflächenbedeckung θ_{MH} von $\mathrm{MH_{ads}}$:

$$j = zFk_3\theta_{\mathrm{MH}}^2,$$
$$\ln j = \ln(zFk_3) + 2\ln\theta_{\mathrm{MH}}.$$

Der Verlauf dieser Gleichung weicht von dem der Tafel-Gleichung bei hohen negativen Überspannungen ab (vgl. Gl. (25-47)):

$$\ln j = \ln j_0 - \alpha f\eta.$$

Bei niedrigen Konzentrationen von M hängt der Wert von θ_{MH} nicht exponentiell von der Überspannung ab. Daher ist $\ln j$ im gesamten Spannungsbereich nichtlinear.

Theoretische Aufgaben

25.23 Wir beziehen uns auf Abb. 25-11.

Wir bezeichnen die Anzahldichte der Atome im Festkörper mit $\mathcal{N}$. Die Anzahl der Atome in dem Ring zwischen r und $r + \mathrm{d}r$ und in einer Schicht der Dicke $\mathrm{d}z$ bei der Tiefe z unter der Oberfläche ist dann $2\pi\mathcal{N}r\,\mathrm{d}r\,\mathrm{d}z$. Die Wechselwirkungsenergie dieser Atome mit einem einzelnen Atom des Adsorbats in der Höhe R über der Oberfläche ist damit

$$\mathrm{d}U = \frac{-2\pi\mathcal{N}r\,\mathrm{d}r\,\mathrm{d}z\,C_6}{\{(R+z)^2 + r^2\}^3}.$$

Dabei haben wir angenommen, dass die Wechselwirkungsenergie der einzelnen Atome proportional zu $-C_6/d^6$ ist (mit $d^2 = (R+z)^2 + r^2$). Die gesamte Wechselwirkungsener-

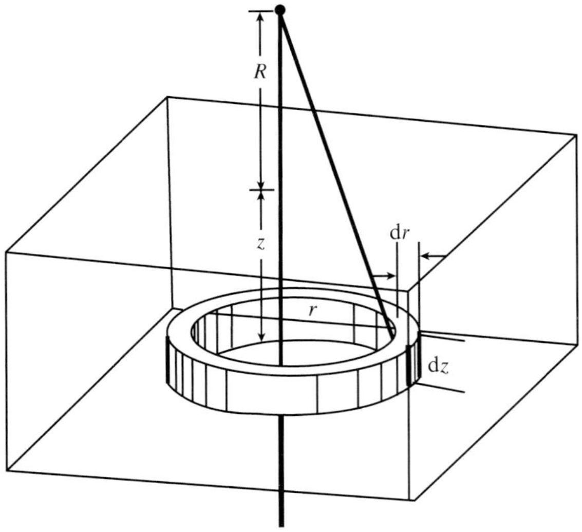

Abb. 25-11

gie des Atoms mit einer halbseitig bis ins Unendliche ausgedehnten Scheibe gleichförmige Dichte ist daher

$$U = -2\pi\mathcal{N}C_6 \int_0^\infty \mathrm{d}r \int_0^\infty \mathrm{d}z \frac{r}{\{(R+z)^2+r^2\}^3}.$$

Wir verwenden die Beziehungen

$$\int_0^\infty \frac{r\,\mathrm{d}r}{(a^2+r^2)^3} = \frac{1}{2}\int_0^\infty \frac{\mathrm{d}(r^2)}{(a^2+r^2)^3} = \frac{1}{2}\int_0^\infty \frac{\mathrm{d}x}{(a^2+x)^3} = \frac{1}{4a^4}$$

und erhalten

$$U = -\frac{1}{2}\pi\mathcal{N}C_6 \int_0^\infty \frac{\mathrm{d}z}{(R+z)^4} = \frac{\pi\mathcal{N}C_6}{6R^3}.$$

Dieses Ergebnis bestätigt, dass $U \propto 1/R^3$. (Wir wären rascher zum Ziel gekommen, wenn wir die Dimensionen betrachtet hätten; im Folgenden benötigen wir aber den expliziten Ausdruck.) Für

$$V = 4\varepsilon\left[\left(\frac{\sigma}{R}\right)^{12} - \left(\frac{\sigma}{R}\right)^6\right] = \frac{C_{12}}{R^{12}} - \frac{C_6}{R^6},$$

brauchen wir auch den Beitrag von C_{12}

$$U' = 2\pi\mathcal{N}C_{12} \int_0^\infty \mathrm{d}r \int_0^\infty \mathrm{d}z \frac{r}{\{(R+z)^2+r^2\}^6} = 2\pi\mathcal{N}C_{12} \times \frac{1}{10}\int_0^\infty \frac{\mathrm{d}z}{(R+z)^{10}}$$
$$= \frac{2\pi\mathcal{N}C_{12}}{90R^9}.$$

Damit ist die gesamte Wechselwirkungsenergie

$$U = \frac{2\pi\mathcal{N}C_{12}}{90R^9} - \frac{\pi\mathcal{N}C_6}{6R^3}.$$

Das können wir nun mithilfe von ε und σ ausdrücken. Dazu beachten wir die Zusammenhänge $C_{12} = 4\varepsilon\sigma^{12}$ und $C_6 = 4\varepsilon\sigma^6$. Es folgt

$$U = 8\pi\varepsilon\sigma^3\mathcal{N}\left[\frac{1}{90}\left(\frac{\sigma}{R}\right)^9 - \frac{1}{12}\left(\frac{\sigma}{R}\right)^3\right].$$

Für die Gleichgewichtslage suchen wir nach dem Wert von R, für den gilt $\mathrm{d}U/\mathrm{d}R = 0$:

$$\frac{\mathrm{d}U}{\mathrm{d}R} = 8\pi\varepsilon\sigma^3\mathcal{N}\left[-\frac{1}{10}\left(\frac{\sigma^9}{R^{10}}\right) + \frac{1}{4}\left(\frac{\sigma^3}{R^4}\right)\right] = 0.$$

Es folgt $\sigma^9/10R^{10} = \sigma^3/4R^4$ und damit $R = \left(\frac{2}{5}\right)^{1/6}\sigma = 0.858\sigma$.

Für $\sigma = 342\,\mathrm{pm}$ ist $R \approx 294\,\mathrm{pm}$.

25.25 $\mathrm{d}\mu' = -c_2\left(\frac{RT}{\sigma}\right)\mathrm{d}V_\mathrm{a}$.

Daraus folgt

$$\frac{\mathrm{d}\mu'}{\mathrm{d}\ln p} = \left(\frac{-c_2 RT}{\sigma}\right) \times \left(\frac{\mathrm{d}V_\mathrm{a}}{\mathrm{d}\ln p}\right).$$

Bei der Lösung von Aufgabe 25.24 haben wir gesehen, dass gilt

$$\frac{\mathrm{d}\mu'}{\mathrm{d}\ln p} = \frac{-RT\ V_\mathrm{a}}{\sigma}.$$

Damit ergibt sich

$$-c_2\left(\frac{RT}{\sigma}\right) \times \left(\frac{\mathrm{d}V_\mathrm{a}}{\mathrm{d}\ln p}\right) = \frac{-RT\,V_\mathrm{a}}{\sigma} \quad \text{bzw.} \quad c_2\,\mathrm{d}\ln V_\mathrm{a} = \mathrm{d}\ln p.$$

Also folgt $\mathrm{d}\ln V_\mathrm{a}^{c_2} = \mathrm{d}\ln p$ und $V_\mathrm{a} = c_1 p^{1/c_2}$.

25.27 Für die Assoziation ist

$$\frac{\mathrm{d}R}{\mathrm{d}t} = k_\mathrm{on}a_0(R_\mathrm{eq} - R) \text{ mit einer Konstanten } a = a_0$$

$$\frac{\mathrm{d}R}{R_\mathrm{eq} - R} = k_\mathrm{on}a_0\mathrm{d}t,$$

$$\int_0^R \frac{\mathrm{d}R}{R_{\mathrm{eq}} - R} = \int_0^t k_{\mathrm{on}} a_0 \mathrm{d}t = k_{\mathrm{on}} a_0 t$$

$$-\ln(R_{\mathrm{eq}} - R)|_0^R = k_{\mathrm{on}} a_0 t$$

$$-\ln\left(\frac{R_{\mathrm{eq}} - R}{R_{\mathrm{eq}}}\right) = k_{\mathrm{on}} a_0 t,$$

$$\frac{R_{\mathrm{eq}} - R}{R_{\mathrm{eq}}} = \mathrm{e}^{-k_{\mathrm{on}} a_0 t},$$

$$R = R_{\mathrm{eq}}\left\{1 - \mathrm{e}^{-k_{\mathrm{on}} a_0 t}\right\},$$

$$R = R_{\mathrm{eq}}\{1 - e^{-k_{\mathrm{beob}} t}\} \text{ mit } k_{\mathrm{beob}} = k_{\mathrm{on}} a_0 .$$

Für die Dissoziation ist

$$\frac{\mathrm{d}R}{\mathrm{d}t} = -k_{\mathrm{on}} a_0 R,$$

$$\frac{\mathrm{d}R}{R} = -k_{\mathrm{on}} a_0 \mathrm{d}t,$$

$$\int_{R_{\mathrm{eq}}}^R \frac{\mathrm{d}R}{R} = -\int_0^t k_{\mathrm{on}} a_0 \mathrm{d}t,$$

$$\ln\left(\frac{R}{R_{\mathrm{eq}}}\right) = -k_{\mathrm{on}} a_0 \mathrm{d}t,$$

$$R = R_{\mathrm{eq}} \mathrm{e}^{-k_{\mathrm{beob}} t} \quad \text{mit} \quad k_{\mathrm{beob}} = k_{\mathrm{on}} a_0 .$$

25.29 Wir lassen η um einen mittleren Wert η_0 oszillieren, und zwar zwischen η_+ und η_-. Dabei ist η_- groß und positiv (und $\eta_+ > \eta_-$). Mit $a = 0.5$ erhalten wir dann

$$j \approx j_0 \mathrm{e}^{(1-\alpha)\eta f} = j_0 \mathrm{e}^{(1/2)\eta f} .$$

Der Verlauf von η ist in Abb. 25-12(a) dargestellt.

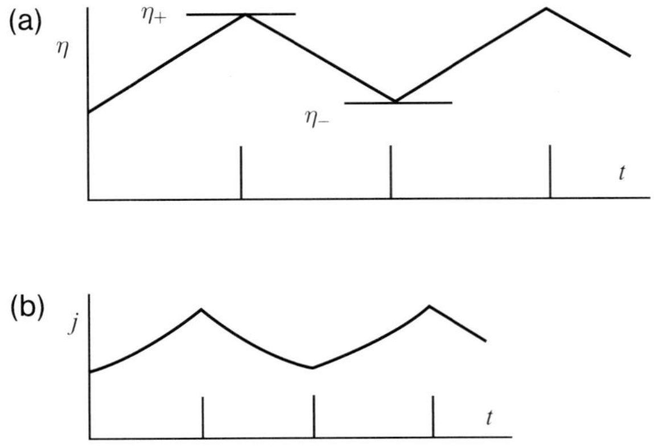

Abb. 25-12

Daher bildet j eine Folge von ansteigenden und abfallenden Exponentialfunktionen. Während der ansteigenden Phase von η ist

$$j = j_0 e^{(\eta_- + \gamma t) f/2} \propto e^{-t/\tau}$$

(mit $\tau = 2RT/\gamma F$ und einer Konstanten γ), während der abfallenden Phase von η ist

$$j = j_0 e^{(\eta_+ - \gamma t) f/2} \propto e^{-t/\tau}.$$

Dies ist in Abb. 25-12(b) dargestellt.

Anwendungsaufgaben

25.31 Um zu prüfen, ob die Langmuir- oder die BET-Isotherme erfüllt wird, stellen wir eine Tabelle auf. Dabei verwenden wir die Werte $p^* = 200\,\text{kPa} = 1500$ Torr) (vgl. *Beispiel* 25-1, *Illustration* 25-3 und Gl. (25-57b)).

p/Torr	100	200	300	400	500	600
$\frac{p}{V}/(\text{Torr cm}^{-3})$	5.59	6.06	6.38	6.58	6.64	6.57
$10^3 z$	67	133	200	267	333	400
$10^3 z/((1-z)(V/\text{cm}^3))$	4.01	4.66	5.32	5.98	6.64	7.30

Wir tragen in Abb. 25-13(a) p/V gegen p auf, in Abb. 25-13(b) ist $10^3 z/((1-z)V)$ gegen z aufgetragen.

Man sieht, dass die BET-Isotherme eine viel bessere Beschreibung der Daten liefert als die Langmuir-Isotherme. In Abb. 25-13(b) finden wir den Achsenabschnitt 3.33×10^{-3}. Also ist $1/cV_{\text{Mono}} = 3.33 \times 10^{-3}\text{cm}^{-3}$. Die Steigung des Graphen ist 9.93, es folgt also

$$\frac{c-1}{cV_{\text{Mono}}} = 9.93 \times 10^{-3}\text{cm}^{-3}.$$

Also ist $c - 1 = 2.98$. Damit ist $c = 3.98$ und $V_{\text{mon}} = 75.4\,\text{cm}^3$.

25.33 (a) $$\frac{1}{q_{\text{VOC, rel.Lf}=0}} = \frac{1 + bp_{\text{VOC}}}{abc_{\text{VOC}}} = \frac{1}{abc_{\text{VOC}}} + \frac{1}{a}.$$

Wir führen die lineare Anpassung mit folgenden Parametern durch:

$\theta/°\text{C}$	1/a	$1/ab$	R	a	b/ppm^{-1}
33.6	9.07	709.8	0.9836	0.110	0.0128
41.5	10.14	890.4	0.9746	0.0986	0.0114
57.4	11.14	1599	0.9943	0.0898	0.00697
76.4	13.58	2063	0.9981	0.0736	0.00658
99	16.82	4012	0.9916	0.0595	0.00419

(a)

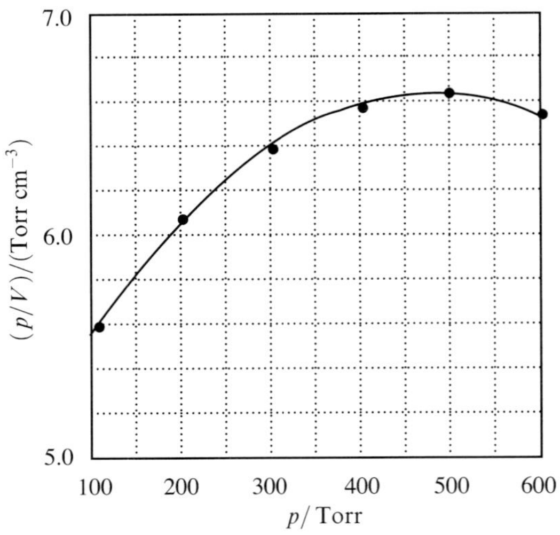

(b)

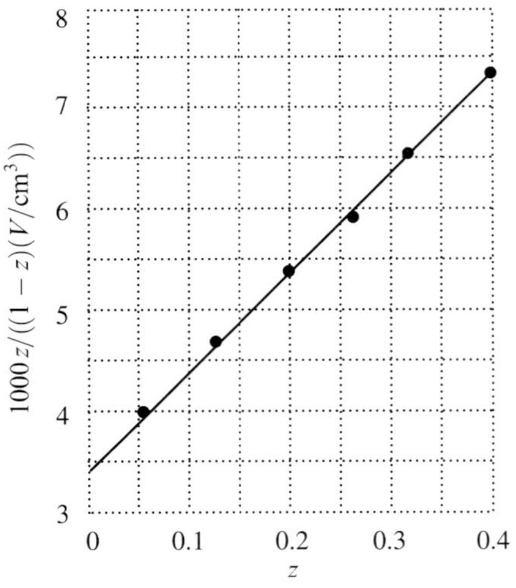

Abb. 25-13

Die lineare Regression liefert eine für alle Temperaturen recht gute Anpassung. Die Werte für R liegen zwischen 0.975 und 0.991.

(b) Wir finden

$$\ln a = \ln k_{\text{Ad}} - \frac{\Delta_{\text{Ad}} H}{R} \frac{1}{T} \quad \text{und} \quad \ln b = \ln k_{\text{b}} - \frac{\Delta_{\text{b}} H}{R} \frac{1}{T}.$$

Die lineare Regression von $\ln a$ gegen $1/T$ liefert einen Achsenabschnitt $\ln k_{\text{Ad}}$ und die Steigung $-\Delta_{\text{ad}} H/R$. Eine ähnliche Aussage gilt für die Auftragung von $\ln b$ gegen $1/T$. Die Temperatur muss in Kelvin angegeben werden.

Für die Auftragung $\ln a$ gegen $1/T$ haben wir

$$\ln k_{\mathrm{Ad}} = -5.605, \quad \text{Standardabweichung} = 0.197,$$
$$-\Delta_{\mathrm{Ad}} H/R = 1043.2\ \mathrm{K}, \quad \text{Standardabweichung} = 65.4\ \mathrm{K},$$
$$R = 0.9942 \quad \text{(gute Übereinstimmung)},$$
$$k_{\mathrm{Ad}} = \mathrm{e}^{-5.605} = 3.68 \times 10^{-3},$$
$$\Delta_{\mathrm{Ad}} H = -(8.31451\ \mathrm{J\ K^{-1}\ mol^{-1}}) \times (1043.2\ \mathrm{K}),$$
$$= -8.67\ \mathrm{kJ\ mol^{-1}}.$$

Für die Auftragung $\ln b$ gegen $1/T$ haben wir

$$\ln(k_{\mathrm{b}}/(\mathrm{ppm^{-1}})) = -10.550, \quad \text{Standardabweichung} = 0.713,$$
$$-\Delta_{\mathrm{b}} H/R = 1895.4\ \mathrm{K}, \quad \text{Standardabweichung} = 236.8,$$
$$R = 0.9774 \quad \text{(gute Übereinstimmung)},$$
$$k_{\mathrm{b}} = \mathrm{e}^{-10.550}\ \mathrm{ppm^{-1}} = 2.62 \times 10^{5}\ \mathrm{ppm^{-1}},$$
$$\Delta_{\mathrm{b}} H = -(8.31451\ \mathrm{J\ K^{-1}\ mol^{-1}}) \times (1895.4\ \mathrm{K}),$$
$$\Delta_{\mathrm{b}} H = -15.7\ \mathrm{kJ\ mol^{-1}}.$$

(c) Man kann k_{Ad} als die maximale Adsorptionsfähigkeit zu einer Adsorptionsenthalphie von null interpretieren, während k_{b} die maximale Affinität für den Fall angibt, dass die Bindungsenthalpie zwischen Adsorbat und Oberfläche null ist.

25.35 (a) Für die empirischen Konstanten findet man folgende Einheiten:

K : $(g_{\mathrm{R}}\ \mathrm{dm^{-3}})^{-1}$ [g_{R} = Masse (in Gramm) von Gummi].

K_{F} : $(\mathrm{mg})^{(1-1/n)} g_{\mathrm{R}}^{-1} \mathrm{dm}^{-3/n}$.

K_{L} : $(\mathrm{mg\ dm^{-3}})^{-1}$.

M : $(\mathrm{mg}\ g_{\mathrm{R}}^{-1})$.

(b) Die Isotherme für lineare Sorption ist

$$q = K c_{\mathrm{eq}}.$$

Wegen $K = q/c_{\mathrm{eq}}$ bestimmt man K am besten als Mittelwert aller Wertepaare q/c_{eq}.

$$K_{\mathrm{mittel}} = 0.126(g_{\mathrm{R}}\ \mathrm{dm^{-3}})^{-1}, \quad \text{Standardabweichung} = 0.041(g_{\mathrm{R}}\ \mathrm{dm^{-3}})^{-1}.$$

95-%-Vertrauensniveau: $(0.083 - 0.169)(g_{\mathrm{R}}\mathrm{dm^{-3}})^{-1}$.

Führt man eine lineare Regression durch, so erhält man ein signifikant anderes Ergebnis:

$$K \text{ (linear)} = 0.0813(g_\mathrm{R}\,\mathrm{dm}^{-3})^{-1}, \quad \text{Standardabweichung} = 0.0092(g_\mathrm{R}\mathrm{dm}^{-3})^{-1}.$$
$$R \text{ (linear)} = 0.9612.$$

Für die Freundlich-Isotherme ist $q = K_\mathrm{F} c_\mathrm{eq}^{1/n}$; durch Regression mit einer Potenzfunktion finden wir

$$K_\mathrm{F} = 0.164, \quad \text{Standardabweichung} = 0.317.$$
$$\frac{1}{n} = 0.877, \quad \text{Standardabweichung} = 0.113; \; n = 1.14.$$
$$R \text{ (Freundlich)} = 0.9682.$$

Für die Langmuir-Isotherme ist

$$q = \frac{K_\mathrm{L} M c_\mathrm{eq}}{1 + K_\mathrm{L} c_\mathrm{eq}}.$$
$$\frac{1}{q} = \left(\frac{1}{K_\mathrm{L} M}\right)\left(\frac{1}{c_\mathrm{eq}}\right) + \frac{1}{M}.$$
$$\frac{1}{K_\mathrm{L} M} = 8.089 g_\mathrm{R}\,\mathrm{dm}^{-3}, \quad \text{Standardabweichung} = 1.031; \; K_\mathrm{L} = -0.00053(g_\mathrm{R}\,\mathrm{dm}^{-3})^{-1}.$$
$$\frac{1}{M} = -0.0043 g_\mathrm{R}\,\mathrm{mg}^{-1}, \quad \text{Standardabweichung} = 0.1985; \; M = -233\ \mathrm{mg}\ g_\mathrm{R}^{-1}.$$
$$R \text{ (Langmuir)} = 0.9690.$$

Alle Regressionsanpassungen haben fast denselben Korrelationskoeffizienten; man kann daher mithilfe dieser Größe nicht sagen, welche Anpassung die beste ist. Allerdings liefert die Langmuir-Isotherme einen negativen Wert K_L. Wenn K_L eine Gleichgewichtskonstante darstellen soll (die positiv sein muss), muss man die Langmuir-Beschreibung verwerfen. Die Standardabweichung der Steigung, die mit der Freundlich-Isotherme gewonnen wurde, ist doppelt so groß wie die Steigung selbst. Dies dürfte man als eher ungünstig bewerten. Damit scheint die lineare Beschreibung als die beste, sie ist aber nicht sehr gut. Meist verwendet man für diese Art von Systemen sogar die Freundlich-Isotherme, obwohl sich diese Wahl hier durch die Werte nicht begründen lässt.

(c) $$\frac{q_\text{Gummi}}{q_\text{Aktivkohle}} = \frac{0.164 c_\mathrm{eq}^{1.14}}{c_\mathrm{eq}^{1.6}} = 0.164 c_\mathrm{eq}^{-0.46}.$$

Die Sorptionseffizienz von gemahlenem Gummi ist weit geringer als die von Aktivkohle und fällt mit steigender Konzentration merklich ab. Der einzige Vorteil von gemahlenem Gummi gegenüber Aktivkohle ist der weit geringere Preis, der insgesamt zu niedrigeren Kosten pro Gramm an adsorbierten Giftstoffen führt.

25.37 (a) Wie in Abschnitt 25.4.6 hergeleitet, treten bei den Halbreaktionen (a), (b) und (c) die folgenden Elektrodenpotenziale auf:

(a) $E(H_2, H^+) = -0.059\,V\,pH = (-7) \times (0.059\,V) = -0.14\,V$,
(b) $E(O_2, H^+) = (1.23\,V) - (0.059\,V)pH = +0.82\,V$,
(c) $E(O_2, OH^-) = (0.40\,V) + (0.059\,V)pOH = 0.81\,V$.

$$E(M, M^+) = E^\ominus(M, M^+) + \left(\frac{0.059\,V}{z_+}\right)\log 10^{-6} = E^\ominus(M, M^+) - \frac{0.35\,V}{z_+}.$$

Korrosion tritt ein, wenn E(a) oder E(b) oder E(c) größer ist als $E(M, M^+)$.

(a)

$$E^\ominus(Fe, Fe^{2+}) = -0.44\,V, \quad z_+ = 2,$$
$$E(Fe, Fe^{2+}) = (-0.44 - 0.18)\,V = -0.62\,V < E(\text{a, b und c}).$$

(b)

$$E(Cu, Cu^+) = (0.52 - 0.35)\,V = 0.17\,V \begin{cases} > E(\text{a}) \\ < E(\text{b und c}), \end{cases}$$

$$E(Cu, Cu^{2+}) = (0.34 - 0.18)\,V = 0.16\,V \begin{cases} > E(\text{a}) \\ < E(\text{b und c}). \end{cases}$$

(c) $E(Pb, Pb^{2+}) = (-0.13 - 0.18)\,V = -0.31\,V \begin{cases} > E(\text{a}) \\ < E(\text{b und c}). \end{cases}$

(d) $E(Al, Al^{3+}) = (-1.66 - 0.12)\,V = -1.78\,V < E(\text{a, b und c})$.

(e) $E(Ag, Ag^+) = (0.80 - 0.35)\,V = 0.45\,V \begin{cases} > E(\text{a}) \\ < E(\text{b und c}). \end{cases}$

(f) $E(Cr, Cr^{3+}) = (-0.74 - 0.12)\,V = -0.86\,V < E(\text{a, b und c})$.
(g) $E(Co, Co^{2+}) = (-0.28 - 0.15)\,V = -0.43\,V < E(\text{a, b und c})$.

Metalle mit einer thermodynamischen Tendenz zur Korrosion in feuchter Umgebung bei pH $= 7$ sind demnach Fe, Al, Co, Cr, wenn kein Sauerstoff vorhanden ist. Bei Anwesenheit von Sauerstoff zeigen alle sieben genannten Elemente eine Tendenz zur Korrosion.

(b) Ein Metall hat in feuchter Luft eine thermodynamische Tendenz zur Korrosion, wenn das stromfreie Potenzial für die Reduktion des Metallions negativer ist als das Reduktionspotenzial der Halbreaktion $4H^+ + O_2 + 4e^- \rightarrow 2H_2O$ mit $E^\ominus = 1.23\,V$.

Das stromfreie Zellpotenzial erhält man mit der Nernst'schen Gleichung

$$E = E^\ominus - \frac{RT}{\nu F}\ln Q = E^\ominus - \frac{RT}{\nu F}\ln\frac{[M^{z+}]^{\nu/z}}{[H^+]^\nu p(O_2)^{\nu/4}}.$$

Die Frage ist, ob eine Tendenz zur Korrosion bei pH 7 ($[H^+] = 10^{-7}$) in feuchter Luft vorliegt (also für $(pO_2) \approx 0.2\,bar$). Die Antwort ist ja, wenn für eine Konzentration von 10^{-6} der Metallionen $E \geq 0$ gilt. Für $\nu = 4$ und für zweiwertige Kationen ist

$$E = 1.23\,V - E_M^\ominus - \frac{0.02569\,V}{\nu}\ln\frac{(10^{-6})^2}{(1 \times 10^{-7})^4 \times (0.2)} = 0.983\,V - E_M^\ominus.$$

Im Folgenden setzen wir $z = 2$.

Für Ni: $E^{\ominus} = 0.983\,V - (-0.23\,V) > 0$ korrodiert.

Für Cd: $E^{\ominus} = 0.983\,V - (-0.40\,V) > 0$ korrodiert.

Für Mg: $E^{\ominus} = 0.983\,V - (-2.36\,V) > 0$ korrodiert.

Für Ti: $E^{\ominus} = 0.983\,V - (-1.63\,V) > 0$ korrodiert.

Für Mn: $E^{\ominus} = 0.983\,V - (-1.18\,V) > 0$ korrodiert.

25.39 Korrosion tritt auf infolge der Reaktion

$$Fe + 2H^+ \rightarrow Fe^{2+} + H_2.$$

Die Halbreaktionen an Anode und Kathode sind:

Anode: $Fe \rightarrow Fe^{2+} + 2e^-$,

Kathode: $2H^+ + 2e^- \rightarrow H_2$.

$$\Delta\phi_{Korr} = (-0.720\ V) + (0.2802\ V) = -0.440\ V,$$

$$\Delta\phi_{Korr} = \eta(H) + \Delta\phi_e(H) \quad (\textit{Begründung } 25\text{-}1),$$

$$\Delta\phi_e(H) = (-0.0592\ V) \times pH = (-0.0592V) \times 3 = -0.177\overline{6}V,$$

$$\eta(H) = -\frac{1}{\alpha f} \ln \frac{j_{Korr}}{j_0(H)}.$$

Dann folgt $\Delta\phi_{Korr} = -0.440\ V = -\frac{1}{\alpha f}\ln\frac{j_{Korr}}{j_0(H)} - 0.177\overline{6}\ V$

und $\ln \frac{j_{Korr}}{j_0(H)} = (0.262\ V) \times \alpha f = (0.262\ V) \times (18\ V^{-1}) = 4.7\overline{16}$.

$$j_{Korr} = j_0(H) \times e^{4.71\overline{6}} = (1.0 \times 10^{-7} A\ cm^{-2}) \times (112) = 1.1\overline{2} \times 10^{-5}\ A\ cm^{-2}.$$

Mit dem Faraday'schen Gesetz erhalten wir die Stoffmenge und daraus die Masse des Eisens, das pro Quadratzentimeter und pro Tag (d) korrodiert:

$$n = \frac{I_{Korr}t}{ZF} = \frac{(1.1\overline{2} \times 10^{-5}\ A\ cm^{-2}) \times (8.64 \times 10^4\ s\ d^{-1})}{(2) \times (9.65 \times 10^4\ C\ mol^{-1})} 5.0 \times 10^{-6}\ mol\ cm^{-2}d^{-1}.$$

$$m = n \times (55.85\ g\ mol^{-1}) = (5.0 \times 10^{-6}\ mol\ cm^{-2}d^{-1}) \times (55.85 \times 10^3\ mg\ mol^{-1})$$

$$= 0.28\ mg\ cm^{-2}\ d^{-1}.$$

Lehrbücher von Wiley-VCH

Atkins, P. W., de Paula, J.
Physikalische Chemie
2006
ISBN 978-3-527-31546-8

Wedler, G.
Lehrbuch der Physikalischen Chemie
2004
ISBN 978-3-527-31066-1

Atkins, P. W.
Kurzlehrbuch Physikalische Chemie
2002
ISBN 978-3-527-30433-2

Vollhardt, K. P. C.
Organische Chemie
2005
ISBN 978-3-527-31380-8

Schore, N. E.
Arbeitsbuch Organische Chemie
2006
ISBN 978-3-527-31526-0